W0396635

Management-Reihe Corporate Social Responsibility

Reihe herausgegeben von
René Schmidpeter, Internationale Wirtschaftsethik und CSR, Cologne Business School, Köln, Deutschland

Das Thema der gesellschaftlichen Verantwortung gewinnt in der Wirtschaft und Wissenschaft gleichermaßen an Bedeutung. Die Management-Reihe Corporate Social Responsibility geht davon aus, dass die Wettbewerbsfähigkeit eines jeden Unternehmens davon abhängen wird, wie es den gegenwärtigen ökonomischen, sozialen und ökologischen Herausforderungen in allen Geschäftsfeldern begegnet. Unternehmer und Manager sind im eigenen Interesse dazu aufgerufen, ihre Produkte und Märkte weiter zu entwickeln, die Wertschöpfung ihres Unternehmens den neuen Herausforderungen anzupassen sowie ihr Unternehmen strategisch in den neuen Themenfeldern CSR und Nachhaltigkeit zu positionieren. Dazu ist es notwendig, generelles Managementwissen zum Thema CSR mit einzelnen betriebswirtschaftlichen Spezialdisziplinen (z. B. Finanzen, HR, PR, Marketing etc.) zu verknüpfen. Die CSR-Reihe möchte genau hier ansetzen und Unternehmenslenker, Manager der verschiedenen Bereiche sowie zukünftige Fach- und Führungskräfte dabei unterstützen, ihr Wissen und ihre Kompetenz im immer wichtiger werdenden Themenfeld CSR zu erweitern. Denn nur, wenn Unternehmen in ihrem gesamten Handeln und allen Bereichen gesellschaftlichen Mehrwert generieren, können sie auch in Zukunft erfolgreich Geschäfte machen. Die Verknüpfung dieser aktuellen Managementdiskussion mit dem breiten Managementwissen der Betriebswirtschaftslehre ist Ziel dieser Reihe. Die Reihe hat somit den Anspruch, die bestehenden Managementansätze durch neue Ideen und Konzepte zu ergänzen, um so durch das Paradigma eines nachhaltigen Managements einen neuen Standard in der Managementliteratur zu setzen.

Weitere Bände in der Reihe http://www.springer.com/series/11764

Andrea Sihn-Weber · Franz Fischler
(Hrsg.)

CSR und Klimawandel

Unternehmenspotenziale und Chancen einer nachhaltigen und klimaschonenden Wirtschaftstransformation

Springer Gabler

Hrsg.
Andrea Sihn-Weber
Raiffeisen Bank International AG
Wien, Österreich

Franz Fischler
Franz Fischler Consult
Absam, Österreich

ISSN 2197-4322 ISSN 2197-4330 (electronic)
Management-Reihe Corporate Social Responsibility
ISBN 978-3-662-59747-7 ISBN 978-3-662-59748-4 (eBook)
https://doi.org/10.1007/978-3-662-59748-4

Die Deutsche Nationalbibliothek verzeichnet diese Publikation in der Deutschen Nationalbibliografie; detaillierte bibliografische Daten sind im Internet über http://dnb.d-nb.de abrufbar.

Herausgegeben von René Schmidpeter Dr. Jürgen Meyer Stiftungsprofessur für Internationale Wirtschaftsethik und CSR Cologne Business School (CBS) Köln, Deutschland

Einbandabbildung: Michael Bursik

Springer Gabler ist ein Imprint der eingetragenen Gesellschaft Springer-Verlag GmbH, DE und ist ein Teil von Springer Nature.
Die Anschrift der Gesellschaft ist: Heidelberger Platz 3, 14197 Berlin, Germany

Grußbotschaft von Bundespräsident Alexander Van der Bellen

Die Bewältigung der Klimakrise ist eine der zwingendsten und zugleich komplexesten Aufgaben in der Geschichte der Menschheit. Sie betrifft uns alle. Die ganze Menschheitsfamilie.

Die Klimakrise macht sich am Festland bemerkbar, in den Ozeanen, auf den höchsten Gletschern, in den unberührtesten Meerestiefen. Sie kennt keine nationalen Grenzen und keine sozialen oder ethnischen Unterschiede.

Die Klimakrise ist in Europa zu spüren und auch in Österreich. Wir haben bereits einige der wärmsten Jahre hinter uns – wir alle erinnern uns an die Hitzeperioden – und 2019 wird ebenso als Jahr der Wetterextreme verzeichnet werden.

Die ersten österreichischen Gemeinden haben den Klimanotstand ausgerufen. Haben wir uns das wirklich vorstellen können?

Ja, wir wussten es aus den täglichen Weltnachrichten. Menschen verlieren ihr Zuhause, ihre Heimat, ihr Leben durch Zyklone, Taifune, Dürrekatastrophen, Waldbrände, Starkregen, Hochwässer, Überschwemmungen. Aber wir auch?

Die wesentliche Ursache der Klimakrise liegt bei uns Menschen selbst. Wir wissen, dass wir unserem schönen blauen Planeten durch Verschmutzung und Ausbeutung, Verantwortungslosigkeit und einer gedankenlosen Hinter-uns-die-Sintflut-Mentalität zu viel zugemutet haben. Schon lange.

Unsere Erde hat Grenzen der Belastbarkeit und Grenzen der Regenerierbarkeit. Wenn wir das nicht endlich respektieren, werden wir als Ignoranten in die Geschichte eingehen. Unsere Kinder und Enkelkinder werden uns das nie verzeihen.

Unsere Generation hat eine historische Verantwortung. Wenn wir jetzt mit vereinten Kräften gegensteuern, nützt es uns und unseren Kindern und Enkelkindern.

Wenn wir heute nichts tun, oder nicht rasch genug, schadet es uns allen.

Es geht ja nicht nur um Lebensqualität. Es geht um viel mehr. Es geht um alles.

Die Klimakrise hat Auswirkungen auf die weltweite Wirtschaftsentwicklung: Sie bedroht Landwirtschaft, Lebensqualität, Tourismus, Wasser- und Energieversorgung. Und damit letztlich Frieden, Sicherheit, sozialen Zusammenhalt und Wohlstand.

Wir wissen das. Oder ahnen es zumindest.

Was tun?

Wir müssen die Trendwende bei den Treibhausgasemissionen einleiten.

Wir müssen unser Gesellschafts- und Wirtschaftsmodell umbauen.

Wir müssen uns verändern, neue Wege gehen. Jetzt.

Wie wir wirtschaften, ist nicht egal.

Krisen sind immer Wendepunkte. Es kann viel in Bewegung kommen, wenn positive Initiativen gesetzt werden und inspirierende Beispiele entstehen.

Wir brauchen die Kräfte der Wirtschaft.

Wir brauchen Unternehmen mit Verantwortungsgefühl, Weitblick und ökologisch-nachhaltigen Strategien für die Bewältigung der Klimakrise.

Erfinderisch, kreativ, dynamisch.

Ich freue mich daher über die Publikation *CSR und Klimawandel*, mit vielen wichtigen Informationen zum Thema und zahlreichen Best-Practice-Beispielen namhafter Organisationen und Unternehmen aus Österreich, Deutschland und der Schweiz.

Klimaschutz mitdenken. In allen Lebensbereichen. In der Politik, in der Gesellschaft, in der Wirtschaft.

Das ist ein großer, wichtiger, unverzichtbarer Lernprozess.

Danke, dass diese Publikation dazu beiträgt.

Alexander Van der Bellen
Bundespräsident der Republik Österreich

Dr. Alexander Van der Bellen wurde am 18. Januar 1944 in Wien geboren. Studium der Volkswirtschaft an der Universität Innsbruck, Universitätsprofessor für Volkswirtschaftslehre an den Universitäten Innsbruck und Wien. Landtagsabgeordneter, Nationalratsabgeordneter, Klubobmann und Bundessprecher der österreichischen Grünen.

Am 26.01.2017 wurde Alexander Van der Bellen zum 9. Bundespräsidenten der Republik Österreich angelobt.

Vorwort des Reihenherausgebers

Zeitenwende Klimawandel – Nachhaltigkeit, das neue Managementparadigma erfolgreichen Wirtschaftens

Nachhaltigkeit und Profit – sind kein Gegensatz, sondern eine untrennbare Basis erfolgreichen Unternehmertums! Die aktuellen Entwicklungen der globalen Diskussionen zum Klimawandel, zur Biodiversität, zur Welternährung sowie zur Rohstoffknappheit zeigen auf, dass das alte Gegensatzdenken zwischen Wirtschaft und Ökologie keine Zukunft mehr hat. Diese Erkenntnis verbreitet sich in der Betriebswirtschaftslehre dank digitaler Medien und mutiger Vordenker, die alte Paradigmen kritisch hinterfragen, rasend schnell. Es sind Expertenpublikationen wie diese zu Corporate Social Responsibility und Klima, die zu einem Umdenken in der Wirtschaft beitragen.

Wir erleben gegenwärtig eine noch nie dagewesene globale Dynamik des Nachhaltigen Wirtschaftens, der alle Bereiche der Wirtschaft erfasst. Die von allen Mitgliedstaaten der Vereinten Nationen im Jahr 2015 aufgestellten Sustainable Development Goals (SDG), der jüngst veröffentliche Klimabericht des Weltklimarats (dem Intergovernmental Panel on Climate Change, IPCC), das in Katowice vereinbarte Regelwerk zum Pariser Klimaabkommen zeigen, wie Klima und Kapital zusammenwirken und wie ein zukunftsfähiges Wirtschaftsmodell aussehen wird. Neue Regulierungen, wie beispielsweise die Elektroautoquote in China, die Einführung von autofreien Zonen in Innenstädten weltweit oder die jüngst verabschiedeten EU-Beschlüsse zu strengeren Emissionsgrenzwerten für Pkw, sind nur einzelne Beispiele von inzwischen weltweit über 1200 klima- oder klimarelevanten Gesetzen.

Basierend auf den EU-Aktionsplan für einen nachhaltigen Kapitalmarkt werden derzeit kontinuierlich politische Maßnahmen zur Neuausrichtung der Finanz- und Kapitalmärkte gesetzt. Die EU schätzt den Investitionsaufwand auf jährlich rund 180 Mrd. € um die gesetzten Klima- und Energieziele zu errichten. So verwundert es nicht, dass auch die Investoren mittlerweile mit einem auf Nachhaltigkeit orientierten Anlageverhalten reagieren. BlackRock CEO Larry Fink geht mit seiner Einschätzung sogar soweit: „Innerhalb der nächsten fünf Jahre werden alle Investoren die Auswirkungen eines Unternehmens auf Gesellschaft, Regierung und Umwelt heranziehen, um den Unternehmenswert zu bestimmen".

Diese Veränderungen in Politik und Finanz spiegeln auch das veränderte Anspruchsdenken beim Kunden hinsichtlich mehr ökologischer und sozialer Nachhaltigkeit wider. Zahlreiche Studien belegen, dass Kunden Nachhaltigkeit immer öfter als wesentlichen Faktor bei Kaufentscheidungen einfließen lassen. Und bei der strategisch wichtigen Herausforderung, Fach- und Führungskräfte in Zeiten des War for Talents zu gewinnen, zeigen sich nachhaltig aufgestellte Unternehmen deutlich erfolgreicher. Anders ausgedrückt: Wir leben in einer Zeitenwende – die ein neues Managementparadigma hervorbringt. Die jahrelange Diskussion um Corporate Social Responsibility war dabei nur der erste Schritt einer umfassenden Nachhaltigkeitstransformation unserer Wirtschaft und Gesellschaft. Im nachhaltigen Management liegen daher große Chancen für unsere Unternehmen. Denn unternehmerischer Erfolg und Nachhaltigkeit sind kein Trade-off – sondern ganz im Gegenteil: Sie bedingen einander.

Nachhaltigkeit wird zum größten Werttreiber im Unternehmen. Aktuelle Studien aus Oxford und Harvard zeigen auf, dass das sog. Alpha (riskoadjustierte Rendite) bei nachhaltigen Unternehmen über dem Marktdurchschnitt liegt und soziale, ökologische und Governance-Kriterien den Unternehmenswert positiv beeinflussen. Wie diese neuen wissenschaftlichen Erkenntnisse, ganz konkret bei der Neuausrichtung der Unternehmensstrategie sowie in innovativen Geschäftsmodellen umgesetzt werden können, zeigen die zahlreichen Unternehmensbeispiele in diesem Band. Mein Dank geht daher an alle Autorinnen und Autoren sowie an die beiden Herausgeber Mag. Andrea Sihn-Weber sowie Dr. Franz Fischler, die einen umfassenden Einblick über den gegenwärtigen Stand der nachhaltigen Wirtschaftstransformation geben. Und auch Frau Janina Tschech sowie Frau Juliane Seyhan sei an dieser Stelle mein Dank für die langjährige und vertrauensvolle Zusammenarbeit ausgedrückt. Nun ist es an Ihnen, werte Leserin und Leser die Fülle dieses Bands aufzunehmen und für ihr innovatives Engagement in Sachen nachhaltiges Wirtschaften fruchtbar zu machen. Auch dafür herzlichen Dank!

Osttirol, Ingolstadt, Köln
Juli 2019

Prof. Dr. René Schmidpeter

Prof. Dr. René Schmidpeter steht als innovativer Vordenker für einen Paradigmenwechsel in der BWL und in der Managementwissenschaft. Er ist ein internationaler anerkannter Experte für nachhaltiges Management, nachhaltige Unternehmenstransformation und globale Nachhaltigkeitsentwicklungen. Er hat die Dr Juergen Meyer Stiftungsprofessur für Internationale Wirtschaftsethik und CSR an der Cologne Business School inne und leitet das dortige Center for Advanced Sustainable Management (CASM). In den letzten fünf Jahren veröffentlichte er in seinen deutsch- und englischsprachigen Managementreihen mehr als 100 Publikationen zum Thema CSR, Sustainability, Governance und Ethik im Springer Gabler Verlag. Er ist Berater und Mitgestalter in zahlreichen nationalen und internationalen Nachhaltigkeitsinitiativen und Thinktanks (China, Australien, Großbritannien, Japan, Slowenien, USA) und Gründer der M3TRIX GmbH in Köln.

Weblink: https://www.international-csr.org/about-casm/ und https://www.m3trix.de.

Vorwort von Miguel Arias Cañete, EU-Kommissar für Klimaschutz und Energie

The global economy is undergoing a major transition, owing to the rise of emerging economies, and the digital transformation of business models and supply chains. Like any disruptive change, these trends entail both opportunities and threats to our usual way of life. If we add to this the biggest challenge of them all – the impact of climate change – we find ourselves having to contend with new emerging risks such as natural disasters, energy insecurity, loss of industrial competitiveness, unemployment, and pressure from migration. Society is already facing a general sense that things are no longer as predictable and secure as they used to be – a feeling increasingly widespread among the citizens of both developed and developing countries.

Fortunately, a number of international leaders have made great efforts over this last decade to lay the foundations for a managed, gradual transition. And I am proud to underline that the EU has been a significant player in achieving this progress. In particular, 2015 marked a turning point in finding multilateral solutions, as the international community decided to take a stand against the most pressing threats of our model for economic and sustainable development. After much effort, three international agreements essential to the future of our planet were reached: the Agenda 2030 for Sustainable Development, the Addis Ababa Agenda for Action of the Third International Conference on Financing for Development, and the Paris Agreement on Climate Change.

In accordance with these agreements, Europe has already established a new, modern and transparent legislative framework to avoid jeopardising our future generations' progress. Aware of the connections between global warming, conflicts, public health and poverty, we know that undertaking the necessary structural transformations requires a global approach to move forward on all fronts. Accordingly, we have set the most advanced social and environmental standards in the world, we have put in place the most ambitious policies in the field of public health protection and we are leading the global fight against climate change.

This comprehensive perspective, which should accompany the EU's progress over the next decade, was already embodied in the Commission report in November 2016 on *„Next steps for a sustainable European future"*. This communication presented a strategic approach to the implementation of the UN Agenda 2030 and envisaged, among other key actions, the inclusion of the Sustainable Development Goals (SDGs) in all EU initiatives. It introduced sustainable development as a guiding principle for *all* EU policies. In the same vein, the communication established guidelines for regular reporting on progress and for the promotion of the Agenda 2030 in collaboration with all types of political institutions and civil society organisations. Finally, it included an agreement for the creation of a High Level Multilateral Platform for the exchange of good practices in the European Union.

Since the adoption of this communication, the European Commission has integrated sustainable development into all crosscutting programmes and sectoral policies and initiatives. Obvious examples of this are, to name just a few, the European Social Rights Pillar, the new European Consensus on Development, the European Education Area, the Circular Economy Package, the Low Carbon Mobility Package and the Energy Union.

We have also launched the aforementioned High Level Platform, which has met 18 times at different levels since May 2017 to advise on the European Commission's efforts to implement the SDGs at European level.

Having focused on two of the most sensitive SDGs – affordable and clean energy (number 7) and taking urgent measures to combat climate change (number 13) – the EU has been a leading driver of the SDGs worldwide for more than two decades, urging signatory parties to meet their responsibilities. We in Europe are aware of our responsibility to show leadership to the rest of the world in addressing these challenges. Today, the EU is the only global player to have met and even surpassed its decarbonisation targets established by the Kyoto Protocol. This progress has been achieved with support from Member States and close cooperation with the main actors of civil society.

The **Paris Agreement on Climate Change** is an accord which is particularly close to my heart. I am particularly proud that the EU played such a significant role in achieving such an ambitious outcome in terms of taking action to limit global warming, notably through emissions reduction by 2030. With the EU having also been central to achieving the formal ratification of the agreement, one of my main objectives over the past two and half years has been to focus on updating the European Union's climate and energy policy to increase our efforts and deliver on our Paris Agreement commitments.

Over this period, the EU has adapted its regulations of the emissions trading market (ETS), on effort sharing, and on land-use change and forestry. Similarly, we have updated our low carbon mobility policies to reduce emissions in the transport sector, which is responsible for a quarter of greenhouse gas emissions in the European Union. In this area, we have reached an agreement aimed at setting emission performance standards for new passenger cars and light commercial vehicles. In addition to that, and for the first time in the EU, we are looking to set CO_2 emission performance standards for new heavy-duty vehicles.

With regard to energy policy, we have recently concluded a full rewrite of our policy rulebook with the „*Clean Energy for all Europeans*“ package – setting new targets for renewables and energy efficiency by 2030, as well as the EU-based governance of 10-year National Energy & Climate Plans, and a new design for the electricity market.

It will help put energy efficiency first, enable the EU show to true leadership in the further development of renewables, and place consumers at the heart of the energy transition. Above all, by setting a stable EU legal framework, it will encourage and facilitate the necessary public and private investment and drive forward research and innovation so that we can meet our targets for 2030 and beyond. I am also pleased to say that we have already proven in recent years that investment in renewables and energy efficiency is no longer a barrier to economic growth. In fact, we have now reached the stage in the energy sector where renewables are frequently as competitive as fossil fuels.

It is precisely in this context that this book is most relevant. European creativity has inspired the world since time immemorial, and this collection of success stories proves that any individual can drive global transformation by contributing their bit to the common heritage of innovation. Gathering these entrepreneurial experiences constitutes an important shift of focus, as it places the emphasis on the urgent need for a change of mentality. For some, it may highlight that the risk of doing nothing far outweighs the risks involved in making a leap of faith and investing into new, more sustainable technologies. My hope is that it will contribute to turning the sustainability agenda not into a burden for economic growth, but into an attractive, prestigious, and safe business – underlining the opportunities that await.

Even though our new EU-wide targets to 2030 have now established a clean and common sense of direction for more than a decade, the potential for sustainable development in some sectors requires a longer-term vision and strategy. Given the interdependence of so many sectors and value chains, and the benefits of future integration, a longer-term perspective is a vital consideration for investment, innovation and new business models. This is why, late last year, the Commission presented its strategic long-term vision for a modern, competitive and climate-neutral economy by 2050 aiming for investments in realistic technological solutions, for empowering citizens, and aligning action in key areas such as industrial policy, finance, or research. Even if these results will not necessarily be visible in time for the next European Parliament elections, I believe that this will benefit all European citizens.

Let me close by saying that I have known Franz Fischler for many years and widely respect his work. Indeed, this book is further proof – if proof were needed – of his consistent efforts to address the sustainability challenges of the 21st century with inclusive solutions, underlining that we are stronger by working together – bringing together different sectors (such as agriculture, energy, science and industry) to tackle common problems, encouraging cooperation between public and private bodies, and supporting an EU approach to many of these issues. By sharing best practice and comparing experience, we can be more efficient in addressing the issues together. I welcome this book as a further contribution to helping the spread of practical solutions to the challenges we face.

Miguel Arias Cañete
Commissioner Climate Action & Energy (2014–2019)

Inhaltsverzeichnis

Der Klimawandel – wie Unternehmen diese Herausforderung meistern und daraus Chancen für die Gesellschaft generieren können

Andrea Sihn-Weber

Die Zukunft hat viele Namen. Für die Schwachen ist sie das Unerreichbare. Für die Furchtsamen ist sie das Unbekannte. Für die Tapferen ist sie die Chance.
(Victor Hugo)

Liebe Leserinnen und Leser!

Wenn wir an die Zukunft denken, ist diese unweigerlich mit dem Klimawandel verbunden. In diesem Zusammenhang bekommt das oben angeführte, bekannte Zitat von Victor Hugo eine ganz besondere Bedeutung. Damit die Zukunft auch unseren nachkommenden Generationen noch genügend Chancen bietet, gilt es alle Kräfte zu bündeln und umgehend zu handeln.

Denn die Welt verändert sich – auch durch die deutlichen Auswirkungen der digitalen Transformation – merklich rasanter. Aber v. a. erleben wir immer öfter extreme Wetterphänomene und Naturkatastrophen, die sowohl Auswirkungen auf die Umwelt als auch die Gesellschaft haben. Schließlich ist die – vom Menschen verursachte – globale Erderwärmung und der daraus resultierende Klimawandel eine Bedrohung für Wohlstand, Friede und nachhaltige Entwicklung. Dieser beeinflusst immer stärker das Leben in allen Ländern der Erde und verursacht schon heute immense Folgeschäden.

Diese Entwicklungen spiegeln sich auch im jährlichen Global Risks Report wider, der zuletzt im Januar 2019 beim Weltwirtschaftsforum in Davos (World Economic Forum 2019) vorgestellt wurde. Dabei wurden von den befragten Stakeholdern Klimarisiken und verwandte Risiken im Ranking der Global Risks Landscape am höchsten eingestuft. Ein Grund mehr, sich in den Unternehmen schon jetzt – auch wenn es derzeit weder

A. Sihn-Weber (✉)
Raiffeisen Bank International AG, Wien, Österreich
E-Mail: andrea.sihn-weber@rbinternational.com

A. Sihn-Weber und F. Fischler (Hrsg.), *CSR und Klimawandel,* Management-Reihe Corporate Social Responsibility, https://doi.org/10.1007/978-3-662-59748-4_1

rechtlich noch regulatorisch verpflichtend ist – mit diesen Klimarisiken zu beschäftigen. Dazu zählen neben physischen Risiken ebenso Reputationsrisiken, mögliche Markt- und Technologieverschiebungen sowie politische und rechtliche Risiken.

Bereits vor rund 15 Jahren habe ich begonnen, mich mit den verschiedenen Aspekten unternehmerischer Nachhaltigkeit – darunter den möglichen Maßnahmen zur Bekämpfung des Klimawandels – zu beschäftigen. Dazu kamen zahlreiche Projekte im Bereich der erneuerbaren Energien und Ressourceneffizienz, aber auch das Themenfeld der Elektromobilität. Vor diesem Hintergrund sowie den aktuellen Entwicklungen war es mir ein großes Anliegen, ein Buch zu CSR und Klimawandel – gemeinsam mit dem ehemaligen EU-Landwirtschaftskommissar Franz Fischler – herauszugeben. Seinen Beitrag, in dem er sich mit der Notwendigkeit tiefgreifender gesellschaftlicher und wirtschaftlicher Transformationen auseinandersetzt, finden Sie im Anschluss. Letztlich bin ich davon überzeugt, dass die Zeit mehr als reif ist, um sich – v. a. auch aus Sicht der Unternehmen – intensiv mit dieser Thematik zu beschäftigen. Denn gerade der Wirtschaft kommt eine zentrale Rolle im Kampf gegen den Klimawandel zu.

So richtig Fahrt aufgenommen hat dieses Thema aus meiner Sicht in den letzten Jahren aufgrund mehrerer internationaler Initiativen, aber auch durch das Engagement von Klimaaktivisten wie Al Gore, Litia Baleilevuka, Marinel Ubaldo, Renee Karunungan, René Kieselhorst und natürlich Greta Thunberg, die dafür 2019 mit dem Alternativen Nobelpreis ausgezeichnet wurde.

Wegweisend war zunächst die Klimakonferenz in Paris 2015, die das Ziel verfolgt, die Erderwärmung auf 1,5 bis maximal 2 °C – im Vergleich zum vorindustriellen Zeitalter – zu begrenzen. Entscheidend für die Erreichung der Pariser Klimaziele (Europäische Kommission 2015) ist die Reduktion der Treibhausgase, insbesondere Kohlenstoffdioxid (CO_2). Aber auch die Konzentration sonstiger langlebiger Treibhausgase in der Atmosphäre – wie Methan, teilhalogenierte Fluorkohlenwasserstoffe, perfluorierte Kohlenwasserstoffe, Schwefelhexafluorid oder Lachgas – spielen eine wesentliche Rolle. Global wurden 2018 rund 37,1 Mrd. t CO_2-Emissionen (Earth System Science Data 2018) emittiert, die v. a. durch den Energieverbrauch verursacht werden. Erreicht werden kann das Pariser Ziel nur mit Null-Emissionen bis zur Mitte des Jahrhunderts, und das schließt alle Länder mit ein.

Um zur Lösung der globalen Herausforderungen beizutragen, menschliches Wohlergehen zu fördern und die Umwelt zu schützen, verabschiedete die UN-Staatengemeinschaft im September 2015 die Agenda 2030 für nachhaltige Entwicklung. Deren Kernbestandteil sind 17 Ziele für nachhaltige Entwicklung (United Nations 2015) – die sog. Sustainable Development Goals (SDG) – und deren 169 Unterziele. Die SDG integrieren neben der sozialen und wirtschaftlichen Entwicklung auch die ökologische Nachhaltigkeit. Zudem greifen sie Aspekte wie Frieden und Sicherheit, Gerechtigkeit und globale Partnerschaften auf, die für nachhaltige Entwicklung von großer Bedeutung sind. Die SDG haben globale Gültigkeit, was bedeutet, dass alle 193 UN-Mitgliedstaaten gefordert sind, einen Beitrag zur Zielerreichung zu leisten. Zusätzlich sollen Anreize geschaffen werden, damit auch nichtstaatliche Akteure vermehrt einen aktiven Beitrag zur nachhaltigen Entwicklung leisten.

In diesem Zusammenhang muss auch betont werden, dass der Klimawandel Menschen in Armut besonders stark betrifft. So leben heute rund 1,2 Mrd. Menschen ohne Elektrizität, knapp 3 Mrd. Menschen in der Welt kochen und heizen mit offenen Feuerstellen oder traditionellen Öfen (Sustainable Energy for All 2018), was auch der Gesundheit schadet. Zugleich ist der Energiekonsum in den Industriestaaten ein Schlüsselfaktor. Aktuell sind wir zu 80 % von fossiler Energie abhängig, bis 2050 sollten es 0 % sein. Die Herausforderung liegt darin, das Armutsproblem zu lösen und gleichzeitig das Klimaziel nicht aus den Augen zu verlieren. Vor diesem Hintergrund gilt es – bei der medial in letzter Zeit zunehmend stärker diskutierten Sinnhaftigkeit von CO_2-Steuern in Bezug auf eine transparente und technologieoffene Lenkungswirkung – auch die soziale Verträglichkeit zu bedenken.

Nach Einschätzung der Europäischen Kommission sind in der nächsten Dekade pro Jahr zwischen 175 und 290 Mrd. € an zusätzlichen Investitionen in nachhaltige Anlagen nötig, damit die EU ihre Ziele aus dem Pariser Klimaabkommen erreichen kann. Dabei spielt der Finanzsektor eine wichtige Schlüsselrolle. Daher wurde Anfang März 2018 von der Europäischen Kommission der Aktionsplan zur Finanzierung nachhaltigen Wachstums (Europäische Kommission 2018) vorgestellt, der Investitionsströme gezielt in nachhaltige Produkte lenken soll. Ein europäisches Klassifizierungssystem, die Taxonomie, ist das Kernstück dieses EU-Aktionsplans. Dazu legte eine EU-Sachverständigengruppe Mitte Juni 2019 eine umfassende Analyse vor, welche wirtschaftlichen Aktivitäten in Branchen wie Energie, Verkehr, Landwirtschaft, verarbeitendes Gewerbe, Telekommunikation oder auch Immobilien als nachhaltig eingestuft werden können.

Erwähnenswert ist auch die 2015 vom Financial Stability Board eingesetzte Task Force on Climate-Related Financial Disclosures (Financial Stability Board 2017). Diese soll freiwillige, konsistente Angaben zu klimabezogenen finanziellen Risiken entwickeln, die von Unternehmen, Banken und Investoren zur Stakeholderinformation verwendet werden. Dies soll dazu beitragen, die Stabilität des Finanzsystems zu stärken, ein besseres Verständnis in Bezug auf Klimarisiken zu erreichen und letztlich die Transformation zu einer stabileren und nachhaltigeren Wirtschaft zu erleichtern.

Die Dringlichkeit des Klimaproblems zeigt sich meines Erachtens auch in der deutlich zunehmenden Diskussionsdynamik zu diesem Themenfeld. Die nächsten 10–15 Jahre werden in diesem Zusammenhang entscheidend sein. Danach wird erkennbar sein, ob die Wirtschaft erfolgreich eine nachhaltige Transformation geschafft und somit einen entsprechenden Beitrag zur Erreichung der Klimaziele geleistet hat. Die Möglichkeiten sind vielfältig und reichen von Maßnahmen im Kerngeschäft – wo der Hebel üblicherweise am größten ist – über umfassende betriebsökologische Maßnahmen bis hin zur Sensibilisierung der relevanten internen und externen Stakeholder.

Selbstverständlich betrifft dieses Thema nicht nur die Wirtschaft, sondern die gesamte Gesellschaft. Ohne Lebensstiländerung – v. a. in den Industrienationen – wird es nicht zu schaffen sein. Daher sollte die Devise im Zusammenhang mit der Emission von CO_2 – egal, ob im Unternehmenskontext oder privat – lauten: Verhindern, falls das nicht möglich ist, das Ausmaß verringern. Und dort, wo auch das nicht gelingt, sollte CO_2 zumindest kompensiert werden.

Der Druck auf die Unternehmen wird aufgrund regulatorischer Vorgaben, aber auch durch das vermehrte Interesse der Stakeholder – wie etwa Investoren, Kunden, Ratingagenturen oder Nichtregierungsorganisationen – jedenfalls weiter steigen. Ebenso ist offensichtlich, dass nahezu alle Branchen – wenn auch in unterschiedlicher Intensität – von der Thematik betroffen sind. Aber selbst wenn Unternehmen nicht direkt tangiert sind, gilt es zu klären, ob nicht deren Kunden oder Lieferanten exponiert sind. Letztlich bedeuten diese massiven Herausforderungen für die Gesellschaft und Umwelt große Risiken. Sie bergen aber auch Chancen. Dass ambitionierter Klimaschutz sich lohnt, ist u. a. eine zentrale Aussage der Untersuchung „Wirtschaftliche Chancen durch Klimaschutz" des deutschen Umweltbundesamts vom Mai 2019. So zeigen die Ergebnisse, dass Klimaschutz mit Innovationen einhergeht und zur Standortsicherung beiträgt. Und die neue EU-Kommissionspräsidentin Ursula von der Leyen betonte in einer Rede vor dem Europäischen Parlament im Juli 2019, dass Europa bis 2050 der erste klimaneutrale Kontinent der Welt werden soll. In zwei Schritten sollen die CO2-Emissionen bis 2030 um 50%, idealerweise sogar um 55% reduziert werden. Ein geplanter Green Deal soll eine ökologische Wende unserer Gesellschaft bringen (Europäische Kommission 2019).

Ziel des vorliegenden Buchs ist es, einen detaillierten Einblick zu geben, wie in der wirtschaftlichen Praxis dem Klimawandel entgegengewirkt und erfolgreich mit den direkten und indirekten Folgen umgegangen werden kann. Anhand von konkreten Beispielen wird gezeigt, wie klimawandelinduzierte Risiken bestmöglich gemanagt werden können. Zudem wird von den zahlreichen Autorinnen und Autoren herausgearbeitet, welche Unternehmenspotenziale und Chancen in verschiedenen Branchen durch eine nachhaltige und klimaschonende Wirtschaftstransformation aufgrund neuer Geschäftsfelder, Produkte und Technologien entstehen können. All jenen Unternehmen, die noch über keine Klimastrategie verfügen, sollen die Inhalte Anregungen bieten und sie im Idealfall motivieren, sich mit der Thematik eingehend auseinanderzusetzen.

In seiner Grußbotschaft betont der **österreichische Bundespräsident Alexander Van der Bellen,** dass die Bewältigung der Klimakrise eine der zwingendsten und komplexesten Aufgaben in der Geschichte der Menschheit sei. Der ehemalige **EU-Kommissar für Klimaschutz und Energie, Miguel Arias Cañete,** verweist in seinem Vorwort darauf, dass jeder Einzelne die globale Transformation vorantreiben kann, indem er seinen Teil zur Innovation beiträgt.

In neun Kapiteln finden Sie Beiträge von renommierten Wissenschaftlerinnen und Wissenschaftlern, ebenso wie von namhaften Expertinnen und Experten aus der Politik, Interessensvertretungen, Nichtregierungsorganisationen und Non-Profit-Organisationen, Ratingagenturen und der Wirtschaftsprüfung sowie aus Großunternehmen und kleinen und mittlerer Unternehmen verschiedenster Branchen.

Teil I deckt **aktuelle Erkenntnisse der Wissenschaft** ab. So zeigt zunächst **Helga Kromp-Kolb,** emeritierte Universitätsprofessorin für Meteorologie und Klimatologie an der Universität für Bodenkultur Wien, anhand von zwei fiktiven Szenarien, wie stark die Klimakrise die Welt prägen wird, und zwar sowohl, wenn die globale Erwärmung weiter ignoriert wird, als auch, wenn die zur Eingrenzung der Erwärmung auf 1,5 °C notwendigen Maßnahmen getroffen werden. Sie sieht die Zukunft auf der Kippe und erläutert, dass der technologische Fortschritt allein das Problem nicht lösen können wird, der Wirtschaft aber eine wichtige Rolle zukommt, um die Entwicklung im kommenden Jahrzehnt entscheidend mitzugestalten. Danach gehen die Autoren **Hubert Biedermann** und **Milan Topic** von der Montanuniversität Leoben der Frage nach, wie insbesondere die Prozess-, Mitarbeiter- und Ressourceneffizienz durch die digitale Transformation eine nachhaltige Steigerung erfahren können. Dabei werden die möglichen Chancen und Herausforderungen der Digitalisierung im Kontext von Nachhaltigkeit und Klimawandel für produzierende Unternehmen analysiert, aber auch die Gefahr von Rebound-Effekten beleuchtet. **Stefan Wolfgang Pickl** von der Universität der Bundeswehr München beschäftigt sich mit der Entwicklung und Charakterisierung eines innovativen Management-Cockpits. Dieses ermöglicht eine differenzierte Analyse über optimales Verhalten und Szenarien in Bezug auf komplexe ökologische Situationen und integriert dabei CSR. **Ernst Pucher,** außerordentlicher Universitätsprofessor am Institut für Fahrzeugantriebe und Automobiltechnik der Technischen Universität Wien, gibt anschließend einen Einblick in die Klimarelevanz verschiedener Kraftfahrzeugantriebe auf Basis der Primärenergie. Die Ermittlung der Energieverbräuche von typischen konventionellen und alternativen Antrieben aller Art erfolgt seit über 15 Jahren mithilfe von modernster Realweltmesstechnik und liefert zuverlässige Ergebnisse. Diese fließen in statische Gesamtberechnungen ein, die den saisonalen Einsatz der Fahrzeuge, wie Sommer- und Winterbetrieb berücksichtigen. Damit werden in diesem Beitrag sowohl der Tank-to-Wheel- als auch der Primärenergie-zum-Rad-Verbrauch herausgearbeitet und Lösungsansätze für Güterverkehr, kohlenstoffreduzierte Kraftstoffe und verschiedene elektrische Antriebsarten diskutiert. **Alfred Strigl** vom Österreichischen Institut für Nachhaltige Entwicklung und **Dominik Schmitz** vom Zentrum für Globalen Wandel und Nachhaltigkeit, beschreiben in ihrem Beitrag, wie die Wissenschaft aktiv für Klimaschutz und Entwicklung tätig ist. Sie erläutern, wie die Universität für Bodenkultur Wien – als weltweit erste Universität – seit 2012 eigene Entwicklungs- und Klimaschutzprojekte in Afrika, Asien und Lateinamerika erarbeitet, die entsprechend zu den 17 SDG beitragen. So wurden bereits über 50.000 t CO_2 über zukunftsorientierte forst-, wasser- und agrarwirtschaftliche Maßnahmen kompensiert.

Im **Teil II** wird auf **Pläne und konkrete Maßnahmen der Politik** eingegangen. Zunächst erläutert **Martin Koch** von der Generaldirektion Financial Stability, Financial Services and Capital Markets Union (FISMA) der Europäischen Kommission den im März 2018 von der EU-Kommission beschlossenen ehrgeizigen Aktionsplan zur Finanzierung nachhaltigen Wachstums. Dieser sieht eine umfassende EU-Strategie für den Finanzsektor vor, um den Übergang zu einer klimaneutralen, kreislauforientierten und nachhaltigeren Wirtschaft zu unterstützen und gleichzeitig die Finanzstabilität zu wahren. Darüber hinaus geht er auf die beträchtlichen Investitionen – v. a. seitens der Privatwirtschaft – ein, die notwendig sind, um die drängenden Klima- und Umweltschutzziele zu erreichen. Danach gibt **Jürgen Schneider,** Leiter der Sektion Klima im Österreichischen Bundesministerium für Nachhaltigkeit und Tourismus, einen Einblick in die 1992 unter dem Dach der Vereinten Nationen ins Leben gerufene Rahmenkonvention, deren Ziel die wirksame Bekämpfung des Klimawandels ist. Weiters beschreibt er das

Klimaziel der Europäischen Union, ihren Ausstoß von klimaschädlichen Treibhausgasen bis 2030 um 40 % zu senken, und dass bis Mitte des Jahrhunderts ein weitgehender Verzicht auf die Nutzung fossiler Energie gelingen soll. Abschließend geht er auf die in Österreich Mitte 2018 beschlossene Klima- und Energiestrategie #mission2030 ein, die der Startschuss für eine Energiewende in Richtung eines hocheffizienten, vernetzten, auf erneuerbaren Energien basierenden Energiesystems war.

Die **Forderungen von Interessensvertretungen sowie Nichtregierungsorganisationen und Non-Profit-Organisationen** werden im **Teil III** beleuchtet. So erläutert **Peter Koren,** Vize-Generalsekretär der österreichischen Industriellenvereinigung, die Wichtigkeit der richtigen Balance zwischen dem Klimaschutz und den berechtigten Interessen von Industrie und Beschäftigten. Infolge überehrgeiziger klimapolitischer Maßnahmen drohen aus seiner Sicht Produktions- bzw. Standortverlagerungen und damit auch eine Verlagerung von Emissionen in weniger strikt regulierte Regionen, wodurch die Maßnahmen letztlich ökologisch wirkungslos blieben. Generell braucht es eine internationale Klimapolitik, die globale Probleme löst. **Florian Leregger,** Geschäftsführer des Instituts für Umwelt, Friede und Entwicklung, verweist in seinen Ausführungen auf die SDG als international anerkannten Orientierungsrahmen, um nachhaltige Entwicklung zu ermöglichen, wobei der technologische Fortschritt einen bedeutenden Erfolgsfaktor in der Umsetzung darstellt. Chancen – wie Dematerialisierung, Reduktion von Treibhausgasen oder Luftschadstoffen – stehen dabei Risiken, wie der global steigende Energieverbrauch, Elektroabfälle und ökologisch bedenkliche Rebound-Effekten, gegenüber. Ziel ist es daher aus seiner Sicht, den digitalen Wandel künftig nachhaltig zu gestalten. Danach verweisen **Susanne Hasenhüttl** und **Katharina Muner-Samer** von der Österreichischen Gesellschaft für Umwelt und Technik (ÖGUT) in ihren Ausführungen auf den Nutzen grüner Investments im Zusammenhang mit dem Klimawandel und beschreiben, welche Dekarbonisierungsstrategien nachhaltiger Investoren bereits in Anwendung und welche Entwicklungen hier in Zukunft zu erwarten sind. Dieses Themenfeld wird daran anschließend von **Volker Weber,** dem Vorsitzenden des Vorstands des Forums Nachhaltige Geldanlagen e. V. (FNG) in Berlin, weiter beleuchtet. Aus seiner Sicht werden nachhaltige Geldanlagen immer mehr zum Mainstreaminvestment, doch durch die fehlende Definition von Nachhaltigkeit gibt es neue Herausforderungen. Daher seien Mindeststandards auf EU-Ebene zu setzen und die Qualität nachhaltiger Angebote sicherzustellen, um Greenwashing zu verhindern sowie transparente, wirkungsorientierte Angebote zu schaffen. **Christoph Lammers,** Associate Director Corporate Operations bei der Non-Profit-Organisation CDP Europe geht in seinem Beitrag der Frage nach, wie es um den unternehmerischen Klimaschutz steht und beschreibt mögliche Handlungsempfehlungen. So sollten sich börsennotierte Unternehmen – um die steigenden Ansprüche von Investoren und anderer Stakeholder hinsichtlich eines effektiven Klimamanagements auch zukünftig zu erfüllen – v. a. der Durchdringung der Lieferkette, dem Setzen ambitionierter Klimaziele mit der Science-Based-Targets-Methodik sowie der Analyse von Transitionseffekten auf das eigene Unternehmen mithilfe von Klimaszenarien beschäftigen.

Im **Teil IV** werden **Insights aus der Finanz- und Versicherungsbranche** präsentiert, da diese Branche durch ihr Kerngeschäft im Zusammenhang mit dem Klimawandel über einen besonders großen Hebel verfügt. Aus Sicht der Wiener Börse beschäftigt sich zunächst **Silvia Stenitzer** mit grünen Anleihen, die der Klimafinanzierung dienen und durch Transparenz und Liquidität institutionelles Kapital mobilisieren. Dabei haben sich Green Bonds als innovatives Finanzprodukt am Kapitalmarkt etabliert. Gerade im Hinblick auf den zunehmenden Finanzierungsbedarf, um den Übergang in eine kohlenstoffarme Wirtschaft zu bewältigen, ist es unumgänglich, neben öffentlichen Mitteln auch private Investoren zu mobilisieren. Anschließend beschreiben **Susanne Boesch, Nastassja Cernko, Sabine Gaber, Clemens Regehr** und **Michael Renz,** wie die 2008 gegründete Oesterreichische Entwicklungsbank AG (OeEB) mit fast 300 Projekten in ihrem ersten Jahrzehnt zu nachhaltigem Wachstum und wirtschaftlicher Entwicklung weltweit beigetragen hat. In Österreich leistet sie mittlerweile den größten Beitrag an Klimafinanzierungen in Entwicklungs- und Schwellenländern und unterstützt damit den Kampf gegen den Klimawandel. Über den Beitrag der Raiffeisen Bank International AG (RBI) zu den UN-Klimazielen sowie den konkreten Maßnahmen berichten **Tanja Daumann** und **Markus Ecker.** Sie beschreiben die Notwendigkeit der Integration von klimarelevanten Aspekten in die Geschäftsstrategie. Effektiver Klimaschutz ist längst zu einem Wettbewerbsfaktor am Kapitalmarkt geworden, der neben Risiken auch Chancen für Unternehmen birgt. So wurde im Juni 2018 von der RBI – um die wachsende globale Nachfrage nach grünen Investmentmöglichkeiten zu bedienen – die erste Benchmark-Emission eines Green Bonds einer österreichischen Bank aufgelegt, die zweite folgte im September 2019. Neben dem Kerngeschäft werden auch entsprechende Maßnahmen in der Betriebsökologie – für die Zielwerte zur CO_2-Reduktion bis 2030 und 2050 definiert wurden – umgesetzt. **Hubert Pupeter,** Vorsitzender der Geschäftsleitung der Regionalbank Gunskirchen in Oberösterreich, erläutert danach, wie seit 2012 durch die Gründung des Umweltcenters ein noch stärkerer Fokus auf soziale, ökologische und nachhaltige Finanzierungen und Veranlagungen gelegt werden kann. Was eine Versicherung dazu beitragen kann, die derzeitigen Lebensbedingungen zu schützen und zu verbessern, beschreibt **Andreas Rauter,** Leiter des Bereichs Regulatory and Public Affairs der UNIQA Insurance Group AG. Seines Erachtens wird dies durch die Anpassung von Investments und Produkten auf die Klimaziele möglich, wodurch Dienstleistungen nachhaltig verbessert werden.

Da **Land- und Forstwirtschaft, Tourismus und Gastronomie** durch den Klimawandel besonders stark betroffen sind, werden im **Teil V konkrete Maßnahmen** für diese Branchen aufgezeigt. Als weltweit tätiger Veredler agrarischer Rohstoffe zu hochwertigen Lebensmitteln und einer Vielzahl von Vorprodukten für die weiterverarbeitende Nahrungsmittelindustrie sowie für technische Anwendungen, ist die AGRANA v. a. in ihrer vorgelagerten Lieferkette von den Folgen des Klimawandels betroffen. **Johann Marihart,** Vorstandsvorsitzender der AGRANA Beteiligungs-AG erläutert in seinen Ausführungen u. a. die Möglichkeiten der klimaschonenden Veredelung regenerativer Rohstoffe. Im darauffolgenden Beitrag beschreibt **Gabriela Maria Straka,** Leitung Corporate Affairs, PR & CSR der Brau Union Österreich, wie mit der Grünen Brauerei Göss in Leoben die erste 100 %ig nachhaltige Großbrauerei geschaffen wurde, eine zweite CO_2-neutrale Brauerei in Schladming befindet sich bereits in Umsetzung. In Graz Puntigam und in Schwechat werden mittlerweile ganze Stadtteile mit der biogenen

Abwärme aus der Bierproduktion beheizt. Danach beschreibt **Reinhard Wolf,** Generaldirektor der RWA Raiffeisen Ware Austria AG, dem Großhandels- und Dienstleistungsunternehmen der Lagerhaus-Genossenschaften in Österreich, dass die Landwirte als ihr Kernklientel besonders stark vom Klimawandel und den Auswirkungen betroffen sind. Daher wird auf eine Vielzahl von nachhaltigen und innovativen Maßnahmen gesetzt, um den spürbaren Klimaveränderungen entgegenzuwirken und ihre Folgen zu managen. Mit den Herausforderungen einer multifunktionalen Waldbewirtschaftung im Klimawandel setzen sich bei der Österreichischen Bundesforste AG **Rudolf Freidhager** (Vorstand für Forstwirtschaft und Naturschutz sowie Vorstandssprecher) und **Georg Schöppl** (Vorstandsmitglied und Vorstand für Finanzen und Immobilien) auseinander. So haben die Bundesforste gemeinsam mit der Wissenschaft ein umfassendes Konzept erarbeitet, auf dessen Basis ein struktur- und artenreicher Wald der Zukunft entsteht, der größtmögliche Klimafitness aufweist. Der Geschäftsführer der Ökoregion Kaindorf in der Steiermark, **Thomas Karner,** beschreibt detailliert das europaweit einzigartige Humusaufbauprogramm, an dem sich rund 250 Landwirte in ganz Österreich beteiligen, die die Umwelt schonen, CO_2 in großen Mengen im Ackerboden binden und damit das Klima entlasten. Anschließend folgt ein Best-Practice-Beispiel eines touristischen Mobilitätskonzepts. **Josef Margreiter,** Geschäftsführer der Lebensraum Tirol Holding GmbH, gibt konkrete Einblicke in das Projekt „Tirol auf Schiene“, das nachhaltige Mobilitätslösungen bietet. **Dörte Bachmann,** Nachhaltigkeitsverantwortliche bei der SV Group (eine in der Schweiz, in Deutschland und Österreich tätige Gastronomie- und Hotelmanagementgruppe) beschreibt das im Jahr 2012 – gemeinsam mit dem WWF Schweiz – entwickelte Nachhaltigkeitsprogramm ONE TWO WE, das das Ziel verfolgt, einen wirkungsvollen und umfassenden Beitrag für eine nachhaltige Ernährung zu leisten.

Im **Teil VI** werden **Best-Practice-Beispiele aus der Industrie und Logistikbranche vorgestellt.** Laut **Waltraud Kaserer,** Vice President Corporate Communications & Investor Relations der Lenzing Gruppe, kommen viele Menschen weltweit jeden Tag mit Fasern der Lenzing Gruppe in Berührung. Diese sind aus Holz, somit biologisch abbaubar und werden nach Verwendung wieder Teil des natürlichen Kreislaufs, ohne schädliche Rückstände zu hinterlassen. Basis dafür ist das nachhaltige Geschäftsmodell der Lenzing Gruppe, eingebettet in den Modellen der Bioökonomie und der Kreislaufwirtschaft. Auch die Borealis Gruppe – als führender Anbieter in den Bereichen Polyolefine und Basischemikalien – befasst sich eingehend mit ihren Auswirkungen und den strategisch notwendigen Beiträgen zur Eindämmung des Klimawandels. Die Autoren **Craig Halgreen** und **Thales Crivelli** geben einen Einblick, wie die innovativen Kunststofflösungen über ihre Lebensdauer hinweg betrachtet, Energieeinsparungen – insbesondere im Vergleich zu alternativen Materialien – ermöglichen und wie die Umweltauswirkungen im Sinn der Energieeffizienz auf Produktionsebene verringert werden. Darüber hinaus beschäftigt sich das Unternehmen ebenso mit der Entwicklung nachhaltiger Materiallösungen und innovativer Beiträge zur Kreislaufwirtschaft. Danach beschreiben **Daniel-Sebastian Mühlbach, Lisa Pum** und **Inge Schinninger** die Integration von CSR und Klimaschutz in das Kerngeschäft der Österreichischen Post AG, die sich bereits seit 2006 mit dem Thema Nachhaltigkeit auseinandersetzt und eine Vorreiterrolle in der Logistikbranche einnimmt. Sukzessive wurde das Themenfeld CSR ausgeweitet, das mittlerweile ein fixer Bestandteil im Kerngeschäft des Unternehmens ist. Klimaschutz, Ressourcenschonung und Stärkung der Umweltsensibilisierung sind dabei wesentliche Ziele im Umweltmanagement. Ein Hauptbestandteil des Umweltmanagements ist die Initiative CO_2 NEUTRAL ZUGESTELLT. **Ralf Mittermayr** (Vorstand Markt und Vorstandssprecher der Saubermacher Dienstleistung AG) und **Sandra Klünsner** (Marketing und Konzernkommunikation) gehen abschließend in ihrem Beitrag darauf ein, wie die Digitalisierung und das Internet of Things dazu beitragen, die Welt des Abfalls zu verändern und letztlich dadurch CO_2 zu reduzieren.

Im **Teil VII** werden **Praxisbeispiele aus der Immobilienbranche und Energiewirtschaft** präsentiert. Aus der Sicht von **Hubert Rhomberg** (Geschäftsführer) und **Harald Professner** (Verantwortlicher des Bereichs Geschäftsentwicklung) von der Rhomberg Holding GmbH in Bregenz wird in der Klimadebatte der Bau- und Immobilienbereich viel zu wenig thematisiert. Dabei ist dieser global für 30–40 % des derzeitigen Ressourcen- und Energieverbrauchs verantwortlich. Die Autoren plädieren daher dafür, die Art und Weise, wie Gebäude errichtet und betrieben werden, komplett neu zu denken: weg vom Prototypenbau und hin zur Lebenszyklusbetrachtung, dem digitalen Zwilling, dem Systembau mit Holz-Hybridmodulen und einer umfassenden Online-Plattform. Anschließend geben **Petra Aigner, Lisa-Marie Dormayer, Norbert Koller, Bernadette Mauthner** und **Karin Mottl** einen umfassenden Einblick in die Wirkung des Energieparks Bruck/Leitha in Niederösterreich, der bereits 1995 eine bilanzielle Autarkie im Strombereich erreichen konnte. Sie berichten auch, dass seit 15 Jahren in Kooperation mit der Technischen Universität Wien ein internationaler Master-Lehrgang „MSc Renewable Energy Systems" begleitet, Forschungsprojekte realisiert, eine Algenproduktionsanlage aufgebaut und alle in der Region sinnvollen Formen der erneuerbaren Energie geplant, gebaut und betrieben werden. **Wolfgang Pospischil,** Geschäftsführer der Pöyry Management Consulting Austria GmbH, geht in seinem Beitrag darauf ein, dass die Zukunft uns zwar alle betrifft, bis dato aber Kinder und Jugendliche als aktive Akteure oft ausgeklammert und ihr Handlungspotenzial nicht richtig gefördert werden. Kinderideen als Zukunftschance zu sehen, ist daher ein zentrales Thema des Vereins YOUNG VISIONS. Der Grundstein dafür sind Projekte, die Kindervisionen Wirklichkeit werden lassen und einen positiven Einfluss auf die Klimapolitik haben.

Die **Sichtweise von Nachhaltigkeitsratingagenturen, Nachhaltigkeitsberatung und der Wirtschaftsprüfung** wird im **Teil VIII** beschrieben. **Maximilian Horster,** der den Produktbereich der Klimabewertungen innerhalb von ISS ESG, dem auf nachhaltige Investmentservices ausgelegten Geschäftsbereich von Institutional Shareholder Services, verantwortet, setzt sich zunächst detailliert mit Dekarbonisierungsstrategien von Aktieninvestitionen und deren finanziellen und ökologischen Implikationen auseinander. Anschließend berichtet **Reinhard Friesenbichler,** Geschäftsführer der rfu Unternehmensberatung, Details zum VÖNIX Index als Nachhaltigkeitsbenchmark des österreichischen Aktienmarkts, der jene rund 20–25 Unternehmen an der Wiener Börse umfasst, die in ökologischer und gesellschaftlicher Hinsicht führend sind. Der Geschäftsführer der Denkstatt GmbH, **Christian Plas,** beschäftigt sich eingehend mit der Frage jener Treiber, die Änderungen in den Unternehmensstrategien erfordern. Es werden Evidenzen gezeigt, dass proaktive Strategien – die gesellschaftliche Bedürfnisse erfüllen – Chancen bieten, mit ambitionierten Klimaschutzstrategien mittelfristig erfolgreich zu sein. **Angelika Delen,** verantwortlich für den Bereich Investment Consulting und Nachhaltigkeit bei Mercer Austria, setzt sich danach mit der Frage auseinander, warum man sich – auch wenn es derzeit noch nicht rechtlich oder regulatorisch verpflichtend ist – bereits jetzt mit Klimarisiken beschäftigen sollte. Daran anschließend erläutern **Peter Ertl** und **Katharina Schönauer** von der KPMG Austria, dass die Anforderungen an eine systematische Auseinandersetzung mit klimabezogenen Risiken durch den Druck von Investoren, Stakeholdern sowie der Gesetzgebung zunehmend steigen. Dies bedingt wiederum, dass Unternehmen vermehrt Rechenschaft über ihre Auswirkungen auf Umwelt und Gesellschaft ablegen müssen. Andererseits erwarten Finanziers zunehmend, dass Unternehmen sich strukturiert auf die Auswirkungen durch Klimaveränderungen für die Geschäftstätigkeit vorbereiten.

Im **Teil IX** des Buchs wird der Frage nachgegangen, wie **kleine und mittlere Unternehmen mit dem Klimawandel umgehen.** Zunächst beleuchtet **Stephan Strzysowsky,** Chefredakteur des österreichischen Magazins *Die Wirtschaft* – basierend auf den Ergebnissen einer Online-Umfrage –, wie sich kleine und mittlere Unternehmen den Folgen des Klimawandels stellen und warum die Veränderungen auch wirtschaftliche Chancen bieten. Geschäftsführer **Wolfgang Meyer** und Werkleiter **Oswald Steinbauer** von der MAPLAN GmbH, einem österreichischen Maschinenbauunternehmen in der Elastomerbranche, berichten von ihrer 2016 erfolgten Übersiedelung an einen größeren Standort im niederösterreichischen Kottingbrunn. Bei der Gestaltung des neuen Hauptquartiers wurde besonderer Wert auf Effizienz und Nachhaltigkeit gelegt und das Energiekonzept zieht sich auf allen Ebenen durch den gesamten Standort. Dies trug dazu bei, dass MAPLAN beim renommierten Produktionswettbewerb „Fabrik des Jahres" von Fraunhofer Austria und dem Industriemagazin den zweiten Platz belegte und in der Kategorie „Green Factory 2018" gewann. **Georg Hechenblaikner,** Geschäftsführer des Congress Centrums Alpbach in Tirol, beschreibt anschließend, wie sich das Unternehmen mit konsequent umgesetzten Maßnahmen als Green-Meeting-Anbieter im deutschsprachigen Raum zu einem Best-Practice-Beispiel entwickelt hat. Und **Josef Brandauer** von der Ebbisas GmbH erläutert – in seinem Zwischenbericht – den Weg und die konsequente Verfolgung des ehrgeizigen Ziels einer bilanziellen Energieautonomie bis zum Jahr 2020 des Krankenhauses St. Josef in Braunau der Franziskanerinnen von Vöcklabruck.

Die Buchbeiträge zeigen, welch vielfältige Anstrengungen bereits unternommen werden. Um dieses existenzielle Problem weltweit in den Griff zu bekommen, bedarf es selbstverständlich noch unendlich viel mehr an Überlegungen, technologischer Weiterentwicklungen und der Umsetzung konkreter Maßnahmen. Vor allem erfordert der Klimawandel, der vielerorts bereits als globale Klimakrise eingestuft wird, unmittelbaren Handlungsbedarf. Daher liegt es in der gesellschaftlichen Verantwortung aller

Akteure der Wirtschaft umgehend, strategisch, proaktiv und im wahrsten Sinn des Worts nachhaltig zu handeln. Denn es gibt keinen Plan B und ebenso – jedenfalls aus heutiger Sicht – keinen Planeten B.

So ist zu hoffen, dass der vom zukunftsInstitut in Frankfurt prognostizierte Megatrend Neoökologie (zukunftsInstitut 2018) tatsächlich die Koordinaten des Wirtschaftssystems zukünftig in Richtung einer neuen Businessmoral verschieben und dadurch die Märkte und das Konsumverhalten radikal verändern wird. Es wäre wünschenswert, dass ein großer gesellschaftlicher Veränderungsprozess so zu einem ressourceneffizienten, nachhaltigen Wirtschaften führt.

Laut Albert Camus „besteht die wahre Großzügigkeit der Zukunft gegenüber darin, in der Gegenwart alles zu geben". In diesem Sinne hoffe ich, dass die vorliegende Lektüre dazu beiträgt, das Wissen um den Klimawandel sowie die direkten und indirekten Folgen und die daraus resultierenden Risiken, aber auch Chancen zu vertiefen. Gleichzeitig würde es mich freuen, wenn es die interessierten Leserinnen und Leser motiviert, alle notwendigen Anstrengungen zu unternehmen, um auch unseren nachfolgenden Generationen ein lebenswertes Leben zu ermöglichen. Letztlich liegt es an uns allen, zur Gestaltung der Zukunft beizutragen.

Literatur

Deutsches Umweltbundesamt (2019) Wirtschaftliche Chancen durch Klimaschutz: https://www.umweltbundesamt.de/publikationen/wirtschaftliche-chancen-durch-klimaschutz. Zugegriffen: 21. Juni 2019

Earth System Science Data (2018): https://www.earth-syst-sci-data.net/10/2141/2018/. Zugegriffen: 4. November 2019

Europäische Kommission (2015) Paris Agreement: https://ec.europa.eu/clima/policies/international/negotiations/paris_en. Zugegriffen: 4. November 2019

Europäische Kommission (2018): Nachhaltige Finanzierung & action plan on sustainable finance: https://ec.europa.eu/info/business-economy-euro/banking-and-finance/sustainable-finance_de. Zugegriffen: 24. Juni 2019

Europäische Kommission (2019) Press Release Database: https://europa.eu/rapid/press-release_SPEECH-19-4230_de.htm. Zugegriffen: 4. November 2019

Financial Stability Board (2017) Recommendations of the Task Force on Climate-related Financial Disclosures: https://www.fsb-tcfd.org/wp-content/uploads/2017/06/FINAL-TCFD-Report-062817.pdf.

Sustainable Energy for All (2018): Sustainable Energy for All Annual Report 2018: https://www.seforall.org/publications/sustainable-energy-for-all-annual-report-2018. Zugegriffen: 27. Juni 2019

United Nations (2015) Sustainable Development Goals: https://sustainabledevelopment.un.org/?menu=1300. Zugegriffen 27. Juni 2019

World Economic Forum (2019) Global Risks Report 2019: https://www.weforum.org/reports/the-global-risks-report-2019. Zugegriffen: 4. November 2019

zukunftsInstitut (2018): Neo-Ökologie: Die Märkte werden grün: https://www.zukunftsinstitut.de/artikel/neo-oekologie-die-maerkte-werden-gruen/. Zugegriffen: 26. Juni 2019

Mag. Andrea Sihn-Weber, CSE leitet seit 2012 in der Raiffeisen Bank International AG den Bereich Group Sustainability Management für Österreich und CEE. Diese Tätigkeit beinhaltet im Rahmen der konzernweiten Steuerung der Nachhaltigkeitsstrategie u. a. auch das Stakeholderengagement, das Diversitätsmanagement sowie die intensive Auseinandersetzung mit dem Themenfeld Sustainable Finance. Darüber hinaus ist sie, ebenfalls seit 2012, Geschäftsführerin der Raiffeisen Nachhaltigkeits-Initiative. Über diese Plattform für nachhaltige Unternehmensführung und gesellschaftliche Verantwortung mit ihren 23 namhaften Mitgliedsorganisationen werden Projekte im Bereich Klima- und Umweltschutz, erneuerbare Energien und Ressourceneffizienz umgesetzt. Ihre Berufslaufbahn startete sie 1988 beim amerikanischen Konsumgüterhersteller Procter & Gamble. Ende 1989 wechselte sie zur Raiffeisen-Leasing GmbH, wo sie viele Jahre als Leiterin der Abteilung Marketing und Public Relations tätig war und die erfolgreiche Positionierung des Unternehmens im Bereich der Ökoenergie und Elektromobilität verantwortete. Zusätzlich zum Studium der Betriebswirtschaft absolvierte sie den Universitätslehrgang für Werbung und Verkauf an der Wirtschaftsuniversität Wien sowie verschiedene CSR- und Bank-Ausbildungen. Aufgrund der zunehmenden Relevanz der Beschäftigung von Aufsichtsräten mit den Aspekten der Nachhaltigkeit und Diversität hat sie sich 2018 als Certified Supervisory Expert zertifizieren lassen. Ihr umfassendes Fachwissen gibt sie in Buchbeiträgen, Vorträgen und als Dozentin einer Lehrveranstaltung zu CSR – im Rahmen eines General Management MBA an der Technischen Universität Wien – weiter.

Der Klimawandel erfordert tiefgreifende gesellschaftliche und wirtschaftliche Transformationen

Franz Fischler

Auch wenn es immer noch ein paar Unbelehrbare und Zweifler gibt, das Anthropozän hat längst begonnen. Tausende Forscherinnen und Forscher haben in jahrzehntelanger Arbeit nachgewiesen, dass ein dramatischer Klimawandel stattfindet, der zu etwa 90 % menschengemacht ist und sich rasant beschleunigt.

Ebenso weiß man mittlerweile über seine Folgen sehr gut Bescheid. Auch wenn es gelingt, die Erderwärmung innerhalb der Zwei-Grad-Grenze zu halten, werden die Folgen bereits dramatisch sein. Die Korallenriffe in den Weltmeeren werden ebenso verschwinden wie die Gletscher in den Alpen. Abnormale Wetterereignisse wie Dürren, Stürme, Starkregen und die damit einhergehenden Schäden werden häufiger und intensiver. Besonders ungerecht ist dabei, dass die Hauptverursacher des Klimawandels – nämlich die Industriestaaten – wesentlich glimpflicher davonkommen werden als die ärmeren Länder, denen gerade durch die Folgen des Klimawandels die ohnehin geringen Entwicklungschancen noch weiter geschmälert werden.

Eine tiefgreifende Wende ist alternativlos. Diese kann jedoch nur gelingen, wenn wir bis zur Mitte des 21. Jahrhunderts den Hauptverursacher des Klimawandels – nämlich die Treibhausgasemissionen – in den Griff bekommen. Auf den Punkt gebracht heißt das: Wir müssen die Dekarbonisierung bis zur Mitte dieses Jahrhunderts schaffen. Gelingt das nicht und schießt die Erderwärmung deutlich über die Zwei-Grad-Grenze hinaus, müssen wir mit dramatischen, zu einem wesentlichen Teil auch nicht mehr umkehrbaren Folgen rechnen.

Doch die Transformation ist zu schaffen und wenn es richtig gemacht wird, muss man sich auch nicht vor großen Wohlstandsverlusten fürchten. Schon im Jahr 2015 ist es gelungen, den dafür notwendigen Handlungsrahmen abzustecken.

F. Fischler (✉)
Franz Fischler Consult, Absam, Österreich
E-Mail: ffc@franz-fischler-consultant.co.at

A. Sihn-Weber und F. Fischler (Hrsg.), *CSR und Klimawandel*, Management-Reihe Corporate Social Responsibility, https://doi.org/10.1007/978-3-662-59748-4_2

Das Jahr 2015 war international gesehen, in puncto globaler Entwicklung, ein sehr produktives Jahr. Es ist damals gelungen, in der UNO-Vollversammlung ein neues Konzept für die Nachhaltigkeit in Form der 17 Sustainable Development Goals (SDGs) zu beschließen und kurze Zeit später sich in Paris auf das neue globale Klimaabkommen zu einigen. Beide Abkommen zusammen haben das Potenzial, die Welt so zu transformieren, dass sie nachhaltig wird, dass Generationengerechtigkeit geschaffen und ein gutes Leben für alle Menschen möglich wird. Man könnte auch sagen, diese beiden Abkommen bilden die Basis für die Enkeltauglichkeit unseres Planeten Erde. Leider ist dieser große Wurf damals in Europa durch die Eskalation der Flüchtlingsbewegungen und die Konfrontation zwischen denen, die an Merkels Wort „wir schaffen das" geglaubt haben, und denen, die „das Boot ist voll" gerufen haben, übertönt worden. Und heute wird er durch den überall zunehmenden Populismus infrage gestellt. Daher ist es so wichtig, klar zu machen, dass wir keine Zeit mehr verlieren dürfen, sondern rasch von der Problembeschreibung ins Tun kommen müssen.

Das will jedoch entsprechend geplant und organisiert sein. Nachhaltigkeit und Klimawandel sind zu wichtig, als dass man deren Lösung einfach den politischen Entscheidungsträgern überlassen könnte. Hier sind alle gesellschaftlichen Kräfte massiv gefordert. Hier braucht es ein neues Denken und Handeln und jenen neuen Approach, der dem Geist der SDGs und des Klimaabkommens zugrunde liegt. Genauso wenig wie eine nachhaltige Entwicklung in den armen Ländern durch Almosen ermöglicht werden kann, sondern nur durch Hilfe zur Selbsthilfe („enabling"), genauso wenig wird man das Klima mit riesigen Wohlstandsbeschränkungen, einem Heer an Vorschriften und mit politischen Freiheitsverlusten wirtschaftlich und sozial retten. Es muss gelingen sowohl die internationale Entwicklung als auch ein nachhaltiges klimaneutrales Gesellschaftsmodell mit Wohlstand für alle zu koppeln. Wir müssen Gewohntes hinter uns lassen und bereit sein, neue Wege zu gehen.

Das beginnt mit einem neuen Denken. Dieses neue Denken muss langfristig angelegt und interdisziplinär sein, es muss imstande sein, komplexe Systeme zu erfassen und für das große Ziel alle verfügbaren Denkwerkzeuge optimal einzusetzen. Wir müssen aus unseren Denksilos ausbrechen und auch wenn Hans Joachim Schellnhuber, der Leiter des Potsdam Instituts für Klimafolgenforschung, meint, dass die menschliche Evolution langfristiges Denken nicht entwickelt hat, so müssen wir uns dennoch darum bemühen oder zumindest gedachte Katastrophen genauso ernst nehmen wie tatsächlich eingetretene. Aus Schaden klug zu werden, geht hier nicht, weil wir wissen, dass es, wenn wir bestimmte Grenzen überschreiten („tipping points"), kein Zurück mehr gibt. Es ist tatsächlich wie am Rand der Klippe: Noch ein Schritt weiter und dann folgt der Absturz. Genauso wichtig ist, die für das Thema relevanten Disziplinen so miteinander zu vernetzen, dass es möglich wird, die Erde als ein Gesamtsystem zu begreifen und die Dynamik der sich darauf abspielenden Prozesse zu erfassen.

Doch so wichtig es ist, die Dinge neu zu denken, das allein genügt nicht. Die neuen wissenschaftlichen Erkenntnisse müssen nämlich auch angewendet werden. Dafür braucht es jede Menge Technologieentwicklung, deren Ergebnisse wiederum in Pilotversuchen auf ihre Praxistauglichkeit getestet werden müssen und daraus können dann erst jene Businessmodelle entwickelt werden, die notwendig sind, um die Dekarbonisierung rechtzeitig zu schaffen. Dafür müssen auch neue Finanzierungsinstrumente entwickelt werden, ein entsprechendes Investitionsklima Platz greifen und passende rechtliche sowie politische Rahmenbedingungen beschlossen werden.

Ähnliches wie für die Wissenschaft gilt auch für die Administration und Verwaltung. Auch hier gilt es, aus dem traditionellen, sektoral gegliederten Verwaltungshandeln auszubrechen und sich themenorientiert aufzustellen. In den Texten sowohl zu den SDGs als auch zum Klimaabkommen sind diese Notwendigkeiten bereits angedeutet und die Väter dieser Abkommen sind auch mit gutem Beispiel vorangegangen und haben für diese Verträge einen neuen Approach gewählt. Geleitet von dem Gesamtziel, die Erderwärmung seit Beginn der Industrialisierung um nicht mehr als 2 °C ansteigen zu lassen, wurde daraus jener Level an Ambition errechnet, der notwendig ist, um das Klima auf einem nachhaltigen Niveau zu stabilisieren. Mit anderen Worten: Um wieviel muss der Eintrag an Treibhausgasen in die Atmosphäre reduziert werden, damit sich innerhalb des 2-Grad-Spielraums ein neues globales Gleichgewicht einstellt?

Mittlerweile hat man die Ambitionen noch weiter hinaufgeschraubt, weil sich in der Forschung über die Abschätzung der Folgen des Klimawandels herausgestellt hat, dass schon bei 2 °C Erwärmung die dauerhaften Schäden deutlich größer sein werden als ursprünglich angenommen. Daher hat man sich entschlossen dafür einzutreten, die Erwärmung nach Möglichkeit auf 1,5 °C zu begrenzen.

Das bedeutet einerseits noch größere Anstrengungen in Bezug auf die Dekarbonisierung, andererseits aber auch verstärkte Anpassungsmaßnahmen an das sich verändernde Klima. Vor allem aber heißt das, dass gehandelt werden muss und zwar jetzt und ausreichend. Die vielfach geübte politische Praxis des „too late and too little" hätte nämlich für die ganze Welt fatale Folgen.

Um rascher ins Tun zu kommen, haben die Vertragspartner auch einen neuen Umsetzungsprozess vereinbart.

Die Vertragspartner wurden eingeladen, von sich aus vorzuschlagen, welche Maßnahmen sie zu ergreifen bereit sind. Experten sollten dann diese Maßnahmen bewerten und errechnen, wie weit man sich damit den Zielen annähert. Dieser Schritt ist bereits über die Bühne gegangen, doch das Ergebnis ist ernüchternd. Mit dem derzeitigen Level an Ambition aufseiten der Vertragsunterzeichner landet man bei 3,5–4 °C Erwärmung. Daher hat nunmehr die schwierige Phase einer verstärkten Klimapolitik begonnen. Die Vertragsunterzeichner sind eingeladen, ihre Anstrengungen entsprechend zu steigern und dabei keine Zeit zu vergeuden.

Doch wie soll man jetzt vorgehen?

Die Signatarstaaten müssen jetzt wirksamere Rahmenbedingungen setzen, und um das zu erreichen, müssen jetzt endlich alle gesellschaftlich relevanten Kräfte auf Augenhöhe mit der Politik in die Entscheidungsprozesse einbezogen werden. Neben der Politik müssen die Wissenschaft, die Zivilgesellschaft und ganz besonders die Wirtschaft an der Entscheidungsfindung mitwirken können. Es braucht Plattformen, die nicht wie bisher nur der Anhörung und Information dienen, sondern dort müssen verbindliche Entscheidungen getroffen werden.

Die Wissenschaft ist der Politik zurzeit weit voraus. Sie ist auch bereit, ihren gesellschaftlichen Auftrag, die sog. Third Mission wahrzunehmen. Sie muss jedoch dafür besser ausgestattet und stärker, sowohl in die Politikberatung als auch in die Zusammenarbeit mit der Wirtschaft, einbezogen werden.

In der Zivilgesellschaft erkennen mittlerweile nach einer Eurobarometerumfrage 90 % der EU-Bevölkerung an, dass es sich beim Klimawandel um ein ernstes Problem handelt. Dennoch gibt es nach wie vor eine beträchtliche Zahl von Skeptikern und Bremsern. Besonders häufig sind diese unter den Populisten und Elitenhassern anzutreffen.

Die erfreulichste Entwicklung hat bei der Jugend Platz gegriffen. Die 16-jährige Klimaaktivistin Greta Thunberg zeigt, wie es geht. Jeden Freitag erinnern zigtausende Jugendliche die Politik daran, dass sie endlich solidarisch mit der künftigen Generation handeln soll. Die jungen Leute haben erkannt, dass man nur etwas bewegen kann, wenn man in die Offensive geht. Unsere politischen Systeme sind träge und reaktiv, sie reagieren nur unter großem Druck. Was liegt also näher, als einen solchen Druck aus der Zivilgesellschaft heraus aufzubauen? Dazu braucht es aber auch die Unterstützung durch die Medien, insbesondere auch durch die modernen Social Media.

Ebenso kann die Rolle des Konsumenten bzw. der Konsumentin nicht hoch genug eingeschätzt werden. Märkte sind heutzutage i. d. R. nachfragegesteuert, und es hängt daher wesentlich von der Bereitschaft der Konsumenten und Konsumentinnen und ihrem klimagerechten Verhalten ab, wie intensiv und rasch die Transformation von Gesellschaft und Wirtschaft gelingen kann. Das bedeutet nicht, dass man auf vieles verzichten muss und dass wir uns massiv einschränken müssen, sondern es geht darum, einerseits auf intelligente und innovative Art und Weise die Bedürfnisse des Menschen zu decken und andererseits die Wirtschaft so zu transformieren, dass sie mit der Herstellung nachhaltiger Produkte und dem Angebot von neuen klimagerechteren Dienstleistungen auch wirtschaftliche Erfolge erzielen kann.

Auf diese Weise erhält der Wohlstand zwar ein neues klima- und umweltverträgliches Gesicht, aber es wird möglich sein, auch in Zukunft in Wohlstand zu leben.

Das ist alles andere als ein Selbstläufer und kann nur durch weitblickende Unternehmer und Unternehmerinnen zusammen mit motivierten und gut ausgebildeten Mitarbeitern und Mitarbeiterinnen und unter Zuhilfenahme aller verfügbaren wissenschaftlichen Erkenntnisse und technischen Möglichkeiten, insbesondere der Digitalisierung und der Artificial Intelligence, Wirklichkeit werden.

Ein Schlüssel für dieses neue Wirtschaften ist die Idee der Kreislaufwirtschaft, die es möglich macht, den Rohstoff- und Energieverbrauch einzudämmen. Ebenso geht es um die sog. Faktor-X-Technologien, mit denen die Material- und Energieeffizienz um ein

Vielfaches gesteigert werden kann. Beides ist die Voraussetzung dafür, dass sowohl eine weitgehende Entflechtung von Wirtschaftswachstum und Energieeinsatz möglich wird, als auch ein langfristiger Wohlstand ohne signifikantes Wirtschaftswachstum zumindest in den sog. reifen Volkswirtschaften gewährleistet werden kann.

Kreislaufwirtschaft darf sich jedoch nicht nur auf Stoffkreisläufe beziehen, sondern es müssen auch die Produktionskreisläufe, die Lebenszyklen von Produkten, die Wertschöpfungs- und Innovationsketten und die Finanzkreisläufe einbezogen werden.

Natürlich braucht es dafür auch ein innovationsfreundliches politisches Klima, Incentives, neue Formen der Aus- und Weiterbildung, ein sinnvolles Steuersystem und bessere internationale Standards und Handelsregeln, aber der entscheidende Punkt ist, dass die Wirtschaft und die Unternehmerinnen und Unternehmer selbst der Motor und das Getriebe für das neue klimakompatible Handeln werden. Die Unternehmerinnen und Unternehmer haben längst begonnen, in diese Richtung zu gehen und es stellen sich bereits beachtliche Erfolge ein.

Genau an diesem Punkt setzt das vorliegende Buch an. Sein Hauptzweck ist es, einige der bereits vorhandenen erfolgreichen Businessmodelle exemplarisch vorzustellen, zu zeigen, dass vieles möglich ist, und Mut zu machen, dass möglichst viele Unternehmer und Unternehmerinnen angeregt werden, darüber nachzudenken, wie sie ihre Unternehmen in Richtung Klimaneutralität transformieren können. Es sollen Beispiele aus der Güterindustrie, aus der Landwirtschaft und aus der Logistik genauso vorgestellt werden, wie Dienstleister aus der Finanz- und Versicherungsbranche, aus der Energiewirtschaft oder dem Bausektor. Damit die Gesamttransformation von Wirtschaft und Gesellschaft Erfolg hat, kommt es natürlich auf eine breite Beteiligung an. Alle Bürger, alle öffentlichen Verantwortungsträger, alle Unternehmen sind eingeladen, sich an dem Transformationsprozess in Richtung einer nachhaltigen und klimagerechten Wirtschaftsweise zu beteiligen.

Das neue Denken, die Third Mission der Wissenschaft, dialogfähige politische Akteure, ein neues Engagement der Zivilgesellschaft, kritische Konsumenten und Konsumentinnen, wache Medien und ein neues Wirtschaften haben miteinander das Potenzial, die Welt zukunftsfähig und enkeltauglich zu machen.

Dieses Buch erhebt den Anspruch zu beweisen, dass es möglich ist, mit klimafreundlichen, innovativen Ideen wirtschaftlichen Erfolg zu haben und Wohlstand zu gewährleisten. Nicht die Vorstellung, mit immer neuen Beschränkungen und Verboten den Menschen ihr Leben zu vermiesen, sondern die Idee, über neue Wege eine neue, dafür aber nachhaltige Lebensqualität zu erzeugen, ist das Anliegen. Indem den Menschen die Angst und die Aussichtslosigkeit des Klimawandels genommen wird, entstehen neue Freiheiten, die das Leben auch für unsere Kinder und Enkel lebenswert machen.

Dipl.-Ing. Dr. Franz Fischler, Studium der Landwirtschaft an der Universität für Bodenkultur, Wien; 1989–1994: Bundesminister für Land- und Forstwirtschaft; 1995–1999: Mitglied der Europäischen Kommission, zuständig für Landwirtschaft und ländliche Entwicklung; 1999–2004: zusätzlich zuständig für Fischerei; Vorsitzender von PRO SCIENTIA, umfangreiche Vortragstätigkeit in Österreich und im Ausland, seit 2007 Vorsitzender der Raiffeisen Nachhaltigkeits-Initiative, seit Dezember 2015 Vorsitzender des Kuratoriums des Instituts für Höhere Studien (IHS) und seit 2012 Präsident des Europäischen Forums Alpbach.

Aktuelle Erkenntnisse der Wissenschaft

Klimakrise und die Folgen für Wirtschaft und Gesellschaft

Helga Kromp-Kolb

1 Einführung

Dem Begriff der Corporate Social Responsibility (CSR) liegt keine einheitliche Definition zugrunde, aber es geht in irgendeiner Form immer um Qualität und Ziele des Managements innerhalb der Firma und um Wirkungen der Firma nach außen. Letztere primär auf die Gesellschaft, zunehmend aber auch auf die Umwelt. Ein Aspekt der Umwelt ist das Klima: Dieses wird von den Aktivitäten der Wirtschaft beeinflusst, es ist aber umgekehrt eine wesentliche Rahmenbedingung für die Wirtschaft. Daraus folgt, dass es nicht nur erlaubt, sondern notwendig ist, sich mit den klimatischen Entwicklungen zu befassen, in denen die Wirtschaft handelt bzw. handeln wird. Wenn dieser Zusammenhang hier noch weit hergeholt erscheinen mag – die folgenden Ausführungen versuchen darzulegen, dass dies keineswegs so ist, sondern dass die Klimakrise und die Reaktion darauf ein zentraler Faktor aller Lebens- und Wirtschaftsbereiche der kommenden Jahre sein werden.

2 Warum plötzlich Klimakrise?

An die Spitze der Ausführungen sei die Frage gestellt, warum im öffentlichen Diskurs der Klimawandel im Winter 2018 zur Klimakrise mutierte?

Der Klimawandel ist ein alter Hut, die Wissenschaft mahnt seit 30 Jahren IPCC (1990), dass es fünf vor zwölf ist, jeder weiß davon – man lebt recht gut damit. Man setzt

H. Kromp-Kolb (✉)
Zentrum für Globalen Wandel und Nachhaltigkeit, Universität für Bodenkultur Wien, Wien, Österreich
E-Mail: helga.kromp-kolb@boku.ac.at

A. Sihn-Weber und F. Fischler (Hrsg.), *CSR und Klimawandel*, Management-Reihe Corporate Social Responsibility, https://doi.org/10.1007/978-3-662-59748-4_3

kleine Schritte, tauscht Glühlampen, installiert einige Fotovoltaikpaneele oder kauft ein Elektroauto, weil das dem Image förderlich ist, und man adaptiert das Werbematerial, die Jahresberichte, den Webauftritt: Klimaschutz und Nachhaltigkeit dürfen nicht mehr fehlen. Maßnahmen zum Schutz des Klimas gehören in die Kategorie der Neujahrsvorsätze: Man setzt einige um, andere heuer noch nicht; irgendwann, wenn es gerade passt, wird man sie schon angehen. Selbst das Pariser Klimaabkommen – seit 2016 auch für Österreich völkerrechtlich bindend – scheint keine praktischen Folgen zu haben.

Und dann greifen die Medien den einsamen Klimastreik einer 15-jährigen schwedischen Schülerin auf. Greta Thunberg spricht vor dem Plenum bei der COP 2018 in Kattowice[1] und sagt den Delegierten: „Wir können eine Krise nicht lösen, ohne sie als Krise zu behandeln“. Und plötzlich wird in den Medien aus dem Klimawandel die Klimakrise. Trotzdem widmen sie in der Folge der Frage, ob Schulkinder streiken dürfen, mehr Zeit, als der Bedeutung, den Ursachen oder den Lösungen der Klimakrise.

Die jungen Menschen hingegen haben den Ernst der Lage verstanden. Weltweit streiken sie, weltweit demonstrieren sie, stellen Forderungen an die Politik, von der lokalen bis zur globalen Ebene. Eine bis dahin kaum bekannte Gruppe, Extinction Rebellion, legt über Ostern Verkehrsknotenpunkte in London lahm und verlangt als erste von nur drei Forderungen, dass die Politiker endlich die Wahrheit sagen und über den Ernst der Lage informieren[2]. Erste Erfolge stellen sich ein: Städte wie London, Los Angeles, Vancouver, Basel und Konstanz und das britische Parlament erklären den Klimanotstand. Das Ausrufen des Klimanotstands ist ein politisches Statement, es handelt sich nicht um rechtlich verankertes Notrecht. Die Städte bzw. das Parlament, inzwischen auch schon Universitäten, signalisieren, dass sie die Klimakrise als Problem anerkennen und die Auswirkungen jedes Beschlusses auf das Klima und die ökologische, gesellschaftliche und ökonomische Nachhaltigkeit prüfen werden. Bleiben das Lippenbekenntnisse oder werden die jungen Menschen erfolgreich sein? Den jungen Menschen ist klar: Wenn die Klimakrise nicht gelöst wird, kommt es zur Klimakatastrophe. Und die Wissenschaft bestätigt weltweit in Stellungnahmen die Berechtigung ihrer Forderungen (Hagedorn et al. 2019).

3 Existenzielle Entscheidungen

3.1 Nicht nur das Klima ändert sich

Die Klimakrise spielt sich nicht in einer in allen übrigen Aspekten stationären Welt ab – im Gegenteil: Veränderungen treten in allen Bereichen und meist mit zunehmender Geschwindigkeit auf.

[1]https://www.youtube.com/watch?v=DGDMqyfK8UQ

[2]https://rebellion.earth/the-truth/demands/

Die Weltbevölkerung wächst weiter exponentiell, d. h. jedes Jahrzehnt schneller als zuvor, wenn auch die Beschleunigung etwas zurückgegangen ist. Bis Ende des Jahrhunderts erwartet die UNO mit 95 %iger Wahrscheinlichkeit eine Weltbevölkerung zwischen 9,5 und 13,3 Mrd. Menschen auf dieser Welt, wobei der wahrscheinlichste Wert bei 11,2 Mrd. liegt (UN 2015b).

Die Zahl der Menschen ist aber nach der IPAT-Gleichung einer der drei wesentlichen Faktoren für das Ausmaß der Nutzung von Ressourcen: Impakt auf die Ressourcen = Zahl der Menschen * Lebensstil * Technologie. Das Bevölkerungswachstum kann daher nicht ohne Auswirkungen auf die Verfügbarkeit von Ressourcen bleiben, zumal einige zentrale Ressourcen schon jetzt offenkundig knapp sind oder in absehbarer Zeit werden (s. z. B. Sverdrup und Ragnarsdottir 2014; Jackson und Webster 2016; Kromp-Kolb und Kromp 2009).

Verschärft wird die Situation durch das rapide Anwachsen der kaufkräftigen Mittelschicht in den Schwellenländern und dem mit zunehmendem Wohlstand verbundenen Lebensstil als Treiber für Ressourcennutzung und Klimawandel (2018).

Der kürzlich erschienene Sachstandsbericht zur Biodiversität (IPBES 2019) zeichnet ein bedrohliches Bild hinsichtlich des Artenverlusts und dessen Folgen für die Menschheit. Die Ursachen für die dramatischen Veränderungen sind erstens der Umgang der Menschen mit der Fläche, d. h. mit den Habitaten der Tiere und Pflanzen, zweitens die direkte Ausbeutung, z. B. der Fische im Ozean, und drittens der Klimawandel. Mit Fortschreiten des Klimawandels werden die Auswirkungen auf die Biodiversität deutlich ansteigen. Wie Richard Alley es ausdrückt (zitiert in: Wallace-Wells 2019): „Das erste Grad globaler Erwärmung war noch praktisch kostenlos. Jedes weitere Grad wird deutlich mehr Kosten verursachen – es ist von exponentieller Zunahme der Wirkungen auszugehen".

Die Digitalisierung wird zur Entspannung der Situation nicht beitragen, wenn sie weiter völlig losgelöst von ökologischen Fragen vorangetrieben wird. Sie hätte das Potenzial, zur Ressourcenschonung beizutragen, aber sie hat leider auch das viel größere Potenzial, bestimmte Ressourcen, allen voran Energie, aber auch seltene Erden, Metalle etc. im Übermaß zu benötigen, wenn sie sich nur marktgetrieben entwickelt.

3.2 Wie knapp stehen wir am Abgrund?

Der vielbeachtete Bericht an den Club of Rome „Limits to Growth" im Jahr 1972 (Meadows et al. 1972) besagt im Kern, dass in einem endlichen System unbegrenztes Wachstum nicht möglich ist, sondern zum Überschießen und dann zum Kollaps des Systems führt. Analysen der Entwicklung der Welt seit dem damaligen Weckruf zeigen, dass die Modelle, so simpel sie auch waren, mit ihrem Referenzszenarium „business as usual" die reale Entwicklung seither ziemlich genau getroffen haben (van Vuuren and Faber 2009; Turner 2014). Demnach nähern wir uns dem Kollaps. Es gibt jedenfalls verschiedene Hinweise, dass wir bereits im Modus des Überschießens sind. Das wahrscheinlich populärste Bild ist jenes des ökologischen Fußabdrucks, der global über dem Zweifachen des mit der Erde Verträglichen liegt (Vandermaesen et al. 2019).

Aber auch andere, wissenschaftlich robustere Analysen deuten darauf hin. Mit dem Konzept des „safe operating space for humanity" (Rockström et al. 2009; Steffen et al. 2015) wird versucht, für verschiedene Eingriffsbereiche (u. a. Klimawandel, Ozeanversauerung, Zerstörung der Ozonschicht, Biodiversitätsverlust, Störung der geobiophysikalischen Kreisläufe, z. B. Stickstoff und Phosphat, oder Landnutzungsänderungen) jene Grenzen aufzuzeigen, innerhalb derer die Menschheit ohne Sorge das System zu gefährden agieren kann bzw. wann dieses Agieren zu Gefahr wird. Heute gelten zumindestens die Grenzen tolerierbaren Biodiversitätsverlusts und erlaubten Eingriffs in Stickstoff- und Phosphorkreislauf als überschritten, Klimawandel und Landnutzungsveränderungen befinden sich in kritischer, hinsichtlich des Risikos wissenschaftlich noch nicht eindeutig abschätzbarer Zone.

Eine parlamentarische Kommission in Großbritannien (Jackson und Webster 2016) kam zu dem Ergebnis, dass über die Grenzen des Wachstums immer noch diskutiert werden kann, dass aber die Beweislage für eine Nähe zu diesen Grenzen immer deutlicher wird. Zugleich wies sie darauf hin, dass zu dem Zeitpunkt, da der Rückgang der Produktion als erstes Zeichen der Grenzerreichung merkbar wird, der Handlungsspielraum viel stärker eingeschränkt ist, als in der Wachstumsphase, und dass Kollaps immer ein unkontrollierbarer Prozess ist. Vernunft gebiete frühzeitig zu handeln und technologische Systeme, ökonomische Einrichtungen und Lebensstile zu transformieren. Das setze längerfristiges Denken bei Politik und Wirtschaft voraus.

Eine Analyse der über 80 Zivilisationen, die zwischen 3000 vor und 1000 nach Christi Geburt entstanden und wieder verschwunden sind (Luke 2019), ergab zwar kein klares Muster hinsichtlich der Ursachen für deren Kollaps, aber es ließen sich neben äußeren Einwirkungen und Zufällen vier wiederkehrende Faktoren ausmachen, die einzeln oder in Kombinationen zum Kollaps führten. Diese sind: Klimawandel, Umweltzerstörung, große Kluft zwischen arm und reich bzw. Entstehen von Oligarchien und zunehmende Komplexität des politisch-ökonomischen Systems. Die Entwicklung von Kenngrößen für alle vier Faktoren für unsere gegenwärtige Zivilisation gestattet keine optimistische Interpretation. Nun können zwar einige Gründe angeführt werden, warum die Erkenntnisse aus der Vergangenheit nicht auf die Gegenwart übertragbar sind, allerdings gibt es auch solche, wie z. B. die Existenz von Nuklearwaffen, die darauf hindeuten, dass die Situation derzeit noch gefährlicher ist, als sie es früher war. Nicht umsonst stellte Arnold Toynbee in seinem Monumentalwerk *A Study of History* (1934–1961) fest: Große Zivilisationen werden nicht umgebracht – sie begehen Selbstmord.

Zusammenfassend ist festzustellen, dass wir zwar nicht wissen, möglicherweise auch nicht wissen können, wie nahe wir am Abgrund sind, dass es aber genug Warnhinweise gibt, die eine Änderung unserer zivilisatorischen Trajektorie als wünschenswert erscheinen lassen.

Anhand des im Folgenden beschriebenen Klimaproblems werden selbstverstärkende Prozesse als weiterer Grund für die hohe Dringlichkeit der Veränderung offenkundig.

3.3 Das irreführende Drei-Säulen-Modell der Nachhaltigkeit

Lange wurde die Nachhaltigkeit ähnlich der Frontalansicht eines griechischen oder römischen Tempels dargestellt: Drei Säulen, die ökonomische, die soziale und die ökologische, auf denen das Dach Nachhaltigkeit ruht. Inzwischen wird dieses statische Bild – bei dem man im übrigen problemlos auf eine Säule verzichten könnte, und wohl auch tat – häufig durch drei überlappende Kreise ersetzt, wobei der Überlappungsbereich aller drei Kreise – der Nachhaltigkeitsbereich – meist relativ klein ausfällt. Beiden Darstellungen ist gemeinsam, dass die drei Bereiche als gleichwertig dargestellt werden. Das entspricht jedoch nicht der Realität, weder der unserer Lebenswelt, in der eindeutig die Ökonomie dominiert, noch der naturwissenschaftlich basierten Realität. Hier ist im globalen Kontext die Ökologie jedenfalls als die wichtigste Komponente zu betrachten. Bei Zerstörung des Ökosystems fehlt den Menschen die Lebensgrundlage und dann erübrigen sich soziale oder wirtschaftliche Nachhaltigkeitsbemühungen. Das mag sich vor hundert Jahren noch anders dargestellt haben, als der Mensch am globalen Ökosystem nur punktuell kratzte; mittlerweile ist der Mensch jedoch zur dominierenden gestaltenden Kraft der Erde geworden und die Zerstörung der ökologischen Grundlagen seines Lebens durch ihn selbst nicht mehr undenkbare Fiktion. Dieser Verschiebung der Relationen trägt die Wissenschaft durch Prägung des Begriffs Anthropozän für unser Zeitalter Rechnung (Crutzen 2002).

Die drei Komponenten der nachhaltigen Entwicklung sind also keineswegs äquivalent, sondern haben eine ganz klare Hierarchie: Ökologie zuerst, denn das ist die Lebensgrundlage, dann das Soziale, denn es macht das Leben für den Menschen lebenswert. Die Wirtschaft gehört im Grunde in eine andere Kategorie, denn sie ist lediglich ein Hilfsmittel zur Organisation des Sozialen und sollte so gestaltet werden, dass die Einhaltung der ökologischen Grenzen gesichert ist (Raworth 2017).

Dementsprechend werden auch die Nachhaltigen Entwicklungsziele der UNO (UN 2015a) zusammengefasst als die Aufgabe, die soziale Agenda unter Einhaltung der ökologischen Grenzen des Planeten zu lösen, wobei die Herausforderung darin besteht, dies synergistisch, nicht in Konkurrenz miteinander zu tun (Riahi 2017).

Dem wurde im übrigen auch im Österreichischen Verfassungsgesetz Rechnung getragen, das die Staatsziele beschreibt (BGBl. I Nr. 111/2013): „Die Republik Österreich (Bund, Länder und Gemeinden) bekennt sich zum Prinzip der Nachhaltigkeit bei der Nutzung der natürlichen Ressourcen, um auch zukünftigen Generationen bestmögliche Lebensqualität zu gewährleisten." Die immer wieder aufflackernde Diskussion um die Aufnahme von Wirtschaftswachstum oder den wettbewerbsfähigen Wirtschaftsstandort als Mittel zu Wachstum und Beschäftigung als gleichwertige Ziele als Staatsziele verkennt die Natur dieser Begriffe: Wirtschaftswachstum und Beschäftigung können bestenfalls Mittel zur Erreichung der definierten Ziele sein. Sie haben keinen Wert an sich und sollten daher auch nicht als Staatsziele angeführt werden. Dies unabhängig davon, ob sie tatsächlich geeignete Mittel zur Erreichung der Ziele sind.

3.4 Dimensionen der Klimakrise

Kurz gefasst lässt sich der Klimawandel folgendermaßen darstellen: Hohe und steigende Treibhausgasemissionen (Kohlendioxid, Methan, Lachgas, Ozon, SF6 usw.) verursachen steigende Konzentrationen in der Atmosphäre, die den Strahlungshaushalt aus dem bisherigen Gleichgewicht bringen und damit eine Temperaturerhöhung verursachen. Die Temperaturerhöhung verändert viele, letztlich alle anderen Wetter- und Klimaparameter, und das hat Auswirkungen auf die Natur und auf die Wirtschaft. Opfer aber zugleich auch Treiber dieser Entwicklung ist der Mensch. Da man diesen lange aus der wissenschaftlichen Sicht ausgeklammert hatte, ist verständlich, dass man die Lösung des Problems primär in Technologien zur Reduktion der Emissionen gesucht hat. Erst seit der Mensch, seine steigende Zahl und sein zunehmend aufwendiger Lebensstil als Treiber der Entwicklung benannt wird, weiten sich die Möglichkeiten, Maßnahmen zu ergreifen, deutlich aus.

Der Klimawandel beeinflusst praktisch alle natürlichen Systeme und alle Wirtschaftssektoren direkt oder indirekt. Wenn man auf eine Achse eines Koordinatenkreuzes die Auswirkungen des Klimawandels und auf die andere die Auswirkungen der Klimaschutzmaßnahmen aufträgt, die beide sowohl positiv als auch negativ sein können, dann können Wirtschaftssektoren, aber auch Städte oder Regionen in diesem Koordinatensystem als Punkte oder Flächen verortet werden. Sie erweisen sich dann als doppelte Gewinner oder doppelte Verlierer oder auch als Mischformen, die sowohl Vorteile lukrieren als auch Nachteile erleiden werden. Die Deutsche Bank (Heymann 2007) hat in einem derartigen Diagramm die Land- und Forstwirtschaft z. B. auf der Maßnahmenachse zu den Gewinnern, auf der Klimafolgenachse sowohl als Gewinner als auch als Verlierer eingezeichnet, die Automobilindustrie dagegen hinsichtlich der Klimafolgen als neutral, in Bezug auf Klimaschutzmaßnahmen jedoch zu den massiven Verlierern gezählt. Diese Darstellungsart stellt eine Momentaufnahme dar, ohne branchenspezifische Chancen zu berücksichtigen: So könnte z. B. die Automobilindustrie, bei der Umstellung auf leichte Elektrofahrzeuge noch stärker aber bei Umstrukturierung zum Mobilitätsdienstleister, von den Erfordernissen des Klimaschutzes profitieren und Gewinner statt Opfer werden (Kromp-Kolb 2018).

Die beiden Achsen entsprechen etwa den Kategorien Anpassung an den Klimawandel und Minderung der Treibhausgasemissionen. Beides muss geschehen, denn das Klima hat sich bereits geändert und wird sich jedenfalls noch weiter ändern. Andererseits gibt es Grenzen der Anpassung, daher muss der Klimawandel durch drastische Minderung der Treibhausgasemissionen eingebremst und das Klima nach Möglichkeit wieder stabilisiert werden.

Anpassung an den Klimawandel ist nötig, denn der Klimawandel ist schon jetzt spürbar, in manchen Regionen und für manche Sektoren sehr deutlich. Dabei kann zwischen den Auswirkungen allmählicher Änderungen, wie dem systematischen Temperaturanstieg, und von Extremereignissen, wie Hitzeepisoden, unterschieden werden. Von direkten Auswirkungen spricht man, wenn die Änderung eines Klimaparameters die Wirkung auslöst, von indirekten, wenn ein oder mehr Glieder dazwischen liegen, also z. B. wenn die Temperaturänderung bestimmten Insekten das Überleben ermöglicht, wo das früher nicht möglich war, und diese Insekten Krankheiten übertragen – wie etwa Sandmücken in Österreich (APCC 2018).

Für Österreich wurde staatlicherseits eine Klimaanpassungsstrategie entwickelt, die periodisch den sich neu einstellenden Erfordernissen angepasst wird. Behörden und Institutionen treffen Vorsorge, um die Auswirkungen des Klimawandels zu minimieren – etwa durch Bereitstellung von mehr medizinischem und Betreuungspersonal in Spitälern, Altersheimen und Kindergärten während Hitzeperioden.

Anpassung soll Schäden vorbeugen, aber völlig verhindert können sie nicht werden. Schäden durch den Klimawandel bleiben i. d. R. Sache der Betroffenen, bestenfalls finanziell gemildert durch Versicherungen oder Zahlungen aus dem staatlichen Katastrophenfonds. Beispiel sind die starken Einbußen in den Wäldern des Waldviertels durch Borkenkäferbefall als Folge des langen warmen und trockenen Sommers 2018 (Stangl et al. 2019).

Schon jetzt verursacht der Klimawandel in Österreich bezifferbare Kosten in der Höhe von rund 1 Mrd. € pro Jahr (Steininger et al. 2014), eine Zahl die den Kosten für Klimaschutzmaßnahmen jeweils gegenübergestellt werden müsste, wenn über die Leistbarkeit von emissionsmindernden Maßnahmen diskutiert wird. Die Abschätzung ist, dass diese Zahl noch auf bis zu 9 Mrd. € pro Jahr steigen könnte, wenn die Weltgemeinschaft ihre Anstrengungen für den Klimaschutz nicht deutlich verstärkt (Steininger et al. 2014). Diese Kosten werden teils von Privaten, etwa wenn ein Privathaus überschwemmt wird, teils von der Wirtschaft, etwa wenn die Ernte geringer ausfällt als gewöhnlich, und teils von der öffentlichen Hand, v. a. bei der Wiederherstellung von Infrastruktur, und über die Katastrophenfonds, getragen. Innerhalb der Wirtschaft ist die Versicherungswirtschaft besonders betroffen und es ist daher kein Zufall, dass diese Branche – v. a. die Rückversicherer – zu den frühen Warnern vor der Klimakrise gehört haben.

Die durch den Klimawandel verursachten Veränderungen können natürlich auch Chancen bieten: So profitiert z. B. der Österreichische Sommertourismus direkt vom Klimawandel, weil sich die alpinen Seen aufgrund der Erwärmung besser zum Baden eignen, und auch indirekt, weil es in vielen südlichen Urlaubsländern in der klassischen Urlaubszeit bereits zu heiß wird, sodass sie an Attraktivität verlieren (APCC 2020).

Anpassung allein genügt nicht – **Klimaschutz,** d. h. die Minderung von Treibhausgasemissionen ist mindestens ebenso wichtig. Die auf globaler Ebene erforderlichen Minderungen wurden 2015 im Pariser Klimaabkommen festgehalten. In der Vereinbarung einigten sich alle teilnehmenden Staaten darauf, den weltweiten Temperaturanstieg auf 2 °C gegenüber vorindustriellem Niveau zu begrenzen, wobei angesichts der großen Risiken 1,5 °C anzustreben seien. Daneben sind noch eine Fülle weiterer Bestimmungen zur Ermöglichung und Absicherung der notwendigen Reduktionen in der erforderlichen Geschwindigkeit enthalten, wie etwa, dass die Treibhausgasemissionen die Fähigkeit von Ozeanen und Biomasse zur Aufnahme von Treibhausgasen (THG) schon früh in der zweiten Hälfte des Jahrhunderts nicht übersteigen dürfen. Die Einhaltung des Pariser Klimaabkommens ist im Übrigen auch in die nachhaltigen Entwicklungsziele (SDG) der UNO im Rahmen des SDG 13 übernommen worden.

Treibhausgasemissionen können reduziert werden, indem fossile durch erneuerbare Energieträger ersetzt werden, die Energieeffizienz erhöht wird, im Nichtenergiebereich Einsparungen gemacht werden, z. B. durch kontrollierte Landnutzungsänderungen oder Änderungen der Ernährungsgewohnheiten hin zu weniger Fleisch und Milchprodukte, und indem der Bedarf an Produkten grundsätzlich reduziert wird. Die Instrumente der Staaten zur Erzielung der notwendigen Reduktionen reichen von Verboten und Geboten bis zu fiskalen Anreizen und Strafen.

Die Reduktionen bleiben bisher allerdings global und in den meisten Ländern deutlich hinter den Erfordernissen zurück und selbst wirtschaftlich offenkundig sinnvolle Maßnahmen werden oft nicht umgesetzt. Österreich zählt innerhalb der EU zu den Schwächsten in Sachen Klimaschutz und die Österreichische Politik hat sich 2019 mit einer Steuerreform ohne ökosoziale Komponente eines der mächtigsten Instrumente zur Steuerung der Treibhausgasemissionen beraubt. Dass eine Besteuerung fossiler Energie auch im Alleingang, ohne gemeinsame EU Politik, erfolgreich durchgeführt werden kann, haben mehrere EU Staaten bereits vorgemacht und kann auch mit Modellen für Österreich gezeigt werden. Aus mehreren Untersuchungen ist bekannt, dass ökologische Steuern, z. B. durch die Anhebung der Treibstoffpreise, wie in Frankreich, dann akzeptiert werden, wenn Transparenz über die Mittelverwendung, für den Klimaschutz oder zur Auszahlung eines Klimabonus verwendet werden. Die Gelbwestenbewegung, die in Frankreich beinahe zum Sturz von Präsident Macron geführt hätte, wäre bei sozial ausgewogenen Ökosteuern vermeidbar gewesen (Gagnebin et al. 2019).

Auch die österreichische Klimastrategie und der Entwurf für einen Nationalen Energie- und Klimaplan (BMNT 2018) sind über weite Strecken zahnlos. In einem internationalen Vergleich der NEKP-Entwürfe der EU-Staaten rangiert der österreichische Entwurf an beschämender 19. Stelle – gerade noch im Mittelfeld. Kommt es zu keiner aktiveren Klimapolitik von öffentlicher oder privatwirtschaftlicher Seite, drohen dem österreichischen Steuerzahler hohe Kosten für den Zukauf von Zertifikaten, aber zugleich droht auch die österreichische Wirtschaft die globale Entwicklung hin zu kohlenstofffreien oder -armen Technologien zu verschlafen: Das Konsumentenpotenzial der nahen Zukunft, auch für österreichische Produkte, wird die stark wachsende Mittelschicht in Asien und Lateinamerika sein. Sie wird zwangsläufig nach ökologischen, klimafreundlichen Produkten greifen, denn der Klimawandel manifestiert sich dort noch viel handgreiflicher als in Europa. Wenn die österreichische Wirtschaft solche Produkte nicht bieten kann, werden andere die Lücke schließen. Es gibt natürlich auch in Österreich Branchen und Firmen, die diese Entwicklungen sehen und darauf reagieren: Österreich hat einige Pioniere in innovativer, zukunftsfähiger Technologie und in nachhaltigen, klimafreundlichen Produkten vorzuweisen. Leider sind sie oft auf den internationalen Markt angewiesen, weil ihre Produkte in Österreich nicht oder nicht genügend nachgefragt werden (Kromp-Kolb und Formayer 2018).

3.5 Zwei Szenarien

Die Welt wird sich ändern, ob das Pariser Klimaabkommen eingehalten wird oder nicht – aber in sehr verschiedener Weise. Es sei gestattet, dies anhand von zwei Szenarien gegenüberzustellen – basierend auf einer Fülle von wissenschaftlichen Untersuchungen, aber doch in freier Gestaltung zu Szenarien kombiniert. Es sei betont, dass dies keine Prognosen sind – es ist der Versuch zu verdeutlichen, dass kein Klimaschutz zur Katastrophe führt, während aggressiver Klimaschutz, der nötig ist, um 1,5 °C nicht zu überschreiten, so gestaltet werden kann, dass das Ergebnis für die Gesellschaft zu einer Verbesserung gegenüber dem heutigen Zustand führt. Die Szenarien sind für Europa entworfen – in den Schwellen- und Entwicklungsländern wären teilweise andere Aspekte zu berücksichtigen.

Extrapoliert man die bisherigen Erfolge im Klimaschutz, so wird das Pariser Klimaabkommen deutlich verfehlt, es kommt bis Ende des Jahrhunderts zu einer Erwärmung von etwa 4 °C im globalen Mittel (UNEP 2018). Die Welt bei +4 °C ist nach den IPCC-Darlegungen eine völlig veränderte. Es ist aber wichtig zu wissen, dass die IPCC-Szenarien die tatsächlichen Entwicklungen chronisch unterschätzt haben: Die Temperatur stieg rascher als erwartet und Folgen setzten schon bei geringerem Temperaturanstieg ein, als angenommen. Die reale Entwicklung bewegte sich stets am oberen Rand der vom IPCC angegebenen Bandbreite.

Darüber hinaus wählt die Wissenschaft i. d. R. jene Bandbreite von Entwicklungen rund um die wahrscheinlichste Entwicklung, innerhalb der die Zukunft mit etwa 70 % Wahrscheinlichkeit liegt – bestimmte Emissionsszenarien vorausgesetzt. Da die Wahrscheinlichkeitsverteilung jedoch schief ist, treten die höheren Temperaturen außerhalb dieses Bereichs mit über 20 % Wahrscheinlichkeit auf. Bei Schadensfunktionen, die i. d. R. exponentiell mit der Temperatur wachsen, liegen folglich die höchsten Risiken (Eintrittswahrscheinlichkeit * Schadenshöhe) deutlich außerhalb des von der Wissenschaft diskutierten Bereichs (Spratt und Dunlop 2018). Die Wissenschaft verschweigt dies nicht – ein entsprechender Hinweis auf die extremeren Möglichkeiten findet sich praktisch immer –, aber die Extremszenarien stehen nicht im Vordergrund der Kommunikation. Man will sich keineswegs Panikmache vorwerfen lassen. James Hansen, einer der führenden Klimatologen der USA, nennt dies „scientific reticence“ (Hansen 2007).

Die Wissenschaft kommt deshalb zunehmend in die Kritik, dass sie die Klimakrise nicht in ihren vollen Dimension darstellt (vgl. Wagner and Weizmann 2015; Spratt und Dunlop 2018; Grantham 2018). Wallace-Wells bemerkt in Verteidigung seiner Zeichnung einer aufgrund des Klimawandels unbewohnbaren Erde – durchgehend basierend auf wissenschaftlichen Studien –, dass er die Gleichgültigkeit („complaisance“) der Öffentlichkeit als das größere Problem sehe als den weit verbreiteten Fatalismus. Alarmismus lasse er sich vorwerfen, aber wir sollten ja auch alarmiert sein (Wallace-Wells 2019).

Wie kann ein Szenario aussehen, wenn die Klimakrise nicht politikleitend wird?

Menschen sind Wärmekraftmaschinen – sie brauchen eine Temperaturdifferenz zwischen Körper und Umgebung, um funktionsfähig zu sein. Städte wie Karachi, Pakistan, sind wegen der hohen Feuchte schon bei +2 °C globaler Mitteltemperatur zeitweise fast unbewohnbar. Rund 350 Mio. Menschen sind in ähnlicher Weise betroffen. Der Hitzesommer 2003, der in Europa mehrere 10.000 Menschenleben gekostet hat, wird bei +4 °C in Europa normal. Wenn die Temperatur noch weiter, auf +6 °C stiege – und das ist nur eine Frage der Zeit – wäre Arbeit im Mississippi-Tal nicht mehr möglich, and alle Menschen östlich von den Rocky Mountains unterlägen mehr Hitzestress als irgendwer heute; New York würde unter mehr Hitzestress leiden als Bahrain heute, und in Bahrain könnte man sogar beim Schlafen der Hypothermie erliegen (Wallace-Wells 2019). Die Luftqualität sinkt wegen der hohen, schönwetterbedingten Ozon- und Staubkonzentrationen – letzterer aufgewirbelt vom ausgetrockneten Boden.

Das bisheriges Wirtschaftswachstum wird sich als historische Ausnahmesituation – den fossilen Energien geschuldet – erweisen (Jackson und Webster 2016). Der Rückgang der globalen Produktivität um 25 % (noch mehr in den wärmeren Ländern) als Folge der deutlichen Erwärmung (Burke et al. 2015) verstärkt durch Extremereignisse und Meeresspiegelanstieg lässt die Wirtschaft von einer Krise in die nächste taumeln. Die Armut wächst, und 2030 leben bereits zusätzliche 165 Mio. Menschen in extremer Armut (Gaube 2019). Bangladesh, wo 50 % der Bevölkerung weniger als 5 m über dem Meeresspiegel leben, verliert fast ein Fünftel seiner Landesfläche bis 2050 durch den Anstieg des Meeresspiegels, wodurch es zu 20 Mio. Klimaflüchtlingen kommt. Nicht viel besser sieht die Situation im Nil-, im Mekong- oder im Mississippidelta aus. Bis 2050 sind 200 Mio. Menschen wegen des Klimawandels auf der Flucht – noch ohne jene zu rechnen, die kriegsbedingt fliehen. Die Wahrscheinlichkeit für Krieg steigt mit der Temperatur (Wallace-Wells 2019) und es werden Klimakriege um Wasser, um Nahrung, um Fläche geführt.

Bei der Welternährung kommt es zu Engpässen, denn der Rückgang der landwirtschaftlichen Produktion durch Hitze, Dürre und anderes wird deutlich. Bis 2050 kommt es z. B. in Indien zu einem Ernterückgang von 23 % bei Weizen und auf den Ozeanen zu einer Reduktion der Fischproduktivität von 50 %. Bis 2100 produziert China 36 % weniger Reis, 11 % weniger Weizen und 45 % weniger Mais. Dies bei gleichzeitig steigender Weltbevölkerung (Wallace-Wells 2019).

Dieses Szenarium zeichnet sich aber v. a. dadurch aus, dass eine Stabilisierung des Klimas nicht mehr möglich ist und die Temperatur kontinuierlich weiter steigt, ohne dass die Menschen dies steuern können (IPCC 2018; Lenton et al. 2008; Steffen et al. 2018). Dies beruht auf selbstverstärkenden Prozessen im Klimasystem, die – wenn einmal losgetreten – unabhängig von den Treibhausgasemissionen der Menschen weitergehen, ja sich beschleunigen.

Man könnte etwa zusammenfassen: In etwa 50 Jahren von jetzt werden Sie von der Sonne versengt in der Hitze hungern. Sie werden vor Kriegen oder steigendem Meeresspiegel fliehen oder versuchen, was Ihnen noch geblieben ist, vor Klimaflüchtlingen zu schützen. Die Wirtschaft liegt schon längst darnieder, von den Finanzkrisen kann sich die

Welt nicht mehr erholen und die Staatsordnung ist weitgehend kollabiert. Es gibt keine Aussicht auf Verbesserung der Situation – im Gegenteil, der Klimawandel entwickelt sich unaufhaltsam und mit zunehmender Geschwindigkeit.

Und Sie werden sich fragen: Warum hat uns niemand gewarnt? Oder, wenn sie ehrlicher sind: Was haben wir uns nur dabei gedacht, als wir die Warnungen missachtet haben?

Gelingt es hingegen, dem Klimaschutz das nötige Gewicht zu geben, um das 1,5-Grad-Ziel des Pariser Klimaabkommens einzuhalten, d. h. den Temperaturanstieg bei 1,5 °C zu stabilisieren, schaut die Welt völlig anders aus:

Auch in diesem Fall ist es deutlich wärmer als bisher und manche der heißesten Städte werden zeitweise unbewohnbar. Mit 42 % Wahrscheinlichkeit erlebt Europa jedes Jahr eine Hitzeperiode wie 2003, als in Mitteleuropa mehrere Zehntausend Menschen starben. In Mitteleuropa muss man mit 2,6 Dürremonaten pro Jahr rechnen, im Mittelmeerraum mit bis zu 3,7 Monaten. Fünfhundertjährliche Sturmfluten an der Nordsee werden zu hundertjährlichen Ereignissen und 70–90 % aller Korallenriffe weltweit sind dem Risiko des Aussterbens ausgesetzt, 4 % der Wirbeltierarten und 6 % der Insektenarten verlieren mehr als 50 % ihres Verbreitungsgebiets (IPCC 2018). Langfristig, im Lauf von 1000 Jahren, steigt der Meeresspiegel um 30 m, ein nicht mehr aufzuhaltender Prozess. Auch bei 1,5°C Erwärmung bleibt die Welt also nicht so, wie wir sie kennen, auch diese geringe Erwärmung hat unangenehme Folgen.

Aber die sozialen und wirtschaftlichen Rahmenbedingungen, unter denen die Menschen leben, haben sich deutlich zum Positiven verändert. Die dezentralen Energieträger haben viele Strukturen aufgebrochen, insbesondere haben sie den Kommunen Unabhängigkeit und mehr Wohlstand gebracht. Das hat auch die geopolitische Lage verändert – der Nahe Osten ist nicht mehr der große Unruheherd. Ohne die Einmischung externer Kräfte können die arabischen Länder am Wiederaufbau arbeiten und der eigenen Bevölkerung Sicherheit und Auskommen bieten – das kommt auch Europa zugute.

Da sich ein Wirtschaftssystem entwickelt hat, das nicht mehr wachsen muss, um stabil zu sein, das ökologische Aspekte als integrale Bestandteile behandelt, sie nicht nur als externe Kosten führt, und da das Finanzsystem diversifiziert und eng an die Realwirtschaft gekoppelt wurde, steht auch nicht zu befürchten, dass Afrika, das reich an jenen Rohstoffen ist, die für die erneuerbaren Energien gebraucht werden, zum neuen Nahen Osten wird. Die Umstellung des Wirtschaftssystems kam ganz allmählich, als die Menschen zunehmend lokal, regional und auch sektoral alternative Lösungen umsetzten. Die Notwendigkeit, Klimaschutz zu betreiben, beschleunigte, was als Folge der allgemeinen Unzufriedenheit, der wachsenden Schere zwischen arm und reich und des allgemeinen Misstrauens in die Politik ohnehin anstand. Kosten für Polizei und Gefängnisse sowie für das Gesundheitswesen sind als Folge der gleichmäßigeren Vermögens- und Einkommensverteilung gesunken (Wilkinson und Pickett 2010).

Gebrauchsgüter sind langlebiger und reparierbar geworden, die Erzeuger nehmen die Produkte am Ende der Lebenszeit zurück und führen die Komponenten in transparenter Weise einer Kreislaufwirtschaft zu. Zugleich werden viele Produkte, nicht nur die legendäre Bohrmaschine, nur mehr ausgeliehen – man muss nicht besitzen, was man selten braucht. Das bedeutet einerseits Rückgang der Produktion und damit Ressourcenschonung, andererseits aber mehr Qualitätsarbeit. Da man weniger Güter kaufen muss, kann man sich die höheren Preise leisten.

Die Maßnahmen im Mobilitätsbereich haben tiefgreifende Veränderungen mit sich gebracht: Der Individualverkehr wurde zugunsten der aktiven Mobilität dramatisch eingeschränkt, mit zunächst negativen Folgen für die Automobil- und Zulieferindustrie. Diese hat sich jedoch relativ rasch auf Mobilitätsdienstleistungen umgestellt, was angesichts der jetzt wichtiger gewordenen Carsharing-Ansätze neue Möglichkeiten bietet. Für die Bevölkerung haben sich die neuen Raumplanungs- und Mobilitätskonzepte als Segen erwiesen: Aktive Mobilität, weniger Luftverunreinigung und weniger Lärm kommen der Gesundheit aller zugute. Mehr Platz in den Städten ermöglicht mehr Grün zur Dämpfung der Hitze im Klimawandel und der zusätzliche Begegnungsraum macht die Städte sicherer (APCC 2018).

Den technologischen Entwicklungen, wie autonome Fahrzeuge oder Drohnentechnologie, wurden durch gesetzliche Regelungen auf Anwendungen orientiert, die das Einhalten der ökologischen Grenzen erleichtern, nicht zusätzlichen Ressourcenverbrauch erzwingen. Ähnliches gilt für andere Aspekte der Digitalisierung (WBGU 2019).

Um die Emissionen aus der Fleischproduktion zu senken, wurde die Ernährung umgestellt. Düngemittelproduktion, Landnutzungsänderungen und Ausgasungen der Wiederkäuer mussten zurückgefahren werden und gleichzeitig musste die Landwirtschaft den Humusaufbau als Kompensation für die etwa 5 % verbliebenen Emissionen sicherstellen. Die Umstellung der Ernährung hin zu lokal, saisonal und biologischer Nahrung mit mehr Getreide, Gemüse und Obst entspricht viel besser den Vorgaben der Mediziner für eine gesunde Ernährung; sie führt zu weniger Giften, Hormonen und Antibiotika im Körper und tut daher der Gesundheit der Bürger und Bürgerinnen gut (APCC 2018). Die Kosten für das Gesundheitssystem, die Krankenstände und krankheitsbedingten Frühpensionierungen sinken. Die für die extensive Landwirtschaft erforderlichen Flächen wurden aus zuvor zur Futtermittelproduktion für Rinder, Schweine etc. genutzten Flächen gewonnen.

Der Humusaufbau hat die Aufnahmefähigkeit des Bodens für Wasser erhöht, sodass die mit dem Klimawandel einhergehenden Dürreperioden einerseits und Starkniederschläge andererseits besser abgepuffert werden können. Die Landwirte haben trotz Klimawandel einigermaßen verlässliche Ernten. Gepaart mit neuen Formen solidarischer Landwirtschaft und direkter Vermarktung finden Landwirte ein gutes Auskommen. Diese Entwicklungen haben natürlich auch den Lebensmittelhandel stark verändert. Die Verkaufsflächen sind deutlich kleiner geworden, die Vielzahl von gleichartigen Produkten stark reduziert. Die Pflicht zur Kennzeichnung der Lebensmittel hinsichtlich ihres Treibhausgasrucksacks und anderer Umwelt- und sozialen Belastungen sowie ihrer gesundheitsfördernden oder -gefährdenden Wirkung haben das ihre dazu beigetragen.

Das Bildungssystem wurde reformiert und grundlegende Erkenntnisse der Hirnforschung, der Psychologie und der Pädagogik der letzten Jahrzehnte fanden Eingang in die Praxis. Die Neugier und Kreativität der Kinder, Jugendlichen und Studierenden wird gefördert, ihre Fähigkeiten, Brücken statt Gräben zu bauen und das Leben zu gestalten, statt sich vom Leben formen zu lassen, werden gefördert. Das ermöglicht es, von Ressourcenausnutzern zu Potenzialentfaltern zu werden (Hüther 2011). Bei der Wissensvermittlung wandert der Schwerpunkt vom Verfügungs- oder Handlungswissen hin zu umfassendem, ganzheitlichem und wertbezogenem Orientierungswissen (Peter Weish, unveröffentlichtes Vorlesungsmanuskript zur Umweltethik 2011).

Diese Veränderungen wurden in sehr partizipativen Prozessen unter Einbeziehung der Bevölkerung erarbeitet und lokalen Besonderheiten und Wünschen, insbesondere hinsichtlich Reihenfolge und Geschwindigkeit der Änderungen wurde soweit wie möglich Rechnung getragen. Das hat sich günstig auf das Demokratieverständnis ausgewirkt und Bürger und Bürgerinnen übernehmen wieder deutlich mehr Verantwortung im gesellschaftlichen Prozess. Neben der in Österreich schon lange hochstehenden Gesinnungsethik hat sich auch eine praktizierte Verantwortungsethik eingestellt.

Und Sie werden sich fragen, warum es einer Klimakrise bedurfte, diese überfälligen Änderungen herbeizuführen?

Die Entscheidung zwischen dem 4-Grad-Schreckensszenarium und dem viel freundlicheren 1,5-Grad-Szenarium fällt innerhalb dieses Jahrzehnts, denn die 1,5 °C werden zwischen 2035 und 2050 überschritten werden (IPCC 2018); ein Zurück unter diesen Wert wäre jedenfalls noch wesentlich schwieriger als die A-priori-Vermeidung der Überschreitung. Der Temperaturunterschied, um den es geht, beträgt wenig mehr als 0,5 °C, denn schon bei 2 °C ist nicht sicher, dass eine Stabilisierung des Klimas noch möglich ist.

4 Was bedeutet das für die Wirtschaft?

4.1 Glauben, was wir wissen und Öffnen für neues Gedankengut

Der erste, notwendige Schritt ist, die Warnungen der Wissenschaft ernst zu nehmen. Eva Horn nennt es: *„Glauben, was wir wissen"* (Horn 2014); Greta Thunberg sagt (COP 2018): *„Die Klimakrise endlich als Krise behandeln"*. Die Menschen haben eine hohe Fertigkeit darin entwickelt, zu verdrängen, was sie nicht wissen wollen – die Stereotypen sind hinreichend bekannt (Gifford 2011). Aber je später der Klimawandel ernst genommen wird, desto einschneidender sind die notwendigen Veränderungen, und desto unsicherer wird, dass das Klima noch stabilisierbar ist.

Greta Thunberg sagt auch sehr prägnant, was viele Wissenschaftler vorsichtiger und wortreicher umschreiben: *„Wenn es so schwer ist, eine Lösung innerhalb des Systems zu finden, dann müssen wir vielleicht das System ändern"*. Dabei geht es v. a. um das Wirtschaftssystem. Wachstum mag nach dem Zweiten Weltkrieg ein angemessener Ansatz gewesen sein und hat zweifellos vielen Menschen weltweit Wohlstand gebracht, es entzieht aber seit einigen Jahrzehnten dem Ökosystem mehr Ressourcen als dieses nachliefern kann. Ist der menschliche Handlungsspielraum durch ökologische Grenzen beschränkt, muss jedes Wirtschaftssystem und jedes Geldsystem, das auf Wachstum angewiesen ist, entweder scheitern oder zu einem Überschreiten irgendwelcher Grenzen führen, und damit letztlich auch scheitern, allerdings mit wesentlich weitreichenderen Folgen (Kromp-Kolb und Formayer 2018). Dennoch wurde Wirtschaftswachstum bis vor etwa zwei Jahrzehnten in der Öffentlichkeit kaum hinterfragt. Inzwischen wird das vorherrschende Wirtschaftssystem mit seinem Zwang zum Wachstum von zahlreichen Wissenschaftlern in unterschiedlicher Form analysiert und kritisiert (vgl. z. B. Jackson 2009; Eisenstein 2011; Jackson 2012; Dietz and O'Neill 2013; Varoufakis 2015).

Aufbauend auf den Arbeiten von Hermann Daly ist mittlerweise eine neue Ökonomie entstanden, die „socio-ecological economics", zu deren prominentesten Vertreterinnen Kate Raworth (Raworth 2017), und in Österreich Sigrid Stagl (Common und Stagl 2005), oder Clive Spash (Spash 2017) zählen. Nico Paech hat ein besonders stringentes System geänderten Wirtschaftens entwickelt. Zwangsläufig liegt diesem auch ein anderer Begriff der Arbeit zugrunde (Paech 2012).

Neben Adaptionen im Wirtschaftssystem geht es auch um Änderungen im Finanz- bzw. Geldsystem, dem inhärente Prozesse innewohnen, die der Nachhaltigkeit im Weg stehen (Lietaer et al. 2012), darunter z. B. die systemische Verleitung zu kurzfristigem Denken, weil das Zinswesen des Geldsystems rationale Investoren die Zukunft diskontieren lässt, und auch das durch Zinseszinsen verursachte zwanghafte Wachstum bei gleichzeitiger Konzentration von Reichtum und Entwertung sozialen Kapitals.

Man muss den einzelnen Kritiken und Theorien nicht folgen, aber dass die Problemlösung den gegenwärtigen Systemen nicht inhärent innewohnt, kann nach mehreren Jahrzehnten des Versuchs mit einiger Sicherheit angenommen werden. Daher sind Systemänderungen unerlässlich, und Wirtschaft und Gesellschaft täten gut daran, sich in die Debatte um die notwendigen Änderungen einzubringen.

Wie entscheiden in Zeiten des Umbruchs? Die üblichen Lehren, die Erfahrungen der Vorjahre – sie versagen in der Regel. Wie es dem Forstwirt nichts nützt zu wissen, dass Großvater und Vater mit Fichtenwäldern ökonomisch gut gefahren sind, weil das kommende Klima für Fichten in unseren Breiten zu warm und zu trocken wird, so muss auch die Wirtschaft neue Entscheidungskriterien finden. Angesichts der Unsicherheiten kein leichtes Unterfangen.

Die Firma Shell hat die erste Ölkrise 1973 gut gemeistert, weil ihr Forschungsteam unter Pierre Wack zufällig kurz vorher zwei Szenarien für die Firma ausgearbeitet hatte – eines in dem das Schiff in ruhigem Gewässer dahinglitt und eines mit Stromschnellen und Turbulenzen. Foresight-Studien sind seitdem auch in der Wirtschaft zur Routine geworden. Sie können auch jetzt in Form von Szenarienanalysen hilfreich sein – nicht weil die Szenarien tatsächlich eintreten, sondern weil die Entscheidungsträger und -trägerinnen sich mit verschiedenen Optionen beschäftigt haben.

Es hilft zweifellos, auch die Entwicklungen – wissenschaftliche, gesellschaftliche, politische, technologische, ökonomische und kulturelle – mit wachem und kritischem Geist zu verfolgen. Das ist keine Selbstverständlichkeit, sonst könnte die Klimakrise nicht so viele Menschen überraschen. Veränderungen gehen meist primär von den sozialen Rändern aus, von Menschengruppen, die unter bestimmten Verhältnissen leiden, nicht aus der zufriedenen und daher bequem gewordenen Mitte. Es wäre daher zweckmäßig, insbesondere Entwicklungen an den Rändern zu beobachten.

Dennis Meadows betont, dass längerfristig erstrebenswerte Ziele oft nur über kurzfristige Verschlechterungen erreichbar sind. Bilanzen oder Wahlen dürften daher nicht in zu kurzen Zeitabschnitten erfolgen, weil die Verbesserungen oft erst zeitverzögert sichtbar werden. Das Pariser Klimaabkommen impliziert in Europa −50 % der Emissionen bis 2030 und Netto-Null-Emissionen bis 2050 – Zeiträume, die über den in der Wirtschaft üblicherweise betrachteten liegen. Diese Vorgaben steuern die Rahmenbedingungen – längerfristiges Denken ist daher unabdingbar.

Besonders hilfreich erscheint es, bei jeder Entscheidung zu prüfen, ob sie gegen den Klimawandel hilft oder ob sie ihn befördert oder – weiter gefasst – die Entscheidung ein Beitrag zur Erfüllung der Nachhaltigen Entwicklungsziele der UNO ist oder ob sie einem oder mehreren von ihnen widerspricht? Die Friday-for-Future-Bewegung und die Extinction Rebellion verlangen diese systematische Prüfung jeder Entscheidung als primäre Forderung bei dem von ihnen propagierten Klimanotstand.

4.2 Kann die Wende gelingen?

Kann die notwendige, tiefgreifende Transformation der Gesellschaft gelingen? Mit Sicherheit kann diese Frage wohl niemand beantworten, aber es gibt positive Entwicklungen, die trotz der überwältigenden Dimension der Herausforderung und der schier unzählbaren Hemmnisse Mut machen:

Auf dem technologischen Sektor ist eine positive Entwicklung im Gang: Die Kosten erneuerbarer Energien sind dramatisch gesunken und liegen jetzt weitgehend unter jenen von Kohle und Öl und nichtkonventionellem Gas. Das bedeutet, dass hier der Markt tatsächlich für den Umstieg und damit für den Klimaschutz arbeitet. Obwohl die Subventionen fossiler Energien und von Kernenergie ein Vielfaches jener für erneuerbare Energien betragen, überwiegen bei den neuen Kapazitäten die erneuerbaren. Schwellen- und Entwicklungsländer investieren bereits gleichviel in die erneuerbaren Energien wie die OECD-Länder – erneuerbare Energien sind also nicht mehr ein Programm nur für reiche Länder. Es gibt noch einige Schwierigkeiten – etwa die bei Erneuerbaren viel wichtigere Energiespeicherung – aber hier sind in absehbarer Zeit technologische Innovationen zu erwarten.

In vielen Ländern und Städten weltweit werden soziale Innovationen erprobt und viele erweisen sich als erfolgreich. Noch ist eine Zögerlichkeit beim Kopieren von Erfolgsmodellen festzustellen, aber die zunehmende Vernetztheit nicht nur der Zivilgesellschaft, sondern auch der Verwaltungen erleichtert den Prozess.

Im Lebensmittelbereich entwickeln sich Lokalmärkte, Food-Coops, gemeinschaftsunterstützte Landwirtschaft (CSA), Slow-Food-Bewegungen sowie Obst- und Restebörsen; im

Mobilitätsbereich PKW- und Fahrradleihsysteme, Shared-Space-Lösungen in den Ortschaften und Slow-City-Bewegungen; auf dem Energie- und Klimasektor Klimabündnisgemeinden, e5-Gemeinden, Klima- und Energiemodellregionen sowie Gemeinschaftskraftwerke und übergreifend sog. Transition Towns. Bewegungen wie die Solidarwirtschaft oder die Gemeinwohlökonomie, die innerhalb weniger Jahre in Europa und Südamerika in Firmen und Gemeinden Fuß gefasst haben, sind soziale Innovationen, die systemverändernde, nachhaltigkeitsorientierte Ansätze verfolgen. Übereinstimmend berichten die Gemeinden und Regionen, in denen solche Experimente erfolgreich durchgeführt werden, von mehr Zusammenhalt in der Bevölkerung, mehr Hilfsbereitschaft, mehr Verständnis für die lokale Wirtschaft und mehr Verbundenheit mit der Gemeinde oder Region (Kromp-Kolb und Formayer 2018).

Schon jetzt sind vielfältige, noch voneinander abgekoppelte Schritte zur Umgestaltung der Gesellschaft sowie ihres Wirtschafts- und Geldsystems im Gang. Besonders zahlreich sind die Ansätze zu lokalen Währungen, Tauschzirkeln, Zeitbanken usw. zur Wiederbelebung von Stadtteilen oder Regionen oder zur Sicherung der Altersversorgung. Manche sind ganz lokal und klein, andere wirken überregional (Kromp-Kolb und Formayer 2018).

Die Zivilgesellschaft hat erkannt, dass viele der Probleme bzw. die multiple Krise (Brand 2009) nicht voneinander unabhängig sind und gemeinsam gelöst werden müssen – ganz im Sinn der Nachhaltigen Entwicklungsziele (UN 2015a). Das Positive daran ist, dass die größere Komplexität zusätzliche Handlungsspielräume eröffnet. Was – betrachtet man nur den Klimawandel – unlösbar erscheint, wird plötzlich in Kombination mit anderen Nachhaltigkeitszielen bewältigbar. Selbstverständlich gibt es auch Interessenskonflikte – diese müssen offen dargelegt und ausverhandelt werden. Gerade deshalb ist Partizipation für die Klimakrise und die nachhaltigen Entwicklungsziele so wichtig.

Wie immer man zu konkreten Aussagen des Influencers Rezo in seiner nahezu einstündigen Videobotschaft „Die Zerstörung der CDU“[3] stehen mag – die Tatsache, dass dieses politische Video innerhalb kürzester Zeit Millionen Mal angeschaut wurde und dass sich spontan 90 andere Influencer zu einem Unterstützungsvideo gefunden haben[4] – und auch dieses Millionen Clicks zu verzeichnen hatte – ist ein Zeichen der Hoffnung: Die junge Generation ist offenbar für politische Themen aufgeschlossener, als man denkt.

Die Wissenschaft beginnt gerade erst, sich diesen Entwicklungen zuzuwenden; von der Politik auf nationaler Ebene wird die Entwicklung und der Wunsch der Bevölkerung nach Veränderung noch nicht hinreichend wahrgenommen. Viele der jetzt laufenden Versuche werden sich als ungeeignet erweisen, nur wenige sich bewähren – aber noch kann niemand sagen, wie das Ziel oder der Weg konkret aussehen werden, daher sind Experimente wichtig. Die Wirtschaft kann die Entwicklung im kommenden Jahrzehnt entscheidend mitgestalten – hin zur Katastrophe oder zu einer anderen, gerechteren und nachhaltigeren Welt.

[3] https://www.youtube.com/watch?v=4Y1lZQsyuSQ

[4] https://www.youtube.com/watch?v=Xpg84NjCr9c

Literatur

APCC (2018) Österreichischer Special Report Gesundheit, Demographie und Klimawandel (ASR18). Verlag der ÖAW, Wien

APCC (2020) Klimawandel und Tourismus, in preparation.

BMNT (2018) Entwurf des integrierten nationalen Energie- und Klimaplans für Österreich Periode 2019-2030. Vienna

Brand U (2009) Die multiple Krise Dynamik und Zusammenhang der Krisendimensionen, Anforderungen an politische Institutionen und Chancen progressiver Politik

Burke M, Hsiang SM, Miguel E (2015) Global non-linear effect of temperature on economic production. Nature 527:235

Common M, Stagl S (2005) Ecological economics: an introduction. Cambridge Press, Cambridge

Crutzen P (2002) The Geology of mankind. Nature 415:23

Dietz R, O'Neill D (2013) Enough is enough. Routledge, London

Gagnebin M, Graichen P, Lenck T (2019) Die Gelbwesten-Proteste: Eine (Fehler-)Analyse der frazösichen CO2-Preispolitik. Hintergrund

Einführungstext für ein Webdossier im Rahmen eines Werkvertrages für die Heinrich Böll-Stiftung https://www.boell.de/sites/default/files/multiple_krisen_u_brand_1.pdf

Eisenstein C (2011) Sacred economics. Moneys, gifts & society in the age of transition. Evolver Editions, Berkely

Gaube F (2019) Global trends to 2030. challenges and choices for europe.

Gifford R (2011) The Dragons of inaction. Psychological barriers that limit climate change mitigation and adaptation. Am Psychol 66:290–302

Grantham J (2018) The race of our lives revisited. In: GMO https://www.gmo.com

Hagedorn G, Kalmus P, Mann M, Vicca S, Van den Berge J, Van Ypersele, J-P, Bourg D, Rotmans J, Kaaronen R, Rahmstorf S, Kromp-kolb H, Kirchengast G, Knutti R, Seneviratne SI, Thalmann P, Cretney R, Green A, Anderson K, Hedberg M, Nilsson D, Kuttner A, Hayhoe K (2019) Concerns of young protesters are justified. Science 364:139

Hansen JE (2007) Scientific reticence and sea level rise. Environ Res Lett 2:024002

Heymann E (2007) Manche mögen's heiß. Deutsche Bank Research.

Horn E (2014) Zukunft als Katastrophe. Fiktion und Prävention. Fischer, Frankfurt a. M.

Hüther G (2011) Was wir sind und was wir sein könnten. Ein neurobiologischer Mutmacher. Fischer, Frankfurt a. M

IPBES (2019) Global assessment report on biodiversity and ecosystem services of the Intergovernmental Science- Policy Platform on Biodiversity and Ecosystem Services. IPBES Secretariat, Bonn

IPCC (1990) Climate change. The IPCC scientific assessment. WG I

IPCC (2018) Global Warming of 1.5°C. An IPCC Special Report on the impacts of global warming of 1.5°C above pre-industrial levels and related global greenhouse gas emission pathways, in the context of strengthening the global response to the threat of climate change, sustainable development, and efforts to eradicate poverty.

Jackson R (2012) Occupy world street. A global roadmp for radical economic and political reform. Cheslea Green Publishing, White River Junction

Jackson T (2009) Prosperity without growth? In: U. S. D. (Hrsg) Commission. Sustainable Development Commission, London

Jackson T, Webster R (2016) Limits revistetd. A review of the limits to growth debate. All-party parliamentary group on limits to growth, London

Kromp-kolb H (2018) Klima und Gesellschaft. In: Winiwarter V (Hrsg) Umwelt und Gesellschaft – Herausforderung für Wissenschaft und Politik, KIOES Opinion 8. Austrian Academy of Sciences, Vienna
Kromp-kolb H, Formayer H (2018) 2 Grad. Warum wir uns für die Rettung der Welt erwärmen sollten. Molden
Kromp-kolb H, Kromp W (2009) Kalte oder heiße Kriege – Lösung des Ressourcenproblems? In: (HG.), Ö. S. F. F. U. K. (Hrsg) Auf dem Weg zum neuen Kalten Krieg? 15/306. LIT, KG, Wien
Lenton TM, Held H, Kriegler E, Hall JW, Lucht W, Rahmstorf S, Schellnhuber HJ (2008) Tipping elements in the Earth's climate system. Proceedings of the National Academy of Sciences of the United States of America, 105, 1786.
Lietaer B, Arnsperger C, Goerner S, Brunnhuber S (2012) Money and sustainability. The missing link. The Club of Rome – Eu Chapter to finance watch and the world business academy
Luke K (2019) Are we on the road to civilisation collapse. BBC
Meadows D, Meadows D, Randers J, Behrens W (1972) The limits to growth. A report to the Club of Rome. A Potomac Associates Book, New York
Paech N (2012) Befreiung vom Überfluss. Auf dem Weg in die Postwachstumsökonomie. Oekom, München
Raworth K (2017) Doughnut economics: seven ways to think like a 21st-Century economist. Random House Business, London
Riahi K (2017) SDGs aus fachlicher und internationaler Sicht (und die mögliche Rolle der Universitäten). IIASA, Vienna
Rockström J et al. (2009) A safe operating space for humanity. Nature 461:472
Spash CL (2017) Routledge handbook of ecological economics: nature and society. Routledge, Abingdon
Spratt D, Dunlop I (2018) What lies beneath. The understatement of existential climate risk. Break through. National Center for Climate Restoration, Melbourne
Stangl M, Formayer H, Hofstätter M, Orlik A, Andre K, Hiebl J, Steyrer G, MICHL C (2019) Klimastatusbericht 2018. CCCA, Wien
Steffen et al. (2015) Sustainability. Planetary boundaries: guiding human development on a changing planet. Science 347:1259855
Steffen W, Rockstrom J, Richardson K, Lenton TM, Folke C, Liverman D, Summerhayes CP, Barnosky AD, Cornell SE, Crucifix M, Donges JF, Fetzer I, Lade SJ, Scheffer M, Winkelmann R, Schellnhuber HJ (2018) Trajectories of the Earth System in the Anthropocene. Proc Natl Acad Sci U S A 115:8252–8259
Steininger K, König M, Bednar-friedl B, Kranzl L, Loibl W, Prettenthaler F (2014) Economic evaluation of climate change impacts. Development of a cross-sectoral framework and results for austria. Springer, Heidelberg
Sverdrup HU, Ragnarsdottir KV (2014) Natural resources in a planetary perspective. Geochem Perspect 3:129–341
THUNBERG (2018) Rede anlässlich der COP18. https://www.youtube.com/watch?v=VFkQSGy-eCWg. Zugegriffen: 12. Nov. 2019
Turner GM (2014) Is global collapse imminent? An updated comparison of the limits to growth with historical data. Melbourne Sustainable Society Institute, The University of Melbourne, Melbourne
UN (2015a) Transforming our world: the 2030 Agenda for sustainable development. United Nations.
UN (2015b) World population prospects: the 2015 revision, key findings and advance tables. In: United Nations, D. O. E. A. S. A. (Hrsg) Working Paper No. ESA/P/WP.241. UN.
UNEP (2018) The Emissions Gap Report 2018. United Nations Environment Programme, Nairobi

Van Vuuren DP, Faber A (2009) Growing within limits. A report to the global assembly 2009 of the club of rome. Netherlands Environmental Assessment Agency (PBL), Bilthoven.
Vandermaesen T, Humphries R, Wackernagel M, Murthy A, Mailh L (2019) EU overshoot day. Living beyond natures limits. Brussels
Varoufakis Y (2015) Wie ich meiner Tochter die Wirtschaft erkläre, S 184. Hanser Verlag
Wagner G, Weizmann ML (2015) Climate shocks: The economic consequences of a hotter planet. Princeton University Press, Princeton
Wallace-wells D (2019) The uninhabitable Earth. Allen lane
WBGU (2019) Unsere gemeinsame digitale Zukunft. Zusammenfassung. WBGU, Berlin
Wilkinson R, Pickett K (2010) The spirit level. why equality is better for everyone. Penguin, London

Helga Kromp-Kolb ist emeritierte Universitätsprofessorin für Meteorologie und Klimatologie an der Universität für Bodenkultur, Wien, wo sie auch das Zentrum für Globalen Wandel und Nachhaltigkeit gründete und leitete. Als Universitätslehrerin und Forscherin liegt ihr Schwerpunkt bei der Umweltmeteorologie, insbesondere Schadstoffausbreitung in der Atmosphäre und Klimawandel. Sie befasst sich auch mit Fragen der nachhaltigen Entwicklung, der Transformation der Gesellschaft, der Bildung für nachhaltige Entwicklung und dem notwendigen Paradigmenwechsel in Wissenschaft und Gesellschaft. Sie war maßgeblich an der Gründung des Climate Change Centers Austria (CCCA) sowie der Allianz Nachhaltige Universitäten in Österreich beteiligt.

Digitalisierung im Kontext von Nachhaltigkeit und Klimawandel – Chancen und Herausforderungen für produzierende Unternehmen

Hubert Biedermann und Milan Topic

1 Ressourcen und Ressourceneffizienz

In den vergangenen Jahrzehnten haben sich einzelne Unternehmen vermehrt auf die Integration von Aspekten der nachhaltigen Entwicklung in die Unternehmensführung konzentriert. In weiten Bereichen wurde das ISO-14001-Zertifikat erworben; manche Produktionsstandorte in Europa EMAS zertifiziert.[1] Dies betrifft das Wertesystem der Unternehmen ebenso wie Aktivitäten zur Erarbeitung, Gestaltung und Steuerung einer dauerhaft tragfähigen ökonomischen, ökologischen und sozialen Entwicklung.[2] Diese aktive Gestaltung und teils freiwillige Einflussnahme von Unternehmen auf ihr gesellschaftliches Umfeld wird Corporate Social Responsibility (CSR) genannt. CSR umfasst daher die Anwendung von geeigneten Management- und Führungsinstrumenten und die Durchführung von Projekten, die dazu führen, dass vom Unternehmen und seinen Aktivitäten negative Auswirkungen auf Menschen, die Gesellschaft, und die Umwelt vermieden oder minimiert werden, anzuwendendes Recht eingehalten wird, die Interessen der Stakeholder angemessen berücksichtigt werden und zu einer nachhaltigen

[1] Weltweit gab es 2017 knapp 360.000 ISO 14.001 Zertifikate und in Europa 3814 Organisationen mit 13205 Produktionsstätten mit EMAS-Zertifikat (09.2018).

[2] Wordenweber M. (2017, S. 13).

H. Biedermann (✉) · M. Topic
Department Wirtschafts- und Betriebswissenschaften, Montanuniversität Leoben, Leoben, Österreich
E-Mail: hubert.biedermann@unileoben.ac.at

M. Topic
E-Mail: milan.topic@unileoben.ac.at

A. Sihn-Weber und F. Fischler (Hrsg.), *CSR und Klimawandel*, Management-Reihe Corporate Social Responsibility, https://doi.org/10.1007/978-3-662-59748-4_4

Entwicklung beigetragen wird.[3] Durch diese breiten Anwendungsmöglichkeiten hat sich das Verständnis von CSR von einer überwiegend als moralischen Imperativ von Managern und Unternehmenseigentümern angesehenen Wertehaltung zu einem wesentlichen Faktor in der normativ-strategischen Ausrichtung eines Unternehmens, gewandelt.

Die gesellschaftliche Verantwortung gewinnt insbesondere bei produzierenden Unternehmen an Bedeutung. Die Gründe hierzu reichen von der Sicherung der Wettbewerbsfähigkeit gegenüber Konkurrenten über die Bildung eines besseren Images bis zur Entwicklung von neuen innovativen Lösungen (u. a. technisch, organisatorisch oder finanziell). Darüber hinaus hat sich das Umfeld von Unternehmen teilweise dramatisch verändert. Die demografische Entwicklung, die Globalisierung, der Klimawandel oder die Verknappung einzelner Ressourcen, das Gesundheits- und Sicherheitsbewusstsein auf der Makroebene haben an Bedeutung und Einfluss auf die Unternehmen gewonnen. Auf der Mikroebene sind dies steigende Energie- und Rohstoffpreise, die allgemein zunehmende Sorge um soziale Fragen, mögliche Kosteneinsparungen (z. B. durch Abfallreduzierung und effektives Ressourcenmanagement). Daraus ergaben sich für die Unternehmen Möglichkeiten aber auch zunehmend Zwänge in der Gestaltung ihrer Wertschöpfungsprozesse. Die Markterfolgsgrößen produzierender Unternehmen wie Kosten, Qualität, Geschwindigkeit und Wandlungsfähigkeit für langfristig erfolgreiche Produktion bedürfen vermehrt einer klaren Ausrichtung im Kontext zu CSR. Wesentlicher Hebel zur Erreichung dieser Ziele ist die Steigerung der Effizienz aller Produktionsfaktoren.[4] Insbesondere die Prozess-, Mitarbeiter- und Ressourceneffizienz kann durch die digitale Transformation eine nachhaltige Steigerung erfahren und einen positiven Beitrag zur Reduktion der Umweltauswirkungen leisten.[5] Unternehmen und Produktionsbetriebe sind daher vermehrt gezwungen, ihre Produkte und Dienstleistungen bedarfsorientiert zu entwickeln, ihre Wertschöpfungsprozesse an verändernde Rahmenbedingungen anzupassen und sich damit strategisch in den Themenfeldern Digitalisierung und Nachhaltigkeit zu positionieren.

Die digitale Transformation bedeutet große Veränderung für die Industrie. Sie bietet Chancen auf qualitatives Wachstum und kann als Perspektive für ein gewandeltes Nachhaltigkeitsparadigma gesehen werden. Insbesondere dann, wenn unter gesamtwirtschaftlichen Gesichtspunkten der Ressourcenverbrauch gesenkt und damit eine Umweltentlastung u. a. durch CO_2-Reduktion erreicht wird. Allerdings stellen sich vielfach u. a. folgende Fragen:

- Welche Kernelemente der digitalen Transformation sind für die produzierende Industrie relevant?
- Welche Bedeutung hat die Digitalisierung für die Steigerung der Nachhaltigkeit im Unternehmen?

---

[3] Loew T. und Rohde F. (2013, S. 10).

[4] Abele E. et al. (2015, S. 7).

[5] Tschiggerl K. und Topic M. (2018, S. 1).

- Ist die Digitalisierung ein Hebel (Befähiger) zur Steigerung der Umweltleistung in der Industrie?
- Wie wirkt die Digitalisierung auf die unternehmerischen Prozesse?
- Kann die Digitalisierung Lösungen bieten, die ökonomisch erfolgreich und zugleich ökologisch sinnvoll sowie sozial vertretbar sind?
- Steigt die Ressourceneffizienz durch Digitalisierung?
- Welche Herausforderungen und Risiken sind bekannt?

Dieser Beitrag will hierzu Antworten geben und die Herausforderungen, Potenziale und Risiken für CSR in Verbindung mit den Möglichkeiten der Digitalisierung näher erläutern.

1.1 Ressourceneffizienz

Ressourceneffizienz ist ein zentraler Faktor im Kontext der nachhaltigen Entwicklung und verbindet den Schutz der Umwelt mit positiven Effekten für die Wirtschaft einschließlich der sozialen Verantwortung. Als wichtiger Innovationstreiber ist Ressourceneffizienz im Bereich der Wirtschaft aber auch der Politik ein zunehmend gebrauchter Begriff, wie u. a. bibliometrische Analysen zeigen.

In der Ressourceneffizienz trifft sich das ökonomische Prinzip des effizienten Wirtschaftens mit dem Grundprinzip der nachhaltigen Entwicklung. Es gilt mit geringerem Ressourceninput bei gleicher oder höherer Wertschöpfung eine Verringerung von potenziellen Umweltbelastungen zu erreichen. In der europäischen Politik wird der Begriff Ressource im Kontext der natürlichen Ressourcen definiert als: „Ressource, die Bestandteil der Natur ist. Hierzu zählen erneuerbare und nicht erneuerbare Primärrohstoffe, physischer Raum (Fläche), Umweltmedien (Wasser, Boden, Luft), strömende Ressourcen (z. B. Erdwärme, Wind-, Gezeiten- und Sonnenenergie) sowie die Biodiversität. Es ist hierbei unwesentlich, ob die Ressourcen als Quellen für die Herstellung von Produkten oder als Senken zur Aufnahme von Emissionen (Wasser, Boden, Luft) dienen.“[6]

Aus betriebswirtschaftlicher Sicht umfassen Ressourcen alle notwendigen Faktoren für den Produktionsherstellungsprozess, demnach Roh-, Hilfs- und Betriebsstoffe, Materialien und Werkstoffe, Energie, Personal (Know-how), Betriebsmittel (Anlagen und maschinelle Einrichtungen) sowie Zeit.

Aus ökonomischer Sicht ist der nachhaltige Ressourceneinsatz dieser Produktionsfaktoren von hoher wirtschaftlicher Relevanz und daher ein zentrales Handlungsmotiv. Insbesondere bezieht sich dies auf minimalen Ressourcenverbrauch bei Roh-, Hilfs- und Betriebsstoffen, der Energie und der effizienten Nutzung der Betriebsmittel, des technischen Equipments. Dabei ist es nicht ausreichend, wirtschaftlich effizient zu sein, sondern

[6]Umweltbundesamt (UBA) (2012).

für eine erfolgreiche und langfristig wettbewerbsfähige Marktposition sind die auf ökonomische Effizienz abzielenden Unternehmensaktivitäten um Nachhaltigkeitsaspekte zu erweitern. Es bedarf daher zur Profilierung adäquater Unternehmensstrategien, die sich durch ökonomische, ökologische und soziale Effizienz auszeichnen. Eine ganzheitliche Betrachtung zielt auf den gesamten technischen Ressourcenverbund und bezieht neben dem qualitativen Bereitschaftszustand auch die Nutzungsfähigkeit über den Lebenszyklus der physischen Assets mit ein.

Orientiert man sich an den Verhaltensregeln des Sustainable-Development-Konzepts, dann sind folgende generische Anforderungen einzuhalten:

- Nicht regenerierbare Roh-, Hilfs- und Betriebsstoffe sind durch regenerierbare Stoffe zu ersetzen.
- Die Kombinationen der genannten Produktionsfaktoren müssen eine Erhöhung der Ressourceneffizienz bewirken, damit langfristig die Regenerationsrate der Ressourcen nicht überschritten wird.
- Emissionen und Abfälle von Produkten sind zu vermeiden oder zu verringern, um langfristig die Assimilationskapazität der ökologischen Umwelt nicht zu überschreiten.

2 Produktivität

Eng verwandt mit dem Begriff der Effizienz ist der der Produktivität, die sich insbesondere auf die Wirtschaftlichkeit (Effizienz) von Produktionsprozessen bezieht. Beim effizienten Einsatz der in der Produktion benötigten Produktionsfaktoren geht es letztendlich darum,

- die Fertigkeiten und Fähigkeiten der Mitarbeiter (Humanressourcen) möglichst effizient zu nutzen und weiterzuentwickeln;
- die Roh-, Hilfs- und Betriebsstoffe möglichst effizient zu nutzen, wobei gleichzeitig die Bestandssicherung für die menschliche Nutzung ein wesentlicher Aspekt ist und
- das Sachkapital gebunden in Anlagen- und Umlaufvermögenswerten im Kontext der kombinatorischen Nutzung der beiden anderen Produktionsfaktoren effizient sowie im Hinblick auf eine maximale Sozial- und Umweltverträglichkeit zu entwickeln, zu nutzen und aus dem Wertschöpfungskreislauf auszuscheiden.

Werden diese Produktionsfaktoren aus eng gefasster ökonomischer Sicht effizient gemanagt (Homo oeconomicus), generieren die Produktionsprozesse unweigerlich negative externe Effekte bzw. Kosten, insbesondere bei den Produktionsfaktoren Humankapital und Naturressourcen. Daher ist im Kontext dieser Ausarbeitung zu fordern, dass die betriebswirtschaftliche Effizienz umso höher ist

- je adäquater die Qualifikation des Humankapitals den Anforderungen entspricht, bei gleichzeitig anzustrebender nachhaltiger Weiterentwicklung desselben;
- je geringer und umweltschonender der Einsatz der Roh-, Hilfs- und Betriebsstoffe erfolgt und
- je geringer die Life-Cycle-Kosten von Betriebsmitteln (maschinellen Einrichtungen) sind.

Insbesondere der nachhaltige Einsatz der in Form der Roh-, Hilfs- und Betriebsstoffe im Produktionsprozess zum Einsatz kommenden natürlichen Ressourcen (Regenerationsgrad) wie auch der Wiederverwendungsgrad (Recyclinggrad) der in den Stoffkreisläufen verwendeten, nicht erneuerbaren Ressourcen ist für deren nachhaltige Effizienz entscheidend.

Oberstes Postulat muss es demnach sein, die Organisation, Planung und Steuerung der im Zuge der Produktion zu erfüllenden Kombinationsprozesse der Produktionsfaktoren so zu gestalten, dass die betriebswirtschaftliche Effizienz eine möglichst hohe positive volkswirtschaftliche Effizienz und damit hohe betriebswirtschaftliche Effektivität ergibt.

Tatsächliche Effizienz- und Produktivitätssteigerungen sind daher dann gegeben, wenn die Steigerung der betriebswirtschaftlichen Produktivität zugleich zu einer ökologisch und sozial nachhaltigen Steigerung der volkswirtschaftlichen Produktivität hier verstanden als betriebswirtschaftliche Effektivität führt.

In diesem Kontext kommt der normativ-strategischen Ausrichtung des Unternehmens bzw. des Managements besondere Bedeutung zu, je nachdem wie sich die Ausrichtung an den Prinzipien der nachhaltigen Entwicklung orientiert.[7]

2.1 Industrie 4.0 und digitale Transformation

Industrie 4.0 ermöglicht eine Form industrieller Wertschöpfung, in der die vorstehend genannten Produktionsfaktoren echtzeitfähig, intelligent und digital insofern vernetzt sind, dass sie auf Prozesse, Produkte und Geschäftsmodelle von Industriebetrieben einwirken. In teilweise visionären Ansätzen beschreibt die digitale Transformation die Vernetzung von autonomen, sich situativ selbst steuernden, konfigurierenden, wissensbasierten, sensorgestützten und räumlich verteilten Produktionsressourcen (Betriebsmittel in betriebswirtschaftlichem Sinn) inklusive deren Planungs- und Steuerungssystemen.[8]

Unter Digitalisierung ist zusammenfassend die konsequente und umfassende Nutzung digitaler Technologien zur Effektivitäts- und Effizienzsteigerung durch Automatisierung, erleichterte Mensch-Maschine-Kollaboration und Schaffung neuer Produkte und Geschäftsmodelle unter der Berücksichtigung sozialer Aspekte zu sehen. Sie generiert

---

[7]Vgl. Baumgartner R.J. und Biedermann H. (2007, S. 40–45).

[8]Siepmann, T. (2016, S. 19).

digitale Daten, verwendet diese nutzenstiftend, ist technisch und inhaltlich vernetzt und bietet Interaktivität und Rückmeldemöglichkeiten.

Das Internet of Things (IoT) und die damit verbundene durchgängige Digitalisierung ermöglicht im Industriekontext die horizontale und vertikale Vernetzung entlang der Wertschöpfungskette und die durchgängige Organisation, Planung, Steuerung und Kontrolle der industriellen Kombinationsprozesse von der normativ-strategischen über die taktische bis hin zur operativen Ebene. Die horizontale Integration kann dabei Wertschöpfungsnetzwerke umfassen, die über den einzelnen Produktionsstandort hinausgehen und damit die Bildung dynamischer Wertschöpfungsnetzwerke ermöglichen.

Die mit der Digitalisierung verbundenen technologischen Entwicklungen in Form von cyberphysischen Systemen (CPS), smarten Sensoren und Aktoren, des 3D-Drucks, von Big Data Analytics und Data Mining bis hin zum digitalen Schatten sind durch Entwicklungstrends gekennzeichnet, die folgende Aspekte ermöglichen:

- eine systemisch ganzheitliche Betrachtung des Produktlebenszyklus,
- eine echtzeitnahe Synchronisierung der physischen Produktionssysteme mit den Modellen in einer digitalen Abbildung und
- eine flexible Vernetzung von Daten in unterschiedlichen Systemen.

Die damit einhergehende intelligente Vernetzung von physischen und digitalen Objekten im IoT durch CPS ermöglicht das Management von Produktionsprozessen, in der in bislang ungeahntem Ausmaß der Aspekt der betriebs- und im erweiterten Sinn volkswirtschaftlichen Ressourceneffizienz wahrgenommen werden kann. Die dabei zu berücksichtigenden Systemgrenzen sowie die jeweilige Ebene der Wertschöpfungskette determinieren neben der normativen Haltung zu CSR den Handlungsrahmen.

Die Möglichkeiten zur Steigerung der Ressourceneffizienz innerhalb eines produktionswirtschaftlichen Systems bzw. mit umfassender Wertschöpfungsorientierung in der Supply Chain bis letztendlich zum gesamten Lebenszyklus von Produkten sind für unterschiedliche Digitalisierungsebenen zu betrachten. Ausgehend von der Digitalisierung von Produkten und Dienstleistungen werden durch Industrie 4.0 und Big Data in der zweiten Stufe Prozesse und Entscheidungen digitalisiert und letztendlich in der dritten Stufe digitale Geschäftsmodelle geschaffen, in der digitalisierte Produkte und Prozesse mit neuen Ertragsmechanismen kombiniert werden. Die Basis für diese Entwicklungen sind das Internet der Dinge, Big Data, Robotik, 3D-Druck, soziale Netzwerke, das mobile Internet und Cloud Computing. Die Digitalisierung kann auf unterschiedlichen Ebenen ansetzen und determiniert damit die ökonomischen und ökologischen Möglichkeiten für das betrachtete Unternehmen, darüber hinaus letztendlich auch die Auswirkungen auf die soziale Dimension im Bereich der Mitarbeiter und der Gesellschaft. Die Möglichkeiten der digitalen Wertschöpfung sind:[9]

[9]Fleisch, E. et al. (2014, S. 817–819).

- Ebene 1: Physisches System bzw. Prozess
- Ebene 2: Sensor und Aktuator
- Ebene 3: Konnektivität
- Ebene 4: Analytik
- Ebene 5: Digitaler Service

Die Ebenen 1–3 umfassen die physische Welt, die Ebenen 3–5 die digitale Welt. In der Ebene 1 erfolgt die Regelung am stationären physikalischen Element oder Prozess; in der Ebene 2 werden diese Objekte mit Sensoren und Aktoren ausgestattet, sind lernfähig, sensorgestützt programmierbar und erzeugen lokalen Nutzen. In der Ebene 3 werden die physischen Objekte mit IP-fähigen Sensoren ausgestattet und können damit mit weiteren Objekten kommunizieren, Daten teilen, die ausgewertet und genutzt werden können. In der Ebene 4 lassen sich über die Sammlung, Speicherung und analytische Auswertung der Daten Informationen zur Optimierung wie auch für zusätzliche Dienstleistungen generieren. Diese Ebene bringt weite Nutzungsmöglichkeiten zur Steigerung der Ressourceneffizienz. In der Ebene 5 schließlich werden die Möglichkeiten aus den vorstehenden Ebenen gebündelt und daraus digitale Dienstleistungen geschaffen, die mit den datengenerierenden smarten Dingen verbunden sind. Es entstehen digitale Geschäftsmodellmuster. Entscheidend ist, dass die Ebenen 1–5 nicht unabhängig voneinander erstellt werden, sondern sich wechselseitig beeinflussen. Die Digitalisierung wirkt somit auf der Produkt-, der Prozess- und der Geschäftsmodellebene durch die Kombination von Daten zu Dienstleistungen und Dienstleistungsbündeln. Auf der Produktebene ergibt sich ein eher kurzfristig wirkender Kundenmehrwert; auf der Prozessebene ist der Hauptansatz für effizienzsteigernde gegebenenfalls tiefgreifende Veränderungen und letztendlich in der Geschäftsmodellebene lassen sich mit dem Produkt Dienstleistungsspektren adressieren, die den Kundennutzen erhöhen und damit längerfristige Wettbewerbsvorteile generieren.

3 Steigerung der Ressourceneffizienz durch digitale Transformation

Die digitale Transformation bietet zahlreiche Möglichkeiten zur Steigerung der Ressourceneffizienz sowie einer Verringerung von Umwelteinwirkungen (Immissionen). Die Digitalisierung der Produktion befindet sich vielerorts in der Entwicklungs- und Implementierungsphase und ist als laufender Prozess und weniger als Ergebnis zu sehen.[10] Dadurch sind Unternehmen in der Lage, diesen Prozess aktiv zu gestalten. Die Digitalisierung bietet zahlreiche Möglichkeiten, das Wachstum teilweise vom Ressourcenverbrauch zu entkoppeln, das nur über eine zunehmend effizientere Nutzung der natür-

[10] Biedermann et al. (2017, S. 14).

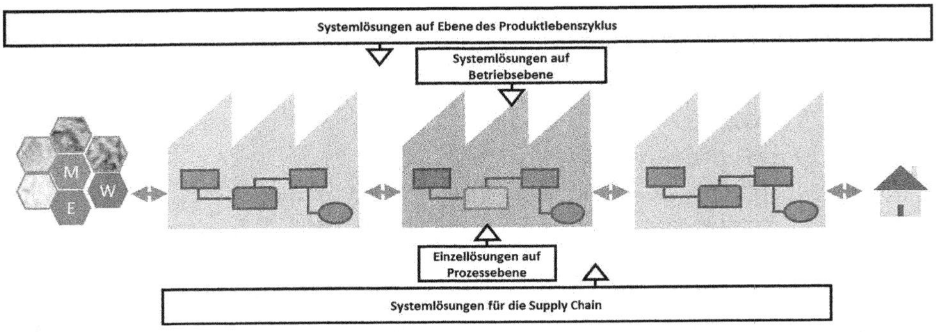

Abb. 1 Industrie-4.0-Lösungen für Ressourceneffizienz auf unterschiedlichen Ebenen. (Tschiggerl K. und Topic M. 2018, S. 14)

lichen Ressourcen in den Unternehmen erreicht werden kann. Durch die Steigerung der Energieeffizienz kann ein wesentlicher Beitrag zum Klimaschutz geleistet werden.

Die vorstehend genannte horizontale Integration zwischen verschiedenen Funktionalbereichen des Unternehmens und darüber hinaus in der Supply Chain sowie die vertikale Integration unterschiedlicher Managementebenen im Unternehmen bietet zahlreiche Chancen und Möglichkeiten, bisherige Defizite zur Verbesserung der Ressourceneffizienz zu heben. Potenziale eröffnen sich auf Ebene einzelner Prozesse innerhalb eines Betriebs bis hin zu Systemlösungen für die Lieferkette (Supply Chain) und auf der Ebene von Produktlebenszyklen (Abb. 1).

Das Ziel ist das dynamische Management dieser komplexen Systeme, insbesondere die Optimierung von Produktionsprozessen, Produkten und Dienstleistungen.[11] Unter Management ist hier insbesondere das Organisation-, Planungs-, Informations- und Kontrolldesign zu verstehen. In diesem Sinn soll die Implementierung von Elementen der Industrie 4.0 bzw. von digitalen Lösungen auf das Managementsystem und die Ressourcen des Unternehmens orientiert sein. Ausschlaggebend für die Auswirkungen der Digitalisierungsmaßnahmen auf die Ressourceneffizienz sind jeweils der berücksichtigte Systemrahmen sowie die Ebene in der Wertschöpfungskette.

3.1 Steigerung der Ressourceneffizienz durch Digitalisierung auf Prozessebene

Digitale Einzellösungen zur Steigerung der Ressourceneffizienz werden durchgeführt, um beispielsweise den Material- oder Energieverbrauch bestimmter Prozesse zu optimieren.[12] Darüber hinaus können auf der Prozessebene durch die Veränderung der

[11]Schuh et al. (2019, S. 6).

[12]Schebek et al. (2017, S. 44).

Maschinenauslastung hin zu einem intensitätsmäßigen Optimum von Maschinen Energieverbräuche und Materialverluste verringert werden, d. h. man verlässt bewusst das Paradigma der Auslastungsmaximierung („economy of scale"). Die Senkung der variablen Material- und Energiekosten steht der Verringerung der Fixkostendegression gegenüber. Die ökologischen Effekte betreffen einerseits die geringere Umweltbelastung durch Emissionen, den geringeren Rohstoff- und Energieverbrauch und andererseits den geringeren Materialverschleiß der eingesetzten Betriebsmittel. Ein hohes Potenzial liegt in der Daten- und Informationstransparenz, die die Energie- und Materialverbräuche transparent macht und Einsparpotenziale offenlegt. Liegen die Daten zudem Realtime vor, können die optimalen ressourceneffizienten Betriebspunkte dynamisch an das Produktionsprogramm und gegebenenfalls auch an sich verändernde Rohstoff- und Energiepreise angepasst werden. Als Ergebnis der ressourceneffizienten Digitalisierung werden Informationen über Material- und Energieverbräuche standardisiert bereitgestellt, Messdaten über einheitliche Schnittstellen in Informationsmodellen verarbeitet und Key Performance Indicators bereitgestellt.[13] Beispielsweise ergibt sich nach einer Studie das CO_2-Minderungspotenzial für Deutschland durch Senkung des Strombedarfs durch Einsatz einer bestimmten Monitoringapplikation zur Reduzierung des Druckluftverlusts bei 0,4–1,6 Mio. t pro Jahr.[14] Einige Beispiele in diesem Kontext sind:

Beispiel 1: Digitalisierung beim industriellen Schmieden[15]

Durch die Anwendung von digitalen Lösungen in einem Schmiedeprozess wurde der Druckluftverbrauch transparent dargestellt und ermöglichte in weitere Folge eine bedarfsgerechte Drucklufterzeugung und eine Energieeinsparung von bis zu 10 %; der Einsatz elektronischer Vorschaltgeräte führte im Schnitt zu 5 % weniger Energieverbrauch. Eine Online-Prozesssteuerung in Verbindung mit der Temperaturmessung an den Bändern in der Wärmebehandlung ermöglicht die Nutzung der Restwärme aus dem Walzprozess für die Glühöfen. Messwerte im Glühmodell ermöglichen die Erstellung einer aktuellen (Realtime) Wärmebilanz, die eine bedarfsgerechte Beheizung der Glühöfen erlaubt. Dies führt in Summe zu einer Energieeinsparung von mehr als 50 %, neben der Reduktion von Hilfs- und Betriebsstoffen.

Beispiel 2: Erhöhung der Recyclingrate von Metall mithilfe von Sensoren[16]

Dieses Beispiel veranschaulicht, wie die verstärkte Ausstattung von Sensoren in der Metallindustrie zu einer höheren Effizienz des Recyclingprozesses führt. Die Sensorik gilt als Schlüsseltechnologie für das Messen, Steuern und Regeln von mechatronischen Systemen in der Automation, besonders in der Produktions- und

---

[13] ZVEI (2018, S. 4).

[14] VDI ZRE (2017, S. 137).

[15] VDI ZRE (2017, S. 44–45).

[16] Schebek et al. (2017, S. 45).

Verfahrenstechnik.[17] Es wurde eine sensorgestützte Sortieranlage zur Metallausschleusung bei der Schredderleichtfraktion eingesetzt, die zu einer Erhöhung der Rückgewinnung an wiederverwertbaren Metallen aus dem Schredderschrott (sechs Gewichtsprozent Metalle) führt und eine nahezu metallfreie Schredderleichtfraktion (Restmetallgehalt in der Abfallfraktion unter einem Gewichtsprozent) ermöglicht.

4 Steigerung der Ressourceneffizienz durch Digitalisierung auf der Betriebsebene (Systemlösungen)

Es bieten sich zahlreiche Möglichkeiten, die Produktionsprozesse effektiver und effizienter zu gestalten, beispielsweise:[18]

- Kontinuierliche Bewertung von Prozess- und Maschinenzuständen durch Verwendung von Sensorik → Betriebsinformationssysteme bzw. Manufacturing Execution Systeme (MES)
- Befähigung zur Aktion bzw. rechtzeitigem Gegensteuern, um Prozesse kontinuierlich im Optimum zu halten → smarte Produktion
- Aggregation und Filterung der Daten, um die Entscheidung auf einer Datenbasis treffen zu können, die keine ungewünschten Ausreißer bzw. Verfälschungen enthält → Informations-, Kommunikations- und Automationstechnik
- Vorhersage und Simulation von Prozessauswirkungen durch Echtzeitanalysen → selbstlernende Assistenzsysteme und Diagnoseinstrumente

Dieses verändert die Herstellungsprozesse in Unternehmen, da adaptierte Fertigungsverfahren zum Einsatz kommen. So können Produktionsprozesse mit dem Einsatz von vernetzten Maschinen und Bauteilen, die über das Internet miteinander kommunizieren und CPS bilden, flexibler und individueller gestaltet werden (Smart Fabrik). Die Objekte bzw. Produktionsfaktoren in einem Produktionssystem interagieren bidirektional zwischen Mensch und Maschine.[19] Über die Steigerung der Ressourceneffizienz hinaus wird zumeist eine Reduktion der Bestände und Durchlaufzeiten erreicht.

Neue additive Fertigungsverfahren wie 3D-Drucktechnologien ermöglichen eine Individualisierung der Produktion von Bauteilen.[20] Generative Produktionssysteme haben das Potenzial, Zeitvorteile und eine verbesserte Ressourcen- und Energieeffizienz zu ermöglichen.[21] Dank optimierter Bauteilstrukturen führen sie zu Gewichtsersparnissen,

[17]Schiessle E. (2016, S. 5).

[18]Schebek et al. (2017, S. 50).

[19]Schebek et al. (2017, S. 50).

[20]Rürup B. und Jung S. (2017, S. 603–605).

[21]Biedermann et al. (2017, S. 15).

Abfallreduktion und damit verbesserten Life-Cycle-Kosten. Darüber hinaus reduzieren sich ökologische Auswirkungen, da das geringere Bauteilgewicht für die Automobil- oder Flugzeugindustrie günstigere Werte beim Kraftstoffverbrauch ermöglicht. Additive Fertigungsverfahren reduzieren auch den Lagerhaltungs- und Transportaufwand, da die Bauteile im Bedarfsfall vor Ort produziert werden. Aufgrund ihrer Vielseitigkeit hat Additive Manufacturing eine Schlüsselrolle in der modernen industriellen Produktion. Sie spart Zeit und Kosten, ist entscheidend für die Prozesseffizienz und reduziert die Komplexität und ermöglich hochflexible, dezentrale Produktionsprozesse.

Mit Sensoren ausgestattete oder nachgerüstete Maschinen und maschinelle Anlagen (Retrofitting) ermöglichen durch Big-Data-Analytik die Implementierung antizipierender Instandhaltungskonzepte (Predictive Maintenance) und Prognosemodelle zur Qualitätssicherung. Im Unterschied zu den vergangenheitsbezogenen Instandhaltungsdaten, aus denen Auswertungen von Stillständen, Rüstzeiten, Ausfällen und Störungen abgeleitet werden können, werden durch echtzeitbezogene Daten Verschleißerscheinungen und Prozessunregelmäßigkeiten bereits im Vorfeld ersichtlich und Vorbeugemaßnahmen getroffen. Dadurch kann durch Wartungsmaßnahmen die Lebensdauer von Komponenten erhöht und der Instandsetzungszeitpunkt genauer festgelegt werden. Dies verringert die Abschreibungs- und Ausfallkosten. Zudem werden die Life-Cycle-Kosten gesenkt. In der Qualitätssicherung ergeben sich durch die permanente Datenerhebung und -auswertung Optimierungspotenziale durch verbesserte Möglichkeiten der Realisierung von Jidoka (automatischer Produktionsstopp bei Fehler- oder Mängelauftritt). Auf diese Weise wird nicht nur die gesamte Produktion durch bessere Kapazitätsauslastung effizienter, auch das Unternehmen profitiert von der geringeren Menge defekter und unverkäuflicher Produkte (gesteigerte Ressourceneffizienz) und die höhere Kundenzufriedenheit bzw. geringere Reklamationsquote.[22] Wie bereits erwähnt, ermöglicht die Realtime-Zustandsüberüberwachung ein kontinuierliches Energiemonitoring zur Identifikation von Einsparpotenzialen, Lastspitzenmanagement und die Analyse von Langzeittrends.

Beispiel 1: Betriebsinformationssysteme in Kombination mit Messsensorik[23]

Die Anwendung eines geeigneten Betriebsinformationssystems in der chemischen Industrie zeigt die wesentlichen Potenziale der Digitalisierung zur Steigerung der Ressourceneffizienz. Dabei werden alle verfügbaren Daten in Echtzeit über den Energie- und Materialverbrauch eines Produktionsbetriebs in einer zentralen Datenbank gespeichert und deren Analyse über einen längeren Zeitraum ermöglicht. Damit erfolgt eine raschere Identifizierung von Ineffizienzen, die durch geeignete Maßnahmen beseitigt werden. Damit können im Schnitt 5–10 % der eingesetzten Energie ohne größere Investitionen eingespart werden.

[22]Schäfer S. und Pinnow, C. (2015, S. 137–140).

[23]Schebek et al. (2017, S. 50).

Beispiel 2: Digitalisierung der innerbetrieblichen Prozesskette

Das Projekt CUBES hat die Wertschöpfungskette eines Herstellers von konturnahem und damit materialsparendem Guss für Formteile in dem wichtigen Segment der Automobil- und Flugzeugzulieferungsindustrie vollständig digitalisiert. Vom Angebot über das 3D-Modell bis zum ausgelieferten Modell werden alle Arbeitsschritte durch funktions- und teilweise hierarchieübergreifende horizontale und vertikale Digitalisierung verbunden.[24]

Beispiel 3: Digitaler Zwilling[25]

Der digitale Zwilling der Produktion bildet den Einsatz von Maschinen und Anlagensteuerungen bis hin zu ganzen Fertigungsstraßen in der virtuellen Umgebung ab. Die virtuelle Simulation der Inbetriebnahme bietet die Möglichkeit, Fehler- oder Störquellen vor dem Betriebsstart erkennen und vermeiden zu können. Dies spart Zeit und Ressourcen; ist somit ein Wegbereiter für die individuelle Massenproduktion, da auch hochkomplexe Fertigungswege in kürzester Zeit aufwandsarm berechnet, getestet und programmiert werden können. Die entwickelte Softwarelösung lässt in der Entwicklungsphase einen digitalen Zwilling des Fahrzeugs entstehen, der in digitaler Umgebung simuliert und getestet werden kann, sodass es keiner neuen Prototypen bedarf, um Probleme zu entdecken und Anpassungen vornehmen zu müssen. In weiterer Phase wird ein digitaler Zwilling der Produktion realisiert, der eine parallel optimierte Produktionsplanung und Programmierung der Roboter ermöglichen soll; einher geht damit eine Steigerung der Ressourceneffizienz.

5 Steigerung der Ressourceneffizienz durch digitale Vernetzung der Supply Chain

Die Digitalisierung, Vernetzung und Automatisierung von Produktionssystemen ermöglicht weitreichende Veränderungen industrieller Wertschöpfungsprozesse und damit Geschäftsmodelle. Intelligente Wertschöpfungsketten sind eine zwingende und komplementäre Ergänzung für die Digitalisierung, da sie das Ökosystem von Lieferanten, Produktion, Logistik und Absatz steuern.[26] Voraussetzung ist der Zugriff auf Echtzeitinformationen eines Produkts oder einer Dienstleistung an jedem Ort und zu jedem Zeitpunkt seines Lebenszyklus. Geschäftsmodelle, die Produkte und komplementäre

[24] https://www.ffg.at/news/bm-schramboeck-vergab-erstmals-staatspreis-digitalisierung

[25] https://new.siemens.com/global/de/unternehmen/stories/industrie/der-digitale-zwilling.html (10.04.2019).

[26] Tschiggerl K. und Topic M. (2018, S. 1–3).

Dienstleistungen integrieren, erlauben lebenszyklusübergreifende Konzepte. Die Folge sind Geschäftsmodelle wie beispielsweise:

- Der Anlagenhersteller übernimmt für die Betriebsphase seiner Anlagen Verfügbarkeits- und Zuverlässigkeitsverantwortung unter Definition der Umgebungs- und Rahmenbedingungen. Der Anlagenhersteller verkauft quasi verfügbare, nutzungsbereite Anlagen in Form einer zeitbezogenen Abrechnung („pay per hour") mithilfe von Service-Level-Agreements.
- In dieser Variante verkauft der Anlagenbauer das produzierte Fabrikat oder die Dienstleistung und übernimmt damit auch die Produktionsverantwortung. Beispiele hierzu sind produzierte Druckluft (Kompressoren) oder gefördertes Stückgut (Förder- und Lagereinrichtungen). In diesem Geschäftsmodell der stückweisen Abrechnung („pay per piece") fällt der Umsatz für jedes von der Anlage produzierte Teil an.
- Im Application Lifecycle Management schließlich wird über die Entwicklung und Produktion des Produkts (der Dienstleistung) auch dessen Weiterentwicklung garantiert (z. B. Software) Das Geschäftsmodell impliziert eine nutzenweisen Abrechnung („pay per value"), wobei das eigene Produkt einen signifikanten Einfluss auf das Endprodukt des Kunden ausüben muss.

Vor dem Hintergrund, dass Hersteller ständig mit den neuesten Entwicklungen Schritt halten müssen, um Kundenzufriedenheit zu erzielen, nimmt das Application Management ständig zu. Es reicht von der Beschaffung über das Personalwesen bis hin zum nachhaltigkeitsrelevanten Product-Lifecycle-Management, das durch die Digitalisierung begünstigt wird.

Durch diese Industrialisierung des Application-Managements werden individuelle Application-Management-Dienstleistungen zu wirtschaftlichen Preis-Leistungs-Relationen anbietbar. Durch Standardisierung und Modularisierung lässt sich das Störungsmanagement (Incident Management) über die Wertschöpfungskette beschleunigen. Durch hohe Datenverfügbarkeit und -analytik in Kombination mit Six-Sigma-Prinzipien ist ein hohes Qualitätsniveau erreichbar. Damit können sich die Produkt- und Dienstleistungshersteller auf ihre Kernkompetenzen konzentrieren und Ressourceneffizienz erzielen.

Beispiel 1: Systemlösungen auf der Ebene der Lieferkette, RFID-Technik[27]

Durch die Verwendung von modernen Digitalisierungstechnologien in Form von Radio-Frequency-Identification(RFID)-Systemen können Güter innerhalb des Lagers oder über die gesamte Lieferkette hinweg kontaktlos und eindeutig identifiziert werden. Dies führt unmittelbar zu integrierten Produktrückverfolgungslösungen von Materialbewegungen in der Herstellungskette und schafft eine durchgängige Transparenz von Produktions- und Qualitätsdaten. Der Mehrwert von diesen Lösungen liegt in der Optimierung der Produktionsprozesse sowie gesteigerter Ressourceneffizienz.

[27]Schebek et al. (2017, S. 54).

Beispiel 2: Metallurgisches Internet der Dinge

Die Metallurgie zur Herstellung von metallischen Produkten hat lange Tradition im Recycling. Davon ausgehend wurde durch eine ganzheitliche systemische Realtime-Digitalisierung die Integration dieser Produktionskette im Sinn des Circular Economy Engineering (CEE) angestrebt.[28] Über die horizontale Integration wurde in Modellen die Theorie und Technologie der Mineralgewinnung, -aufbereitung, der metallurgischen Prozesse sowie das Recycling mit computergestütztem Engineering und Produktdesign verbunden. Durch die Möglichkeiten der Realtime-Steuerung werden alle drei Ziele der Nachhaltigkeit verfolgt. Im CEE sind Instrumente und Methoden integriert, die es ermöglichen, die Ressourceneffizienz abzuschätzen, und Entscheidungsunterstützung bieten.[29]

5.1 Bewertung der Ressourceneffizienz durch digitale Transformation

Wie vorstehend beschrieben, bietet die Digitalisierung vielseitige Möglichkeiten, Geschäftsprozesse zu optimieren und so den Ressourceneinsatz zu senken bzw. zu optimieren. Neben der zu entwickelnden Digitalisierungsstrategie (s. Abschn. 2.1) und deren Umsetzung müssen geeignete Methoden und Instrumente zur Messung der ökonomischen und ökologischen Effizienz eingesetzt werden. Letztere umfassen technisch-organisatorische Prozessanalysen, wie ABC-Analysen, detaillierte Input-Outbilanzen bzw. Stoffstromanalysen, bis hin zu spezifischen Analysen, wie Ökobilanzierungen, Wertstromanalysen oder Materialflusskostenrechnung.[30] Die Elemente der Digitalisierung ermöglichen die Erfassung von Verfahrens-, Material- und Energiedaten, auf deren Basis mit Methoden der Datenanalytik Prozessmodelle entwickelt und alternative Szenarien simuliert werden können. Neue Methoden, Tools oder Anwendungen, beispielsweise zur Erstellung von Stoffstromdiagrammen oder zur Durchführung einer Wertstromanalyse, lassen sich mit Software-as-a-Service einfacher in das bestehende System integrieren. Dienste zur Prognose von Anlagenstörungen und der Ableitung von Instandhaltungsmaßnahmen („predictive-preventive maintenance“) werden ebenfalls in Form von Software-as-a-Service angeboten. Nach einer erfolgreichen Umsetzung und Implementierung hat der Anwender Zugriff zu allen relevanten Informationen und Prognosen. Die vorgenannten Analyse- und Bewertungsinstrumente zur ökologischen Nachhaltigkeit können in diese Prozessmodelle gut integriert werden. Eine bessere Vernetzung aller Abläufe und eine gesteigerte Kommunikationsfähigkeit durch Cloud Computing, IoT und Dienste und CPS führen dazu, dass exakte, reproduzierbare und validierbare Informationen in großem Ausmaß

[28] Reuter M.A. (2016, S. 1).

[29] Tschiggerl K. und Topic M. (2018, S. 27).

[30] Schmidt, M. et al. (2017, S. 38–45).

verfügbar werden. Damit wird ein Datenaustausch zwischen Produkt und Betriebsumfeld, Hersteller, Nutzer und weiteren Stakeholdern realisierbar.

Die komplexeren Bewertungen der Ressourceneffizienz erfolgen durch Methoden wie Energie- und Stoffstrommodelle, Life Cycle Assessment (LCA) bzw. Ökobilanzierung gemäß ISO 14040/14044, der Material- und Energieflusskostenrechnung, der ESSENZ-Methode und der Wertstromanalyse. Derzeit liegt der Nachteil dieser Methoden noch vielfach in den benötigten, jedoch vielfach nicht verfügbaren Daten. Sind diese jedoch gegeben, lässt sich das Potenzial von Big Data Analytics gut anhand der Anwendungsmöglichkeiten beim LCA veranschaulichen. Bei der Erstellung der Sachbilanz für ein LCA wird eine große Vielzahl von unterschiedlichen Daten benötigt. Da der gesamte Lebensweg betrachtet wird, kommen diese aus verschiedenen Quellen mit zumeist unterschiedlichen Formaten. Darüber hinaus werden, trotz zunehmender Verfügbarkeit von spezifischen, ortsgebundenen und aktuellen Daten, häufig Durchschnittswerte einer Industriebranche herangezogen, um die Umweltauswirkungen eines Produkts oder einer Dienstleistung zu beurteilen. Big Data hat die Fähigkeit, große Mengen unterschiedlicher Daten mit komplexen Strukturen zu konsolidieren und je nach Verwendungszweck aufzubereiten. Darüber hinaus kann dann die Sachbilanz auf Grundlage exakter Werte aufgebaut werden.[31] Eine weitere Möglichkeit bietet sich durch die verbesserte Analyse auf Basis großer LCA-Datenbanken, die durch die umfassendere Verbreitung der Ökobilanz Informationen aus allen Industriesektoren sammeln.[32]

In einer Studie wurden verschiedene Maßnahmen der digitalen Transformation identifiziert und die Praxisanwendungen in Form von Fallstudien untersucht. Dabei wurden für elf Maßnahmen die Voraussetzungen für deren Implementierung, die Chancen, Risiken und Potenziale zur Ressourceneffizienz dargestellt. Die Maßnahmen können isoliert oder in Kombination eingesetzt werden, um die digitale Transformation im Unternehmen voranzutreiben und gleichzeitig Ressourcen einzusparen.

Maßnahmen der digitalen Transformation:

- Vernetzung von Sensoren und Aktoren
- Durchgängige Datenintegration
- Cloud Computing
- Einsatz digitaler Objektgedächtnisse
- Dezentrale Steuerung
- Maßnahmen zur Assistenz
- Dynamisch kooperierende Systeme und Modularisierung
- Einführung und Verwendung von Ortungs- und Lokalisierungssystemen
- Zustandsüberwachung
- Prädiktive Instandhaltung
- Virtuelle Produktentwicklung

[31] Xu, M. et al. (2015, S. 207–208).

[32] Bhinge et al. (2015, S. 396)

Diese Ergebnisse sollen die Unternehmen bei der Auswahl geeigneter Maßnahmen unterstützen. Sie bilden die Grundlage von Praxisanwendungen der digitalen Transformation, deren gezielter Einsatz zur Einsparung von Ressourcen führen kann.

Es ist unstrittig, dass der Digitalisierung der Produktion entlang der Wertschöpfungskette hohe Potenziale zur Energie- und Materialeffizienzsteigerung beigemessen werden. Die dargelegten Fallbeispiele auf unterschiedlichen Systemebenen stellen situative Effizienzeffekte dar, die zu einem Minderverbrauch im Sinn der Suffizienzstrategie führen und durch informationstechnische, technische und planerisch-organisatorische Maßnahmen umgesetzt werden können. Werden damit auch umweltentlastende Effekte ermöglicht?

Die Steigerung von Effizienz, insbesondere aber der Gesamtkomplex der Digitalisierung, kann jedoch zu Rebound-Effekten führen die gegebenenfalls die Einsparungseffekte überkompensieren. Dies bedeutet, dass potenziell mögliche Effizienzsteigerungen nur z. T. in tatsächliche Einsparungen umgesetzt werden können bzw. wenn eine Senkung des Inputs pro Einheit Output (Effizienz) gleichzeitig zu einer Erhöhung des Outputs führt. Grundsätzlich werden der direkte, der indirekte und der gesamtwirtschaftliche Rebound-Effekt (mit bis zu 13 Differenzierungen) unterschieden.[33] Durch Aktivitäten im Kontext zu Industrie 4.0 wird die Herstellung kosten- und damit preisgünstiger sowie gegebenenfalls individualisierter Produkte möglich, was direkte (vermehrter Produktabsatz) aber auch indirekte Rebound-Effekte (gesteigerter Absatz anderer Produkte) bewirken kann.

Für gesamtwirtschaftliche – über diesen Beitrag hinausgehende – Systemgrenzen liegen Abschätzungen von Effizienzsteigerungen vor. Darin wird der Rebound-Effekt für nichtenergetische Rohstoffe je nach Rohstoffart von 2–10,5 % ausgewiesen.[34] Es kann davon ausgegangen werden, dass die hier angeführten technologiebedingten Effizienzsteigerungen – wenn überhaupt – nur marginale Preisänderungen (direkter Rebound-Effekt) auslösen. In industriellen Anwendungen dürfte der gesamtwirtschaftliche Rebound-Effekt zwischen 0 und 20 % liegen.[35] Eine Steigerung der Ressourceneffizienz in der Produktion ist daher auch aus gesamtwirtschaftlicher Sicht durchaus sinnvoll.

6 Ausblick und aktuelle Herausforderungen

Die Ressourceneffizienz und mit ihr die gesellschaftliche Verantwortung werden für produzierende Unternehmen zu einem zunehmend wichtigen Thema. Mit der Digitalisierung können Potenziale zur Steigerung der Material- und Energieeffizienz gehoben werden. Die Vorteile sind vielseitig; der Wettbewerbsvorteil gegenüber den Mitbewerbern wird gewahrt, die gewonnene Ressourceneffizienz ermöglicht neue innovative

[33]Santarius, T. (2015, S. 28–47).

[34]Pfaff, M. und Sartorius, C. (2014, S. 327).

[35]Maxwell, D. und McAndrew L. (2011).

Lösungen (u. a. technisch, organisatorisch, finanziell und mehr), um Geschäftsmodelle zu entwickeln, und liefert einen wichtigen Beitrag zur Nachhaltigkeit durch die Reduktion von Umweltwirkungen.[36] Allerdings sind Rebound-Effekte zu beachten, deren umfassende langfristige Wirkung auf makroökonomischer Sicht nicht abschließend eindeutig zu beantworten ist.

Auf der Mikroebene sind zahlreichen Unternehmen die Möglichkeiten nicht präsent; es bedarf daher weiterer Projekte, Förderungen und Initiativen, um die Potenziale aufzuzeigen und Maßnahmen zu ergreifen. Der mögliche Zusammenhang zwischen Ressourceneffizienz und Digitalisierung wird oftmals nicht wahrgenommen. Aus Unternehmenssicht bietet die digitale Transformation große Potenziale, jedoch bedeutet sie für die meisten Unternehmen einen mehrjährigen Transformationsprozess und eine Herausforderung.[37] Vielfach wird mit digitalen Lösungen zur Prozessoptimierung begonnen, wobei jedoch keine systematische Erfolgskontrolle und Quantifizierung von Ressourceneinsparungen erfolgt. Den Unternehmen fehlen damit oftmals die Informationsgrundlagen zu ihren betrieblichen Verbräuchen an Ressourcen, die sie zur Ableitung zielgerichteter Maßnahmen nutzen könnten.[38] Daher muss der Prozess der Digitalisierungen in den Unternehmen ganzheitlich, transparent und planvoller verlaufen sowie als strategisches Ziel eingesetzt werden. Eine Digitalisierungsstrategie ist zu entwickeln und in Form einer Roadmap umzusetzen. Dazu müssen die Potenziale der Ressourceneffizienzsteigerung durch Digitalisierung abgeschätzt und der aktuelle Status der Digitalisierung des Unternehmens inklusive der Mitarbeiterkompetenzen hinsichtlich derselben abgeschätzt werden. Reifegradmodelle bieten hierzu Orientierung (z. B. digitaler Reifecheck). Ein mögliches Modell betrachtet die fünf Dimensionen Unternehmensstrategie, Mitarbeiter, Technologie, Produkte und Dienstleistungen sowie Organisation und Prozesse jeweils für die fünf Stufen Erkunder, Einsteiger, Fortgeschrittener, Experte und Vorreiter im Rahmen von Industrie 4.0.[39] Auf Basis dieser Einschätzung werden in weiterer Folge die Handlungsempfehlungen für die nächsten Schritte im digitalen Transformationsprozess abgeleitet.[40] Bei der Implementierung von Maßnahmen zur digitalen Transformation darf allerdings nicht übersehen werden, dass der Energie- und Rohstoffbedarf für Serverlandschaften, aber auch für alle anderen Instrumente der digitalen Transformation wiederum in die Ressourceneffizienz einfließen und eventuellen Verbesserungen gegenüberstehen (Rebound-Effekt).

Die Digitalisierung bringt eine größere Datenmenge mit sich, was auch für Unternehmen eine große Herausforderung darstellen kann, da diese verarbeitet und analysiert werden müssen. Ein Mehrwert aus Daten ergibt sich aus Big Data, der schnellen Sammlung von Daten aus unterschiedlichen Datenquellen und der folgenden Auswertung mithilfe

---

[36] Topic et al. (2017, S. 30–31).

[37] Biedermann et al. (2017, S. 11–12).

[38] Schebek et al. (2017, S. 189).

[39] Schebek et al. (2017, S. 78–80).

[40] https://kompetenzzentrum-kaiserslautern.digital/readiness-check/ (05.04.2019).

von Analysemethoden des Data Mining.[41] Wesentlich dafür ist, die relevanten betrieblichen Kenngrößen zu identifizieren und für deren Erfassung die eingeführten Informations- und Kommunikationstechnologien zu nutzen. Die entstehende betriebliche Informationsbasis sollte von Unternehmen als ein strategisches Instrument für die Identifikation der Einsparung betrieblicher Ressourcen und ein gezieltes Erfolgscontrolling genutzt werden.[42]

Viele Unternehmen sammeln bereits eine Reihe von Daten, jedoch haben etliche davon keine Strategie, welche Daten erhoben werden müssen, um relevante Erkenntnisse über den Prozess zu gewinnen. Diese Daten zeichnen sich durch die drei Dimensionen Lebenszyklus, Datenqualität und den Wert derselben aus. Ein Daten(qualitäts)management ist daher nötig, da die Ressource Daten nicht ein einfacher Produktionsfaktor im Sinn eines verarbeiteten Materials ist, sondern auch ein Produkt, das für das Unternehmen intern wie extern einen Mehrwert hat. Vor allem bei der Verwendung von Big Data ist es entscheidend, sich über die gezielte Beschaffung und Speicherung (Lagerhaltung) von Daten im ersten Schritt auseinanderzusetzen, im zweiten mit der Generierung von relevantem Wissen aus Daten und im dritten Schritt mit der Löschung von unnötigen Daten. Ein zentraler Punkt dabei sind die Kosten aber auch der Nutzen höhere Datenmengen bzw. höherer Datenqualität. Dabei gelten die Prinzipien des klassischen Qualitätsmanagements, dass Fehlervermeidung in einer früheren Anwendungs- oder Verarbeitungsphase weniger Kosten verursachen als jene in einer späteren Phase. Man sollte folglich den Prozess des Datenqualitätsmanagements möglichst früh im Projekt-Produkt-Prozess-Lebenszyklus beginnen.[43] Das Ziel ist, die Datenqualitätsverbesserung nachhaltig in der Organisation zu verankern und einem kontinuierlichen Verbesserungsprozess (KVP) zu unterwerfen.

In der sozialen Dimension der Nachhaltigkeit sind die Beschäftigungseffekte der Digitalisierung und mögliche Perspektiven der Arbeitsgestaltung zu adressieren. Im Zuge der Auswirkung von Industrie 4.0 und der Digitalisierung ist daher von zentraler Bedeutung, inwieweit die Robotik die menschliche Arbeitskraft ersetzen und die Smartfactory mit sich selbst regelnden Maschinen und Produkten ohne Menschen auskommen wird. Die Oxford-Wissenschaftler Frey und Osborne schätzen, dass 47 % aller Arbeitskräfte in den USA in den nächsten Jahrzehnten im Zuge der Digitalisierung verloren gehen.[44] In einer ähnlichen Studie wird für Deutschland der Schluss gezogen, dass etwa 59 % der Arbeitsplätze in ihrer derzeitigen Form bedroht sind.[45] Beiden Studien fehlt allerdings die empirische Basis, da sie auf Expertenbefragungen (Delphi-Studien) fußen. Andere Studien weisen auf die volkswirtschaftlichen Effekte des Robotereinsatzes hin, die sich positiv auf die Arbeitsproduktivität und Effizienz und das Wirtschaftswachstum

---

[41]Bernerstätter, R. und Kühnast, R. (2018, S. 1).

[42]Schebek et al. (2017, S. 14).

[43]Bernerstätter R. (2018, S. 38).

[44]Frey, C. und Osborne, M. (2013), www.oxfordmartin.oxac.uk/downloads/academic/The_Future_of_Employment.pdf.

[45]ING-DiBa (2015).

auswirken, ohne die Gesamtzahl der benötigten Arbeitskapazitäten zu reduzieren. Daraus sollte nicht generalisierend der Schluss gezogen werden, dass sich am Arbeitsmarkt beträchtliche Veränderungen je nach Digitalisierungsstufe und Umfang (s. Abschn. 1.3) ergeben werden. Unternehmen, die sich in einem besonderen volatilen Umfeld befinden und sich intensiv mit dem Thema Digitalisierung auseinandersetzen, befinden sich vermehrt unter Druck, Anpassungen der Personalkapazität vorzunehmen. Allerdings ist bei der Einführung und Implementierung der Digitalisierung nicht erkennbar, ob sich die Produkt- oder Prozessverbesserungen nachhaltig auf die Personalkapazität auswirken. Durch die Innovation können die Unternehmen zumeist die Marktdurchdringung und Kundenbindung erhöhen bzw. neue Märkte und Marktnischen erschließen, wodurch weiteres Personal benötigt wird.[46]

Neben dieser möglichen technologisch induzierten Arbeitslosigkeit wird sich durch die Adaption der Geschäftsmodelle das benötigte Kompetenzprofil der Arbeitnehmer verändern müssen. So werden IT-Kenntnisse und kognitive Fähigkeiten bedeutsamer; einfache Routinetätigkeiten werden automatisiert, demzufolge werden bei leicht zu automatisierenden Tätigkeiten gegebenenfalls Mitarbeiter durch Maschinen substituiert. Tätigkeiten, bei denen der Mensch der Maschine überlegen ist, werden mehrfach nachgefragt, insbesondere bei kognitiven Prozessen oder auch der interdisziplinären Arbeit an neuen Dienstleistungen oder Prozessen. Demzufolge werden die kognitiven Fähigkeiten und die interdisziplinäre Teamfähigkeit mit zunehmender Komplexität der Fertigungsprozesse und IT-Durchdringung steigen. Damit bietet die fortschreitende Digitalisierung natürlich Herausforderungen aber auch Chancen durch die Veränderung der Qualifikationserfordernisse hin zu einem höheren Niveau. Durch die zunehmende Automatisierung, Technisierung und IT-Durchdringung steigt die Komplexität der technischen Infrastruktur und der inhärenten Unberechenbarkeit. Für die Aufrechterhaltung der Prozessstabilität, Sicherheit, Zuverlässigkeit und Verfügbarkeit werden Aufgaben im Instandhaltungs- und Produktionsmanagement zunehmend komplexer und deutlich schwerer zu bewältigen. Darüber hinaus werden digital unterstützte, individualisierte Tutorensysteme nicht nur eine schnellere Einarbeitung in neue Arbeitsabläufe ermöglichen, sondern auch zu einer stärkeren Inklusion und Partizipation an der Arbeitswelt beitragen.[47] Über die ergonomischen und arbeitspsychologischen Konsequenzen gibt es erst vereinzelt Studien, die versuchen, die Auswirkung digitaler Technologien und Anwendungen und deren virtuelle Realitäten im Arbeitsalltag zu beleuchten. Bereits heute kann gesichert festgestellt werden, dass es zu einer höhten psychischen Stressbelastung aufgrund des hohen terminlichen Entscheidungsdrucks insbesondere bei den Mitarbeitern im Bereich des Instandhaltungs- und Produktionsmanagements kommt. Die nötigen Qualifikationen können im automatisierten Routinebetrieb nicht aufgebaut werden, was eine erhöhte Resilienz der Mitarbeiter erforderlich macht. Die Kombination

[46]Hammermann, A. und Stettes, O. (2015, S. 79–84).

[47]Grabel, S. (2016, S. 115).

aus technischem Struktur- und Regelwissen und praktischer Erfahrung und Handlungskompetenz wird charakteristisch. Im Störfall ist improvisatorisch-experimentelles Handeln nötig, dies setzt auch eine lerntolerante organisatorische Kultur voraus. Einher gehen diese Anforderungen mit einer Integration von bislang getrennt vorliegenden IT- und Produktionskompetenzen auf den dispositiven Managementebenen. Ein bedeutender Strukturwandel muss diese soziale Dimension begleiten, die das individuelle Lernen ermöglicht und als permanenten Prozess in der Organisation etabliert.[48] Kollektive Partizipation muss die Kompetenzentwicklung und -weitergabe ermöglichen und befördern, um dieses nichtformalisierbare, implizite Wissen erlangen zu können.

Die Digitalisierung in der produzierenden Industrie ermöglicht auf der Prozess- und Produktebene die Freisetzung von Ressourceneffizienzpotenzialen. Langfristig sind jedoch die Angebots- und Nachfragedynamik und deren gesamtwirtschaftliche Rebound-Effekte zu beachten. Die im Kontext der Digitalisierung sich bietenden Möglichkeiten werden allerdings nicht ausreichen, um ökologische Ziele wie beispielsweise die Verminderung der Treibhausgase um 80–90 % in den Industrienationen bis zum Jahr 2050 zu erreichen.

Literatur

Abele E, Anderl R, Metternich J, Arndt A, Wank A (2015) Industrie 4.0 – Potentiale, Nutzen und Good Practice-Beispiele für die hessische Industrie. Meisenbach, Bamberg

Baumgartner RJ, Biedermann H (2007) Organisationskultur und Nachhaltigkeitsmanagement: Erlaubt die Organisationskultur ambitionierte Nachhaltigkeitsstrategien? In: Baumgartner RJ et al (Hrsg) Unternehmenspraxis und Nachhaltigkeit. Hampp, München, S 37 ff.

Bernerstätter R (2018) Daten als Ressource in Industrie 4.0: Kosten und Nutzen von Datenqualität. WINGbusiness 1

Bernerstätter R, Kühnast R (2018) Data Maturity Assessment – Bewertung der Reife des Datenmanagements für Smart Maintenance. BHM Berg- und Hüttenmännische Monatshefte 163

Bhinge R, Srinivasan A, Robinson S, Dornfeld D (2015) Data-intensive Life Cycle Assessment (DILCA) for Deteriorating Products. Procedia CIRP 29:396–401

Biedermann H, Tschiggerl K, Topic M (2017) Nachhaltige Entwicklung vor dem Hintergrund der digitalen Transformation – Herausforderungen und Potenziale für Ressourcen- und Energieeffizienz mit Industrie 4.0. In Sustainability Management for Industries 7: Transformationen – neue Wege zu industrieller Nachhaltigkeit. Hampp, München

Biedermann H (2015) Smart Maintenance – Intelligente, lernorientierte Instandhaltung. In: Biedermann H (Hrsg) Smart maintenance. TÜV Media GmbH, Köln

Loew T, Rohde F (2013) CSR und Nachhaltigkeitsmanagement. Erläuterung der Definitionen zu CSR und die organisatorische Umsetzung von CSR im Unternehmen, Berlin

Maxwell D, McAndrew L (2009) Adressing the rebound effect. Final Report to European Commission DG ENV framework contract ENV.G.4/FRAU/2008/0112

Fleisch E et al (2014) Geschäftsmodelle im Internet der Dinge. HMD 51:812–826

[48] Biedermann, H. (2015, S. 30–32).

Frey C, Osborne M (2013) The future of employment: how susceptible are jobs to computerization? University of Oxford, Oxford

Grabel S (2016) Beschäftigungseffekte und Perspektiven der Arbeitsgestaltung. In: Wittpahl V (Hrsg) Digitalisierung. It-Themenband Springer Vieweg, Berlin

Hammermann A, Stettes O (2015) Beschäftigungseffekte der Digitalisierung: 1. Eindrücke aus dem IWPersonalpanel. In: IW-Trends-Vierteljahresschrift zur empirischen Wirtschaftsforschung, Bd 42. Leibniz-Informationszentrum Wirtschaft, Institut der deutschen Wirtschaft Köln, Köln.

ING-DiBa (2015) Die Roboter kommen. Folgen der Automatisierung für den deutschen Arbeitsmarkt. Economic Research, Frankfurt a. M.

Pfaff M, Sartorius C (2014) Gesamtwirtschaftliche Rebound-Effekte im Rahmen von Effizienzsteigerungen bei nichtenergetischen Rohstoffen. In: Teipel U, Reller A (Hrsg) 3. Symposium Rohstoffeffizienz und Rohstoffinnovationen. Fraunhofer, Stuttgart

Reuter MA (2016) Digitalizing the circular economy – Circular economy engineering defined by the metallurgical internet of things. Metar Trans B 47(6):3194–3220

Rürup B, Jung S (2017) Digitalisierung: Chancen auf neues Wachstum. In CSR und Digitalisierung – Der digitale Wandel für Wirtschaft und Gesellschaft. Springer Gabler, Berlin

Schäfer S, Pinnow C (2015) Industrie 4.0: Grundlagen und Anwendungen. Beuth, Berlin

Santarius T(2015) Der Rebound-Effekt. Ökonomische, psychische und soziale Herausforderungen der Entkopplung von Energieverbrauch und Wirtschaftswachstum. Wirtschaftswissenschaftliche Nachhaltigkeitsforschung, Bd 18. Metropolis, Marburg

Schebek L, Abele E, Anderl R, Sauer A, Zühlke D et al (2017) Ressourceneffizienz durch Industrie 4.0 – Potenziale für KMU des verarbeitenden Gewerbes. VDI Zentrum Ressourceneffizienz, Berlin

Siepmann T (2016) Industrie 4.0 – Grundlagen und Gesamtzusammenhang. In: Siepmann T (Hrsg) Einführung und Umsetzung von Industrie 4.0. Springer-Gabler, Berlin

Schiessle E (2016) Industriesensorik: Sensortechnik und Messwertaufnahme. Vogel Communications Group GmbH & Co. KG

Schmidt M, Spieth H, Bauer J, Haubach C (2017) 100 Betriebe für Ressourceneffizienz –, Bd 1. Springer Spektrum, Berlin

Schuh G, Boss W, Kelzenberg C, de Lange J, Stracke F, Helbig J, Boshof J, Ebbecke C (2019) Industrie 4.0: Implement it! – Ein Leitfaden zur erfolgreichen Implementierung von Industrie 4.0-Lösungen. Werkzeugmaschinenlabor WZL der Rheinisch-Westfälischen Technischen Hochschule, Aachen

Topic M, Tschiggerl K, Biedermann H (2017) Lebenszyklusanalysen in der Gießerei-Industrie und deren Bedeutung im Rahmen operativer und strategischer Entscheidungen. Gießerei 104(7): 30–40

Tschiggerl K, Topic M (2018) Potenziale durch Industrie 4.0 zur Steigerung der Ressourceneffizienz. WINGbusiness 1

Umweltbundesamt (UBA) (2012) Glossar zum Ressourcenschutz. Dessau_Roßlau

VDI ZRE (2017) Ressourceneffizienz durch Industrie 4.0 – Potenziale für KMU des verarbeitenden Gewerbes. VDI Zentrum Ressourceneffizienz GmbH, Berlin

Wordenweber M (2017) Nachhaltigkeitsmanagement – Grundlagen und Praxis unternehmerischen Handels. Scäffer-Poeschel, Stuttgart

Xu M, Cai H, Liang S (2015) Big data and industrial ecology: big data and industrial ecology. J Ind Ecol 19(2):205–210

ZVEI (2018) Energieeffizienz durch Digitalisierung – Handlungsempfehlungen und Anwendungsbeispiele. ZVEI – Zentralverband Elektrotechnik- und Elektronikindustrie e. V., Frankfurt a. M.

Univ.-Prof. Dipl.-Ing. Dr.mont. Hubert Biedermann ist seit 1995 Vorstand am Lehrstuhl Wirtschafts- und Betriebswissenschaften, ab 2003 Leitung des gleichnamigen Departments an der Montanuniversität Leoben. Präsident der Österreichischen technisch-wissenschaftlichen Vereinigung für Instandhaltung und Anlagenwirtschaft (ÖVIA). Leiter der Universitätslehrgänge für Nachhaltigkeits- und Generic Management. Forschungsschwerpunkte: Integrierte Anlagenwirtschaft, Predictive Analytics, Sustainability Management for Industries.

Dr. Milan Topic promovierte an der Karl-Franzens-Universität Graz im Bereich Abfallwirtschaft und Nachhaltige Regionalentwicklung. Seit 2014 wissenschaftlicher Mitarbeiter am Lehrstuhl Wirtschafts- und Betriebswissenschaften der Montanuniversität Leoben mit den Schwerpunkten Nachhaltigkeits- und Energiemanagement.

III-Mage Intelligent Impact Investment Management Game und CSR

Optimierung und Kontrolle von analytischen Prozessen mithilfe innovativer Management Cockpits zur Unterstützung von CSR-Prozessen – IT-basierte Impact-Investment-Strategien für ökologische Ressourcenallokationsmechanismen

Stefan Wolfgang Pickl

1 Einführung: Von Rio über Kyoto nach Sendai

Das zugrundeliegende funktionale Technologie-Emissionen-Mittel-Modell (TEM-Modell) ist ein komfortables Modell, das Ressourcenallokationsprobleme simuliert. Es ist ein großer Vorteil des TEM-Modells, dass es Reale-Welt-Daten berücksichtigen kann. Gemeinsam mit internationalen Partnern entwickeln wir ein innovatives Management Cockpit, um zukünftige Big-Data-Szenarien, die auf Daten der russischen Ökonomie basieren, zu entwickeln und zu analysieren.

In diesem Beitrag zeigen wir das erste Mal das Konzept eines intelligenten Impact-Investment-Spiels, genannt III-Mage: Wie können die Akteure sich auf nachhaltige Art und Weise verhalten? Der Beitrag fasst die Optimierungs- und Kontrollprozesse sowie die verwandten spieltheoretischen Ideen zusammen. Zudem werden grundlegende analytische Auswertungen charakterisiert. Hierfür stellen wir die sog. COMTESSA-Cubes vor, die eine Analyse ermöglichen.

Werner Krabs erwähnte oft, dass mathematische Modelle in Biologie und Medizin nicht auf natürlichen Gesetzen basieren könnten, wie es in Physik und Chemie der Fall ist. Für ihn war dies in der Tatsache begründet, dass biologische und medizinische Prozesse von lebenden Organismen abhängen. Diese Prozesse sind, sogar unter physischen und chemischen Aspekten, zu kompliziert, um in einem mathematischen Modell vollständig beschrieben werden zu können. Zusätzlich können sie Eigenschaften beinhalten, die im Prinzip mathematisch nicht beschrieben werden können.

S. W. Pickl (✉)
Universität der Bundeswehr München – COMTESSA, Neubiberg, Deutschland
E-Mail: stefan.pickl@unibw.de

A. Sihn-Weber und F. Fischler (Hrsg.), *CSR und Klimawandel,* Management-Reihe Corporate Social Responsibility, https://doi.org/10.1007/978-3-662-59748-4_5

1.1 Optimales Verhalten und beste Beschreibung

Mathematische Modelle können, wie immer, als Sprache gebraucht werden, mithilfe derer bestimmte Aspekte biologischer oder medizinischer Prozesse erklärt werden können (Krabs und Pickl 2003). So kann etwa in einem Wachstumsmodell für die Bevölkerung von Menschen oder Tieren die Annahme, dass die Wachstumsrate von der Größe der Population abhängt, in Zahlen mithilfe von Differenzialgleichungen ausgedrückt und mit Messdaten überprüft werden, bis zu welchem Ausmaß das mathematische Modell eine realistische Beschreibung der Realität bietet. Generell können verschiedene mathematische Modelle entwickelt werden, um einen biologischen oder medizinischen Prozess zu beschreiben; und hierfür gibt es kein einheitliches Kriterium, welches Modell die beste Beschreibung gibt.

Basierend auf diesen einführenden Bemerkungen werden wir in diesem Beitrag zwei Aspekte näher betrachten:

Was ist optimales Verhalten?
Wie können wir dieses Verhalten formen, charakterisieren und trainieren?

Interaktive Ressourcenplanung wird zunehmend wichtiger innerhalb von zukünftigen Emissionshandelsprozessen. Die Konferenzen von Rio de Janeiro (1992), Kyoto (1997) und Sendai (2015) fordern solch neue ökonomische Instrumente, die sich ursprünglich auf Umweltschutz, sowohl in Makro- als auch Mikroökonomie, fokussieren.

Ein wichtiges ökonomisches Werkzeug in diesem Bereich war Joint Implementation (JI), das in Art. 6 im Kyoto-Protokoll definiert ist. Es ist ein internationales Instrument, das beabsichtigt, internationale Kooperationen zwischen Unternehmen zu bestärken, um CO_2-Emissionen zu reduzieren.

2 Kyoto-Spiel

Dieser Aspekt war die zentrale Idee für das eingeführte Kyoto-Spiel (Pickl 1998). Dort ist konzipiert, dass eine nachhaltige Entwicklung nur garantiert werden kann, wenn das Instrument in einem optimalen Energie-Management-Prozess eingebettet ist.

In Krabs und Pickl (2003, 2007) und Pickl (1998) stellten wir sowohl das mathematische Modell als auch die zugrundeliegende Kontrolltheorie vor.

Die ökonomische Interaktion drückt sich durch die Wechselwirkungsmatrix aus. Indem ein Akteur finanzielle Mittel investiert, kann ein Effekt auf die eigenen Emissionen als auch auf die Emissionen von Partnern beobachtet werden. Zusätzlich finanzielle Ressourcen entstehen, wenn die Kooperation zustande kommt.

Die Spieler sind von technischen Kooperationen und vom Markt abhängig. Der Effektivitätsparameter em_{ij} beschreibt den Effekt auf die Emissionen des i-ten Spielers, wenn der j-te Akteur mehr finanzielle Mittel in seine Technologien investiert. Wir können also sagen, wie effektiv Technologiekooperationen sind (beispielsweise wie ein Innovationsfaktor); was wiederum das zentrale Element eines JI-Programms ist. Wir sollten betonen, dass diese Parameter den Grad der technischen Kooperationen und Effizienz ausdrücken.

In Lozovanu und Pickl (2015) erweiterten wir das TEM-Modell als generelles, zeitunabhängiges System mit einer endlichen Menge an Zuständen, bei denen der erste und der letzte Zustand des dynamischen Systems jeweils vorgegeben sind. Die Dynamik des Systems wird anschließend von p Spielern gesteuert.

2.1 Das TEM-Modell und Impact Investment

Wie bereits zuvor erwähnt, wurde das TEM-Modell in Pickl (1998) und Krabs und Pickl (2003) entwickelt. Das kontinuierliche Verhalten wurde im Detail in Krabs und Pickl (2007) untersucht.

In Pickl (2001) wurde die zulässige Menge des spieltheoretischen Problems eingeführt und angewendet auf komplexe CO_2-Probleme. In den letzten Jahren fokussieren sich ökonomische Diskussionen mehr und mehr auf sog. Impact Investments. Es ist die wesentliche Aufgabe dieses Beitrags aufzuzeigen, dass das in Pickl (2001) bewiesene Gleichgewichtstheorem als genereller Rahmen für Impact Investment gesehen werden kann.

Der Beitrag bezieht sich im ersten Schritt auf das TEM-Modell und das TEMPI-Framework. Erstmals führen wir im Folgenden den sog. COMTESSA-Cube ein, der als grundlegendes Prinzip von Impact Investments angesehen werden kann. Wir integrieren die Cubes in einen COMTESSA-Zyklus, der die nachhaltigen Entwicklungsprozesse beschreibt.

Beide Prinzipien sind die Basis für ein intuitives Spiel, das versucht, die Ideen von Mariana Bozesan und Ernst-Ulrich von Weizsäcker abzubilden. Wir werden dieses Spiel **III-Mage** nennen.

3 III-Mage

Im nächsten Abschnitt werden wir eine Reihe von grundlegenden Eigenschaften dieses Spiels entwickeln. Wir stellten bisher fest, dass das TEM-Modell auf zwei zentralen Gleichungen basiert:

Eine Gleichung drückt das Verhalten der bislang von einem jeden Akteur reduzierten Emissionen aus.

Die zweite Gleichung beschreibt die finanziellen Mittel (Investments).

Bislang reduzierte CO_2-Emissionen – Finanzielle Mittel

Die zwei Gleichungen sind durch die sog. Effektivitätsmatrix miteinander gekoppelt.

Wenn ein Land in ein anderes Land investiert, dann beobachten wir eine Veränderung in der Effektivitätsmatrix.

Klassische Investmentmodelle versuchen nun, das Verhalten von finanziellen Investments zu optimieren. Schlüsselidee der TEMPI-Vorgehensweise ist es, dass nur solche Investments in diesen Prozessen erlaubt sind, die nachhaltige Auswirkungen besitzen.

Technologische Fortschritte führen zu finanziellen Sicherheiten.
Finanzielle Sicherheiten begründen Investmentgelder.

Die intelligente und nachhaltige spieltheoretische Allokation der finanziellen Investitionen ist nun das grundlegende Prinzip des ökonomischen Konzepts. Wir charakterisieren bestimmte Gleichgewichtssituationen und analysieren deren Existenz. In einem aktuellen Forschungsprojekt wenden wir das erste Mal dieses Konzept auf (komplexe) Ressourcenallokationsprobleme an, die auf verfügbaren Daten der russischen Ökonomie basieren. Diese Ergebnisse werden in die Gestaltung des Management Cockpits eingebettet. Ziel ist es, ein komfortables Management Cockpit zu gestalten, um umweltbedingte Investmentszenarien zu simulieren, zu analysieren und um ökonomisches Verhalten in einem ganzheitlichen Sinn charakterisieren zu können.

Als Hauptteil des Projekts entwickeln wir ein entsprechendes Management Cockpit, das das ökonomische Verhalten simuliert. Ressourcenallokationen und Investmentstrategien können bestimmt und visualisiert werden.

Mithilfe einer Kooperation der Akteure steigt die Effizienz der technologischen Kooperationen:

Die beschriebene Vorgehensweise unterstützt die analytische Untersuchung von CO_2-Emissions-Investments und internationalen Umweltvereinbarungen bzw. -verbindlichkeiten (Abb. 1).

Um diesen Prozess nun visualisieren zu können, müssen die Akteure klar identifiziert werden: Wir identifizieren dabei die Knotenpunkte als Akteure und bestimmen optimale Investmentstrategien. Ferner generieren wir einen ökonomischen Fonds.

Innerhalb dieses Fonds können Ressourcenallokationen auf spieltheoretische Weise beschrieben werden. Schlüsselidee in Pickl (1998) war, dass Allokationen von diesem Fonds genutzt werden könnten, um den Prozess intelligent zu lenken. Beide Aspekte sind in den folgenden Zyklus (Abb. 2) integriert.

Indem die Akteure erkennen, dass sie den Prozess lenken können, und technologische Kooperationen helfen, den Fonds zu determinieren, entwickeln wir hierfür ein *adaptives Prinzip* zur Unterstützung von CSR.

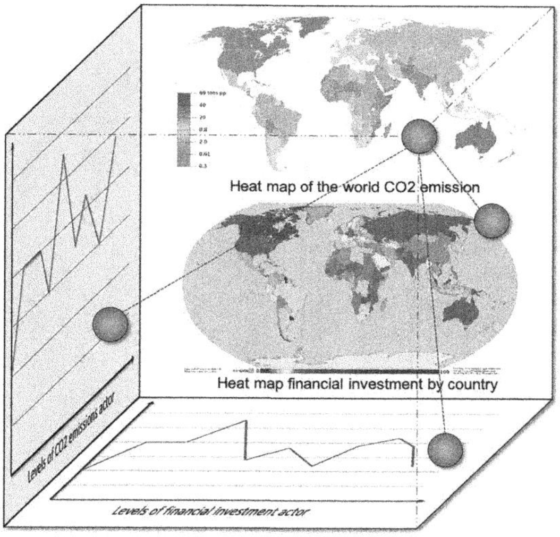

Abb. 1 Management Cockpit. (Eigene Darstellung)

4 Investmentzyklus zur Unterstützung von CSR

Im Kyoto-Protokoll wurde nicht exakt spezifiziert, worin ein Land investieren oder ob es nur seinen Konsum einschränken soll. Der naheliegende adaptive Prozess tendiert daher einerseits zu einer technischen Lösung, andererseits bietet es das Potenzial, einen kooperativen Prozess zu initiieren.

Wir können diesen Prozess nun in einem sog. Investmentzyklus zusammenfassen, der in Abb. 2 dargestellt ist.

Man kann an jedem beliebigen Punkt starten, z. B. mit der Steigerung der Effizienz. Dies könnte zu reduzierten Kosten und veränderten Preisen führen. Im Sinn von Ernst-Ulrich von Weizsäcker wird dieser Reduktionsbeitrag nun genommen, um einen zentralen Fonds zu kreieren.

Um nicht nur ökonomische, sondern auch ethische Aspekte betrachten zu können, wird nun ein Spiel entwickelt.

Im Rahmen der spieltheoretischen Situation soll der gesamte Prozess gesteuert werden.

Solch ein spieltheoretisches Steuern beeinflusst den Grad der Kooperation und damit wiederum die Effizienzmaße usw. Diese Maße sind im Kern des Zyklus verortet. Dieser Zusammenhang ist durch die farbige Matrix ausgedrückt.

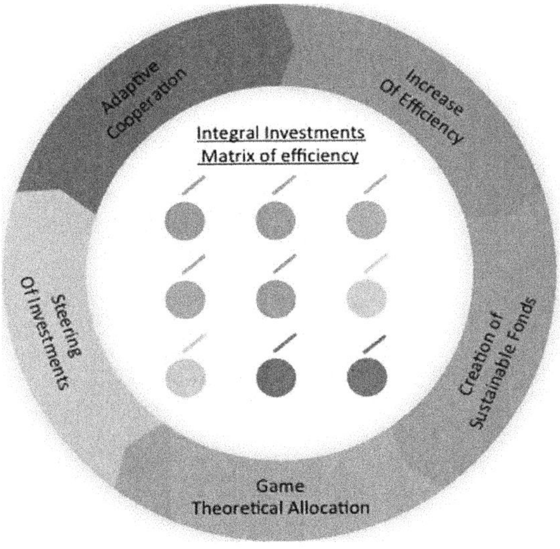

Abb. 2 Investmentzyklus. (Eigene Darstellung)

4.1 Dualitätsprinzip – Besondere soziale Perspektive

Die folgenden Cubes-Ansichten charakterisieren die Tatsache, dass die beiden Aspekte (ökonomisch-ethisch) nicht unabhängig voneinander sind. Obwohl wir nur drei Seiten des Würfels sehen, so beeinflussen auch die verborgenen anderen drei Seiten den gesamten Prozess. Allgemein gesprochen, bezieht sich intelligentes Investieren auf Investitionen für Unternehmen, Organisationen und Fonds mit der wirtschaftlichen Intention, messbare Effekte in unterschiedlichen Dimensionen zu erzeugen (Abb. 3).

Auf dem linken Würfel betrachten wir zunächst, welche Akteure Teil der technologischen Kooperationen sind, welche Menge an CO_2 sie reduzieren und welchen Verhandlungsspielraum sie haben (auf der Unterseite). Auf dem rechten Würfel sehen wir für jeden Akteur den optimalen Investmentweg bzw. die Investmentstrategie (Level of Investments), auf der Unterseite erhalten wir wieder die Information über die Charakterisierung des ökonomischen Gleichgewichts.

Schlüsselidee ist die gemeinsame Betrachtung von beiden Würfeln. Dadurch bekommen wir zusätzlich eine soziale Perspektive. Unser Ziel ist es, dass wir Marktmächten nicht zugestehen, die Interaktionen zu verletzen. Dies erzeugt eine bestimmte soziale Perspektive:

> „Through such a political, economic, moral, and religious alliance, we can find the will and strength to stand against competition as the decisive criterion in all things, to stand against unchecked and inhumane market forces destroying the power of the state to protect the welfare of its citizens. And we can stand against the destruction of morals and the short-termism that many today seem to support and cherish, almost as a human right.“ (Weizsäcker 2016)

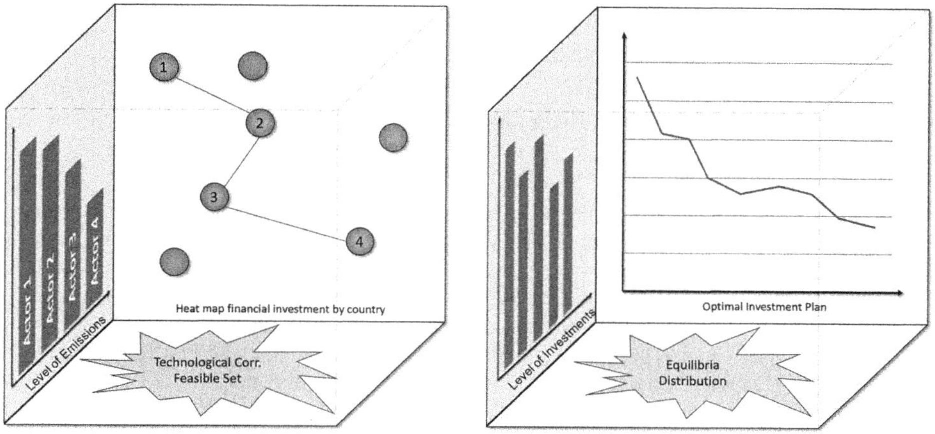

Abb. 3 COMTESSA Cube. (Eigene Darstellung)

Die einzelnen Würfel verkörpern ein sog. Dualitätsprinzip:

Wir können nur drei der sechs Seiten sehen: Man kann sich nun entweder auf die finanzielle Perspektive oder auf die strukturelle Kooperation fokussieren.

Impact Investment bedeutet nun, dass diese sechs Seiten die Seiten eines einzigen Würfels sind. Hierfür kann der Kubus als Basis unseres Management Cockpit angesehen werden.

4.2 Die Vision von Mariana Bozesan

Bei Global Impact Investing Network (2019) wird formuliert: „Impact investments can be made in both emerging and developed markets, and target a range of returns from below-market to market rates, depending on investors' strategic goals".

Das vorgestellte III-Mage-Managementspiel versucht, diese zentrale Idee zu unterstützen.

Ich begann diesen Beitrag mit wesentlichen Gedanken von Ernst-Ulrich von Weizsäcker und Mariana Bozesan. Ihre Ideen waren leitend für die Entwicklung dieses innovativen Managementspiels:

Mariana Bozesan steht für eine ganzheitliche Betrachtung und Vorgehensweise, die sie „Integral Investment" nennt. Sie integriert ökonomische Ökologie genauso wie menschliche Faktoren und besondere kulturelle Aspekte. Ihre Ideen sind verwandt mit der Arbeit von Ken Wilber (Bozesan 2018).

In Bozesan (2010) formuliert die Autorin entsprechend: „From this changed perspective, these so – called integral investors appear to have moved from an egocentric or ethno – centric to a more world – centric perception of the world. This enables them to use their wealth to address current global challenges and have fun doing it".

4.3 Kreative Aspekte, integrale Investoren und Corporate Social Responsibility

Weiterhin betont sie den kreativen Aspekt, der ebenso in der Konzeption des III-Mage-Spiels abgebildet wird:

> „The joy aspect is significant in that it differentiates integral investors from impact investors who are often driven by fear and guilt. They are called integral investors, because they make their financial bottom line even more successful by adding interior metrics such as culture, ethics, and emotional property to the exterior ones such as financial, social, and environmental.
>
> Integral investors are people who use their money to self-actualize and become more integrated human beings. They are people like George Soros, Al Gore, Bill Gates, or Warren Buffett who apparently find their true life's purpose by serving humanity.
>
> Integral investors are leading the field of investing by implementing parity between people, planet, and profit rather than preferring one aspect at the expense of the other two. These investors are the co-creators of the next paradigm in investing, whether they call it integral investing or not. Its model is based on the essence of all existence, the interior as well as exterior reality."

Es wird damit deutlich, dass in diesem Sinn ein direkter und zukunftsweisender Bezug zu Corporate Social Responsibilty (CSR) gegeben ist. Einerseits repräsentieren die gesetzlichen Forderungen einen gewissen Rahmen, andererseits soll gerade durch CSR erreicht werden, dass die Wirtschaft einen freiwilligen Beitrag leistet.

> „Der Mensch spielt nur, wo er in voller Bedeutung des Worts Mensch ist, und er ist nur da ganz Mensch, wo er spielt." (Friedrich Schiller)

5 Resumée

Klimawandel ist ein zentrales Problem unserer Gesellschaft. Eine Menge von vorgeschlagenen und entwickelten Vorgehensweisen haben meist einen doktrinären Impetus, um ein bestimmtes Verhalten zu forcieren. Dieser Beitrag stellt eine dynamische spieltheoretische Perspektive ins Zentrum, die durch eine gewisse Kreativität (kreative Vision) ausgedrückt wird:

Kooperatives Verhalten könnte zu einem Ansteigen der technischen Effizienz führen. Im Sinn des ersten Zitats könnte dies der Schlüssel für nachhaltige Entwicklung sein. Zwei Würfelperspektiven sollten innerhalb des Spiels als Managementinstrumentarium helfen, um ökonomisches und ethisches Verhalten zu kombinieren (Abb. 4).

Ist eine Ecke auf der Vorder- oder Rückseite? Es ist Teil der Vorgehensweise, dass entweder ökonomische oder ethische Aspekte die essenziellen Parameter sind. Beide sind wichtig.

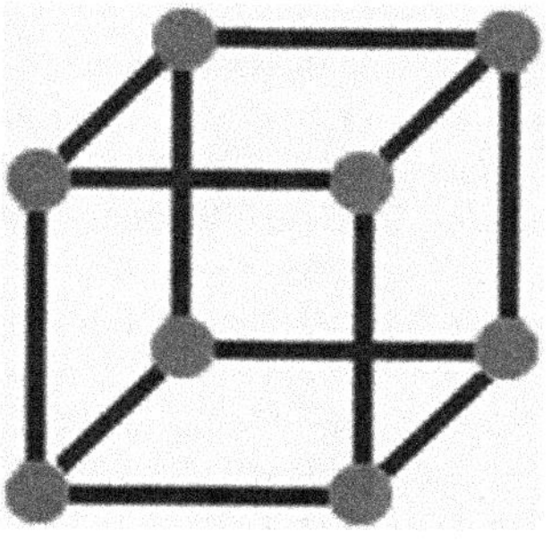

Abb. 4 Dualitätsprinzip. (Eigene Darstellung)

Der Würfel symbolisiert in spielerischer Weise, dass es ein kreativer spieltheoretischer Prozess ist, der im Rahmen dieses auf CSR bezugnehmenden Beitrags entwickelt wurde.

Literatur

Bozesan M (2018) https://www.irm.kit.edu/1257.php. Zugegriffen: 12. März 2018

Bozesan M (2010) The making of a consciousness leader in business: an integral approach, Published Ph.D. Dissertation, ITP Palo Alto. SageEra, Redwood City

Global Impact Investing Network (2019) https://thegiin.org/impact-investing/need-to-know/#what-is-impact-investing. Zugegriffen: 31. Oktober 2019

Janeiro (1992) Agenda 21: Konferenz der Vereinten Nationen für Umwelt und Entwicklung. https://www.un.org/depts/german/conf/agenda21/agenda_21.pdf

Krabs W, Pickl S (2003) Analysis, controllability and optimization of time-discrete systems and dynamical games, lecture notes in economics and mathematical systems theory. No. 529, Springer. http://www.springer.com/us/book/9783540403272

Krabs W, Pickl S (2007) Modelling, analysis and optimization of biosystems. Springer. http://www.springer.com/la/book/9783540714521

Kyoto (1997) Das Protokoll von Kyoto zum Rahmenübereinkommen der Vereinigten Nationen über Klimaänderungen. https://unfccc.int/resource/docs/convkp/kpger.pdf

Lozovanu D, Pickl S (2015) Optimization of stochastic discrete systems and control on complex networks – Computational networks. Springer. http://www.springer.com/us/book/9783319118321

Pickl S (1998) Der τ-value als Kontrollparameter – Modellierung und Analyse eines Joint-Implementation Programmes mithilfe der dynamischen kooperativen Spieltheorie und der diskreten Optimierung. Shaker.

Pickl S (2001) Convex games and feasible sets in control theory. Math Methods Oper Res 53(1):51–66

Sendai (2015) Sendai Framework for Disaster Risk Reduction 2015 – 2030. https://www.unisdr.org/files/43291_sendaiframeworkfordrren.pdf

Weizsäcker E-U (2016) Knowing our worth: conversations on energy and sustainability with Ernst Ulrich von Weizsäcker.

Stefan Wolfgang Pickl wurde am 29.09.1967 in Darmstadt geboren. Er studierte Mathematik, theoretische Elektrotechnik und Philosophie an der TU Darmstadt (Diplom 1993, ERASMUS-Stipendiat an der EPFL Lausanne); 1998 Promotion (TU Darmstadt) und 2005 Habilitation (Universität zu Köln). Herr Pickl war von 2000 bis 2005 wissenschaftlicher Assistent und Projektleiter am Zentrum für angewandte Informatik Köln (ZAIK). Seit Juli 2005 nimmt er die Professur für Operations Research an der Universität der Bundeswehr München wahr. Herr Pickl erhielt im Jahr 2000 den Dissertationspreis der Gesellschaft für Operations Research sowie in den Jahren 2003, 2005 und 2007 und 2014 internationale „best-paper awards“. Seit 2014 ist er Honorarprofessor an der University of Nottingham, Malaysia Campus. In den Jahren 2004–2019 erhielt Herr Pickl Einladungen für Visiting-Professuren in den USA, Asien und Europa. Als Gastwissenschaftler war Herr Pickl Visiting Scientist in den Los Alamos National Labs, im SANDIA Laboratory, am MIT sowie am Santa Fe Institute für komplexe Systeme. Er weist mehr als 250 Publikationen aus. Herr Pickl entwickelte in den 1990er-Jahren eines der ersten mathematischen Modelle zur Modellierung und Simulation des CO_2-Konflikts, das einen Fondsgedanken mit Bezügen zu CSR integrierte. Er ist Mitglied des Integrated Assessment Modelling Forum.

Auto, Energie und Umwelt

Ernst Pucher

1 Primärenergieverbrauch des Verkehrssektors in Österreich

Der weltweite Ausstoß an anthropogenen, klimarelevanten Spurenstoffen basiert zu drei Vierteln auf der Verwendung kohlenstoffhaltiger Energieträger und wird überwiegend durch Energiebilanzen und CO_2-Emissonsfaktoren ermittelt. Nachdem seit einigen Jahren alternative Antriebsformen für Kraftfahrzeuge auf den Markt drängen, die meist andere Energieträger als die herkömmlichen, rohölbasierten verwenden, ist ein Vergleich nicht ganz einfach. Für die folgenden Betrachtungen wurde der Primärenergieeinsatz Österreichs als Basis verwendet. Damit sind beispielsweise die Wandlungs- und Verteilungsverluste der Erzeugung elektrischer Energie enthalten.

Besonders im Blickfeld steht die individuelle Mobilität. In kaum einer anderen Sparte existieren so viele Widersprüche und Missverständnisse wie in diesem Energiesektor. Beispielsweise wird einerseits reklamiert, dass der Verkehr für den überwiegenden Anteil des Energieeinsatzes verantwortlich sei, und andererseits wird postuliert, dass praktisch ohne nennenswerte zusätzliche Stromproduktion große Teile der Pkw-Flotte mit Strom betrieben werden könnten. Ein offensichtlicher Widerspruch. In diesem Kapitel werden deshalb die Bereitstellung und Verwendung der erforderlichen Energiemengen auf Basis einer Primärenergiebilanzierung analysiert. Dazu wurden sowohl die verwendeten Energieträger in einem Top-down-Ansatz als auch die Verbrauchergruppen bottom-up modelliert. In Österreich kommen insbesondere die erneuerbaren Energien auf einen sehr hohen Anteil von etwa einem Drittel.

E. Pucher (✉)
Institut für Fahrzeugantriebe und Automobiltechnik, Technische Universität Wien, Wien, Österreich
E-Mail: ernst.pucher@tuwien.ac.at

A. Sihn-Weber und F. Fischler (Hrsg.), *CSR und Klimawandel,* Management-Reihe Corporate Social Responsibility, https://doi.org/10.1007/978-3-662-59748-4_6

Betrachtet man nun die Verwendung von Primärenergie (Abb. 1), dann ist festzustellen, dass der größte Anteil für die Stromerzeugung eingesetzt wird, wobei bereits ein erheblicher Anteil importiert werden muss (Gadjanski 2017). Weitere große Verbraucher sind die Industrie, der Verkehr und die Kleinverbraucher. Unter Verkehr werden jedoch sämtliche Formen von Transport über Land, in der Luft und in der Rohrleitung sowie der Kraftstoffexport zusammengefasst. Die genaue Betrachtung des Transportsektors in Österreich zeigt, dass Pkw- und Schwerverkehr rund 16 % der Primärenergie verbrauchen und der Kraftstoffverkauf an den Transitverkehr, vulgo Tanktourismus, der nur zum geringsten Teil in Österreich verfahren wird, für etwa 5 % verantwortlich ist. Dieser sorgt jedoch für hohe Mineralölsteuereinnahmen, die vom Transitverkehr bezahlt werden.

Im Verkehrssektor gibt es jedoch auch eine Vielzahl recht unterschiedlicher und teilweise wenig bekannter Verbrauchergruppen, beispielsweise der Transport in Rohrfernleitungen. Zur Detailbetrachtung werden in Abb. 2 der Anteil des Verkehrs aus dem Gesamtverbrauch herausgelöst und die einzelnen mobilen Sektoren in ihren absoluten Beträgen und Prozentsätzen präsentiert (Gadjanski 2017).

Am Energieverbrauch des Verkehrs hat der österreichische Pkw-Verkehr einen Anteil von 39 %, während jener des Straßenschwerverkehrs 26 % beträgt. Der Anteil des Kraftstoffexports umfasst 21 %. Die nicht auf den Straßenverkehr bezogenen Transportsektoren tragen gemeinsam 13 % bei. Dabei wird der größte Anteil mit 8 % vom Flugverkehr konsumiert. Eisenbahn und Rohrleitungstransporte tragen mit 2 und 3 % bei.

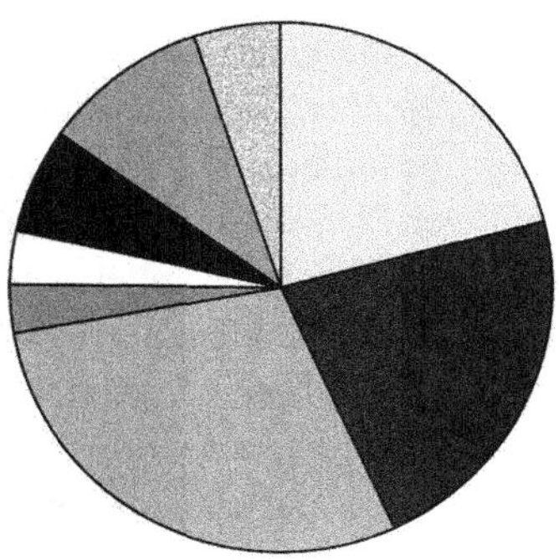

	PJ	%
Kleinverbraucher	294	21
Industrie	310	22
Elektrizität	407	29
Heizwerke	41	3
Sonstiger Verkehr	46	3
Lkw + Busse	90	6
Pkw	138	10
Kraftstoffexport im Fahrzeugtank	72	5
Summe	**1 398**	**100**

Abb. 1 Sektorieller Primärenergieverbrauch in Österreich 2014, in Petajoule [10^{15} J]

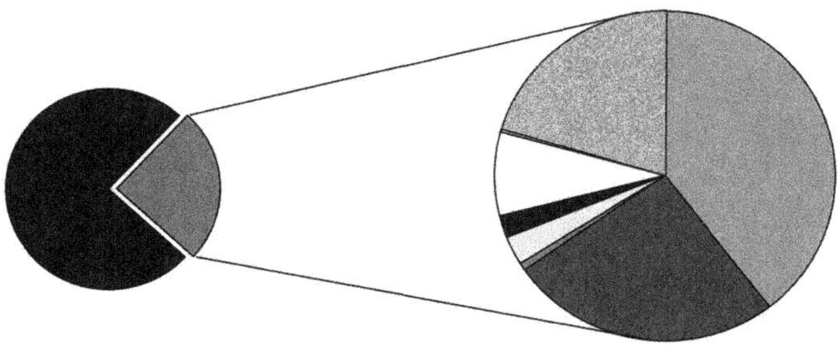

		PJ	%
■	Stationäre Verbraucher	1 052	75
■	Verkehr	349	25
	Summe gesamt	**1 401**	**100**

		PJ	%
■	PKW	138	39
■	LKW und Busse	90	26
■	Mofa, Motorrad	3	1
■	Rohrfernleitungen	10	3
■	Eisenbahn	8	2
□	Flugverkehr	29	8
■	Binnenschifffahrt	1	0
■	Kraftstoffexport im Fahrzeugtank	72	21
	Summe Verkehr	**349**	**100**

Abb. 2 Anteil des Transportsektors am Primärenergieverbrauch in Österreich 2014, in Petajoule [10^{15} J]

2 Fahrzeugbestand nach Antriebssystemen und Energieträger

Wie sieht nun der derzeitige Fahrzeugbestand aus? Basierend auf Bestandsdaten der Statistik Austria, entfällt der größte Anteil, mit etwas mehr als 72 % aller zugelassenen Fahrzeuge auf die Klasse M1, Pkw. Der übrige Fahrzeugbestand teilt sich hauptsächlich auf Lastkraftwagen, einspurige Kfz und Zugmaschinen auf, wie aus Abb. 3 ersichtlich ist.

Zur weiteren Detaillierung wird der Pkw-Bestand nach Kraftstoffart bzw. Energiequelle aufgeschlüsselt. Dabei ist ersichtlich, dass die herkömmlichen Antriebsarten mit Diesel- und Benzinmotoren zu 98,9 % in den in Österreich zugelassenen Pkw verwendet werden. Hybridantriebe werden in 0,6 % der Fahrzeuge eingesetzt und als reine Elektrofahrzeuge sind 0,3 % der Pkw zugelassen.

Die alternativen Antriebe, die als „Andere“ geführt werden, haben in Summe einen Anteil von etwas über einem Prozent und sind in Abb. 4 rechts detailliert dargestellt.

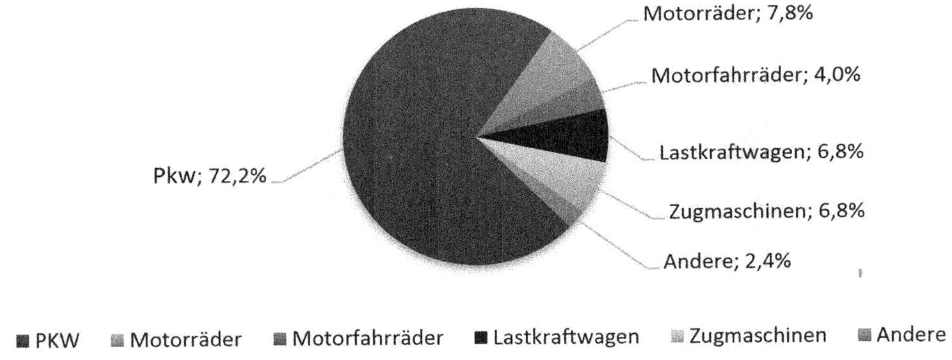

Abb. 3 Fahrzeugbestand in Österreich 2018 nach Fahrzeugarten (Datenquelle: Statistik Austria)

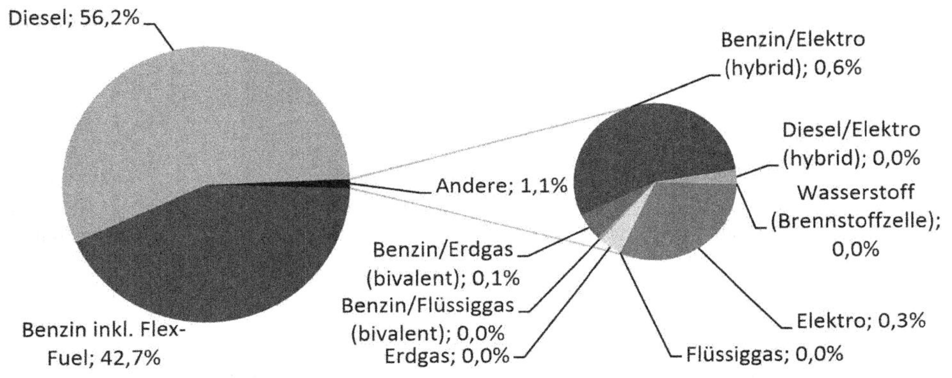

Abb. 4 Pkw-Bestand Österreich 2018 nach Kraftstoffarten bzw. Energieträger. Insgesamt 4,9 Mio. Fahrzeuge (Datenquelle: Statistik Austria)

3 Reale Abgasemissionen und Energieverbräuche von Kraftfahrzeugen

Um nun mit vorliegenden statistischen Daten zu Fahrzeugbeständen und Fahrleistungen den realen Energieverbrauch der unterschiedlichen Fahrzeugkategorien zu ermitteln, werden seit etwa 15 Jahren mobile Abgasmesseinrichtungen (PEM) verwendet. Es werden also die Fahrzeuge nicht im Labor unter speziellen Bedingungen getestet, sondern es wird ein miniaturisiertes Abgaslabor im Fahrzeug mitgeführt.

Das eingesetzte Messsystem (Abb. 5) ist eine, vom Autor dieses Beitrags entwickelte Experimentaleinrichtung, die aus einer Analyseeinheit zur Erfassung der Emissionen samt Echtzeitaufzeichnungs- und -auswerteeinheit sowie einer Internet-of-Things(IoT)-Anbindung an das Internet besteht. Aufgrund der kompakten Abmessungen und des geringen Gewichts ist dieses System besonders für genaue Messungen geeignet, ohne das Prüfobjekt zu beeinflussen.

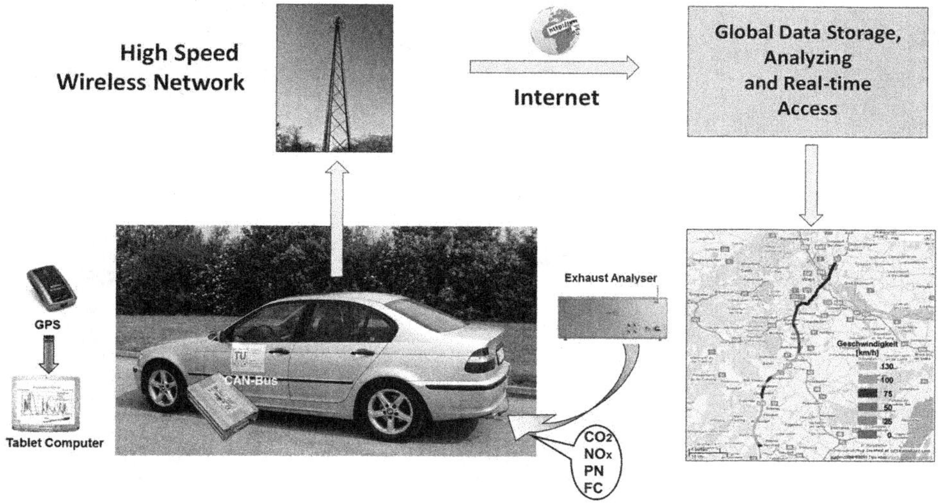

Abb. 5 OBM 5.0 Mobiles Echtzeit-Internet-of-Things-Abgasmesssystem

Es wird lediglich ein kleiner Teilvolumenstrom mithilfe einer Abgassonde aus dem Endrohr des Abgastrakts abgesaugt. Anhand dieser Probe wird eine kontinuierliche Konzentrationsbestimmung der Abgaskomponenten Kohlendioxid CO_2, Kohlenmonoxid CO, Kohlenwasserstoffe HC, Stickstoffoxide NO_x und Sauerstoff O_2 durchgeführt. Weiterhin werden Partikelanzahl und mittlere Partikelgröße bestimmt.

Durch die Erfassung der exakten GPS-Position und der Fahrzeuggeschwindigkeit können der Streckenverlauf und die Höhenprofile der gefahrenen Strecken exakt festgestellt werden. In Abb. 6 sind beispielhaft Messstrecken für Stadt- und Überlandverkehr dargestellt.

Die streckenbezogenen Emissionsberechnungen der verschiedenen Schadstoffe bilden nun die Grundlage für die Kalkulation des momentanen Kraftstoffverbrauchs, die auf der Richtlinie 93/116/EG beruht. Die gemessenen Massenemissionen von CO_2, HC und CO ermöglichen unter Anwendung der Kohlenstoffbilanz die Berechnung des Kraftstoffverbrauchs.

$$\text{KSV} = \frac{\text{CH}_f}{\delta} \cdot (0{,}866 \cdot \text{HC} + 0{,}429 \cdot \text{CO} + 0{,}273 \cdot \text{CO}_2)$$

KSV	Kraftstoffverbrauch (l/100 km)
CH_f	Faktor zur Berücksichtigung des Wasserstoff- u. Kohlenstoffanteils im Kraftstoff
HC, CO, CO_2	Massenemission (g/km)
ρ	Dichte des Kraftstoffs (g/cm^3 bei 15 °C)

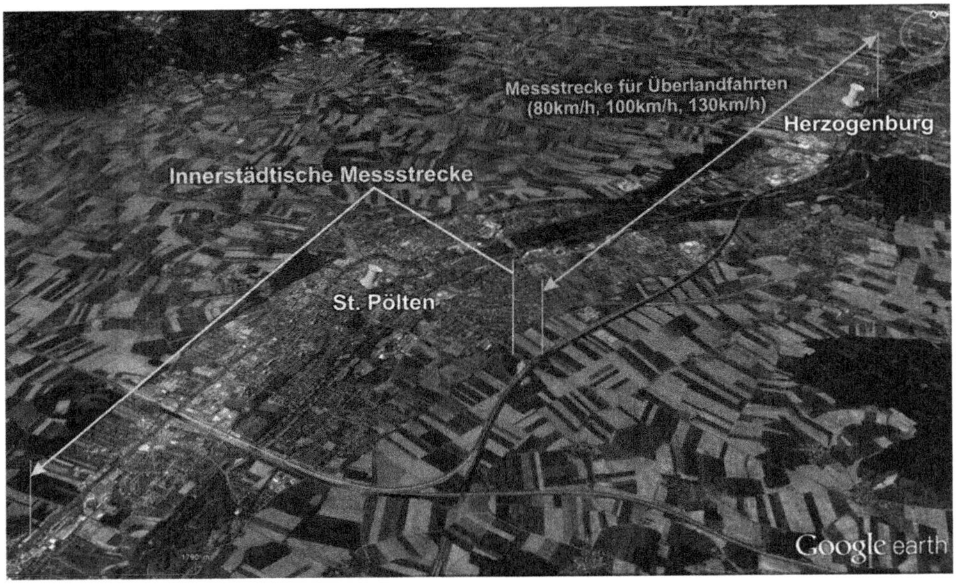

Abb. 6 Beispielhafter Routenverlauf für Realweltmessungen (nach Gruber 2015)

Energieverbräuche von Elektrofahrzeugen werden über den Ladezustand der Batterie und die geladene Menge an elektrischer Energie ermittelt. Brennstoffzellenfahrzeuge über den zeitlich aufgelösten Wasserstoffverbrauch (Nitsche 2008). Damit ist ein guter methodischer Vergleich verschiedener Antriebsarten möglich.

3.1 Primärenergieverbrauch verschiedener Antriebssysteme

Typischerweise wird dafür ein sog. Tank-to-Wheel-Verbrauch gewählt. Dies bedeutet, dass der unterschiedlich hohe Aufwand, um den Energiespeicher (Tank, Batterie, Gasbehälter) zu füllen, nicht berücksichtigt wird. Um abschätzen zu können, wie viel Energie letztendlich in Form von Primärenergie je einhundert Kilometer aufzuwenden ist, werden die Wirkungsgrade der verschiedenen Energiepfade ausgehend vom jeweiligen Primärenergieträger bis hin zur Betankung der Fahrzeuge berücksichtigt (Pucher et al. 2012).

Die Messungen im realen Betrieb werden sowohl im Sommer als auch im Winter durchgeführt. Damit wird die Leistung der fahrzeugbezogenen Nebenverbraucher wie Heizung und Klimaanlage sowie Sicherheits- und Komforteinrichtungen entsprechend dieser Umgebungsbedingungen berücksichtigt. Beispielsweise profitieren konventionelle, hybridelektrische sowie brennstoffzellenelektrische Fahrzeuge von der Abwärme des Verbrennungsmotors bzw. des Brennstoffzellen-Stacks als Kraft-Wärme-Kopplung. Diese Antriebstechnologien benötigen im Gegensatz zu batterieelektrischen Systemen kaum zusätzliche Heizleistung.

Tab. 1 Vergleich des Energieverbrauchs verschiedener Fahrzeugkonzepte im Jahresdurchschnitt

	Tank-to-Wheel-Verbrauch	Energieverbrauch Tank to Wheel	Primärenergiever- brauch
Plug-in-Elektrofahrzeug			
Elektromodus	(kWh/100 km)	(MJ/100 km)	(MJ/100 km)
Stadt 20 km/h	25.6	92	230
Autobahn 80 km/h	14.4	52	130
Autobahn 100 km/h	17.2	62	154
Autobahn 130 km/h	25.9	93	233
Hybridmodus	(l/100 km)	(MJ/100 km)	(MJ/100 km)
Stadt 20 km/h	8.3	253	284
Autobahn 80 km/h	5.1	156	175
Autobahn 100 km/h	5.3	162	182
Autobahn 130 km/h	6.7	203	228
Brennstoffzellenelektrofahrzeug			
Wasserstoff	(kg/100 km)	(MJ/100 km)	(MJ/100 km)
Stadt 20 km/h	1.3	153	222
Autobahn 80 km/h	0.9	107	156
Autobahn 100 km/h	1.0	124	180
Autobahn 130 km/h	1.4	166	240

Nachdem heute praktisch sämtliche neueren Fahrzeuge über spezielle energiesparende Einrichtungen für den Stadtverkehr wie Start-Stopp-Systeme und Bremsenergierückgewinnung verfügen, entsprechen moderne Benzin- und Dieselfahrzeuge in etwa dem, in der Tab.1 dargestellten Hybridmodus. Die Tab. 1 enthält Daten für die genannten Antriebskonzepte in einem Ganzjahresszenario. Es sind also die erhöhten Energieaufwände für den anteiligen Winterbetrieb als auch die Klimatisierung im Sommer enthalten. Ebenso werden der Tank-to-Wheel- als auch der österreichische Primärenergieverbrauch, der sämtliche Wandlungs- und Bereitstellungsverluste enthält, in Megajoule pro 100 km ausgewiesen. Es ergeben sich, was auch physikalisch zu erwarten ist, für alle Antriebsarten ähnliche Primärenergieverbräuche und damit ähnliche Effizienz. Es hängt damit die Klimawirksamkeit hauptsächlich vom Kohlenstofffußabdruck des verwendeten Energieträgers ab.

4 Lösungsansätze

4.1 Güterverkehr

Wie aus den gezeigten Statistiken und Berechnungen hervorgeht, ist eine kurzfristige signifikante Reduzierung der klimarelevanten Emissionen des Straßenverkehrs kaum zu erwarten. Es nimmt zwar der Kraftstoffverbrauch des Einzelfahrzeugs kontinuierlich

Abb. 7 CO_2-Anteile Autobahn A12 werktags 2018

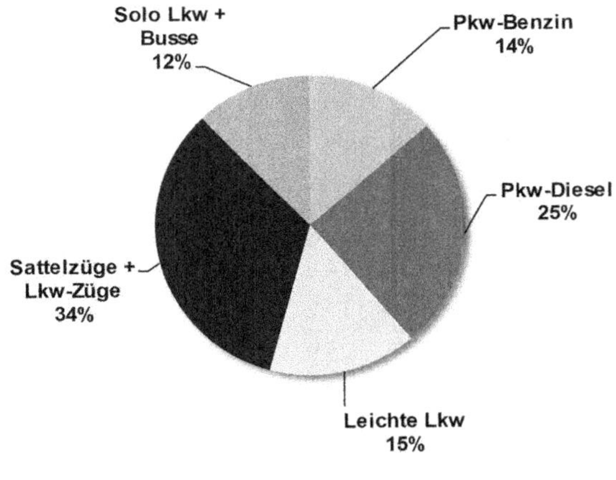

ab, die erhöhte Verkehrsleistung, die allerdings auch für ein notwendiges Wirtschaftswachstum benötigt wird, kompensiert diesen Effekt. Hinzu kommt, dass Österreich in den letzten Dekaden auch zum West-Ost-Transitland wurde. Ob nun dieser Transitverkehr in Österreich oder den angrenzenden Ländern tankt, ist umwelttechnisch nur von geringer Relevanz, nicht jedoch für die Steuereinnahmen.

Hauptsächlich wird dieser Effekt vom europäischen Güterverkehr getragen, bei dem der Lkw einen Anteil von drei Viertel aufweist, zum Unterschied in den USA, wo lediglich 40 % der Güter auf der Straße transportiert werden. Auf diesem Gebiet böte sich langfristig die Umstellung auf den Elektroantrieb der Eisenbahn.

Die Grafik in Abb. 7 zeigt die CO_2-Bilanz für die Inntalautobahn an einem Wochentag. Zwei Drittel der CO_2-Emissionen stammen vom Schwerverkehr.

Generell greifen Umstellungen bei Fahrzeugen mit hoher jährlicher Kilometerleistung, die im gewerblichen Verkehr üblich sind, deutlich schneller als bei privaten Fahrzeugen.

Der Güterverteilverkehr in Städten stellt eine besonders rasch wachsende Verkehrskategorie dar (Pucher 2014). Verteilfahrzeuge werden typischerweise etwa 40.000 km pro Jahr im Stadtgebiet betrieben. Ein privater Pkw-Nutzer kommt auf gut 2000 km Stadtverkehr. Daraus kann abgeleitet werden, dass die Umstellung von nur einem leichten Nutzfahrzeug auf sauberen Antrieb einen Umwelteffekt wie mehrere neue Privat-Pkw aufweist.

4.2 Kohlenstoffreduzierte Antriebe

Die Beimengung von Biokraftstoffen zu dem aus Erdöl gewonnenen Kraftstoff wird bereits beschritten und könnte auf 10 % gesteigert werden. Das bedeutet, jedes zehnte Auto fährt indirekt mit einem klimaneutralen Kraftstoff. Der Effekt ist damit deutlich höher als beim gänzlichen Umstieg kleiner Fahrzeugflotten auf 100 % Biokraftstoffe

(Pucher 2014). Darüber hinaus ist dieser Ansatz mit der vorhandenen Infrastruktur kompatibel.

Eine weitere Möglichkeit ist die Verwendung von Methan in Form von Compressed Natural Gas (CNG) und Liquefied Natural Gas (LNG), das als Kraftstoff nennenswerte Vorteile verspricht. Aufgrund des effizienteren Gasmotors und des geringeren Kohlenstoffanteils im Kraftstoff kommt es unter realen Bedingungen zu einem CO_2-Einsparungspotenzial von rund 10 % gegenüber konventionellen Fahrzeugen.

Das Netz von Tankstellen in Österreich wurde auf etwa 200 Tankstellen aufgestockt, womit Erdgas für Flottenbetreiber eine interessante Alternative ist. Das Betanken der Fahrzeuge dauert bei modernen CNG-Anlagen, die heute eingesetzt werden, etwa gleich lang wie bei der Betankung mit flüssigen Kraftstoffen. Praktisch alle großen Kfz-Hersteller bieten bereits erdgasbetriebene Fahrzeuge an, die z. T. im bivalenten Betrieb (Benzin oder Erdgas) oder im monovalenten Betrieb (ausschließlich Erdgas), typischerweise Lkw, betrieben werden können. Selbstverständlich ist die Verwendung von bis zu 100 % Biomethan möglich.

Insbesondere für den Schwerverkehr ist der Einsatz von verflüssigtem Methan (LNG) eine mögliche Alternative. Die Speicherdichte ist ähnlich hoch wie bei konventionellen Kraftstoffen. Weltweit werden bereits 30 % des Naturgases in flüssiger Form gehandelt. Europa baut derzeit eine Versorgungsinfrastruktur auf.

4.3 Elektrische Antriebe

Der CO_2-Ausstoß wird selbstverständlich von der Erzeugung elektrischer Energie bestimmt. Die dabei genannten Emissionen hängen wiederum stark von den gewählten Systemgrenzen ab. Betrachtungen auf lokaler, nationaler oder europäischer Ebene führen naturgemäß zu sehr unterschiedlichen Resultaten. Prinzipiell und langfristig besteht jedoch die Möglichkeit des abgasfreien Betriebs nicht nur auf lokaler Ebene.

Die Energieeffizienz von Elektroantrieben verschiedenster Bauart wurden bereits in Kap. 3 diskutiert, deshalb sei hier auf die Nutzungseigenschaften im Vergleich zu konventionellen Fahrzeugen eingegangen.

Elektrofahrzeuge können in zwei Untergruppen eingeteilt werden. Die erste wird direkt durch Aufnahme von Elektrizität am Stromnetz geladen. Dies umfasst reine Batterieelektrofahrzeuge (BEV) und Plug-in-Hybridfahrzeuge (PHEV) mit einem zusätzlichen Verbrennungsmotor. Brennstoffzellenfahrzeuge (FCEV), die elektrische Energie direkt im Fahrzeug elektrochemisch herstellen, stellen die zweite Gruppe der Elektrofahrzeuge dar. Wichtige Nutzungseigenschaften sind in Tab. 2 dargestellt, in der die elektrischen Antriebe mit einem konventionellen Benzinfahrzeug verglichen werden.

Es ist ersichtlich, dass konventionelle Fahrzeuge und Brennstoffzellenfahrzeuge prinzipiell ähnliche Eigenschaften aufweisen. Die Wasserstofftankstelleninfrastruktur befindet sich in Europa erst im Aufbau. Batterieelektrische Fahrzeuge bedingen einen erhöhten Betreuungsaufwand und eingeschränkte Reichweite. Hinzu kommt die real sehr

Tab. 2 Nutzungseigenschaften verschiedener Antriebskonzepte. (Nach Jochem et al. 2015; Sekanina 2007)

	Benzinfahrzeug (ICE)	Plug-In Hybrid (PHEV)	Lithiumionenbatteriefahrzeug (BEV)	Brennstoffzellenfahrzeug (FCEV)
Energieinhalt (Tank)	450 kWh	400 + 8 kWh	60 kWh	140 kWh
Volumen (Tank)	50 L	40 + 100 L	300 bis 400 L	120 bis 180 L
Gewicht (Tank)	60 kg	40 + 200 kg	500 kg (Zelle + System)	5 + 80 kg (Wasserstoff + System)
Reichweite	700 km	600 + 40 km	350 km	500 km
Betankungshäufigkeit	Alle 2 Wochen	Jeden Tag + alle 2 Woche	Alle 3 Tage voll, 30 % jeden Tag	Alle 1 bis 2 Wochen
Betankungsdauer	3 min	3 min + 2 h	0,5–8 h	5 min

hohe Ladedauer, insbesonders wenn eine größere Anzahl von batterieelektrischen Fahrzeugen auf dieselbe Ladestation zugreift.

Es ist also besonders wichtig, mithilfe einer gesamthaften Berücksichtigung aller Fahrzeugkategorien, Energieträger und Nutzungseigenschaften zu umweltfreundlichen und auch wirtschaftlich nachhaltigen Lösungen zu kommen.

Literatur

Gadjanski M (2017) Wasserstoff-Brennstoffzellenfahrzeuge im realen österreichischen Straßenverkehr. Dissertation, Institut für Fahrzeugantriebe und Automobiltechnik der TU Wien

Gruber AF (2015) Energieverbrauch und Abgasemissionen von leichten Kraftfahrzeugen im realen Betrieb. Diplomarbeit an der TU Wien, Institut Fahrzeugantriebe und Automobiltechnik

Nitsche C (2008) Model-based On- and Off-board diagnostics for fuel cell power-trains of a global vehicle fleet. Dissertation an der TU Wien

Pucher E, Cachón L, Hable W (2012) Energy and powertrain systems in intelligent automobiles. Handbook of intelligent vehicles. Springer, London, S 283–307. ISBN 9780857290847

Pucher E (2014) Unsere Luft – Was man über die Luftbelastung wissen sollte. ÖAMTC, Wien, S 43. ISBN 978-3-200-03836-3

Jochem P, Poganietz W, Grunwald A, Fichtner W (2015) „Alternative Antriebskonzepte bei sich wandelnden Mobilitätsstilen"; KIT Scientific Publishing 2013, August 2015

Sekanina A (2007) Abgasfreie Fahrzeugtechnologien durch Brennstoffzelle und Wasserstoff. Dissertation TU Wien, Institut für Verbrennungskraftmaschinen und Kraftfahrzeugbau

Ernst Pucher ist seit 1997 außerordentlicher Universitätsprofessor am Institut für Fahrzeugantriebe und Automobiltechnik der TU Wien. Seine Zivilingenieurkanzlei für Maschinenbau gründete er 1989. Weiterhin ist er seit 2003 Gastprofessor an der University of California, San Diego sowie seit 2005 Sprecher des TU Wien Center for Sustainable Technology. Seine Hauptarbeitsgebiete sind Abgasemissionen und Energieeffizienz von Kraftfahrzeugen, echtzeitfähige Realweltmesssysteme und die zugehörigen Simulationsmethoden. Weitere Forschungsgebiete sind intelligente Transportsysteme, autonomes Fahren und Fahrzeugakustik. Dies wird im Rahmen von Kooperationen mit international tätigen Konzernen und Universitäten in Österreich, Europa und den USA durchgeführt. Die dabei erzielten Erkenntnisse wurden in mehr als einhundert internationalen Publikationen und mehreren Patenten veröffentlicht.

Ganzheitliche Entwicklung: Klimaschutz und Wissenschaft vereint im BOKU-CO_2-Kompensationssystem

Alfred Strigl und Dominik Schmitz

Was nützt uns alles Wissen, wenn wir uns um die großen Zusammenhänge nicht kümmern?
Dalai Lama

1 Ausgangslage: Klimapolitisch relevante Entwicklungen seit 2015

Die Staatengemeinschaft konnte sich im Jahr 2015 auf ein globales und rechtsverbindliches UN-Weltklimaabkommen, dem Paris Agreement, einigen. In diesem Sinn hat die Europäische Kommission im November 2018 das Ziel Klimaneutralität bis 2050 übernommen. Damit ist die EU die erste große Volkswirtschaft der Welt mit diesem Ziel. Die Maßnahmen treten nun schrittweise in Kraft und helfen, nicht nur den verbindlichen Teil des Klimaschutzes der Staaten und verbindlich im Emissionshandel eingebundenen Wirtschaftszweige in Schwung zu bringen, sondern auch die Seite der freiwilligen Maßnahmen zu beleben. Nur beide Flügel – die bürokratisch verbindlich geregelten als auch die von freiwilligen Akteuren initiierten CO_2-Kompensationsbemühungen – werden uns

A. Strigl (✉)
Österreichisches Institut für Nachhaltige Entwicklung, Universität für Bodenkultur Wien, Wien, Österreich
E-Mail: alfred.strigl@oin.at

D. Schmitz
Zentrum für globalen Wandel und Nachhaltigkeit, Universität für Bodenkultur Wien, Wien, Österreich
E-Mail: dominik.schmitz@boku.ac.at

A. Sihn-Weber und F. Fischler (Hrsg.), *CSR und Klimawandel,* Management-Reihe Corporate Social Responsibility, https://doi.org/10.1007/978-3-662-59748-4_7

zeitgerecht in die postfossile Epoche bringen. Im Folgenden werden wesentliche Vehikel für die gelingende Transformation genannt.

Der Green Climate Fund (https://www.greenclimate.fund/home), ein internationales Finanzierungsmittel für Emissionsreduktionen und Anpassungen an den Klimawandel verfügt im Moment über ein Budget von 3,5 Mrd. US$, wodurch derzeit 74 Klimaschutzprojekte (Klimaschutz und Anpassung an Klimawandel) gefördert werden. Der Weg bis 2020, in welchem jährlich 100 Mrd. US$ zur Verfügung gestellt werden, ist jedoch noch weit. Österreich hat für die Jahre 2015–2020 insgesamt eine halbe Milliarde Euro zugesagt.

Die österreichische Klima- und Energiestrategie wurde Anfang (2018) unter dem Namen „Mission 2030" verabschiedet. Das ist grundsätzlich zu begrüßen. Allerdings reichen laut Experten die Maßnahmen nicht aus, um den österreichischen Beitrag zum 2- bzw. 1,5-Grad-Ziel zu erreichen. Die Maßnahmen sind selten mit klaren Zeitpunkten oder Finanzrahmen versehen. Ein derzeit in Ausarbeitung befindliches Arbeitsprogramm soll dieses Manko beheben.

Die Kosten für CO_2-Zertifikate im verpflichtenden europäischen CO_2-Markt sind im Jahr 2018 aufgrund der geplanten Verknappung der Zertifikatsmengen deutlich gestiegen und haben sich im Vergleich zum Vorjahr vervierfacht. Der Preis liegt aktuell bei 25–30 € pro Tonne CO_2. Die BOKU-Klimaschutzprojekte auf dem freiwilligen CO_2-Markt, die zusätzlich viele Co-Benefits für die Bevölkerung vor Ort und wesentliche Beträge zu den SDG leisten, können durchaus in dieser Preiskategorie mithalten.

Auf dem ***freiwilligen CO_2-Markt,*** auch als „voluntary (carbon) offsetting" bezeichnet, wurden im Jahr 2016 rund 64 Mio. t CO_2-Emissionen für 191 Mio. € gehandelt (https://www.cbd.int/financial/2017docs/carbonmarket2017.pdf). Insgesamt geht man davon aus, dass der Markt von CO_2-Zertifikaten weiterhin steigt und damit auch die Zahl der Klimaschutzprojekte. Dabei muss man sich jedoch die Qualität der Klimaschutzprojekte genau ansehen. Denn auch hier gilt die grundsätzliche Regel: 1) soll wo immer möglich CO_2 durch Einsparungen reduziert werden, beispielsweise durch Nutzung alternativer Energiequellen, und 2) erst dann die unbedingt notwendigen anfallenden CO_2-Emissionen über kluge und zukunftsweisende Maßnahmen kompensiert werden.

2 Ziele des BOKU-CO_2-Kompensationssystems

Treibhausgasemissionen (CO_2-eq) können durch Klimaschutzprojekte kompensiert werden. Indem neue Klimaschutzprojekte durch Kompensationsgelder finanziert werden, entsteht zusätzliche Vermeidung oder zusätzliche Bindung von CO_2, etwa durch Aufforstung oder Schutz bedrohter Waldflächen. Das Ziel des BOKU-CO_2-Kompensationssystems ist es, Pilotklimaschutzprojekte in „least developed countries" mit umfassendem nachhaltigem Nutzen zu finanzieren und erfolgreich umzusetzen.

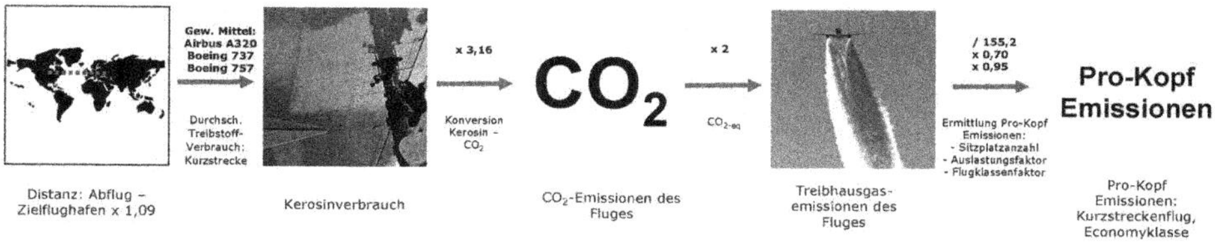

Abb. 1 Berechnungsbeispiel der Pro-Kopf-Emissionen im Flugverkehr

Das BOKU-CO_2-Kompensationssystem steht zur Kompensation jedweder Art verursachter CO_2-Emissionenen beispielsweise auch von mobilitätsbedingten CO_2-Emissionen wie Pkw- und Flugreisen zur Verfügung. Die Emissionsberechnung der CO_2- bzw. Treibhausgasemissionen von Flugreisen wird auf der Webseite des BOKU-CO_2-Kompensationssystems angeboten. Es basiert auf einem vom Zentrum für Globalen Wandel und Nachhaltigkeit (gW/N) der BOKU entwickelten – und zusätzlich vom beigestellten wissenschaftlichen Beirat begutachteten – Berechnungsmodus, der es ermöglicht, die durch die jeweilige Flugreise entstandenen CO_2-Emissionen und damit verbundenen Kompensationskosten zu berechnen. Die Berechnung der CO_2- bzw. Treibhausgasemissionen von Flugreisen basiert auf anerkannten Durchschnittswerten (Abb. 1).

Der Preis für eine Tonne CO_2 (CO_2-eq) basiert auf den Projektentwicklungskosten eines ausgewählten BOKU-Klimaschutzprojekts und orientiert sich an internationalen Preisen des freiwilligen Kompensationsmarkts für eine Tonne CO_2. Dieser Preis multipliziert mit der Menge an emittierten Tonnen CO_2 eines Unternehmens bzw. einer Privatperson, ergibt die für die jeweilige CO_2-Kompensation erforderlichen Kosten. Die Kompensationszahlung in der Höhe dieser Kosten unterstützt das CO_2-einsparende BOKU-Klimaschutzprojekt. So kann mit jeder Kompensationszahlung ein zusätzlicher Klimaschutzeffekt mit einer quantifizierbaren CO_2-Reduktion erzielt werden. Die Vergabe der Kompensationsgelder für BOKU-Klimaschutzprojekte wird durch den wissenschaftlichen Beirat geregelt und kontrolliert. Die durch die Kompensationsgelder gebundenen oder vermiedenen CO_2-eq-Mengen, werden regelmäßig und transparent auf der Webseite des BOKU-Kompensationssystems veröffentlicht: https://co2.boku.ac.at.

3 Auswahlkriterien für BOKU-Klimaschutzprojekte

Aufbauend auf erfolgreichen BOKU-Forschungsprojekten mit Klimaschutzbezug werden innovative und partizipative BOKU-Kompensationsprojekte im Gastland geplant, finanziert, umgesetzt und betreut. Das Ziel der BOKU-Klimaschutzprojekte ist es, durch Pilotinitiativen – begleitet von fachlich kompetenter und oft weiterführender Forschung – nachhaltige strukturelle Änderungen lokal vor Ort zu etablieren. Dabei versteht sich das BOKU-Kompensationssystem als Unterstützer von Klein- und Kleinstklimaschutzinitiativen, also von Projekten mit weniger als 10.000 t CO_2-Reduktion pro

Jahr, die dann in weiteren Schritten skaliert werden können. Alle potenziellen Projekte werden vom wissenschaftlichen Beirat begutachtet, diskutiert und schließlich abgelehnt oder ausgewählt. Die BOKU-Klimaschutzprojekte müssen folgenden Kriterien erfüllen:

a) Exakt quantifizierbare CO_2-Vermeidung oder zusätzliche Bindung von CO_2-Emissionen
b) Biodiversitätsschutz und weitere positive Umwelteffekte wie z. B. Boden-, Wald- und Gewässerschutz
c) Positive sozioökonomische Effekte und Gendergerechtigkeit fördern
d) Partizipation der lokalen Bevölkerung sicherstellen
e) Einen starken Forschungs- und Entwicklungsschwerpunkt
f) Bildung und Weiterbildung für die lokale Bevölkerung und Studierende an der BOKU
g) Projekte in „least developed countries“ mit hohem Wissens- und Technologietransfer

Die Lokation und die Steuerung der eingesetzten Mittel obliegen dem operativen Programmmanagement der BOKU in Wien sowie den Projektteams vor Ort. Die Kontrolle über die zweckkonforme Verwendung der Spendengelder obliegt dem wissenschaftlichen Beirat, dem BOKU-Rektorat sowie der externen Rechnungsprüfung der BOKU.

4 Der wissenschaftliche Beirat

Der wissenschaftliche Beirat des BOKU-CO_2-Kompensationssystems setzt sich gegenwärtig aus Vertreterinnen und Vertretern der BOKU sowie aus externen Expertinnen und Experten der österreichischen Entwicklungsbank, der Austrian Development Agency (ADA), dem Ministerium für Nachhaltigkeit und Tourismus sowie den Nichtregierungsorganisationen Caritas und Greenpeace zusammen. Die Ziele und Aufgaben des Beirats sind

1. die Bewertung und finale Auswahl der geförderten Klimaschutzprojekte der BOKU;
2. Definition der zweckkonformen Verwendung der Gelder der CO_2-Kompensation;
3. Beratung der BOKU im Bereich CO_2-Kompensation, im Speziellen in der Abwicklung der CO_2-Kompensationsaktivitäten der BOKU;
4. Unterstützung des wissenschaftlichen Diskurses zum Thema CO_2-Kompensation an der BOKU;
5. Mitwirkung an der Qualitätssicherung des Verfahrens zur CO_2-Kompensation an der BOKU, insbesondere am Monitoring und Reviewing der CO_2-Methodologie und CO_2-Berechnungsverfahren für die ausgewählten Klimaschutzprojekte der BOKU.

Berechnung der Klimaschutzeffekte
Die Berechnung der durch die BOKU-Klimaschutzprojekte eingesparten oder gebundenen CO_2-Emissionen erfolgt in Anlehnung an anerkannte UN-Standards wie dem

„clean development mechanism" (CDM) und dem „voluntary carbon market" (VCM). So wurde beispielsweise für die Berechnung der CO_2-Speicherung durch Aufforstung unter der Klimarahmenkonvention die CDM-Methodologie AR-AM0003 entwickelt, die in den BOKU-Projekten zum Einsatz kommt. Die Berechnung der CO_2-Speicherung des ersten BOKU-Klimaschutz-Projekts lehnt sich methodisch eng an die Vorgaben dieser CDM-Methodologie an und Informationen aus zwei weiteren verwandten CDM- bzw. VCM-Projekten wurden integriert. Die genaue Kalkulation dieser spezifischen CO_2-Methodologie ist auf der Webseite des BOKU-CO_2-Kompensationssystems zu finden.

5 Die BOKU-Klimaschutzprojekte

Seit dem Jahr 2012, dem Jahr der Gründung, hat sich das BOKU-CO_2-Kompensationssystem erfreulich gut entwickelt. Aufgrund der erfolgreichen Entwicklung der Einnahmen konnten schon zwei der anfänglichen vier Klimaschutzprojekte für die gesamte Laufzeit von 30 Jahren ausfinanziert werden. Daraufhin wurde eines der Projekte vergrößert und 2018 wurde ein fünftes, eigenständiges Klimaschutzprojekt ins BOKU-Kompensationssystem aufgenommen. Neben der projektspezifischen Unterstützung ist es auch möglich, nicht projektbezogen zu spenden. Die BOKU teilt solche zweckfreien Spendeneinnahmen dann jenen Projekten zu, die am dringendsten und sinnvollsten eine Unterstützung benötigen.

Zur Verdeutlichung der Methodik für die Berechnung der in Biomasse gebundenen CO_2-Mengen sei folgendes Beispiel genannt:

Das Schaftholz in Rinde wird durch eine Kombination von Vor-Ort-Messungen (oft von lokalen Partnern) und Daten aus der Literatur erhoben. Um die gesamte Biomasse des Baums (Wurzeln, Äste etc.) zu ermitteln, wird mit fundierten Biomasseexpansionsfaktoren gerechnet, die baumspezifisch zur Verfügung stehen. Um die Biomasse in Holztrockenmasse und Holztrockenmasse in Kohlenstoff zu berechnen, wird mit weiteren Konversionsfaktoren gerechnet. Schlussendlich muss der Holzkohlenstoff mit dem Faktor 3,67 multipliziert werden, um von Kohlenstoff auf die gebundene Menge CO_2 zu kommen (Abb. 2).

Abb. 2 Berechnung der gebundenen Menge CO_2 in Biomasse

6 Studierende erhalten 50 % ihrer CO_2-Kompensationskosten ersetzt

Studierende der Universität für Bodenkultur können bis zu 50 % der Kompensationskosten über eine Kooperationsregelung durch die Hochschülerschaft – ÖH BOKU – refundiert bekommen. Das Referat für Umwelt und Nachhaltigkeit der ÖH BOKU unterstützt Studierende bei der Kompensation ihrer individuellen CO_2-Emissionen. Bis zu 50 % des Kompensationsbeitrags für Flugreisen werden zurückerstattet. Ziel dieser Aktion ist es, mehr Bewusstsein für die Kompensation von CO_2-Emissionen zu schaffen. Die 50-Prozent-Refundierung soll möglichst viele Studierende dazu ermutigen, einen Beitrag zum Klimaschutz zu leisten und den eigenen CO_2-Fußabdruck – auch über die Möglichkeit der Kompensation – zu reduzieren.

7 Unternehmen als gewünschte Geschäftskunden des BOKU-CO_2-Kompensationssystems

Neben der Kompensation zahlreicher individuell verursachter CO_2-Emissionen von Privatpersonen steht das BOKU-CO_2-Kompensationssystem v. a. auch Unternehmen und Organisationen zur Verfügung. Unternehmen und Organisation, die ihre Jahres-CO_2-Emissionen – verursacht durch ihren Energie- und Ressourceneinsatz sowie durch die Mobilität der Mitarbeitenden – teilweise oder gesamt neutralisieren wollen, können eine definierte Menge an CO_2-Emissionen kompensieren. Wenn die Organisation ihre jährlichen CO_2-Emissionen nicht kennt, stellt die BOKU-Webseite eine einfache Anleitung inklusive eines vorprogrammierten Excel-Templates zur Erfassung der Daten und Berechnung der CO_2-Emissionen zur Verfügung. Folgende ausgewählte Kunden und Kundinnen kompensieren ihre Emissionen über das BOKU-CO_2-Kompensationssystem (Stand April 2019, alphabetisch):

- ***Austrian Development Agency:*** Kompensation der durch Geschäftsreisen entstandenen Flüge
- ***Bio- und Wellnesshotel Stanglwirt:*** Kompensation der CO_2-Emissionen über die BOKU-Klima- und -Waldschutzprojekte in Costa Rica
- ***Ernst/Young Österreich,*** Kompensation der Flugemissionen, jährlich
- ***Gugler:*** Die Kompensation der Restemissionen der Druckproduktion führt zum klimaneutralen Drucken
- ***Hofer KG:*** Seit Januar 2016 arbeitet Hofer als erster Lebensmittelhändler in Österreich vollkommen CO_2-neutral und kompensiert seine CO_2-Emissionen auch über ausgewählte BOKU-Klimaschutzprojekte
- ***MPreis:*** Kompensation der Emissionen für die Herstellung von 150.000 Rezeptbroschüren jährlich

- ***Österreichische Entwicklungsbank:*** Kompensation der durch Geschäftsreisen entstandenen Flüge
- ***Universität für Bodenkultur:*** Spende von 16.000 € in den Jahren 2014, 2015, 2016, 2017, um die BOKU-Flugemissionen teilweise zu kompensieren.

8 Derzeitiger Stand der Klimaschutzprojekte im BOKU-Kompensationssystem

Derzeit betreut das BOKU-Kompensationssystem fünf laufende und zwei in Anbahnung befindliche Projekte, von denen im Anschluss vier Projekte exemplarisch vorgestellt werden.

- Äthiopien – Aufforstung und natürliche Wiederbewaldung in Nord Gondar, 30 ha (ausfinanziert)
- Äthiopien – Aufforstung und Regeneration lokaler Wälder in Nord Gondar, Erweiterung auf 90 ha
- Äthiopien – Dezentrale Kompostierung in Addis Abeba
- Costa Rica – Aufforstung und Agroforstwirtschaft in San Miguel (ausfinanziert)
- Nepal – Aufforstung, Waldschutz, Agroforst und effiziente Kochöfen
- Uganda – Clean Air and Safe Drinking Water for Soroti
- Kolumbien – Errichtung Regenwaldschutzgebiet und Agroforstwirtschaft (in Anbahnung)

Geografisch gesehen befinden sich die BOKU-Kompensationsprojekte auf drei Kontinenten – in Mittel- und Südamerika, in Ostafrika und in Zentralasien. Die Abb. 3 zeigt den Stand der BOKU-Projekte mit dem Stand April 2019.

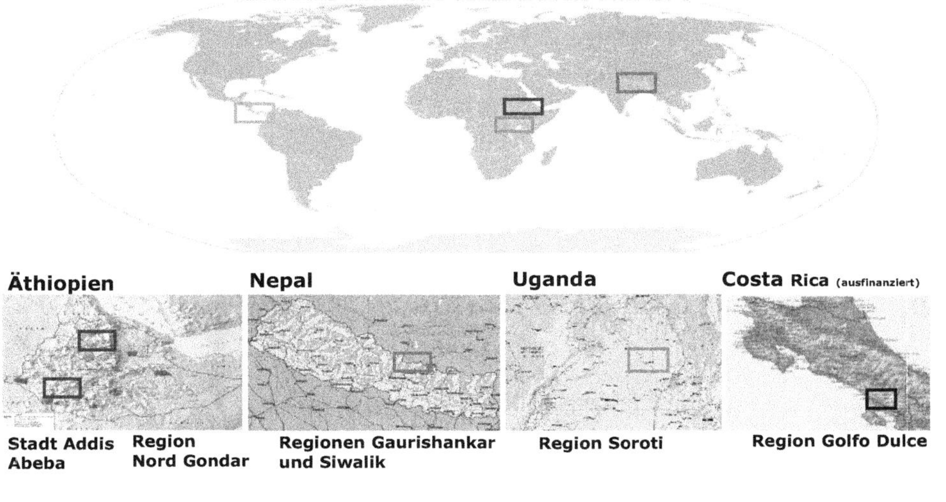

Abb. 3 Geografische Lage der BOKU-CO_2-Kompensationsprojekte mit Stand 2019

9 Äthiopien – Aufforstung und Regeneration lokaler Wälder in Nord Gondar

Um den Problemen der Entwaldung in Äthiopien zu begegnen, hat das Klimaschutzprojekt in Nord Gondar einen partizipativen Prozess mit den lokalen Stakeholdern vor Ort begonnen. Aufbauend auf den Erfahrungen eines erfolgreichen Vorgängerprojekts in der Region, ist es das Ziel, dass über 25 Jahre eine 49,5 ha große Brachfläche in einen stabilen Niederwald übergeführt wird und damit mindestens 11.194 t CO_2 eingespeichert werden; Kosten pro Tonne CO_2: 19,5 €.

Das Projekt konnte aufgrund der zahlreichen Spendenbeteiligung der Kunden bereits frühzeitig ausfinanziert werden. Schon 2016 wurde der Wunsch der Projektpartner an uns herangetragen, die Projektregion zu erweitern. Aufgrund des Erfolgs der 30 ha großen Ausgangsfläche und einer geplanten Einsparung von etwa 5250 t CO_2 über 30 Jahre wurde ein Folgeprojekt entwickelt, das auf weiteren 50 ha Brachfläche etwa 11.200 t CO_2 über die nächsten 25 Jahre binden wird. Ausschlaggebend dafür war die lokale Bevölkerung, deren Lebenssituation sich durch das Projekt in vielen Hinsichten verbessert hat und die den langfristigen Nutzen des Projekts erkannt hat. Die neuen Flächen sollen ebenfalls in einen ungleichaltrigen, stabilen Niederwald überführt werden. Dadurch können neben dem positiven Klimaeffekt auch lokale Bedürfnisse nach Holz, Viehfutter, etc. und Einkommen aus „Non-Timber Forest Products" wie Honig, Samen, Harzen erfüllt werden. Außerdem kommt es zu einer Steigerung der Biodiversität und zu Wasser- sowie Bodenschutz in der Projektregion. So wurde uns z. B. berichtet, dass der Bach im Projektgebiet 2017 um drei Monate länger Wasser geführt hat als in den Jahren zuvor. Im Frühjahr 2018 hat sich die lokale Bevölkerung entschieden, als Kompensation für die Nichtnutzung der Flächen die ihnen zustehenden Projektgelder des BOKU-Klimaschutzprojekts in Solarlampen zu investieren sowie Gelder für die Renovierung der Schule zu erhalten.

- CO_2-Bindung durch Aufforstung, etwa 11.194 t CO_2 in 30 Jahren
- Überführung von einer Brachfläche in einen ungleichaltrigen, stabilen Niederwald
- Nachhaltiges Management des gemeinsamen Weidelands
- Starke Partizipation und Stärkung von lokalem Wissen
- Entwicklung eines regionalen Baumschulprogramms
- Steigerung der Biodiversität, Wasser- und Bodenschutz

10 Uganda – Clean Air and Safe Drinking Water for Soroti

Das Projekt fördert saubere Luft und sicheres Trinkwasser für Soroti. Große Teile der Bevölkerung der Region Soroti in Uganda haben keinen Zugang zu sicherem Trinkwasser. Sie müssen bakteriell belastetes Wasser vor dem Trinken erst mit Feuerholz abkochen. Dies führt zu Rauchbelastung in den Häusern und emittiert CO_2. Durch den Umstieg auf solare Wasserdesinfektion mithilfe des WADI sollen die Verbrennung von Feuerholz verringert und somit in den nächsten fünf Jahren 20.000 t CO_2 vermieden werden. Die Lebenssituation der lokalen Bevölkerung wird positiv beeinflusst: Verbesserung der gesundheitlichen und hygienischen Situation (WASH-Programm) und wertvoller Beitrag zu vielen SDG; Preis pro Tonne CO_2: 20 €

- Reduktion von Feuerholz zur Trinkwasseraufbereitung (durch Abkochen)
- Umstieg auf solare Trinkwasserdesinfektion durch WADI
- Vermeidung von etwa 20.000 t CO_2 in fünf Jahren
- Verbesserung der Luftqualität in Haushalten
- Sauberes Trinkwasser für etwa 12.000 Menschen in Soroti
- Desinfektion von etwa 40.000 L Wasser pro Tag/15 Mio. L pro Jahr
- Reduktion von wasserbezogenen Krankheiten
- Starke Einbindung der Bevölkerung: Trainings und Partizipation, dadurch umfassende Verbesserung der sanitären Einrichtungen und hygienischen Situation
- SDG-Bezüge: SDG 1, 2, 3, 4, 5, 6, 8, 9, 11, 13, 15, 17

11 Nepal – Aufforstung, Waldschutz, Agroforst und effiziente Kochöfen in Gaurinshankar und Siwalik

Um dem Problem der Walddegradierung und Entwaldung sowie deren Folgen zu entgegnen, wurden, über einen partizipativen Prozess mit nationalen und lokalen Stakeholdern, zwei Regionen mit einem hohen Entwicklungspotenzial für eine nachhaltige Wiederaufforstung ausgewählt. Hauptziel des BOKU-Klimaschutzprojekts ist es, dass in Gaurinshankar und Siwalik etwa 80 ha Land aufgeforstet und auf etwa 20 ha dieser Fläche landwirtschaftliche Nutzpflanzen angebaut werden. Darüber hinaus sollen im Zuge des Klimaschutzprojekts 500 effiziente Biogaskochöfen verbreitet werden; Kosten pro Tonne CO_2: 22 €.

In Nepal wurde die neuerrichtete Baumschule in Betrieb genommen. Die verschiedenen Nutzergruppen der Wälder bringen sich sehr konstruktiv und motiviert ins Waldschutzprojekt ein und es wurde ein Managementkomitee, bestehend aus neun Personen, das sich mit Management rund um die Planung, Pflege und Ausweisung der zu schützenden und aufzuforstenden Flächen kümmert, gegründet. Dazu wurde die Feldforschung mit fünf Masterarbeiten weiter vorangetrieben und die Projektregion regelmäßig besucht (Oktober 17, April 18). Im Rahmen der Forschung wird die soziokulturelle und ökonomische Situation evaluiert, Satellitendaten erhoben und bodenbasierte Daten im Labor ausgewertet. Außerdem hat ein Training zum Thema Waldbewirtschaftung, Setzlingsvermehrung und Waldbrandschutz für 50 Personen stattgefunden. Obwohl der bürokratische Aufwand bei den Behörden in Nepal zu Verzögerungen führt, kann trotzdem schon gut mit den Nutzergruppen direkt gearbeitet werden.

- CO_2-Emissionsreduktion von 17.730 t CO_2 in 30 Jahren
- Durch Aufforstung, Waldschutz, Agroforst und 500 effiziente Kochöfen
- Schaffung eines agroforstwirtschaftlichen Systems
- Etablierung von zusätzlichen Einnahmequellen für die lokale Bevölkerung
- Vermeidung von gesundheitsschädlichen Rauchgasen durch effiziente Kochstellen

12 Kolumbien – Errichtung Regenwaldschutzgebiet und Agroforstwirtschaft (in Anbahnung)

Im Zentralgebiet Kolumbiens, zwischen Bogota und Medelin, soll das Regenwaldschutzprojekt „Las Mercedes – Reserva Natural de las Aguas“ ein akut durch Abholzung bedrohtes Regenwaldgebiet unter Schutz stellen. In Vorbereitung steht der Schutz von rund 8000 ha primärer Regenwaldfläche, die als wichtige Grünoase auch zum Schutz von vier großen Wasserquellen lokaler Flüsse dient. Weiterhin werden die bereits bestehende Landwirtschaft in eine nachhaltige Weidewirtschaft übergeführt und Nutzpflanzen mit höherem Ertrag wie Kaffee und Kakao im Stil eines Agroforsts erprobt. Dieses Projekt zeichnet sich zudem durch die intensive Kooperation mit dem Kunstprojekt „ArtEmbassy“ aus, die v. a. die lokale und überregionale Kommunikation und Bewusstseinsbildung stärken soll.

- Schutz von bedrohten Regenwaldgebieten im Zentralraum Kolumbiens
- Dadurch unmittelbarer Erhalt der Biodiversität sowie Wasser- und Bodenschutz
- CO_2-Bindung von etwa 10.000 t CO_2 pro Jahr
- Zusätzliche Überführung von Sekundärwaldflächen in stabilen Primärwald
- Nachhaltiges Management des Weidelands über Rotationsweidewirtschaft
- Entwicklung ökologischer Landwirtschaft unter Nutzung von Kakao und Kaffee
- Partizipation der Bevölkerung und Stärkung des lokalen Wissens
- Einbindung der Kunst als starkes Bewusstseins- und Kommunikationsmittel
- Kosten pro Tonne CO_2: zwischen 16 und 20 €
- SDG-Bezüge: SDG 1, 2, 4, 5, 6, 8, 9, 10, 11, 13, 15, 17

13 Ausblick: Für ein CO_2-neutrales Europa muss der freiwillige Kompensationsmarkt dringend an Dynamik zulegen

In einer humanistisch aufgeklärten Gesellschaft gilt der Grundsatz, dass eigenverantwortliches und freiwilliges Handeln immer besser ist als Zwang und Strafe. Aktiv gelebte Eigenverantwortung setzen aber dringend Bewusstsein, Erkenntnis und Freiwilligkeit voraus. Für den Klimaschutz spielt es letztlich keine Rolle, wo und wie auf der Erde klimabelastende Emissionen in die Atmosphäre gelangen, respektive wo sie reduziert und CO_2 wieder aktiv in Biomasse rückgebunden wird. Wichtig ist nur, dass die Treibhausgasemissionen weltweit in der Summe abnehmen – und das dringend und massiv. Wie groß die Lücke zwischen der notwendigen CO_2-Reduktion und dem tatsächlichen Status klafft, berichtet der UN Emissions Gap Report (GAP-Report).

Der regelmäßig von den Vereinten Nationen herausgegebene GAP-Report dokumentiert die Lücke zwischen den eingegangenen Verpflichtungen der Staatengemeinschaft zum CO_2-Ausstoß und dem tatsächlich erreichten Treibhausgasausstoß. Er wird von einem hochrenommierten internationalen Team von Klimawissenschaftlern und -wissenschaftlerinnen verfasst. Der letztmals 2018 erschienene GAP-Report geht davon aus, dass die Staatengemeinschaft ihre Bemühungen zum Erreichen des 2-Grad-Ziels verdreifachen muss. Diese Ambition geht auch mit einer CO_2-Neutralität bis zum Jahr 2050 einher. Denn die CO_2-Neutralität bis 2050 stellt eine Grundvoraussetzung für das Erreichen des 2-Grad-Ziels dar. Stattdessen macht die ungeminderte Fortsetzung derzeitiger Trends für das Referenzjahr 2100 eher das Erreichen einer um 3,2 °C höheren Erdtemperatur gegenüber dem vorindustriellen Niveau wahrscheinlich, was zu dramatischen Folgen führen würde, langfristig etwa das gefürchtete Treibhaus-Erde-Szenario. Ein weiteres Faktum legt der Bericht offen: Der CO_2-Ausstoß steigt immer noch an, statt zu fallen. Zur Bekämpfung der Klimakrise, so der GAP-Report (2018), sei eine konsequente CO_2-Bepreisung denkbar und wünschenswert und gibt einen wirksamen Preis mit 34–68 € je Tonne CO_2 an. Dieser Preis liegt deutlich höher als in bisher verwendeten Systemen des verbindlichen und freiwilligen Emissionshandels. Fazit: Rasches Handeln ist dringend angesagt.

Die Lücke zwischen dem, was staatlich verbindlich zugesagte Klimaschutzmaßnahmen einsparen und dem Erreichen des 2-Grad-Ziels, ist dramatisch. Dreimal so große Anstrengungen wären notwendig, um die Erderwärmung halbwegs zu minimieren. Und das Faktum, dass kaum Staaten der Erde die von ihnen gemachten Zusagen auch tatsächlich einhalten, kommt noch verschärfend hinzu. Ein dramatisches Dilemma tut sich auf. Das Beispiel des BOKU-Kompensationssystems darf weltweit Schule machen. Die Ausweitung und Professionalisierung des BOKU-Systems – beispielsweise für alle Universitäten – ist derzeit angedacht. Kooperationen mit in Österreich befindlichen Klimaschutzakteuren aus den Bereichen Zivilgesellschaft, Privatpersonen, Nichtregierungsorganisationen, Kirchen, Stiftungen und nicht zuletzt großen, mittleren und kleinen Unternehmen sollen zu einem wesentlichen Baustein der österreichischen Klimaschutzbemühungen werden. Wenn wir rasch in die richtigen Technologien – wie Solar, Wind, Geothermie, Biomasse und Wasser – investieren und sicherstellen, dass der Privatsektor, also Unternehmen und Privatpersonen, gezielt einbezogen wird, können wir das Versprechen immer noch erfüllen, das wir unseren Kindern zum Schutz ihrer Zukunft in so vielen Erklärungen und Dokumenten gegeben haben. Das BOKU-Kompensationssystem hilft, dieses Versprechen tatsächlich einzulösen.

Literatur

BOKU-Kompensationssystem: https://co2.boku.ac.at
Green Climate Fund: https://www.greenclimate.fund/home
Mission 2030 – Österreichs Kima- und Energiestrategie (2018) https://mission2030.info/wpcontent/uploads/2018/06/Klima-Energiestrategie.pdf
UN Emissions Gap Report (2018) Umweltprogramm der Vereinten Nationen (Hrsg.) (2018) https://www.unenvironment.org/resources/emissions-gap-report-2018

Dr. Alfred Strigl ist Direktor am Österreichischen Institut für Nachhaltige Entwicklung mit Sitz an der Universität für Bodenkultur Wien (seit 2016). Er ist Nachhaltigkeits- und Transformationsexperte, Trainer, Coach und Berater. Nach seinem Doktoratsstudium der Biochemie und Biotechnologie an der TU Graz und nach Mitarbeit an diversen universitären Einrichtungen gründete er 2008 das Trainings- und Beratungsunternehmen Plenum. Strigl ist Mitgründer von Pioneers of Change, der Initiative Zivilgesellschaft sowie der Österreichischen Freiwilligenmesse. Seine Lehraufträge in den Bereichen Nachhaltige Entwicklung, Umweltmanagement und Unternehmensgründung führten ihn an die Asian Pacific University, Japan, die Technischen Universitäten Graz und Wien sowie an die Universität für Bodenkultur Wien. Neben diversen Publikationen war er auch als Buchautor (*Die Wende der Titanic,* oekom 2005) tätig.

Mag. Dominik Schmitz studierte Umweltsystemwissenschaften an der Universität Graz. Er ist Mitarbeiter am Zentrum für Globalen Wandel und Nachhaltigkeit an der Universität für Bodenkultur Wien (BOKU). 2011 gründete er das BOKU-CO_2-Kompensationssystem und ist seither der Vorsitzende des Beirats. Seine Schlüsselqualifikationen liegen in der Messung, Berichterstattung und Überprüfung von Treibhausgasemissionen und Minderungsmaßnahmen in verschiedenen Sektoren, CDM-Projekt- und Methodenentwicklung, Validierung und Registrierung. Zudem kommen Kenntnisse über verschiedene Treibhausgasinventarsysteme von Unternehmen (Green House Protocol Standards), Erfahrung mit IPCC Good Practice Guidance und zum Verified Carbon Standard (VCS). Der Aufbau des Unternehmens Swimsol (Mitgründer) liegt Schmitz ebenso am Herzen wie die Unterstützung von Gründerteams im Rahmen seiner Start-up-Lehrveranstaltungen an der BOKU.

Kontakt Mag. Dominik Schmitz und Dr. Thomas Lindenthal
Zentrum für Globalen Wandel & Nachhaltigkeit
Universität für Bodenkultur Wien
www.boku.ac.at/co2-kompensation.html
co2.kompensation@boku.ac.at

Pläne und Maßnahmen der Politik

Nachhaltige Finanzierung: Der Aktionsplan der Europäischen Kommission zur Finanzierung nachhaltigen Wachstums

Martin Koch

1 Einleitung und politischer Kontext

Im jüngsten Bericht des Weltklimarats (Intergovernmental Panel on Climate Change, IPCC) vom Oktober 2018[1] wird gefordert, die Erderwärmung auf 1,5 °C zu begrenzen und die Netto-CO_2-Emissionen bis 2050 auf null zu senken (UN IPCC 2018). Im Gegensatz dazu würde unsere derzeitige wirtschaftliche Entwicklung zu einem weltweiten Temperaturanstieg von 3 bis 3,5 °C führen, was drastische Folgen für unsere Lebensweise, für unsere Volkswirtschaften und für die Ökosysteme hätte, auf denen unsere Gesellschaften aufbauen. Die Finanzstabilität könnte als Folge davon auch gefährdet sein, v. a. aufgrund einer Neubewertung von Vermögenswerten, Unternehmen und Wirtschaftssektoren, die vom Klimawandel besonders betroffen wären.

Klimawandel, Umweltschutz und Nachhaltigkeit sind nicht erst seit dem jüngsten Bericht des Weltklimarats und des Pariser Abkommens zum Klimaschutz vom

[1] IPCC Special Report on Global Warming; 8 October 2018; https://report.ipcc.ch/sr15/pdf/sr15_spm_final.pdf.

M. Koch (✉)
Europäische Kommission, Brüssel, Belgien
E-Mail: martin.koch@ec.europa.eu

A. Sihn-Weber und F. Fischler (Hrsg.), *CSR und Klimawandel*, Management-Reihe Corporate Social Responsibility, https://doi.org/10.1007/978-3-662-59748-4_8

Dezember 2015[2] wichtige Themen auf europäischer Ebene. Die Europäische Union (EU) hat ihrerseits bereits eine Reihe von rechtlichen und politischen Rahmen geschaffen und sich verbindliche Ziele gesetzt, um den Herausforderungen des Klimawandels zu begegnen sowie ein auf mehr Nachhaltigkeit abzielendes wirtschaftliches Wachstum zu ermöglichen.

So haben sich im Oktober 2014 die Staats- und Regierungschefs der Europäischen Union auf Zielvorgaben für den Klimawandel für 2030 geeinigt. Diese sollen zu einer kohlenstoffärmeren, ressourceneffizienteren, kreislauforientierten, wettbewerbsfähigeren und nachhaltigeren Wirtschaft im Lauf des nächsten Jahrzehnts führen. Dieser Transformationsprozess wird Veränderungen bewirken, mit Risiken verbunden sein, aber auch neue Chancen für die EU in Bereichen wie Energie, Verkehr, Forschung und Innovation, Landwirtschaft und Regionalentwicklung eröffnen. Bei der Transformation zu einer nachhaltigeren Wirtschaft müssen allerdings auch gesellschaftliche und soziale Aspekte berücksichtigt werden, da bestimmte Industriezweige und Regionen davon besonders betroffen sein könnten.

Zu den Schlüsselstrategien der EU, die den Rahmen für eine nachhaltigere Entwicklung, Investitionen und Finanzierung vorgeben, gehören insbesondere:

- Der Klima- und Energiepolitikrahmen bis 2030 und die Europäische Strategie für die Energieunion, in der Ziele für eine effizientere und sauberere Energie sowie niedrigere CO_2-Emissionen festgelegt wurden. Die wichtigsten Ziele für 2030 (2018 revidiert, mit nunmehr höheren Zielen) bestehen darin, die Energieeffizienz um mindestens 32,5 % zu steigern und die Energie aus erneuerbaren Quellen auf mindestens 32 % des Endenergieverbrauchs in der EU zu erhöhen. Zusammen mit weiteren Legislativmaßnahmen zur Verringerung der CO_2-Emissionen im Verkehrssektor sollen die CO_2-Emissionen der EU bis 2030 um mindestens 40 % gegenüber dem Stand von 1990 gesenkt werden. Dies würde es der EU auch ermöglichen, ihren im Rahmen des Übereinkommens von Paris eingegangenen Verpflichtungen nachzukommen.[3]
- Die Strategie für die Kreislaufwirtschaft, die einen EU-Aktionsplan für die Kreislaufwirtschaft sowie eine EU-Strategie für Kunststoffe, die Verringerung von Abfällen, das Recycling von Rohstoffen und die Wiederverwendung von Wasser umfasst.[4]

---

[2]Auf internationaler Ebene wurde mit dem Übereinkommen von Paris über den Klimawandel, das auf der Klimakonferenz COP 21 im Dezember 2015 verabschiedet wurde, ein wichtiger Schritt zur Annäherung an Klima- und Umweltfragen getan. Das Hauptziel des Übereinkommens von Paris besteht darin, den Anstieg der globalen Durchschnittstemperatur auf deutlich unter 2 °C, idealerweise auf 1,5 °C über dem vorindustriellen Niveau zu begrenzen. In Art. 2 Abs. 1 Buchstabe c des Übereinkommens von Paris ist eines der wichtigsten Ziele genannt, nämlich „die Finanzströme mit dem Weg zu einer emissionsarmen und gegenüber Klimaänderungen widerstandsfähigen Entwicklung in Einklang zu bringen". Mit dieser Formulierung wird im Übereinkommen von Paris gefordert, Finanzmittel für Investitionen zur Eindämmung des Klimawandels zu mobilisieren und gleichzeitig eine nachhaltigere wirtschaftliche Entwicklung zu fördern.

[3]„A Clean Planet for All", veröffentlicht am 28.11.2018, COM (2018) 773 final, S. 5.

[4]Maßnahmenpaket zur Kreislaufwirtschaft der Europäischen Kommission 2019, http://ec.europa.eu/environment/circular-economy/.

- Der Vorschlag der EU-Kommission, mit verschiedenen Optionen zu einer strategischen Ausrichtung der Wirtschaft in der Europäischen Union bis 2050, um Wachstum, Wettbewerbsfähigkeit und Klimaneutralität zu verbinden.[5]
- Der Aktionsplan der EU-Kommission zur Finanzierung nachhaltigen Wachstums, um das derzeitige EU-Finanzwesen so zu reformieren, dass es einen Beitrag zu einer nachhaltigeren Ausrichtung der Wirtschaft leisten kann.[6]

Weitere wesentliche Instrumente der EU-Strategie für mehr Nachhaltigkeit sind u. a. die verstärkte Nutzung des künftigen EU-Budgets (Zeitraum 2021–2027) zur Förderung nachhaltiger Investitionen sowie ein reformiertes europäisches Emissionshandelssystem (EU-ETS) ab 2020. Auf diese ebenfalls wichtigen Instrumente zur Förderung nachhaltiger Investitionen und deren Finanzierung wird in diesem Beitrag allerdings nicht näher eingegangen.

Die Umsetzung der mittel- und längerfristigen europäisch vereinbarten Klimaschutz- und Nachhaltigkeitsziele bedeutet konkret, dass erhebliche Investitionen getätigt werden müssen. In der EU wären bis 2030 jährlich rund 180 Mrd. € an zusätzlichen Investitionen erforderlich, um allein die Ziele der EU in den Bereichen Energieeinsparung, erneuerbare Energien und Minderung der CO_2-Emissionen zu erreichen.[7] Diese zusätzlichen Investitionen betreffen hauptsächlich Maßnahmen zur Steigerung der Energieeffizienz von Gebäuden der privaten Haushalte und Unternehmen (Industrie und Dienstleistungssektor), der Energieversorgung (Netzinfrastruktur und Stromerzeugung) sowie Emissionsreduzierungen im Transport- und Verkehrsbereich (v. a. durch E-Mobilität).

Der überwiegende Teil dieser Investitionen ist privater Natur und müsste von Unternehmen und Bürgern getätigt werden. Weitere Investitionen, z. B. in eine nachhaltigere Infrastruktur (Wasser, Abfallwirtschaft, Straßen- oder Schienenverkehr) oder in Forschung und Entwicklung, um neue umweltfreundliche Technologien auf den Markt zu bringen, müssten sowohl vom öffentlichen als auch vom privaten Sektor durchgeführt werden.[8]

Angesichts des vornehmlich privaten Charakters und des Volumens der zusätzlichen Investitionen in Klimaschutz und Nachhaltigkeit liegt es auf der Hand, dass privates Kapital zur Finanzierung der Investitionen mobilisiert werden muss. Dem EU-Finanzsektor, mit Vermögenswerten in Höhe von mehr als 100 Billionen €, kommt daher eine Schlüsselrolle bei der Neuausrichtung der Kapitalflüsse hin zu nachhaltigen Investitionen zu.

---

[5]„A Clean Planet for All", veröffentlicht am 28.11.2018, COM (2018) 773 final.

[6]Aktionsplan der EU-Kommission zur Finanzierung nachhaltigen Wachstums; 8. März 2018, COM (2018) 97 final.

[7]COM (2018) 97 final, S. 2 und Verweis in Fußnote 10. S. Policy briefing der European Environment Agency (EEA) vom 6. Juli 2017, basierend auf Daten der Studie von Trinomics, April 2017, S. 82.

[8]„A Clean Planet for All" COM (2018) 773 final, 28.11.2018, S. 16.

Ein auf mehr Nachhaltigkeit ausgerichtetes Finanzwesen, das zum einen hilft, Finanzmittel für nachhaltige, rentable Investitionen bereitzustellen und zum anderen materielle Klima-, Umwelt- und Nachhaltigkeitsrisiken bei Finanzierungsentscheidungen und beim Risikomanagement adäquat berücksichtigt, ist daher ein ganz wesentlicher Baustein in der Nachhaltigkeitsstrategie der EU.

Vor diesem Hintergrund hat die EU-Kommission am 8. März 2018 ihren Aktionsplan zur Finanzierung nachhaltigen Wachstums vorgelegt. Die darin enthaltenen zehn wesentlichen Maßnahmen haben zum Ziel, ein nachhaltiges Finanzsystem in der EU zu etablieren.

Der Aktionsplan der EU-Kommission soll nicht zuletzt zur Klärung beitragen, was ökologisch nachhaltig bedeutet, bzw. definieren, welche wirtschaftlichen Aktivitäten besonders dazu beitragen, die europäischen und internationalen Klima- und Umweltschutzziele zu erreichen. Diese mangelnde Klarheit im Bereich der Nachhaltigkeit ist aus Sicht von Politik und Wirtschaft eines der wesentlichen Hindernisse für die Erhöhung nachhaltiger Investitionen und deren Finanzierung, sowohl in der EU als auch international.

Derzeit existieren sowohl innerhalb der EU-Mitgliedstaaten als auch international eine Vielzahl unterschiedlicher Definitionen von „green" und „sustainable" nebeneinander, die v. a. grenzüberschreitende Investitionen und deren Finanzierung erheblich erschweren.[9]

2 Der Aktionsplan der EU-Kommission zur Finanzierung nachhaltiger Investitionen

Der Aktionsplan der EU-Kommission zur Finanzierung eines nachhaltigen Wachstums konzentriert sich auf drei Ziele:

1. Neuausrichtung der Kapitalflüsse auf nachhaltige Investitionen, um nachhaltiges Wachstum zu erreichen
2. Erhöhte Transparenz und Minimierung der finanziellen Risiken, die sich aus Klimawandel, negativen Umwelteinflüssen und sozialen Faktoren ergeben können
3. Förderung von Transparenz und Langfristigkeit bei der Finanz- und Wirtschaftstätigkeit

Der Aktionsplan mit seinen insgesamt zehn Maßnahmen zielt darauf ab, die Investoren mit einem geeigneten politischen Rahmen und den notwendigen Instrumenten auszustatten, um Nachhaltigkeit in ihre Investitionsentscheidungen zu integrieren, nachhaltige Investitionsmöglichkeiten leichter zu identifizieren und den mit dem Klimawandel verbundenen Risiken besser zu begegnen.

[9] G20 Green Finance Study Group (GFSG), Green Finance Synthesis Report (2016), S. 6; Aktionsplan der EU-Kommission zur Finanzierung nachhaltiger Investitionen; COM (2018) 97 final, S. 4.

Der Aktionsplan beinhaltet eine Kombination aus legislativen und nichtlegislativen Maßnahmen, die für Nachhaltigkeit im Finanzsektor sorgen sollen. Zu den wichtigsten Maßnahmen gehören:

- Einführung eines Klassifizierungssystems (Taxonomie) für ökologisch nachhaltige wirtschaftliche Aktivitäten, mit dem ein gemeinsames Verständnis bei Investoren und Finanzmarktakteuren gefördert würde, was als ökologisch nachhaltig angesehen werden kann
- Entwicklung von Normen und Gütezeichen für nachhaltige Finanzprodukte, zur Entwicklung von Märkten für diese Produkte beitragen und das Vertrauen in solche Produkte stärken
- Klärung der Pflichten von Vermögensverwaltern und institutionellen Anlegern in Bezug auf Nachhaltigkeit und Offenlegung gegenüber Endanlegern, inwieweit Nachhaltigkeitsfaktoren bei Vermögensanlagen berücksichtigt werden
- Einbeziehung von Nachhaltigkeit in aufsichtsrechtlichen Anforderungen, wenn dies unter Risikogesichtspunkten gerechtfertigt ist, um die Finanzstabilität zu wahren
- Erhöhung der Transparenz von Unternehmen hinsichtlich klimabezogener Risiken

Die Europäische Kommission unternahm im Mai 2018 wichtige Schritte zur Umsetzung ihres Aktionsplans, indem sie drei Gesetzgebungsvorhaben vorlegte, in Form von Verordnungen, die in allen EU-Mitgliedstaaten gleichermaßen anwendbar wären, sobald diese Verordnungen von den gesetzgebenden Organen der EU, dem Rat und dem Europäischen Parlament, beschlossen worden sind.

Die drei Gesetzesvorschläge betreffen den Rahmen für eine EU-Taxonomie für ökologisch nachhaltige Tätigkeiten zur Förderung nachhaltiger Investitionen, Offenlegungspflichten für Anleger und Vermögensverwalter unter Einbeziehung von Erwägungen in den Bereichen Umwelt, Soziales und Governance (ESG) in ihren Entscheidungsprozess und ihr Risikomanagement sowie die Festlegung von Mindeststandards und Transparenzkriterien für spezielle („low carbon") Benchmarks, die sich auf ein Portfolio von CO_2-armen Investitionen und Vermögenswerten beziehen.[10] Darüber hinaus machte die Europäische Kommission einen gesetzlichen Vorschlag, wie ESG-Erwägungen und -Präferenzen in die Portfolioverwaltung und die Anlageberatung von Wertpapierfirmen und Versicherungsvertreibern einbezogen werden sollten.[11]

---

[10]COM (2018) 353 final vom 24.05.2019: COM (2018) 354 final vom 24.05.2018: COM (2018) 355 final vom 24.05.2018.

[11]Änderung delegierter Rechtsakte im Rahmen der Richtlinie über Märkte für Finanzinstrumente (MiFID) und der Versicherungsvertriebsrichtlinie (IDD); von der Europäischen Kommission am 4. Januar 2019 veröffentlichte Entwürfe von Vorschriften, die zu einem späteren Zeitpunkt (im Jahr 2019) beschlossen werden.

Der Vorschlag der Kommission zu einem Rechtsrahmen für eine EU-Taxonomie wird derzeit von Rat und Europäischem Parlament erörtert.[12] Eine EU-weite Klassifizierung von ökologisch nachhaltigen wirtschaftlichen Aktivitäten ist nicht nur aus Sicht der Europäischen Kommission das Kernstück des Aktionsplans und wesentlicher Baustein für die Entwicklung eines nachhaltigen Finanzwesens. Ein verbindliches, allgemein genutztes Klassifikationssystem würde es ermöglichen, wirtschaftliche Tätigkeiten zu bestimmen, die wesentlich zur ökologischen Nachhaltigkeit beitragen, und könnte der Bezugspunkt bei der Entwicklung ökologisch nachhaltiger Finanzprodukte oder Gütezeichen sein.

Darüber hinaus könnte eine EU-Taxonomie verwendet werden, um die Offenlegungs- und Berichtspflichten von Finanzinstituten und Unternehmen in Bezug auf Klima- und Umweltaktivitäten sowie -risiken zu erleichtern und Unternehmen dabei zu unterstützen, privates Kapital zur Finanzierung ihrer ökologisch nachhaltigen Tätigkeiten zu beschaffen.

Die sich in der Entwicklung befindliche EU-Taxonomie konzentriert sich auf sechs Umweltziele,[13] für die wirtschaftliche Tätigkeiten bestimmt werden, die wesentlich zur Erreichung mindestens eines der Umweltschutzziele beitragen. Weitere Bedingungen müssen erfüllt sein, damit wirtschaftliche Tätigkeiten in die EU-Taxonomie aufgenommen werden können (keine signifikanten negativen Auswirkungen auf die anderen Umweltschutzziele; Erfüllung technischer Kriterien; Einhaltung von Sozial- und Arbeitsstandards durch Investoren).[14] Die EU-Taxonomie wird schrittweise für diese sechs Umweltziele bis 2022 durch delegierte Rechtsakte der Europäischen Kommission präzisiert, beginnend mit den dringendsten Bereichen Klimaschutz und Anpassung an den Klimawandel.

Da sich die klima- und umweltpolitischen Ziele der EU mit der Zeit ändern können und neue umweltfreundliche Technologien entwickelt werden könnten, die zu neuen wirtschaftlichen Tätigkeiten führen würden, die einen wesentlichen Beitrag zu Klima- und Umweltzielen leisten, kann eine EU-Taxonomie nicht statisch sein. Sie muss in der Lage sein, solchen Entwicklungen Rechnung zu tragen. Aus diesem Grund hat die

---

[12]Das Europäische Parlament hat bereits am 28. März 2019 über seine weitere Verhandlungsposition abgestimmt.

[13]Die sechs in der Verordnung festgelegten Umweltziele sind: Klimaschutz; Anpassung an den Klimawandel; nachhaltige Nutzung und Schutz von Wasser- und Meeresressourcen; Übergang zu einer Kreislaufwirtschaft, Abfallvermeidung und Recycling; Vermeidung und Verminderung der Umweltverschmutzung; Schutz gesunder Ökosysteme.

[14]Keine signifikante negative Auswirkung bedeutet, dass eine wirtschaftliche Tätigkeit, die wesentlich zu mindestens einem der sechs Umweltziele beiträgt, keinem der anderen fünf Umweltziele erheblich schadet. Technische Kriterien würden quantitative oder qualitative Schwellenwerte für jede in der EU-Taxonomie enthaltene Tätigkeit festlegen. Investoren, die in wirtschaftliche Tätigkeiten investieren, die in die EU-Taxonomie aufgenommen sind, müssten festgelegte Sozial- und Arbeitsnormen einhalten.

EU-Kommission einen längerfristigen Mechanismus (Plattform für ein nachhaltiges Finanzwesen) vorgeschlagen, der die Weiterentwicklung und rechtzeitige Anpassung der EU-Taxonomie ermöglichen würde.[15]

In diesem Zusammenhang ist der Hinweis wichtig, dass die EU-Taxonomie für ökologisch nachhaltige Tätigkeiten keine Liste von exklusiven Aktivitäten für Anleger oder Finanzmarktakteure darstellt, die sie dazu verpflichten, bei der Markteinführung umweltfreundlicher Finanzprodukte nur in solche wirtschaftliche Tätigkeiten zu investieren. Investitionsentscheidungen verbleiben bei den Investoren und es ist ausschließlich Sache der Finanzmarktakteure, grüne, d. h. ökologisch nachhaltige Finanzprodukte einzuführen und den Umweltschutzanspruch solcher Produkte zu bestimmen. Sobald die EU-Taxonomie jedoch rechtlich etabliert wäre, müsste sie von Finanzmarktteilnehmern als Referenzpunkt für die Offenlegung verwendet werden, um den Grad der Umweltfreundlichkeit derjenigen Finanzprodukte zu bestimmen, die ausdrücklich als klima- oder umweltfreundlich vermarktet werden.[16]

Um die EU-Taxonomie zu entwickeln, stützt sich die EU-Kommission auf Fachwissen von technischen Experten aus verschiedenen Bereichen der Finanzwirtschaft, Wirtschaftssektoren sowie von Hochschulen und Organisationen der Zivilgesellschaft. Im Juni 2018 richtete die EU-Kommission eine spezielle Sachverständigengruppe (Technical Expert Group, TEG) für ein nachhaltiges Finanzwesen ein. Die TEG hat die Aufgabe, zunächst bis Juni 2019 eine erste Liste wirtschaftlicher Tätigkeiten vorzulegen, die wesentlich zur Verwirklichung der Ziele im Bereich der Eindämmung des Klimawandels und, soweit möglich, der Anpassung an den Klimawandel beitragen. Die EU-Kommission wird diese fachliche Beratung bei der Vorbereitung ihrer delegierten Rechtsakte zur EU-Taxonomie berücksichtigen, sobald die Europäische Kommission die Befugnis seitens des Rats und des Europäischen Parlaments erhalten hat.

Die TEG unterstützt die EU-Kommission auch bei der Entwicklung eines EU-Standards für grüne Anleihen, von Benchmarks für Investitionsstrategien in Vermögenswerte mit geringem CO_2-Ausstoß sowie der Berichterstattung (Reporting) von Unternehmen zu klimarelevanten wirtschaftlichen Aktivitäten.

---

[15] Der Vorschlag der EU-Kommission sieht die Einrichtung einer Multistakeholderplattform für nachhaltige Finanzierungen im Jahr 2020 vor. Als zentrales Diskussionsforum für politische Entscheidungsträger und relevante Interessensvertreter wird die Plattform Experten aus dem Privatsektor, Marktteilnehmer und öffentliche Einrichtungen wie die europäischen Aufsichtsbehörden, die Europäische Umweltagentur sowie die Europäische Investitionsbank zusammenbringen. Ihre Aufgabe wäre es v. a., die EU-Kommission bei der Weiterentwicklung der EU-Taxonomie nachhaltiger wirtschaftlicher Tätigkeiten zu unterstützen.

[16] Die EU-Taxonomie würde auch von der EU oder den EU-Mitgliedstaaten angewandt werden, wenn sie Maßnahmen zur Festlegung von Anforderungen an Marktteilnehmer in Bezug auf Finanzprodukte oder Unternehmensanleihen anwendet, die als ökologisch nachhaltig vermarktet werden.

Die TEG hat bereits Anfang Januar 2019 ihren technischen Abschlussbericht zu einem verbesserten klimarelevanten Reporting und im März 2019 ihren Zwischenbericht für einen möglichen EU-Standard für grüne Anleihen vorgelegt.

Auf der Grundlage des TEG-Abschlussberichts zu verbessertem klimarelevanten Reporting wird die EU-Kommission ihre überarbeiteten Leitlinien zur Berichterstattung von Unternehmen über den Klimawandel vorlegen (vorgesehen im Juni 2019). In diese Leitlinien wird die Arbeit der Task Force für klimabezogene Finanzinformationen (TCFD)[17] integriert, damit sowohl die Auswirkungen des Klimawandels auf das Unternehmen als auch die Auswirkungen des Unternehmens auf das Klima erfasst werden. Dies wird Investoren dabei helfen, Risiken und Chancen von Unternehmen im Zusammenhang mit Nachhaltigkeit in ihrem Investitionsentscheidungsprozess zu berücksichtigen und damit letztlich zu einem reibungsloseren Übergang zu einer nachhaltigeren Wirtschaft beizutragen.

Die Kommission untersucht ferner, ob im aufsichtsrechtlichen Rahmen klima- und umweltbezogene Risiken berücksichtigt werden könnten. Insbesondere werden die möglichen Vorteile einer Neugewichtung der Kapitalanforderungen auf der Grundlage zweier Grundsätze bewertet: 1) die mit dem Klimawandel verbundenen höheren Risiken widerspiegeln, die langfristige Risiken für die Finanzstabilität mit sich bringen könnten, oder 2) einem möglicherweise geringeren Risiko nachhaltiger Vermögenswerte und Investitionen Rechnung trägt, was Banken und Versicherungsunternehmen dazu veranlassen könnte, in nachhaltige Vermögenswerte zu investieren. Es ist zu betonen, dass jede Änderung des risikobasierten Aufsichtsrahmens auf der Grundlage dieser Risikoperspektive zu rechtfertigen wäre, um die Wirksamkeit der EU-Aufsichtsvorschriften und die finanzielle Stabilität insgesamt nicht zu beeinträchtigen.

3 Die internationale Dimension der nachhaltigen Finanzierung

Die Herausforderung, die Ziele des Pariser Klimaschutzabkommens sowie internationale Nachhaltigkeitsziele zu erreichen, ist globaler Natur.

Obwohl die EU beim Übergang zu einer Wirtschaft mit Netto-Null-Treibhausgasemissionen politisch weltweit führend ist, ist die EU für (lediglich) etwa 11 % der weltweiten Treibhausgasemissionen verantwortlich. Selbst wenn die EU das Ziel erreichen würde, ihre Treibhausgasemissionen bis 2030 erheblich zu verringern und bis 2050 ihre Wirtschaftstätigkeit mit Netto-Null-Emissionen zu realisieren, wären die positiven Auswirkungen, global betrachtet, unzureichend, um die negativen Folgen des Klimawandels entscheidend abzumildern. Daher strebt die EU eine starke internationale

[17] Task Force on Climate-related Financial Disclosure des Financial Stability Boards (FSB); https://www.fsb-tcfd.org/publications/.

Zusammenarbeit mit anderen Ländern an, die den Ansatz der EU zu Klima- und Umweltschutz teilen.[18]

Insbesondere Entwicklungsländer haben Schwierigkeiten beim Zugang zu einer angemessenen Finanzierung für ihre nachhaltige Infrastruktur und ihren Energieeffizienzbedarf. Die Finanzmärkte haben aufgrund ihres globalen Charakters das Potenzial, alle Länder beim Übergang zu einer nachhaltigen Wirtschaft zu unterstützen, indem sie lokale Bedürfnisse mit globalen Finanzierungsquellen verbinden.

Ein internationales Forum, das Industrie-, Schwellen- und Entwicklungsländer zusammenbringt, die sich für die Förderung eines nachhaltigen Finanzwesens engagieren, würde aus Sicht der EU-Kommission diesem Zweck am besten gerecht. Eine kohärente internationale Strategie und Architektur, mit der die Anstrengungen der Mitgliedstaaten sowie der europäischen und internationalen Institutionen, Organisationen und Netze mobilisiert werden, könnte dazu beitragen, nachhaltige Finanzierungen zu steigern und internationale Investoren für nachhaltige Investitionen in der ganzen Welt zu mobilisieren.

Die EU-Kommission bereitet derzeit eine intensivere internationale Kooperation mit anderen Ländern zur Förderung eines nachhaltigen Finanzwesens vor[19] und unterstützt aktiv bereits bestehende international Kooperationen und Netzwerke, wie das Netzwerk für die Ökologisierung des Finanzsystems (NGFS)[20], bestehend aus Zentralbanken und Aufsichtsbehörden, oder die jüngst von Finnland und Chile initiierte Coalition of Finance Ministers for Climate Action.[21]

4 Ausblick und künftige Herausforderungen

Mit dem Aktionsplan zur Finanzierung nachhaltigen Wachstums hat die EU-Kommission einen Maßnahmenkatalog vorgeschlagen, um das Finanzwesen in der Europäischen Union auf mehr Nachhaltigkeit auszurichten, sowohl in Bezug auf die Bereitstellung von

[18]In ihrem kürzlich angenommenen Reflexionspapier „Auf dem Weg zu einem nachhaltigen Europa bis 2030" betonte die Kommission, dass die internationale Koordinierung von wesentlicher Bedeutung ist, um weltweit ein nachhaltiges Finanzwesen zu fördern. Durch die ländergreifende Abstimmung von nachhaltigen Finanzinitiativen und -instrumenten wie Taxonomie, Standards, Gütezeichen und Benchmarks würde sichergestellt, dass Märkte für nachhaltige finanzielle Vermögenswerte über Grenzen hinweg miteinander vereinbar sind.

[19]Die Kommission hat am 21. März 2019 eine hochrangige Konferenz zum Thema „Nachhaltiges Finanzwesen" veranstaltet, um zu prüfen, wie diese Bemühungen in den einzelnen Ländern koordiniert werden können. Auf der Konferenz kamen hochrangige Vertreter von Ländern wie China, Indien, Frankreich, Japan, Hongkong und Marokko sowie internationale Organisationen einschließlich der Weltbank, der OECD, der EIB und der EBWE zusammen, um mögliche Wege zu erörtern, wie weltweit ein nachhaltiges Finanzwesen auf den Weg gebracht werden kann.

[20]Siehe https://www.banque-france.fr/node/50628.

[21]Siehe https://www.cape4financeministry.org/coalition_of_finance_ministers.

Finanzmitteln für dringende nachhaltige Investitionen als auch in Bezug auf die Berücksichtigung und Offenlegung von materiellen Nachhaltigkeitsrisiken.

Der Aktionsplan ist ein wichtiger Bestandteil des systematischen Ansatzes der EU, ihre eigenen sowie die international vereinbarten klima-, umweltpolitischen und umfassenderen Nachhaltigkeitsziele umzusetzen. Diese Umsetzung erfordert eine politische Zusammenarbeit zwischen der europäischen, nationalen und regionalen Entscheidungsebene sowie eine enge Kooperation mit allen Finanzmarktakteuren, Unternehmen und nicht zuletzt den Bürgern der Europäischen Union.

Es bestehen durchaus erhebliche Herausforderungen in Bezug auf die Förderung eines nachhaltigen Finanzwesens und die Umsetzung vorgeschlagener Maßnahmen in greifbare Ergebnisse.

Von entscheidender Bedeutung wird sein, ob die notwendigen privaten Klima- und Umweltschutzinvestitionen rentabel sind, denn nur dann werden diese getätigt und können durch den Kapitalmarkt oder Banken finanziert werden. So hängt beispielsweise eine Steigerung der Energieeffizienz in Unternehmen und Privathaushalten, die etwa zwei Drittel der erforderlichen zusätzlichen Investitionen von 180 Mrd. € pro Jahr zur Erreichung der EU-Klimaschutzziele bis 2030 ausmachen, davon ab, ob sich solche Investitionen im Einzelfall wirtschaftlich lohnen, indem z.B. künftig eingesparte Energiekosten insgesamt höher sind als die Energieeffizienzinvestition.

Die Entscheidung, in die Energieeffizienz von Gebäuden zu investieren, wird letztlich von Unternehmen oder Einzelpersonen getroffen, auf der Basis von rationalen Rentabilitätsüberlegungen. Dazu könnten auch finanzielle Anreize (z. B. Steuernachlässe, Zuschüsse oder Darlehen von Förderbanken) notwendig sein, um Investitionen in Energieeffizienz attraktiver zu machen.

CO_2-ärmerer Verkehr, beispielsweise durch einen höheren Anteil an Elektromobilität, würde öffentliche und private Investitionen in E-Infrastruktur sowie Forschung und Entwicklung in neue, innovative Verkehrskonzepte erfordern, die in umfassendere Strategien für eine nachhaltige Entwicklung auf regionaler oder lokaler Ebene eingebettet sind.[22]

Schließlich hat eine nachhaltige Finanzwirtschaft, die als Unterstützung für die notwendigen Investitionen verstanden wird, um einen geordneten und erfolgreichen Wandel hin zu einer nachhaltigeren Wirtschaft zu vollziehen und gleichzeitig die Stabilität des Finanzsystems zu erhalten, eine soziale Dimension. Der Übergang zu einer CO_2-ärmeren und nachhaltigeren Wirtschaft birgt das Potenzial, neue „grüne Arbeitsplätze" zu schaffen, etwa in den Bereichen Energie, Mobilität oder Infrastruktur. Bestimmte Branchen, in denen „braune" wirtschaftliche Aktivitäten wie Kohlebergbau, konventionelle

[22]Beispiele für Städte, die nachhaltige Entwicklungs- und Infrastrukturkonzepte entwickelt haben, sind einige nordeuropäische Hauptstädte; s. „White Paper on Nordic Sustainable Cities", Nordregio, 2017 und „Was bewirkt eine nachhaltige Stadt?", Nordic Innovation, 2018; http://www.nordicinnovation.org/Documents/Programmes/Nordic%20Sustainable%20Cities/What%20Makes%20a%20Sustainable%20City_small.pdf.

Stromerzeugung oder industrielle Produktion mit hohen CO_2-Emissionen stattfinden, sowie Regionen, in denen diese Branchen angesiedelt sind, müssten sich jedoch auf Veränderungen einstellen und sich an neue Rahmenbedingungen anpassen, die für eine nachhaltigere Entwicklung festgelegt würden.

Dieser Wandel und Anpassungsprozess kann unterschiedliche Formen annehmen und sich über einen längeren Zeitraum (ein bis zwei Jahrzehnte) hinziehen. Zumindest vorübergehend negative Auswirkungen auf die Beschäftigungs- und Wachstumsaussichten können nicht ausgeschlossen werden.[23] Sowohl die Europäische Union als auch die Mitgliedstaaten werden einen geordneten Übergangsprozess organisieren und alle relevanten politischen Maßnahmen und Ressourcen einsetzen müssen, um etwaige soziale Folgen der Transformation zu einer nachhaltigeren Wirtschaft abzufedern.[24]

Literatur

Gémain P (2015) „Strategie und Grundlagen einer nachhaltigen Finanzierung der nachhaltigen Entwicklung“ Auf dem Weg zu einem Neuen Paradigma? Eine Post-Krisenagenda, 187–209

Mermod AY, Idowo SO (Hrsg) (2014) Soziale Verantwortung von Unternehmen in der globalen Wirtschaft. Springer, Heidelberg

Scott (2012) in Cherneva, I. (Hrsg). (2012)Wirtschaftliche Argumente für ein nachhaltiges Finanzwesen. Routledge, 2014

UN IPCC (2018) Globale Erwärmung um 1,5 °C: einen Sonderbericht des IPCC über die Auswirkungen der Erderwärmung auf 1,5 °C gegenüber dem vorindustriellen Niveau und damit zusammenhängende globale Treibhausgasemissionen

Weiterführende Literaturhinweise und Quellen

Amt der Vereinten Nationen für die Verringerung des Katastrophenrisikos (2018) Wirtschaftliche Verluste, Armut nach Katastrophen, 1998–2017

Aktionsplan der Europäischen Kommission: Finanzierung nachhaltigen Wachstums, März 2018

Ftarii AM, Fotoladi IJ (2013) Nachhaltiges Finanzwesen: Ein neues Paradigma. Glob Finance J 24(2):101–113

[23]Ein aktuelles Beispiel für einen strukturierten und inklusiven Ansatz zur Steuerung des Transformationsprozesses in den Kohlebergbauregionen in Deutschland bis 2038 ist die Kommission Wachstum, Strukturwandel und Beschäftigung, die am 25. Januar 2019 ihren Abschlussbericht vorgelegt hat: https://www.bmwi.de/Redaktion/DE/Downloads/A/abschlussbericht-kommission-wachstum-strukturwandel-und-beschaeftigung.pdf?__blob=publicationFile. Darüber hinaus richtete die Europäische Kommission im Dezember 2017 eine Plattform für Kohleregionen im Wandel ein, um wirtschaftliche Strategien für die Regionen in zwölf EU-Ländern auszuarbeiten, in denen sich Kohlebergbau oder Kohlekraftwerke befinden.

[24]„A Clean Planet for All“, COM (2018) 773 final, S. 19/20.

De Nederlandsche Bank (2016) Time for Transition – eine Sondierungsstudie über den Übergang zu einer klimaneutralen Wirtschaft. DNB Occasional Studies, Bd 14–2.

Europäischer Ausschuss für Systemrisiken (2016) Zu spät, zu plötzlich: Übergang zu einer Wirtschaft mit geringem CO2-Ausstoß und Systemrisiken. Berichte des Beratenden Wissenschaftlichen Ausschusses Nr. 6

Europäische Kommission: A Clean Planet for All, November 2018

Europäische Kommission: Reflection paper: Towards a sustainable Europe by 2030, Januar 2019

Netz für die Ökologisierung des Finanzsystems (2018), NGFS Erster Fortschrittsbericht, 17 April 2019

Technische Sachverständigengruppe „Nachhaltiges Finanzwesen" der Europäischen Kommission (2018/2019) Berichte über eine EU-Taxonomie; Klimarelevantes Reporting; EU Green Bond Standard

„The Price of Doing Too Little Too Late: The impact of the carbon blase on the EU financial system", Green New Deal Series, Bd 11

Martin Koch arbeitet seit 2006 bei der Europäischen Kommission und ist derzeit als Policy Officer in der Generaldirektion FISMA, Abteilung „Financial technology and sustainable finance" tätig. Vor seinem Eintritt in die Europäische Kommission hat Martin Koch über 15 Jahre im Förderbankensektor gearbeitet und sich dort vor allem der Finanzierung innovativer Unternehmen sowie der Finanzproduktentwicklung gewidmet. Martin Koch studierte Politik- und Wirtschaftswissenschaften an der Westfälischen Wilhelms-Universität in Münster.

Internationale, europäische und nationale Klimapolitik

Jürgen Schneider

1 Einleitung

Der globale, durch den Menschen verursachte Klimawandel ist eine Bedrohung für Wohlstand, Frieden und nachhaltige Entwicklung. Er beeinflusst immer stärker das Leben in allen Ländern der Erde, also auch der Österreicherinnen und Österreicher.

Derzeit verursacht der Klimawandel Folgeschäden allein in Österreich im Ausmaß von etwa 1 Mrd. € pro Jahr. Dieser Betrag könnte bis Mitte des Jahrhunderts auf 8 Mrd. € steigen, wie eine groß angelegte Studie von führenden österreichischen Expertinnen und Experten zeigt[1]. Detailliert untersucht wurden in Österreich auch die mannigfaltigen Auswirkungen des Klimawandels auf die menschliche Gesundheit, die über unterschiedliche Pfade wirksam werden[2] und alle Österreicherinnen und Österreicher betreffen können.

Verursacht wird der aktuelle Klimawandel durch den übermäßigen, stetig steigenden Ausstoß von Treibhausgasen (THG), allen voran von CO_2, das v. a. durch die Nutzung fossiler Energieträger – Kohle, Erdölprodukte und Erdgas – freigesetzt wird. Nach übereinstimmender Einschätzung der Wissenschaft führt ein weiter ungebremster Ausstoß von THG zu kaum beherrschbaren Auswirkungen auf Ökosysteme, menschliche Gesundheit, Wirtschaft und Gesellschaft. Erst kürzlich hat das Weltwirtschaftsforum den Klimawandel und die mit ihm assoziierten Änderungen als größtes Risiko für globalen Wohlstand und Frieden bezeichnet. Inzwischen herrscht Konsens unter den führenden

[1] https://coin.ccca.ac.at/

[2] https://sr18.ccca.ac.at/

J. Schneider (✉)
Bundesministerium für Nachhaltigkeit und Tourismus, Wien, Österreich
E-Mail: juergen.schneider@bmnt.gv.at

A. Sihn-Weber und F. Fischler (Hrsg.), *CSR und Klimawandel,* Management-Reihe Corporate Social Responsibility, https://doi.org/10.1007/978-3-662-59748-4_9

Wissenschaftlern, dass es aus ökonomischer, sozialer und ökologischer Sicht vernünftiger ist, den Klimawandel durch eine massive Einschränkung der Freisetzung von THG zu bekämpfen, als zu versuchen, mit den katastrophalen Folgen einer ungebremsten Erdüberhitzung zu leben.

2 Internationaler Klimaschutz

2.1 Die Klimarahmenkonvention

Die Klimarahmenkonvention (United Nations Framework Convention on Climate Change, UNFCCC[3]) ist das internationale, multilaterale Klimaschutzabkommen der Vereinten Nationen. Ihr Ziel ist es, eine gefährliche anthropogene – also eine vom Menschen verursachte – Störung des Klimasystems zu verhindern. Die UNFCCC wurde 1992 im Rahmen der Konferenz der Vereinten Nationen für Umwelt und Entwicklung (UNCED) in Rio de Janeiro ins Leben gerufen und trat zwei Jahre später in Kraft[4]. Mittlerweile haben 195 Staaten, d. h. nahezu alle Staaten der Welt, sowie die Europäische Union die Klimarahmenkonvention ratifiziert. Mit der Klimarahmenkonvention haben sich die Staaten nicht nur darauf geeinigt, eine gefährliche anthropogene Störung des Klimasystems zu verhindern, sondern auch eine entsprechende Stabilisierung der THG-Konzentrationen zu erreichen. Das soll wiederum auf einem Level geschehen, der den natürlichen Ökosystemen eine Anpassung erlaubt, die Nahrungsmittelproduktion sicherstellt und nachhaltiges ökonomisches Wachstum ermöglicht (Art. 2 der Klimarahmenkonvention).

Die Konvention trat 1994 in Kraft, die erste Vertragsstaatenkonferenz (COP, Conference of Parties) fand 1995 in Berlin statt. Die COP ist das oberste Entscheidungsgremium der UNFCCC und wird von anderen Gremien (Subsidary Bodies) unterstützt.

2.2 Das Kyoto-Protokoll

Das Kyoto-Protokoll[5] gilt als Meilenstein in der internationalen Klimapolitik. Es wurde auf der dritten Vertragsstaatenkonferenz der Klimarahmenkonvention in Kyoto 1997 (COP 3) verabschiedet und enthielt erstmals rechtsverbindliche Begrenzungs- und Reduzierungsverpflichtungen für 39 Industrieländer. Die EU (damals EU15) hat sich im Kyoto-Protokoll verpflichtet, ihre Treibhausgas(THG)-Emissionen um 8 % zu vermindern, ausgedrückt als Mittel

[3]https://unfccc.int/

[4]Rahmenübereinkommen der Vereinten Nationen über Klimaänderungen (PDF extern, 52,2 KB).

[5]https://unfccc.int/resource/docs/convkp/kpeng.pdf

der jährlichen THG-Emissionen zwischen 2008 und 2012 und bezogen auf 1990. Innerhalb der EU-internen Aufteilung hat Österreich einen Reduktionsbeitrag um 13 % übernommen. Das Protokoll ist nach Vorliegen der notwendigen Zahl an Ratifikationen durch die Vertragsparteien Anfang 2005 in Kraft getreten. Das Protokoll wurde inzwischen von 191 Staaten ratifiziert, darunter alle EU-Mitgliedstaaten sowie wichtige Schwellenländer wie Brasilien, China, Indien und Südafrika. Die USA haben das Kyoto-Protokoll bis heute nicht ratifiziert. Kanada ist im Jahr 2013 ausgetreten. Die ursprüngliche Verpflichtung zur Emissionsreduktion des Kyoto-Protokolls endete 2012. Daher wurde 2012 das Doha-Amendment beschlossen, das THG-Emissionsbeschränkungen bis 2020 vorsieht. Bis heute ist das Doha-Amendment allerdings nicht in Kraft getreten.

Österreich konnte sein Kyoto-Ziel in der ersten Verpflichtungsperiode erreichen, allerdings nur durch Zukauf von zusätzlichen Emissionsreduktionseinheiten aus dem Ausland im Ausmaß von etwa 71,3 Mio. t CO_2-Äquivalenten. Die Kosten dafür lagen bei knapp 0,5 Mrd. €. Ursache war, dass die THG-Emissionen der Quellen außerhalb des Emissionshandels in der Periode 2008–2012 nicht ausreichend durch Maßnahmen im Inland reduziert werden konnten. Die größte Zielabweichung im Vergleich zu den Zielen der Klimastrategie wiesen der Sektor Verkehr und der nicht vom Emissionshandel betroffene Teil des Sektors Industrie und produzierendes Gewerbe auf[6].

Das Kyoto-Protokoll beinhaltet Emissionsreduktionsverpflichtungen für die Industrieländer. Allerdings sinkt deren Beitrag zu den globalen Emissionen parallel zum Anstieg der Emissionen der Schwellenländer und dabei insbesondere von China. Daher begannen bald nach Inkrafttreten des Kyoto-Protokolls Verhandlungen zum Abschluss eines globalen Abkommens mit Verpflichtungen, die nicht nur die Industrieländer umfassen. Bereits im Vorfeld der COP21 in Paris wurde das Konzept der beabsichtigten national festgelegten Beiträge ([Intended] National Determined Contributions, [I]NDC) entwickelt, das im Wesentlichen die THG-Emissionsreduktionsbeiträge der einzelnen Vertragsparteien beschreibt. Das Konzept sollte sich als Erfolg herausstellen; vor Beginn der COP21 in Paris haben 187 Vertragsparteien INDC bekannt gegeben.

2.3 Das Pariser Übereinkommen

Am 12. Dezember 2015 wurde auf der 21. Vertragsstaatenkonferenz der Klimarahmenkonvention (COP21) das Pariser Übereinkommen[7] beschlossen, das ambitionierte Ziele für den Klimaschutz vorsieht. Die wichtigsten Zielsetzungen sind gemäß Art. 2 des Übereinkommens:

---

[6]UMWELTBUNDESAMT (2015): Zechmeister, A. et al.: Klimaschutzbericht 2015. Reports, Bd. REP-0555. Umweltbundesamt, Wien.

[7]https://ec.europa.eu/clima/policies/international/negotiations/paris_de

- die Begrenzung des Anstiegs der globalen Durchschnittstemperatur auf deutlich unter 2 °C über dem vorindustriellen Niveau, wenn möglich auf 1,5 °C über dem vorindustriellen Niveau;
- die Stärkung der Fähigkeit, sich durch eine Förderung der Klimaresistenz und geringeren THG-Emissionen an die nachteiligen Auswirkungen des Klimawandels anzupassen – dieses soll in einer Weise geschehen, die nicht die Nahrungsmittelproduktion bedroht;
- die Vereinbarkeit der Finanzströme mit einem Weg hin zu niedrigen THG-Emissionen und klimaresistenter Entwicklung sicherzustellen.

Das Pariser Übereinkommen verpflichtet alle Vertragsparteien in verbindlicher Weise, auf internationaler Ebene alle fünf Jahre ein national festgelegtes Reduktionsziel (Nationally Determined Contribution, NDC) einzureichen und zu erläutern. Die Umsetzung nationaler Maßnahmen sowie die Berichterstattung über die Zielerreichung und deren internationale Überprüfung sind rechtlich verbindlich.

Das Übereinkommen legt zudem Regeln für die Festlegung der Reduktionsziele fest. Die Reduktionsziele aller Staaten müssen klar und verständlich sein und sollen eine Quantifizierung zulassen. Zudem soll das nachfolgende Reduktionsziel jedes Staats über das vorangehende hinausgehen (d. h. es ist lediglich eine Steigerung des Ambitionsniveaus vorgesehen) und jeweils die höchst mögliche Ambition widerspiegeln.

Das Übereinkommen beendet die bisher bestehende strikte Trennung zwischen Industrie- und Entwicklungsländern weitestgehend. Den ärmsten Ländern wird in der Umsetzung eigenes Ermessen zugestanden. Zudem sind die Industriestaaten angehalten, nicht aber verpflichtet, ihre Vorreiterrolle wahrzunehmen, indem sie sich auch weiterhin absolute gesamtwirtschaftliche Ziele setzen. Entwicklungsländer sind im Gegenzug angehalten, nach und nach ebenfalls gesamtwirtschaftliche Ziele zu verfolgen. Die Differenzierung zwischen den Staaten ist dynamisch ausgestaltet, indem die Reduktionsziele national festgelegt werden und jeweils die höchstmögliche Ambition eines Staats reflektieren sollen. Somit wird das Reduktionsziel jedes Staats jeweils an seiner sich ändernden Klimaverantwortung und Kapazität gemessen werden.

Zur Anpassung an den Klimawandel sollen alle Staaten Anpassungspläne und Anpassungsmaßnahmen erarbeiten, einreichen und regelmäßig einem Update unterziehen. Zeitpunkt und Form der internationalen Bekanntgabe kann national festgelegt werden. Die Länder sind zudem aufgefordert, regelmäßig über ihre Anpassungsmaßnahmen Bericht zu erstatten. Das Übereinkommen stärkt die bestehenden Mechanismen zur Vermeidung und Minderung von Verlusten und Schäden („loss and damage"), wobei Haftung und Kompensation explizit ausgenommen wurden.

In Bezug auf die Klimafinanzierung schreibt das Übereinkommen von Paris keine neuen Verpflichtungen fest. Die Industrieländer sind weiterhin rechtlich verpflichtet, Entwicklungsländer bei deren Emissionsreduktions- und Anpassungsmaßnahmen zu unterstützen. Erstmals sind auch Nichtindustrieländer eingeladen, Entwicklungsländer zu unterstützen und klimafreundliche Investitionen zu fördern. Somit wurde im Bereich der Klimafinanzierung die Zweiteilung des internationalen Klimaregimes in Industrie- und Entwicklungsländer zwar nicht aufgehoben, aber deutlich aufgebrochen. Die Mobilisierung von Investitionen aus öffentlichen sowie aus privaten Quellen ist Aufgabe aller. Die Industrieländer sollen aber weiterhin eine Vorreiterrolle einnehmen. Das gemeinsame Ziel der Industrieländer, ab 2020 jährlich 100 Mrd. US$ an öffentlichen und privaten Finanzmitteln zu mobilisieren, wurde bis 2025 bestätigt und für die Zeit nach 2025 ein neues, noch zu verhandelndes Ziel in Aussicht gestellt. Entsprechend sind die Industrieländer verpflichtet, weiterhin alle zwei Jahre über die mobilisierten Mittel Bericht zu erstatten und wenn möglich, auch indikative, quantitative und qualitative Informationen über die vorgesehenen Mittel der nächsten Jahre bereitzustellen. Die Regeln für diese Berichterstattung sollen weiter vertieft werden. Die Entwicklungsländer sind angehalten, analog alle zwei Jahre nicht nur über benötigte und erhaltene, sondern auch über ihrerseits mobilisierte, klimafreundliche Investitionen und internationale Klimafinanzierung Bericht zu erstatten.

Das Pariser Übereinkommen wird von fast allen Staaten der Welt getragen (die USA, die eine konstruktive Rolle bei dessen Erarbeitung gespielt haben, haben unter Präsident Trump angekündigt, aussteigen zu wollen).

2.4 Das Kattowitzer Regelbuch

Die 24. UNFCCC Vertragsparteienkonferenz (COP24), die gleichzeitig die 14. Vertragsparteienkonferenz zum Kyoto-Protokoll und die 1. Vertragsparteienkonferenz, 3. Teil, zum Pariser Klimaübereinkommen war, und ihre Nebenorgane tagten im Dezember 2018 in Kattowitz (Polen) unter der Leitung des polnischen Umweltstaatssekretär Michal Kurtyka.

Ziel der Konferenz war es, die Spielregeln für die Umsetzung des Pariser Übereinkommens festzulegen und im Rahmen des sog. Talanoa-Dialogs die Lehren aus dem IPCC-Sonderbericht zum 1,5-Grad-Ziel zu ziehen. Durch die entschiedene Verhandlungsrolle der EU, unter der gemeinsamen Verhandlungsführung der Österreichischen Ratspräsidentschaft und der EU-Kommission, sowie in enger Zusammenarbeit mit anderen progressiven Gruppen, konnte dieses Ziel auch erreicht werden[8]. Es wurde ein umfassendes, robustes und von allen Ländern getragenes Regelwerk geschaffen, mit dem die Vorgaben und Ziele des Pariser Klimaübereinkommens erfüllbar gemacht wurden. Vor allem wurde erreicht, die Integrität des Pariser Vertrags zu bewahren, obwohl viele große Schwellenländern und die Gruppe arabischer Staaten versuchten, diesen wieder aufzuschnüren.

Konkret wurde nach drei Jahren intensiver Verhandlungen u. a. folgendes beschlossen:

Regeln für die Überarbeitung der national festgelegten Reduktionsbeiträge

[8]https://unfccc.int/process-and-meetings/the-paris-agreement/paris-agreement-work-programme/katowice-climate-package

- Ein einheitliches und transparentes Berichtswesen (mit Erleichterungen für die ärmeren Länder dieser Welt) über THG-Emissionen, Klimaschutz- sowie Anpassungsmaßnahmen, um u. a. sicherzustellen, dass die Angaben vergleichbar sind, dokumentiert und überprüfbar gemacht werden
- Regeln für die globale Bestandsaufnahme, die erstmals 2023 und dann alle fünf Jahre erfolgen wird; die nationalen Beiträge sollen danach verbessert werden
- Ausgestaltung des Kontrollregimes mit einem Komitee, das die Einhaltung des Übereinkommens von Paris überwachen soll
- Weitere Schritte zum Ausbau der internationalen Klimafinanzierung, z. B. wurde die Zukunft des Anpassungsfonds geklärt, der auch unter dem Pariser Übereinkommen weiterlaufen wird
- Einbezug der Vereinbarkeit der globalen Finanzströme mit den Pariser Klimazielen in die weitere Umsetzung
- Aufbau eines Registers für Nationally Determined Contributions (NDC) und für Berichte über Anpassungsmaßnahmen

Mit Ausnahme der Regeln für einen gemeinsamen Kohlenstoffmarkt (u. a. doppelte Anrechnung, um Schlupflöcher zu vermeiden), die im Jahr 2019 noch weiterverhandelt werden müssen, ist der Abschluss im Konsens aller Vertragsparteien ein Erfolg des globalen Klimaschutzes. Bis auf die Marktregeln konnten zu allen Themenbereichen auch die notwendigen technischen Details (Berichtsformate etc.) festgelegt werden.

Zusätzlich zum Regelbuch wurde bei der COP24 auch der sog. Talanoa-Dialog abgehalten. Auf politischer Ebene wurde der bisherige Fortschritt zur Einhaltung der Pariser Klimaziele bewertet. Der Talanoa-Dialog endete mit einem breit getragenen Aufruf zum raschen Handeln.

Österreich hatte bei dieser Klimakonferenz durch den EU-Ratsvorsitz eine besonders verantwortungsvolle Rolle. Die Europäische Union hat wesentlich dazu beigetragen, dass Fortschritte im globalen Klimaschutz erzielt werden konnten. Die Verantwortung im internationalen Klimaschutz wird sehr ernst genommen und Europa engagiert sich weit über die eigenen Verpflichtungen hinaus. Europa verursacht nur 10 % der Emissionen, trägt aber 40 % zur Klimafinanzierung bei.

2.5 Der Weltklimarat

Innerhalb des internationalen Klimaprozesses gibt es ein klares Bekenntnis zu einer wissensbasierten Politikentwicklung. Eine zentrale Rolle spielt dabei der Zwischenstaatliche Ausschuss für Klimaänderungen (Intergovernmental Panel on Climate Change, IPCC[9]), im deutschsprachigen Raum oft Weltklimarat genannt. Das IPCC wurde 1988

[9]https://www.ipcc.ch/

vom Umweltprogramm der Vereinten Nationen (United Nations Environmental Programme, UNEP) und der Weltorganisation für Meteorologie (World Meteorological Organisation, WMO) als zwischenstaatliche Institution ins Leben gerufen. Ziel ist es, für politische Entscheidungsträger den Stand der wissenschaftlichen Forschung zum Klimawandel zusammenzufassen als Grundlagen für wissenschaftsbasierte Entscheidungen, ohne dabei Handlungsempfehlungen im engeren Sinn zu geben. Der Sitz des IPCC-Sekretariats befindet sich in Genf, 195 Regierungen sind Mitglieder des IPCC, darüber hinaus sind mehr als 120 Organisationen als Beobachter des Weltklimarats registriert. Der Weltklimarat führt keine eigenen Forschungsprojekte durch, sammelt und bewertet aber die vorhandenen Forschungsergebnisse in sehr umfassenden Prozessen, die oft Tausende der führenden Klimawissenschaftler einbinden. Seit seiner Gründung hat der Weltklimarat fünf umfassende Sachstandsberichte veröffentlicht, die das Thema Klimawandel und dessen Bekämpfung umfassend beleuchten. Der letzte Sachstandsbericht[10] hat dabei mehr als 30.000 wissenschaftliche Arbeiten bewertet.

Noch vor der 24. Vertragsstaatenkonferenz in Kattowitz hat der Weltklimarat einen Sonderbericht zum 1,5-Grad-Ziel veröffentlicht[11], der einerseits Auswirkungen einer durchschnittlichen Erderwärmung auf 1,5 °C sowie 2 °C analysiert sowie die dafür notwendigen THG-Minderungsszenarien. Mit der Erstellung des Sonderberichts kam der Weltklimarat einer Bitte der Konferenz der Vertragsparteien der Klimarahmenkonvention Ende 2015 in Paris (COP 21) nach. Der Bericht wurde am 8. Oktober 2018 bei der 48. Sitzung des Weltklimarats in Südkorea beschlossen. Er berücksichtigt mehr als 6000 wissenschaftliche Referenzen und wurde von 91 Autoren aus vierzig Ländern erstellt.

Zentrales Ergebnis ist, dass das 1,5-Grad-Ziel sowohl erreichbar als auch leistbar sei und gegenüber dem weniger ambitionierten 2-Grad-Ziel große Vorteile hat, da es viele negative Auswirkungen einer höheren durchschnittlichen globalen Erwärmung vermeidet. Zugleich wird in dem Bericht betont, dass das Ziel nur dann erreicht werden kann, wenn die THG-Emissionen sehr schnell gesenkt und darüber hinaus CO_2 in sehr großem Umfang aus der Erdatmosphäre entfernt würden. Die bisher von den Staaten im Rahmen des Übereinkommens von Paris angestrebten Emissionspfade (NDC) dürften hingegen zu einer Erderwärmung von etwa 3 °C bis 2100 führen. Erreicht werden kann das Ziel nur, wenn eine deutlich ambitioniertere Klimaschutzpolitik betrieben würde, die alle Sektoren der Gesellschaft umfasst.

Für 2022 ist die Veröffentlichung des 6. Sachstandsberichts geplant, zeitlich so getaktet, dass robuste Grundlagen für den für 2023 vorgesehenen Review gemäß Pariser Übereinkommen vorliegen.

---

[10] https://www.ipcc.ch/report/ar5/syr/

[11] https://www.ipcc.ch/sr15/

3 Europäische Union

Die Europäische Union ist im internationalen Klimaprozess ein zentraler Akteur und Vertragspartei der Klimarahmenkonvention, des Kyoto-Protokolls und des Pariser Übereinkommens. Daneben hat die EU einen ausgefeilten rechtlichen Rahmen, der einerseits sektorale Regelungen (etwa für den Bereich Mobilität und Gebäude) enthält, andererseits Regelungen mit expliziten Zielsetzungen für Energieeffizienz, erneuerbare Energien sowie THG-Minderung.

3.1 2020-Ziele der EU

Für 2020 hat sich die EU bindende **Klimaschutz- und Energiesparziele** gesteckt. Sie ist damit ein Vorreiter bei der gemeinsamen Betrachtung von energie- und klimapolitischen Zielsetzungen wie Versorgungssicherheit, Leistbarkeit, Wettbewerbsfähigkeit und ökologischer Nachhaltigkeit mit dem zentralen Element Klimaschutz. Bis 2020 sollen

- die EU-THG-Emissionen gegenüber den Werten von 1990 um mindestens 20 % gesenkt;
- der Anteil des EU-Energieverbrauchs aus erneuerbaren Energien um 20 % gesteigert;
- die Energieeffizienz so verbessert werden, dass der Primärenergieverbrauch 20 % unter den prognostizierten Werten liegt.

Die EU hat angeboten, ihre Emissionen bis 2020 nicht nur um 20 %, sondern um 30 % zu senken, wenn sich auch andere wichtige Volkswirtschaften dazu verpflichten, einen angemessenen Beitrag zu den weltweiten Bemühungen um Emissionssenkung zu leisten.

Zentrale Regelungen auf europäischer Ebene sind dabei:

- Entscheidung über die Anstrengungen der Mitgliedstaaten zur Reduktion ihrer THG-Emissionen mit Blick auf die Erfüllung der Verpflichtungen der Gemeinschaft zur Reduktion der THG-Emissionen bis 2020 (Entscheidung Nr. 406/2009/EG): Österreich hat die THG-Emissionen der nicht vom Emissionshandel erfassten Quellen bis 2020 um 16 % gegenüber 2005 zu reduzieren. Die nationale Umsetzung dieser Entscheidung erfolgte in Österreich über das Klimaschutzgesetz (KSG; BGBl. I Nr. 106/2011 i. d. g. F.).
- Emissionshandelsrichtlinie: Für Emissionshandelsunternehmen ist ein EU-weites Reduktionsziel von 21 % im Jahr 2020 gegenüber 2005 festgelegt. Die nationale Umsetzung erfolgt im Rahmen des Emissionszertifikategesetzes (EZG 2011; BGBl. I Nr. 118/2011).
- Richtlinie erneuerbare Energien (RL 2009/28/EG): Der Anteil der erneuerbaren Energiequellen am Bruttoendenergieverbrauch ist in Österreich bis 2020 auf 34 % zu erhöhen. EU-weit ist ein Anteil von 20 % zu erreichen.

- Energieeffizienz-Richtlinie (RL 2012/27/EU): Maßnahmen zur Förderung von Energieeffizienz sollen sicherstellen, dass das übergeordnete Ziel der Union zur Energieeffizienzverbesserung um 20 % bis 2020 erreicht wird. In Österreich wurde diese Richtlinie mit dem Energieeffizienzgesetz (EEff-G; BGBl. I Nr. 72/2014) umgesetzt. Dieses sieht u. a. eine Stabilisierung des Endenergieverbrauchs auf 1050 PJ bis 2020 vor.

Im Jahr 2016 wurde das THG-Reduktionsziel von 20 % mit einem tatsächlichen Minus von 22 % bereits übererfüllt.

3.2 2030-Ziele der EU

In den letzten Jahren wurde ein rechtlicher Rahmen für die Klima- und Energiepolitik bis 2030 erarbeitet und auf EU-Ebene durch eine Vielzahl von Rechtsakten auch verbindlich umgesetzt. Die Staats- und Regierungschefs der EU einigten sich im Oktober 2014 im Vorfeld der 21. Vertragsstaatenkonferenz der Klimarahmenkonvention in Paris auf Ziele für die Klima- und Energiepolitik bis 2030. Sie umfassen

- eine Verringerung der THG-Emissionen um mindestens 40 % gegenüber dem Stand von 1990,
- eine Erhöhung des Anteils erneuerbarer Energien am Gesamtenergieverbrauch auf mindestens 27 %,
- eine Steigerung der Energieeffizienz um mindestens 27 %.

Auf dieser Basis wurde in den Folgejahren ein umfassendes Klima- und Energiepaket erarbeitet und rechtlich verbindlich umgesetzt. Dieses soll eine ökonomisch und sozial verträgliche Transformation zu einer effizienten, dekarbonisierten, sicheren und leistbaren Energieversorgung ermöglichen. Einige der zentralen Regelungen werden kurz vorgestellt.

Die Governance der Energieunion-Verordnung

Nach dem Beschluss des Europäischen Rates aus dem Jahr 2014, im Rahmen der Energiepolitik für die Mitgliedstaaten eine größtmögliche Souveränität und Flexibilität zu wahren, und nach dem von der Europäischen Union im Jahr 2015 unterzeichneten Pariser Übereinkommen hat die Europäische Union ein neuartiges Governance-System für eine Europäische Energieunion vorgeschlagen[12]. Kernelement ihres im November

[12]Verordnung (EU) 2018/1999 des Europäischen Parlaments und des Rates vom 11. Dezember 2018 über das Governance-System für die Energieunion und für den Klimaschutz.

2016 vorgelegten Gesetzespakets *Saubere Energie für alle Europäer* ist die Governance-Verordnung (EU) 2018/1999 vom 11. Dezember 2018, die erstmalig eine gemeinsame Steuerung der unionsweiten Klima- und Energiepolitik vorsieht. Die Verantwortung für die Umsetzung klimapolitischer Zielsetzungen wird im Wesentlichen den Mitgliedstaaten übertragen.

Kernbestandteil der Verordnung sind die von den Mitgliedstaaten zu erstellenden und regelmäßig zu aktualisierenden integrierten Energie- und Klimapläne (iNEK-Pläne), auf mindestens 30 Jahre ausgelegte Langfriststrategien zur Emissionsminderung sowie ein umfangreicher Monitoringprozess zwischen der Kommission und den Mitgliedsländern. Dieses Monitoring soll dafür sorgen, dass die EU-Ziele trotz fehlender national verbindlicher Ziele in den Bereichen erneuerbare Energien und Energieeffizienz erreicht werden. Sollten die selbstgesetzten Ziele nicht ambitioniert genug oder unzureichend sein, kann die Kommission den Mitgliedstaaten anspruchsvollere Strategien und Maßnahmen empfehlen (sog. Lückenschließungs- oder Gap-Filling-Mechanismus).

Die Effort Sharing Regulation

In dieser Verordnung[13] sind für alle EU-Mitgliedstaaten verbindliche THG-Reduktionsziele für alle Sektoren außerhalb des Emissionshandels festgelegt. Die Höhe der Reduktionsverpflichtung bemisst sich dabei v. a. nach der Wirtschaftskraft der einzelnen Mitgliedstaaten. Im EU-Schnitt beträgt die Reduktionsverpflichtung von 2005 bis 2030 30 %, für Österreich als überdurchschnittlich reiches EU-Land 36 %. Zudem ist in der Verordnung ein Zielpfad von 2021 bis 2030 festgelegt, sodass nicht nur die Emissionen des Zieljahres, sondern in der gesamten Periode 2021–2030 zur Zielerreichung zählen. Den Mitgliedstaaten werden bei der Erreichung der Ziele Flexibilitäten eingeräumt; so können in einem beschränktem Ausmaß Emissionsrechte aus dem Emissionshandel genutzt werden. Zudem zählen in dieser Periode auch die Emissionen und Senken aus Landnutzung, Landnutzungsänderung und der Forstbewirtschaftung.

In Jahren, in denen ihre Emissionen unter ihren jährlichen Emissionszuweisungen liegen, können die Mitgliedstaaten Überschüsse auf nachfolgende Jahre übertragen und in späteren Jahren verwenden. Für hohe kumulative Überschüsse wurden Übertragungsgrenzwerte hinzugefügt. In Jahren, in denen ihre Emissionen über der jährlichen Obergrenze liegen, können die Mitgliedstaaten einen begrenzten Anteil ihrer Zuweisungen für das folgende Jahr vorwegnehmen. So erhalten die Mitgliedstaaten die notwendige Flexibilität, um jährliche Emissionsschwankungen aufgrund von Wetter- oder Wirtschaftsbedingungen aufzufangen. Die Mitgliedstaaten können untereinander zudem Zuweisungen kaufen und verkaufen. Dies ist ein wichtiges Instrument zur Gewährleistung

[13]Verordnung (EU) 2018/842 des Europäischen Parlaments und des Rates vom 30. Mai 2018 zur Festlegung verbindlicher nationaler Jahresziele für die Reduzierung der Treibhausgasemissionen im Zeitraum 2021 bis 2030 als Beitrag zu Klimaschutzmaßnahmen zwecks Erfüllung der Verpflichtungen aus dem Übereinkommen von Paris.

der Kostenwirksamkeit. Es ermöglicht den Mitgliedstaaten, Emissionen dort zu reduzieren, wo dies am kostengünstigsten ist, und die erzielten Einnahmen für Modernisierungsinvestitionen zu verwenden.

CO_2-Flottenziele für Autos, leichte und schwere Nutzfahrzeuge
Auf EU-Ebene hat sich das Bundesministerium für Nachhaltigkeit und Tourismus (BMNT) während der Österreichischen Ratspräsidentschaft für ambitionierte Ziele für Fahrzeughersteller bis 2030 eingesetzt. Für Hersteller von Pkw und leichten Nutzfahrzeugen (LNF) wurden Reduktionsziele von −37,5 % für Pkw und −31 % für LNF für 2030 im Vergleich zu 2021 vereinbart. Bis 2025 muss für die beiden Fahrzeugkategorien bereits ein Zwischenziel von −15 % erreicht werden. Ein besonderer Schwerpunkt wurde auf alternative Fahrzeuge gesetzt: Durch ein Bonussystem wurde für Hersteller ein Anreiz geschaffen, um vermehrt Fahrzeuge mit Null- bzw. Niedrigemissionen (<50 g CO_2/km) auf den Markt zu bringen.

Für Hersteller schwerer Nutzfahrzeuge wurden nun erstmals in der EU CO_2-Flottenziele festgesetzt. Das CO_2-Reduktionsziel ab 2030 beträgt −30 %, das Zwischenziel ab 2025 beträgt −15 %. Für Null- und Niedrigemissionsfahrzeuge ist ein Anreizsystem für die Hersteller in Form von Supercredits bis inklusive 2024 und dann ein Benchmarksystem vorgesehen, um vermehrt alternative Fahrzeuge auf den Markt zu bringen.

Energieeffizienz-Richtlinie
Mitte 2018 haben sich die beiden EU-Gesetzgeber, der Rat und das EU-Parlament auf die Eckpunkte einer neuen **Energieeffizienz-Richtlinie** geeinigt. Diese sieht eine Steigerung der Energieeffizienz um 32,5 % gegenüber einer Baseline vor (der Europäische Rat hatte lediglich 27 % vorgesehen). Die weiteren wesentlichen Inhalte sind:

- Eine Verpflichtung, die verkauften Energiemengen jährlich um 1,5 % zu mindern; dieses Ziel kann durch unterschiedliche Instrumente erreicht werden (etwa durch strategische Maßnahmen wie Energiesteuern oder durch Lieferantenverpflichtungen).
- Die öffentliche Hand sollte Vorreiter im Bereich Energieeffizienz sein und daher etwa bei Bundesgebäuden eine Sanierungsrate von 3 % sicherstellen.
- Große Unternehmen sind verpflichtet, regelmäßige Energieaudits durchzuführen.
- Zur besseren Kontrolle des eigenen Energieverbrauchs werden Smart Meter für Strom und Gas flächendeckend in der EU vorgesehen.

Im Gebäudesektor existieren mit der **Gebäude-Richtlinie** strenge Vorgaben für die thermische Qualität von Neubauten sowie die Notwendigkeit, nationale Sanierungsstrategien für den Gebäudebestand zu erarbeiten.

Die **Ökodesign-Richtlinie** sieht für viele Produktgruppen Mindeststandards für Energieeffizienz vor, zudem ist die Energieeffizienz mithilfe übersichtlicher Kennzeichnung offenzulegen, um den Konsumenten umweltfreundliche Kaufentscheidungen zu ermöglichen.

Weitere relevante Rechtsmaterien sind das Strommarktpaket, die Richtlinie 2018/2001 vom 11. Dezember 2018 zur Förderung der Nutzung von Energie aus erneuerbaren Quellen, die eine Steigerung des EU-weiten Anteils erneuerbarer Energie auf mindestens 32 % bis 2030 vorsieht.

3.3 Langfriststrategie der Europäischen Union

Am 28. November 2018 hat die EU-Kommission ihre langfristige strategische Vision für eine wohlhabende, moderne, wettbewerbsfähige und klimaneutrale Wirtschaft für den Zeithorizont 2050 vorgelegt[14]. Die Strategie zeigt auf, wie Europa auf dem Weg zur Klimaneutralität vorangehen kann, indem es in realistische technologische Lösungen investiert, den Bürgerinnen und Bürgern Eigenverantwortung überträgt und Maßnahmen in Schlüsselbereichen wie Industriepolitik, Finanzwesen oder Forschung aufeinander abstimmt, gleichzeitig aber dafür sorgt, ‚dass sich der Übergang sozial gerecht vollzieht.

Auf Aufforderung des Europäischen Parlaments und des Europäischen Rates präsentiert die Kommission ihre Vision für eine klimaneutrale Zukunft, die nahezu alle EU-Politikbereiche umfasst und mit den Zielen des Übereinkommens von Paris im Einklang steht, den Temperaturanstieg deutlich unter 2 °C zu halten und Anstrengungen zu unternehmen, um ihn auf 1,5 °C zu begrenzen.

Der Zweck der EU-Langfriststrategie besteht insbesondere darin, eine Vision und eine Richtungsvorgabe für die Klima- und Energiepolitik der EU zu entwickeln, die dazu dienen soll, kostenwirksam und sozial gerecht bis zum Jahr 2050 Netto-THG-Emissionen von Null zu erreichen. Die Strategie beinhaltet acht Wege zur Emissionssenkung durch die Modellierung verschiedener technischer Lösungen: sechs davon zielen auf Emissionssenkungen in Höhe von 80 bis 90 % ab, und zwei entwerfen den Weg zur Klimaneutralität. Nach Ansicht der Kommission umfasst die Strategie alle Schlüsselsektoren, einschließlich Energie, Gebäude, Verkehr, Industrie, Landwirtschaft und die Landnutzung im weiteren Sinn, und steht im Einklang mit dem Ziel des Pariser Übereinkommens, den Temperaturanstieg deutlich unter 2 °C zu halten und weiterhin anzustreben, ihn bei 1,5 °C zu stabilisieren. In der Mitteilung werden auch keine konkreten längerfristigen Zielsetzungen vorgeschlagen, beispielsweise für 2040 oder 2050. Dagegen sieht die Vision wesentlich größere Senkungen der THG-Emissionen und viel stärkere Bemühungen vor als das vorige Dokument der Kommission „Fahrplan für den Übergang zu einer wettbewerbsfähigen CO_2-armen Wirtschaft bis 2050“ (das eine Senkung der THG-Emissionen um mindestens

[14]COM (2018) 773 final COMMUNICATION FROM THE COMMISSION TO THE EUROPEAN PARLIAMENT, THE EUROPEAN COUNCIL, THE COUNCIL, THE EUROPEAN ECONOMIC AND SOCIAL COMMITTEE, THE COMMITTEE OF THE REGIONS AND THE EUROPEAN INVESTMENT BANK A Clean Planet for all A European strategic long-term vision for a prosperous, modern, competitive and climate neutral economy. Brussels, 28.11.2018.

80 % bis 2050 vorsah). Dazu werden Optionen und damit verbundene Szenarien für eine langfristige Klimaneutralität dargelegt, mit Blick auf die Erreichung einer Nettosenkung der THG-Emissionen um 80–100 % bis 2050.

4 Österreichische Klimapolitik

Österreich setzt sich als Vertragspartei der Klimarahmenkonvention und als EU-Mitgliedstaat für eine wissensbasierte Weiterentwicklung der internationalen und unionsrechtlichen Klima- und Energiepolitik ein. In der zweiten Jahreshälfte 2018 hatte Österreich die EU-Ratspräsidentschaft inne und hat in dieser Zeit maßgebliche und nachhaltige Impulse im Bereich Klimaschutz auf EU- und internationaler Ebene gesetzt.

National ist es das Ziel, alle internationalen und EU-rechtlichen Verpflichtungen zeitgerecht und umfassend umzusetzen und die sich bietenden Chancen bei der Umsetzung von Klimaschutzmaßnahmen offensiv zu nutzen.

4.1 Treibhausgasemissionen in Österreich

Die Abb. 1 zeigt die THG-Emissionen von 1990 bis 2017. Im Jahr 2017 lagen die Emissionen mit 82,3 Mio. t CO_2-Äquivalenten etwa 5 % über jenen des Jahres 1990. In der EU sind die gesamten THG-Emissionen im gleichen Zeitraum um etwa 22 % gesunken. Wichtigste Ursache für den Anstieg in Österreich war der Sektor Verkehr, dessen Emissionen von 1990 bis 2017 um über 70 % zunahmen.

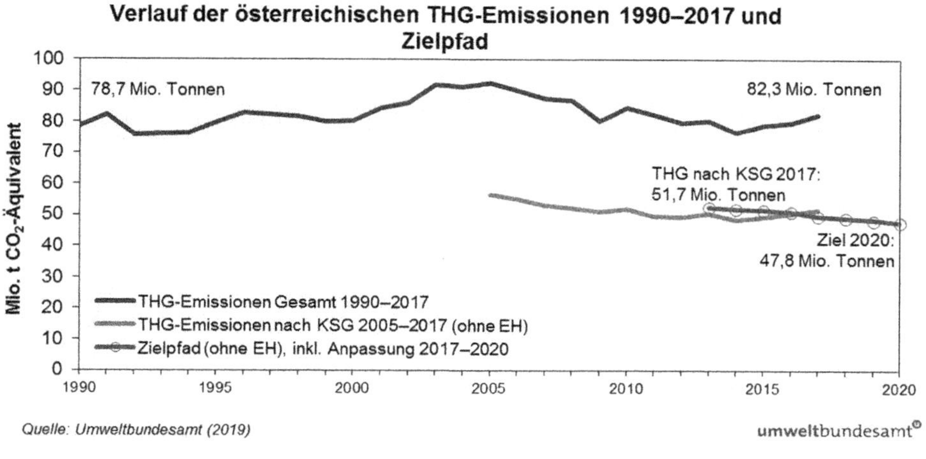

Abb. 1 Treibhausgas(THG)-Emissionen in Österreich 1990 bis 2017 in Mio. Tonnen CO_2-Äquivalenten. *EH* Emissionshandel; *KSG* Klimaschutzgesetz. (Quelle: Umweltbundesamt, http://www.umweltbundesamt.at/aktuell/presse/lastnews/news2019/news_190129/)

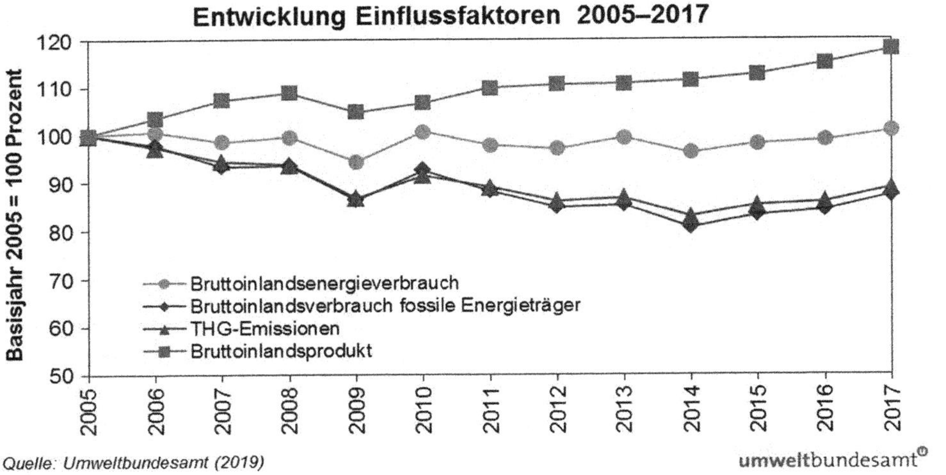

Abb. 2 Entwicklung der Treibhausgas(THG)-Emissionen und wichtiger Einflussfaktoren zwischen 2005 und 2017. (Quelle: Umweltbundesamt http://www.umweltbundesamt.at/aktuell/presse/lastnews/news2019/news_190129/)

Abb. 3 Sektorale Treibhausgas(THG)-Emissionen außerhalb des Emissionshandels in Österreich 2017 in Mio. Tonnen CO_2-Äquivalente. *EH* Emissionshandel. (Quelle: Umweltbundesamt)

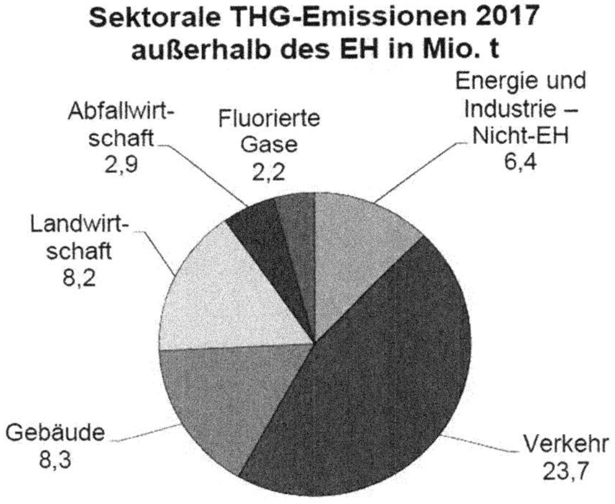

Nationalstaatliche Ziele im Klimaschutzgesetz (KSG) bestehen seit 2013 nur noch für Emissionen, die nicht dem Europäischen Emissionshandel unterliegen. Die Summe dieser Emissionen lag 2017 bei 51,7 Mio. t CO_2-Äquivalenten.

Seit 2005 sanken die Emissionen in Österreich um etwa 9 %. Im gleichen Zeitraum wuchs das Bruttoinlandsprodukt um etwa 18 %, während der Energieverbrauch stagnierte (Abb. 2).

Wichtigste Quelle innerhalb der Sektoren, die nicht dem Emissionshandel unterliegen ist der Verkehr mit einem Anteil von etwa 45 % (Abb. 3).

Im Emissionshandel sind Anlagen der Energiewirtschaft sowie der Industrie umfasst. Für diese bestehen keine nationalen Reduktionsziele, aber eine EU-weite Höchstgrenze, die jedes Jahr abgesenkt wird. Die Entwicklung der Emissionen der dem Emissionshandel unterliegenden Sektoren zeigt Abb. 4. Während die Emissionen im Sektor Industrie von 2005 bis 2017 einen leichten Anstieg verzeichneten, sanken die Emissionen der Energiewirtschaft im selben Zeitraum um ein Drittel, u. a. durch eine Zunahme der Energieerzeugung durch erneuerbare Energie sowie eine Zunahme der Stromimporte.

4.2 Klima- und Energieziele 2020

Für die Jahre 2013–2020 gelten in Österreich jährliche Höchstmengen für die Freisetzung von THG aus Verkehr, Gebäude, Landwirtschaft, Abfallwirtschaft und allen weiteren Quellen, die nicht im Emissionshandel geregelt sind. Diese sind EU-rechtlich festgelegt und mit dem Klimaschutzgesetz in nationalem Recht verankert. In den Jahren 2013–2016 konnte Österreich die Ziele jeweils unterschreiten. Das nationale Ziel für 2017 wurde laut aktueller THG-Bilanz nicht erreicht. Die tatsächlichen Emissionen dieser Sektoren lagen bei etwa 51,7 Mio. t und damit um rund 2,1 Mio. t über dem Zielwert von 49,5 Mio. t. Für die Jahre 2018–2020 besteht somit aktuell ein Guthaben von 6,2 Mio. t (Abb. 5).

Mit diesem Guthaben, überschüssigen Zertifikaten aus der ersten Verpflichtungsperiode des Kyoto-Übereinkommens sowie kurzfristig umzusetzenden Maßnahmen, die derzeit im Nationalen Klimaschutzkomitee diskutiert werden, sollte eine Einhaltung der Ziele gewährleistet werden können.

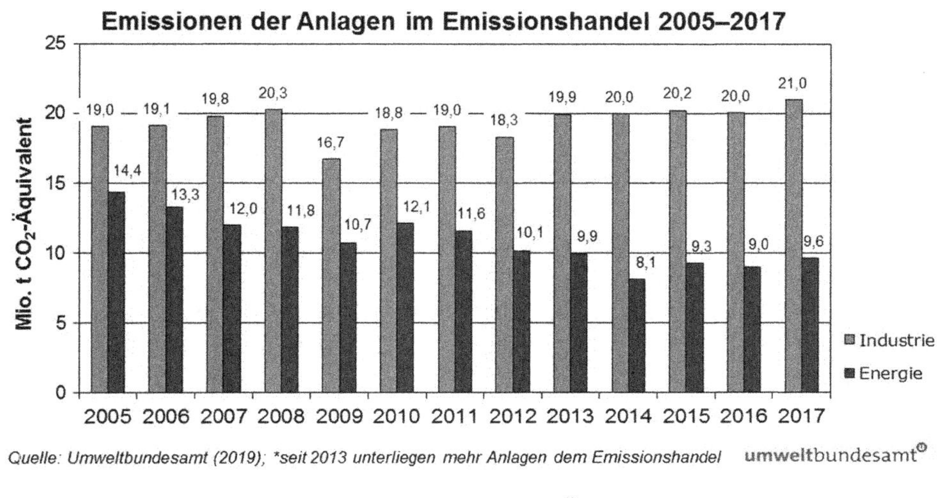

Abb. 4 Emissionen der Anlagen im Emissionshandel in Österreich von 2005 bis 2017. (Quelle: Umweltbundesamt)

Abb. 5 Treibhausgas(THG)-Emissionen und Zielpfad 2013 bis 2017 der österreichischen Sektoren außerhalb des Emissionshandels. (Quelle: Umweltbundesamt)

	THG-Emissionen	Höchstmenge	Abweichung
		in Mio. Tonnen	
2013	50,4	52,6	− 2,2
2014	48,5	52,1	− 3,6
2015	49,3	51,5	− 2,2
2016	50,5	51,0	− 0,4
2017	51,7	49,5	+ 2,1
gesamt			**− 6,2**

4.3 Die #mission2030

Die am 28.05.2018 von der Bundesregierung beschlossene #mission2030 bildet den klima- und energiepolitischen Handlungsrahmen in Österreich bis 2030[15]. Es geht bei diesem Vorhaben um den langfristigen Umbau des Energiesystems, damit den Zukunftsherausforderungen im Klimaschutz gerecht werden kann und die Verpflichtungen im Rahmen des Paris-Abkommens sowie auf europäischer Ebene eingehalten werden. Dies bedeutet, dass bis 2030 die Emissionen in Sektoren außerhalb des Emissionshandels um 36 % gegenüber 2005 reduzieren werden. Um dies zu erreichen, hat sich Österreich ambitionierte Ziele im Erneuerbaren-Ausbau und in der Energieeffizienz gesetzt. Der Anteil erneuerbarer Energie soll bis 2030 auf 45–50 % gesteigert werden, wobei im Strombereich das Ziel gesetzt wurde, 100 % des Gesamtverbrauchs bilanziell durch Erneuerbare abzudecken. Die Primärenergieintensität soll gegenüber 2015 um 25–30 % sinken. Um diese ambitionierten Ziele zu erreichen, sieht die #mission2030 eine Reihe von Maßnahmen vor, an deren Umsetzung bereits jetzt intensiv gearbeitet wird. So wurden zwölf Leuchtturmprojekte als erste wesentliche Schritte definiert, die sowohl kurzfristig als auch langfristig wirksame Maßnahmen beinhalten.

Österreich befindet sich auf dem Weg der Transformation zu einem möglichst effizienten und klimaneutralen Energie-, Mobilitäts- und Wirtschaftssystem entlang der gesamten Energiewertschöpfungskette (Erzeugung, Transport, Umwandlung, Verbrauch) inklusive aller damit in Zusammenhang stehenden Produkte und Dienstleistungen. Daher soll ein klares Bild davon gezeichnet werden, wie Wirtschaft und Gesellschaft die sich daraus ergebenden Chancen bestmöglich nutzen können. Die vorliegende Klima- und Energiestrategie ist dabei als Beginn eines langfristigen Prozesses zu verstehen. Sie setzt den Startschuss für eine konsequente Weiterentwicklung durch Neuorientierung der

[15] https://mission2030.info/wp-content/uploads/2018/10/Klima-Energiestrategie.pdf

künftigen Klima-, Energie- und Mobilitätspolitik. Die #mission2030 gibt Orientierung für alle Handlungsfelder bis 2050 sowie für bevorstehende Investitionen, insbesondere für die Zeit bis 2030: Durch klare Rahmenbedingungen soll die Strategie helfen, Fehlinvestitionen und Strukturbrüche zu vermeiden. Die Klima- und Energiestrategie leitet einen Paradigmenwechsel ein: Erneuerbare Energien und Energieeffizienz werden künftig Standard für Investitionen sein. Damit schafft die Klima- und Energiestrategie die erforderlichen Voraussetzungen für die heimische Wirtschaft, auch in einer sich dekarbonisierenden Welt den Industriestandort zu sichern und wettbewerbsfähig zu bleiben. Dadurch soll Österreich zu einem der Innovationstreiber für moderne Energie- und Umwelttechnologien am Weltmarkt werden. Zur Stärkung der heimischen Forschung wird Österreich der globalen Mission-Innovation-Initiative beitreten und als „Front Runner" Schlüsseltechnologien vorantreiben (BMNT, 2018).

Ein Umstieg auf erneuerbare Energie kombiniert mit einer deutlichen Steigerung der Energieeffizienz bedeutet eine nationale Kraftanstrengung, aber auch riesige Chancen. Derzeit gibt Österreich pro Jahr rund 10 Mrd. € für den Import fossiler Energieträger aus. Alternativ könnten heimische Ressourcen besser genutzt, Investitionen im Inland ausgelöst und nachhaltig Beschäftigung geschaffen werden. Nachhaltige Nutzung der in Österreich reichhaltig verfügbaren Biomasse, ökologisch verträglicher Ausbau von Windkraft, Fotovoltaik und Wasserkraft bieten in Kombination mit innovativen Technologien wie Elektromobilität auch ökonomisch interessante Perspektiven. Zudem ist es wichtig, bei den Bürgerinnen und Bürgern Bewusstsein für klimafreundliche Lebensstile zu schaffen. Flugreisen, viele Fahrten mit benzin- oder dieselbetriebenen Fahrzeugen oder Heizen mit Öl schaden dem Klima.

Das österreichische THG-Minderungsziel von 36 % zwischen 2005 und 2030 ist sehr anspruchsvoll und macht die Entwicklung und Umsetzung zusätzlicher Maßnahmen v. a. im Bereich Energieeffizienz sowie zur Steigerung des Anteils erneuerbarer Energieträger unumgänglich (Abb. 6).

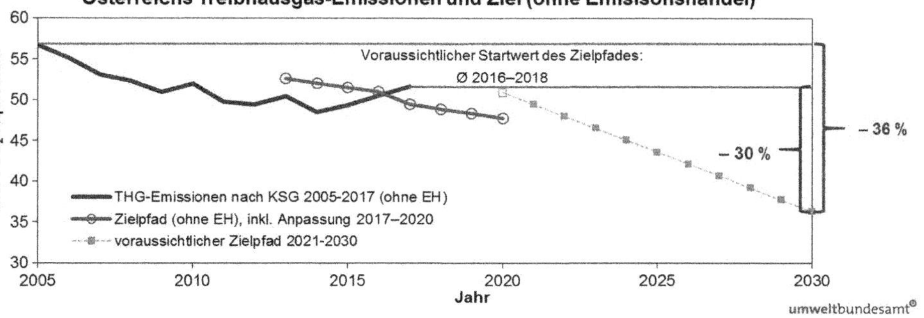

Abb. 6 Österreichische Treibhausgas(THG)-Emissionen und Ziel bis 2030 (ohne Emissionshandel). *EH* Emissionshandel; *KSG* Klimaschutzgesetz. (Quelle: Umweltbundesamt)

Erneuerbare Energie
Österreich setzt sich das Ziel, den Anteil erneuerbarer Energie am Bruttoendenergieverbrauch bis 2030 auf einen Wert von 45 bis 50 % anzuheben. Derzeit liegt der Anteil bei 33,5 %, das Zwischenziel von 34 % für 2020 ist damit bereits annähernd erreicht.

Ziel ist es darüber hinaus, im Jahr 2030 den Gesamtstromverbrauch zu 100 % (national bilanziell) aus erneuerbaren Energiequellen im Inland zu decken. Dieser Ausbau berücksichtigt die erwartete Zunahme des Stromverbrauchs, da Strom aus erneuerbaren Quellen aus Österreich in den Bereichen Mobilität, Gebäude und Produktion zur Substitution von importierten fossilen Energieträgern eingesetzt wird. Dabei wird auf die Zukunftstrends Digitalisierung, Dezentralisierung und Partizipation gesetzt. Der Stromaustausch im europäischen Binnenmarkt wird auch weiterhin eine wichtige Rolle spielen müssen. Österreichs Ziel ist daher, einen ausgeglichenen Saldo von importiertem und exportiertem Strom zu erreichen und den Bedarf mit erneuerbarer Energie im Inland zu decken. Ausgleichs- und Regelenergie, netzbetriebsnotwendige Flexibilität sowie die Bereithaltung gesicherter Leistung werden weiterhin entsprechend der technischen und wirtschaftlichen Machbarkeit zur Gewährleistung der Versorgungssicherheit zur Verfügung gestellt. Regel- und Ausgleichsenergie zur Stabilisierung des Netzbetriebs werden für die Berechnung der zu 100 % erneuerbaren Stromversorgung nicht einbezogen. Strom zur Eigenversorgung im Bereich der Sachgüterproduktion soll aus Gründen der Ressourceneffizienz weiterhin aus der ressourcenschonenden, effizienten Verwendung von Kuppelprodukten an Firmenstandorten (z. B. in der Stahl- oder Papierindustrie) erzeugt werden, auch auf Basis nicht erneuerbarer Energieträger. Es handelt sich hierbei in aller Regel um emissionshandelspflichtige Unternehmen, die für ihre CO_2-Emissionen Zertifikate abgeben müssen. Daraus folgt, dass die oben genannten Strommengen nicht durch zusätzliche Exporte ausgeglichen werden müssen.

Trotz des bereits heute erheblichen Stellenwerts von erneuerbarer Energie im Wärmemarkt besteht nach wie vor eine hohe Abhängigkeit von importierten fossilen Energieträgern. Um diese Abhängigkeit zu vermindern, werden Biomasse, Solarthermie und Umgebungswärme bis 2030 weiter ausgebaut werden. Die Details dazu werden in einer nationalen Wärmestrategie gemeinsam mit den Bundesländern festgelegt, die derzeit (Stand: April 2019) unter Federführung des BMNT in Ausarbeitung ist.

Ein wesentlicher Anteil von Erdgas soll in Zukunft durch erneuerbares Methan ersetzt werden. „Greening the gas" durch Biomethan aus biogenen Reststoffen, durch Wasserstoff und synthetisches Methan aus erneuerbaren Stromquellen auf Basis eines deutlich verbesserten Systems von Herkunftsnachweisen sind Hauptkomponenten zur nachhaltigen Weiterentwicklung des Energiesystems.

Eine gleichbleibende Absolutmenge an nachhaltig produzierten Biokraftstoffen wird zumindest im Zeitraum bis 2030 durch die zunehmende Marktdurchdringung der Elektromobilität einen höheren relativen Anteil im Vergleich zu fossilen Kraftstoffen einnehmen. Die bei der Produktion von Biokraftstoffen als Nebenprodukte anfallenden Eiweißfuttermittel liefern einen wesentlichen Beitrag zur österreichischen Eiweißbilanz[15].

Energieeffizienz
Energieeffizienzmaßnahmen zählen zu den volkswirtschaftlich günstigsten Vermeidungshebeln von THG-Emissionen und stehen als Leitmotive der Energieunion auch für Österreich an vorderer Stelle. Zu beachten sind die mitunter langen betriebswirtschaftlichen Amortisationszeiten, welche die Realisierung von Energieeffizienzmaßnahmen erschweren können. Zentrale Maßnahmen, wie der Umstieg auf Elektromobilität sowie die Erhöhung der Sanierungsrate, sind ohne Wohlstandsverluste mit hohen Steigerungen der Energieeffizienz verbunden (bei E-Mobilität um den Faktor 3).

Der Vorschlag der Europäischen Kommission im Clean-Energy-Paket sieht ein Energieeffizienzziel von 30 % für 2030 auf EU-Ebene vor. Den Mitgliedstaaten wird allerdings ermöglicht, neben der Mitteilung des Primär- und Endenergieverbrauchs das Energieeffizienzziel als eine relative Einsparung basierend auf dem Bruttoinlandsprodukt – real zu Preisen 2015 – zu definieren. Bei der Energieeffizienz soll die Primärenergieintensität kontinuierlich weiter gesenkt werden. Da auch in Zukunft Wachstum, insbesondere im industriellen Bereich, ermöglicht werden soll, wird für Österreich das Ziel gesetzt, die Primärenergieintensität um 25–30 % gegenüber 2015 zu verbessern. Sollte bis 2030 ein Primärenergiebedarf von 1200 PJ überschritten werden, so sollen diese darüber hinausgehenden Energiemengen durch Energie aus erneuerbaren Quellen abgedeckt werden. Aufgrund des festgelegten Anteils der erneuerbaren Energie am Verbrauch sowie der festgelegten THG-Emissionsziele muss bei steigendem Energieverbrauch entsprechend mehr erneuerbare Energie eingesetzt werden.

Im Sinn einer nachhaltigen Klima- und Energiepolitik folgen die #mission2030-Grundsätze, die als Leitlinien für die Umsetzung der Strategie zu sehen sind.

- Energie als Gesamtsystem (Sektorkopplung)
- Erhalt effizienter Bestandsanlagen
- Dekarbonisierung ohne Atomstrom
- Emissionsarme Mobilität der Zukunft
- Technologieneutralität auf dem Dekarbonisierungspfad bis 2050
- Standort – Wachstum und Arbeitsplätze schaffen und sichern
- Forschung und Innovation als Triebkraft für österreichische Lösungen auf globalen Märkten
- Digitalisierung als Chance – Unabhängigkeit und Wahlfreiheit stärken
- Bürokratieabbau, Strukturen schaffen
- Synergieeffekte zwischen den Gebietskörperschaftsebenen für kosteneffiziente Umsetzung nutzen
- Fördereffizienz bei der Vergabe öffentlicher Mittel und Nutzung von Marktkräften
- Nachhaltige Finanzen
- Starker Heimmarkt für erfolgreiche Internationalisierung

In der #mission2030 sind acht konkrete Aufgaben angeführt, die die wichtigsten Handlungsfelder der nationalen Klima- und Energiepolitik darstellen:

- Infrastruktur ausbauen
- Ökonomische Rahmenbedingungen schaffen
- Evaluierung des Förder- und Abgabensystems
- Rechtliche Rahmenbedingungen
- Forschung und Innovation fördern
- Bildung und Bewusstsein schaffen
- Technologien für die Dekarbonisierung nutzen
- Urbanen und ländlichen Raum klimafreundlich gestalten

Auf Basis der Zielsetzungen sowie der acht konkreten Aufgaben wurden zwölf Leuchtturmprojekte definiert, die vorrangig umgesetzt werden sollen. Diese umfassen drei Vorhaben im Bereich saubere Mobilität:

- Effiziente Güterverkehrslogistik
- Stärkung schienengebundener öffentlicher Verkehr
- E-Mobilitätsoffensive

Insgesamt sollen die Emissionen im Verkehrssektor von knapp 23,7 (2017) auf 15,7 Mio. t bis 2030 gesenkt werden. Die ersten beiden Leuchttürme liegen im Verantwortungsbereich des Bundesministeriums für Verkehr, Innovation und Technologie (BMVIT); die E-Mobilitätsoffensive setzen BMVIT und BMNT gemeinsam um. So wurde Anfang 2019 von den beiden Ressorts gemeinsam mit den Fahrzeugimporteuren ein mit über 90 Mio. € dotiertes E-Mobilitätspaket beschlossen, das die Förderung von E-Fahrzeugen vorsieht. Eine der Erfolge dieses Programms sowie seines Vorgängers ist, dass Österreich beim Anteil von E-Fahrzeugen bei den Neuzulassungen im EU-Spitzenfeld liegt.

Zur Dekarbonisierung des Wärmesektors sind dies die Leuchttürme 4 und 5:

- Thermische Gebäudesanierung
- Erneuerbare Wärme

Ziele sind dabei u. a. die Sanierungsrate auf 2 % zu steigern und ein Ausstieg aus der Nutzung fossiler Energie im Wärmesektor. Als ersten Schritt ist dabei der forcierte Ausstieg aus fossilen Ölheizungen geplant. Dafür wurde u. a. ein Raus-aus-Öl-Bonus innerhalb der Umweltförderung Inland aufgelegt. Insgesamt sollen bis 2030 im Sektor Gebäude 3 Mio. t THG-Emissionen im Vergleich zu 2016 eingespart werden.

Im Bereich des Ausbaus erneuerbarer Energie sind ein

- 100.000-Dächer-Fotovoltaik-und-Kleinspeicher-Programm sowie
- der Ausbau von erneuerbarem Wasserstoff und Biomethan geplant.

Als weiteres großes Projekt wird das Erneuerbaren-Ausbau-Gesetz vorbereitet, das die Grundlage für einen Zubau von erneuerbaren Stromerzeugungsanlagen für eine zusätzliche Erzeugung von etwa 25 TWh bis 2030 bieten soll.

Im Leuchtturm 8 Green Finance wird eine österreichische Green Finance Agenda bis Ende 2019 entwickelt. Dafür wurde eine entsprechende Focal Group unter Leitung von BMNT und Bundesministerium für Finanzen (BMF) eingerichtet.

Die Transformation des Energiesystems erfordert den Einsatz innovativer Energielösungen. Daher widmen sich zwei Leuchttürme diesem Thema:

- Energieforschung – Energiesysteme der Zukunft
- Energieforschung – Programm Mission Innovation Austria

Da es für die Energiewende notwendig ist, die Bevölkerung sowie andere relevante Stakeholder als Unterstützer zu haben, widmet sich Leuchtturm 11 den Themen Kommunikation, Bildung und Bewusstseinsbildung. Ziel dabei ist es u. a., das Thema Klimaschutz bereits in den Schulen zu verankern.

Leuchtturm 11 widmet sich der Bioökonomiestrategie, die im Februar 2019 vom Ministerrat beschlossen wurde und bis Ende des Jahres durch einen Aktionsplan ergänzt werden soll. Ziel dabei ist es, fossile Roh- und Brennstoffe durch erneuerbare Ressourcen zu ersetzen. Dies wird allerdings nur mit einem sehr sparsamen Umgang mit diesen Ressourcen möglich sein.

Die genannten Vorhaben sind zudem Teil des österreichischen Energie- und Klimaplans, der bis Ende 2019 gemäß der EU-Verordnung über die Governance der Energieunion erstellt wird. Ein entsprechender Entwurf wurde Ende 2018 an die EU-Kommission in Brüssel übermittelt[16].

Dr. Jürgen Schneider hat an der Universität Wien Chemie studiert und dort sein Diplom- und Doktoratsstudium erfolgreich abgeschlossen. Nach einer Tätigkeit als Universitätsassistent wechselte Dr. Schneider 1994 an das Umweltbundesamt in die damalige Abteilung für Lufthygiene. Von 2002 bis 2004 war Dr. Schneider als Projektmanager bei der Weltgesundheitsorganisation (WHO) in Bonn/Deutschland tätig. Danach kam er an das Umweltbundesamt zurück, um von 2004 bis 2006 die Abteilung für Lufthygiene zu leiten. Von 2007 bis 2014 war Dr. Schneider Leiter des Bereichs Wirtschaft und Wirkung im Umweltbundesamt. Seit 2011 war Dr. Schneider Prokurist und von 2014 bis 2017 Mitglied des Leitungsgremiums im Umweltbundesamt. Von Januar bis Juni 2018 war Dr. Schneider als Unternehmenssprecher Mitglied der erweiterten Geschäftsführung der Umweltbundesamt GmbH. Daneben war und ist Dr. Schneider in etlichen nationalen und internationalen Gremien zu den Themen Luftreinhaltung, Energie, Klimaschutz etc. tätig. Er ist Mitherausgeber des 1. Österreichischen Sachstandberichts Klima. Seit 1. Juli ist Dr. Schneider Leiter der Sektion Klima im Bundesministerium für Nachhaltigkeit und Tourismus

[16] https://www.bmnt.gv.at/umwelt/klimaschutz/nekp-entwurf.html

Forderungen von Interessensvertretungen, NGOs und NPOs

Die politische Rolle der Industrie im Kampf gegen den Klimawandel

Peter Koren

1 Corporate Social Responsibility aus Sicht der Industriellenvereinigung

Die Industrie spielt eine grundlegende Rolle bei der gesellschaftlichen Entwicklung: Als bedeutender Innovations-, Export- und Wachstumsmotor garantieren die Unternehmen Beschäftigung und Wohlstand innerhalb der Gesellschaft. Wirtschaftlich erfolgreiche und wettbewerbsfähige Unternehmen tragen durch ihre Wertschöpfung und Gewinne wesentlich zur Weiterentwicklung einer Gesellschaft bei. Sie versorgen diese nicht nur mit Produkten und Dienstleistungen, sondern auch mit Arbeitsplätzen, Innovationen und sozialer Stabilität. Der Spagat zwischen gesellschaftspolitischen Bedürfnissen und wirtschaftlichen Erfordernissen ist ein großes Anliegen der Industrie.

Aus diesem Grund übernehmen Unternehmen gegenüber ihren Mitarbeiterinnen und Mitarbeitern, ihren Produkten und Dienstleistungen eine soziale Verantwortung. Darüber hinaus sorgt eine nachhaltige Entwicklung auch für die Spitzenkräfte von morgen. Gerade in Zeiten eines erheblichen Fachkräftemangels wird das Ziel einer nachhaltigen Entwicklung als wichtige Managementstrategie gesehen. Exemplarisch wirkt in der Umwelttechnikindustrie ein Mangel an qualifiziertem Fachpersonal für Innovation hemmend für Innovationsaktivitäten (vgl. Schneider et al. 2017, S. 13).

Durch das Modell der Corporate Social Responsibility (CSR) bekommt die nachhaltige Entwicklung für Unternehmen deutliche Konturen. Eine bekannte und bewährte Definition der EU-Kommission beschreibt CSR als Modell für Unternehmen, „auf freiwilliger Basis soziale Belange und Umweltbelange in ihre Unternehmenstätigkeit und

P. Koren (✉)
Industriellenvereinigung, Wien, Österreich
E-Mail: peter.koren@iv.at

A. Sihn-Weber und F. Fischler (Hrsg.), *CSR und Klimawandel*, Management-Reihe Corporate Social Responsibility, https://doi.org/10.1007/978-3-662-59748-4_10

in die Wechselbeziehungen mit den Stakeholdern zu integrieren [...]. Durch CSR tragen Unternehmen zur nachhaltigen Entwicklung bei" (EUR-Lex 2002).

Mit der EU-Strategie zu CSR hat die Kommission 2011 mit der neuen Definition von CSR einen hinterfragungswürdigen Paradigmenwechsel eingeleitet, indem sie auf das Element der Freiwilligkeit in der Definition verzichtete und die Verantwortung von Unternehmen für ihre Auswirkungen auf die Gesellschaft in den Vordergrund stellt. Dennoch setzt die Kommission auf die Selbstbestimmung der Unternehmen und legt fest, dass Unternehmen bei der Entwicklung ihrer CSR weiterhin selbst federführend sind, Behörden eine unterstützende Rolle spielen und dabei eine intelligente Kombination aus freiwilligen Maßnahmen und nötigenfalls ergänzenden Vorschriften einsetzen sollen (vgl. EUR-Lex 2011).

CSR bedeutet, soziale Gerechtigkeit und ökologische Verantwortung in die ökonomische Praxis zu integrieren, systematisch, engagiert und freiwillig. Dieses Modell ist der selbstverantwortete Beitrag der Unternehmen zur nachhaltigen Entwicklung, in ökonomischer Logik und Sprache verfasst. Es ist wichtig, dass damit der nachhaltigen Entwicklung für Unternehmen ein Gesicht gegeben wird – entscheidend ist aber, dass CSR wirkt.

Die Vision der nachhaltigen Entwicklung ist, dass Zukunft gelingt: Alle, die aktuelle Gesellschaft und ihre Nachkommen, sollen ausreichend ökonomische, ökologische und soziale Ressourcen haben. Das Spannende an der Idee der nachhaltigen Entwicklung ist, dass sie ihre drei Dimensionen braucht und diese einander: Wenn Zukunft für alle gelingen soll, müssen wir erfolgreich wirtschaften, ökologisch vorsorglich leben und solidarisch handeln. Keine Dimension funktioniert ohne die anderen, alle drei brauchen, stützen und fördern einander. Nachhaltige Entwicklung geht alle an: Politik, Wirtschaft, Zivilgesellschaft, Bürgerinnen und Bürger sind gleichermaßen herausgefordert. Die Wege hin zu dieser Vision sind vielfältig: vom freiwilligen Engagement Einzelner, Gruppen oder Unternehmen über gesetzliche Regelungen bis zu internationalen Vereinbarungen.

Es ist nicht selbstverständlich, dass sich Interessenvertretungen wie die IV in diesen Fragen massiv engagieren, und zwar sowohl in den Unternehmen, als auch in der Gestaltung der Rahmenbedingungen. Damit signalisiert die Industrie ihr Interesse an gesellschaftlichen und ökologischen Entwicklungen, gestaltet sie mit und sorgt für Dialog und Ausgleich zwischen den Anliegen der Wirtschaft und den Interessen der Gesellschaft. Denn erfolgreiche Unternehmen brauchen eine intakte Gesellschaft und eine intakte Gesellschaft braucht erfolgreiche Unternehmen.

Die Industriellenvereinigung (IV) hat bei allen ihren Forderungen nach Wettbewerb, Leistungsorientierung und Flexibilisierung nie die soziale Absicherung oder das Thema der Nachhaltigkeit infrage gestellt, sondern ist einen anderen Weg gegangen. Die Industrie spricht sich gegen zu viel staatliche Regulierung aus, da damit wenig Raum für unternehmerische Freiheit bleibt, auch im sozialen Bereich oder in Nachhaltigkeitsdebatten. Die IV will dazu beitragen, dass ein nachhaltiges Österreich wettbewerbsfähig ist und bleibt. Dazu zählt das gesellschaftliche und ökologische Engagement von Unternehmen in allen Handlungsfeldern von Klimaeffizienz über strategische CSR bis Social Investment. Unternehmen sind Kerninstitutionen des modernen Gesellschaftssystems und ein zunehmend wichtiger gesellschaftlicher Akteur mit hohem Gestaltungspotenzial.

Seit fast 20 Jahren fokussiert sich die IV in dem oben beschriebenen Sinn auf eine Bewusstseinsbildung: Auf Initiative der IV sowie weiteren Partnern wie Wirtschaftsministerium, Wirtschaftskammer und Umweltministerium hat sich ab dem Jahr 2000 mit dem CSR-Ansatz eine explizite Form gesellschaftlicher Verantwortung von Betrieben herausgebildet, in deren Rahmen sich vorerst v. a. Großunternehmen vom Qualitäts- und Umweltmanagement zu einem umfassenden Verständnis ihrer Verantwortung in Richtung Integration ins Kerngeschäft bewegten.

Durch die Gründung der Unternehmensplattform CSR Austria, heute respAct (www.respact.at), sowie die Entwicklung des TRIGOS, Österreichs Auszeichnung für verantwortliches Wirtschaften, sowie eines CSR-Leitbilds und die Abhaltung eines jährlichen CSR-Tages wurden international richtungsweisende Initiativen gestartet. Auf europäischer Ebene galt Österreich lange Zeit als Vorreiter. Heute wird das Thema CSR in der österreichischen Politik zwar befürwortet, intelligente Rahmenbedingungen, die Unternehmen für eine aktivere Rolle in der Gesellschaft motivieren, oder eine politische Vision, die strategisch auf Unternehmensverantwortung als Säule von mehr Wohlstand und Wettbewerbsfähigkeit setzt, gibt es aktuell nicht (vgl. Coudenhove-Kalergi 2019, S. 7).

2 Herausforderungen der Industrie im Klimawandel

Die Frage des Klimaschutzes ist eine heikle, die seit Jahrzehnten diskutiert wird. Sie beinhaltet auch eine Geisteshaltung: nämlich die reflektierte Bereitschaft, über die Zukunft nachzudenken, zu klären, welchen Lebens- und Wirtschaftsstil wir beispielsweise in den nächsten 50 Jahren führen wollen. Das Klimaproblem hat uns darauf aufmerksam gemacht, dass wir solchen Fragen nicht aus dem Weg gehen dürfen. Aus der Psychologie wissen wir, dass Unangenehmes gern verdrängt wird. Gerade eine Interessenvertretung, die sich als Thinktank sieht, soll auch unangenehme Fragen stellen und Antworten für Politik und Gesellschaft erarbeiten. Das Verhältnis dieser Antworten soll vor dem Hintergrund der ökologischen Notwendigkeit und einer ökonomischen Machbarkeit verstanden werden.

Als wesentliche Nachfragedeterminanten österreichischer Umwelttechnologien können die nationale und europäische Gesetzgebung, das steigende Umweltbewusstsein der Bevölkerung, staatliche Zuschüsse und Förderungen sowie relevante Umweltsteuern und -abgaben genannt werden. Es ist davon auszugehen, dass das Umweltbewusstsein der Öffentlichkeit in den nächsten Jahren an Bedeutung dazugewinnen wird – auch die hohen Kosten für Energie, Wasser und Rohstoffe werden in diesem Zusammenhang zunehmend als wesentlicher Treiber für die Nachfrage nach Umwelttechnologien gesehen (vgl. Schneider et al. 2017, S. 11).

Aktuell fordert die EU-Kommission eine Trendwende beim Wirtschafts- und Lebensstil. Aus diesem Grund soll Europa in den nächsten zehn Jahren seine Wirtschaftsformen neu ausrichten. Konkret geht es darum, die 17 Nachhaltigkeitsziele umzusetzen, die von der UNO im Jahr 2015 beschlossenen und im Januar 2016 in Kraft gesetzt wurden. Daher hat die Kommission am 30. Januar 2019 einen Plan zur konkreten Umsetzung vorgelegt. Globaler Konsens über die Notwendigkeit dieser Ziele wurde erreicht und die EU-Kommission gilt als erste Institution weltweit, die diese Ziele in konkrete Politik umsetzen möchte. Inhaltlich befasst sich das Reflexionspapier u. a. mit den Themen Kreislaufwirtschaft, Klimaschutz und saubere Energie. Ein zentraler Punkt ist für die Kommission, jeden Abfall wiederzuverwenden. In Zahlen ausgedrückt sollen 70 % aller Verpackungen recycelt werden, bei Papier und Pappe ist das Ziel 85 %, bei Kunststoff 55 % (vgl. Europäische Kommission 2019). Übrigens würde sich die IV von den europäischen Institutionen (Kommission, Parlament und Rat) dasselbe Maß und Engagement für eine europäische Industriepolitik erwarten.

Die Themen Kreislaufwirtschaft, Plastik und Verpackungen stehen momentan hoch im Kurs. Beispielsweise genießt aktuell in Österreich der Umgang mit Plastikabfall besondere politisch Aufmerksamkeit: Die Bundesregierung will bei der Müllvermeidung mit dem vollständigen Verbot des Plastiksackerls" ab 2020 einen Schritt zur Lösung des Problems setzen (vgl. BMNT 2019).

Die IV erkennt diesen Schritt an, jedoch muss die Kunststoff- und Verpackungsdiskussion sinnvoll kanalisiert werden: Heimische immer höher angesetzte Sammel- und Verwertungsquoten sowie Verbote sind nicht immer zielführend. Generell muss hier bedacht werden, dass mehr als 80 % des weltweiten Kunststoffabfalls in den Weltmeeren aus Asien kommen und nur rund 1 % aus Europa stammen. Noch unbedeutender fällt hier der österreichische Anteil aus. Aus diesem Grund müssen Quoten, Regulierungen oder Verbote global adressiert und durchgesetzt werden. Der Grundstein einer funktionierenden Kreislaufwirtschaft ist die innovative Weiterentwicklung von recyclinggerechten Verpackungsmöglichkeiten – was in Österreich Standard ist, muss auch global ausgerollt werden. Gleichzeitig könnten auch Maßnahmen innerhalb der EU unterstützen, wie z. B. eine forcierte Durchsetzung eines EU-weiten Deponierungsverbots von unbehandelten Kunststoffabfällen, wie es bereits in acht Mitgliedstaaten (u. a. Österreich) existiert oder auch die Einführung eines EU-weit einheitlichen Monitorings zur Kontrolle von Sammel- und Verwertungsquoten.

Im Bereich des Klimawandels konnte mit dem Abkommen von Paris ein globales Verständnis geschaffen werden, v. a. ist der Konkretisierungsgrad mit dem Klimaregime bereits sehr hoch: Die verpflichtenden Ziele sind auf die Mitgliedstaaten heruntergebrochen – ein bindendes System in Richtung Klimaschutz, das seitens der IV unterstützt wird.

Für das Energiesystem der Zukunft hat die IV gemeinsam mit ihren Mitgliedsunternehmen ein Leitbild (vgl. IV 2016a) erstellt, in dem die Transformation des Energiesystems als wirtschaftliche Chance gesehen werden muss (vgl. Abschn. 3.1). Es gilt die richtige Balance zwischen dem Schutz des Klimas, aber auch den berechtigten Interessen des Industrie- und Beschäftigungsstandorts zu finden. Beides ist im Interesse der Industrie, da die Folgen des Klimawandels (z. B. extreme Wetterlagen) entlang der gesamtem Wertschöpfungskette entscheidende ökonomische Fragen aufwerfen.

Beispielsweise haben Umweltkatastrophen durch den Klimawandel eine neue Dimension erreicht und stellen die Sicherheit und Resilienz von Infrastruktur, Logistik und Supply Chain vor große Herausforderungen. Um die Lieferzeit, -zuverlässigkeit, -qualität in den Handelsketten gewährleisten zu können, ist gerade für die exportorientierte Industrie Österreichs die Ausprägung des Klimawandels auch in anderen Teilen der Welt von großer Bedeutung (vgl. Marscheider et al. 2013, S. 5–9; Standard 2018; Umweltbundesamt 2017). Womöglich könnten die wirtschaftlichen Ausfälle durch Flussfluten innerhalb der kommenden 20 Jahre weltweit um mehr als 15 % auf rund 600 Mrd. US$ ansteigen (vgl. Potsdam Institut 2018).

Das sind allesamt wirtschaftliche Risiken für eine exportorientierte Industrienation wie Österreich, die durch den Klimawandel verstärkt werden. Denn für das Gesamtjahr 2018 werden zum ersten Mal Exporte im Wert von über 150 Mrd. € erwartet (vgl. WKO 2019, S. 4). Die Erreichung der Klimaziele würde die Handelsketten robuster stärken. Vor diesem Hintergrund ist der Kampf gegen den Klimawandel im Eigeninteresse der Industrie zu sehen, auch um die Profitabilität nachhaltig zu sichern. Gleichzeitig strapaziert die Volatilität der erneuerbaren Energie die Systemleistung am Strommarkt (vgl. dazu das 100-Prozent-Ökostromziel in der Mission 2030 der Bundesregierung). Wie der vergangene Sommer gezeigt hat, mussten fossile Kraftwerke fast täglich zugeschaltet werden, um den gesellschaftlichen Energieansprüchen gerecht zu werden.

Österreich und die EU haben sich ambitionierte Klimaziele gesetzt: Auf europäischer Ebene soll der Treibhausgasausstoß gegenüber 1990 um 40 %, in Österreich sollen die Emissionen bis 2030 gegenüber 2005 um 36 % reduziert werden (vgl. BMNT 2018, S. 12 bis 13). Die Industrie unterstützt die Realisierung der vorliegenden energie- und klimapolitischen Ziele bis zum Jahr 2030 und bekennt sich darüber hinaus langfristig zu einem hocheffizienten, letztendlich dekarbonisierten Energiesystem mit entsprechender Versorgungssicherheit. Der europäische Stromsektor spricht sich in der 2018 beschlossenen „Vision of the European Electricity Industry" für eine nachhaltige und kosteneffiziente Transformation des Stromsektors bis deutlich vor 2050 aus (vgl. Eurelectric 2018).

Was den Stromsektor betrifft, gilt Österreich heute schon als Vorreiter in Europa: „Der Anteil der erneuerbaren Energien in Österreich liegt derzeit bei rund 33,5 %. Strom stammt bereits zu rund 72 % aus erneuerbaren Quellen" (BMNT 2018, S. 7). Ambitioniertestes Ziel der Bundesregierung ist in ihrer Mission 2030, dass der nationale Gesamtstromverbrauch bis zum Jahr 2030 zu 100 % (national bilanziell) aus erneuerbaren Energiequellen gedeckt wird. Jedoch ist die Energiewende aus Sicht der IV mehr als eine reine Stromwende. Aus diesem Grund wäre eine ausbalanciertere Betrachtung wünschenswert, denn klar ist auch, dass das zentrale Ökostromziel von 100 % aus Erneuerbaren in ihrer Umsetzung nur mit maximaler Kosteneffizienz ökonomisch darstellbar sein wird.

Als Rückgrat der österreichischen Volkswirtschaft nimmt die Industrie eine zentrale Doppelrolle beim Klimaschutz ein: nämlich im Spannungsverhältnis zwischen ökonomischem Wettbewerbsdruck sowie umweltpolitischen Zielen und Grenzwerten. Auf den unterschiedlichsten Ebenen wird diskutiert, inwiefern eine zu ambitionierte Ausgestaltung nationaler sowie europäischer Klimaziele die internationale Wettbewerbsfähigkeit der heimischen Industrie belastet:

> Infolge ehrgeiziger klimapolitischer Maßnahmen, die auch mit einer Verteuerung des Energieverbrauchs einhergehen können, drohten Produktions- bzw. Standortverlagerungen und damit auch die Verlagerung von Emissionen (Carbon Leakage) in weniger strikt regulierte Regionen, wodurch die Maßnahmen letztlich ökologisch wirkungslos blieben. (Elmer et al. 2016, S. 667)

Eine aktuelle Studie (vgl. Gerbert et al. 2018, S. 7) betrachtet im Licht der europäischen Klimaziele die gesamtwirtschaftlichen Auswirkungen und betont den umfangreichen Schutz gefährdeter Industrien, um dem Risiko einer Schwächung industrieller Wertschöpfung zu begegnen. Für Deutschland errechneten die Forscher (vgl. Gerbert et al. 2018, S. 12) Mehrinvestitionen von 1,5 bis 2,3 Billionen € bis 2050, um die Klimapfade zu erreichen.

Im internationalen Wettbewerb sind in Form eines wirksamen Carbon-Leakage-Schutzes langfristig verlässliche Ausgleichsregelungen für die Industrie nötig. Denn eine Reihe an unterschiedlichen Entwicklungen führen in jüngster Zeit zu deutlich steigenden Energiekosten für die in Österreich produzierenden Unternehmen im Allgemeinen und für die energieintensive Industrie im Besonderen. Haupttreiber der Herausforderungen sind 1) die Trennung der deutsch-österreichischen Strompreiszone, 2) der hochsubventionierte Ausbau erneuerbarer Stromproduktion und nicht zuletzt 3) der verschärfte EU-Emissionszertifikatshandel mit stark steigenden Preisen für Emissionsrechte.

Die Kosten für die Zertifikate fossiler Stromerzeugung werden von Energieversorgern üblicherweise mit dem Strompreis an die Abnehmer weitergegeben, was zu spürbaren Preiserhöhungen führt. Heikel wird es, wenn gestiegene Herstellungskosten energieintensiver Vorprodukte an weiterverarbeitende Branchen weitergereicht werden. Denn eine wesentliche Stärke der Industrie ist es, durch die enge Verzahnung innerhalb der heimischen Wertschöpfungsketten, hohe Produktqualität und Innovationsdynamik sicherzustellen. Somit beeinträchtigt die Energiekostenbelastung auch die internationale Wettbewerbsfähigkeit weiterverarbeitender Branchen (vgl. Elmer 2016, S. 669).

„Trotz insgesamt positiver volkswirtschaftlicher Effekte können für einzelne Sektoren und Unternehmen gleichzeitig erhebliche betriebswirtschaftliche Risiken entstehen. Diese Risiken sind umso größer, je stärker Branchen im internationalen Wettbewerb stehen" (Gerbert et al. 2018, S. 14). Gerade die Industrie muss sich wie keine andere Branche auf dem internationalen Parkett behaupten. Diese wirtschaftlichen Interdependenzen innerhalb von Wertschöpfungsketten werden selten mitbedacht – können aber zu erheblichen Wettbewerbsnachteilen führen. Aus wissenschaftlicher Perspektive besteht hier noch weiterer Forschungsbedarf (vgl. Elmer et al. 2016, S. 669).

3 Österreichs Industrie für Energie und Klima der Zukunft

Mit dem Übereinkommen von Paris wurde 2015 erstmals eine Vereinbarung unter der Klimarahmenkonvention der Vereinten Nationen geschlossen, die auch alle Staaten der Welt in die klimapolitische Pflicht nimmt. Es bildet damit den formellen Rahmen für die jeweiligen Zusagen aller 196 Mitgliedstaaten der UN-Klimakonvention. Die klimapolitische Zielsetzung der EU mit einem Gesamtreduktionsziel von 40 % bis zum Jahr 2030 gegenüber 1990, das bereits im Innenverhältnis der EU geltendes Recht ist, bedeutet die ambitionierteste Zielsetzung aller relevanten weltweiten Wirtschaftsräume, die im Rahmen des Pariser Übereinkommens international verbindlich zugesagt wurde. Die Industrie hält an der von der EU im Rahmen des Pariser Abkommens gemachten Zusage einer Gesamt-Emissionsreduktion von 40 % bis zum Jahr 2030 gegenüber 1990 fest und unterstützt deren Umsetzung.

3.1 Die politische Ebene im Klimawandel

Die Anstrengungen zur Begrenzung des anthropogenen Klimawandels auf Basis des Zwei-Grad-Ziels und die damit verbundenen Stellschrauben sind vor einem globalen Hintergrund zu diskutieren. Die EU hat sich im Vergleich zu anderen wichtigen Industrieregionen sehr ambitionierte Emissionsreduktionsziele gesetzt und diese auch rechtlich verankert.

Gerade in der Frage des Klimawandels ist es wichtig, die Dinge mit einer globalen Brille zu betrachten und den Klimaschutz auch international zu adressieren: Steht die EU doch nur für rund 10 % des weltweiten Ausstoßes an Treibhausgasen. Demgegenüber ziehen sich etwa die USA bereits wieder aus dem Paris-Prozess zurück. Dabei galt die US-Zielsetzung mit minus 26–28 % bis 2025 gegenüber 2005 (bei rund doppelt so hohen Pro-Kopf-Emissionen gegenüber der EU) bereits als moderat. Weitere Staaten wie Australien und Kanada diskutieren mittlerweile – mutmaßlich als mittelbare Folge des Rückzugs der USA – ihrerseits die gegebenen Zusagen zu relativieren. Auch das Bekenntnis Chinas, das beabsichtigt, die Emissionen nach 2030 nicht weiter zu erhöhen, muss als nicht vergleichbar mit dem EU-Engagement gewertet werden (vgl. IV 2018a, S. 5).

Diese Entwicklung global sehr unterschiedlicher klimapolitischer Ambitionsniveaus schafft einen Wettbewerbsnachteil – insbesondere für die im internationalen Wettbewerb stehende, energieintensive Industrie, auf die der Großteil industrieller Emissionen entfällt. Dabei kommt den energieintensiven Branchen in Österreich im EU-Vergleich nach wie vor überdurchschnittliche Bedeutung zu, indem sie unmittelbar für rund 135.000 Arbeitsplätze und eine Wertschöpfung von rund 12 Mrd. € stehen (vgl. IV 2018a, S. 5).

Um die Klimaziele zu erreichen, leisten die Unternehmen durch verschiedene umweltpolitische Instrumente einen maßgeblichen Beitrag. So reguliert die energieintensive Industrie ihre Treibhausgasemissionen in 27 EU-Staaten inklusive Norwegen, Island und Liechtenstein durch das Europäische Emissionshandelssystem (vgl. EU-ETS). Mit diesem System ist die Industrie übrigens der einzige Sektor, der seine Klimavorgaben auf Punkt und Beistrich einhält.

Der europäische Emissionszertifikatshandel ist weltweit einzigartig, konkret und verbindlich. Allerdings funktioniert dieser nur begrenzt – Stichwort Level Playing Field – und dadurch steht die stromintensive Industrie in Österreich aktuell vor einer großen Herausforderung, da die Kompensation aufgrund des wegen des Emissionshandels erhöhten Strompreises auf europäischer Ebene nicht einheitlich umgesetzt ist. Denn gemäß der zugrundeliegenden Leitlinie der EU-Kommission soll einerseits eine Verlagerung von CO_2-Emissionen (sog. Carbon Leakage) aufgrund des EU-Emissionshandels in das nichteuropäische Ausland verhindert, andererseits die Wettbewerbsverzerrung zulasten der europäischen Industrie auf ein Minimum begrenzt werden.

Von indirektem Carbon Leakage spricht man, wenn diese Verlagerung von Produktion und damit von Emissionen durch höhere Strompreise verursacht wird. Um dies zu vermeiden, können gemäß Emissionshandels-Richtlinie und EU-Beihilfe-Leitlinien in einigen Wirtschaftssektoren und Teilsektoren die durch den Emissionshandel verursachten erhöhten Stromkosten besonders stromintensiver Produktionsprozesse finanziell kompensiert werden. Diese Bestimmung wurde jedoch nicht EU-weit vereinheitlicht, sondern muss von den jeweiligen Mitgliedstaaten mithilfe von nationalen Regelungen umgesetzt werden. Während Deutschland und andere EU-Staaten, wie Spanien, Frankreich, Großbritannien, Niederlande, Belgien, Finnland, Norwegen (Teil des EU-Emissionshandels), Litauen, Slowakei und Griechenland, ihrer Industrie diese Kostenkompensation zugestehen, hat Österreich diese Möglichkeit bisher nicht umgesetzt. Einnahmen aus den Versteigerungen von Emissionszertifikaten fließen in Österreich ins allgemeine Budget. Da Zweckbindungen fehlen, ist der Rückfluss zugunsten von Klimaschutzmaßnahmen für die betroffene Branche ungesichert.

Aus diesem Grund setzt sich die IV dafür ein, Wettbewerbsverzerrungen zulasten Einzelner zu vermeiden und gleiche Wettbewerbsbedingungen für alle Marktteilnehmer zu schaffen. Ein funktionierender Emissionshandel muss jedem Teilnehmer die gleichen Chancen bieten, nach den gleichen Regeln spielen zu können. In diesem Sinn könnte ein global verankertes Emissionshandelssystem einen tatsächlichen Beitrag leisten, die politischen Klimaziele zu erreichen.

Um zusätzlich Wettbewerbsnachteile für österreichische bzw. europäische Unternehmen auszugleichen sowie die klimapolitisch ambitionierte Position der EU gegenüber anderen Staaten glaubwürdig zu untermauern, sind Mechanismen und Instrumente in Form von Abgaben zu diskutieren, die auf die Treibhausgasemissionslast von Importen abstellen. Beispielsweise könnte die Treibhausgasemissionslast von konkreten Gütern hinsichtlich Produktion und Transport finanziell bewertet werden (sog. Border Tax Adjustments).

3.2 Ein Leitbild für das Energiesystem der Zukunft

Frühzeitig plädierte die IV (vgl. IV 2016a, S. 7–33) für ein neues Mindset, um über die Herausforderungen in den Bereichen Energie und Klima nachzudenken. Dieses Mindset lässt sich mit den Begriffen Inversion, Integration und Innovation umschreiben. Die Inversion setzt auf eine neue Denkweise im Umgang mit Energie und macht das bisherige Ende der Energieumwandlungskette zum Ausgangspunkt: Das Design künftiger Energiesysteme orientiert sich an den zu erbringenden Energiedienstleistungen für Gebäude, Mobilität und Produktion.

Da die bisherigen Grenzen zwischen Bereitstellung und Verwendung von Energie zunehmend verschwimmen und Einzeltechnologien zu optimierten, dezentralen Systemen kombiniert werden müssen, spielt die Entwicklung hochintegrierter Lösungen im Energiesystem eine zentrale Rolle (Integration). Schließlich müssen die Innovationsmöglichkeiten von Schlüssel- oder Break-Through-Technologien sowie neuen Geschäfts- und Finanzierungsmodellen möglichst gut für eine zukunftsfähige Transformation des Energiesystems genutzt werden (Innovation). Als Konsequenz eines solchen Verständnisses relativieren sich die in der Vergangenheit als zentral geglaubten Fragestellungen, wie die Höhe des Endenergieverbrauchs oder der Anteil erneuerbarer Energie.

Mit diesem neuen Mindset werden traditionelle Strategiemuster durchbrochen, die etwa auf einzelne Sektoren der Volkswirtschaft (Industrie, Haushalte, Verkehr etc.) abstellen. Als besser entsprechende Handlungsfelder werden Infrastruktur und Marktdesign sowie Innovation erkannt, deren jeweilige zentrale Zielsetzung wie folgt formuliert wurde (vgl. IV 2016a, S. 8):

- Infrastruktur (vgl. IV 2016a, S. 22 bis 23): Wettbewerbsfähige Infrastruktur für die Transformation des Energiesystems schaffen – Österreich als europäisches Vorbild bis 2030 etablieren.
  - Inversion: langfristige stabile Rahmenbedingungen für kosteneffiziente Infrastrukturbewirtschaftung schaffen
  - Integration: intelligent vernetzte, leistungsstarke und verlässliche Infrastruktur bereitstellen
  - Innovation: zukunftsweisende Technologien in die langfristige Infrastrukturplanung einbeziehen
- Marktdesign (vgl. IV 2016a, S. 26 bis 28): Wettbewerbliches Marktumfeld für alle Sektoren gewährleisten: Für einen volkswirtschaftlich effizienten Umbau des Energiesystems ist der regulatorische Ordnungsrahmen nach marktwirtschaftlichen Prinzipien auszurichten.
  - Inversion: neue Gestaltungsmöglichkeiten des Markts zulassen
  - Integration: ein europäisch abgestimmtes Marktumfeld mit globaler Umsicht gestalten
  - Innovation: Vorteile neuer Technologien nutzen und fördern

- Innovation (vgl. IV 2016a, S. 30 bis 33): Österreich bis 2020 von den Top 10 unter die Top 3 der europäischen Energieforschung bringen
  - Inversion: Forschungsfördersysteme zukunftsfit gestalten
  - Integration: ein vernetztes Umfeld für innovativen Wissenstransfer verwirklichen
  - Innovation: eine Balance aus Optimierung des Bekannten und Erschließung des Unbekannten finden

Generell braucht es eine internationale Klimapolitik, die globale Probleme löst. Die Industrie ist ein Teil der Lösung und kann diese auch bieten. Vor allem würde eine international vergleichbar ambitionierte Umsetzung von Klimaschutzmaßnahmen Risiken senken und Chancen erhöhen.

Eins ist klar, die technische Nachfrage nach Umwelttechnologien steigt nicht erst seit dem Klimaschutzabkommen von Paris. Erfolgreiche Klimaschutzbemühungen wären mit einer umfangreichen Erneuerung aller Sektoren verbunden und könnten Exporteuren von Umwelttechnologien weitere Chancen in wachsende Klimaschutzmärkte eröffnen und gleichzeitig Treibausgasemissionen in Klimaschutzschwellenländern reduzieren. Studien zufolge wird das Weltmarkvolumen der wichtigsten Klimatechnologien pro Jahr um 1–2 Billionen € bis 2030 wachsen (vgl. Gerbert et al. 2018, S. 7–16).

Diese Chance muss genutzt werden, denn mit ihrem Know-how kann die Industrie durch den Export von Umwelttechnologien energieeffiziente und klimaneutrale Produkte, Dienstleistungen und Prozesse als globale Maßnahmen gegen den Klimawandel vertreiben, zeigt sich doch beispielsweise die österreichische Umwelttechnikindustrie in hohem Maß als leistungsstark, forschungs-und-entwicklungsaktiv und erfolgreich auf vielen internationalen Märkten (vgl. Schneider et al. 2017, S. 14).

Zusammenfassend kann gesagt werden, dass das Großprojekt Klimaschutz einer langfristigen politischen Begleitung bedarf. Die erfolgreiche Erreichung der europäischen bzw. österreichischen Klimaziele sowie eine positive Multiplikatorwirkung auf internationaler Ebene sind ein wirtschaftlicher, politischer sowie gesellschaftlicher Kraftakt. Es braucht daher eine weitsichtige und gesamtheitliche Industrie-, Klima- und Gesellschaftspolitik, die 1) auf Kosteneffizienz und Wettbewerb setzt, 2) gesellschaftliche Lasten fair verteilt, 3) Akzeptanz für die Maßnahmen sicherstellt sowie 4) den Erhalt und Ausbau industrieller Wertschöpfung priorisiert (vgl. Gerbert et al. 2018, S. 7).

Angesichts der kontinuierlich ansteigenden Nachfrage und der weltweiten Wachstumsraten nach innovativen Umwelttechnologien erscheint es sinnvoll, auch in Zukunft einen speziellen Fokus auf diesen Wirtschaftsbereich zu legen, um durch den Export von innovativen Umwelttechnologien in Entwicklungs- und Schwellenländern den Versuch zu starten, den Klimawandel global in den Griff zu bekommen (vgl. Schneider et al. 2017, S. 14 f.).

4 Nachhaltigkeit durch Innovation

Nachhaltigkeit und Verantwortung sind Wettbewerbsfaktoren für Österreich und weltweit zu richtungsweisenden und ambitionierten Leitbildern geworden. Die Industrie mit ihrer Innovations- und Investitionskraft trägt eine besondere Verantwortung für das Gelingen einer nachhaltigen Entwicklung und die Erreichung von Klimazielen:

> „Der Faktor Umweltschutz und das damit einhergehende Interesse österreichischer Unternehmen sich mit diesem komplexen Technologiebereich zu befassen, ist in den letzten Jahrzehnten deutlich gestiegen. Allein im Zeitraum von 2006 bis 2016 wurden mehr als ein Viertel und zwischen 1996 und 2005 rund 23 Prozent der bestehenden Umwelttechnik-Unternehmen gegründet" (Schneider et al. 2017, S. 10).

Mittlerweile zählt die österreichische Umwelttechnikindustrie zu den innovativsten der Welt und genießt international einen sehr guten Ruf: Die Branche erwirtschaftete mit 41.400 Beschäftigten im Jahr 2015 einen Umsatz von 12,3 Mrd. €. Zwei Drittel ihrer Innovationsaktivitäten, bei einer durchschnittlichen Forschung-und-Entwicklung-Quote von 6,1 % (deutlich über der Forschung-und-Entwicklung-Quote der Gesamtwirtschaft), zielt auf Lösungen zur Steigerung der Energieeffizienz ab (vgl. Schneider et al. 2017, S. 9 und 12). Nichtsdestotrotz kann sich eine kleine, offene Volkswirtschaft wie Österreich mit hohen Umwelt- und Sozialstandards dem globalen Wettbewerb nicht über niedrigere Produktionskosten stellen.

Statt über den Preis müssen Österreich und seine Unternehmen auf eine Qualitätsstrategie setzen. Diese kann durch gesellschaftliche Verantwortung von Unternehmen noch verbessert werden. Diese Strategie hat sich in einigen Sektoren (Umwelttechnologie, Kreislaufwirtschaft Biolebensmittel etc.) bereits als erfolgreich erwiesen. Weitere Vorteile sind Innovationsvorsprung, bessere Humanressourcen und dadurch mehr Produktivität, bessere Kundenbeziehungen oder Resilienz, abhängig vom jeweiligen Industriesektor.

Österreich ist am Weltmarkt in den unterschiedlichsten Bereichen mit besonders innovativen Produkten erfolgreich (vgl. IV 2016a, S. 31):

- Mobilität (effiziente Antriebstechnologien, Elektromobilität, Schienenfahrzeuge)
- Entwicklung neuer, energie- und rohstoffeffizienter Produktionsprozesse
- Anlagenbau und Komponenten für erneuerbare Energieträger (insbesondere Wasserkraft und Windkraft)
- Energieeffiziente Produkte und Komponenten
- Innovatives Bauen (Smart Buildings, Heizen und Kühlen mit Beton, Holzbau)
- Konzeption zukunftsfähiger Städte sowie verdichtetes und energiesparendes Bauen („urban labs" unterschiedlicher Größe)
- Umwelttechnologie im Bereich Recycling, Wasserwirtschaft, Abwasser und Kreislaufwirtschaft

Diese oben genannten Bereiche können als wichtige Eckpfeiler genannt werden, wenn es darum geht, die Energiewende erfolgreich zu bewältigen. Exemplarisch gelten die zwei aufgelisteten Themen Mobilität und Wasser als besonders relevant für Österreichs Standort im Kampf gegen den Klimawandel: Gerade das Mobilitätsbedürfnis auf der einen Seite und der Wasserverbrauch auf der anderen Seite werden zukünftig massiv ansteigen. Aus diesem Grund hat sich die IV bereits frühzeitig auch mit der Mobilität der Zukunft (vgl. IV 2018b) sowie mit der volkswirtschaftlichen Bedeutung der Wasserwirtschaft in Österreich (vgl. IV 2016b) intensiv auseinandergesetzt. Wie bereits erwähnt ist die Wasserkraft die bedeutendste Quelle für Strom in Österreich und muss neben Fotovoltaik, Biomasse und Windkraft als solide Basis für ein erneuerbares Energiesystem gesehen werden. Ohne den Ausbau von Wasserkraft werden die Klimaziele bis 2030 nur schwer realisierbar sein.

Hinsichtlich künftiger Mobilität ist ein zentraler Treiber die Frage nach intelligenten Antriebskonzepten, die auch den ambitionierten Klimazielen der Europäischen Union gerecht werden. Die entsprechenden Rahmenbedingungen müssen so gestaltet sein, dass die sinnvollste Antriebsart für den entsprechenden Mobilitätszweck gefördert bzw. am attraktivsten ist. Mobilität, Transport und Logistik der Zukunft sind vielfältig und müssen leistbar sein – ebenso vielfältig und leistbar müssen künftige Antriebskonzepte sein. Ein technologieoffener und energieneutraler Ansatz ist deshalb Grundvoraussetzung. Nicht der Antrieb bzw. Kraftstoff ist entscheidend, sondern die Ökobilanz des Fahrzeugs bzw. der Mobilität.

In diesem Zusammenhang ist es besonders wichtig zu erkennen, dass die Energiewende nur funktionieren kann, wenn an allen Stellschrauben gedreht wird – wie auch mit einem entsprechenden Ausbau von Erzeugungsanlagen, Netzen und Speichern, etwa um den Strom zwischen Ost- und Westösterreich transportieren zu können. Dies bedingt wiederum zügige und straffe Genehmigungsverfahren, denn besonders Projekte in der E-Wirtschaft sind durch jahr(zehnte)lange Verfahrensdauern gekennzeichnet. Beispielsweise dauert das Verfahren der Umweltverträglichkeitsprüfung (UVP) des Kraftwerks Kühtai bereits zehn Jahre; das zentrale Projekt im Bereich Netzausbau – der Schluss des 380-Kilovolt-Rings durch die Salzburgleitung – dauert nun nach sechs Jahren immer noch vor dem Bundesverwaltungsgericht an. Diese verfahrensrechtliche Warteschleife gefährdet einerseits die Versorgungssicherheit und verursacht massive Kosten durch Engpassmanagement: 10 Mio. € im Monat für Netzstabilisierungsmaßnahmen. Gleichzeitig wird in diesem Tempo die Integration erneuerbarer Energien und somit die angestrebte Energiewende generell nicht gelingen. Daher waren die im vergangenen Jahr gesetzten Reformen zur Straffung von Genehmigungsverfahren, insbesondere der Beschluss des Standortentwicklungsgesetzes (vgl. StEntG 2018) für ebensolche Projekte im besonderen Interesse der gesamten Republik sowie die Beschleunigungsmaßnahmen im Rahmen der letzten UVP-Novelle, von zentraler Bedeutung für die nachhaltige Entwicklung und die Energiewende.

Literatur

BMNT (2018) Mission 2030. Die Klima- und Energiestrategie der Österreichischen Bundesregierung. https://mission2030.info/wp-content/uploads/2018/04/mission2030_Klima-und-Energiestrategie.pdf. Zugegriffen: 18. Febr. 2019

BMNT (2019) Plastiksackerl-Verbot in Österreich ab 2020. https://www.bmnt.gv.at/umwelt/abfall-ressourcen/Plastiksackerl-Verbot.html. Zugegriffen: 15. Febr. 2019

Coudenhove-Kalergi B (2019) Aktuelle Entwicklungen und Weichenstellungen – und die Vision von smarter Ordnungspolitik für verantwortliches Wirtschaften. In: Ortiz D, Czuray M, Scholz M (Hrsg) Verantwortungsvolle Unternehmensführung im österreichischen Mittelstand – Vision und Praxis. Springer, Berlin

Elmer C, Bradke H, Faulstich M, Nabitz M (2016) Klimaschutz und industrielle Wettbewerbsfähigkeit – Synergien nutzen, Konflikte entschärfen. Wirtschaftsdienst 96:667–673

Eurelectric (2018) Vision of the European Electric Industry. https://www.eurelectric.org/media/2189/vision-of-the-european-electricity-industry-02-08-2018.pdf. Zugegriffen: 12. Febr. 2019

EUR-Lex (2002) Mitteilung der Kommission betreffend die soziale Verantwortung der Unternehmen: ein Unternehmensbeitrag zur nachhaltigen Entwicklung. https://eur-lex.europa.eu/LexUriServ/LexUriServ.do?uri=CELEX:52002DC0347:DE:HTML. Zugegriffen: 14. Febr. 2019

EUR-Lex (2011) Eine neue EU-Strategie für die soziale Verantwortung der Unternehmen. https://eur-lex.europa.eu/LexUriServ/LexUriServ.do?uri=COM:2011:0681:FIN:DE:PDF. Zugegriffen: 14. Febr. 2019

Europäische Kommission (2019) Reflection paper: Towards a sustainable Europe by 2030. https://ec.europa.eu/commission/sites/beta-political/files/rp_sustainable_europe_30-01_en_web.pdf Zugegriffen: 15. Febr. 2019

Gerbert P, Herhold P, Burchardt J, Schönberger S, Rechenmacher F, Kirchner A, Kemmler A, Wünsch M (2018) Klimapfade für Deutschland. http://image-src.bcg.com/Images/Klimapfade-fuer-Deutschland_tcm58-181356.pdf. Zugegriffen: 15. Febr. 2019.

IV (2016a) Innovativ. Effizient. Nachhaltig. Österreichs Industrie für Energie und Klima der Zukunft. https://www.iv.at/de/iv/pageflip/91913/#page=1. Zugegriffen: 12. Febr. 2019

IV (2016b): Wasser bewegt die Industrie. Aktionspapier der Industriellenvereinigung. https://www.iv.at//media/filer_public/77/d8/77d8dfc2-ede0-44e7-b4d9-7f0d1547905c/file_690.pdf. Zugegriffen: 20. Febr. 2019

IV (2018a) IV-Standpunkt. Unternehmen brauchen fairen internationalen Wettbewerb. https://www.iv.at/de/iv/pageflip/95257/#page=1. Zugegriffen: 14. Febr. 2019

IV (2018b) Mobil. Effizient. Vernetzt. Aktionspapier der österreichischen Industrie zur Mobilität der Zukunft. https://www.iv.at/de/iv/pageflip/90872/#page=1. Zugegriffen: 20. Febr. 2019

Marscheider N, Schäfer L, Rotter M (2013) Arbeitspapier zur Vorbereitung des Stakeholderdialogs zur Klimaanpassung. Logistik und Supply Chain. https://www.umweltbundesamt.de/sites/default/files/medien/382/dokumente/02_arbeitspapier_stakeholderdialog_logistik_und_supply_chain.pdf. Zugegriffen: 13. Febr. 2019

Potsdam Institut (2018) Chinesische Fluten überschwemmen die US-Wirtschaft: Klimaschäden und Handelsketten. https://www.pik-potsdam.de/aktuelles/pressemitteilungen/chinesische-fluten-ueberschwemmen-die-us-wirtschaft-klimaschaeden-und-handelsketten. Zugegriffen 13. Febr. 2019

Schneider H, Pöchhacker-Tröscher G, Luptacik P, Popko J, Schmidl M, Lengauer S, Koller W (2017) Österreichische Umwelttechnik – Motor für Wachstum, Beschäftigung und Export

Standard (2018) Klimawandel-Studie: Hunderte Milliarden Dollar Verluste jährlich. https://derstandard.at/2000092179563/Klimawandel-Studie-Hunderte-Milliarden-Dollar-Verluste-jaehrlich. Zugegriffen: 13. Febr. 2019

StEntG (2018) 110. Bundesgesetz – Standort-Entwicklungsgesetz. https://www.ris.bka.gv.at/Dokumente/BgblAuth/BGBLA_2018_I_110/BGBLA_2018_I_110.pdfsig. Zugegriffen: 20. Febr. 2019

Umweltbundesamt (2017) Wie der Klimawandel indirekt die deutsche Wirtschaft trifft. https://www.umweltbundesamt.de/themen/wie-der-klimawandel-indirekt-die-deutsche. Zugegriffen: 13. Febr. 2019

WKO (2019) Österreichische Exportwirtschaft 2019. https://www.wko.at/service/aussenwirtschaft/oesterreichische-exportwirtschaft.pdf. Zugegriffen: 13. Febr. 2019

Weiterführende Literatur

EU-ETS EU Emissions Trading System. https://ec.europa.eu/clima/policies/ets_en#Main_legislation. Zugegriffen: 14. Febr. 2019

Ing. Mag. Peter Koren geboren 1969 in Bad Aussee. Landwirtschaftlich/technische Matura in Raumberg, Studium der Rechtswissenschaften an der Universität Graz, 2015–2018 Executive Certificates in Strategy and Innovation, Leadership and Management am MIT in Boston (USA). Stage in der Generaldirektion Landwirtschaft der Europäischen Kommission, Brüssel. Von 1996 bis 1997 Trainee der Industriellenvereinigung: Österreichischer Raiffeisenverband, Confederation of British Industry (CBI), anschließend bis 2000 Ministersekretär im Kabinett des Bundesministers für Land- und Forstwirtschaft, Umwelt und Wasserwirtschaft. Von 2001 bis 2003 Beauftragter des Konzernvorstands der Österreichischen Elektrizitätswirtschafts AG (Verbundgesellschaft). Seit 2004 Vizegeneralsekretär der Industriellenvereinigung. Seit Anfang 2009 Mitglied des Aufsichtsrats der Verbund-Austrian Power Grid AG (APG) und seit 2014 stellvertretender Vorsitzender. Von 2013 bis 2018 stellvertretender Vorsitzender des Aufsichtsrats AIT (Austrian Institute of Technology) und seit 2018 Universitätsrat der Universität Graz.

Digitalisierung und Klimawandel im Kontext der Sustainable Development Goals

Zusammenhänge zwischen digitalem Fortschritt und ökologischer Nachhaltigkeit

Florian Leregger

1 Digitalisierung als Beitrag zur Erreichung der Sustainable Development Goals

Die Gesellschaft befindet sich im Wandel, der mithilfe des technischen Fortschritts rasant vonstatten geht. Digitalisierung, Klimakrise und nachhaltige Entwicklung stellen drei aktuelle Megatrends dar. Nahezu alle Lebensbereiche sind davon betroffen. Mit dem Blick in die Zukunft sind hierbei unterschiedlichste umweltrelevante Chancen und Risiken zu erkennen. Die bestehenden ökologischen, sozialen, wirtschaftlichen, kulturellen und politischen Dimensionen nachhaltiger Entwicklung zu erfassen, Zusammenhänge zu erkennen sowie Möglichkeiten und Herausforderungen benennen und einschätzen zu können, ist für die zukunftsfähige Gestaltung des gesellschaftlichen Wandels unerlässlich. Es ist wichtig, jetzt darüber nachzudenken, in welcher Art und Weise und mit welchen Grundsätzen und Leitlinien zu gestalten ist. Die Frage, was mit Digitalisierung möglich ist, ist wohl weitgehend beantwortet. Umso stärker drängt die Frage in den Mittelpunkt, wie und zu welchem Zweck wir die Digitalisierung einsetzen wollen. Im Sinn des vorliegenden Sammelbands beschäftigt sich dieses Kapitel mit den positiven und negativen Auswirkungen von digitalen Technologien auf den Klimawandel im Kontext der *Sustainable Development Goals* (SDG).

F. Leregger (✉)
Institut für Umwelt, Friede und Entwicklung (IUFE), Wien, Österreich
E-Mail: florian.leregger@iufe.at

A. Sihn-Weber und F. Fischler (Hrsg.), *CSR und Klimawandel,* Management-Reihe Corporate Social Responsibility, https://doi.org/10.1007/978-3-662-59748-4_11

1.1 Transformation und Disruption gesellschaftlicher Strukturen

Tatsache ist, dass die Digitalisierung seit geraumer Zeit im Alltag der Menschen im deutschsprachigen Raum mit all seinen positiven und negativen Facetten angekommen ist. Nicht nur in Europa, sondern weltweit sind technologische Fortschritte, erhöhtes Anwendungswissen und gesteigerte Nutzung in den unterschiedlichsten Bereichen, wie etwa Wirtschaft, Industrie, Finanzsektor, Wissenschaft, Politik sowie im privaten Freizeitverhalten offenkundig erkennbar. Damit gehen vielerorts Transformation und Disruption gesellschaftlicher Strukturen einher. Die Notwendigkeit zur Änderung von etablierten Denkmustern, altbekannten Spielregeln, vertrauten Kommunikationsformen bis hin zu neuen Anforderungen an Bildung, Freizeit, Wirtschaft und Arbeit sind in diesem Zusammenhang unabdingbar. Laut Wissenschaftlichem Beirat der Bundesregierung Globale Umweltveränderungen (WBGU) stellen sich für die Gestaltung des digitalen Wandels unter der Prämisse, dass Nachhaltigkeit die Vision für das globale und langfristige Wohlergehen der Menschen sei, essenzielle Schlüsselfragen (Wissenschaftlicher Beirat der Bundesregierung Globale Umweltveränderungen 2018). Zu den zehn definierten Bereichen des WBGU für eine digitale und nachhaltige Gesellschaft zählen beispielsweise:

- Erhaltung der natürlichen Lebensgrundlagen inklusive Begrenzung und Vermeidung des Klimawandels
- Armutsbekämpfung und inklusive Entwicklung
- Zukunft der Arbeit und Abbau von Ungleichheit
- Wissen, Bildung und digitale Mündigkeit
- Big Data und Privatsphäre
- Ökonomische und politische Machtverschiebungen

Digitale Technologien und innovative Entwicklungen wie etwa 3D-Druck, Blockchain-Netzwerke, Smart Grids, Robotik, Internet der Dinge, künstliche Intelligenz, Virtual Reality, FinTech, Land- und Forstwirtschaft 4.0, Sharing-Plattformen, Big Data, Educational Technologies sowie eGovernment können positive Beiträge zur Erreichung nachhaltiger Entwicklungen in einer Gesellschaft leisten. Demzufolge sind im Kontext der Agenda 2030 mit ihren 17 SDG beispielsweise Landwirtschaft, Gesundheit, Energie, Innovation, Stadt- und Gemeindeentwicklung, Konsum, Produktion sowie Ressourcen- und Umweltschutz relevante Handlungsbereiche, die mit der Digitalisierung untrennbar verknüpft sind. Ebenso untrennbar sind hier jedoch auch die damit verbundenen Auswirkungen auf das Klima verknüpft.

1.2 Digitale Beiträge zu den 17 Sustainable Development Goals

Im September 2015 wurde die Agenda 2030 mit ihren 17 SDG von den Mitgliedsstaaten der Vereinten Nationen verabschiedet. Damit signalisieren 193 Länder dieser Erde ihr Verantwortungsbewusstsein und die Bereitschaft, um auf die Erreichung der SDG auf lokaler, regionaler, nationaler und internationaler Ebene bis zum Jahr 2030 hinzuarbeiten. Die internationale Staatengemeinschaft verständigt sich mit den SDG auf jene ökologischen, sozialen, wirtschaftlichen und politischen Handlungsfelder mit hoher Dringlichkeit zur Problemlösung. Hierzu zählt unweigerlich die anthropogene Klimakrise, also der vom menschlichen Verhalten stark beeinflusste Klimawandel und dessen negative Folgen für Mensch und Natur. Mit den umfassenden 17 SDG und ihren 169 Unterzielen existiert erstmalig ein international weitgehend anerkannter Orientierungsrahmen für eine lebenswerte Zukunft für möglichst alle Menschen auf unserem Planeten. Technik kann bei der Erreichung sowie bei der Koordination der SDG einen bedeutenden Erfolgsfaktor darstellen, wonach Informations- und Kommunikationstechnologien (IKT), Technologieentwicklung und Digitalisierung in unterschiedlicher Art und Weise adressiert werden (Vereinte Nationen 2015). Dazu zählen:

- SDG 2.a Ländliche Infrastruktur, Landwirtschaft und Technologieentwicklung
- SDG 4.b Tertiäre Bildung und IKT
- SDG 5.b Einsatz von IKT, um die Selbstbestimmung der Frauen zu fördern
- SDG 7.a Energieinfrastruktur/-technologie
- SDG 8.2 Produktivitätssteigerung durch technologische Modernisierung und Innovation
- SDG 9.4 Nutzung umweltverträglicher Technologien und Gestaltung nachhaltiger Industrieprozesse
- SDG 9.c Erweiterung des Zugangs zum Internet
- SDG 17 Wissenschaft, Technologie, Innovation und IKT

Gemäß der SDG-Matrix der Internationalen Fernmeldeunion (2019) weisen IKT erheblichen Einfluss auf nachhaltige Entwicklung auf. Gemäß dem *World Summit on the Information Society* (WSIS) sind beispielsweise Verbindungen zwischen der *WSIS Action Line C7. ICT Applications: e-business* und den SDG 1 (Armut), SDG 2 (Hunger), SDG 5 (Geschlechtergerechtigkeit), SDG 8 (Arbeit und Wirtschaft), SDG 9 (Industrie, Innovation und Infrastruktur) und SDG 17 (Partnerschaften) gegeben.

Getreu dem Motto der Agenda 2030 *„leave no one behind“* ist es beim digitalen Wandel und dessen ökologischen, sozialen und wirtschaftlichen Folgen unzulässig, Personen unabhängig ihrer Herkunft, Religion, Ethnie, körperlichen und psychischen Verfasstheit sowie ihres Geschlechts und Alters und anderen soziodemografischen Merkmalen zurückzulassen. Nimmt man diesen Grundsatz sowie das SDG 13 (Maßnahmen zur Bekämpfung des Klimawandels und seiner Auswirkungen) ernst, so sind umgehend Aktivitäten zu setzen und zahlreiche Herausforderungen zu bewältigen.

1.3 Digitalisierung und Sustainable Development Goals verändern Wirtschaft

Die Digitalisierung verändert weltweit die Wirtschaft (International Institute for Applied Systems Analysis 2018). Laut TPA-Digitalisierungsbarometer 2018 geben 409 befragte österreichische Führungskräfte an, dass die Digitalisierung bereits jetzt schon erheblichen Einfluss auf ihren Arbeitsalltag und die Performance ihrer Unternehmen hat (Burgstaller 2018). Im Zuge des digitalen Wandels entstehen neue Geschäftsmodelle, automatisierte Produktionsprozesse werden eingerichtet, digitale Unternehmenskommunikation wird bedeutender, neue Lieferketten etablieren sich und veränderte Arbeitsweisen werden geschaffen. Zudem manifestieren sich Daten zunehmend als hochgeschätzter Rohstoff der Ökonomie. Das Tempo und Ausmaß der Veränderungen nehmen in den kommenden Jahren zu. Ein Beispiel hierfür ist der Smart Contract, bei dem vertragliche Regelungen als Codes in der Blockchain erfasst werden. Dabei wird deutlich, welche Veränderungspotenziale bei Geschäftsvorgängen und im Zuge von Vertragsabwicklungen künftig ausgeschöpft werden können. Als Folge ändern sich ganze Wirtschaftszweige und Berufsbilder.

Um die SDG annähernd erreichen zu können, besteht in allen Bereichen Handlungsbedarf. Den wirtschaftlichen Entscheidungsträgerinnen und -trägern in Konzernen, Familienunternehmen, Klein- und Mittelbetrieben sowie Start-ups werden aufgrund ihrer gesellschaftlichen Unternehmensverantwortung eine besondere Bedeutung bei der SDG-Umsetzung zugeschrieben. Zahlreiche Unternehmen ergreifen im Rahmen ihrer *Corporate-Social-Responsibility(CSR)-Policy* sowie im klassischen Nachhaltigkeitsmanagement seit Jahrzehnten unterschiedlichste Maßnahmen im Sinn einer nachhaltigen Entwicklung entlang ihrer Wertschöpfungsketten und bei unternehmensinternen Aktivitäten. Obwohl es für die konkrete Beteiligung an der SDG-Umsetzung in Österreich bis dato keine expliziten Vorgaben gibt, haben die SDG und deren neue Aspekte für den Arbeitsbereich CSR bereits jetzt schon merkbaren Einfluss in Unternehmen (Nill et al. 2017).

Die *Global e-Sustainability Initiative* (GeSI) zeigt mit dem *Digital Access Index* die Korrelationen zwischen der Digitalisierung in der Industrie und den SDG auf. Der Index besteht aus 21 Indikatoren und umfasst Aspekte der Konnektivität, Technologie und Anwendung. Demzufolge besteht ein starker und positiver Zusammenhang zwischen dem Zugang zu digitalen Technologien und der Erreichung der SDG. Bei insgesamt 11 von 17 SDG werden solche positiven Zusammenhänge erkannt. Dazu zählen insbesondere soziale und wirtschaftliche Ziele, wie etwa SDG 3 (Gesundheit), SDG 8 (Arbeit und Wirtschaftswachstum) sowie SDG 9 (Innovation und Infrastruktur). Für das SDG 13 (Klimaschutz) zeigt der Index, dass mit einer Steigerung der Digitalisierung *(„digital access")* in der Industrie in der Höhe von 5 % insgesamt 1,6 % konsumbasierte CO_2-Emissionen oder 530 Mio. t CO_2-Äquivalente eingespart werden könnten. Dies entspräche etwa der Abschaltung von 450 Kohlekraftwerken mit durchschnittlich 300 MW Leistung weltweit (Global e-Sustainability Initiative 2019).

1.4 Unternehmerische Relevanz der SDG

Die SDG erweisen sich in vielerlei Hinsicht als geeignete Leitlinien im Unternehmensalltag. Im Jahr 2017 wurden 600 deutsche Unternehmen und Institutionen befragt, welche der Unterziele in den SDG 1–16 die größte unternehmerische Relevanz besitzen würden (Nill et al. 2017). Die Ergebnisse legen den Schluss nahe, dass grundsätzlich alle abgefragten SDG relevant für Unternehmen sind, dennoch 23 Ziele und Unterziele *(„top targets")* hohe Bedeutung besitzen. Dabei genießen ökologische Ziele eine überdurchschnittlich höhere Relevanz als soziale und wirtschaftliche Ziele. Unter den 23 *„top targets"* sind Themen des klassischen Nachhaltigkeitsmanagements wie etwa Abfallmanagement, erneuerbare Energien, Schonung natürlicher Ressourcen und menschenwürdige Arbeit zu finden. Zudem rücken mit den SDG neue Themen in den Fokus der Unternehmen. Demnach gehören nachhaltige Infrastruktur, Zugang zu Finanzdienstleistungen sowie nachhaltige Konsum- und Produktionsmuster ebenso dazu wie etwa Aufklärung und Sensibilisierung für Nachhaltigkeit und Klimawandel. Das SDG 13.2, das Klimaschutzmaßnahmen in den nationalen Politiken, Strategien und Planungen adressiert, genießt hohe Bedeutung bei den befragten Unternehmen. Einerseits bieten innovative unternehmerische Informations-und-Kommunikationstechnologie(IKT)-Lösungen in diesem Zusammenhang zahlreiche Chancen, andererseits erwarten sich die Unternehmen, dass der Staat aktiv wird und Rahmenbedingungen und wirtschaftliche Anreize für einen verstärkten Klimaschutz setzt (Nill et al. 2017). Laut der Studie *Better Business, Better World* der Business and Sustainable Development Commission (2017) weist die SDG-Erreichung ein unternehmerisches Marktpotenzial in der Höhe von 12 Mrd. € in den Bereichen Ernährung und Landwirtschaft, Städte, Energie und Materialien sowie Gesundheit und Wohlbefinden auf.

2 Digitalisierung als Instrument für den Klimaschutz

Digitale Technologien und deren Einsatz bieten unterschiedliche Chancen für Umwelt- und Klimaschutz. Den negativen Beiträgen zum Klimawandel (Abschn. 1.3) stehen beispielsweise Möglichkeiten zur Einhaltung der planetaren Grenzen der Erde (Steffen et al. 2015) gegenüber. Neben Maßnahmen zur Klimawandelvermeidung *(„mitigation")* durch die Reduktion von CO_2-Emissionen zählen dazu auch die Möglichkeiten für die Schließung von Phosphor- und Stickstoffkreisläufen, die Senkung des Wasserverbrauchs sowie die Reduktion der Rodung ursprünglicher Waldflächen und des Verlusts von Biodiversität. In manchen Gesellschaftsbereichen ist die negative Änderung des Klimas nicht mehr aufzuhalten. Als Folge dessen müssen die Menschen auf neue Gegebenheiten, wie etwa höhere Temperaturen und stärkere Niederschläge reagieren. Für solche Klimawandelanpassungen *(„adaption")* bieten digitale Technologien ebenso Chancen, so etwa in der österreichischen Alpenregion, die vom Klimawandel bis dato stärker als andere Regionen in Europa betroffen sind (Zentralanstalt für Meteorologie und Geodynamik 2019).

2.1 Einsatz digitaler Technologien schützt Klima

Die Einführung von klima- und umweltfreundlichen Energieangeboten und Mobilitätssystemen sowie die Implementierung einer Bioökonomie und der Kreislaufwirtschaft können mithilfe des digitalen Fortschritts zunehmend realisiert werden. In einzelnen Wirtschafts- und Industriesektoren spielt die Schonung von natürlichen Ressourcen und des Klimas eine zentrale Rolle. Basierend auf neuen Technologien und digitalen Produktionsprozessen können Treibhausgase und Luftschadstoffe vermieden sowie Effizienzsteigerung bei Energie- und Materialeinsatz erzielt werden. Maßnahmen zur Dematerialisierung einer Gesellschaft, um physische Stoffströme zu reduzieren, sind zunehmend möglich. In der Wissenschaft können verbesserte Wettervorhersagen und Klimamodelle erstellt werden, die zur zielgenaueren Information der Bevölkerung im Fall von Katastropheneinsätzen sowie im Risikomanagement von Unternehmen und in der Landwirtschaft zur Anwendung kommen. Die Datenerhebung und -sammlung zur Speisung von Umweltinformationssystemen und zum Ökosystemmonitoring können durch neue technologische Möglichkeiten erheblich erleichtert und verbessert werden. Aktuelle Entwicklungen in der Landwirtschaft, beispielsweise Satellitennavigation, Feldrobotik, Drohneneinsätze und Online-Plattformen für den Wissens- und Erfahrungsaustausch bringen neue Chancen für einen verstärkten Umwelt- und Klimaschutz mit sich. In der Stadtplanung bergen technische Entwicklungen wie etwa intelligente Gebäude sowie moderne Energie- und Wassermanagementsysteme erhebliche Potenziale für die Energie- und Ressourcenschonung sowie Emissionsreduktion. Inwiefern Digitalisierung als Instrument für den Klimaschutz eingesetzt werden kann, zeigen Beispiele aus verschiedenen europäischen Ländern (Tab. 1).

3 Digitalisierung als Treiber des Klimawandels

Digitale Technologien und deren Einsatz bieten unterschiedliche Risiken für Umwelt- und Klimaschutz. Laut Reichel (2018) werden die Diskussionen rund um den Einsatz von Technologien zur Verringerung des ökologischen Fußabdrucks und zur Verbesserung von Umweltqualitäten seit mehreren Jahrzehnten intensiv geführt. Dieser ökologische Modernisierungsdiskurs folgt der Überlegung, dass mithilfe steigender Investitionen in Technologien der absolute Umweltverbrauch sinken würde. Es zeigt sich jedoch, dass mit alleinstehenden Investitionen diese Senkung im großen Maßstab nicht gelingt. Globale Umweltprobleme sind mit dem Einsatz moderner Technologien mehrheitlich nicht gelöst worden. Im Gegenteil wirken sie vielerorts sogar als Problemverstärker. Den positiven Beiträgen zum Klimaschutz (Abschn. 1.2) stehen insbesondere steigender Energieverbrauch und intensive Ressourcennutzung gegenüber. Produkte, Dienstleistungen und Nutzungssysteme entpuppen sich vielerorts als Treiber des Klimawandels. Zudem sind digitale Technologien eng mit toxischen Elektroabfällen (eWaste) und der Nutzung von seltenen Erden verbunden. Eine weitere Herausforderung sind Rebound-Effekte.

Tab. 1 Beispiele: Digitalisierung als Instrument für Klimaschutz

Digitale Bauwerksbegrünung	Innovative Gebäudeoptimierung mithilfe von Bauwerksbegrünung gewinnt vor dem Hintergrund der sich verändernden Temperaturen insbesondere in Städten an Bedeutung. Energieeinsparung, verbessertes Mikroklima und Kühlung der Umgebung zählen zu den positiven Effekten begrünter Gebäude. In Österreich etabliert sich momentan eine digitale Plattform und ein Living Lab zur Förderung des Einsatzes innovativer Technologien im Gebäudesektor. Zu den digitalen Einsatzmöglichkeiten zählen beispielsweise Cobots als neuartige Mensch-Maschinen-Kooperation, um schwierige Arbeiten erleichtert verrichten zu können, Building Information Modelling sowie Drohnen, die Pflanzen an exponierten Bauwerksabschnitten pflegen (DigitalCity.Wien 2018).
Nachhaltige Industrie 4.0	Der Deutsche Rat für Nachhaltige Entwicklung beschäftigt sich mit den Chancen und Risiken des digitalen Wandels im Bereich der Industrie 4.0 im Kontext der Sustainable Development Goals. Für das dabei relevante Themenfeld *Circular Economy* werden technologische Möglichkeiten näher beleuchtet. Demzufolge zählen Maßnahmen, wie etwa recyclingorientiertes Produktdesign, verbesserte Wiederverwendung von Produkteinzelteilen, Verlängerung der Produktlebensdauer, Nutzung von lokal verfügbaren biologischen Materialien und dezentrale Materialisierung einer digitalen Produktion zu den essenziellen Beiträgen. Diese können beispielsweise zur Einsparung von Transporten und CO_2-Emissionen sowie zu Prozess- und Kostenvorteilen für Unternehmen führen (Banthien und Bode 2016).
Klimafreundliche Lernangebote an Hochschulen	Versteijlen et al. (2017) ermitteln den CO_2-Fußabdruck von einzelnen Hochschulen in den Niederlanden. In diesem Zusammenhang werden die Online-Lernangebote und der Einfluss der Reise- und Pendelaktivitäten von Studierenden (300–630 kg CO_2-Äquivalente) und Hochschulpersonal (410–750 kg CO_2-Äquivalente) auf den CO_2-Fußabdruck von Hochschulen näher untersucht. Die Ergebnisse legen den Schluss nahe, dass die reisebezogenen CO_2-Emissionen zwischen 40 und 90 % der Gesamtemissionen der beobachteten Hochschulen ausmachen. Mit verstärkten Online-Lernangeboten können die An- und Abfahrtswege, insbesondere jener der Studierenden, eingespart werden und somit ein effektiver Beitrag zum Klimaschutz geleistet werden.
Energieeffiziente Blockchain-Technologie	Eggler vom Blockchain Lab der Deutschen Gesellschaft für Internationale Zusammenarbeit (Tonspur N 2018) gibt Auskunft über eine nachhaltige Lösung bei Kryptowährungen, die weitaus weniger energieintensiv als bisherige Blockchain-Technologien für die Entscheidungsfindung in der Chain und für die Erstellung neuer Blocks ist. Der herkömmliche energieintensive Prozess, um beispielsweise die Währung Bitcoin zu schürfen („minen") nennt sich *proof-of-work*. Eine erschreckend negative Ökobilanz ist die Folge. Im Gegensatz dazu gibt es umweltfreundlichere Verfahren, um Kryptowährungen zu „minen". Bei dem Prozess namens *proof-of-stake* ist vergleichsweise weniger Energie als bei *proof-of-work* aufzuwenden.

Demnach treten Rebound-Effekte dann auf, wenn Effizienzgewinne (beispielsweise bei Materialeinsatz, CO_2-Emissionen) erzielt werden, diese jedoch aufgrund von gestiegenem Konsum infolge von Zeit- und Kostenersparnissen durch *„digital services"* obsolet gemacht werden.

3.1 Einsatz digitaler Technologien befeuert Klimawandel

Der globale Energieverbrauch steigt in Zeiten der digitalen Vernetzung. Ein beträchtlicher Teil des Bedarfs stammt dabei aus fossilen Ressourcenquellen. Insbesondere für die Stromversorgung und den Kühlungsbedarf für die Infrastruktur hinter den digitalen Nutzungssystemen und Anwendungsmöglichkeiten ist eine erhebliche Menge an Energie notwendig. Demnach wird der Energiebedarf allein für die Internetrechenzentren weltweit auf rund 152 TWh geschätzt (Kremp 2009). Gensch et al. (2017, S. 117–129) prognostizieren einen Anstieg des Energieverbrauchs von europäischen Datenzentren um 35 % auf insgesamt 70 TWh bis zum Jahr 2020. Die Herkunft der benötigten globalen Energie für Strom (20 %iger Anteil), Heizbedarf (48 %iger Anteil) und Transport (32 %iger Anteil) stammt laut *Renewables 2018 Global Status Report* zu rund 80 % aus fossilen und somit CO_2-intensiven Energieträgern. Von dem Stromanteil in der Höhe von 20 % des globalen Gesamtenergieverbrauchs werden anteilsmäßig 25 % aus erneuerbaren, sowie 75 % aus nichterneuerbaren Energieträgern produziert (Renewable Energy Policy Network for the 21st Century 2018). Inwiefern Digitalisierung negativ zum Klimawandel beitragen kann, zeigen Beispiele aus verschiedenen europäischen Ländern (Tab. 2).

4 Sustainable Development Goals als Kompass für die Gestaltung eines klimafreundlichen Wandels der Gesellschaft

Negative Klima- und Umweltfolgen der Digitalisierung sind Aspekte, die im breitenwirksamen öffentlichen Diskurs vielerorts geringer betrachtet werden als wirtschaftliche und soziale Aspekte. Wie die angeführten Beispiele zeigen, sind positive ökologische Beiträge der Digitalisierung nicht vorprogrammiert. In diesem Zusammenhang ist es unerlässlich, sich mit den kurz-, mittel- und langfristigen ökologischen Folgen der Digitalisierung auseinanderzusetzen. Dabei die Zusammenhänge und Wechselwirkungen zu erkennen sowie Möglichkeiten und Herausforderungen benennen und einschätzen zu können, wird für einen klima- und umweltverträglichen technologischen Fortschritt in Zukunft notwendig sein. In diesem Sinn sind auch eine verstärkte Bewusstseinsbildung und eine breite öffentliche Debatte darüber unumgänglich. Der DBU-Umweltmonitor Digitalisierung zeigt, dass sich 42 % der befragten Bürger und Bürgerinnen Deutschlands bis dato noch nicht mit den Folgen der Digitalisierung für die Umwelt beschäftigt haben. Nichtsdestotrotz erachtet es die überwiegende Mehrheit der Befragten als

Tab. 2 Beispiele: Digitalisierung als Treiber des Klimawandels

Smarte Mobilität und ihre Rebound-Effekte	Informations- und Kommunikationstechnologien haben in der Vergangenheit zur Zeit- und Kosteneffizienzsteigerungen bei Logistik und Flottenmanagement geführt. Gleichzeitig hat in Deutschland der Güterverkehr deutlich zugenommen. Zur absoluten Reduktion von Emissionen kam es nicht. Der Energieverbrauch stieg. Ebenso verhält sich die Entwicklung beim motorisierten Individualverkehr laut dem deutschen Bundesverkehrsministerium. Neben dem erhöhten Verkehrsaufkommen sind die Konnektivität und die Dateninfrastruktur von Autos und deren Nutzern und Nutzerinnen ökologisch problematisch. So wird beispielsweise das verbrauchte Datenvolumen eines selbstfahrenden Autos auf 20–60 MB pro Sekunde geschätzt. Demnach würden 2 Mio. selbstfahrende Autos jene Datenmenge erzeugen, die der heutigen Datenmenge von rund 3,82 Mrd. Menschen entspricht (Lange und Santarius 2018).
Stromintensives Schürfen von Kryptowährungen	Laut Krause und Tolaymat (2018) vom Oak Ridge Institute for Science and Education und der Environmental Protection Agency wurden zwischen Januar 2016 und Juni 2018 beim Schürfen in den Blockchain-Netzwerken der vier Kryptowährungen Bitcoin, Ethereum, Litecoin und Monero (Prozess: *proof-of-work*) bis zu 15 Mio. t CO_2-Emissionen ausgestoßen. Der Energieverbrauch der Bitcoin-Netzwerke wird höher eingeschätzt, als etwa jener von Irland oder Hong Kong. Um einen Bitcoin im Geldwert von einem US-Dollar zu minen, werden durchschnittlich 17 MJ Energie verbraucht. Zum Vergleich sind für die Gewinnung des gleichen Werts in Form von Gold (5 MJ), Platin (7 MJ) oder Kupfer (4 MJ) weitaus geringere Energiemengen notwendig.
Klima- und Umwelteinflüsse durch Warenrücksendungen bei E-Commerce	Zu den einflussreichsten Faktoren der Ökobilanz beim Einkaufen im Geschäft oder im Online-Shop zählen die Transportart zum Verkaufsort, allfällige Warenrücksendungen, Energieverbrauch bei der Warenlagerung, Verpackungsart und -material, sowie Stromverbrauch der Internetserver. Das Ergebnis der Ökobilanz hängt grundsätzlich vom Verhalten des Kunden und der Kundin ab. Laut Beres (2014) schneidet der Online-Handel inklusive Lieferung an Abholzentrum und ohne Warenrücksendung hinsichtlich der negativen Umwelteinflüsse am besten ab. Am stärksten negativ beeinflusst der Online-Handel inklusive Hauslieferung und mit Warenrücksendung die Umwelt und das Klima. In Deutschland werden pro Tag 800.000 Pakete retour geschickt. Dadurch werden rund 400 t CO_2 täglich ausgestoßen (Kontio 2013).
eWaste als Folge der zunehmenden Digitalisierung	Digitalisierung trägt zum verstärkten Aufkommen von eWaste bei (Kirchner 2018). Laut Global Waste Monitor fielen 2016 global rund 45 Mio. t eWaste an, wonach lediglich 20 % davon recycelt werden. Im Jahr 2021 werden es voraussichtlich 52,2 Mio. t sein. Die jährliche Produktion von eWaste in Europa betrug 2016 insgesamt 12,3 Mio. t, also 27,5 % vom weltweiten Aufkommen (Baldé et al. 2017). Die ausgedienten Elektronikgeräte wie etwa Smartphones, Computer, Kameras und Haushaltsgeräte stellen ökologische Probleme dar. Maschinen für die digitale Infrastruktur und Geräte für die Endnutzung haben eine begrenzte Lebensdauer und werden oftmals zum Nachteil der Umwelt beseitigt. Recycling ist vielerorts nicht möglich oder finanziell nicht attraktiv genug. Die Frage der Entsorgung ist unzureichend geklärt und so gelangen große Teile des globalen eWaste beispielsweise nach Afrika, wo sie zu negativen Effekten für Mensch und Umwelt beitragen (Hofer 2017).

wichtig, sich stärker damit zu beschäftigen. Die Verantwortung wird dabei insbesondere den Unternehmen, der Politik und der Gesellschaft beigemessen (Menz 2018).

Digitalisierung sollte als Gestaltungsaufgabe wahrgenommen werden (Luks 2018, S. 6–10). Demnach gehört Technologie, die per se nicht als gut oder böse zu beurteilen ist, allerdings wesentlich von den zweckorientierten Interessen der einflussnehmenden Akteursgruppen abhängt und in weiterer Folge verschiedenste gesellschaftliche Effekte auslöst, gestaltet. Die Balance der sozialen, ökologischen, wirtschaftlichen, kulturellen und politischen Dimensionen ist wichtig. Hierbei wird es ausschlaggebend sein, dass Digitalisierung künftig nicht als Verstärker der anthropogenen Klimakrise wirkt, sondern als Instrument nachhaltiger Entwicklung eingesetzt wird. Vor dem Hintergrund der bevorstehenden Veränderungen in der Unternehmens- und Arbeitswelt kommt dem Industrie- und Wirtschaftssektor hierbei eine Schlüsselrolle zu.

Mit der Agenda 2030 und ihren 17 SDG existiert erstmals ein Kompass für die umfangreiche Gestaltung nachhaltiger Entwicklung in einzelnen Gemeinden, Regionen und Staaten sowie auf internationaler Ebene. Ebenso adressieren die SDG sämtliche Gesellschaftsbereiche, wie etwa die Wirtschaft, Wissenschaft, Politik und Zivilgesellschaft. Die Agenda 2030 basiert auf zwei Grundsäulen. Zum einen sind das die Menschenrechte, um das soziale Wohlergehen sicherzustellen, und zum anderen sind das die planetarischen Grenzen, um die ökologische Tragfähigkeit der Erde gewährleisten zu können. Zur Erreichung der SDG kann die Digitalisierung als Mittel zum Zweck wertvolle Beiträge leisten. Wird jedoch an Fehlentwicklungen wie etwa Energieverbrauch, Rebound-Effekte, Datenmissbrauch, Überwachung und Manipulation gedacht, wird deutlich, dass ökologisch-soziale Rahmenbedingungen, digitale Privatsphäre, Achtsamkeit beim Umgang mit Daten, Schutz von Freiheit und Eigenverantwortung des Individuums sowie Eindämmung von Datenmonopolen und faire Spielregeln im Sinn einer nachhaltigen Digitalisierung unerlässlich sind.

Frick hält im Rahmen des CSR-Tages 2018 der Unternehmerplattform respACT fest, dass ökologische Schäden infolge der Digitalisierung vermieden werden müssen (respACT 2018). Auf technischer Ebene kann dafür beispielsweise die Langlebigkeit der Hardware eine bedeutende Rolle spielen, um Energie und Ressourcen künftig zunehmend zu schonen. Wie es die Veranstalterinnen und Veranstalter der Konferenz für Digitalisierung und Nachhaltigkeit „Bits & Bäume" formulieren, müssen elektronische Geräte vermehrt reparierbar und recyclebar sein und die geplante Obsoleszenz soll der Vergangenheit angehören (Technische Universität Berlin 2018).

Lange und Santarius (2018) skizzieren eine gesellschaftliche Perspektive, bei der sie das Ziel des digitalen Wandels als einen Beitrag zur nachhaltigen Entwicklung definieren. Demnach soll Digitalisierung die soziale Gerechtigkeit sowie den Umwelt- und Naturschutz fördern. Dafür werden drei Leitprinzipien formuliert, die Aspekte der Orientierung am Gemeinwohl, des wirksamen Datenschutzes sowie der digitalen Suffizienz gemäß dem Motto „So viel Digitalisierung wie nötig, so wenig Digitalisierung wie möglich" umfassen. Es liegt an den Einzelpersonen und ihrem digitalen Konsumverhalten sowie an den Entscheidungsträgern und -trägerinnen aus Wirtschaft, Politik,

Wissenschaft und Zivilgesellschaft, dafür zu sorgen, den digitalen Wandel und den technologischen Fortschritt aus unternehmerischer und sozialer Perspektive möglichst zukunftsfähig zu gestalten.

Literatur

Baldé CP, Forti V, Gray V, Kuehr R, Stegmann P (2017) The Global E-waste Monitor 2017 – Quantities, Flows, and Resources. International Telecommunication Union (ITU) und International Solid Waste Association (ISWA). https://www.itu.int/en/ITU-D/Climate-Change/Documents/GEM%202017/GEM2017_Executive%20Summary_E.PDF. Zugegriffen: 27. Febr. 2019

Banthien H, Bode A (2016) Industrie 4.0 und Nachhaltigkeit: Chancen und Risiken für die Nachhaltige Entwicklung. Bericht. Rat für Nachhaltige Entwicklung. https://www.nachhaltigkeitsrat.de/wp-content/uploads/migration/documents/20161230_IFOK_Bericht_Industrie_4-0_und_Nachhaltige_Entwicklung.pdf. Zugegriffen: 19. Febr. 2019

Beres G (2014) Etude Transport-Industrie-Retail – L'impact écologique du e-commerce. Sia Partners. http://transport.sia-partners.com/wpfiles/2014/09/Limpact-%C3%A9cologique-du-e-commerce.pdf. Zugegriffen: 19. Febr. 2019

Burgstaller I (2018) Digitalisierungsbarometer 2018 – Was Österreichs Führungskräfte beweg. Studie. TPA SteuerberatungsGmbH. https://www.tpa-group.at/wp-content/uploads/2018/03/studie-digitalisierungsbarometer_final_web_1.pdf. Zugegriffen: 19. Febr. 2019

Business and Sustainable Development Commission (2017) Better Business Better World (Executive Summary). http://report.businesscommission.org/uploads/Executive-Summary.pdf. Zugegriffen: 27. Febr. 2019

DigitalCity.Wien (2018) Ein Living Lab für Bauwerksbegrünung. https://digitalcity.wien/ein-living-lab-fuer-bauwerksbegruenung/?fbclid=IwAR3zS_ueiy7sd90HY3q129ICCALh2xJNaWwmeA5ElboVnPjPrTv9zyG2viM. Zugegriffen: 19. Febr. 2019

Gensch CO, Prakash S, Hilbert I (2017) Is digitalisation a driver for sustainability? In: Osburg T, Lohrmann C (Hrsg) Sustainability in a digital world. CSR, sustainability, ethics & governance. Springer International Publishing, Basel, S 117–129

Global e-Sustainability Initiative (2019) Digital Access Index. http://www.digitalaccessindex-sdg.gesi.org/. Zugegriffen: 19. Febr. 2019

Hofer E (2017). Klimawandel und Elektroschrott – die andere Seite der Digitalisierung. https://www.derbrutkasten.com/klimawandel-und-elektroschrott-die-andere-seite-der-digitalisierung/. Zugegriffen: 27. Febr. 2019

Internationale Fernmeldeunion (2019) WSIS-SDG Matrix: linking WSIS Action Lines with Sustainable Development Goals. http://www.itu.int/net4/wsis/sdg/ Zugegriffen: 27. Febr. 2019

Kirchner M (2018) Mögliche Auswirkungen der Digitalisierung auf Umwelt und Energieverbrauch. WIFO-Monatsberichte 91(12). https://www.wifo.ac.at/forschung/themenplattform_digitalisierung/themenplattform_digitalisierung_publikationen?detail-view=yes&publikation_id=61555. Zugegriffen: 27. Febr. 2019

Kontio C (2013) E-Commerce-Boom: Die Schattenseiten des Online-Handels. Online-Shopping: Ein Umwelt-Wahnsinn? https://www.handelsblatt.com/unternehmen/handel-konsumgueter/e-commerce-boom-online-shopping-ein-umwelt-wahnsinn/8186932-4.html?ticket=ST-520272-ntDEO3BsZE7IbcoePPlP-ap5. Zugegriffen: 19. Febr. 2019

Krause MJ, Tolaymat T (2018) Quantification of energy and carbon costs for mining cryptocurrencies. Nat Sustain. https://doi.org/10.1038/s41893-018-0152-7

Kremp M (2009) Internet-Energiebilanz – Das Web braucht zu viel Strom. Spiegel Online. http://www.spiegel.de/netzwelt/tech/internet-energiebilanz-das-web-braucht-zu-viel-strom-a-622712.htm. Zugegriffen: 19. Febr. 2019

Lange S, Santarius T (2018) Smarte grüne Welt? Digitalisierung zwischen Überwachung, Konsum und Nachhaltigkeit. oekom, München

Luks F (2018) Wie schön ist die digitale Welt? Es kommt darauf an: auf uns. In: Balogh E, Jachs J, Hinterberger F (Hrsg) Schöne digitale Welt (Bericht). Wien, S 6–10. http://schoenedigitalewelt.clubofrome.at/wp-content/uploads/2018/04/SDW-eBook-FINAL.pdf#%5B%7B%22num%22%3A19%2C%22gen%22%3A0%7D%2C%7B%22name%22%3A%22XYZ%22%7D%2C68%2C771%2C0%5D. Zugegriffen: 19. Febr. 2019

Menz V (2018) Digitalisierung als Instrument für eine nachhaltige Entwicklung – Informationen aus der Fördertätigkeit der Deutschen Bundesstiftung Umwelt. https://www.dbu.de/2433publikation1528.html. Zugegriffen: 19. Febr. 2019

Nill M, Schampel C, Severith M (2017) Relevanz der SDGs aus Sicht von Unternehmen – Ergebnisse der Umfrage zur Relevanz der Sustainable Development Goals (SDGs) für Unternehmen. Systain Consulting GmbH. https://www.systain.com/project/unternehmensrelevanz-sdgs/. Zugegriffen: 19. Febr. 2019

International Institute for Applied Systems Analysis (2018) Digitalization will transform the global economy. Policy Brief #20. http://www.iiasa.ac.at/web/home/resources/publications/IIASAPolicyBriefs/pb20-web.pdf. Zugegriffen: 19. Febr. 2019

Reichel A (2018) Nachhaltige Digitalisierung, digitalisierte Nachhaltigkeit? (Video). Zentrum für Angewandte Kulturwissenschaften, Karlsruher Schule der Nachhaltigkeit, Karlsruher Institut für Technologie. https://www.youtube.com/watch?v=rIuYfTLmdTU. Zugegriffen: 19. Febr. 2019

Renewable Energy Policy Network for the 21st Century (2018) Renewables 2018 Global Status Report – Infographics. http://www.ren21.net/status-of-renewables/global-status-reportrenewables-2017-global-status-report/status-of-renewablesrenewables-2018-global-status-report-infographics/. Zugegriffen: 19. Febr. 2019

respACT – austrian business council for sustainable development (2018). Think sustainable – act digital. Digitalisierung für eine lebenswerte Zukunft einsetzen. Nachlese 13. österreichischer CSR-Tag. http://respact.1kcloud.com/ep1pGd0N/#1. Zugegriffen: 19. Febr. 2019

Steffen W, Richardson K, Rockström J, Cornell S, Fetzer I, Bennett EM, Biggs R, Carpenter SR, de Vries W, de Wit CA., Folke C, Gerten D, Heinke J, Mace GM, Persson LM, Ramanathan V, Reyers B, Sörlin S (2015). Planetary boundaries: guiding human development on a changing planet. Science. https://doi.org/10.1126/science.1259855

Technische Universität Berlin (2018) Forderungen – Langlebigkeit von Software und Hardware. https://bits-und-baeume.org/forderungen/de. Zugegriffen: 19. Febr. 2019

Tonspur N (2018) Nachhaltigkeit aus der Blockchain. Podcast #57 mit Salomé Eggler https://tonspur-n.eu/nachhaltigkeit-aus-der-blockchain-5604a9e5a56e. Zugegriffen: 19. Febr. 2019

Vereinte Nationen (2015) Transformation unserer Welt: die Agenda 2030 für nachhaltige Entwicklung. Resolution der Generalversammlung, verabschiedet am 25. September 2015. http://www.un.org/Depts/german/gv-70/band1/ar70001.pdf. Zugegriffen: 19. Febr. 2019

Versteijlen M, Salgado FP, Groesbeek MJ, Counotte A (2017) Pros and cons of online education as a measure to reduce carbon emissions in higher education in the Netherlands. Curr Opin Env Sust. https://doi.org/10.1016/j.cosust.2017.09.004

Wissenschaftlicher Beirat der Bundesregierung Globale Umweltveränderungen (2018) Digitalisierung: Worüber wir jetzt reden müssen. http://www.wbgu.de/fileadmin/user_upload/wbgu.de/templates/dateien/veroeffentlichungen/weitere/digitalisierung.pdf. Zugegriffen: 19. Febr. 2019

Zentralanstalt für Meteorologie und Geodynamik (2019) Alpenraum – Wärmer, feuchter und trockener, weniger Schnee. https://www.zamg.ac.at/cms/de/klima/informationsportal-klimawandel/klimazukunft/alpenraum. Zugegriffen: 19. Febr. 2019

DI Florian Leregger ist seit 2017 Geschäftsführer des Instituts für Umwelt, Friede und Entwicklung (IUFE), wo er zu Themen der Sustainable Development Goals (SDG) arbeitet. Er studierte Umwelt- und Bioressourcenmanagement (Fachbereich: Regionale Entwicklung) an der Universität für Bodenkultur Wien. Zu seinen Schwerpunkten zählen Agenden in den Bereichen Klimawandel, Wirtschaft, Umwelt, Entwicklungszusammenarbeit sowie nachhaltige Stadt- und Regionalentwicklung im Kontext der SDG.

Die Bedeutung und die aktuelle Entwicklung der grünen Investments

Susanne Hasenhüttl und Katharina Muner-Sammer

1 Green Finance auf der politischen Agenda

„Ziel des Aktionsplans ist es, mit zehn Maßnahmen Kapital in ‚nachhaltige und integrative' Investitionen zu lenken, ökologische und soziale Risiken besser in das Risikomanagement der Finanzmarktteilnehmer einzubetten sowie die Finanz- und Wirtschaftstätigkeit ‚transparenter und langfristiger' auszurichten." Mit diesem Statement fasst die Europäische Kommission ihr Ziel zusammen, den Finanzmarkt grüner und nachhaltiger auszurichten. Die Kommission greift damit erstmals eine langjährige Forderung von verschiedenen Stakeholdern auf, die die Bedeutung des Finanzmarkts für eine nachhaltige Zukunftsentwicklung schon lange hervorhoben.

Die derzeitigen Ambitionen der Europäischen Kommission sind insbesondere vor dem Hintergrund der Pariser Klimaschutzziele zu sehen. Auf der Pariser Klimaschutzkonferenz (COP21) im Dezember 2015 haben sich 195 Länder erstmals auf ein allgemeines, rechtsverbindliches weltweites Klimaschutzübereinkommen geeinigt. Das Übereinkommen umfasst einen globalen Aktionsplan, der die Erderwärmung auf deutlich unter 2 °C begrenzen soll, um dem Klimawandel entgegenzuwirken. Konkret einigten sich die Staaten auf das Ziel, den Temperaturanstieg auf 1,5 °C begrenzen zu wollen, da dies die Risiken und Folgen des Klimawandels deutlich vermindern würde[1].

[1]Vgl. https://ec.europa.eu/clima/policies/international/negotiations/paris_de. Zugriff: April 2019.

S. Hasenhüttl (✉) · K. Muner-Sammer
ÖGUT, Wien, Österreich
E-Mail: susanne.hasenhuettl@oegut.at

K. Muner-Sammer
E-Mail: katharina.muner-sammer@oegut.at

A. Sihn-Weber und F. Fischler (Hrsg.), *CSR und Klimawandel,* Management-Reihe Corporate Social Responsibility, https://doi.org/10.1007/978-3-662-59748-4_12

Um die Klimaschutzziele zu erreichen, ist eine umfangreiche sog. Dekarbonisierung erforderlich, also ein Umbau der gesamten Wirtschaft zu einer emissionsarmen und ressourcenschonenderen Wirtschaftsweise. Vor diesem Hintergrund hat im März 2018 die EU-Kommission den Aktionsplan „Finanzierung nachhaltigen Wachstums" veröffentlicht, der auch Finanzwirtschaft und Investoren in die Pflicht nimmt. Dieser Aktionsplan wiederum basiert auf dem Abschlussbericht der sog. High-Level Expert Group on Sustainable Finance (HLEG) und schlägt ein Zehn-Punkte-Maßnahmenpaket vor, um den Finanzmarkt nachhaltiger zu gestalten. Dabei soll die Nachhaltigkeit stärker ins Risikomanagement eingebunden werden, die Transparenz grüner Investments erhöht und das Kapital in klimaschonendere Investments geleitet werden.

Konkret werden vonseiten der EU rund 180 Mrd. € ins Spiel gebracht, die bis 2030 jährlich in die Bereiche Energieeffizienz, erneuerbare Energien und umweltfreundlicher Verkehr zusätzlich investiert werden müssen, um die Klimaschutzziele zu erreichen. Die ersten Gesetzgebungsvorschläge wurden im Mai 2018 auf den Tisch gelegt, darunter ein Vorschlag für ein EU-weites Klassifikationssystem (Taxonomie), das einheitlich festlegen soll, welche Anlagen umweltverträglich sind. Dieses System soll es den Investoren erleichtern, klimafreundliche Projekte zu erkennen und darin zu investieren. Durch die Taxonomie wiederum können auch EU-Kennzeichen für grüne Finanzprodukte und grüne Anleihen geschaffen werden[2].

Auch in Österreich wird aktuell an einer Green Finance Agenda gearbeitet. Zur Umsetzung des Pariser Klimaabkommens hat die Bundesregierung im Rahmen der #mission2030 den „Leuchtturm Green Finance" beschlossen. Die österreichische Klima- und Energiestrategie sieht im Rahmen dieses Leuchtturmprojekts unter Einbindung des Privatsektors vor,

- geeignete Green-Finance-Instrumente zu identifizieren,
- investitions- und strukturpolitische Reformen voranzutreiben, die den Übergang zu einer kohlenstoffarmen und energieeffizienten Wirtschaft erleichtern,
- für den Standort Österreich ein nachhaltiges, zukunftsorientiertes und sicheres Investitionsumfeld sicherzustellen und
- negative Lock-in-Effekte zu vermeiden[3].

Die Politik hat die Thematik also auf ihrer Agenda. Man kann davon ausgehen, dass sie den Handlungsdruck in den kommenden Jahren u. a. auf die Finanzindustrie weitergegeben wird, was sich in Form von Regulierungen widerspiegeln wird. Die Frage ist, inwieweit die Finanzindustrie auf diese Agenda schon vorbereitet ist. Eine Reihe von Marktteilnehmern hat die Brisanz des Themas bereits erkannt und ist dabei, entsprechende Maßnahmen zu setzen. Es sind insbesondere die Nachhaltigkeitsinvestoren,

[2]Vgl. http://europa.eu/rapid/press-release_IP-18-5868_de.htm. Zugriff April 2019.

[3]Vgl. BMNT und BMVIT (2018) #mission2030 Die Österreichische Klima- und Energiestrategie. Wien, S. 76.

die schon in der Vergangenheit auf verantwortungsbewusste und zukunftsfähige und damit auf weniger CO_2-intensive Investments gesetzt haben. Bevor in der Folge auf die Möglichkeiten eingegangen wird, welche Aktivitäten die Finanzindustrie setzt, um zur Dekarbonisierung der Wirtschaft beizutragen, soll noch generell die Marktsituation grüner bzw. nachhaltiger Investments dargestellt werden.

2 Marktüberblick nachhaltige Geldanlagen

Um einen Einblick in die aktuelle Marktsituation nachhaltiger Investments zu erhalten, sollen an dieser Stelle einige Zahlen und Fakten dargestellt werden. Die folgenden Darstellungen sind dem aktuellen Marktbericht 2018 des Forum Nachhaltige Geldanlagen (FNG) entnommen, das seit 2005 regelmäßig Markterhebungen für den deutschsprachigen Raum durchführt und publiziert.

Die folgende Graphik (Abb. 1) zeigt das Volumen nachhaltiger Geldanlagen in Deutschland, Österreich und der Schweiz bis Ende 2017.

Österreich trägt zu den 280 Mrd. € mehr als 15 Mrd. € bei. Der Anteil nachhaltiger Geldanlagen beträgt 8,3 %. Diese Zahl zeigt, dass nachhaltige Geldanlagen trotz hoher jährlicher Wachstumsraten noch eine Nische darstellen. In Deutschland beträgt der Anteil allerdings erst 3 %.[4]

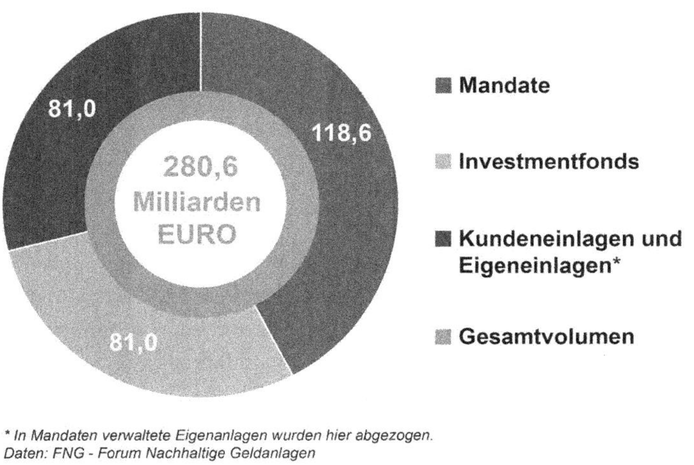

Abb. 1 Volumen Nachhaltiger Geldanlagen in DACH, Übersicht 2017 (in Mrd. €). (Quelle: FNG – Forum Nachhaltige Geldanlagen (2018) Marktbericht Nachhaltige Geldanlagen 2018. Deutschland, Österreich und die Schweiz, Berlin, S. 15)

[4]Vgl. FNG – Forum Nachhaltige Geldanlagen (2018) Marktbericht Nachhaltige Geldanlagen 2018. Deutschland, Österreich und die Schweiz, Berlin.

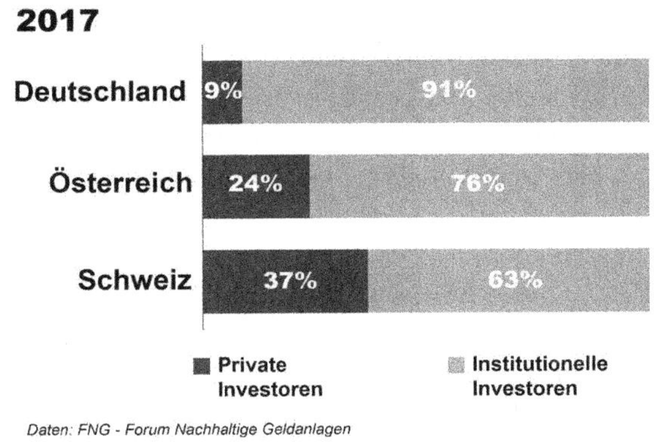

Abb. 2 Verteilung der Anlegertypen in DACH 2017 (in Prozent). (Quelle: FNG – Forum Nachhaltige Geldanlagen (2018) Marktbericht Nachhaltige Geldanlagen 2018. Deutschland, Österreich und die Schweiz, Berlin, S. 18)

Auf die Frage, welche Investorentypen nachhaltige Geldanlagen nachfragen, gibt die Abb. 2 Aufschluss: In etwa drei Viertel der Nachfrage wird in Österreich von den institutionellen Investoren generiert. Dieses Verhältnis ist über die Jahre verhältnismäßig stabil geblieben.

Die zentrale Gruppe unter den institutionellen Anlegern wiederum sind in Österreich die Betrieblichen Vorsorgekassen, von denen 68 % der nachhaltigen Assets stammen. Mit einigem Abstand und einem Anteil von 11 % folgen kirchliche Institutionen und Wohlfahrtsorganisationen. Darauf folgen die Pensionskassen mit 6,5 % und die Versicherungen mit 4,6 %.[5]

3 Dekarbonisierungsstrategien der Finanzindustrie

Dieser Abschnitt geht der Frage nach, welche Handlungen und Aktivitäten derzeit schon von der Finanzindustrie gesetzt werden, um zur Dekarbonisierung beizutragen. Grundsätzlich ist festzuhalten, dass hier Maßnahmen dargestellt werden, die das Kerngeschäft der Finanzindustrie betreffen, nämlich einerseits die Kapitalanlage und andererseits die Finanzierung. Nachhaltigkeitsbezogene Maßnahmen bzw. Klimaschutzmaßnahmen auf Ebene des Finanzdienstleisters als Unternehmen werden hier nicht näher behandelt (beispielsweise betriebsökologische und andere CSR-Maßnahmen).

3.1 Kapitalanlage

Auf Ebene der Kapitalanlage können folgende Strategien zum Klimaschutz beitragen: Es geht zum einen um die Schaffung von Transparenz, was die Kohlenstoffintensität eines Portfolios betrifft, d. h. Messung des *CO_2-Fußabdrucks* eines Portfolios.

[5] Vgl. FNG – Forum Nachhaltige Geldanlagen (2018) Marktbericht Nachhaltige Geldanlagen 2018. Deutschland, Österreich und die Schweiz, Berlin, S. 39.

Daraus abgeleitet können sog. *Divestment-Strategien* angewendet werden, um kohlenstoffintensive Industrien abzustoßen. Im Gegenzug können Portfolios durch die gezielte Wahl weniger klimaschädlicher Emittenten und Industrien optimiert werden, indem *nachhaltige Investmentstile* gewählt werden. Dazu gehören der Best-in-Class-Ansatz oder spezifische Themenfonds, die gezielt in kohlenstoffarme Industrien investieren. Weiterhin kann durch *Engagement* gezielt Druck auf Unternehmen ausgeübt werden, mehr in Richtung Klimaschutz zu unternehmen.

3.1.1 Messung des CO_2-Fußabdrucks

Der sog. Carbon Footprint bewertet die Intensität der Treibhausgasemissionen eines Portfolios anhand einer Kennziffer. In der Berechnung werden grundsätzlich die drei Emissionskategorien Scope 1, 2 und 3 berücksichtigt: Dabei umfasst Scope 1 alle direkten, d. h. die durch Verbrennung in eigenen Anlagen erzeugten Emissionen. Scope 2 beschreibt alle Emissionen, die mit eingekaufter Energie (z. B. Elektrizität, Fernwärme) verbunden sind. Scope 3 wiederum umfasst die indirekten Treibhausgasemissionen (z. B. durch Geschäftsreisen oder durch gekaufte Waren und Dienstleistungen).[6]

Die CO_2-Analyse kann sowohl für Aktien- als auch für Anleihenportfolios erfolgen. Die erforderlichen Daten für die Berechnung stammen in der Regel von spezialisierten Firmen, die insbesondere auf öffentliche Informationen oder Datenbanken zurückgreifen. Da die Berechnungsmethoden teilweise sehr unterschiedlich sind, sollte die Berechnungsart möglichst transparent dargestellt werden. Aber auch hier gibt es derzeit Bemühungen, Harmonisierungen und Standardisierungen vorzunehmen. Das Ergebnis der Analyse ist eine Zahl, die den Vergleich der CO_2-Intensität zwischen verschiedenen Portfolios ermöglicht.

3.1.2 Divestmentstrategien

Eine beliebte Strategie von Investoren, um ein Zeichen für den Klimaschutz zu setzen, ist das Divestment. Das Ziel von Divestment besteht darin, sein veranlagtes Vermögen aus fossilen Energieunternehmen (Kohle-, Öl-, Gasunternehmen) abzuziehen. Die Gründe liegen einerseits im Klimaschutz, andererseits gibt es auch wirtschaftliche Überlegungen. So wird bei einer aktiven Klimaschutzpolitik zur Erreichung des 2-Grad-Ziels angenommen, dass Aktien von fossilen Brennstoffunternehmen durch den Effekt der sog. Kohlenstoffblase („carbon bubble“) stark an Wert verlieren werden. Dabei wird im Fachjargon von den „stranded assets“, den verlorenen Vermögenswerten, gesprochen. Denn laut Angaben der internationalen Energieagentur dürften nur noch 80 % der verfügbaren fossilen Energieträger abgebaut bzw. gefördert werden, um das 2-Grad-Ziel zu erreichen. Die angewandten Divestmentansätze gestalten sich dabei unterschiedlich, größtenteils erfolgt als erster Schritt ein Ausstieg aus Kohle. Mittlerweile haben sich schon

[6]Die Einteilung folgt dem *Greenhouse Gas Protocol* https://ghgprotocol.org/.

eine Reihe von Großinvestoren aus der „Kohle" zurückgezogen (z. B. Versicherungen, kirchliche Investoren, Kommunen, Universitäten). Anzumerken ist jedenfalls auch, dass De-investing nur ein erster Schritt sein kann, um zu einem profunden nachhaltigen Investieren zu kommen. Zudem ist es in der derzeitigen Marktsituation nach wie vor so, dass z. B. Kohlekraftwerke (oder die Assets) von anderen risikoorientierteren Investoren übernommen und nicht abgeschaltet werden. Auch wirken (politisch) zugesagte Subventionierungen nach wie vor kontraproduktiv.

Wie schon im Marktüberblick dargestellt, gelten in Österreich die Betrieblichen Vorsorgekassen als Vorreiter unter den nachhaltigen Investoren. Die ganze Branche wendet nachhaltige Investmentansätze an (Verwendung von Ausschlusskriterien, Best-in-Class-Prinzip, Engagement etc.). Einige von den Kassen lassen bereits seit einigen Jahren den CO_2-Fußabdruck des Portfolios messen. Die CO_2-Intensität ist dabei im Schnitt mindestens um ein Drittel geringer als ein konventionelles Benchmark-Portfolio. Dieses Ergebnis zeigen die Auswertungen bzw. die Prüfung der Vorsorgekassen im Rahmen der Nachhaltigkeitsprüfung und -zertifizierung durch die Österreichische Gesellschaft für Umwelt und Technik[7] (ÖGUT).

Wollen Investoren gezielt in klimafreundlichere Produkte investieren, so wird gezielt in nachhaltig ausgerichtete Finanzprodukte investiert. Ein Beispiel dafür wird im folgenden Abschnitt erläutert.

3.1.3 Nachhaltige Immobilienfonds

Aufgrund des derzeit niedrigen Zinsniveaus zeigen Investoren verstärktes Interesse an Immobilienfonds. Aber auch aus Klimaschutzgründen sind Investitionen in nachhaltige Immobilien durchaus sinnvoll. Denn Gebäude sind für rund 40 % der jährlichen Treibhausgasemissionen verantwortlich[8]. Das Einsparungspotenzial ist daher groß. Es gibt bereits ein Angebot an nachhaltigen Immobilienfonds, aber auch hier lohnt sich ein Blick auf den dahinterstehenden Nachhaltigkeitsansatz. Bei internationalen nachhaltigen Immobilienfonds liegt der Schwerpunkt v. a. auf Investitionen in soziale Infrastruktur: Bei den investierten Gebäuden handelt es sich beispielsweise um Schulen, Pflegeheime usw., die ökologische Komponente spielt dabei kaum eine Rolle. Hier setzt das Österreichische Umweltzeichen für Nachhaltige Finanzprodukte einen weltweit einzigartigen Standard. Seit 2004 zeichnet das Österreichische Umweltzeichen nachhaltige Fonds aus. Seit 2016 können auch Immobilienfonds nach Nachhaltigkeitskriterien geprüft und mit dem Umweltzeichen ausgezeichnet werden. Gebäude in den zertifizierten Fonds müssen den klima**aktiv** Basiskriterien entsprechen. Hinter dem klima**aktiv**-Gebäudestandard steht das Österreichische Bundesministerium für Nachhaltigkeit und Tourismus, der Fokus liegt hier klar auf einem hohen Standard im Bereich Energieeffizienz. In Österreich

---

[7]Vgl. https://www.oegut.at/de/projekte/investment/nh-pruefung-mvk.php. Zugriff April 2019.

[8]Vgl. Global Alliance for Buildings and Construction 2018 Global Status Report 2018.

sind aktuell vier nachhaltige Immobilienfonds mit dem Umweltzeichen zertifiziert, mit einem geschätzten Fondsvermögen von rund 406,9 Mio. €.[9]

3.1.4 Engagement

Eine andere Möglichkeit, Einfluss auf Unternehmen in Richtung verstärkter Klimaschutzbemühungen zu nehmen, ist das Engagement. Dieser Begriff stammt aus dem angloamerikanischen Raum und steht für Unternehmensdialoge und Stimmrechtsausübung (Voting bei Hauptversammlungen). Mithilfe des Engagement werden die Möglichkeiten und Rechte, die der Aktionär gegenüber dem investierten Unternehmen hat, genutzt (aktives Aktionärstum). Dabei steigt der Einfluss mit dem Volumen des dahinterstehenden Kapitals. Engagement kann über Einzelgespräche mit dem Unternehmensmanagement oder als branchenbezogenes Engagement erfolgen. Häufig schließen sich Investoren auch zusammen und betreiben gemeinsam über Plattformen Engagement. Unterzeichner der Principles of Responsible Investment (PRI) können beispielsweise das PRI-Clearinghouse der Vereinten Nationen für ein gemeinschaftliches Engagement nutzen. Im Bereich Klimaschutz ist derzeit beispielsweise eine Engagementinitiative bei Öl- und Gasunternehmen geplant.[10] Viele nachhaltige Investoren und auch die Forschung sind zunehmend der Überzeugung, dass Engagement ein überaus wirkungsvolles Instrument darstellt, um Unternehmen in eine nachhaltige Entwicklung zu lenken.

3.2 Finanzierung

Ein bedeutender Hebel für die Finanzbranche in Bezug auf Klimaschutz liegt im Bereich der Finanzierung, um die Finanzierungsströme in Richtung kohlenstoffarme Industrien zu lenken. Ein Instrument, das derzeit sehr im Fokus steht, sind die sog. Green Bonds.

3.2.1 Green Bonds

Mit den ersten Green-Bond-Emissionen der Europäischen Investitionsbank und der Weltbank 2007 wurde der Grundstein für einen aufstrebenden Grünen Anleihenmarkt gelegt. Festzuhalten ist auch, dass bereits 1993 eine Bank in Österreich, die Kommunalkredit, eine Umweltanleihe emittierte.

Mit Green Bonds geht das Versprechen einher, dass grüne bzw. nachhaltige Projekte finanziert werden. Die gute Idee eines Green Bonds steht und fällt mit der tatsächlichen Umsetzung ökologischer (und sozialverträglicher) bzw. klimafreundlicher Projekte. Transparenz und Glaubwürdigkeit spielen hier eine große Rolle. Auch die Frage, welche Aktivitäten als nachhaltig eingestuft werden oder nicht. Es gibt bereits Ansätze für

[9] Vgl. https://www.umweltzeichen.at/de/produkte/finanzprodukte. Zugriff Mai 2019.

[10] Vgl. PRI: https://collaborate.unpri.org/about/pri-teams/esg-engagements. Zugriff Mai 2019.

Definitionen, was grüne und nachhaltige Aktivitäten sind. Dabei handelt es sich v. a. um freiwillige Ansätze, in China und Indien gibt es staatlich vorgegebene. Vonseiten der Finanzmarktindustrie wurde im Rahmen des internationalen Branchenverbands „International Capital Market Association" (ICMA) 2014 die Green Bond Principles (GBP) entwickelt[11]. Diese geben Qualitätskriterien für Green Bonds vor. Dabei werden Projektkategorien genannt, in die die Mittel aus Green Bonds fließen dürfen. Um zu verhindern, dass nicht oder wenig nachhaltige Projekte finanziert werden, hat die Climate Bonds Initiative (CBI) ein eigenes Zertifizierungssystem entwickelt[12]. Aktuell arbeitet auch die EU im Rahmen des eingangs beschriebenen EU-Aktionsplans „Finanzierung nachhaltigen Wachstums" an einem EU-Green-Bonds-Standard. Dieser Standard wird sich an die EU-Taxonomie anlehnen, die grüne Aktivitäten klassifizieren soll. Es bleibt abzuwarten, wie dieser Standard bzw. die EU-Taxonomie ausgestaltet sein wird. Weitere Ergebnisse hierzu sind im Juni 2019 zu erwarten.

Insgesamt ist Europa ein wichtiger Player auf dem globalen Markt für grüne Anleihen. Mit kumulierten Emissionen in Höhe von 122 Mrd. € seit 2007 stellt Europa den größten regionalen Markt dar. Das genannte Volumen macht ein Drittel des weltweiten Volumens aus. Die Emittenten stammen aus unterschiedlichen Sektoren: Energie, Finanz- oder Immobilien, aber auch Lokalregierungen und Staaten begeben Green Bonds[13]. Die Projekte, in die im Rahmen eines Green Bonds in Europa investiert wurde, haben mehrheitlich direkt oder indirekt mit Klimaschutz zu tun. Ein Schwerpunkt der Projektkategorien stellen v. a. erneuerbare Energien bzw. Energieeffizienzmaßnahmen in Gebäuden dar. Im Jahr 2018 wurde vermehrt Eisenbahnprojekte durch staatliche Green Bonds (z. B. Belgien) finanziert (Abb. 3).

Auch Staaten haben bereits nationale Klimaschutzanleihen emittiert, wie z. B. Polen, Frankreich, Belgien oder Irland. Wie bereits dargestellt, wird auch in Österreich im Rahmen der Klima- und Energiestrategie #mission2030 die Realisierung eines Austrian Green Bonds geprüft.

3.2.2 Crowdinvesting

Bei privaten Anlegern bieten Bürgerbeteiligungsmodelle wie beispielsweise das Instrument Crowdinvesting eine Möglichkeit, Klimaschutzprojekte zu finanzieren.

Zumeist geht es hierbei um Investitionen in erneuerbare Energieträger (v. a. Wind, Kleinwasserkraft, Fotovoltaik). Diese Modelle können vertraglich sehr unterschiedlich ausgestaltet sein (z. B. Sale-and-Lease-back-Modelle, Gutscheinmodelle etc.). Ein konkretes Beteiligungsmodell ist das Crowdinvesting. Dabei handelt es sich um ein Finanzierungsinstrument, bei dem ein Projekt (oder ein Unternehmen) gemeinsam von

[11]Vgl. https://www.icmagroup.org/green-social-and-sustainability-bonds/green-bond-principles-gbp/. Zugriff Mai 2019.

[12]Vgl. https://www.climatebonds.net/. Zugriff Mai 2019.

[13]Vgl. CBI 2018 The Green Bond Market in Europe 2018.

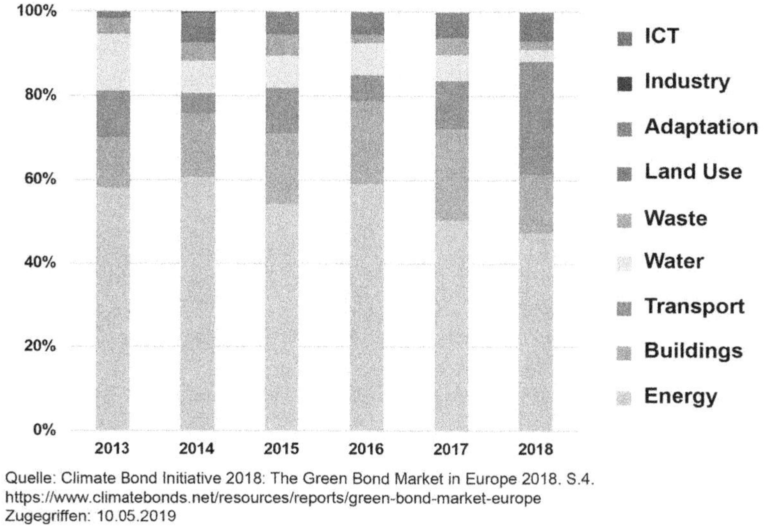

Abb. 3 Entwicklung der Verwendung von Green-Bonds-Geldern in Europa. (Quelle: Climate Bond Initiative 2018 The Green Bond Market in Europe 2018, S. 4)

vielen – zumeist Kleininvestoren – finanziert wird. Die Abwicklung der Finanztransaktionen zwischen Projektträger und Investoren läuft über eine Internetplattform ab. Zumeist funktioniert das Modell über Nachrangdarlehen, was einerseits für Privatanleger ein hohes Risiko birgt, andererseits aber auch hohe Renditen erwarten lässt. Für Österreich sind hier insbesondere zwei Plattformen zu nennen, die sich auf die Finanzierung von Klimaschutzprojekten spezialisiert haben: Crowd4Energy (www.crowd4engery.com) sowie Crowd4Climate (www.crowd4climate.org).

4 Ausblick

Green Finance ist auf der politischen Agenda angekommen, eine Entwicklung, die positiv zu sehen ist. Wir stehen vor großen Herausforderungen, denen nur mit vereinten Kräften beizukommen ist. Gefordert sind wir alle, jede und jeder Einzelne. Im Alltag geht es oft um kleine Schritte, um bewusste Entscheidungen für oder gegen einen bestimmten Kauf oder eine Investition. Auch in der Geldanlage gibt es Möglichkeiten für die kleine Geldbörse, indem bewusste die Frage gestellt wird, was mit dem investierten oder gesparten Geld eigentlich passiert. Auch die Politik wird nicht umhinkommen, steuernd oder auch mit Ordnungsrecht einzugreifen. Allein auf Anreize zu setzen, wird zu wenig zu sein. Es wird nicht nur Gewinner geben, aber die Wirtschaft muss den Klimaschutz als Chance begreifen, als Chance für neue, zukunftsfähige Geschäftsfelder, was wiederum für die Finanzindustrie neue Möglichkeiten eröffnet.

Bei all der Wichtigkeit des Klimaschutzes dürfen aber auch andere ökologische Aspekte (z. B. die Biodiversität) nicht aus den Augen verloren werden, ebenso wenig wie die soziale Komponente der Nachhaltigkeit, um – neben Klimaschutz – den gesellschaftlichen Zusammenhalt auch in der Zukunft zu sichern.

Literatur

BMNT und BMVIT (2018) #mission2030 Die Österreichische Klima- und Energiestrategie. Wien

CBI (2018) The Green Bond Market in Europe 2018

FNG – Forum Nachhaltige Geldanlagen (2018) Marktbericht Nachhaltige Geldanlagen 2018. Deutschland, Österreich und die Schweiz, Berlin

Global Alliance for Buildings and Construction (2018) Global Status Report 2018

Internetseiten

https://www.climatebonds.net/
https://collaborate.unpri.org/about/pri-teams/esg-engagements
https://ec.europa.eu/clima/policies/international/negotiations/paris_de
http://europa.eu/rapid/press-release_IP-18-5868_de.htm
https://ghgprotocol.org/
https://www.icmagroup.org/green-social-and-sustainability-bonds/green-bond-principles-gbp/
https://www.oegut.at/de/projekte/investment/nh-pruefung-mvk.php
https://www.umweltzeichen.at/de/produkte/finanzprodukte

Susanne Hasenhüttl begann 2001 im Fachbereich Ökologische Ökonomie als wissenschaftliche Mitarbeiterin ihre Tätigkeit in der Österreichischen Gesellschaft für Umwelt und Technik (ÖGUT). Zuvor arbeitete sie in der Projektmanagement Group der WU-Wien. Susanne Hasenhüttl baute in der ÖGUT das Themenfeld „Nachhaltiger Finanzmarkt bzw. Grünes Investment" auf und beschäftigt sich seither mit den vielfältigen Fragestellungen in diesem Bereich. Sie ist seit 2004 Leiterin der Nachhaltigkeitszertifizierung für betriebliche Vorsorgekassen, Pensionskassen und Versicherungen. Susanne Hasenhüttl ist zudem in unterschiedlichen Fachbeiräten und Jurys vertreten, z. B. in der Austrian-Sustainability-Reporting-Award(ASRA)-Jury für die besten Nachhaltigkeitsberichte oder in der Jury von GREEN BRANDS. Zudem ist sie Komiteemitglied des Forum-Nachhaltige-Geldanlagen(FNG)-Siegels für nachhaltige Publikumsfonds. Seit 2018 ist Susanne Hasenhüttl Mitglied der Geschäftsführung der Crowdinvestingplattformen Crowd4Climate und Crowd4Energy. Susanne Hasenhüttl studierte in Graz Umweltsystemwissenschaften mit Fachschwerpunkt Volkswirtschaftslehre.

Dr. Katharina Muner-Sammer arbeitet seit September 2008 als wissenschaftliche Projektmanagerin in der Österreichischen Gesellschaft für Umwelt und Technik (ÖGUT). Ihre Arbeitsschwerpunkte liegen im Bereich Grünes Investment sowie Gender und Diversität. Sie ist Leiterin der ÖGUT-Arbeitsgruppe Betriebsökologisches und Soziales Benchmarking für Finanzdienstleister und betreut die Weiterbildung Nachhaltige Geldanlagen. Sie hat Umweltsystemwissenschaften mit Fachschwerpunkt Volkswirtschaft in Graz studiert und an der Universität St. Gallen am Institut für Wirtschaft und Ökologie promoviert (Thema: „Der Einfluss von Ökolabelling auf die Kaufentscheidung – Evaluation der Schweizer Energieetikette mittels Discrete Choice Experimenten"). Dr.in Katharina Muner-Sammer ist zertifizierte Ecoanlage- und Gender-/Diversitätsberaterin und Unilektorin.

Der Markt für nachhaltige Geldanlagen in Deutschland, Österreich und der Schweiz – Volumen, Strategien, Qualität

Volker Weber

1 Regulierung und Förderung nachhaltiger Geldanlagen auf EU-Ebene

Seit dem Pariser Klimaabkommen aus dem Jahr 2015 steht fest, dass die Finanzwirtschaft stärker in die Erreichung der Klimaziele eingebunden werden soll. Die von der EU-Kommission zu diesem Zweck im Jahr 2017 eingesetzte Expertenkommission (High Level Expert Group on Sustainable Finance, HLEG), erarbeitete eine Reihe von Handlungsempfehlungen, wie dieses Vorhaben erreicht werden kann. Dabei sollte auch die Sicherung der Finanzmarktstabilität berücksichtigt werden.

Auf den Empfehlungen der HLEG aufbauend gab die EU-Kommission im März 2018 ihren Aktionsplan „Finanzierung nachhaltigen Wachstums" heraus. Dieser Aktionsplan umfasst die in Tab. 1 aufgeführten Aspekte.

Die zehn Maßnahmen des EU-Aktionsplans sollen im Wesentlichen drei EU-Ziele unterstützen:

a) Lenkung der Kapitalflüsse in nachhaltige Investitionen
b) Einbettung von Nachhaltigkeit in das Risikomanagement
c) Förderung von Transparenz und Langfristigkeit

Die zeitliche Umsetzung der Abstimmungen und Gesetzgebungsverfahren in der EU ist gestaffelt. Momentan sind vier Maßnahmenpakete (Maßnahmen 1, 4, 5 und 7) in Konsultationen oder bereits im Gesetzgebungsverfahren (Stand April 2019).

V. Weber (✉)
FNG – Forum Nachhaltige Geldanlagen e. V., Berlin, Deutschland
E-Mail: weber@forum-ng.org

A. Sihn-Weber und F. Fischler (Hrsg.), *CSR und Klimawandel,* Management-Reihe Corporate Social Responsibility, https://doi.org/10.1007/978-3-662-59748-4_13

Tab. 1 Aktionsplan

Maßnahme 1	Einführung eines EU-Klassifikationssystems für nachhaltige Tätigkeiten
Maßnahme 2	Normen und Kennzeichen für umweltfreundliche Finanzprodukte
Maßnahme 3	Förderung von Investitionen in nachhaltige Projekte
Maßnahme 4	Berücksichtigung der Nachhaltigkeit in der Finanzberatung
Maßnahme 5	Entwicklung von Nachhaltigkeitsbenchmarks
Maßnahme 6	Bessere Berücksichtigung der Nachhaltigkeit in Ratings und Marktanalysen
Maßnahme 7	Klärung der Pflichten institutioneller Anleger und Vermögensverwalter
Maßnahme 8	Berücksichtigung der Nachhaltigkeit in den Aufsichtsvorschriften
Maßnahme 9	Stärkung der Vorschriften zur Offenlegung von Nachhaltigkeitsinformationen und zur Rechnungslegung
Maßnahme 10	Förderung einer nachhaltigen Unternehmensführung und Abbau von kurzfristigem Denken auf den Kapitalmärkten

Der HLEG-Endbericht und der EU-Aktionsplan zeigen, dass die Themen nachhaltige Geldanlagen und verantwortliches Investieren auf höchster EU-Ebene angekommen sind und damit auch von den nationalen Regierungen sowie den Aufsichtsbehörden aufgegriffen werden. Dies führt dazu, dass der Finanzmarkt das Nachhaltigkeitsthema als eines der wichtigsten Themen der kommenden Jahre ansieht.

Insbesondere das Thema Taxonomie zeigt aber auch die Schwierigkeit, Nachhaltigkeit umfassend zu definieren. Der aktuell vorliegende Entwurf der Taxonomie zielt daher nur auf die klimarelevante Beschreibung der Nachhaltigkeit ab. Ja fast könnte der Eindruck entstehen, dass die Politik Klima mit Nachhaltigkeit gleichsetzt, denn soziale oder ethisch motivierte Aspekte werden mit der vorliegenden Taxonomie nicht abgedeckt.

Zunehmend gewinnen auch die Sustainable Development Goals (SDG) der Vereinten Nationen im Investmentbereich an Bedeutung. Hier ist festzustellen, dass die Finanzierungs- und Anlageprodukte, die auf den Markt kommen, mindestens eines der 17 globalen Ziele für nachhaltige Entwicklung adressieren und darauf referenzieren. Damit kommen die Produktanbieter Anforderungen der professionellen und institutionellen Investoren nach, die Transparenz und klare Zuordenbarkeit in der Asset-Klasse der nachhaltigen Geldanlagen einfordern.

Es zeigt sich, dass gerade auch bei den SDG in den Themenfonds, wie z. B. Wasser- oder Energiefonds, besonders gut abbildbar sind. Allerdings können auch weltweit anlegende Fonds auf die SDG einzahlen. Aktuell sind noch nicht alle Ziele der Vereinten Nationen gleichermaßen in Investments abgebildet. Es zeichnen sich v. a. Schwerpunkte in den in Tab. 2 genannten SDG ab.

Dabei stehen die SDG-Investments noch am Anfang der Entwicklung. In den kommenden Jahren ist damit zu rechnen, dass alle SDG in Investmentprodukten abgebildet werden.

Tab. 2 Schwerpunkte

Ziel 2	Den Hunger beenden, Ernährungssicherheit und eine bessere Ernährung erreichen und eine nachhaltige Landwirtschaft fördern
Ziel 3	Ein gesundes Leben für alle Menschen jeden Alters gewährleisten und ihr Wohlergehen fördern
Ziel 4	Inklusive, gleichberechtigte und hochwertige Bildung gewährleisten und Möglichkeiten lebenslangen Lernens für alle fördern
Ziel 5	Geschlechtergleichstellung erreichen und alle Frauen und Mädchen zur Selbstbestimmung befähigen
Ziel 6	Verfügbarkeit und nachhaltige Bewirtschaftung von Wasser und Sanitärversorgung für alle gewährleisten
Ziel 7	Zugang zu bezahlbarer, verlässlicher, nachhaltiger und moderner Energie für alle sichern
Ziel 9	Eine widerstandsfähige Infrastruktur aufbauen, breitenwirksame und nachhaltige Industrialisierung fördern und Innovationen unterstützen
Ziel 13	Umgehend Maßnahmen zur Bekämpfung des Klimawandels und seiner Auswirkungen ergreifen

Das Forum Nachhaltige Geldanlagen (FNG) bietet durch seine seit 2005 erprobte und stetig weiterentwickelte Marktmethodik eine bewährte Beschreibung des nachhaltigen Anlagemarkts und der verwendeten Anlagestrategien. Zugleich bietet die durch das FNG zuletzt eingeführte Kategorisierung in produktbezogene Nachhaltige Geldanlagen auf der einen Seite und institutionsbezogenes verantwortliches Investieren auf der anderen Seite die Möglichkeit, Investmenthandeln im Sinn treuhänderischer Pflicht zu erfassen und gleichzeitig gegenüber nachhaltigen Geldanlagen abzugrenzen. Mit dem FNG-Siegel wurde aus der Branche heraus ein Standard für nachhaltige Anlagefonds geschaffen, der auch Mindestanforderungen definiert und somit einen Beitrag zur Herausbildung künftiger europäischer Standards leistet.

Die Finanzwirtschaft hat allerdings die Nachhaltigkeit aufgrund der politischen Initiativen zu einem ihrer wichtigsten Themen in den kommenden Jahren gemacht. Dies auch vor dem Hintergrund der Maßnahme 4. Somit wird die Nachhaltigkeit bei jedem Kundengespräch im Banken- und Versicherungsbereich zur Sprache kommen. Dies wird nach meiner Einschätzung zu einer weiteren Zunahme der Volumen nachhaltiger Geldanlagen führen.

2 Der Markt für nachhaltige Geldanlagen

Für die Erhebung der Marktdaten zu nachhaltigen Anlagen in Deutschland, Österreich und der Schweiz ist das FNG zuständig. Das FNG erhebt seit 2005 jährlich die Daten zu den nachhaltigen Anlagemärkten.

Dabei konnten in den letzten Jahren grundsätzliche Veränderungen im Finanzmarkt beobachtet werden. Dies zeigt sich v. a. in dem anhaltenden Trend, nachhaltige Anlagestrategien vermehrt auf das gesamte Vermögen anzuwenden und nicht nur bei explizit nachhaltigen Fonds und Mandaten zu berücksichtigen. Diese Marktentwicklung nimmt das FNG nun aktiv auf und definiert die Anwendung von nachhaltigen Strategien auf das gesamte Vermögen als verantwortliches Investieren. Gerade durch die Maßnahmen des EU-Aktionsplans sowie die Erweiterung z. B. der Wohlverhaltensregeln des Bundesverbands Investment und Asset Management e. V. (BVI) um Nachhaltigkeitsfaktoren werden Asset Manager verpflichtet, Nachhaltigkeitsaspekte in den Entscheidungsprozess für Investitionen einzubeziehen. Diesem Umstand trägt das FNG mit einer Fortschreibung der Methodik zur Erfassung nachhaltiger Investments Rechnung.

2.1 Erhebungsmethodik

Mit dem Konzept des verantwortlichen Investierens greift das FNG diesen Trend zum Mainstreaming nachhaltiger Anlagestrategien auf und bildet damit diejenigen Geldanlagen ab, welche bereits im Rahmen ihrer treuhänderischen Verpflichtung Nachhaltigkeitsaspekte berücksichtigen. Dieser erfreuliche Trend, welcher dazu beiträgt, den gesamten Finanzmarkt nachhaltiger zu gestalten, führt jedoch auch zu Abgrenzungsproblemen zwischen explizit Nachhaltigen Geldanlagen, bei denen die Environmental-Social-Governance(ESG)-Kriterien auf Produktebene verankert sind, und konventionellen Geldanlagen, die ebenfalls ESG-Strategien verfolgen, jedoch auf institutioneller Ebene.

Die Abb. 1 zeigt die Unterschiede in den Begrifflichkeiten verantwortliches Investieren auf Institutsebene und der nachhaltigen Geldanlage auf der Produktebene.

Bei der Überarbeitung der Erhebungsmethodik handelt es sich um eine notwendige Weiterentwicklung, damit der gesamte Markt weiterhin adäquat und mit seinen Qualitätsunterschieden erfasst werden kann. Denn die Qualität und Tiefe des Nachhaltigkeitsansatzes variiert zwischen spezifischen nachhaltigen Geldanlagen auf der einen Seite und Mainstreamanlagen, auf die nachhaltige Kriterien oder Strategien als Overlay angewendet werden, auf der anderen Seite. Das heißt, dass für das Gesamtportfolio z. B. bestimmte Anlageobjekte ausgeschlossen werden können. Gängige Ausschlusskriterien sind in diesem Fall u. a. Agrarspekulationen, Menschen- oder Arbeitsrechtsverletzungen sowie Verstoß gegen die Genfer Kriegswaffenkonvention (geächtete Kriegswaffen).

2.2 Nachhaltige Anlagestrategien

Die Auswertung der nachhaltigen Geldanlagen basiert auf den Definitionen des europäischen Dachverbands für nachhaltige Geldanlagen, Eurosif, und umfasst aktuell acht Anlagestrategien. Dabei wird das Engagement und die Stimmrechtsausübung als jeweils separate Anlagestrategie ausgewiesen. Bei vielen Investmentstrategien ist allerdings

Verantwortliche Investments (Institutionsebene)		Nachhaltige Geldanlagen (Produktebene)	
Beim verantwortlichen Investment sind die ESG-Kriterien auf institutioneller Ebene festgelegt.		Bei den Nachhaltigen Geldanlagen sind die ESG-Kriterien in den Produktdokumenten festgelegt.	
Definition	**Umsetzung**	**Definition**	**Umsetzung**
Verantwortliche Investoren und Asset Manager gestalten ihre Investmentprozesse unter angemessener Berücksichtigung von ökologischen, sozialen und Governance-bezogenen Aspekten (ESG-Kriterien) und wenden entsprechende Anlagestrategien an. Sie richten sich dabei nach öffentlichen Standards und Prinzipien, halten ihre Strategie zum verantwortlichen Investieren schriftlich fest und informieren über ihre Aktivitäten, Anlagestrategien und ESG-Grundsätze.	Bekenntnis zu öffentlichen S tandards oder Prinzipien: · Treuhandpflichten · Wohlverhaltensregeln des BVI · PRI-Statement · Eigene Anlagerichtlinien · … Umsetzung durch folgende nachhaltige Anlagestrategien: · Engagement · Integration · Normbasiertes Screening · Stimmrechtsausübung Die alleinige Anwendung von einzelnen Ausschlusskriterien zählt nicht als verantwortliches Investment.	Nachhaltige Geldanlagen ist die allgemeine Bezeichnung für nachhaltige Produkte und Anlagevehikel, die ökologische, soziale und Governance-bezogene Aspekte (ESG-Kriterien) explizit in ihren Anlagebedingungen berücksichtigen. Es beinhaltet eine explizite schriftlich formulierte Anlagepolitik zur Nutzung von ESG-Kriterien.	Folgende nachhaltige Anlagestrategien finden Berücksichtigung: · Ausschlüsse · Best-in-Class · Engagement · Impact Investment · Integration · Nachhaltige Themenfonds · Normbasiertes Screening · Stimmrechtsausübung

Abb. 1 Übersicht Kategorien Erhebungsmethodik. (Quelle: FNG – Forum Nachhaltige Geldanlagen)

festzustellen, dass es zu einer Kombination aus mehreren Strategien kommt. Häufig wird z. B. der Best-in-Class-Ansatz mit Ausschlusskriterien kombiniert (Abb. 2).

Die im Kontext des Klimaschutzes etwa ab dem Jahr 2012 entstandene globale gesellschaftliche Divestment-Bewegung, also der Ausstieg aus fossilen Energieunternehmen („fossil fuel divestment") ist in diesem Sinn noch keine eigenständige Anlagestrategie, wird aber zunehmend als Ausschlusskriterium und damit Investitionsverbot umgesetzt.

2.3 Die Marktzahlen aus Deutschland, Österreich und der Schweiz

Die nachhaltigen Investments kommen zunehmend in den Investitionsfokus privater und v. a. institutioneller Investoren. So stiegen in der DACH-Region die nachhaltigen Geldanlagen 2018 um knapp 50 % im Vergleich zum Vorjahr. Immer mehr Geld fließt also in nachhaltige Anlageprodukte. Beim verantwortlichen Investieren betrug die Zuwachsrate 6 % und setzte auch hier die Entwicklung zu immer mehr Nachhaltigkeit in den Portfolien fort. Insgesamt ist festzustellen, dass die Summe der verantwortlichen Investments sechsfach höher als die der nachhaltigen Geldanlagen ist.

Seit 2014 haben sich somit die Volumen im Bereich verantwortliches Investment mehr als verdreifacht und erreichen einen Stand von 2859 Mrd. €. Weiterhin sehr stark am Wachsen sind die nachhaltigen Geldanlagen, die nunmehr ein Volumen von insgesamt 474,1 Mrd. € erreichen (Abb. 3).

AUSSCHLUSSKRITERIEN	Dieser Ansatz schließt systematisch bestimmte Investments oder Investmentklassen wie Unternehmen, Branchen oder Länder vom Investment-Universum aus, wenn diese gegen spezifische Kriterien verstoßen.
BEST-IN-CLASS	Anlagestrategie, nach der – basierend auf ESG-Kriterien – die besten Unternehmen innerhalb einer Branche, Kategorie oder Klasse ausgewählt werden.
ENGAGEMENT	Langfristig angelegter Dialog mit Unternehmen, um deren Verhalten bezüglich ESG-Kriterien zu verbessern.
IMPACT INVESTMENT	Investitionen in Unternehmen, Organisationen oder Fonds mit dem Ziel neben finanziellen Erträgen auch Einfluss auf soziale und ökologische Faktoren zu nehmen.
INTEGRATION	Explizite Einbeziehung von ESG-Kriterien bzw. -Risiken in die traditionelle Finanzanalyse.
NACHHALTIGE THEMENFONDS	Investitionen in Themen oder Assets, die mit der Förderung von Nachhaltigkeit zusammenhängen und einen ESG-Bezug haben.
NORMBASIERTES SCREENING	Überprüfung von Investments nach ihrer Konformität mit bestimmten internationalen Standards und Normen, z. B. dem UN Global Compact, den OECD-Leitsätzen für multinationale Unternehmen oder den ILO-Kernarbeitsnormen.
STIMMRECHTSAUSÜBUNG	Die Ausübung von Aktionärsrechten auf Hauptversammlungen, um die Unternehmenspolitik bezüglich ESG-Kriterien zu beeinflussen.

Abb. 2 Die Anlagestrategie im Überblick. (Quelle: FNG – Forum Nachhaltige Geldanlagen)

Die Investmentfonds wuchsen im Jahr 2018 um 88 % auf rund 224 Mrd. € und machen nun einen Anteil von 47 % der Gesamtsumme nachhaltiger Geldanlagen aus. Die Mandate – also vermögensverwaltende Geldanlagen – erreichten mit rund 163 Mrd. € einen Anteil von 34 % am Markt für nachhaltige Geldanlagen. Eigen- und Kundeneinlagen mit rund 88 Mrd. € runden den Markt ab.

Nachhaltige Fonds und Mandate wuchsen im Vergleich zum Vorjahr um 63 % und liegen damit deutlich über der jährlichen durchschnittlichen Wachstumsrate von 29 %.

Das enorme Wachstum der nachhaltigen Investmentfonds und Mandate in den letzten zehn Jahren zeigt die Dynamik des nachhaltigen Finanzmarkts in sehr eindrücklicher Weise. Die Anlagevolumen haben sich in dieser Zeit mehr als versiebzehnfacht (Abb. 4).

2.3.1 Nachhaltige Anlagestrategien

Innerhalb der nachhaltigen Anlagestrategien hat sich in den letzten Jahren eine bestimmte Präferenz und somit eine feste Rangfolge herausgebildet. In der Regel werden nachhaltige Anlagestrategien kombiniert. Ausschlüsse werden am häufigsten angewandt und erreichen ein Volumen von rund 310 Mrd. € (rund 80 % des Gesamtmarkts für nachhaltige Fonds und Mandate). An zweiter Stelle folgt die Strategie der ESG-Integration, die für 78 % aller nachhaltigen Fonds und Mandate oder rund 303 Mrd. € gilt. Das normbasierte Screening gilt für eine Anlagesumme von 302 Mrd. €, was ebenfalls etwas über 78 % entspricht.

Abb. 3 Die Entwicklung nachhaltiger Geldanlagen und verantwortlicher Investments seit 2014 in Deutschland, Österreich und der Schweiz. (Quelle: FNG – Forum Nachhaltige Geldanlagen, Swiss Sustainable Finance)

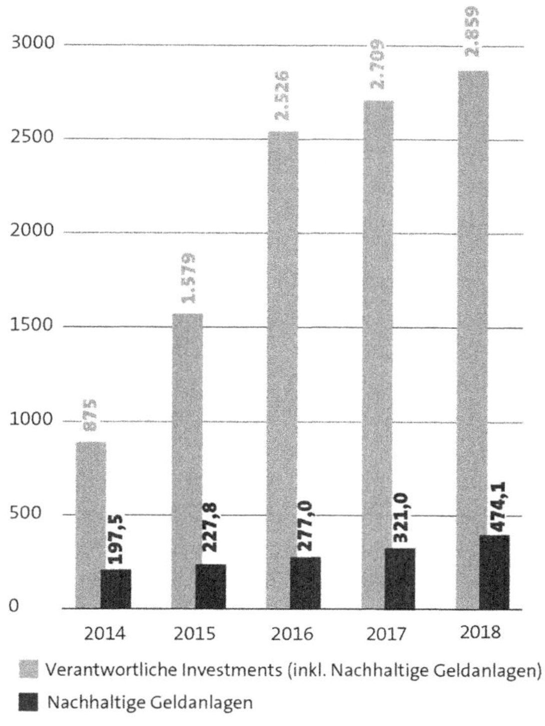

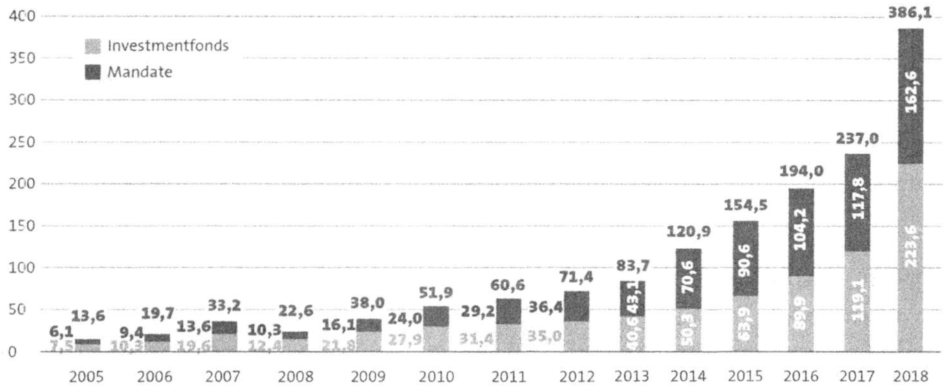

Abb. 4 Nachhaltige Investmentfonds und Mandate in Deutschland, Österreich und der Schweiz (in Milliarden €). (Quelle: FNG – Forum Nachhaltige Geldanlagen, Swiss Sustainable Finance)

Das stärkste Wachstum innerhalb der Anlagestrategien verzeichnete allerdings das Engagement und kommt aktuell auf ein Volumen von 242 Mrd. €. Der Zuwachs betrug enorme 175 %. Weiter am Ansteigen ist auch die Strategie Stimmrechtsausübung; sie wuchs um insgesamt 35 % auf nunmehr 132 Mrd. €. Es folgen die beiden Strategien Best-in-Class und nachhaltige Themenfonds.

Das geringste Volumen weist die Anlagestrategie Impact Investment mit 29,2 Mrd. € auf. Allerdings wuchs die Anlagestrategie mit 77 % im letzten Jahr überdurchschnittlich.

2.3.2 Investoren nachhaltiger Geldanlagen

In den letzten zehn Jahren hat sich innerhalb der Anlegerschaft eine deutliche Verschiebung hin zu den institutionellen Investoren ergeben. In Deutschland und Österreich wird der Markt maßgeblich von institutionellen Investoren bestimmt. Sie erreichen in Deutschland einen Marktanteil von 93 % und in Österreich mittlerweile 80 %. Auch in der Schweiz treten immer mehr institutionelle Investoren in den Nachhaltigkeitsmarkt ein und erreichen hier mittlerweile einen Marktanteil von 67 %. Allerdings wächst der Anteil der Privatinvestoren schneller als in den Nachbarländern Deutschland und Österreich. Hier bleibt abzuwarten, wie sich das Legislativpaket zur Kundenberatung in den kommenden Jahren auf die Volumen der Privatinvestoren auswirken wird (Abb. 5).

2.3.3 Klimawandel, Schlüsselfaktoren und Trends

Die vom FNG unter den Marktteilnehmern erhobene Studie zum Markt für nachhaltige Geldanlagen zeigt auf, dass die Diskussion über den Klimawandel sich auch in den Portfolien der Investoren niederschlägt. Vor allem die Nachfrage nach grünen Investitionen hat sich weiter verstärkt. Dabei zeichnen sich v. a. klimaspezifische Strategien ab, die im Kern ein Kohle-Divestment, d. h. der Ausschluss von Kohle aus den Portfolios, nach sich ziehen. Sehr wichtig sind den Investoren allerdings Green Bonds.

Mithilfe von Green Bonds werden Projekte mit positiven Einfluss auf die Umwelt und das Klima finanziert. Seit der ersten Ausgabe eines Green Bonds durch die Europäische Investitionsbank im Jahr 2007 ist der Markt stetig gewachsen und erreichte zuletzt ein weltweites Volumen von rund 170 Mrd. €. Größter Emittent von Green Bonds sind die USA, gefolgt von China. Deutschland erreicht mit rund 14 Mrd. € den vierten Platz im weltweiten Ranking (Abb. 6).

Die Produkte haben sich mit der Zeit diversifiziert. Neben den klassischen Green Bonds, mit denen vorrangig Projekte im Bereich des Klimaschutzes, der Klimaanpassung und der Klimarisiken finanziert werden, haben sich nun auch Sustainability und Social Bonds fest etabliert. Während Social Bonds zur Kapitalisierung sozialer Projekte genutzt werden, können mit Sustainability oder SDG Bonds sowohl grüne als auch soziale Vorhaben finanziert werden, die zu einem oder mehreren der UN-Nachhaltigkeitsziele beitragen.

In Deutschland und Österreich werden sowohl die Nachfrage institutioneller Investoren als auch bevorstehende Änderungen der gesetzlichen Rahmenbedingungen als treibende Kräfte hinter der Entwicklung des Markts für nachhaltige Geldanlagen gesehen. Gesetzliche Änderungen sind v. a. vonseiten der Europäischen Union durch

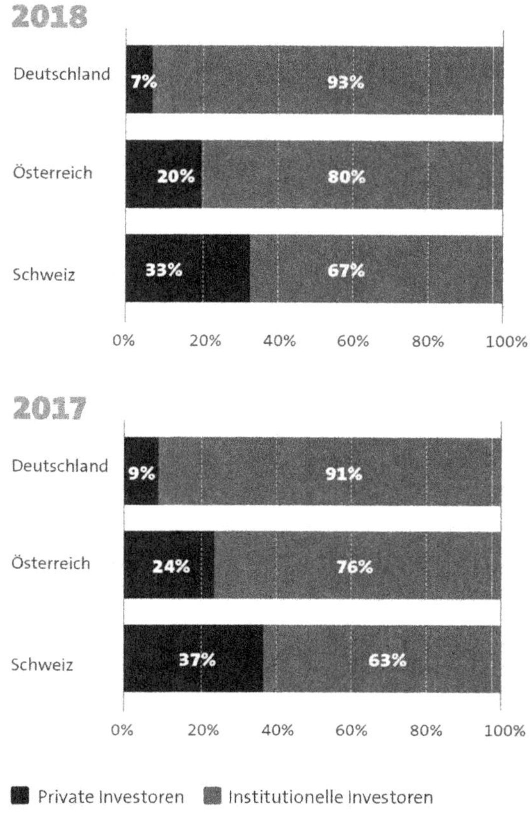

Abb. 5 Die Verteilung der Anlegertypen. (Quelle: FNG – Forum Nachhaltige Geldanlagen, Swiss Sustainable Finance)

die Umsetzung des EU-Aktionsplans zur Finanzierung nachhaltigen Wachstums zu erwarten. Institutionelle Investoren widmen sich deshalb bereits jetzt verstärkt dem Thema Nachhaltigkeit in der Geldanlage, um sich auf kommende Regulierungsmaßnahmen einzustellen.

2.3.4 Verantwortliche Investments

Wie bereits erläutert, bildet das verantwortliche Investieren die Investitionsschwerpunkte auf Institutionsebene ab. Dabei bleibt festzustellen, dass immer mehr institutionelle Investoren aus unterschiedlichen Gründen in dieses Marktsegment investieren. Die aufkommende Regulierung aber auch der gesellschaftliche Druck führen dazu, dass immer mehr Finanzakteure verantwortliche Investments tätigen und diese Form der Anlage kontinuierlich weiterentwickeln, sodass sich die Qualität und Transparenz verantwortlicher Investments stetig verbessert. Neben eigenen Anlagerichtlinien zur Berücksichtigung von Nachhaltigkeit orientieren sich die institutionellen Investoren an den Principles for Responsible Investment (PRI) sowie den Wohlverhaltensrichtlinien des deutschen Fondsverbands BVI.

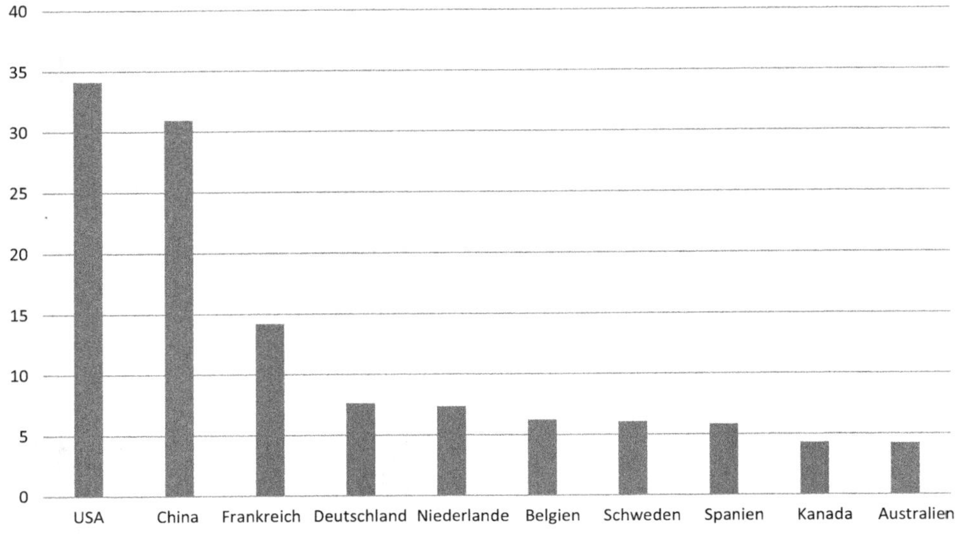

Abb. 6 Green Bond Neuemissionen im Ländervergleich (in Milliarden US$). (Daten: Climate Bonds Initiative (2018) Finance, FNG – Forum Nachhaltige Geldanlagen)

Wie schon aufgezeigt, belief sich die Summe der verantwortlichen Investments zum 31. Dezember 2018 auf 2,8 Billionen € und hat sich seit 2014 verdreifacht (Abb. 7).

Wie bei den nachhaltigen Geldanlagen werden auch bei den verantwortlichen Investments am häufigsten Ausschlusskriterien angewandt und zwar auf 88 % des verantwortlichen Investitionsvolumens. Am zweithäufigsten findet die ESG-Integration Anwendung. Sie gilt für knapp 70 % der verantwortlichen Investments. Das normbasierte Screening findet bei 56 % bzw. einer Summe von 1,6 Billionen € Anwendung. Die Strategie des Engagements konnte ihr Volumen etwas ausbauen, lediglich die Strategie der Stimmrechtsausübung verlor im Vergleich zum Vorjahr an Bedeutung und gilt nur noch für 25 %.

2.3.5 Asset-Klassen

Der Markt für nachhaltige Investments erfasst immer mehr Asset-Klassen. Waren noch vor zehn Jahren liquide Assets die dominierenden Asset-Klassen, kann ein Investor heute unter vielen Asset-Klassen im liquiden und illiquiden Bereich wählen. Sogar im Hedgefonds-Bereich ist ein nachhaltiges Angebot zu verzeichnen. In folgenden Asset-Klassen besteht heute ein Angebot:

- Aktien/Aktienfonds
- Renten/Rentenfonds
- Green Bonds/Blue Bonds/Sustainability Bonds/Social Bonds/SDG Bonds
- Geldmarkt/Bankeinlagen

Abb. 7 Summe verantwortlicher Investments in Deutschland, Österreich und Schweiz (in Milliarden €). (Daten: FNG – Forum Nachhaltige Geldanlagen, Swiss Sustainable Finance)

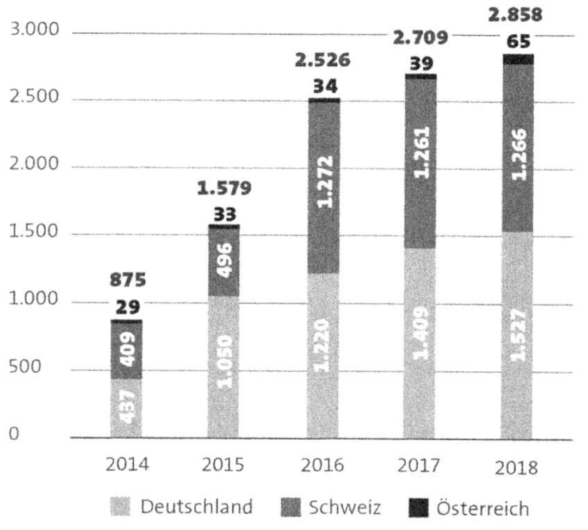

- Hedgefonds
- Immobilien/Grundbesitz
- Kommunale/lokale Anleihen
- Rohstoffe
- Staatsanleihen
- Supranationale Anleihen
- Unternehmensanleihen
- Venture Capital/Private Equity/Direktbeteiligungen

3 Qualitätssicherung nachhaltiger Geldanlagen

Das FNG hat sich als eine zentrale Aufgabe auch die Qualitätssicherung nachhaltiger Geldanlagen gestellt. Es sollen daher Maßnahmen durchgeführt werden, die eine ständige Verbesserung der Qualität nachhaltiger Geldanlagen herbeiführen, das Greenwashing verhindern und zum Verbraucherschutz beitragen. Aus diesem Grund hat das FNG das FNG-Siegel für nachhaltige Investmentfonds gemeinsam mit Finanzfachleuten und Akteuren der Zivilgesellschaft in einer dreijährigen Entwicklungsphase erarbeitet und 2015 zum ersten Mal das FNG-Siegel an Investmentfonds verliehen (Abb. 8).

Dabei baut das FNG-Siegel auf verschiedenen Bausteinen auf. Grundlage ist das von Eurosif geschaffene Transparenzlogo. Im Transparenzkodex, der diesem Logo zugrunde liegt, geben die Produktanbieter wesentliche Informationen zur nachhaltigen Ausrichtung des Fondsangebots bekannt. So z. B. auch, nach welcher Anlagestrategie der Fonds investiert und wie Nachhaltigkeit definiert ist. Diese Informationen fließen dann in die Beurteilung der Fondsprodukte mit ein (Abb. 9).

Abb. 8 FNG-Siegel und Transparenzlogo

Abb. 9 Siegelaufbau im Überblick. (Quelle: GNG)

Damit ist es im deutschsprachigen Raum zum ersten Mal gelungen, einen Mindeststandard für nachhaltige Anlageprodukte zu schaffen. Dabei wird das Siegelkonzept selbst zusammen mit einem unabhängigen Komitee stetig weiterentwickelt und so an die Dynamik des nachhaltigen Investmentmarkts und an neue Anforderungen angepasst.

Herzstück des Ganzen sind der unabhängige Auditpartner und das Siegelkomitee. Die Research Group on Sustainable Finance der Universität Hamburg bündelt Fachwissen in den Gebieten Finanzen und Investitionen, Accounting sowie strategisches Management. Neben der akademischen Forschung zeichnet sich die Gruppe durch einen interdisziplinären Ansatz und eine starke Verknüpfung von Wissenschaft und Praxis aus. Die Mitarbeiter des Lehrstuhls „Management and Sustainability“ führen die Operationalisierung des Audits durch, erstellen Research und sind für die Weiterentwicklung der Methodik des FNG-Siegels mitverantwortlich. Das FNG-Siegelkomitee repräsentiert Anleger, Zivilgesellschaft, Wissenschaft, Kirchen und Nichtregierungsorganisationen aus den FNG-Ländern Deutschland, Österreich und der Schweiz. Es überprüft die Siegelvergabe und berät bei der Weiterentwicklung der Methodik.

Der Nutzen des FNG-Siegels liegt somit auf der Hand und stellt sich daher wie folgt dar:

- Qualitätssicherung nachhaltiger Geldanlagen
- Mindestanforderungen nach international anerkannten Normen
- Verringerter Zeit- und Kostenaufwand für Anleger und Fondsanbieter
- Prüfung durch einen unabhängigen Auditor
- Förderung des nachhaltigen Investmentmarkts

Aktuelle Herausforderung ist die weitere Marktdurchdringung und somit die Standardsetzung im Markt für nachhaltige Geldanlagen. Doch auch hier zeichnet sich ein Erfolg ab. Im Jahr 2017 wies die Wachstumsrate aller beantragten Fonds-Siegel bereits ein Plus von rund 25 % aus, 2018 von 40 %. In diesem Jahr zeichnet sich bereits wiederum eine sehr hohe Wachstumsrate ab. Dazu trägt auch der EU-Aktionsplan bei, denn das FNG-Siegel wurde als das deutsche SRI-Label von der EU in die Arbeitsgruppe zur Erweiterung des EU-Ecolabels auf Finanzprodukte aufgenommen.

Dies ist auch darauf zurückzuführen, da das FNG-Siegel mittlerweile von Anbietern aus insgesamt elf europäischen Staaten für ihre Nachhaltigkeitsprodukte nachgefragt wird.

Der Schwerpunkt der Beantragungen liegt dabei allerdings klar in Österreich und Deutschland. Von Anfang an waren die Sparkassen- und Raiffeisenorganisation in Österreich ein wichtiger Träger des FNG-Siegels. Alle FNG-Siegelträger schätzen dabei die Arbeit mit dem Auditor und der Siegelgesellschaft Gesellschaft für Qualitätssicherung Nachhaltiger Geldanlagen mbH (GNG), denn es werden v. a. die Prozesse im Fonds und das Zusammenspiel zwischen der Nachhaltigkeits- und der Finanzanalyse überprüft. Aufgrund der Tiefe der Prozesse wird so den Asset Managern geholfen, bessere Investmententscheidungen zu treffen und auch Reputationsrisiken zu vermeiden. Aufgrund der Analysen kam es schon einige Male dazu, dass sich Fondsgesellschaften von Aktien getrennt haben, die sich letztendlich als Ausschlusskandidaten entpuppt haben.

Die gesamten Prozesse und Vergaben werden von der GNG gesteuert und organisiert. Als FNG-Tochter trägt sie über die Zertifizierung von Finanzprodukten, Gutachten und die Entwicklung von Standards und Dienstleistungen zur Qualitätssicherung nachhaltiger Investments bei.

4 Nachhaltige Geldanlagen wirken

Mittlerweile dominiert das Thema Nachhaltigkeit den Finanzmarkt und der Markt der nachhaltigen Geldanlagen wächst sehr dynamisch. Es gibt kaum einen Produktanbieter, der über kein nachhaltiges Anlageprodukt verfügt. Von daher ist natürlich der Marketingaspekt, unter dem ein nachhaltiges Finanzprodukt emittiert wird, nicht zu unterschätzen. Allerdings spielen die Aspekte Risikomanagement und Regulierung inzwischen ebenfalls eine bedeutende Rolle bei der Integration von ESG-Kriterien in den Analyseprozess. Die Politik will zudem mehr Kapital hin zu klimafreundlichen Investitionen lenken. Von daher ist weiteres Marktwachstum vorprogrammiert.

Dies erfordert nun Maßnahmen, um die Qualität der Angebote zu steigern und dem Markt Investitionssicherheit zu geben.

Lange bestimmte die Unterscheidung verschiedener Investmentstrategieansätze die Diskussion darüber, was Nachhaltigkeitsfonds kennzeichnet. Noch heute gibt es allerdings keine klaren Aussagen darüber, welche der verschiedenen Strategien für die Anleger den meisten Nutzen bringen. In den FNG-Marktberichten der vergangenen Jahre deutete sich bereits an, dass sich die Qualität nachhaltiger Geldanlagen zunehmend durch die gezielte Kombination verschiedener Investmentansätze auszeichnet.

Die Abgrenzung zwischen den unterschiedlichen nachhaltigen Anlagestrategien wird aufgrund der wachsenden Bedeutung von ESG-Integration als Kombination verschiedener nachhaltiger Anlagestrategien absehbar an Bedeutung verlieren.

Bislang gibt es keine eindeutigen Erklärungsmuster für die Outperformance jedes einzelnen Ansatzes. Die Performanceanalyse ist hierfür Beweise schuldig geblieben. Doch was wird dann an die Stelle treten, wenn es nicht mehr primär um einzelne nachhaltige Anlagestrategien geht? Und wie lassen sich Nachhaltigkeitsfonds für den Anleger sichtbar von anderen Investmentprodukten unterscheiden? Hier kann das FNG mit seinem FNG-Siegel einen wichtigen Beitrag zur Qualitätssicherung beitragen, damit sich die Prozesse im Bereich Research und Investition permanent verbessern und somit für zusätzliche Stabilität sorgen.

Derzeit spricht einiges dafür, dass die Frage nach der Wirkungsorientierung von Investments zu einer nächsten Entwicklungsstufe nachhaltiger Geldanlagen führen wird.

Das Wort Wirkung, neudeutsch Impact, ist ein Begriff, der im Rahmen nachhaltiger Geldanlagen nicht eindeutig definiert und damit nur schwer kategorisierbar ist. Wirkung drückt sich mehrdimensional aus: Nach der bislang vorherrschend diskutierten Frage der Wirkung nachhaltiger Geldanlagen auf den finanziellen Anlageerfolg rückt nun zunehmend die Frage nach der Wirkung auf Umwelt und Gesellschaft, sprich auf eine nachhaltige Entwicklung, in den Fokus. Die Offenlegungspflichten zielen bereits in solch eine Richtung, wenn sie beispielsweise von den Finanzdienstleistern fordern, darüber zu berichten, ob sie die negativen Wirkungseffekte ihrer Investments auf Mensch, Gesellschaft und Umwelt prüfen.

Finanzielle Wirkung	Risikomindernd	Durch Berücksichtigung materieller ESG-Risiken wird das finanzielle Risiko einer Kapitalanlage gegenüber herkömmlichen Investment-ansätzen reduziert beziehungsweise gemindert.
	Performancesteigernd	Durch die Selektion zukunftsfähiger Anlageobjekte mit größeren Wachstumschancen im Vergleich zu konventionellen Anlagen ergibt sich über kurz oder lang eine finanzielle Outperformance.
Nachhaltigkeitswirkung	Mit Blick auf allgemein anerkannte Nachhaltigkeits-standards und -ziele werden positive Wirkungen auf eine nachhaltige Entwicklung gefördert und negative verhindert.	Durch den Ausweis von sogenannten Key Performance Indicators (KPIs) wie einen umsatzbezogenen ESG-Score oder SDG-Klassifizierungssys-teme werden Nachhaltigkeitswirkungen transparent gemacht. Hierbei sind Positiv- und Negativ-Scorings sowie saldierte Bewertungen einer Wirkungsmessung voneinander zu unterscheiden.
	Konkreter nachhaltiger Nutzen („Outcome") in Bezug auf Mensch, Gesellschaft und Umwelt sind anhand spezifischer Kennzahlen nachweisbar.	Zum Beispiel der CO_2-Minderungsausweis eines Green Bonds oder der soziale Nutzen eines konkreten Entwicklungs- oder Mikrofinanzprojek-tes.
Lenkungs-wirkung	Positiver Finanzierungsbeitrag zur Ausrichtung der europäischen Nachhaltigkeitsstrategie.	Zum Beispiel Anteil der Vermögenswerte eines Fonds oder Green Bonds, welcher den Kriterien der EU-Nachhaltigkeitstaxonomie oder einem eindeutig ausweisbaren SDG-Bezug entspricht.

Abb. 10 Die Wirkungsdimensionen nachhaltigkeitsorientierter Investments. *ESG* Environmental Social Governance; *SDG* Sustainable Development Goal. (Quelle: FNG – Forum Nachhaltige Geldanlagen)

Besonderen Charme erfahren die nachhaltigen Investments zudem durch die Tatsache, dass neben einer Finanzrendite auch eine Umweltrendite erzielt werden kann. Diese drückt sich in einem verringerten CO_2-Ausstoß gegenüber herkömmlichen Portfolios aus oder sorgt für verbesserte Werte im Bereich Ressourcen- und Energieeffizienz. Weiterhin kann ein Investor auch mit einer Sozialrendite rechnen, denn Menschen- oder Arbeitsrechtsverletzungen bei Unternehmen oder der Zulieferkette führen automatisch zum Ausschluss aus den Fondsuniversen (Abb. 10).

Von daher ist davon auszugehen, dass der Markt der nachhaltigen Geldanlagen auch in den kommenden Jahren ein ungebrochenes Wachstum zu verzeichnen haben wird.

Weiterführende Literatur

Alternative Bank Schweiz (2018) Geschäftsbericht 2018. https://www.abs.ch/fileadmin/absch/45_ipaper/annual_reports/de/_processed/2018_Geschaeftsbericht/2018_Geschaeftsbericht/2/index.html. Zugegriffen: 6. Mai 2019

BVI – Bundesverband Investment und Asset Management (2019) Zahlenwerk des deutschen Investmentmarktes. https://www.bvi.de/fileadmin/user_upload/Statistik/Investmentstatistik_1812_DE.pdf. Zugegriffen: 6. Mai 2019

Climate Bonds Initiative (2019) Green bonds – the state of the market 2018. https://www.climatebonds.net/resources/reports/bonds-and-climate-change-statemarket-2018. Zugegriffen: 6. Mai 2019

Climate Bonds Initiative (2019) 2018 Green Bond Market Summary. https://www.climatebonds.net/resources/reports/2018-green-bond-market-highlights. Zugegriffen: 6. Mai 2019

CRIC, KlimaGut Immobilien AG (2018) Leitfaden für ethischnachhaltige Immobilieninvestments. https://www.cric-online.org/images/CRIC/Immobilienleitfaden_CRIC_Klimagut_Maerz_2018.pdf. Zugegriffen: 6. Mai 2019

Europäische Kommission (2018) Aktionsplan: Finanzierung nachhaltigen Wachstums. https://eur-lex.europa.eu/legal-content/DE/TXT/PDF/?uri=CELEX:52018DC0097&from=EN. Zugegriffen: 14. Mai 2019

FNG – Forum nachhaltige Geldanlagen: Marktbericht (2019). www.forum-ng.org/images/stories/Publikationen/fng-marktbericht_2019-online.pdf

Freie Gemeinschaftsbank (2018) Geschäftsbericht 2018. https://www.gemeinschaftsbank.ch/unserebank/ueber-uns/geschaeftsbericht. Zugegriffen: 6. Mai 2019

High-Level Expert Group on Sustainable Finance (2018) Financing a sustainable European economy – final report 2018. https://ec.europa.eu/info/sites/info/files/180131-sustainable-finance-final-report_en.pdf. Zugegriffen: 14. Mai 2019

Swiss Fund Data (2019) Swiss Fund Market Statistics, Month-End Analysis, 31.12.2018. https://www.swissfunddata.ch/sfdpub/fondsmarkt-statistiken. Zugegriffen: 10. Apr. 2019

Swiss Sustainable Finance (2018) Swiss Sustainable Investment Market Study 2018. http://www.sustainablefinance.ch/upload/cms/user/SSF_Swiss_Sustainable_Investment_Market_Study_2018_E_final1.pdf. Zugegriffen: 6. Mai 2019

Swiss Sustainable Finance (2019) Swiss Sustainable Investment Study 2019

VÖIG – Vereinigung Österreichischer Investmentgesellschaften (2019) Österreichischer Investmentfondsmarkt aktuell – Fondskategorie und Zielgruppe: Fondsvolumen, Fondsanzahl. http://www.voeig.at/voeig/internet_4.nsf/sysPages/oesterrinvestmentfondsmarkt.html. Zugegriffen: 6. Mai 2019

Volker Weber ist seit September 2007 Vorsitzender des Vorstands des Forum Nachhaltige Geldanlagen e. V. (FNG) mit Sitz in Berlin, dem Fachverband für ökologische, ethische und soziale Investments in der DACH-Region. Er ist Mitglied des Board of Directors von Eurosif, dem europäischen Dachverband nachhaltiger Geldanlagen. Seine berufliche Karriere startete er nach seinem betriebswirtschaftlichen Studium mit den Schwerpunkten Finanz- und Börsenwesen bei der Deutschen Bundesbank und war danach bei verschiedenen Banken und Vermögensverwaltern im In- und Ausland tätig. Volker Weber vertritt das FNG in verschiedenen politischen und wirtschaftlichen Gremien. Sein Ziel ist es, dass nachhaltige Geldanlagen in die Standardanlagemöglichkeiten der Sparkassen und Banken aufgenommen und angeboten werden.

Wie steht es um den unternehmerischen Klimaschutz? Eine Zustandsbeschreibung mit Handlungsempfehlungen

David Lammers

1 Einleitung

Im fünften Jahr nach der Unterzeichnung des Pariser Klimaabkommens ist der Klimawandel medial präsent wie selten zuvor. Seien es Talkrunden bei Anne Will, Debatten über streikende Schüler oder die Verleihung des deutschen Film- und Fernsehpreises „Goldene Kamera“ an Greta Thunberg: Klimathemen bestimmen die Agenden. Höchste Zeit, möchte man meinen, hat uns doch unlängst der Sonderreport des Intergovernmental Panel on Climate Change (IPCC) zu den Effekten einer Erderwärmung um 1,5 °C noch einmal die drastischen Folgen selbst einer erfolgreichen Umsetzung des Pariser Abkommens aufgezeigt (Intergovernmental Panel on Climate Change 2018).

Während medialer Fokus bekanntermaßen wandelbar ist und diese Aufmerksamkeit sich ebenso schnell dem nächsten polarisierenden Thema zuwenden könnte, ist sie natürlich dem Klimaschutz nichtsdestotrotz zuträglich. Auch in der Unternehmenslandschaft bestärkt sie diejenigen Akteure, die Klimaschutz schon seit Jahren zu einem wichtigen Element der Geschäftsentwicklung und -strategie erhoben haben, und bringt jene in größere Erklärungsnöte, die selbigen bisher eher als Randnotiz betrachtet haben. Alles in allem ist der Zeitpunkt passend, um ein kurzes Zwischenfazit zu ziehen und sich zu

Der vorliegende Text wurde in seiner Grundfassung bereits im Frühjahr 2019 verfasst. Bezüge und Referenzen entstammen diesem Zeitraum und sind zum Zeitpunkt der Veröffentlichung ggfs. nicht mehr vollends aktuell.

D. Lammers (✉)
CDP Europe, Berlin, Deutschland
E-Mail: david.lammers@cdp.net

A. Sihn-Weber und F. Fischler (Hrsg.), *CSR und Klimawandel*, Management-Reihe Corporate Social Responsibility, https://doi.org/10.1007/978-3-662-59748-4_14

fragen: Welche Erkenntnisse können wir aus den unternehmerischen Klimaaktivitäten der letzten Jahre gewinnen? Welche Bedeutung spielt die Offenlegung hierbei? Und welchen Aspekten des Klimaschutz sollten sich Unternehmen zukünftig noch verstärkt widmen? Diesen Fragen möchte ich mich auf den folgenden Seiten nähern. Der Fokus meiner Analyse liegt hierbei auf Beobachtungen aus der DACH-Region, jedoch betrachtet in einem europäischen und teilweise auch globalen Kontext.

2 Aktuelle Erkenntnisse aus der DACH-Region

2.1 Klimaschutz ist kein Nischenthema mehr, sondern beeinflusst zunehmend zentrale unternehmerische Entscheidungsprozesse

Ursprünglich und traditionell waren Klimafragen in den letzten Jahrzehnten in Unternehmen zumeist in Fachabteilungen angesiedelt. Eine erhöhte Aufmerksamkeit war in aller Regel höchstens bei Unternehmen zu verzeichnen, deren Kerngeschäft eng mit Klimafragen zusammenhängt; als prominentes und wenig vorbildliches Beispiel sei hier der Öl-Gigant Exxon genannt, der intern bereits Ende der 1970er-Jahre umfassende Erkenntnisse zu den kausalen Zusammenhängen zwischen der Verbrennung fossiler Brennstoffe und der globalen Erderwärmung gewonnen hatte. Statt dies als Anlass zu nehmen, sein Geschäftsmodell grundlegend zu hinterfragen und zu transformieren, beteiligte sich Exxon in der Folge jedoch aktiv daran, diese Kausalität innerhalb der Wissenschaftswelt infrage zu stellen (Goldenberg 2015). Weitaus typischer für den unternehmerischen Umgang mit Klimafragen war jedoch entweder eine Verankerung derselbigen in Environment-Health-Safety(EHS)-Abteilungen, in einem gemeinsamen Pool mit zahlreichen anderen Umweltthemen, oder eine komplett fehlende Zuweisung einer Verantwortlichkeit im Unternehmen.

Dieses Bild hat sich massiv gewandelt. Über die letzten Jahre hinweg hat der Klimaschutz zunehmend seinen Platz auf der Agenda der höchsten Führungsebenen gefunden: So waren im Jahr 2018 bei 95 % der an CDP berichtenden DACH-Unternehmen entweder der Vorstand oder ein vom Vorstand beauftragtes Komitee verantwortlich für Klimafragen[1]. Bemerkenswert hierbei ist, dass dies ein sektorübergreifend zu beobachtendes Phänomen darstellt, das sich nicht nur in traditionell emissionsintensiven

[1]Hinweis 1: Sämtliche quantitative Analysen der Unternehmenslandschaft in diesem Kapitel sind, wenn nicht anderweitig gekennzeichnet, den Antworten der Unternehmen zur CDP-Investoranfrage zum Thema Klima aus dem Jahr 2018 entnommen. An der Anfrage haben im Jahr 2018 weltweit über 2400 größtenteils börsennotierte Unternehmen teilgenommen, die in Summe über 50 % des globalen Börsenwerts repräsentieren; sie ist damit die weltweit größte Anfrage ihrer Art. Die Ergebnisse im europäischen und DACH-Raum, auf die sich der Autor bezieht, können dem im Februar 2019 veröffentlichten CDP-Analysebericht entnommen werden (CDP 2019).

Branchen widerspiegelt, sondern gleichermaßen in beispielsweise Service- oder Finanzunternehmen. Noch entscheidender für die tatsächliche Wirkweise dieser Verantwortung ist jedoch, dass diese in 80 % der Unternehmen auch an konkrete Anreizsysteme des Management gekoppelt ist (monetär oder anderer Natur). Die gehobene Bedeutung von Klimafragen zeigt sich zudem darin, dass diese in 88 % der Unternehmen Einfluss auf die Geschäftsstrategie nehmen. Im europäischen Vergleich liegt die DACH-Region damit bei der Vorstandsverantwortung über dem Durchschnitt (92 % auf europäischer Ebene), bei der Kopplung an Anreizsysteme gleichauf (jeweils 80 %), und beim Einfluss der Geschäftsstrategie darunter (94 % auf europäischer Ebene)[2].

2.2 Eine Mehrzahl der Unternehmen sieht sich klimabedingten Risiken gegenüber, eine noch größere Zahl sieht jedoch auch Geschäftschancen

Eine nicht ganz neue und zunächst trivial wirkende Erkenntnis besteht darin, dass Unternehmen im Klimawandel sowohl Risiken als auch Chancen für sich erkennen. Der Anteil der Unternehmen, der bestimmte Risikotypen[3] identifiziert hat, schwankt hier jedoch zwischen den einzelnen Ländern stark. Während in Österreich sämtliche berichtende Unternehmen zumindest ein Transitionsrisiko und 85 % mindestens ein physisches Risiko identifiziert haben, liegen diese Raten in der Schweiz bei 71 und 57 % und in Deutschland lediglich bei 60 und 46 %. Beides liegt unter dem europäischen Durchschnitt von 78 und 66 %. Während dies in Teilen auch auf lückenhafte Berichterstattung zurückzuführen sein kann, wirft es dennoch die Frage auf, ob sich nicht insbesondere Teile der deutschen und schweizerischen Unternehmenslandschaft in einer trügerischen Sicherheit wähnen, die mit Klimawandel und erhöhtem Klimaschutz einhergehenden Veränderungen würden sie – gegebenenfalls mit Blick auf ihr Geschäftsmodell oder ihren Hauptstandort – nicht direkt betreffen. Vor allem die verhältnismäßig geringe Identifizierung von Transitionsrisiken legt einen Schluss nahe: Es scheinen noch nicht alle unternehmerischen Risikobewertungsmechanismen anerkannt zu haben, dass wirksamer Klimaschutz anders als beispielsweise die Bekämpfung des Ozonlochs nicht durch das „phasing out" einzelner Produkte wie fossiler Brennstoffe zu erreichen ist, sondern grundlegende und tief greifende Veränderungen unserer Wirtschafts- und Alltagsstrukturen erfordern wird.

---

[2]Hinweis 2: Beim Vergleich mit der europäischen Ebene ist zu beachten, dass der Status vieler osteuropäischer Länder aufgrund bisher ausgebliebener Berichterstattung der Unternehmen und daraus resultierender mangelhafter Datengrundlage nicht ausreichend in die Durchschnittsanalyse mit einbezogen wurde. Für eine Übersicht der in den Durchschnitt einfließenden Anzahl berichtender Unternehmen siehe CDP (2019, S. 8 f.).

[3]Im Jahr 2018 hat CDP in seiner Abfrage Risikotypen erstmalig gemäß der TCFD-Nomenklatur in physische Risiken und Transitionsrisiken, also Geschäftsrisiken, die dem Unternehmen aus dem Wandel zu einer kohlenstoffarmen Wirtschaft entstehen könnten, unterteilt.

Demgegenüber sieht eine deutlich höhere Anzahl von Unternehmen in Deutschland und der Schweiz aus dem Klimawandel Chancen erwachsen (jeweils mehr als drei Viertel der Unternehmen), in Österreich sogar erneut sämtliche berichterstattenden Unternehmen. Zumindest in Deutschland und Österreich könnte ein treibender Faktor hierbei sein, dass wiederum mehr als drei Viertel der Unternehmen Produkte oder Dienstleistungen im Portfolio haben, die anderen helfen, Emissionen einzusparen („low carbon products"). Dies ist wiederum einige Prozentpunkte über dem europäischen Durchschnitt (73 %). Die schweizerische Unternehmenslandschaft liegt hier deutlich dahinter: Lediglich 53 % gaben an, „low carbon products" anzubieten, was den zweitniedrigsten Wert in Europa hinter Irland darstellt.

2.3 Ein Großteil der Unternehmen bekennt sich weiterhin nicht zu absoluter Emissionsreduktion

Während die Verankerung der Verantwortlichkeit sowie der hohe Anteil an „low carbon products" durchaus Indikatoren für eine ernsthafte Auseinandersetzung mit dem Klimaschutz darstellen, gehört zur vollständigen Wahrheit auch, dass es die Mehrzahl der europäischen Unternehmen im Allgemeinen sowie DACH-Unternehmen im Speziellen weiterhin vermeidet, sich zu einer angestrebten absoluten Emissionsreduktion, ausgedrückt in absoluten Reduktionszielen, zu bekennen. Österreich weist hier noch das verhältnismäßig beste Bild auf – hier haben sich 62 % derartige Ziele gesetzt. In Deutschland haben diesen Schritt lediglich 44 % der Unternehmen getätigt, in der Schweiz sogar lediglich 41 %; auch im europäischen Durchschnitt trifft dies auf weniger als die Hälfte der Unternehmen zu (49 %).

Zielsetzung zur Reduktion der Emissions**intensität**, also des Emissionsvolumens relativ zu einem Geschäftsindikator (beispielsweise pro Euro Umsatz, pro Mitarbeiter oder pro produziertem Produkt) ist hierbei zumindest in Deutschland mit 49 % und der Schweiz mit 59 % der Unternehmen verbreiteter; auch im europäischen Durchschnitt sind diese Ziele vermehrt zu finden (58 %). Eine mögliche Erklärung hierfür könnte sein, dass strategische Entscheidungsträger in den Unternehmen (in Geschäftsführung und Investorenkreisen) eher geneigt sind, Emissionsreduktionszielen zuzustimmen, wenn diese sich relativ zu einem erhofften wirtschaftlichen Wachstum bewegen und so nicht den Anschein erwecken, potenziell das Wachstum des Unternehmens einschränken zu können.

Für wirksamen Klimaschutz ist jedoch eine absolute Emissionsreduktion unerlässlich; die Erfolge von Effizienzgewinnen werden ansonsten allzu häufig durch einen Anstieg von Produktion und Konsum getilgt[4]. Auch dass bisher lediglich weniger als 10 % der

[4]Ein Effekt, der bereits seit dem 19. Jahrhundert auch als Jevons Paradox bekannt ist, benannt nach dem britischen Ökonom William Stanley Jevons (Jevons 1865).

berichtenden Unternehmen im DACH-Raum ein Science Based Target (SBT) gesetzt haben, bestärkt das Bild, dass viele Unternehmen sich noch nicht ihrer vollumfassenden Klimaverantwortung stellen[5].

3 Die Rolle der Berichterstattung für den Klimaschutz

Es ist evident, dass die alleinige Durchführung eines Klimareporting noch keine Treibhausgase einspart. Nichtsdestotrotz kommt der Berichterstattung bei der Bekämpfung des Klimawandels eine zentrale Funktion zu, da sie informierte Handlungsentscheidungen ermöglicht – Investoren, Kunden und dem Unternehmen selbst. Gemäß dem Motto „You can't manage what you haven't measured" können die einzelnen Akteure der Wertschöpfungskette nur dann Klimaindikatoren in ihre Entscheidungen einbeziehen, wenn durch eine transparente, standardisierte und strukturierte Offenlegung eine geordnete und vergleichbare Datengrundlage vorhanden ist.

Insbesondere die Finanzwelt muss und wird einen Kernhebel dabei darstellen, den Wandel zu einer CO_2-armen Wirtschaft zu erreichen. Nur wenn Kapitalströme Vorreiter beim Klimaschutz belohnen und Nachzügler bestrafen bzw. anspornen, werden für die Realwirtschaft essenzielle Anreizsysteme geschaffen. Dies betrifft sowohl die Investitionsseite, die v. a. börsennotierte Unternehmen betrifft, als auch die Kreditvergabeseite, über die auch nicht börsennotierte Unternehmen angesprochen werden können.

Aktuelle Studien untermauern, dass sich diese Entwicklungen in der Finanzbranche nicht nur im Rahmen von einzelnen Vorzeigeprojekten zeigen, sondern auch in der breiten Masse Anklang finden. So hat laut Eurosif die Integration von ESG-Daten als Investitionsstrategie in Europa zwischen 2015 und 2017 ein Wachstum von 27 % erlebt (Eurosif 2018). Hierbei können Finanzinstitutionen unterschiedliche Vorgehensweisen wählen:

- Sie können sich auf einzelne Elemente des Klimamanagement fokussieren, beispielsweise mit dem Ziel, Risiken und finanzierte Treibhausgasemissionen in ihren Portfolios zu reduzieren, wie es Hermes Investment Management anstrebt (Duguid 2019);

[5]Durch die Science-Based-Targets-Methodik wurde erstmalig eine Möglichkeit für Unternehmen kreiert, für sich selbst abzuleiten, welche Reduktion sie über die nächsten Jahre hinweg erreichen müssen, um den ihnen zustehenden Anteil des für eine maximale Erderwärmung von 1,5 bzw. deutlich unter 2 °C maximal verbleibenden globalen CO_2-Budgets nicht zu überschreiten. Definition eines SBT laut Science Based Targets Initiative: „Von Unternehmen zur Verringerung von Treibhausgasemissionen festgelegte Ziele gelten als ‚wissenschaftsbasiert' (‚science based'), wenn sie dem entsprechen, was die aktuelle Klimaforschung als notwendig erachtet, um die Ziele des Paris Agreement einzuhalten – die globale Erderwärmung im Vergleich zu vorindustriellen Temperaturen deutlich unter 2 °C zu halten und Anstrengungen zu unternehmen, sie auf 1.5 °C zu beschränken. (Science Based Targets 2019).

- Sie können aber gleichermaßen auch die Gesamtklimaperformance des Unternehmen betrachten, indem beispielsweise CDP-Bewertungen als Proxy-Indikator herangezogen werden, wie im jüngst platzierten CPR Amundi Climate Action Fund (Amundi 2019) sowie im Euronext® CDP Environment France Index (CDP 2018a).

Dass eine Offenlegung von Klimainformationen nicht nur für fokussierte Socially-Responsible-Investment(SRI)-Ansätze notwendig ist, sondern auch für die grundsätzliche Einschätzung der finanziellen Stabilität von Unternehmen, wurde unlängst durch die Arbeit und die resultierenden Empfehlungen der Task Force on Climate-related Financial Disclosures (TCFD) herausgestellt. Eine Klimaberichterstattung wird somit längst nicht mehr als optionales Instrument eingestuft, über das ein Unternehmen sich positiv herausheben kann, sondern als Hygienefaktor, der für die finanzielle Einschätzung des Unternehmens unerlässlich ist. Die jüngste Ankündigung von Amazon, im Jahr 2019 erstmalig seinen CO_2-Fußabdruck offenzulegen (Higgins-Dunn 2019), zeigt, dass selbst die weltgrößten Unternehmen und Lieblinge der Börse (Amazons Aktienkurs ist allein im Jahr 2018 um fast 30 % gestiegen) nicht mehr um eine Klimaberichterstattung herumkommen.

Es ist daher absehbar, dass auch die gesetzliche Regulierung in dieser Hinsicht anziehen wird. Die EU-Richtlinie über die Angabe nichtfinanzieller und die Diversität betreffender Informationen hat die Berichtspflicht zu nichtfinanziellen Aspekten wie dem Klimawandel erstmalig EU-weit auch gesetzlich definiert, stellt jedoch nur einen ersten Schritt in der zu erwartenden regulatorischen Entwicklung dar. Je näher die bereits jetzt utopisch wirkenden, selbstgesetzten Klimaziele der Europäischen Union rücken, die EU-weiten Treibhausgasemissionen bis 2030 um 40 % im Vergleich zu 1990 zu reduzieren (European Commission 2015), desto mehr werden stärkere gesetzliche Instrumente notwendig werden, u. a. zur Manifestierung der Berichterstattungspflicht.

4 Der Blick in die Zukunft – zentrale Handlungsfelder von börsennotierten Unternehmen

Um die steigenden Ansprüche von Investoren, Regulierern, aber genauso weiteren Stakeholdern und Akteuren in der Wertschöpfungskette hinsichtlich eines effektiven Klimamanagements zu erfüllen, sollten sich börsennotierte Unternehmen aus Sicht des Autors insbesondere den drei folgenden Handlungsfeldern mit erhöhter Aufmerksamkeit zuwenden.

4.1 Durchdringung und Kollaboration in der Wertschöpfungskette

Schon längst wird ein Unternehmen nicht mehr nur für seine eigenen Operationen als verantwortlich angesehen, sondern auch für Geschehnisse in seiner Wertschöpfungskette.

Bereits um die Jahrtausendwende spürten Unternehmen wie beispielsweise der US-amerikanische Bekleidungskonzern Nike auf dramatische Art und Weise, wie Missstände in der eigenen Wertschöpfungskette (in diesem Fall die Ausbeutung von Arbeitskräften in indonesischen Fabriken) den Ruf ruinieren und Verkäufe sowie Börsenwert in die Tiefe reißen können (Dukcevich 2001). Diese Verantwortung hat sich längst manifestiert. Gleichermaßen sehen Unternehmen die Auseinandersetzung mit ihren Handelspartnern mehr und mehr als Chance, Klimamanagement mit einer Hebelwirkung zu betreiben, die weit über die Wirkung der eigenen Operationen hinausgeht.

Rein quantitativ äußert sich dies im Verhältnis der eigenen Emissionen eines Unternehmens im Vergleich zu denen seiner Wertschöpfungs- bzw. Lieferkette. So entstehen bei Unternehmen im Durchschnitt rund viermal so viele Treibhausgasemissionen in der Lieferkette wie innerhalb der eigenen Operationen (CDP 2018b). Sektorabhängig kann dieses Verhältnis auf mehr als sieben zu eins anwachsen, beispielsweise bei Unternehmen des Nichtbasiskonsumgüterbereichs wie Automobilproduzenten. In anderen Sektoren bzw. Geschäftsmodellen kann die Nutzungsphase eine sehr viel entscheidendere Rolle spielen, so z. B. im Energiebereich.[6]

Während es auch Beispiele für Unternehmen gibt, die sich dem Management der **Nutzungsphase** mit großen Ambitionen widmen und somit versuchen, ihren Einfluss bei ihren Kunden geltend zu machen[7], ist die Auseinandersetzung mit der **Lieferkette** ein üblicheres Steuerungsinstrument, da Firmen hier häufig einen größeren Einfluss und Zugriff erkennen. Die Schaffung von Anreizsystemen für Lieferanten wird einen zentralen Hebel für börsennotierte Unternehmen darstellen, da hierüber Klimaschutz auch an klassischerweise nicht im Fokus von Öffentlichkeit und Investoren stehende Akteure herangetragen und so regelrecht exportiert werden kann. Dies betrifft sowohl inhabergeführte Unternehmen in hiesigen Breitengraden als auch Unternehmen in Regionen und Ländern, in denen Klimaschutz in der Unternehmenswelt bisher noch eine geringere Rolle spielt. Dass dies von Zulieferern nicht zwangsläufig als Druck, sondern auch als Chance interpretiert werden kann, sich positiv herauszuheben, zeigt das Beispiel der europäischen Flavour-and-Fragrance-Branche. Unter anderem durch Anreiz ihres Großkunden L'Oréal haben sich die drei Großzulieferer (und eigentliche Konkurrenten) Firmenich, Givaudan und Symrise entschieden, über das Lieferkettenprogramm von CDP mit gemeinsamer Stimme wiederum ihren eigenen Zulieferern zu signalisieren, dass Klimaschutzauch in der eigenen Lieferkette für sie ein zentrales Thema ist. Insbesondere das Beispiel von Firmenich, das als inhabergeführtes Unternehmen keinem Investorendruck unterliegt, sich aber in 2018 als nur eines von zwei Unternehmen weltweit mit einem Triple A im CDP-Ranking auszeichnen konnte, zeigt die Möglichkeit dieses Kaskadierungseffekts von Klimaschutz in nicht börsennotierte Unternehmensgruppen hinein.

[6]Für eine detailliertere Analyse pro Sektor s. CDP (2017).

[7]Beispielhaft sei hier das Unternehmen thyssenkrupp genannt, das als einen seiner Hauptstellhebel die effizientere Nutzung der von ihm produzierten Zementwerke durch die Zementhersteller identifiziert hat (thyssenkrupp AG 2019).

4.2 Science Based Targets

Ein ambitioniertes und messbares Emissionsreduktionsziel ist ein wichtiges Steuerungsinstrument für Unternehmen, um die gesamte Organisation an einem klimafreundlichen Entwicklungspfad auszurichten und diesen als permanenten Benchmark bei strategischen Entscheidungen einzubeziehen. Beim Thema Zielsetzung wird das Setzen eines Science Based Target (SBT) derzeit noch als Best-Practice-Ansatz betrachtet, entwickelt sich jedoch zunehmend zum Standard im unternehmerischen Klimamanagement. Spätestens seit dem eingangs erwähnten „Special Report on Global Warming of 1.5 °C" des IPCC wird eine maximale Erwärmung von 1,5 °C zunehmend zum Referenzpunkt werden, was den Anspruch an Unternehmen weiter erhöht[8]. Auch Akteure in der Wertschöpfungskette nutzen das SBT-Siegel zunehmend als Bestätigung dafür, dass ihre Partner ihren Klimaeinfluss in vollem Umfang angehen. So hat jüngst die US-Supermarktkette Target die Ambition geäußert, sicherzustellen, dass bis 2023 80 % ihrer eigenen Lieferanten ein eigenes SBT gesetzt haben (George 2019). Die ursprünglich noch vorhandenen methodischen Herausforderungen für einzelne Sektoren werden sukzessive abgearbeitet; so wurde im Jahr 2018 eine Methodik für den Transportsektor vorgestellt[9], in Arbeit befinden sich zudem dedizierte Methoden für den Öl und Gas-[10] und Finanzbereich[11]. Die Standardisierung bei der Zielsetzung wird die Vergleichbarkeit von Unternehmensstrategien deutlich erhöhen und somit allen Marktakteuren helfen, klimafreundliche Entscheidungen zu treffen. Um ein SBT wird in absehbarer Zukunft kaum ein Unternehmen mehr herumkommen.

4.3 Analyse der Transitionseffekte auf das eigene Unternehmen und langfristigere Vorausschau durch Einbezug von Klimaszenarien in die Unternehmensstrategie

Innerhalb der durch die TCFD formulierten Empfehlungen ist das Thema Szenarioanalyse sicherlich mit den größten Fragestellungen einhergegangen. Was wird von mir erwartet? Wie umfangreich sollen Szenarien ausfallen? Sollten diese sowohl qualitativer als auch quantitativer Natur sein? Und wie viele Faktoren sollten mit einbezogen werden, um die Balance zwischen Realitätsnähe und Komplexität zu wahren? Diese und ähnliche Fragen prägten die Diskussionen in der Unternehmenswelt.

---

[8]Am 20.02.2019 verkündete die SBTi, ihre Bewertungsmethodik unter Berücksichtigung des 1,5-Grad-Ziels zu aktualisieren; zum Verfassungszeitpunkt dieses Beitrags befand sich weitere Hilfestellung hierzu gerade in Arbeit; s. https://sciencebasedtargets.org/2019/02/20/science-based-targets-initiative-announces-major-updates-following-ipcc-special-report-on-1-5c/.

[9]Siehe https://sciencebasedtargets.org/transport-2/.

[10]Siehe https://sciencebasedtargets.org/oil-and-gas/.

[11]Siehe https://sciencebasedtargets.org/financial-institutions/.

Fragen dieser Art werden Unternehmen auch über die nächsten Jahre hinweg weiterhin begleiten. Der bisher durch die TCFD gesetzte Fokus widmet sich hierbei hauptsächlich dem Einbezug von Klimaszenarien in die Unternehmensstrategie, also beispielsweise die Bewertung, wie widerstands- und zukunftsfähig sich das Geschäftsmodell des Unternehmens unter verschiedenen möglichen klimatischen Entwicklungen darstellt. Während von dieser Analyse keine exakten Ergebnisse und somit keine Weissagung erwartet wird, soll sie ein Langfristdenken anregen und somit aktuell häufig unter kurz- bis mittelfristigen Gesichtspunkten getroffene Entscheidungen um eine klare Untersuchung der Langfristeffekte ergänzen. Für nachhaltig agierende Unternehmen bietet dies durchaus eine Chance, für Entscheidungen, die in einem kürzeren Horizont nicht direkt wirtschaftlich erscheinen, auf Basis ihrer langfristigen Vorteile intern sowie extern Akzeptanz zu finden. Für Investoren wiederum können die Ergebnisse entsprechender Analysen einen wichtigen Indikator für die langfristige Belastbarkeit eines Unternehmens und somit für den Werterhalt ihrer Investitionen darstellen.

Die Anwendung klimatischer Szenarien in der Geschäftsstrategieplanung ist sowohl für viele Unternehmen als auch Investoren noch relativ neues Terrain. So gaben in der DACH-Region im Durchschnitt weniger als die Hälfte der Unternehmen an, dass Klimaszenarien in irgendeiner Form in die Geschäftsstrategie einfließen (54 % in Österreich, 45 % in Deutschland, 33 % in der Schweiz). Klare Best-Practice-Ansätze müssen sich somit noch entwickeln. Zu diesem Zeitpunkt sollten sich Unternehmen von daher von möglicher Ungewissheit über den bestmöglichen Ansatz nicht abschrecken lassen; essenziell ist es vielmehr, sich an das Thema heranzutasten und so in einem iterativen Vorgehen und Lernprozess herauszufinden, welche Ansätze für das eigene Unternehmen gut funktionieren und somit auch für den Gesamtmarkt einen Mehrwert darstellen könnten.

Literatur

Amundi (2019) CPR AM and CDP launch climate fund. https://int.media.amundi.com/news/cpr-am-and-cdp-launch-climate-fund-bfdb-b6afb.html. Zugegriffen: 10. März 2019

CDP (2017) Learning from the leaders. http://b8f65cb373b1b7b15feb-c70d8ead-6ced550b4d987d7c03fcdd1d.r81.cf3.rackcdn.com/cms/reports/documents/000/002/856/original/CDP_Europe_Report_final_web.pdf?1520353114. Zugegriffen: 10. März 2019

CDP (2018a) CDP announces launch of Euronext CDP Environment France index with Goldman Sachs. https://www.cdp.net/en/articles/investor/cdp-announces-launch-of-euronext-cdp-environment-france-index-with-goldman-sachs. Zugegriffen: 10. März 2019

CDP (2018b) Closing the gap. https://www.cdp.net/en/research/global-reports/global-supply-chain-report-2018. Zugegriffen: 10. März 2019

CDP (2019) Higher ambitions, higher expectations. CDP Europe report 2018. https://www.cdp.net/en/research/global-reports/europe-report-2018. Zugegriffen: 4. März 2019

Duguid B (2019) The value of working with CDP [Video]. https://www.cdp.net/en/investor/signatories-and-members. Zugegriffen 10. März 2019

Dukcevich D (2001) Disaster of the day: Nike. https://www.forbes.com/2001/02/22/0222disaster-nike.html#107044985ee9. Zugegriffen 31. März 2019

European Commission (2015) The INDC of the European Union and its 28 member states. https://unfccc.int/files/focus/indc_portal/application/pdf/adpeu.pdf. Zugegriffen: 10. März 2019

Eurosif (2018) European SRI Study 2018. http://www.eurosif.org/wp-content/uploads/2018/11/European-SRI-2018-Study-LR.pdf. Zugegriffen: 10. März 2019

George S (2019) Target supports suppliers to set science-based emissions aims after having own goals approved. https://www.edie.net/news/6/Target-urges-suppliers-to-set-science-based-emissions-aims-after-having-own-goals-approved---/. Zugegriffen: 31. März 2019

Goldenberg S (2015) Exxon knew of climate change in 1981, email says – but it funded deniers for 27 more years. The Guardian. https://www.theguardian.com/environment/2015/jul/08/exxon-climate-change-1981-climate-denier-funding. Zugegriffen: 3. März 2019

Higgins-Dunn N (2019) Jeff Bezos is finally ending secrecy over Amazon's role in carbon emissions. https://www.cnbc.com/2019/03/08/jeff-bezos-to-end-secrecy-over-amazons-role-in-carbon-emissions.html. Zugegriffen: 10. März 2019

Intergovernmental Panel on Climate Change (2018) Global warming of 1.5°. https://www.ipcc.ch/sr15/. Zugegriffen: 29. April 2019

Jevons WS (1865) The coal question. Macmillan, London

Science Based Targets (2019) Frequently asked questions. https://sciencebasedtargets.org/faq/. Zugegriffen: 10. März 2019

Thyssenkrupp AG (2019) Umwelt, Klima und Energie. https://www.thyssenkrupp.com/de/unternehmen/nachhaltigkeit/umwelt/umweltschutz/. Zugegriffen: 10. März 2019

David Lammers ist seit November 2018 als Associate Director Corporate Operations bei CDP Europe (ehem. Carbon Disclosure Project) tätig. In dieser Funktion verantwortet er die CDP-Berichterstattung der börsengelisteten kontinentaleuropäischen Unternehmen zu den Themen Klima, Wassersicherheit und Wälder. Sein Team von sechs Personen kommuniziert hierfür die Informationsanfragen von Investoren an die Unternehmen, betreut diese im Prozess der Berichterstattung und dient als Hauptansprechpartner für Fragen zu Auswertung und Verbesserungspotenzialen. Vor seiner Funktion als Associate Director war er zwei Jahre lang Hauptansprechpartner für die Unternehmen der DACH-Region. Zuvor arbeitete er für drei Jahre als Unternehmensberater bei IBM und unterstützte beim Sekretariat der Rahmenkonvention der Vereinten Nationen zum Klimawandel (United Nations Framework Convention on Climate Change, UNFCCC) die Koordinierung der Verhandlungen zum Pariser Abkommen. Er hält einen Bachelorabschluss in International Business Administration der Hochschule für Wirtschaft und Recht Berlin sowie einen Masterabschluss in Umweltstudien und Nachhaltigkeitswissenschaften der Lund University in Schweden.

Insights aus der Finanz- und Versicherungsbranche

Grüne Anleihen als Instrument gegen den Klimawandel in Österreich: Status quo und Entwicklungsmöglichkeiten

Silvia Stenitzer

1 Status quo der Klimafinanzierung

Der Klimawandel ist angesichts der voranschreitenden Erderwärmung unausweichlich. Um den Übergang in eine klimaverträgliche Wirtschaft zu bewältigen und die Klimaziele des Pariser Klimaschutzabkommens 2015 – wie u. a. die Senkung der Treibhausgasemissionen um 40 % bis zum Jahr 2030 – zu erreichen, ist es notwendig, die Kapitalströme von kohlenstoffintensiven (z. B. Kohlekraftwerke) hin zu effizienten und klimaneutralen Technologien (z. B. Solar, Fotovoltaik, Wind, Biomasse) zu verlagern. Dass der Klimawandel auch Österreich treffen wird, lässt sich bereits heute anhand der Schäden aus Umweltkatastrophen belegen. Die durch wetter- und klimabedingte Schäden verursachten Kosten betragen in Österreich jährlich rund 1 Mrd. € laut einer Studie von Project COIN (Cost of Inaction – Assessing Costs of Climate Change for Austria). Sollte es in Zukunft nicht zu einer deutlichen Reduktion des CO_2-Emissionsausstoßes kommen, werden die quantifizierbaren Gesamtschäden bis 2050 in Österreich auf rund 3,8–8,8 Mrd. € pro Jahr steigen (COIN 2015).

Die tatsächlichen Investitionen in kohlenstoffarme Technologien und Projekte lagen in den Jahren 2014 und 2015 weltweit bei rund 700 Mrd. US$ (OECD/IEA und IRENA 2017). Der weltweite Investitionsbedarf, der notwendig ist, um die Erderwärmung bis 2050 auf +2 °C einzudämmen, liegt Schätzungen zufolge zwischen 830 Mrd. US$ und 3,2 Billionen US$ pro Jahr (IPCC 2018; Nicol et al. 2018). Die Europäische Kommission geht von einem zusätzlichen Investitionsbedarf von 180 Mrd. € pro Jahr für die EU-Länder aus. Die Europäische Investitionsbank Bank (EIB) rechnet sogar mit Investitionen in Höhe von 270 Mrd. € in den Bereichen Energie, Wasser und Abfall

S. Stenitzer (✉)
Wiener Börse, Wien, Österreich
E-Mail: silvia.stenitzer@wienerboerse.at

A. Sihn-Weber und F. Fischler (Hrsg.), *CSR und Klimawandel*, Management-Reihe Corporate Social Responsibility, https://doi.org/10.1007/978-3-662-59748-4_15

sowie Transport (Abb. 1) um den Übergang in eine kohlenstoffarme und an den Klimawandel angepasste Wirtschaft zu erreichen. Letztendlich ist der exakte Finanzierungsbedarf abhängig vom zukünftigen Emissionsszenario (z. B. +2 °C oder +4 °C).

Zukünftig soll der multilaterale Green Climate Fund (GCF), der im Rahmen der UN-Klimaverhandlungen gegründet wurde, einen wesentlichen Beitrag zur Erreichung der Klimaziele leisten. Dieser Fonds, der seinen Fokus auf die Finanzierung klimafreundlicher Projekte in Entwicklungsländern legt, soll ab 2020 jährlich rund 100 Mrd. US$ bereitstellen. Die dafür notwendigen Mittel werden derzeit von 48 Ländern, die das Pariser Übereinkommen ratifiziert haben, zur Verfügung gestellt. Österreichs Beitrag zum Green Climate Fund liegt bei 100 Mio. € (GCF 2019).

Dennoch ist davon auszugehen, dass eine Finanzierungslücke bestehen bleibt (GGGI 2016), da die öffentlichen Mittel allein nicht ausreichen werden, um die zur Eindämmung des Klimawandels nötigen Investitionen zu stemmen. Daher ist es unumgänglich, zusätzlich private und institutionelle Investoren zu mobilisieren (UNEP 2015).

Das von institutionellen Investoren weltweit verwaltete Vermögen (Assets under Management) belief sich im Jahr 2016 laut einer Studie der Global Sustainable Investment Alliance (2016) auf 87 Billionen US$, wovon rund 26 % in nachhaltige und verantwortungsvolle Anlagen (Sustainable Responsible Investments, SRI) investiert waren. Das Wachstumspotenzial ist demnach groß. Um das Thema Umwelt, Soziales und verantwortungsvolle Unternehmensführung (Environmental, Social and Governance, ESG) für Investitionsentscheidungen voranzutreiben, bildete die UN die Initiative Principles for Responsible Investment (PRI), da Investoren mangels Transparenz und Standardisierung vor der Problemstellung standen, geeignete Assets zu identifizieren, die die Kriterien der Umweltfreundlichkeit erfüllen.

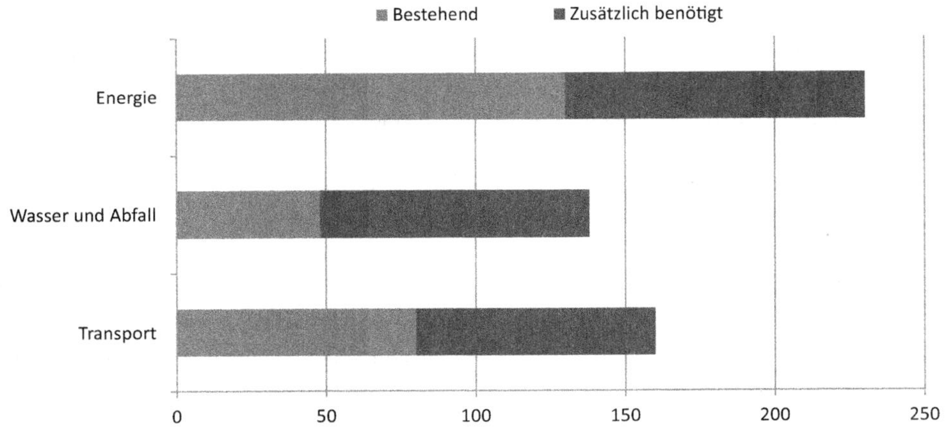

Abb. 1 Jährlicher Investitionsbedarf in Milliarden US$ für eine nachhaltige, klimaneutrale Entwicklung in der EU (EC 2018)

2 Definition von Grün(en Anleihen)

Grüne Anleihen (Green Bonds) haben im Vergleich zu traditionellen Anleihen den Zweck, grüne Projekte zu finanzieren. Anleihen sind Wertpapiere, in denen sich der Emittent dem Inhaber der Schuldverschreibung gegenüber zur Verzinsung des erhaltenen Kapitals und zu dessen Rückzahlung gemäß den Anleihebedingungen verpflichtet (WBAG 2019). Mit einem Anteil am Gesamtportfolio von durchschnittlich 53 % bei Pensionsfonds und 64 % bei Versicherungen stellen Anleihen den größten Teil im Asset-Vermögen von institutionellen Investoren dar und sind damit ein zentrales Mittel zur Kapitalaufnahme und Veranlagung (OECD 2017).

Eine grüne Anleihe unterscheidet sich von einer traditionellen Anleihe durch den klar definierten Verwendungszweck mit dem Ziel, den Emissionserlös ausschließlich zur (Re-)Finanzierung von neuen oder bestehenden grünen Projekten zu verwenden. Unter grünen Projekten sind dabei jene Investitionen zu verstehen, die nachhaltig wirken und einen ökologischen Mehrwert aufweisen (ICMA 2018). Bis auf diese weit gefasste Definition gibt es derzeit keine rechtlich bindenden Regularien. Zwei Organisationen haben sich mit ihren freiwilligen Richtlinien jedoch am Markt etabliert, um die Qualität und Integrität der noch jungen Asset-Klasse zu erhöhen und Transparenz für Investoren und andere Marktteilnehmer zu schaffen.

Die Green Bond Principles (GBP), die von der International Capital Market Assocation (ICMA) im Jahr 2014 verfasst wurden, definieren vier Kernkomponenten, die einen Green Bond auszeichnen. Der Schwerpunkt liegt dabei auf der Mittelverwendung (Use of Proceeds), die in den Anleihebedingungen festgehalten wird. Gemäß GBP wird ein Projekt als geeignet eingestuft, wenn es einen materiellen, positiven Effekt auf die Umwelt hat. Dabei werden folgende Kategorien als geeignet identifiziert: 1) erneuerbare Energie, 2) Energieeffizienz, 3) Kontrolle und Prävention gegen Verschmutzung, 4) nachhaltiges Management natürlicher Ressourcen und Landnutzung, 5) Erhalt der terrestrischen und marinen Artenvielfalt, 6) sauberer Transport, 7) nachhaltiges Wasser- und Abwassermanagement, 8) Anpassung an den Klimawandel, 9) umwelteffiziente Kreislaufwirtschaft und 10) umweltfreundliche Gebäude. Neben der Mittelverwendung stellen der Prozess der Projektbewertung und -auswahl, das Management der Emissionserlöse und die Berichterstattung wesentliche Eckpfeiler der Green Bond Principles dar (ICMA 2018).

Die Climate Bond Initiaitve (CBI) wiederum orientiert sich an den Green Bond Principles und hat es sich zur Aufgabe gemacht, den Anleihemarkt zur Klimafinanzierung zu mobilisieren. Neben der Ausarbeitung sektorspezifischer Standards hat sich CBI auf die Marktbeobachtung und die Veröffentlichung von Publikationen sowie die Zertifizierung von Grünen Anleihen spezialisiert. Zum Nachweis der Eignung einer Anleihe als Green Bond und der Erfüllung der freiwilligen Richtlinien unter Berücksichtigung der umweltrelevanten Aspekte und um eine ordnungsgemäße Mittelverwendung und Transparenz zu gewährleisten, hat sich am Markt die externe Überprüfung durch einen unabhängigen Dritten durchgesetzt. Akteure sind hier Nachhaltigkeitsratingagenturen oder Research Unternehmen wie CBI, die nach ihrer Überprüfung einen Bericht (Second Party

Opinion) erstellen, der unter Berücksichtigung der ESG-Kriterien die oben genannten Bedingungen verifiziert und bestätigt. Investoren erwarten eine klare Darstellung der zu finanzierenden Projekte und eine Identifikation der, soweit möglich quantifizierten, Umweltauswirkungen. Neben der Second Party Opinion kann auch ein Nachhaltigkeitsrating beauftragt werden. Das Rating beinhaltet je nach Bewertungsansatz ebenfalls eine Beurteilung in den einzelnen ESG-Kategorien. Zu den Post-Issuance-Pflichten gehört eine jährliche Überprüfung zur Einhaltung der Nachhaltigkeitskriterien sowie eine öffentlich zugängliche Berichterstattung über Art und Umfang der finanzierten Projekte.

Im Wesentlichen muss zwischen zwei Typen von grünen Anleihen unterschieden werden. Erstere sind die Labelled Green Bonds – also jene Anleihen, die durch den Emittenten als solche bezeichnet werden und auch zertifiziert wurden. Die Kennzeichnung einer Anleihe als grün hat den Vorteil, dass einem Investor die Suche nach einem nachhaltigen Investment erleichtert wird (Nicol et al. 2018). Per Jahresende 2018 lag das aushaftende Gesamtvolumen der Labelled Green Bonds laut Climate Bonds Initiative (2018a) bei 389 Mrd. US$. Der zweite Typ lässt sich unter dem Begriff Unlabelled Green Bonds zusammenfassen. Das sind jene Anleihen, die nicht als solche als grün bezeichnet werden, jedoch das Underlying Asset bzw. der Verwendungszweck klimabezogen („climate aligned“) sind. Das aushaftende Volumen dieser Climate Aligned Bonds lag Ende 2018 bei 1,45 Billionen US$ (CBI 2018a).

Die Branchenaufteilung in Abb. 2 zeigt, dass mit 532 Mrd. US$ etwa 44 % der klimabezogenen Anleihen auf den Transportsektor entfallen. Vor fünf Jahren lag dieser Anteil noch bei 61 %. Der Rückgang spiegelt u. a. den Trend zur Förderung von grünen Gebäuden sowie die Entwicklung des Multisektors wider. Der Multisektor setzt sich vorwiegend aus Green Bonds (s. auch Abb. 4) zusammen. Der Energiesektor stellt mit 23 % bzw. 271 Mrd. US$ den zweitgrößten Anteil der klimabezogenen Anleihen dar. Der Rest entfällt auf die Branchen Wasser, Gebäude, Grundstücke und Abfallwirtschaft (Abb. 2).

Der Verwendungszweck der grünen Anleihen ist breit gefächert (Abb. 3). Der größte Anteil entfällt auf die Finanzierung von Projekten im Bereich der erneuerbaren Energien mit 40 %. Etwa 24 % der Emissionserlöse der begebenen Green Bonds werden

Abb. 2 Branchenaufteilung der weltweit klimabezogenen Anleihen im Jahr 2018 (CBI 2018a)

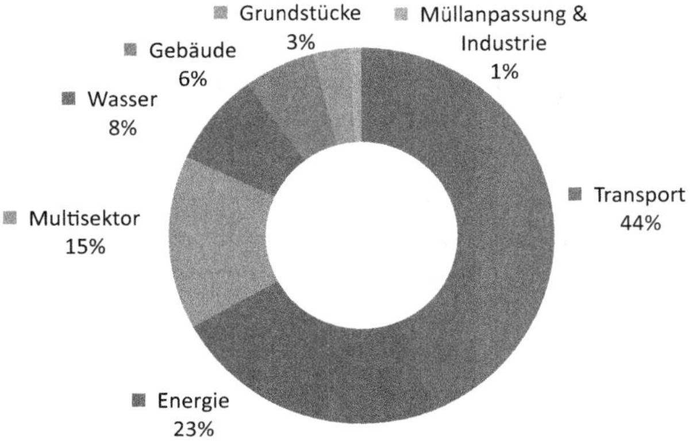

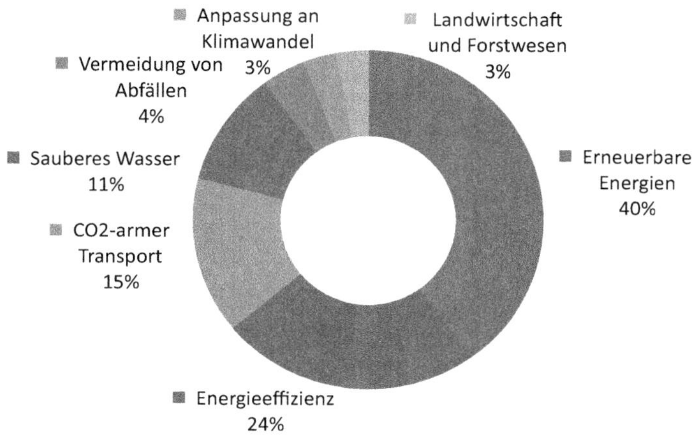

Abb. 3 Verwendungszweck der 2018 emittierten Green Bonds (CBI 2018a)

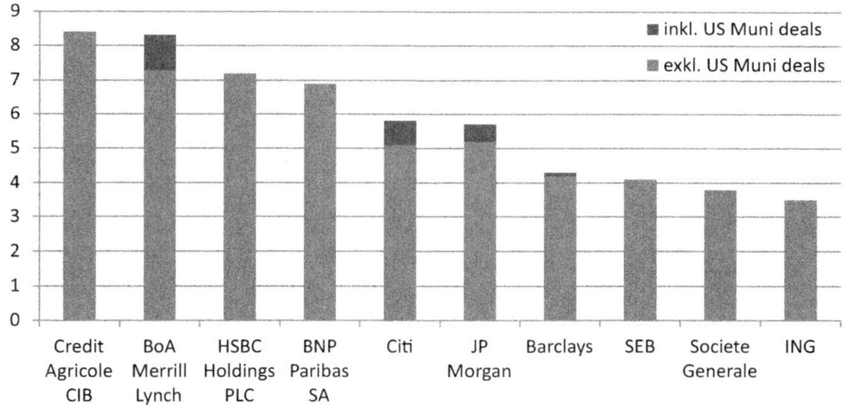

Abb. 4 Die zehn größten Green-Bonds-Anleihenzeichner 2018 (CBI 2018a)

für Energieeffizienzmaßnahmen verwendet. An dritter Stelle steht die Finanzierung des kohlenstoffarmen Transports, der v. a. den Schienentransport betrifft. Der Rest entfällt auf sauberes Wasser, die Vermeidung von Abfällen, die Anpassung an den Klimawandel sowie Landwirtschaft und Forstwesen.

Das Rating der klimabezogenen Anleihen liegt mit großer Mehrheit bzw. 84 % im Investment-Grade-Bereich, da diese Anleihen bis dato überwiegend von supranationalen Institutionen, Staaten oder staatsnahen Unternehmen begeben wurden. Non-Investment-Grade-Anleihen liegen bei 5 % weltweit und die restlichen 10 % der Anleihen haben kein Rating (CBI 2018a).

Die durchschnittliche Laufzeit der Grünen Anleihen liegt bei zehn Jahren. Klimabezogene Anleihen tendieren zu Laufzeiten von bis zu 20 Jahren. Der Grund dafür liegt in den längeren Entwicklungs- und Konstruktionsphasen grüner Projekte (CBI 2018a).

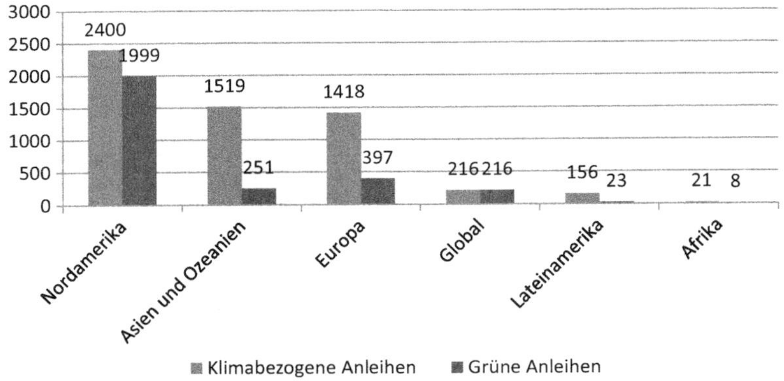

Abb. 5 Marktwachstum grüne Anleihen (CBI 2018a; Moodys 2019)

Zu den weltweit größten Anleihezeichnern (Underwriter[1]) zählten 2018 die Bank Credit Agricole mit einem Volumen von über 8 Mrd. US$, gefolgt von Bank of America Merrill Lynch und HSBC mit einem Volumen von jeweils über 7 Mrd. US$ (Abb. 5).

Für Emittenten bietet die Emission eines Green Bonds eine Diversifizierung der Finanzierungsquellen aber auch eine Verbreiterung der Investorenbasis. Etwa 55 % des gezeichneten Emissionsvolumens einer grünen Anleihe wird von SRI-Investoren gezeichnet (CBI 2018b). Das im Verhältnis zur Nachfrage niedrige Angebot und die vorherrschende Buy-and-Hold-Anlagestrategie der Investoren mit Fokus auf nachhaltige Investments führen zu einem marginalen Preisvorteil im Vergleich zu anderen Produkten desselben Emittenten.

Laut einer Studie der Climate Bonds Initiative (2018b) werden Grüne Anleihen im Vergleich zu traditionellen Anleihen stärker überzeichnet. Im ersten Halbjahr 2018 lag die Überzeichnung für grüne Euro-Anleihen bei 2,3x bzw. für grüne US Dollar-Anleihen bei 3,4x. Hingegen lag die Überzeichnung der traditionellen Euro-Anleihen bei 2x und jene der US-Dollar-Anleihen bei 3x. Es wurde auch beobachtet, dass aufgrund der stärkeren Nachfrage der Renditeabschlag (Spread) in der Orderbuchphase bei einem Basispunkt bei Euro-Anleihen und vier Basispunkten bei US-Dollar-Anleihen für grüne Anleihen im Vergleich zu traditionellen Anleihen lag (CBI 2018b).

3 Arten von Grünen Anleihen

Die Bandbreite der emittierten grünen Anleihen ist groß und reicht von Green Bonds mit einem grünen Verwendungszweck bis hin zu durch grüne Anlagen besicherte Schuldverschreibungen. Im Lauf der Zeit hat sich eine breite Vielfalt an Ausgestaltungsmöglichkeiten

[1]Underwriter sind Banken, die Anleihen am Primärmarkt zeichnen und diese am Sekundärmarkt an Investoren weiterverkaufen (Morningstar 2019).

entwickelt. Die wichtigsten vier Ausprägungen, die durch die Green Bond Principles identifiziert werden, sind untenstehend anhand von Praxisbeispielen dargestellt.

3.1 Anleihe mit grünem Verwendungsweck

Der Emissionserlös dieser Anleihen ist einer grünen Investition zweckgewidmet. Es besteht wie auch bei traditionellen Anleihen ein Rückgriff auf den Emittenten mit dem Unterschied, dass der Emissionserlös auf ein separates Konto verschoben wird. Mit der Emission des ersten Green Bond war die Europäische Investitionsbank (EIB) im Jahr 2007 Vorreiter in der zweckgebundenen Verwendung sowie getrennten Verwaltung der Emissionserlöse. Der erste Green Bond bzw. Climate Awareness Bond hatte ein Emissionsvolumen von 500 Mio. €. Das bis dato emittierte Gesamtvolumen der grünen Anleihen der EIB liegt bei 18 Mrd. € und floss in 160 Projekte weltweit zur Finanzierung von erneuerbaren Energien und Energieeffizienzprojekten (EIB 2019).

3.2 Grüne Projektanleihen

Die Finanzierung der grünen Projektanleihen dient einem oder mehreren spezifischen grünen Projekten. Der Investor trägt das direkte Projektrisiko mit oder ohne zusätzlichen Regress auf den Emittenten. Canadian Solar, das weltweit größte, vertikal integrierte Solarunternehmen aus China, konnte im Jahr 2017 66 Mio. US$ für den Bau eines Solarparks in Japan platzieren. Die grüne Projektanleihe hat eine Laufzeit von 1,5 Jahren, kann aber auf 18,3 Jahre verlängert werden. Der Kupon liegt bei 1,27 % und wird bei Verlängerung der Laufzeit auf 1,31 % pro Jahr erhöht. Die Verlängerungsoption kann durch den Emittenten ausgeübt werden. Die Anleihe ist so strukturiert, dass die Rückzahlungen flexibel sein können und ein möglicher Verkauf an einen Solarfonds berücksichtigt wird (Environmental Finance 2018).

3.3 Grüne Umsatzanleihen

Ohne Rückgriff auf den Emittenten liegt das Kreditrisiko der grünen Umsatzanleihe allein in den verpfändeten Cashflows wie Umsätze, Steuereinnahmen, Gebühren etc. des zugrundeliegenden Projekts des Emittenten. Der Staat Hawaii hat 2014 einen solchen Green Revenue Bond in Höhe von 150 Mio. US$ begeben, dessen Rückzahlung aus den verpfändeten Einnahmen aus Infrastrukturgebühren bedient wird (State of Hawaii 2015).

3.4 Grüne verbriefte Anleihen

Dabei handelt es sich um eine Anleihe, die durch einen oder mehrere Vermögenswerte besichert ist. Dazu gehören Pfandbriefe oder forderungsbesicherte Wertpapiere (Asset Back Securities, ABS) – das sind Anleihen, die durch grüne Vermögenswerte oder Forderungen besichert sind und dessen Rückzahlung aus dem Cashflow des finanzierten Projekts bedient wird. Investoren sind durch den Deckungsstock (z. B. Hypotheken) besichert und haben einen Rückgriff auf den Emittenten.

Die Berlin Hyp begab 2015 den ersten grünen Hypothekenpfandbrief (Green Covered Bond) im Sinn des Pfandbriefgesetzes und unter Berücksichtigung der Green Bond Principles bei der Immobilienauswahl. Der Pfandbrief über 500 Mio. € hat eine Laufzeit von sieben Jahren und einen Zinskupon von 0,125 %. Der Emissionserlös dient der Finanzierung gewerblicher Gebäude mit einem geeigneten Energieeffizienzzertifikat oder Energieausweis; 48 % des Grünen Pfandbriefs ging an Investoren mit klarem SRI-Fokus (Berlin Hyp 2019).

Toyota Motor Credit Corporation führte 2014 die erste grüne ABS-Anleihe in der Automobilindustrie ein. Die Nettoerlöse der Anleihe über 1,75 Mrd. US$ wurden zur Finanzierung neuer Leasingverträge umweltfreundlicher Elektro- und Hybridfahrzeuge von Toyota und Lexus verwendet. Es besteht ein Rückgriffsrecht auf die Leasingverträge, die als Besicherung dienen (Toyota Financial 2019).

4 Internationale Entwicklung des Green-Bond-Markts

Grüne Anleihen konnten sich in den vergangenen Jahren als innovatives und erfolgreiches Finanzierungsinstrument am Markt etablieren. Dies spiegelt sich in dem weltweit exponentiell gewachsenen Volumen von grünen Anleihen seit Begebung der ersten grünen Anleihe wider (Abb. 4). Die steigende Nachfrage wird von Investmentfonds, Pensionsfonds und Versicherungen vorangetrieben. Es ist zu erwarten, dass die Nachfrage nach grünen Anleihen weiterhin steigen wird. Im Jahr 2016 wurden weltweit 22,9 Billionen US$ in nachhaltige Assets investiert (Tab. 1). Im Vergleich zu 2014 entspricht das einem Wachstum von 25 %. Europas Anteil liegt dabei bei 53 %, während 38 % auf Amerika entfallen (GSIA 2016).

In Österreich lag das Volumen nachhaltiger Geldanlagen bei rund 15,2 Mrd. € und erreichte damit einen neuen Rekordwert. Das verwaltete Vermögen unter Berücksichtigung von Nachhaltigkeitskriterien betrug in Österreich insgesamt 39 Mrd. € laut Marktbericht des Forum Nachhaltige Geldanlagen in 2017 (FNG 2018). Mit einem Anlagevolumen von rund 14,4 Mrd. € sind Investments nach dem Ausschlussverfahren bei SRI-Investoren die am weitesten verbreitete nachhaltige Anlagestrategie. Zu den wichtigsten Ausschlusskriterien gehören in Österreich Investments in u. a. Nuklearenergie, Waffen und Kohle (Colard 2018). Der Best-in-Class-Ansatz ist mit einem Volumen von 14,0 Mrd. € die zweitwichtigste Anlagestrategie (FNG 2018). Diese Strategie sieht vor,

Tab. 1 Wachstum von nachhaltigen Investitionen nach Regionen 2014–2016, Beträge in Mrd. US$ (GSIA 2016)

Region	2014	2016	Wachstum (%)	Gewichtete durchschnittliche Wachstumsrate (%)
Europa	10.775	12.040	11,7	5,7
Amerika	6572	8723	32,7	15,2
Kanada	729	1086	49,0	22,0
Australien/Neuseeland	148	516	247,5	86,4
Asien ex Japan	45	52	15,7	7,6
Japan	7	474	o. A	o. A
Gesamt	**18.276**	**22.891**	**25,2**	**11,9**

dass nur jene Anleihen ins Portfolio aufgenommen werden, deren Nachhaltigkeitsrating im Vergleich zu anderen Emittenten zu den Besten des jeweiligen Sektors gehören.

Aufgrund der bis dato fehlenden Standardisierung und Definition von grünen Investments haben sich unter SRI-Investoren der Ausschluss- sowie der Best-in-Class-Ansatz als Anlagestrategie nach ESG-Kriterien durchgesetzt. In jüngster Zeit konnte sich jedoch auch der Impact-Investing-Ansatz an Bedeutung gewinnen (FNG 2018).

Laut einer Studie des Instituts für Energiewirtschaft und Finanzanalyse (IEEFA 2019) steigen immer mehr Banken und Versicherungen weltweit aus der Kohlefinanzierung aus. Die erste Ankündigung dazu machte die Weltbank im Jahr 2013 und weitere 100 Finanzinstitute schränkten seither die Finanzierungen für Kohleunternehmen ein. Dazu gehören 40 Großbanken und 20 Versicherer mit einem Investitionsvolumen von 6 Billionen US$.

Auch der Norwegische Staatsfond, der mit einem Anlagevermögen von rund 1 Billionen US$ der größte Staatsfond weltweit ist, beschloss auf Anweisung des Norwegischen Parlaments das Divestment von Unternehmen, deren Umsatz zu mehr als 30 % aus Kohle erwirtschaftet wird. Als Folge wurden 69 Unternehmen per Ende 2017 auf eine Ausschlussliste gesetzt (NBIM 2017). Dies lässt darauf schließen, dass es für Kohleunternehmen in Zukunft immer schwieriger wird, sich über den Finanz- bzw. Kapitalmarkt zu finanzieren, da sich Investoren auf nachhaltigere, erneuerbare Energien konzentrieren werden.

Die Abb. 5 zeigt die weltweite Marktentwicklung der Green Bonds. Seit der Begebung des ersten Green Bond der EIB in 2007 sowie diverser Green Bonds von supranationalen Organisationen wie der Weltbank und der International Finance Corporation (IFC), folgten jene von Städten und Gemeinden, die ihre Umweltprojekte über Green Bonds finanzierten. Den ersten Green Bond einer Gemeinde brachte die Region Île de France im Jahr 2012 auf den Markt. Mit der Einführung der Green Bond Principles im Jahr 2013 wurden auch die ersten grünen Bank- und Unternehmensanleihen begeben und die Emittentenbasis verbreiterte sich. Viele Unternehmen erkannten das Potenzial einer neuen Finanzierungsquelle, wodurch sich das Marktvolumen verdoppelte.

Vasakronan, Schwedens größte Immobiliengesellschaft, war das erste Unternehmen, das im Jahr 2013 einen Green Bond emittierte. Das Emissionsvolumen lag bei 1,3 Mrd. schwedische Kronen (145 Mio. €) und diente der Finanzierung neuer energieeffizienter Gebäude (CBI 2013). Gleichzeitig brachte der französische Versorger Electricité de France (EDF) einen Green Bond auf den Markt. Bei einer Laufzeit von sieben Jahren, einem Emissionsvolumen von 1,4 Mrd. € und einem Kupon von 2,25 % wurde die Emission zweifach überzeichnet. Der Emissionserlös diente der Finanzierung neuer Projekte im Bereich erneuerbare Energie (EDF 2019).

Die erste grüne Staatsanleihe wurde von der Republik Polen im Jahr 2016 mit einem Volumen von 750 Mio. €, mit einer Laufzeit von fünf Jahren und einem Kupon von einem Prozent begeben. Die Einnahmen aus der dreifach überzeichneten Anleihe sollen Polen bei der Erreichung ihrer Ziele zum Übergang des Landes in eine kohlenstoffarme Wirtschaft fördern. Ausgenommen sind u. a. Investitionen in die Bereiche Kernkraft, fossile Brennstoffe, Verkehr und Wasserkraftwerke mit mehr als 20 MW (CBI 2016).

Die Abb. 6 zeigt die Anzahl der im Jahr 2018 emittierten klimabezogenen und grünen Anleihen nach Regionen. Bezogen auf die Anzahl an emittierten Anleihen liegt Nordamerika mit 1999 Green Bonds an erster Stelle. Die USA führen mit einem Emissionsvolumen von 34,1 Mrd. US$ das Länderranking an. Der größte Green-Bond-Emittent weltweit ist Fannie Mae (Federal National Mortgage Association), ein amerikanischer Immobilienfinanzierer, mit einem Emissionsvolumen von 20,1 Mrd. US$ im Jahr 2018. Dabei dienten Hypotheken als Besicherung der grünen Anleihen (Asset Backed Securites). An zweiter Stelle liegen Asien und Ozeanien, wobei China mit einem Marktanteil von 18 % am Emissionsvolumen den größten Teil darstellt. Der gesamte Green-Bond-Markt in China umfasste im Jahr 2018 31 Mrd. US$. Die chinesische Industrial Bank ist der zweitgrößte Emittent weltweit mit einem Emissionsvolumen von 9,6 Mrd. US$. Der drittgrößte Green-Bond-Emittent ist die Republik Frankreich, die mit ihren Emissionen

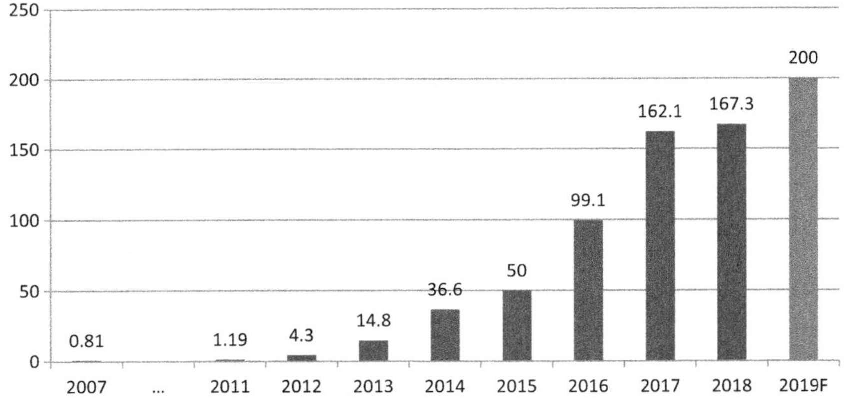

Abb. 6 Anzahl der klimabezogenen und grünen Anleihen weltweit im Jahr 2018 nach Regionen (CBI 2018a)

ein Volumen von 6 Mrd. US$ platzieren konnte. Frankreich liegt auch im Länderranking auf Platz 3, mit einem Emissionsvolumen von 14 Mrd. US$ und einem Marktanteil von 8 % (CBI 2018a).

In Österreich hat die Verbund AG im November 2014 den ersten Green Bond mit einem Volumen von 500 Mio. €, einer Laufzeit von zehn Jahren und einem Kupon von 1,5 % auf den Markt gebracht. Der Green Bond wurde von österreichischen und internationalen Investoren gezeichnet. Laut Verbund wurden zwei Drittel der Emission bei Investoren mit Fokus auf nachhaltige und klimafreundliche Investitionen platziert. Die Erlöse aus der Emission wurden für die Finanzierung und Refinanzierung von Energieeffizienzmaßnahmen bestehender Wasserkraftwerke verwendet (Verbund 2014).

Den größten Green Bond aus dem Finanzsektor brachte im Jahr 2018 die Raiffeisen Bank International auf den Markt, mit einem Emissionsvolumen von 500 Mio. €, einer Laufzeit von drei Jahren und einer Verzinsung von 0,25 %. Die Emission wurde mit 1,3 Mrd. € deutlich überzeichnet und spiegelt die große Nachfrage nach grünen Investmentmöglichkeiten wider. Der Emissionserlös wurde für die Finanzierung und Refinanzierung von Krediten im Bereich erneuerbare Energien, grüne Gebäude, Energieeffizienzmaßnahmen, sauberer Transport und Wassermanagement verwendet (RBI 2018).

Die BKS Bank platzierte 2018 bereits den zweiten Green Bond in Höhe von 3 Mio. €. Der Emissionserlös diente der Errichtung von Fotovoltaikanlagen der Firma Exklusivreal 4you GmbH. Der Green Bond hat eine Laufzeit von sechs Jahren und bietet Anlegern einen jährlichen fixen Kupon in Höhe von 0,875 %. Die Mittel des ersten Green Bond der BKS Bank wurden zur Finanzierung einer Kleinwasserkraftanlage der Hasslacher Energie GmbH in Spittal an der Drau verwendet (BKS 2019).

Die Wiener Börse konnte zudem in den vergangenen Jahren zahlreiche kleinere, klimabezogene Unternehmensanleihen listen. Zu den Emittenten zählten u. a. WEB Windenergie AG und PV Invest GmbH. Die WEB Windenergie AG ist laut Unternehmensangaben Österreichs größtes Bürgerbeteiligungsunternehmen im Bereich erneuerbare Energie. Zur Finanzierung der Kraftwerke wurden Anleihen emittiert, die vorwiegend von den 3800 Aktionären bzw. den Bürgern der Region gezeichnet wurden. Zuletzt wurden im Jahr 2018 zwei Anleihen mit einem Emissionsvolumen von knapp 10 bzw. 5 Mio. € begeben (WEB 2019). Ein ähnliches Finanzierungskonzept verfolgt PV Invest GmbH. Die Fotovoltaikkraftwerke werden über Anleihen mit kleiner Stückelung von 1000 € finanziert und bieten damit Kleinanlegern bzw. den Bürgern der Region die Möglichkeit einer grünen Beteiligung. Derzeit stehen zwei Anleihen der PV Invest GmbH mit einem Volumen von jeweils bis zu 7,5 Mio. € und einer Laufzeit bis 2026 bzw. 2029 zur Zeichnung offen (PV Invest 2019).

Aufgrund der hohen Stückelung bzw. der Mindesthandelsmenge von 100.000 € bzw. US$ Nominale der meisten Green Bonds war es für private Investoren schwierig, in Green Bonds zu investieren. Mit der zunehmenden Anzahl an grünen Unternehmensanleihen, wie den oben erwähnten Beispielen am österreichischen Markt, wird der Zugang jedoch auch privaten Investoren erleichtert.

5 Potenzial von Green Bonds

Green Bonds stellen neben der Finanzierung durch Banken oder Eigenkapitalfinanzierung eine Alternative für die langfristige Finanzierung von grünen Projekten dar (EC 2016). Allein im Jahr 2018 wurden Green Bonds mit einem Gesamtvolumen von 167,3 Mrd. US$ emittiert. Einen großen Sprung erlebte die Branche im Jahr 2017. Das Emissionsvolumen stieg von 99,1 Mrd. US$ auf 162,1 Mrd. US$. Dies entspricht einem Wachstum von 63 %. Trotz des rapiden Wachstums liegt der Marktanteil von Green Bonds im Vergleich zum gesamten Anleihemarkt bei nur 1 % im Verhältnis zum gesamten Anleiheuniversum (CBI 2018a).

Ein zunehmender Teil neuer Titel könnte als Green Bond emittiert werden, deren Erlöse in nachhaltige und klimafreundliche Projekte fließen. Bereits 2016 zeigte die Europäische Kommission in einer Studie das Finanzierungspotenzial von Green Bonds für europäische Klima- und Umweltziele auf. Es wird hervorgehoben, dass der Green Bond Markt eine weitere langfristige Finanzierungsquelle darstellt, v. a. in Ländern, in denen kaum Zugang zu langfristigen Finanzierungsmitteln besteht (oder als nicht bankfähig klassifiziert wird). Neue Investoren können gewonnen werden und Liquidität für grüne Investitionen kann mobilisiert werden. Um dies zu gewährleisten, muss der positive Umweltbeitrag für den Investor messbar und vergleichbar sein (EC 2016).

Das Potenzial der Anleihen zur Finanzierung von grünen Projekten liegt laut OECD bei 1 Billionen US ausstehenden Emissionsvolumen bis 2020 und sogar 5 Billionen US$ bis 2035 (OECD 2017). Der Anleihenmarkt bietet daher die Möglichkeit, bei entsprechenden Rahmenbedingungen die Lücke zur Finanzierung von nachhaltigen klimaneutralen Projekten zu schließen (Nicol et al. 2018).

Für das Jahr 2019 erwartet Moody's ein Green-Bonds-Emissionsvolumen von 200 Mrd. US$. Dies entspricht einem Wachstum von rund 20 %. Begründet wird dieses Wachstum durch die bevorstehenden Refinanzierungen diverserer Energieunternehmen, die eine Chance für Green-Bond-Emissionen ergeben. Zudem sieht man auch eine steigende Investorennachfrage nach klimaschonenden und nachhaltigen Investmentprodukten. Zusätzlich fungiert auch das höhere politische Engagement für das Thema Klimawandel und der sich daraus ergebenden neu entdeckten Finanzierungsquelle Green Bonds als Wachstumstreiber. Schließlich wird das Marktwachstum gestützt durch jene Emittenten, die bereits einen ersten Green Bond begeben haben und eine wiederholte Green-Bond-Emission planen (Moody's 2019). Die Prognose der SEB liegt mit einem erwarteten Emissionsvolumens von 210–240 Mrd. US$ für das Jahr 2019 sogar deutlich über der Einschätzung von Moody's. Gestützt wird diese positive Annahme durch die Erwartung einheitlicher gesetzlicher Rahmenbedingungen im Jahr 2019. Im Januar 2019 lag das bereits emittierte Volumen bei 17,2 Mrd. US$ (SEB 2019).

6 Was ist noch notwendig?

Die Entwicklung einheitlicher Standards und Richtlinien ist ein wesentlicher Schritt für das weitere Wachstum und die Etablierung des Green-Bond-Markts. Im März 2018 veröffentlichte die Europäische Kommission einen umfassenden Sustainable Action Plan, gefolgt von einem Vorschlag für eine Verordnung über die Errichtung eines Rahmens zur Erleichterung nachhaltiger Investitionen. Eine Sachverständigengruppe arbeitete Maßnahmen aus, die den Finanzsektor in eine nachhaltige und emissionsneutrale Richtung führen sollen. Kernpunkte des Aktionsplans sind die Entwicklung eines einheitlichen EU-Klassifikationssystems bzw. einer Taxonomie für die Beurteilung nachhaltiger Investitionen. Die Schaffung von CO_2-armen Benchmarks bzw. eines EU-Gütesiegels soll grüne Investments einheitlich und nachvollziehbar auszeichnen. Offenlegungspflichten zu klimabezogenen Finanzinformationen sowie der stärkere Ausbau von Pflichten für institutionelle Investoren sollen eine größere Transparenz schaffen. Die Technical Expert Group (TEG) wurde im Juni 2018 beauftragt, die Details der legislativen Vorschläge voranzutreiben.

Am 28. Februar 2019 wurde in Österreich der Startschuss zur österreichischen Green Finance Agenda gesetzt. Der österreichische Finanzmarkt soll ebenfalls einen Beitrag zur Erreichung der Klima- und Energieziele leisten.

Die Messung der Performance von grünen Investments ist maßgeblich für die Erreichung der Klimaziele und die Veröffentlichung von Emissionsdaten ist die Grundlage dafür, denn bis dato gibt es nur wenige Unternehmen, die ihre CO_2-Daten offenlegen. Die Publikation der CO_2-Werte hilft, die Performance von Unternehmen zu vergleichen und zu beurteilen. Eine höhere Transparenz dient Investoren als Grundlage für eine explizierte Entscheidung, um in ein grünes Projekt zu investieren (OECD Observer 2018).

Der Markt für Grüne Anleihen könnte mit Unterstützung der Politik, entsprechender gesetzlicher Rahmenbedingungen und der Schaffung von Investitionsanreizen für grüne Assets deutlich ausgebaut werden und damit als Katalysator im Kampf gegen den Klimawandel dienen. Um in diesem Zusammenhang einen aktiven Beitrag zum Klimaschutz und zu nachhaltigem Wirtschaften zu leisten, ist in erster Linie die Förderung von grünen Projekten maßgeblich (EC 2016; Nicol et al. 2018).

Literatur

Berlin Hyp (2019) Green Pfandbrief. https://www.green-pfandbrief.com/home. Zugegriffen: 8. März 2019

BKS, BKS Bank (2019) Green Bond. https://www.bks.at/green-bond. Zugegriffen: 6.März 2019

CBI, Climate Bonds Initiative (2013) Swedish property group Vasakronan issues SEK1.3bn ($197m) Green Bond – theme goes corporate. https://www.climatebonds.net/2014/05/swedish-property-group-vasakronan-issues-sek13bn-197m-green-bond-theme-goes-corporate. Zugegriffen: 8. März 2019

CBI, Climate Bonds Initiative (2016) Poland wins race to issue first green sovereign bond. A new era for Polish climate policy? https://www.climatebonds.net/2016/12/poland-wins-race-issue-first-green-sovereign-bond-new-era-polish-climate-policy. Zugegriffen: 7. März 2019

CBI, Climate Bonds Initiative (2018a) Green Bond – the state of the market 2018. https://www.climatebonds.net/resources/reports/green-bonds-state-market-2018. Zugegriffen: 8. März 2019

CBI, Climate Bonds Initiative (2018b) Green Bond pricing in the primary market: January – June 2018. https://www.climatebonds.net/files/reports/cbi_pricing_h1_2018_01l.pdf. Zugegriffen: 8. März 2019

COIN, Cost of Inaction (2015) COIN Fact Sheet. Die Folgeschäden des Klimawandels in Österreich. https://coin.ccca.ac.at/sites/coin.ccca.ac.at/files/COIN-Broschuere.pdf. Zugegriffen: 8. März 2019

Colard, Armand (2018) Overview sustainable finance. Status-quo of Austrian financial market. Top-10 exclusion criteria in Austria. https://www.umweltdachverband.at/assets/Uploads/WS-2-Armand-Colard.pdf. Zugegriffen: 8. März 2019

EC, European Commission (2016) Study on the potential of green bond finance for resource-efficient investments, Luxembourg

EC, European Commission (2018) Commission action plan. Financing sustainable growth factsheet. https://ec.europa.eu/info/sites/info/files/180308-action-plan-sustainable-growth-factsheet_en.pdf. Zugegriffen: 8. März 2019

EDF (2019) Green Bonds. https://www.edf.fr/en/the-edf-group/dedicated-sections/investors-shareholders/bonds/green-bonds. Zugegriffen: 8. März 2019

EIB, Europäische Investitionsbank (2019) Grüne Anleihen. Klimaschutzanleihen der EIB. https://www.eib.org/de/investor_relations/cab/index.htm. Zugegriffen: 8. März 2019

Environmental Finance (2018) Project bond of the year – Canadian Solar. https://www.environmental-finance.com/content/awards/green-bond-awards-2018/winners/project-bond-of-the-year-canadian-solar.html. Zugegriffen: 8. März 2019

FNG, Forum Nachhaltige Geldanlagen (2018) Marktbericht Nachhaltige Geldanlagen 2018 für Deutschland, Österreich und die Schweiz. https://www.forum-ng.org/images/stories/Publikationen/fng-marktbericht_2018-online.pdf. Zugegriffen: 8. März 2019

GCF, Green Climate Fund (2019) About the fund. https://www.greenclimate.fund/who-we-are/about-the-fund. Zugegriffen: 8. März 2019

GGGI, Global Green Growth Institute (2016) Mind the gap bridging the climate financing gap with innovative financial mechanisms. http://gggi.org/wp-content/uploads/2017/03/Mind-the-Gap_web.pdf. Zugegriffen: 6. März 2019

GSIA, Global Sustainable Investment Alliance (2016) The global sustainable investment review 2016. http://www.gsi-alliance.org/wp-content/uploads/2017/03/GSIR_Review2016.F.pdf. Zugegriffen: 3. März 2019

ICMA, International Capital Market Association (2018) Die Green Bond Principles 2018. Freiwillige Prozessleitlinien für die Emission von Green Bonds

IEEFA, Institute for Energy Economics and Financial Analysis (2019) IEEFA report: financial case builds for fossil fuel divestment. http://ieefa.org/ieefa-report-financial-case-builds-for-fossil-fuel-divestment/. Zugegriffen: 8. März 2019

IPCC, Intergovernmental Panel on Climate Change (2018) Special report global warming of 1.5°C. https://report.ipcc.ch/sr15/pdf/sr15_spm_final.pdf. Zugegriffen: 7. März 2019

Moody's (2019) Research Announcement: Moody's: Green Bond market poised to hit $200 billion in 2019. https://www.moodys.com/research/Moodys-Green-bond-market-poised-to-hit-200-billion-in–PBC_1159526. Zugegriffen: 8. März 2019

Morningstar (2019) Definition of Underwriter. http://news.morningstar.com/classroom2/course.asp?docId=5458&page=3. Zugegriffen: 8.März 2019

NBIM, Norges Bank Investment Management (2017) Responsible investment government pension fund global, Oslo. https://www.nbim.no/contentassets/67c692a171fa450ca6e3e1e3a7793311/responsible-investment-2017—government-pension-fund-global.pdf. Zugegriffen: 8. März 2019

Nicol M, Shishlov I, Cochran I (2018) Green Bonds: improving their contribution to the low-carbon and climate resilient transition. I4CE – Institute for Climate Economics, Paris

OECD (2017) Mobilising bond markets for a low-carbon transition, green finance and investment. OECD Publishing, Paris. https://doi.org/10.1787/9789264272323-en. Zugegriffen: 8: März 2019

OECD Observer (2018) Climate change: towards clean energy investment and supporting disclosure. OECD Observer No 304 November 2015. http://oecdobserver.org/news/fullstory.php/aid/5400/Climate_change:_Towards_clean_energy_investment_and_supporting_disclosure_.html. Zugegriffen: 7. März 2019

OECD/IEA and IRENA (2017) Perspectives for the energy transition – investment needs for a low-carbon energy system. http://www.irena.org/documentdownloads/publications/perspectives_for_the_Energy_transition_2017.pdf. Zugegriffen: 8. März 2019

PV Invest (2019) Anleihen von PV Invest. https://www.pv-invest.com/de/anleihen/. Zugegriffen: 7. März 2019

RBI, Raiffeisen Bank International (2018) Raiffeisen issues Green Bond. https://www.rbinternational.com/eBusiness/01_template1/829189266947841370-829189148030934104-1337785934173173478-NA-2-EN.html. Zugegriffen: 6. März 2019

SEB (2019) SEB expects global green bond issuance at $210 bln-240 bln this year – Reuters News on 13-Feb-2019, London

State of Hawaii (2015) Department of business, economic development and tourism. Hawaii green infrastructure bond fund. Financial statements fiscal year ended June 30, 2015. http://investor-relations.hawaii.gov/dbedt/wp-content/uploads/sites/10/2014/09/Hawaii-Green-Infrastructure-Bond-Fund-Financial-Stmts-201506.pdf. Zugegriffen: 8. März 2019

Toyota Financial (2019) Green Bond programm. https://www.toyotafinancial.com/us/en/investor_relations/green-bond-programs.html. Zugegriffen: 7.März 2019

UNEP, United Nations Environment Programme (2015) The adaptation finance gap update. http://web.unep.org/sites/default/files/gapreport/UNEP_Adaptation_Finance_Gap_Update.pdf: Zugegriffen: 8. März 2019

Verbund (2014) Verbund begibt erfolgreich den ersten österreichischen Green Bond. https://www.verbund.com/de-at/ueber-verbund/news-presse/presse/2014/11/14/verbund-begibt-ersten-oesterreichischen-green-bond. Zugegriffen: 8. März 2019

WBAG, Wiener Börse AG (2019) Lexikon. Definition von Anleihen. http://www.wienerborse.at/wissen/boersenlexikon. Zugegriffen: 7. März 2019

WEB (2019) Nachhaltig investieren. https://www.windenergie.at/page.asp/-/investieren. Zugegriffen: 7. März 2019

Silvia Stenitzer ist seit 2017 an der Wiener Börse im Bereich Market und Product Development, Listing tätig und führte die Green und Social Bonds Plattform an der Wiener Börse ein. An der Wirtschaftsuniversität Wien absolvierte sie ein Studium der internationalen Betriebswirtschaftslehre mit Fachrichtung internationale Finanzierung und Innovation und Entrepreneurship.

Die Oesterreichische Entwicklungsbank als Klimabank

Susanne Boesch, Nastassja Cernko, Sabine Gaber, Clemens Regehr und Michael Renz

1 Die Oesterreichische Entwicklungsbank finanziert Projekte mit Wirkung

Die Oesterreichische Entwicklungsbank (OeEB) ist in das Jahr 2019 mit einem neuen Strategiezyklus gestartet[1]. Ein bestimmendes Querschnittsthema ist dabei die Positionierung der OeEB als Klimabank. Das Verständnis, dass klimarelevante Überlegungen in

[1]Die Oesterreichische Entwicklungsbank (OeEB) wurde im Jahr 2008 als 100%ige Tochter der Oesterreichischen Kontrollbank (OeKB) als Spezialinstitut gegründet. Wir handeln im Auftrag der Republik Österreich als Entwicklungsbank gemäß § 9 des Ausfuhrförderungsgesetzes und des Entwicklungszusammenarbeitsgesetzes (AusfFG 1981 idgF; EZA-G 2002 idgF). Infolge unseres Mandats unterstützen wir nachhaltige Investitionen des Privatsektors in Entwicklungsländern mithilfe des Einsatzes unserer Instrumente; Finanzierungen zu marktnahen Konditionen, Beteiligungen an Unternehmen und Fonds (treuhändisch für die Republik Österreich) sowie auch

S. Boesch · S. Gaber · C. Regehr · M. Renz
OeEB, Oesterreichische Entwicklungsbank AG, Wien, Österreich
E-Mail: susanne.boesch@oe-eb.at

S. Gaber
E-Mail: sabine.gaber@oe-eb.at

C. Regehr
E-Mail: clemens.regehr@oe-eb.at

M. Renz
E-Mail: michael.renz@oe-eb.at

N. Cernko (✉)
OeKB, Oesterreichische Kontrollbank AG, Wien, Österreich
E-Mail: nastassja.cernko@oekb.at

A. Sihn-Weber und F. Fischler (Hrsg.), *CSR und Klimawandel,* Management-Reihe Corporate Social Responsibility, https://doi.org/10.1007/978-3-662-59748-4_16

alle Aktivitäten einzubeziehen sind, ist gerade bei nachhaltig agierenden Entwicklungsfinanzinstitutionen *(Development Finance Institutions, DFI)* gegeben und hat sich mittlerweile auch bei kommerziellen Finanzmarktakteuren und -akteurinnen eingestellt. Die Gründe dafür sind mannigfaltig. Sie betreffen die veränderte Nachfrage nach klimafreundlichen Projekten, die eigene Risikobetrachtung und die Übernahme von Verantwortung bei eigenen Projekten hinsichtlich ihrer Auswirkungen. Bei der Gründung der OeEB im Jahr 2008 haben wir zwar noch keinen explizierten Schwerpunkt auf einen Beitrag zur Erreichung der österreichischen Klimafinanzierungsziele gelegt, aber schon damals lag ein Fokus auf den Bereichen erneuerbare Energien und Ressourceneffizienz (BMNT 2017a; OeEB o. J.a). Mit unterschiedlichen Instrumenten ist es der OeEB möglich, effizient und effektiv zur Erreichung von Klimafinanzierungszielen beizutragen. Daher leistet die OeEB heute den größten Beitrag Österreichs zur internationalen Klimafinanzierung. Das Ziel der OeEB ist es, weiterhin Österreichs größte Finanzakteurin für die internationale Klimafinanzierung zu bleiben und gleichzeitig qualitativ hochwertige und klimarelevante Projekte finanzieren zu können. Die neu beschlossene Strategie der OeEB legt daher als Zielgröße fest, in den Jahren 2019–2023 durchschnittlich 40 % des Neugeschäfts für klimaanrechenbare Projekte bereitzustellen. Das übergeordnete Ziel ist weiterhin, die Lebenssituation der Menschen in Entwicklungs- und Schwellenländern zu verbessern.[2]

Der vorliegende Beitrag zeigt in einem ersten Teil den internationalen Kontext der finanziellen Herausforderungen des Klimaschutzes auf. Dabei gehen die Autorinnen und Autoren auf die Herangehensweise, die Rolle und die Bedeutung der OeEB als relevante Finanzakteurin ein. Der zweite Teil beleuchtet die verschiedenen Instrumente, wie Investitionsfinanzierungen, Eigenkapitalbeteiligungen und projektbegleitende Maßnahmen, die die OeEB nutzt, um Finanzströme in die Richtung klimaschutzrelevanter Projekte zu lenken. Das Schlusskapitel fasst die Position der OeEB zusammen.

2 Klimaschutz als finanzielle Herausforderung

Die internationale Klimafinanzierung hat sich seit dem Rahmenübereinkommen der Vereinten Nationen über Klimaänderungen (UNFCCC) als wesentliches Instrument etabliert, um Entwicklungs- und Schwellenländer bei der Bewältigung der Auswirkungen

---

finanzielle Unterstützung für Beratungsleistungen zur Erhöhung der entwicklungspolitischen Wirkung unserer Projekte. Der Einsatz dieser technischen Assistenz wird bedarfsorientiert in einer Vielzahl unterschiedlicher Bereiche und Projektphasen eingesetzt. Die OeEB ist den Zielen und Prinzipien der österreichischen Entwicklungspolitik gemäß Entwicklungszusammenarbeitsgesetz verpflichtet (EZA-G 2002 idgF).

[2]Die Ziele und die Strategie der OeEB stehen im Einklang mit dem Drei-Jahres-Programm der österreichischen Entwicklungspolitik (BMEIA 2018).

des Klimawandels zu unterstützen.[3] Auf der Umsetzungsebene kann grundsätzlich zwischen zwei Handlungsfeldern unterschieden werden. Einerseits können Staaten an internationale oder multinationale Fonds und Institutionen Mittel vergeben, deren Aktivitäten zugunsten von klimarelevanten Initiativen eingesetzt werden: die sog. multilaterale Klimafinanzierung. Andererseits besteht die Möglichkeit der direkten Umsetzung von Projekten in Absprache mit dem jeweiligen Empfängerland: die sog. bilaterale Klimafinanzierung (BMNT o. J.). Eines der Ziele aller Industriestaaten, die das Pariser Klimaabkommen 2015 unterzeichnet haben, lautet, gemeinsam 100 Mrd. US$ jährlich bis 2020 für die Klimafinanzierung zu mobilisieren.[4] Die Republik Österreich hat dazu die Zusage abgegeben, in den Jahren 2015–2020 mindestens eine halbe Milliarde Euro zur Verfügung zu stellen (BMNT 2017b).

2.1 Der internationale Kontext

Aktuelle Strategieentwicklungen auf europäischer wie auch auf internationaler Ebene fokussieren sich in letzter Zeit auf die Ausrichtung von Finanzflüssen zur Erreichung globaler Klima- und Nachhaltigkeitsziele. Dieser Fokus nimmt Finanzakteure und -akteurinnen in die Pflicht, klimarelevante Aspekte bei der Umsetzung von Projekten einzubeziehen. Die Auswahl und Entwicklung klimafreundlicher Projekte, die Beurteilung klimarelevanter Auswirkungen und die Vermeidung negativer Folgen sind daher auch für die OeEB von vorrangiger Bedeutung. Der Klima-Mainstreaming-Ansatz des Pariser Klimaabkommens und die Strategiepapiere der Europäischen Kommission (EK) halten fest, dass alle nationalen und internationalen Finanzströme dem Ziel dienen sollen, die Erderwärmung auf maximal 2 bzw. 1,5 °C zu beschränken und zu treibhausgasarmer Entwicklung beizutragen (EUR-Lex 2016; EC 2017; IEEP 2017; Climate Action in Financial Institutions Initiative o. J.). Die OeEB hat diesen Ansatz ebenfalls in ihrer Strategie verankert und sich verpflichtet, auch bei Projekten, die nicht explizit auf den Klimaschutz abzielen, darauf zu achten, Technologien mit geringem CO_2-Ausstoß zu unterstützen. Die Energie- und Klimaziele der EU bis 2030 weisen einen hohen Investitionsbedarf von 180 Mrd. € aus.[5] Der Aktionsplan der EK für die Finanzierung

[3]Die rechtliche Basis für die Umsetzung Internationaler Klimafinanzierung durch Industrieländer ist in Art. 4 des United Nations Framework Convention on Climate Change (UNFCCC) verankert, 1994 in Kraft getreten und wurde damals von 154 Staaten unterschrieben. Hier wird u. a. die Umsetzung der Unterstützung von Entwicklungsländern konkret beschrieben und periodisch überarbeitet (UNFCCC 1992).

[4]Ab 2020 soll im Rahmen der nächsten Vertragsstaatenkonferenz (Conference of the Parties, COP) auf der Ebene der Vereinten Nationen über ein nächstes, höheres Finanzierungsziel für die Zeitspanne nach 2025 verhandelt werden.

[5]Die drei Hauptziele der EU Klima- und Energiepolitik 2030 lauten: Senkung der Treibhausgasemissionen um mindestens 40 % (gegenüber dem Stand von 1990), Erhöhung des Anteils Erneuerbarer-Energie-Quellen auf mindestens 27 % und Steigerung der Energieeffizienz um mindestens 27 % (EC 2014).

von nachhaltigem Wachstum hat Oberziele, die mit den strategischen Zielen der OeEB im Bereich der Klimafinanzierung im Einklang stehen. Beispielhaft kann die OeEB in diesem Kontext auf folgende Bestrebungen verweisen: nachhaltiges Wachstum fördern, finanzielle Risiken, die sich aus Klimawandel und Umweltschäden ergeben, bewältigen und Transparenz sowie langfristige finanzielle und wirtschaftliche Tätigkeiten fördern (EC 2018; UN 2015; OeEB o. J.a).

Die OeEB agiert auf dem internationalen Markt als Teil der privatsektororientierten Entwicklungsfinanzierungsinstitutionen (DFI).[6] Somit sind wir mit einer Vielzahl an Marktteilnehmenden konfrontiert, die ähnliche Ziele und Interessen verfolgen. Gleichzeitig bietet dieses Umfeld auch zahlreiche Chancen für Kooperationen, die es ermöglichen, gemeinsam gleiche Interessen zu verfolgen sowie Wissen und Know-how auszutauschen. Die OeEB ist die jüngste innerhalb des Verbands der *European Development Finance Institutions (EDFI)* und hat sich in den letzten zehn Jahren bereits zur sechstgrößten EDFI entwickelt.[7] Unser Beitrag im Bereich Klimafinanzierung für das Jahr 2017 lag laut interner EDFI-Berichte an achter Stelle. Der zunehmende Fokus auf Klimaschutz ist auch innerhalb dieser Gruppe unübersehbar. In ihrem Diskurs über saubere Energien, Klimafinanzierung und Treibhausgaseffekte sind einige neue Tendenzen zu erkennen. Die EDFI setzen sich zunehmend mit gesamtheitlichen klimarelevanten Aspekten ihrer Projekte auseinander, statt den Fokus nur auf den Einsatz von sauberen Energien zu legen.[8] Hierbei ist zu beobachten, dass manche EDFI bei der Projektauswahl und Gestaltung der Umsetzung auch vermehrt Anpassungsmaßnahmen *(„adaptation")* und klimarelevante Effekte des gesamten Portfolios einer Finanzinstitution betrachten und bewerten. In der Vergangenheit wurde im Vergleich dazu primär der Schwerpunkt auf Abmilderungs- bzw. Verminderungsmaßnahmen *(„mitigation")* gelegt. Abmilderung kann durch die Finanzierung von Projekten im Sektor der erneuerbaren Energien erreicht werden, um somit schädliche Treibhausgasemissionen zu verringern (IPCC 2018). Der neue Fokus der Adaptation betrifft aber nun auch das Kerngeschäft der Banken selbst. Ein Wechsel hin zur allgemeinen Messung und Kompensation des CO_2-Fußabdrucks ist zu bemerken, statt des Ansatzes, im Rahmen der Projekttätigkeiten CO_2-Emissionen möglichst (nur) zu vermeiden *(„avoidance")*. Die OeEB bildet im Rahmen der Berichterstattung über ihre Projekte im Schwerpunktsektor erneuerbare Energien in Zukunft nicht nur Gigawattstunden ab, sondern wird diese in eingesparte CO_2-Tonnen übersetzen.

[6]Internationale Entwicklungsfinanzinstitutionen umfassen neben den multilateralen Akteuren, wie z. B. die International Finance Corporation (IFC), die European Bank for Reconstruction and Development (EBRD) oder den Privatsektorbereich von Regionalbanken.

[7]Die Platzierung an sechster Stelle ist gemessen am Portfolio der ausstehenden Finanzierungsleistungen.

[8]Einige EDFI sind Vorreiter in der Ausarbeitung neuer Instrumente, um die Auswirkungen ihrer Aktivitäten an das Pariser Klimaabkommen anzupassen; z. B. in ihrer Berechnung der Treibhausgasemissionen (GHG) für das ganze Portfolio anstelle des Ansatzes der Vermeidung von GHG, der Berechnung von Scope-3-Emissionen oder der Berechnung des Netto-Carbon-Footprint.

Weiterhin lebhaft ist die EDFI-Debatte über den Zielkonflikt, der mit der Privatsektorfinanzierung in Entwicklungs- und Schwellenländern einhergeht: Einerseits geht es um die Förderung von wirtschaftlichem Wachstum und andererseits um die Verringerung der dabei anfallenden zusätzlichen CO_2-Emissionen. Passende Messinstrumente zu entwickeln, erweist sich allerdings als methodisch sehr herausfordernd, denn diese basieren auf zahlreichen Annahmen, die erforderlich sind, um ökonomische, ökologische und soziale Wechselbeziehungen darzustellen und deren Entwicklung voraussagen zu können. Wir sind uns dieses Konflikts zwischen Arbeitsplatzschaffung und dem Kampf gegen den Klimawandel bewusst. Die OeEB wird daher weiterhin gezielt Finanzierungen im Bereich der erneuerbaren Energien forcieren, damit der durch Bevölkerungs- und Wirtschaftswachstum unweigerlich steigende Energiebedarf in Entwicklungs- und Schwellenländern so klimaverträglich wie möglich gedeckt werden kann. Der kontinuierlichen Verbesserung und internationalen Vereinheitlichung von Indikatoren und deren einheitlichen Berichterstattung werden wir weiterhin großes Augenmerk schenken. Wir sehen darin auch die Möglichkeit des gegenseitigen Austauschs von Erfahrungswerten und Wissen. Hinzu kommt die verstärkte Anforderung, Verantwortung zu übernehmen und Transparenz gegenüber unseren Stakeholdern sicherzustellen. Somit kommt zu den positiven Aspekten der Verbesserung von Transparenz und Nachvollziehbarkeit gleichzeitig auch der vermehrte Berichterstattungsaufwand hinzu.

2.2 Nachhaltige Finanzierung von Klimaschutz

Die grundlegenden Faktoren, weshalb DFI generell große Volumina in den Bereich der Klimafinanzierung investieren, sollen in diesem Abschnitt erläutert werden. Die bereits erwähnten, auf internationaler Ebene vereinbarten Ziele für Klimafinanzierung sind nur durch den Einsatz öffentlicher Beihilfen oder durch Zuschüsse mithilfe von Grants nicht zu erreichen. Die Budgets der öffentlichen Hand können die gesamte Lücke der zu finanzierenden Projekte nicht abdecken. Im Gegensatz dazu ist es für DFI möglich, Volumina aufzubringen, ohne die Staatshaushalte im gleichen Ausmaß zu belasten. Je nach Eigentümerstruktur sind sie im internationalen Vergleich nur bedingt und zu unterschiedlichem Grad von staatlichen Budgettöpfen abhängig. Somit können mit vergleichsweise geringen staatlichen Mitteln große Volumina finanziert werden. Des Weiteren können DFI oftmals aufgrund ihres Mandats und einer politischen Rückendeckung höhere Risiken u. a. auch bei der Klimafinanzierung übernehmen, als dies kommerzielle Finanzakteure und -akteurinnen könnten.

Der Zugang zu leistbarer, zuverlässiger und umweltfreundlicher Energie ist nach wie vor vielerorts nicht gegeben oder verbesserungswürdig. Dieser mangelnde Zugang zu Energie beeinträchtigt das Wirtschaftswachstum in Ländern des globalen Südens beträchtlich und soziale und ökologische Verbesserungspotenziale werden nicht ausgeschöpft oder sogar gebremst (SDG 2018). Daher ist die Umsetzung von klimarelevanten Projekten für die Privatsektorentwicklung in Entwicklungsländern essenziell – nicht nur für die lokale Bevölkerung, sondern auch für Österreich, indem die österreichischen Klimafinanzierungsinteressen wesentlich unterstützt werden. Die OeEB trägt auch dem Außenwirtschaftsinteresse Rechnung, da österreichische Unternehmen von den Instrumenten der OeEB profitieren können und gerade österreichisches Know-how im Erneuerbare-Energie-Sektor weltweit zum Einsatz kommt. Dies geschieht durch direkte Projektentwicklungs- und Beratungsleistungen, durch Direktinvestitionen oder auch im Wege von direkten Lieferungen und Sublieferleistungen im Komponentenbereich. Seitens der OeEB wird begrüßt, dass auch zahlreiche Regierungen in Entwicklungsländern politische Absichtsklärungen abgeben, regulatorische Maßnahmen umsetzen und verstärkt auf den Ausbau von erneuerbaren Energiequellen setzen. Dabei strebt die OeEB bei ihren Klimafinanzierungsaktivitäten die Übereinstimmung mit den national festgelegten Beiträgen zum Pariser Abkommen an.[9]

Die OeEB verfolgt auf institutioneller Ebene analog zu anderen DFI die *Do-No-Harm-* und *Do-Good*-Konzepte (ADA 2018; IFC 2012). Während die *Do-No-Harm*-Komponente auf die Risikominimierungsseite fokussiert, legt die *Do-Good*-Komponente den Schwerpunkt darauf, einen positiven Impact zu schaffen bzw. zu verstärken. Der Aspekt der Risikominimierung wird hauptsächlich über die Umwelt- und Sozialprüfung sowie durch das Monitoring der Projektumsetzung über die gesamte Projektlaufzeit bei der Projektpartnerorganisation umgesetzt.[10] Die Einhaltung nationaler und internationaler Standards stellt in diesem Zusammenhang die Mindestanforderung für die OeEB dar (beispielsweise die Performance Standards der International Finance Corporation [IFC] oder die Kernarbeitsnormen der International Labour Organization [ILO]). Die OeEB setzt seit Kurzem ein neues Messinstrument ein, in dem der *Do-No-Harm*-Teil noch konkreter abgebildet werden kann. Früher standen Aspekte des *Do-Good*-Ansatzes im Vordergrund, die primär in der Projektimplementierung Umsetzung fanden. Letztlich dienen beide Konzepte zur Erreichung der von der OeEB angestrebten Ziele wie dem übergeordneten *„climate mainstreaming"* sowie der Beitragsleistung zu den *Sustainable Development Goals (SDG).* Im Kontext der Klimafinanzierung sind dies allen voran das SDG 7 „Bezahlbare und saubere Energie" und das SDG 13 „Maßnahmen zum Klimaschutz". Im Sinn des Mainstreaming-Ansatzes nehmen wir zusätzlich auch unsere Verpflichtung für die Vielzahl der Flüge wahr, die mit unserer Tätigkeit im Zusammenhang mit der Umsetzung von Projekten in den Empfängerländern verbunden ist. Die dabei anfallenden CO_2-Emissionen gleichen wir seit Jahren durch Kompensationsprojekte über Programme der Universität für Bodenkultur Wien in Entwicklungsländern aus (OeEB o. J.b).

---

[9]National festgelegte Beiträge (Nationally Determined Contriutions, NDC) in Art. 4 Abs. 2 sind das Kernstück des Pariser Abkommens und die Erreichung dieser langfristigen Ziele. NDC beinhalten die Bemühungen jedes Landes, die nationalen Emissionen zu reduzieren und sich an die Auswirkungen des Klimawandels anzupassen (EUR-Lex 2016).

[10]Hierbei werden u. a. Risiken analysiert, Schritte zu deren Minimierung definiert, wie auch Maßnahmen zu deren Abfederung ausgearbeitet.

2.3 Strukturelle Herausforderungen auf dem Markt der Entwicklungsfinanzierung

Im Bereich der Klimafinanzierung besteht mittlerweile eine vergleichsweise hohe Präsenz von verschiedenen DFI, die in vielen Fällen Projekte gemeinschaftlich umsetzen. Gerade bei entwicklungspolitisch wertvollen Vorzeigeprojekten und bei wirtschaftlich und finanziell gut strukturierten bankfähigen Projekten ist jedoch eine verstärkte Konkurrenz zu beobachten. Eine Vielzahl der Projekte befindet sich nämlich in einem sehr frühen Entwicklungsstadium und ist teilweise aufgrund von fehlenden regulatorischen Rahmenbedingungen und trotz unterschiedlichster Unterstützungsmaßnahmen nur langfristig oder gar nicht umsetzbar. Vielen Projekten fehlt es an der notwendigen Finanzierungsreife. DFI haben je nach den zur Verfügung stehenden Instrumenten die Möglichkeit, entweder ein sehr hohes Risiko für Projekte zu übernehmen, die noch einen großen Strukturierungsbedarf aufweisen – im Sinn eines Projektentwicklungsrisikos, oder zu einem späteren Zeitpunkt einzusteigen, wenn die Projekte bereits eine bestimmte Finanzierungsreife zeigen. Doch auch im letzteren Fall tragen die DFI immer noch das Finanzierungs- und Investitionsrisiko im Sinn eines Ausfallsrisikos über die gesamte Projektlaufzeit.

Wird der Weg der sehr komplexen Projektentwicklung gegangen, der hohe quantitative und qualitative Kapazitäten erfordert, besteht ein naturgemäß höheres Risiko für den Projekterfolg. Denn in solchen Fällen sind die Projekte noch weit von der Finanzierungsreife entfernt und müssen erst zu dieser entwickelt werden. Üblicherweise fallen hohe Stückkosten aufgrund langer Projektentwicklungslaufzeiten an, die vorfinanziert werden müssen und nur im Fall eines Projekterfolgs in weiterer Folge abgedeckt werden können. Durch die frühen wirtschaftlichen und finanziellen sowie klimafreundlichen Gestaltungsmöglichkeiten können bankfähige Projekte strukturiert werden, die ohne den Einsatz des Instruments der Projektentwicklung nicht entstehen würden. Dennoch gestaltet sich die Projektentwicklung als *„enabler"* für bankfähige Projekte in der Praxis als äußerst schwierig, da diese oftmals aufgrund der langen Projektentwicklungszeiten und des hohen Kapazitätsbedarfs zu kostenintensiv ist und einen hohen Kapitaleinsatz erfordert. Bei Erfolg leistet diese aber einen Beitrag zur Erhöhung der Anzahl an klimarelevanten Projekten in einem Empfängerland bzw. werden diese Projekte erst grundsätzlich ermöglicht. Werden Projekte ab der Finanzierungsreife unterstützt, ist die Auswahl an Projektmöglichkeiten naturgemäß kleiner, aber auch ihr Ausfallsrisiko ist geringer. Bei Projekten mit Finanzierungsreife besteht für DFI dennoch ein hoher Strukturierungsbedarf, bis das Projekt die verschiedenen Anforderungen für eine Kreditvergabe oder Beteiligung erfüllt. Dabei geht es nicht nur um wirtschaftliche und finanzielle Themenstellungen, sondern auch um die Einhaltung von nationalen und internationalen Umwelt- und Sozialstandards, die Sicherstellung von entwicklungspolitischen Effekten, die

Einhaltung von rechtlichen Vorgaben oder die Sicherstellung der technisch einwandfreien Umsetzung. Diese werden im Rahmen einer umfassenden Projekt-*Due-Dilligence* geprüft und müssen unter Einbindung von verschiedenen Experten und Expertinnen umgesetzt werden.

Im Kontext der internationalen Klimafinanzierung eröffnet sich zusätzlich die Möglichkeit der Mobilisierung privater Kapitalgeber. Diese zeigen aufgrund der Beteiligung von DFI und deren Risikoübernahme, größere Bereitschaft, ebenfalls in ein Projekt zu investieren. Somit werden durch die Mobilisierung von privaten Mitteln für klimarelevante Projekte noch höhere Ziele erreicht. Die Europäische Kommission betont ebenfalls die Notwendigkeit, sowohl öffentliche als auch private Finanzflüsse zu mobilisieren. Auch in diesem Kontext kann die OeEB einen wertvollen Beitrag leisten. Der Erhebung transparenter Zahlen, um diese Mobilisierung zu quantifizieren, wird seitens internationaler Institutionen großes Augenmerk geschenkt. Diese Erhebung bringt allerdings einen außergewöhnlich hohen Monitoringaufwand mit sich. Im österreichischen Kontext ist die Weitergabe von Daten anderer Finanzakteure und -akteurinnen, die an demselben Projekt beteiligt sind, aufgrund des österreichischen Bankengeheimnisses problematisch. Derartige rechtliche Einschränkungen stehen im Widerspruch dazu, dass auch jene Finanzierungsmittel des privaten Investoren- oder Fördergeberkreises, die dank der Beteiligung österreichischer Finanzakteure und -akteurinnen am gleichen Projekt involviert sind, nur dann als mobilisierte Mittel für den Beitrag Österreichs an der internationalen Klimafinanzierung anrechenbar sind, wenn man über sie berichten kann.

Die Umsetzung der jeweils in verschiedenen Entwicklungsstadien befindlichen Projekte kann auf Institutionsebene nur in jenem Ausmaß erfolgen, in dem die jeweils geeigneten Instrumente zur Verfügung stehen. Wir in der OeEB streben danach, unsere Instrumente bestmöglich auszurichten und einzusetzen, unsere Vernetzungsmöglichkeiten mit Kooperationspartnern und -partnerinnen positiv zu nutzen und unsere Expertise laufend zu erweitern, um unseren Beitrag zur internationalen Klimafinanzierung weiter auszubauen und damit positive Effekte in Entwicklungs- und Schwellenländern bewirken zu können.

3 Die OeEB als Klimafinanziererin und ihre Instrumente

Gemäß unserem Auftrag zielen alle Aktivitäten der OeEB auf ein übergeordnetes Ziel ab: Wir wollen mithilfe der Stärkung des Privatsektors einen Beitrag zur Armutsreduktion leisten und damit auch die Umsetzung der SDG in Entwicklungs- und Schwellenländern unterstützen. Wie bereits erwähnt, sind wir uns möglicher negativer Wechselwirkungen zwischen Wirtschaftswachstum und Klimaschutz bewusst, aber gleichzeitig davon überzeugt, dass diese nicht zwingend im Widerspruch zueinanderstehen müssen. In diesem Bestreben eröffnet sich für die OeEB eine Bandbreite an Aspekten, denen allen zu unterschiedlichen Zeitpunkten während des Projektlaufzyklus entsprechende Aufmerksamkeit beigemessen werden muss.[11] Wie in den Vorjahren leistete die OeEB im Jahr 2018 den größten österreichischen Beitrag zur Klimafinanzierung in Entwicklungs- und Schwellenländern. Mehr als 40 % des Projektportfolios der OeEB entfallen auf solche Projekte. Innerhalb der ersten zehn Jahre stellte die OeEB Finanzierungen in Höhe von 590 Mio. € für klimarelevante Projekte bereit. Für das Jahr 2018 wurden Projekte mit einer Gesamtfinanzierungssumme von weiteren 182 Mio. € zur Validierung durch die OECD gemeldet.

Die Instrumente, die der OeEB hierfür zur Verfügung stehen sind: Investitionsfinanzierungen, Eigenkapitalbeteiligungen und projektbegleitende Maßnahmen zur Stärkung der entwicklungspolitischen Wirkungen der Projekte im Rahmen von *Business Advisory Services*. Diese Instrumente werden in den folgenden Abschnitten vorgestellt.

3.1 Investitionsfinanzierungen

Die OeEB leistet einen wesentlichen Beitrag zur Klimafinanzierung durch die Vergabe von langfristigen Kreditlinien für klimarelevante Projekte im Privatsektor. Dabei stellt die OeEB die Kreditlinien Finanzintermediären, Fonds, Unternehmen und Projektgesellschaften für Projektfinanzierungen zur Verfügung. Das Investitionsfinanzierungsgeschäft wird mit Bundeshaftungen des Bundesministeriums für Finanzen (BMF) gegen politische und wirtschaftliche Risiken abgesichert.[12] Dabei gibt es ein weites Spektrum an Instrumenten von langfristigen Seniordarlehen über subordinierte Darlehen bis hin zu Risikounterbeteiligungen und Fondsbeteiligungen.

Mit diesen Instrumenten finanziert die OeEB Erneuerbare-Energie-Projekte (insbesondere Wind-, Solar- und Wasserkraft) als *Greenfield*-Projekte im Wege einer maßgeschneiderten Projektfinanzierung. Dabei wird eine Kreditlinie an eine Projektgesellschaft zu marktnahen Konditionen (ohne Zinsstützungen) bereitgestellt, die die Errichtung und den Betrieb eines Erneuerbare-Energie-Projekts zum Ziel hat. Der hinter der Projektentwicklungsgesellschaft stehende Eigentümerkreis muss als Voraussetzung für eine Finanzierung u. a. vorab einen Eigenmittelbeitrag (Eigenkapital) von mindestens 30 % der Gesamtprojektkosten leisten. Die verbleibenden 70 % werden in Form von Krediten (Fremdkapital) von DFI langfristig bereitgestellt. Die langen Finanzierungszeiten sind

[11] Dies beginnt bei der Informationseinholung zu aktuellen Debatten und Definition von Maßnahmenkriterien, Standards und Berichterstattungsanforderungen, geht über die kontinuierlichen Schulung von Mitarbeitenden, der Auswahl und Miteinbeziehung externer Konsulenten und Konsulentinnen, der Erstellung von Leitfäden und Standards, der Entwicklung von Instrumenten zur einheitlichen und transparenten Datenerfassung bis hin zum inhaltlichen Dialog mit öffentlichen Stakeholdern und internationalen Institutionen und der Verpflichtung der Projektpartner und -partnerinnen zum Einsatz klimafreundlicher Technologien.

[12] Die rechtliche Grundlage hierfür ist im Bundesgesetz betreffend die Übernahme von Haftungen für Rechtsgeschäfte und Rechte (Ausfuhrförderungsgesetz) verankert (AusfFG 1981 idgF).

erforderlich, da Energiekraftwerke eine lange Amortisationsdauer aufweisen. Zusätzlich werden projektübliche Sicherheiten zur Absicherung des Projektrisikos bereitgestellt.[13]

Die OeEB hat Projektfinanzierungslösungen zur Errichtung von Erneuerbare-Energie-Projekten in Entwicklungsländern weltweit umgesetzt. Im Rahmen von internationalen Entwicklungsfinanzierungskonsortien wurden u. a. die Finanzierung des größten Windparkprojekts in Zentralamerika sowie die Finanzierung des größten Solarparks in Ägypten unterstützt. Aber auch Kleinwasserkraftwerke in Österreichs östlichen Nachbarschaftsregion, wo verstärkt auch Investoren und Investorinnen sowie Lieferleistungen aus Österreich eine wichtige Rolle spielen, werden finanziert. Zusätzlich zu den konventionellen netzgebundenen Energielösungen finanziert die OeEB auch Solardachanlagen in Indien oder *Off-grid*-Solarprojekte in Subsahara-Afrika (OeEB o. J.c).

Neben dem Ausbau von Erneuerbare-Energie-Quellen ist ein Fokus der OeEB die Energieeffizienz. Gerade in Entwicklungsländern bestehen sehr hohe Hemmnisse hinsichtlich der stärkeren Verbreitung von Energieeffizienzmaßnahmen. Neben ungünstigen Rahmenbedingungen, wie stark veralteten Elektrizitätsnetzen oder stark geförderten Energiekosten, fehlt v. a. die Überzeugung hinsichtlich langfristiger Vorteile von Energieeffizienzmaßnahmen. Die Finanzierung von Energieeffizienzlösungen erfolgt seitens der OeEB durch die direkte Kreditvergabe an Unternehmen oder über Finanzintermediäre mit genau definierten Energieeffizienzmaßnahmen. Beispielsweise hat die OeEB eine Kreditlinie an eine georgische Geschäftsbank ausgereicht, die ihrerseits die Mittel für Energieeffizienzmaßnahmen an georgische Unternehmen als Endkreditnehmende nach den von der OeEB vorgegebenen Standards vergeben hat. Die Unternehmen sind nun verpflichtet, einen Energieeinsparungsnachweis zu erbringen. Projektbegleitend wurden die lokalen Kreditsachbearbeiter und -bearbeiterinnen hinsichtlich der Kreditvergabe eines speziell entwickelten Energieeffizienzprodukts geschult. Dies geschah mit der Unterstützung von Geldern aus den OeEB *Business Advisory Services,* die hier im Abschn. 3.3 näher vorgestellt werden (OeEB o. J.c).

Die OeEB hat sich auch an der Finanzierung des *Global Climate Partnership Fund (GCPF)* beteiligt. Der Fonds wurde vom deutschen Bundesministerium für Umwelt, Naturschutz und nukleare Sicherheit gemeinsam mit der Kreditanstalt für Wiederaufbau (KfW) gegründet und wird von responsAbility, einem der erfahrensten Asset Manager in der Entwicklungsfinanzierung, betreut. Dieser Fonds verfolgt das Ziel, klimafreundliche Projekte in den Bereichen erneuerbare Energie und Energieeffizienz zu fördern. Letztere betreffen die Produktionsprozesse in Unternehmen, den Einsatz verbrauchseffizienterer

[13]Nach Fertigstellung geht das Projekt in Betrieb und mit dem Anschluss an das Energieversorgungsnetz erfolgt die Elektrizitätsabnahme. Mit den Einnahmen aus dem Elektrizitätsverkauf werden die Kredite über die Laufzeit getilgt. Neben der Strukturierung wirtschaftlicher und finanzieller Themenstellungen erfolgt auch immer eine Umwelt- und Sozialprüfung begleitet von internationalen Expertinnen und Experten und die Überprüfung von entwicklungspolitischen Beitragsleistungen im Rahmen einer umfassenden *Due Diligence* sowie das Monitoring über die Kreditlaufzeit.

Transportvehikel, die thermische Sanierung von Gebäuden, die Umsetzung energiesparender Investitionen in Agrarbetrieben und die Anschaffung effizienterer Haushaltsgeräte. Der Fonds reicht einerseits langfristige Kredite für zu finanzierende Projekte direkt aus. Andererseits vergibt er indirekt Finanzierungsmittel an zwischengeschaltete lokale Finanzintermediäre, die ihrerseits nach der Vorgabe von einzuhaltenden Standards die Mittel für Projekte im Bereich erneuerbare Energie oder Energieeffizienz an ihre Endkreditnehmenden gewähren. Die Umwelt- und Sozialstandards stehen im Einklang mit den Anforderungen der internationalen DFI. Die Kooperation mit lokalen Finanzintermediären ermöglicht dem Fonds und dem dahinterstehenden Investorenkreis, die Unterstützung von Kundengruppen, die über direkte Finanzierungen aufgrund der hohen Transaktionskosten und der Informationsasymmetrien nicht erreichbar wären. Beispiele dafür sind Kredite für lokale Klein- und Mittelbetriebe (KMU) oder geringfügigere Investitionen im Haushaltsbereich, etwa für die Gebäudesanierung. Gerade Energieeffizienzmaßnahmen bewegen sich oft in der Größenordnung von einigen Zehntausend oder Hunderttausend Euro und wären ohne lokale Partnerinstitutionen für die meisten geldgebenden Institutionen nicht darstellbar.

Eine Zusammenarbeit mit lokalen Finanzintermediären bringt noch einen weiteren wesentlichen Effekt mit sich: Sie unterstützt das Partnerinstitut vor Ort beim Aufbau von Erfahrungen hinsichtlich der Chancen – aber auch Risiken – der Klimafinanzierung. Damit wird das Ziel verfolgt, dass sich die Partnerbanken dafür entscheiden, entsprechende Produkte im lokalen Markt auch nach Ablauf der Finanzierung durch GCPF weiterzuführen und Klimafinanzierung damit als langfristig nachhaltiges Geschäftssegment zu betrachten. In der Praxis konnte immer wieder beobachtet werden, dass ein erfolgreicher Aufbau von Energieeffizienzfinanzierungen als eigenständiges Bankprodukt eine starke Signalwirkung entfacht und andere lokale Akteure und Akteurinnen motiviert werden, sich in das Geschäftssegment vorzuwagen. Das Engagement der OeEB trägt daher auch – über die eigentliche Finanzierung hinausgehend – dazu bei, Märkte für energieeffiziente Investitionen aufzubauen und zu etablieren.[14]

Die erzielten Energieeinsparungen der bisher mehr als 74.000 finanzierten Maßnahmen des GCPF, die direkt oder über Finanzintermediäre unterstützt wurden, werden mithilfe eines selbst entwickelten, proprietären Tools gemessen. Die finanzierten Projekte führen demnach zu einer Reduktion der Emissionen um rund 578.000 t CO_2-Äquivalente pro Jahr auf Basis von Energieeinsparungen in Höhe von rund 594.000 MWh pro Jahr und einer Ausweitung der Produktion erneuerbarer Energie von rund 1 Mio. MWh pro Jahr (GCPF 2018). Der Fonds verfügt über eine eigene Technical Assistance Fazilität, die aus Zuwendungen von Geberorganisationen und Erträgen des Fonds befüllt wird. Die Mittel der Fazilität können als nicht rückzahlbare Zuschüsse eingesetzt werden, um die entwicklungspolitische Wirkung des Fonds zu verstärken. Ein Beispiel dafür ist

[14]Vergleiche dazu den Evaluierungsbericht Şekerbank Türkei, eines Engagements der OeEB im Bereich Energieeffizienz und Investitionen für Haushalte und KMU (OeEB 2014).

die Entwicklung eines umfangreiches *Green Lending Toolkits,* das lokale Finanzintermediäre auf strukturierte Weise bei Design und Einführung von grünen Kreditprodukten unterstützt (GL 2018). Mithilfe verschiedener Instrumente können sich Investoren und Investorinnen am Fonds beteiligen, wobei die Aktienklassen unterschiedliches Risiko aufweisen. Durch die Beteiligung der OeEB gemeinsam mit anderen DFI an Aktienklassen mit höherem Risikoprofil und der damit komfortablen Ausstattung des Fonds mit ausreichend Risikokapital, sind auch private Investoren und Investorinnen bereit, zumindest in weniger riskante Aktienklassen zu investieren. Dadurch wird die Mobilisierung von privaten Mitteln für Finanzierungen in klimarelevante Projekte in Entwicklungsländern gehebelt.

3.2 Eigenkapitalbeteiligungen

Einen weiteren Beitrag zur Klimafinanzierung leistet die OeEB durch die Beteiligung mit Eigenkapital an Projekten. Der Einsatz von Eigenkapital ist gerade zur Hebelung von klimarelevanten Projekten vor jenem Hintergrund entscheidend, dass Finanzinstitutionen für Projekte Fremdkapital mithilfe langfristiger Kreditlinien nur bereitstellen, wenn sichergestellt ist, dass die Projekte vorab über die erforderliche Ausstattung mit Eigenkapital verfügen. Im Vergleich zu dem von Banken zur Verfügung gestellten Fremdkapital stellt das von dem Investorenkreis breitgestellte Eigenkapital Risikokapital dar, das im Fall der Insolvenz gegenüber dem Fremdkapital nachrangig bedient wird.

Seit 2012 beteiligt sich die OeEB treuhändig für die Republik Österreich aber auch durch den Einsatz von Eigenmitteln als Minderheitsinvestorin u. a. an ausgewählten Erneuerbare-Energie-Projekten. Effektiv investiert die OeEB im Sinn der Klimaschutzstrategie Eigenkapital einerseits in Private Equity Fonds, die ein Portfolio von verschiedenen Projekten im Bereich erneuerbare Energien aufbauen, den in Abschn. 3.2.1 detaillierter beschriebenen Fondsinvestments. Andererseits investiert die OeEB direkt in Gesellschaften, die z. B. auf die Entwicklung und den Bau von Erneuerbare-Energie-Kraftwerken ausgerichtet sind, den in Abschn. 3.2.2 erläuterten Direktinvestments. Die im Abschn. 3.2.3 angeführte Projektentwicklung zeigt, dass die OeEB auch in der Frühphase von klimaschutzrelevanten Projekten investiert.

3.2.1 Fondsinvestments

Private Equity Fonds haben üblicherweise eine Laufzeit von rund zehn Jahren, mit der Möglichkeit, die Fondslaufzeit zweimal um jeweils ein Jahr zu verlängern. Während der ersten fünf Jahre muss der Fondsmanager bzw. die Fondsmanagerin das Portfolio mit Investments in Erneuerbare-Energie-Projekte aufbauen (Investmentperiode). Nach Ablauf der Investmentperiode kann der Fondsmanager bzw. die Fondsmanagerin vom Investorenkreis kein weiteres Kapital abrufen bzw. nur in sehr eingeschränktem Ausmaß, beispielsweise für Follow-on-Investments, die für den Exit des Portfoliounternehmens vorteilhaft sind. Während der zweiten Hälfte der Fondslaufzeit konzentriert sich der

Fondsmanager bzw. die Fondsmanagerin vorwiegend auf die Veräußerung (Exit) der bestehenden Projekte (Deinvestitionsperiode).

Aktuell hat die OeEB in ihrem Private-Equity-Fonds-Portfolio Beteiligungen in Subsahara-Afrika, in der MENA-Region (Middle East and North Africa), im Kaukasus und in Asien. Der technologische Schwerpunkt der Fonds liegt im Bereich Wasserkraft, Fotovoltaik, Solar und Wind. Vereinzelt beinhaltet das Portfolio der Fonds auch Projekte im Bereich Biomasse und Geothermie sowie kleine und mittlere Unternehmen (KMU) im Bereich Energieeffizienz und umweltschonender Technologie, die zu einer allgemeinen CO_2-Reduktion führen.

3.2.2 Direktinvestments

Die OeEB engagiert sich auch im Rahmen von Direktinvestitionen in Projekten und Unternehmen und erwirbt hierbei durch Eigenkapitaleinlagen Anteile an Projektgesellschaften. Die OeEB sieht sich im Rahmen von Direktinvestment als Finanzinvestorin und ist in das operative Geschäft nicht voll involviert und strebt eine Minderheitsbeteiligung von bis zu 25 % an. Bei der Kapitalausstattung der Projekte durch Direktinvestments ist es oft sinnvoll, sich eigenkapitalähnlicher Instrumente zu bedienen. Gerade wenn kein weiteres echtes Eigenkapital mehr zur Verfügung steht, das den Erwerb an Anteilen am Unternehmen impliziert, ist es oft hilfreich, Mezzaninkapital einzusetzen. Mezzaninkapital ist zwar ähnlich wie Fremdkapital strukturiert (Darlehen mit Zinsen), hat aber aus Risiko-Rendite-Sicht mehr Ähnlichkeit zum Eigenkapital und wird aufgrund der Nachrangigkeit des Darlehens mit verhältnismäßig hohen Zinsen von den Banken wie Eigenkapital eingestuft.

Ein typisches Beispiel für ein Direktinvestment der OeEB stellt die Eigenkapitalausstattung einer Projektgesellschaft zur Vorbereitung einer Projektfinanzierung beim Bau von Erneuerbare-Energie-Kraftwerken in Entwicklungsländern dar. Die OeEB erwirbt dann bei Zahlung des Kaufpreises Anteile an einer Projektgesellschaft und stattet gleichzeitig die Projektgesellschaft mit dem ihren Anteil entsprechenden erforderlichen Eigenkapital aus. Davon kann ein Teil auch in Form von Mezzaninkapital ausgestaltet sein. Erst wenn das erforderliche Eigenkapital bzw. Mezzaninkapital zur Verfügung steht, werden die Finanzinstitute Fremdkapital in Form von Krediten zur Verfügung stellen. Als weitere Möglichkeit eines Direktinvestments der OeEB im Bereich Klimaschutz kommt der Erwerb von Anteilen an KMU in Betracht. Die OeEB sieht sich z. B. auch in der Rolle als Investorin bei Unternehmen, die eine umweltschonende bzw. CO_2-reduzierende Technologie in Entwicklungs- und Schwellenländern implementieren oder eine Expansion ihres Geschäftsfelds, z. B. im Bereich der Energieeffizienz, in diesen Ländern planen.

3.2.3 Projektentwicklung

Die OeEB investiert über eine eigene Projektentwicklungsgesellschaft auch schon in der Frühphase in Erneuerbare-Energie-Projekte. Hierbei werden die Projekte in Kooperation mit Partnerorganisationen durch den gesamten Projektentwicklungsprozess bis hin zur Baureife begleitet und zum Teil auch die entsprechende Baufinanzierung vorbereitet.

Da die Projektentwicklungsaktivitäten aufgrund der langen Vorlaufzeiten nicht unmittelbar planbare Cashflows versprechen und kein typisches Investment- bzw. Bankgeschäft darstellen, hat die OeEB ein eigenes Vehikel zur Finanzierung der Projektentwicklung gegründet und kooperiert hierbei mit international etablierten und lokalen Entwicklungspartnerorganisationen.

In der Projektentwicklung wird bei der Planung frühzeitig sichergestellt, dass internationale Standards vom Investorenkreis und Banken erfüllt werden und insbesondere die Umwelt- und Sozialaspekte berücksichtigt werden. Die Investments für die Projektentwicklung, mit frühzeitiger Implementierung von internationalen Standards und dem damit einhergehenden Know-how-Transfer an lokale Partnerorganisationen, stellen insofern wesentliche Impact Investments für die Generierung von Projekten im Bereich Klimaschutz dar. Da sich die Marktkonditionen in Entwicklungsländern oft ändern, kann allerdings nicht damit gerechnet werden, dass die Projekte immer zum Abschluss kommen. Insofern handelt es sich bei Projektentwicklung nicht immer um eine dankbare Pionierarbeit. Allerdings können hierdurch zielgerichtet klimarelevante Projekte nach internationalen Standards und im Einklang mit der entwicklungspolitischen Strategie der OeEB generiert werden, die aus Sicht von internationalen Investorenkreisen oder Banken finanzierungsfähig sind.

3.3 Business Advisory Services

Der Einsatz von projektbegleitenden, nicht rückzahlbaren Mitteln als technische Hilfeleistung im Rahmen der *Business Advisory Services* wird von der OeEB im Zusammenhang mit Klimafinanzierungszielen projektspezifisch genutzt. Das Ziel ist, negative Auswirkungen der Projektaktivitäten auf die Umwelt soweit als möglich zu vermeiden und gleichzeitig positive Wirkungen zu verstärken (BMEIA 2009). Grundlage hierfür bilden die unter sämtlichen Mitgliedern der EDFI vereinbarten *EDFI Principles on Responsible Finance,* die im Wesentlichen an den IFC Performance Standards angelehnt sind (EDFI 2009). Um die positiven Potenziale zur Entfaltung bringen zu können, ist es für uns von Projektbeginn an stets besonders wichtig, gewissenhafte Umwelt- und Sozialprüfungen durchzuführen. Diese Services können u. a. zur Verbesserung von Umwelt- und Sozialstandards eingesetzt werden, die klimarelevante Aspekte bei der Umsetzung der Projekte positiv unterstützen. In der Phase der Projektvorbereitung können wir diese Mittel nutzen, um unseren Kundenkreis auf mögliche umweltschädliche Konsequenzen, die im Zuge ihrer Projektrealisierung auftreten können, hinzuweisen und um Verbesserungsmaßnahmen vorzuschlagen. Derlei Ergebnisse fließen dann in die Projektverträge ein und bilden einen Bestandteil der Vertragsverpflichtung der Projektpartnerschaft, an die u. a. auch die Auszahlungen und der weitere Verlauf der Projektumsetzung geknüpft sind. Darüber hinaus können auch unabhängige Experten und Expertinnen herangezogen werden, um gemeinsam gegebenenfalls Umwelt- und Sozialaktionspläne *(Environmental and Social Action Plan, ESAP)* zu erstellen. Auch diese ESAP-Pläne zielen darauf ab, die Umweltverträglichkeit der Aktivitäten unserer Kreditnehmenden zu verbessern und ihre klimarelevante Auswirkung zu optimieren. Die Aktivitäten im Rahmen der *Business Advisory Services* haben sich für uns als wirkmächtiges Tool zur Verbesserung der Projekte erwiesen. So hat die OeEB bei einem Fonds, der in Nepal u. a. erneuerbare Energieprojekte unterstützt und an dem die OeEB selbst mit Eigenkapital beteiligt ist, projektbegleitend nicht rückzahlbare Zuschüsse aus *Business Advisory Services* Mittel bereitgestellt, um einen ESAP durch eine internationale Umwelt- und Sozialexpertin zu entwickeln (OeEB o. J.b).

4 Klimafinanzierung ist möglich

In ihrem zehnjährigen Bestehen hat sich die OeEB mit ihrer Fokussierung auf erneuerbare Energien und Energieeffizienz in Entwicklungs- und Schwellenländern zur relevantesten Klimabank in Österreich entwickelt. Auch europaweit nimmt sie dank ihrer wirkungsvollen Finanzierungsinstrumente im Bereich der Klimafinanzierung eine bedeutende Rolle ein. Sie belegen, wie übereinstimmend mit Artikel 2c des Pariser Klimaabkommens Finanzmittelflüsse gelenkt werden können, um Emissionsreduktion zu unterstützen und gleichzeitig die Entwicklung anderer Länder und ihre Widerstandsfähigkeit gegen den Klimawandel zu stärken (EUR Lex 2016).

Für den neuen Strategiezyklus hat sich die OeEB mit ihren Stakeholdern bewusst dazu entschieden, die Klimaschutzfinanzierung in Entwicklungs- und Schwellenländern entsprechend der Vereinbarungen im Rahmen der UN-Klimakonferenzen in Paris sowie der *SDG* langfristig aktiv weiter auszubauen. Die OeEB setzt eine Bandbreite von Instrumenten ein, die sich im Kontext der Klimafinanzierung als effektiv erweisen: Sie ermöglicht langfristige Finanzierungen und beteiligt sich mit Eigenkapital an klimarelevanten Projekten. Darüber hinaus kann die OeEB projektbegleitend *Business-Advisory-Services*-Mittel in Form von nicht rückzahlbaren Zuschüssen zur Unterstützung der entwicklungspolitischen Wirkungen von klimarelevanten Projekten bereitstellen. Durch das Engagement der OeEB in der Projektentwicklung ist die operative Umsetzung der Strategievorgaben sichergestellt. Die OeEB verpflichtet sich, auch bei Projekten, die nicht explizit auf den Klimaschutz abzielen, darauf zu achten, Technologien mit geringem CO_2-Ausstoß zu unterstützen. Das übergeordnete Ziel, die Lebenssituation der Menschen in Entwicklungs- und Schwellenländern zu verbessern, ist integraler Bestandteil aller OeEB-Projekte und spiegelt ihren gesamtheitlichen Ansatz wider.

Das in der OeEB aufgebaute Finanzierungswissen und die praktischen Erfahrungswerte im Klimafinanzierungsbereich speziell in Entwicklungs- und Schwellenländern mit schwierigeren Rahmenbedingungen zeichnet die OeEB aus. Dieses Wissen gilt es laufend auszubauen, damit Klimafinanzierung langfristig erfolgreich möglich ist.

Literatur

ADA, Austrian Development Agency (2018) Manual environmental, gender and social impact management. https://www.entwicklung.at/fileadmin/user_upload/Dokumente/Publikationen/Handbuecher/Environmental_and_Social_Impact_Management/EGSIM_Manual_Juni2018.pdf. Zugegriffen: 11. Apr. 2019

AusfFG, Bundesgesetz betreffend die Übernahme von Haftungen für Rechtsgeschäfte und Rechte (Ausfuhrförderungsgesetz – AusfFG), GBl. Nr. 215/1981, idgF (1981 idgF) (2https://www.ris.bka.gv.at/GeltendeFassung.wxe?Abfrage=Bundesnormen&Gesetzesnummer=10006677. Zugegriffen: 11. Apr. 2019

BMEIA, Bundesministerium Europa, Integration und Äußeres (2009) Strategischer Leitfaden Umwelt und Entwicklung der österreichischen Entwicklungspolitik. https://www.entwicklung.at/fileadmin/user_upload/Dokumente/Publikationen/Downloads_Themen_DivBerichte/Umwelt/Strategie_Umwelt_Sept2009.pdf. Zugegriffen: 11. Apr. 2019

BMEIA, Bundesministerium Europa, Integration und Äußeres (2018) Dreijahresprogramm der österreichischen Entwicklungspolitik 2019 bis 2021. https://www.entwicklung.at/fileadmin/user_upload/Dokumente/Publikationen/3_JP/2019-2021_Dreijahresprogramm.pdf. Zugegriffen: 11. Apr. 2019

BMNT, Bundesministerium für Nachhaltigkeit und Tourismus, Klimafinanzierungsstrategie und jährliche Berichte (2017a). https://www.bmnt.gv.at/umwelt/klimaschutz/internationales/int_klimafinanzierung/strategie_berichte.html. Zugegriffen: 11. Apr. 2019

BMNT, Bundesministerium für Land- und Forstwirtschaft, Umwelt und Wasserwirtschaft (2017b) Revision der Strategie Österreichs zur internationalen Klimafinanzierung für die Jahre 2013–2020 (KFS-Rev 2016). https://services.bka.gv.at/mrd-xxv/48/48_40_bei_revision_NB.pdf. Zugegriffen: 11. Apr. 2019

BMNT, Bundesministerium für Nachhaltigkeit und Tourismus (o. J.) Internationale Klimafinanzierung. https://www.bmnt.gv.at/umwelt/klimaschutz/internationales/int_klimafinanzierung.html. Zugegriffen: 11. Apr. 2019

Climate Action in Financial Institutions Initiative (o. J.) Principles for mainstreaming climate action. https://www.mainstreamingclimate.org/5-principes/. Zugegriffen: 11. Apr. 2019

EC, European Commission (2014) Rahmen für die Klima- und Energiepolitik bis 2030. https://ec.europa.eu/clima/policies/strategies/2030_de. Zugegriffen: 11. Apr. 2019

EC, European Commission (2017) Climate mainstreaming for the next MFF. https://publications.europa.eu/en/publication-detail/-/publication/1df19257-aef9-11e7-837e-01aa75ed71a1. Zugegriffen: 11. Apr. 2019

EC, European Commission (2018) EC action plan on financing sustainable growth. https://ec.europa.eu/info/publications/180308-action-plan-sustainable-growth_en. Zugegriffen: 11. Apr. 2019

EDFI, European Development Finance Institutions (2009) EDFI principles for responsible finance. https://www.edfi.eu/wp/wp-content/uploads/2017/10/EDFI-Principles-for-Responsible-Financing.pdf. Zugegriffen: 11. Apr. 2019

EUR-Lex, Übereinkommen von Paris – Rahmenübereinkommen der Vereinten Nationen über Klimaänderungen (2016). https://eur-lex.europa.eu/legal-content/DE/TXT/HTML/?uri=CELEX:22016A1019(01)&from=DE. Zugegriffen: 12. Apr. 2019

EZA-G, Bundesgesetz über die Entwicklungszusammenarbeit (Entwicklungszusammenarbeitsgesetz, EZA-G), BGBl. I Nr. 49/2002, idgF (2002 idgF). https://www.ris.bka.gv.at/GeltendeFassung.wxe?Abfrage=Bundesnormen&Gesetzesnummer=20001847. Zugegriffen: 11. Apr. 2019

GCPF, Global Climate Partnership Fund (2018) Quarterly Report to Shareholders Q4/2018. https://www.gcpf.lu/quarterly-reporting.html. Zugegriffen: 11. Apr. 2019

GL, Green Lending Toolkit (2018). https://green-lending-forum.gcpf.lu/green-lending-toolkit-login/. Zugegriffen: 12. Apr. 2019

IEEP, Institute for European Environment Policy (2017) Climate mainstreaming in the EU budget: preparing for the next MFF. https://ieep.eu/publications/climate-mainstreaming-in-the-eu-budget-preparing-for-the-next-mff. Zugegriffen: 11. Apr. 2019

IFC, International Finance Corporation (2012) IFC sustainability framework, policy and performance standards on environmental and social sustainability – access to information policy. https://www.ifc.org/wps/wcm/connect/b9dacb004a73e7a8a273fff998895a12/IFC_Sustainability_+Framework.pdf?MOD=AJPERES. Zugegriffen: 11. Apr. 2019

IPCC, Intergovernmental Panel on Climate Change (2018) Annex I: Glossary [Matthews JBR (Hrsg)]. In: Global warming of 1.5°C. An IPCC Special Report on the impacts of global warming of 1.5°C above pre-industrial levels and related global greenhouse gas emission pathways, in the context of strengthening the global response to the threat of climate change, sustainable development, and efforts to eradicate poverty [Masson-Delmotte V, Zhai P, Pörtner H-O, Roberts D, Skea J, Shukla PR, Pirani A, Moufouma-Okia W, Péan C, Pidcock R, Connors S, Matthews JBR, Chen Y, Zhou X, Gomis MI, Lonnoy E, Maycock T, Tignor M, Waterfield T (Hrsg)]. In Press. https://www.ipcc.ch/site/assets/uploads/sites/2/2019/02/SR15_AnnexI_Glossary.pdf. Zugegriffen: 12. Apr. 2019

OeEB, Oesterreichische Entwicklungsbank AG (o. J.a) OeEB Strategie. https://www.oe-eb.at/ueber-die-oeeb/unsere-schwerpunkte.html. Zugegriffen: 11. Apr. 2019

OeEB, Oesterreichische Entwicklungsbank AG (o. J.b) Nachhaltigkeit. https://www.oe-eb.at/ueber-die-oeeb/nachhaltigkeit.html. Zugegriffen: 12. Apr. 2019

OeEB, Oesterreichische Entwicklungsbank AG (o. J.c) Projektübersicht. https://www.oe-eb.at/unsere-projekte/projekte-im-ueberblick.html. Zugegriffen: 11. Apr. 2019

OeEB, Oesterreichische Entwicklungsbank AG (2014) Evaluation Şekerbank, Turkey. Short Version. https://www.oe-eb.at/effekte-unserer-arbeit/wirkungen-messen.html. Zugegriffen: 12. Apr. 2019

SDG, Sustainable Development Goals Knowledge Plattform (2018) Progress of Goal 7 in 2018. https://sustainabledevelopment.un.org/sdg7. Zugegriffen: 12. Apr. 2019

UN, United Nations General Assembly (2015) Transforming our world: the 2030 Agenda for sustainable development. https://www.un.org/ga/search/view_doc.asp?symbol=A/RES/70/1&Lang=E. Zugegriffen: 11. Apr. 2019

UNFCCC, United Nations Framework Convention on Climate Change (1992). https://unfccc.int/files/essential_background/background_publications_htmlpdf/application/pdf/conveng.pdf. Zugegriffen: 12. Apr. 2019

Susanne Boesch arbeitet seit 2008 für die Oesterreichische Entwicklungsbank AG (OeEB). Sie ist als Senior Managerin in der Stabsstelle für Entwicklungspolitik zuständig. Ihre Aufgabenbereiche umfassen die inhaltliche Betreuung und internationale Berichterstattung entwicklungspolitisch relevanter Indikatoren der Projekte der OeEB, wie u. a. Entwicklungseffekte/Impact, Klimafinanzierung, Mobilisierung und Blending sowie den Bereich Nachhaltigkeit. Zuvor war sie in der Entwicklungszusammenarbeit und bei der UNIDO tätig. Sie studierte an der Johns Hopkins School for Advanced International Studies und hat ein Masters Degree an der Diplomatischen Akademie (Wien) sowie einen MBA an der WU Executive Academy abgeschlossen.

Nastassja Cernko ist seit 2017 Nachhaltigkeitsmanagerin der OeKB Kreditinstituts-Gruppe (OeKB KI-Gruppe), zu der u. a. auch die OeEB gehört. Der Fokus ihrer Tätigkeit liegt darauf, Nachhaltigkeit weiterhin in das Kerngeschäft zu integrieren, bestehende Aktivitäten weiterzuentwickeln und neue Maßnahmen zu initiieren. Darüber hinaus stellen die Weiterentwicklung und Rezertifizierung des internen Umweltmanagementsystems und ein intensives Stakeholdermanagement Schwerpunkte ihres Nachhaltigkeitsmanagements dar. Davor war sie bei international agierenden Beratungsunternehmen in den Bereichen Effizienz- und Nachhaltigkeitsmanagement sowie als Expertin für Nachhaltigkeitsreporting und Managementsysteme in der OMV tätig. Sie studierte in Wien, Bordeaux und Santiago de Chile Internationale Entwicklung und an der Diplomatischen Akademie Wien Internationale Beziehungen.

Sabine Gaber ist seit 2009 in der der Oesterreichischen Entwicklungsbank AG (OeEB) tätig und seit Januar 2018 Mitglied des Vorstands. Davor verantwortete sie als Abteilungsleiterin den Bereich Investitionsfinanzierungen der OeEB. Ihre Verantwortungsbereiche als Mitglied des Vorstands sind Investitionsfinanzierungen, Business Adivsory Services, Bestandsmanagement und IT-Services. Sabine Gaber studierte internationale Betriebswirtschaft in Wien und Los Angeles. Im Rahmen ihrer 20-jährigen Bankentätigkeit war sie sowohl auf der Marktseite als auch auf der Kreditrisikoseite für die Strukturierung von komplexen internationalen Projekten zuständig.

Clemens Regehr ist seit Anfang 2017 bei der Oesterreichischen Entwicklungsbank AG (OeEB) im Private Equity tätig und betreut Private Equity Fonds und Direktbeteiligungen im Bereich erneuerbare Energien in Entwicklungsländern. Davor war er fünf Jahre für den Aufbau des internationalen Beteiligungsportfolios der Raiffeisen Holding NÖ-Wien im Bereich erneuerbare Energien verantwortlich und hat erfolgreich das Portfolio an ContourGlobal verkauft. In seiner früheren Karriere war Clemens Regehr für die Wirtschaftskanzlei Wolf Theiss und bei eine internationalen M&A-Consulting Firma aktiv und hat hierbei Projektentwickler im Bereich erneuerbarer Energien bei Vertragsverhandlungen und beim Fundraising unterstützt. Clemens Regehr hat 2008 im Bereich Energierecht promoviert, sich 2007 bei der Rechtsanwaltskammer in München als Anwalt eintragen lassen und insgesamt 14 Jahre Praxiserfahrung im M&A und Private Equity.

Michael Renz ist bei der Oesterreichischen Entwicklungsbank AG (OeEB) im Private Equity tätig und betreut Private Equity Fonds und Direktbeteiligungen im Bereich erneuerbare Energien, mit Fokus auf Afrika und Südostasien. In seiner früheren Karriere war er bei einer Tochtergesellschaft der Raiffeisen Holding NÖ Wien bzw. ContourGlobal tätig. Sein Fokus lag auf Projektentwicklung und Betrieb in Deutschland, Italien, Tschechien, der Slowakei und Österreich. Michael Renz ist Ingenieur und hat einen Bachelor- und Masterabschluss in Wirtschaftswissenschaften und Finanzmanagement. Insgesamt hat er zehn Jahre Erfahrung auf dem Gebiet der erneuerbaren Energie.

Beitrag der Raiffeisen Bank International zu den UN-Klimazielen

Tanja Daumann und Markus Ecker

1 Bedeutung des Klimaschutzes in einem internationalen Kontext

Dem Thema Klimaschutz widmen sich seit den 1980er-Jahren kleine und mittlere Betriebe ebenso wie börsennotierte Unternehmen mit sehr unterschiedlichen Ansätzen. Dabei geht es von Maßnahmen in der Gebäudetechnik bis hin zu umweltfreundlicheren Produkten und Prozessen eines Unternehmens. Neu ist, dass sich zur Thematik des Klimawandels die soziale Komponente im Kontext der Ökonomie dazugesellt hat. Das bedeutet, dass es nicht mehr reicht, wenn Unternehmen einzelne, voneinander unabhängige Maßnahmen setzen. Vielmehr sind sie als Teile eines umfassenden Konzepts der Nachhaltigkeit zu gestalten und heutzutage kaum mehr aus der europäischen Wirtschaft wegzudenken. Das liegt daran, dass man erkannt hat, dass langfristiger Profit ein lebensfähiges Umfeld benötigt.

Jährlich wird vom Weltwirtschaftsforum der Global Risks Report veröffentlicht, der die wesentlichen globalen Risiken auflistet, die wahrscheinlich sind und besonders schwere Folgen haben könnten. Die darin aufgelisteten TOP-5-Risiken haben sich in den letzten 30 Jahren stark gewandelt. Waren noch vor 30 Jahren wirtschaftliche Risiken unter den TOP 5, so findet man im Bericht 2019 in dieser Kategorie bereits drei Risiken, die mit dem Klimawandel und den daraus folgenden Umweltproblemen zu

T. Daumann (✉) · M. Ecker
Raiffeisen Bank International AG, Wien, Österreich
E-Mail: tanja.daumann@rbinternational.com

M. Ecker
E-Mail: markus.ecker@rbinternational.com

A. Sihn-Weber und F. Fischler (Hrsg.), *CSR und Klimawandel*, Management-Reihe Corporate Social Responsibility, https://doi.org/10.1007/978-3-662-59748-4_17

tun haben: Wetterextreme, fehlende Anpassung an den Klimawandel und Naturkatastrophen (World Economic Forum 2008 sowie 2019). Der Wandel der wahrscheinlichen globalen Risiken und die daraus folgende Bedeutung für die Weltwirtschaft haben im Jahr 2015 in der Generalversammlung der Vereinten Nationen zur Verabschiedung der Sustainable Development Goals (SDG) mit ihren 17 Zielen geführt, die soziale, ökologische und ökonomische Aspekte umfassen und als Ziel die „Transformation der Welt" hat. Von den 17 Zielen haben vier eine besondere Bedeutung für den Klimawandel. Dazu zählen die Ziele 6 „Wasser", 7 „Bezahlbare und saubere Energie", 12 „Konsum und Produktion/Abfall" sowie insbesondere 13 „Maßnahmen zum Klimaschutz". Um diesen Zielen gerecht zu werden, ist es wesentlich, die direkten wie indirekten Treibhausgasemissionen zu reduzieren, die zur globalen Erwärmung mit Folgen wie steigenden Meeresspiegeln, Verschiebung von Klimazonen oder einer steigenden Häufigkeit von Wetterextremen beitragen (United Nations 2019). Der Finanzbedarf zur Realisierung der SDG ist erheblich.

Nur wenige Monate nach der Verabschiedung der SDG folgte in der Klimakonferenz in Paris Ende Dezember 2015 die Einigung aller UN-Mitglieder, die Erderwärmung im Vergleich zum vorindustriellen Niveau auf deutlich unter 2 °C, idealerweise auf 1,5 °C zu begrenzen. Die jeweiligen nationalen Klimaschutzziele wurden erst in der Folge von den Staaten selbst bestimmt (Umweltbundesamt 2018). Dass Unternehmen zur Erreichung des Ziels einen Beitrag leisten müssen, steht außer Frage.

Da bis 2030 weltweit rund 6,2 Billionen € jährlich in CO_2-optimierte Energie-, Verkehrs-, Gebäude- und Wasserinfrastrukturen investiert werden müssen, um die globale Erwärmung auf 2 °C zu begrenzen, kommt dem Ziel, entsprechende Finanzierungen auszubauen, besondere Bedeutung zu. Allein in der Europäischen Union wird die Erreichung der Energie- und Klimaziele zusätzliche Investitionen von 180 Mrd. € jährlich im Zeitraum 2021 bis 2030 erfordern. Da der Finanzsektor eine Schlüsselrolle in der Erreichung der oben angeführten Klimaziele hat, wurde im März 2018 von der Europäische Kommission der „Action Plan on Financing Sustainable Growth" präsentiert. Nicht weiter verwunderlich ist es daher, dass der Klimawandel aktuell das zentrale Thema ist, während soziale Aspekte erst in den kommenden Jahren stärker in den Fokus rücken sollen (Europäische Kommission 2019).

2 Beitrag der Raiffeisen Bank International zu den UN-Klimazielen

Umwelt- und Klimaschutz wird von der Raiffeisen Bank International (RBI) als Teil der gesellschaftlichen Verantwortung gesehen. Im Vergleich zu produzierenden Branchen halten sich die direkten Umweltauswirkungen der betrieblichen Tätigkeiten in Grenzen. Trotzdem verfolgt die RBI das Ziel, negative Umweltauswirkungen an allen Standorten möglichst gering zu halten und – wenn möglich – über das Erfüllen gesetzlicher Auflagen und Anforderungen hinauszugehen (RBI 2019). Umso größer sind als Finanzdienstleister die Gestaltungsmöglichkeiten im Kerngeschäft. Insbesondere die regulatorischen Vorgaben für Banken in Bezug auf Nachhaltigkeit werden in den nächsten Jahren einen wesentlichen Wandel herbeiführen; die RBI ist bestrebt eine Vorbildwirkung einzunehmen.

2.1 Die Raiffeisen Bank International im Überblick

Die RBI betrachtet Österreich, wo sie als eine führende Kommerz- und Investmentbank tätig ist, sowie Zentral- und Osteuropa (CEE) als ihren Heimmarkt; 13 Märkte der CEE-Region werden durch Netzwerkbanken abgedeckt. Darüber hinaus umfasst der Konzern zahlreiche andere Finanzdienstleistungsunternehmen, beispielsweise in den Bereichen Leasing und Vermögensverwaltung.

Insgesamt betreuten per 31. Dezember 2018 rund 47.000 Mitarbeitende der RBI 16,1 Mio. Kunden in mehr als 2100 Geschäftsstellen, der überwiegende Teil davon in CEE. Seit 2005 notiert die Aktie der RBI AG an der Wiener Börse. Die Bilanzsumme der RBI belief sich zum Jahresende 2018 auf 140 Mrd. €. Die Raiffeisen-Landeszentralen halten rund 58,8 % der Aktien an der RBI AG, die restlichen rund 41,2 % befinden sich im Streubesitz.

2.2 Nachhaltigkeitsstrategie der Raiffeisen Bank International

Als Mitglied der Raiffeisen Bankengruppe Österreich ist Nachhaltigkeit für die RBI seit jeher ein Grundprinzip und ein Maßstab für unternehmerischen Erfolg. Dies schlägt sich in den Strategien und Entscheidungen nieder. So zählt die RBI seit dem Jahr 2010 zu den unterzeichnenden Unternehmen der weltweit größten Initiative zu CSR – dem UN Global Compact (UNGC 2019), mit rund 10.000 teilnehmenden Unternehmen. Er wurde im Jahr 2000 zwischen Unternehmen und der UNO geschlossen und umfasst zehn Prinzipien verantwortungsvollen Wirtschaftens in den Kernbereichen Menschenrechte, Arbeitsnormen, Umweltschutz und Korruptionsbekämpfung. Die damit einhergehende global verantwortungsvolle Haltung wird von allen Mitarbeitenden und Führungskräften sowie von Partnern und Lieferanten der RBI erwartet.

Als weitere – und darauf Bezug nehmende – strategische Verankerung in diesem Kontext gilt der konzernweit gültige Verhaltenskodex, der Code of Conduct (CoC), der ein verbindliches Regelwerk für alle Mitarbeiter ist. Er basiert auf den Raiffeisen-Grundwerten und geht über das formal und rechtlich geordnete Verhalten hinaus. Die RBI verpflichtet sich darin u. a. zu einer nachhaltigen Unternehmensführung und der damit einhergehenden sozialen und ökologischen Verantwortung mit dem Ziel, Schäden für die Gesellschaft und Umwelt zu vermeiden. Im Bereich Umweltschutz wurde festgeschrieben, dass auch die ökologischen Auswirkungen der Geschäftstätigkeit berücksichtigt werden. Geschäfte mit umweltverträglichen Technologien werden bevorzugt und bei der Auswahl der Lieferanten werden die Umweltbilanz und damit verbundene

Maßnahmen berücksichtigt. Letztlich sollen die negativen Auswirkungen der Geschäftstätigkeit auf die Umwelt auf ein Minimum beschränkt und der CO_2-Ausstoß gesenkt werden (RBI 2018a).

Die konzernweite Steuerung der Nachhaltigkeitsagenden und die Koordination der operativen Umsetzung wird vom Head Office in Wien vom Group Sustainability Management verantwortet, das von Vertretern aus Fachbereichen sowie den Sustainability Officers in den Netzwerkbanken unterstützt wird. Letztere fungieren als Schnittstelle zwischen dem Group Sustainability Management in Wien und den jeweiligen Einheiten in den Netzwerkbanken.

Die RBI ist sich ihrer möglichen ökonomischen, sozialen und ökologischen Auswirkungen resultierend aus der Unternehmenstätigkeit bewusst. Ein eigenes Nachhaltigkeitsleitbild „Wir schaffen nachhaltigen Wert" wurde mit einer dazugehörigen Nachhaltigkeitsstrategie bereits (2013) formuliert und seitdem weiterentwickelt. Letztere besteht aus neun Handlungsschwerpunkten, da in den drei Aktionsfeldern „Verantwortungsvoller Banker", „Fairer Partner" und „Engagierter Bürger" die Handlungsschwerpunkte in Bezug auf Wirtschaft, Gesellschaft und Umwelt festgeschrieben sind (Abb. 1).

	Wirtschaft	Gesellschaft	Umwelt
Verantwortungsvoller Banker	**Wertschöpfung**	**Soziale Produktverantwortung**	**Ökologische Produktverantwortung**
	Erfolgreiches wirtschaftliches Handeln durch verantwortungsvolle Unternehmensführung und Geschäftsstrategie, nachhaltige real- und regionalwirtschaftliche Verantwortung und Integration von Nachhaltigkeitsaspekten in das Kerngeschäft	Soziale Verantwortung für unsere Produkte und Dienstleistungen durch Beachten der Kundenanliegen, Berücksichtigen sozialer Aspekte bei der Kreditvergabe und bei Finanzprodukten, Schutz von Kundendaten und Vermitteln korrekter Informationen	Ökologische Verantwortung für unsere Produkte und Dienstleistungen durch Wahrung nationaler Umweltauflagen und anerkannter internationaler Konventionen sowie Berücksichtigen der ökologischen Auswirkungen bei Projektfinanzierungen und Finanzprodukten
Fairer Partner	**Faire Geschäfts- und Betriebspraktiken**	**Mitarbeitende und Stakeholder**	**Betriebsökologie**
	Fairness und Transparenz gegenüber Mitarbeitenden, Kunden und Aktionären durch vorbildliches Verhalten im Einflussbereich; als attraktiver Arbeitgeber durch transparente Berichterstattung und Korruptions- sowie Betrugsvermeidung	Kontinuierliches Einbinden von Stakeholdern im Rahmen einer nachhaltigen Unternehmensentwicklung durch Stärkung des Kooperationsmanagements zur Reduktion von Geschäftsrisiken und Nutzung von Geschäftsmöglichkeiten	Verantwortungsvoller Umgang mit Ressourcen und Umwelt durch Reduktion von Umweltauswirkungen und Umsetzung von ausgewählten Maßnahmen zum Erreichen der konzernweit festgelegten Klimaziele
Engagierter Bürger	**Nachhaltiges Unternehmertum**	**Aktive Bürgergesellschaft**	**Klimafreundliche Gesellschaft**
	Engagement für nachhaltiges Unternehmertum und Wirtschaften sowie Schaffen von Wohlstand durch Mitgestaltung von Rahmenbedingungen einer nachhaltigen Finanzwirtschaft sowie direkte und indirekte Unterstützung von Organisationen und gesellschaftsrelevanten Initiativen	Engagement für eine nachhaltige Zivilgesellschaft und verantwortungsbewusste politische Mitwirkung durch Fördern des Gemeinwohls und des Wissens über Finanzthemen sowie Freiwilligenarbeit	Einsatz für Umwelt und Klima durch Klimaschutz, Schutz der Artenvielfalt und Wahrung der verschiedenen Ökosystemfunktionen und -leistungen

Abb. 1 Nachhaltigkeitsstrategie der Raiffeisen Bank International (2018b)

In der Folge werden jene drei Handlungsschwerpunkte aus der Nachhaltigkeitsstrategie, die sich auf die Umwelt beziehen, sowie Best-Practice-Beispiele konkret erläutert.

2.3 Handlungsschwerpunkt – Ökologische Produktverantwortung

Die RBI achtet auf die Umwelt. Deshalb werden bei den angebotenen Produkten und Dienstleistungen auch die damit verbundenen ökologischen Folgen beachtet. Insbesondere entsprechen Finanzierungen von oder Beteiligungen an Geschäften bzw. Projekten, die das Risiko einer nachhaltigen Umweltgefährdung in sich bergen, nicht der Geschäftspolitik. Ziel ist es, die negativen Auswirkungen der Geschäftstätigkeit auf die Umwelt auf ein Minimum zu beschränken und den CO_2-Ausstoß zu senken. Die RBI verpflichtet sich, in den Geschäftstätigkeiten und Dienstleistungsbereichen die jeweils national geltenden Umweltauflagen zu erfüllen. Sie handelt umweltbewusst und strebt danach, ihre eigene Umweltbilanz und die über ihr Produkt- und Dienstleistungsportfolio verantwortete Umweltbilanz laufend zu verbessern.

Darüber hinaus bekennt die RBI sich zur Förderung von umweltfreundlichen Technologien. Die Kampfansage an den Klimawandel auf Basis des Klimaabkommens in Paris 2015 gab diesen Bestrebungen Rückenwind. Darin wird auch eine Chance für neue Geschäftsfelder, z. B. in den Bereichen erneuerbare Energie, Elektromobilität, Energieeffizienz oder Ressourcenmanagement gesehen. Das Klimaabkommen könnte Investitionen in diese Bereiche forcieren und neue Impulse für Innovationen geben. Deshalb hat sich das Unternehmen auch Restriktionen auferlegt, die für die gesamte RBI Gültigkeit haben. So wird die Finanzierung neuer thermischer Kohlebergbauprojekte und neuer Kundenbeziehungen im Bereich des thermischen Kohlebergbaus sowie mit Händlern thermischer Kohle, deren Einnahmen zu mehr als 50 % aus dem thermischen Kohlehandel entstehen, vermieden. Beteiligungen an der Finanzierung von Kohlekraftwerken werden nur selektiv eingegangen und sofern positive Umweltauswirkungen eines solchen Projekts erkennbar sind. Eine deutliche Verringerung des Engagements bei thermischer Kohle wird angestrebt.

Im Kreditgeschäft ist weiterhin hervorzuheben, dass in sieben Netzwerkbanken in CEE die Standards der International Finance Corporation (IFC) und/oder der Multilateral Investment Guarantee Agency (MIGA) gelten. Diese Netzwerkbanken verfügen alle über ein Umwelt- und Sozialmanagementsystem und eine entsprechende Umwelt- und Sozialpolitik. Diese beschreibt die Grundsätze des ökologischen und sozialen Risikomanagements in der Bank, definiert wichtige Rollen und Verantwortlichkeiten für die Verwaltung der diesbezüglichen Risiken.

Die nachhaltige Veranlagung von Kundengeldern der RBI AG erfolgt großteils über die Raiffeisen-Kapitalanlage-Gesellschaft m.b.H. In den letzten Jahren hat diese das

Angebot an nachhaltigen Fonds schrittweise erweitert und zu einer konsistenten Produktpalette ausgebaut. Dieses Produktportfolio beinhaltet sowohl Publikumsfonds als auch Mandate (Spezialfonds), die Environmental-Social-Governance (ESG)-Kriterien explizit berücksichtigen. Der Anteil dieser nachhaltigen Veranlagungen am Gesamtvolumen beträgt per 31. Dezember 2018 inzwischen 9,3 % bzw. rund 3,1 Mrd. €.

Best-Practice-Beispiel – Green-Bond-Emission der Raiffeisen Bank International
Im Juni 2018 erfolgte in der RBI der Abschluss der ersten Benchmarkemission eines Green Bonds einer österreichischen Bank, der die Finanzierung nachhaltiger Projekte im Inland und in CEE ermöglicht. Mit einem Ordervolumen von 1,3 Mrd. € war der Green Bond deutlich überzeichnet. Über ein Jahr lang hatte ein Projektteam aus den Abteilungen Cover Pool and Public Finance, Group Investor Relations, Group Sustainability Management, Group Treasury sowie Legal Services Markets & Treasury intensiv an den Vorbereitungen gearbeitet. Dem Abschluss der Emission ging eine umfangreiche Investoren-Roadshow durch Europa voraus. Aufbauend auf den Erfolg wurde im September 2019 der zweite Benchmark Green Bond begeben, wobei dieses Mal die Nachfrage noch größer war. Die RBI ist somit bei weitem Österreichs größter Green Bond Emittent.

Bei einem Green Bond handelt es sich um eine Emission eines Unternehmens mit dem Versprechen an die Investoren die Erlöse der Anleihe in nachhaltige Projekte zu investieren. Handelt es sich beim Emittenten um eine Bank, werden die Emissionserlöse an Kunden weitergegeben, die in der Folge nachhaltige Projekte umsetzen.

Nachfolgend wird der Weg zur erfolgten RBI-Green-Bond-Emission näher beschrieben. Die Erfahrung zeigt, dass nur Unternehmen, die selbst auch nachhaltig agieren, Green-Bond-Investoren überzeugen können. Sämtliche bisherige Aktivitäten hinsichtlich der Verbesserung des ökologischen Fußabdrucks im Unternehmen sowie gute Nachhaltigkeitsratings haben zur erfolgreichen Emission des Green Bonds beigetragen.

Um den Rahmen für die geplanten Emissionen vorzubereiten, wurde zunächst ein entsprechendes Green Bond Framework entwickelt und öffentlich auf der Unternehmenshomepage zur Verfügung gestellt.

Die Definition, welche Art von Projekten als geeignet qualifiziert wird, erfolgt von jedem Emittenten selbst. Bindende gesetzliche Rahmenbedingungen werden insbesondere auf EU-Ebene diskutiert, bisher gibt es sie jedoch noch nicht. Die Anforderungen werden derzeit ausschließlich vom Markt bzw. in freiwilligen Leitlinien – den Green Bond Principles – definiert, die i. d. R. einmal jährlich von der International Capital Markt Association veröffentlicht werden (Green Bond Principles). Dabei handelt es sich um Leitlinien, die von der Internationalen Capital Markt Association entwickelt wurden und denen sich viele Emittenten freiwillig unterwerfen. Die Kombination von freiwilligen Richtlinien und hohen Transparenzanforderungen des Kapitalmarkts bewirkt, dass grundsätzlich die Qualität der Projekte hoch und die Umwelteffekte nachvollziehbar sind. Gleichzeitig besteht ein Spielraum für die Weiterentwicklung des Markts.

Die Mindestinhalte gemäß Green Bond Principles beziehen sich auf die Verwendung der Emissionserlöse, den Prozess der Projektbewertung und -auswahl, das Management der Erlöse und die Berichterstattung. Ein wesentliches Erfolgskriterium ist die umfassende Transparenz hinsichtlich der Mittelverwendung und die Veröffentlichung der mit den Emissionserlösen erzielten Umwelteffekte. Im Green Bond Framework ist daher im Detail zu definieren, zu welchem Zeitpunkt und in welchem Ausmaß Informationen veröffentlich werden.

Das Green Bond Framework wurde durch eine Second Party Opinion extern überprüft. Diese Stellungnahme von anerkannten Spezialisten (z. B. Nachhaltigkeitsratingagenturen) stellt fest, ob die vom Emittenten definierten Prozessschritte und Kategorien aus genereller Nachhaltigkeitsperspektive aber auch den spezifischen Anforderungen der Green Bond Principles entsprechen.

Nach der erfolgten Emission, stellt die Berechnung der Umwelteffekte die zentrale Herausforderung für den Emittenten dar. Es werden nun bei jedem Projekt technische Daten – wie z. B. der Energieverbrauch – benötigt. Weiterhin müssen technische Kenntnisse zur Berechnung der Umwelteffekte aufgebaut werden. Die Abb. 2 zeigt die Umwelteffekte des 2018 emittierten RBI Green Bonds. Das entsprechende Kreditportfolio umfasst im ersten Schritt nur Immobilienkredite zur Finanzierung ökologisch nachhaltiger Geschäftsbauten mit anerkannten Zertifizierungen. Zertifizierungsstellen (LEED, BREAM, DGNB) helfen bei der Beurteilung von Gebäuden auf Basis von

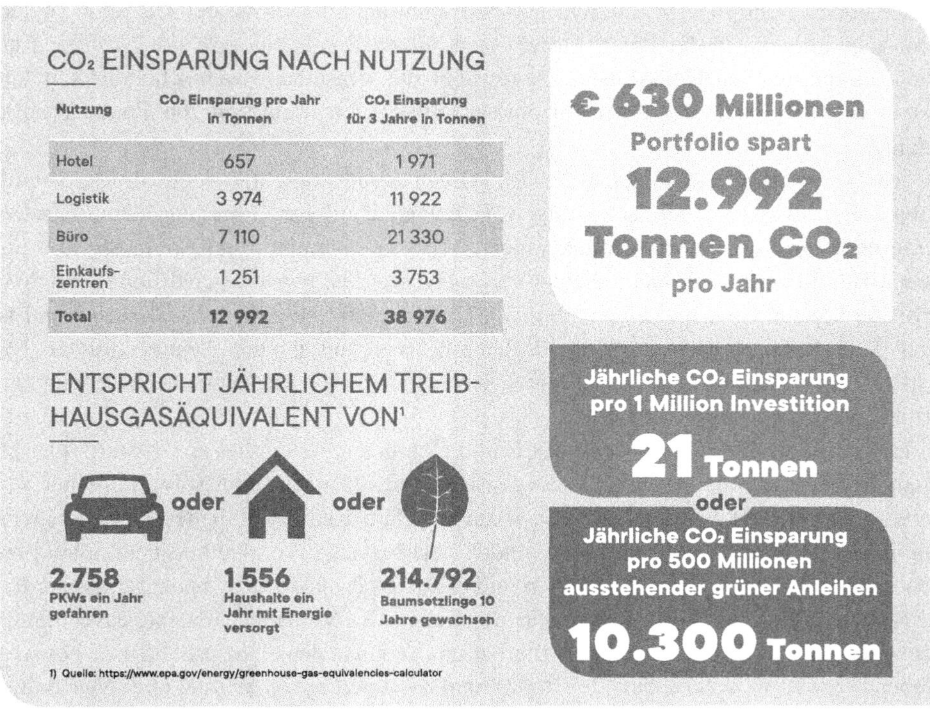

Abb. 2 Auszug auf dem Impact Reporting (2019) zum Green Bond der RBI

Nachhaltigkeitskriterien und sind daher ein wesentliches Hilfsmittel beim Aufbau eines grünen Immobilienportfolios. Der Energieverbrauch der im grünen Kreditportfolio der RBI enthaltenen Immobilien liegt deutlich unter dem Durchschnittsverbrauch für Gebäude im jeweiligen Land (Abb. 2).

Abschließend noch ein kurzer Einblick in die Motive der Projektentwickler, Investoren und der Emittenten bzw. Kreditinstitute: Die wirtschaftlichen Beweggründe der Projektentwickler sind klar und nachvollziehbar. Entweder ist Nachhaltigkeit grundsätzlich das Geschäftsmodell, da z. B. erneuerbare Energie erzeugt wird, oder Investitionen in Energieeffizienzmaßnahmen bewirken niedrigere Betriebskosten und sind dadurch wirtschaftlicher. Großvolumige Immobilienfinanzierungen werden z. B. immer öfter nach nachhaltigen Kriterien errichtet und in der Folge entsprechend zertifiziert. Sie können dadurch leichter vermietet oder weiterverkauft werden. Investoren in Green Bonds sind in den meisten Fällen Fondsgesellschaften, die wiederum von ihren Geldgebern immer stärker verpflichtet werden, in nachhaltige Produkte zu investieren; dies jedoch nicht nur aus gesellschaftlicher Verantwortung, sondern auch mit einem klaren ökonomischen Auftrag, Erträge zu erwirtschaften. Das bedeutet, dass die Preisgestaltung von Green Bonds eher nicht von herkömmlichen Emissionen abweicht. Die Gruppe der Investoren erzeugt aber eine große Nachfrage nach Green Bonds, die derzeit vom Kapitalmarkt nicht vollständig befriedigt werden kann. Die Emittenten können von dieser hohen Nachfrage profitieren. Das wirtschaftliche Motiv ist der leichtere Zugang zum Kapitalmarkt. In der Praxis besteht nach Green Bonds eine größere Nachfrage als nach herkömmlichen Emissionen. Dies erhöht die Umsetzungswahrscheinlichkeit und hat in der Folge im Idealfall auch eine positive Auswirkung auf die Finanzierungsbedingungen.

Was kann ein Green Bond nicht: Ein Green Bond erleichtert nicht die Kreditaufnahme von wirtschaftlich schwierigen Projekten. Vorhaben, die die ökonomischen Anforderungen der Kreditinstitute nicht erfüllen, können auch mit Mitteln aus Green-Bond-Emissionen nicht leichter umgesetzt werden. Nur wirtschaftlich nachhaltige Projekte können dauerhaft einen positiven Umwelteffekt bewirken. Ein Green Bond ist auch kein Refinanzierungsvehikel für Unternehmen mit unzureichender Bonität. Die wirtschaftliche Situation des Emittenten ist nach wie vor die zentrale Entscheidungsgrundlage der Investoren.

Ein Green Bond kann die Welt des Emittenten positiv beeinflussen. Er stellt die Verbindung zwischen den vielen nachhaltigen Initiativen her, die aus gesellschaftlicher Verantwortung getätigt wurden und dem ökonomischen Kerngeschäft des Unternehmens. Die Praxis zeigt, dass durch diese Verbindung ökologische Projekte intern auf allen Ebenen einen höheren Stellenwert erhalten und derartige Projekte aktiv nachgefragt werden. Es werden die ökologischen Rahmenbedingungen der Vorhaben viel intensiver hinterfragt und die Sensibilität bei den Mitarbeitern und Kunden wird erhöht. Ein positiver Nebeneffekt ist weiterhin, dass der Bedarf und das Interesse an Wissen über Nachhaltigkeitsthemen steigt.

2.4 Handlungsschwerpunkt – Betriebsökologie

Nach den letzten Berechnungen betrugen die globalen Treibhausgasemissionen im Jahr 2017 rund 53,5 Gt CO_2e[1]. Um die Erderwärmung auf 1,5 °C zu begrenzen, muss bis 2050 Treibhausgasneutralität erreicht sein. Das CO_2-Budget wird laut Intergovernmental Panel on Climate Change (IPCC) auf rund 420 Mrd. Gt CO_2 geschätzt (66 %ige Wahrscheinlichkeit). Um den globalen Temperaturanstieg auf 1,5 °C zu halten, können jährlich global rund 42 ± 3 Gt CO_2 pro Jahr emittiert werden (IPCC 2019). Die RBI verursachte im Jahr 2018 vergleichsweise rund 53,6 Mio. t CO_2e. (Scope 1–3).

Im Vergleich zu produzierenden Betrieben halten sich die direkten Umweltauswirkungen der betrieblichen Tätigkeiten in Grenzen. Trotzdem verfolgt die RBI das Ziel, negative Umweltauswirkungen an allen Standorten möglichst gering zu halten. Schon seit dem Jahr 1994 orientiert sich das Umweltmanagementsystem in Österreich an internationalen Standards (ISO 14001). Auch die Netzwerkbanken in CEE sind sich ihrer umweltbezogenen Verantwortung bewusst und arbeiten daran, diese kontinuierlich zu verbessern.

Die RBI hat als Zielwert – in Anlehnung an die UN-Klimakonferenz in Paris (COP21) – festgelegt, die CO_2-Emissionen bis zum Jahr 2030 um 30 % (Scope 1 + 2 und gesondert auch für Scope 3) bzw. bis zum Jahr 2050 um 60 % zu reduzieren, was u. a. durch Energieeffizienz, einen höheren Ökostromanteil und eine Reduktion der Geschäftsreisen erreicht werden soll. Für das Umsetzen und Evaluieren der Zielerreichung sind v. a. der Umweltausschuss, das Group Sustainability Management, das Facility Management sowie die Sustainability Officers der Netzwerkbanken verantwortlich. Seit dem Jahr 2011 konnten die CO_2-Emissionen in Scope 1 und Scope 2 bereits um 27 % und in Scope 3 um 12 % reduziert werden. Insgesamt (Scope 1–3) sind die Emissionen seit dem Jahr 2011 um 22 % gesunken. Die RBI befindet sich somit auf einem guten Weg zum Erreichen der angestrebten Reduktionsziele bis 2030 bzw. 2050. Der Ökostromanteil – als wichtigste Steuerungskennzahl – der RBI liegt bei 35 % – also bereits jetzt deutlich über der EU-Vorgabe, nach der der Anteil an erneuerbarer Energie bis 2030 auf 27 % zu erhöhen ist (Abb. 3).

Durch die operativen Tätigkeiten in Österreich (Betriebsökologie) wurden 2018 rund 8600 t CO_2e Emissionen emittiert. Der größte Anteil mit etwa 72 % der Emissionen (etwa 6200 t CO_2e) entstand durch die hohe Flugaktivität im Bereich Mobilität. Auch die Raumwärmebereitstellung (rund 1450 t bzw. 17 %) und der Strombedarf (rund 600 t bzw. 7 %) lieferten weitere relevante Mengen an Emissionen. Büromaterial mit 3 % und Kühlung mit 1 % spielen eine untergeordnete Rolle.

[1] CO_2e ist die Umrechnung des Gefährdungspotenzials der relevanten, klimabeeinflussenden Gase in eine äquivalente CO_2-Menge.

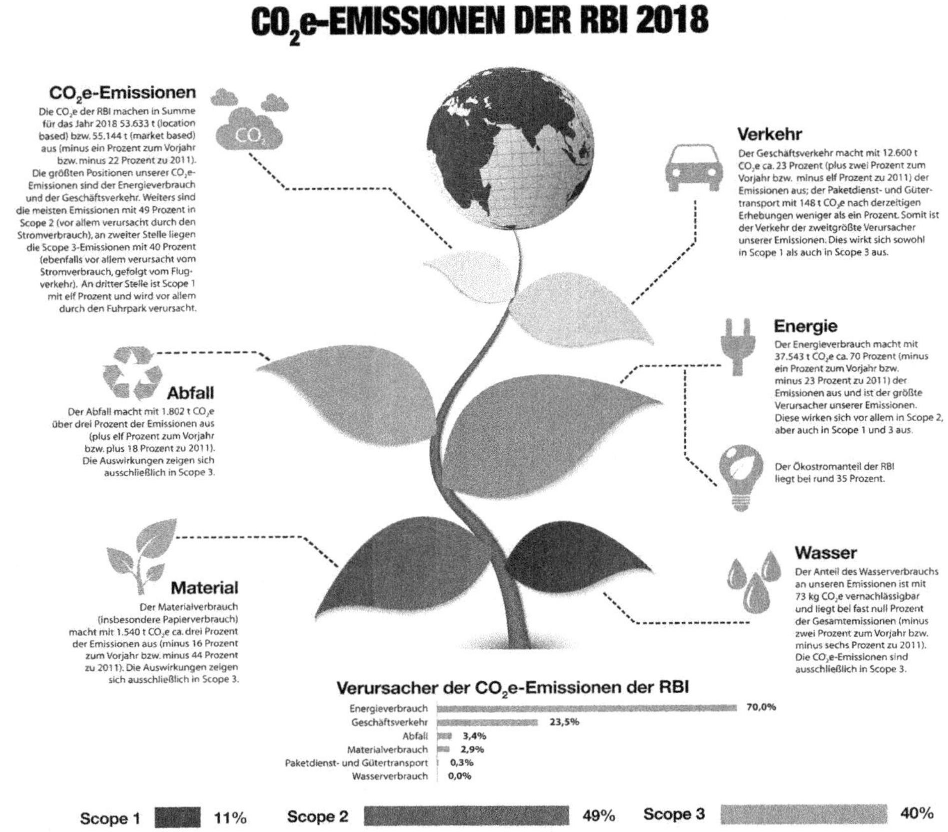

Abb. 3 CO_2e-Emissionen der RBI (2018)

Best-Practice-Beispiel – Teilnahme der Raiffeisen Bank International am Carbon Disclosure Project

Einmal jährlich erhebt und bewertet die Non-Profit-Organisation Carbon Disclosure Project (CDP) im Auftrag von Investoren die CO_2-Emissionen börsennotierter Unternehmen in über 50 Ländern anhand von standardisierten Fragebögen zu CO_2-Emissionen, Klimarisiken und Reduktionszielen und -strategien von Unternehmen. Das CDP verwaltet die mittlerweile weltweit größte Datenbank ihrer Art. Ziel ist die Beurteilung des Reifegrads von Unternehmen hinsichtlich ihrer strategischen Ausrichtung beim Klimathema. Mehr als 7000 Unternehmen berichteten 2018 ihre CO_2-bezogenen Daten an CDP. Scores werden auf einer Skala von A bis D– vergeben. Zur A-Liste zählen Unternehmen, die ein glattes A bekommen haben. Glatt A und A– zusammen zählen zum Leadership Level. Einen Platz auf der A- Liste erhalten ausschließlich Unternehmen, die auf der Stufe Leadership einen Score von mindestens 80 % vorweisen können, die Scope-1- und -2-Emissionen verifizieren, keine relevanten CO_2-Emissionen von der Berichterstattung ausschließen, ambitionierte Emissionsreduktionsziele setzen und die Antworten öffentlich verfügbar machen. Der Index ist aber auch Ausdruck für die erbrachten Leistungen und den Erfolg von den Unternehmen bei gesetzten Maßnahmen zur Bekämpfung des Klimawandels (CDP 2018).

Nur 356 von mehr als 2400 überwiegend börsennotierten Unternehmen weltweit konnten 2018 einen Platz in der Leadership-Liste von CDP erreichen (CDP 2018). Die RBI gehört zu den vier besten Unternehmen Österreichs, die sich in diesem Ranking wiederfinden. Darüber hinaus ist die RBI zum vierten Mal in Folge das beste heimische Unternehmen im Finanzsektor. Für die Aufnahme in diese Liste ist es erforderlich, dass die CO_2-Berichterstattung verifiziert wird, keine relevanten CO_2-Emissionen von der Berichterstattung ausgeschlossen und ambitionierte Emissionsreduktionsziele gesetzt wurden. Zum sechsten Mal in Folge wurde die RBI von CDP für das hohe Niveau in der Beantwortung des Fragebogens ausgezeichnet. Dieses Ergebnis ist insofern von Relevanz, da Investoren die CDP-Daten nutzen, um sich über klimarelevante Daten und Strategien von Unternehmen zu informieren.

Der betriebliche Umweltschutz ist für die Glaubwürdigkeit von Finanzdienstleistern gegenüber internen und externen Stakeholdern ein wesentlicher Aspekt, der jedenfalls berücksichtigt werden muss. Verglichen mit produzierenden Betrieben sind aber die Ressourcenverbräuche und die daraus resultierenden CO_2-Auswirkungen vergleichsweise gering. Umso mehr Bedeutung hat CDP, da hier neben der Betriebsökologie auch Aspekte des Kerngeschäfts berücksichtigt werden.

2.5 Handlungsschwerpunkt – Klimafreundliche Gesellschaft

Die RBI versteht sich als engagierter Unternehmensbürger, der aktiv für eine nachhaltige Entwicklung der Gesellschaft eintritt. Das Engagement der RBI als Unternehmensbürger reicht über das Kerngeschäft hinaus. Dabei werden die Ziele, gesellschaftlichen Problemen entgegenzuwirken, das Kulturleben zu fördern und die Umwelt zu schützen, verfolgt. Der Umwelt- und Klimaschutz wird bei Raiffeisen in Österreich seit 2007 in der Raiffeisen Nachhaltigkeits-Initiative (RNI 2019) – ehemals Raiffeisen Klimaschutz-Initiative – gebündelt und durch zahlreiche Projekte und Maßnahmen forciert. Mitglieder sind neben Banken (die RBI ist eines der Gründungsmitglieder) und Versicherungen auch Industrieunternehmen, Großhandels- und Dienstleistungsunternehmen. Schwerpunktthema der letzten Jahre war das Erarbeiten einer Klima-Dachstrategie. Diese wurde von der RBI im Rahmen ihrer Mitgliedschaft aktiv unterstützt.

Best-Practice-Beispiel – Klima-Dachstrategie der Raiffeisen Nachhaltigkeits-Initiative Seit 2016 wird schwerpunktmäßig an einer Klima-Dachstrategie für die Mitgliedsorganisationen der RNI gearbeitet. Die Umsetzung erfolgte gemeinsam mit dem Umweltbundesamt im Rahmen von mehreren ganztägigen Workshops mit Vertretern der Mitgliedsorganisationen. Letztlich wurden mittel- und langfristige Klimaziele mit umfangreichen Maßnahmenvorschlägen erarbeitet, die ambitionierte Klimaziele bis 2030 und 2050 vorgeben. Die 2015 erstmalig publizierte Ökobilanzierung der Raiffeisen Bankengruppe Österreich (Ökobilanzierung der RBG 2015) bildete dafür eine wesentliche Basis.

Letztlich wurden drei Kernbereiche mit 21 Handlungsfeldern festgelegt, die die Säulen des „Klimastrategie-Hauses" bilden. Die drei Kernbereiche umfassen „Produkte & Services", „Betrieb, Prozesse & Strategien" sowie „Dialog & Kommunikation". Pro Handlungsfeld wurden Maßnahmen sowie Chancen und Risiken ausgearbeitet.

Zusätzlich zu den Workshops erfolgte im Frühjahr 2017 eine umfassende Online-Befragung der relevanten internen und externen Stakeholder der RNI-Mitgliedsorganisationen, um auch deren Erwartungen bestmöglich einzubeziehen. An der Befragung nahmen rund 850 Stakeholder teil, wobei als größte Herausforderung in Bezug auf den Klimaschutz und Klimawandel eine nachhaltige Unternehmensführung, unverzügliches Handeln und Energieeffizienz und das Management der Risiken des Klimawandels als sehr relevant eingestuft wurden (Abb. 4).

Für 2030 und 2050 wurden sowohl quantitative als auch qualitative Ziele für die drei genannten Kernbereiche festgelegt. Diese Ziele entsprechen dem Übereinkommen von Paris, die globale Erwärmung auf unter 2 °C zu begrenzen. Die Klimaziele sind nicht nur konsistent mit dem Zielsystem des Pariser Übereinkommens, der EU und Österreichs, sondern sollen auch zur Erreichung der globalen SDG beitragen, insbesondere zu Ziel 7 „Bezahlbare und saubere Energie" und Ziel 13 „Maßnahmen zum Klimaschutz". Basierend auf den Erkenntnissen des Monitorings und auf den erfassten Kennzahlen soll der Umsetzungserfolg der Klimastrategie in Zukunft in regelmäßigen Abständen evaluiert und gegebenenfalls die Maßnahmen adaptiert werden.

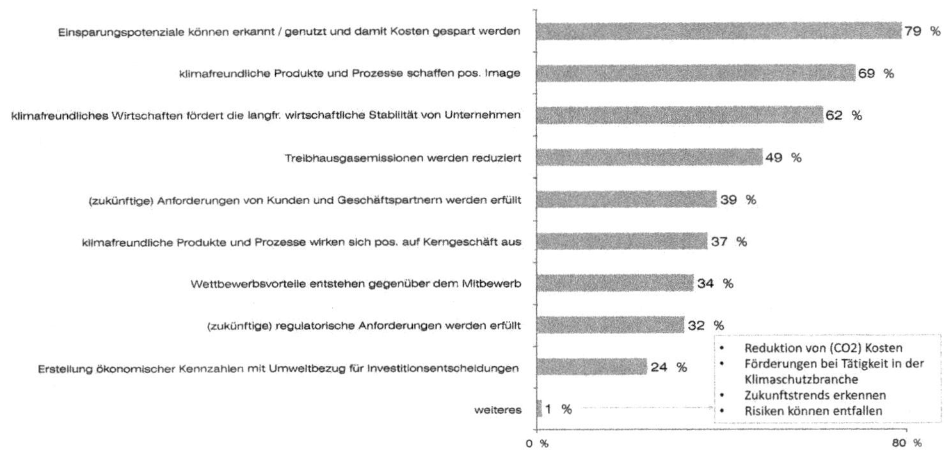

Abb. 4 Raiffeisen-Nachhaltigkeits-Initiative (RNI)-Stakeholderbefragung April 2017 (Fragen nach dem Mehrwert durch klimafreundliches Wirtschaften)

3 Fazit und Ausblick

Da sich die Auswirkungen des Klimawandels auf die Wirtschaft schwer abschätzen lassen, stellt der Klimawandel ein großes wirtschaftliches Risiko dar, das von Politik und Wirtschaft, wie auch von der Finanzbranche nicht unterschätzt werden darf und einen Beitrag aller Akteure benötigt. Es ist kein Geheimnis, dass die Finanzbranche nicht allein für die Erreichung des Zwei-Grad-Ziels verantwortlich gemacht werden kann, diese aber eine Lenkungsmöglichkeit hat und noch nicht ausreichend auf die klimawandelbedingten Herausforderungen vorbereitet ist. Daher soll das Kerngeschäft der Finanzbranche – auf Initiative der EU und des Financial Stability Boards (FSB) – in den nächsten Jahren wesentlich verändert werden. Im Auftrag des FSB wurden Leitlinien zur Berichterstattung klimabezogener finanzieller Angaben von der Task Force on Climate-related Financial Disclosures (TCFD) Mitte 2017 veröffentlicht. Sie enthalten Empfehlungen für eine Offenlegung der Chancen und Risiken, die sich für Unternehmen aus dem Klimawandel bzw. durch den Übergang auf eine kohlenstoffarme Wirtschaft ergeben. Klimabezogene Prozesse und Kennzahlen sollen zudem angepasst und das daraus folgende Reporting vergleichbar gemacht werden (Financial Stability Board 2017). Dazu passend wurde von einer High Level Expert Group, die von der Europäischen Kommission (EK) Ende 2015 initiiert wurde, im Januar 2018 ein Bericht zum Thema Sustainable Finance vorgelegt. In weiterer Folge veröffentlichte die EK ihren Aktionsplan „Financing Sustainable Growth", um ökologische Belange in der Finanzbranche in den kommenden Jahren stärker zu verankern. In diesem Zusammenhang wurden von der EK sechs Umweltziele definiert: Klimaschutz, Anpassung an den Klimawandel, nachhaltige Nutzung und Schutz der Wasser- und Meeresressourcen, Übergang zu Kreislaufwirtschaft, Abfallvermeidung und Recycling, Kontrolle der Umweltverschmutzung und Schutz gesunder Ökosysteme.

Die Bedeutung des Klimawandels für die Finanzbranche, Anleger und die Wirtschaft insgesamt wird auch in der aktuellen Mercer-Studie „Investing in a Time of Climate Change – The Sequel" sehr anschaulich untermauert. Darin werden die finanziellen Auswirkungen auf die Wirtschaft anhand von drei Szenarien (durchschnittliche Erwärmung um 2, 3 und 4 °C über Zeiträume bis 2030, 2050 und 2100) aufgezeigt. In einem Zwei-Grad-Szenario werden bis 2050 in einzelnen Branchen positive Ertragsmöglichkeiten gesehen. In Drei- und Vier-Grad-Szenarien hingegen haben alle Sektoren – mit Ausnahmen wie bei den erneuerbaren Energieträgern – negative Renditeauswirkungen (Mercer 2015). Dies ist nur eine von zahlreichen Studien, welche die Chancen aus Unternehmenssicht aufzeigt, wenn man sich mit dem Thema Klimawandel rasch beschäftigt.

Künftig wird es für Investoren immer bedeutsamer, sich daran zu orientieren, inwieweit Unternehmen in Bezug auf ein Management im Bereich Nachhaltigkeit und Klimawandel stehen. Diese Informationen bieten u. a. Nachhaltigkeitsratingagenturen wie imug, ISS-oekom, MSCI ESG oder Sustainalytics.

Das Angebot an nachhaltigen und klimafreundlichen Finanzprodukten – insbesondere von nachhaltigen Fonds – wird jedenfalls ansteigen. Um jedoch den Beitrag zur Erreichung des UN-Klimaziels transparent zu machen, ist künftig u. a. eine stärkere Visualisierung der Klimafreundlichkeit – also des ökologischen Fußabdrucks – von Unternehmen, Dienstleistungen oder Produkten erforderlich. Dazu gibt es erste Ansätze, die aber noch relativ teuer sind und teilweise auf Durchschnittswerten beruhen. Als Steuerungsmöglichkeit in der Finanzbranche braucht es eine solide Datenlage und ein verstärktes Bewusstsein über die Chancen und Risiken des Klimawandels und dessen Auswirkungen auf die Gesellschaft sowie Wirtschaft. Die Digitalisierung wird hier einen wichtigen Beitrag leisten und qualitative sowie quantitative umweltbezogene Daten über Konsequenzen unseres Handelns aufzeigen, wodurch Handlungsempfehlungen für die Wirtschaft generiert werden können. Die Digitalisierung hat in den letzten Jahren einen Durchbruch für die Kreislaufwirtschaft ermöglicht. In den kommenden Jahren wird ein ähnlicher Durchbruch für Banken erwartet, um bei Finanzierungen bzw. Veranlagungen umweltbezogene Kennzahlen mit Auswirkungen auf das Kerngeschäft und einer Risikokomponente zu verknüpfen.

Literatur

CDP Scores (2018) veröffentlicht Februar 2019. https://www.cdp.net/en. Zugegriffen: 23. März 2019

CO_2e-Emissionen der RBI (2018). https://www.rbinternational.com/eBusiness/01_template1/826124957350877869-826099278278263040_923749606938229028_1164259387660585811-1164259387660585811-NA-1-NA.html. Zugegriffen: 20. März 2019

European Environment Agency: Total greenhouse gas emission trends and projections in EU. https://www.eea.europa.eu/data-and-maps/indicators/greenhouse-gas-emission-trends-6/assessment-2. Zugegriffen: 23. März 2019

Europäische Kommission - Pressemitteilung Nachhaltiges Finanzwesen: Hochrangige Konferenz leitet nächste Stufe der globalen Zusammenarbeit ein. http://europa.eu/rapid/press-release_IP-19-1734_de.htm. Zugegriffen: 21. März 2019

Financial Stability Board: Recommendations of the Task Force on Climate-related Financial Disclosures, 15.06.2017. http://www.fsb.org/wp-content/uploads/s290617-5.pdf. Zugegriffen:15. Apr. 2019

Green Bond Principles. https://www.icmagroup.org/green-social-and-sustainability-bonds/green-bond-principles-gbp. Zugegriffen: 22. Apr. 2019

IPCC: Special Report on Global Warming of 1.5°C, Jänner 2019 Summary for Policymakers. https://www.ipcc.ch/site/assets/uploads/sites/2/2018/07/SR15_SPM_version_stand_alone_LR.pdf. Zugegriffen: 1. Apr. 2019

Mercer-Report: „Investing in a Time of Climate Change – The Sequel“, 16.12.2015 https://www.mercer.com/our-thinking/wealth/climate-change-the-sequel.html. Zugegriffen: 16. Apr. 2019

Nachhaltigkeitsstrategie der RBI: erstmalige Publikation (2013). https://www.rbinternational.com/eBusiness/01_template1/826124957350877869-826099278278263040_923749606938229028_923750063546940589-923750063546940589-NA-1-NA.html. Zugegriffen: 20. März 2019
Ökobilanzierung der Raiffeisen Bankengruppe (RBG). https://www.rbinternational.com/eBusiness/services/resources/media/826124957350877869-1204151791749808792_1228728472485378293-1123226349804601652-1-1-NA.pdf, Redaktionsschluss Dezember 2015
Raiffeisen Bank International (RBI) (2018a) Konzern-Verhaltenskodex, Stand Jänner 2018
Raiffeisen Bank International (RBI) (2018b) Nachhaltigkeitsbericht. https://www.rbinternational.com/eBusiness/01_template1/826124957350877869-826099278278263040_923749606938229028_923750300038577796-923750300038577796-NA-1-NA.html. Zugegriffen: 27. Febr. 2019
Raiffeisen Nachhaltigkeits-Initiative (RNI) (2019). https://www.raiffeisen.at/nachhaltigkeit/. Zugegriffen: 20. März 2019
RNI-Stakeholderbefragung: Frage: Mehrwert durch klimafreundliches Wirtschaften, internes Dokument, April 2017
Umweltbundesamt GmbH: Klimaschutzbericht (2018) Seite 6. http://www.umweltbundesamt.at/fileadmin/site/publikationen/REP0660.pdf. Zugegriffen: 23. März 2019
UNGC, About the UNGC. https://www.unglobalcompact.org/news/4433-03-14-2019. Zugegriffen: 21. März 2019
United Nations, Sustainable Development Goals. https://sustainabledevelopment.un.org/sdgs. Zugegriffen: 5. März 2019
World Economic Forum: Global Risks Report 2008 (2008) Seite 24. https://www.stat.berkeley.edu/~aldous/157/Papers/WEF_GlobalRisks_Report_2008.pdf. Zugegriffen: 21. März 2019
World Economic Forum: Global Risks Report 2019 (2019) Seite 5. http://www3.weforum.org/docs/WEF_Global_Risks_Report_2019.pdf. Zugegriffen: 23. März 2019

Dr. Tanja Daumann, CSE ist seit 2012 Mitarbeiterin der Raiffeisen Bank International AG (RBI) und als Senior Managerin in der Abteilung Group Sustainability Management tätig. Sie promovierte mit Auszeichnung an der Universität für Bodenkultur und besuchte einen intensiven Lehrgang für Know-how rund um die Aufgaben des Aufsichtsrates, zu rechtlichen Themen und Haftungsfragen, zu Absicherungs- und Versicherungsmöglichkeiten sowie zu Pflichten börsennotierter Unternehmen. In der RBI ist sie u. a. verantwortlich für die Beantwortung des jährlichen Carbon-Disclosure-Project (CDP)-Fragebogens, die Mitentwicklung eines Nachhaltigkeits-Monitoring-Tools für den RBI-Konzern, betreut die Umsetzung der Nachhaltigkeitsberichterstattung im RBI Konzern im Bereich Umwelt- und Energiethemen sowie u. a. auch die Raiffeisen-Nachhaltigkeits-Initiative.

Mag. Markus Ecker leitet seit 2008 die Abteilung Cover Pool and Public Finance in der Raiffeisenbank International AG (RBI). Zudem ist er seit 2010 Prokurist der RBI. Er ist Magister der Rechtswissenschaften der Universität Wien und ausgebildeter Lebensmitteltechnologe. Nach dem Gerichtsjahr absolvierte er eine fundierte Bankausbildung und verfügt über langjährige Erfahrungen in verschiedenen österreichischen Bankinstituten im Bereich der öffentlichen Finanzierung. Der Schwerpunkt seiner aktuellen Tätigkeit liegt im Cover Pool Management sowie in der Qualifizierung von Kreditprodukten nach Nachhaltigkeitskriterien. Damit verbunden verantwortet er deren Nutzung für Green-Bond-Emissionen der RBI. Gemeinsam mit Kollegen begleitet er führend die Green-Bond-Emissionen der RBI, ist Mitautor des Green Bond Frameworks und verantwortlich für die Darstellung der damit verbundenen Umwelteffekte. Ehrenamtlich war er lange Jahre führend in der Regionalentwicklung tätig, ist Finanzreferent einer österreichischen Gemeinde und engagiert sich bei einer gemeinnützigen Institution für soziale Dienstleistungen.

Best Practice: Umweltcenter der Raiffeisenbank Gunskirchen

Hubert Pupeter

1 Zurück zu den Wurzeln von Friedrich Wilhelm Raiffeisen

Mit dem Umweltcenter lebt die Raiffeisenbank Gunskirchen die Vision einer grünen Bank im Herzen von Oberösterreich und setzt den Weg Ihres Gründervaters Friedrich Wilhelm Raiffeisen fort. Die heutige Raiffeisenbank Gunskirchen wurde am 9. April 1898 in Form des Vorschusskassenvereins Gunskirchen ins Leben gerufen.[1] Auch mehr als 120 Jahre später arbeiten die Mitarbeiter der Raiffeisenbank Gunskirchen noch nach den Grundsätzen von Friedrich Wilhelm Raiffeisen. Dabei sind die Förderung der gegenseitigen Hilfe, die Selbstverwaltung nach demokratischen Prinzipien durch alle Mitglieder und die solidarische Gesinnung mit einem gemeinsamen wirtschaftlichen Ziel die Basis des nachhaltigen wirtschaftlichen Erfolgs.

Für die eigenständige Raiffeisenbank Gunskirchen ist die Gründung des Umweltcenters im Jahr 2012 die konsequente und logische Weiterführung der Vision des Gründers, erweitert um den Umweltaspekt. Die Finanzierung von dringend benötigten, regionalen Infrastrukturprojekten war schon Raiffeisen ein großes Anliegen.

Das Umweltcenter ist als Bank in der Bank Teil der Raiffeisenbank Gunskirchen und setzt diesen Weg fort. Es wird ausschließlich in ökologische, klimaschonende und gemeinwohlorientierte Projekte, wie die Nutzung von Sonne, Wind und Wasser, oder Projekte zum Schutz von Wald und Boden investiert. Nachhaltige und faire Produktionsbedingungen,

[1] https://www.raiffeisen.at/ooe/gunskirchen/de/meine-bank/historische-entwicklung.html (Stand 01.04.2019).

H. Pupeter (✉)
Raiffeisenbank Gunskirchen eGen, Gunskirchen, Österreich
E-Mail: pupeter.34129@raiffeisen-ooe.at

A. Sihn-Weber und F. Fischler (Hrsg.), *CSR und Klimawandel,* Management-Reihe Corporate Social Responsibility, https://doi.org/10.1007/978-3-662-59748-4_18

biologischer Landbau und E-Mobilität sind weitere Teile des Investitionsspektrums. Seit 2015 können gemäß der Anlagekriterien der Umweltgarantie auch soziale Projekte unterstützt werden. Die Investitionen des Umweltcenters sind dabei immer projektbasiert und zählen zum sog. Impact Investing. Das Umweltcenter der Raiffeisenbank Gunskirchen ist in dieser Form in Österreich einzigartig und funktionell selbstständig.

1.1 Ausgangssituation und Marktumfeld

Die Idee für das Umweltcenter stammt von mir, Dr. Hubert Pupeter, Direktor der Raiffeisenbank Gunskirchen. Das Umweltcenter wurde als Antwort auf die Bankenkrise, mangelnde Nachvollziehbarkeit der Geldverwendung (globale Geldströme) und als Wahrnehmung der Verantwortung für die nächste Generation gegründet. Lange galten in Österreich nachhaltige Investments als Nischenprodukte mit geringen Renditen. Seit einigen Jahren möchten aber immer mehr Menschen genauer wissen, worin ihr Geld investiert wird. Besonders in einer Niedrigzinsphase wollen Menschen einen Mehrwert für ihr Geld erhalten und soziale und ökologische Ziele unterstützen. Nachhaltige Geldanlagen finden daher immer stärkeren Zuspruch. Vor allem bei institutionellen Anlegern ist dieser Trend zur „Veranlagung mit gutem Gewissen" zu beobachten. Aber auch Private zeigen grundsätzlich großes Interesse an ökologischen und sozialen Veranlagungsformen. Dies bestätigt auch eine Studie aus dem Jahr 2015 der Universität Graz, die vom Ökosozialen Forum und der Raiffeisen Klimaschutz-Initiative initiiert wurde.[2]

Allein in Österreich wurden laut des Marktberichts des Forum Nachhaltige Geldanlagen (FNG) im Jahr 2017 15,2 Mrd. € in nachhaltige Geldanlagen investiert. Das entspricht einem Wachstum von 16 % im Vergleich zum Vorjahr. Österreich ist mit einem Anteil der nachhaltigen Geldanlagen von 8,3 % am Gesamtmarkt Spitzenreiter im DACH-Raum.[3]

1.2 Der Umweltbeirat

Seit Herbst 2018 unterstützt der Umweltbeirat mit namenhaften Persönlichkeiten aus Forschung, Politik, Gesellschaft, Nichtregierungsorganisationen, Non-Profit-Organisationen und Wirtschaft das Umweltcenter als Expertengremium mit Beratungs- und Entscheidungsfunktion, welche Projekte das Umweltcenter unterstützen soll, und begleitet

[2]https://www.bausparen.at/eBusiness/services/resources/media/1015018521967-895453137270164956_895453700179317642_895453748229264363-1061143707521023145-1-30-NA.pdf (Stand 1. April 2019).

[3]https://www.forum-ng.org/images/stories/Publikationen/fng-marktbericht_2018-online.pdf (Stand 1. April 2019).

fachlich und inhaltlich die Umweltgarantie (Veranlagungskriterienkatalog des Umweltcenters). Die Mitglieder sind Univ. Prof. Dr. Helga Kromp-Kolb, Dr. Jürgen Schneider vom Bundesministerium für Nachhaltigkeit und Tourismus, Mag. Kuno Haas von der Grünen Erde, Mag. Georg Günsberg, Strategie und Politikberater und Mag. Norbert Rainer vom Klimabündnis OÖ. Ziel des Umweltbeirats ist, das Thema Nachhaltigkeit und Green Banking voranzutreiben.[4]

2 Von der Theorie in die Praxis

Das oberste Ziel des Umweltcenters der Raiffeisenbank Gunskirchen ist der Erhalt der natürlichen Lebensgrundlage. Dieses soll einerseits durch die Finanzierung von ausschließlich ökologischen, sozialen und gemeinwohlorientierten Projekten erreicht werden und andererseits durch Vorbildwirkung im Sektor, für die Mitarbeiter und für die Bevölkerung. Wichtig sind dabei Glaubwürdigkeit und Transparenz, besonders im Finanzierungsbereich, denn Geld hat Gestaltungsmacht.

2.1 Die Umweltgarantie als Regelwerk für Finanzierungen

Die Umweltgarantie des Umweltcenters ist ein genau definierter Kriterienkatalog für die Finanzierungswürdigkeit von Projekten und Unternehmen. Mittelverwendung und Transparenz sind hier die zentralen Themen. Einmal jährlich wird die Einhaltung der ökologischen und sozialen Anlagekriterien durch einen externen Wirtschaftsprüfer geprüft. Gemäß Umweltgarantie liegen die Schwerpunkte der Banktätigkeit in den Bereichen des ökologischen Bauens & Sanierens, der Solarnutzung und anderen erneuerbaren Energien (Fotovoltaik, Biomasse, Wind- oder Wasserkraft, usw.), der ökologischen Land- und Forstwirtschaft, des Recyclings und der umweltfreundlichen Abfallwirtschaft, der Schadstoffverringerung und -beseitigung, der Energieeffizienz in Betrieben sowie der nachhaltigen und sozialen Wirtschaftsweise bei der Herstellung und dem Vertrieb von Produkten.[5]

Das Umweltcenter verfolgt dabei ganz bewusst keinen Best-in-Class-Ansatz, also die Bevorzugung jener, die innerhalb einer bestimmten Branche den definierten Kriterien am besten entsprechen (kein A-priori-Ausschluss). Die Idee des Umweltcenters beruht auf der Förderung (positive Diskriminierung) bestimmter Branchen und Geschäftsfelder z. B. ökologisches Bauen oder erneuerbare Energien und den Ausschluss anderer Geschäftsfelder und Sparten, wie z. B. konventionellem Wohnbau, Gentechnik oder Atomenergie (Abb. 1).

[4]https://www.umweltcenter.at/das-umweltcenter/#c594 (Stand 1. April 2019).

[5]https://www.umweltcenter.at/umweltgarantie/ (Stand 1. April 2019).

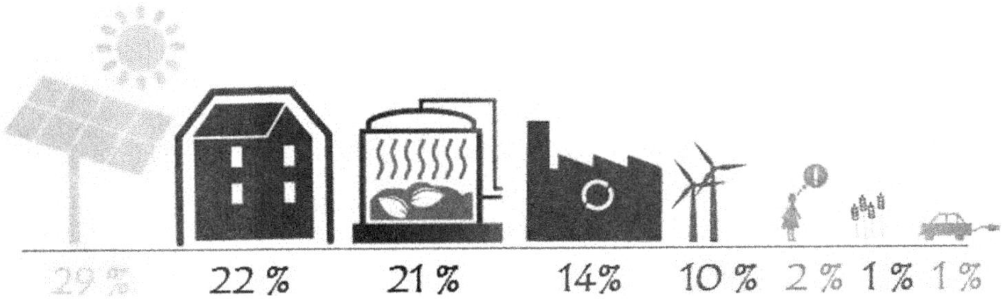

Abb. 1 Umweltcenter-Investitionstopf (Stand 31.12.2018)

Mit 31. Dezember 2018 betrug das Kreditvolumen im Umweltcenter 34,48 Mio. €. Die umgesetzten Projekte ersparen der Umwelt 11.981 t CO_2 pro Jahr. Dies entspricht 45.527.800 gefahrener Autokilometer oder dem Jahresverbrach von 1461 EU-Bürgern.[6]

2.2 Das Umwelt-Sparbuch

Immer mehr Menschen ist es wichtig, dass Ihre Einlagen regional, verantwortungsvoll und nachvollziehbar veranlagt sind. Besonders in Zeiten von niedrigen Zinsen gibt man dem Geld mit einer nachhaltigen Anlage einen Zusatznutzen. Gemäß unserer Vision macht Sparen so erst richtig Sinn, denn mit dem veranlagten Geld wird in eine Umwelt, die Zukunft hat, investiert. Damit wird auch noch nachfolgenden Generationen der Zugang zu klarem Wasser, reiner Luft und einer sauberen Umwelt ermöglicht. Dies ist in dieser Form in Österreich einzigartig.

Mit dem Umweltcenter setzt die Raiffeisenbank Gunskirchen die Vision einer grünen Bank im Herzen von Oberösterreich um. Und bietet dabei verschiedene Umwelt-Sparbücher und Umwelt-Online-Sparkonten gemäß der Umweltgarantie an.

2.3 Das Umwelt-Girokonto

Neben den umweltbewussten Sparprodukten gibt es im Umweltcenter die Möglichkeit eines Umwelt-Girokontos. In der Höhe der Einlagen auf dem Umwelt-Girokonto garantiert das Umweltcenter gemäß Umweltgarantie die Finanzierung von ökologischen und sozialen Projekten. Das Umwelt-Girokonto ist dabei ein reines Guthabenkonto ohne Finanzierungsrahmen, da eine Kontoüberziehung einem Kredit gleichzusetzen ist und die Verwendung gemäß Umweltgarantie nicht garantiert werden könnte.

[6]Quelle: https://www.umweltcenter.at/sinn-voller-kreislauf/ (Stand 01.04.2019).

3 Die Vision einer grünen Bank lebt

Die vom Umweltcenter finanzierten Projekte spannen einen Bogen vom ökosozialen Gemeinschaftswohnprojekt und Bioladen bis hin zum Sonnenkraftwerk und Biomasseheizwerk. Damit etabliert das Umweltcenter ein klimaschonendes Geschäftsmodell durch klare Ausschlusskriterien. Komplizierte, spekulative Anlageprodukte kommen nicht zum Einsatz. Die Investitionen werden mit größtmöglicher Transparenz getätigt. Interessierte Kunden erfahren z. B. auf der Homepage, welche Projekte finanziert werden. Um die Umsetzung der Umweltgarantie sicherzustellen und dabei die größtmögliche Transparenz zu gewährleisten, werden sämtliche im Umweltcenter veranlagten Gelder in einem eigenen Rechnungskreis dargestellt und somit vom übrigen Bankgeschäft vollständig getrennt. Die Einhaltung der Umweltgarantie wird einmal jährlich von einem externen Wirtschaftsprüfer kontrolliert und das Ergebnis veröffentlicht.

3.1 Zahlen und Fakten

Bereits im Jahr 2014 konnte das Umweltcenter ein Fünftel des Ausleihungszuwachses der Raiffeisenbank Gunskirchen erwirtschaften. Die vor mehr als 120 Jahren gegründete Regionalbank mit Umweltschwerpunkt konnte in den letzten fünf Jahren die Bilanzsumme auf knapp 410 Mio. € verdoppeln, wobei rund ein Viertel des Wachstums auf die Fusion mit der Raiffeisenbank Pichl 2016 zurückzuführen ist. Der Anteil des Umweltcenters an der Gesamtbank entspricht etwa 12,5 % (Stand 31.12.2018). Auch in Zukunft möchte die Raiffeisenbank Gunskirchen die Vision einer grünen Bank leben. Darum ist es wichtig, auch als Gesamtbank Schritte in Richtung Aufklärung, z. B. in Form von Weiterbildungen der Mitarbeiter zum Thema Klimaschutz oder bei baulichen Maßnahmen zu setzen, für ein gesundes und nachhaltiges Wachstum der Bank und unserer Umwelt (Abb. 2).

3.2 Nachhaltigkeitsoffensive im eigenen Haus

Für die Erweiterung der Bank wurde ganz bewusst ein Architekt mit Erfahrung im Bereich ökologisches Bauen ausgewählt. Für den Zu- bzw. Umbau wurde ein ökologisches Gesamtkonzept entwickelt, das in allen Bauelementen konsequent umgesetzt wurde. Das Umweltcenter will mit dem ökologischen Zu- und Umbau Vorbild im Banksektor, für Mitarbeiter und die Bevölkerung sein. Folgende Eckpunkte wurden umgesetzt: ökologische Bauweise (Holzriegelbau und natürliche Dämmstoffe), Fotovoltaikfassade mit einer Leistung von 32 kWp, begrünte Außenfassade, kostenlose E-Tankstellen für E-Bikes und E-Autos, überdachte Fahrradabstellplätze und Umstellung auf LED-Lampen. Als weitere Maßnahme für den Klimaschutz nutzen die Mitarbeiter der Bank für Dienstfahrten das lokale E-Car-Sharing.

Abb. 2 Raiffeisenbank Gunskirchen mit dem Umweltcenter

3.3 Gemeinsam Umweltprojekte imitieren

Das Umweltcenter finanziert nicht nur klimafreundliche Projekte, sondern imitiert diese auch. Jedes Jahr werden Unternehmer auf die Vorteile von Fotovoltaik für die Stromproduktion ihrer Betriebe aufmerksam gemacht. Dabei unterstützt das Umweltcenter bei der Fördereinreichung und mit kostengünstigen Finanzierungen. Auf den Dächern von sechs Unternehmen in Gunskirchen konnten so Fotovoltaikanlagen mit einer Gesamtleistung von rund 400 kWp errichtet und mit den sog. Sonnenbausteinen von interessierten Anlegern refinanziert werden. Die Anlagen können den jährlichen Stromverbrauch von etwa 130 privaten Haushalten decken.[7]

Um die Pariser Klimaziele zu erreichen, braucht es nicht nur eine Energiewende, sondern auch eine Mobilitätswende. Mit einer Null-Prozent-Finanzierung unterstützt das Umweltcenter aktiv die Initiative des Bunds, die die Neuanschaffung von Elektroautos mit bis zu 4000 € fördert. Dies soll den Umstieg auf E-Mobilität attraktiver machen.

[7]https://www.umweltcenter.at/blog/newsdetail/gunskirchner-unternehmer-erzeugen-sonnenstrom/ (Stand 1. April 2019).

Dabei wird der Neukauf von E-Autos ohne Zinsen und ohne einen Cent an Spesen, wie für Kontoführung oder Bereitstellungsentgelt, zu verrechnen, gefördert. Die einzige Voraussetzung ist, dass sich das neu angeschaffte E-Auto im Umweltcenter-Design präsentiert.[8]

3.4 Bewusstseinsbildung als Erfolgsfaktor

Mit den zahlreichen Veranstaltungen (z. B. Energietag), Exkursionen (z. B. Windpark Munderfing), der Tätigkeit in der Energiegemeinde-Ortsgruppe und den Ferienpassaktionen für Kinder der Bankstellengemeinden (2017: Restlküche – gegen Lebensmittelverschwendung; 2018 Nähküche – Upcycling gegen Ressourcenverschwendung) setzt das Umweltcenter auch innerhalb der Gemeinde ein Zeichen.

Auch die Veranstaltungsreihe „Das gute Geld – Investieren mit MehrWert", die jährlich gemeinsam mit dem Klimabündnis OÖ veranstaltet wird, soll zur Aufklärung der Bevölkerung beitragen. Besucher können sich vor Ort zu den Themen nachhaltige Veranlagungen, alternative Investments und grüne Banken in Kurzimpulsen & bei Informationsständen beraten lassen.[9] Denn Geld hat keinen Selbstzweck, sondern Gestaltungsmacht und diese Entscheidungsmacht muss genutzt werden.

Hubert Pupeter arbeitet seit 1975 im Bankensektor. Seit 1983 in der Geschäftsleitung und ab 1994 als Vorsitzender der Geschäftsleitung bzw. des Vorstands der Raiffeisenbank Gunskirchen; 1978–1981 Matura an der Handelsakademie für Berufstätige in Wels, 1981–1986 Diplomstudium und von 1990–1992 Doktorratsstudium an der Johannes Kepler Universität in Linz mit Schwerpunkt Controlling, Steuerlehre und Rechnungswesen. Neben seiner beruflichen Tätigkeit absolvierte Herr Pupeter verschiedene Zusatzausbildungen, wie z. B. die Unternehmensberaterausbildung und persönlichkeitsbildende Seminare (Neuro-Linguistisches Programmieren, Kommunikation, Konfliktmanagement u. a.). Im Zeitraum 1981–2016 wurden vier Fusionierungen mit benachbarten Raiffeisenbanken umgesetzt. Im Jahr 2012 installierte er mit dem Umweltcenter die „erste grüne Bank Österreichs" als Teil der Raiffeisenbank Gunskirchen.

[8] https://www.umweltcenter.at/blog/newsdetail/jetzt-mit-der-0-finanzierung-zu-ihrem-e-auto/ (Stand 1. April 2019).

[9] www.gutesgeld.at (Stand 1. April 2019).

CSR und Klimawandel @ UNIQA

Die Positionierung zum Klimawandel aus der Sicht der Versicherungswirtschaft

Andreas Rauter

Wir müssen eine positive Vision wagen und erkennen, dass klimagerechtes Verhalten die leichtere Alternative ist, um uns am Wandel zu beteiligen.

1 Der Weg zur UNIQA-Klimastrategie

Als Teil der Gesamtstrategie ist die Klimastrategie fest in der UNIQA-Nachhaltigkeitsstrategie verankert. UNIQA will Kunden besser als jeder andere auf dem Markt dabei unterstützen, sicher, besser und länger zu leben. Ohne eine intakte und gesunde Umwelt ist das Erfüllen dieser Mission nicht möglich. Eine Versicherung muss jedem die passenden Dienstleistungen bieten. Dabei immer im Blick: die zukünftigen ökologischen Rahmenbedingungen. Denn sie beeinflussen die sozialen Lebensumstände und bergen neue Gefahren und Risiken. Davon betroffen sind alle UNIQA-Stakeholder.

Beispiel

Kunde hat erhöhten Risikovorsorgebedarf bei Sachversicherungen (Unwetter, Dürre) und Krankenversicherungen (Atemwegserkrankungen);

Kunde präferiert bei Sparprodukten ökologische Veranlagungen und erwartet Berücksichtigung;

Investor muss sich ökologischer und nachhaltiger orientieren;

A. Rauter (✉)
UNIQA, Wien, Österreich
E-Mail: andreas.rauter@uniqa.at

A. Sihn-Weber und F. Fischler (Hrsg.), *CSR und Klimawandel*, Management-Reihe Corporate Social Responsibility, https://doi.org/10.1007/978-3-662-59748-4_19

Investor sucht längerfristig nach sich positiv entwickelnden Wertschöpfungsketten und sorgt sich über stagnierende Investments aufgrund umweltorientierter Gesetze und der gesellschaftlichen Abwendung von umweltschädlichen Industrien;

Mitarbeiter sind loyaler zu Unternehmen mit gelebter ökologischer Verantwortung und Vorreiterrolle;

Mitarbeiter sehen das ökologische und ethische Wertesystem als Fundament für ein langfristiges Engagement im Unternehmen – mit großer Motivation und hoher Identifikation;

Öffentlichkeit erwartet vom Unternehmen einen respektvollen Umgang mit Ressourcen, Weitblick in der Positionierung und belohnt proaktives Handeln mit hohen Imagewerten;

Öffentlichkeit sucht verlässliche Partnerschaften mit Unternehmen mit glaubwürdiger Positionierung und Kernkompetenzen, die dabei helfen, die Klimakrise zu bewältigen.

Auch wenn in der Versicherungswirtschaft keine Schornsteine rauchen, so erkennen doch alle Stakeholder die großen Möglichkeiten, mit denen sich eine Versicherung als institutioneller Investor nachhaltig engagieren kann, indem es z. B. die Produktangebote für umweltschädliche Industrien einschränkt und reduziert (z. B. kohlebasierende Energiewirtschaft). Daher besteht die UNIQA-Klimastrategie aus *Prinzipien einer verantwortungsvollen Veranlagung*, aus *Prinzipien eines verantwortungsvollen Produktentwicklungsprozesses* und aus einem grundsätzlichen *Bekenntnis zu einem ressourcenschonenden Wirtschaften* mit schlankem ökologischen Fußabdruck.

1.1 Klimastrategie in der Veranlagung

Den Beginn einer nachhaltigen UNIQA-Veranlagungsstrategie markierte eine externe Analyse des Portfolios. Die Ergebnisse daraus bestätigten die gute Ausgangslage und motivierten dazu, die Angebote in Hinblick auf eine verbesserte ökologische und soziale Breitenwirkung zu optimieren. Ausschlusskriterien wurden definiert und der Ausstieg aus Veranlagungen in Kohle (direkt/indirekt) beschlossen und bereits weitgehend umgesetzt. Es bestehen bereits einige nachhaltige Investments, die in Zukunft bei entsprechendem Kundenwunsch verstärkt berücksichtigt und eingesetzt werden. Auch Impact Investing, also Investitionen mit positiven Auswirkungen auf die Umwelt, wird zukünftig ein wichtiges und in Zukunft passendes Teilsegment darstellen. Dabei werden die folgenden Asset-Klassen immer wichtiger:

Grüne Anleihen (Klimaanleihen)
Die einzigartige Eigenschaft von grünen Anleihen gegenüber konventionellen Anleihen ist die vordefinierte Verbindung zu Investitionen in spezifische grüne Projekte, um neben

der Rendite auch wirkungsorientiert nichtfinanzielle Ziele zu verfolgen und darüber standardisiert und messbar zu berichten.

Nicht verbrieftes Fremdkapital (Darlehen)
Finanzierung in Darlehensform unabhängig davon, ob Investitionen in grüne Technologien zur Bekämpfung des Klimawandels (wie etwa der Vermeidung von Treibhausgasemissionen durch Verbesserungen in den Bereichen Wohnen, Verkehr, Landwirtschaft) oder Investitionen in grüne alternative Energien und Infrastruktur erfolgen. Beides kann Treibhausgasemissionen reduzieren und den Klimawandel bekämpfen.

Immobilien
Hier reduzieren Modernisierungen bei eigengenutzten sowie vermieteten Immobilien den CO_2-Ausstoß. Zum Beispiel die Verbesserung der Gebäudedämmung oder auch die Bereitstellung sauberer Energieformen unter teilweiser Einbeziehung von Fotovoltaikanlagen. Daneben wurden als Pilotprojekt in einer Landesdirektion bereits auch Fassaden begrünt.

Private Equity
Private Equity, also privates Beteiligungskapital, ist eine der wichtigsten Asset-Klassen für Impact Investing (wirkungsorientierte Investments in nationalen und internationalen Kooperationen). Die Investments sind meist klein und agil und engagieren sich in einem bestimmten ökologisch oder sozial orientierten Bereich. Eine enge Beziehung zwischen dem Investor und dem Unternehmer erleichtert das Monitoring, erlaubt innovative Ansätze und wird von Wirkungsberichten begleitet.

In all diesen Investmentklassen wurde bereits investiert. Mittelfristig werden in diesen Bereichen auch stabile und starke Portfolios erstellt.

Aus dieser Gesamtpositionierung abgeleitet hat sich UNIQA das Ziel gesetzt, als erste österreichische Versicherung die Zertifizierung mit dem ÖGUT-Label[1] zu erreichen. Grundlage dazu ist die Richtlinie zu Responsible Investments (UNIQA RI), die das klare Bekenntnis zu einer nachhaltigen Orientierung beinhaltet sowie Kriterien und standardisierte Abläufe für alle Anlageprozesse definiert.

1.2 Klimastrategie in den Produkten und der Risikodeckung

UNIQA ist ein Allspartenversicherer und das Versichern gegen relevante Risiken in allen Lebensbereichen dient dem Schutz des Einzelnen gegen Armut, Wohlstandsverlust und verschlechterte soziale und ökologische Lebensbedingungen. Im großen Kollektiv der

---

[1]ÖGUT – Österreichische Gesellschaft für Umwelt und Technik; Beratung und Zertifizierung, Nachhaltigkeitszertifizierung.

Risikogemeinschaft wird über Generationen ein Ausgleich geschaffen, somit bedeutet es auch für uns, Verantwortung für die Generationen nach uns zu übernehmen. Mit dieser Zielsetzung deklarieren wir uns zu den Sustainable Development Goals (SDG) der Vereinten Nationen, die von den Staats- und Regierungschefs im Jahr 2015 beschlossen und in der Agenda 2030 ratifiziert wurden. Ihre Ziele sind, die Armut zu beenden, Ungleichheit zu bekämpfen, den Planeten zu schützen, den Frieden zu fördern und Wohlstand für alle zu sichern. Die Agenda 2030 umfasst insgesamt 17 Ziele, von denen insbesondere die Ziele 3 (Gesundheit und dem Wohlergehen) und 13 (Maßnahmen zur Bekämpfung des Klimawandels und seiner Auswirkungen) für UNIQA von besonderer Bedeutung sind. Unsere Maßnahmen zur Förderung dieser Ziele fließen immer konsequenter in unsere Produktpalette mit ein. Das Produktangebot umfasst Lebens-, Kranken-, Unfall- und Sachversicherungen, die immer spezifischer auf die zukünftigen Lebensbedingungen angepasst werden. Information, Aufklärung und ein gewisser Diskurs zu wichtigen gesundheitlichen und gesellschaftlichen Fragestellungen begleiten unsere Produkte, die einen immer größer werdenden Dienstleistungscharakter bekommen. Unsere Klimastrategie betrifft ebenso alle Produktbereiche.

1.2.1 Lebensversicherung

Die i. d. R. langfristige Veranlagung aufgrund der Vertragsbindung auf 10–15 Jahre erfährt durch nicht unübliche Vertragsverlängerungen nach Vertragsablauf und durch stabiles Gesamtbestandsmanagement (laufend Ablöse von abreifenden Verträgen durch Neugeschäft) eine nochmals längerfristige Dimension. Unsere Kunden vertrauen uns somit für sehr lange Zeit ihr Kapital an. Zurecht fragt sich der Versicherer, welche Wertschöpfungsketten auf lange Zeit stabile Erträge abwerfen, um sich daran über Eigenkapital oder Schuldtitel zu beteiligen. Erkennt man zu spät, dass gewisse Industrien oder Unternehmen eine deutliche Einschränkung in ihrer Prosperität haben, drohen neben Renditeausfall auch Kapitalverlust. Bei garantierten Verträgen geht das Risiko hier auf den Versicherer über. Der Klimawandel ist dabei ein relevanter Faktor, da er die Wertschöpfungskapazitäten eines – als Investitionsobjekt ausgewählten – Unternehmens einerseits durch Unwetter und Katastrophen beeinträchtigen kann und andererseits auch durch neue, strengere Gesetze oder eine verursachungsgerechte Kostenverteilung des Klimawandels belasten kann. „Grüne Industrien“ könnten darüber hinaus Fördermaßnahmen erhalten, „braunen Industrien“ könnten neben Auflagen und weiteren Einschränkungen auch Verbote drohen. Auch wenn im letzten Jahr die Diskussionen über „green“ vs. „brown“ sehr kontrovers hinsichtlich zukünftiger Performanceeinschätzung geführt wurden, so ist eines für uns klar:

Je schneller sich Gesellschaft und Politik über die Ziele und Maßnahmen einig werden, desto schneller wirken Maßnahmen in diesem Bereich. Das Ergebnis des letzten Klimagipfels in Katowice hat gezeigt, dass innerhalb der EU eine konsequentere Umsetzung der Klimaziele anzustreben ist. Es ist also an der Zeit, „braune Investments“ zu reduzieren, solange andere Marktteilnehmer noch an deren längere positive Entwicklung glauben. UNIQA hat bereits 2018 begonnen, „grüne Investments“ aufzubauen und „braune Investments" zu reduzieren. So wurden Investments in Solar- & Windparks getätigt und kohlebasierende Industrien minimiert.

Die UNIQA-Gesamtveranlagungsstrategie hat das Ziel, die aus dem Zukunftsbild abgeleiteten, aufstrebenden Wertschöpfungsketten früh zu erkennen und in diese zu investieren. UNIQA glaubt an die wichtigen, raschen und effizienten Maßnahmen zur Erreichung der Klimaziele. Die Lebensversicherung-Klimastrategie muss die Veranlagungen ökologischer und nachhaltiger machen. So bietet UNIQA für alle Kunden ein breiteres Produktportfolio, bei dem die verschiedensten Präferenzen zur nachhaltigen Veranlagung gewählt werden können.

Auch die Absicherung von Ablebensrisiken ist Teil der Lebensversicherung. Damit sind die Veränderungen in der Sterblichkeit langfristig beachtlich. Jedoch werden wahrscheinlich andere Faktoren in der Verbesserung der Lebensqualität, wie die bessere medizinische Versorgung und gesündere Ernährung, die klimabedingt erhöhte Sterblichkeit ausgleichen. Die Krankheitskosten werden jedoch steigen.

Die zukünftigen Vertriebsregeln der EU (Insurance Distribution Directive, IDD) werden auch die Berücksichtigung der ökologischen und sozialen Veranlagungspräferenzen aller Kunden mit einschließen. Neben der ohnehin wachsenden ökologischen Sensibilisierung vieler Kunden muss daher auch mit einer Bewusstseinsbildung im Rahmen des Verkaufs- bzw. Beratungsgesprächs gerechnet werden. Enorm wichtig ist daher auch die einheitlich gleiche Meinung im Unternehmen, v. a. im Rahmen der Kommunikation. Am Ende entscheiden die Kunden mit ihrem sensibilisierten Blick auf die Zukunft. UNIQA ist überzeugt, dass sich ein immer größeres Bekenntnis zu nachhaltigen Lebensversicherungsprodukten durchsetzen wird und die gesetzlichen Vorschriften sich regelmäßig in diese Richtung orientieren werden.

1.2.2 Krankenversicherung

Die menschliche Gesundheit steht vor Herausforderungen durch den Klimawandel. In zahlreichen Ländern wurden Studien über den Einfluss von Temperaturänderungen auf die Gesamtmortalität durchgeführt. Eine Studie der Peking University stellte eine Übersicht der temperaturbedingten Herz-Kreislauf-Erkrankungen (CVD) um die Jahre 2050 und 2070 unter verschiedenen Klima-, Bevölkerungs- und Anpassungsszenarien in Peking dar. Die Zahl der temperaturbedingten Herz-Kreislauf-Todesfälle wird in verschiedenen Szenarien voraussichtlich um 3,5–10,2 % steigen.

Als Folge von vermehrten Hitzewellen werden auch in Österreich bis Mitte des Jahrhunderts, v. a. unter der älteren Bevölkerung, die hitzebedingten Todesfälle zunehmen. Pro Jahr werden zusätzlich 1000 Todesfälle erwartet, in extremen Jahren könnte dieser Wert sogar auf 6000 bis 9000 Todesfälle steigen[2] (Global 2000, 2018). Bereits der Hitzesommer im Jahr 2003 führte zu 180 bis 330 zusätzlichen hitzebedingten Todesfällen.

[2] Global 2000, Bericht zum Klimawandel Dez. 2018; www.global2000.at/klimawandel-oesterreich.

Darüber hinaus ist der Klimawandel im Leistungsspektrum der Krankenversicherung durch gesteigerte Erkrankungen der Atemwege, Erkrankungen an Hautkrebs und hitzebedingte Erkrankungen spürbar. Prävention ist die geeignetste Methode zur Vermeidung von Erkrankungen. Somit bekommt die konsequente Beratung zu richtigen Verhaltensweisen sowie zur Verbesserung der Lebensgewohnheiten eine wachsende Bedeutung. Hier auf dem letzten Stand zu sein und sich aktiv in die Vorsorge einzubringen, muss Teil der Schlüsselkompetenz sein.

Da auf dem europäischen Kontinent die Gesellschaft überaltert (Fertilität EU und Österreich bei etwa 1,6), immer mehr in urbanen Lebensräumen zusammenzieht, sich entsolidarisiert und „versingled“, sind die unterschwelligen Auswirkungen des Klimawandels nicht so schnell und direkt auszumachen. Der Einzelne wird wahrscheinlich mehr Betreuung, Beratung und Begleitung benötigen, um mit starken Wetteramplituden, schwankender Luftqualität und Schadstoffemissionen möglichst gut zu altern. Die Leistung der Krankenversicherung wird hinsichtlich der Auswirkungen des Klimawandels daher optimiert und verbreitert werden müssen. Die Krankenversicherung-Klimastrategie teilt sich daher auf in eine Forcierung einer nachhaltigen Veranlagungsstrategie, einer Aufklärungsstrategie zu gesundheitlichen Risiken und Folgen des Klimawandels sowie in eine Erweiterung der Krankenversicherungsprodukte hinsichtlich klimabezogener Gesundheitsrisiken. Insbesondere die Dienstleistungskomponente durch vermehrte Beratung, Betreuung und Pflege soll eine bessere Lebensbegleitung mit all diesen Risiken gewährleisten. Da in Österreich die Krankenversicherung nach dem Modell der Lebensversicherung betrieben wird (Ansparphase des Kapitals über die lebenslange Laufzeit), gelten die Ausführungen zur Lebensversicherung mit Bezug zur Veranlagungsstrategie auch für die Krankenversicherung.

1.2.3 Schaden- bzw. Unfallversicherung

In der Schaden- bzw. Unfallversicherung sind die unmittelbaren Sachschäden aus Naturkatastrophen (wie etwa Stürme, Fluten, Buschbrände, Meeresspiegelanstieg) aufgrund des Klimawandels sowohl in Frequenz als auch in Höhe des Ausschlags die unmittelbarste Auswirkung und überwiegend steigend. Das Jahr 2018 war auch in Österreich geprägt von Extremwetterereignissen. Fast jede Region Österreichs war zumindest einmal betroffen. Geschätzt wurde ein Gesamtschaden von rund 500 Mio. €, von dem nur 300 Mio. versichert waren[3] (Ederer 2018). Die ersten schweren Schäden 2018 gab es bereits im April bedingt durch Hagel und Überschwemmungen. Ihren bisherigen Höhepunkt erreichten die Naturkatastrophenschäden im Oktober in Kärnten und Osttirol.

Das Jahr 2018 war zudem eines der beiden wärmsten Jahre in der 252-jährigen Messgeschichte. Mit der außergewöhnlichen Kombination von langen trockenen Phasen und einigen extremen Regenereignissen. Diese rekordbrechenden Temperaturen sind,

[3]Othmar Ederer, Präsident des Verbands der Versicherungsunternehmen Österreich (VVO), am 14.12.2018 bei der VVO-Pressekonferenz, Wien.

sofern die CO_2-Emissionen weiter steigen, in Zukunft keine Spitzen mehr, sondern die Normalität. Dem Großteil der Bevölkerung sind die Gefahren durch den Klimawandel inzwischen bewusst: 50 % der Österreicher sehen v. a. Unwetter, Hagel und Stürme als „große Gefahr“[4] (Thann 2018). Durch die Sensibilisierung steigen auch der Absicherungsbedarf und der Gesamtschadensaufwand. Die Kosten werden von Erstversicherern an die Rückversicherer weitergegeben. In Folgejahren steigen dann die Prämien der Rückversicherer immer deutlicher über die Folgejahre kontinuierlich an.

In der Sachversicherung-Klimastrategie setzt UNIQA auf Präventionsmaßnahmen für die Kunden und zeigt auf, wie Gebäude und Infrastrukturen vor extremen Wetterereignissen besser geschützt werden können. Außerdem ist die breite Unwetterwarnung ein wichtiges Instrument, um Personen- und Vermögensschäden vorzubeugen. Eigene Beiträge im Haushalten sollen helfen, den Klimawandel einzudämmen. Die hausinternen UNIQA-Richtlinien reduzieren den ökologischen Fußabdruck pro Mitarbeiter – etwa durch Verzicht auf möglichst viele Flugreisen, die breitere Nutzung von Videokonferenzen, die Anpassung des urbanen Mobilitätskonzepts sowie die weitere Forcierung des Umstiegs auf erneuerbare Energien.

1.2.4 Handlungsalternativen und Monitoring der Risiken

Die wichtigste Reaktion der Versicherungswirtschaft ist, die Erreichbarkeit der Klimaziele zu unterstützen und gleichzeitig die Versicherbarkeit der veränderten Risiken durch die Erhaltung einer robusten Risikotragfähigkeit aufrechtzuerhalten. Dazu ist es erforderlich, auch für eine sinnvolle Transformation der Lebensweise und des Wirtschaftens einzutreten, um so rechtzeitig die schlimmsten Folgen des Klimawandels zu vermeiden. Dies gilt für alle, also auch für UNIQA-Mitarbeiter, -Kunden und -Investoren. Für Mitarbeiter bedeutet ein neues Mobilitätskonzept u. U. etwas weniger Komfort, wenn statt eines PKW oder eines Taxis die öffentlichen Verkehrsmittel verstärkt genutzt werden. Für Kunden könnten nicht mehr zu allen (v. a. nicht zu „braunen“) Wertschöpfungsketten Versicherungsprodukte angeboten werden. Für Investoren könnte kurzfristig margenträchtiges Geschäft nicht mehr gezeichnet und damit teilweise auf Rendite verzichtet werden, bis das Kapital des Investors auf neue alternative Versicherungsprodukte allokiert werden kann.

Ist allen Stakeholdern klar, welchen positiven Beitrag damit alle gemeinsam leisten, wird der weitere Weg auch wahrscheinlich gemeinsam beschritten und für alle als lohnend und sinnstiftend begriffen. In diesem Sinn wird UNIQA auch mit den politischen Entscheidungsträgern zusammenarbeiten und bei der Erarbeitung von Lösungsansätzen, der Umsetzung gemeinsamer Projekte sowie der Begleitung durch eine angemessene Regulierung unterstützen.

Das Monitoring des UNIQA-Wegs im Verfolgen der Klimaziele wird mit qualitativen und quantitativen Berichterstattungen sichergestellt. Durch die Risiken erwarten sich

[4] Othmar Thann, Direktor des Kuratoriums für Verkehrssicherheit (KFV), aktuelle Umfrage 2018.

alle Stakeholder eine sorgsame Positionierung und Berichterstattung. Das Bekenntnis zu Transparenz und Offenlegung wird UNIQA auch im Bereich der klimabezogenen Risiken durch kontinuierliche Weiterentwicklung der Berichtskultur realisieren.

Auch das G20#s Financial Stability Board (FSB) hat mit der Task Force on Climate-related Disclosure (TCFD) die Entwicklung eines Rahmenwerks für die Offenlegung klimarelevanter Informationen ausgearbeitet, um klimabezogene Finanzangaben effektiver in die Berichterstattungsprozesse einzugliedern. Dabei finden klimarelevante Risiken Berücksichtigung in der Governance des Unternehmens, in der Strategiepositionierung hinsichtlich Chancen und Risiken sowie in den Prozessen des Risk Managements mit Begleitung durch Ziele und Maßnahmen. Diese Herangehensweise ist auch für die Versicherungswirtschaft empfehlenswert.

2 Analyse möglicher Chancen

Nachstehend wird auf die möglichen Chancen, die sich durch neue Geschäftsfelder und/ oder Technologien generieren lassen, eingegangen.

2.1 Chancen in der Veranlagung

Im UNIQA-Anlageprozess ist die Definition einer klaren Strategie wichtig, die die erwarteten Faktoren des Klimawandels berücksichtigt. Derzeit sind zusätzliche Daten und Tools erforderlich, um die Aufmerksamkeit der Anlageexperten zu erhöhen. Mit der Zeit wird den Anlegern ein wachsender Satz genauer und wesentlicher Daten dabei helfen, Risiken und Chancen zu erkennen, die durch den Klimawandel entstehen. Eine angemessene Schulung von Investmentanalysten und Portfolio-Managern wird dazu beitragen, diese Risiken und Chancen angemessen zu bewerten und die Integration dieser Faktoren in den Anlagestrategien zu unterstützen. Die Neubewertung von Vermögenswerten auf ihre korrekten Environmental-Social-Governance(ESG)-Kriterien integrierenden risikobereinigten Werte stellt eine stimmige Grundlage für die Auswahl von Vermögenswerten dar. UNIQA strebt an, diese bisher schon informell in den Analysen wahrgenommenen Bewertungskomponenten in den Investmentleitlinien fix zu verankern und die Entscheidung zum Kauf oder Verkauf bzw. zur Übergewichtung oder Untergewichtung eines bestimmten Vermögenswerts auch daran zu messen.

Um Investoren bei der Integration von Risiken im Zusammenhang mit dem Klimawandel zu unterstützen, entwickelt die nachhaltige Investmentgemeinschaft stetig neue Datensätze, Literatur und Maßnahmen (wie etwa die UN-Prinzipien für verantwortungsbewusste Investitionen). Die Berichterstattung über das Risiko des Klimawandels durch das freiwillige TCFD-Rahmenwerk[5] wird voraussichtlich den verfügbaren Datensatz für ESG-Ratingunternehmen verbessern, um diese Entwicklungen zu unterstützen (TFCD 2018).

Die frühzeitige Ausrichtung auf ein klimaschonendes Portfolio folgt neben dem ökologischen Bekenntnis auch der Überzeugung, dass es zu politisch und gesellschaftlich notwendigen Eingriffen kommen wird und es klug ist, früh zu handeln. Die Risiken des Klimawandels werden von den Märkten derzeit durch asymmetrische Informationen, Kurzfristigkeit und unklare Regulierung, die nicht nur Anlagerisiken, sondern auch Chancen bergen, nicht immer korrekt bewertet.

Ein auffälliges Beispiel ist die *Bepreisung von Kohlenstoff,* ein Hauptfaktor für das Klimarisiko, der in 39 Ländern angeboten wird. Diese Preise sind die Grundlage für die Besteuerung von CO_2-Emissionen und für den Handel mit Emissionsrechten (erstmals 2005 in der EU eingeführt). Leider decken die CO_2-Preise derzeit einen sehr breiten Bereich ab. Von 1 US$ pro t CO_2 in Mexiko (Kohlenstoffsteuer) bis zu 140 US$ pro t CO_2 (Kohlenstoffsteuer) in Schweden. Dies erschwert die Anwendung eines globalen Standards. Nach einer OECD-Bewertung[6] von 42 Industriestaaten und Schwellenländern liegt die tatsächliche Bepreisung im Schnitt mit knapp über 7 € um 76,5 % unter den realen Kosten (OECD 2018a). Den Mitgliedstaaten ist aber spätestens seit der COP24 in Katowice klar, dass ohne ein reales CO_2-Pricing kein rascher Impuls zur Transformation möglich ist. Daher sind kohlenstoffintensive Industrien sehr risikoreich und durch das sich verschlechternde Risiko-Ertrags-Verhältnis stufenweise abzubauen. Auf Basis der von der OECD im Jahr 2015 erhobenen Daten liegt die Bepreisung von CO_2 in Österreich zu etwa 51 % unter den realen Kosten[7] (OECD 2018b). Es werden mittelfristig auch für Österreich konkrete regulatorische Maßnahmen, die auf die CO_2-Bepreisung direkt oder indirekt Einfluss nehmen, erwartet.

Mit neuen Gesetzen und Förderungen erhalten alternativen Wertschöpfungsketten höchstwahrscheinlich Rückenwind. Wir erwarten z. B. mittelfristige Impulse rund um die Energiewirtschaft, für die Anbieter neuer Mobilitätskonzepte und für eine vermehrt auf Sanierung ausgerichtete Bauwirtschaft.

Inwieweit Unternehmen es selbst schaffen, die Transformation ihres Kerngeschäfts klimafreundlicher zu gestalten, ist beim Monitoring aller Emittenten daher mit zu beurteilen und in den UNIQA-Portfolio-Managementkompetenzen abzudecken. Diese Unternehmen müssen sich mit neuen Marktteilnehmern messen und treffen

---

[5]TCFD: 2018 Status Report (September 2018), https://www.fsb-tcfd.org/publications/tcfd-2018-status-report/.

[6]Vgl. OECD-Studie: „Effective Carbon Rates 2018: Pricing Carbon Emissions through Taxes and Emissions Trading", veröffentlicht am 18.09.2018; http://www.oecd.org/ctp/effective-carbon-rates-2018-9789264305304-en.htm.

[7]OECD-Studie: „Effective Carbon Rates 2018"; Chart Figure 4 auf S. 5; http://www.oecd.org/tax/tax-policy/effective-carbon-rates-2018-brochure.pdf.

auf agile Start-ups samt deren Entwicklungs- und Projektkultur. Es ist daher durchaus klug, beide Unternehmenskulturen für Kooperation oder Integration zu berücksichtigen und zusammenzuführen. Auch zur Stärkung des Geschäftsmodells beteiligt sich UNIQA an zahlreichen Start-ups oder geht Kooperationen mit diesen ein. Damit sollen die Kernkompetenzen, wie etwa die Krankenversicherung, und die Prävention von Elementarrisiken verbessert werden. Außerdem entwickelt sich daraus eine breitere Dienstleistungspalette, die auch klimabezogene Umweltrisiken besser adressiert.

2.2 Auswirkungen auf die Dienstleistungspalette

In der Beratung zu allen Produktlinien wird UNIQA auch die Sensibilisierung von Umweltrisiken in Zukunft breiter einbeziehen. Es wird in der *Lebensversicherung* wichtig, alle Kunden mit mehr Fokus zur Klimastrategie und deren Folgen auf die Portfoliowahl zu informieren. Wie für Branchen und einzelne Unternehmen die Herausforderung in der Transformation beurteilt wird, ist dabei ebenso wichtig, wie die Einschätzung der regulatorischen Entwicklung und politischen Lenkungsmaßnahmen. Dort wo Ungewissheit verbleibt, muss die Produktvielfalt verbreitert werden und an die Überzeugung und Risikobereitschaft der Kunden angepasst werden.

In der *Krankenversicherung* wird die Bewältigung von gesundheitlichen Erkrankungen als Folge des Klimawandels in die UNIQA-Produktpalette immer mehr einfließen. Die Dienstleistungspalette wird in Ambulatorien und Online-Beratungslösungen sowohl für tagesbegleitende Beratung als auch für die Erstversorgung klimabedingter Gesundheitsgefährdungen und entsprechender Krankheitsbilder mit einfließen. Gerade bei frühen Stadien sollte dies die Kunden mehr motivieren, sich rechtzeitig zu informieren, zu schützen und – falls trotzdem notwendig – sich behandeln zu lassen. Auch dabei kann UNIQA einen guten Überzeugungsbeitrag leisten, damit alle Kunden die Ambition in der Eindämmung des Klimawandels teilen.

In der *Schadens- und Unfallversicherung* wird UNIQA trotz steigender Risiken und höherer Ausschläge im NatCat-Bereich, dafür eintreten, dass die Versicherbarkeit solcher Risiken weiterhin möglich bleibt. Dabei wird auch ein Diskurs notwendig sein, welche Belastungen die öffentliche Hand für den Einzelnen abdecken kann und will und wo das Selbsttragen von Elementarereignissen beginnt. Nur bei klar verständlichen Verhältnissen kann jeder Kunde abschätzen, welche Risiken ihm selbst verbleiben und ob er diese auch tragen kann. Über Informations- und Warnsysteme werden Kunden auch hier vermehrt vor schlagend werdenden Risiken geschützt. Dazu ist UNIQA mit einigen Partnern im Gespräch, um durch digitale Lösungen zielgerichtet Verbesserungen und einen Mehrwert für alle Kunden zu schaffen.

3 Bekenntnis zu einem ressourcenschonenden Wirtschaften und Best-Practice-Beispiele

Zur kontinuierlichen Reduktion des ökologischen Fußabdrucks setzt UNIQA auf eine Steigerung der Energieeffizienz, eine verstärkte Nutzung erneuerbarer Energie, eine Reduktion der CO_2-Emissionen, Ressourcenschonung und die Förderung klimafreundlicher Mobilität. Nachstehend werden Best-Practice-Beispiele in Übereinstimmung mit internationalen Initiativen und Entwicklungen wie der Agenda 2030 mit den SDG oder dem Pariser Klimaabkommen angeführt.

3.1 Konkrete Maßnahmen für das Jahr 2019 und Folgejahre

Für die notwendige Energie- und Mobilitätswende braucht es mehr aktive Mobilität zu Fuß und per Rad, attraktiven öffentlichen Verkehr und ein intelligentes Mobilitätsmanagement mit Elektromobilität und neuen innovativen Angeboten. In Österreich verursacht der Verkehr ein Drittel der CO_2-Emissionen und ist zu 93 % von Erdöl abhängig.

Im Dezember 2018 wurde die weitere Senkung für die kommenden Jahre des CO_2-Ausstoßes der Firmenautos mit fossilen Antrieben beschlossen. Das bedeutet nach Plan eine Gesamtreduktion für die *Fuhrparkflotte* von –6 g zu erreichen. Der CO_2-Ausstoß reduziert sich demnach *von 106,9 g* CO_2 *auf 100,9 g* CO_2. Insbesondere sollen die neun Diesel-Poolfahrzeuge auf eAutomobile umgestellt werden. Ebenso sollen die bereits bestehenden neun E-Autos durch die neueste eTechnologie getauscht werden.

Fotovoltaikanlage Graz Bereits im November 2018 konnte die neue Fotovoltaikanlage in der Landesdirektion Graz in Betrieb genommen werden. Mit einer installierten Leistung von rund 20 kWp erzeugt sie jedes Jahr rund 20.000 kWh Ökostrom, wovon mehr als 90 % in der Landesdirektion selbst verbraucht werden. Dadurch werden die Betriebskosten nachhaltig gesenkt.

Geothermieoptimierung UNIQA Tower Durch Nachrüstung eines *größeren Wärmetauschers* sowie Änderungen im Niedertemperaturverteiler und im Wärmerückgewinnungskreislauf wurde das nutzbare Wärmepotenzial der Geothermieanlage ab Januar 2018 erheblich gesteigert. Damit wurde der Fernwärmebedarf des UNIQA Towers nachhaltig gesenkt und die Umwelt entlastet. Hochgerechnet auf ein Jahr beträgt die Fernwärmeeinsparung rund 790.000 kWh. Dadurch können 160 t CO_2-Äquivalent jedes Jahr vermieden werden.

Tausch von Ölheizungen Am Standort Klagenfurt wurde ein Heizölkessel gegen eine effiziente und ökologische Grundwasser-Wärmepumpe getauscht, die einen deutlich höheren Wirkungsgrad als eine herkömmliche Luft-Wasser-Wärmepumpen erreicht.

Mit der Anfang 2019 in Betrieb gegangenen Anlage können im Vergleich mit dem alten Heizölkessel pro Jahr etwa rund 17 t CO_2-Äquivalente eingespart werden.

100 % Ökostrom: Bei der 2018 durchgeführten Energieausschreibung wurden für alle UNIQA-Standorte nur mehr Angebote mit 100 % Ökostrom akzeptiert.

Des Weiteren wurden durch das Energiemonitoringsystem zahlreiche Verbesserungen und Einsparungen realisiert:

Auswertung der Energiedaten von 96 Standorten (ServiceCenter, Landesdirektionen, UNIQA Tower) in allen neun Bundesländern und damit transparenter Zugriff auf über 600 Energiezähler

Einsparung von 30.000 kWh Strom durch Anpassung des Betriebs der Lüftungs- und Klimaanlage im UNIQA Tower an die Nutzungszeiten der Mitarbeiter

Anpassung der Garagenbeleuchtung an Benützungszeiten statt Dauerbeleuchtung. Das Monitoringsystem leistete dabei auch einen wertvollen Beitrag zur internen Bewusstseinsbildung.

Verbesserung der Handhabung und Reduktion des Stromverbrauchs der Klimaanlage durch Lastprofilanalysen (im Burgenland)

Laufende Verbesserungsmaßnahmen im Wärmebereich dank Analyse des Verbrauchsverhaltens, z. B. durch Nachrüstung von Zeitschaltuhren und effizientere Absenkung oder Dämmung von Heizungsverteilern

3.2 Bekenntnis zu internationalen Initiativen und Arbeit in Netzwerken als Teil der ökologischen Ambition-Initiative

UNIQA begrüßt die Positionierung der Bundesregierung und den Beitritt Österreichs im Zuge der COP24 Konferenz in Katowice zur „High Ambition Coalition“, einer Gruppe besonders engagierter Staaten. In entsprechenden Gremien und Arbeitsgruppen wird UNIQA zur besseren Umsetzung beitragen.

UNIQA arbeitet auch in internationalen Vereinigungen der Versicherungswirtschaft engagiert an gemeinsamen Positionen und Publikationen. So ist das CRO-Forum als Vereinigung der Chief Risk Officers zahlreicher großer Versicherer in der Evaluierung der Klimarisiken besonders engagiert. Auch das Pan European Insurance Forum (PEIF) evaluiert die Folgen des Klimawandels und beurteilt die Chance, wie anhand eines konsequenten Nachhaltigkeitsmanagements die negativen Szenarien doch noch abgewendet werden können.

Die Beachtung von ESG-Kriterien sind bereits Teil der Risikomanagementpraxis (ORSA) und werden in die Produktzulassungsprozesse integriert.

Mit der Anpassung der Produktpalette verfolgt UNIQA das Ziel einer ganzheitlichen Unternehmensführung, die die nachhaltige Entwicklung auch an den SDG ausrichtet. Insbesondere SDG 3 (Gesundes Leben für alle) und SDG 13 (Sofortmaßnahmen um den Klimawandel zu bekämpfen) wurden in den Zielen und Maßnahmen tief verankert.

Nach dem ESG-Bekenntnis ist derzeit die Gefährdung der umweltbezogenen Lebensbedingungen das größte Risiko. Dies ist der am wenigsten umkehrbare Teil. Deshalb tritt UNIQA für eine konsequente Umsetzung aller Maßnahmen zur Eindämmung des Klimawandels ein, die geradlinig und mit breitem Schulterschluss lokal, national und international verfolgt werden. Nur so kann UNIQA dem Leitbild und der Mission „sicher, besser, länger leben" auch weiterhin treu bleiben!

Literatur

Ederer O (2018) Präsident des Verbandes der Versicherungsunternehmen Österreich (VVO), bei der VVO-Pressekonferenz, Wien. https://orf.at/stories/3104147/. Zugegriffen: 14. Dez. 2018

Global 2000 (2018) Bericht zum Klimawandel. www.global2000.at/klimawandel-oesterreich

OECD (2018a) Effective carbon rates 2018: pricing carbon emissions through taxes and emissions trading. http://www.oecd.org/ctp/effective-carbon-rates-2018-9789264305304-en.htm. Zugegriffen: 18. Sept. 2018

OECD (2018b) Effective carbon rates 2018; chart figure 4 auf S 5. http://www.oecd.org/tax/tax-policy/effective-carbon-rates-2018-brochure.pdf

TCFD (2018) 2018 Status report. https://www.fsb-tcfd.org/publications/tcfd-2018-status-report/

Thann O (2018) Direktor des Kuratoriums für Verkehrssicherheit (KFV), aktuelle Umfrage 2018

Andreas Rauter ist seit 2000 in der Versicherungswirtschaft in verschiedenen leitenden Funktionen tätig. Er studierte an der Wirtschaftsuniversität Wien mit den Schwerpunkten Revision und Betriebswirtschaftliche Steuerlehre. Er begann seine Karriere bei internationalen Beratungsgesellschaften, wo ihn die finanzielle und nichtfinanzielle Berichterstattung börsennotierter Unternehmen als Wirtschaftsprüfer und Steuerberater beschäftigten. Er ist Mitglied des Austrian Financial Reporting and Auditing Committee (AFRAC) und leitet gegenwärtig den Bereich Regulatory and Public Affairs der UNIQA Insurance Group AG.

Maßnahmen im Lebensmittelbereich, der Land- und Forstwirtschaft, Tourismus und Gastronomie

AGRANA – klimaschonende Veredelung regenerativer Rohstoffe

Johann Marihart

1 Das AGRANA-Geschäftsmodell betrachtet aus der Perspektive des Klimawandels

1.1 AGRANA-Geschäftstätigkeit

AGRANA wurde 1988 gegründet und notiert seit 1991 an der Wiener Börse. AGRANA verarbeitete im Geschäftsjahr 2017/2018 rund 9,7 Mio. t agrarische Rohstoffe in den Segmenten Frucht, Stärke und Zucker. Die Unternehmensgruppe erwirtschaftete im Geschäftsjahr 2017/2018 mit rund 8700 Mitarbeitern an 57 Produktionsstandorten auf allen Kontinenten einen Konzernumsatz von rund 2,6 Mrd. €.

Das weltweit tätige Segment **Frucht** umfasst für Kunden individuell konzipierte und produzierte Fruchtzubereitungen und Fruchtsaftkonzentrate. AGRANA ist der weltweit führende Hersteller von Fruchtzubereitungen für die Molkerei-, Backwaren-, Eiscreme- und Food-Service-Industrie. Im Bereich Fruchtsaftkonzentrate werden v. a. an europäischen Produktionsstandorten Apfel- und Beerensaftkonzentrate ebenso wie Direktsäfte, Getränkegrundstoffe und Aromen hergestellt.

Im Segment **Stärke** verarbeitet und veredelt AGRANA sowohl aus Vertragslandwirtschaft stammende als auch über den Handel bezogene Rohstoffe aus der EU, wie z. B. Mais, Weizen und Kartoffeln zu hochwertigen Stärkeprodukten. Die erzeugten Produkte werden an die Nahrungs- und Genussmittelindustrie sowie an die Papier-, Textil-, Kosmetik-, Baustoffindustrie und andere technische Industriezweige geliefert. Die Produktion

J. Marihart (✉)
AGRANA Beteiligungs-AG, Wien, Österreich
E-Mail: johann.marihart@agrana.com

A. Sihn-Weber und F. Fischler (Hrsg.), *CSR und Klimawandel,* Management-Reihe Corporate Social Responsibility, https://doi.org/10.1007/978-3-662-59748-4_20

von Bioethanol, das als klimaschonende Komponente Benzin beigemischt wird, ist ebenfalls Teil des Segments Stärke.

AGRANA verarbeitet im Segment **Zucker** in Europa Zuckerrüben ausschließlich aus Vertragslandwirtschaft und raffiniert weltweit bezogenen Rohrrohzucker. Die Produkte werden an weiterverarbeitende Industrien z. B. für Süßwaren, alkoholfreie Getränke und Pharmaanwendungen geliefert. Zudem vertreibt AGRANA unter länderspezifischen Marken auch eine breite Palette an Zucker- und Zuckerspezialprodukten über den Lebensmittelhandel an Endkonsumenten.

In den Segmenten Stärke und Zucker produziert AGRANA im Sinn einer möglichst **vollständigen Verwertung der eingesetzten agrarischen Rohstoffe** eine Vielzahl an Futter- und Düngemitteln zum Einsatz in der Nutztierhaltung und Landwirtschaft. Diese leisten nicht nur einen Beitrag zum ökonomischen Erfolg, sondern schließen durch die Rückführung von Nähr- und Mineralstoffen in die Natur auch den ökologischen Kreislauf. Auch im Segment Frucht versucht AGRANA, die wertvollen Rohstoffe möglichst vollständig zu nutzen. Während in der Herstellung von Fruchtzubereitungen kaum weiterverwendbare Reststoffe anfallen, werden die bei der Produktion von Apfelsaftkonzentrat verbleibenden Presskuchen, sog. (Apfel-)Trester, von der Pektinindustrie und als Futtermittel eingesetzt.

AGRANA-Produkte sind gentechnikfrei und vielfach auch in zertifizierter Bioqualität verfügbar.

AGRANA beschäftigt sich seit 2012 strukturiert mit dem Thema Nachhaltigkeit und berichtet seither jährlich relevante Nachhaltigkeitsaspekte gemäß den Standards der Global Reporting Initiative integriert in ihren Geschäftsbericht. Seit ihrem Geschäftsjahr 2017/2018 unterliegt AGRANA als börsennotiertes Unternehmen dem österreichischen Nachhaltigkeits- und Diversitätsverbesserungsgesetz (NaDiVeG), das zur Erstellung einer nichtfinanziellen Erklärung verpflichtet (s. AGRANA Geschäftsbericht 2017/2018; www.agrana.com/ir/publikationen).

1.2 Klimawandelinduzierte Geschäftsrisiken

Mitarbeiter der AGRANA Kartoffelstärkefabrik in Gmünd/Niederösterreich betreuen seit 1947 auch die am Werksstandort bestehende Wetterstation des österreichischen Hydrografischen Diensts. AGRANA sammelte hier de facto über die letzten sieben Jahrzehnte Temperatur- und Niederschlagsdaten. Diese Aufzeichnungen zeigen den Klimawandel, insbesondere anhand der Durchschnittstemperaturen der einzelnen Jahrzehnte.

Lagen die Jahresdurchschnittstemperaturen in den 1950er- und 1960er-Jahren bei 6,5°C, stiegen diese dann kontinuierlich an und erreichten von 2010 bis 2018 durchschnittlich einen Wert von 9,8°C, d. h. über die letzten 50 Jahre lag der Anstieg der Jahresdurchschnittstemperatur bei 3,3°C. Diese Erhöhung gepaart mit einem Rückgang der durchschnittlichen Niederschlagsmenge und dem Anstieg der gefährlichen Hitzetage bleibt für die regionale Landwirtschaft nicht ohne Folgen.

Für AGRANA stellen im Zuge ihrer Geschäftstätigkeit klimatische Veränderungen und deren Auswirkungen auf die Verfügbarkeit der landwirtschaftlichen Rohstoffe ein Geschäftsrisiko dar. Neben der potenziell geringeren physischen Verfügbarkeit bergen v. a. volatile Rohstoffpreise ein finanzielles Risiko.

Daneben birgt die v. a. in den Segmenten Zucker und Stärke energieintensive Veredelung einerseits ökonomische Risiken für AGRANA, die sich aus dem CO_2-Zertifikatehandel ergeben. Zusätzlich kann sich die Produktion durch die entstehenden Treibhausgasemissionen auch im ökologischen Bereich auswirken, wie z. B. in Form von klimatisch bedingter Rohstoffverknappung. Diese potenziellen Auswirkungen des Energieeinsatzes in ihren Produktionsanlagen liegen im direktem Einflussbereich von AGRANA. AGRANA nimmt ihre Verantwortung wahr, indem sie tatsächliche negative Auswirkungen soweit möglich zu minimieren bzw. immer weiter zu reduzieren versucht.

2 AGRANA-Ansatzpunkte zu klimaschonendem Wirtschaften

Im Rahmen ihrer Nachhaltigkeitsstrategie hat AGRANA drei Leitsätze niedergeschrieben, die dem Management und allen Mitarbeitern als praktische und leicht verständliche Anleitung zu täglich nachhaltigem Handeln dienen:

Wir bei AGRANA

- verwerten möglichst 100 % der eingesetzten Rohstoffe und nutzen emissionsarme Technologien, um Auswirkungen auf die Umwelt zu minimieren;
- achten alle unsere Stakeholder sowie die Gesellschaften, in denen wir tätig sind;
- leben langfristige Partnerschaften mit Lieferanten und Kunden.

Die ersten beiden Ansätze zur Klimaschonung sind im erstem AGRANA-Leitsatz zur Nachhaltigkeit zusammengefasst und integraler Bestandteil der Unternehmensphilosophie. Sie betreffen die Bemühungen des Unternehmens zur möglichst vollständigen Verwertung agrarischer Rohstoffe bzw. Ressourceneffizienz in Form der Erzeugung einer breiten Palette vermarktbarer Haupt- und Nebenprodukte sowie den möglichst effizienten Einsatz emissionsarmer Energieträger zu deren Verarbeitung.

Im Rahmen der Verarbeitung agrarischer Rohstoffe stellt AGRANA ein großes Portfolio an klimafreundlichen Produkten aus nachwachsenden/regenerativen Rohstoffen her, die im Bereich der technischen Anwendungen Produkte aus fossilen Rohstoffen ersetzen, wie z. B. Bioethanol als klimafreundliche Treibstoffkomponente, Stärke zum Ersatz von fossilen Bestandteilen in Kleb- und Kunststoffen, oder trägt mit ihren Bioprodukten zu einer besseren Treibhausgasbilanz über deren Produktwertschöpfungskette bei.

2.1 Energieeffizienz reduziert Emissionen

AGRANA strebt, wie in ihrer Umweltpolitik festgeschrieben, die laufende Optimierung ihres Energieverbrauchs sowie die kontinuierliche Verbesserung ihrer Energieeffizienz an. Die Gruppe unterliegt mit ihren Produktionsanlagen in der EU diesbezüglich unterschiedlichen gesetzlichen Regelungen, wie der Richtlinie 2012/27/EU zur Energieeffizienz und deren Umsetzung in den Mitgliedsstaaten sowie mit ihren Zucker- und dem Großteil ihrer Stärkefabriken auch dem EU-Emissionshandelssystem.

Zur Umsetzung seiner Energiepolitik setzt sich das Unternehmen strategische Ziele:

- Einsatz von fossilen Energieträgern mit der geringstmöglichen Kohlenstoffintensität (AGRANA deckte im Geschäftsjahr 2017/2018 in Österreich rund 96 % ihres direkten Energiebedarfs mit Erdgas, gruppen- bzw. weltweit waren es rund 79 %)
- Einsatz von neuen Technologien in den Produktionsprozessen, speziell im Hinblick auf Energieeinsparung und -erzeugung (s. Beispiel 1)
- Erhöhung des Anteils der Eigenversorgung mit Energie (z. B. durch Kraft-Wärme-Kopplungsanlagen oder Biogasnutzung, s. Beispiel 2)
- Energetische Nutzung von Reststoffen (z. B. Biogasanlagen, Strohverbrennung etc.)
- Erhöhung des Anteils erneuerbarer Energien (im Geschäftsjahr 2017/2018 stammten rund 8 % des Gesamtenergieeinsatzes aus erneuerbaren Quellen, v. a. aus Biovergasung von Rübenschnitzeln und Biomasseverfeuerung)
- Kontinuierliche und systematische Verbesserung des spezifischen Energieverbrauchs durch ein konsequentes Energiemanagementsystem

Zur Umsetzung dieser Ziele integriert AGRANA ein Energiemanagementsystem basierend auf ISO 50001 in das bestehende Qualitätsmanagementsystem und erwirbt auch energieeffiziente Produkte und Dienstleistungen, die der Verbesserung ihrer energiebezogenen Performance dienen. Zum Bilanzstichtag 2017/2018 waren die Energiemanagementsysteme von rund 83 % aller AGRANA-Produktionsstandorte in der EU bzw. 50 % aller AGRANA-Produktionsstandorte weltweit ISO50001-zertifiziert.

AGRANA hat sich zur Reduktion von Treibhausgasemissionen in den Segmenten Zucker und Frucht divisionsindividuelle Ziele zur Reduktion des spezifischen Energieeinsatzes pro Tonne erzeugtem Produkt bis zum Ende des Geschäftsjahres 2020/2021 gesetzt. Das Segment Stärke formulierte ein absolutes Einsparungsziel in GWh als Gesamtsumme aller umgesetzten Maßnahmen zur Steigerung der Energieeffizienz.

1. **Beispiel: Niedertemperaturtrocknung von Rübenschnitzeln**
   Im Geschäftsjahr 2011/2012 installierte AGRANA in ihren beiden Zuckerfabriken in Tulln und Leopoldsdorf, beide in Österreich, Niedertemperaturtrockner. Bei diesem kombinierten Trocknungsverfahren wird der Erdgaseinsatz durch die Nutzung von Abwärme aus vor- und nachgelagerten Prozessen zur schonenden Trocknung von Rübenschnitzeln zur Futtermittelproduktion halbiert. Seit Inbetriebnahme der beiden

Niedertemperaturtrocknungsanlagen wurden so ab der Kampagne 2012/2013 bisher rund 210.000 t CO_2-Äquivalent eingespart. Im November 2013 wurde die AGRANA Zucker GmbH dafür mit der klima:aktiv-Urkunde des Lebensministeriums für Energiesparmaßnahmen im Rahmen des betrieblichen Klimaschutzes ausgezeichnet.

2. **Beispiel: Energieautarke Zuckerfabrik in Kaposvár/Ungarn**
Die AGRANA-Zuckerfabrik in Kaposvár/Ungarn hat es sich zum Ziel gesetzt, möglichst energieautark zu wirtschaften. Da für die bei der Zuckererzeugung anfallenden Rübenschnitzel ungetrocknet lokal keine Absatzmöglichkeit als Futtermittel für die Tierhaltung besteht, werden sie am Standort zur Energiegewinnung in Form von Biogas genutzt. So erzeugte die Zuckerfabrik Kaposvár im Geschäftsjahr 2018/2019 rund 27,4 Mio. m^3 Biogas aus Rübenschnitzeln. Mit dieser Menge hätte der Standort rund 86 % des Primärenergiebedarfs in der Rübenkampagne 2018/2019 decken können. Aus wirtschaftlichen Überlegungen nutzt der Standort das erzeugte Biogas aber nur z. T. selbst. Rund 9,9 Mio. m^3 des in der Fabrik erzeugten Biogases (rund 54 % Methangehalt) wurden über die im Herbst 2015 installierte Biogasaufbereitungsanlage zu Biomethan (100 % Methangehalt) zur Einspeisung in das lokale Erdgasnetz aufbereitet. Die ins Erdgasnetz eingespeiste Biomethanmenge entsprach dem Jahresheizbedarf von etwa 2100 Einfamilienhäusern.

2.2 Klimaschonende Produkte und Produktinnovationen

Viele Unternehmen rühmen sich in Werbebotschaften mit grünen bzw. klimaschonenden Produkten. Sieht man sich mehrere Konkurrenzprodukte einer Kategorie genauer an, stellt man als interessierter Verbraucher leider oft fest, dass die Angaben kaum vergleichbar sind.

AGRANA berechnet bereits seit dem Jahr 2008 Carbon Footprints für eine repräsentative Auswahl ihrer Produkte. Da es allerdings bisher in der EU keine verbindliche Vorgabe bezüglich der anzuwendenden Berechnungsmethodik für den CO_2-Fußabdruck von Lebensmitteln bzw. Lebensmittelbestandteilen wie Zucker, Stärke, Fruchtzubereitungen und Fruchtsaftkonzentraten gibt, verzichtet AGRANA auf die Veröffentlichung von Ergebnissen. Im Rahmen der vom Europäischen Verband der Zuckerproduzenten (CEFS) berechneten Bandbreite wird ein Carbon Footprint von 242 bis 771 g CO_2-Äquivalent pro kg Rübenzucker angegeben, in dessen unterem Drittel AGRANA-Zucker aus Österreich und Ungarn liegt.

2.2.1 Bioethanol als klimaschonende Treibstoffkomponente reduziert CO_2- und Feinstaubemissionen

Für den Carbon Footprint von Bioethanol ist die EU-Energieallokationsmethode verpflichtend anzuwenden, um die im Rahmen der EU-Richtlinie 2009/28/EG zur

Förderung der Nutzung von Energie aus erneuerbaren Quellen nachzuweisenden Energieeinsparungsziele durch biogene Treibstoffe zu belegen.

Bioethanol wird in Europa v. a. als Beimischung zu Benzin verwendet. In Österreich werden 5 % Bioethanol (E5) dem Standardbenzin fossilen Ursprungs beigemischt, um die CO_2-Bilanz zu verbessern.

AGRANA betreibt in Pischelsdorf/Niederösterreich Österreichs einzige Bioethanolanlage. Jährlich werden dort aus dem Stärkeanteil von 600.000 t Überschussgetreide rund 250.000 m^3 Bioethanol – ausreichend für 10 % Beimischung zu österreichischem Benzin – hergestellt.

Das AGRANA-Werk produziert auf Volllast: Eine Hälfte der Produktion wird für die E5-Beimischung in Österreich eingesetzt, die andere Hälfte exportiert. AGRANA leistet mit ihrer Bioethanolerzeugung einen wertvollen Beitrag zur Verbesserung der österreichischen Klimabilanz, denn Bioethanol reduziert die Treibhausgasemissionen im Durchschnitt um mehr als 70 % im Vergleich zu fossilen Kraftstoffen wie Benzin.

Ökologisch bedeutet die E5 Beimischung schon jetzt eine Treibhausgasreduktion von jährlich 190.000 t im heimischen Straßenverkehr. In einer Studie (TU Wien 2017) der TU Wien wurde vom Institut für Fahrzeugantriebe und Automobiltechnik im Hinblick auf neue Feinstaubgrenzwerte in einer Reihe von Messungen an mehreren Fahrzeugen untersucht, welche Auswirkungen verschiedene Beimischungsgrade von Bioethanol auf die CO_2- und Partikelanzahlemissionen von benzinbetriebenen Kraftfahrzeugen im Straßenzyklus und auf dem Rollenprüfstand haben.

Die Verwendung von **E10** (Treibstoff mit 10 % Bioethanolanteil) **kann die CO_2-Emissionen um bis zu etwa 2 % gegenüber E5** (herkömmliches Benzin mit 5 % Bioethanolanteil) **reduzieren. Bei 20 % Bioethanolanteil ist sogar eine Reduktion um 3,5 % möglich.** Dabei handelt es sich um den Gesamt-CO_2-Ausstoß pro km, wovon der CO_2-Anteil des beigemischten Bioethanols als regenerativer Anteil abzuziehen ist. Wie die Untersuchungen der TU Wien nun eindrucksvoll zeigen, verbessert Bioethanol aber nicht nur die CO_2-Bilanz, auch der Ausstoß von Feinstaubpartikeln lässt sich aufgrund des Sauerstoffanteils im Bioethanol drastisch reduzieren. Feinstaub hat einen erheblichen Einfluss auf die Gesundheit und der Straßenverkehr gilt mit etwa 15 % Anteil als wesentlicher Feinstaubverursacher (Abb. 1).

Europa benötigt eine Vielzahl von Lösungen zur Dekarbonisierung des Verkehrsbereichs. E10 ist als Brückenlösung eine sofort verfügbare, kostengünstige und einfache Möglichkeit, ohne jegliche Infrastrukturinvestitionen einen bedeutenden Beitrag zur Erreichung der gesteckten Klimaziele zu leisten.

2.2.2 Bioplastik zum Schutz von Umwelt und Klima

Die Markteinführung ihres Biokunststoffs AGENACOMP® stellte für AGRANA die wichtigste Produktinnovation im Geschäftsjahr 2018/2019 dar. Der Biokunststoff-Compound besteht zu 50 % aus thermoplastischer Stärke aus nachwachsenden

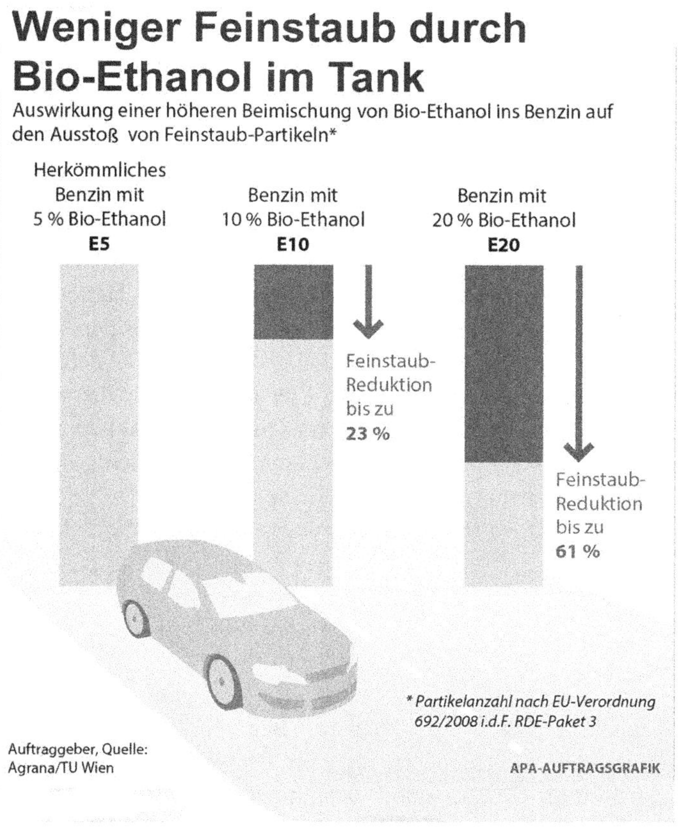

Abb. 1 Feinstaubpartikelreduktion durch Bioethanolbeimischung

Rohstoffen wie Kartoffeln und Mais sowie zu 50 % aus einem zugekauften biologisch abbaubaren Polyester. Mit AGENACOMP® gibt es erstmals ein Produkt für den Biokunststoffmarkt mit einem so hohen Stärkeanteil (marktüblich sind lediglich rund 25 %), das eine vollständige Heimkompostierbarkeit ermöglicht. TÜV-zertifizierte Kompostierungstests ergaben eine 100 %ige Verrottung ohne Mikroplastikrückstände innerhalb von weniger als sechs Monaten. Die Anwendungsbereiche des neu entwickelten AGRANA-Biokunststoff-Compound sind vielfältig und reichen von der Eignung als Knotenbeutel für Obst und Gemüse, in stärkerer Ausführung als Trage- bzw. Einkaufstasche bis hin zur Verwendung als Verpackungsfolie.

2.2.3 Bioprodukte

AGRANA verfügt in ihren Werken und in der Lieferkette über die notwendigen Zertifizierungen, um Kundenwünschen nach Ware aus biologischer Wirtschaftsweise nachkommen zu können. Da sich eine mengenmäßig relevante Bionachfrage im Wesentlichen auf die EU-Länder, v. a. Österreich und Deutschland, sowie die USA beschränkt, liegt der Anteil von Bioprodukten am AGRANA-Gesamtabsatz bislang im einstelligen Prozentbereich.

Bei Bioprodukten mit starker Nachfrage wie z. B. Biorübenzucker ist AGRANA bestrebt, ihr Angebot in Zukunft auszuweiten, was die Verfügbarkeit des Rohstoffs in Bioqualität voraussetzt. Als Anreiz für die Bauern, den herausfordernden Biorübenanbau zu wagen, bietet AGRANA in Österreich ab dem Anbaujahr 2019 neben einer Abnahmegarantie aller Biorüben bei einem attraktiven Preismodell, der Übernahme der Verladekosten und des begünstigten Bezugs von biologischen Düngemitteln wie Carbokalk und Bioagenasol weitere organisatorische Unterstützungsmaßnahmen, wie z. B. die Bereitstellung von kameragesteuerten Fingerhackgeräten.

All diese Maßnahmen sollen dazu beitragen, den Biorübenanbau für Landwirte attraktiv zu machen.

3 Fazit

Mit ihren Nachhaltigkeitsschwerpunkten im Bereich Energieeffizienz, vollständige Rohstoffverwertung und Berücksichtigung von Umwelt- und Sozialkriterien bei der Beschaffung und in ihrer Geschäftsethik unterstützt AGRANA v. a. die Ziele für nachhaltige Entwicklung, die Sustainable Development Goals 8, 13, 15 und 16, die im September 2015 von der UN-Generalversammlung beschlossen wurden und erstmals auch die Privatwirtschaft in die Erreichung von Entwicklungszielen einbinden. Daneben trägt AGRANA aber auch zum Erreichen der Ziele 2–7 sowie 12 und 14 bei.

Literatur

TU Wien (2017) Institut für Fahrzeugantriebe und Automobiltechnik: Analyse des Ethanol-Einflusses auf die CO_2 Emissionen und die Partikelanzahl-Emissionen bei PKW bei der Realfahrt, März 2017

Dipl.-Ing. Johann Marihart ist seit 1988 Mitglied des Vorstands der AGRANA Beteiligungs-AG und seit 1992 dessen Vorsitzender. Nach dem Studium der Technischen Chemie, Fachrichtung Biotechnologie, startete er seine Karriere 1975 in der Zuckerfabrik Leopoldsdorf. Neben seiner AGRANA-Tätigkeit ist er Vorstandsmitglied der Südzucker AG Mannheim, Deutschland sowie Aufsichtsratsmitglied der Südzucker Tochterunternehmen Raffinerie Tirlemontoise S.A., Belgien, Saint Louis Sucre S.A., Paris, sowie Freiberger Holding GmbH, Berlin. Weiterhin fungiert er als Präsident des Technischen Überwachungs-Vereins Österreich, Obmann des Fachverbands der Nahrungs- und Genussmittelindustrie, Wien, Aufsichtsratsvorsitzender der Spanischen Hofreitschule – Lipizzanergestüt Piber, Aufsichtsratsmitglied der Österreichischen Forschungsförderungsgesellschaft, Wien, Aufsichtsratsmitglied BBG Bundesbeschaffungs-Ges.m.b.H., Wien, sowie Aufsichtsratsmitglied der Ottakringer Getränke AG, Wien.

Nachhaltigkeit in der Brau Union Österreich

Best Practice unter der Strategie „Brewing a Better World"

Gabriela Maria Straka

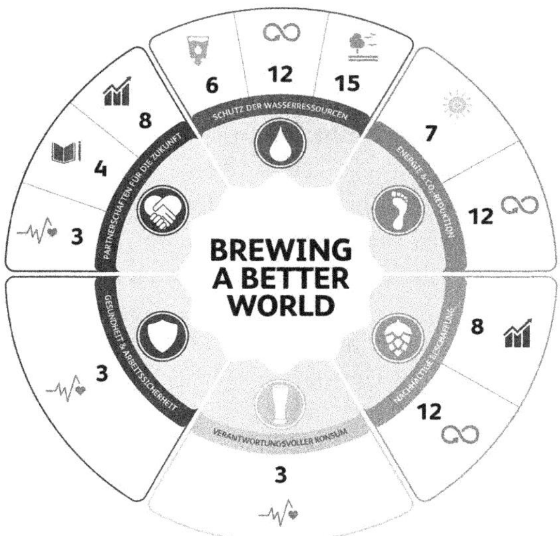

G. M. Straka (✉)
Brau Union Österreich AG, Linz, Österreich
E-Mail: g.straka@brauunion.com

A. Sihn-Weber und F. Fischler (Hrsg.), *CSR und Klimawandel,* Management-Reihe Corporate Social Responsibility, https://doi.org/10.1007/978-3-662-59748-4_21

1 Einleitung

Als größtes Brauereiunternehmen Österreichs sind wir uns unserer ökologischen und sozialen Verantwortung bewusst. Daher streben wir nach einer nachhaltigen Bierkultur – vom Feld bis zur Flasche, vom Korn bis zum Kunden. Weil uns das Thema Umweltschutz wichtig ist, gehen wir sehr achtsam mit den Ressourcen um und arbeiten laufend daran, hier noch effizienter zu werden. Nachhaltigkeit ist uns ein Herzensanliegen, ist aber darüber hinaus von elementarer Bedeutung für unser Produkt: Bier ist ein natürliches Getränk und kann nur so gut sein, wie die Rohstoffe, aus denen es besteht. Klares Wasser von bester Qualität, feinster Hopfen und beste Braugerste brauchen eine intakte Umwelt. Auch dieses Bewusstsein leitet unser Handeln. Wir bekennen uns klar zu erneuerbarer Energie und wollen bis zum Jahr 2030 weltweit zu 70 % aus erneuerbarer Energie wirtschaften. Wie wir unter dieser Maxime arbeiten, welcher Strategie wir in welchen Dimensionen folgen, nach welchen internationalen Standards wir uns orientieren und welche Vorzeigeprojekte aus unseren Bemühungen hervorgehen, wird im Folgenden dargelegt.

2 Rahmenbedingung: Nachhaltigkeit in der Wahrnehmung der österreichischen Bevölkerung

Einer repräsentativen Studie des Linzer market-Instituts aus dem Jahr 2018 zufolge haben 75 % der österreichischen Bevölkerung eine klare Vorstellung von der Bedeutung des Begriffs Nachhaltigkeit – im Vergleich zu einer älteren Studie aus 2011, wo es nur 32 % waren.

Spontan wird der Begriff von den meisten (30 %) als sparsamer, schonender Umgang mit Ressourcen, als Achten auf die Umwelt (28 %), als langfristiges, zukunftsorientiertes Denken (28 %) definiert.

In ihrem eigenen Alltag denken die Österreicher v. a. bei der Abfalltrennung und beim Energieverbrauch an Nachhaltigkeit, auch Einkauf von Lebensmitteln, Verpackung und Mobilität sind ein Thema. Beim eigenen Verhalten ist zusätzlich regionaler Einkauf ein Thema.

3 Nachhaltigkeit in allen Bereichen unserer Wertschöpfungskette

Unsere Wertschöpfungskette (Abb. 1) orientiert sich am Lebenszyklus eines Biers. Sie lässt sich in fünf große Bereiche unterteilen, und genau dort setzen wir gemäß der Nachhaltigkeitsstrategie „Brewing a Better World“ mit unseren Initiativen an. Das beginnt mit Rohstoffen aus der Region, wo wir v. a. mit Landwirten aus Österreich zusammenarbeiten, über die nachhaltige Produktion, wo wir in allen Brauereistandorten

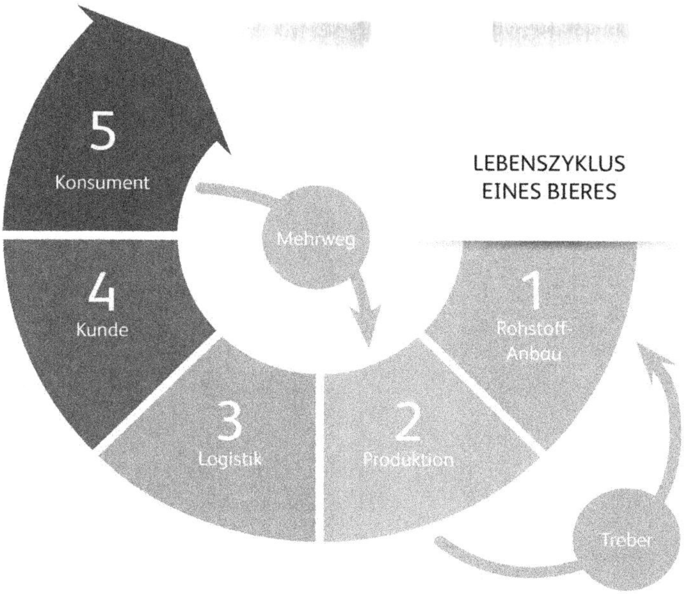

Abb. 1 Die Bereiche der Wertschöpfungskette

Effizienzprojekte umsetzen und auch Braureste im Sinn der Kreislaufwirtschaft sinnvoll rückführen, etwa als Futter- oder Düngemittel. In der Logistik setzen wir Initiativen für möglichst nachhaltigen Warentransport, für unsere Kunden arbeiten wir mit bester Qualität, arbeiten mit ihnen aber auch z. B. zusammen, wenn es um möglichst „grüne" Kühlung der Getränke geht. Für die Konsumenten arbeiten wir an bester österreichischer Bierkultur mit klaren Zielen und sozialer Verantwortung.

4 Die Nachhaltigkeitsstrategie der Brau Union Österreich und ihre Dimensionen

Wir als Brau Union Österreich haben unser Nachhaltigkeitsziel klar definiert: Die beste Bierkultur für die Zukunft schaffen und die österreichische Bierkultur nach sozialen und ökologischen Herausforderungen gestalten, zum Wohl von allen. Gemäß der HEINKEN-Strategie „Brewing a Better World" setzen wir dieses Ziel um. Diese Strategie umfasst alle Geschäftsbereiche und widmet sich sechs Schwerpunktbereichen mit jeweils anspruchsvollen Zielen: Schutz der Wasserressourcen, Energie- und CO_2-Reduktion, nachhaltiger Konsum, Gesundheit und Arbeitssicherheit und Partnerschaften für die Zukunft.

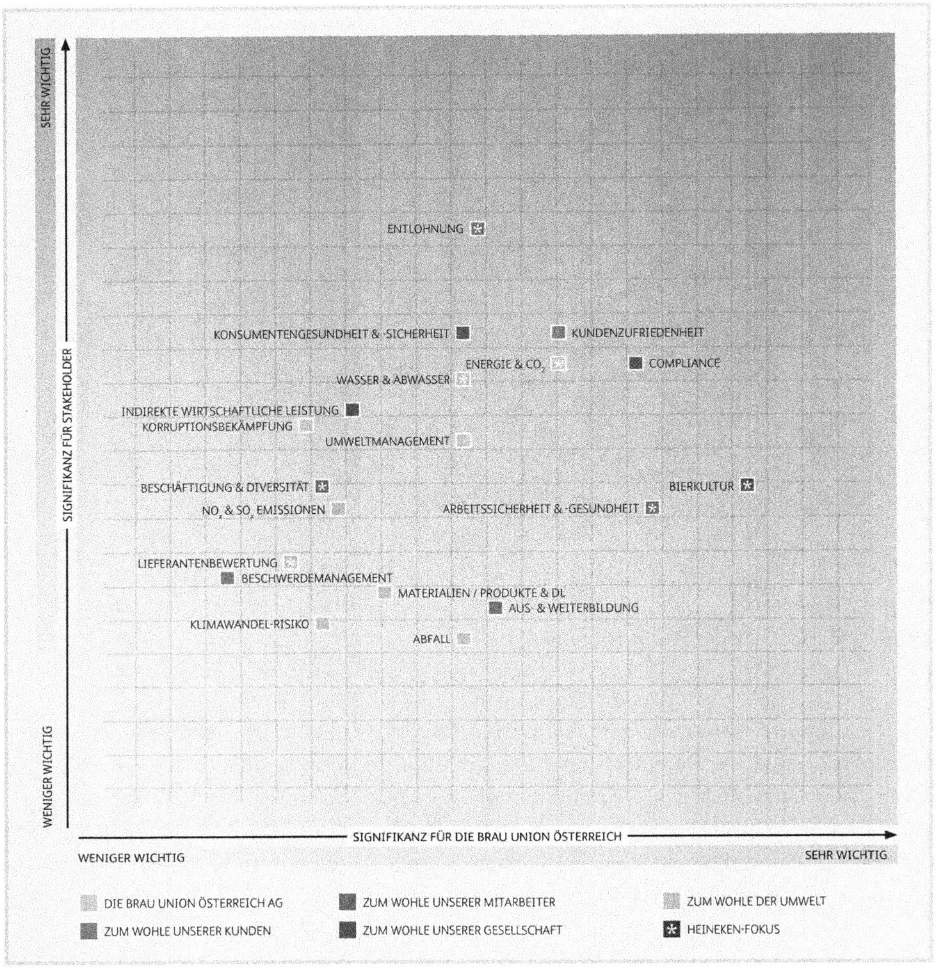

Abb. 2 Die wesentlichen Bereiche unserer Nachhaltigkeitsstrategie

Die wesentlichen Bereiche unserer Nachhaltigkeitsstrategie wurden auch im Zuge einer Materialitätsanalyse definiert (Abb. 2).

Die Strategie orientiert sich vorrangig an der im September 2015 von den Vereinten Nationen formulierten „2030 Agenda für Nachhaltige Entwicklung“ und hat das Ziel, den 17 globalen Entwicklungszielen der Vereinten Nationen (Sustainable Development Goals, SDG) und den 169 dahinterliegenden Teilzielen gerecht zu werden. Unsere Anknüpfungspunkte sollen hier beispielhaft an einigen ökologischen Dimensionen dargestellt werden.

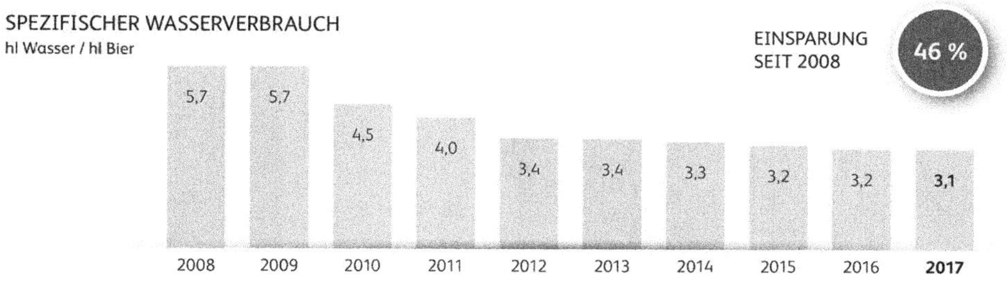

Abb. 3 Spezifischer Wasserverbrauch

4.1 Schutz der Wasserressourcen

Das SDG 6 der Vereinten Nationen besagt das Sicherstellen der Verfügbarkeit und nachhaltiges Management von Wasser und sanitären Einrichtungen für alle. Dem begegnen wir mit unserem Nachhaltigkeitsziel „Schutz der Wasserressourcen". Dabei wollen wir den spezifischen Wasserverbrauch, d. h. die benötigten Hektoliter (hl) Wasser pro Hektorliter Bier auf ein Minimum reduzieren. Damit liegen wir mit 3,12 hl Wasser je hl Bier[1] international im absoluten Spitzenfeld und haben in der Brauerei Schwechat mit nur 2,64 hl Wasser/hl Bier bereits einen absoluten Spitzenwert erreicht (Abb. 3).

Aber auch das SDG 12, das das Sicherstellen nachhaltiger Konsum- und Produktionsweisen zum Ziel hat, sowie das SDG 15 zum Thema „Leben am Land" bzw. Schutz von Ökosystemen etc. haben mit Wasserressourcen zu tun: Um unser Wasser für die Bierproduktion vor möglichen negativen Umwelteinflüssen zu schützen, haben wir Wasserschutzgebiete eingerichtet und kontrollieren die Qualität des Wassers streng.

Um den Wasserverbrauch stetig weiter zu minimieren, werden laufend Projekte umgesetzt – so z. B. wurde in der Brauerei Puntigam durch Optimierung der Bandschmieranlage pro Jahr eine Einsparung von 5000 m^3 Wasser erreicht.

4.2 Energie- und CO_2-Reduktion

Das SDG 7 fordert die Sicherstellung des Zugangs zu erschwinglicher, zuverlässiger, nachhaltiger und moderner Energie für alle. Auch das SDG 12 – verantwortungsvoller Konsum und Produktionsweisen – hat mit Energie und CO_2 zu tun.

[1]Wasserverbrauch auch im Folgenden aus dem zentralen Datenerfassungssystem Business Comparison System (BCS), in dem monatlich von den Produktionsstandorten die aktuellsten Daten berichtet werden. Datenrichtigkeit wird auf lokaler und globaler Ebene geprüft und validiert.

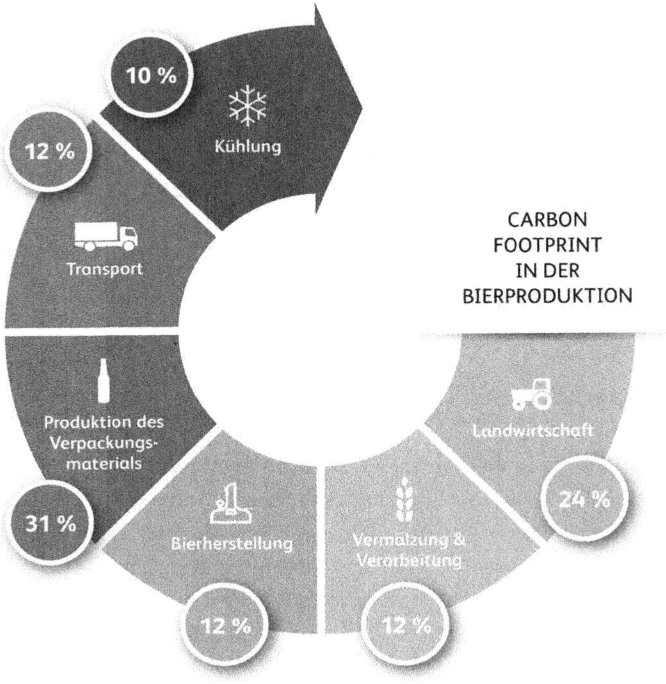

Abb. 4 Carbon Footprint der Brau Union Österreich

Gemeinsam mit anderen Unternehmen der HEINEKEN-Familie haben wir ein CO_2-Fußabdruck-Modell entwickelt, das die Treibhausgasemissionen entlang der gesamten Wertschöpfungskette erfasst. So wollen wir die kritischen Größen unseres CO_2-Fußabdrucks ans Licht bringen. Die Berechnung orientiert sich an den Methoden des „Product Life Cycle Accounting and Reporting Standard" von WBCSD/WIR, die an die Besonderheiten der Braubranche angepasst wurden.

Der Carbon Footprint der Brau Union Österreich liegt bei 43,6 kg CO_2e/hl, liegt somit deutlich unter dem durchschnittlichen Wert der HEINEKEN-Gruppe und ist seit 2014 auch um 2 kg CO_2e/hl gesunken (Abb. 4).[2]

Dank des verstärkten Einsatzes von erneuerbaren Energien konnte in der Produktion der Ausstoß auf 2,6 kg CO_2e/hl Bier begrenzt werden.[3] Dies entspricht einer Reduktion

[2]Carbon Footprint Report 2017, HEINEKEN.

[3]CO_2- und Energiedaten auch im Folgenden aus dem zentralen Datenerfassungssystem Business Comparison System (BCS), in dem monatlich von den Produktionsstandorten die aktuellsten Daten berichtet werden. Datenrichtigkeit wird auf lokaler und globaler Ebene geprüft und validiert.

Abb. 5 Spezifischer Verbrauch: Thermische und elektrische Energie

um 25 % seit 2013. Der spezifische Gesamtenergieverbrauch wurde seit 2008 um 12,5 % reduziert – Wärme um 13,1 %. Strom um 11,2 % je Hektoliter Bier (Abb. 5).

Um weiter Energie zu sparen, setzen wir Maßnahmen beim Transport, in der Produktion und sogar beim Kunden durch.

Der Transport trägt 12 % zu unserem Carbon Footprint bei – wir reduzieren hier durch regionale Organisation unserer Logistik, flexiblen Einsatz von LKW sowie Investitionen ausschließlich in emissionsarme EURO6-LKW. Auch werden laufend Gas- und Dieselstapler durch Elektrostapler ersetzt und unsere Berufskraftfahrer werden in Hinblick auf Energieeffizienz geschult.

In der Produktion werden kontinuierlich fossile durch erneuerbare Energien ersetzt – s. auch Best-Practice-Beispiele – und bei unseren Kunden wird gemäß Green Cooling Initiative auf innovative Kühltechnik gesetzt.

Da der Bereich Verpackung auch ein großer CO_2-Verursacher ist (Abb. 4), wählen wir möglichst umweltfreundliche Varianten bzw. Recyclingmaterialien für unsere Verpackung und setzen, wo möglich, einen Schwerpunkt auf Mehrweggebinde – die Brau Union Österreich nimmt hier freiwillig an der Nachhaltigkeitsagenda für Getränkeverpackungen teil und hat sich verpflichtet, Mehrweggebinde zu fördern (Abb. 6).

5 Best Practice: Fallbeispiele innerhalb der Brau Union Österreich

Gerade innovative Wege, um Energie einzusparen und nachhaltiger zu wirtschaften, können oft als Vorbild dienen und von anderen Branchen oder Betrieben oder sogar in derselben Unternehmensgruppe nachgeahmt werden und somit mehrfachen Effekt erzielen. Deshalb ist es der Brau Union Österreich auch wichtig, Best Practices zu teilen, es werden hier im Rahmen von unterschiedlichen Veranstaltungen, Symposien etc. Learnings mit einem interessierten Publikum geteilt und auch immer wieder in die Brauereien geladen.

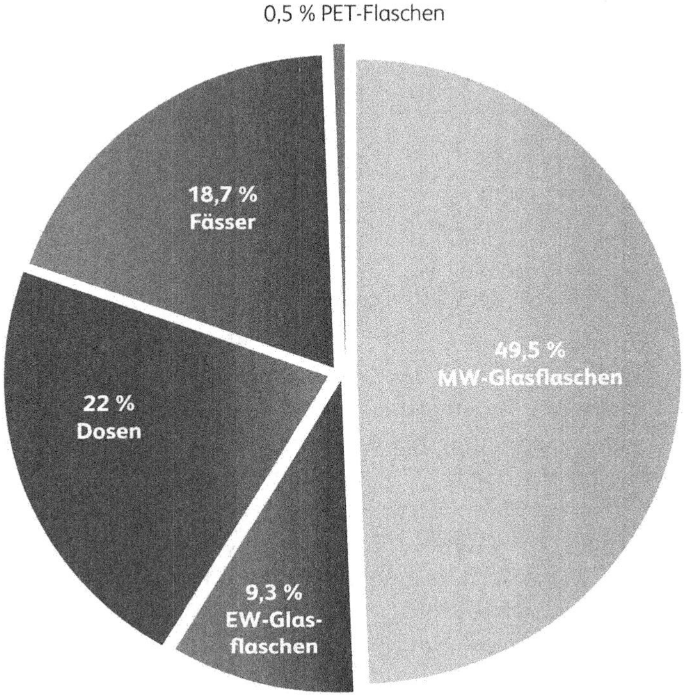

Abb. 6 Verpackungsmix

5.1 Die Grüne Brauerei Göss

Die Brauerei Göss in der Steiermark ist ein Vorzeigeprojekt, wenn es um nachhaltige Bierproduktion geht. Weltweit ist Göss die erste Großbrauerei überhaupt mit einer 100%ig nachhaltigen Bierproduktion – und damit auch Vorbild innerhalb der HEINEKEN-Familie. Man sieht Göss hier sogar als einen von nur 15 Meilensteinen der gesamten, 150-jährigen Unternehmensgeschichte. Gemeinsam mit dem steirischen Partner BDI-BioEnergy International wurde 2015 eine Biertrebervergärungsanlage realisiert, die Mitte 2016 in Vollbetrieb gegangen ist. Daneben werden 40 % des Wärmebedarfs der Brauerei durch nachhaltige Abwärme des benachbarten Holzverarbeitungsbetriebs Mayr-Melnhof gedeckt und Solarstrom eingesetzt. Die Solaranlage, die rund 1500 m^2 umfasst, wurde im Jahr 2013 in Betrieb genommen und erzeugt einen Teil der im Sudhaus benötigten Wärme für den Brauvorgang. Auch die eigene Abwärme aus dem Brauprozess kann zu 90 % wiederverwertet werden – zur Erhitzung von Wasser (Abb. 7).

Die Learnings aus der Grünen Brauerei Göss werden innerhalb der Brau Union Österreich tradiert – derzeit wird eine ähnliche Biertrebervergärungsanlage für die Brauerei Wieselburg konzeptioniert.

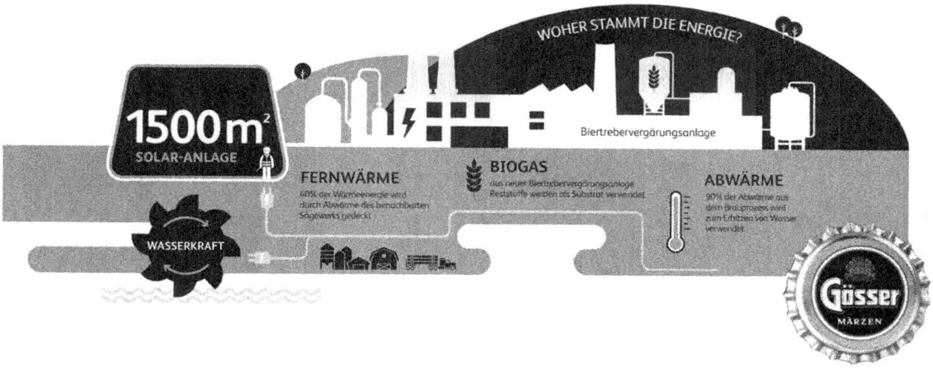

Abb. 7 Woher stammt die Energie in der Grünen Brauerei Göss?

5.2 Brauquartier Puntigam

Eine langjährige erfolgreiche Partnerschaft mit der KELAG Wärme GmbH führte zu einer einzigartigen nachhaltigen Idee: Drei Partner – die Brauerei Puntigam, die KELAG Wärme GmbH und das Immobilienunternehmen C&P Immobilien AG – setzten für das Brauquartier Puntigam in der Triester Straße (einen neuen Stadtteil in Graz) eine clevere und umweltfreundliche Wärmeversorgung um: Die rund 800 Wohnungen sowie die Büros, Geschäftslokale und der Kindergarten werden mit Abwärme aus dem Gärprozess der Brauerei Puntigam versorgt. Seit Februar 2018 werden die ersten Kunden mit Brauwärme beliefert, im Endausbau wird die KELAG Wärme GmbH pro Jahr rund 3,8 Mio. kWh aus der Brauerei an die Kunden im Brauquartier Puntigam liefern. Die Bewohner des Puntigamer Brauquartiers beziehen somit die von ihnen benötigte Wärme aus einer nachhaltigen Quelle aus der direkten Nachbarschaft und das zu attraktiven Konditionen.

Mit diesem einzigartigen Energieversorgungskonzept wird Abwärme aus dem Brauprozess sinnvoll genutzt; damit werden maßgebliche CO_2-Einsparungen erzielt. Wichtig war dafür, über den direkten Einflussbereich der Brauerei hinaus nachhaltig zu agieren und Mehrwert zu schaffen (Abb. 8).

Das nachhaltige Konzept aus der Steiermark wird mit anderen Partnern auch in der Brauerei Schwechat umgesetzt – hier sollen 900 Wohnungen auf ehemaligen Brauereigründen mit Energie versorgt werden.

5.3 Nachhaltige Energieversorgung in Schladming

Die Brau Union Österreich investiert auch 2019 in eine nachhaltige Produktion. Neben der Grünen Brauerei Göss wird bald eine weitere steirische Brauerei nachhaltig brauen:

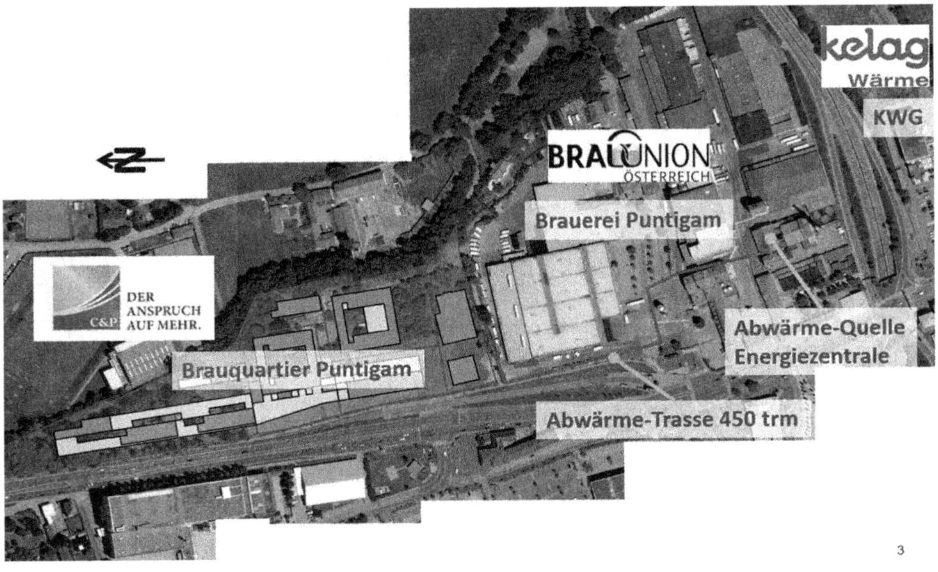

Abb. 8 Brauquartier Puntigam

Die Brauerei Schladming – bekannt für ihre Biobiere – wird auf ein neues Energiekonzept umgestellt. Bereits im Dezember 2018 wurde die Brauerei an das Schladminger Fernwärmenetz angeschlossen, das ein Fünftel der notwendigen Energie liefert. Um besonders energieaufwendige Schritte des Brauprozesses, wie das Kochen der Würze, ebenfalls aus nachhaltigen Quellen speisen zu können, wird in den nächsten Monaten eine Pelletsheizanlage installiert. Mit Mitte des Jahres wird dann das Schladminger Bier zur Gänze mit grüner Energie gebraut.

5.4 Geothermie in Zipf

In der oberösterreichischen Brauerei Zipf werden gemeinsam mit der RAG, der Rohöl-Aufsuchungs-GmbH, mithilfe von Testbohrungen eine mögliche Nutzung von Geothermie evaluiert und mögliche Einsatzszenarien konzeptioniert.

6 Fazit

Viele positive Beispiele zeigen, wie das Thema Nachhaltigkeit zu einer Win-win-Situation für viele Beteiligte werden kann. Natürlich sind oft große Investitionen mit nachhaltigen Projekten verbunden, gerade Pionierleistungen und die Entwicklung neuer nachhaltiger Konzepte kostet Geld. Aber ressourcenschonendes Arbeiten tut nicht nur der Umwelt gut – gesparte Energie, eingespartes Wasser sind am Ende auch eingespartes Geld. Neue Wege zu beschreiten, birgt immer auch Risiken – birgt es doch die Gefahr, zu scheitern, Investitionen in den Sand zu setzen etc.

Aber es ist nicht nur eine Gefahr, es ist v. a. auch eine große Chance: Auf der Metaebene ist es eine Chance für uns alle und das Weltklima, wenn sich Unternehmen mutig – und oft der Politik vorangehend – den Herausforderungen des Klimawandels stellen. Für das einzelne Unternehmen kann es auch eine Chance sein, sich immer weiter in Richtung alternativer Energiequellen zu orientieren, um sich etwa der Abhängigkeit von Öl und Gas schrittweise zu entziehen und somit auch deren volatiler Preisentwicklung. Es ist eine Chance, sich als nachhaltiger Vorreiter zu positionieren und nicht zuletzt auch der Konkurrenz einen Schritt voraus zu sein.

Es gibt viele Chancen, durch fruchtbare Partnerschaften neue Ideen auf den Weg zu bringen und auch andere zu einem nachhaltigeren Handeln zu inspirieren und zu motivieren – sie müssen nur wahrgenommen werden.

Mag. Dr. Gabriela Maria Straka Executive MBA, ist berufsbegleitende Absolventin der WU Wirtschaftsuniversität & University of Minnesota in Minneapolis, USA. Dr. Straka verfügt über langjährige Führungserfahrung insbesondere in der internationalen produzierenden Fast-Moving-Consumer-Goods(FMCG)-Industrie. Als Leiterin der CSR der Brau Union Österreich AG, Teil der HEINEKEN Familie, verantwortet sie die interne und externe Unternehmenskommunikation und Nachhaltigkeitsstrategie „Brewing a Better World" und deren Umsetzung. Als Diplom-Biersommeliere hat sich Dr. Straka ganz dem natürlichen Lebensmittel Bier verschrieben und setzt mit ihren Teams und Stakeholdern in allen Standorten auf ökologische und soziale Ressourcen, um Österreich zum Land der besten Bierkultur zu machen. Mit der Grünen Brauerei Göss wurde weltweit die erste 100 % nachhaltige Großbrauerei geschaffen; mit dem biogenen Abwärmeprojekt Brauquartier in Graz und Wien Schwechat konnte eine einzigartig innovative Lösung zur Nutzung der biogenen Abwärme aus dem Brauprozess erzielt und somit einem gesamten Stadtteil zur Verfügung gestellt werden. Zahlreiche Auszeichnungen wie der TRIGOS Nachhaltigkeits-Award, der Energy Globe, die EU-Sustainable-Auszeichnung und der internationale Edie Sustainability Leaders Award etc. bestätigen die konsequente Umsetzung der weltweiten Brewing-a-Better-World-Strategie in Österreich, die auf die globalen Nachhaltigkeitsziele aufbaut. Als Mitglied des UN Global Compact Steering Committees steuert Dr. Straka in Österreich die Umsetzung der relevanten Sustainable Development Goals, d. h. die Nachhaltigkeitsziele der United Nations zur Erreichung der Agenda 2030.

Versorgungssicherheit in Zeiten des Klimawandels

Reinhard Wolf

1 Sicherheit durch eine moderne und anpassungsfähige Landwirtschaft

Das Jahr 2018 war in Österreich das wärmste Jahr seit Beginn der Wetteraufzeichnungen 1767 und zugleich ein schwarzes Jahr für die Landwirtschaft. Weite Teile der wichtigen Anbauregionen in Nieder- und Oberösterreich, Salzburg und Vorarlberg waren von extremer Trockenheit mit bis zu 40 % weniger Niederschlag betroffen. Die südlichen Bundesländer hingegen wurden von Starkregen, Überschwemmungen und Muren heimgesucht. Die Ernten fielen in beiden Fällen enttäuschend aus. In der Folge war ein außergewöhnlich starker Schädlingsbefall in der Land- und Forstwirtschaft zu verzeichnen. Niedrigwasser in den großen Flüssen erschwerte die umweltschonenden Schifftransporte.

Die unterschiedlichen Wetterextreme auf vergleichsweise kleinen Räumen weisen auf zwei bedeutende Entwicklungen hin: 1) Die Versorgungssicherheit mit Lebensmitteln, die in Europa so selbstverständlich scheint, kann durch den Klimawandel infrage gestellt werden. 2) Man wird wesentlich genauer auf die sich ändernden Bedürfnisse und Herausforderungen der Kleinregionen eingehen und Lösungen für sie finden müssen. In beiden Fragen kann der Lagerhaus-Verbund wesentliche Beiträge leisten.

1.1 Leistungsfähige Lagerinfrastruktur

In unserem hochdifferenzierten Wirtschaftssystem folgen viele Unternehmen einer Just-in-Time-Strategie. Sie lassen Rohstoffe und Materialien erst dann liefern, wenn sie

R. Wolf (✉)
RWA Raiffeisen Ware Austria AG, Wien, Österreich
E-Mail: office@rwa.at

A. Sihn-Weber und F. Fischler (Hrsg.), *CSR und Klimawandel,* Management-Reihe Corporate Social Responsibility, https://doi.org/10.1007/978-3-662-59748-4_22

in der Produktion unmittelbar gebraucht werden. Das erspart Lagerkosten und erhöht die Fähigkeit, rasch auf Veränderungen der Nachfrage reagieren zu können. Auch viele Verarbeiter landwirtschaftlicher Erzeugnisse setzen auf diese Produktionsphilosophie, die allerdings eine enge Zusammenarbeit mit verlässlichen Lieferanten voraussetzt. Die RWA steht für diese Verlässlichkeit. Sie übernimmt Verantwortung und sieht es als ihre Aufgabe, auch in Zeiten unsicherer Ernten die Lieferkette aufrechtzuerhalten und für Versorgungssicherheit zu sorgen.

Zu diesem Zweck wurden bereits sehr hohe Investitionen in die Infrastruktur getätigt. Die RWA verfügt heute über etwa 250.000 t Lagerkapazität, dazu kommen die Silos und Lager der einzelnen Lagerhaus-Genossenschaften mit einer Gesamtkapazität von mehr als 1,6 Mio. t.

Im Jahr 2017 wurde in Aschach an der Donau der wichtigste agrarische Übernahme- und Umschlagplatz Österreichs eröffnet. Der modernisierte und erweiterte Silostandort mit der trimodalen Anbindung an Straße, Schiene und Wasserweg verfügt über eine Lagerkapazität von 150.000 t und ist damit Österreichs größte Kornkammer. Getreide und Ölsaaten werden hier aufbereitet, gesund erhalten, gelagert und an Partner im In- und Ausland verschickt.

Die kontinuierlich entwickelten RWA-Tochterunternehmen in Zentral- und Osteuropa mit einem Lagervolumen von zusätzlich etwa 200.000 t erweitern den Bezugs- und Absatzmarkt. Sie leisten damit ebenfalls einen wichtigen Beitrag zur Sicherung der Lieferketten und steigern die Möglichkeiten für ein effizientes und vorausschauendes Silomanagement.

1.2 Fokus auf die Regionen

Regionalität ist eine der großen Stärken der Lagerhaus-Genossenschaften. Im Besitz der lokalen Landwirte stehend, konzentrieren sie ihre Aktivitäten auf ein klar definiertes Gebiet. Sie arbeiten mit den Ressourcen der Region, wirtschaften und investieren vor Ort. Da sie ganz nahe an den Landwirten und den anderen Kunden sind, registrieren sie sehr früh, wenn sich Bedürfnisse und Gegebenheiten ändern. Diese Individualität jeder Genossenschaft macht in Summe die Vielfalt der Lagerhaus-Welt aus. In ihr spielt die RWA als Großhändler und Dienstleister eine wichtige organisatorische Rolle. Diese Kombination aus regionalem Know-how und einem leistungsfähigen Verbund versetzt uns in die Lage, auf die unterschiedlichen Folgen des Klimawandels genau einzugehen.

1.2.1 Klimafittes Saatgut für jeden Landstrich

Passendes und hochqualitatives Saatgut ist die erste Voraussetzung für eine gute Ernte. Die zunehmenden Hitze- und Trockenperioden, veränderter Schädlingsbefall und die kleinteiligen regionalen Unterschiede in den Anforderungen stellen die Saatzucht vor enorme Herausforderungen. Über die Saatzucht Gleisdorf und die Saatzucht Edelhof ist die RWA direkt mit Züchtung beschäftigt. Auf 25.000 Versuchsparzellen an mehreren hundert Standorten in ganz Europa – viele davon in Trockengebieten, z. B. in Rumänien und Serbien – wird an der Züchtung widerstandsfähiger und klimafitter Sorten gearbeitet. Wir kooperieren mit etwa 100 internationalen Züchtern und sind auch an der Intersaatzucht GmbH – einer Einrichtung zur systematischen Sortenfindung – beteiligt. In unseren Labors in Lannach, Korneuburg und der Slowakei werden jährlich 45.000 Untersuchungen zur Qualitätssicherung durchgeführt. Erfahrene Landwirte vermehren in unserem Auftrag das ausgewählte Saatgut auf etwa 30.000 ha.

Bis eine neue Sorte registriert werden kann, dauert es zehn bis zwölf Jahre. Seit dem Jahr 2000 hat die RWA etwa 500 Sorten registrieren lassen, woraus weltweite Sortenrechte resultieren. Bei etwa 15 % des Angebots handelt es sich mittlerweile um Biosaatgut. Jährlich werden etwa 10 Mio. € in die Entwicklung dieses grundlegenden Betriebsmittels investiert.

Zwei Besonderheiten unterscheiden die RWA von den großen internationalen Saatgutkonzernen: Wir beschäftigen uns mit sämtlichen Kulturarten, auch mit Nischenprodukten, und leisten so einen Beitrag zur Biodiversität der Zukunft. Und wir legen detailliert Augenmerk auf die spezifischen Bedürfnisse einzelner Regionen, Landstriche, Talschaften. Das ist zwar ein aufwendiger Prozess, den viele große Unternehmen scheuen, aber wichtig, um auf die Auswirkungen des Klimawandels punktgenau reagieren zu können.

Auch bei Saatgutmischungen, die Veredelungsbetriebe für die Produktion von Grundfutter auf ihrem Grünland einsetzen, kommt es darauf an, die lokalen Bedingungen zu berücksichtigen. Eine Besonderheit unseres Angebots sind eigene Biodiversitätsmischungen, die spezielle Pflanzenarten für die Förderung der Bestäuberinsekten wie z. B. Bienen enthalten.

Aus der Vielfalt des Angebots genau das richtige Saatgut für den eigenen Betrieb zu finden, stellt die Landwirte vor eine Herausforderung. Deshalb ist präzise Beratung für den Lagerhaus-Verbund die unverzichtbare Ergänzung zur vielfältigen Saatgutentwicklung.

1.2.2 Eiweiß aus regionaler Produktion

Eiweiß ist ein wichtiger Bestandteil in den Futterrationen von Schweinen und Geflügel, aber auch von Milchkühen und Mastrindern. Lange Zeit waren die Veredelungsbetriebe vorwiegend auf Sojaschrotimporte aus Südamerika angewiesen. Heute fallen bei der Herstellung von Biodiesel und Bioethanol aus heimischem Raps, Weizen und Mais als Nebenprodukt hochwertige Proteinfuttermittel an, die Sojaschrot ersetzen und weite Transportwege ersparen. Gesenkt werden die Importzahlen zusätzlich durch die Initiative zum Anbau von Sojabohnen in Europa. Sie sind durch den Preisaufschlag für garantiert gentechnikfreie Produktion (Non-GMO) wettbewerbsfähig geworden und werden auch in Österreich vermehrt angebaut.

Durch die alternativen Proteinquellen aus heimischer Produktion sowie durch Soja aus Europa können 140.000–190.000 t südamerikanische Importe ersetzt werden: Wurden früher 500.000–550.000 t Sojaschrot nach Österreich importiert, so ist diese Zahl 2018 auf 423.000 t gesunken, 65.000 t davon stammen aus gentechnikfreier, europäischer Produktion. Der Verbrauch von Non-GMO-Sojaschrot in Österreich liegt bei jährlich etwa

110.000 t, die durch die Importe aus Europa und die Produktion der BAG Sojamühle in Güssing gedeckt werden.

Die RWA unterstützt diese Initiativen und ist Mitglied im Verein Donausoja, der den Anbau von Soja in Europa promotet. Die Marke Donausoja steht für die Herkunft aus der Donauregion, für garantierte Gentechnikfreiheit und die Einhaltung zertifizierter Umweltstandards.

1.2.3 Genaue Wetterprognosen und gezielte Bewässerung in Trockengebieten

Ohne Wasser ist Pflanzenwachstum nicht möglich. Die Wetterextreme der vergangenen Zeit zeigen aber eine höchst ungleichmäßige Verteilung des Regens. In dieser Situation braucht man intelligente Bewässerungssysteme in Trockengebieten. Voraussetzung dafür sind zuerst exakte Wetterprognosen. Die RWA arbeitet am Ausbau der kostenlosen Lagerhaus Wetter App, die sich – vorerst in Niederösterreich, bald aber auch in anderen Bundesländern – auf ein engmaschiges Netz von Wetterstationen stützen kann. Im Zusammenspiel mit Satellitendaten liefern sie den Landwirten kleinräumig-regional genaue, alle zwei Stunden aktualisierte Wetterprognosen, verlässliche Frostwarnungen und zeigen Konstellationen an, die einen hohen Krankheitsdruck auf die Nutzpflanzen erwarten lassen. Damit ermöglichen sie im Bedarfsfall einen effizienten und punktgenauen Einsatz von Pflanzenschutzmitteln. Auch der Blick zurück auf die Statistiken der vergangenen Zeit liefert den Landwirten wichtige Informationen.

Das von der Universität für Bodenkultur entwickelte und von der RWA unterstützte Online-Tool www.beregnungsplan.at hilft beim sparsamen Einsatz der wertvollen Ressource Wasser. Der Landwirt registriert sich, lädt die Daten seiner Flächen hoch, gibt Kulturart, Aussaatdatum und einige andere Informationen ein und erhält konkrete Empfehlungen, wann und wie viel er zusätzlich beregnen soll, um optimale Ergebnisse zu erzielen. Eine wichtige Rolle dabei spielen die Daten des EU-Satelliten Sentinel-2 Copernicus, der Bodenbeschaffenheit und -feuchtigkeit erfasst. Bis zu 10 % des Wassers können dank des Tools eingespart werden.

In Österreich werden derzeit etwa 60.000 ha landwirtschaftliche Fläche künstlich beregnet. Durch den Klimawandel wird der Bedarf stark ansteigen. Das RWA-Tochterunternehmen Parga ist spezialisiert auf punktgenaue Tröpfchenbewässerung, plant und errichtet entsprechende Anlagen und bietet den Landwirten umfassende Beratung.

2 So wenig wie möglich – zur rechten Zeit

Der möglichst sparsame und effiziente Einsatz von landwirtschaftlichen Betriebsmitteln ist sowohl eine Frage der Umweltschonung als auch der wirtschaftlichen Vernunft. Die RWA ist ein Vollsortimenter, der den Landwirten – ob für konventionelle oder biologische Produktion – alle modernen, geprüften und wirksamen Mittel zur Verfügung stellt und sie in allen Fragen der optimalen Anwendung berät.

2.1 Dünger nach Maß

Düngung soll das Nähstoffangebot für die angebauten Pflanzen ergänzen und optimieren. Die Industrie produziert vorwiegend Mehrstoffdünger, die Stickstoff, Phosphat und Kali im gleichen Verhältnis enthalten. Die tatsächlich vorhandene Nährstoffzusammensetzung der Böden variiert aber stark. Als Antwort darauf hat die RWA das Konzept „Dünger nach Maß“ entwickelt. In einem ersten Schritt werden auf dem Acker automatische Bodenproben gezogen. Die GPS-Daten jeder Probe werden gespeichert, um bei späteren Vergleichsproben den Erfolg der Maßnahmen messen zu können. Experten der Österreichischen Agentur für Gesundheit und Ernährungssicherheit (AGES) analysieren das eingesandte Material. Auf Grundlage der Ergebnisse kann der Landwirt mithilfe des Online-Tools duengerplan.at und des Austauschs mit seinem Lagerhaus-Fachberater einen maßgeschneiderten und ressourcenschonenden Düngerplan für alle seine Schläge erstellen. Dabei werden auch die Vorfrucht, ausgebrachte Güllemengen etc. berücksichtigt. In den Lagerhäusern stehen österreichweit etwa 40 Mischanlagen zur Verfügung, die dann genau den Dünger zusammenstellen, den das jeweilige Feld braucht. Dadurch werden Über- bzw. Unterdüngung vermieden. Das Konzept erspart den Einsatz unnötiger Wirkstoffe und auch von Traktortreibstoff durch weniger Überfahrten auf dem Feld.

2.2 Stabilisierter Dünger

Einen Beitrag zum Klimaschutz leistet der stabilisierte Dünger, den die RWA in Österreich eingeführt hat. Sogenannte Urease- und Nitrifikationsinhibitoren vermeiden die Freisetzung von Ammoniak fast vollständig und reduzieren die Nitratauswaschungen ins Grundwasser um die Hälfte. Auch die Emission von Lachgas – wie Kohlendioxid ein klimarelevantes Treibhausgas – wird halbiert. Aufgrund dieser Eigenschaften darf stabilisierter Dünger in einem Arbeitsgang in größerer Menge ausbracht werden. Das erspart Treibstoff für mehrere Überfahrten und erleichtert das Abwarten einer optimalen Witterungsperiode. An feuchten Tagen wird der Ammoniumstickstoff rasch in den Wurzelraum befördert, wo er der Pflanze optimal zur Verfügung steht.

2.3 Optimierter Pflanzenschutz

Der Einsatz von Pflanzenschutzmitteln wird in der öffentlichen Diskussion oft kritisiert. Dabei leistet er einen unverzichtbaren Beitrag zum Schutz der Kulturpflanzen vor Schädlingen, Unkräutern und Pilzbefall. Die RWA gehört allerdings zu den Vorreitern des integrierten Pflanzenschutzes, der die unterschiedlichsten Aspekte und Faktoren berücksichtigt, um die Anwendung chemischer Pflanzenschutzmittel auf das notwendige Maß zu beschränken.

Die RWA setzt als Großhändler auf moderne, wirkstoffoptimierte Pflanzenschutzmittel nachhaltig produzierender Hersteller und auf umfassende Beratung. Die von unserer Fachabteilung herausgebrachten Spritzpläne und das Online-Tool spritzplan.at bieten den Landwirten Informationen auf dem letzten Stand. Regelmäßig finden Schulungen für Lagerhaus-Mitarbeiter zu ihrer Rolle als Know-how-Multiplikatoren statt.

Neben der oben erwähnten Lagerhaus Wetter App meldet auch die Landwirtschaftskammer auf www.warndienst.at erhöhten Krankheitsdruck auf Nutzpflanzen und entsprechenden Handlungsbedarf. Die RWA ist Mitsponsor dieses Diensts.

Auch im Bereich des Pflanzenschutzes ist es wichtig, die regional unterschiedlichen Folgen des Klimawandels zu berücksichtigen, was der Lagerhaus-Verbund mit der Breite seines Sortiments und der Dichte seines Beratungsnetzes leisten kann.

2.4 Die biologische Alternative

Immer mehr Landwirte in Österreich setzen auf biologische Produktion. Sie verzichten auf chemisch-synthetische Dünger und Pflanzenschutzmittel, erwarten sich rückstandsfreie Erzeugnisse wie Gemüse, Obst, Wein und Kartoffeln und mit der Zeit einen humusreicheren, gegen den Klimawandel widerstandsfähigeren Boden. Dafür nehmen sie geringere Erträge und die vermehrt notwendige mechanische Bearbeitung der Felder in Kauf.

Die RWA sieht sich auch in diesem stark wachsenden Segment der Landwirtschaft als Vollanbieter und Ermöglicher. Wir unterstützen und beraten die Landwirte unvoreingenommen bei jeder Form der Betriebsführung, die sie für sich als richtig erachten. So hat der Verbund für das Erntejahr 2019 bereits 40 fixe Biolager und zehn flexible Bioübernahmestellen zur Verfügung gestellt. Unter der Marke Bio Getreide Austria (BGA) nimmt sich die RWA der Vermarktung biologischer Erzeugnisse an. Die Lagerhaus-Eigenmarke „Unser Bio" bietet den Landwirten biologische Dünger- und Pflanzenschutzmittel, die den Richtlinien des Netzwerks von Bio Austria entsprechen. Das Sortiment wird kontinuierlich ausgebaut.

2.5 Hightech für höchste Effizienz

Die Landwirtschaft 4.0 ist bereits Realität. Der Einsatz modernster Informations- und Kommunikationstechnologien zielt generell darauf ab, Arbeitsläufe zu optimieren, den Verbrauch von Treibstoff, den Schadstoffausstoß sowie den Einsatz von Betriebsmitteln deutlich zu reduzieren und damit die Produktivität zu erhöhen. Autonomes Fahren und automatisierte Gerätesteuerung, Feldroboter und Agrardrohnen, ausgefeilte Sensortechnik und Assistenzsysteme, die Vernetzung sämtlicher Geräte und Fahrzeuge sowie deren Steuerung über Smartphone oder Tablet – die Anwendungsmöglichkeiten sind ebenso enorm wie das Angebot der Hersteller. Allein John Deere, der Weltmarktführer im Bereich Landtechnik und Exklusivpartner des Lagerhaus-Verbunds in Österreich, hat 2018 mehr als 1,6 Mrd. $ in Forschung und Entwicklung investiert.

Die RWA und die Lagerhäuser übernehmen die Aufgabe, diese Fülle an neuen Technologien für den einzelnen Landwirt nutzbar zu machen. Der Schlüssel dazu ist zuallererst die bedarfsgerechte Beratung, welcher Traktor und welches Gerät zum jeweiligen Betrieb passen. Bei Traktoren führen viele Detailabstimmungen zur optimalen Mischung aus Leistung und Sparsamkeit: die Wahl des richtigen Getriebes, die an die jeweiligen Aufgaben angepasste Ballastierung mit Zusatzgewichten zur besseren Kraftübertragung, die automatische Änderung des Reifenluftdrucks mithilfe einer Reifendruckregelanlage. Sie sorgt dafür, dass man immer mit dem optimalen Reifenluftdruck auf der Straße bzw. im Feld unterwegs ist. Dadurch können bis zu 10 % Treibstoff eingespart werden.

Um den Spritverbrauch generell zu senken, gehören Fahrtrainings bei der Übergabe neuer Traktoren zur Routine. Der Lagerhaus-Verbund unterstützt auch die entsprechende Praxisausbildung an den landwirtschaftlichen Fachschulen. Erweiterte Einschulungen und regelmäßige Beratungen sind Bestandteile der FarmSight-Verträge, einem speziellen Dienstleistungspaket für John-Deere-Maschinen.

Der amerikanische Hersteller war es auch, der die automatischen Lenksysteme für Traktoren, Mähdrescher und selbstfahrende Feldhäcksler auf dem Markt etabliert hat. Mithilfe von Satellitendaten und einem eigenen Funknetzwerk (RTK) werden drei Genauigkeitsstufen von ± 15 cm bis zu ± 2 cm angeboten. Diese hohe Spurtreue schließt Fehler des Fahrers und Überlappungen aus, senkt den Verbrauch von Diesel um bis zu 9 % und reduziert den Einsatz von Betriebsmitteln.

Dank intelligenter Steuerung erkennen Anbaugeräte, an welcher Stelle bereits Saatgut, Dünger oder Pflanzenschutzmittel ausgebracht wurden und schließen automatisch die Düsen. Wendemanöver werden perfektioniert, unabhängig von der Form des Felds. Die passive Anbaugerätesteuerung gleicht das Abrutschen in unebenem Gelände aus, indem sie Korrektursignale an die Zugmaschine sendet. Die Gülleausbringung wird dank eingespielter Analyseergebnisse von Bodenproben an den tatsächlichen Nährstoffgehalt angepasst. Die Funktion MachineSync synchronisiert die Arbeit des Mähdreschers und des begleitenden Überladewagens und beschleunigt die Ernte. Leistungsstarke Traktoren können Arbeitsgänge kombinieren und so die Zahl der Feldüberfahrten senken. All das sind nur einige ausgewählte Beispiele für Effizienzsteigerung durch moderne Landtechnik.

Die bereits erwähnten FarmSight-Verträge schöpfen die Möglichkeiten der Vernetzung voll aus: Der Landwirt kann über die Telematiklösung John Deere Link den Fernzugriff auf das Display seines Traktors freigeben und damit die Ferndiagnose und -wartung durch Experten nutzen. Sie helfen in Echtzeit bei Einstellungen, Leistungsoptimierung und Fehlersuche an der Maschine oder an den ISOBUS-Anbaugeräten. Ein besonderer Service sind die Expert Alerts: Aufgrund der Vernetzung mit Tausenden vergleichbaren Maschinen und der Analyse der vorliegenden Daten können Algorithmen drohende Probleme vorhersagen. Automatisch generierte Reparaturinformationen ermöglichen das rechtzeitige Eingreifen und verringern die Ausfallzeit.

2.6 Umweltschonende Logistik

Als Großhändler der Lagerhäuser bewegt die RWA pro Jahr etwa 3 Mio. t landwirtschaftliche Erzeugnisse. Wo immer es möglich ist, werden die Güter umweltschonend auf der Schiene oder dem Wasserweg transportiert. Da die großen Bahnbetreiber immer mehr Nebenlinien stilllegen, hat die RWA in Kooperation mit einem Grazer Unternehmen einen Agrotainer, also eine spezialisierte Form des Containers, entwickelt. Er kann silogerecht von oben befüllt und nach unten entladen werden. Für die sogenannte erste und die letzte Meile wird er per Lkw transportiert, dann kann er einfach umgeladen werden und die Hauptachsen der Bahn nutzen. Parallel dazu suchen wir die Kooperation mit den Betreibern der privaten Nebenbahnen.

Je nach Wasserstand werden bis zu 200.000 t pro Jahr per Schiff transportiert. Dazu hat die RWA mehrere Verladestandorte entlang der Donau ausgebaut. Der Wasserweg vom Schwarzen Meer bis Österreich funktioniert gut. Engstellen gibt es aber nach wie vor in Deutschland, wo der nötige Ausbau der durchgängigen Fahrrinne nicht überall erfolgt ist.

2.7 Innovationen als Zukunftschance

Die Landwirtschaft hat schon mehrere revolutionäre Entwicklungen erlebt – von den ersten dampfbetriebenen Maschinen, die Arbeitstiere ersetzten, über den Traktor als Universalmaschine bis zur modernen Elektronik und Steuerungstechnik von heute. Die Digitalisierung hat nun die Landwirtschaft 4.0. eingeleitet – also die Vernetzung und den umfassenden Datenaustausch zwischen Mensch, Maschinen, Produkten und Services.

Die RWA ist über das Agro Innovation Lab – ein gemeinsames Tochterunternehmen mit der BayWa – ständig auf der Suche nach neuen Ideen, Produkten und Dienstleistungen für die Landwirtschaft. Die Abteilung Farming Innovations kümmert sich um die praktische Anwendbarkeit für den einzelnen Landwirt.

Ein Beispiel dafür ist der Drohnenservice zur Maiszünslerbekämpfung durch Schlupfwespen. Die Nützlinge werden aus der Luft über dem Maisfeld ausgebracht. Das geht schnell und effizient, ersetzt den chemischen Pflanzenschutz, erspart Bodenverdichtung und Treibstoffverbrauch durch Traktorüberfahrten. Die Drohne kann auch zur Kontrolle gegen Schädlingsbefall, zur Inspektion von Silos oder zum Aufspüren von Wild vor der Ernte eingesetzt werden.

Erste Hack- und Mähroboter befinden sich bereits im Praxisbetrieb. Solarpaneele und Lithiumbatterien versorgen sie mit Energie. Auch diese Roboter könnten in Zukunft viele Traktorarbeiten übernehmen und den Schadstoffausstoß verringern. Das Projekt „Teilflächenspezifische Aussaat" hat im Versuch 5 % Mehrertrag durch die bedarfsgerechte Verteilung von Betriebsmitteln ergeben. Grundlage dafür sind Satellitendaten, die anhand der Biomasse auf den Feldern die besseren Böden identifizieren. Diese werden dann intensiver genutzt.

Eine andere Innovation mit konkreten Umweltauswirkungen ist die Entwicklung der Leichtflasche: Die Nachhaltig-Austria-Weinflasche besteht zu 80 % aus Altglas und wiegt nur 350 Gramm. Bei einer Million Stück bedeutet das gegenüber üblichen Flaschen eine Gewichtsreduktion von 50 t Glas, verringerte Transportkosten und eine Ersparnis von 34 t CO_2.

3 Energie

Die RWA ist über ihre Tochterunternehmen Genol und WAV ein großer Energieanbieter, der schon früh mit Effizienzsteigerungen bzw. Alternativen zu fossilen Brennstoffen experimentiert hat, etwa mit Bioethanol- und Biodieseltankstellen ab Beginn der 2000er-Jahre. Mit der Einführung von Vitatherm, dem ersten schwefelfreien Heizöl in Österreich, wurde der Schwefelgehalt von 1000 auf maximal 10 ppm („parts per million“) gesenkt. Eine Kesseltauschaktion auf Heizölbrennwertgeräte sparte zwischen 2009 und 2017 etwa 1,4 Mio. t CO_2 ein.

3.1 Umweltfreundliche Pellets

Ein nachhaltiger Erfolg wurde der systematische Aufbau des Pelletgeschäfts. Pellets werden aus Sägespänen und Hackschnitzel hergestellt. Ihre Verbrennung ist CO_2-neutral, da nur die Menge an CO_2 abgegeben wird, die der Baum in seinem Wachstum aus der Luft aufgenommen hat. Ab 1996 wurden erste Sondertankwägen angeschafft, Verladestationen und große Lager eingerichtet. Pellets als Sackware und Pelletkaminöfen wurden in den Lagerhäusern verkauft.

Heute ist die RWA mit 215.000 t verdichteter Biomasse (Pellets und Holzbriketts) in diesem Segment der größte Händler Österreichs, steht für Versorgungssicherheit und den kompletten Kreislauf – von der Anlieferung bis zur professionellen Reinigung der Pelletlagerräume.

Als umweltfreundliche und nachhaltige Energiequelle wird auch Brennholz in verschiedenen Längen angeboten. Ein weiterer positiver Effekt ergibt sich aus der generellen Einkaufspolitik der RWA: Sie vermarktet verlässlich alle Sortimente, die im Wald anfallen. Landwirte und Waldbesitzer können daher einen vielfältigeren und krisenfesteren Bestand anlegen, weil der Absatz gesichert ist.

3.2 Kraft der Sonne

Der nächste Schritt ist der Einstieg in die Fotovoltaik. Im Jahr 2019 werden von der neuen Abteilung Solar Solutions an den RWA-Standorten Korneuburg, Lannach, Traun und Aschach Fotovoltaikanlagen mit einer Jahresgesamtleistung von 4 GWh errichtet.

Auf einem Grundstück neben dem Garant-Tierfutterwerk in Pöchlarn ist ein Sonnenkraftwerk mit vergleichbarer Leistung geplant. Die Fläche unter den Paneelen soll dort auch landwirtschaftlich genutzt werden.

Die energetische Amortisation solcher Anlagen dauert etwa zwei Jahre, danach liefern sie plangemäß weitere 23 Jahre klimaneutrale Energie und leisten damit einen wesentlichen Beitrag zum Klimaschutz.

Die Module, Komponenten und das Montagesystem werden von der BayWa bereitgestellt, die in der Fotovoltaik jahrzehntelange Erfahrung aufweist. Sie kümmert sich auch um das technische Monitoring der Anlagen. Die RWA übernimmt die kaufmännische Betriebsführung. Auch Wartungs-, Instandhaltungsarbeiten und Störungsbehebungen werden von ihr lokal beauftragt. Die Dachflächen werden im Regelfall angemietet, der Vermieter bezieht Strom zu einem günstigen Preis, Überschüsse werden gemeinsam mit der BayWa vermarktet.

Mit den Fotovoltaikanlagen tritt die RWA erstmals nicht nur als Händler, sondern auch als Energieproduzent auf. Der Sonnenstrom kann für den Verkauf, für die Wärmeproduktion oder die Herstellung von Wasserstoff genutzt werden. Das Angebot richtet sich künftig an Lagerhaus-Genossenschaften, große Gewerbekunden und Landwirte mit genügend Dach- und Freiflächen. Auch als Systemgeber für regionale Energiegenossenschaften kann die RWA fungieren.

4 Nachhaltiges Engagement

Die RWA ist Gründungsmitglied der 2007 ins Leben gerufenen Raiffeisen-Klimaschutz-Initiative, die mittlerweile in Raiffeisen-Nachhaltigkeits-Initiative (RNI) umbenannt wurde. Das Eintreten für nachhaltige Wirtschafts- und Sozialsysteme, das Übernehmen gemeinsamer sozialer Verantwortung und den richtigen Umgang mit den Folgen des Klimawandels sehen wir – wie die anderen RNI-Mitglieder – als substanziellen Beitrag zur Lösung der großen gesellschaftlichen Aufgaben. Die RNI versteht sich als Plattform, Service- und Vertretungseinrichtung für sämtliche Aktivitäten ihrer Mitglieder auf dem Gebiet der Nachhaltigkeit, unterstützt sie bei Konzeption, Umsetzung und Kommunikation entsprechender Maßnahmen.

Die RWA-Tochter RUG Raiffeisen Umweltgesellschaft m.b.H. unterstützt die Lagerhaus-Genossenschaften und die RWA sowie deren Beteiligungsunternehmen bei der Umsetzung von umwelt- und transportrechtlichen sowie sicherheitsrelevanten Vorschriften. Auch die Verpflichtungen aus dem Energieeffizienzgesetz (EEffG) werden mithilfe der RUG erfolgreich erfüllt. Als neuen Bereich hat die RUG die Klimaneutralstellung von Unternehmen in ihr Portfolio aufgenommen. Hier wird zuerst die äquivalente CO_2-Emission des Betriebs ermittelt und in weiterer Folge der Energieverbrauch durch Verhaltensänderungen sowie technische Effizienzsteigerungen reduziert. Unvermeidbare CO_2-Emissionen werden durch den Ankauf von CO_2-Zertifikaten von Klimaschutzprojekten aus Entwicklungs- und Schwellenländern neutralisiert.

Der Klimawandel ist ein Metathema, das mittelfristig alle Lebensbereiche berühren wird. Die Landwirte spüren ihn bereits heute. Deshalb setzen wir uns als RWA im Verbund mit den Lagerhaus-Genossenschaften auf vielen Ebenen intensiv damit auseinander, behalten dabei aber auch die Versorgungssicherheit der Menschen als zentrale Aufgabe im Blick.

Reinhard Wolf ist seit März 2013 Vorstandsvorsitzender der RWA Raiffeisen Ware Austria AG, dem Großhandels- und Dienstleistungsunternehmen der Lagerhaus-Genossenschaften in Österreich.

Der gebürtige Niederösterreicher Reinhard Wolf studierte Agrarökonomie an der Universität für Bodenkultur in Wien. Der Diplomingenieur ist seit 1985 bei der RWA bzw. ihren Vorgängerorganisationen tätig und leitete dort u. a. das Geschäft mit landwirtschaftlichen Betriebsmitteln, inklusive Dünger und Pflanzenschutz, sowie die Tochterfirma Genol.

Im Jahr 2009 wurde er als Vorstandsdirektor in den Vorstand der RWA in Wien berufen und übernahm die operative Verantwortung für sämtliche agrarischen Bereiche und das Energiegeschäft. Seit März 2013 ist Wolf Generaldirektor der RWA AG. Wolf ist neben seiner Tätigkeit als Generaldirektor der RWA AG u. a. auch Vorstandsmitglied der BayWa AG, Vorstandsmitglied der Raiffeisen Holding NÖ-Wien und Aufsichtsratsvorsitzender von Garant Tiernahrung.

Herausforderungen multifunktionaler Waldbewirtschaftung im Klimawandel

Modellfall Österreichische Bundesforste

Rudolf Freidhager und Georg Schöppl

Abkürzungsverzeichnis

BFW	Bundesforschungs- und Ausbildungszentrum für Wald, Naturgefahren und Landschaft
BMLFUW	Bundesministerium für Land- und Forstwirtschaft, Umwelt und Wasserwirtschaft, kurz Lebensministerium, jetzt:
BMNT	Bundesministerium für Nachhaltigkeit und Tourismus
HOBI-Studie	Holz- und Biomassenaufkommensstudie
LULUCF	Land Use, Land Use Change and Forestry – Landnutzung, Landnutzungsänderungen und Forstwirtschaft
ÖBf	Bundesforste, Österreichische Bundesforste AG
ÖWI	Österreichische Waldinventur
PNWG	Potenzielle Natürliche Waldgesellschaft

1 Einleitung

In mehrfacher Hinsicht nimmt die Forstwirtschaft im Vergleich zu anderen Wirtschaftszweigen des Primär- und Sekundärsektors eine Sonderposition ein. Erstens ist sie, zumindest was Österreich betrifft, die einzige Branche, von der per Gesetz nicht nur erfolgreiches Wirtschaften, sondern auch gesellschaftliche und ökologische Verantwortung

R. Freidhager (✉) · G. Schöppl
Österreichische Bundesforste AG, Purkersdorf, Österreich
E-Mail: rudolf.freidhager@bundesforste.at

G. Schöppl
E-Mail: georg.schoeppl@bundesforste.at

A. Sihn-Weber und F. Fischler (Hrsg.), *CSR und Klimawandel,* Management-Reihe Corporate Social Responsibility, https://doi.org/10.1007/978-3-662-59748-4_23

eingefordert werden. Zweitens trägt die Forstwirtschaft wesentlich zur Milderung der Klimawandelfolgen bei. Im Landnutzungssektor, dem laut UN-Klimapolitik auch die forstwirtschaftlichen Aktivitäten zugeordnet sind, werden zwar durch die Nutzung fossiler Energien Treibhausgase emittiert, aber durch das Wachstum der Wälder wird der Atmosphäre auch CO_2 entzogen und in Boden sowie Bäumen gebunden. Dieser Umstand wird in der erst kürzlich in Kraft getretenen LULUCF-Verordnung der EU wie folgt gewürdigt:

> Der Sektor Landnutzung, Landnutzungsänderungen und Forstwirtschaft (im Folgenden „LULUCF") verfügt über das Potenzial, für langfristige Klimaschutzvorteile zu sorgen und so zur Verwirklichung der von der Union angestrebten Reduzierung der Treibhausgasemissionen sowie zum Erreichen der langfristigen Klimaschutzziele des Übereinkommens von Paris beizutragen. Außerdem bringt der LULUCF-Sektor Biomaterialien hervor, die fossile oder CO_2-intensive Materialien ersetzen können, und spielt daher eine wichtige Rolle beim Übergang zu einer Wirtschaft mit geringen Treibhausgasemissionen [...]. (VO EU 2018/841, Erwägungsgrund 5, S. 2)

Drittens sind in der Forstwirtschaft so wie in der Landwirtschaft – und anders als bei der industriellen Erzeugung – die Wachstums- und Produktionsbedingungen in hohem Maß klima- und wetterabhängig. Allerdings beträgt der forstliche Produktionszeitraum im Gegensatz zum landwirtschaftlichen nicht nur ein Jahr, sondern mehr als ein Jahrhundert. Dementsprechend weit in der Zukunft liegen die Planungshorizonte. Im österreichischen Forstgesetz wird der „langfristige forstliche Erzeugungszeitraum" explizit in Zusammenhang mit der Ressourcensicherheit für zukünftige Generationen angesprochen. Das Durchschnittsalter der bei der Österreichischen Bundesforste AG (ÖBf) geernteten Bäume liegt bei über 120 Jahren. Umso herausfordernder ist es, die Wälder so zu gestalten, dass sie zukünftigen Anforderungen gewachsen sind.

Mit Blick auf diese dreifache Sonderposition wird nachfolgend der Umgang mit der Ressource Wald in den Mittelpunkt der Ausführungen gestellt. Sie besitzt hohe Flächenrelevanz – mehr als 510.000 ha und damit rund 16 % der österreichischen Waldfläche werden von den ÖBf betreut und bewirtschaftet – und bedarf im Hinblick auf den Klimawandel der größten Aufmerksamkeit vonseiten der Unternehmensführung. Weitere Aspekte der Flächenbewirtschaftung und Ressourcennutzung müssen in diesem Kontext unangesprochen bleiben, etwa die Auswirkungen klimatischer Veränderungen auf Österreichs Seen, die zu einem wesentlichen Teil in den Verantwortungsbereich der Bundesforste fallen. Nur so viel sei festgehalten: Die ÖBf haben, z. T. über Beteiligungen, ein umfangreiches Portfolio in den vier Bereichen Forst/Holz, Immobilien, Dienstleistungen und erneuerbare Energie aufgestellt. Auch in allen neuen Geschäftsfeldern wird das Leitprinzip Nachhaltigkeit gelebt. Langfristigkeit und zugleich Substanzerhaltung etwa stehen im Vordergrund, wenn im Wege von Baurechtsverträgen Wohnraumschaffung ermöglicht wird. Mit dem kontinuierlichen Ausbau der Nutzung von Wasserkraft, Wind- sowie Sonnenenergie wiederum leistet das Unternehmen einen Beitrag zur Dekarbonisierung der Energieerzeugung. Das Selbstverständnis der ÖBf ist das eines innovativen Naturunternehmens und eines Teils der zukünftigen Bioökonomie.

Ein wesentlicher Umstand soll an dieser Stelle erwähnt werden: Die soeben beschriebene Diversifizierungsstrategie, die seit der Ausgliederung der ÖBf aus dem Staatshaushalt und Neugründung als Aktiengesellschaft im Eigentum der Republik im Jahr 1997 konsequent betrieben wird, steht indirekt in Zusammenhang mit dem Klimawandel. Sie dient nicht nur der Umsatzausweitung und Ergebnisverbesserung, sondern auch der Reduktion der Abhängigkeit des Unternehmens von den Zyklen der Holzproduktion und den Volatilitäten des die Preise in Österreich bestimmenden mitteleuropäischen Holzmarkts. Durch den Klimawandel treten Wetterextreme und Extremwetterlagen häufiger auf. Sie verursachen Schadereignisse – allen voran Windwürfe und in deren Gefolge Massenvermehrung des Borkenkäfers, aber auch Wipfelbruch durch Schneelast und Eisanhang – und reduzieren die Planbarkeit der Holzernte. Im Fachjargon ist deshalb von Kalamitäten die Rede, die zu sog. Zufallsnutzungen führen. Sie bedeuten nicht nur Erschwernisse bei der Holzernte selbst, weil sich die Aufarbeitung des Schadholzes schwieriger, gefährlicher und zeit- sowie kostenintensiver gestaltet, sondern sie verlangen auch nach alternativen Strategien bei der Holzvermarktung.

Nicht zuletzt sei in diesem Kontext auch auf die wichtige Rolle hingewiesen, die wissenschaftliche Erkenntnisse spielen. Sie bieten der Unternehmensführung Orientierungshilfen bei Weichenstellungen im Wald, die für lange Zeit wirksam sind. Durch Analysen, Vergleiche und Modellierungen erleichtern Wissenschaftler die Einschätzung zukünftiger Entwicklungen, etwa mit klimabezogenen Waldwachstumsmodellen oder mit Ausbreitungsszenarien für Schadinsekten. Enger Kontakt und aktive Unterstützung von Forschungsprojekten im universitären aber auch im außeruniversitären Bereich sind daher allein schon aus strategischen Gründen unabdingbar. Zwei der Hauptkooperationspartner sind die Universität für Bodenkultur, Österreichs einzige universitäre Forschungs- und Ausbildungsstätte im forstlichen Bereich, sowie das als Anstalt öffentlichen Rechts geführte BFW – Bundesforschungs- und Ausbildungszentrum für Wald, Naturgefahren und Landschaft.

2 Regulative Grundlagen und Rahmenbedingungen

Der nationale forstrechtliche und forstpolitische Rahmen, in dem sich die ÖBf unter dem Aspekt von CSR und Klimawandel bewegen, umfasst im Wesentlichen das österreichische Forstgesetz 1975, die Österreichische Waldstrategie 2020+ sowie die Österreichische Strategie zur Anpassung an den Klimawandel. Das im Vergleich zu Regelungen anderer Länder als streng geltende Forstgesetz ist das zentrale Werkzeug in der Forstwirtschaft. Es sichert die Rahmenbedingungen für die Waldbewirtschafter sowie für die Gesellschaft und hat als Kernanliegen eine nachhaltige Waldbewirtschaftung. Auf Initiative des zuständigen Ministeriums entstanden in den 2010er-Jahren zwei Strategien, die für die Branche – man könnte sagen als Alleinstellungsmerkmal – Leitgedanken formulieren und die Stoßrichtung für einzelne Handlungsfelder vorgeben: die Österreichische Waldstrategie 2020+ und die Östereichische Strategie zu Anpassung an den Klimawandel. Ein wesentlicher Punkt liegt darin, dass Vertreter der ÖBf in die

Erarbeitung beider politischer Instrumente eingebunden waren. So konnten sie einerseits ihre Expertise und Sichtweise einbringen und andererseits an der Gestaltung der Rahmenbedingungen für das unternehmerische Handeln der ÖBf mitwirken.

2.1 Forstgesetz 1975 – Multifunktionalität als Auftrag

Laut aktueller amtlicher Waldinventur (vgl. BFW 2018) – sie wird als landesweite Bestandsaufnahme in regelmäßigen Abständen vom BFW erstellt und enthält umfassende amtliche Daten über den Wald, von der Baumartenzusammensetzung bis zur Menge des Holzvorrats – hat Österreichs Waldfläche seit der letzten Erhebungsperiode um rund 30.000 ha auf 4,02 Mio. ha zugenommen (Abb. 1).

Damit liegt der Anteil der Waldfläche an der österreichischen Staatsfläche bei 47,9 % (im Vergleich dazu liegt der EU-28-Durchschnitt laut Eurostat bei 43 %, als waldreichstes Land der EU bringt es Finnland auf mehr als 70 % Waldanteil). Das bedeutet, dass fast die Hälfte der Landesfläche dem Regime des Forstgesetzes unterliegt. Dieses streicht die Bedeutung des Walds für Österreichs Volkswirtschaft deutlich hervor. Gleichzeitig fordert es – auch wenn es bereits aus dem Jahr 1975 stammt, während der Begriff CSR erst mit dem EU-Grünbuch 2011 in Europa eingeführt wurde – von den Waldbewirtschaftern in unmissverständlicher Klarheit unternehmerische Verantwortung für Gesellschaft und Umwelt ein.

In der geltenden Fassung heißt es unter der Überschrift „Nachhaltigkeit“ (Forstgesetz, BGBl. 440/1975, § 1 Abs. 1):

> Der Wald mit seinen Wirkungen auf den Lebensraum für Menschen, Tiere und Pflanzen ist eine wesentliche Grundlage für die ökologische, ökonomische und soziale Entwicklung Österreichs. Seine nachhaltige Bewirtschaftung, Pflege und sein Schutz sind Grundlage zur Sicherung seiner multifunktionellen Wirkungen hinsichtlich Nutzung, Schutz, Wohlfahrt und Erholung.

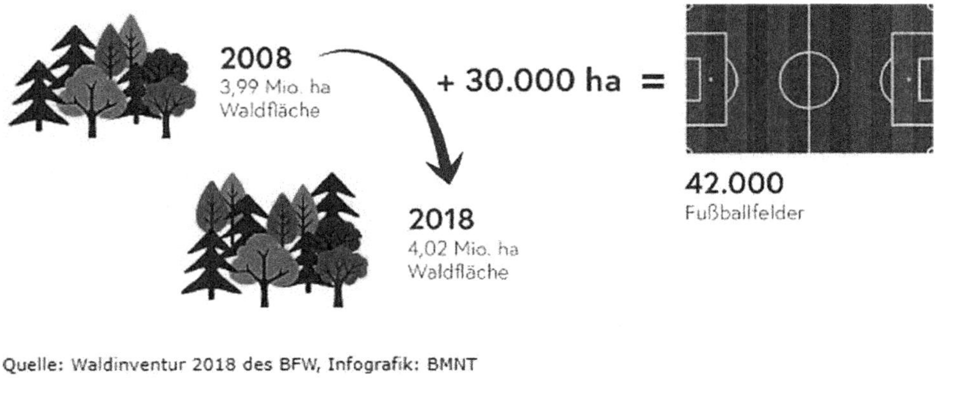

Abb. 1 Zunahme der österreichischen Waldfläche

In Absatz 2 (vgl. Forstgesetz 1975) werden als die drei Ziele des Gesetzes erstens die Erhaltung des Walds und des Waldbodens, zweitens die Sicherstellung einer Waldbehandlung, die die Produktionskraft des Bodens erhält und die Nutz-, die Schutz-, die Wohlfahrts- und die Erholungswirkung sichert sowie drittens die Sicherstellung einer nachhaltigen Waldbewirtschaftung angeführt.

Was er darunter versteht, konkretisiert der Gesetzgeber schließlich in Abs. 3 (Forstgesetz 1975) wie folgt, und zwar in Anlehnung an die 1993 gefasste Helsinki-Resolution der Ministerkonferenz zum Schutz der Wälder in Europa:

> [...] die Pflege und Nutzung der Wälder auf eine Art und in einem Umfang, dass deren biologische Vielfalt, Produktivität, Regenerationsvermögen, Vitalität sowie Potenzial dauerhaft erhalten wird, um derzeit und in Zukunft ökologische, ökonomische und gesellschaftliche Funktionen auf lokaler, nationaler und globaler Ebene, ohne andere Ökosysteme zu schädigen, zu erfüllen. Insbesondere ist bei Nutzung des Waldes unter Berücksichtigung des langfristigen forstlichen Erzeugungszeitraumes und allenfalls vorhandener Planungen vorzusorgen, dass Nutzungen entsprechend der forstlichen Zielsetzung den nachfolgenden Generationen vorbehalten bleiben.

Die multifunktionellen Wirkungen des Walds sind die auch unter dem Schlagwort Multifunktionalität des Walds bekannt und schlagen sich in plakativen Formulierungen wie Multitalent Wald oder Alleskönner Wald nieder. Unter Nutzwirkung bzw. -funktion ist die Bereitstellung der nachwachsenden Ressource Holz zu verstehen. Unter Schutzwirkung bzw. -funktion wird der Schutz von Menschen und ihrer Infrastruktur vor Naturgefahren wie Lawinen, Steinschlag, Muren und Hangrutschungen, aber auch der Schutz vor Bodenerosion und damit die Erhaltung der Bewaldung an sich subsumiert. Mit Wohlfahrtswirkung bzw. Wohlfahrtsfunktion ist in erster Linie gemeint, dass der Wald für saubere, sauerstoffreiche Luft sorgt und zur Stabilisierung des Wasserhaushalts sowie zur Bereitstellung sauberen Trinkwassers sorgt, was die Metaphern grüne Lunge und in jüngerer Zeit auch grüne Niere widerspiegeln. Die Erholungswirkung bzw. -funktion besteht darin, dass den Menschen das Betreten und der Aufenthalt im Wald zur Erholungszwecken mit wenigen zeitlichen und örtlichen Ausnahmen möglich ist. An dieser Stelle sei kurz angemerkt, dass sich die Waldwirkungen bzw. -funktionen auch in das um die Jahrtausendwende entstandene Konzept der Ökosystem(dienst)leistungen einfließen.

Die Wirkungen, Funktionen oder auch Leistungen des Ökosystems Wald werden vom Gesetzgeber in einen zeitlichen Rahmen gestellt, der mit dauerhaft, in Zukunft, langfristig und für zukünftige Generationen beschrieben wird. In Verbindung mit den hohen Leistungsansprüchen an den Wald bringt es diese Forderung mit sich, dass das Thema Klimawandel auf der Permanent Agenda der Forstwirtschaft steht.

Spätestens hier ist – das werden die weiteren Ausführungen beweisen – ein zentrales Faktum anzuführen. Aus der Vielfalt der Funktionen ergeben sich äußerst komplexe Stakeholderansprüche an den Wald, die zu Spannungsfeldern, Interessenskollisionen, Zielkonflikten und Flächenkonkurrenz führen. Man denke etwa an Unterschutzstellung vs. Holznutzung oder jagdwirtschaftliche Ziele vs. forstwirtschaftliche Ziele. Die Forcierung eines Ziels kann bedingen, dass die Einhaltung eines anderen Ziels nur schwer oder gar nicht möglich ist. Das Ideal einer Integration wird angestrebt, beispielsweise mit Naturschutzmaßnahmen im Rahmen der regulären Waldbewirtschaftung statt mit segregalem Naturschutz auf außer Nutzung gestellten Flächen. Vielfach liegt die Lösung aber in einer Priorisierung oder einem Auseinanderhalten und damit Lenken von Nutzungsansprüchen.

In der angesprochenen Außernutzungsstellung von Waldflächen zum Schutz der Natur, etwa in Form von Nationalparks, Wildnisgebieten und Naturwaldreservaten, liegt angesichts steigenden Bedarfs an der erneuerbaren Ressource Holz ein ständiger Friktionspunkt. In einer 2009 erstellten Studie zum Holz- und Biomassenaufkommen in Österreich (HOBI-Studie) wurde mit verschiedenen Nutzungs- und Preisszenarien modelliert, wie mit einer multifunktionalen, nachhaltigen Forstwirtschaft die Mindestzielmenge von 26 Mio. Erntefestmetern (Efm) erreichbar ist (vgl. Mannsberger 2009, S. 21). Eine der Schlussfolgerungen dazu lautete:

> Fortschritte im Bereich des Klimaschutzes sind nur dann erreichbar, wenn Holz verstärkt energetisch und stofflich eingesetzt wird. Verhindert eine überschießende Naturschutzumsetzung die dazu notwendige Abschöpfung zusätzlicher Holzmengen, werden gleichzeitig Klimaschutzziele untergraben. (Mannsberger 2009, S. 21)

Selbst innerhalb der einzelnen Funktionen verlaufen Spannungslinien. Eine ganz prominente ergibt sich aus der Möglichkeit, Holz sowohl stofflich als auch, zur Substitution fossiler Energieträger, thermisch zu verwerten. In Zeiten hoher Nachfrage stärkt dieser Umstand die Position des Verkäufers, in Zeiten hohen Angebots bietet er ihm eine Verwertungsalternative. Eine kaskadische Nutzung, d. h. eine thermische Verwertung erst nach dem Einsatz von Holz als Baustoff, Werkstoff oder Rohmaterial für Zellstofferzeugung, darf daher aus Sicht der Forstwirtschaft keinesfalls obligatorisch werden. Es gibt auch die Option, Brennmaterial aus den Baumfraktionen, die industriell nicht nutzbar sind, nämlich Kronen und Wipfeln, zu gewinnen. Da darin die meisten Nährstoffe gespeichert sind, besteht allerdings die Gefahr, dass sowohl Bodenfruchtbarkeit als auch Biodiversität unter dem Biomasseentzug leiden.

Bei der Strategieerstellung sind daher zahlreiche Implikationen zu beachten. Erschwerend kommt im Umgang mit der Multifunktionalität hinzu, dass Denken in Systemzusammenhängen erforderlich ist, obwohl diese Zusammenhänge noch nicht ausreichend klar dargelegt sind oder sogar konträre wissenschaftliche Aussagen dazu vorliegen. Die Klimawandelfolgen sind dafür ein gutes Beispiel, ebenso die Wechselwirkungen zwischen Wald, Wasser und Klima, die in einem 2018 veröffentlichten Global Assessment Report erstmals umfassend dargestellt wurden (vgl. Wolfrum 2018, S. 12 f.).

Erwähnenswert ist in diesem Kontext, zurückkommend auf das österreichische Forstgesetz, die forstliche Raumplanung. Das Forstgesetz 1975 in der geltenden Fassung nennt hier drei Instrumente als Grundlage für einschlägige politische sowie rechtliche Entscheidungen: den Waldentwicklungsplan (WEP), den Gefahrenzonenplan (GZP) und den Waldfachplan (WAF). Auf die beiden letzteren kann hier aus Platzgründen nicht näher eingegangen werden. Weiterführende Informationen sind auf der Webseite des

Bundesministeriums für Nachhaltigkeit und Tourismus (BMNT o. J. a) verfügbar. Der mithilfe der Verordnung zum Forstgesetz etablierte WEP (vgl. BMNT o. J. b) bildet den Vollzugsrahmen für die Forstbehörden auf Landes- und Bezirksebene. Pro politischem Bezirk wird festgelegt, ob Schutz-, Nutz-, Wohlfahrts- oder Erholungsfunktion als sog. Leitfunktion im Vordergrund stehen. Dieser Waldfunktion kommt höchste Wertigkeit oder hohes öffentliches Interesse zu. Mit dieser Prioritätensetzung trägt der WEP zum Ausgleich kollidierender Interessen und zur Lösung von Zielkonflikten bei. Dieselbe Zielsetzung verfolgen die ÖBf mit ihrer unternehmensintern ausgearbeiteten und auf den WEP abgestimmten betrieblichen Raumplanung.

Abschließend sei der Vollständigkeit halber angeführt, dass die ÖBf dem Bundesgesetz zur Neuordnung der Rechtsverhältnisse der Österreichischen Bundesforste und Errichtung einer Aktiengesellschaft zur Fortführung des Betriebs Österreichische Bundesforste (Bundesforstegesetz 1996) unterliegen. Unter den in § 5 (vgl. Bundesforstegesetz, BGBl. 793/1996) aufgezählten Zielsetzungen, die bei der Aufgabenerfüllung zu beachten sind, finden sich bezüglich Multifunktionalität und gesellschaftlicher Verantwortung die Bestimmungen des Forstgesetzes wieder, oft sogar in verstärkter Form.

2.2 Österreichische Waldstrategie 2020+

Seit 2001 führen zahlreiche Organisationen – Waldeigentümerverbände ebenso wie Interessenvertretungen von Nutzungsberechtigten, Nichtregierungsorganisationen, Gebietskörperschaften sowie die ÖBf – einen offenen, partizipativen und als Beispiel für Good Governance auch international beachteten Politkentwicklungsprozess, den Österreichischen Walddialog. In seinem Rahmen haben 85 Organisationen unter des BMNT gemeinsam die 2018 veröffentlichte Österreichische Waldstrategie 2020+ erarbeitet. Umgesetzt wird sie durch ein umfangreiches Arbeitsprogramm, zu dem unterschiedliche Akteure, unter ihnen auch die ÖBf, insgesamt 215 konkrete Maßnahmen beitragen und über den Umsetzungsfortschritt berichten. Die ÖBf AG sieht sich als Stakeholder in diesem Prozess insofern besonders gefordert, als die Republik Österreich Alleinaktionärin ist und der jeweilige Ressortchef die Funktion des Eigentümervertreters ausübt.

Als Hauptziel der Waldstrategie 2020+ (BMNT 2018a, S. 13) wird die

> […] ausgewogene Sicherstellung und Optimierung aller Dimensionen der nachhaltige Waldbewirtschaftung mit einem besonderen Fokus auf den Mehrwert und das Potenzial der österreichischen Forstwirtschaft für ein ‚lebenswerten Österreich'

angeführt und wie in Abb. 2 dargestellt.

Dem internationalen Berichtsschematismus folgend finden sich Ausführungen zu sieben waldpolitischen Handlungsfeldern. Für diese werden, nach einer kompakten Darstellung von Ausgangslage und Spannungsfeldern, jeweils sieben strategische Ziele formuliert und dazu strategische Schlüsselherausforderungen, Erfolgsfaktoren sowie strategische Schwerpunkte/Stoßrichtung beschrieben. Gleich das erste Handlungsfeld

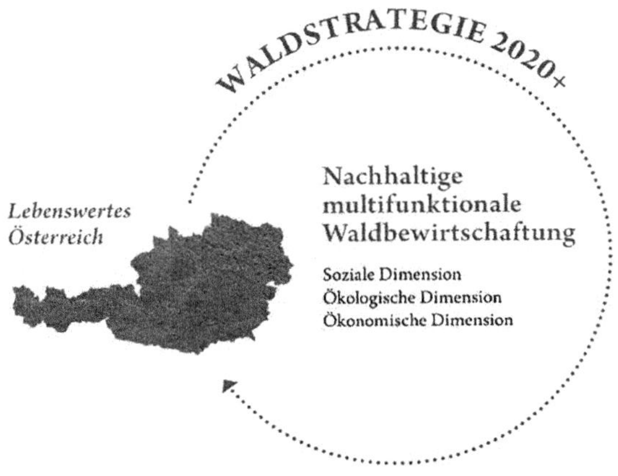

Abb. 2 Hauptziel der Österreichischen Waldstrategie 2020+. (Quelle: BMNT 2018, S. 13)

ist dem Beitrag der österreichischen Wälder zum Klimaschutz gewidmet und enthält einen Querverweis auf die Österreichische Strategie zur Anpassung an den Klimawandel (Abschn. 2.3). Die Waldbewirtschafter sind mehrfach gefordert, u. a. bei der weiteren Optimierung der Holzernte und des Transports, bei der Umwandlung stark veränderter und künstlicher Waldbestände unter Annäherung an die potenziell natürlichen Waldgesellschaften, bei der Forcierung der Verwendung genetisch besonders geeigneter Forstpflanzen und bei der Erhaltung bzw. Wiederherstellung von Waldmooren und Waldfeuchtgebieten zum Ausbau der Kohlenstoffspeicherung (vgl. BMNT 2018, S. 26 ff.). Die ÖBf haben die genannten Themen in den in Abschn. 3–6 beschriebenen Strategien und Projekten aufgegriffen und arbeiten intensiv an der Operationalisierung auf ihren Flächen.

2.3 Österreichische Strategie zur Anpassung an den Klimawandel

Österreich kann sich zugute halten, im Jahr 2012 als einer der ersten EU-Staaten ein strategisches Konzept zur Klimawandelanpassung mit einem umfangreichen Aktionsplan zur Umsetzung von Handlungsempfehlungen verknüpft zu haben. Damit wurde unter der Federführung des BMNT ein Leitdokument für alle politischen Aktivitäten auf Bundes- und Bundeslandebene geschaffen. Ziel der Strategie ist es, nachteilige Auswirkungen der globalen Erwärmung auf Umwelt, Gesellschaft und Wirtschaft zu vermeiden und sich ergebende Chancen zu nutzen. Im Jahr 2016 wurde die Strategie aktualisiert und weiterentwickelt, wobei alle betroffenen Ressorts, die Bundesländer sowie Repräsentanten von Interessensvertretungen, Nichtregierungsorganisationen und weitere Stakeholder, unter ihnen die ÖBf, eingebunden waren; 14 Aktivitätsfelder – mit teilweise starken Bezügen zur Forstwirtschaft – werden umfassend behandelt und nicht weniger als 136 Handlungsempfehlungen aufgelistet.

Für das Aktivitätsfeld Forstwirtschaft werden als direkte Auswirkungen des Klimawandels folgende angeführt: erhöhte Temperaturen, saisonal veränderte Niederschlagsverhältnisse, die Zunahme extremer Witterungsperioden mit Stürmen, Hitze und Trockenheit sowie der daraus resultierende Trockenstress für die Bäume. Als indirekte Auswirkungen des Klimawandels werden das erhöhte Risikopotenzial durch Schadorganismen, auch neu auftretende, und durch Waldbrand genannt. Dazu kommen „vielerorts zusätzlichen Stressoren (sic!)" wie z. B. Wildeinfluss und Immissionen aus Verkehr oder industrieller Produktion. Dementsprechend negativ fällt die Vulnerabilitätsabschätzung aus:

> Unter Berücksichtigung der unmittelbaren Klimaabhängigkeit der Waldvegetation und der hohen wirtschaftlichen und gesellschaftlichen Bedeutung des Forstsektors in Österreich ist die Forstwirtschaft als hoch vulnerabel gegenüber Klimaänderungen zu betrachten (BMNT 2017a, S. 55).

Bei rechtzeitiger Umsetzung von Anpassungsmaßnahmen könne jedoch, so heißt es weiter, die Vulnerabilität langfristig gesehen „wahrscheinlich positiv beeinflusst werden" (vgl. BMNT 2017a, S. 55).

Bei fünf von insgesamt acht Handlungsempfehlungen für das Aktivitätsfeld Forstwirtschaft sind Waldbesitzerinnen und -besitzer als sog. Handlungstragende (mit) angeführt:

1. Anpassung der Baumarten- und Herkunftswahl inklusive gezielte Förderung der Diversität, also der Vielfalt von Arten, genetischen Herkünften, Waldstrukturen und Lebensräumen – mit dem Ziel, die Vitalität, Stabilität sowie Resilienz der Waldökosysteme zu fördern, d. h. ihre Toleranz gegenüber Störungen bzw. Erholungsfähigkeit nach Störungen;
2. Bodenschonende Bewirtschaftung – mit dem Ziel, die physikalischen und ökologischen Funktionen des Bodens zu erhalten, insbesondere als Wasserspeicher und Nährstofflieferant;
3. Reduktion der Wildschadensbelastung – mit dem Ziel, die Verjüngung der Bestände und ihre Stabilität zu sichern;
4. Adaptierung und Verbesserung des Störungs- und Kalamitätsmanagements – mit dem Ziel der Schadensbegrenzung;
5. Etablierung von Vorsorgemaßnahmen im Hinblick auf die mögliche Zunahme von Waldbränden – mit dem Ziel der Risikominimierung (vgl BMNT 2017b, S. 6).

Die unter Punkt eins angesprochene Resilienz ist aktuell das forstliche Schlüsselkonzept im Umgang mit dem Klimawandel. Es geht nicht darum, Störungen zu vermeiden, sondern ihre negativen Auswirkungen möglichst gering zu halten. Seidl (2017, S. 10) führt dazu aus:

> Während das traditionelle Risikomanagement auf Resistenz und Vermeidung von Schäden ausgerichtet ist, rückt Resilienz die Erholung nach einem Ereignis ins Zentrum. Resilienzbasierte Ansätze unterstellen also, dass Störungen nicht völlig vermeidbar sind, und haben zum Ziel, die Regenerationsfähigkeit von Wäldern zu stärken.

So wie die Überlegungen aus der oben beschriebenen Waldstrategie 2020+ wurden und werden auch alle genannten Handlungsempfehlungen der Klimawandelanpassungsstrategie von den ÖBf auf unterschiedlichen Ebenen umgesetzt. Das Spektrum reicht, wie nachfolgend näher auszuführen sein wird, von der Strategieentwicklung, z. B. für die Schutzwaldbewirtschaftung, über die Durchführung innerbetrieblicher Pflichtschulungen, z. B. zum Thema Bodenschonung, bis hin zur Pflege der Stakeholderkontakte, z. B. zu lokalen Feuerwehren zur Waldbrandbekämpfung.

3 Das strategische ÖBf-Projekt Ökologie–Ökonomie

Um die konkrete Ausgestaltung der nachhaltigen Waldbewirtschaftung geht es beim Strategieentwicklungsprozess, den der ÖBf-Vorstand 2015 mit Zustimmung des Aufsichtsrats unter dem Titel Ökologie–Ökonomie eingeleitet hat. Dazu erging ein Projektauftrag an den Leiter der Stabsstelle Wald–Naturraum–Nachhaltigkeit. Die inhaltliche Grundsatzüberlegung lautete: Je naturnäher, vitaler, struktur- und artenreicher die Waldökosysteme sind, desto resilienter sind sie gegenüber Störungen, die der Klimawandel direkt oder indirekt verursacht, oder – um ein aktuelles Schlagwort zu bemühen – desto höher ist ihre Klimafitness (s. z. B. klimafitterwald.at). Bei der Erreichung dieses Ziels sollten ökologische und ökonomischer Ansprüche gleichermaßen erfüllt werden. Langfristdenken und eine gesamthafte, systemische Betrachtung waren dabei in den Fokus zu stellen und (vermeintliche) Widersprüche aufzulösen. Unter diesen Prämissen wurden bestehende Konzepte, Strategien und Handbücher evaluiert, vernetzt und weiterentwickelt.

Unter Einbindung externer Fachleute aus dem Wissenschafts- und Nichtregierungsorganisationenbereich und gestützt auf die Ergebnisse einer internen Umfrage arbeiteten vier Gruppen zu den Themenbereichen nachhaltige Waldbewirtschaftung, effiziente Wildschadensreduktion, aktiver Klima- und Umweltschutz sowie integrierter Naturschutz. In den unabhängig voneinander durchgeführten Workshops der einzelnen Arbeitsgruppen bildeten sich – in signifikanter Parallelität – vier themenübergreifende Handlungsfelder heraus:

a) Unternehmensinterne Wissensvermittlung – Das Wissen der Mitarbeiterinnen und Mitarbeiter soll ausgebaut und verstärkt werden, um Bewusstseinsbildung und Sensibilisierung zu erreichen. Dazu ist fallweise das Aufbrechen alter Denkmuster notwendig.
b) Operative Methoden und Maßnahmen – Bestehende Bewertungsmethoden sowie Datenerhebungen sollen angepasst und bei Bedarf um neue ergänzt werden, um von der Dominanz ökonomischer Betrachtungsweisen hin zum Ausgleich zwischen ökonomischen und ökologische Aspekten zu gelangen.
c) Vernetzung und Kommunikation – Jede Maßnahme soll von einer auf die Stakeholder zugeschnittenen internen und/oder externen Kommunikation begleitet werden.

d) Bekenntnis und Zielvereinbarungen – Die Weichenstellung Richtung Ausgleich zwischen ökonomischen und ökologischen Interessen muss von der Unternehmensführung initiiert werden. Ökologische Ziele müssen im Rahmen des Performance Managements in die Zielvereinbarungen zwischen Vorstand und zweiter Führungsebene Eingang finden, damit das Commitment verstärkt wird.

Das Ergebnis des Projekts bildeten knapp 70 umsetzungsorientierte Maßnahmen, von denen ein Teil bereits im darauffolgenden Jahr 2016 realisiert werden konnte. Einer externen Evaluierung im Jahr 2017 folgte 2019 eine interne Bewertung der Fortschritte samt Anpassung und Weiterentwicklung der Maßnahmen.

Exemplarisch sei an dieser Stelle eine Maßnahme aus der Arbeitsgruppe Waldbewirtschaftung beschrieben. Es geht darum, bei den Mitarbeitern Bewusstsein für den Wert der sog. Naturverjüngung zu schaffen, also für den aus den Samen von Altbäumen ohne künstliche Aufforstung entstandenen Nachwuchs. Die jungen Bäume sollen bei der Holzernte keinen Schaden erleiden. Nicht das kostengünstigste, sondern das bestgeeignete Ernteverfahren soll daher zur Anwendung kommen. Dank eines einfach zu bedienenden xls-Tools kann nun eine monetäre Bewertung potenzieller Schäden an den Jungbäumen in die Kalkulation einfließen. Darüber hinaus sind die Holzernteleiter verpflichtet, bei der Vergabe von Holzernteaufträgen dezidiert auf die Schonung der Verjüngung hinzuweisen.

Weitere, im Hinblick auf ihre Klimarelevanz ausgewählte Maßnahmen aus dem Projekt Ökologie – Ökonomie werden in den folgenden Abschnitten dargestellt.

4 Hiebssatz und Einschlag – Planung und Steuerung der Holzerntemengen

Der Grundgedanke der nachhaltigen Nutzung stammt aus der Forstwirtschaft – als Lehre aus der Ausbeutung und in manchen Regionen sogar dem Verschwinden der Wälder. Als Begriff wurde sie vor mehr als 300 Jahren von Hans Carl von Carlowitz eingeführt. In seinem 1713 erschienenen Lehrbuch mit dem Titel *Sylvicultura Oeconomica* forderte der sächsische Berghauptmann angesichts der drohenden Knappheit des für den Silberabbau benötigten Holzes erstmals eine „continuierliche, beständige und nachhaltende Nutzung“ des Walds (Carlowitz 2013, S. 27). Das bedeutet, dass nur soviel Holz entnommen werden darf, wie wieder nachwächst. Nutzt der Forstwirt mehr als den Zuwachs, agiert er nicht nachhaltig. Er verringert das Kapital, statt nur die Zinsen abzuschöpfen. Ein modernerer und weniger strapazierter Terminus, der dieses Prinzip zum Ausdruck bringt, lautet Maximum Sustainable Yield. Im Wirtschaftslexikon wird er beschrieben als „maximale Menge, die von einer erneuerbaren Ressource dauerhaft geerntet werden kann. Dies bedeutet, dass der Ressourcenbestand konstant bleibt.“ (Gabler o. J. Stichwort Maximum Sustainable Yield)

Mit Blick auf den Zuwachs wird die jährliche Holzerntemenge festgesetzt. Sie wird als Hiebssatz bezeichnet. Diesem Planwert steht die tatsächliche Nutzungsmenge, der

Einschlag, gegenüber. Im Idealfall entspricht der Einschlag dem Hiebssatz. Elementarereignisse und Wetterlagen, die zu Stürmen, Lawinenabgängen, Schneebruch und Trockenheit führen, sowie die dadurch begünstigte Massenvermehrung des Borkenkäfers verursachen allerdings, wie bereits einleitend beschrieben, zufällige oder sog. irreguläre Nutzungen. Das Holz, das dabei anfällt, wird als Schadholz bezeichnet. Bei den ÖBf bewegte sich sein Anteil an der Einschlagsmenge im Betrachtungszeitraum 1997–2018 anfänglich auf dem jahrzehntelang gewohnten Niveau von 20 bis 25 %. In den Jahren 2007–2009 waren Spitzenwerte um die 90 % zu verzeichnen. Von 2012 bis 2014 machte die Schadholzmenge rund ein Drittel des Einschlags aus und weist seither steigende Tendenz auf (Abb. 3).

Wie Abb. 4 zeigt, konnte über mehr als vier Jahrzehnte ein relativ ausgewogenes Verhältnis zwischen Hiebssatz und Einschlag gewährleistet werden – allerdings bei ständig steigendem Niveau. Gründe für diesen Anstieg waren hohe Vorräte an erntereifem Holz, die abgebaut werden mussten, und der Bau von Forststraßen, die eine kostengünstige Holzernte ermöglichten. Im Jahr 1997 wurde die Trendwende eingeleitet und der Hiebssatz kontinuierlich abgesenkt. Im Zeitraum 2003–2009 verursachte allerdings eine bis dato noch nie dagewesene Häufung von Schadereignissen, allen voran Windwürfe und darauffolgendes massenhaftes Borkenkäferauftreten, massive Hiebssatzüberschreitungen und damit Eingriffe in die Waldsubstanz. Im Jahr 2010 konnte mit der Rücknahme des Einschlags wieder gegengesteuert werden. Seit 2011 wird eine Übereinstimmung zwischen Plan und Ist bei einem Wert von rund 1,5 Mio. Efm erzielt.

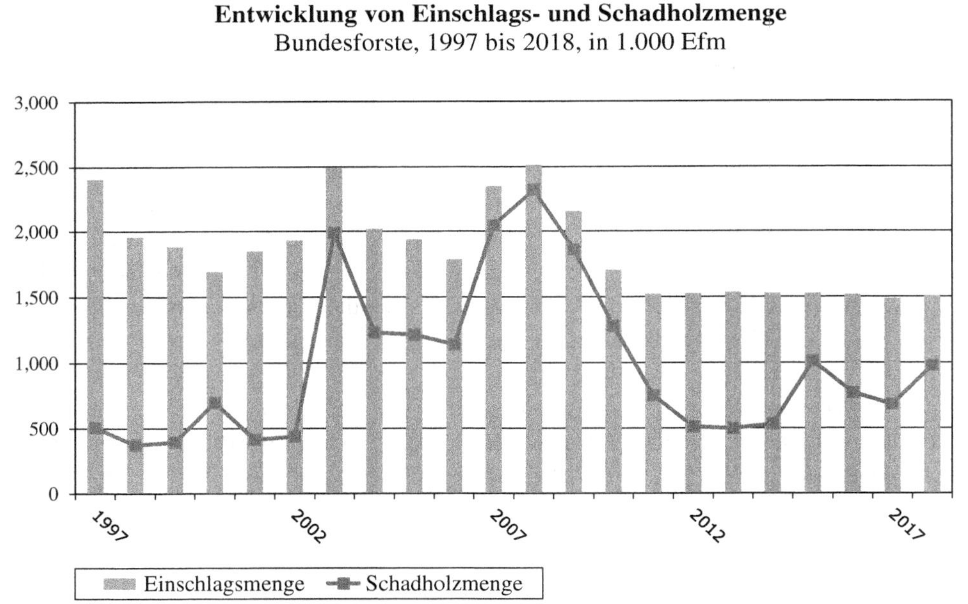

Abb. 3 Entwicklung von Einschlags- und Schadholzmenge

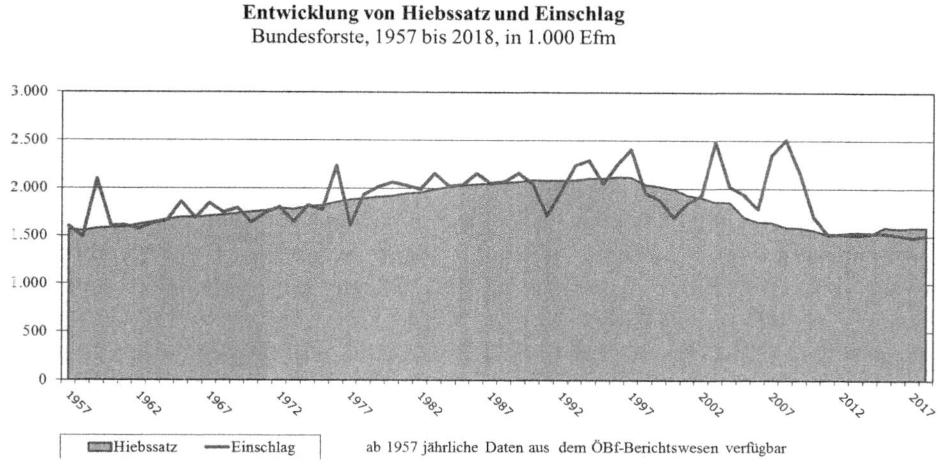

Abb. 4 Entwicklung von Hiebssatz und Einschlag

Aufgrund der Zurückhaltung bei der Nutzung – sie lag zuletzt deutlich unter dem Zuwachs – können für die Jahre 2019 und 2020 Einschlagsmengen von 1,56 und 1,58 Mio. Efm geplant werden. Damit werden die Vorräte an Holz in erntereifem Alter, das derzeit im ÖBf-weiten Durchschnitt bei rund 120 Jahren liegt, wieder aufgebaut. Viele Bestände werden erst in rund 60 Jahren ihre Hiebsreife, sprich Erntereife, erreicht haben. Auch für die Jahre 2021–2025 ist nur eine geringfügige Anhebung des Nutzungsniveaus vorgesehen. Die Bemühungen um Nachhaltigkeit fanden in der aktuellen Österreichischen Waldinventur (ÖWI) 2018, die zwischen Kleinwald, Großwald und den ÖBf als eigener Kategorie unterscheidet, bereits ihren Niederschlag. In einer vom BMNT veröffentlichten Zusammenfassung der ÖWI-Ergebnisse heißt es dazu:

> Besonders positiv zu vermerken ist, dass Kleinwaldbesitzerinnen und -besitzer, das sind Betriebe unter 200 Hektar Größe, sich vermehrt um ihren Wald kümmern und ihn auch als Einkommensquelle sehen. Sie nutzen bereits 85 % des Zuwachses, vor zehn Jahren waren dies nur 74 %. Bei den Großbetrieben ist die Nutzungsrate gleich geblieben (100 %) und bei den Bundesforsten hat sie entsprechend den Planungen und der aktuellen Alterszusammensetzung der Bäume abgenommen (von 111 auf 76 %) (BMNT 2018b, S. 7).

5 ÖBf-Langfriststrategien zur Anpassung der Wälder an den Klimawandel

Im ÖBf-Leitbild ist unter dem übergeordneten Ziel der Erhaltung und Verbesserung der natürlichen Ressourcen und der Vielfalt des Lebens folgendes Ziel formuliert: „Mit naturnaher und integrativer Waldbewirtschaftung betreiben wir aktiven Klimaschutz und passen den Wald vorausschauend an zukünftige Klimabedingungen an“ (ÖBf o. J.).

Auch in den Schutzwäldern, die mit rund 154.000 ha fast 30 % der ÖBf-Waldfläche ausmachen und die Nutzung zahlreicher Alpentäler erst ermöglichen, muss eine Anpassung an die neuen Gegebenheiten erfolgen. Angesichts des klimawandelbedingt steigenden Gefahrenpotenzials ist dies umso dringlicher, als technische Verbauungen eine viel teurere und das Landschaftsbild eher negativ beeinflussende Alternative darstellen. Gleichzeitig gestaltet es sich umso schwieriger, als hohe Rot-, Reh- und Gamswildbestände vielfach die natürliche Verjüngung des Walds durch Verbiss der Jungbäume verhindern. Hinzu kommt, dass sich die ÖBf-Schutzwälder großteils in sehr steilen Lagen befinden, die nur sehr schwer oder gar nicht zugänglich sind. Entsprechend kostenintensiv gestalten sich die Jagdausübung, die Durchführung von Holzernte und Waldpflegemaßnahmen sowie die Erschließung durch Forststraßen, die die genannten Tätigkeiten wesentlich erleichtern.

5.1 Wald der Zukunft: Anpassung der Bestockungsziele

Ein in der forstlichen Öffentlichkeitsarbeit viel zitiertes Schlagwort lautet: klimafitte Wälder. Angestrebt werden an den Standort angepasste, gesunde, stabile und strukturreiche Bestände. Dieser Wald der Zukunft soll negativen Einflüssen wie Stürmen, Trockenperioden und Schädlingsbefall bestmöglich widerstehen können und hohe Resilienz aufweisen, d. h. sich nach Schadereignissen rasch wieder erholen können (s. Abschn. 2.3). Strukturreichtum bedeutet in diesem Zusammenhang das Vorkommen unterschiedlicher Baumarten unterschiedlichen Alters mit der für die Waldgesellschaft typischen Kraut- und Strauchschicht. Welche Baumarten im zukünftigen erntereifen Bestand auf wie viel Prozent der jeweiligen Fläche stocken, d. h. stehen sollen, legt der Forstbewirtschafter in den sog. Bestockungszielen fest.

Unter dem Titel „Langfristige Anpassung der Bestockungsziele" wurde beim Projekt Ökologie–Ökonomie vom Denkansatz ausgegangen, dass naturnahe Wälder im Hinblick auf Schädlingsbefall und Klimastress widerstandsfähiger sind als naturferne. Deshalb bildet die potenzielle natürliche Waldgesellschaft (PNWG), die sich ohne menschliches Zutun auf diesem Standort etablieren würde, die Richtschnur für die Zusammensetzung der Baumarten. Als weiteres Element flossen Klimaänderungsszenarien in diese adaptive Bewirtschaftungsstrategie ein. Weichenstellungen erfolgten in erster Linie durch eine noch stärkere Berücksichtigung von Standortunterschieden wie Höhenlage, Bodenart und Niederschlagsverhältnissen sowie durch die Erweiterung des Baumartenspektrums.

Im Konkreten streben die ÖBf folgende Veränderungen an: Als Hauptbaumart der österreichischen Wälder – laut Waldinventur 2018 mit einem Flächenanteil von 57,4 % – ist die Fichte auch in den bundesforstlichen Wäldern am stärksten vertreten. Der aktuelle Anteil von 59 % (Ist 2018) soll langfristig auf 41 % gesenkt werden. Zweitwichtigste Baumart statt der Buche soll die gegenüber Sturm und Schneebruch widerstandsfähige Lärche werden. Ihr Flächenanteil soll von 9 auf 24 % anwachsen. Auch bei Tanne, Kiefer und Douglasie stehen die Zeichen auf Ausweitung. Als Besiedlerin höchster Lagen wird die Zirbe wie bisher geschätzt. In hitze- und trockenheitsgefährdeten Regionen wie dem Burgenland und dem Waldviertel stellen Laubbäume die Hoffnungsträger dar. Insbesondere die Eiche soll mit einem Anteil von 2 % auf der ÖBf-Waldfläche verstärkt wahrnehmbar sein. Weitere Laubbaumarten sollen auf einem Flächenanteil von 4 % zu finden sein. Die vergleichsweise geringe Steigerung bei Laubbaumarten ist darauf zurückzuführen, dass auf geeigneten Standorten auch reine Laubwaldbestände in Laub-Nadel-Mischwälder übergeführt werden sollen. Die Abb. 5 bietet eine zusammenfassende Darstellung der gegenwärtigen und der zukünftigen Flächenanteile der häufigsten Baumarten.

Die Anpassung wird einen langen Zeitraum in Anspruch nehmen und muss dementsprechend konsequent verfolgt werden. Im Wirtschaftswald bewegt sich die Umtriebszeit, der Zeitraum zwischen der Begründung und der Ernte eines Baumbestands, je nach Standortbedingungen und Baumart in einem Rahmen von 80 bis 160 Jahren (Abb. 5).

5.2 Schutzwaldstrategie

Den jahrzehntelangen Bemühungen der ÖBf um die Erhaltung der Schutzwälder war nicht der erwartete Erfolg beschieden. Deshalb übte der Rechnungshof in seinem Bericht 2017 Kritik. Er stufte den Zustand von 43 % der Schutzwälder als nicht mehr stabil bis

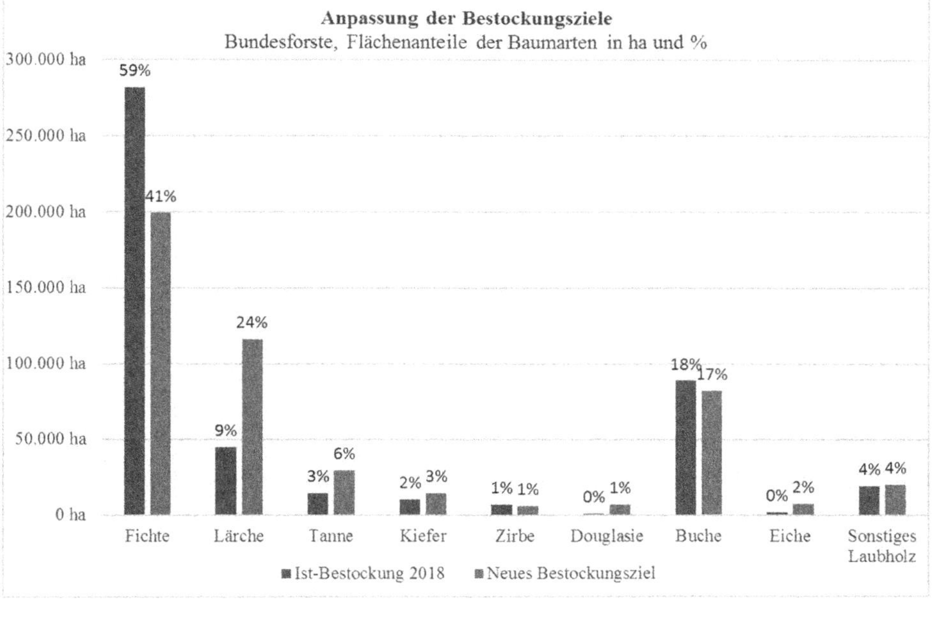

Abb. 5 Anpassung der Bestockungsziele

kritisch ein, fast die Hälfte als überaltert (Rechnungshof 2017, S. 15). Unter Hinweis auf den hohen volkswirtschaftlichen Nutzen intakter Schutzwälder kündigte er eine Follow-up-Überprüfung an.

Ungeachtet der Tatsache, dass das Forstgesetz und die dazu verordneten Bestimmungen Maßnahmen nur dann vorsehen, wenn diese aus „Erträgnissen von Fällungen", also Holzerlösen, gedeckt werden können, werden die ÖBf ihre Aktivitäten forcieren. Damit ist der Zielkonflikt zwischen betriebswirtschaftlichem Erfolg und volkswirtschaftlichem Nutzen zugunsten einer makroökonomischen Sichtweise entschieden. In diesem Sinn hat der Aufsichtsrat für das laufende Geschäftsjahr 2019 ein Schutzwaldbudget mit einem Negativsaldo von 2,7 Mio. € bewilligt.

Als Hauptziele der ÖBf-Schutzwaldbewirtschaftung werden in der Strategie folgende genannt:

1. Schaffung von Bedingungen, die auf möglichst vielen Flächen eine natürliche Verjüngung statt künstlicher Aufforstung ermöglichen,
2. konsequente Waldpflege wie Jungwuchspflege und Durchforstungen sowie schonende Altholznutzungen unter Vermeidung von Kahlhieben,
3. bei technischer Machbarkeit weitere Erschließung durch Forststraßen und
4. Minimierung der Belastung durch Weidevieh sowie Herstellung ökologisch tragbarer Wildstände.

Zum letztgenannten Punkt ist anzumerken, dass eine zu hohe, die Tragfähigkeit der Lebensräume übersteigende Rot-, Reh- und Gamswilddichte den Waldzustand beeinträchtigt. Sie erschwert oder verhindert die v. a. im Schutzwald dringend erforderliche natürliche Verjüngung. Nicht umsonst sieht das Forstgesetz die jährliche Erstellung eines Wildschadensberichts vor, den das zuständige Ressort nicht nur im Internet zu veröffentlichen, sondern auch dem Nationalrat zur parlamentarischen Behandlung zu übermitteln hat.

Damit eine Reihung nach Dringlichkeit der Schutzwaldverbesserung vorgenommen werden kann, wurden alle Bestände anhand detaillierter Fernerkundungsdaten nach einem Punkteschema bewertet und in einem Ampelsystem dargestellt. Grün bedeutet, dass die Schutzwirkung für die nächsten 20 Jahre gegeben ist und kein unmittelbarer Handlungsbedarf besteht. Gelb signalisiert, dass die Schutzwirkung zwar noch gegeben ist, aber bereits negative Entwicklungen zu erkennen sind. Rot steht für eine zusehends abnehmende Schutzwirkung, die Maßnahmen innerhalb der nächsten zehn Jahre erfordert. Laut Bewertung für 2018 entfallen 12 % auf den roten, 62 % auf den gelben und 26 % auf den grünen Bereich. Neben der grafischen ist auch eine kartografische Darstellung möglich, wie sie in der nachstehenden Abb. 6 am Beispiel des Höllengebirges gezeigt wird.

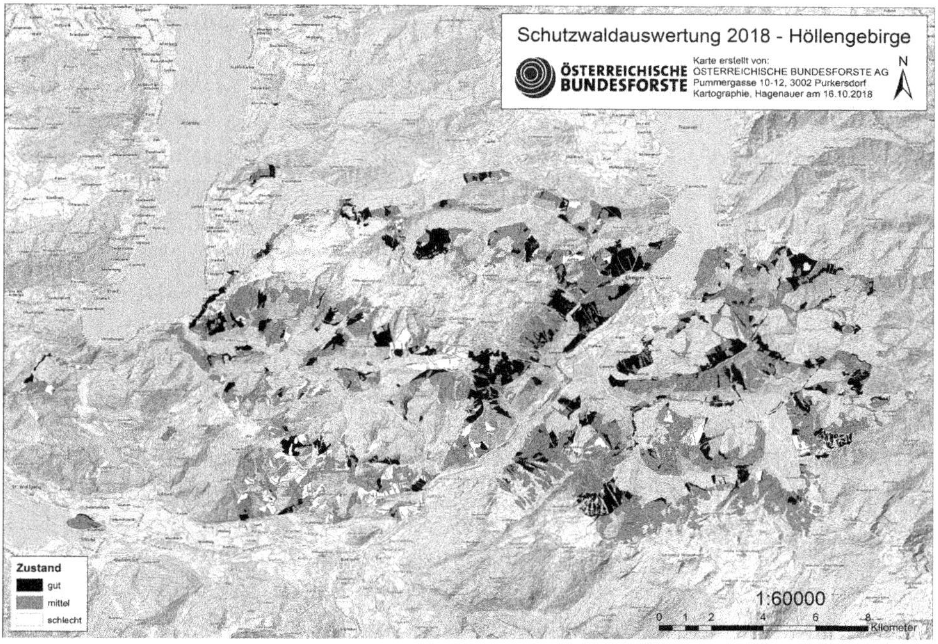

Abb. 6 Bewertung des Schutzwaldzustands nach Ampelsystem

6 ÖBf-Klimaschutzstrategie als Beitrag zur Abschwächung der Klimawandelfolgen

Als die ÖBf 2010 ihre erste Klimaschutzbilanz über das Jahr 2009 erstellten, waren sie in diesem Bereich Vorreiter für die europäische Forstwirtschaft. Mittlerweile können sie auf zehn Jahre Erfahrung und interne Expertise im Umgang mit internationalen Bilanzierungsstandards und Methodiken zurückblicken. Im Wesentlichen werden einander CO_2-Emissionen aus Energie- sowie Treibstoffverbräuchen und CO_2-Senken aus nachhaltiger Forstwirtschaft sowie Moorrenaturierungen gegenübergestellt.

Aufbauend auf den Ergebnissen der Pilotbilanz über das Jahr 2009 und der Folgeerhebung 2010 sowie auf bestehenden ÖBf-Strategien wurde im Jahr 2011 der zweite Schritt gesetzt. Es entstand, mit Zeithorizont 2020, eine ÖBf-Klimaschutzstrategie samt einem Bündel von Umsetzungsmaßnahmen, die mit zahlreichen Indiktoren und Kennzahlen hinterlegt waren. Die Strategieerstellung erfolgte, dem Pioniercharakter des Vorhabens entsprechend, in enger Zusammenarbeit und Abstimmung zwischen ÖBf-Vorstand, der ÖBf-Steuerungsgruppe Nachhaltigkeit sowie weiteren internen und externen Experten aus BMLFUW sowie Umweltbundesamt. Zur regelmäßigen Beurteilung der Zielerreichung sowie zur Evaluierung und Anpassung der Klimaschutzstrategie werden die Ergebnisse der Klimaschutzbilanzen herangezogen.

Die ÖBf bilden, wie Abb. 7 zeigt, ihre Klimaschutzziele in einem Drei-Säulen-Modell ab.

Die erste Säule stellt der klimawandelangepasste Waldbau dar. Damit soll sichergestellt werden, dass die ÖBf-Wälder über möglichst lange Zeiträume eine CO_2-Senke darstellen. Die von den ÖBf im Rahmen nachhaltiger Forstwirtschaft und naturnahen Waldbaus durchgeführten Maßnahmen sind mit Anforderungen zur Erhaltung der CO_2-Senke im Wald weitestgehend deckend und wurden bereits beschrieben, z. B. Senkung des Hiebssatzes, standortangepasste Baumartenwahl, Förderung der natürlichen Verjüngung sowie Wiederaufforstung von Lücken und Blößen. Dazu kommt als wichtiger Faktor die Reduktion von Wildschäden.

Wie schon in der Einleitung erwähnt, entnehmen Bäume im Zuge ihres Wachstums mithilfe von Photosynthese CO_2 aus der Luft auf und speichern es als Kohlenstoff im Holz. Laut Umweltbundesamt binden die österreichischen Wälder jährlich rund 9 Mio. t CO_2-Äquivalente, was rund 6 % der Treibhausgasemissionen entspricht. Das macht sie zur bedeutendsten nationalen Kohlenstoffsenke (vgl. Umweltbundesamt 2018). Grob gerechnet sind in einem Kubikmeter Holz rund 250 kg Kohlenstoff aus rund einer Tonne CO_2 gebunden – und zwar so lange, bis das Holz verrottet oder verbrannt wird. Erst dann verbindet sich der Kohlenstoff wieder mit dem Sauerstoff aus der Luft zu CO_2. Holzprodukte – vom Papier über das Möbelstück und den Dachstuhl bis hin zum ganzen Holzhaus – verlängern einerseits die Zeitspanne, innerhalb derer der Kohlenstoff der Atmosphäre entzogen bleibt. Andererseits kann Holz auch andere Bau- und Werkstoffe

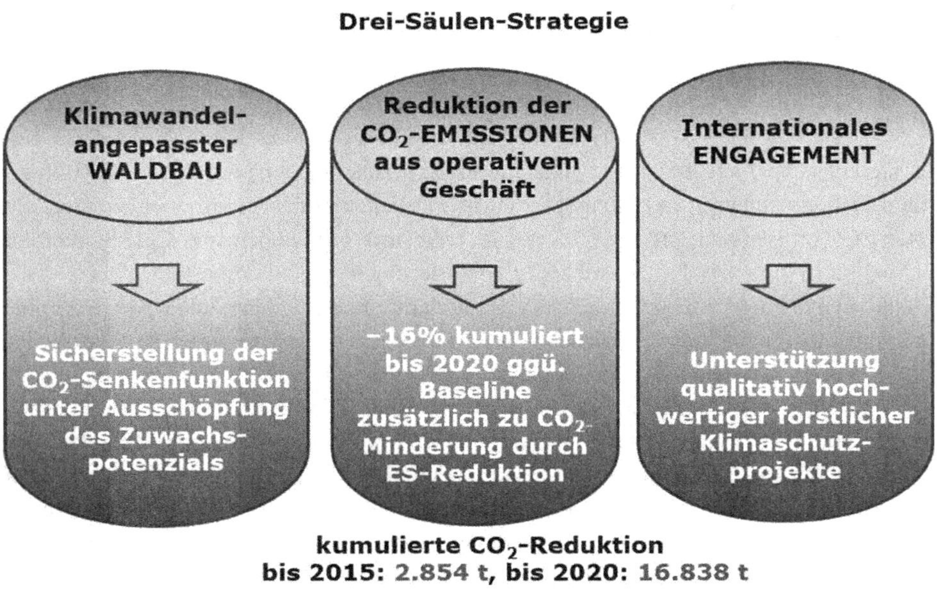

Abb. 7 Drei-Säulen-Modell der ÖBf-Klimaschutzstrategie

substituieren, die unter hohem Energieeinsatz aus großteils fossilen Quellen hergestellt werden, etwa Stahl und Zement, und dadurch auch CO_2-Einsparungen bewirken. In diesem Kontext sei auch kurz darauf hingewiesen, dass bei der Kohlenstoffspeicherung neben dem Baum bzw. dem Holz auch der Boden eine wichtige Rolle spielt. Deshalb ist der Schutz des Bodens sowohl in zahlreichen gesetzlichen Bestimmungen als auch in der Österreichischen Waldstrategie 2020+ verankert.

Als zweite Säule senken die ÖBf die Emissionen aus dem operativen Geschäft. Bis 2020 soll der CO_2-Ausstoß bezogen auf das Basisjahr 2010 um 16 % gegenüber der festgesetzten Baseline reduziert werden. Die 16 %ige Reduktion erfolgt zusätzlich zu einer möglichen CO_2-Einsparung, die sich quasi automatisch durch die Senkung des Einschlags ergibt, weil weniger Emissionen aus den Treibstoffverbräuchen für Holzernte und -transport anfallen. Bis 2020 soll ein kumulierter Wert von rund 18.400 t CO_2 erreicht werden. Derzeit bewegen sich die ÖBf auf dem vorgezeichneten Zielpfad.

Die Unterstützung qualitativ hochwertiger, internationaler Klimaschutzprojekte mit Waldbezug bildet die dritte strategische Säule. Hier ist das vom früheren BMLFUW, jetzt BMNT, finanzierte und von den ÖBf unter Beteiligung des WWF durchgeführte Waldschutzprojekt in Laos hervorzuheben, das auch als Beitrag zur Erreichung der Sustainable Development Goals zu sehen ist (vgl. BMNT 2018c, S. 26). Das Vorhaben trägt den Titel „Reducing emissions from deforestation and carbon enhancement", hat eine Laufzeit von 2014 bis 2043 und ist als UN-REDD+-Projekt (Reducing Emissions from Deforestation and Forest Degradation) anerkannt. Auf einem durch die Ausdehnung von Agrarflächen und erhöhten Siedlungsdruck gefährdeten, rund 125.000 ha großen Gebiet im Nationalpark Xe Pian wurden mehr als 200.000 Bäume wiederaufgeforstet, was sowohl dem Klimaschutz als auch der in diesem Gebiet lebenden Tigerpopulation zugute kommt. Die geprüfte Emissionsreduktion in der genannten Periode beträgt 145.400 t CO_2-Äquivalente.

Im Projekt Ökologie–Ökonomie (s. Abschn. 3) wird die Klimaschutzstrategie unter Fokussierung auf einige wenige Maßnahmen weitergeführt. Ausgehend von einer Evaluierung der Klimaschutzaktivitäten zwischen 2009 und 2020 wird aktuell eine neue Strategie mit neuen Zielen für den Zeitraum 2021–2030 ausgearbeitet.

7 Fazit und Ausblick

Der Umstand, dass die ÖBf Österreichs größter Forstbetrieb sind, im öffentlichen Eigentum stehen und sich seit Anfang der 2000er-Jahre erfolgreich als Nachhaltigkeitsunternehmen positioniert haben, bringt im Hinblick auf den Umgang mit dem Klimawandel und dessen Folgen besondere Verantwortung mit sich. Es gilt, eine gewisse Erwartungshaltung vonseiten des Eigentümers und der Gesellschaft in Richtung Vorreiterrolle und Vorbildwirkung zu erfüllen. Dies geschieht erstens durch die aktive Mitwirkung an der Erarbeitung von Strategiedokumenten auf politischer Ebene, allen voran der Waldstrategie 2020+ und der Klimawandelanpassungsstrategie, zweitens durch die Übertragung der darin enthaltenen Handlungsrichtlinien in den ÖBf-Kontext sowie drittens durch die Erarbeitung komplementärer, unternehmensspezifischer Konzepte. Auf diese Weise sind unter dem Dach des Leitbilds Strategien für die Bereiche Waldbau, Jagd, Schutzwaldbewirtschaftung und Klimaschutz sowie das diese Strategien vernetzende und weiterentwickelnde Projekt Ökologie–Ökonomie entstanden.

Es wird sich erst auf lange Sicht zeigen und sehr wahrscheinlich auch nur ex post zu beurteilen sein, ob der Klimawandel per Saldo positive oder negative Folgen für die nachhaltige Waldbewirtschaftung hat. Derzeit steht vielfach das Bedrohungsszenario mit erhöhtem Schädlingsdruck, steigender Baummortalität und erhöhten Ansprüchen an den Wald im Vordergrund. Gefordert werden mehr Holz zum Gelingen der Energiewende und zur Substitution von Bau- und Werkstoffen, die energie- und schadstoffintensiv produziert werden müssen; mehr Schutz vor Elementarereignissen wie Steinschlag, Lawinen- und Murenabgängen sowie Hangrutschungen; mehr Erholung für Bevölkerung und Touristen im Wald, am Wasser und in den Bergen, weil die Zahl der Hitze- und Tropentage steigt; mehr Leistung bei der Regulierung des Wasserhaushalts und bei der Sicherung der Trinkwasserversorgung, weil bei Starkregenereignissen die Retention großer Niederschlagsmengen erforderlich ist und weil die Ressource Wasser stellenweise knapper wird.

Es ist aber genauso vorstellbar, dass es zu einer Erhöhung der Holzproduktion kommt, weil der Wald durch den gestiegenen CO_2-Gehalt der Atmosphäre schneller wächst; man spricht hier vom CO_2-Düngeeffekt, weil die Vegetationsperioden länger werden und weil sich durch die Verschiebung der Waldgrenze nach oben Flächengewinne ergeben. So wird etwa in der 2009 publizierten HOBI-Studie das Szenario „Climate Change" durch Hinaufsetzen der Waldgrenze um 200 m modelliert (vgl. Mannsberger 2009, S. 20). In jedem Fall steht fest, dass die Erhaltung des multifunktionalen Ökosystems Wald in den nächsten Jahren und Jahrzehnten eine entscheidende Rolle für die gesellschaftliche und ökonomische Entwicklung Österreichs spielen wird. Als einer der forstlichen Leitbetriebe des Lands werden die ÖBf den bestmöglichen Beitrag zur Sicherung des Wirtschaftsstandorts und der Lebensqualität leisten.

Literatur

BFW (2018) https://bfw.ac.at/rz/bfwcms.web?dok=10485 (dl 5.2.2019)

BMNT (o. J. a) https://www.bmnt.gv.at/forst/oesterreich-wald/raumplanung/gefahrenzonenplan/Gefahrenzonenplan.html bzw. https://www.bmnt.gv.at/forst/oesterreich-wald/raumplanung/waldfachplan/WAF.html (dl 31.1.2019)

BMNT (o. J. b) https://www.bmnt.gv.at/forst/oesterreich-wald/raumplanung/waldentwicklungsplan/WEP.html (dl 31.1.2019)

BMNT (2017a) Die Österreichische Strategie zur Anpassung an den Klimawandel. Teil 2 – Aktionsplan. Wien

BMNT (2017b) Die Österreichische Strategie zur Anpassung an den Klimawandel. Teil 1 – Kontext. Wien

BMNT (2018a) Österreichische Waldstrategie 2020+. Wien

BMNT (2018b) Wie steht es um unseren Wald? Die Ergebnisse der Österreichischen Waldinventur des BFW, Wien

BMNT (2018c) Beitrag des österreichischen Forst- und Holzsektors zu den globalen Nachhaltigkeitszielen. Wien.

Bundesforstegesetz, BGBl. 793/1996

Forstgesetz, BGBl. 440/1975

Gabler (o. J.) Wirtschaftslexikon online. https://wirtschaftslexikon.gabler.de/definition/maximum-sustainable-yield-39324/version-262735 (dl 5.2.2019)

Carlowitz, Hans Carl von (2013) Sylvicultura oeconomica oder Haußwirthliche Nachricht und Naturmäßige Anweisung zur Wilden BaumZucht. Zit. nach: Hamberger, Joachim. München (Erstveröffentlichung 1713).

Mannsberger, Gerhard (2009) HOBI-Studie: Zusammenschau und Schlussfolgerungen. In: BFW (Hrsg) Praxisinformation 18. Holz- und Biomassenstudie. Wien. S 20 f.

ÖBf (o. J.) Unser Leitbild. https://www.bundesforste.at/unternehmen-nachhaltigkeit/nachhaltigkeit/leitbild.html (dl 4.2.2019)

Rechnungshof (2017) Bericht des Rechnungshofes. Schutzwaldbewirtschaftung bei der Österreichischen Bundesforste AG, Reihe BUND 29. Wien

Seidl, Rupert (2017) Resilienz im Waldmanagement. In: Österreichischer Agrarverlag (Hrsg.): Forstzeitung, Nr. 7, S 10 f. Wien

Umweltbundesamt (2018) Wald im (Klima)Wandel. http://www.umweltbundesamt.at/aktuell/presse/lastnews/news2018/news_181126/ (dl 4.2.2019)

VO (EU) 841/2018 des Europäischen Parlaments und des Rates vom 30.5.2018, über die Einbeziehung der Emissionen und des Abbaus von Treibhausgasen aus Landnutzung, Landnutzungsänderungen und Forstwirtschaft in den Rahmen für die Klima- und Energiepolitik bis 2030, ABl. L 156

Wolfrum G (2018) Studie: Wälder federn Wasserkrisen ab. In: Land Salzburg (Hrsg) Natur Land Salzburg. Nr. 2, S. 12 f.

Dr. Rudolf Freidhager ist seit 2015 Vorstand für Forstwirtschaft und Naturschutz und Vorstandssprecher der Österreichischen Bundesforste (ÖBf). Zuvor war der gebürtige Oberösterreicher seit der Unternehmensgründung im Jahr 2005 zehn Jahre lang Vorstandsvorsitzender der Bayerischen Staatsforsten (BaySF) und hat das Unternehmen zu einem der modernsten europäischen Staatsforstbetriebe entwickelt. Als studierter Forstwirt und Absolvent des Hochschullehrgangs für Öffentlichkeitsarbeit hat er sich innerhalb der Forstwirtschaft stets für einen umfassenden Dialog mit allen Anspruchsgruppen eingesetzt.

Mag. Georg Schöppl ist seit 2007 Vorstandsmitglied der Österreichischen Bundesforste (ÖBf) und Vorstand für Finanzen und Immobilien. Zuvor war der Jurist, der in einem landwirtschaftlichen Betrieb aufgewachsen ist, Vorstandsvorsitzender der Agrarmarkt Austria. Der gebürtige Oberösterreicher zeichnet wesentlich für den Ausbau der nichtforstlichen Bereiche, insbesondere der Bereiche Immobilien und erneuerbare Energie, verantwortlich, mit dem sich die Bundesforste maßgeblich vom Forstbetrieb zum innovativen Naturunternehmen entwickelt haben und als Teil einer zukünftigen Bioökonomie in gesellschaftliche Entwicklungen einbringen.

Das Projekt Ökoregion Kaindorf – Chance für Landwirte und Klima

Die erste plastiksackerlfreie Region Österreichs ist europaweit Pionier im Humusaufbau und bringt viele nachhaltige Projekte auf den Boden

Thomas Karner

„Nur wer etwas tut, kann etwas verändern."

1 Humusaufbau als Chance für Landwirte und Klima

Das weitreichendste Projekt der Ökoregion Kaindorf ist das Humusaufbauprogramm, an dem sich mittlerweile mehr als **250 Landwirte in ganz Österreich** beteiligen und rund **3000 Hektar** Ackerboden nachhaltig bewirtschaften (Abb. 1). Die Landwirte bauen Humus auf, stärken die Bodenbiologie und infolgedessen die Pflanzen. Damit schonen sie die Umwelt, binden CO_2 in großen Mengen in ihren Ackerböden und entlasten unser Klima. Neben einem fruchtbaren und widerstandsfähigen Boden erhalten die Landwirte aus dem Zertifikatehandel ein Zusatzeinkommen sozusagen als Prämie für die CO_2-Bindung.

Prof. Gottfried Kirchengast vom Wegener Center der Karl-Franzens-Universität in Graz bringt das Projekt auf den Punkt: „Humusaufbau ist die einzige Möglichkeit, CO_2 in großen Mengen zu binden. Das Humusaufbauprogramm der Ökoregion Kaindorf ist ein erprobtes und europaweit einzigartiges Vorzeigemodell und macht Landwirte zu Klimaschutzwirten."

Die europäische Themenführerschaft der Ökoregion Kaindorf im Humusaufbau zeigt sich u. a. in Form der Humus-Fachtage, die alljährlich im Januar von mehr als 400 Teilnehmern aus acht Nationen besucht werden, der Humus-Akademie mit praxisorientierten Workshops für Landwirte sowie unzähligen Delegationen aus der ganzen Welt. Mit Friesland (NL) wurde im November 2018 mit dem ersten europäischen Partnerland eine Umsetzungsvereinbarung unterzeichnet.

T. Karner (✉)
Ökoregion Kaindorf, Kaindorf, Österreich
E-Mail: thomas.karner@oekoregion-kaindorf.at

A. Sihn-Weber und F. Fischler (Hrsg.), *CSR und Klimawandel*, Management-Reihe Corporate Social Responsibility, https://doi.org/10.1007/978-3-662-59748-4_24

Abb. 1 Humus-Mastermind Gerald Dunst von der Ökoregion Kaindorf mit Hans-Peter Spindler, Humuslandwirt der ersten Stunde. (Foto: Ökoregion Kaindorf)

Getragen wird die beachtliche Entwicklung des Humusaufbauprogramms v. a. durch das unermüdliche Engagement von Gerald Dunst, der als Leiter der Arbeitsgruppe Landwirtschaft der Ökoregion Kaindorf Jahr für Jahr viele hunderte ehrenamtliche Stunden in das Projekt investiert. Der erfolgreiche Unternehmer (Firma Sonnenerde) gibt sein Know-how neben unzähligen Vorträgen in ganz Europa und in Workshops im Rahmen der Humus-Akademie auch in Buchform weiter. Seine beiden Werke *Kompostierung und Erdenherstellung* sowie *Humusaufbau – Chance für Landwirtschaft und Klima* zeigen die vielen Möglichkeiten zur Fruchtbarmachung unserer Böden auf, damit auch unsere Kinder und Enkelkinder noch gesunde Lebensmittel ernten können (Abb. 2).

1.1 Die nachgewiesenen Vorteile des Humusaufbauprogramms

Die Böden werden fruchtbarer. Eine ausgewogene Bodenbiologie ist die beste Basis für Wachstum, stärkt die Pflanzen auf natürliche Weise und reduziert den Einsatz von Dünge- und Spritzmitteln.

Humusböden **speichern viel mehr Wasser** als herkömmliche Böden und sind widerstandsfähiger gegenüber klimabedingten Wetterextremen (Ertragssicherheit bei

Abb. 2 Eine Regierungsdelegation aus Friesland unterzeichnete 2018 eine Vereinbarung über die Umsetzung des Humusaufbauprogramms in den Niederlanden. (Foto: Erna Grabner/Ökoregion Kaindorf)

Trockenheit, Prävention von Abschwemmungen und Überschwemmungen infolge von Starkregen).

Humusböden **minimieren nachweislich die Erosion** durch Wind und Wasser.

Humusböden können Nitrat deutlich besser fixieren **(Grundwasserschutz).**

CO_2 wird nachweislich im Boden gebunden und damit unser Klima entlastet (Humusaufbau ist die einzige Möglichkeit, CO_2 in großen Mengen zu speichern!).

Landwirte erhalten aus dem Zertifikatehandel ein **Zusatzeinkommen**.

Landwirte werden zu Klimaschutzwirten **(Image-Steigerung).**

1.2 Umfangreiches Datenmaterial spricht für den Humusaufbau

Bodendaten von mehr als 100 ausgewerteten Ackerflächen in ganz Österreich belegen eindeutig, dass Humusaufbau in klimarelevanten Größenordnungen möglich ist (durchschnittlich können von den beteiligten Humuslandwirten **pro Hektar und Jahr an die 10 t CO_2** im Boden gebunden werden).

Ein stabiles Kohlenstoff/Stickstoff(**C/N**)-**Verhältnis** im Boden minimiert den Nitrateintrag ins Grundwasser. Je niedriger der Humusgehalt, desto niedriger ist das C/N-Verhältnis und desto höher ist die Wahrscheinlichkeit der Nitratausschwemmung. Bei einem idealen C/N-Verhältnis (9–10) bleibt nahezu der gesamte Stickstoff im System.

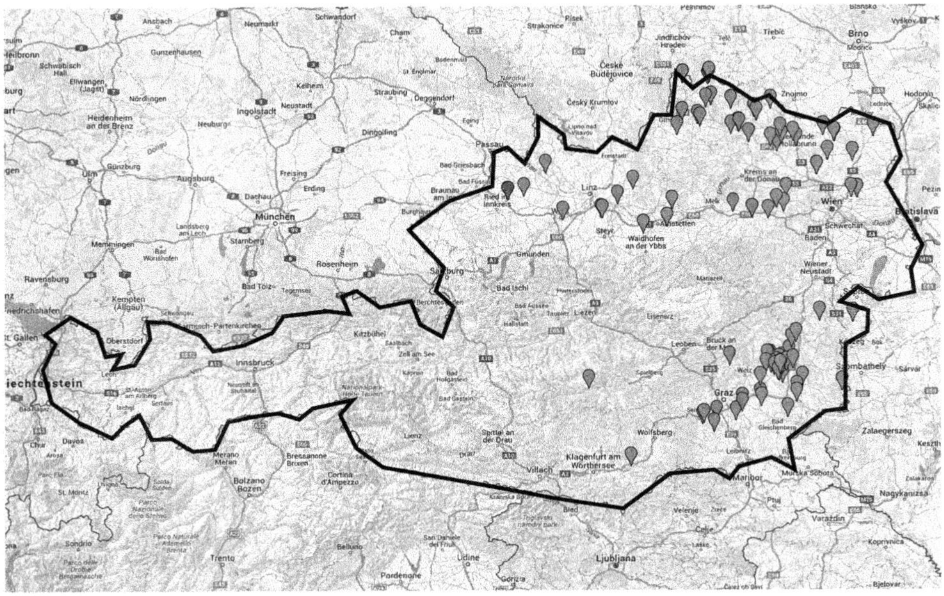

Abb. 3 Mit Stand April 2019 beteiligen sich rund 250 Landwirte in ganz Österreich am Humusaufbauprogramm der Ökoregion Kaindorf. (Quelle: Edelweiß/Ökoregion Kaindorf)

Würde man die von Humuslandwirten auf mehr als 100 Ackerflächen in ganz Österreich bisher erzielten Ergebnisse summieren, würde das umgerechnet auf die gesamte Ackerfläche Österreichs ein jährliches Einsparungspotenzial von rund **14 Mio. t CO_2** ergeben (Abb. 3).

1.3 Die praktischen Grundprinzipien des Humusaufbauprogramms

Winterbegrünung (Nur ein begrünter Boden kann etwas leisten) verhindert Nährstoffverluste und stabilisiert die Bodenbiologie. Durch ganzjährige Wurzelausscheidungen wird Kohlenstoff über die Photosynthese in den Boden gebracht und in Form von Humus gebunden.

Bodenschonende Bearbeitung Erhalt der aufgebauten Bodenbiologie, v. a. der für die Kohlenstoffstabilisierung wichtigen Bodenpilze (Direktsaat anstelle von Pflug)

Einsatz von Zwischensaaten Die Erhöhung der Wurzelvielfalt und die Förderung der Mykorrhiza-Pilze steigern die Photosyntheseleistung durch Etagenaufbau der Blattmasse

Beschleunigung durch Kompostzufuhr Kompost ist fast fertiger Humus und kann den Humusaufbau stark beschleunigen.

Abb. 4 Humuslandwirte gewinnen nicht nur einen gesünderen und widerstandsfähigeren Boden, sondern erhalten auch eine Prämie aus dem Humuszertifikatehandel. (Foto: Steinkellner/Ökoregion Kaindorf)

Weitere unterstützende Maßnahmen Einsatz von Komposttee, Pflanzenkohle, effektiven Mikroorganismen u. w. m (Abb. 4).

1.4 Bisher 284.000 € an Humuslandwirte ausbezahlt

Landwirte können mit Schlägen von jeweils **maximal 5 ha** am Humusaufbauprogramm teilnehmen.

Außer den Kosten für die Bodenprobe (aktuell 390 € pro Schlag) gehen die Landwirte **keine Verpflichtung** ein.

Im Zuge der Anfangsuntersuchung werden pro Schlag an 25 GPS-vermessenen Punkten **Bodenproben** von einem zertifizierten Ziviltechnikerbüro entnommen. Die Bodenproben werden von der AGES in Wien analysiert.

Drei bis sieben Jahre nach der Anfangsuntersuchung wird die **Folgeuntersuchung** durchgeführt. Pro nachweislich gebundener Tonne CO_2 erhält der Landwirt ein (nicht garantiertes) Erfolgshonorar in Höhe von 30 €. Bisher wurden 284.000 € an Humuslandwirte ausbezahlt.

Nach Auszahlung des Erfolgshonorars beginnt eine **Fünf-Jahres-Frist,** innerhalb dieser der aufgebaute Humus nachweislich erhalten werden muss.

Humuszertifikatehandel Finanziert werden die Erfolgshonorare vorwiegend durch Unternehmen, die auf freiwilliger Basis ihren nicht vermeidbaren CO_2-Überschuss kompensieren und damit die Landwirte direkt unterstützen.

2 Das gibt Mut: Erste plastiksackerlfreie Region Österreichs

Die Ökoregion Kaindorf engagiert sich seit 2007 in rund zehn Arbeitsgruppen und in vielen konkreten Projekten für eine lebenswerte Zukunft (Abb. 5). Als erste plastiksackerlfreie Region Österreichs gewann sie 2011 erstmals weit über die regionalen Grenzen hinaus an Bekanntheit und konnte so ein wichtiges Zeichen setzen.

Alle Handelsbetriebe in der Ökoregion Kaindorf verzichten **seit 2011** auf Plastiksackerl. Damit zählt die Ökoregion Kaindorf zu den ersten plastiksackerlfreien Regionen im deutschsprachigen Raum. Das mediale Interesse für dieses Vorzeigeprojekt war enorm, wie dies viele Beiträge u. a. im ORF, im ZDF und in vielen österreichischen und deutschen Bundesländerzeitungen dokumentieren.

Abb. 5 Die Ökoregion Kaindorf konnte 2011 als erste plastiksackerlfreie Region Österreichs ein wichtiges Zeichen setzen. (Quelle: Ökoregion Kaindorf)

Da mittlerweile sowohl die österreichische Bundesregierung als auch die Europäische Union den Ausstieg aus den Einwegplastiksackerln beschlossen haben, gibt dieses Projekt besonders viel Mut. Denn die aktuellen Entwicklungen zeigen, dass es sich lohnt, sich im Kleinen zu engagieren – dass man damit wesentliche Impulse setzen kann, die dazu beitragen, die Dinge auch im Großen zum Positiven zu verändern.

Alle Handelsbetriebe wurden zu diesem Zweck 2011 in der Ökoregion Kaindorf mit Papiertüten und Bio-FAIRTRADE-Stofftaschen als Ersatz für die Plastiksackerln ausgestattet. Im Lebensmittelhandel wurde für Obst und Gemüse ein eigenes Obstsackerl aus Papier mit einem Sisalnetz aus Maisstärke produziert. Um die Bevölkerung der Ökoregion für den Umstieg auf plastiksackerlfreies Einkaufen zu begeistern, wurde eine Informationskampagne mit vielen Anreizen u. a. im Rahmen eines Gewinnspiels durchgeführt. Der Auftakt der Aktion fand im Februar 2011 in der voll besetzten Kulturhalle in Kaindorf mit der Filmvorführung „Plastic Planet“ statt. Seither wurden weit mehr als 20.000 Papiertüten und 2000 Stofftragetaschen im Design des Vereins in der Ökoregion im Handel verwendet bzw. werden noch immer zum Einsatz gebracht.

3 Vormachen und zum Aktivwerden animieren: Eine Region nimmt ihre Zukunft selbst in die Hand

Die Ökoregion Kaindorf liegt im steirischen Bezirk Hartberg-Fürstenfeld und ist ein vereinsrechtlicher, überparteilicher Zusammenschluss der drei Gemeinden **Ebersdorf, Hartl und Kaindorf.** Auf einer Gesamtfläche von 79 km^2 leben hier mehr als 6300 Einwohner. Als gemeinsames Ziel möchte man durch vorausschauendes und verantwortungsvolles Handeln aufzeigen, dass sich Wirtschaftlichkeit mit den ökologischen und sozialen Aspekten der Nachhaltigkeit erfolgreich verbinden lassen (Abb. 6).

Der Geburtsstunde der Ökoregion Kaindorf geht die persönliche Betroffenheit von **Vereinsgründer Rainer Dunst** voraus, der im Frühjahr 2007 die ersten großen Medienberichte über den Klimawandel und seine dramatischen Auswirkungen nicht einfach so hinnehmen wollte. Rainer Dunst hat sich in dieser Zeit für einige Wochen zurückgezogen und sich eingehend mit der Thematik beschäftigt. Nach einem Gespräch mit Österreichs bekanntester Klimaforscherin Helga Kromp-Kolb hat er sich zur Gründung der Vereins Ökoregion Kaindorf entschlossen und konnte dafür die Bürgermeister und viele engagierte Menschen in der Region begeistern. Bei der Auftaktveranstaltung im April 2007 formierten sich im randvoll besetzen Kultursaal in Kaindorf die ersten Arbeitsgruppen.

Seit 2007 wurden in diesen Arbeitsgruppen mehr als **300 Projekte** für den Klimaschutz verwirklicht, die Energieversorgung der gesamten Region auf Ökostrom umgestellt und der Verbund aus den Gemeinden Ebersdorf, Hartl und Kaindorf zur ersten plastiksackerlfreien Region Österreichs gemacht. Die Ökoregion Kaindorf setzt dort an, wo jeder einzelne Haushalt, jedes Unternehmen und jeder Verein selbst etwas tun kann.

Abb. 6 Mit einem Vortrag der bekannten österreichischen Klimaforscherin Helga Kromp-Kolb wurde die Ökoregion Kaindorf im April 2007 im Kultursaal in Kaindorf aus der Taufe gehoben. (Foto: Ökoregion Kaindorf)

Oberstes Ziel der Ökoregion Kaindorf ist es, selbst etwas für eine lebenswerte Umwelt im eigenen Verantwortungsbereich zu tun und die Erfahrungen aus den vielen konkreten Projekten weiterzugeben. So haben sich die Region **Westungarn** und die slowenische Region **Ravno Polje** das Handeln der Ökoregion Kaindorf zum Vorbild genommen, um es in ihrem eigenen Lebensraum umzusetzen. Auch mit Vereinen, Institutionen und Firmen werden viele Partnerschaften gelebt und durch das Engagement vieler verantwortungsbewusster Menschen getragen. Jede Privatperson und jedes Unternehmen kann demnach den Verein Ökoregion Kaindorf als Mitglied bzw. Partner unterstützen (Abb. 7).

3.1 Viele energiereiche Projekte verursachen weniger CO_2-Emissionen

Allein durch die Umstellung der Versorgung der Ökoregion Kaindorf mit 100 % CO_2-neutralem Ökostrom durch die Energie Steiermark und die Errichtung eines Nahwärme-Heizwerks in Kaindorf werden jährlich rund 10.000 t an CO_2-Emissionen eingespart. Viele weitere umgesetzte Energieprojekte unterstützen die nachhaltige Entwicklung der Region. Ein Auszug:

Abb. 7 Mehr als zwölf Jahre Engagement für eine lebenswerte Zukunft – der Vorstand der Ökoregion Kaindorf. (Foto: Bernhard Bergmann)

Thermografien und Sanierungscheck In der Ökoregion Kaindorf wurden Wärmebildaufnahmen von mehr als 250 Gebäuden durchgeführt. Die Bewohner der betroffenen Häuser wurden über den Nutzen von Sanierungen sowie über die damit verbundenen Kosten und Förderungen informiert. Durch richtiges Sanieren wird nicht nur ein aktiver Beitrag für unsere Umwelt geleistet, sondern werden auch Heizkosten erheblich eingespart sowie der Wert der Häuser und auch die Wohnbehaglichkeit gesteigert. Der Sanierungscheck kostete die mitmachenden Hausbesitzer aufgrund von Förderungen von Bund, Land, den Gemeinden und dem Verein Ökoregion Kaindorf nur 49 €.

Dämmmusterhäuser Im Zentrum von Kaindorf wurden direkt an der Bundesstraße drei Dämmmusterhäuser errichtet. Temperaturanzeiger veranschaulichen, wieviel von einer Glühbirne abstrahlende Wärme durch verschiedene Dämmsysteme im Raum gehalten wird. Ein Musterhaus wurde mit Holzweichfaserplatten und Lehmverputz (U-Wert: 0,15 W/m^2K), das zweite mit Ziegel und Verputz (U-Wert: 0,58 W/m^2K) und das dritte Musterhaus mit Ziegel und Vollwärmeschutz (U-Wert: 0,21 W/m^2K) gebaut (Abb. 8).

Beteiligungsgesellschaft für Sonnenstrom Die Ökoregion Kaindorf Erneuerbare Stromproduktion GmbH & Co KG, kurz ÖKES, wurde 2011 gegründet. Seither wurden fünf Fotovoltaikanlagen auf öffentlichen Gebäuden mit insgesamt 136 kWpeak errichtet. Es haben sich 46 mehrheitlich einheimische, private Gesellschafter mit Beiträgen zwischen 200 und 15.000 € beteiligt und erhalten seither eine jährliche Rendite von rund 7 %.

Abb. 8 In der Ökoregion Kaindorf wurden fünf privat finanzierte Fotovoltaikanlagen errichtet. Die Gesellschafter erhalten eine jährliche Rendite von 7 %. (Foto: Ökoregion Kaindorf)

Umstellung der Straßenbeleuchtung Die Straßenbeleuchtung wurde in allen drei Gemeinden der Ökoregion Kaindorf auf neue, energiesparende Technologien umgestellt. In der ersten Phase wurden die herkömmlichen Glühbirnen durch DML-Energiesparlampen ersetzt. In der zweiten Phase wurde der Umstieg auf die noch effizientere LED-Technik vollzogen. Allein in der Gemeinde Kaindorf konnte damit der Energieaufwand um 71 % gesenkt werden.

3.2 Die Dinge nehmen Fahrt auf: Radeln für den Klimaschutz

Seit 2007 wurden in der Ökoregion Kaindorf zahlreiche Mobilitätsprojekte initiiert, die in vielerlei Richtung wirksam sind und z. T. in vielen anderen Regionen in Österreich Nachahmung gefunden haben (Abb. 9). Ein Auszug:

Radeln für die Umwelt Von 2009 bis 2013 wurde in der Ökoregion Kaindorf jedes Jahr von April bis Juli für die Umwelt geradelt. Ein Gewinnspiel motivierte, das Fahrrad für Kurzstrecken im Alltag und gleichzeitig Produkte in der Region verstärkt zu nutzen. Bei allen Radfrühling-Partnerinnen und -Partnern erhielt man einen Aufkleber, wenn man mit dem Fahrrad kam. Mit jedem vollen Rad-Frühling-Pass nahm man an einem Gewinnspiel teil. An der Aktion beteiligten sich 62 Betriebe und Institutionen in der

Abb. 9 Im Zuge der Genussradrundfahrt entdecken Bewohner und Gäste die landschaftliche Schönheit der Ökoregion und Gutes von Direktvermarktern, regionalen Vorzeigebetrieben und heimischen Wirtshäusern. (Foto Pressfoto/Ökoregion Kaindorf)

Ökoregion Kaindorf. Der Radfrühling wurde 2014 durch ein weiteres Radprojekt, die BikeLine Checkpoints, ersetzt.

24-Stundenbiken für den Klimaschutz Seit 2007 veranstaltet der Verein Ökoregion Kaindorf das „24-Biken für den Klimaschutz", an dem alljährlich rund 1000 Radsportler aus ganz Österreich und den umliegenden Nachbarländern teilnehmen. Seit 2017 wird die Veranstaltung als Ultra Rad Challenge vom Radsportverein green team in Kooperation mit der Ökoregion ausgetragen. Neben der Wertschöpfung für die Region Kaindorf brachte das Veranstaltungsformat, das dreimal als bester Green Event des Jahres in Österreich ausgezeichnet wurde, mehr als 75.000 € für Klimaschutzprojekte ein.

Geero, die Genuss-Radrundfahrt 2018 wurde das „24-Biken für den Klimaschutz", das jeweils im Juli stattfindet, durch die Genuss-Radrundfahrt im Mai ergänzt. Schon bei der Premiere nahmen daran 1300 Genuss-Radfahrer aus der ganzen Steiermark teil. Die Strecke führt bewusst an regionalen Bauernhöfen, Direktvermarktern und heimischen Wirtshäusern vorbei, die dadurch neue Kundenschichten und damit regionale Wertschöpfung erzielen. Um einen nachhaltigen Nutzen daraus zu ziehen, wurde eine Radwegenetz erarbeitet und eine Radkarte mit vier beschilderten Raderlebnistouren und 34 regionalen Direktvermarktern, Wirtshäusern und Ausflugszielen aufgelegt.

Elektroroller und Stromtankstellen In der Ökoregion Kaindorf wurden 60 geförderte Elektroroller im Design der Ökoregion in Betrieb genommen. Auch der Pfarrer von Kaindorf/Ebersdorf wurde damit ausgestattet. Parallel dazu sind bei vielen Gasthäusern, Hotelbetrieben und Geschäften rund 15 Gratisladestationen für E-Bikes und E-Roller errichtet worden. Das Netz an Ladestationen wurde in den vergangenen Jahren durch jeweils eine Schnellladestation für Elektroautos in jeder Gemeinde erweitert.

3.3 Greta Thunberg hätte ihre Freude: Nachhaltigkeit macht Schule

Dass die Zukunft in den Händen unserer Kinder liegt, ist ein vielstrapazierter Spruch. Gerade deshalb sollten wir die Jugend bei allen unseren Aktivitäten mit ins Boot nehmen – v. a. ihrer Zukunft wegen! Die Begeisterungsfähigkeit für nachhaltige Projekte stellen Schüler und Jugendliche Jahr für Jahr eindrucksvoll unter Beweis (Abb. 10). Ein Auszug:

BIKELine macht Schule Die BIKEline ist ein internetbasierter Fahrradwettbewerb für Schülerinnen und Schüler ab der vierten Schulstufe und wurde von DI Dietmar Scheiblhofer initiiert und 2010 mit 65 Schülern in der Ökoregion Kaindorf gestartet und mittlerweile von 37 Schulen in ganz Österreich übernommen. Mit dem Fahrrad zurückgelegte Schulwege werden mithilfe von Helmchips elektronisch erfasst und als virtuelle Reise um die Welt dargestellt. Die teilnehmenden Schüler und Schülerinnen erhalten Urkunden über die erbrachten Leistungen und werden mithilfe eines Wettbewerbes

Abb. 10 In den Kindergärten und Schulen der Ökoregion Kaindorf werden seit Jahren viele nachhaltige Themen in Projekten erarbeitet. (Foto: Ökoregion Kaindorf)

motiviert. Entlang von sicheren Routen – den BIKElines – werden Haltestellentafeln aufgestellt, an denen sich die jungen Pedalritter morgens treffen (können), um dann zu festgelegten Abfahrtszeiten gemeinsam zur Schule zu radeln.

Unser Nachwuchs denkt an morgen Seit vielen Jahren werden in den Kindergärten und Schulen der Ökoregion Kaindorf nachhaltige Themen in Form von Projekten, Bastel-, Schreib- und Malwettbewerben behandelt und deren Ergebnisse bei bestens besuchten Präsentationen und Siegerehrungen ins Rampenlicht gestellt. So beschäftigen sich die jungen Einwohner der Ökoregion schon in frühen Jahren mit Themen wie Abfallvermeidung, Energiesparen und Umweltschutz. Das erfahren auch die Schüler der Neuen Mittelschule in Kaindorf im wöchentlichen Ökologieunterricht.

Die Ökologische Jausenbox ist die nachhaltige Alternative zum Plastik, vermeidet Abfall und schont unsere Umwelt. Alle Schüler in der Ökoregion Kaindorf haben eine Jausenbox aus biologisch abbaubarem Material geschenkt bekommen. Ziel des Projekts ist es, Abfall (Alufolie und Jausensackerl) zu vermeiden und Ressourcen zu schonen. Die Schüler haben dieses Thema intensiv im Unterricht behandelt. Das Projekt wurde mittlerweile von zahlreichen anderen Schulen in Österreich übernommen (Abb. 11).

Abb. 11 Jede Schule der Ökoregion Kaindorf hat ökologische Schulhefte mit selbstgestaltetem Umschlag. Das schont die Umwelt und macht die Schüler stolz. (Foto: Ökoregion Kaindorf)

Unsere eigenen Schulhefte Im Zuge des Projekts „Meine Welt von morgen“ haben alle Schulen der Ökoregion Kaindorf umweltzertifizierte und in der Region produzierte Schulhefte mit jeweils selbstgestaltetem Umschlag bekommen. Damit wurde ein weiterer Akzent für nachhaltige Beschaffung gesetzt und auf sehr sympathische Weise Bewusstseinsbildung gemacht.

FAIRTRADE-Region Die Ökoregion Kaindorf ist seit 2011 FAIRTRADE-Region. Dazu wurden eine eigene Arbeitsgruppe gegründet und viele Projekte wie das FAIRTRADE-Kasperltheater, FAIRTRADE-Fußbälle für das Nachwuchsteam, Infoveranstaltungen, das Unterrichtsprojekt „Bananen-Challenge“ oder die Begegnung mit Landwirten aus Argentinien umgesetzt. Im Jahr 2014 wurde das Engagement der Ökoregion Kaindorf mit der SO-FAIR-Auszeichnung für faire Beschaffung gewürdigt.

Green Shop Im Jahr 2016 wurde ein Secondhand-Shop mit bestens erhaltenen Secondhand-Produkten für Kinder bis 14 Jahre in Kaindorf eröffnet. Die Angebotspalette reicht über Kinder- und Babybekleidung, Sportartikel, Kinderschuhe, Babyartikel bis hin zu Büchern und Spielsachen. Gut erhaltene Artikel werden dadurch ressourcenschonend weitergenutzt. Eltern haben zudem die Möglichkeit, Kinder- und Babyartikel kostengünstig zu kaufen und zu verkaufen.

4 Natur im Garten: Was im Kleinen funktioniert gilt auch im Großen

„NATUR im GARTEN“ ist eine vom Land Niederösterreich im Jahr 1999 ins Leben gerufene Initiative, die sich zum Ziel gesetzt hat, Menschen dazu zu ermutigen und zu unterstützen, Gärten naturnäher zu gestalten. Die Ökoregion Kaindorf ist im Jahr 2017 Partner von „NATUR im GARTEN“ geworden und hat im Jahr 2018 gemeinsam mit ORF-Biogartenexpertin Angelika Ertl-Marko und dem Lebensressort des Landes die Initiative „NATUR im GARTEN Steiermark“ gestartet. Innerhalb von wenigen Monaten sind daraus viele Projekte entstanden, die das steigende Interesse der Menschen für den Kontakt zur Natur und für gesunde Lebensmittel eindrucksvoll unter Beweis stellen (Abb. 12).

Zentrale Kriterien der Initiative „NATUR im GARTEN“ sind der Verzicht auf Pestizide, auf chemisch-synthetische Dünger und auf Torf. Sie richtet sich v. a. an private Gärtner sowie an Gemeinden und hat enorme Wirkung auf die Bewusstseinsbildung für den verantwortungsvollen Umgang mit unserer Umwelt. Denn immer mehr Menschen finden Erholung im Garten als erweiterten Lebensraum, legen Wert auf Herkunft und Qualität ihrer Lebensmittel und treffen Kaufentscheidungen immer öfter aufgrund von glaubhaften, nachhaltigen Produktionszyklen. Nach dem Motto „Was im Kleinen funktioniert gilt auch im Großen“ entstehen viele Querverbindungen zur Landwirtschaft. Der Umstand, dass der Agrarlandesrat Schirmherr von „NATUR im GARTEN Steiermark“ ist, hat Signalwirkung.

Abb. 12 Der „Essbare Tiergarten" von Schokoladier Josef Zotter wurde als einer der ersten steirischen Gärten mit der Plakette von „NATUR im GARTEN" ausgezeichnet. (Foto: Lebensressort Steiermark)

Angelika Ertl-Marko ist eine der führenden Gartenexpertinnen im deutschsprachigen Raum. Mit ihren Büchern *Jetzt haben wir den Salat* und dem *Boden ABC* hat sie gleich zwei Bestseller gelandet, die sich in Österreich und Deutschland tausendfach verkaufen. In ihren Büchern und in ihren vielen Vorträgen sensibilisiert sie für einen ökologischen und verantwortungsvollen Umgang mit unserem Boden und unseren Pflanzen – ganz nach dem Prinzip „Gesunder Boden – gesunde Lebensmittel – gesunder Mensch". Ihre mediale Präsenz verhilft der Initiative „NATUR im GARTEN" zu einem hohen Grad an Aufmerksamkeit – ebenso wie dem Humusaufbauprogramm der Ökoregion Kaindorf, das Angelika Ertl-Marko als offizielle Humusbotschafterin aus voller Überzeugung unterstützt.

Vor diesem Hintergrund und mit Unterstützung des Lebensressorts des Landes Steiermark sowie dem Know-how von „NATUR im GARTEN Niederösterreich" haben sich innerhalb kürzester Zeit bemerkenswerte Projekte in der Steiermark entwickelt.

4.1 Mit der Plakette „NATUR im GARTEN" ein Zeichen setzen

Ein Naturgarten steht für ökologische Gestaltung, natürliche Vielfalt und nachhaltige Bewirtschaftung. Mit der Auszeichnung NATUR-im-GARTEN-Plakette zeigen 15.000

Gärtnerinnen und Gärtner in Niederösterreich und immer mehr Naturgartenfreunde auch in der Steiermark, dass in ihrem Garten die Natur einen Platz hat. Der Auszeichnung geht ein Check bzw. eine Naturgartenberatung voraus.

4.2 Vorträge, Gartenstammtische und Humus-Akademie

Seit Sommer 2017 trifft sich die Arbeitsgruppe „NATUR im GARTEN“ regelmäßig, um sich meist in einem der schönen Gärten in der Ökoregion Kaindorf auszutauschen. Dabei geht es um die Vielfalt von Obst- und Gemüsepflanzen, um Kräuter und Blumen, Kompost und fruchtbare Erde und allerhand praktische Tipps. Der Erfahrungs- und Wissensaustausch wird durch Gartenworkshops im Rahmen der Humus-Akademie in der Ökoregion Kaindorf gefördert. Seit 2018 wird die Idee der Gartenstammtische in der ganzen Steiermark umgesetzt. Aktuell gibt es 14 steirische Stammtische – Tendenz steigend. Abgerundet wird das Informationsangebot durch unzählige Vorträge und Gartenveranstaltungen im ganzen Land.

4.3 Gartentelefon Steiermark als kostenfreie Beratungshotline

In Kooperation mit „NATUR im GARTEN Österreich“ und mit Unterstützung des Lebensressorts des Landes Steiermark erhalten Garteninteressierte am Gartentelefon Steiermark fachkundige Beratung. Ein Team von Gartenprofis gibt auf konkrete Fragen praktische Vorschläge, wie Herausforderungen im Garten ökologisch gelöst werden können. Die Experten von „NATUR im GARTEN“ suchen im Gespräch die Hintergründe und Ursachen von Problemen im Garten und informieren über verschiedenste Gartenthemen und Aktivitäten. Das Gartentelefon Steiermark ist von Montag bis Freitag kostenfrei unter der Nummer 0 33 34 – 31 700 erreichbar.

4.4 Naturschaugärten Steiermark: inspirieren lassen und von der Natur lernen

Die steirischen Naturschaugärten zeigen sehr eindrucksvoll, in welcher Vielfalt sich die Natur entfalten kann. Und sie zeigen uns, wie wir damit verantwortungsvoll umgehen (Abb. 13). Mit dem Frühjahr 2019 haben die ersten 23 Naturschaugärten in der Steiermark diesen Weg gemeinsam beschritten – unter anderen die wunderbaren Schaugärten von Angelika Ertl-Marko, Josef Zotter (Essbarer Tiergarten), Jörg-Martin Willnauer, Bellabayer, Peter Painer und Susanne Pammer. Die Besucher können sich in ihren Naturschaugärten inspirieren lassen und von der Natur lernen (Abb. 14).

Abb. 13 In einem Folder werden die ersten 23 steirischen Naturschaugärten präsentiert (Sujet: Werbeagentur Edelweiß)

Abb. 14 Die steirischen Blumenschmuckgärtner haben sich einstimmig dazu entschlossen, sich der Initiative „NATUR im GARTEN Steiermark" anzuschließen. (Foto: Steirische Blumenschmuckgärtner)

4.5 Schulen und steirische Gartenbaubetriebe mit im Beet

Neben allen steirischen Landesfachschulen im Agrar- und Gartenbereich haben sich der Initiative auch alle steirischen Blumenschmuckgärtner angeschlossen. Gemeinsam mit der Ökoregion Kaindorf und der Nützlingsberatung der Landwirtschaftskammer Steiermark will man die steirischen Gartenfreunde Schritt für Schritt an den verantwortungsvollen Umgang mit der Natur im eigenen Garten und damit im unmittelbaren Lebensraum heranführen. Das wird sogar in den Statuten der Blumenschmuckgärtner festgeschrieben und in regelmäßigen Schulungen verankert.

4.6 Steirische Gemeindefachtagung für ökologische Grünraumbewirtschaftung

Neben den vielen privaten und öffentlichen Gärten in der gesamten Steiermark wird ein weiterer Schwerpunkt auf die ökologische Pflege des öffentlichen Grünraums gelegt. Im Zuge der ersten Steirischen Gemeinde-Fachtagung für ökologische Grünraumbewirtschaftung wurden im Juni 2019 erstmals Entscheidungsträger und Gemeindemitarbeiter über den verantwortungsvollen Umgang mit unserer Umwelt, über konkrete Lösungen und Anwendungen sowie die gesetzlichen Rahmenbedingungen informiert und geschult. Die Themen der jährlichen Tagung sind vielfältig. Ein Auszug:

Laut Pflanzenschutzmittelgesetz ist die Anwendung von chemisch-synthetischen Pestiziden auf versiegelten Flächen verboten. Wie funktioniert ein **pestizidfreies Unkrautmanagement** in der Gemeinde?

Aus **Umfragen** geht hervor, dass der überwiegende Teil der Bevölkerung ökologisch gepflegte Grünräume wünscht. NATUR-im-GARTEN-Gemeinden entsprechen diesem Grundbedürfnis!

Im Vergleich zu herkömmlichen Bepflanzungen benötigt ein ökologisch gepflegter Grünraum i. d. R. weniger Pflege und hilft dadurch **Kosten** zu sparen.

Vielfalt und dauerhafte Bepflanzungen geben der Natur und nicht zuletzt auch den bedrohten **Bienen und Schmetterlingen** den Platz, den sie dringend benötigen.

Humusreiche Ackerböden nehmen im Umfeld von Gemeinden und Städten ein Vielfaches an Wasser auf und minimieren die kostspieligen Folgen von Ab- und Überschwemmungen. Gemeinden können in diesem Zusammenhang enorme Kosten sparen.

Thomas Karner war Jahrzehnte im Marketing und Management u.a. in der Telekommunikation und in der Messewirtschaft tätig. Mit Beginn des Jahres 2016 übernahm er die Geschäftsführung der Ökoregion Kaindorf, um nachhaltige Projekte voranzutreiben und im Positiven etwas zu bewegen. An der Seite von Gerald Dunst hilft Thomas Karner v. a. mit, das europaweit einzigartige Humusaufbauprogramm der Ökoregion Kaindorf inklusive des Zertifikatehandels weiterzuentwickeln. Neben neuen Kooperationen mit Interessensvertretungen und der Wirtschaft hat er auch den Aufbau einer Humus-Akademie initiiert.

Best-Practice-Mobilität im Tourismus: Tirol auf Schiene

Josef Margreiter

1 Mobilitätstrends: Wohin geht die Reise beim Reisen?

Mobilität, also die Fortbewegung zwischen Ort A und Ort B, ist die Grundvoraussetzung für Tourismus. Technologische Innovationen im Transportwesen haben seit Beginn der Industrialisierung Tourismus, wie wir ihn heute kennen, überhaupt erst möglich gemacht. Infrastruktur wurde ausgebaut, Verkehrsmittel wurden sicherer, schneller, komfortabler und v. a. leistbar (Nuhn und Hesse 2006). Wie diese Fortbewegung vonstatten geht und welche weiteren Aspekte von Bedeutung sind, hat sich im Lauf der letzten 100 Jahre jedoch radikal verändert.

1.1 Der Wind der Veränderung: Nachhaltigkeitsthemen im Trend

Deutschland – mit über 50 % der Nächtigungen sommers wie winters Tirols bedeutendster touristischer Quellmarkt (Tirol Werbung 2019b) – setzt laut diversen Studien, wie z. B. der Nationalen Grundlagenstudie Wintersport Deutschland 2018 (Roth et al. 2018) oder der Reiseanalyse 2018 nach wie vor auf das **Auto als wichtigstes Verkehrsmittel** (Forschungsgemeinschaft Urlaub und Reisen e. V. 2018). Nichtsdestotrotz sind Tendenzen für eine höhere Sensibilität gegenüber der nachhaltigen Urlaubsplanung erkennbar. So geben mittlerweile bereits über 50 % der befragten Reisenden an, dass Nachhaltigkeit im eigenen Urlaub ein Thema ist. Die Lücke zwischen Einstellung und tatsächlichem Reiseverhalten ist in Deutschland freilich noch sehr groß (Forschungsgemeinschaft Urlaub und Reisen e. V. 2018).

J. Margreiter (✉)
Lebensraum Tirol Holding GmbH, Innsbruck, Österreich
E-Mail: josef.margreiter@lebensraum.tirol

A. Sihn-Weber und F. Fischler (Hrsg.), *CSR und Klimawandel*, Management-Reihe Corporate Social Responsibility, https://doi.org/10.1007/978-3-662-59748-4_25

Anders verhält sich dies bereits im hohen Norden Europas, in Schweden. In Deutschland waren laut Reiseanalyse 2018 beim Flugverkehr neuerlich leichte Zuwächse (+1 %), auf Kosten der Verkehrsmittel Auto, Bahn und Bus, zu verzeichnen (Forschungsgemeinschaft Urlaub und Reisen e. V. 2018). In **Schweden** macht sich hingegen ganz aktuell eine **regelrechte Antiflugbewegung** breit. Während der CO_2-Ausstoß in Schweden seit 1990 um 24 % reduziert werden konnte, nahm der Flugverkehr kontinuierlich um insgesamt 61 % zu (Wolff 2018). Im Jahr 2018 kam es nach Jahren erstmalig zu einer Trendwende bei den Fluggastzahlen: Ein Minus bei innerschwedischen Flugreisen sieben Monate in Folge und auch Rückgänge im Chartergeschäft wurden verzeichnet. Zeitgleich war 2018 ein Rekordjahr für SJ, Schwedens nationale Bahngesellschaft (Klint 2019). Auslöser hierfür könnte eine eindeutige mediale Berichterstattung gewesen sein sowie bekannte Persönlichkeiten aus Sport und Politik, die sich aktiv gegen das Vielfliegen einsetzen (Wolff 2018). Der Begriff „flygskam", also das „sich schämen für Flugreisen" ist aus dieser Bewegung heraus entstanden und ist Abbild eines gesellschaftlichen Veränderungsprozesses (Wolff 2018).

Auch die Bewegung Fridays for Future (ZEIT ONLINE, dpa, AFP, dp 2019), die auf den Klimawandel aufmerksam machen will, oder die steigende Abneigung gegenüber der Verwendung von Plastik als Verpackungsmaterial (Burger 2018) sind weitere Beispiele für einen sich vollziehenden gesellschaftlichen Paradigmenwandel. **Nachhaltigkeitsthemen** spielen unbestritten eine **immer stärker werdende Rolle in der öffentlichen Wahrnehmung.**

1.2 Zukunftsmusik: Mobilität muss intelligent, individuell und vernetzt sein

Mobilität prägt wie kaum etwas anderes das Leben der Menschen. Es ermöglicht Vernetzen, Wirtschaften, gesellschaftlichen Fortschritt, aber auch Selbstverwirklichung und persönlichen Erfolg. Menschen wollen nicht nur mobil sein, sie müssen sogar, um Ziele privater oder beruflicher Natur zu erreichen. Der **Megatrend Individualisierung**, also das Bedürfnis, das eigene Leben nach persönlichen Wünschen und eigenen Vorstellungen zu gestalten, ist einer der wichtigsten Treiber eines **wachsenden Mobilitätsbedarfs** und macht diesen Bereich zu einem der größten Wachstumsmärkte (Zukunftsinstitut GmbH 2017). Zeitgleich mit dem zunehmenden Bedarf an Mobilität steigt die Komplexität der Lebensbedingungen der Menschen. **Sich verändernde Lebens- und Arbeitsstile** (Stichworte: Patchworkhaushalte, digitale Arbeitsformen, Coworking, zunehmende Freizeitaktivitäten etc.) bringen veränderte Mobilitätsmuster und damit auch **völlig neue Bedürfnisprofile** hinsichtlich der Mobilitätsanforderungen mit sich (Zukunftsinstitut GmbH 2017; Froböse und Kühne 2013).

Das Geschäft mit der **Mobilität** ist aus diesen Gründen **ein Milliarden-Business.** Private Haushalte investierten in den 28 EU-Staaten im Jahr 2016 mehr als 1 Billion € in den Transport. Der Personenverkehr der EU 28 nahm zwischen 1995 und 2016 um über ein Viertel zu; 6,8 Billionen Personenkilometer werden in der EU pro Jahr absolviert (European Comission 2019), das ist rund 170 Mio. Mal die Distanz, die man bei einer Erdumrundung am Äquator zurücklegen würde. Prognosen der Europäischen Kommission sagen einen weiteren kontinuierlichen Anstieg des Mobilitätsbedarfs in den nächsten Jahrzehnten voraus. Nachdem die Schaffung von Verkehrsinfrastruktur ein teurer und langwieriger Prozess ist, wird das Auto auch in absehbarer Zukunft noch das Verkehrsmittel erster Wahl bleiben, da damit dem Wunsch nach individueller Fortbewegung am besten entsprochen werden kann (Zukunftsinstitut GmbH 2017; Froböse und Kühne 2013). Das **Auto verliert dennoch jenen Stellenwert,** den es bis zum Beginn des 21. Jahrhunderts hatte. Angesichts von Staus, überfüllten Straßen, hohen Erhaltungskosten etc. ist das Auto nicht mehr überall der Weg zu Freiheit, Selbstbestimmung und uneingeschränkter Mobilität (Zukunftsinstitut GmbH 2017).

Bereits jetzt leben mehr als 50 % der Weltbevölkerung in Städten. **Leben im urbanen Raum** beeinflusst das Mobilitätsverhalten. Umsteigen auf den öffentlichen Verkehr, das Fahrrad oder das Zufußgehen ist in Ballungszentren eine oft effizientere und effektivere Lösung als das Autofahren. Bereits innerhalb Österreichs, aber auch in den großen europäischen Ballungszentren wie London oder Berlin sind die Unterschiede zwischen Stadt und Land gravierend. Während in den ländlichen österreichischen Bundesländern Burgenland und Niederösterreich 633 bzw. 623 PKW auf 1000 Einwohner kommen, sind es in Wien gerade einmal 386. In Berlin gibt es 336 PKW je 1000 Einwohner und in Central London gar nur 206 (Tirol Werbung GmbH. 2016; Froböse und Kühne 2013). Um Abwanderung vom Land einzudämmen und dem immer höher werdenden Pendleraufkommen Herr zu werden, wird es nötig sein, innovative Mobilitätskonzepte zu entwickeln. Eine **neue Mobilitätsvielfalt inklusive Sharing-Konzepten** wird entstehen (Zukunftsinstitut GmbH 2017). Car- oder auch Bikesharing-Anbieter, die dem Wunsch der Konsumenten nach Nutzung von Mobilitätslösungen – anstelle des früher dominanten Wunschs nach Besitz und Statussymbolen – optimal entsprechen, verzeichnen bereits jetzt beeindruckende Wachstumszahlen. So stieg etwa in Deutschland die Anzahl an Kunden, die bei einem Carsharing-Anbieter angemeldet sind, 2018 neuerlich im zweistelligen Prozentbereich auf insgesamt 2,46 Mio. Fahrberechtigte (Abb. 1; Bundesverband CarSharing e. V. 2019).

Die **intermodale Vernetzung** ist ein weiterer Trend, der die Zukunft der Mobilität prägen wird, und bezeichnet das Bestreben der Verkehrsträger, sich an den Nutzern und deren Bedürfnissen zu orientieren. Anbieter arbeiten zusammen, um über geografische und systemische Hürden hinweg das Kundenproblem „Wie komme ich schnell, günstig und einfach von A nach B" gemeinsam zu lösen (Froböse und Kühne 2013). Individuelle Fortbewegung und öffentlicher Verkehr verschmelzen, eine Sowohl-als-auch-Mentalität ist künftig Treiber technologischer Entwicklungen – weg von der Wahl zwischen Verkehrsmitteln, hin zu einer sinnvollen Kombination derselben (Froböse und Kühne 2013; Zukunftsinstitut GmbH 2017). Anbindungen zum Abfahrtsbahnhof und nach der Reise zum Reiseziel werden etwa von den Verantwortlichen der Bahn mitgedacht. Eine optimale Mobilitätskette für die Reisenden ist das Ziel aller Bestrebungen (Froböse und Kühne 2013; Zukunftsinstitut GmbH 2017). Grundvoraussetzung für die lücken- und

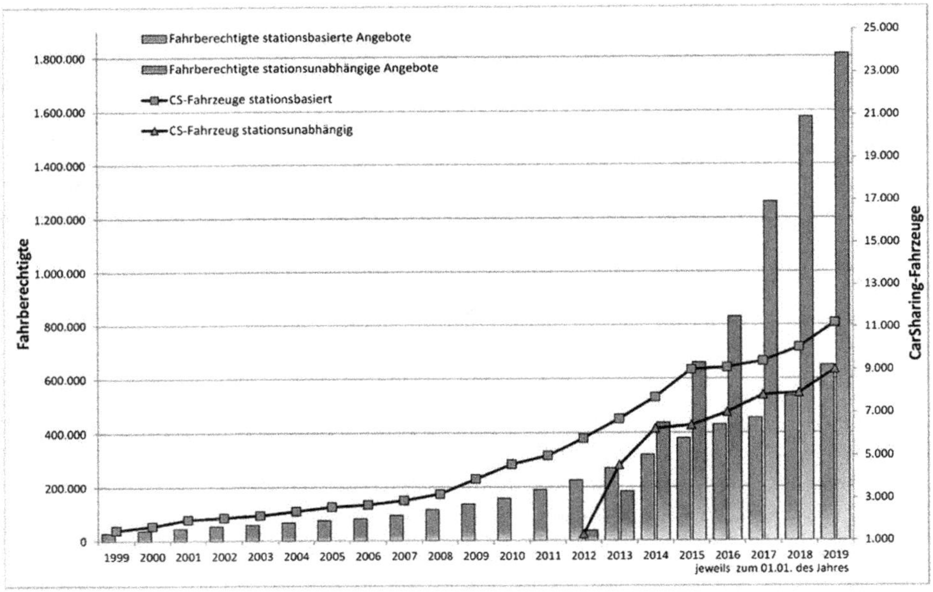

Entwicklung des CarSharing differenziert nach Varianten, Stand 01.01.2019 (Grafik: bcs)

Abb. 1 Entwicklung des Carsharings in Deutschland im Zeitverlauf differenziert nach Varianten – Stand 1.1.2019. (Quelle: Bundesverband CarSharing e. V. 2019)

problemlose Mobilität ist die **digitale Vernetzung** der Anbieter einerseits und der User andererseits. Das Smartphone wird zum „Schlüssel der Bewegungsfreiheit" (Froböse und Kühne 2013, S. 19). Der Verkehrsverbund Tirol (VVT) ist ein gutes Beispiel für einen Mobilitätsdienstleister, der neuen Entwicklungen und Trends aufgeschlossen gegenübersteht und in seine Arbeit aufnimmt. So werden innovative und alternative Modelle wie E-Carsharing-Angebote, Rufbusse oder Anrufsammeltaxis verstärkt in die Gestaltung von Mobilitätskonzepten integriert. Ein ganzheitliches Konzept erfordert neben Bus und Bahn oft auch weitere Lösungen, um die letzten Kilometer der Reise leicht planbar und zugänglich zu machen oder entlegenere Orte und Regionen effizient zu erschließen. Mit den Möglichkeiten der Digitalisierung, wie z. B. Mobile Ticketing oder App-Entwicklungen, eröffnet der VVT seinen Kunden neue Möglichkeiten, auf den öffentlichen Verkehr umzusteigen (VVT Verkehrsverbund Tirol 2019).

Unter dem Schlagwort der **individuellen Massenmobilität** lassen sich diese Tendenzen und Entwicklungen zusammenfassen (Zukunftsinstitut GmbH 2017). Digital vernetzte Mobilitätskonsumenten kombinieren Dienstleistungen und Verkehrsmittel je nach Wunsch und Bedarf. Routenplanung mit Echtzeitverkehrsinfos, Mobile Ticketing mit Live-Updates bezüglich Pünktlichkeit, intelligente und selbstfahrende Autos etc. eröffnen völlig neue Möglichkeiten beim Nutzen von Transportmitteln und dem schnelleren und flexibleren Umsteigen von einem auf das andere (Froböse und Kühne 2013).

Tourismus wird in einer zunehmend flexibleren und multilokalen Arbeitswelt **zur „kreativsten Möglichkeit von Mobilität“** (Zukunftsinstitut GmbH 2017, S. 46). Entschleunigung in der Freizeit und achtsamer Umgang mit Ressourcen werden zum zentralen Ziel vieler Reisender. Qualität und Zeit für Genuss rücken damit wieder mehr in den Mittelpunkt der Aufmerksamkeit. Zugleich steigt bei der immer älter werdenden Bevölkerung der Anspruch an die Dienstleistung. Wer immer mobil war, möchte das auch im Alter uneingeschränkt sein. **Barrierefreiheit** ist daher eine Grundvoraussetzung, um diese Kundenschicht anzusprechen. Ältere Reisende haben Zeit und Geld, um Mobilität auszuleben, und sind für unkonventionelle Freizeitangebote ansprechbar. Auch das Thema **Sicherheit auf Reisen** wird das Mobilitätsverhalten in der Zukunft bestimmen (Froböse und Kühne 2013; Zukunftsinstitut GmbH 2017).

2 Der Kunde entscheidet: Einflussfaktoren Verkehrsmittelwahl

Mit 12,3 Mio. Gästeankünfte im Tourismusjahr 2017/2018 (STATISTIK AUSTRIA 2019) steht die Notwendigkeit eines zeitgemäßen Mobilitätsangebots in Tirol außer Frage. Was für den Kauf eines neuen Smartphones oder bei der Anschaffung trendiger Sportgeräte gilt, trifft auch auf die Mobilität zu: Angebot schafft Nachfrage. Wie das Angebot jedoch gestaltet sein muss, um der wichtigsten Person im Prozess der An- und Abreise, dem Gast, zu gefallen, diese Frage müssen sich Verantwortliche im Tourismus bereits vor der Entwicklung möglicher Mobilitätskonzepte stellen. Dass der Umstieg auf nachhaltige Verkehrsmittel wie Bus, Bahn oder Tram tendenziell ein schwieriger Prozess ist, darin ist sich die Wissenschaft einig (Dickinson et al. 2009; Le-Klähn et al. 2014; Lumsdon et al. 2006). Öffentlicher Verkehr (ÖV) kann darüber hinaus als zusätzliche Dienstleistung in der Dienstleistungskette Urlaub verstanden werden und beeinflusst das Gesamterlebnis der Reisenden (Duval 2007). Die Identifikation von Erfolgsfaktoren funktionierender touristischer Mobilität muss daher als wichtige Voraussetzung für einen holistischen Ansatz des Destinationsmanagements verstanden werden. Welche konkreten Faktoren aktuell die Tendenz, auf nachhaltige Mobilitätslösungen umzusteigen, bestimmen können, soll nachfolgend dargestellt werden.

Der VCÖ, eine auf Mobilität und Transport spezialisierte, gemeinwohlorientierte Organisation in Österreich, setzt regelmäßig Studien zur Kundenzufriedenheit von Bahnnutzern um. Die Ergebnisse des VCÖ Bahntests 2018 liefern ein recht klares Bild – zumindest für Personen, die bereits Bahn fahren und im Rahmen der Studie befragt worden sind. Hohe Qualität des bestehenden Angebots, aber auch neue Angebote sind nötig, um künftig noch mehr Nutzer vom Umsteigen auf die Bahn zu überzeugen. Wichtige Kriterien sind laut dieser Studie die **Anzahl an Verbindungen, der bequeme und zuverlässige Transport zum Bahnhof und von dort wieder nach Hause, die Abstimmung der Bahndienstleister mit anderen öffentlichen Verkehrsmitteln, die Qualität der Wartebereiche an Bahnhöfen sowie**

die Informationsqualität bei Unregelmäßigkeiten (VCÖ – Mobilität mit Zukunft 2019). Hauptgründe, weshalb Befragte vom Auto auf die Bahn oder umgekehrt umsteigen, liegen in erster Linie in der Verfügbarkeit und dem Angebot der Verkehrsmittel (Abb. 2 und 3).

Der Bahntest 2018 des VCÖ stellte die Meinungen und Einstellungen von 9600 Fahrgästen in den Zügen von sieben österreichischen Bahnunternehmen dar, unabhängig davon, mit welcher Motivation die Reisenden die Fahrt angetreten hatten (Pendler, Touristen etc.; VCÖ – Mobilität mit Zukunft 2019). Le-Klähn et al. (2014) untersuchten in ihrer

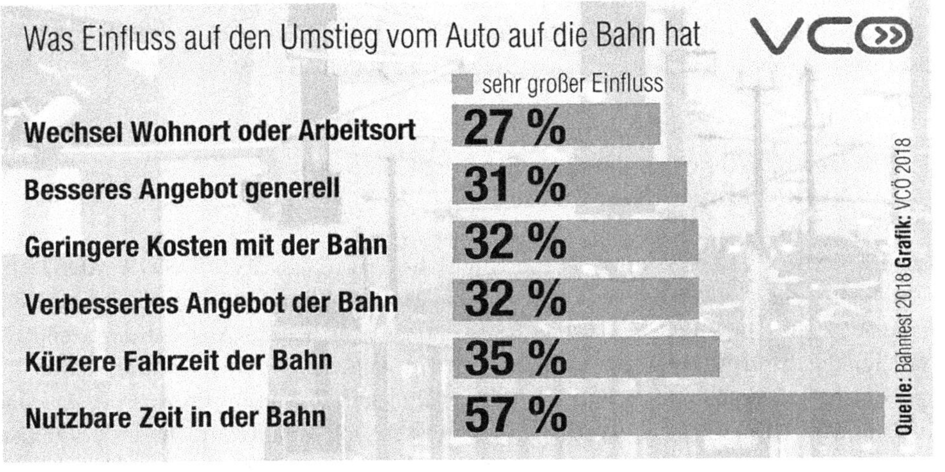

Abb. 2 Gründe für Umstieg vom Auto auf die Bahn. (Quelle: Bahntest 2018/VCÖ 2018)

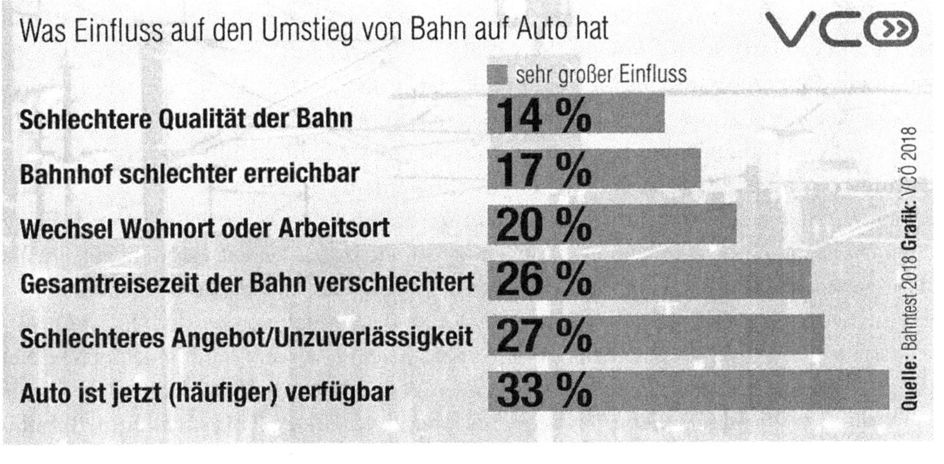

Abb. 3 Gründe für Umstieg von der Bahn auf das Auto. (Quelle: Bahntest 2018/VCÖ 2018)

Arbeit am Beispiel München v. a. jene Aspekte, die für Touristen hinsichtlich der Mobilität ausschlaggebend sind. So waren die Hauptgründe, **keinen** ÖV zu nutzen, vorrangig den Themenbereichen **Unbequemlichkeit und Einschränkungen** (wie Location von Bahnhöfen und Bushaltestellen, fehlende Verbindungen oder Anforderungen an barrierefreie Mobilität) sowie **fehlende Information** (zum Angebot, den Möglichkeiten und der Leistungsfähigkeit des öffentlichen Verkehrs) zuzuordnen (Le-Klähn et al. 2014). Diese Ergebnisse stellen Überschneidungen mit dem Bahntest 2018 der VCÖ dar. Auch in anderen Studien sind Komfort und einfache Zugänglichkeit des Verkehrsmittels wesentliche Entscheidungskriterien für Reisende (Brons et al. 2009; Fellesson und Friman 2008). Thompson (2004) stellte in seiner Arbeit fest, dass Touristen im Hinblick auf Mobilität mehr Informationen benötigen als Anwohner. Dies würde erklären, warum das Thema Informationsdefizit bei Le-Klähn, Gerike und Hall ein wesentlicher Aspekt, beim Bahntest 2018 der VCÖ jedoch ein unwesentlicher Faktor ist.

Die wichtigsten Gründe der Touristen **für** die Wahl des ÖV waren den Themenbereichen **Vorteile des Nicht-selbst-fahren-müssens** (wie Kontakt mit der lokalen Bevölkerung, Möglichkeit, die Landschaft zu genießen, oder Zeit für andere Tätigkeiten während der Fahrt) sowie **Reduktion des Verkehrs** (wie keine Staus, keine lästige Parkplatzsuche etc.) zuzuordnen. Diese Ergebnisse bestätigen und ergänzen frühere Forschungen. Auch Lumsdon (2006) betonte in seiner Arbeit die Bedeutung sozialer Kontakte sowie die Möglichkeit, die Aussicht zu genießen, als wesentliche Aspekte für Busreisende. Dallen (2007) und Stradling et al. (2007) fanden heraus, dass Reisende bei der Nutzung von ÖV Entspannung suchen. Darüber hinaus sind Staus bzw. die Vermeidung von Staus laut Dallen (2007) starke Treiber für den Umstieg auf den ÖV.

Folgende Erfolgsfaktoren nachhaltiger, touristischer Mobilitätsansätze können auf Basis dieser Diskussion zusammenfassend dargestellt werden:

- Hohe Qualität der Verkehrsmittel zur Optimierung von Komfort und Bequemlichkeit;
- Vorhandensein ausreichender Verbindungen zur Erreichung der touristischen Destination;
- Transportmöglichkeiten zum Bahnhof oder zur Bushaltestelle, zur Unterkunft und wieder nach Hause;
- eine gut funktionierende Mobilitätskette zwischen diversen Anbietern des öffentlichen Verkehrs;
- Vorhandensein gut aufbereiteter Informationen zum Angebot, den Möglichkeiten und der Leistungsfähigkeit des öffentlichen Verkehrs in der Region sowie
- Kommunikation mit potenziellen Gästen und Übermittlung der Informationen zur Mobilität in der Region.

3 Best Practice „Tirol auf Schiene“: Vom Umdenken zum Umsteigen

3.1 Umdenken: Wie „Tirol auf Schiene“ kam

Am 24. April 2012 beschloss die Tiroler Landesregierung – als erstes Bundesland Österreichs überhaupt – eine eigene Nachhaltigkeitsstrategie. Bei politischen Entscheidungen sollte künftig noch stärker die Balance zwischen ökologischen, wirtschaftlichen und sozialen Interessen im Mittelpunkt stehen. *„Zukunftsthemen angehen und das Land so aufstellen, dass auch künftige Generationen jene Lebensqualität vorfinden wie wir heute“*, erklärte Tirols Landeshauptmann Günther Platter damals die Vision der Tiroler Nachhaltigkeitsstrategie (Land Tirol 2012). Nachhaltige Mobilität war nur eines der in diesem Prozess identifizierten, spezifischen Handlungsfelder für die zukunftsfähige Entwicklung Tirols. Mit der Tiroler Nachhaltigkeitsstrategie war der politische Grundstein für die touristische Auseinandersetzung mit Zukunftsthemen wie Klima, Verkehr oder Raumordnung gelegt. Die Politik ging damit einen offensiven Schritt in Richtung nachhaltige Standortentwicklung und untermauerte die Strategie der Landestourismusorganisation Tirol Werbung, die ihrerseits bereits 2008 im Strategiepapier „Der Tiroler Weg 2008–2012“[1] u. a. auch eben diese Themen auf die Agenden eines zukunftsfähigen Tourismusstandorts gesetzt hatte (Siller et al. 2015).

Die strategischen Richtungsentscheidungen gipfelten in einem Mobilitätskonzept mit dem Titel „Tirol auf Schiene“, das zwischen 2014 und 2016 als „klimaaktiv mobil“ gefördertes Projekt umgesetzt werden konnte. Drei Maßnahmenpakete mit folgenden Zielrichtungen wurden für die erfolgreiche Implementierung geschnürt: Paket 1 Innenkommunikation, Paket 2 Produkt- und Angebotsentwicklung sowie Paket 3 Marketing (Tirol Werbung GmbH 2017).

Aufgrund des Erfolgs von „Tirol auf Schiene“ ging das Erstprojekt in weiterer Folge in die Verlängerung und wird innerhalb der Tirol Werbung nach wie vor (Stand April 2019) als Mobilitätsinitiative umgesetzt. Im Strategiepapier „Der Tiroler Weg 2021“, der Fortsetzung der Tiroler Tourismusstrategie aus 2008, fand das Thema der nachhaltigen Mobilität auch aufgrund des Erfolgsprojekts „Tirol auf Schiene“ wesentlichen Niederschlag.

Folgende Ziele wurden für das Tourismusland Tirol für die Zukunft festgeschrieben (Tirol Werbung 2019a, S. 34):

- *„Tirol forciert eine ökologische Gesamtverkehrsplanung mit einer nachhaltigen und bequemen An- und Abreise.*
- *Der Tourismus schafft funktionierende Mobilitätslösungen innerhalb und zwischen den Destinationen.“*

---

[1]Das Strategiepapier „Der Tiroler Weg“ dient seit den 1990er-Jahren in regelmäßig aktualisierter Form als Handlungsleitfaden für die touristische Weiterentwicklung des Landes und praxisorientierter Wegweiser für die Tourismusbranche (Tirol Werbung 2019a).

3.2 Umstimmen: Die Maßnahmen von „Tirol auf Schiene" im Detail

Zielsetzung des Maßnahmenpakets 1 Innenkommunikation war die Vermittlung von Hintergrundwissen rund um Mobilität und Bewusstseinsbildung für die Bedeutung des Projekts „Tirol auf Schiene". Unternehmer und Tourismusverbände kommunizieren auf den eigenen Kanälen direkt mit dem Gast, daher muss bereits dort entsprechende Informationsqualität sichergestellt sein. **Die Entwicklung von Tools und Hilfestellungen** zur Bewerbung der klimafreundlichen An- und Abreise nach Tirol war ein zentrales Anliegen zur Erreichung dieser Zielsetzung. Dazu zählte u. a. die Produktion eines Erklärfilms Mobilität (Zahlen und Fakten rund um Mobilität und Tourismus einfach und anschaulich erklärt), die Entwicklung und Verbreitung von Buchungsmasken der Verkehrsdienstleister zur Integration auf den Webseiten der Vermieter oder die Entwicklung von Reisezeitenkarten für 17 Tiroler Bahnhöfe (Abb. 4). Damit werden die Anreisezeiten mit der Bahn aus wichtigen europäischen Städten übersichtlich dargestellt. In sog. **Mobilitätscoachings** wurden Tourismusverbände und Vermieter von geschulten Mitarbeitern der Tirol Werbung beraten und für das Thema nachhaltige An- und Abreise sensibilisiert.

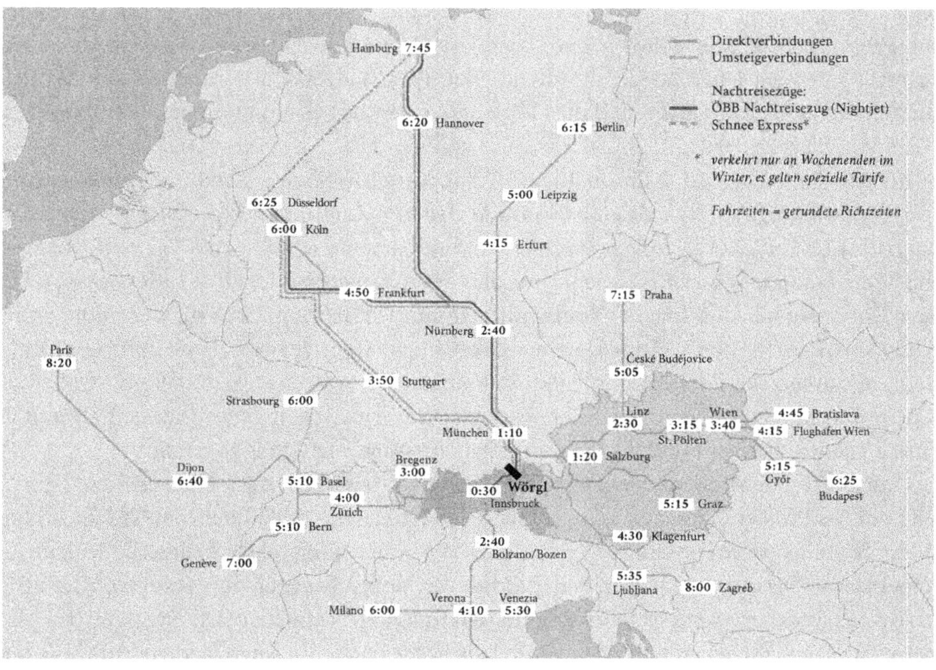

Abb. 4 Die Reisezeitenkarte gibt einen Überblick über die Bahnfahrzeiten aus großen europäischen Städten nach Wörgl (Tirol, Österreich) – Stand Dezember 2017. (Quelle: Tirol Werbung; ÖBB; heiderklausner 2017)

Mobilitätscoaches können von Regionen je nach Bedarf für ein geringes Entgelt gebucht werden. Diese Initiative wird von der Deutschen Bahn, den Österreichischen Bundesbahnen, den Tiroler Tourismusverbänden und der Tirol Werbung unterstützt und mitfinanziert. Auch der **Zusammenarbeit mit den Österreichischen Bundesbahnen (ÖBB), den Deutschen Bundesbahnen (DB) und den Schweizerischen Bundesbahnen (SBB)** wurde im Rahmen des Maßnahmenpakets 1 besondere Aufmerksamkeit geschenkt. Neben der **gemeinsamen Bewerbung nachhaltiger Tourismusmobilitätsangebote** konnten Kooperationen mit den Bahnpartnern auch zur **Verbesserung eben dieses Mobilitätsangebots** genutzt werden. So erhöhte sich die Anzahl an Fernverkehrshalten in Tirol zwischen 2012 und 2017 von 70 auf 180 Halte pro Tag. Bei den Direktverbindungen sind Nachtzüge besonders relevant, da Reisende aus großer Entfernung komfortabel angebunden sind und zusätzlich eine Übernachtung im Zielort einsparen können. Mittlerweile verkehren täglich Nightjets von Hamburg und Düsseldorf nach Innsbruck bzw. in der Sommer- und Wintersaison ein eigener Wochenendzug „Railjet-Arlberg" zur Entlastung der intensiven Anreisesamstage. Zwischen 2014 und 2017 als Pilotprojekt in der Region Wilder Kaiser gestartet, gibt es seit 2018 zur besseren Anbindung des Bahnverkehrs in die Tourismusregionen Tirols außerdem den sog. **Bahnhofs-Shuttle.** Auf Initiative der Tirol Werbung wurde das bekannte Konzept der Flughafen-Shuttles (kostengünstige, individuell buchbare Sammeltransfers mit Tür-zu-Tür-Service) auf die Tiroler Bahnhöfe umgelegt. Reisende sind damit in der Lage, sich von allen Tiroler Bahnhöfen mit Fernverkehrshalten abholen und vom Urlaubsort wieder retour bringen zu lassen. Damit wurde eine Alternative zum öffentlichen Personenverkehr geschaffen, die das Problem der letzten Meile löst – und dies kostengünstiger, als es ein normales Taxi tun würde (Tirol Werbung 2018).

Im Maßnahmenpaket 2 Produkt- und Angebotsentwicklung stand die **Verknüpfung von Urlaubsangeboten mit der Bahnanreise** im Zentrum der Aufmerksamkeit. Im Rahmen des Projekts „Tirol auf Schiene" wurden insbesondere die Themen Wandern und Weitwandern sowie Bikeurlaub mit der Bahn weiterentwickelt. Mittlerweile stehen neun Tourenvorschläge für das **Weitwandern** mit der Bahn in Tirol zur Verfügung. Dies macht es möglich, den Adlerweg, einen Weitwanderweg, der sich quer durch das Land zieht, mit unterschiedlichen Start- und Endpunkten zu erleben. Im Teilbereich Bike wurden in Zusammenarbeit mit Tiroler Regionen Informationen zum Thema **E-Biken** in Tirol zusammengestellt und als Folder und auch online verfügbar gemacht.

Umfangreiche **Medienkooperationen, Pressekonferenzen und Pressereisen** wurden rund um das Projekt „Tirol auf Schiene" für die Verbesserung der öffentlichen Wahrnehmung im Maßnahmenpaket 3 Marketing umgesetzt. Wie bereits erwähnt, konnte außerdem die **gemeinsame Vermarktung mit den Bahnen im deutschsprachigen Raum** (ÖBB/SBB/DB) vorangetrieben werden. **Out-of-home-Kampagnen** widmeten sich ebenfalls der Thematik der nachhaltigen Anreise. So wurde beispielsweise in Zusammenarbeit mit ÖBB und DB eine Kampagne mit dem Slogan „Nächster Halt: Bergsommer Tirol" umgesetzt (Tirol Werbung GmbH 2017).

3.3 Umsteigen: Was hat „Tirol auf Schiene" bewirkt

Ein positives Bild für die Wirkung des Projekts „Tirol auf Schiene“ bilden die **Buchungszahlen der Bahnpartner im deutschsprachigen Raum** ab. Im Jahr 2017 wurde im Vergleich zu 2016 eine Steigerung von 23 % bei den Bahnanreisen aus Mitteldeutschland nach Tirol verzeichnet (Tirol Werbung GmbH. 2017). Auch innerhalb Österreichs ist ein positiver Trend darstellbar. Der Bahnhof Ötztal beispielsweise verzeichnete im Jahr 2018 um 35 % mehr Ankünfte von Reisenden aus dem Osten Österreichs (Bahnhöfe Wien, St. Pölten, Amstetten, Krems, Mödling, Baden, Wiener Neustadt) als noch 2017. Zwischen 2012 und 2018 stiegen die Fahrgastzahlen von Reisenden aus Ostösterreich nach Tirol gar um 87 % (ÖBB Personenverkehr AG/Fernverkehr 2019).

Auf qualitativer Ebene stand Bewusstseinsbildung für die Bedeutung des Themas nachhaltige Mobilität innerhalb der Tiroler Tourismusbranche als wichtige Zielsetzung auf der Agenda. Als Minimalvariante des Mobilitätscoachings wurde der Lehrfilm „Mobilität im Tiroler Tourismus“ an 5000 Betriebe übermittelt. Zwischen 2015 und 2019 wurden **16 von 34 Tiroler Tourismusverbände** mit insgesamt 550 Mitgliedsbetrieben im Rahmen von **Mobilitätscoachings** geschult. Analysen belegen, dass diese Verbände im Hinblick auf Gästeinformationen zum Thema Anreise ausgezeichnet abschneiden und die Bahnanreise mittlerweile stark forcieren. Darüber hinaus haben 76 % der Tourismusverbände den Bereich **Mobilität in der Region in die Gästekarte** integriert. In über der Hälfte der Tiroler Regionen fahren Urlauber mit Gästekarte sogar komplett kostenfrei mit den öffentlichen Verkehrsmitteln (Mobilitätscoach Hainzer 2019). Vor 2012 war dies in Tirol nur bei wenigen Tourismusverbänden der Fall.

Die Ausweitung von Kooperationen mit den Bahnanbietern des deutschsprachigen Raums sowie die Optimierung von Verbindungen und Halten in Tirol waren weitere qualitative Ziele, die, wie bereits dargestellt, erfolgreich umgesetzt wurden.

Alexander Jug, Geschäftsführer des Verkehrsverbunds Tirol und wichtiger Partner der Initiative „Tirol auf Schiene“ fasste den Erfolg des Projekts folgendermaßen zusammen: „Der Tiroler Tourismus hat im Bereich der nachhaltigen Mobilität Pioniergeist bewiesen. Man spürt die positive Stimmung zum Wandel bei allen Beteiligten. Das Angebot ist heute sehr gut und wir blicken positiv in eine nachhaltige und innovative Zukunft der Mobilität im Land“.

Literatur

Brons M, Givoni M, Rietveld P (2009) Access to railway stations and its potential in increasing rail use. Transp Res Part A: Policy Pract 43(2):136–149

Bundesverband CarSharing e. V. (2019) Carsharing Deutschland: carSharing Statistik 2019. Von Carsharing Deutschland. http://carsharing.de/carsharing-deutschland-weiter-auf-wachstumskurs

Burger J (2018) Du Flasche! Zeit Magazin. Hamburg, Deutschland. Von https://www.zeit.de/zeit-magazin/2018/48/einwegflaschen-plastik-pet-recycling-umweltschutz-pfand-mehrweg-flaschen

Dallen J (2007) The challenges of diverse visitor perceptions: rail policy and sustainable transport at the resort destination. J Transp Geogr 15(2):104–115

Dickinson J, Robbins D, Fletcher J (2009) Representation of transport: a rural destination analysis. Ann Tourism Res 36(1):103–123

Duval D (2007) Tourism and transport: modes, networks and flow. Channel View Publications, Clevedon

European Comission (2019) Statistical pocketbook 2018 – EU Transport in Figures 2018. Brüssel: European Comission: Mobility and Transport

Fellesson M, Friman M (2008) Perceived satisfaction with public transport service in nine European cities. J Transp Res Forum 47(3):93–104

Forschungsgemeinschaft Urlaub und Reisen e. V. (2018) Reiseanalyse 2018. Kurzfassung der Ergebnisse. Kiel: Forschungsgemeinschaft Urlaub und Reisen e.V.

Froböse F, Kühne M (2013) Mobilität 2025. Unterwegs in der Zukunft. Rüschlikon/Zürich und Bern: GDI Gottlieb Duttweiler Institut und Schweizerische Bundesbahnen SBB

Klint M (2019) SAS Worried As „Flying Shame" Grips Sweden. www.liveandletsfly.boardingarea.com. Los Angeles, USA. Von https://liveandletsfly.boardingarea.com/2019/04/15/sas-flying-shame/

Land Tirol (2012) tirol. Unser Land - Tiroler Nachhaltigkeitsstrategie. Von www.tirol.gv.at: https://www.tirol.gv.at/landesentwicklung/nachhaltigkeit/tiroler-nachhaltigkeitsstrategie/

Le-Klähn D-T, Gerike R, Hall CM (2014) Visitor users vs. non-users of public transport: The case of Munich, Germany. J Destination Mark Manage 3:152–161

Lumsdon L (2006) Factors affecting the design of tourism bus services. Ann Tourism Res 33(3):748–766

Lumsdon L, Downward P, Rhoden S (2006) Transport for tourism: can public transport encourage a modal shift in the day visitor market? J Sustain Tourism 14(2):139–156

Mobilitätscoach Hainzer B (2019) TVB-Webseiten-Check Anreise und Mobilität Jänner 2019. Tirol Werbung, Innsbruck

Nuhn H, Hesse M (2006) Verkehrsgeographie. Schöningh UTB, Paderborn

ÖBB Personenverkehr AG/Fernverkehr (2019) Marktentwicklung Ostösterreich-Tirol 2018. Wien

Roth R, Krämer A, Severiens J (2018) Zweite Nationale Grundlagenstudie Wintersport Deutschland 2018. Deutschland: Schriftenreihe SIS (Stiftung Sicherheit im Skisport)

Siller H, Brandl M, Dengg K, Egger S, Föger G, Leitner T, Ultsch H (2015) Der Tiroler Weg 2021. Innsbruck, Tirol: Land Tirol, Tirol Werbung, Wirtschaftskammer Tirol & Verband der Tiroler Tourismusverbände

STATISTIK AUSTRIA (2019) Statistik Austria: Ankünfte und Nächtigungen nach Herkunftsländern Tourismusjahr 2018. Abgerufen am 10. März 2019 von Statistik Austria Website: https://www.statistik.at/web_de/statistiken/wirtschaft/tourismus/beherbergung/ankuenfte_naechtigungen/index.html

Stradling S, Carreno M, Rye T, Noble A (2007) Passenger perceptions and the ideal urban bus journey experience. Transp Policy 14(4):283–292

Thompson K (2004) Tourists' use of public transportation information: What they need and what they get. Association for European Transport 04/10/2004–06/10/2004. Straßburg, Frankreich

Tirol Werbung (2018) Bahnhofsshuttle Tirol. *Infobroschüre*. Innsbruck/Tirol: Tirol Werbung.

Tirol Werbung (2019a) Tirol Werbung: Tirols Tourismusstrategie. Von Tirol Werbung – Website: https://www.tirolwerbung.at/tiroler-tourismus/tirols-tourismusstrategie/

Tirol Werbung (2019b) Statistik: Der Tiroler Tourismus. Zahlen, Daten und Fakten 2018. Von TTR Tirol Tourism Research Website: https://www.ttr.tirol/sites/default/files/2019-03/Tiroler%20Tourismus%20-%20Daten%20und%20Fakten%202018.pdf

Tirol Werbung GmbH (2016) Big Picture Wettbewerbsfaktor Mobilität. Wie Tourismus sich strategisch klug positionieren kann. Innsbruck: Tirol Werbung GmbH

Tirol Werbung GmbH (2017) klimaaktiv mobil – Projektabschlussbericht. Tirol Werbung GmbH, Innsbruck

Tirol Werbung; ÖBB; heiderklausner (2017) Reisezeitenkarte Wörgl 2017–2018. Innsbruck: Tirol Werbung.

VCÖ – Mobilität mit Zukunft (2019) VCÖ-Bahntest 2018: Angebote weiter ausbauen. Von www.vcoe.at/bahntest: https://www.vcoe.at/files/vcoe/uploads/News/VCOe-Factsheets/2018/2018-08%20Bahntest%202018/VC%C3%96-Factsheet%20Bahntest%202018.pdf

VVT Verkehrsverbund Tirol (2019) Über uns: Verkehrsverbund Tirol. Von Verkehrsverbund Tirol: https://www.vvt.at/page.cfm?vpath=ueber-uns

Wolff R (2018) Auf Schiene verreisen – oder gar nicht. *taz.de*. Stockholm, Berlin, Deutschland. Von http://www.taz.de/!5549744/

ZEIT ONLINE, dpa, AFP, dp. (2019) Fridays for Future: Mehr als 1000 Klimakundgebungen für Freitag angekündigt. *Zeit Online*. Hamburg, Deutschland. Von https://www.zeit.de/gesellschaft/zeitgeschehen/2019-03/fridays-for-future-klimaschutz-demonstration-schueler

Zukunftsinstitut GmbH (2017) Die Evolution der Mobilität. ADAC e. V, München

Josef Margreiter war 23 Jahre lang Geschäftsführer der Tirol Werbung, der Landestourismusorganisation von Österreichs nächtigungsstärkstem Bundesland Tirol (Stand: Tourismusjahr 2017/2018). Seit 1. Januar 2019 ist Margreiter Geschäftsführer der Lebensraum Tirol Holding GmbH. Diese Gesellschaft versteht sich als Vernetzungs- und Koordinationseinrichtung, um Tiroler Vorzeigeprojekte in den Themenbereichen alpine Technologien, Digitalisierung, Mobilität, Regionalität sowie Kultur und Bildung zu entwickeln und aktiv an der Umsetzung mitzuwirken. Durch die Bündelung von Aktivitäten verschiedener Einrichtungen, insbesondere der Standortagentur Tirol, der Agrarmarketing Tirol, der Tirol Werbung, der Tiroler Hochschulen, der Interessensvertretungen und den einbezogenen Landesabteilungen, leistet die Lebensraum Tirol Holding GmbH einen Beitrag zur Stärkung des Lebensraums Tirol sowie zur Verbreitung der Dachmarke Tirol im In- und Ausland.

Klimaschutz in der Gemeinschaftsgastronomie

Dörte Bachmann

1 Klimawandel und Ernährung

Lebensmittel bilden die Lebensgrundlage des Menschen. Sie sichern das Überleben und wirken sich auf die Gesundheit aus. Darüber hinaus sind sie ein zentraler Bestandteil sozialer Interaktionen und kultureller oder religiöser Bräuche. Die Art und Weise, wie Lebensmittel produziert werden, hat sich seit der Existenz des Menschen wesentlich geändert. Wurde anfangs gejagt und gesammelt, fand vor etwa 10.000 Jahren mit dem Getreideanbau und bald darauf der Domestizierung von Tieren die landwirtschaftliche Revolution statt. Die Herstellung von Lebensmitteln hat sich bis heute zu einem komplexen globalen System entwickelt und trägt zu verschiedenen ökologischen, ökonomischen und sozialen Problemen bei.

Zum Beispiel schätzen Vermeulen et al. (2012), dass die Produktion von Lebensmitteln entlang der gesamten globalen Lieferkette 19–29 % der globalen Treibhausgas(THG)-Emissionen verursacht. Davon werden mindestens 80 % während der landwirtschaftlichen Produktion ausgestoßen. Methanemissionen aus der Nutztierhaltung, Lachgasemissionen verursacht durch Düngung, die Abholzung von Wäldern für die Futtermittelproduktion sowie die Verbrennung fossiler Energieträger für Maschinen oder die Herstellung von Dünger tragen wesentlich zu den gesamten THG-Emissionen der Landwirtschaft bei (Bellarby et al. 2018). Die Landwirtschaft bzw. das gesamte Ernährungssystem sind aber nicht nur für den Ausstoß von schädlichen THG-Emissionen verantwortlich, sie werden umgekehrt auch maßgeblich von den Folgen der Erderwärmung beeinflusst. Zwar profitieren einzelne Regionen und Nutzpflanzen von höheren Temperaturen, Dürren und heftige Niederschläge führen aber auch zu schweren Schäden in der Landwirtschaft (IPCC 2014).

D. Bachmann (✉)
SV Group, Dübendorf, Schweiz
E-Mail: doerte.bachmann@sv-group.ch

A. Sihn-Weber und F. Fischler (Hrsg.), *CSR und Klimawandel,* Management-Reihe Corporate Social Responsibility, https://doi.org/10.1007/978-3-662-59748-4_26

THG-Emissionen in der Landwirtschaft können zwar u. a. durch ein besseres Düngermanagement oder durch die Verwendung erneuerbarer Energien reduziert werden, jedoch ist ein Großteil der Emissionen biologisch bedingt (z. B. Methanemissionen durch Wiederkäuer) und kann daher nicht direkt reduziert oder vermieden werden (Willett et al. 2019). Den größten Hebel zur Reduktion der THG-Emissionen durch Lebensmittelproduktion bietet daher die Veränderung der Ernährungsgewohnheiten hin zu einer stärker pflanzenbasierten Ernährungsweise (Stehfest et al. 2009; Springmann et al. 2018).

Diese grundlegende Änderung in der Ernährungsweise, v. a. in den Industrieländern, muss von allen Akteuren gewollt und unterstützt werden. So muss sich einerseits die Nachfrage der Konsumenten ändern, gleichzeitig muss auch das Angebot für eine klimafreundliche Ernährung gefördert und ausgebaut werden. In diesem Sinn ist auch die Gastronomie in der Verantwortung, eine klimafreundliche Ernährung zu unterstützen, zumal der sog. Außer-Haus-Konsum in den letzten Jahren stark zugenommen hat (Consumer Foodservice in Switzerland 2017).

2 Das Unternehmen SV Group

Die SV Group ist eine Gastronomie- und Hotelmanagementgruppe mit 8500 Mitarbeiterinnen und Mitarbeitern. Unter der Marke SV Restaurant verpflegt sie Menschen in der ganzen Schweiz sowie in Deutschland und Österreich. Das Kerngeschäft mit Mitarbeiterrestaurants und Mensen ergänzen Tätigkeiten in der Spital- und Heimgastronomie, im Event Catering, im Hotelmanagement und in der öffentlichen Gastronomie. Insgesamt 40 Mio. Mahlzeiten serviert das Unternehmen pro Jahr in rund 560 Restaurants; das macht 160.000 Mittagsmenus pro Tag. Die SV Group blickt auf eine über 100-jährige Geschichte zurück. Im Jahr 1914 von Else Züblin-Spiller als Non-Profit-Organisation „Schweizer Verband Soldatenwohl" gegründet, bestand das ursprüngliche Ziel darin, Schweizer Soldaten mit preiswerter und ausgewogener Kost ohne Alkohol zu versorgen. Daraus hat sich ein führendes, dynamisches Unternehmen entwickelt. Die SV Group übernimmt aus Überzeugung Verantwortung – sei es für die Umwelt, für die Wirtschaft oder in sozialen Belangen. Das gesellschaftliche Engagement der SV Group spiegelt sich auch in ihrer Gesellschaftsstruktur wider. Mehrheitsaktionärin der SV Group ist die SV Stiftung. Sie bürgt dafür, dass die SV Group ein Pionierunternehmen bleibt und fördert mit ihren Dividenden Projekte für eine gesunde und nachhaltige Ernährung in der Schweiz (SV Stiftung).

3 Klimaschutz bei der SV Group in der Schweiz

3.1 Motivation

Die Geschichte der SV Group zeigt, dass dem Unternehmen seine gesellschaftliche Verantwortung schon immer wichtig war. Stand am Anfang v. a. das Angebot gesunder und erschwinglicher Kost im Fokus, wurden 1987 die ersten ökologischen Ziele eingeführt. Im Rahmen dessen wurden alle Mitarbeitenden zum schonenden Umgang mit Energie, Wasser und Abfall sensibilisiert. Im Jahr 1999 begann die SV Group ein Managementsystem nach dem ISO-14001-Standard aufzubauen, das seit 2006 in allen Schweizer SV Restaurants umgesetzt wird. Im Rahmen dieses Managementsystems werden der Verbrauch an Energie und Wasser sowie das Abfallmanagement und der Food Waste optimiert. Basierend auf einer Ökobilanz für alle Bereiche im Restaurant (z. B. Strom- und Wasserverbrauch, Abfallvolumen), wurden die wirkungsvollsten Maßnahmen abgeleitet und umgesetzt. Die Erfolge werden jährlich gemessen und ausgewertet.

Im Jahr 2010 ging die SV Group noch einen Schritt weiter und optimierte ihre Logistik. Ein Großteil der Waren, die bisher von vielen Einzellieferanten zu den einzelnen Restaurants transportiert wurden, wird seitdem an einen zentralen Standort geliefert und von dort gebündelt an die verschiedenen Restaurants transportiert. Diese Bündelung von etwa 60 % aller Waren spart Kosten für Administration und Logistik sowie Zeit für die Mitarbeitenden vor Ort. Eine von der SV Group in Auftrag gegebene Studie im Rahmen einer Masterarbeit untersuchte zudem den Effekt auf die Umwelt der neu aufgebauten Logistik. So wurde die Menge aller durch die Logistik verursachten THG-Emissionen ermittelt, die vor und nach der Bündelung entstanden sind. Die Studie zeigte, dass durch die optimierte Logistik Transportwege verkürzt und dass 30 % der jährlich durch die Lieferungen verursachten THG-Emissionen reduziert werden konnten – ein Erfolg, der 2014 mit dem zweiten Platz beim Swiss Logistics Award belohnt wurde (Swiss Logistics Award). Zudem machte die Studie deutlich, dass Kosteneffizienz und Umweltschutz sich nicht gegenseitig ausschließen, sondern miteinander vereinbar sind.

Gleichzeitig brachte ein Vergleich der Emissionseinsparungen das Ergebnis, dass bei den Emissionen, die durch die Produktion von Rindfleisch verursacht werden, die Wirkung auf den Klimawandel sehr gering ist. So entspricht die Menge der eingesparten THG-Emissionen gerade mal der Menge an THG, die durch die Produktion von etwa 220 kg Rindfleisch verursacht werden. Bei einem jährlichen Einkaufsvolumen von etwa 700 t Rindfleisch ist diese Menge verschwindend gering und daher der erste Hinweis darauf, dass wirkungsvoller Klimaschutz in der Ernährung an einer anderen Stelle ansetzen sollte. Weitere wissenschaftliche Studien bestätigen dieses Ergebnis, indem sie aufzeigen, dass die Transportdistanz neben der Verpackung den kleinsten Beitrag zu den THG-Emissionen während der Lebensmittelproduktion leisten (Weber und Matthews 2008; Teisl 2011). Zumindest aus Klimaschutzsicht sollte daher die Förderung lokaler Produkte nicht die größte Priorität bekommen. Dieser Augenöffner war 2011 der Startschuss für eine umfassende Nachhaltigkeitsstrategie der SV Group in der Schweiz. Neben den oben angesprochenen Erkenntnissen waren hierfür weitere Treiber entscheidend. So war die persönliche Einstellung des Top-Managements – allen voran des CEO Patrick Camele, des damaligen Verwaltungsratspräsidenten Ernst A. Brugger sowie des CMO Peter Lutz – bezüglich einer nachhaltigen Lebensweise und Ausrichtung des Unternehmens eine wichtige Basis dafür, eine wirksame Nachhaltigkeitsstrategie zu initiieren und zu entwickeln. Zudem gab es die Erkenntnis, dass sowohl bei den Auftraggebern als auch bei den Gästen das Bedürfnis nach einem nachhaltigen Angebot zugenommen hatte. Dies zeigte sich zum einen in direktem Feedback von bestehenden Kunden, zum anderen aber auch darin, dass Nachhaltigkeit als neues Kriterium in Mandatsausschreibungen aufgenommen bzw. höher priorisiert wurde. Gästeumfragen sowie ein allgemeiner gesellschaftlicher Trend machten außerdem deutlich, dass es den Konsumenten immer wichtiger wird, wo ihre Lebensmittel herkommen und wie diese produziert wurden (The Nielsen Global Survey of Corporate Social Responsibility and Sustainability). Nicht zuletzt hatte sich die SV Group zum Ziel gesetzt, mit ihrer neuen Nachhaltigkeitsstrategie eine Vorreiterrolle in der Gastronomiebranche einzunehmen und sich so auch einen Vorteil gegenüber ihren Mitbewerbern zu verschaffen.

3.2 Entwicklung des Nachhaltigkeitsprogramms ONE TWO WE

Zu Beginn der Entwicklung eines umfassenden Nachhaltigkeitsprogramms wurden verschiedene Kriterien festgelegt, die während der Erarbeitung und für den erhofften Erfolg berücksichtigt werden sollten: Zusammenarbeit mit externen Partnern, eine wissenschaftliche Basis, wirkungsvolle Maßnahmen, Flexibilität für die Auftraggeber und das Gästewohl. Das Programm sollte den Namen ONE TWO WE tragen, um zu verdeutlichen, dass Klimaschutz nur gemeinsam erreicht werden kann und dass die gesamte Wertschöpfungskette beachtet werden muss.

Partner
Das Nachhaltigkeitsprogramm sollte mit *Experten* bzw. externen Partnern erarbeitet werden, um zu gewährleisten, dass es objektiv und glaubwürdig ist. Als Hauptpartner für die Entwicklung konnte die Umweltorganisation WWF Schweiz gefunden werden. Der WWF Schweiz geht bewusst Partnerschaften mit Firmen ein, um sie konstruktiv bei ihren Nachhaltigkeitsaktivitäten zu unterstützen. Das schließt die Analyse negativer Auswirkungen, die Aufstellung von wirksamen Maßnahmen sowie die Kontrolle von Umweltzielen ein (WWF Schweiz). In den Entwicklungsprozess des Programms wurden außerdem drei weitere Unternehmen bzw. Organisationen einbezogen: ESU-services, ein Anbieter von Ökobilanzierungen, die ETH Zürich sowie ewz, das Elektrizitätswerk der Stadt Zürich.

Wissenschaftlich basiert
Das Programm sollte *wissenschaftlich basiert* sein, um eine möglichst gute Übersicht über die CO_2-Belastungen durch die SV Group zu bekommen und sicherzustellen, dass die wichtigsten und wirkungsvollsten Maßnahmen ausgewählt werden. Das Ökobilanzierungsbüro ESU-services wurde beauftragt, den CO_2-Fußabdruck des gesamten jährlichen Einkaufs der SV Group in der Schweiz zu berechnen (Jungbluth et al. 2016). Im Rahmen der Studie wurde der CO_2-Fußabdruck für alle im Jahr 2011 eingekauften Lebensmittel aus den Warengruppen Fleisch, Milchprodukte, Fisch, Gemüse und Früchte,

Getreide, Süßwaren sowie Verpackungen berechnet (Abb. 1). Der CO_2-Fußabdruck wurde entlang der Wertschöpfungskette aufgeschlüsselt. Die Studie zeigte u. a., dass die meisten THG-Emissionen durch die eingekauften Fleisch- und Milchprodukte verursacht werden. Erstaunlicherweise haben Fleisch und Geflügel nur einen Anteil von 12 % am gesamten jährlichen Einkauf, verursachen aber 48 % der gesamten THG-Emissionen. Milchprodukte mit einem Anteil von 15 % am gesamten jährlichen Einkauf sind für 10 % der jährlichen THG-Emissionen verantwortlich. Gemüse und Früchte, die zu 42 % im jährlichen Einkauf enthalten sind, verursachen hingegen nur 8 % der gesamten Emissionen. Außerdem zeigte die Studie, dass 58 % der Emissionen während der landwirtschaftlichen Produktion entstehen.

Handlungsfelder und Maßnahmen

Die Gastronomie hat unbestritten die Verantwortung, so schonend wie möglich mit Ressourcen bei der Zubereitung von Menus umzugehen. Der CO_2-Fußabdruck des Einkaufs der SV Group machte aber deutlich, dass der größte Hebel für eine klimafreundliche Ernährung in der Reduktion des Einsatzes von Fleisch und Milchprodukten liegt. Der Vergleich der THG-Emissionen von verschiedenen Transportarten oder von Gemüse unterschiedlicher Herkunft und Anbauzeit bewies, dass weitere Hebel bestehen. So spielt die Transportdistanz im Vergleich zur Landwirtschaft zwar nicht die größte Rolle, doch ist z. B. der Flugtransport von Lebensmitteln klimaschädlicher als der Transport mit dem Schiff oder auf der Straße (Stössel et al. 2012). Außerdem ist saisonal produziertes Gemüse klimafreundlicher als Gemüse, das außerhalb der Saison in fossil beheizten Gewächshäusern angebaut wird (Stössel et al. 2012).

Mithilfe dieser Erkenntnisse wurden zusammen mit den Partnern vier Handlungsfelder definiert und die entsprechenden Maßnahmen abgeleitet (Abb. 2). Im Bereich des

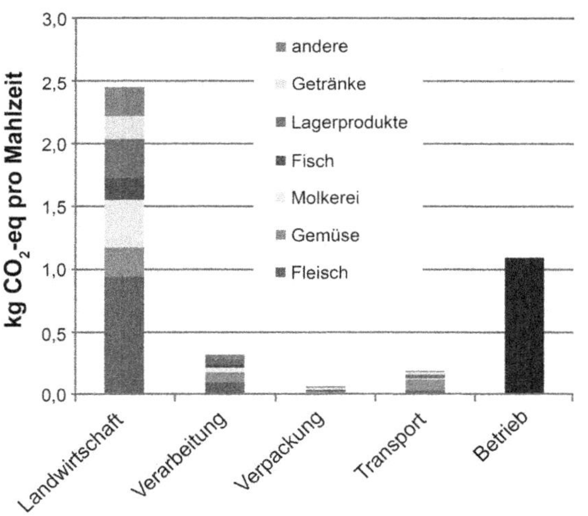

Abb. 1 CO_2-Fußabdruck des Einkaufs von SV Schweiz (aus Jungbluth et al. 2016)

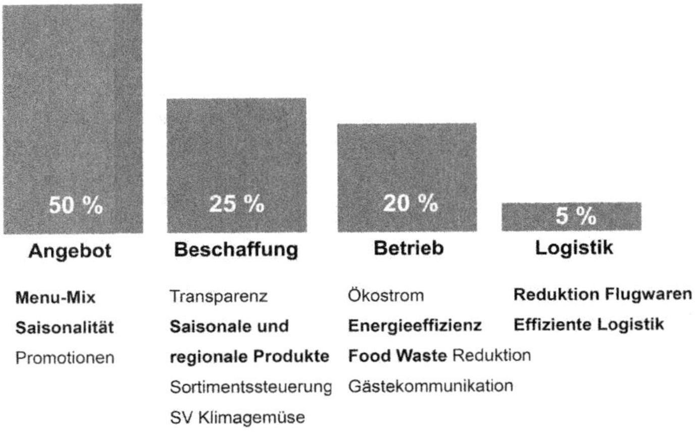

Abb. 2 Handlungsfelder und Maßnahmenüberblick für Klimaschutz in den SV Restaurants

Angebots wurde beispielsweise entschieden, den Anteil an Gerichten ohne Fleisch und Fisch auf 50 % im wöchentlichen Angebot anzuheben. Im Bereich des Einkaufs war eine Maßnahme der Bezug von Schweizer Tomaten und Gurken aus Gewächshäusern, die nicht fossil beheizt werden und dadurch klimafreundlicher sind als beim Anbau in fossil beheizten Gewächshäusern (Zhiyenbek et al. 2016).

Bei allen Handlungsfeldern wurde darauf geachtet, dass eher wenige, dafür wirkungsvolle Maßnahmen gewählt werden, die in den SV Restaurants einfach umgesetzt werden können.

Flexibilität

Die SV Group führt Mitarbeiterrestaurants und Mensen immer im Rahmen eines Mandats. Die Auftraggeber – also die Unternehmen, die ihren Mitarbeitenden ein Restaurant zur Verfügung stellen – können dabei u. a. bei der Angebotsgestaltung mitbestimmen. Im Rahmen des neuen Nachhaltigkeitsprogramms sollte den Auftraggebern die Möglichkeit geboten werden, das Level an Klimafreundlichkeit mitzubestimmen. Die zusammengestellten Maßnahmen wurden daher so entwickelt, dass sie stufenweise umgesetzt werden können. Zum Beispiel wird gemeinsam mit dem Auftraggeber bestimmt, wie hoch der Anteil an Flugwaren sein darf. Je niedriger der Anteil liegt, desto klimafreundlicher, aber auch umso eingeschränkter ist das Angebot.

Die Umsetzung der Klimaschutzmaßnahmen erfolgt in enger Absprache mit den Auftraggebern. Jährlich werden die umgesetzten Maßnahmen sowie die Erfolgsindikatoren (z. B. der CO_2-Fußabdruck eines Menus) besprochen und neue Klimaschutzziele vereinbart, um eine kontinuierliche Verbesserung zu gewährleisten.

Gästewohl

Bei allen theoretischen Überlegungen war ein Punkt zentral: Das Wohl der Gäste. Auf keinen Fall sollten Gäste bevormundet werden, indem ihnen mit Vegi-Tagen vorgeschrieben wird, was sie essen sollen. Vielmehr sollten die Gäste weiterhin die freie Wahl haben. Mit dem Ausbau als auch mit der Qualitätsverbesserung des vegetarischen Angebots wollte die SV Group allerdings die Entscheidung für ein klimafreundliches Menu erleichtern und unterstützen. So lässt sie seit 2014 alle Küchenchefs und Köche in der Hiltl Akademie schulen, dem ältesten und renommiertesten vegetarischen Restaurant der Schweiz (Hiltl Akademie).

Um die Gäste für den Klimaschutz zu sensibilisieren, wird zusätzlich einmal im Jahr ein sog. ONE CLIMATE DAY in den SV Restaurants der Schweiz durchgeführt. An diesem Tag gibt es in den betreffenden Restaurants ausschließlich vegetarische Menus und Menus mit Geflügel oder Schweizer Fisch. Anhand von Flyern und Aushängen werden die Gäste über den Hintergrund dieser Aktion informiert.

3.3 Erfolge des Nachhaltigkeitsprogramms ONE TWO WE

Das Nachhaltigkeitsprogramm ONE TWO WE wurde 2013 lanciert und in Absprache mit den Auftraggebern zunächst in 42 Restaurants eingeführt. In den folgenden Jahren nahm die Anzahl an Restaurants stetig zu. Ende 2018 nahmen bereits die Hälfte aller SV Restaurants in der Schweiz am ONE-TWO-WE-Programm teil.

In den ersten drei Jahren nach Einführung der verschiedenen Klimaschutzmaßnahmen konnte der durchschnittliche CO_2-Fußabdruck eines Menus um 9 % reduziert werden. Das mit dem WWF gesetzte Klimaziel einer Reduktion des CO_2-Fußabdrucks um 10 % wurde damit knapp erreicht. Auch im Einkauf zeigte sich eine Änderung. So wurde der Anteil von Flugwaren von 1 % auf 0,49 % reduziert. Der Anteil an Fleisch und Fisch wurde um 10 % reduziert, der Anteil an Gemüse um 22 % erhöht (SV Schweiz Nachhaltigkeitsbericht 2015).

Für ihr Nachhaltigkeitsprogramm bekam die SV Group 2013 den „Zurich Klimapreis" verliehen. Die Jury lobte das Programm ONE TWO WE, da es ganzheitlich angedacht sei und eine große Breitenwirkung erzielen würde. Insbesondere würdigte die Jury, dass mit dem Fokus auf Ernährung und Gemeinschaftsgastronomie ein bisher noch wenig beachteter Bereich mit einem enormen Reduktionspotenzial in das Bewusstsein der Öffentlichkeit gerate.

Erfreulich ist auch, dass ONE TWO WE seither kontinuierlich weiterentwickelt wurde. Neben den Maßnahmen für ein klimafreundliches Restaurant wurde v. a. der nachhaltige Warenkorb Schritt für Schritt ausgebaut. So werden Produkte aus fairem Handel und nachhaltiger Landwirtschaft stetig gefördert. Daneben spielt das Thema Tierwohl seit 2017 eine zentrale Rolle. All diese Themen wurden dabei wie oben beschrieben angegangen, d. h. in Absprache mit Experten, wie z. B. dem Schweizer Tierschutz STS, wurden Relevanzanalysen durchgeführt, Ziele gesetzt sowie entsprechende Maßnahmen definiert und umgesetzt.

Zudem wurde das Programm dahingehend ausgebaut, dass viele der Maßnahmen heute nicht nur in den ONE-TWO-WE-Restaurants, sondern nach und nach in allen

SV Restaurants umgesetzt werden. Das bedeutet, dass die Gemeinschaftsgastronomie der SV Group mittlerweile in der ganzen Schweiz grundlegende Anforderungen für eine nachhaltige Ernährung erfüllt. Nachhaltigkeit ist somit fest im Markenkern der SV Group verankert.

Mit ONE TWO WE kann die SV Group außerdem einen Beitrag zu den 2015 beschlossenen Sustainable Development Goals (SDG) leisten. So hat die anfängliche thematische Ausrichtung von ONE TWO WE auf den Klimaschutz bereits vor 2015 einen Beitrag zum SDG 13 (Maßnahmen zum Klimaschutz) geleistet. Der Fokus auf eine partnerschaftliche Entwicklung des Programms steht ganz im Sinn des SDG 17 (Partnerschaften zur Erreichung der Ziele). Aufgrund der thematischen Erweiterung, aber auch verschiedener Sensibilisierungsmaßnahmen trägt ONE TWO WE mittlerweile zu einigen anderen SDG bei; relevant sind v. a. SDG 2, 3, 12, 14 und 15.

3.4 Herausforderungen in der Umsetzung und Weiterentwicklung von ONE TWO WE

Das Thema nachhaltige Ernährung ist sehr komplex und vielschichtig. Um wirkungsvolle Maßnahmen aufzustellen und deren Wirkung messen zu können, ist eine gute Datengrundlage unerlässlich. So musste die Transparenz in der Lieferkette erst aufgebaut werden, was mit erheblichem Aufwand verbunden war. Die Lieferanten wurden verpflichtet, die Produktionsart, Herkunft und Transportart für jeden Artikel anzugeben. So konnte die Basis für die Datenerhebung und daraus abzuleitende Maßnahmen geschaffen werden.

Die Komplexität des Themas erschwert auch die für die Restaurants so wichtige Gästekommunikation. Zudem haben Gäste und Kunden oftmals abweichende Ansichten zur Nachhaltigkeit, z. B. in Bezug auf die Regionalität. Auch das Thema Fleisch ist ein kontroverses und hochemotionales Thema. Der Fleischkonsum ist in unserer Esskultur tief verankert und lässt sich daher nur schwer reduzieren.

Der Erfolg des Programms hängt in jedem Fall maßgeblich von den Gästen ab. So konnten in den ersten drei Jahren die durchschnittlichen THG-Emissionen pro Menu um 9 % reduziert werden. Die Reduktion von 2016 bis 2018 betrug jedoch nur noch etwa 3 %. Dies zeigt, dass die Maßnahmen des Programms an ihre Grenzen stoßen und nun umso mehr das veränderte Ernährungsverhalten der Gäste oder wirkungsvolle Innovationen gefragt sind.

Living Labs zum Testen von Maßnahmen

An dieser Stelle möchten wie auf drei wissenschaftliche Versuche aufmerksam machen, bei denen in SV Restaurants verschiedene Maßnahmen für eine klimafreundliche Ernährung getestet wurden:

- Nachhaltige Gastronomie an der ETH Zürich (https://www.ethz.ch/de/die-eth-zuerich/nachhaltigkeit/lehre/seed-sustainability/laufende-projekte/nachhaltige-gastronomie-an-der-eth-zuerich-.html)
- Personalrestaurantwettbewerb der Stadt Zürich (https://www.energieforschung-zuerich.ch/fileadmin/berichte/FP-1.15_Bericht.pdf)
- NOVANIMAL (https://novanimal.ch/)

Literatur

Bellarby J, Foereid B, Hastings A, Smith P (2008) Cool farming: climate impacts of agriculture and mitigation potential. Greenpeace International, Amsterdam Consumer Foodservice in Switzerland, Euromonitor International, May 2017

IPCC (2014) Climate change 2014. Impacts, adaptation, and vulnerability. Part A: global and sectoral aspects. Contribution of working group II to the fifth assessment report of the intergovernmental panel on climate change. Cambridge University Press, Cambridge

Hiltl Akademie. https://hiltl.ch/produkt/vegetarische-profischulung/#vegetarische-profischulung

Jungbluth N, Keller R, König A (2016) ONE TWO WE – life cycle management in canteens together with suppliers, customers and guests. Int J Life Cycle Assess. https://doi.org/10.1007/s11367-015-0982-8

Springmann M, Clark M, Mason-D'Croz D, Wiebe K, Bodirsky B, Lassaletta L, de Vries W, Vermeulen SJ, Herrero M, Carlson KM, Jonell M, Troell M, DeClerck F, Gordon LJ, Zurayk R, Scarborough P, Rayner M, Loken B, Fanzo J, Godfray HCJ, Tilman D, Rockström J, Willett (2018) Options for keeping the food system within environmental limits. Nature. https://doi.org/10.1038/s41586-018-0594-0

Stehfest E, Bouwman L, van Vuuren DP, den Elzen MGJ, Eickhout B, Kabat P (2009) Climate benefits of changing diet. Clim Change. https://doi.org/10.1007/s10584-008-9534-6

Stössel F, Juraske R, Pfister S, Hellweg S (2012) Life cycle inventory and carbon and water foodprint of fruits and vegetables: application to a Swiss retailer. Environ Sci Technol. dx.doi.org/10.1021/es2030577

SV Schweiz Nachhaltigkeitsbericht (2015). https://www.sv-group.ch/de/ueber-uns/publikationen/-dl-/files/svgroup/ch/03_Ueber_Uns/03_Publikationen/2015_Nachhaltigkeitsbericht_2015_final_deutsch.pdf

SV Stiftung. https://www.sv-stiftung.ch/de/

Swiss Logistics Award https://www.gs1.ch/home/angebot/events/swiss-logistics-award

Teisl MF (2011) Environmental concerns in food consumption. In: Lusk JL, Roosen J, Shogren JF (Hrsg) The Oxford handbook of the economics of food consumption and policy. Oxford University Press, Oxford, S 843 – 868

The Nielsen Global Survey of Corporate Social Responsibility and Sustainability https://www.nielsen.com/us/en/press-room/2015/consumer-goods-brands-that-demonstrate-commitment-to-sustainability-outperform.html

Vermeulen SJ, Campbell BM, Ingram JSI (2012) Climate change and food systems. Ann Rev Environ Resour. https://doi.org/10.1146/annurev-environ-020411-130608

Weber CL, Matthews HS (2008) Food-Miles and the relative climate impacts of food choices in the United States. Environ Sci Technol. https://doi.org/10.1021/es702969f

Willett W, Rockström J, Loken B, Springmann M, Lang T, Vermeulen S, Garnett T, Tilman D, DeClerck F, Wood A, Jonell M, Clark M, Gordon LJ, Fanzo J, Hawkes C, Zurayk R, Rivera JA,

De Vries W, Sibanda LM, Afshin A, Chaudhary A, Herrero M, Agustina R, Branca F, Lartey A, Fan S, Crona B, Fox E, Bignet V, Troell M, Lindahl T, Singh S, Cornell SE, Srinath Reddy K, Narain S, Nishtar S, Murray CJL (2019) Food in the Anthropocene: the EAT–Lancet Commission on healthy diets from sustainable food systems. The Lancet. https://doi.org/10.1016/s0140-6736(18)31788-4
WWF Schweiz. https://www.wwf.ch/de
Zhiyenbek A, Beretta C, Stössel F, Hellweg S (2016) Ökobilanzierung Früchte- und Gemüseproduktion eine Entscheidungsunterstützung für ökologisches Einkaufen. https://www.wwf.ch/sites/default/files/doc-2018-02/2017-02-Studie-Fruechte-und-Gemuese-Oekobilanz_0.pdf

Dr. Dörte Bachmann ist Nachhaltigkeitsverantwortliche bei der SV Group. Nachdem sie 2014 an der ETH Zürich in Biologie promovierte, sammelte sie als Postdoc Erfahrungen in der Ökobilanzierung. Seit 2016 ist sie bei der SV Group für die Umsetzung und Weiterentwicklung des Nachhaltigkeitsprogramms ONE TWO WE zuständig. Dies beinhaltet eine enge Zusammenarbeit mit anderen Fachabteilungen, wie dem Einkauf, dem Produktmanagement, dem Marketing und dem operativen Management. Zudem ist sie für die Sensibilisierung der Gäste (B2C) und Auftraggeber (B2B) für das Thema Nachhaltigkeit verantwortlich. Im Rahmen von ONE TWO WE tauscht sie sich regelmäßig mit Partnern wie beispielsweise dem WWF Schweiz und dem Schweizer Tierschutz STS aus.

Best Practices aus der Industrie und Logistikbranche

Fasern für fast alles im Leben

Waltraud Kaserer

Nachhaltigkeit, CSR und Klimawandel sind die dominierenden Themen unserer Zeit. Der Ausstoß von Treibhausgasen, die Verschmutzung der Ozeane und zunehmende Wetterkapriolen sind Ausdruck des Handelns jedes Einzelnen von uns. Um diese Herausforderungen zu lösen, braucht es Vordenker und Vorbilder. Die Lenzing Gruppe ist einer davon und übernimmt aktiv Verantwortung für das sozioökonomische Umfeld und die Natur.

1 Das Geschäftsmodell der Lenzing Gruppe

Das Geschäft der Lenzing Gruppe basiert auf dem Modell der Kreislaufwirtschaft. In den Bioraffinerien wird Faserzellstoff aus dem nachwachsenden und zu 100 % zertifizierten oder kontrollierten Rohstoff Holz produziert. Zudem werden die wertvollen Bestandteile des Holzes auch in biobasierte Materialien wie Essigsäure und Xylose sowie in Bioenergie verwandelt. Das Holz wird somit zu 100 % verwertet (Abb. 1).

In weiterer Folge werden alle drei Generationen an holzbasierten Fasern – Viskose, Modal und Lyocell – entweder in einem geschlossenen Kreislauf oder mit hohen Rückgewinnungsraten hergestellt. Diese Fasern fühlen sich nicht nur gut an, sondern sie schonen auch die Umwelt, denn sie sind biologisch abbaubar und kompostierbar. Sie werden

Der Beitrag basiert auf zahlreichen Veröffentlichungen, insbesondere den Nachhaltigkeitsberichten der Lenzing Gruppe, verfasst von Angelika Guldt et al.

W. Kaserer (✉)
Strategic Partnerships & Public Affairs, Lenzing, Österreich
E-Mail: w.kaserer@lenzing.com

A. Sihn-Weber und F. Fischler (Hrsg.), *CSR und Klimawandel,* Management-Reihe Corporate Social Responsibility, https://doi.org/10.1007/978-3-662-59748-4_27

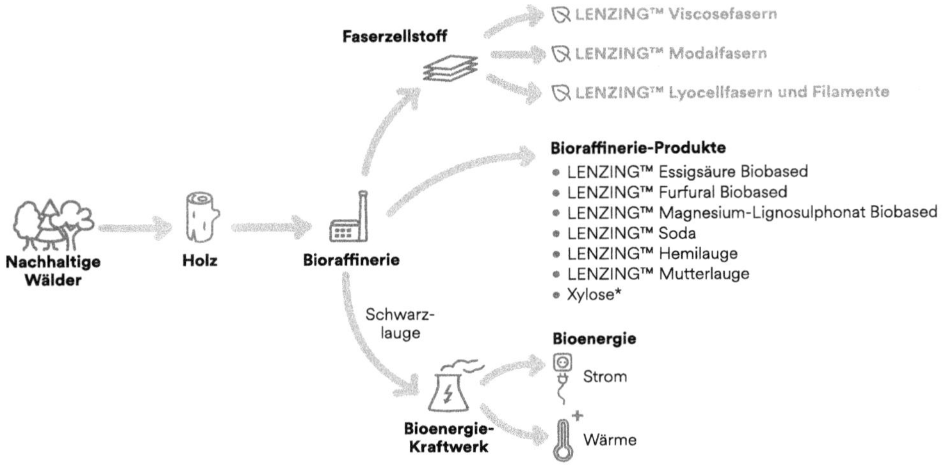

Abb. 1 Bioraffinerie

nach Gebrauch Teil des natürlichen Kreislaufs, ohne schädliche Rückstände zu hinterlassen.

Die Lenzing Gruppe produziert bereits seit mehr als 80 Jahren Fasern aus Holz; 70 % dieser Fasern werden in Textilien eingesetzt: in Unterwäsche, Hemden, Blusen, Kleider und Anzüge, Schutzanzüge für Feuerwehrmänner, Funktionsbekleidung für Sportler, Bettwäsche und Handtücher sowie Schuhe; 30 % der Fasern landen in Hygiene- und Kosmetikprodukten wie feuchtem Toilettenpapier und Gesichtsmasken sowie in Anwendungen der Industrie wie Verpackungen (kompostierbare Ein- und Mehrwegnetze), Batterieseparatoren sowie in der Landwirtschaft, z. B. Aufleitschnüre für Tomaten und Hopfen.

Viele Menschen weltweit kommen mit Fasern von Lenzing täglich in Berührung, ohne es zu wissen. Denn diese Fasern sind sog. „ingredient brands". Das sind Produkte, die als Teil eines anderen Produkts verwendet werden und deren Herkunft als Marke nicht extra ausgewiesen wird. Ein Hinweis auf die generischen Namen der Fasern findet sich in Textilien in der Waschanleitung: Wenn dort Lyocell steht, sind die Fasern höchstwahrscheinlich von Lenzing, wenn dort Modal steht, sind die Fasern wahrscheinlich von Lenzing, und wenn dort Viskose steht, sind sie vielleicht von Lenzing. In Hygiene- und Kosmetikprodukten wird im Rahmen der Umsetzung der EU Einwegplastik-Richtlinie erst jetzt der Start in eine Kennzeichnungspflicht vollzogen. Die wichtigsten geschützten Marken der Lenzing Gruppe, TENCEL™ für Anwendungen in Textilien, VEOCEL™ für Kosmetik- und Hygieneanwendungen und LENZING™ für industrielle Anwendungen werden durch verstärkte Kooperation mit den Modemarken und den großen Markenartiklern künftig in den Endprodukten sichtbarer sein (Abb. 2).

Die Lenzing Gruppe bildet den Anfang einer langen Wertschöpfungskette in der Textilindustrie mit mehreren Verarbeitungsschritten. Die Wertschöpfungsketten für das

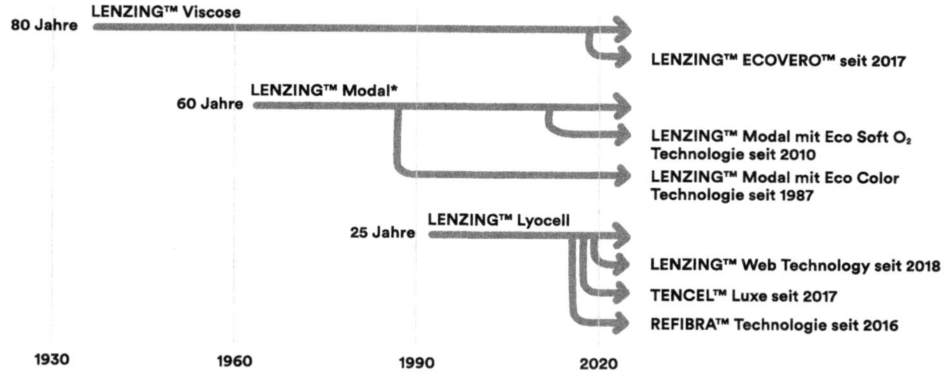

Abb. 2 Technologie

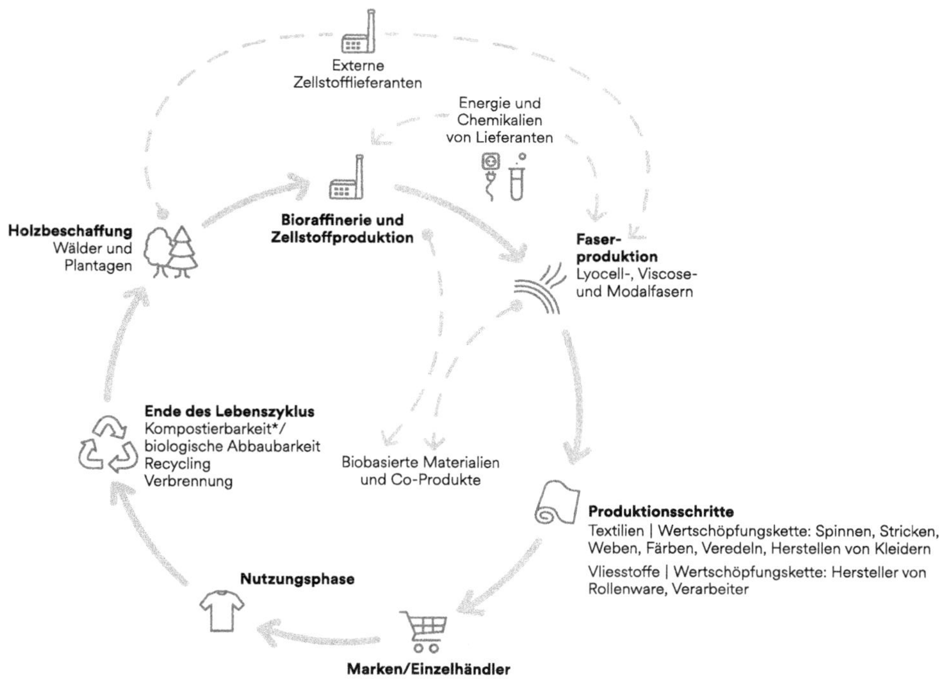

Abb. 3 Value Chain

Vliesstoffsegment und für industrielle Anwendungen sind i. d. R. kürzer. Das Geschäftsmodell der Lenzing Gruppe basiert auf einer intensiven Zusammenarbeit auf allen Stufen der Wertschöpfungskette (Abb. 3).

Nach der Holzbeschaffung, Bioraffinerie und Zellstoffproduktion und der Faserproduktion vertreibt Lenzing die Fasern (und das Filament Garn) an seine direkten Kunden, die Spinnereien (und Stoffhersteller). Damit beginnt die Phase der Nutzung beim Kunden. Die Erläuterungen beim Punkt Produktionsschritte verdeutlichen den weiteren Weg der Fasern.

LENZING™ Fasern sind kompostierbar und im Meerwasser oder im Boden biologisch abbaubar. Lenzing hat dafür mehrere Zertifizierungen absolviert, z. B. durch den TÜV. Die Kompostierbarkeit und die biologische Abbaubarkeit von im Handel erhältlichen Textilien und Vliesstoffprodukten hängen jedoch auch von der Materialzusammensetzung (Fasermischung) und der Verarbeitung auf den einzelnen Stufen der Wertschöpfungskette ab.

2 Unternehmensstrategie definiert Basis für Nachhaltigkeit

Die Unternehmensstrategie der Lenzing Gruppe fußt auf Nachhaltigkeit: auf Nachhaltigkeit als Wert, als Treiber des Geschäfts und als Ansporn für Innovationen. Sichtbar wird das durch Investitionen in Forschung und Entwicklung und den Ausbau ressourcenschonender Prozesse. Das Ergebnis daraus sind zahlreiche Technologie- und Produktinnovationen sowie Auszeichnungen und Zertifikate. Hunderte Millionen an Investitionen in umweltschonende Prozesse und Technologien in den vergangenen Jahrzehnten machen die Lenzing Gruppe zum letzten verbliebenen großen Produzenten von holzbasierten Fasern in der westlichen Hemisphäre. Fast alle Konkurrenten sind in Asien beheimatet.

3 Die Nachhaltigkeitsstrategie der Lenzing Gruppe

Die Vorreiterrolle der Lenzing Gruppe in den Textil- und Vliesstoffbranchen drückt sich in der Nachhaltigkeitsagenda aus, basierend auf der Nachhaltigkeitsstrategie „Naturally positive“. Deren Ziele werden konsequent verfolgt, beispielsweise durch detaillierte Messung und Verbesserungen des Fußabdrucks der Produktionsprozesse und durch aktive Teilnahme an Stakeholderprozessen.

3.1 Die Essenz des Naturally-Positive-Ansatzes

3.1.1 Die Vision für Nachhaltigkeit

Wir setzen uns mit Leidenschaft dafür ein, nachhaltige Fasern für den wachsenden Bedarf der Welt zur Verfügung zu stellen. Dadurch erzielen wir positive Auswirkungen sowie Zusatznutzen für Mensch und Umwelt und sichern unseren wirtschaftlichen Erfolg.

3.1.2 Die Mission für Nachhaltigkeit

Wir verstehen uns als Impulsgeber und arbeiten gemeinsam mit unseren Lieferanten und Partnern in der Wertschöpfungskette daran, positive Veränderungen in Gang zu setzen. Wir setzen uns aktiv für die Verbesserung der ökologischen Performance entlang der Wertschöpfungskette und damit im Endprodukt ein und engagieren uns für das gesellschaftliche Wohl. Positive Auswirkungen und Zusatznutzen für Mensch und Umwelt zu schaffen – das ist das klare Ziel unserer Innovations- und Geschäftstätigkeit.

3.1.3 Die Nachhaltigkeitsstrategie

„Naturally positive", die Nachhaltigkeitsstrategie der Lenzing Gruppe, wurde auf der Grundlage der Ergebnisse der Wesentlichkeitsanalyse entwickelt und ist fest in der sCore TEN Unternehmensstrategie verankert. Ihr Schwerpunkt liegt auf den Bereichen, in denen Lenzing am meisten für das Ziel einer nachhaltigeren Welt erreichen kann. „Naturally positive" basiert auf den 3P: People – Planet – Profit. Anhand dieser drei Dimensionen werden im Rahmen der Nachhaltigkeitsstrategie sieben Kernherausforderungen definiert, bei denen die Lenzing Gruppe wesentliche Beiträge leistet und Nutzeffekte erzielt.

- Nachhaltige Rohstoffbeschaffung
- Verantwortungsbewusster Umgang mit Wasser
- Dekarbonisierung
- Nachhaltige Innovationen
- Menschen fördern und befähigen
- Partnerschaften für systemischen Wandel
- Förderung des gesellschaftlichen Wohls

3.1.4 Der Net-Benefit-Ansatz

Die Net-Benefit-Produkte der Lenzing Gruppe bieten positive Auswirkungen und Vorteile für Umwelt, Gesellschaft und die Partner der Wertschöpfungskette und sind besser als die meisten konkurrierenden Alternativen auf dem Markt. Net-Benefit-Produkte definieren sich durch die Betrachtung des gesamten Lebenszyklus und beziehen somit sowohl vor- als auch nachgelagerte Wertschöpfungsprozesse ein. Der Net-Benefit-Ansatz beschreibt die Leistung der speziellen und zukunftsweisenden Lösungen von Lenzing, die Teil der sCore TEN Strategie sind.

Die Nachhaltigkeitsstrategie „Naturally positive" fußt im Net-Benefit-Ansatz und bildet die Grundlage für den Beitrag von Lenzing zu den Nachhaltigen Entwicklungszielen (SDG) der Vereinten Nationen.

3.2 Die Eckpunkte der Nachhaltigkeitsstrategie

3.2.1 Partnerschaften für systemischen Wandel

Komplexe globale Herausforderungen verlangen einen kooperativen Ansatz bei der Entwicklung systemischer Lösungen unter Einbeziehung vieler Stakeholdergruppen. Als einem der führenden Unternehmen in der Erzeugung von Zellulosefasern auf Holzbasis kommt Lenzing eine besondere Verantwortung zu. Daher trägt das Unternehmen mit großem Engagement dazu bei, die Standards im Hinblick auf Nachhaltigkeit in der Textil- und Vliesstoffindustrie weiter anzuheben. Eine Grundvoraussetzung für den Aufbau von Vertrauen und langfristigen Beziehungen ist Transparenz (Abb. 4).

Gemäß dem Ziel für nachhaltige Entwicklung der Vereinten Nationen, SDG 17 „Partnerschaften zur Erreichung der Ziele", steht die Lenzing Gruppe in regelmäßigem Austausch mit einer großen Bandbreite an Stakeholdern und Geschäftspartnern, um unterschiedliche Sichtweisen miteinander zu vereinen, globale Trends zu verstehen und Risiken einzudämmen. Die Förderung von Mitarbeiterinnen und Mitarbeitern sowie künftiger Führungspersönlichkeiten hat eine zentrale Bedeutung für die Verbesserung der Nachhaltigkeit.

3.2.2 Kreislaufwirtschaft

Kreislaufwirtschaft spielt für die Nachhaltigkeit bei Lenzing eine zentrale Rolle, denn das Unternehmen vereint den Zellulosefaserzyklus seiner holzbasierten Produkte (biologischer Zyklus) mit seinen innovativen Technologien, in deren Mittelpunkt geschlossene Kreisläufe und die Rückgewinnung (technische Zyklen) stehen.

Der biologische Zyklus beginnt mit dem erneuerbaren Rohstoff Holz, der zu Faserzellstoff und dann weiter zu Fasern verarbeitet wird. Das Bioraffineriekonzept von

Abb. 4 Partnerschaften

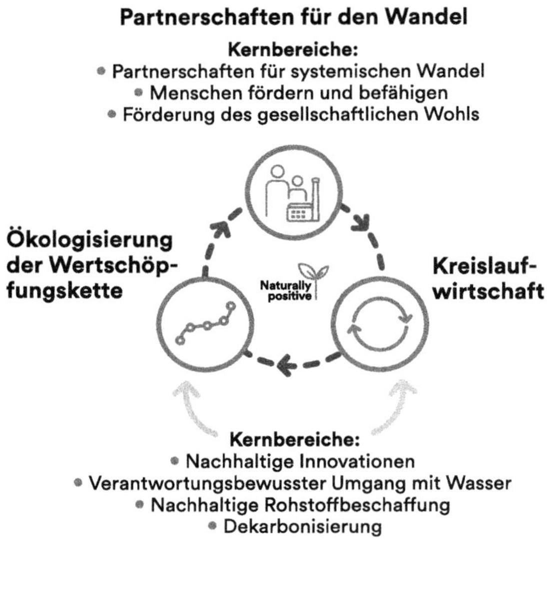

Lenzing steht für eine 100%ige Nutzung dieses erneuerbaren Rohstoffs. Holzsubstanz, die nicht für die Herstellung von Faserzellstoff und Fasern verwendet wird, bildet die Grundlage für wertvolle biologische Produkte und Energie. Anschließend nutzen die Kunden von Lenzing die Fasern für unterschiedliche Anwendungen. Dieser biologische Kreislauf schließt sich, wenn die Fasern am Ende ihrer Lebensdauer biologisch abgebaut oder kompostiert werden.

Während des technischen Zyklus bemüht sich die Lenzing Gruppe, die Umweltbelastung zu reduzieren und die Ressourceneffizienz zu steigern, indem sie mithilfe von optimalen Rückgewinnungsraten Kreisläufe bei Faserproduktionstechnologien schließt. Gemäß dem Net-Benefit-Prinzip nimmt sich Lenzing auch der nachgelagerten Stufen der Wertschöpfungskette an. Mit der REFIBRA™ Technologie von Lenzing werden Reste aus der Produktion von Baumwollbekleidung ohne Qualitätsverlust zu Faserzellstoff verarbeitet und wieder der Faserproduktion zugeleitet. Dort wird eine neue Fasern erzeugt, die wiederum in Textilien eingesetzt wird.

Lenzing sucht dabei aktiv nach Partnerschaften für den Systemwandel und bemüht sich um die Entwicklung industrieübergreifender Geschäftsmodelle, um die Kreislaufwirtschaft im Unternehmen und in der gesamten Branche zu fördern.

3.2.3 Ökologisierung der Wertschöpfungskette

Verantwortungsbewusste Beschaffungspraktiken sind die Grundlage für die Bemühungen, die Wertschöpfungskette bei Lenzing „grüner" zu gestalten. Nachhaltigkeitsziele für Luftemissionen, Wasserverschmutzung und Klimaschutz tragen zur kontinuierlichen Verbesserung der Nachhaltigkeitsleistung des Unternehmens bei. Diese Ziele sind ein wichtiges Element für die verantwortungsbewusste Unternehmensführung bei Lenzing. Der Fokus liegt auf der Entwicklung innovativer Technologien und Produkte, die den Kunden in der Wertschöpfungskette Vorteile (Net Benefits) bringen. Mit seinen Beiträgen zur Entwicklung von Methoden und Instrumenten fördert Lenzing die Weiterentwicklung der Nachhaltigkeit in der Branche.

4 Die Nachhaltigen Entwicklungsziele der Vereinten Nationen

Bei einem Gipfeltreffen der Vereinten Nationen (UN) im September 2015 verabschiedeten alle 193 Mitgliedstaaten die „Agenda 2030 für nachhaltige Entwicklung". Dieser Plan geht die globalen Herausforderungen an und will u. a. Armut, Ungleichheit und den Klimawandel bekämpfen. Im Zentrum stehen die 17 SDG, die aus einem umfassenden Prozess unter Einbindung von Regierungen, Wirtschaft und Zivilgesellschaft hervorgegangen sind. Lenzing erkennt seine Verantwortung und sieht seine Vorreiterrolle in den Textil- und Vliesstoffbranchen als Chance, zur Erreichung der nachhaltigen Entwicklungsziele beizutragen. Die Nachhaltigkeitsstrategie „Naturally positive" unterstützt insbesondere die folgenden Ziele für nachhaltige Entwicklung:

- SDG Ziel 7: Bezahlbare und saubere Energie
- SDG Ziel 9: Industrie, Innovation und Infrastruktur
- SDG Ziel 12: Nachhaltige/r Konsum und Produktion
- SDG Ziel 13: Maßnahmen zum Klimaschutz
- SDG Ziel 15: Leben an Land
- SDG Ziel 17: Partnerschaften zur Erreichung der Ziele

Weitere Ziele für die Lenzing Gruppe sind:

- SDG Ziel 1: Keine Armut
- SDG Ziel 3: Gesundheit und Wohlergehen
- SDG Ziel 6: Sauberes Wasser und Sanitäreinrichtungen
- SDG Ziel 8: Menschenwürdige Arbeit und Wirtschaftswachstum
- SDG Ziel 14: Leben unter Wasser

Für die Lenzing Gruppe sind die Ziele 7, 9, 12, 13, 15 und 17 von besonderer Bedeutung, weil es bei ihnen um Aktivitäten des Unternehmens geht, bei denen das Unternehmen die größten positiven Auswirkungen erreichen kann. Die Ziele 1, 6, 8 und 14 werden über nachhaltige Geschäftspraktiken unterstützt. Hier wird die Lenzing Gruppe ihre Aktivitäten auf konkrete regionale Herausforderungen konzentrieren.

Nachhaltige Beschaffung, effizienter Einsatz von Rohstoffen, lange Erfahrung mit Bioraffinerien, Denken in Lebenszyklen entlang der gesamten Wertschöpfungskette und eine große Anzahl an innovativen und nachhaltigen Produkten sind einige der entscheidenden Schlagworte im Zusammenhang mit Ziel 12 „Nachhaltiger Konsum und Produktion".

Mit der in der Lenzing Gruppe lange gepflegten Praxis der verantwortungsbewussten Beschaffung, insbesondere beim Rohstoff Holz, trägt das Unternehmen zu Ziel 15 „Leben an Land" bei. Das Unternehmen hat sich das Ziel gesetzt, sich für die Verbesserung von degradierten Flächen in Albanien einzusetzen, ein Land, in dem Verbesserungen in der Waldwirtschaft und Schulungen zu Waldfachwissen von hoher Bedeutung sind.

Mit der Festlegung auf den strategischen Kernbereich „Partnerschaften für systemischen Wandel" und zahlreichen Beiträgen zu verschiedenen internationalen Multistakeholderdialogen trägt das Unternehmen nachhaltig zu Ziel 17 „Partnerschaften zur Erreichung der Ziele" bei. Zum Beispiel hat die Lenzing Gruppe die Charta der Textilindustrie „Fashion Industry Charter for Climate Action" unterzeichnet und sich bis 2030 zur Reduzierung der aggregierten Treibhausgasemissionen um 30 % verpflichtet. Diese Bemühungen des Unternehmens tragen zu Ziel 13 „Maßnahmen zum Klimaschutz" bei.

Durch die Verbesserung der Energieeffizienz, den Einsatz von Technologien der Energieumwandlung für Wärme und Strom, erneuerbare Brennstoffe, die Umstellung von Kohle auf Erdgas und sein Bioraffineriekonzept trägt Lenzing zum Ziel 7 „Bezahlbare und saubere Energie" bei.

Mit innovativen Net-Benefit-Produkten wie TENCEL™ Modal Eco Color oder TENCEL™ Lyocellfasern mit REFIBRA™ Technologie beteiligt sich Lenzing am Ziel 9 „Industrie, Innovation und Infrastruktur".

5 Best-Practice-Beispiele

5.1 Nachhaltige Rohstoffbeschaffung

Holz, Faserzellstoff und Chemikalien sind die wichtigsten Ressourcen für die Lenzing Gruppe. Aus diesem Grund liegt der Fokus des Unternehmens auf nachhaltiger Beschaffung durch Zertifizierungen und verantwortungsbewussten Verbrauch sowie dem hocheffizienten Einsatz von Holz durch Bioraffinerien.

Das Managementsystem für die Holzbeschaffung von Lenzing gewährleistet, dass das gesamte Holz aus legalen und nachhaltig bewirtschafteten Quellen stammt. Um nachweisen zu können, dass die hohen Standards von Lenzing beim Holzeinkauf gewahrt werden, nutzt das Unternehmen die Zertifizierungssysteme FSC® und PEFC™. Über 99 % der verwendeten Holz- und Faserzellstoffressourcen sind entweder FSC®- und PEFC™-zertifiziert oder werden entsprechend dieser Standards inspiziert. Alle Produktionsstandorte sind FSC®-Chain-of-Custody(CoC)-zertifiziert. Zudem wird derzeit im Rahmen der CanopyStyle Initiative das zusätzliche Verifizierungsaudit erneuert.

Für Holz aus Mitteleuropa mit seinen strengen und gut überwachten staatlichen Forstgesetzen wird PEFC™ verwendet. Die FSC®-Zertifizierung ist in dieser Region nicht weit verbreitet. Der Standort Lenzing verfügt seit mehr als zehn Jahren über eine PEFC™-CoC-Zertifizierung. Diese wird nun durch eine FSC®-CoC-Zertifizierung ergänzt, die alle Produktionsstandorte weltweit umfasst. Da die Verfügbarkeit von FSC®-Holz in der Region sehr gering ist, ist derzeit der überwiegende Teil des beschafften Holzes sowohl FSC®-kontrolliert als auch PEFC™-zertifiziert.

Nächstes Ziel bei nachhaltiger Rohstoffbeschaffung ist die Umsetzung von Maßnahmen zur Walderhaltung – Start eines Aufforstungsprojekts 2018

Im Jahr 2018 initiierte die Lenzing Gruppe ein Aufforstungsprojekt in Albanien (Südeuropa). Mit diesem Projekt soll die Entwicklung des ländlichen Bereichs in Albanien, mit Schwerpunkt in der Großregion Shkoder (Ana e Malit) und Diber (Peshkopi) gefördert werden. Hierzu sollen natürliche Ressourcen nachhaltig eingesetzt und alternative Einkommensquellen für die Gemeinschaften erschlossen werden. Folgende drei Eckpfeiler wurden für dieses Projekt definiert:

1. Aufforstung von 20 ha geschädigter Flächen in Ana e Malit
2. Waldwirtschaftschulungsmodule für die Gemeinschaften
3. Interdisziplinäre Berufsausbildung für Forstwirtschaft

5.2 Dekarbonisierung

Der Klimawandel ist weltweit eine der drängendsten Herausforderungen und verlangt nach kooperativen Lösungen unter Einbindung einer Vielzahl relevanter Stakeholder, von den Partnern der Wertschöpfungskette bis hin zu den Behörden.

Faserzellstoff- und Faserproduktion sind energieintensive Prozesse. Aus diesem Grund engagiert sich Lenzing dafür, mit nachhaltigen Innovationen die spezifischen CO_2-Emissionen der Gruppe ebenso zu verringern wie die ihrer Energieversorger, Faserzellstofflieferanten und der nachgelagerten Wertschöpfungskette.

Die Lenzing Gruppe hat 2019 als erster Faserproduzent eine Klimastrategie ausgearbeitet und veröffentlicht: Konkret sollen die spezifischen CO_2-Emissionen bis 2030 pro Tonne verkauftem Produkt (Zellstoff und Fasern) halbiert werden. Bis 2050 will die Lenzing Gruppe klimaneutral (net-zero) produzieren.

5.3 Innovationen in nachhaltigen Technologien

Die Lenzing Gruppe wird in der globalen Faserbranche als ein Innovationsführer sowohl bei Produkten als auch bei Prozesstechnologien gesehen. Ein Beispiel dafür ist die neue Webtechnologie, die eine wichtige Lösung für das Problem der Plastikverschmutzung in den Gewässern ist. Das Neue daran ist, dass Lenzing aus dem Zellstoff direkt ein fertiges Vlies produziert und die Produktionsschritte dazwischen entfallen. Die Kunden können dieses Vlies für Produkte wie Gesichtsmasken und Hygienetücher verwenden, die nach Gebrauch durch ihre vollständige biologische Abbaubarkeit verantwortungsvoll entsorgt werden können.

5.4 Partnerschaften für systemischen Wandel

Komplexe globale Herausforderungen in Bezug auf Nachhaltigkeit verlangen einen kooperativen Ansatz bei der Entwicklung systemischer Lösungen, unter Einbeziehung vieler Stakeholdergruppen. Eine Grundvoraussetzung für den Aufbau von Vertrauen und langfristigen Beziehungen ist Transparenz. Deshalb steht die Lenzing Gruppe in regelmäßigem Austausch mit einer großen Bandbreite an Stakeholdern und Geschäftspartnern – von Lieferanten und Dienstleistern über beispielsweise Spinnereien, Weber/Stricker und Hersteller von Bekleidung bis hin zu den Modemarken -, um unterschiedliche Sichtweisen miteinander zu vereinen, globale Trends zu verstehen und Risiken einzudämmen.

Einige Beispiele für Initiativen mit Nichtregierungsorganisationen und Multistakeholderplattformen sind:

Canopy und CanopyStyle Initiative
Die Lenzing Gruppe pflegt einen kontinuierlichen Dialog mit den Mitgliedern der CanopyStyle Initative. Als einer der weltweit führenden Hersteller von holzbasierten Fasern unterstützt das Unternehmen die Strategie von Canopy, indem es kontinuierlich seine Praktiken einer nachhaltigen Beschaffung verbessert und die Führungsrolle des Unternehmens durch die Planung von Beiträgen zum Schutz der globalen Wälder stärkt.

Textile Exchange
Textile Exchange ist ein weltweit tätiger gemeinnütziger Verband, der in enger Zusammenarbeit mit der globalen Textilzulieferkette die Einführung von bevorzugten Fasern und Materialien, Integrität und Standards sowie verantwortungsbewusste Beschaffungsnetzwerke fördert. Der Fokus liegt dabei auf der Minimierung der schädlichen Auswirkungen der globalen Textilindustrie und auf der Maximierung ihrer positiven Aspekte. Zu diesem Zweck arbeitet Textile Exchange mit Organisationen aller Arten und Größen zusammen, die ihre Nachhaltigkeit mithilfe von Schulungszentren, Textilstandards und einer branchenweiten Zusammenarbeit fördern wollen. Der 2002 gegründete Verband ist seither eine der führenden gemeinnützigen Organisationen zur Etablierung von Best Practices und fairen Geschäftsmodellen für das gesamte Beschaffungsnetzwerk vom Rohstoff bis zum Einzelhandel.

Für sieben Jahre gehörte Lenzing dem Vorstand von Textile Exchange an, um einen größeren Beitrag zu den Tätigkeiten des Verbands zu liefern:

- Beiträge zum jährlichen Preferred Fibers and Materials Report sowie zum Fiber Benchmark Report
- Sponsoring und Unterstützung der Planung für die jährliche Konferenz zur Nachhaltigkeit in der Textilindustrie.
- Beiträge und Vorträge bei Webinaren und Seminaren für Schulungsinitiativen in der Branche

Sustainable Apparel Coalition
Lenzing trägt zur Entwicklung von Bewertungsmethoden für Produkte (Fußabdruck) und für in der Wertschöpfungskette verwendete Chemikalien bei. Das Unternehmen arbeitet zudem an der Sustainable-Apparel-Coalition(SAC)-Untergruppe zur Kreislaufwirtschaft mit.

Make Fashion Circular (eine Initiative der Ellen MacArthur Foundation)
Lenzing trägt zu dieser ambitionierten Initiative durch die Bereitstellung seiner Branchensicht und -kenntnisse bei, indem es aus seiner Erfahrung in der Textilindustrie und aus der bahnbrechenden Entwicklung der innovativen TENCEL™-Lyocellfaser mit REFIBRA™-Technologie schöpfte.

World Resources Institute
Die Lenzing Gruppe begann eine Zusammenarbeit und unterstützt das World Resources Institute (WRI) bei der Entwicklung der Richtlinien für den Bekleidungssektor Science-Based Targets Apparel Sector Guidance. Diese Richtlinien sollen alle Unternehmen der Wertschöpfungskette bei der Aufstellung von auf den Erkenntnissen der aktuellen Klimaforschung beruhenden Klimazielen unterstützen.

Weltwirtschaftsforum
Als Mitglieder der WEF-CEO-Climate-Leaders-Gruppe arbeitet Lenzing an mehreren Initiativen für den Klimaschutz mit. Lenzing hat zudem den offenen Brief an die Regierungschefs weltweit unterschrieben, der eine stärkere Zusammenarbeit im Rennen gegen den Klimawandel einfordert. Dieser offene Brief wurde von den Vorständen von 50 großen, global tätigen Unternehmen unterzeichnet, die zusammen über 1,5 Bio. US$ Gesamtumsatz repräsentieren.

Nächstes Ziel für den Ausbau von Partnerschaften ist die Bewertung der Nachhaltigkeitsleistung von 80 % der relevantesten Lieferanten der Lenzing Gruppe bis 2022.

Die Lenzing Gruppe verwendet EcoVadis als Bewertungsplattform. Anfang 2019 war die Bewertung von zwei Drittel der relevantesten Lieferanten abgeschlossen.

Nächstes Ziel für den Ausbau von Partnerschaften ist die Verbesserung der Transparenz durch die Umsetzung des Higg Facilities Environmental Module (FEM 3.0) an allen Standorten bis 2019.

Im Jahr 2018 begann die Lenzing Gruppe mit der Umsetzung des Higg FEM 3.0. Es wurde ein detaillierter Implementierungsplan entwickelt, die Produktionsstätten wurden informiert und für Anfang 2019 ist ein Higg-Readiness-Programm in Zusammenarbeit mit einem externen Partner geplant. Die Implementierung des Higg FEM 3.0 wird die Transparenz für die Partner in der Wertschöpfungskette erhöhen.

6 Ausblick

Der Einsatz der Lenzing Gruppe für sozioökonomische Themen sowie für Umwelt und Klimaschutz ist kein punktuelles Engagement, sondern erfordert kontinuierliche Arbeit, um Prozesse, Produkte und Beziehungen zu verbessern.

Zur ihrer Führungsverantwortung zählt die Lenzing Gruppe daher auch den weiteren Beitrag zu den SDG der Vereinten Nationen (s. Abschn. 4), den Einsatz für die globale Regulierung von CO_2-Emissionen sowie die Einführung von „science-based targets".

Um diese ambitionierten Ziele umsetzen zu können, bedarf es des Engagements vieler Stakeholder, allen voran den Mitarbeitern, dem Vorstand und den Kunden und Partnern entlang der gesamten Wertschöpfungskette.

Waltraud Kaserer ist seit 2015 Senior Director Strategic Partnerships & Public Affairs der Lenzing Gruppe. Sie verantwortet u.a. die Kooperation mit dem World Economic Forum (WEF). Die Lenzing Gruppe ist beispielsweise Mitglied der CEO Climate Leaders des WEF – einer Gruppe von global tätigen Unternehmen, die gemeinsame Initiativen gegen den Klimawandel umsetzen. Sie startete ihre Karriere im Investment Banking und der Anlageberatung und arbeitete dann im Marketing und der Produktentwicklung der Österreichischen Termin- und Optionenbörse. Danach arbeitete sie 14 Jahre lang als Wirtschafts- und Finanzjournalistin sowie als Außenpolitikjournalistin bei Der Standard, Spiegel.de, ftd.de, WELT am SONNTAG und Format. Ab Ende 2008 war sie sieben Jahre lang die Pressesprecherin des österreichischen Bundesministers für Wissenschaft, Forschung und Wirtschaft sowie Vizekanzler Reinhold Mitterlehner. Waltraud Kaserer hat einen Magisterabschluss der Universität Wien in Journalismus und Kommunikationswissenschaften und in Politikwissenschaften.

Borealis – Keep Discovering

Craig Halgreen und Thales Crivelli

1 Einleitung

Borealis ist ein führender Anbieter in den Bereichen Polyolefine und Basischemikalien. Der Konzern hat seine Zentrale in Wien, Österreich, und betreibt Kunststoffproduktionsanlagen in 120 Ländern auf fünf Kontinenten. Das Unternehmen liefert Materiallösungen, die einen positiven Beitrag zu globalen Herausforderungen in den Bereichen Klima, Energie, Lebensmittel, Gesundheit, Wasser und sanitäre Versorgung sowie Abfallmanagement leisten können. Borealis' Kunststoffe finden sich in Anwendungen für die Automobilindustrie, in Kabeln und Drähten, in Lebensmittel- und Konsumverpackungen, Rohren und auch in medizinischen Geräten und Verpackungen. Das Unternehmen beschäftigt mehr als 6800 Mitarbeiter weltweit. Die wichtigsten Standorte befinden sich in Wien, Schwechat und Linz. Borealis ist zu 36 % im Besitz der österreichischen OMV Gruppe und zählt zu den umsatzstärksten Unternehmen Österreichs.

Mit einem Produktionsvolumen von mehr als 3,6 Mio. t Kunststoffen pro Jahr verfolgt Borealis das Ziel, das Bedürfnis der Gesellschaft nach hochwertigen Produkten zu bedienen und dabei Umweltauswirkungen und Wirtschaftswachstum gleichermaßen in allen Aktivitäten entlang der gesamten Wertschöpfungskette zu berücksichtigen. Diese reicht von der Beschaffung von Rohstoffen bis hin zu den Auswirkungen der Produkte nach Verwendung. Angeregt durch die Ziele der Vereinten Nationen für Nachhaltige Entwicklung (Sustainable Development Goals, SDG) fördert Borealis Innovationen, die

C. Halgreen (✉) · T. Crivelli
Borealis AG, Wien, Österreich
E-Mail: craig.halgreen@borealisgroup.com

T. Crivelli
E-Mail: thales.crivelli@borealisgroup.com

A. Sihn-Weber und F. Fischler (Hrsg.), *CSR und Klimawandel*, Management-Reihe Corporate Social Responsibility, https://doi.org/10.1007/978-3-662-59748-4_28

nachhaltigeres Wirtschaften ermöglichen und strebt stets danach, innovative Kunststofflösungen zu entwickeln, die einen Mehrwert für die Gesellschaft bedeuten.

Um in allen Geschäftsbereichen für echte Nachhaltigkeit zu sorgen, trifft Borealis stets verantwortungsbewusste und faktenbasierte Entscheidungen und wendet dazu Handlungs- und Entscheidungsprinzipien an, die Menschen, den Planeten und das Unternehmen („people, planet and profit") gleichermaßen umfassen. Auf diese Weise kann Borealis Nachhaltigkeitsaspekte in seinen zentralen Richtlinien und Entscheidungsfindungsprozessen verankern. So ist beispielsweise der Beitrag zur Nachhaltigkeit ein wesentlicher Faktor bei der Evaluierung von Borealis' Innovationsportfolio und seiner Investitionsprojekte. Borealis glaubt an den Fortschritt und hat die Ambition, eine bessere Welt zu ermöglichen, indem es Ideen vorantreibt.

Die Borealis-Konzernstrategie wird wesentlich durch drei Nachhaltigkeitsfokusbereiche gestützt:

- Energie und Klima
- Kreislaufwirtschaft
- Gesundheit und Sicherheit

Einer der wichtigsten Aspekte für Borealis im Hinblick auf die Nachhaltigkeit und die soziale Verantwortung des Unternehmens sind die Auswirkungen seiner Aktivitäten und Entscheidungen auf die Umwelt. Da die Themen Energie und Klimaschutz unweigerlich miteinander verbunden sind, arbeitet die Gruppe beständig und mit Hochdruck an der kontinuierlichen Senkung der Emissionen und des Energieverbrauchs an den Produktionsstandorten sowie an Lösungen über die gesamte Produktlebensdauer hinweg.

2 Energie und Klima

Der Energieverbrauch macht einen wesentlichen Teil von Borealis' Gesamtkosten aus und ist für rund 62 % der Treibhausgas(THG)-Emissionen verantwortlich, die maßgeblich zum Klimawandel beitragen. Die Verbesserung der Energieeffizienz ist daher der effektivste Weg, um den direkten CO_2-Fußabdruck des Unternehmens zu verkleinern, seine Energiekosten zu senken, und es zugleich konkurrenzfähiger zu machen. Darüber hinaus wird der Großteil der durch den Menschen verursachten THG-Emissionen durch die Verbrennung fossiler Treibstoffe für Heizungen, die Energieproduktion und den Transport verursacht. Borealis' leichtgewichtige und dennoch widerstandsfähige Produkte sparen im Verlauf ihrer Lebensdauer mehr Energie als für ihre Herstellung aufgewendet wird. Von innovativen Verpackungen bis hin zu Anwendungen für die Automobilindustrie oder den Infrastruktursektor – Borealis' Kunststofflösungen leisten einen wichtigen Beitrag zur Senkung der CO_2-Emissionen. Durch innovative Geschäftslösungen zum Klimaschutz beizutragen ist ein zentrales Anliegen des Unternehmens.

2.1 Governance

Als ständiger Ausschuss des Vorstands steuert das Energy & CO_2 Committee die konzernweiten Aktivitäten des Energie- und CO_2-Managements und wird vom Vorstandsmitglied für den betrieblichen Bereich und Gesundheit, Sicherheit und Umwelt geleitet. Der Ausschuss entwickelt konzernweite Energie- und Emissionsziele, -strategien und -richtlinien und misst deren Performance anhand von Leistungskennzahlen (KPI).

Energie ist ein zentraler Bestandteil des Umweltmanagementsystems, weshalb zur kontinuierlichen Verbesserung des Energiemanagements 2018 alle europäischen Produktionsstätten gemäß ISO 50001 zertifiziert wurden. Borealis' Entscheidung, ein Managementsystem einzuführen, das sämtliche Standorte abdeckt, wurde aufgrund der Absicht getroffen, die im Jahr 2015 verabschiedete europäische Energieeffizienzverordnung zu übertreffen, statt nur die rechtlichen Mindestanforderungen zu erfüllen, wie beispielsweise durch die Durchführung externer Energieaudits. Borealis' konzernweite Zertifizierung nach ISO 9001 und ISO 14001 deckt nahezu alle Standorte ab; Produktionsanlagen, die Rohstoffe für die Automobilindustrie verarbeiten, sind zusätzlich gemäß ISO/TS 16949 zertifiziert und werden regelmäßig geprüft. Eine vollständige Übersicht der Zertifizierungen findet sich auf der Unternehmenswebseite.

2.2 Polyolefine und Klimawandel

Borealis' Kunststoffe sind in der Lage über ihre Lebensdauer hinweg wesentlich zur Senkung des Energieverbrauchs und der CO_2-Emissionen beizutragen. Deshalb wird Kunststoff häufig gegenüber zahlreichen alternativen Materialien bevorzugt. Eine von Trucost durchgeführte Studie belegte, dass die Umweltkosten von Kunststoffen in Konsumgütern 3,8-mal geringer sind als jene von Materialien, die Kunststoffe ersetzen könnten. Im Zusammenhang mit dem Klimawandel beträgt dieser Wert rund 2,6 (Lord et al. 2016).

Die Abb. 1 zeigt das Ergebnis einer Studie, die die Effizienz von Kunststoffen mit der alternativer Materialien vergleicht. Ohne dabei technische Kompromisse einzugehen, benötigt die Herstellung von Kunststoffen weniger Material und Energie, wodurch auch weniger THG ausgestoßen werden (Pilz et al. 2005).

Die Anwendungen und spezifischen Vorteile für nachhaltige Innovation im Zusammenhang mit Borealis' Kunststoffen aus Polyolefinen werden in den nachstehenden Absätzen beschrieben.

Automotive

Borealis ist ein führender Anbieter innovativer Polyolefinwerkstoffe für technische Anwendungen der Automobilindustrie. Borealis-Technologien ermöglichen leichtgewichtige Ersatzlösungen für konventionelle Materialien wie Metall, Gummi oder technische Polymere. Neuartige Kunststoffe ermöglichen die Konstruktion leichtgewichtiger

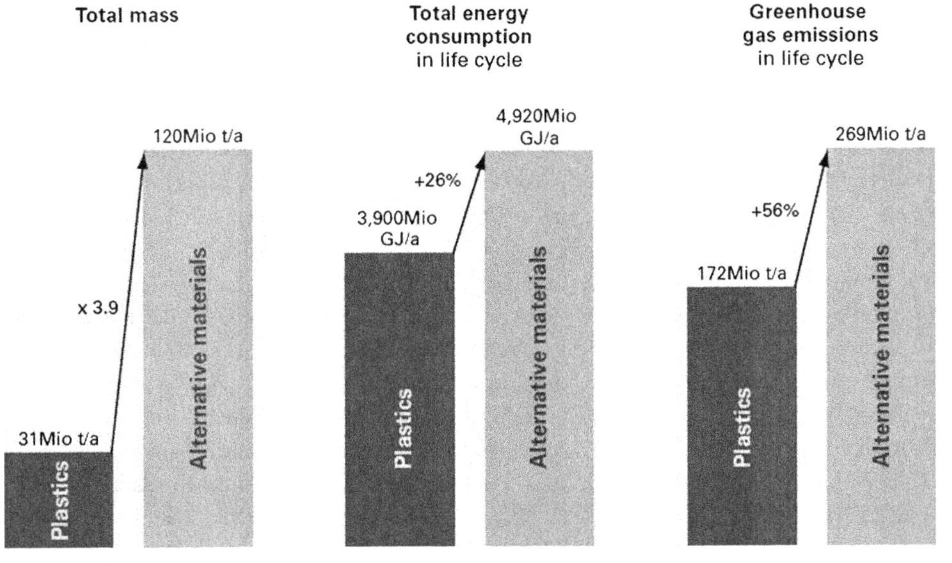

Abb. 1 Kunststoffeffizienz im Vergleich zu Alternativmaterialien. (Quelle: Pilz et al. 2005)

Bauteile und spielen daher eine wichtige Rolle bei der Reduktion von Kohlenstoffemissionen. Acht Kilogramm (kg) an Kohlenstoffemissionen können über die Lebenszeit einer Anwendung der Automobilbranche, wie z. B. Stoßstangen, vermieden werden, wenn ein Kilogramm an Werkstoffen aus Polypropylen verbaut wird.

Borealis liefert solche wegweisenden leichten Polyolefine für eine Reihe von Innen- und Außenanwendungen sowie für Anwendungen unter der Motorhaube, wie beispielsweise für Stoßfänger, Karosseriepaneele, Armaturenbretter, Türverkleidungen, Mittelkonsolen, Pedalgehäuse, Lüftungssysteme, Batterieträger sowie halbstrukturelle Karosserieteile. Dank der engen Zusammenarbeit mit wichtigen Partnern aus der Wertschöpfungskette und inspiriert vom Ziel einer nachhaltigen globalen Entwicklung ist Borealis in der Lage, kontinuierlich neue, innovative Materialien für spezifische Verbundanwendungen zu entwickeln.

Energie

Borealis ist ein führender Anbieter von Polyolefinwerkstoffen für die globale Energieindustrie. Bahnbrechende Innovationen auf Basis der Borlink™-Technologie unterstützen maßgeblich den notwendigen Aufbau robusterer und zuverlässigerer Stromnetze und helfen dabei, Stromverluste zu eliminieren und Energie aus erneuerbaren Quellen effizienter und über längere Distanzen zu transportieren. Die breite Palette an hochmodernen Lösungen für die nächste Kabel- und Drahtgeneration umfasst u. a. Energieübertragungslösungen für Höchst-, Hoch- und Mittelspannung sowie Niederspannungslösungen für Kabelanwendungen zur Energieverteilung. Borealis' einzigartige

Polymerproduktionstechnologien ermöglichen die Herstellung sichererer Kabel und Drähte für die Solar-, Automobil- und Bauindustrie.

Borealis hat die Chancen und Herausforderungen von SDG 7 für leistbare und saubere Energie erkannt und erweiterte sein Portfolio im Energiebereich mit der Einführung der neuen Flaggschiff-Solarmarke Quentys™. Im Jahr 2017 begann das Unternehmen, die globale Solarindustrie zu revolutionieren: Wegweisende neue Produkte auf Basis von Quentys verhelfen Solarenergieanwendungen zu höherer Effektivität und Kosteneinsparungen. Die co-extrudierte Polypropylen-Solar-Rückseitenfolie ICOSOLAR® CPO 3G steigert beispielsweise den Output von Fotovoltaikmodulen und reduziert den Leistungsabfall. Borealis' Polyolefineinkapselungsfolien verbessern zudem die Betriebszuverlässigkeit von Fotovoltaikmodulen über die gesamte Produktlebensdauer hinweg, wodurch eine größere Kosteneffizienz und höhere Wirtschaftlichkeit von Solarenergieanwendungen gewährleistet wird.

Rohre und Armaturen

Borealis liefert fortschrittliche Materialien für Polyolefinrohrsysteme für eine große Anzahl von Infrastrukturprojekten auf der ganzen Welt. Durch die Entwicklung langlebigerer und zuverlässigerer Materialien trägt das Unternehmen zur Schaffung nachhaltigerer Rohrsysteme sowie zu höherer Sicherheit, Zuverlässigkeit und Effizienz bei. Im Einklang mit SDG 6 für sauberes Wasser und sanitäre Versorgung helfen diese modernisierten Wasserversorgungssysteme dabei, Verluste zu eliminieren und zugleich Energieeinsparungen zu erzielen. Im Vergleich zu herkömmlichen Materialien reduzieren moderne Polyethylensysteme die Wasserverluste um das Achtfache. Der Einsatz grabenloser Technologien kann die Installationskosten zudem um bis zu 60 % senken, ermöglicht eine einfachere Installation und ist weniger störend für die Anrainer. Im Rahmen der Initiative „Water for the World", mit der Borealis seiner sozialen Verantwortung nachkommt, ermöglichte das Unternehmen bereits mehr als 800.000 Menschen in benachteiligten Regionen auf der ganzen Welt den Zugang zu sauberem Trinkwasser.

Konsumgüter

Borealis ist ein innovativer und zuverlässiger Lieferant hochwertiger Polyolefinkunststoffe, die in modernen Verpackungen, Fasern und Haushaltsgeräten zu finden sind.

Innovative Borealis-Technologien wie Borstar® ermöglichen fortschrittliche Anwendungen für flexible Verpackungen (z. B. Laminierfolien, Schrumpffolien, Standbeutel), starre Verpackungen (Kappen und Verschlüsse, Flaschen, dünnwandige und Transportverpackungen) oder nicht gewebte sowie technische Fasern (Filtersysteme, Hygieneartikel und technische Textilien). Zudem bieten solche Lösungen trotz ihres geringeren Gewichts die gleichen Vorteile wie andere Materialien (Widerstandsfähigkeit, Konservierung etc.), was bedeutet, dass im Zuge des Transports des Endprodukts eine geringere Menge an THG ausgestoßen wird. Wie auch in SDG 12 für verantwortungsbewusste Produktion und verantwortungsbewussten Konsum, das sich dem Problem von Lebensmittelverlusten entlang der Produktions- und Lieferketten widmet, explizit angeführt wird, können diese Produkte dazu beitragen, Nachernteverluste maßgeblich zu reduzieren und damit gleichzeitig einen positiven Beitrag zum Klimawandel leisten.

Fortschrittliche Polypropylenlösungen von Borealis ermöglichen leichtere und zugleich robustere, energieeffizientere, und dennoch optisch ansprechende Weißwaren (wie Waschmaschinen, Kühlschränke, Klimageräte und andere) oder Haushaltskleingeräte (Toaster, Ventilatoren, elektrische Werkzeuge etc.).

2.3 Borealis' Energie- und CO_2-Performance

Die Betrachtung der Umweltauswirkungen geht jedoch über die Bereitstellung nachhaltiger Kunststofflösungen für den Markt hinaus. Borealis befasst sich aktiv mit den Auswirkungen seiner kunststoffproduzierenden Anlagen auf die Umwelt und arbeitet kontinuierlich daran, seine Leistung auf Anlagenebene zu verbessern. Evaluationen werden täglich, wöchentlich und monatlich durchgeführt; einmal pro Quartal erfolgt eine sorgfältige Kontrolle, die sich auf Abweichungen und Optimierungsmaßnahmen konzentriert. Das Energy-KPI-Tool, das auf Performancedaten der letzten zehn oder mehr Jahre jeder Anlage Zugriff hat, ermöglicht die eingehende Analyse der Leistungsniveaus, um Abweichungen und Verbesserungsbereiche zeitgerecht zu identifizieren.

Angeregt durch die SDG 12 und 13 für verantwortungsbewusste Produktion und Klimaschutzmaßnahmen entwickelte Borealis eine Energy-Walk-Kurve, die von jeder Anlage genutzt werden muss. Dieses Tool berücksichtigt alle Faktoren, die einen Einfluss auf die Energieeffizienz haben – wie z. B. Mengeneffekte, Feed- und Produktmixeffekte, rechtliche Verpflichtungen oder Verbesserungsprojekte. Die Energy-Walk-Kurve und andere KPI werden in standortspezifischen Energieplänen gebündelt, die regelmäßig vom Anlagenmanagement aktualisiert und vom Energy & CO_2 Committee im Drei-Jahres- Rhythmus überprüft werden.

Borealis' wichtigste Energiequellen sind Elektrizität, Hitze (hauptsächlich durch Dampf), Erdgas und Brenngas. Das Unternehmen dokumentiert, überwacht und kontrolliert sämtliche Energiequellen an jedem Standort auf monatlicher Basis. Im Jahr 2018 betrug Borealis' gesamter Primärenergieverbrauch rund 24.500 GWh. Insgesamt wurden 500 GWh an Dampfenergie verkauft. Die Abb. 2 zeigt die Aktivitäten, für die Energie eingesetzt wurde.

Informationen zu Borealis' Energieverbrauch werden während der Messung gesammelt und dann mit dem Umweltdatenmanagement-Tool des Unternehmens in das Primärenergieäquivalent umgewandelt. Dadurch kann Borealis verschiedene Energiequellen unter einer Verbrauchskennzahl zusammenfassen, was den Vergleich von Anlagen und Produktionslinien ermöglicht und dem Unternehmen genauere Informationen liefert, um technische Verbesserungsmöglichkeiten zu identifizieren. Die Berechnung von Borealis' Emissionsperformance basiert auf einer Vielzahl an Emissionsfaktoren, mit deren Hilfe die THG-Emissionen einer bestimmten Quelle berechnet werden können. Jedes EU-Mitgliedsland verfügt über ein eigenes Emissions-

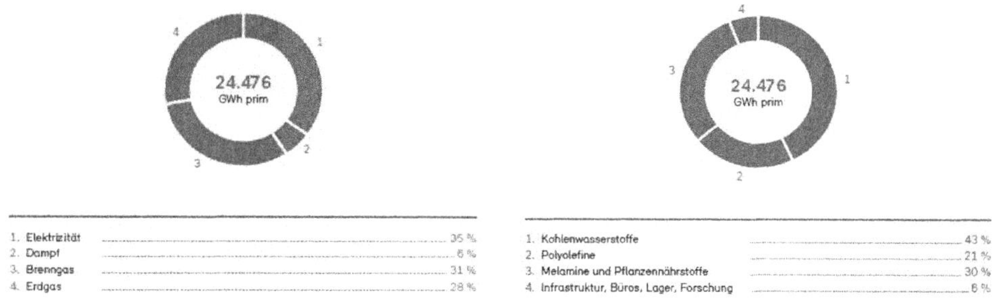

Abb. 2 Energieverbrauch gesamt nach Art und Produktgruppe. (Quelle: Borealis Geschäftsbericht 2018)

Bereich	Definition	2018	2017	2016	2015	2014
EU ETS CO_2-Emissionen	Kilotonnen	4.299	4.210	4.600	4.270	4.250

Abb. 3 EU-Emission-Trading-System (*ETS*) CO_2-Emissionen. (Quelle: Borealis Geschäftsbericht 2018)

faktorenverzeichnis. Dies bedeutet beispielsweise, dass im Zusammenhang mit dem Erdgasverbrauch in Österreich der spezifische österreichische Emissionsfaktor zur Anwendung kommt. Andere Emissionsfaktoren sind Standardfaktoren aus der wissenschaftlichen Literatur oder Faktoren, die von einem zertifizierten Labor gemessen wurden. Sämtliche Emissionsfaktoren wurden von den zuständigen Behörden genehmigt und bestätigt.

Die absoluten CO_2-äquivalenten Emissionen stehen im Zusammenhang mit Borealis' Gesamtproduktionsmengen und der Anzahl der Turnarounds, die CO_2-Emissionen durch Abfackeln beim Leeren von Lagern und Anlagen bewirkten. Das Unternehmen hat sich dazu verpflichtet, seine Energieeffizienz kontinuierlich zu verbessern und im Zuge dessen seine CO_2-äquivalenten Emissionen zu reduzieren, während die Produktion gesteigert und die Anlagenzuverlässigkeit sichergestellt wird. Das bedeutet, dass sich Borealis auch in Zukunft auf eine Reise voller Herausforderungen einstellen muss (Abb. 3).

3 Borealis Energy Roadmap 2020

Im Jahr 2015 startete Borealis seinen umfassenden Energiefahrplan, um Fortschritte auf dem Weg zu einer 10%igen Steigerung (um 2400 GWh) der Energieeffizienz bis 2020 im Vergleich zu 2015 zu erzielen. Die Energy Roadmap gibt eine Reihe unterschiedlicher Aktivitäten vor, die erste davon: die Definition einer Basislinie. Dieser folgen drei Aktionsebenen, auch als Hebel bezeichnet, die eine zunehmende Optimierung der Effizienz bewirken sollen.

Die Grundlage jeder Energieeffizienzsteigerung ist die Implementierung und Einhaltung von ISO 50001 in Verbindung mit dem kontinuierlichen Engagement der Führungskräfte und Kernteams. Zu den Initiativen der Roadmap zählt die Einrichtung von Energieteams an jedem Produktionsstandort, die den Energieplanungsprozess des Standorts vorantreiben, stärkeres Bewusstsein für die Energiethematik schaffen, als Forum für entsprechende Diskussionen dienen und die Einhaltung von ISO 50001 sicherstellen.

Um Verbesserungen zu erzielen, wird alle vier Jahre an sämtlichen Borealis-Standorten ein Energiekontrollprogramm durchgeführt, oft in Zusammenarbeit mit Dritten, um die Energieperformance der Anlagen zu beurteilen und Verbesserungsbereiche aufzudecken. Die darin enthaltenen Maßnahmen werden gemäß ihrem Nutzen für die Menschen (z. B. durch verbesserte Arbeitsbedingungen), das Unternehmen (z. B. durch Kosteinsparungspotenziale) und den Planeten (z. B. durch ökologische Vorteile) priorisiert. Die Einordnung basiert auf bestimmten Faktoren wie beispielsweise einer Risiko- und Chancenanalyse, den Gesamtbetriebskosten, dem internen Zinsfuß sowie der Unternehmenskapazität.

Dies erfolgt auf drei Aktionsebenen, die nachstehend beschrieben und in Abb. 4 veranschaulicht sind.

- Hebel 1: Im ersten Schritt führt Borealis Werkzeuge ein, um den Anlagenbetrieb zu optimieren – wie z. B. ein Energy Trend Board, das der Anlagenleitung dabei hilft, einen kontinuierlichen Fokus zu gewährleisten.
- Hebel 2: Anlagen so effizient wie möglich zu betreiben, erfordert die kontinuierliche Optimierung des Anlagendesigns und der Anlagenkontrolle sowie die Umsetzung von Verbesserungsprojekten, um mögliche Hemmnisse zu beseitigen.
- Hebel 3: Steigerung der Energieeffizienz durch die Implementierung neuer Technologien im Zuge regelmäßiger Linienmodernisierungen und die Einbindung in Energienetze durch Industriecluster.

Im Folgenden werden einige Projekte als Beispiele für die im Jahr 2018 gesetzten Maßnahmen aufgelistet:

- Ein Spaltofen in Stenungsund, Schweden, wurde erneuert, um den Wärmewirkungsgrad zu verbessern, wodurch 30 GWh Energie pro Jahr eingespart werden.
- Ein Reaktor der Salpetersäureanlage in Linz, Österreich, wurde getauscht, wodurch die Dampfproduktion um 13,8 t pro Stunde gesteigert wurde. Dies bewirkt Energieeinsparungen von rund 100 GWh pro Jahr.
- Im Zuge des Projekts zur Modernisierung der Propylenproduktion wurden neue Anlagen sowie ein neuer Wärmepumpenverdichter installiert, um den Dampfverbrauch und den Kühlbedarf zu reduzieren.
- Borealis erzielte Energieeinsparungen von 30 GWh pro Jahr durch Fackeloptimierungen in Porvoo, Finnland. Eine neue Kaverne eliminiert den Fackelbedarf bei der Entladung von Kesselwagen; die Menge der abgefackelten Gase konnte aufgrund

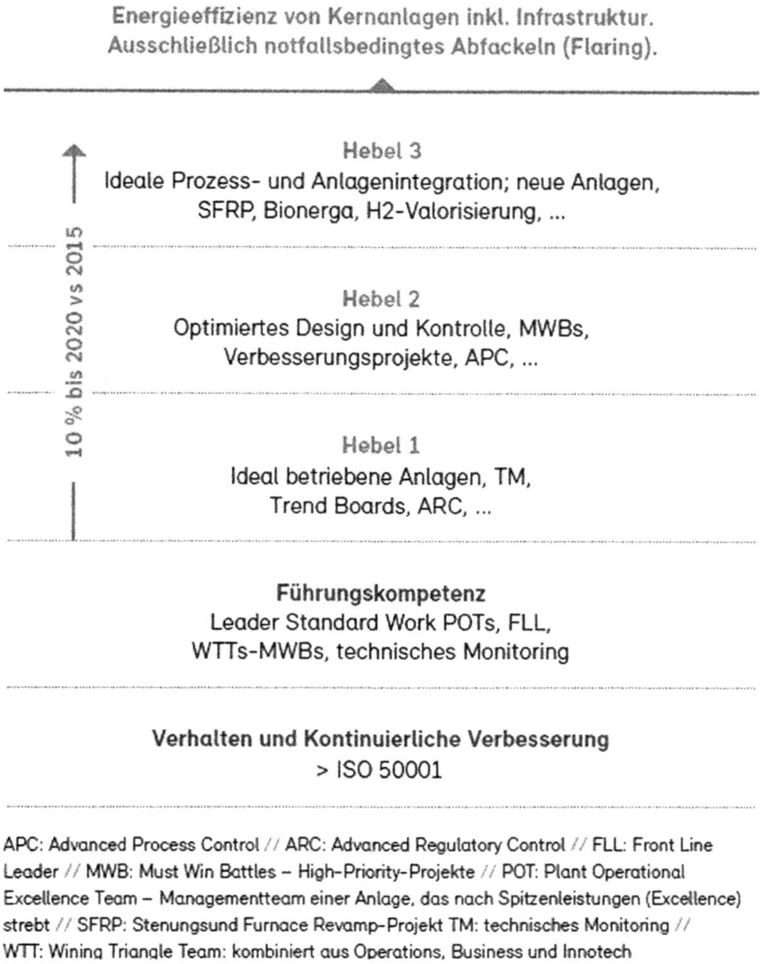

Abb. 4 Bausteine der Energy Roadmap 2020. (Quelle: Borealis Geschäftsbericht 2018)

betrieblicher Umstellungen maßgeblich reduziert werden; neue Messgeräte ermöglichen Ursachenanalysen und Optimierungen.

4 Beitrag zur Kreislaufwirtschaft

In einer Welt begrenzter Ressourcen bietet das Kreislaufwirtschaftsmodell einen Weg, um die Wirtschaft im Interesse der Bewahrung des natürlichen Kapitals sowie der Abfallminimierung neu auszurichten. Es hat damit maßgebliche Auswirkungen auf eine nachhaltige Entwicklung und hilft dabei, die Globalen Ziele zu erreichen – sowohl in Industrieländern als auch in Entwicklungsländern.

Für die Polyolefinindustrie bietet dieser Paradigmenwechsel sowohl Chancen als auch Herausforderungen. Die Attraktivität von Kunststoffmaterialien besteht darin, dass sie kreislauforientiert konzipiert und in der Folge zu anderen Produkten rezykliert werden können, wodurch sie ein zweites Leben erhalten. Kunststoffrecycling kann zudem die THG-Emissionen senken, indem primäre Rohstoffe durch mechanisch rezyklierte Kunststoffe ersetzt werden, die einen um 30 % geringeren CO_2-Fußabdruck aufweisen. Mechanisches oder Polymerrecycling, wie dieses manchmal genannt wird, benötigt wenig Energie, insbesondere im Vergleich zu chemischem Recycling oder zur Produktion von Harzen für Neuprodukte.

Borealis ist sich der Chancen bewusst, die dieser Beitrag zur Nachhaltigkeit bietet. Im Einklang mit SDG 12.5 zur maßgeblichen Senkung der Abfallproduktion durch Prävention, Reduktion und Recycling liefert der Konzern daher seit 2014 hochentwickelte Werkstofflösungen für die Automobilindustrie, die zu 25–50 % aus Recyclingmaterialien aus dem Endanwenderbereich bestehen.

Im Jahr 2016 unterstrich Borealis sein Bekenntnis zur Kreislaufwirtschaft mit der Übernahme von zwei der größten Produzenten von Post-Consumer-Polyolefinrezyklaten in Europa – mtm plastics GmbH und mtm compact GmbH (gemeinsam „mtm"). Damit wurde Borealis zum Branchenführer für innovative Rezyclat-Lösungen, die sowohl die wachsende Nachfrage als auch die Anforderungen des Markts hinsichtlich Nachhaltigkeit befriedigen.

Im Lauf des Jahres 2018 baute die Borealis Gruppe ihre Leistungsfähigkeit weiter aus, indem sie das österreichische Unternehmen Ecoplast Kunststoffrecycling GmbH erwarb. Während der Fokus von mtm auf starren Spritzgusslösungen liegt, ist Ecoplast auf das Recycling flexibler Produkte aus stark kontaminiertem Haushalts- und Gewerbeabfall spezialisiert, die zu hochwertigen Polyethylenrezyklaten mit niedriger Dichte weiterverarbeitet werden, die primär, aber nicht ausschließlich, für den Kunststofffolienmarkt bestimmt sind. Dadurch stellt Ecoplast eine wichtige Ergänzung zu mtm dar.

Bis zum Jahr 2025 will Borealis seine Produktion rezyklierter Lösungen vervierfachen. Dieses Ziel ist ein Zeichen für den Fokus des Unternehmens auf Kunststofflösungen, die einen Beitrag zur Gesellschaft leisten und zum Klimaschutz beitragen. Der Umstieg auf die Kreislaufwirtschaft muss so ökoeffizient wie möglich erfolgen, wobei die Kreislauforientierung oberste Priorität hat. Borealis ist Mitglied der Ellen MacArthur-Stiftung und hat sich gemeinsam mit der gesamten Kunststoffbranche gegenüber der EU-Kommission verpflichtet, unmittelbare Maßnahmen zu setzen, um im Einklang mit der EU-Kunststoffstrategie das Recycling von Kunststoffen entlang der Kunststoffwertschöpfungskette voranzutreiben. Borealis ist bereit dafür und leistet schon jetzt einen wesentlichen Beitrag zur nachhaltigen Entwicklung und zum Wachstum durch innovative Materiallösungen und Kooperationen mit Partnern aus der gesamten Wertschöpfungskette.

4.1 Projekt STOP

In Europa und Zentralasien werden weniger als 4 % der Abfälle schlecht gemanagt; aus diesem Grund sieht sich Borealis in der Verantwortung, das Müllthema auch außerhalb Europas anzupacken. Vor allem in Südostasien konnten die Kapazitäten kommunaler Abfallbewirtschaftung nicht mit den steigenden Konsumbedürfnissen mithalten, was zu teilweise katastrophalen Auswirkungen auf Menschen und Umwelt führte. Im Jahr 2017 startete das Unternehmen daher gemeinsam mit SYSTEMIQ das Projekt STOP, eine Städtepartnerschaftsinitiative, die darauf abzielt, sämtliche Abfallemissionen in die Umwelt zu verhindern, Kunststoffrecycling zu fördern und durch Know-how-Transfer den lokalen Kapazitätsaufbau und damit die Schaffung von Arbeitsplätzen und den Wohlstand regionaler Gemeinden zu fördern.

Das erste Städteprogramm wurde in der etwa 130.000 Einwohner zählenden Fischerstadt Muncar in Ost-Java, Indonesien, gestartet. Indonesien ist der zweitgrößte Verursacher von Meeresmüll weltweit. Unternehmenspartner entlang der Kunststoffwertschöpfungskette wie Nestlé, NOVA Chemicals, Borouge, Veolia sowie die norwegische Regierung und Partner in Indonesien haben sich dem Projekt STOP bereits angeschlossen und sich dem Ziel verpflichtet, sicherzustellen, dass keine Kunststoffe ins Meer gelangen und nachhaltige Abfallmanagementsysteme vor Ort errichtet werden. Das Projekt wird in den nächsten Jahren auf weitere Städte ausgerollt; 2019 wurde bereits die knapp 200.000 Einwohner zählende Stadt Pasuruan mit einbezogen.

5 Keep Discovering

Die Wirtschaft wird immer häufiger mit zunehmend komplexen sozialen, ökologischen und wirtschaftlichen Herausforderungen konfrontiert. Dazu zählen veränderte gesellschaftliche Ansprüche ebenso wie neue und strengere Vorschriften, Steuern sowie politische und wirtschaftliche Instabilität. Als globales Unternehmen muss Borealis mit begrenzten Ressourcen wie Rohstoffen und Energie nachhaltig umgehen, Emissionen begrenzen und Umweltverschmutzung verhindern. Borealis ist der Ansicht, dass die Verbesserung seiner Nachhaltigkeitsperformance dazu beiträgt, effizienter zu sein, Kosten zu senken, langfristige Geschäftsrisiken zu mindern und seine Betriebsgenehmigung auch aus gesellschaftlicher Sicht zu schützen.

Als Unterzeichner der Responsible Care® Charter, der weltweiten freiwilligen Initiative der chemischen Industrie, strebt Borealis eine kontinuierliche Verbesserung seiner Gesundheits-, Sicherheits- und Umweltleistungen sowie eine offene und transparente Kommunikation mit wichtigen Stakeholdern an.

Borealis' Bekenntnis zu Nachhaltigkeit und dazu, einen Mehrwert für die Gesellschaft zu liefern, ist fest in der Unternehmensvision „Value Creation through Innovation" verankert. Die Produkte und Lösungen des Unternehmens haben einen positiven Effekt auf die Gesellschaft, da sie sich globalen Herausforderungen in Verbindung mit dem Klimawandel, dem Zugang zu Energie, Wasser, Lebensmitteln und der Gesundheitsversorgung stellen. Borealis sieht die damit verbundenen Herausforderungen als Chance und arbeitet daher kontinuierlich daran, Kunststoffabfälle zu reduzieren und die Recyclingraten zu erhöhen. Das Unternehmen ist davon überzeugt, dass diese Innovationschancen nicht nur seine Wachstumsziele unterstützen, sondern auch Menschen zu größerem Wohlstand verhelfen werden.

Literatur

Borealis Jahresbericht (2018) https://www.borealisgroup.com/company/sustainability/overview. Zugegriffen: 28. Febr. 2019

Lord R et al (2016) Plastics and sustainability: a valuation of environmental benefits, costs and opportunities for continuous improvement. Trucost. https://plastics.americanchemistry.com/Plastics-and-Sustainability.pdf. Zugegriffen: 28. Febr. 2019

Pilz H et al (2005) The contribution of plastic products to resource efficiency. GUA Gesellschaft für umfassende Analysen GmbH. https://www.plasticseurope.org/download_file/force/1628/181. Zugegriffen: 28. Febr. 2019

Craig Halgreen ist Director Sustainability & Public Affairs bei Borealis mit Sitz in der Konzernzentrale in Wien. Er zeichnet verantwortlich dafür, die Nachhaltigkeitsagenda mit den Schwerpunkten Kreislaufwirtschaft, Gesundheit und Sicherheit sowie Energie und Klima voranzutreiben. Bis 2018 war Halgreen knapp zehn Jahre lang als Vice President Corporate Sustainability bei Borouge, Borealis Joint Venture in Abu Dhabi tätig. Er nahm dort eine führende Rolle bei der Integration von Nachhaltigkeitspraktiken ein und war maßgeblich an der Förderung von Nachhaltigkeit in der Kunststoffindustrie in Zusammenarbeit mit der Gulf Petrochemicals and Chemicals Association in der Region beteiligt. Mit seinem Eintritt bei Borealis im Jahr 2006 zeichnete Halgreen bei Borouge als Vice President Global Communications verantwortlich für den regionalen und internationalen Aufbau der Marke Borouge, insbesondere in Asien, und war davor 23 Jahre bei Sappi, dem weltweit führenden Hersteller von gestrichenen Papieren, hauptsächlich in Marketing und Produktentwicklung tätig.

Thales Crivelli ist führender Nachhaltigkeitsexperte bei Borealis. Seine Hauptverantwortung bezieht sich darauf, Fortschritte in der Borealis-Nachhaltigkeitsagenda voranzutreiben. Diese messbar und bewertbar zu machen – sei es im Bereich der Innovations- und Produktentwicklung, der Portfolios von Geschäftseinheiten oder der Investitionen von CAPEX auf der ganzen Welt – fällt ebenso in seine Verantwortung, wie das Management strategischer Projekte im Bereich Nachhaltigkeit. Seine Spezialgebiete sind Stakeholder-engagement und die Anwendung qualitativer und quantitativer Methoden zur Messung von Nachhaltigkeit und Innovation in Unternehmen, insbesondere in den Bereichen Kreislaufwirtschaft, Energie, Klima und Gesundheit und Sicherheit. Crivelli ist seit 15 Jahren in den Sektoren Zellstoff, Bergbau und Petrochemie in Südamerika und Europa tätig. Er ist ausgebildeter Umweltingenieur und hält einen MBA des International Institute for Management Development (IMD) in Lausanne, Schweiz.

Integration von CSR und Klimaschutz in das Kerngeschäft der Österreichischen Post AG

Daniel-Sebastian Mühlbach, Lisa Pum und Ingeborg Schinninger

1 Einleitung

1.1 Die Österreichische Post AG im Überblick

Die Österreichische Post AG ist mit einem Jahresumsatz von 1,9 Mrd. € und über 20.500 Mitarbeitern ein österreichischer Leitbetrieb und der landesweit führende Logistik- und Postdienstleister. Das Unternehmen bietet Services in den Bereichen Post, Bank und Telekommunikation über sein österreichweites Filialnetz mit über 1800 Filialen bzw. Post-Partnern an. Mit ihrer flächendeckenden Präsenz sichert die Post die Kommunikations- und Logistikinfrastruktur Österreichs ab. Darüber hinaus ist das Unternehmen noch in zehn weiteren europäischen Ländern aktiv.

Die Beförderung von Briefen, Werbesendungen, Printmedien und Paketen bildet das Kerngeschäft der Post. Um dieses weiterzuentwickeln, wird auf Service- und Qualitätsführerschaft gesetzt. Ergänzend bietet die Post auch diverse Logistikdienstleistungen an. Dazu zählen Fulfillment-Lösungen wie Lagerung, Kommissionierung, Retourenmanagement, Geld- und Werttransporte, Webshop-Logistik sowie Webshop-Infrastruktur. Weitere Geschäftstätigkeiten umfassen Online-Services, Adress- und Datenmanagement, Poststellenmanagement, intelligentes Scanning und Response-Management.

D.-S. Mühlbach (✉) · L. Pum · I. Schinninger
Österreichische Post AG, Wien, Österreich
E-Mail: daniel-sebastian.muehlbach@post.at

L. Pum
E-Mail: lisa.pum@post.at

I. Schinninger
E-Mail: ingeborg.schinninger@post.at

A. Sihn-Weber und F. Fischler (Hrsg.), *CSR und Klimawandel,* Management-Reihe Corporate Social Responsibility, https://doi.org/10.1007/978-3-662-59748-4_29

Seit 2006 ist die Österreichische Post AG an der Wiener Börse gelistet. Mehrheitsaktionärin des Unternehmens ist die ÖBAG (Österreichische Beteiligungs AG). Sie hält rund 52 % der Aktien. Der Rest befindet sich im Streubesitz von verschiedenen Investoren, wobei über 34 % von in Europa ansässigen Investoren gehalten werden.

Die Unternehmensstrategie der Post gliedert sich in vier Felder:

- Verteidigung der Markführerschaft im Kerngeschäft
- Profitables Wachstum in definierten Märkten
- Effizienzsteigerung und Flexibilisierung der Kostenstruktur
- Kundenorientierung und Innovation

Durch die Integration der Unternehmens- mit der Nachhaltigkeitsstrategie „PRO AKTIV! Die Post. Nachhaltig für Österreich" sichert die Post ihre Ertragskraft langfristig ab (ÖPAG 2019a).

1.2 Corporate Social Responsibility bei der Österreichischen Post AG

Bereits im Jahr 2006 begann sich die Post intensiv mit dem Thema Nachhaltigkeit auseinanderzusetzen. Im Jahr 2009 veröffentlichte sie als eines der ersten Postunternehmen einen Nachhaltigkeitsbericht. Die Post erbrachte Pionierleistungen, indem sie ihre Aktivitäten in den Dimensionen Umwelt, Gesellschaft, Mitarbeiter und Wirtschaft anfangs über eine Kooperation mit der Tageszeitung Der Standard und in weiterer Folge mit den Nachrichtenmagazinen profil, format und trend der breiten Öffentlichkeit bekannt machte.

Die Vorreiterrolle, die die Post durch diese offene und transparente Kommunikation in der Logistikbranche eingenommen hat, wurde seitdem konsequent weiter ausgebaut und gelebt. Mittlerweile hat sich das Konzept der Corporate Social Responsibility (CSR) durchgesetzt.

CSR ist mit dem Konzept der Nachhaltigkeit bzw. nachhaltigen Entwicklung sehr eng verknüpft und für beide gibt es verschiedenste Definitionen. Aus Sicht der Autoren und im Hinblick auf die Österreichische Post AG ist folgende Erläuterung für CSR am besten geeignet:

„In general, it is seen as a way for a corporate to self-regulate, monitoring its activities to control wether they respect the spirit of the law, the ethcial standards, and the international norms. The objective of CSR is to make positive impacts on the environment, consumer, employees, communities, and all stakeholders" (Torrecchia 2015, S. 124). Und weiter: „Even if there is not a universally accepted definition of CSR, however it can be seen as the way firms balance environmental, social and economic aspects trying to be transparent and accountable and establishing better practices to create wealth and improve society" (Torrecchia 2015, S. 125).

Die Verantwortung für das Thema CSR liegt unmittelbar bei Generaldirektor DI Dr. Georg Pölzl in der Abteilung Corporate Social Responsibility und Umweltmanagement. Nur so kann sichergestellt werden, dass CSR auch wirklich in das Kerngeschäft der Post Eingang findet. Seit Beginn der Aktivitäten hat sich die Rückendeckung durch die Konzernleitung als wichtigster Hebel bewiesen, wenn es darum ging, CSR in das Unternehmen zu tragen. Dadurch konnten verschiedene Leuchtturmprojekte, aber auch langjährige Initiativen wie „CO_2 NEUTRAL ZUGESTELLT" umgesetzt werden.

Innerhalb des Unternehmens gibt es bereichsübergreifende Arbeitsgruppen, die mehrmals jährlich zusammentreffen. Im Zuge dessen werden Projekte und Maßnahmen diskutiert, deren Umsetzung kontrolliert und neue Ziele definiert. Im Sinn des Plan-Do-Check-Act-Zyklus hat sich das CSR-Management eine Anleihe aus dem klassischen Umweltmanagementsystem ISO 14001 genommen. Wichtig für den Erfolg ist die Diversität innerhalb der Arbeitsgruppen.

Mehrmals jährlich wird auch der Gesamtvorstand im Zuge festgelegter Vorstandssitzungen über den Status der verschiedenen CSR-Projekte informiert. Der Vorstand bringt aktiv nachhaltigkeitsrelevante Sachverhalte und Unternehmensentscheidungen ein. So gelingt es der Post, ihre Tätigkeiten stets mit Bedacht auf die Dimensionen Mitarbeiter, Gesellschaft, Umwelt und Wirtschaft abzustimmen.

Auch der Aufsichtsrat in seiner Funktion als oberstes Kontrollorgan lässt sich zum Thema CSR jährlich berichten – das Nachhaltigkeits- und Diversitätsverbesserungsgesetz (NaDiVeG) verpflichtet den Aufsichtsrat auch zur Prüfung der nichtfinanziellen Angaben des Unternehmens.

1.3 Corporate Social Responsibility und der Kapitalmarkt

Nicht nur Kunden, Mitarbeiter und die allgemeine Öffentlichkeit sind an den CSR-Aktivitäten der Post interessiert. Auch unter den Investoren gewinnt das Thema immer mehr an Bedeutung. In diesem Zusammenhang wird zumeist von Environmental-Social-Governance(ESG)-Kriterien gesprochen. Seit einigen Jahren vollzieht sich hier ein Wandel. Anfangs noch als Randthemen angesehen, gewinnen CSR und ESG immer mehr Bedeutung bei Investoren. Im Jahr 2017 waren laut Forum Nachhaltige Geldanlagen 280 Mrd. € allein im deutschsprachigen Raum in CSR- bzw. ESG-Investments gebunden (Forum Nachhaltige Geldanlagen 2018).

Auch die Herangehensweise potenzieller Investoren hat sich verändert. Mittlerweile gibt es eigene Ratingagenturen, die Investoren über die CSR- und ESG-Performance der Unternehmen unterrichten. Dahinter stehen inhaltlich sehr detaillierte Fragebögen und numerische Bewertungsverfahren. Ein klares Bekenntnis zu ESG kommt etwa von Larry Fink, dem CEO von Blackrock, der dem größten Investmentfonds der Welt vorsteht. Bereits zum zweiten Mal wies er auf die Bedeutung des Themas in seinem jährlichen Letter to the CEOs hin (Fink 2019).

Die Idee hinter ESG-Investments ist schlicht und einfach: Unternehmen, die über eine gute Gebahrung in den Themenfeldern Umwelt, Mitarbeiter und Gesellschaft verfügen, sind i. d. R. sehr gut aufgestellt, versuchen gesamtheitlich Risiken zu vermeiden und erwirtschaften so auch ansprechende und prognostizierbare Umsätze. Somit bieten Unternehmen mit sehr guten ESG-Ratings zumeist attraktive Renditen für Investoren. Der Deutsche Investor Relations Verband (DIRK) führte Ende 2018 eine Erhebung der Qualität und des Nutzens von ESG-Rating durch. Die Befragung wurde unter Investor-Relations-Managern, institutionellen Investoren und Ratingagenturen durchgeführt. Die Ergebnisse der Umfrage zeigen (DIRK 2018):

- Sowohl Investor-Relations-Manager als auch Investoren messen dem Thema Nachhaltigkeit mehrheitlich eine hohe oder sehr hohe Bedeutung zu.
- Die überwiegende Mehrheit der Befragten glaubt, dass Nachhaltigkeit Wertsteigerung schafft und die operative Effizienz erhöht.
- Die wichtigsten Kriterien bei der Beurteilung guter Nachhaltigkeitskommunikation sind aussagekräftige Leistungsindikatoren und eine belastbare Strategie mit konkreten Zielen.

Natürlich erwarten sich auch viele Investoren, dass die Unternehmen einen aktiven Beitrag zur Lösung globaler Herausforderungen wie dem Klimaschutz leisten. Kurzfristige Gewinne werden auch bewusst gegenüber der Aussicht auf langfristig erfolgreiche Investments abgetauscht.

So entstehen für große Konzerne wie der Österreichischen Post AG neue Möglichkeiten, um sich als interessantes Unternehmen für ESG-Investoren zu präsentieren. Allerdings kann dies nur gelingen, wenn Transparenz hinsichtlich der CSR-Strategie und der dazugehörigen Ziele und Maßnahmen durch das Unternehmen sichergestellt wird. Mit einer offenen und prüfbaren Kommunikation sowie der Ausrichtung nach globalen Standards wie der Global Reporting Initiative kann Vertrauen bei entsprechend ausgerichteten Anlegern aufgebaut werden.

Im Frühjahr 2018 hat die Europäische Union einen Aktionsplan für nachhaltige Investments publiziert. Hier geht die EU einen Schritt weiter und versucht, die Investoren entsprechend in die Pflicht zu nehmen. Dabei geht es darum, dass gezielt nach CSR- und ESG-Kriterien investiert wird. Damit soll ein wirkungsvoller Hebel für einen besseren Klimaschutz geschaffen werden (Europäische Kommission 2018). Es bleibt zu hoffen, dass der Kapitalmarkt einen wesentlichen Beitrag zur Bekämpfung des Klimawandels leisten wird. Die Möglichkeit dazu besteht jedenfalls und sollte auch genutzt werden.

1.4 Klimainduzierte Risiken und Chancen in der Logistikbranche

Die Auswirkungen des Klimawandels sind vielfältig und weitreichend. Sie lassen sich in graduelle Veränderungen und in ökologische Diskontinuitäten einteilen. Graduelle

Veränderungen sind etwa das Abschmelzen von Polkappen und Gletschern, der Temperaturanstieg sowie der Anstieg des Meeresspiegels. Zu ökologischen Diskontinuitäten zählen Extremwettersituationen wie die Zunahme von Hitzewellen, Starkregen oder Wirbelstürmen. Sowohl graduelle Veränderungen des Klimas als auch ökologische Diskontinuitäten stellen Risiken für Mensch, Umwelt und Wirtschaft dar, die kurz-, mittel- und langfristig relevant sind (Kind et al. 2010).

Risiken lassen sich wiederum unterteilen in:

- direkte (oder klimatisch-natürliche) und
- indirekte (oder regulatorisch-marktwirtschaftliche) Risiken.

Direkte Risiken umfassen etwa durch Überflutungen, Erdrutsche oder Sturmschäden bedingte Unterbrechungen der Befahrbarkeit von Transportwegen, Unterbrechungen von Lieferketten und daraus resultierende Lieferengpässe sowie die Unterbrechung von Dienstleistungserbringung. Als mögliche Konsequenzen lassen sich höhere operative Kosten oder der Verlust von Kunden nennen. Durch ihre Abhängigkeit von wetterexponierter Infrastruktur und Sachvermögen ist die Logistikbranche besonders sensibel für klimawandelbedingte Wetterextreme (Firth und Colley 2006; Ott und Richter 2008; Zebisch et al. 2005). Um die Wettbewerbsfähigkeit zu erhalten, erfordert diese Abhängigkeit zukunftsgerichtete Anpassungsstrategien und strategische Investments mit dem Ziel, robuste, klimaeffiziente Versorgungsketten zu gestalten und einen hohen Flexibilitätsgrad zu erreichen. Auch nachhaltiges Risikomanagement spielt eine bedeutende Rolle, wobei Risikomanagement in Bezug auf Klimawandel mehr als die Verantwortung jedes einzelnen Landes ist und eine globale Herausforderung darstellt (DVZ 2018).

Unter indirekten Risiken versteht man z. B. Marktrisiken (eingeschränkte Verfügbarkeit von Rohstoffen) und Reputationsrisken (Produkte eines Unternehmens werden von Kunden oder Investoren als klimaschädlich angesehen; oder Versicherungen stufen ein Unternehmen als durch den Klimawandel gefährdet ein). Auch regulatorische und rechtliche Risiken (erhöhter Druck auf Unternehmen aufgrund strengerer nationaler und internationaler Umweltgesetzgebung, ihre CO_2-Emissionen zu reduzieren) fallen in diese Kategorie (DVZ 2013; Kind et al. 2010; McKinnon 2010).

Risiken bergen aber auch Chancen – so werden z. B. Kunden immer sensibler und suchen nach nachhaltigen Angeboten. Dies eröffnet neue Geschäftsmöglichkeiten und gibt Initiativen in der Logistikwirtschaft, wie „Lean and Green“ oder der „Grünen Logistik“ Raum (DVZ 2014).

Unter „Grüner Logistik“ versteht man nicht nur die bewusste Gestaltung umweltfreundlicher Logistikprodukte, sie umfasst auch alle Maßnahmen zur Auslastungsoptimierung, Bündelung und Tourenoptimierung, um Verkehr und verkehrsbedingte Emissionen zu reduzieren. Auch weitere Maßnahmen, die zur Reduktion der Umweltbelastung führen, wie z. B. eine gezielte Veränderung im Modal Split oder die Nutzung von Geothermie im Lager fallen unter den Bereich „Grüne Logistik“ (Lohre und Herschlein 2010).

2 CSR und Klimaschutz im Unternehmen

2.1 Die integrierte Nachhaltigkeitsstrategie der Österreichischen Post AG

Eine nachhaltige Orientierung der unternehmerischen Tätigkeit gewinnt in einem dynamischen Umfeld zunehmend an Bedeutung (Engert et al. 2016). Durch weltweite Entwicklungen wie der Globalisierung und Digitalisierung unterliegt auch die Logistikbranche einem dynamischen Prozess (Hayaloglu 2015).

Vor diesem Hintergrund bekennt sich die Österreichische Post seit einigen Jahren klar zur nachhaltigen Ausrichtung der Geschäftstätigkeit. Die Österreichische Post betrachtet Nachhaltigkeit in einem ganzheitlichen Ansatz. Die Basis dafür wurde im Jahr 2010 mit der Erarbeitung des Leitbilds geschaffen, das im Zuge eines interaktiven Prozesses von Führungskräften und Mitarbeitern aus unterschiedlichen Konzernbereichen entstand. Das konzernweit bindende Leitbild beinhaltet Werte wie Kundenorientierung, Wirtschaftlichkeit und Nachhaltigkeit sowie Kommunikation und Wertschätzung. Die drei Dimensionen der Nachhaltigkeit (Ökonomie, Ökologie, Soziales) (Kopfmüller et al. 2001) werden somit gleichermaßen abgebildet. Während mit den Kernwerten Wirtschaftlichkeit und Nachhaltigkeit die ökonomische und ökologische Dimension im Leitbild verankert sind, wird mit den Kernwerten Kundenorientierung, Kommunikation und Wertschätzung auch die soziale Dimension abgebildet.

Aufbauend auf dem Leitbild wurden in weiterer Folge die Kernstrategie sowie die Nachhaltigkeitsstrategie der Österreichischen Post formuliert. Die weiterführende Integration der Nachhaltigkeitsstrategie in die Kernstrategie ist ein wesentlicher Grundstein für die nachhaltige Ausrichtung und gewährleistet die ganzheitlich nachhaltige Orientierung des Unternehmens. Es verdeutlicht die Relevanz von Themen aus den Bereichen Wirtschaft, Gesellschaft, Mitarbeiter und Umwelt in der strategischen Ausrichtung des Unternehmens. Das Thema Nachhaltigkeit wird in diversen strategischen Prozessen und Projekten berücksichtigt und nimmt somit einen integralen Bestandteil in der Unternehmensentwicklung ein.

Die Nachhaltigkeitsstrategie trägt den Namen „PRO AKTIV! Die Post. Nachhaltig für Österreich", womit sich die Österreichische Post klar zur nachhaltigen Ausrichtung der Geschäftstätigkeit bekennt. Für die Österreichische Post ist die nachhaltige Entwicklung ein fortlaufender und auf Eigeninitiative basierender Prozess. Die Nachhaltigkeitsstrategie umfasst die Themenbereiche Mitarbeiter, Gesellschaft, Wirtschaft und Umwelt und deckt somit wiederum alle Dimensionen der Nachhaltigkeit sowie die wesentlichen Themenbereiche im Unternehmen ab.

Als führendes Post- und Logistikunternehmen in Österreich übernimmt die Österreichische Post eine ökologische Verantwortung und setzt nach dem Motto „PRO AKTIV! für die Umwelt" bewusst Maßnahmen zur Verringerung der Umweltauswirkungen. Dabei hat die Post folgende Hauptziele:

- Klima schützen und Ressourcen schonen
- Umweltsensibilisierung stärken

Mit diesen beiden Zielsetzungen verfolgt die Österreichische Post ein Umweltmanagement mit den Schwerpunkten der Emissionsreduktion und der Umweltsensibilisierung von Mitarbeitern und externen Stakeholdern. Ein wesentlicher Bestandteil des Managements ist die Initiative „CO_2 NEUTRAL ZUGESTELLT", die zugleich die Klimastrategie des Unternehmens darstellt und im Abschn. 2.3 näher erläutert wird.

2.2 Klimawandel, Sustainable Development Goals und Science Based Targets Initiative

Klimaschutz und Ressourcenschonung sind wesentliche Themen für die Österreichische Post AG. Die Lösung dieser Herausforderungen ist zwingend notwendig. Das Unternehmen ist sich dessen bewusst. Denn die Wende zu mehr Klimaschutz und Ressourcenschonung kann nur über die Beiträge von Unternehmen, deren Kunden und Mitarbeitern erfolgen und muss daher ein Teil des unternehmerischen Alltags sein.

Es gibt grundsätzlich zwei Möglichkeiten, dem Klimawandel zu begegnen. Das sind einerseits Anpassung und andererseits Verringerung. In beiden Bereichen unternimmt die Post sehr große finanzielle Anstrengungen. Diese sind auch notwendig, denn sonst könnte das Unternehmen seine Dienstleistung u. U. zukünftig gar nicht mehr erbringen.

Zusteller, Fahrzeuge und Gebäude der Österreichischen Post sind über das ganze Land verteilt täglich im Einsatz. Die Zustellung von Briefen und Paketen passiert unter Nutzung des öffentlichen Straßennetzes. Und alles ist der Witterung ausgesetzt. Ob es schneit oder die Sonne scheint, die Post hat einen gesetzlichen Auftrag zur postalischen Grundversorgung Österreichs zu erfüllen. Dies muss jederzeit gewährleistet sein und das stellt hohe Ansprüche an Mensch und Material. Dazu hat die Post bereits eine Reihe von Anpassungsmaßnahmen vorgenommen. Die Gebäudeinfrastruktur in den Logistikzentren wurde entsprechend mit Kühlanlagen versehen und der Hagel- und Starkregenschutz massiv ausgebaut. Auch bei der Dienstkleidung setzt die Post auf Materialien, die den Mitarbeiter besser vor winterlichen und sommerlichen Extremtemperaturen schützen.

Bereits seit 2007 ist die Österreichische Post Mitglied beim UN Global Compact. Bei der Erarbeitung des Nachhaltigkeitsprogramms, inklusive Zielen und Maßnahmen, steht daher stets die Einhaltung der Prinzipien des UN Global Compact im Vordergrund. Neben Umweltschutz und Antikorruption bilden auch Menschen- und Arbeitsrechte wesentliche Aspekte der Nachhaltigkeitsarbeit.

Als Global-Compact-Mitglied hat sich die Österreichische Post auch den im Jahr 2016 in Kraft getretenen Sustainable Development Goals (SDG) der Vereinten Nationen angeschlossen (Science Based Targets 2019). Es handelt sich dabei um 17 globale Ziele, die bis zum Jahr 2030 einen weltweit gültigen Zielrahmen zur nachhaltigen Entwicklung bilden.

Bereits im Jahr 2016 hat die Post die SDG in ihr Nachhaltigkeitsmanagement integriert. Basis für die Integration der SDG waren das Unternehmensleitbild sowie die integrierte Unternehmens- und Nachhaltigkeitsstrategie. Durch die in der Strategie enthaltenen Eckpfeiler Wirtschaft, Gesellschaft, Mitarbeiter und Umwelt sind die SDG bereits gut im Unternehmen verankert. Darauf aufbauend wurden die für die Post wesentlichen SDG identifiziert. Derzeit trägt die Österreichische Post durch ihre Maßnahmen und Programme zur Erreichung von 11 der 17 SDG bei. Hinsichtlich Klimaschutz steht das SDG 13 (Climate Action) im Vordergrund. Auch die Förderung nachhaltiger Infrastruktur (SDG 9), der Einsatz erneuerbarer und innovativer Technologien (SDG 7) und die Förderung von umweltbewussten Konsum- und Produktionsmustern (SDG 12) sind wesentliche SDG, die die Österreichische Post verfolgt, um dem Klimawandel entgegenzutreten.

Um das SDG 13 messbar und verfolgbar zu machen, liegen der Reduktion der Treibhausgasemissionen zudem unternehmensinterne CO_2-Reduktionsziele zugrunde. Bei der Zieldefinition achtet die Österreichische Post auf eine fundierte und global anerkannte Zielsetzung. Das aktuelle CO_2-Reduktionsziel der Österreichischen Post wurde daher im Jahr 2016 bei der Science Based Target Initiative eingereicht. Die Post nimmt dabei eine Vorreiterrolle ein, da sich bis zum Jahr 2018 nur fünf österreichische Unternehmen zu der Science Based Target Initiative bekannt haben, und davon nur drei ein Ziel evaluiert und bei der Initiative eingereicht haben (Science Based Targets 2019). Das derzeitige CO_2-Reduktionsziel der Österreichischen Post wurde somit, im Vergleich zu vielen anderen Unternehmen, mit wissenschaftlich anerkannten Methoden evaluiert und ist somit wissenschaftlich legitimiert.

Es steht zudem im Einklang mit dem Pariser Klimaabkommen, um die Erderwärmung auf 2 °C zu beschränken (Giesekam et al. 2018). Konkret sollen bei der Österreichischen Post bis zum Jahr 2025 die CO_2-Emissionen um weitere 14 % reduziert werden (Basisjahr 2013).

Diese Reduktion umfasst nicht nur jene CO_2-Emissionen des eigenen Einflussbereichs (Scope 1 und Scope 2), sondern auch CO_2-Emissionen von Lieferanten (Scope 3). Die Verpflichtung zu diesem wissenschaftlich basierten CO_2-Emissionsziel fordert daher eine Reduktion der Treibhausgasemissionen entlang der gesamten Wertschöpfungskette. Dies hat eine umweltfreundliche Ausrichtung diverser Geschäftsprozesse wie etwa jene in der Beschaffung bei der Auswahl von Produkten und Lieferanten zur Folge.

Zur kontinuierlichen Verfolgung der Zielerreichung der Reduktion der Treibhausgasemissionen erstellt die Österreichische Post jährlich einen extern validierten Treibhausgasbericht nach ISO 14064. Die externe Prüfung gewährleistet einen kontinuierlichen Verbesserungsprozess in diesem Themengebiet.

2.3 Best Practice „CO_2 NEUTRAL ZUGESTELLT"

Onlineshopping ist der größte Wachstumstreiber für die Österreichische Post AG. In Österreich wurden im Jahr 2018 über 7,2 Mrd. € im E-Commerce umgesetzt (Handelsverband 2018). In weiterer Folge konnte die Post im gleichen Jahr über 108 Mio. Pakete zustellen (ÖPAG 2019b). Dieses beeindruckende Ergebnis hat sich über die letzten fünf Jahre aufgebaut. Im Jahr 2013 waren es noch 70 Mio. Pakete (ÖPAG 2014). Dieses Wachstum wird auch in den kommenden Jahren bestehen und zwischen 6 und 7 % liegen (Statista 2018).

Doch bereits 2011 wurde mit der Initiative „CO_2 NEUTRAL ZUGESTELLT" eine in der Logistikbranche außerordentlich vorbildliche Klimastrategie im Unternehmen verankert. Mit dem obersten Ziel die Treibhausgasemissionen kontinuierlich zu reduzieren, bündelt die Initiative alle Umweltleistungen zu einer unternehmensweiten Klimastrategie.

Der Klimawandel ist ein sehr abstraktes Thema. Oftmals wissen die Konsumenten nicht, dass ihr Lebensstil einen beträchtlichen Beitrag zum Klimawandel leistet. Daher ist es notwendig, einfache Lösungen und Handlungsoptionen zu entwickeln. Das Thema muss positiv und proaktiv angegangen werden. Die Kunden sollten über die Bedeutung informiert und mit entsprechenden Handlungsoptionen ausgestattet werden.

Schon früh war ersichtlich, dass sich die Umweltauswirkungen des E-Commerce über die Zustellung manifestieren werden. Daher war es für die Unternehmensführung der Post klar, dass die notwendigen Umwelt- und Klimaschutzaktivitäten als Chance angesehen und in das Kerngeschäft des Unternehmens integriert werden müssen.

Die Vorgabe an das zuständige Projektteam in der Abteilung CSR und Umweltmanagement war es daher, eine möglichst einfache aber wirksame Strategie zu finden. Diese sollte einerseits Ziele und Maßnahmen setzen und andererseits Bewusstseinsbildung innerhalb und außerhalb des Unternehmens ermöglichen.

Deshalb wurde die Initiative „CO_2 NEUTRAL ZUGESTELLT" als Klimastrategie ins Leben gerufen und als dreistufiges Programm konzipiert:

1. Effizienzsteigerung in den Kernprozessen
2. Einsatz alternativer Technologien (erneuerbare Energien und E-Mobilität)
3. Kompensation der nicht vermeidbaren und verbleibenden CO_2-Emissionen durch Unterstützung nationaler und internationaler Klimaschutzprojekte

Ad 1. Effizienzsteigerung in den Kernprozessen

Oberste Priorität ist immer die Vermeidung und Verringerung von Emissionen in den Kernprozessen des Unternehmens auf der Grundlage einer höheren Effizienz in Fahrzeugflotte und Gebäuden. Die Maßnahmen umfassen die konsequente Überwachung des Energieverbrauchs in Gebäuden, die Umstellung von Wärmebezug aus Öl und Gas in Richtung Fernwärme, effiziente Beleuchtungskonzepte (LED) und die Optimierung der Gebäudeinfrastruktur. Optimierte Routenplanung, laufende Modernisierung der Fahrzeugflotte und Fahrerschulungen umfassen die durchgeführten Maßnahmen in der Fahrzeugflotte.

Der Energieverbrauch in Gebäuden wurde so kontinuierlich reduziert. Nahezu die Hälfte des Gesamtverbrauchs wird durch umweltfreundliche Fernwärme gedeckt. Trotz der weiteren Mechanisierung der Sendungssortierung ist der Stromverbrauch in den letzten Jahren gesunken. Der Strom wird nahezu vollständig aus erneuerbaren Energiequellen gewonnen.

Durch die Optimierung der Routenplanung werden Leerfahrten vermieden und die Kapazität der eingesetzten Fahrzeuge wird konsequent verbessert. Gleichzeitig optimieren eine moderne Fahrzeugflotte und regelmäßige Wartung die Ökoeffizienz der Flotte.

Darüber hinaus wurde die Anzahl der emissionsarmen Fahrzeuge in den Emissionsklassen Euro 5, Euro 5 EEV und Euro 6 deutlich erhöht. Schulungen für Fahrer sind auch Teil der Maßnahmen zur Förderung der Ökoeffizienz.

Ad 2. Einsatz alternativer Technologien (erneuerbare Energien und E-Mobilität)
Im zweiten Schritt greift die Österreichische Post auf alternative Technologien zurück. Dies zeigt sich beispielsweise in der Umstellung der gesamten Strombeschaffung des Unternehmens auf Strom aus erneuerbaren Energien. Der zugekaufte Strom stammt nur aus Österreich. Darüber hinaus hat die Post mittlerweile drei Fotovoltaikanlagen zur Erzeugung des eigenen „grünen" Stroms in Betrieb.

Zu den wichtigsten Maßnahmen für den Fuhrpark zählt der Kauf von Fahrzeugen mit alternativen Antrieben. Die Elektroflotte der Post ist die größte Österreichs und umfasst E-Bikes, E-Mopeds und mehrspurige E-Fahrzeuge (Autos, Quads und Trikes) unter 3,5 t.

Ad 3. Kompensation der nicht vermeidbaren und verbleibenden CO_2-Emissionen durch Unterstützung nationaler und internationaler Klimaschutzprojekte
Alle derzeit noch nicht vermeidbaren Emissionen werden im dritten Schritt durch die Unterstützung anerkannter, zertifizierter nationaler und internationaler Klimaschutzprojekte kompensiert. Neben der Reduzierung der Emissionen wird bei der Auswahl besonders auf die ökologischen und sozioökonomischen Aspekte der Projekte geachtet, vor dem Hintergrund der Zielsetzung der Österreichischen Post, eine ganzheitlich ausgerichtete Nachhaltigkeitsstrategie zu verfolgen.

Die Österreichische Post unterstützt beispielsweise Klimaschutzprojekte in den Bereichen Energieeffizienz, Wiederaufforstung, Biomasse, Geothermie sowie Wind- und Wasserkraft in Ländern wie Malaysia, Panama, Kenia, Kolumbien und Indien.

Um sicherzustellen, dass die angestrebten positiven ökologischen Auswirkungen tatsächlich erreicht werden, wird die gesamte Initiative „CO_2 NEUTRALE LIEFERUNG" von unabhängigen Experten des TÜV AUSTRIA überwacht und bewertet.

Mittlerweile gewinnt das Thema „CO_2 NEUTRAL ZUGESTELLT" auch bei den Kunden vermehrt an Bedeutung. Einer repräsentativen Umfrage der International Post Corporation (IPC) aus dem Jahr 2018 zum Thema Cross-Border E-Commerce Shopper

Survey – Austria ist zu entnehmen, dass sich 46 % der Befragten eine CO_2-neutrale Zustellung wünschen und 43 % der Befragten bereit sind, dafür zu bezahlen (IPC 2018a).

Laut Wijethilake (2017) hat die Integration von Nachhaltigkeitsaspekten in die Unternehmensstrategie positive wirtschaftliche Auswirkungen auf den Unternehmenserfolg, wobei proaktive Strategien mit Umweltcharakter einen stärkeren Einfluss auf die unternehmerische Performance haben als Nachhaltigkeitsstrategien mit sozialen oder wirtschaftlichen Schwerpunkten. Auch die Klimastrategie „CO_2 NEUTRAL ZUGESTELLT" der Österreichischen Post trägt wesentlich zum wirtschaftlichen Erfolg des Unternehmens bei. Die Initiative garantiert eine CO_2-neutrale Zustellung von Briefen, Paketen, Werbesendungen und Zeitschriften innerhalb Österreichs ohne jegliche Zusatzkosten für die Kunden.

Laut Baumgartner und Rauter (2017) wirken sich Nachhaltigkeitsmaßnahmen eines Unternehmens auch positiv auf die nachhaltige Orientierung von anderen Unternehmen oder Systemen aus. Dies ist auch bei „CO_2 NEUTRAL ZUGESTELLT" der Fall, da Kunden der Österreichischen Post von der CO_2-neutralen Zustellung in Form eines verringerten CO_2-Ausstoßes in vor- bzw. nachgelagerten Prozessen und somit einer allgemeinen Verringerung der Scope-3-Emissionen profitieren.

Eine nachhaltige Orientierung hat neben dem Ziel der Verbesserung der Umweltleistung auch die positive bzw. gleichbleibende wirtschaftliche Leistung zum Ziel (Baumgartner und Rauter 2017). Auch dies ist im Fall der Österreichischen Post zutreffend. Neben der Reduktion von CO_2-Emissionen und somit einer maßgeblichen Verbesserung der Umweltleistung trägt die Initiative zur Kundenbindung bei, was durch die aktive Nutzung des Logos „CO_2 NEUTRAL ZUGESTELLT" von mittlerweile mehr als 500 Kunden ersichtlich wird.

2.4 Exkurs: Die International Post Corporation (IPC) und Klimaschutz

Ein weiteres Best-Practice-Beispiel für den aktiven Klimaschutz im Logistiksektor ist das Environmental Measurement and Monitoring System (EMMS) der International Post Corporation (IPC). Die IPC ist eine internationale Vereinigung von 24 Postgesellschaften aus verschiedenen Ländern und Kontinenten, und sie nimmt im Bereich des Klimaschutzes eine Vorreiterrolle im gesamten Logistiksektor ein.

Als Reaktion von Stakeholderprozessen und der einhergehenden Forderung der Emissionsreduktion des Postdienstleistungssektors wurde 2008 das Umweltprogramm EMMS initiiert. Das EMMS-Programm ist ein Vorzeigebeispiel einer globalen, sektorspezifischen Initiative zum Umweltschutz. Im Vordergrund des EMMS steht das professionelle CO_2-Management bei ihren Mitgliedern, um in der Folge die gesamten CO_2-Emissionen der Branche senken zu können. Mit der Teilnahme am EMMS-Programm haben sich 20 Postgesellschaften aus Ländern mit unterschiedlichen wirtschaftlichen und ökologischen Entwicklungsstadien zu zwei Klimazielen verpflichtet:

- Reduktion der absoluten Scope-1- und Scope-2-Emissionen um 20 % bis 2020 (Basisjahr 2008)
- Erhöhung der Carbon Management Proficiency auf 90 % bis 2020 (Basisjahr 2008)

Der Erfolg des Programms ist durch die teilweise frühzeitige Zielerreichung erkennbar: Das erste Ziel – die Reduktion der absoluten Emissionen – wurde bereits im Jahr 2014 erreicht. Das zweite Ziel wird mit derzeitiger Entwicklung (88 % im Jahr 2017) bis 2020 erreicht werden können.

Um auch nach frühzeitiger Zielerreichung eine kontinuierliche Verbesserung hinsichtlich Emissionsminderung zu gewährleisten, wurde im Jahr 2014 ein weiterer Schritt gesetzt. Mit der Formulierung eines neuen CO_2-Reduktionsziels nach den Vorgaben der Science Based Targets Initiative hat sich die IPC ein wissenschaftlich anerkanntes Klimaschutzziel gesetzt. Das neue Reduktionsziel setzt auf die Zustelleffizienz („delivery efficiency") und bezieht Emissionen von vor- und nachgelagerten Prozessen mit ein: Gefordert sind eine 20 %ige Reduktion der Scope-1-, Scope-2- und Scope-3-Emissionen pro Brief- und Paketsendung bis 2025 (Basisjahr 2013). Das relative Reduktionsziel (Gramm CO_2 pro Brief bzw. Paketsendung) stellt unter Anbetracht der absoluten Abnahmen der Briefsendungen eine große Herausforderung für die Mitglieder der IPC dar. Es ist jedoch auch hier ein positiver Trend zur Zielerreichung erkennbar (IPC 2018b).

Um weiterhin eine Vorreiterrolle im Klimaschutz und im nachhaltigen Wirtschaften einzunehmen, arbeitet die IPC an einem neuen Nachhaltigkeitsprogramm für ihre Mitglieder. Auch dieses orientiert sich an einem global anerkannten Zielrahmen – den SDG (s. dazu auch Abschn. 2.2). Basierend auf internen und externen Stakeholderprozessen werden von der IPC neue messbare Ziele für den Postdienstleistungssektor erarbeitet, die bis 2030 von allen Mitgliedsgesellschaften erreicht werden sollen.

Durch die Priorisierung von fünf SDG – SDG 8 (Decent Work and Economic Growth), SDG 9 (Industry, Innovation and Infrastructure), SDG 11 (Sustainable Cities and Communities), SDG 12 (Responsible Cities and Communities) und SDG 13 (Climate Action) – stehen ab sofort nicht nur mehr der ökologische, sondern auch der wirtschaftliche und soziale Aspekt der Nachhaltigkeit im Vordergrund. Dies gewährleistet eine gesamthafte nachhaltige Entwicklung der Unternehmen der IPC (IPC 2018b).

Literatur

Baumgartner R, Rauter R (2017) Strategic perspectives of corporate sustainability management to develop a sustainable organization. J Clean Prod 140:81–92

DIRK, Deutscher Investor Relations Verband (2018) Pressemitteilung. Erhebung der Qualität und des Nutzens von ESG-Ratings. https://www.dirk.org/dirk_webseite/static/uploads/Pressemitteilung-Erhebung-der-Qualitaet-und-des-Nutzens-von-ESG-Ratings.pdf. Zugegriffen: 11. Febr. 2019

DVZ, Deutsche Verkehrs-Zeitung (2013) Wandel durch Klima. https://www.dvz.de/rubriken/management-recht/nachhaltige-logistik/detail/news/wandel-durch-klima.html. Zugegriffen: 10. Febr. 2019

DVZ, Deutsche Verkehrs-Zeitung (2014) Die Herausforderung des 21. Jahrhunderts. https://www.dvz.de/rubriken/meinung/detail/news/die-herausforderung-des-21-jahrhunderts.html. Zugegriffen: 10. Febr. 2019

DVZ, Deutsche Verkehrs-Zeitung (2018) Klimawandel schadet den Lieferketten. https://www.dvz.de/rubriken/logistik/detail/news/klimawandel-schadet-den-lieferketten.html. Zugegriffen: 11. Febr. 2019

Engert S, Rauter R, Baumgartner R (2016) Exploring the integration of corporate sustainability into strategic management. A literature review. J Clean Prod 112:2833–2850

Europäische Kommission (2018) Aktionsplan. Finanzierung nachhaltigen Wachstums. https://ec.europa.eu/transparency/regdoc/rep/1/2018/DE/COM-2018-97-F1-DE-MAIN-PART-1.PDF. Zugegriffen: 10. Febr. 2019

Fink L (2019) Larry Finks letter to CEOs. Purpose & profit. https://www.blackrock.com/corporate/investor-relations/larry-fink-ceo-letter. Zugegriffen: 11. Febr. 2019

Firth J, Colley M (2006) The adaptation tipping point. Are UK businesses climate proof? Acclimatise and UKCIP, Oxford

Forum Nachhaltige Geldanlagen (2018) FNG Marktbericht Nachhaltige Geldanlagen 2018. Deutschland, Österreich, Schweiz. https://www.forum-ng.org/de/fng/aktivitaeten/981-fng-marktbericht-nachhaltige-geldanlagen-2018-deutschland-oesterreich-schweiz.html. Zugegriffen: 11. Febr. 2019

Giesekam J, Tingley DD, Cotton I (2018) Aligning carbon targets for construction with (inter) national climate change mitigation commitments. Energy Build 165:106–117

Handelsverband (2018) E-Commerce-Studie in Österreich 2018. https://www.handelsverband.at/fileadmin/content/Presse_Publikationen/20180619_studie_ecommerceKMU2018/Executive-Summary_E-Commerce-Studie_OEsterreich-2018.pdf. Zugegriffen: 11. Febr. 2019

Hayaloglu P (2015) The impact of developments in the logistics sector on economic growth. The case of OECD countries. Int J Econ Finan Issues 5(2): 523–530

IPC, International Post Corporation (2018a) Cross-border e-commerce shopper survey. Austria. 2018. https://www.ipc.be/services/markets-and-regulations/cross-border-shopper-survey. Zugegriffen: 13. Jan. 2019

IPC, International Post Corporation (2018b) Postal sector sustainability report 2018. Driving long-term sustainability. https://www.ipc.be/about-ipc/reports-library/ipc-reports-brochures/sr2018. Zugegriffen: 13. Jan. 2019

Kind C, Mohns T, Sartorius C (2010) Klimafolgenmanagement in Unternehmen. Hindernisse und Erfolgsfaktoren. Uwf 18:35–43

Kopfmüller J, Brandl V, Jörissen J, Paetau M, Banse G, Coenen R, Grundwald A (2001) Nachhaltige Entwicklung integrativ betrachtet. Konstitutive Elemente, Regeln, Indikatoren. Edition Sigma, Berlin

Lohre D, Herschlein S (2010) Grüne Logistik. Studie zu Begriffsverständnis, Bedeutung und Verbreitung „Grüner Logistik" in der Speditions- und Logistikbranche. Hochschule Heilbronn, Bonn

McKinnon A (2010) Green logistics. The carbon agenda. LogForum 6(3):1–9

ÖPAG, Österreichische Post AG (2014) Geschäftsbericht 2013. Österreichische Post AG, Wien

ÖPAG, Österreichische Post AG (2019a) Geschäftsbericht 2018. Österreichische Post AG, Wien

ÖPAG, Österreichische Post AG (2019b) https://www.post.at/footer_ueber_uns_presse.php/presse/details/id/1375413. Zugegriffen: 11. Febr. 2019

Ott HE, Richter C (2008) Anpassung an den Klimawandel. Risiken und Chancen für deutsche Unternehmen. Wuppertal Paper 171:1–26

Science Based Targets (2019) https://sciencebasedtargets.org/companies-taking-action/. Zugegriffen: 13. Jan. 2019

Statista (2018) E-Commerce. https://de.statista.com/outlook/243/128/ecommerce/oesterreich. Zugegriffen: 11. Febr. 2019

Torrecchia P (2015) Corporate social responsibility. In: Idowu S O, Capaldi N, Zu L, Das Gupta A (Hrsg) Dictionary of Corporate Social Responsibility. Springer, Berlin, S 124–125

Wijethilake C (2017) Proactive sustainability strategy and corporate sustainability performance. The mediating effect of sustainability control systems. J Environ Manage 196:569–582

Zebisch M, Grothmann T, Schröter D, Hasse C, Fritsch U, Cramer W (2005) Klimawandel in Deutschland. Vulnerabilität und Anpassungsstrategien klimasensitiver Systeme. Umweltbundesamt, Dessau

DI Daniel-Sebastian Mühlbach MSc., geboren am 29. September 1984 in Wien, studierte Umwelt- und Bio-Ressourcenmanagement an der Universität für Bodenkultur Wien und Technisches Umweltmanagement und Ökotoxikologie an der Fachhochschule Technikum Wien. Seit September 2013 ist er bei der Österreichischen Post in der Funktion Leitung CSR & Umweltmanagement tätig.

DI Lisa Pum ist seit Mai 2016 bei der Österreichischen Post als Umweltmanagerin in der Abteilung CSR & Umweltmanagement tätig. Zuvor studierte sie an der Universität für Bodenkultur Umwelt- und Bioressourcenmanagement im Bachelorstudium und absolvierte das individuelle Masterstudium Abfallmanagement, Entsorgungstechnik und Flächensanierung. Forschungserfahrung sammelte sie beim Austrian Institute of Technology durch die Mitarbeit an mehreren internationalen Projekten.

Dr. Ingeborg Schinninger ist seit 2018 in der Abteilung Strategie und Konzernentwicklung der Österreichischen Post AG tätig. Als Biologin (Schwerpunkte Stadtökologie, Biodiversität, Ökophysiologie der Pflanzen) war sie in Forschung und Lehre an der Universität Wien und der ETH Zürich beschäftigt. Vor ihrem Einstieg bei der Österreichischen Post arbeitete sie u.a. für den Wissenschaftlichen Beirat Globale Umweltfragen der Deutschen Bundesregierung (WBGU) und als Beraterin für die Boston Consulting Group (BCG).

Smart Waste

Wie Digitalisierung und Internet of Things die Welt des Abfalls verändern und CO_2 reduzieren

Ralf Mittermayr und Sandra Klünsner

1 Einleitung

Für über 90 % der Österreicher ist Abfalltrennung ihr wesentlicher Beitrag zum Umweltschutz (Verbraucherzentrale Bundesverband 2015). Trotzdem landen oft nur rund 25–30 % Restmüll in der Restmülltonne, die übrigen Anteile sind Wertstoffe und biogene Abfälle. Trotz des Einsatzes der Abfallwirtschaftsverbände ist keine Verbesserung zu verzeichnen. Hier besteht also noch eine gewaltige Lücke, die so schnell wie möglich geschlossen werden muss.

Um die vorgegebenen Recyclingquoten und die Ziele des Kreislaufpakets, speziell im Bereich der Siedlungsabfälle, zu erreichen, gibt es zwei mögliche Zugänge. Einerseits kann direkt beim Anfall bei den Bürgerinnen und Bürgern angesetzt werden. Andererseits kann die optimale Trennung von Abfällen durch eine noch ausgereiftere Technik der Aufbereitungsanlagen erzielt werden. Im Optimalfall wird an beiden Seiten angesetzt.

Dieser Beitrag beschäftigt sich mit der Frage, inwieweit moderne Technologien eingesetzt werden können, damit sich die Trennqualität der Bürgerinnen und Bürger verbessert. Bisher eingesetzte Methoden stagnieren und müssen durch neuartige Ansätze ergänzt werden. Im Folgenden werden neue Technologien, wie der Wertstoffscanner und die intelligente Mülltonne, vorgestellt und erste Erkenntnisse zu derem Einsatz gezeigt.

R. Mittermayr (✉) · S. Klünsner
Saubermacher Dienstleistungs AG, Feldkirchen bei Graz, Österreich
E-Mail: r.mittermayr@saubermacher.at

S. Klünsner
E-Mail: s.kluensner@saubermacher.at

A. Sihn-Weber und F. Fischler (Hrsg.), *CSR und Klimawandel,* Management-Reihe Corporate Social Responsibility, https://doi.org/10.1007/978-3-662-59748-4_30

2 Problematik

2.1 Fehlwürfe im Restmüll

Ein Key Indikator zur Erreichung von hohen Recyclingzielen ist die Analyse von Fehlwürfen in der Restmülltonne. Die Abb. 1 zeigt die Restmüllmengen Österreichs pro Einwohner und Bundesland.

Die Österreicherin bzw. der Österreicher wirft im Durchschnitt 166 kg Abfall in die Restmülltonne, das sind in Summe rund 1,4 Mio. t pro Jahr. Davon sind aber etwa 587.000 t, also 41 %, Wertstoffe. Im Einzelnen sind dies 250.000 t Kunststoffe, 200.000 t Altpapier, 70.000 t Glas und 67.000 t Metalle. Neben diesen Wertstoffen befinden sich zusätzlich noch rund 35 % biogene Abfälle in der Restmülltonne. Somit gehört nur ein Viertel des Abfalls, der in der Restmülltonne landet, auch wirklich dorthin (VOEB 2018). Besonders erschreckend ist, dass sich diese Werte in den letzten 20 Jahren nicht verändert haben. Dies verdeutlicht auch die Restmüllanalyse des Bundeslands Steiermark.

Die Abb. 2 stellt die beinahe gleich bleibenden Anteile der verschiedenen Abfallarten im Restmüll von 1998 bis 2013 dar. Der Anteil der Wertstoffe und biogenen Abfälle bleibt über die Jahre hinweg unverändert hoch.

Grundsätzlich sollten über die Restmülltonne jene Abfälle entsorgt werden, die sonst auf keine andere Weise mehr verwertbar sind. Somit dürften also weder Wertstoffe, noch Bioabfälle in der schwarzen Tonne landen. Außerdem ist die Fraktion Restmüll

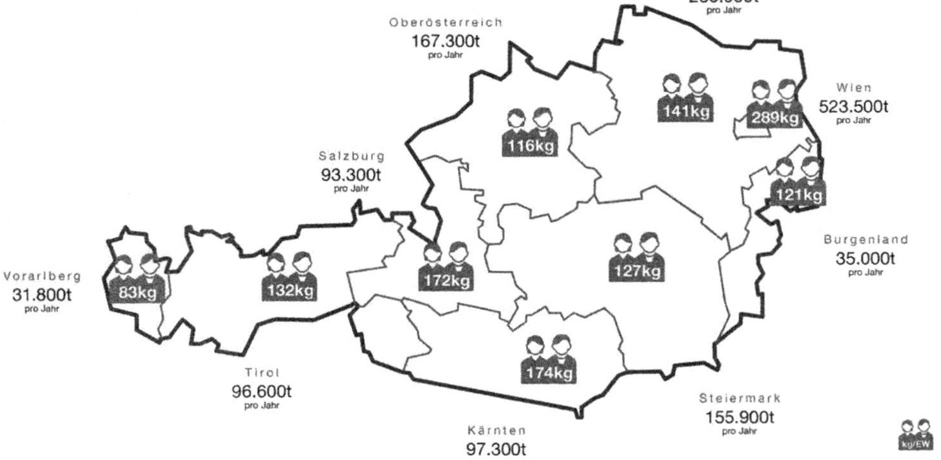

Abb. 1 Restmüllaufkommen Österreich (Quelle: VOEB: Pressemitteilung vom 16. März 2018 „80 Kilo Restmüll ist Idealgewicht" http://www.voeb.at/service/presse-news/presse-detail/show-article/80-kilo-restmuell-ist-idealgewicht/, 2018)

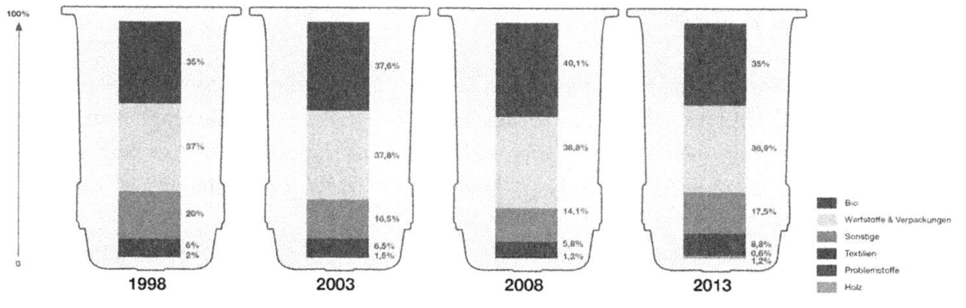

Abb. 2 Restmüllanalyse Steiermark

im Vergleich zu anderen Fraktionen wesentlich teurer. Das Rechenbeispiel in Tab. 1 soll dies verdeutlichen.

Beispiel: Es wird angenommen, dass ein 240-Liter-Restmüllbehälter rund 40 kg Abfall beinhaltet. Aufgrund der Fehlwurfanalyse könnte die Fraktionszusammensetzung der Restmülltonne wie folgt aussehen (inklusive Kosten):

Die Kosten für 40 kg Restmüll, bei angenommenen 150 €/t, betragen 6 € und können bei 100 % perfekter Trennung (dies ist natürlich nicht in vollen Umfang umsetzbar) auf rund 2 € gesenkt werden. Bei einer realistischen Verbesserung von 25 % entsteht eine Verschiebung von Wertstoffen aus dem Restmüll im Wert von 1 €. Damit können die Kosten für neue Technologien gedeckt und Maßnahmen in Richtung Abfallwirtschaft umgesetzt werden, ohne dass sich die Gebühren der Bürgerinnen und Bürger, Gemeinden oder des Verbands erhöhen. Zusätzlich würden sich die Fehlwürfe um 25 % reduzieren und die Recyclingquoten positiv entwickeln.

Neben der falschen Entsorgung von Papier, Verpackungen usw. sind aber v. a. Problemstoffe und Batterien (im Speziellen Lithiumionenbatterien) ein großes Problem. Diese Fraktionen bergen ein erhebliches Gefahrenpotenzial in sich.

Tab. 1 Rechenbeispiel Kosten Restmüll

Prozentanteil	Fraktion	Menge (kg)	Kosten (€/t)	Kosten (€/240-Liter-Behälter)
40 %	Restmüll	16	150,00	2,40
15 %	Papier und Karton	6	80,00	−0,48
10 %	Verpackung	4	–	–
15 %	Metall und Glas	6	80,00	−0,48
20 %	Bioabfall	8	75,00	0,60
100 %		**40**		**2,04**

2.2 Falsche Wahrnehmung

Interessant in diesem Zusammenhang ist auch die falsche Selbsteinschätzung der Bürgerinnen und Bürger. Wenn diese nach ihrem wichtigsten Beitrag zum Thema Umweltschutz befragt werden, gibt die Mehrheit Mülltrennung als Antwort an (Verbraucherzentrale Bundesverband 2015). Die Abb. 3 zeigt die Gründe für die Mülltrennung.

Es überwiegen altruistische Gründe, wie z. B. Recycling, Umweltschutz oder Ressourcenschonung. Zwang und Müllgebühren hingegen sind keine treibenden Faktoren. Zusätzlich legt diese Studie dar, dass sich fast 80 % der Bürgerinnen und Bürger gut oder sogar sehr gut über Mülltrennung informiert fühlen (Verbraucherzentrale Bundesverband 2015).

Es besteht also seit Jahren die paradoxe Situation, dass die Mehrheit der Bürgerinnen und Bürger die Mülltrennung als ihren wichtigsten Beitrag zum Umweltschutz wahrnimmt und sich überwiegend gut informiert fühlt, trotzdem aber rund 70 % Fehlwürfe im Restmüll landen. Diesen Erkenntnissen nach gibt es nur zwei Möglichkeiten, die Recyclingquoten zu verbessern: Das Fehlverhalten der Menschen wird einfach akzeptiert und die Sortiertechnik der Anlagen wird noch weiter ausgebaut. Alternativ wird das Handeln der Bürgerinnen und Bürger verändert. Dies braucht jedoch neue bzw. andere Ansätze als bisher.

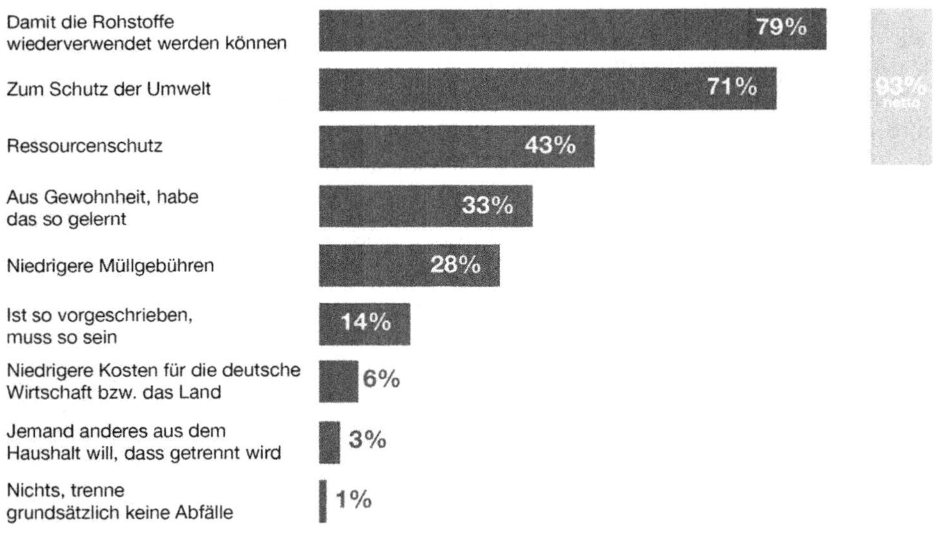

Abb. 3 Gründe für Mülltrennung. (Quelle: Verbraucherzentrale Bundesverband: Umfrage Wertstofftonne. Berlin, 2015)

3 Umsetzung mithilfe neuer Technologien

Damit mechanische Sortieranlagen gute Ergebnisse liefern, muss laufend justiert und geregelt werden. Die Grundlage für solche Anlagenadaptierungen sind sog. Regelkreise. Auch der Mensch funktioniert grundsätzlich nach diesen Prinzipien. Um das Verhalten bei Menschen zu verändern, muss im ersten Schritt das aktuelle Handeln festgestellt bzw. gemessen werden. Diese Erkenntnisse müssen zurückgespielt und erklärt werden. Im Bereich der Abfallwirtschaft gibt es derzeit nur sehr weit gefasste Regelkreise. In Österreich werden in allen Bundesländern alle fünf Jahre Restmüllanalysen durchgeführt und die Ergebnisse davon in den klassischen Medien publiziert. Trotz der leicht unterschiedlichen Resultate je Bundesland kann überall eine hohe Wertstoffquote im Restmüll festgestellt werden.

Wie bereits erläutert, ist es notwendig, dass neue Ansätze verfolgt werden, damit die vorgegebenen Recyclingziele erreicht werden können. Aus diesem Grund beschäftigt sich Saubermacher bereits seit Jahren mit dem Einsatz von neuen Technologien im Bereich der Abfallwirtschaft. Im Folgenden werden diese nun vorgestellt.

3.1 Wertstoffscanner

Einer der neuen Technologien ist der Wertstoffscanner. Dieser nimmt Bilder im Müllfahrzeug nach dem Schüttvorgang auf. Der Wertstoffscanner besteht aus mehreren Komponenten. Die Bildaufnahme erfolgt durch verschiedene Sensoren und mithilfe von Kameras. Die Abb. 4 zeigt links das vom Wertstoffscanner aufgenommene Bild und rechts das nach Abfallfraktionen klassifizierte Bild.

Der Abfall wird in Echtfarben, 3D und in verschiedenen spektralen Kanälen aufgenommen. Die 3D-Informationen dienen zur Unterscheidung des Mülls vom Fahrzeughintergrund und liefern Grobinformationen über das Volumen. Die Multispektralkamera ermöglicht eine Spektralanalyse des Stoffs, damit das jeweilige Material klassifiziert werden kann. Als Beleuchtung kommen zwei Punktprojektoren und sechs Halogenstrahler

Abb. 4 Wertstoffscannerbilder

zum Einsatz. Die Halogenstrahler haben den Vorteil, dass sie ein kontinuierliches Farbspektrum ohne auffällige Spitzen besitzen. Das Farbspektrum ist nötig, damit die Multispektralkamera in allen Farbkanälen geeignete Informationen liefern kann.

Das wasserdichte Gehäuse schützt die Technik vor den rauen Verhältnissen im Müllwagen. Die gesamte Apparatur ist fest verbaut und hält möglichen Vibrationen und Stößen stand. Eine zusätzliche Funktion ist die Öffnung der Müllsäcke. Mit dem sog. Sackaufreißer kann die Sichtbarkeit des Abfalls wesentlich erhöht werden (Abb. 5).

Zum Erkennen der Wertstoffe wird ein Convolutional Neural Network (CNN) – ein neuronales Netz – trainiert. Dieses erkennt aufgrund der Aktivierung von vielen Millionen Parametern den Inhalt von Bildern. Das Grundgerüst eines CNN sind mehrere hintereinander angeordnete Convolutional Layers, die eine Faltung des Bilds mit einem sog. Filterkernel vornehmen. Eine Aktivierungsfunktion steuert den Fluss des Outputs der Faltung in die folgenden Layer. Nach jedem Layer wird ein Pooling Layer eingefügt, der die Information zur Weiterverarbeitung komprimiert. Die ersten Layer eines CNN dienen zum Erkennen von Low-level-Features wie Farbe oder Textur, während die späteren Layer in der Lage sind, gröbere Konzepte zu bilden, indem sie die komprimierte Information vorhergegangener Layer ausnutzen. Am Ende stehen einer oder mehrere Fully-connected-Layer, die beispielsweise entscheiden, welches Objekt (Menschen, Autos etc.) sich im Inputbild befindet. Die Parameter des Netzwerks werden durch Optimierung gelernt und iterativ verbessert. Einem Segmentierungs-CNN übergibt man neben den Bildern auch ein Labelbild, in dem jedem einzelnen Bildpunkt (Pixel) eine Klasse zugeordnet ist. Das CNN versucht dann mithilfe von Optimierung zu lernen, zu welcher Klasse ein bestimmtes Pixel im Bild zugehörig ist und kann dies dann auf neue, noch nicht klassifizierte Bilder übertragen.

Abb. 5 Im Müllfahrzeug verbauter Wertstoffscanner

3.2 Intelligente Mülltonne

Eine weitere neue Technologie sind in Mülltonnen verbaute Hightech-Sensoren, die Füllstand, Temperaturanstieg und Bewegungsmuster messen. Der Sensor ANDI – automatisch, nachhaltig, digital und innovativ – ist an der Deckelinnenseite der Tonne montiert und ermittelt auf Basis von Ultraschall und innovativen neuen Verfahren. Die Messdaten werden an ein Internet-of-Things(IoT)-Portal übermittelt. Als Datenübertragungstechnologie wird Narrow-Band-IoT (NB-IoT) verwendet. Diese neue und speziell auf das IoT ausgelegte Technologie ist wesentlich energiesparender und durchdringt auch dicke Kellerwände besser als herkömmliche Übertragungstechnologien. Die lange Batterielaufzeit wird durch einen Energy-harvesting-Algorithmus erreicht. Dieser entscheidet, wann der Sensor misst und Daten sendet (Abb. 6).

Aufgrund des Befüllungsgrads der Tonne wird die Abholung automatisch veranlasst. So können bedarfsgerechte Abholintervalle erreicht werden. Die Sensoren verfügen auch über eine Temperaturerkennungsfunktion. Mit dieser kann Brandgefahr frühzeitig an die Besitzerinnen oder Besitzer gemeldet und erkannt werden. Bei beiden vorgestellten Technologien kommt als Kommunikationsmittel die Daheim App von Saubermacher zum Einsatz. Diese ist die direkte Verbindung zu den Bürgerinnen und Bürgern und informiert sie über die Ergebnisse.

Erwähnenswert ist auch die Tatsache, dass diese Technologien nicht nur im kommunalen, sondern auch im gewerblichen Bereich gut eingesetzt werden können. Vor allem für Unternehmen ist die Zeit- und damit zusammenhängende Kostenersparnis durch den Einsatz von smarten Sensoren erheblich.

Abb. 6 Hightech-Sensor ANDI

3.3 Erste Erkenntnisse

Die neuen Technologien, Wertstoffscanner und intelligente Mülltonne, werden bereits seit Sommer 2018 im Rahmen eines Pilotprojekts eingesetzt und liefern bereits erste Erkenntnisse und Rückschlüsse. Verbesserungspotenziale werden laufend aufgedeckt und die damit verbundene Technologie und Kommunikation angepasst. Die ersten Ergebnisse zeigen deutlich das zukünftige Potenzial auf.

Der Wertstoffscanner ist in einem Testgebiet in zwei steirischen Gemeinden seit August 2018 im Einsatz. Im vierwöchigen Intervall werden die Restmülltonnen entleert, die dort entsorgten Abfälle mithilfe Wertstoffscanner aufgenommen, automatisch ausgewertet und an die Bürgerinnen und Bürger kommuniziert. Die direkte, persönliche Kommunikation läuft einerseits über SMS. Die Haushalte erhalten etwa drei Tage nach Abfallabholung eine Nachricht über ihre Trennqualität, kategorisiert nach gut, mittel und schlecht. Zusätzlich wird in der Daheim App über die Ergebnisse des gesamten Testgebietes informiert. Und auch in den Gemeindezeitungen gibt es laufend Berichterstattung zu den Erkenntnissen. Somit wird ein umfangreicher Mix aller möglichen Kommunikationsmedien erreicht.

Die Ergebnisse der ersten beiden Abfuhren (Abb. 7 und 8) zeigen deutlich das vorhandene Potenzial auf. Aufgrund der begleitenden und umfangreichen Kommunikation im Vorhinein konnte bereits ein positives Ergebnis im Rahmen der ersten Abfuhr verzeichnet werden. Der Restmüllanteil von rund 60 % liegt wesentlich höher als im steirischen Durchschnitt (etwa 30 %).

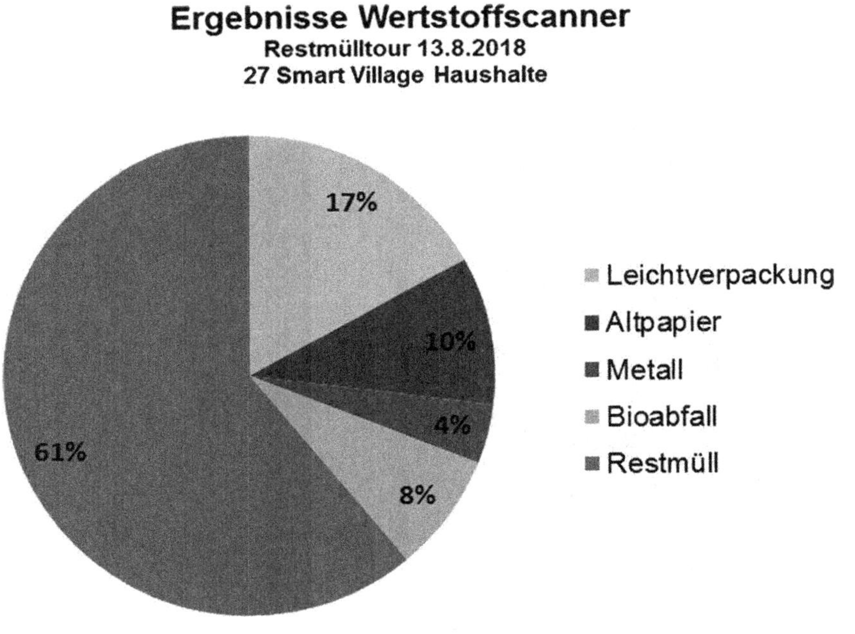

Abb. 7 Ergebnis der ersten Abfuhr Gemeinde 1*

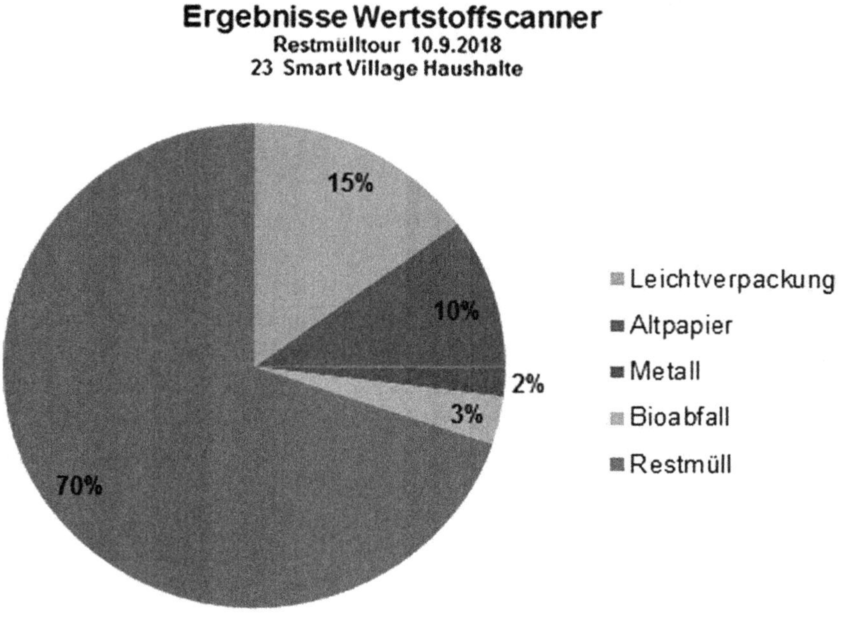

Abb. 8 Ergebnis der zweiten Abfuhr Gemeinde 1*

*Die unterschiedlich ausgewertete Anzahl der Haushalte in Gemeinde 1 ist darauf zurückzuführen, dass nach der ersten Abholung Haushalte aus dem Pilotprojekt ausgestiegen sind bzw. das Testgebiet leicht verändert wurde.

Beim Vergleich der beiden Auswertungen ist ersichtlich, dass sich der Restmüllanteil von 61 % auf 70 % erhöht hat und der Anteil der Wertstoffe somit gesunken ist. Hauptstörstoff in beiden Abfuhren ist Leichtverpackung, gefolgt von Altpapier und Bioabfall. Die Verbesserung der Trennquote ist u. a. auf die Sensibilisierung und Bewusstseinsbildung der Bürgerinnen und Bürger zurückzuführen. Nach jeder Abfuhr werden diese persönlich und auch über die Daheim App informiert. Die Endergebnisse des Pilotprojekts werden im Sommer 2019 präsentiert.

Die zweite vorgestellte Technologie sind die Hightech-Sensoren in den Mülltonnen. Diese Sensoren sind mit der Daheim App gekoppelt und melden Füllstand, Temperaturanstieg und Bewegungsmuster direkt auf das Smartphone. Während der Testphase können die Bürgerinnen und Bürger zusätzlich zu den fixen Abholintervallen Zwischenabholungen über die Daheim App bestellen. Aufgrund der zahlreich eingegangenen Bestellungen kann eine positive Rückmeldung auf dieses Service abgeleitet werden.

Im Großen und Ganzen geht es um das Sichtbarmachen bzw. die Transparenz der Trennqualität. Durch die Kommunikation an die Bürgerinnen und Bürger können das Bewusstsein geschärft, die Trennmoral verbessert und ein positiver Wettbewerb erzeugt werden.

3.4 Kommunikation als Schlüsselfaktor

Zahlreiche Studien belegen die Wichtigkeit der direkten und zweiseitigen Kommunikation zwischen Bürgerinnen und Bürgern und der Gemeinde bzw. der Stadt (Habermas 1991; Peters 2002; Gerhards 1998; Gerhards und Neidhardt 1993, Imhof 2003). Hier geht es v. a. um Transparenz, Regelmäßigkeit und Mitentscheidungsmöglichkeit. Die Ergebnisse und möglichen Verbesserungspotenziale müssen unmittelbar an die betroffenen Personen weitergegeben werden. Die Nutzung von verschiedenen direkten Kommunikationskanälen ist in diesem Fall essenziell.

Die Ergebnisse der Restmüllanalysen werden zwar veröffentlicht, sind jedoch nicht personalisiert oder zielgerichtet. Die angebotenen Abfallberatungen können auch nur Informationen im Vorhinein zur Verfügung stellen, jedoch kein Feedback auf das tatsächliche Trennverhalten geben. Um die Trennqualität wirklich zu verbessern, ist es notwendig, Rückmeldung in Echtzeit an den Bürger zu übermitteln.

Eine neue Möglichkeit für Bürgerkommunikation ist die Daheim App (www.daheim-app.at) von Saubermacher. Diese stellt neben einem Informationstool für die User auch einen wesentlichen Kommunikationskanal für die Ergebnisse des Wertstoffscanners dar. Auf diesem Weg können Bürgerinnen und Bürger auch mit nur wenigen Klicks eine Zwischenabholung der vollen Mülltonne bestellen. Zusätzlich kann über die Daheim App direkt an die Gemeinde bzw. Stadt kommuniziert werden (Abb. 9).

Neben dem neuesten Kanal der Daheim App spielen aber auch SMS-Nachrichten, Einschaltungen in Gemeindezeitungen und nicht zuletzt die persönliche Kommunikation eine wichtige Rolle. Wichtig ist in diesem Zusammenhang auch die Verstärkung der Trennmotivation z. B. durch einen Gaming-Effekt. Der positive Wettbewerb zwischen einzelnen Haushalten, verschiedenen Straßen, Gemeinden oder Städten wirkt positiv auf die Verbesserung der Trennqualität.

Die wichtige Rolle der direkten, unmittelbaren Kommunikation an die Betroffenen zeigt auch folgendes Beispiel im Bereich Verkehr: Aufgrund von dialogen Geschwindigkeitsanzeigen konnte die Übertretung der Höchstgeschwindigkeit um bis zu 60 % reduziert werden. Sofort nach Abbau der Anzeigen fielen die Autofahrer wieder in ihr ursprüngliches Verhalten zurück (Unfallforschung der Versicherer 2010). Diese Erkenntnisse können auch in der Abfallwirtschaft eingesetzt werden und betonen abermals die Wichtigkeit eines Feedbackzyklus. Somit ist der Schlüssel zur Erreichung der vorgegebenen Recyclingquoten und der Ziele des Kreislaufpakets die gemeinsame Gestaltung von Technologie und Kommunikationsmaßnahmen.

Abb. 9 Daheim App

4 Beitrag für eine lebenswerte Umwelt

Erhöhung der Trennquote, Einsparung des CO_2-Ausstoßes sowie Bewusstseinsschaffung für Umweltthemen sind die zentralen Themen in Bezug auf den Klimaschutz. Neue Technologien leisten hier einen wesentlichen Beitrag für eine enkeltaugliche Zukunft.

Durch den Einsatz des Wertstoffscanners wird den Bürgerinnen und Bürgern ihr Trennverhalten direkt und unmittelbar zurückgemeldet. Dadurch wird falsches Trennen bewusst gemacht und aufgezeigt, wo die meisten Fehlwürfe entstehen. In weiterer Folge können höhere Abfalltrennquoten erreicht werden. Wie bereits im vorherigen Abschnitt beschrieben, ist der Schlüsselfaktor für positive Ergebnisse in diesem Bereich die zielgerichtete Kommunikation.

Die in den Mülltonnen verbauten Hightech-Sensoren implizieren bedarfsgerechte Abfallabholintervalle. Somit fallen unnötige Fahrten weg und es wird vermieden, dass nur halbvolle Mülltonnen entleert werden. Dies verringert in der Folge die gefahrenen Kilometer und somit auch die CO_2-Emissionen.

Ein weiterer wichtiger Beitrag ist die Bewusstseinsförderung für Umweltthemen. Kommunikation spielt auch hier eine wesentliche Rolle. Über die Daheim App kommen z. B. gamifizierte Anwendungen zum Einsatz, die fachgerechtes Mülltrennen belohnen. Dadurch wird eine deutliche Senkung der Fehlwürfe und eine Erhöhung der Trennquoten erwartet.

5 Resümee

Werden neuartige und innovative Technologien mit modernen Feedbackkanälen wie z. B. der Daheim App kombiniert, wird es möglich, zeitnah nach der Entleerung den Bürgerinnen und Bürgern die Qualität ihrer Abfalltrennung zurückzumelden oder ihnen Tipps zur besseren Trennung zu geben. Diese Ergebnisse führen zu einer positiven Trendkurve, indem sie das tägliche Handeln jedes Einzelnen sichtbar machen und so ein verbessertes Trennverhalten anstoßen.

Solch smarte Lösungen sind kein Selbstzweck, sondern notwendig, um den Herausforderungen von Morgen angemessen begegnen zu können. Außerdem kann durch deren Einsatz ein positiver Beitrag zum Klimaschutz geleistet werden. Wenn sich dieses System über die gesamte Pilotphase hinweg bestätigt, sind die Autoren überzeugt, dass diese und vergleichbare Methoden einen neuen Standard in der Abfallwirtschaft setzen werden.

Literatur

Gerhards J (1998) Öffentlichkeit. In: Jarren O, Sarcinelli U, Saxer U (Hrsg) Politische Kommunikation in der demokratischen Gesellschaft. Ein Handbuch. Westdeutscher Verlag, Opladen, S 268–274

Gerhards J, Neidhardt F (1993) Strukturen und Funktionen moderner Öffentlichkeit. Fragestellungen und Ansätze. In: Langenbucher WR (Hrsg) Politische Kommunikation: Grundlagen, Strukturen, Prozesse. Braumüller, Wien, S 52–89

Habermas J (1991) Strukturwandel der Öffentlichkeit. Suhrkamp, Frankfurt a. M.

Imhof K (2003) Öffentlichkeitstheorien. In: Bentele G, Brosius H-B, Jarren O (Hrsg) Öffentliche Kommunikation. Handbuch Kommunikations- und Medienwissenschaft. Westdeutscher Verlag, Wiesbaden, S 193–209

Peters B (2002) Die Leistungsfähigkeit heutiger Öffentlichkeiten – einige theoretische Kontroversen. In: Imhof K, Jarren O, Blum R (Hrsg) Integration und Medien. Westdeutscher Verlag, Wiesbaden, S 23–35

Unfallforschung der Versicherer: Geschwindigkeitsanzeigen: Dialog-Display wirkt am besten (2010). https://udv.de/en/node/50876. Zugegriffen: 12. Okt. 2018

Verbraucherzentrale Bundesverband: Umfrage Wertstofftonne (2015) https://www.vzbv.de/sites/default/files/downloads/wertstofftonne-umfrage-vzbv-2015.pdf. Zugegriffen: 10. Okt. 2018

VOEB: Pressemitteilung vom 16. März 2018 „80 Kilo Restmüll ist Idealgewicht", (2018) http://www.voeb.at/service/presse-news/presse-detail/show-article/80-kilo-restmuell-ist-idealgewicht/. Zugegriffen: 10. Okt. 2018

DI Ralf Mittermayr ist Vorstand Markt Saubermacher Dienstleistung AG und Vorstandssprecher und seit April 2014 für den Bereich Markt in der Saubermacher AG verantwortlich. Seit März 2017 ist er Vorstandssprecher. Neben der Industrialisierung und Digitalisierung der internen Prozesse und Entwicklung neuer Vertriebskanäle verfolgt er das Ziel Zero Waste, also keinen Abfall zu hinterlassen. Die Grundidee: Durch entsprechende Aufbereitung wird Abfall zur wertvollen Ressource für Produkt- und Energieerzeugung und Saubermacher entwickelt sich vom Abfalllogistikunternehmen zum Lieferanten von Sekundärrohstoffen.

Sandra Klünsner, MSc MSc ist seit 2015 bei der Saubermacher Dienstleistungs AG tätig und arbeitet seit 2016 im Bereich Marketing und Konzernkommunikation. Sie absolvierte die beiden Studiengänge Betriebswirtschaft und Wirtschaftspädagogik an der Karl-Franzens-Universität in Graz. Neben ihren laufenden Agenden wirkt sie bei einigen unternehmensinternen Projekten, u. a. dem Thema Smart Waste, mit und unterstützt im Bereich Projektkommunikation.

Praxisbeispiele aus der Immobilienbranche und Energiewirtschaft

Bauen mit weniger Ressourcen: Mehr Nutzen für mehr Menschen

Harald Professner und Hubert Rhomberg

1 Einleitung

Durch die Produktion und den Konsum von Produkten und Dienstleistungen in den vergangenen Jahrzehnten sind ein massiver Ressourcenverbrauch und immense Umweltbelastungen zu beobachten. Die Bereitstellung von physischen Gütern und Dienstleistungen ist immer mit dem Verbrauch natürlicher Ressourcen wie erneuerbaren und nicht erneuerbaren Rohstoffen, Energie oder Wasser verbunden. Viele der gegenwärtigen Umweltprobleme, allen voran der Klimawandel, entstehen durch die Nutzung einer zu großen Menge an natürlichen Ressourcen in Produktion und Konsum. Eine Veränderung der Muster in der natürlichen Ressourcennutzung ist daher auf dem Weg einer nachhaltigen Entwicklung unabdingbar.

Erstaunlicherweise ist festzustellen, dass in sämtlichen Klimadebatten das Thema Bau und Gebäude kaum diskutiert wird. Dabei verantwortet und verursacht die globale Baubranche gemäß United Nations Environment Programme (UNEP) mit ihrer herkömmlichen Bauweise zwischen 30 und 40 % des heutigen Ressourcen- und Energieverbrauchs, 60 % der weltweiten Transporte, 40 % des momentanen Abfallaufkommens und 30 % aller energierelevanten Treibhausgas(THG)-Emissionen (UNEP 2011).

Auch in Deutschland werden nach aktuellen Angaben des Umweltbundesamts etwa 35 % des Endenergieverbrauchs und etwa 30 % der CO_2-Emissionen rein durch Gebäude verursacht. Die Stiftung Mercator hat u. a. errechnet, dass sich bis 2050 diese Werte ohne entsprechende Gegenmaßnahmen mindestens verdoppeln, wenn nicht sogar verdreifachen

H. Professner (✉) · H. Rhomberg
Rhomberg Bau GmbH, Bregenz, Österreich
E-Mail: harald.professner@rhomberg.com

H. Rhomberg
E-Mail: hubert.rhomberg@rhomberg.com

A. Sihn-Weber und F. Fischler (Hrsg.), *CSR und Klimawandel,* Management-Reihe Corporate Social Responsibility, https://doi.org/10.1007/978-3-662-59748-4_31

könnten. Laut UNEP lebt momentan bereits rund die Hälfte der Weltbevölkerung in Städten. In 20 Jahren werden es nach dessen Berechnungen etwa zwei Drittel sein. Städte verbrauchen derzeit etwa 75 % der weltweiten natürlichen Ressourcen, 80 % der weltweit erzeugten Energie und produzieren etwa 75 % der weltweiten CO_2-Emissionen (Cities 2013). Mit seinem Bericht „The Limits to Growth“ weckte der Club of Rome (http://www.clubofrome.org) bereits 1972 das Bewusstsein für die Notwendigkeit, die natürliche Umwelt, die Lebensgrundlage aller Lebewesen, zu schonen. Die Weltwirtschafts- und Klimakommission hat prognostiziert, dass der Bausektor bis 2050 weltweit weitere 470 Mrd. t CO_2 ausstoßen wird. Dabei geht es aber nicht nur um jenes für den Treibhauseffekt verantwortliche CO_2, das in der Atmosphäre gerade mal 0,038 % ausmacht, sondern v. a. um die nachhaltige Verwendung von Ressourcen und deren Wiederverwendbarkeit. Wenn man bedenkt, dass wir 200 Länder mit eigenen Regierungen auf unserem Planeten Erde haben, aber nur eine gemeinsame Rohstoffquelle an natürlichen Ressourcen, könnte der notwendige Bedarf mittelfristig ein ernst zu nehmendes globales Problem werden.

Um den CO_2-Ausstoß schleunigst im großen Umfang zu verringern und gleichzeitig die nachhaltige Verwendung von Rohstoffen zu steigern, muss daher das Bauen im herkömmlichen Sinn umgehend und komplett neu überdacht werden.

2 Bauen heute

Das Bauen findet heute national und international weitestgehend nach dem gleichen Schema statt. Man unterscheidet zum einen zwischen öffentlichen und nichtöffentlichen Auftraggebern und zum anderen nach dem zu erbringenden Leistungsumfang. Ohne nun auf die unterschiedlichen Vertragsformen und die damit verbundenen Chancen und Risiken einzugehen, verlaufen die Phasen des Bauprozesses im Wesentlichen immer gleich. Das heißt, dass es auch bei funktionalen Ausschreibungen von Design-and-build-Projekten innerhalb der Branche – sowohl im Bereich der Planung wie auch Ausführung – noch immer nicht gelungen ist, den Prozess an sich zu verändern.

2.1 Bauprozess

Der heutige Bauprozess beinhaltet eine Vielzahl an Schnittstellen und Beteiligten unterschiedlicher Interessen. Der Umfang der Beteiligten – und damit der Schnittstellen – variiert a) primär nach Projektgröße und b) je nachdem, ob ein privater oder öffentlicher Bauherr dahintersteht. Klassischerweise ist der Bauherr bzw. Auftraggeber derjenige, der das Gebäude für sich selbst nutzt und dementsprechend auch seine Bedürfnisse durch eine Lösung in Form eines Gebäudes befriedigen kann. Sobald aber ein Projektentwickler oder öffentlicher Bauherr hinter einem Bauvorhaben steht, nimmt die Anzahl der Beteiligten zu, die durchwegs unterschiedliche Interessen und Funktionen im Bauprozess haben. Je nachdem, wie das Konstrukt aussieht, sind gegebenenfalls auch Investoren, Mieter etc. involviert, die ebenfalls Einfluss nehmen.

2.2 Problem

Bauabläufe verfahren grundsätzlich nach sehr traditionellen Methoden. Bis zu 40 % der eingesetzten Zeit werden heutzutage für das Her- und Wegräumen und Suchen sowie für das Wiederherstellen verbraucht. Die Qualität in der Herstellung der klassischen Gewerke auf Baustellen sinkt sukzessive im Zuge von Zeit- und Gelddruck. Der so dringlich erforderliche Entwicklungsprozess bekommt keine Luft, er stagniert (Menz and Bauprozess 2010). Im Vergleich zu hochtechnologisierten Prozessen – bekannt aus dem Automotiv- und Schiffbaubereich – ist der Bauprozess nahezu im Stillstand. Noch bevor überhaupt die gesamte Fachplanung abgeschlossen und geprüft ist, werden bereits einzelne Gewerke ausgeschrieben und vergeben. Dies hat zur Folge, dass fortlaufend Planänderungen durchgeführt werden müssen. Die Arbeit des ausführenden Handwerkers auf der Baustelle wird dadurch permanent durch Unvorhergesehenes geprägt. Prozessoptimierungen, entsprechend dem bekannten TOYOTA- oder MUDA-Prinzip[1], lassen sich nicht umsetzen. Demzufolge sind auch etliche Handwerkzeuge und -verfahren noch weitestgehend auf dem Stand, auf dem sie schon vor mehreren hundert Jahren waren. Es gab zwar in den vergangenen Jahren immer wieder Versuche, den Bauprozess entsprechend der Automotivindustrie zu optimieren, doch bedingt durch die über Jahrhunderte gewachsenen Strukturen sind wahre Innovationen bislang ausgeblieben bzw. sogar bewusst unterbunden und verhindert worden. Der Bauprozess selbst ist v. a. durch Termin-, Kosten- und Qualitätsprobleme geprägt. Ein wesentlicher Grund für diese Probleme ist der weltweit noch immer praktizierte, sequenzielle Planungs- und Ausführungsprozess. Zwar beinhaltet die Honorarordnung für Architekten und Ingenieure (HOAI, Deutschland) im Bereich der Architektur die Vorgabe des integralen Planungsprozesses, der letztlich auch vonseiten des Bauherrn vergütet wird. Doch die Umsetzung ist im Allgemeinen nicht gegeben. Das durch die Planenden erarbeitete Konzept wird vorwiegend mithilfe von Zeichnungen in digitaler oder ausgedruckter Form, Hard- oder Softcopy und durch mündliche Anweisungen weitergegeben. Es ist daher naheliegend, dass wichtige Informationen und Anweisungen relativ einfach verloren gehen, vergessen, falsch verstanden oder interpretiert werden. Die Möglichkeiten der Digitalisierung, die bislang eingeführt wurden – z. B. die Möglichkeit, Pläne digital zu versenden –, führten nicht zur Verbesserung der Kommunikation. Im Gegenteil: Die Folge war eher eine Erhöhung der Plananpassungen und Umplanungen im laufenden Planungsprozess, was die Arbeiten der Handwerker vor Ort zusätzlich erschwert hat.

Eines der wohl bekanntesten Paradebeispiele dafür ist der Neubau des Flughafens Schönefeld in Berlin. Aufgrund der sequenziellen, aufeinanderfolgenden und zudem rollierenden Planung von Architektur, Tragwerk, Fassade, TGA etc. und der Vergabe von

[1]Muda durch Überproduktion, überhöhte Lagerhaltung, überflüssigen Transport, Wartezeit, Herstellung fehlerhafter Teile, unnötige Bewegung, ungünstigen Herstellungsprozess, nicht und falsch genutztes Talent der Mitarbeiter.

Bauleistungen im noch laufenden Planungsprozess ist es nahezu allen beteiligten Unternehmen unmöglich, ein solch großvolumiges Bauvorhaben in der vorgegebenen Zeit, Qualität und mit den vorgegebenen Kosten zu realisieren. Eine brisante Fehlerquelle entsteht bei einem konventionellen Bauablauf v. a. durch redundante Information und durch eine Vielzahl an Planständen. Es muss daher immer dafür gesorgt werden, dass stets die aktuellsten Informationen und Pläne auf der Baustelle und bei den Handwerkern aufliegen, sodass das Projekt nicht nach einem bereits veralteten Stand der Daten erstellt wird.

Stand heute stellt aber noch immer jedes Gebäude einen individuell geplanten Prototyp dar, für den die Werkleistung in hohem Maß auf der Baustelle erbracht wird. Dafür werden unglaubliche energetische und materielle Ressourcen verbraucht. Ein solches Gebäude entspricht hinsichtlich der Zeit, den Kosten und der Qualität nicht mehr den heutigen Erwartungen, sodass es neue Überlegungen bedarf, was das Bauen von morgen betrifft.

Bereits Le Corbusier[2] verglich Schiffe, Flugzeuge und Autos mit Gebäuden. Und auch heute noch wird diese Gegenüberstellung gern genutzt, um die Zukunft des Bauprozesses vorauszusagen. Die Prinzipien der Standardisierung, wie sie in der Automotivindustrie vor mehr als 100 Jahren perfektioniert wurden, dienten damaligen Architekten wie Walter Gropius[3], Mies von der Rohe[4] und auch den Ingenieuren als Vorbild für die systematische Planung und Fabrikation von Industriegütern.[5] Der wesentliche Kostenfaktor auf Baustellen ist heute nach wie vor die menschliche Arbeitskraft. Trotz der teils starken Variation des Verhältnisses vorgefertigter und auf der Baustelle errichteter Konstruktionen besteht bislang jedes Gebäude nur bis zu einem gewissen Grad aus tatsächlich industriell hergestellten Komponenten (Schnittich 2012). Vor wenigen Jahren untersuchte eine Studie (Stephen und Timberlake 2004) die Planungs- und Fertigungsprozesse bei der Herstellung von Personenkraftwagen (PKW) und stellte diesen die Prozesse eines Bauvorhabens gegenüber. Die Automobilbranche befindet sich seit der Einführung des Fließbands in einer kontinuierlichen Entwicklung. Innerhalb eines Jahrhunderts wurde das Handwerk des damaligen Kutschers zu einer der fortschrittlichsten Industrien, die laufend nach Optimierungen sucht und diese erfolgreich in ihre Prozesse integriert. Auch die Fertigungsprozesse selbst wurden seither ständig verbessert. In den stationären Werken wird heute durchweg „just in time" produziert. Die einzelnen vorgefertigten Bauteile – nicht einzelne Produkte – von zahlreichen Zulieferern werden in der richtigen Sequenz innerhalb eines genau definierten Zeitfensters bereitgestellt und eingefügt.

Im Vergleich dazu scheint im Bauprozess die Zeit tatsächlich seit Jahren still zu stehen. Zwar ist ein direkter Vergleich mit der Automobilindustrie nicht möglich, da das

---

[2]Geboren am 6. Oktober 1887 in La Chaux-de-Fonds; † 27. August 1965 in Roquebrune-Cap-Martin.

[3]Walter Gropius (1883–1969), deutscher Architekt.

[4]Mies van der Rohe (1886–1969), deutscher-amerikanischer Architekt.

[5]http://www.tu-cottbus.de/theoriederarchitektur/Archiv/ → Mies 1924, industrielles Bauen (abgerufen: 02.05.2015).

Bauen von Gebäuden klarerweise mit ständig wechselnden Bedingungen – Grundstück, Zufahrt, Logistik etc. – verbunden ist. Auch hinsichtlich der Stückzahl, der Losgrößen und der Transportmöglichkeiten ist ein mit dem Erdboden fest verbundenes Gebäude nicht wirklich mit einem Automobil vergleichbar. Und dennoch gibt es zum Schiff-, Flugzeug- und Autobau Parallelen.

So stellt sich grundsätzlich die Frage, ob das Bauen tatsächlich immer auf der Baustelle zu erfolgen hat. Bekanntlich lassen sich alle Fertigungsprozesse, die in einer Produktionshalle erbracht werden können, exakt planen, steuern, kontrollieren und verbessern. Zusätzlich ergeben sich durch die kontrollierte Herstellung Optimierungs- und damit Einsparungsmöglichkeiten bei Ressourcen, Energie und Zeit. Dem gegenüber stehen jedoch wiederum eine exakte Planung und Vorbereitung, da bei fertigen Bauteilen eine Ad-hoc-Problemlösung auf der Baustelle nicht mehr so einfach möglich ist.

3 Bauen morgen

Das Bauen von morgen wird sich aus heutiger Sicht in einigen Bereichen grundsätzlich verändern. Vor allem wird der Blickwinkel ein komplett anderer sein. Es geht nicht mehr nur um die Planung und Ausführung eines Gebäudebaus selbst, sondern um den gesamten Lebenszyklus, einschließlich des Rückbaus und der Wiederverwendung der Bauteile. Der integrale Planungsprozess[6], unter der Berücksichtigung miteinander vernetzter Softwarelösungen und Informationen, wird zum Standard. Nicht interaktiv verbundene Schnittstellen sind unzulässig und werden eliminiert. Mit dem Bau darf erst dann begonnen werden, wenn die komplette Ausführungsplanung abgeschlossen ist. Die baubegleitende Planung gehört damit der Vergangenheit an, wodurch die bisherigen Freiheiten der Architekten und Fachplaner deutlich eingeschränkt werden. Ein Team von Experten übernimmt die Systemplanung von Komponenten und Modulen, die der Objektplanung zur Verfügung gestellt werden. Dabei werden im System für jedes Bauteil Eigenschaften und Preis hinterlegt. Das System zerlegt die Produkte in sinnvolle Funktionseinheiten, die sich wie in einem Baukasten zu immer wieder neuen Produkten zusammenbauen lassen. Dadurch werden Planungsaufwand und -umfang drastisch reduziert. Die Vergütung gemäß der derzeit gültigen HOAI fällt weg. Alle Details sind fertig ausgeplant und bereits mehrfach geprüft, wodurch das Bauen von Prototypen reduziert wird. Die Architekten vor Ort übernehmen die Rolle des Objektplaners, der nach klar vorgegeben Regeln das Softwaresystem in der Cloud bedient. Das System generiert vollautomatisch die Entwurfsplanung und bietet unterschiedliche Variationen an, wodurch der Objektplaner bei seiner Produktauswahl, ähnlich eines Autokonfigurators, permanent Feedback hinsichtlich der Preis-, Zeit- und Qualitätsentwicklung erhält. Dadurch ist schon in einem sehr frühen Stadium ein tatsächlicher Produktentscheid möglich. Das

[6]Denken und Planen in fertigungsgerechten Modulen.

System generiert in weiterer Folge nach Abschluss der Eingaben und Entscheidungen des Objektplaners die komplette Einreichplanung, die zugleich Werkstattplanung, Terminplanung und Kostenplanung beinhaltet.

3.1 Verfahren

Die Planung, und deren Anforderung, wird sich grundlegend ändern. Sie wird komplett automatisiert werden, sodass sämtliche Schnittstellen zu den bisherigen Gewerken einfach wegfallen. Das klassische Planen auf CAD[7] -Arbeitsplätzen wird damit bei einer Vielzahl an Gebäudeprojekten der Vergangenheit angehören. Die Unterteilung in Ausführungs- und Werkstattplanung verschwindet vollständig, sodass die Planung vor der Vergabe von Bauleistung tatsächlich komplett abgeschlossen ist. Bevor es überhaupt zur Realisierung eines Bauvorhabens kommt, werden im Zuge eines Method Statement[8] bereits alle Prozesse – Produktion, Logistik, Montage und Demontage – durchgespielt und ausführlich dokumentiert. Dadurch fällt die bisher oft genug praktizierte Improvisation in allen Abschnitten weg, was letztlich auch den Ressourceneinsatz drastisch reduziert und die Sicherheit sowohl in der Produktion als auch bei der Montage deutlich erhöht. Die bisherigen Abhängigkeiten der Gewerke voneinander werden durch die Verlagerung der Fertigung in eine Vorproduktion aufgelöst. Dadurch ist eine parallele Fertigung mit permanenter interner und auch externer Qualitätsprüfung gewährleistet. Mit der Vorfertigung in Produktionshallen entstehen zudem deutlich geringere Maßabweichungen, wodurch die bisherigen Toleranzvorgaben – DIN 18202[9] – an Bedeutung verlieren. Der üblicherweise auf den Plänen verwendete Standardpassus „Alle Maße sind vom Auftragnehmer vor Ausführung eigenverantwortlich zu überprüfen“ wird überflüssig. Das heißt, es gelten in Zukunft ausschließlich die in den Plänen tatsächlich angegebenen Maße, Toleranzen und Ebenheiten. Anpassungen auf der Baustelle sind nurmehr in Ausnahmefällen gestattet. Dies bedeutet in der Konsequenz natürlich auch, dass bei allen verwendeten Bauteilen die Serien- und Modulfertigung im Vordergrund stehen und diese Baugruppen[10] damit auch die Gebäude der Zukunft definieren. Wie im Industriebau weltweit üblich, wird auch im Hochbau die Montage durch Montagekolonnen erfolgen. Das bedeutet aber auch, dass sämtliche Verbindungen und Kupplungen – im Bereich der Tragkonstruktion, der Fassade, der Haustechnik und des Ausbaus – so auszulegen sind, dass sie von externen Montagetruppen einfach und

[7]Computer-Aided Design.

[8]Ein schriftliches Dokument, das die Arbeitsverfahren und die Reihenfolge der Tätigkeiten festlegt, um die Arbeitssicherheit und den Gesundheitsschutz sicherzustellen (Siemens).

[9]Toleranzen im Hochbau – DIN 180202.

[10]Im VW-Konzern basiert die Plattform des Seat Leon, des Audi A3 und des Golf auf dem modularen Querbaukasten (MQB).

Abb. 1 Außenwandfertigung

schnell erledigt werden können. Außerdem sollten sich die Planer von neuen Bauteilen bei allen Details, Anschlüssen und v. a. auch bei allen Materialien darüber Gedanken machen, wie diese in weiterer Folge einfach getauscht und rückgebaut werden können. Dies erleichtert einen eventuellen späteren Umbau – beispielsweise bei einer Umnutzung der Immobilie von einem Hotel zu einem Verwaltungs- oder Wohngebäude. Die Vorfertigung wird nicht in klassisch stationären Produktionshallen vonstatten gehen, sondern bewusst in Produktionshallen im nahen Umkreis der Baustelle. Darin werden bisherige Gewerke funktionsübergreifend zusammengefasst – Zimmerer, Fensterbauer, Spengler, Haustechnikinstallateur, Jalousienbauer, Elektroinstallateur etc. – und diese errichten gemeinsam ein Modul oder Element (Abb. 1).

Dabei kommen neue Ansätze der Herstellung – bekannt unter Lean Construction[11] – zum Einsatz. Mithilfe kybernetischer Systeme und Regelkreisläufe wird dadurch eine gleichbleibende Qualität bei einem ständigen kontinuierlichen Verbesserungsprozess (Plan-Do-Check-Act) entsprechend FMEA-[12] und MUDA-Prinzip garantiert. Durch die

[11]Die Arbeit wird durchgehend durch den gesamten Prozess so organisiert, dass der Wert für die Kunden maximiert und Verschwendung reduziert wird.

[12]Fehler-Möglichkeits-Einfluss-Analysen.

digitale Dokumentation aller Produktionsschritte lassen sich auch im Nachgang etwaige Fehler nachvollziehen und deren eventuelle Auswirkungen beurteilen. Der Produktionsvorlauf wird im Vorfeld so abgestimmt, dass eine Just-in-time-Anlieferung mit dem LKW oder, bei Vorhandensein eines Gleisanschlusses, mit Güterwaggons ermöglicht wird. Um den eigentlichen Montageprozess möglichst kurz zu halten, werden alle Komponenten werkseitig vormontiert angeliefert, sodass im Zuge der Montage nur mehr das Finishing zu erfolgen hat. Daraus resultierend wird in Zukunft im Hochbau nicht mehr gebaut, sondern montiert bzw. „assembled".

3.2 Prozesse

Bereits beim Planen und Errichten eines Gebäudes muss allen Beteiligten zukünftig bewusst sein, dass dieses nicht nur eine definierte Lebensdauer hat. Es gibt, wie beim Auto, vielmehr unterschiedliche Verschleißteile, die in sehr unterschiedlichen Zyklen auch gewartet und getauscht werden müssen. So hat die Primärkonstruktion, also die tragende Konstruktion eines Gebäudes, unabhängig vom verwendeten Material, eine Lebensdauer von weit über 100 Jahren. Die Fassade, die ständig wechselnden Witterungsverhältnissen und unterschiedlichen klimatischen Bedingungen ausgesetzt ist, hält erfahrungsgemäß zwischen 20 und 30 Jahren. Spätestens dann wird es notwendig sein, die Fenster und die Außenhaut zu erneuern. Im Bereich der technischen Gebäudeausstattung ist die Lebensdauer der Komponenten deutlich geringer. Je nach Bauteil ist die Nutzung entsprechend VDI 2067[13] auf 10–30 Jahre ausgelegt, wobei der jährliche Aufwand für die Bedienung und Wartung, insbesondere durch die Installation von kontrollierten Be- und Entlüftungsanlagen, Mess- und Steuerungstechniken etc., ständig zunimmt. Aus dem Bereich des Facility Management ist bekannt, dass bei einer Lebensdauer von 40 Jahren die Investitionskosten für Verwaltungs- oder Hotelgebäude gerade einmal 20 % der Gesamtkosten ausmachen. Dennoch wird – mit Ausnahme von PPP[14]-Projekten – die Planungsebene rein für die Erstellungsphase vergütet. Später anfallende Kosten werden ausgeblendet. Verständlich, dass die Nutzung des Gebäudes inklusive Betrieb, Instandhaltung etc. nur sehr rudimentär betrachtet wird. Das würde anders aussehen, wenn z. B. bereits bei der Genehmigungsplanung eine Rückbauanleitung inklusive Auflistung der verbauten Rohstoffe und deren Rückgewinnung beizulegen wäre.

3.3 Umdenken

Mit der Berücksichtigung dieser zusätzlichen Überlegungen beim Entwurf eines Gebäudes würden auf einmal komplett andere Gesichtspunkte bei den Entscheidungen

[13]Wirtschaftlichkeit gebäudetechnischer Anlagen.

[14]Public-private Partnership.

im Vordergrund stehen. Statt der heute noch allein entscheidenden Frage „Wie nutze ich das Gebäude?" würden Fragen wie „Welche Ressourcen und Materialien werden verbaut?", „Wie viel an Energie muss im Vorfeld aufgebracht werden, um die zu verbauenden Materialien (Stahl, Aluminium, Mineralwolle, Zement etc.) herzustellen?", „Wie können Bauteile und Komponenten ohne großen Aufwand ausgetauscht werden?" oder „Wie kann das Gebäude einer anderen Nutzung zugeführt werden?" in den Fokus rücken. Dafür aber müssen sich die Verantwortlichen in der Baubranche vom derzeitigen Korsett des Bauprozesses komplett lösen.

Eine weitere wichtige Frage ist diese: „Was muss an Material und v. a. Technik überhaupt ins Gebäude?" So hat beispielsweise der Vorarlberg Architekt und Professor an der ETH Zürich Dietmar Eberle[15] erkannt, dass die ihm zur Verfügung stehenden Fachplaner es weder verstehen, noch ein persönliches Interesse daran haben, Gebäude so zu planen, dass sie mit einer Minimalausstattung an Technik auskommen. Seine Lösung: Für das Verwaltungsgebäude 2226 in Lustenau (A), das gänzlich ohne Heizung, Lüftung und Kühlung auskommt, hat er ganz bewusst auf sog. Bauphysiker verzichtet und stattdessen Kollegen aus der Physik an der ETH Zürich mit ins Boot geholt. Auch Antoine de Saint-Exupéry beschreibt die Perfektion wie folgt: „Perfektion ist nicht dann erreicht, wenn es nichts mehr hinzuzufügen gibt, sondern wenn man nichts mehr weglassen kann" (Saint-Exupéry et al. 1939). Die Diskrepanz zwischen den Gebäuden heute und denen der Zukunft liegt somit darin, dass es zu definieren gilt, wie und womit Gebäude errichtet werden. Diese Überlegung beinhaltet zum einen eine Antwort auf die Frage, wie die Planung zukünftig zu erfolgen hat und zum anderen, mit welchen Komponenten und Bauteilen dabei gebaut wird. Durch die Entwicklung komplexer Informationstechnologien und neuartiger Produktionssystem hat sich bereits in den vergangenen Jahren ein möglicher Umschwung im Bauwesen abgezeichnet.[16] Das bisherige gewohnte Bild des Bauens vor Ort – so wie wir es heute noch sehen und wahrnehmen – wird daher zukünftig wohl von dem Bild der zeitsparenden Montage vor Ort abgelöst werden.

4 Der nächste Schritt: Bauen 4.0

Wie bereits beschrieben, herrscht im Bau heute nach wie vor der Prototypenbau vor. Das heißt, jedes Gebäude wird von Grund auf neu geplant. Bereits gesammelte Erfahrungen aus Referenzprojekten fließen praktisch nicht ein und gehen dadurch verloren. Andere Industriezweige, allen voran die Automobilindustrie, sind dem Bau da deutlich voraus: Fahrgestell, Motoren und Karosserie sind standardisiert, modular und können so schnell, kostengünstig und v. a. ressourcenschonend hergestellt werden. Durch verschiedene Ausstattungsmerkmale, die Farbgebung oder die Materialwahl lässt sich das Auto dennoch

[15]www.baumschlager-eberle.com (abgerufen: 13.05.2015).

[16]Piller, F.T., Mass Customization, Ein wettbewerbsstrategisches Konzept im Informationszeitalter.

individualisieren und auf spezifische Bedürfnisse anpassen. Mithilfe eines Car-Konfigurators kann sich der Kunde schon vorab sein Wunschmodell zusammenstellen und sogar auf Knopfdruck bestellen. In naher Zukunft wird es im Bereich der Immobilien genauso laufen: Der Bauherr bzw. Projektentwickler stellt sich sein Gebäude am Rechner zusammen, begeht es einmal mit der 3D-Brille, um die Details und die Einrichtung zu planen, und lässt es sich dann per Mausklick auspreisen. So weit sind wir zwar noch nicht, aber das ist nur eine Frage der Zeit.

Und diese Zeit wird schneller kommen, als wir momentan glauben. Dies liegt auch am logarithmischen Denken des Menschen: Um die Welt in einem Jahr zu antizipieren, müssen wir nicht ein Jahr in die Vergangenheit schauen, sondern zehn. Vor allem durch die technische Entwicklung und die Digitalisierung verkürzen sich Entwicklungsschritte immens. Die Zeit für Bauen 4.0 (Rhomberg 2015) ist daher genau jetzt: Durch Holz- bzw. Holz-Hybrid- und Systembau sind die Voraussetzungen und die beste Ausgangsposition geschaffen worden für den nächsten Schritt. Treiber dabei sind Sharing und Open Innovation. Dreh- und Angelpunkt des neuen Bauens wird eine interdisziplinäre, digitale, lebendige Plattform sein. Eine Art kybernetischer Tisch für alles, was das Thema Planen, Errichten und Betreiben von Gebäuden betrifft. Darauf finden sich sämtliche Informationen, Kontakte, Produkte, Formulare und Fallbeispiele aus der Welt des systematischen Holz-Hybridbaus. Und er wird sich stetig weiterentwickeln: Jedes neu entwickelte Bauelement, jedes erfolgreich abgeschlossene Projekt, jeder neue Produzent, Architekt oder Planer bereichert die Plattform, füllt sie mit Wissen und macht so zeitgleich alle Beteiligten des kybernetischen Tischs schlauer. Wissen ist zukünftig so kein Hoheitsgut mehr, sondern kollektiver Besitz zum Wohl aller und zugunsten des Holzsystembaus und aller Beteiligten.

4.1 Systembau

Beim LifeCycle-Tower(LCT)-System handelt es sich um ein standardisiertes, universell einsetzbares Baukastensystem. Im Vergleich zu anderen Holzhochbauprojekten verfolgt das LCT-System einen Top-down-Ansatz, bei dem alle Komponenten so geplant werden, dass sie bei einer Internationalisierung an die Anforderungen und Regulierungen in den jeweiligen Ländern angepasst werden können. Darüber hinaus können die LCT-Systemkomponenten von ortsansässigen Unternehmen hergestellt werden und bieten so Chancen für das regionale Handwerk und die Holzwirtschaft. Mit dem LCT ONE[17] und dem IZM wurden bisher bereits zwei Bürogebäude realisiert. Zudem kam das LCT-System bei der Aufstockung der Zentrale der Wagner GmbH in Nüziders sowie bei einem Büro- und Wohngebäude in Memmingen, Deutschland, zum Einsatz. Darüber hinaus kommt das System auch beim Siemens-Campus in Erlangen sowie bei der neuen Vattenfall-Zentrale in Berlin Südkreuz zum Einsatz. Das baureife Holzfertigteilbaukastensystem lässt sich aber auch in der Hotellerie, der Gastronomie oder dem

[17]LifeCycle Tower One, Dornbirn.

Einzelhandel einsetzen. Durch eine millimetergenaue Vorfertigung lassen sich die einzelnen Module nicht nur flexibel und individuell gestalten und so unterschiedlichsten Bauvorhaben anpassen. Durch die gleichbleibend hohe Bauqualität der Einzelkomponenten herrscht auch eine verlässliche Ausführungssicherheit. Ein weiterer wichtiger Vorteil ist die im Vergleich zu konventioneller Bauweise drastisch verringerte Bauzeit. Beim Prototyp LCT ONE (Abb. 2) konnte diese beispielsweise um den Faktor 3 gekürzt werden. So werden nicht nur Behinderungen für Verkehr und Anrainer minimiert, sondern gerade im urbanen Raum wird die Bauabwicklung erheblich erleichtert. Der hohe Vorfertigungsgrad ermöglicht eine schnelle Umsetzung (an einem Arbeitstag konnte beim LCT ONE eine Etage inklusive Fassade errichtet werden) und verringert stark den Bedarf an Lagerflächen während der Bauphase. Ein dritter Vorteil ist eine Baustellenabwicklung mit minimaler Lärm- und Staubbelastung.

4.2 Beton

Der Baustoff Beton ist bekanntlich nach Wasser die am häufigsten verwendete Substanz auf unserem Planeten. Nach Berechnungen des California Institute of Technology wurden in der Zeit zwischen 1930 und 2013 weltweit etwa 76,2 Mrd. t Zement hergestellt. Über 70 % davon gingen in die Stahlbetonherstellung. Im Zuge dessen wurden über

Abb. 2 LCT-One-Außenansicht

38,2 Mrd. t CO_2 in die Atmosphäre freigesetzt. Beton als Baustoff zu verwenden, ist sowohl Segen wie auch Fluch. Es gilt daher schon bei der Konzeption von Gebäuden auf die Materialität, den Verbrauch der Ressourcen und im Sinn der Wiederverwendbarkeit auf den Lebenszyklus zu achten.

4.3 Holz

Holz gehört zusammen mit Lehm und Naturstein zu den ältesten und elementarsten Baustoffen der Menschheit. Als Rohstoff bietet er die Vorteile, dass er ohne fossilen Energieverbrauch nachwächst und dabei absolut ökologisch, natürlich und nachhaltig ist. Der Energiebedarf zur Herstellung des Baustoffs Holz beträgt verglichen mit anderen Baustoffen wie Stahl, Ziegel oder Aluminium nur einen Bruchteil, und auch der Energieaufwand zur Herstellung einzelner Holzprodukte ist im Vergleich zu anderen Werkstoffen gering. Nicht zu vergessen ist die Tatsache, dass durch die Verwendung von Holz andere Baustoffe ersetzt werden, die sonst unter einem hohen Energieverbrauch und CO_2-Ausstoß erst hergestellt werden müssten. Zentrale Eigenschaften von Holz sind die gute Wärmeisolierung, seine hohe Festigkeit sowie Langlebigkeit und Brandbeständigkeit. Brandversuche haben gezeigt, dass sich bei Temperaturen über 200 °C eine Holzkohleschicht bildet, die die darunterliegenden Holzschichten isoliert. Das verringert im Vergleich zu Stahl die Einsturzgefahr. Damit entspricht Holz als Baustoff modernsten Sicherheitsanforderungen. Ein weiterer Vorteil ist das im Verhältnis zum Volumen geringe Eigengewicht mit dem Potenzial, das Gebäudegesamtgewicht um bis zu 50 % zu verringern. Im Fall des LCT ONE, des weltweit ersten im Holz-Hybridsystem LCT gebauten Gebäudes, ist dieses um ein Drittel geringer als das Gewicht eines vergleichbaren Stahlbetonbaus. Als wichtiger Aspekt ist dabei zu sehen, dass Holz auf allen Kontinenten verfügbar ist und durch Abbau vor Ort eine regionale und nationale Unabhängigkeit im Rohstoffbezug schafft, was vor hohen Rohstoffpreisen schützt. Beispielsweise konnten beim Bau des Auftragsprojekts IZM[18] (Abb. 3) zwei Drittel des Holzes aus der Region Vorarlberg bzw. dem Montafon bezogen werden und das verbleibende Drittel aus dem angrenzenden süddeutschen Raum. Gleichzeitig werden dadurch die Transportwege verkürzt und die regionale Wirtschaft gestärkt, da die Planung eines Gebäudes in der LCT-Systembauweise immer durch lokale Architekten, die Ausführung durch lokale Bauunternehmen und die Komponentenfertigung durch lokale Verarbeiter vorgenommen werden kann.

Das wichtigste Argument, Holz verstärkt in der Baubranche einzusetzen, ist jedoch das CO_2-Speicherpotenzial von Holz. Durch den Vorgang der Photosynthese entstehen im Blatt bzw. der Nadel des Baums aus Wasser, Kohlendioxid und Licht Kohlenhydrate

[18]Illwerke-Zentrum Montafon, Vandans.

Abb. 3 IZM-Innenansicht

und der für den Menschen lebensnotwendige Sauerstoff. Der Baum lagert die Kohlenhydrate ein und gibt den entstandenen Sauerstoff wieder an die Atmosphäre ab. Über die gesamte Nutzungsdauer des Holzes wird somit der Atmosphäre CO_2 entzogen, das als hauptverantwortlicher Auslöser für den Treibhauseffekt gilt. Über die Photosynthese bindet wachsendes Holz also CO_2 und geerntetes Holz speichert es. Insgesamt besteht Holz zu 50 % aus Kohlenstoff und spielt damit eine wichtige Rolle als CO_2-Speicher in der Klimabilanz. Da ein Kubikmeter Nadelholz (Fichte/Tanne) über ein CO_2-Speicherpotenzial von knapp einer Tonne CO_2 verfügt, werden beispielsweise im Auftragsprojekt IZM mit seinen 1030 m^3 Massivholz über 944 t CO_2 gespeichert. Nicht zuletzt zeichnet sich Holz als ressourcenschonendes Kreislaufprodukt aus, da es sich am Ende des Lebenszyklus ganzheitlich CO_2-neutral verwerten lässt. Zum einen ist eine 100%ige Recycelbarkeit gegeben, zum anderen gibt Holz selbst bei der Verbrennung nur so viel CO_2 ab, wie der Baum während seines Wachstums gebunden hat. Dies belegen die Ergebnisse einer parallel zum Forschungsprojekt LCT durchgeführten Studie durch PE international: Für den berechneten Gebäudekörper stellte sich heraus, dass bei der LCT-Bauweise in der Gesamtbilanz (Herstellung, Instandsetzung und Entsorgung) durch die Verwendung von Holz als Basismaterial 9493 t weniger CO_2-Äquivalente emittiert werden als bei einem vergleichbaren Stahlbetonbau. Das entspricht einer um 90 % verbesserten Gesamt-CO_2-Bilanz. Damit leistet das LCT-Bausystem einen wesentlichen Beitrag zur radikalen Verbesserung der Energieeffizienz im Gebäudesektor. Dies resultiert u. a. auch daraus, dass die LCT-Systembauweise es zum ersten Mal überhaupt möglich macht, Holz als tragendes und gleichzeitig ungekapseltes Element im Holzbau einzusetzen und so zusätzliche Ressourcen einzusparen. Gleichzeitig wird damit das Holz für die Bewohner und Nutzer im Innenraum direkt erlebbar und sorgt für ein gesundheitsförderndes Raumklima.

5 Digitaler Zwilling

Sämtliche Simulationen, was Tragwerk, Wärmeschutz, Brandschutz, Gebäudeautomation etc. anbelangt, können zwischenzeitlich in Form eines digitalen Zwillings („digital twin“) abgebildet werden. Dazu müssen jedoch alle elektrischen Komponenten über eine entsprechende IP-Adresse verfügen, um damit in bzw. über eine Cloud ausgelesen und angesteuert werden können. Erst durch diese Voraussetzung wird zuerst der digitale Zwilling und in Folge das Gebäude auch IoT[19] -tauglich und damit zum Smart Building. Das heißt, sämtliche zugehörigen Prozesse hinsichtlich Vorfertigung, Logistik, Montage und natürlich Demontage werden ebenso wie präventive und prädiktive Maßnahmen im Zuge der Nutzung des Gebäudes aus dem Modell abgeleitet und definiert. Die bisherige klassische baubegleitende Planung, z. T. auch in Projekträumen, wird dadurch obsolet. Die Digitalisierung im Bauprozess und die damit verbundene Entwicklung haben entsprechenden Einfluss auf alle Beteiligten. So fungieren Architekten und Fachplaner zukünftig als Experten im Bereich Detail- und Ausführungsplanung. Einreichungen und Bauanträge in konventioneller Schriftform und 2D-Plänen werden sukzessive durch digitale Modelle abgelöst und ermöglichen damit den Kommunen den Schritt zur digitalen Stadt. Hersteller aus bislang nicht bauaffinen Bereichen werden durch die systematisierte Planung Chancen erkennen und auch verwerten. Aufträge werden zukünftig an den Hersteller vergeben, der seine Produkte bereits in der Planungsphase in entsprechender Building-Information-Modeling(BIM)-Qualität zur Verfügung stellen kann.

5.1 Plattform

Die digitale Evolution kommt jedoch erst dann zustande, wenn nicht mehr jedes Gebäude von Null an entworfen und geplant werden muss, sondern als bestehender Plan, weil ein bereits zuvor umgesetztes Bauprojekt auf einer Plattform zum Download zur Verfügung steht. Ab diesem Zeitpunkt entsteht eine „Sharing Community“, die zwar bei jedem Gebäude Adaptionen vornehmen wird, um das Gebäude entsprechend den sozio-kulturellen und städtebaulichen Anforderungen anzupassen, sich jedoch gleichzeitig dazu verpflichtet, diese wiederum allen anderen zur Verfügung zu stellen. Das Planen und Bauen mit geprüften und bewährten Komponenten wird dadurch vergleichbar

[19]Internet of Things.

mit dem Querbaukasten der Automotiv-Industrie. Alles ist erlaubt, solange man sich an gewisse Regeln hält und vorgegebene Bauteile verwendet. Erst dadurch wird es möglich, entsprechende Losgrößen für die Industrie zu generieren, Ressourcen und Kosten einzusparen und gleichzeitig die Qualität zu steigern. Logischerweise bedarf eine solche Herangehensweise natürlich auch anderer Form der Vergabe – z. B. Design Build oder gar Design Build Operate –, um den maximalen Kaskadennutzen des digitalen Zwillings auch zu generieren.

5.2 Sharing Community

Die Plattform wird in verschiedene Projekträume aufgeteilt sein. So gibt es Länderbereiche, in denen die behördlichen Auflagen und Genehmigungsrichtlinien hinterlegt sind. Es existieren darauf virtuelle Begegnungsflächen für Architekten oder Planer, auf denen sie sich treffen, austauschen und virtuelle Firmen gründen können. Es gibt Produktshops, in denen die zur Verfügung stehenden Bauelemente hinterlegt sind – inklusive sämtlicher Informationen zu Materialien, Kosten, ihrem ökologischen Fußabdruck und den Kontaktdaten der Hersteller weltweit. Außerdem wird es Toplisten geben, die sich auf der Basis von Feedbacks und Kundenbewertungen errechnen, beispielsweise die besten Projekte – darunter finden sich dann auch die verwendeten Elemente und die beteiligten Hersteller –, die besten Holzarchitekten, die besten Tragwerksplaner oder die besten Brandschutzexperten. All dieses Wissen, alle Erfahrungen und alle Kontakte auf der Plattform stehen allen Nutzern zur Verfügung, zeitlich und räumlich unbegrenzt.

6 Schlussfolgerung

Vom bisherigen Bauprozess werden wir uns verabschieden; eine baubegleitende Planung wird es nicht mehr geben. Sie wird schlichtweg überflüssig. Dafür wird der Anspruch an den Architekten im Vorfeld höher: soziokulturell, städtebaulich, planerisch. Im Schiffsbau läuft es schon heute so: Die Konstrukteure und Designer einer Yacht oder eines Kreuzfahrtschiffs haben nach der Abgabe ihrer Pläne an die Werft keine Einflussmöglichkeiten mehr. Wozu auch: In der Werft läuft das Schiff dann einfach die vorher definierte und hundertfach bewährte Prozesslinie entlang. Auch die Automobilbranche arbeitet schon längst nach diesem Muster. Für den Bau bedeutet das: Die Funktionen eines Architekten und eines Bauplaners werden sich verändern. Neue Mitspieler werden hinzukommen – aus der IT, aus dem Community Management, aus anderen, bislang völlig branchenfremden Bereichen. Die Regeln werden neu definiert – mit konkreten Auswirkungen auf das Klima: Die Pionierbauten des LCT-Systems haben bewiesen, dass das CO_2-Einsparpotenzial für den Holz-Hybridbau bei 92 % liegt. Je mehr Gebäude also in diesem Zero-Carbon-Emission-System statt im herkömmlichen Stahlbetonbau errichtet werden, desto mehr Treibhausgase und Ressourcen werden eingespart.

Literatur

Meadows DH, Meadows DL, Randers J, Behrens WW III. Universe Books. http://www.clubofrome.org/report/the-limits-to-growth/, ISBN 0-87663-165-0

Menz S (2010) Changes – Innovation im Bauprozess. Vdf, Zürich

Rhomberg H (2015) Bauen 4.0 – From the ego to the lego principle, 1. Aufl. Bucher, Hohenems

Saint-Exupéry A d (1939) Terre des Hommes, III: L'Avion, S 60

Schnittich C, Schnittich C (2012)https://www.detail.de/artikel/vorfertigung-hightech-und-handarbeit-8674/

Stephen K, Timberlake J (2004) Refabricating architecture: how manufacturing methodologies are poised to transform building construction. McGraw-Hill Companies, New York

UNEP (2011) Sustainable buildings and climate initiative

UNEP (2013) Cities and buildings

Weiterführende Literatur

Ballard G, Howell G (2003) Lean project management. Build Res Inf 31(2):119–133

Berth R (1993) The return of innovation. Kienbaum Forum, Düsseldorf

Bundesagentur für Arbeit – Statistik (2016) Gute Bildung – gute Chancen. (Online). https://statistik.arbeitsagentur.de/Statischer-Content/Arbeitsmarktberichte/Akademiker/generische-Publikationen/Broschuere-Akademiker-2016.pdf. Zugegriffen: 11. Mai 2017

Cradle to Cradle e. V. (2017) Cradle to cradle e. V. (Online). http://c2c-ev.de/. Zugegriffen: 11. Mai 2017

Deloitte (2013) Deloitte-Studie zur Bauindustrie analysiert die umsatzstärksten Unternehmen. (Online). Available: http://www.presseportal.de/pm/60247/2526081. Zugegriffen: 11. Mai 2017

Eidenbenz M, Filipaj P, Menz S (2010) Changes – Innovation im Bauprozess. vdf Hochschulverlag AG an der ETH Zürich, Zürich

Ellen MacArthur Foundation (2012) Toward the circular economy. (Online). https://www.ellenmacarthurfoundation.org/news/towards-the-circular-economy. Zugegriffen: 11. Mai 2017

EUROPÄISCHE KOMMISSION (2011a) Ressourcenschonendes Europa – eine Leitinitiative innerhalb der Strategie Europa 2020, 01.2011. (Online). https://www.nachhaltigkeit.at/assets/customer/Downloads/Ressourceneffizienz/LeitinitiativefüreinressourcenschonendesEuropa.pdf. Zugegriffen: 11. Mai 2017

EUROPÄISCHE KOMMISSION (2011b) Fahrplan für ein ressourcenschonendes Europa, 20.09.2011. (Online). http://eur-lex.europa.eu/LexUriServ/LexUriServ.do?uri=COM:2011:0571:FIN:DE:PDF. Zugegriffen: 11. Mai 2017

EUROPÄISCHE KOMMISSION (2011c) Fahrplan für den Übergang zu einer wettbewerbsfähigen CO_2-armen Wirtschaft bis 2050, 08.03.2011. (Online). http://eur-lex.europa.eu/LexUriServ/LexUriServ.do?uri=COM:2011:0112:FIN:de:PDF. Zugegriffen: 11. Mai 2017

EUROPÄISCHE KOMMISSION (2011d) Grundstoffmärkte und Rohstoffe: Herausforderungen und Lösungsansätze, 02.02.2011. (Online). http://www.europarl.europa.eu/meetdocs/2009_2014/documents/com/com_com(2011)0025_/com_com(2011)0025_de.pdf. Zugegriffen: 11. Mai 2017

European Construction Industry Federation, FIEC (2015) (Online). http://www.fiec.eu. Zugegriffen: 11. Mai 2017

Hauptverband der Deutschen Bauindustrie e. V. (2015) Bauwirtschaft im Zahlenbild. (Online). http://www.bauindustrie.de/media/documents/BW_Zahlenbild_2015_final.pdf. Zugegriffen: 11. Mai 2017

McKinsey & Company (2017) A route to higher productivity, 2. 2017. (Online). https://www.mckinsey.de/files/170228_mgi_construction.pdf. Zugegriffen: 11. Mai 2017
Mies van der Rohe L (1924) in G, in *Industrielles Bauen*, S 18 ff.
Moser M, Avian A, Grote V, Mayrhoffer M (2010) School without stress – wood creates a good school climate, Graz
O'Brien M, Bleischwitz R, Lucas R, Bringezu S, Samus T, Ritthoff M, Steger S, von Geibler J, Wallbaum H, Miedzinski M, Giljum S, Patz T, Karjalainen A, Saarinen L (2011) Ressourceneffizientes Bauen: die Rolle von Öko-Innovationen im europäischen Bausektor. Eco-Innovation Observatory, Brussels
Piller F (2006) Mass Customization: Ein wettbewerbsstrategisches Konzept im Informationszeitalter, 4. Aufl. Gabler, Wiesbaden
Rhomberg Bau GmbH (2010) BRIX – Business Resource Intensity Index. (Online). http://alt.seri.at/projects/completed-projects/brix-business-resource-intensity-index/. Zugegriffen: 11. Mai 2017
Schittich C (2012) Vorfertigung – Hightech und Handarbeit, *DETAIL*, 01.06.2012
United Nations Environment Programme (2009) Sustainable buildings and climate change. (Online). http://www.unep.org/sbci/pdfs/sbci-bccsummary.pdf. Zugegriffen: 11. Mai 2017

Bmstr. Dipl.-Ing. Harald Professner, MBA, ist seit 2009 in der Rhomberg Gruppe, anfangs als Geschäftsfeldleiter und seit 2014 in der Holding für den Bereich Geschäftsentwicklung verantwortlich. Nach seiner handwerklichen Ausbildung zum Zimmermann und Tischler absolvierte er die Matura an der HTL für Holztechnik. Neben seiner beruflichen Tätigkeit absolvierte er das Studium zum Diplom-Wirtschaftsingenieur, das MBA-Studium in Unternehmensführung und das Diplom-Bauingenieurstudium. Von 2003 bis 2009 war der geprüfte Baumeister und Zimmermeister in der Geschäftsleitung eines weltweit führenden Spezial-Schalungsunternehmens im Bereich Infrastruktur (Wasser-, Kläranlagen- und Tunnelbau). Zuvor leitete er von 1995 bis 2002 mehrere Geschäftsbereiche in einem europaweit renommierten Ingenieur-Holzleimbaubetrieb, das sowohl Leimholzprodukte als auch Gewerbe-, Wohn- und Kommunalbauten realisierte.

Bmstr. DI Hubert Rhomberg leitet als Geschäftsführer der Rhomberg Holding GmbH in vierter Generation die Geschicke der international tätigen und in Bregenz, Österreich, ansässigen Rhomberg Gruppe. Nach dem Diplom-Ingenieurstudium an der TU Wien arbeitete Hubert Rhomberg drei Jahre lang bei der Strabag in Linz und Wien, bevor er 1998 seinen Weg im Familienunternehmen mit der Leitung der Abteilung für Tiefbau und dem Ausbau des Bereichs Bahntechnik begann. Daneben ergänzte er sein praktisches Unternehmerwissen durch ein Nachdiplomstudium in Unternehmensführung an der renommierten HSG St. Gallen. Zudem beteiligt sich Hubert Rhomberg aktiv an Forschungsprojekten (BRIX, Haus der Zukunft, LifeCycleTower) und ist als Vortragender zu den Themen Ressourcenproduktivität, Mobilität und nachhaltiges Wirtschaften weltweit unterwegs. Im Jahr 2015 erschien sein Buch *Bauen 4.0 – Vom Ego- zum Lego-Prinzip*.

100-Prozent-erneuerbare-Energie-Region – es ist möglich

Karin Mottl, Petra Aigner, Lisa-Marie Dormayer, Norbert Koller und Bernadette Mauthner

1 Aktiv seit 1995 – vom Scheitern und vielen Erfolgen

Once upon a time …; da war eine Zeit, in der Windkraft in Österreich noch nicht genutzt wurde – eine Zeit, in der es keine gesetzlichen Rahmenbedingungen für die Einspeisung von Ökostrom gab, und eine Zeit, in der regionale Arbeitsplätze im Bereich erneuerbare Energie nicht selbstverständlich waren; eine Zeit vor Gründung des Klima- und Energiefonds und eine Zeit, in der Herbert Stava auf seinen landwirtschaftlichen Feldern dennoch der Wind um die Ohren blies (Abb. 1).

Seiner Skepsis sei Dank, dass er eine nationale Studie hinterfragte, die Windkraft für Österreich als nicht zielführend erachtete. Es zeigte sich schnell, dass dieses Ergebnis auf Messungen in zu geringer Höhe basierte. Auf Privatinitiative wurde gemeinsam mit einigen Mitstreitern die Spitze eines Strommasts gemietet und über ein Jahr lang in der

K. Mottl (✉) · N. Koller
Verein Energiepark Bruck/Leitha, Bruck/Leitha, Österreich
E-Mail: k.mottl@energiepark.at

N. Koller
E-Mail: n.koller@energiepark.at

P. Aigner
CEC (Continuing Education Center) der TU Wien, Wien, Österreich
E-Mail: office@cec.tuwien.ac.at

L.-M. Dormayer
eparella GmbH, Bruck/Leitha, Österreich
E-Mail: dormayer@ecoduna.com

B. Mauthner
Biogas Bruck/Leitha GmbH & Co KG, Bruck/Leitha, Österreich
E-Mail: b.mauthner@energiepark.at

A. Sihn-Weber und F. Fischler (Hrsg.), *CSR und Klimawandel,* Management-Reihe Corporate Social Responsibility, https://doi.org/10.1007/978-3-662-59748-4_32

Abb. 1 Energieparkvorstände Hannes Raser und Herbert Stava. (Foto: Julia Glander)

Höhe von 42 m gemessen. Das Ergebnis bestätigte seine Zweifel und stellte klar: Die Ostregion Österreichs ist für die Nutzung von Windenergie sehr gut geeignet. Die Suche nach einem Anbieter nahm ihren Lauf und die Gespräche mit Banken verliefen positiv. Der Glaube an die Realisierbarkeit war so groß, dass die Privathäuser von Herbert Stava und seinen Mitstreitern als Sicherheit herhalten mussten. Damals gab es weder ein Ökostromgesetz, noch hatten die Behörden in den Genehmigungsverfahren Erfahrungswerte mit Erneuerbaren-Anlagen. Schritt für Schritt galt es, all diese – heute für selbstverständlich erachteten – Rahmenbedingungen zu schaffen. Es gelang und die damals größten Windparks Österreichs – 25 Anlagen mit jeweils 1,8 MW – konnten errichtet werden. Von Anfang an wurde die lokale Bevölkerung befragt und eingebunden und noch lange vor den Diskussionen der FMA konnten sich die Bürgerinnen und Bürger von Bruck/Leitha mit sog. Wind-Bausteinen beteiligen. Es war eine Besonderheit und ging so weit, dass etliche Bürgerinnen und Bürger vor Ort übernachteten, um bei der Lieferung der ersten Windradteile dabei zu sein – ein großer Meilenstein in der Geschichte des Energieparks Bruck/Leitha, der mit der gleich großen Portion Pioniergeist nur wenige Jahre zuvor, 1995, gegründet worden war. Der Grundgedanke war von Anfang an klar und ist nach wie vor vollinhaltlich gültig: eine unabhängige und überparteiliche Organisation im Bereich erneuerbare Energie, Klima- und Umweltschutz, Regionalentwicklung und Bewusstseinsbildung.

Nun, nur gut 20 Jahre später hat sich daraus eine Vielzahl von Initiativen ergeben, die nahezu alle Formen der Erneuerbaren abdecken: die Biomassenutzung, die Produktion von Biogas, Solarthermie und Fotovoltaik, Wind- und Wasserkraft haben die Region im Strombereich bilanziell autark werden lassen. Und dies trotz Großverbrauchern wie dem Flughafen Wien oder (kurioserweise) der Raffinerie Schwechat. Doch eben dieser Gegensatz von hoher fossiler Energienutzung inmitten der Erneuerbaren-Region mag auch ein Impuls für diesen Schritt gewesen sein. Auf alle Fälle waren es sehr hohe regionale Verankerung, der Wunsch etwas Nachhaltiges zu schaffen, Neugierde, Optimismus, Klugheit und eine Prise „i pfeif ma nix“ gemischt mit „olles geht“. Und diese Mischung hat zu Investitionen einer Gruppe von Privatpersonen in der Höhe von mehr als 350 Mio. €, der Schaffung von gut 100 regionalen, permanenten Arbeitsplätzen im Bereich erneuerbare Energie sowie internationalen Auszeichnungen wie dem Energy Globe Award geführt.

Und dies als Gruppe von unabhängigen und höchst motivierten Privatpersonen, die alle die gemeinsame Vision und den klaren Willen zu positiver Veränderung und den Wunsch der Umstellung auf erneuerbare Energie in sich trugen und tragen. Über die Jahre zeigte sich, dass der Energiepark als Motivator und Initiator für andere Anbieter gewirkt hat: Ob öffentliche Energieversorger oder private Unternehmer mit Weitblick – im Römerland-Carnuntum fand sich fruchtbarer Boden für die Realisierung der Energiewende. Die gesetzten Aktivitäten führten zu hoher Identifizierung und Zustimmung zu erneuerbarer Energie. Vor allem die Aktivitäten im Bereich der Nutzung der Windkraft haben auch zu einer Region beigetragen, die stolz ist, sich energetisch selbst versorgen zu können. Aber auch gänzlich neue Technologie, wie die Ansiedelung des auf Algenproduktion spezialisierten Unternehmens ecoduna im Jahr 2012 oder die Umstellung der Biogas Bruck/Leitha auf Biomethanvolleinspeisung 2014, konnten mithilfe des Energieparks Bruck/Leitha umgesetzt werden. Neben der unmittelbaren Umsetzung von Erneuerbare-Energie-Projekten wurden und werden eine Vielzahl von bewusstseinsbildenden Projekten für Bruck/Leitha sowie für die gesamte Region Römerland-Carnuntum durchgeführt. Exemplarisch seien die Klima- und Energiemodellregion, das Sommer Camp Energy Busters oder das jährliche stattfindende Akkuschrauberrennen im Zuge der Initiative Bruck Elektrisiert genannt. Die sehr beliebten Gruppenführungen zu allen Anlagen und die technischen Dienstleistungen wie die Erstellung von Energieausweisen, Energieberatungen und Energiebuchhaltung runden das Tätigkeitsspektrum des Energieparks Bruck/Leitha ab. Und ja, es zeigt sich: Die dezentrale Energiewende ist möglich und kann wirtschaftlich langfristig umgesetzt werden (Abb. 2).

Natürlich gab es in diesen gut 20 Jahren auch zahlreiche Projekte, die doch nicht realisiert wurden. Und natürlich gab es auch hochemotionale Diskussionen über die Verfügbarkeit von fossilen Energieträgern oder die Tank-Teller-Diskussion bei der energetischen Nutzung. Wo Sonne, da Schatten – etliche erste Ideen gelangten nicht über die Planungsphase hinaus, aber die Mehrheit dennoch und v. a. in einer Art und Weise, die eine langfristige und nachhaltige Umsetzung und Betreuung garantiert. Die Basis dafür war stets der Blick über den Tellerrand. Eine Vielzahl von Forschungsprojekten – national

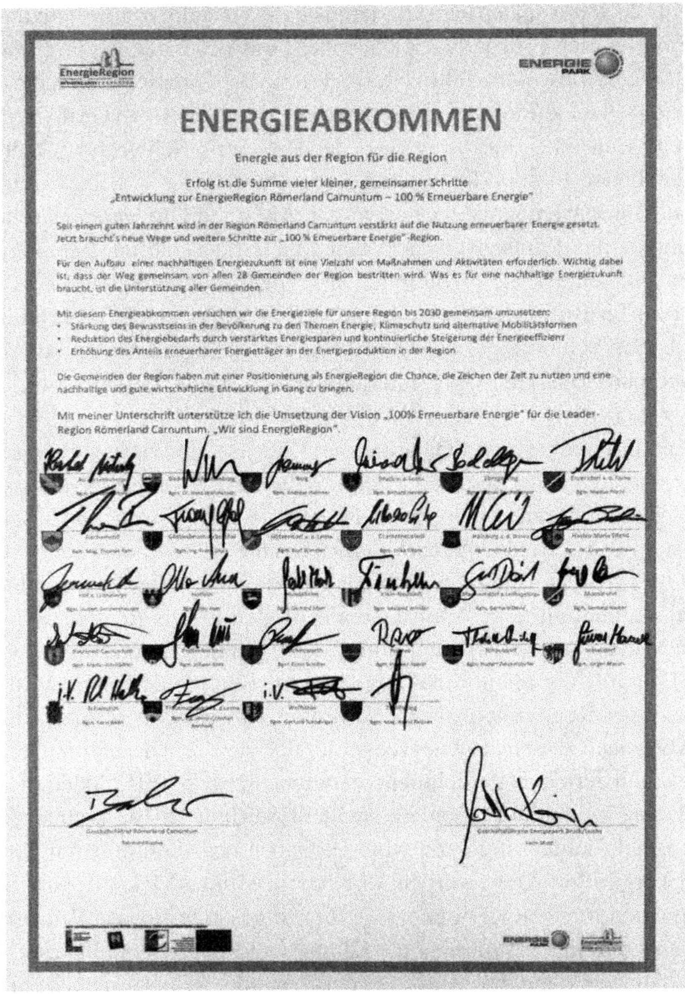

ENERGIEABKOMMEN

Energie aus der Region für die Region

Erfolg ist die Summe vieler kleiner, gemeinsamer Schritte
„Entwicklung zur EnergieRegion Römerland Carnuntum – 100 % Erneuerbare Energie"

Seit einem guten Jahrzehnt wird in der Region Römerland Carnuntum verstärkt auf die Nutzung erneuerbarer Energie gesetzt. Jetzt braucht's neue Wege und weitere Schritte zur „100 % Erneuerbare Energie"-Region.

Für den Aufbau einer nachhaltigen Energiezukunft ist eine Vielzahl von Maßnahmen und Aktivitäten erforderlich. Wichtig dabei ist, dass der Weg gemeinsam von allen 28 Gemeinden der Region bestritten wird. Was es für eine nachhaltige Energiezukunft braucht, ist die Unterstützung aller Gemeinden.

Mit diesem Energieabkommen versuchen wir die Energieziele für unsere Region bis 2030 gemeinsam umzusetzen:

- Stärkung des Bewusstseins in der Bevölkerung zu den Themen Energie, Klimaschutz und alternative Mobilitätsformen
- Reduktion des Energiebedarfs durch verstärktes Energiesparen und kontinuierliche Steigerung der Energieeffizienz
- Erhöhung des Anteils erneuerbarer Energieträger an der Energieproduktion in der Region

Die Gemeinden der Region haben mit einer Positionierung als EnergieRegion die Chance, die Zeichen der Zeit zu nutzen und eine nachhaltige und gute wirtschaftliche Entwicklung in Gang zu bringen.

Mit meiner Unterschrift unterstütze ich die Umsetzung der Vision „100% Erneuerbare Energie" für die Leader-Region Römerland Carnuntum. „Wir sind EnergieRegion".

Abb. 2 Energieabkommen bis 2030. (Foto: Energiepark Bruck/Leitha)

wie international – und die Offenheit für neue Technologien und Ansätze fanden in Bruck/Leitha und Umgebung fruchtbaren Boden. Seit der Gründung des Energieparks besteht eine enge und stabile Partnerschaft mit der Stadtgemeinde Bruck/Leitha, die ihr gestecktes Ziel einer 100-Prozent-Gemeinde zwischenzeitlich erfolgreich erreicht hat. Im Jahr 2011 wurde das 100-Prozent-Ziel in Form eines Energieabkommens auch auf die ganze Region Römerland Carnuntum ausgeweitet. Dadurch setzt die Region einen weiteren Schritt zu einer nachhaltigen Eigenversorgung, Reduktion der Vulnerabilität von unsicheren Produktionsstätten in Krisengebieten und lokaler Wertschöpfung. Im Jahr 2018 bekräftigten die Bürgermeisterinnen und Bürgermeister der Region ihr Commitment und unterzeichneten die Energievision bis 2030 – wir freuen uns gemeinsam auf diese Entwicklung in den nächsten Jahren.

Dem Energiepark war und ist es ein großes Anliegen, dass die von ihm in der Heimatregion gesetzten Maßnahmen auch in vielen weiteren Regionen auf der ganzen Welt – je nach den vorhandenen Ressourcen – umgesetzt werden. Aus diesem Grund rückte mit der Initierung eines postgradualen Master-Lehrgangs in Kooperation mit der technischen Universität Wien auch das Thema Bildung in den Vordergrund. Mehr als 280 Personen aus über 49 Nationen absolvier(t)en den mittlerweile unter den Namen MSc Renewable Energy Systems firmierende Lehrgang. Aber dazu etwas später – zuerst sehen wir einmal genauer in die Region.

2 Vision einer 100-Prozent-erneuerbaren-Energie-Region

Dieser Abschnitt widmet sich ausgewählten Projekten, über die das regionale Wirken des Energieparks Bruck/Leitha und seiner Partner noch greifbarer wird. Dahinter steht das gemeinschaftliche Ziel, die Region zur einer 100-Prozent-erneuerbaren-Energie-Region zu entwickeln. Die regionalen Aktivitäten beschränken sich natürlich nicht nur auf den Bereich Energie, sondern umfassen eine Vielzahl von Themenfeldern, wie z. B. Jugendarbeit, Gesundheit, Tourismus, Landwirtschaft und Weinbau, um nur einige zu nennen. Bis auf den Energiebereich wird diese Themenvielfalt aber nicht durch den Energiepark Bruck/Leitha vorangetrieben, sondern durch den Regionalentwicklungsverein Römerland Carnuntum, mit dem der Energiepark Bruck/Leitha in einer langjährigen Partnerschaft eng verbunden ist. Bei der Gründung des Regionalentwicklungsvereins war Herbert Stava einer der treibenden Initiatoren.

2.1 Die Region Römerland Carnuntum

Im Jahr 2000 begannen die Vorbereitungen zur Formierung der Region Römerland Carnuntum, die 2002 mit der Gründung des Regionalentwicklungsvereins manifest wurde (Abb. 3). Flächenmäßig ist diese nahezu identisch mit dem politischen Bezirk Bruck/Leitha und besteht aus 29 Gemeinden. Im Norden begrenzt durch die Donau, liegt die Region zwischen den Hauptstädten Wien und Bratislava und konnte sich trotz steigendem Siedlungsdruck sein überwiegend ländliches Landschaftsbild erhalten. Neben einer hohen Anzahl an Biolandwirten stellt der Weinbau ein prägendes Element dar. Aus historischer Perspektive stehen natürlich die römischen Ausgrabungen in Petronell-Carnuntum im Vordergrund und stellen ein wesentliches regionales Identitätsmerkmal dar – die Namensgebung kommt daher nicht von ungefähr.

Abb. 3 Impression – Region Römerland-Carnuntum. (Foto: Robert Hierzer)

2.2 Die Jugendcamps Feuer & Flamme und Energy Busters

Bewusstseinsbildung (für Kinder und Jugendliche) ist ein viel strapaziertes Schlagwort, das wohl in keiner Klimastrategie fehlen darf. Dessen Umsetzung ist gleichermaßen einfach wie schwierig: einfach, weil man die natürliche Neugier von Kindern relativ leicht aktivieren kann; schwierig, weil man mit einem Überangebot an Freizeit- und Unterhaltungsoptionen konkurriert. In den Regionsaktivitäten des Energieparks Bruck/Leitha spielt die Bewusstseinsbildung speziell für Kinder und Jugendliche schon lange eine wichtige Rolle. Im Licht der großen Herausforderungen rund um den Klimawandel sind Zugänge gefragt, Verhalten und Einsicht nachhaltig zu verändern. Hier bei den Jungen anzusetzen ist nur die logische Konsequenz daraus. Beispielgebend sollen nun folgend zwei Camp-Konzepte vorgestellt werden.

Feuer & Flamme – Heizen und Wärme – von den alten Römern bis heute
Das Kinder- und Jugendcamp Feuer & Flamme wurde 2017 im Rahmen eines Regionsprojekts entwickelt und richtet sich vorrangig an Schulklassen der dritten bis sechsten Schulstufe. Die Kernidee war und ist es, das Thema Heizen und Wärme aus Erneuerbaren über die beachtlich ausgefeilte Heizungstechnik der alten Römer aufzuziehen und einen Bogen in die Gegenwart zu spannen. Im Archäologiepark Carnuntum befindet sich ein naturgetreuer und funktionierender Nachbau einer römischen Therme, dessen Herzstück eine sog. Hypokaustenheizung ist (Fußboden- und Wandheizung, betrieben mit Holzscheiten; Abb. 4). Ebenso wurde im Zuge des Neubaus des Verwaltungs- und Ausstellungstrakts eine moderne Pelletheizung installiert. Die beiden Heizungssysteme,

Abb. 4 Römische Fußbodenheizung (Hypokausten) im Archäologiepark Carnuntum. (Foto: Atelier Olschinsky)

deren Gemeinsamkeiten und Unterschiede, bilden die Basis für das Vermittlungsprogramm. Spielerisches Aufbereiten des Themas Wärme an sich, Kurzfilme, Experimente und das Hantieren mit einer Thermografiekamera sowie Spiel und Spaß am Freigelände des Archäologieparks Carnuntum wurden zu einem abwechslungsreichen Ein-Tages-Programm verschmolzen. Dieses Camp-Konzept erfreut sich großer Beliebtheit bei den Schulen der Region und wird regelmäßig angeboten bzw. durchgeführt. Im Frühjahr 2018 wurde das Camp mit dem Energy Globe NÖ ausgezeichnet.

Energy Busters – das Sommercamp

Das Jugendcamp Energy Busters ging 2014 aus einem grenzüberschreitenden Projekt mit der Slowakei hervor und wurde seither vier Mal durchgeführt. Ähnlich wie bei Feuer & Flamme, wo das Camp in der Welt der alten Römer eingebettet ist, bildet der Nationalpark Donauauen am Standort Eckartsau den Rahmen für dieses Fünf-Tages-Camp, das in den Sommerferien angeboten wird. Die unberührte Natur, Schlafen im Zelt, eine Bootstour und vieles mehr sind fixer Bestandteil des Programms. Die Beschäftigung mit erneuerbarer Energie wird über die Frage nach entsprechenden Bildungs- und Berufsbildern aufgezogen und mit Experimenten und Exkursionen angereichert (Abb. 5). Das gemischte Teilnehmerfeld (Slowakei, Österreich) gibt dem Camp noch eine besondere Note. Daher wird das Camp auch zweisprachig (SK, DE) mit Englisch als Brückensprache abgehalten und leistet damit auch einen kleinen Beitrag zur Nachbarschaftspflege.

Abb. 5 Modell – Komponenten einer Fotovoltaikanlage. (Foto: Energiepark Bruck/Leitha)

2.3 Das Brucker Akkuschrauberrennen

Blickt man von heute aus ein paar Jahre zurück, so kann man sagen, dass die Elektromobilität in Österreich 2010/2011 erstmals verstärkt (medial) sichtbar wurde und gleichermaßen ein Diskussionsprozess über Vor- und Nachteile des Elektroantriebs für PKW ins Laufen kam. Gleichzeitig bereitete sich die Region und damit auch die Bezirkshauptstadt Bruck/Leitha auf die NÖ Landesausstellung 2011 in Petronell-Carnuntum vor und es war ein passender Moment, mit neuen Ideen auf den Plan zu treten.

Damals griff der Energiepark Bruck/Leitha ebenfalls das Thema ergänzend zu den erneuerbaren Energien auf. Im Zuge von Recherchen für mögliche Veranstaltungsformate stieß man auf das Konzept Akkuschrauberrennen. Dabei geht es darum, mit einem selbst konzipierten oder umgebauten Gefährt ein Fahrzeug zu entwickeln, das dann mit durch Ökostrom aufgeladenen Akkuschraubern angetrieben wird – eine Art elektrifiziertes Seifenkistel. Die Stadtgemeinde Bruck/Leitha war davon schnell angetan und so organisierte man zusammen 2011 das erste Brucker Akkuschrauberrennen. Die Veranstaltung motivierte über 20 Teams einen Akkuracer an den Start zu bringen, wobei die Kreativität der dargebotenen Fahrzeuge erstaunlich war. Der Erfolg des ersten Brucker Akkuschrauberrennen war so durchschlagend, dass das Rennen seither ein fixer

Abb. 6 Team „Goldene Sojabohne" beim Brucker Akkuschrauberrennen (Foto: Energiepark Bruck/Leitha)

Bestandteil des jährlichen Veranstaltungskalenders ist. Die große Elektromobilität war und ist dabei jedes Mal ein fixe Größe im Rahmenprogramm, wobei die Ausstellerriege mit der Zeit immer vielfältiger wurde und mittlerweile außerhalb der Region gelegene Autohäuser anlockt, um ihre neuesten Modelle vorzustellen (Abb. 6).

2.4 Die Biogas Bruck/Leitha

Nachdem Biomasse und Windkraft erfolgreich implementiert wurden, nahm sich das Energiepark-Team eine weitere Variante der erneuerbaren Energien vor – die Biogasproduktion. Im Jahr 2004 wurde die Brucker Biogasanlage als eigenständiges Unternehmen in Betrieb genommen. Die Anlage wurde von Beginn an als Abfallanlage konzipiert, was sich aus heutiger Sicht als sehr weise Entscheidung herausstellt, da sich die Tank-Teller-Diskussion nie stellte.

Ab 2004 produzierte die Biogasanlage zehn Jahre Ökostrom, der in das öffentliche Stromnetz eingespeist wurde. Die bei der Verstromung anfallende Wärme wurde in das lokale Fernwärmenetz eingespeist, das von einigen der Biogas-Gesellschafter realisiert wurde (Abb. 7).

Lange vor dem Ende des Ökostromtarifs begann man sich Gedanken über die Zukunft zu machen und startete gemeinsam mit Partnern aus Forschung und Industrie das Forschungsprojekt Virtuelles Biogas.

Abb. 7 Die Fermenter der Brucker Biogas. (Foto: Energiepark Bruck/Leitha)

Was im Zuge von Virtuelles Biogas und einer Pilotanlage zur Erzeugung von 180 m^3 Biogas/h begann, wurde aufgrund der positiven Erfahrungen in den industriellen Maßstab umgesetzt. Seit Herbst 2014 können bis zu 1000 m^3 Biogas/h aufbereitet und das erzeugte Biomethan in das Erdgasnetz eingespeist werden. Das grüne Gas kann in der Folge zu Strom und/oder Wärme verarbeitet oder im Transportsektor als CO_2-neutraler Treibstoff eingesetzt werden und ist darüber hinaus ein sehr gut speicherbarer Energieträger.

2.5 Die ecoduna-Story

Wer hätte gedacht, dass einmal im Binnenland Österreich eine der innovativsten Algenproduktionsanlagen der Welt stehen würde? Nun, 2010 als das Erfinderduo Franz Emminger und Martin Mohr beim Energiepark Bruck/Leitha aufschlug, stand noch ein langer Weg bevor (Abb. 8).

Einmal mehr bewies das Energiepark-Team Mut zum Risiko und man gründete gemeinsam mit den beiden Erfindern die Firma ecoduna in Bruck/Leitha. Die Kernidee der ecoduna-Technologie besteht darin, dass Mikroalgen (z. B. Spirulina, Chlorella) in einem

Abb. 8 Innenansicht der Algenproduktionsanlage. (Foto: ecoduna AG)

geschlossenen, vertikal ausgerichteten Röhrensystem unter kontrollierten Bedingungen kontinuierlich produziert werden. Die dabei gewonnene Biomasse ist hochrein (lebensmitteltauglich) und enthält wertvolle Inhaltsstoffe wie Vitamine, Mineralstoffe, Omega-3-Fettsäuren oder Pigmente. Mit dieser einzigartigen Technologie übertrifft man den möglichen Hektarertrag auf Ackerland um ein Vielfaches.

Im Jahr 2012 ging die Forschungsanlage in Betrieb und nach gut fünf Jahren Entwicklungszeit wurde im März 2018 die erste industrielle Produktionsstätte (1 ha) eröffnet. Die Einsatzmöglichkeiten sind vielfältig und reichen vom Algenpulver als Nahrungsergänzungsmittel, Lebensmittel- oder Tierfuttermittelzusatz bis hin zu Biotreibstoffen. Im Unterschied zu den anderen Aktivitäten, die primär auf die Region abzielen, operiert die ecoduna am globalen Markt. ecoduna wurde u. a. mit dem Energy Globe World Award 2013 ausgezeichnet.

2.6 Blick ins nächste Jahrzehnt

Wie immer man auch die in Zahlen gegossenen Klimaziele bewerten möchte, ob unambitioniert oder realistisch umsetzbar – eines ist mit Sicherheit gewiss: Es besteht massiver Handlungsbedarf und beim Handeln war und ist das Energiepark-Team selten unter den Letzten. Im Strombereich hat die Region Römerland Carnuntum über die installierte Windkraft (mehr als 500 MW) ihr wichtigstes Potenzial ausgeschöpft. Im kommenden Jahrzehnt sind hier moderate Zuwächse über das Repowering älterer Windparks zu erwarten. Man kann sagen, dass in diesem Segment die Hausaufgaben gemacht wurden.

Einiges an Zuwachspotenzial liegt hingegen im wesentlich kleinteiligeren Fotovoltaiksegment, worin sich der Energiepark Bruck/Leitha, sei es als Motivator, sei als Umsetzer, zur Zeit und in den kommenden Jahren verstärkt engagieren wird.

Die Versorgung mit Ökowärme (Biomasse, Wärmepumpen) in der Region entspricht ungefähr dem österreichischen Durchschnitt und auch hier sollen weiterhin kontinuierlich Akzente gesetzt werden.

Das Sorgenkind schlechthin – regional, national wie auch global – ist und bleibt der Verkehrssektor. Die Elektromobilität wird dazu mit Sicherheit einen wesentlich Beitrag leisten, jedoch werden beispielsweise die Potenziale von Gasfahrzeugen (Stichwort Biomethan) zumindest in Österreich trotz absolut markttauglicher Fahrzeuge nach wie vor vollkommen ignoriert.

Ein weiteres wichtiges Handlungsfeld ist die Integration der erneuerbaren Energien in das Energie- und Transportsystem. Dabei werden Energiespeicher (Strom, Wärme) und Transfertechnologien (Stichwort Sektorkopplung bzw. Power-to-X-Anwendung) eine bedeutende Rolle spielen (müssen). Auch hier bleibt der Energiepark Bruck/Leitha am Ball.

Abseits dessen gilt es kontinuierlich die Dinge beim Namen zu nennen und in die Köpfe der (regionalen) Bevölkerung zu bekommen. Das wird auch weiterhin eine Kernaktivität des Energieparks Bruck/Leitha bleiben (Abb. 9).

Abb. 9 Das Team des Energieparks Bruck/Leitha. (Foto: C. Nimführ-Kollektiv Fischka)

3 Der Universitätslehrgang MSc Renewable Energy Systems

Zunehmende Extremwetterereignisse, Klimawandel, Öl- und Gaskrisen, die Pariser Ziele, IPCC und das Schmelzen unserer Gletscher und Pole. Setzt man sich mit den globalen Entwicklungen auf Basis fossiler Energieträger auseinander, so kann einem angst und bang werden. Oder man wird aktiv und setzt einen Schritt nach den anderen und ist damit Teil der Veränderung zu einer Energieversorgung, die auch nachfolgenden Generationen einen lebenswerten Globus bereitstellt. Stichwörter wie enkeltauglich, sozial ausgewogen, regionale Arbeitsplätze und Wertschöpfung oder Slogans wie „die Sonne liefert täglich mehr Energie als wir auf der Welt benötigen" bieten Alternativen zum alten System der zentralen Energieversorgung auf der Basis von Erdöl, Erdgas und Kohle. Natürlich ist ein über Jahrzehnte gewachsenes System nicht binnen kürzester Zeit umstellbar, aber in vielen Schritten und mit Mut und Engagement ist es machbar (Abb. 10).

Der Energiepark Bruck/Leitha agiert als regionaler Akteur im Römerland-Carnuntum und konnte eine Vielzahl von Erneuerbare-Energie-Anlagen zur Regionsversorgung errichten. Diese wurden von Anfang an so konzipiert, dass sie – auch in Gruppen – begeh- und erlebbar sind. Denn Energie ist per se eine sehr trockene Materie und somit ist nicht verwunderlich, dass die meisten von uns ihren Energiebedarf nur in der Höhe der Stromrechnung des Vorjahres kennen. Kilowattstunden sind auch noch ein Begriff, aber ob ein Bedarf von 3500 kWh für einen Privathaushalt viel oder wenig ist, ist für die wenigsten ein Thema, ebenso ob Österreich ein Energieimporteur oder -exporteur ist und wie sich unser Energiebedarf zusammensetzt. Steht man nun aber beispielsweise in der Gondel eines Windrads und kann erleben, wie ein Rotorblatt an einem vorbeizieht, oder neben der Schnecke der Fernwärmeanlage und sieht den Bedarf an Hackschnitzel langsam hineinrieseln, dann wird Energie lebendig. Sie wird erlebbar, greifbar, sichtbar. Und es regt zum Nachdenken an, sich mit der Materie weiter auseinanderzusetzen.

Diese Überlegungen haben den Energiepark Bruck/Leitha bewogen, weiterzudenken und bestmöglich zu nutzen. Mit Anfang der 2000er-Jahre waren die Aktivitäten des Energiepark Bruck/Leitha bereits voll im Gange und es zeigte sich sehr rasch: Es ist gut und wichtig, was in unserer Region passiert. Aber es bedarf vieler solcher Veränderungsregionen auf der ganzen Welt, um einen Beitrag zur globalen Energiewende leisten zu können. Gesagt, getan – der Energiepark Bruck/Leitha machte sich auf die Suche nach einem profilierten und international ausgerichteten Weiterbildungsanbieter auf höchstem wissenschaftlichen Niveau. Gefunden wurde dieser im Continuing Education Center

Abb. 10 Logo Continuing Education Center. (Quelle: CEC, TU Wien)

(CEC) der TU Wien, das seine vorrangige Aufgabe darin sieht, Absolventinnen und Absolventen das volle Potenzial einer technisch-naturwissenschaftlichen Ausbildung zu erschließen und initiativen Persönlichkeiten nach einschlägiger Praxis neue Berufsfelder im Wirtschaftsleben zu eröffnen. Das CEC tickt ähnlich wie der Energiepark Bruck/Leitha: die tägliche Herausforderung, mit Innovation und Weiterbildung am Puls der Zeit zu bleiben und erfolgreiche Kooperationen zwischen Wissenschaft und Wirtschaft auf- und auszubauen. So werden einerseits wissenschaftliche Grundlagen auf Basis aktuellster Forschungsergebnisse gelehrt. Andererseits vermitteln (inter-)nationale Experten und Expertinnen praxisrelevantes Wissen und ermöglichen den Studierenden einen Erfahrungsaustausch mit Entscheidungsträgerinnen und -trägern. Durch die Vernetzung mit den Fakultäten und Instituten der TU Wien, die Kooperationen mit ausgewählten externen Partnern und Partnerinnen (wissenschaftliche Institutionen auf der einen sowie Unternehmen auf der anderen Seite) und die Einbindung von internationalen Netzwerken erfolgt eine ständige Erweiterung und Internationalisierung des Angebots[1]; kurzum: ein toller Partner für eine nun bereits langjährige und professionelle Kooperation, um das regionale Know-how internationalen Studierenden zu vermitteln.

3.1 Marktentwicklung spricht für erhöhten Weiterbildungsbedarf

Mit dem seit 2005 angebotenen postgradualen Master-Programm Renewable Energy Systems reagiert das CEC auf die Marktentwicklungen im Energiesektor und nimmt damit eine Vorreiterrolle im europäischen Weiterbildungssektor ein. Als erste Institution, die ein solches Programm entwickelte, konnte ein maßgeschneidertes, kompaktes, umfassendes und ständig aktualisiertes Schulungspaket für erneuerbare Energien angeboten werden.

Der Wirtschaftssektor Erneuerbare Energien ist nach wie vor von starkem Zuwachs und steigender Bedeutung geprägt: Ohne erneuerbare Energieträger und deren effiziente Nutzung ist eine nachhaltige globale Entwicklung langfristig nicht mehr denkbar. Die Bedeutung des Einsatzes erneuerbarer Energien sowie das Bewusstsein für nachhaltige Energieformen nehmen stetig zu, wie die steigende Stromerzeugung aus erneuerbaren Energiequellen innerhalb der EU zeigt (Abb. 11).[2]

Die globale wirtschaftliche Entwicklung für die nächsten Jahrzehnte wird mehr denn je von Problemen betroffen sein, die sich auf die mangelnde Sicherheit bei der Ressourcenverfügbarkeit beziehen. Die Versorgungssicherheit mit ausreichend großen

[1] Das aktuelle Weiterbildungsangebot sowie weitere Informationen zum CEC finden Sie online unter http://cec.tuwien.ac.at.

[2] Grafik: Stromerzeugung aus erneuerbaren Energien in EU-28 zwischen 1990 und 2016 (Quelle: EUROSTAT und EEG TU Wien).

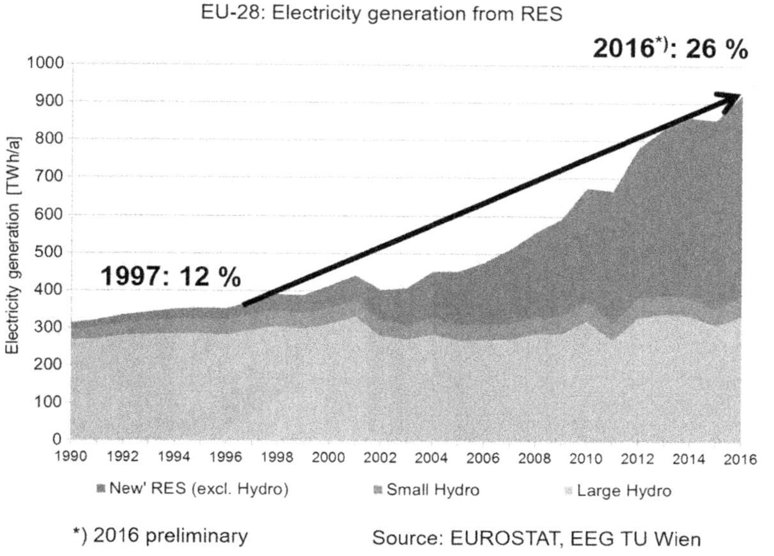

Abb. 11 Stromproduktion aus erneuerbarer Energie in EU-28. (Quelle: EUROSTAT und EEG TU Wien)

Energieressourcen zu akzeptablen Kosten wird für uns alle von entscheidender Bedeutung sein – sowohl in Industrie- als auch in Entwicklungsländern. Darüber hinaus erfordern die Klimaerwärmung und der geplante Ausstieg aus der Kernenergie eine nachhaltige Erzeugung und Nutzung von Energie. Angesichts dieser Fakten ist erneuerbare Energie eine zukunftsweisende Branche und hat sich zu einem verlässlichen Jobanbieter entwickelt.

Das berufsbegleitende MSc-Programm Renewable Energy Systems ist der erste grenzüberschreitend geführte Universitätslehrgang Österreichs, der sich mit dem Zukunftsthema der alternativen Energieproduktion auseinandersetzt und feiert 2020 sein 15-jähriges Bestehen (Abb. 12).

Das Bildungsangebot dauert vier Semester und wird gänzlich in englischer Sprache abgehalten und sowohl an der TU Wien als auch im Energiepark Bruck/Leitha durchgeführt. Sehr speziell sind die verpflichtenden Ländermodule, die Studentierende, Wissenschaftlerinnen und Wissenschaftler und Praktiker und Praktikerinnen in verschiedensten europäischen Ländern zusammenbringen. Dabei stehen, wie in der gesamten Lehre, praxisrelevante Fragestellungen im Vordergrund: Wieviele Bücher und Beiträge wären zu lesen, um zu erfahren, was ein Biomassebetreiber in Italien nach der Anlagenerrichtung anders machen würde? Warum kommt es zu zeitlichen Verschiebungen bei Realisierungen und wie erkennt man, welche Anlagenerrichter professionell agieren und um welche man lieber einen Bogen machen sollte? Kurzum – die Ländermodule bieten komprimiertes Wissen in wenigen Stunden, wofür andernfalls viele Tage Recherche notwendig wären.

Abb. 12 15-Jahre-Jubiläum, MSc Renewable Energy Systems. (Quelle: CEC TU Wien)

Ziel des Lehrgangs ist sowohl die Vermittlung von relevanten technischen bzw. wirtschaftlichen Kenntnissen als auch die Fähigkeit, dieses Wissen im Bereich der erneuerbarer Energien anzuwenden. Darüber hinaus entwickeln die Studierenden im Lauf des Programms auch die nötigen Handlungs- und Entscheidungskompetenzen, um in ihrem Arbeitsumfeld eigenverantwortlich tätig zu sein.

3.2 Erfolgsfaktoren

Internationalisierung

Der gesamte Wirtschaftszweig der erneuerbaren Energien ist v. a. von internationalen bzw. länderübergreifenden Dynamiken bestimmt. Die Branche ist beispielsweise grundsätzlich stark export- bzw. importorientiert ausgerichtet. Um also nicht nur lokale Märkte erschließen zu können, sind hier auch Wissen und Umsetzungskompetenz für auf internationalen Märkten agierende Unternehmen gefragt.

Das Master-Programm der TU Wien ist in der gesamten postgradualen Bildungslandschaft Europas einzigartig. Das Programm wird angesichts der wachsenden Märkte in Europa und der erwarteten Investitionen der Unternehmen in diesen Ländern immer grenzübergreifender gestaltet. Die internationale Ausrichtung spiegelt sich nicht nur im Lehrplan wider, sondern auch in der überregionalen Zusammenarbeit mit Universitäten und Organisationen anderer Länder im Rahmen von Ländermodulen. Diese maßgeschneiderten Module werden angeboten, um fundiertes Wissen über die Energiemärkte in ausgewählten europäischen Ländern zu erlangen. Durch die grenzüberschreitende Zusammenarbeit öffnen sich für die Absolventinnen und Absolventen auch neue berufliche Perspektiven im internationalen Umfeld.

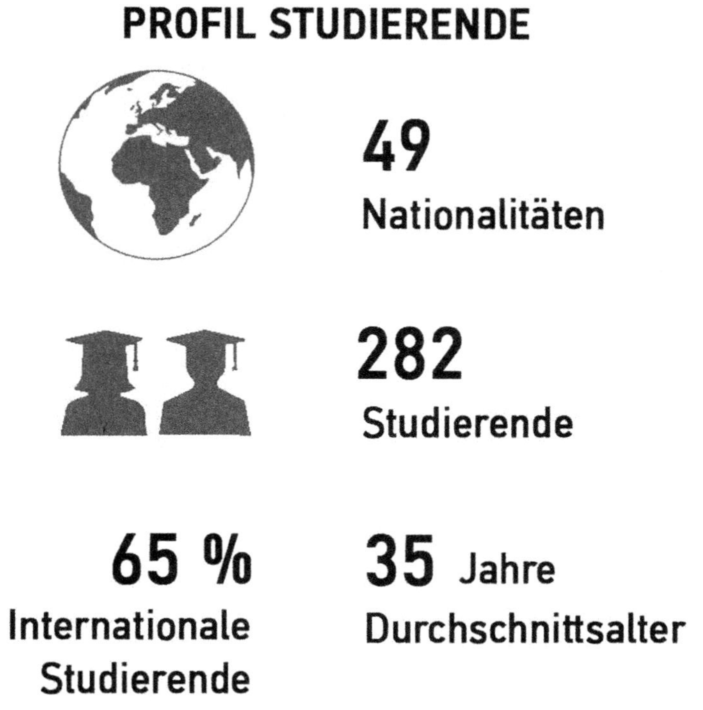

Abb. 13 Studentenprofil MSc Renewable Energy Systems 2005–2019. (Quelle: CEC TU Wien)

Die Kombination aus Internationalisierung, praxisnaher Ausbildung und Interdisziplinarität ist wesentliches Entscheidungskriterium der Zielgruppe, die sich ebenso außerordentlich international gestaltet. Mehr als 280 Studierende aus über 49 Nationalitäten sowie mit unterschiedlichen Bildungs- und beruflichen Hintergründen haben sich bis dato entschlossen, dieses Master-Programm zu absolvieren (Abb. 13).[3] Mehr als 220 von ihnen haben bereits ihren Abschluss gemacht und sind mittlerweile erfolgreich in der Erneuerbare-Energien-Branche tätig. Expertinnen und Experten im Bereich erneuerbarer Energien sind am Arbeitsmarkt gefragt und die Berufsfelder sind breit gefächert.

Interdisziplinares Tätigkeitsfeld im Erneuerbare-Energien-Sektor

Das Tätigkeitsfeld im Erneuerbare-Energien-Sektor ist vielfältig und fordert ein hohes Maß an Interdisziplinarität. Neben den technischen Erfordernissen ist die Branche maßgeblich von wirtschaftlichen sowie rechtlichen Rahmenbedingungen beeinflusst. Im

[3]Studierendenprofil MSc Renewable Energy Systems 2005–2019, Quelle: CEC, TU Wien.

Studienprogramm erhalten die Teilnehmer und Teilnehmerinnen Know-how in den drei Disziplinen Technik, Wissenschaft und Recht. Es steht auch die Fähigkeit im Vordergrund, dieses vermittelte Wissen praktisch anzuwenden. Darüber hinaus entwickeln die Studierenden im Lauf des Lehrgangs die nötigen Kompetenzen, um Anlagen zur Nutzung erneuerbarer Energien wirtschaftlich und technisch realisierbar planen und betreiben zu können. Diese berufliche Qualifikation ermöglicht es den Studierenden, zukünftige Entwicklungen für Erneuerbare-Energie-Technologien zu bewerten und Projekte auf dieser Basis klar zu gestalten. Sie entwickeln ein kritisches Bewusstsein hinsichtlich (neuer) Erkenntnisse und Entwicklungen in Bezug auf die mögliche Nutzung erneuerbarer Energien. Darüber hinaus sind sie in der Lage, neues und vorhandenes Wissen zu kombinieren und an spezifische Situationen anzupassen.

Kompetenz, Qualität und Kontinuität

Die Qualitätskontrolle des Studienganges unterliegt in allen Belangen den allgemeinen Vorgaben der Technischen Universität Wien. Seit 2005 ist zudem ein Advisory Board eingerichtet, das beratend und unterstützend für die laufende Weiterentwicklung des Studiengangs tätig ist.

Darüber hinaus setzt man auf Akkreditierungen durch externe Agenturen. Durch die objektive, externe Beurteilung von Weiterbildungsangeboten wird die internationale Vergleichbarkeit mit anderen Programmen ermöglicht und dem qualitativen Anspruch der Transparenz Sorge getragen.

So erhielt die TU Wien 2010 für dieses Studienprogramm das Qualitätssiegel der ASIIN. Die ASIIN[4] ist eine der bedeutendsten Qualitätssicherungseinrichtungen für technisch-naturwissenschaftliche Studienprogramme im deutschsprachigen Raum. Diese Auszeichnung zeigt, dass diese Weiterbildung im Umweltbereich den hohen Ansprüchen am Markt gerecht wird und international anerkannte Standards erfüllt.

Gewappnet für die Zukunft – Herausforderungen und Entwicklungen

Mit Blick auf die Zukunft sind die Aussichten am Markt gut, doch um den Übergang zu einem nachhaltigen Energiesystem zu vollziehen, müssen noch viele Hindernisse beseitigt werden. Viele Aspekte sind bereits im bestehenden Programm des MSc enthalten – beispielsweise die Integration von erneuerbaren Energieträgern in die Strom- und Wärmenetze, Aspekte zur Digitalisierung sowie Smart Grids. Der Bereich der erneuerbaren Energien ist einem ständigen Wandel und stetem Wachsen unterworfen – neue aktuelle Technologien werden entwickelt, andere Themen werden im Lauf der Zeit obsolet. Themen wie Energienetze und Netzausbau vs. regionaler Steuerung bringen auch in der Zukunft so manche Herausforderungen für die Forschung und die konkrete Projektumsetzung (Abb. 14).

[4]ASIIN: Akkreditierungsagentur für Studiengänge der Ingenieurwissenschaften, der Informatik, der Naturwissenschaften und der Mathematik e. V., www.asiin.de.

Abb. 14 MSc-Studentengruppe besucht Windradbaustelle. (Foto: Energiepark Bruck/Leitha)

Der Energiepark Bruck/Leitha ist als Organisation am Puls der Zeit und sorgt gemeinsam mit dem wissenschaftlichen Partner des CEC/TU Wien dafür, den wechselnden Herausforderungen durch eine ständige Anpassung der Lehrinhalte gerecht zu werden.[5]

4 Zur thematischen Vertiefung

newenergy.tuwien.ac.at
www.energiepark.at
www.ecoduna.com

[5]Basierend auf Experteninterview mit Univ. Prof. Dr. techn. Reinhard Haas, TU Wien, Energy Economics Group und Lehrgangsleiter MSc Renewable Energy Systems, 7. Februar 2018. Vollständiges Interview Weblink: https://www.youtube.com/watch?v=itkvEJcGu18.

Mag. Petra Aigner, MSc studierte Betriebswirtschaft an der WU Wien (AT) und Coventry University (UK) sowie postgradual Wissenschaftsmarketing an der TU Berlin (D). Neben Auslandspraktika in UK und den USA, war sie für einen internationalen Elektronikkonzern in der Personalentwicklung tätig und baute an der Wirtschaftsuniversität Wien die Personalentwicklung (interne Weiterbildung) auf. Seit 2005 ist sie als Managing Director des Continuing Education Center an der TU Wien tätig. Sie hat Erfahrung in den Bereichen postgraduale Weiterbildung, Training, Personal- und Organisationsentwicklung im universitären und internationalen Kontext.

Lisa-Marie Dormayer ist seit 2015 bei ecoduna für Investor Relations sowie Sales und Marketing tätig. Zudem ist sie für die Bereiche Kommunikation und Öffentlichkeitsarbeit zuständig und führt interessierte Gruppen durch die 1 ha große Algenwelt der ecoduna. Nach ihrer Ausbildung im Tourismusmanagement und ihrer jahrelangen Tätigkeit in der Flugbranche, wo sie für die Vermietung und den Verkauf von Privatjets für exklusive Kunden international zuständig war, wechselte sie zu dem innovativen Start-Up in Bruck an der Leitha. Das junge Unternehmen und v. a. der Umweltgedanke begeisterten sie sofort und bewegten sie zum Wechsel in die Algenbranche.

Mag. (FH) Norbert Koller, MSc ist seit 2010 mit an Bord des Energiepark Bruck/Leitha und dabei in einer Doppelfunktion tätig. Einerseits verantwortet er die Kommunikationsagenden für die gesamte Energiepark-Gruppe und andererseits fungiert er als Projektmanager im Bereich der Regionsentwicklung – z. B. als Manager der Klima- und Energiemodellregion Energie³. Im Kommunikationsbereich kann er auf ein facheinschlägiges Studium der FH Wien verweisen. Im Rahmen des Universitätslehrgangs MSc Renewable Energy Systems konnte er sich in der Folge die nötigen Kompetenzen im Bereich erneuerbare Energie und Energieeffizienz aneignen. Mit der Absolvierung des E-Mobilitätslehrgangs Emobtrain verfügt er auch im E-Mobilitätsbereich über eine fundierte Beratungskompetenz.

DI (FH) Bernadette Mauthner, ME ist seit 2014 Geschäftsführerin der Biogas Bruck/Leitha GmbH & Co KG und in dieser Funktion für alle wirtschaftlichen, organisatorischen und technischen Belange des Unternehmens verantwortlich. Im Rahmen ihres Chemieingenieurstudiums und Master-Aufbaustudiums für Umweltschutz begann sie sich mit umweltrelevanten Forschungsthemen auseinanderzusetzen und kann diese nunmehr praxisnah anwenden. So entstand u. a. im Jahr 2014 aus dem Forschungsprojekt „Virtuelles Biogas" eine industrielle Anlage zur Aufbereitung von Biogas zu Biomethan. Weitere Projekte beschäftigen sich mit der bedarfsorientierten Einspeisung von Strom oder der Nutzung von biogen erzeugtem CO_2. Optimierungen im Bereich Ressourcennutzung, Abfallreduzierung, Energieeinsatz und die Annäherung an eine 100%ige Kreislaufwirtschaft werden sie weiter begleiten.

DI Karin Mottl, MSc begleitet seit 2012 das Team des Energiepark Bruck/Leitha als Geschäftsführerin. Nach fast zehnjähriger Erfahrung im Personalbereich kehrte sie zu ihren Wurzeln der Höheren Lehranstalt für Umwelt und Wirtschaft zurück und absolvierte das Studium Umwelt- und Bioressourcenmanagement an der Universität für Bodenkultur Wien. Ihre Fachexpertise ergänzte sie mit dem Master-Studium Natural Ressource Management and Ecological Engineering der BOKU und der Lincoln University in Neuseeland. Die Schwerpunkte ihrer Arbeit liegen im Wandel der Region Römerland-Carnuntum zur Energieautarkie auf Basis regionaler, erneuerbarer Energie, Bildungs- und Bewusstseinsprojekten sowie der Umsetzung internationaler Forschungsprojekte im Kontext Energy Transition. Weiters bringt sie sich aktiv im Club of Rome Carnuntum ein und agiert als Vorstand der Energiepark-Forschungsstiftung.

YOUNG VISIONS – Kinderideen zum Klimaschutz, bevor er in aller Munde war

Wolfgang Pospischil

1 Einleitung

Wenn wir an die Zukunft denken, müssen wir auch die Zukunft der jüngeren Generationen einbeziehen. Diejenigen, die sich gezwungen fühlen, eine Bewegung einzuleiten, um die jetzige Generation, die sich schon ein Leben auf diesem Planeten aufgebaut hat und mit ihrem tagtäglichen Handeln Ressourcen verbraucht, wachzurütteln und zum Umdenken zu bewegen – eine Bewegung der Jugendlichen und jungen Erwachsenen von heute für ein zukunftsorientierteres Handeln. Schüler und Schülerinnen auf der ganzen Welt streiken für eine bessere Klimapolitik. Diese, aber auch deren jüngere Geschwister und Volksschüler und -schülerinnen, die sich der Ungewissheit ihrer Zukunft vielleicht noch gar nicht bewusst sind, sollten Gehör bekommen. In einer Zeit, in der sich eine unleugbare Veränderung im Zeichen des Klimawandels zum Schlechteren abzeichnet und die diese Generation direkt betreffen wird, ist es umso undenkbarer, Kinder nicht in die Zukunftsgestaltung einzubeziehen.

Dafür setzt sich der Verein YOUNG VISIONS ein. Kinder sollen gehört, wahrgenommen und unterstützt werden, ihr Potenzial zu nutzen und ihre eigene Zukunft zu gestalten.

Schon 2014 legte ich als Geschäftsführer der Pöyry Management Consulting Österreich (heute Teil des Engineering & Consulting Unternehmens ÅF Pöyry) den Grundstein für die Initiative YOUNG VISIONS. Mich beschäftigte die Frage, warum Kinder im heutigen Bildungssystem beinahe dasselbe lernen wie vor 30 Jahren, obwohl die Welt einem ständigen Wandel unterzogen ist. Vor allem haben Kinder heute wie damals wenig Mitspracherecht in der Gestaltung ihres Lernens. Es dauerte nicht lange, bis der Beschluss gefasst war, das kreative Potenzial von Kinderideen sichtbar zu machen

W. Pospischil (✉)
Pöyry Management Consulting Austria GmbH, Wien, Österreich
E-Mail: wolfgang.pospischil@poyry.com

A. Sihn-Weber und F. Fischler (Hrsg.), *CSR und Klimawandel,* Management-Reihe Corporate Social Responsibility, https://doi.org/10.1007/978-3-662-59748-4_33

und mit einer Auszeichnung – damals im Rahmen der Futurezone-Gala – für die beste Idee der „Stadt der Zukunft – Future City“ zu prämieren. Um auch eine konkrete Veränderung für eine bessere, nachhaltige Zukunft zu erreichen, gibt YOUNG VISIONS das Versprechen, auch an der Umsetzung der ausgezeichneten Kinderidee zu arbeiten. Die Initiative stieß auf derart weitreichende, positive Resonanz, dass 2017 der Verein YOUNG VISIONS – *Kinderideen werden Wirklichkeit* ins Leben gerufen wurde.

2 YOUNG VISIONS Award und Projekte

YOUNG VISIONS hat den dringenden Handlungsbedarf für eine positive Zukunftsgestaltung bereits 2014 erkannt und verknüpft das Thema Nachhaltigkeit im Sinn von sozialen, wirtschaftlichen und ökologischen Zukunftsstrategien mit innovativen Kinderideen. Da Kinder noch relativ unvoreingenommen und frei denken und auch nicht nach Profit streben, sind ihre Ideen höchst kreativ und innovativ. Der Verein hat sich die Ziele gesetzt, den kreativen Ideenfindungsprozess von Kindern zu fördern, die Kinderideen zu verwirklichen und das Innovationspotenzial für die österreichische Wirtschaft zu nutzen und aktive Standortpolitik für Österreich zu betreiben.

Der erste YOUNG VISIONS AWARD wurde im November 2014 im Rahmen der futurezone-Award-Veranstaltung, die jährlich die innovativsten Ideen des Jahres auszeichnet, vergeben. Zahlreiche Kinder zwischen 7 und 14 Jahren präsentieren ihre Ideen für die Stadt der Zukunft in Form von Texten, Fotos, Zeichnungen oder Videos. Gewinner des YOUNG VISIONS AWARD 2014 wurde die Schulklasse 2B der Wiener Volksschule Oberlaa. Wände, von denen Obst und Gemüse wächst – das war die Vision der 2B, mit der sie zum Sieger gekürt wurde. Dieses nachhaltige Projekt einer begrünten Wand in der Volksschule Oberlaa wurde schließlich 2016 von YOUNG VISIONS verwirklicht. Das Projekt trug im wahrsten Sinn des Worts Früchte, denn vier weitere Schulen haben sich der Initiative bereits angeschlossen und einen eigenen *Hanging Garden* angelegt. Die Idee begeisterte auch zahlreiche Unterstützer in Politik, Wirtschaft und Sport (Abb. 1).

Die 5 m^2 große Stahlkonstruktion mit Pflanzentrögen trägt Thymian, Schnittlauch, Erdbeeren, Tomaten, Rosmarin, Minze, Salbei und Petersilie. Die Pflanzen werden im Schulgarten angebaut, gepflegt und natürlich auch geerntet. Das hauseigene Beet lässt sich außerdem hervorragend in den täglichen Unterricht einbinden. So werden etwa Flächeninhalte und Füllmengen praxisnah berechnet und Pflanzenkenntnisse erlernt, die sich sofort für die erfolgreiche Bewirtschaftung des Gartens nutzen lassen.

Das Projekt hat nicht nur einen positiven Einfluss auf die Schule und deren Schüler und Schülerinnen, sondern, wenn man so will, auf die ganze Stadt. Laut Katzschner (2011, S. 22 zit. nach Scharf et al. 2013, S. 3 f.) sind Städte überproportional vom Klimawandel betroffen, dies zeigt sich v. a. durch steigende Durchschnittstemperaturen. Viele Studien zeigen, dass Bepflanzung urbane Umweltprobleme wie Überhitzung mindern kann. Chen und Wong (2006, S. 105 zit. nach Scharf et al. 2013, S. 3 f.) haben z. B. herausgefunden, dass Pflanzen in der Nähe von Gebäuden die Energienachfrage für Kühlung reduzieren können (Abb. 2).

Abb. 1 Ideenfindung Präsentation Grüne Wand

Mit Projekten wie diesen versucht YOUNG VISIONS einen positiven Beitrag zu einer nachhaltigen Gesellschaft zu leisten. Seit der ersten Award-Vergabe hat sich viel getan und der Prozess des YOUNG VISIONS Award von der Themenwahl bis zur Umsetzung wurde stetig verbessert und professionalisiert. Zukünftig soll eine Kinderkonferenz von Kindern für Kinder im Rahmen des Forums Alpbach das Leitthema der Award-Ausschreibung bestimmen. Danach werden Schulen ausgewählt und den Kindern mit kreativen Ideenworkshops Raum für ihre Visionen geboten. Das Leitthema Leben in der Zukunft stellt den Denkanstoß für Kinder dar, die daraufhin Ideen zu sozialer, ökologisch und wirtschaftlicher Nachhaltigkeit erarbeiten. Die Workshops lieferten schon zahlreiche Ideen und zeigten das kreative Potenzial von Kinderideen auf (Abb. 3).

Bereits drei Mal wurde der Award vergeben: 2015 an die Idee einer Fernsehsendung zum Thema Klimawandel und zuletzt 2018 an die Grazer Volksschule Rosenberg mit ihrer Vision eines Alt-mach-Neu-Parks. Die Idee der Kinder ist, dass von der Müllabfuhr gesammelte oder von Privatpersonen abgegebene Altwaren nach einem Sicherheitscheck und einem gründlichen Waschgang von Besuchern zu neuen Gegenständen wiederverwertet werden. Diese Idee des Upcyclings von Altwaren ist Ressourcenschonung auf kreative Art.

Abb. 2 Hanging Gardens

Nach der Award-Vergabe fand ein weiterer Workshop statt, in dem das Projekt auf seine konkrete Umsetzung maßgeschneidert wurde. Ein mobiler Truck mit Container, liebevoll *Schrotty & Engy* genannt, soll eine mobile Werkstatt für Kinder werden, wo verschiedene Stationen Platz zum Ausprobieren und Erlernen von Fertigkeiten bieten sollen. Die Prinzipien der Nachhaltigkeit und des Umweltschutzes stehen im Zentrum der Aktionen. Upcycling (Aufwertung von etwas Weggeworfenem), Müllvermeidung, erneuerbare Energien und soziales Engagement im gemeinsamen Tun sind zentrale Themen. Die Wiederverwertung von bereits vorhandenem Material reduziert die Neuproduktion von Rohmaterialien. Das spart Rohstoffe, deren Gewinnung häufig ökologische und soziale Folgen hat.

Die Kinder bekommen durch das Projekt die Möglichkeit, ihre handwerklichen Fähigkeiten zu verstärken, sich kreativ zu entfalten, wobei durch die Möglichkeit des eigenständigen Werkens und das frei zugängliche Angebot an Hintergrundwissen das selbstorganisierte Lernen der Kinder angeregt wird.

Darüber hinaus fördert das Projekt die Bewusstseinsbildung der Kinder für eine bessere Ressourcennutzung und bringt sie mit dem Thema Energienutzung und erneuerbare Energie in Berührung. In den kleinen Projekten, die von den Kindern entwickelt werden, können Solarenergie, Wasserkraft und die eigene Muskelkraft genutzt werden. Dadurch entdecken die jungen Nutzer und Nutzerinnen, welche Kraft und Technologie es braucht, um Fernseher, Elektromotoren, Handys oder kleine Elektromotoren zu betreiben. So soll

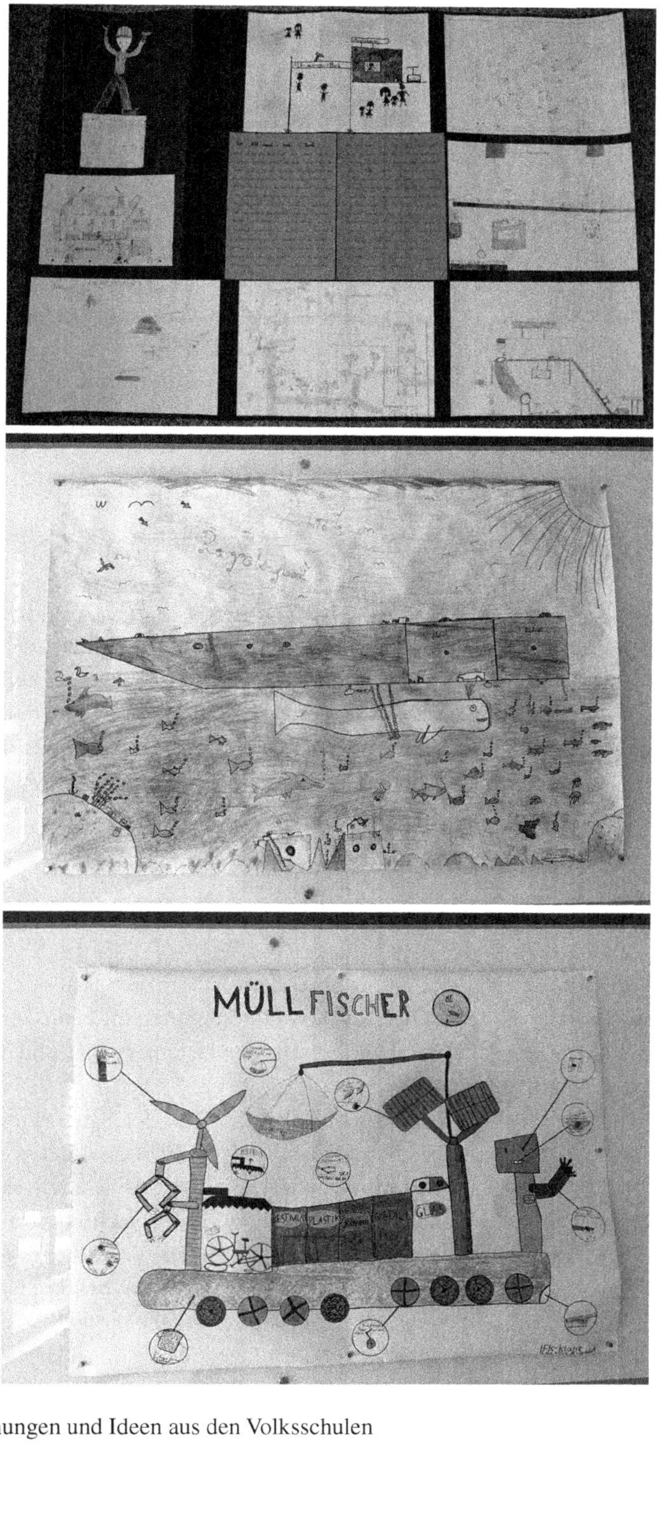

Abb. 3 Zeichnungen und Ideen aus den Volksschulen

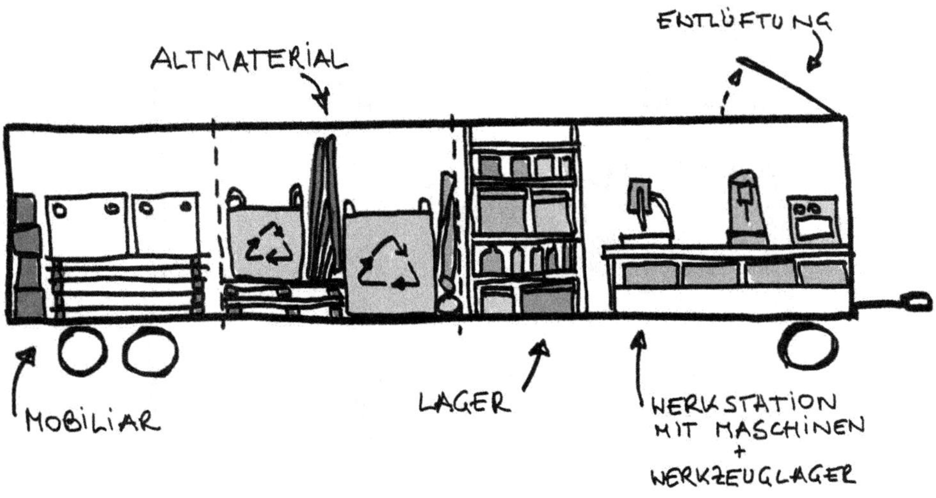

Abb. 4 Idee Alt-mach-neu-Park

das Projekt zur Bewusstseinsbildung im Sinn einer bewussten Energienutzung beitragen. Unter denen, die gerade damit beginnen, ihre eigenen Entscheidungen zu treffen, ist dies ganz besonders wichtig: Eine erfolgreiche Energiewende auf Basis erneuerbarer Energieträger kann leichter gelingen, wenn die Nutzer und Nutzerinnen von Morgen schon heute die Möglichkeit bekommen, verschiedene Energiequellen spielerisch kennenzulernen.

Das Projekt befindet sich derzeit in der Umsetzungsphase und soll demnächst in Graz präsentiert werden (Abb. 4).

3 Corporate Social Responsibility

Das Ziel des Vereins ist es nicht gegen, sondern zusammen mit Unternehmen die Zukunft zu gestalten. Durch den Verein können Unternehmen an neue, innovative Ideen und Zukunftsprojekte herangebracht, Zukunftsinitiativen unterstützt und nebenbei neue Geschäftsfelder eröffnet werden.

YOUNG VISIONS orientiert sich an den Zukunftsideen der Kinder, um diesen einen besseren Handlungsraum zu ermöglichen, die Zukunft tatsächlich mitzugestalten. Kinder denken „out of the box“, weshalb es zahlreiche Vorteile hat, von Kindern zu lernen.

Ihre agile, kreative Art des Denkens ist oft, woran es Erwachsenen mangelt, um zu neuen Lösungsstrategien zu gelangen. So können Ideen für die Zukunft gesammelt und individuelle Innovationsideen gefördert werden. Unternehmen bekommen dadurch die Chance, aus dem starren Systemdenken, in dem sie oft gefangen sind, auszubrechen und neue Ansätze für ihren Markt zu gewinnen. Die Ideen-Workshops, die im Prozess des YOUNG VISIONS AWARD mit Schulkindern durchgeführt werden, orientieren sich an neuen, praxisorientierten Lernmethoden, die die Schüler und Schülerinnen unterstützen, ihr Potenzial zu entdecken und zu entfalten. Sie werden in den Workshops zum Nachdenken über die Zukunft und zukünftiges gesellschaftliches Miteinander angeregt.

Im Großen und Ganzen bietet der YOUNG VISIONS AWARD eine Möglichkeit für Kinder gehört zu werden. Das Kind soll lernen, dass es eine Stimme hat, die auch von Erwachsenen ernst genommen wird. Dies hat einen positiven Einfluss auf das Selbstwertgefühl des Kindes. Es lernt, dass es ein Veränderungspotenzial hat und etwas zur Welt beitragen kann. Das Kind wird so zu einem aktiven Teil der Gesellschaft erzogen, und da wir mit Volksschülern arbeiten, lernen diese sehr früh, ihre Ideen den nachfolgenden Schülerinnen und Schülern und der Schule zu überlassen und mit ihnen zu teilen. Wie es eine junge Teilnehmerin in einem einschlägigen ORF-Video auf den Punkt brachte: Der schönste Eindruck für sie war, die „grüne Wand" den nachfolgenden Klassen zu schenken.

Die neuen Lerntechniken bei den YOUNG-VISIONS-Ideenworkshops ermöglichen Kindern außerdem, einen kreativen Zugang zum Umgang mit Problemen zu lernen und konkrete Lösungsstrategien zu erarbeiten. Dieses lösungsorientierte Denken ist eine überaus wichtige Fähigkeit, die dadurch gefördert wird. Nicht zuletzt soll die Umsetzung der Kinderideen durch YOUNG VISIONS den Kindern nahelegen, Probleme nicht passiv hinzunehmen, sondern einen besseren Umgang mit Problemen und Zukunftsängsten zu ermöglichen und lösungsorientiert nach Strategien zu suchen. Diese Strategie kommt nicht nur den Kindern, sondern der ganzen Gesellschaft zugute. Die neue Generation der Change Makers kann die oft gelebte Passivität zum Thema Klimawandel, soziale Ungerechtigkeit und wirtschaftliche Stagnation in eine neue Richtung lenken.

YOUNG VISIONS braucht Unterstützer, die nicht nur mit finanziellen Mitteln aushelfen, sondern mit Herz und Tatkraft dabei sind. Ohne mit zusätzlichem operativen Aufwand oder Haftung belastet zu sein, haben Mitglieder die Möglichkeit, die Reise der Projekte von der Kinderidee an zu begleiten und die Entwicklung des Vereins aktiv mitzusteuern. Pressekonferenzen und Kick-off-Veranstaltungen der Projekte bieten eine Plattform für mediale Aufmerksamkeit und sogar die Möglichkeit, an der Kinderkonferenz und Schulworkshops teilzuhaben.

Die von Kindern entwickelten Ideen sind der Ursprung neuer Geschäftsmodelle. Bei erfolgreicher Vermarktung können die realisierten Ideen in den Leistungsumfang eines Partnerunternehmens integriert werden. Nach der Verwirklichung des Pilotprojekts „Hanging Gardens", das großen positiven Anklang in Gesellschaft, Politik, bei Projektpartnern und Medien erfahren hat, sind die Weichen für eine gewinnbringende Fortsetzung gestellt. „Schrotty und Engy" wird im Herbst diese Tradition fortsetzen.

Aus ökonomischer Perspektive dient der positive Einfluss der YOUNG-VISIONS-Projekte als Motivationsmotor, nicht nur für die beteiligten Kinder, sondern auch für das unterstützende Unternehmen und dessen Mitarbeiter und Mitarbeiterinnen, die gern für ein Unternehmen arbeiten, das sich für die Zukunft aller einsetzt.

In diesem Sinn hat eine Unterstützung des Vereins nicht nur gesellschaftliche Vorteile, sondern dient auch dem Employer Branding des Unternehmens sowie der positiven Repräsentation des Unternehmens nach außen. Unternehmen, die YOUNG VISIONS unterstützen, bekommen also die Chance, Teil eines Konzepts zu sein, das zu ihrer Marke passt und ihr Engagement für die Umwelt und für Nachwuchsförderung unterstreicht. Durch die nachhaltige Ausrichtung aller Projekte werden CSR und Klimaschutz sowie die Belebung des Lebens- und Wirtschaftsstandorts Österreich aktiv gefördert.

Literatur

Scharf B, Pitha U, Oberarzbacher S (2013) Living walls – more than scenic beauties, S 3–4
YOUNG VISIONS Website, Vereinsinterne Texte und Präsentationen, www.youngvisions.org

Dr. Wolfgang Pospischil ist Geschäftsführer der Pöyry Management Consulting Austria GmbH und Mitglied des europäischen Management Board. Er verfügt über mehr als 20 Jahre Berufserfahrung im Industrie- und Consultingbereich in verantwortungsvollen Positionen. Im Jahr 2014 gründete er den YOUNG VISIONS Award und ist seit 2018 Obmann des Vereins YOUNG VISIONS – Kinderideen werden Wirklichkeit und Mitgründer des Forschungsstudios iSpace des AIT. Nach seinem beruflichen Start bei der Betriebsgesellschaft Marchfeldkanal, ist er 1998 in die Abteilung Energiewirtschaftliche Planung der Drau-Consulting eingestiegen und hat mit dem Schwerpunkt Informationstechnologie zahlreiche Projekte im Liberalisierungsprozess der Energiewirtschaft in Österreich verantwortet. Kurz nach dem Wechsel zur Verbundplan GmbH in Wien wurde Wolfgang Pospischil IT-Leiter des Unternehmens und Abteilungsleiter für IT-Projekte am Drittmarkt. In diesen Rollen war er 2004 wesentlich an der Restrukturierung und dem Verkaufsprozess der Verbundplan GmbH an die Pöyry AG (6000 Mitarbeiter weltweit) beteiligt. Nach dieser Transaktion arbeitete er zwei Jahre bei einem Schwesterunternehmen in Oxford, der ILEX Ltd. Seither hat er wesentlich die Ausrichtung der Pöyry-Niederlassung in Österreich geprägt. Die Pöyry Management Consulting Austria GmbH weist neben klassischen Management-Consulting-Projekten entlang der gesamten Wertschöpfungskette in der Energiewirtschaft und der holzverarbeitenden Industrie eine ausgezeichnete Reputation in den Bereichen Transaktionsunterstützung und Operational Excellence auf. Durch den Merger mit ÅF Consult (17.000 Mitarbeiter weltweit) Anfang 2019 wird es in den kommenden Jahren zu einer sektoralen Erweiterung in den Bereichen Mobilität und Urbanisierung (Future Cities) kommen. Wolfgang Pospischil verfügt über akademische Abschlüsse in den Naturwissenschaften (Mag. rer. nat.), in Advanced Studies (MAS GIS) sowie in der Angewandten Informatik (Dr. rer. nat.).

Sichtweise von Nachhaltigkeits-Ratingagenturen, Nachhaltigkeits-Beratung und Wirtschaftsprüfung

Dekarbonisierungsstrategien für Aktieninvestitionen

Maximilian Horster

1 Investoren im Rampenlicht der Klimaregulierung

Seit 2017 gab es große Fortschritte auf dem Weg zu einem nachhaltigen Finanzsystem: Im Juni 2017 wurden die endgültigen Empfehlungen der Taskforce for Climate-related Financial Disclosure (TCFD) veröffentlicht, gefolgt vom finalen Bericht der High-level Expert Group on Sustainable Finance im Januar 2018 und der Bekanntgabe des Action Plan for Sustainable Finance[1] der Europäischen Kommission im März 2018. Im Frühjahr 2019, in dem dieser Beitrag geschrieben wird, liegen konkrete Vorschläge des Europäischen Parlaments und der Europäischen Kommission auf dem Tisch, die noch vor der Europawahl im Mai 2019 in Richtlinien münden sollen. Während dieser Gesetzgebungsprozess unter der Überschrift der generellen Nachhaltigkeit vollzogen wird, geht es im Kern aber fast ausschließlich um das Thema Klimawandel.

Diese Entwicklungen auf politischer Ebene gehen einher mit der zunehmenden Sensibilisierung von privaten und institutionellen Investoren gegenüber Portfoliorisiken, die mit dem Klimawandel verbunden sind, aber auch gegenüber Investitionschancen, die in der Transformation zu einer kohlenstoffarmen Wirtschaft liegen.[2] So verpflichtete sich beispielsweise eine Gruppe von Investoren, die zusammen mehr als 10 Billionen US$

[1] https://ec.europa.eu/info/business-economy-euro/banking-and-finance/sustainable-finance_en

[2] Vgl. FERI Cognitive Finance Institute/ISS-Ethix: Die Transformation zu einer kohlenstoffarmen Wirtschaft. Auswirkungen auf Sektoren und Bedeutung für Investoren. Bad Homburg, 2018, engl. 2017.

M. Horster (✉)
ISS ESG/ISS-climate, Zürich, Schweiz
E-Mail: maximilian.horster@iss-esg.com

A. Sihn-Weber und F. Fischler (Hrsg.), *CSR und Klimawandel*, Management-Reihe Corporate Social Responsibility, https://doi.org/10.1007/978-3-662-59748-4_34

verwalten, bereits 2014 im Montreal Carbon Pledge freiwillig dazu, den Carbon Footprint ihrer Portfolios zu berichten. Die großen institutionellen Investoren Frankreich und Schweden sowie Versicherungen in Kalifornien sind sogar gesetzlich dazu verpflichtet, die Klimarisiken in ihren Portfolios offenzulegen. Weiterhin gibt es immer mehr freiwillige, von Investoren ins Leben gerufene Initiativen zur Messung und Berichterstattung von Klimarisiken im Portfolio, z. B. die niederländische „Platform Carbon Accounting Financials (PCAF)“[3].

Die datenmäßige Erfassung von Treibhausgasemissionen der investierten Unternehmen und die Berichterstattung darüber sind erste notwendige Schritte. Aber es ist mehr erforderlich. Immer mehr private Vermögensinhaber und institutionelle Investoren nehmen daher die ermittelten Daten als Grundlage, um ihre Portfolios auch zu dekarbonisieren.

Die vorliegende Zusammenschau hat zum Ziel, Aktieninvestoren einen Überblick über unterschiedliche Dekarbonisierungsstrategien für ihre Portfolios zu geben. Dabei sollen sowohl finanzielle als auch ökologische Aspekte systematisch gegenübergestellt und ihre Umsetzung anhand von Beispielen diskutiert werden.

2 Von der Messung zum Management: Was können Investoren tun?

Zahlreiche Investoren messen die klimabezogenen Wirkungen und Risiken in ihren Portfolios bereits mit unterschiedlichen Verfahren, wie etwa dem CO_2-Fußabdruck, der Analyse fossiler Reserven der investierten Unternehmen oder mit mehr zukunftsgerichteten Indikatoren, wie beispielsweise der Analyse der grundlegenden Klimastrategie der einzelnen Unternehmen.

Um für jeden Investor die passende Dekarbonisierungsstrategie zu finden, ist es wichtig, dessen Ziele und Motive zu unterscheiden. Zwei Ziele sind dabei besonders relevant: zum einen die Erreichung einer ökologischen Wirkung („climate impact“), zum anderen finanzielle Aspekte, wie Risikoreduktion oder Partizipation an Investmentchancen.

Wirkungsorientierte Investoren wollen sicherstellen, dass ihre Investments zum Klimaschutz, insbesondere zur Emissionsreduktion, aktiv beitragen oder zumindest nicht klimaschädlich sind. Historisch betrachtet war die Erzielung einer ökologischen Wirkung das (ethisch orientierte) Hauptmotiv derjenigen Investoren, die sich mit dem Klimawandel bewusst auseinandergesetzt hatten. Häufig waren es Kirchen, Stiftungen und andere gemeinnützig orientierte Kapitalanleger, die spezifische Investmentstrategien entwickelten, um den Klimawandel positiv zu beeinflussen. Von einer wirkungsorientierten Perspektive aus betrachtet, bedeutet Dekarbonisierung die Dekarbonisierung der Realwirtschaft und damit eine faktische Emissionsreduktion.

[3]http://carbonaccountingfinancials.com/

Investoren, die sich primär aus einer finanziellen Perspektive mit dem Klimawandel beschäftigen, wollen sicherstellen, dass dieser keine negativen Auswirkungen auf die Rendite bzw. das Risiko ihrer Portfolios hat. Weiterhin sind sie prinzipiell daran interessiert, die Investmentchancen, die sich mit der Transformation zu einer kohlenstoffarmen Wirtschaft („low-carbon economy") ergeben, wahrzunehmen. Klimabedingte ökonomische Risiken lassen sich untergliedern in physische Risiken (z. B. Schäden durch Extremwetterereignisse) und Transitionsrisiken, die sich aus dem erforderlichen Wandel des betreffenden Unternehmens zur Dekarbonisierung der Geschäftsaktivitäten ergeben. Dazu zählen auch regulatorische Risiken (z. B. Verbote emissionsintensiver Produktionsverfahren). Aus einer finanziellen Risikoperspektive betrachtet bedeutet Dekarbonisierung die Dekarbonisierung des Portfolios – unabhängig von ökologischen Effekten.

Investoren steht eine Vielzahl von Dekarbonisierungsstrategien zur Verfügung. Deren Auswahl hängt im Einzelnen davon ab, welche Investmentziele sie primär verfolgen. Im Folgenden sollen acht zentrale Varianten näher untersucht werden:

Strategien, die das klimabezogene Risiko im Portfolio reduzieren

1. Positiv-Screening
2. Divestment
3. Leerverkauf großer CO_2-Emittenten

Strategien, die das Portfolio synthetisch dekarbonisieren

4. Klimaneutralität durch Emissionsausgleich
5. Klimaneutralität durch Direktbeteiligungen
6. Klimaneutralität durch Emissionsberechtigungen im EU Emissionshandel (ETS)

Strategien, die die Dekarbonisierung der Realwirtschaft und des Portfolios fördern

7. Engagement
8. Stimmrechtsausübung

Diese Strategien schließen sich nicht wechselseitig aus, sondern können und sollten in Kombination angewandt werden. Ebenso wenig schließen sich die Dekarbonisierung der Realwirtschaft (ethisch-ökologische Motivation) und ein klimabezogenes Risiko- und Renditemanagement (finanzielle Motivation) gegenseitig aus. Jedoch gibt es je nach primärer bzw. sekundärer Zielsetzung unterschiedliche Kombinationen der Umsetzung, die beide Zieldimensionen berücksichtigen.

3 Strategien zur Reduzierung klimabezogener Risiken im Portfolio

Der vermutlich einfachste Weg, um klimabezogene Risiken („carbon risks") im Portfolio zu minimieren, ist der direkte Eingriff in das Portfolio, d. h. das klimarelevante Netto-Exposure im Portfolio wird durch Kauf, Verkauf oder Leerverkauf bestimmter Wertpapiere reduziert. Hierfür gibt es mehrere Umsetzungsvarianten, wovon Positiv-Screening und Divestment (als eine Form des Negativ-Screenings bzw. Ausschlussverfahrens) die gebräuchlichsten sind. Mandatsabhängig müssen eine Reihe von Spezifika beachtet werden, wie etwa sektorale Benchmark-Vorgaben oder die Limitierung des Tracking Error.

3.1 Positiv-Screening

Kapitalanleger investieren mit dieser Strategie gezielt in Unternehmen, die in positiver Weise zu einer dekarbonisierten Wirtschaftsweise beitragen. Der Anteil klimafreundlicher Unternehmen im Portfolio wird dadurch bewusst erhöht. Investoren können auch Investmentstrategien umsetzen, die sich ausschließlich auf solche Unternehmen und Geschäftsideen fokussieren. Zur Identifikation klimafreundlicher Unternehmen können Kriterien wie deren relative und absolute CO_2-Emissionen, das generelle Management von Klimarisiken und -chancen sowie die Verpflichtung, die Ziele des Pariser Klimaabkommens einzuhalten, angesehen werden (Tab. 1).

3.2 Divestment

Die wohl naheliegendste Strategie ist zugleich eine der einfachsten: die Reduzierung des Anteils von Unternehmen im Portfolio, die in hohem Maß Klimarisiken ausgesetzt sind. Die Geschäftsmodelle oder Produktionsprozesse dieser Unternehmen sind besonders anfällig gegenüber den Risiken einer Transition zu einer kohlenstoffarmen Wirtschaft oder beruhen im Kern auf fossilen Energieträgern. Dies gilt z. B. für die Öl-, Gas- und Kohleindustrie, die im signifikanten Ausmaß dem Abwertungsrisiko sog. gestrandeter Anlagen („stranded assets") und dem Platzen der Kohlenstoffblase („carbon bubble") ausgesetzt sind.[4] Die Divestmentstrategie deckt das breite Spektrum von der bloßen Reduzierung einzelner emissionsreicher Unternehmen im Portfolio bis hin zum vollständigen Verkauf bzw. der konsequenten Nichtinvestition in emissionsintensive Branchen ab. In dieser Untersuchung betrachten wir die Divestmentstrategie als die äußerste Maßnahme einer risikominimierenden Dekarbonisierungsstrategie. Für einige Investoren fungiert das Divestment aber auch als Form einer Diversifikationsstrategie, wie das untenstehende Beispiel des Norwegischen Staatsfonds zeigt (Tab. 2).

[4] Vergleiche: FERI Cognitive Finance Institut/WWF: Carbon Bubble und Dekarbonisierung: Unterschätzte Risiken für Investoren und Vermögensinhaber. Bad Homburg, 2017.

Tab. 1 Eigenschaften und Implikationen des Positiv-Screenings

Bereich	Vorteile	Nachteile
Finanzielle Perspektive	Partizipation am möglichen Erfolg von Unternehmen, die besonders von der Transformation zu einer kohlenstoffarmen Wirtschaft profitieren werden	Möglicherweise Reduktion der Portfoliodiversifikation und Erhöhung von Klumpenrisiken durch einseitige Übergewichtung kohlenstoffarmer Unternehmen, Geschäftsmodelle und Technologien gegenüber der Benchmark
Ökologische Perspektive	Auf dem Sekundärmarkt kann diese Strategie eine Signalwirkung erzeugen und andere Investoren ermutigen, ebenfalls in emissionsarme Unternehmen zu investieren. Im Primärmarktbereich, z. B. bei Initial Public Offering (IPO) und Kapitalerhöhungen, kann das Positiv-Screening Unternehmen neues Kapital zur Entwicklung von emissionsarmen Geschäftsmodellen und Technologien zur Verfügung stellen	Mithilfe einer Aktientransaktion über die Börse werden CO_2-Emissionen nicht unmittelbar reduziert. Eine positive ökologische Wirkung kann aber indirekt und mittelfristig entstehen, indem die Kapitalkosten für emissionsarme Unternehmen sinken, weil deren Bewertung und Attraktivität am Markt zunimmt
Umsetzung	Am Markt werden einige klimafreundliche Investmentlösungen angeboten, z. B. im Bereich aktiv gemanagter Publikumsfonds oder passiver kohlenstoffarmer börsengehandelter Fonds (ETF). Für große Familien, Stiftungen und institutionelle Investoren bieten spezialisierte Beratungsdienstleister auch entsprechende Beratungslösungen an. Sie erstellen beispielsweise einen Emissionsfußabdruck des Portfolios und geben Empfehlungen zu dessen Dekarbonisierung inklusive Risiko- und Szenarioanalysen sowie Benchmarking	

Beispiel

Im November 2017 empfahl die norwegische Zentralbank, die den norwegischen staatlichen Pensionsfonds verwaltet, der Regierung, im Staatsfonds befindliche Öl- und Gasaktien mit einem Marktwert von rund 35 Mrd. US$ zu veräußern.[5] Grund für die Empfehlung war die Reduktion des Portfoliorisikos angesichts erwarteter langfristig fallender Öl- und Gaspreise sowie die Diversifikation der Assets im Fonds und auf Gesamtvermögensebene des Staats. Der Anteil der fossilen Energiebranche am norwegischen Bruttoinlandsprodukt (BIP) ist mit rund 15 % bereits hoch.[6] Die vorgeschlagene Divestmentstrategie soll zur weiteren Dekarbonisierung des Portfolios beitragen, nachdem bereits Investments in Unternehmen, die mehr als 30 % ihres Umsatzes mit Kohle erzielen, ausgeschlossen wurden.

[5] https://www.theguardian.com/business/2017/nov/16/oil-and-gas-shares-dip-as-norways-central-bank-advises-oslo-to-divest

[6] https://www.norskpetroleum.no/en/economy/governments-revenues/

Tab. 2 Eigenschaften und Implikationen der Divestmentstrategie

Bereich	Vorteile	Nachteile
Finanzielle Perspektive	Ermöglicht eine Risikoreduktion durch teilweisen oder vollständigen Verkauf von Unternehmen, die höchstwahrscheinlich negativ vom Klimawandel und Dekarbonisierungsprozess betroffen sein werden	Möglicherweise Reduktion der Portfoliodiversifikation und Erhöhung von Klumpenrisiken durch einseitige Übergewichtung kohlenstoffarmer Unternehmen, Geschäftsmodelle und Technologien gegenüber der Benchmark. Dies kann den Tracking Error signifikant erhöhen
Ökologische Perspektive	Bei dieser Strategie geht es mehr um finanzielle Risikoreduktion als um die Erzielung einer direkten ökologischen Wirkung. Dennoch kann sie eine bedeutende Signalwirkung gegenüber dem Markt und anderen Investoren entfalten und dazu beitragen, freiwerdende Mittel in klimafreundlichere Assets zu reallokieren	Die ökologische Wirkung auf die Realwirtschaft ist nur indirekt, da dem Aktienverkäufer ein Aktienkäufer gegenüberstehen muss. Die Aktie wandert also nur vom Portfolio des Verkäufers in das eines anderen Käufers. Eine unmittelbare Emissionsreduktion wird durch das Divestment nicht erreicht
Umsetzung	Am Markt werden einige Lösungen zum klimafreundlichen Investment angeboten, z. B. im Bereich aktiv gemanagter Publikumsfonds oder passiver börsengehandelter Fonds (ETF). Sie haben die Divestmentstrategie bereits integriert. Für große Familien, Stiftungen und institutionelle Investoren bieten spezialisierte Beratungsdienstleister auch entsprechende Consulting-Lösungen an. Sie erstellen beispielsweise einen Carbon Footprint des Portfolios und geben Empfehlungen zu dessen Dekarbonisierung inklusive Risiko- und Szenarioanalysen sowie Benchmarking	

3.3 Leerverkauf großer CO_2-Emittenten

Leerverkauf („short selling") ist ein Instrument, bei dem ein Investor Wertpapiere, etwa börsennotierte Aktien, gegen Gebühr von einem Dritten leiht und dann verkauft. Zu einem späteren Zeitpunkt kauft der Investor dieselbe Anzahl Aktien wieder über die Börse und gibt sie dem Leihgeber zurück. Falls der Aktienkurs zwischenzeitlich gesunken ist, kann der Investor einen Gewinn vereinnahmen, der sich aus der Differenz zwischen dem ursprünglichen Preis der Aktie und dem Rückkaufpreis ergibt. Obgleich es die Anlagerichtlinien nur weniger (institutioneller) Investoren zulassen, Leerverkäufe überhaupt durchzuführen, können sie ein geeignetes Instrument sein, um Klimarisiken aus dem Portfolio abzusichern („hedging"). Wenn beispielsweise ein Asset Manager aus bestimmten ökonomischen Gründen – z. B. angesichts einer anstehenden hohen Dividendenausschüttung – eine Aktie im Portfolio halten will, die aber gleichzeitig auch hohen klimabezogenen und damit auch finanziellen Risiken ausgesetzt ist, kann er versuchen,

Tab. 3 Eigenschaften und Implikationen des Leerverkaufs großer CO_2-Emittenten

Bereich	Vorteile	Nachteile
Finanzielle Perspektive	Mit dieser Strategie kann der Investor von fallenden Aktienkursen profitieren (z. B. wenn eine börsennotierte Ölgesellschaft am Markt abgewertet würde, weil eine neue Regulatorik den Ölverbrauch signifikant einschränkte)	Leerverkäufe sind riskanter als das Eingehen einer Long-Position, da sie zu theoretisch unbegrenzt hohen Verlusten führen können, sollte der Aktienkurs der leerverkauften Aktien steigen statt fallen. In diesem Fall muss der Leerverkäufer die Aktien zu einem höheren Preis zurückkaufen als er sie vormals gekauft hat
Ökologische Perspektive	Falls eine kritische Masse erreicht wird, kann dies den Aktienkurs eines Unternehmens negativ beeinflussen und das Unternehmen dazu motivieren, sich zukünftig klimafreundlicher zu positionieren	Eine kurzfristige, durch Leerverkäufe induzierte Abwertung mag nicht hinreichend sein, um ein Unternehmen dazu zu bewegen, sich klimafreundlicher aufzustellen. Eine gut kapitalisierte Aktiengesellschaft kann zudem durch den Aufkauf eigener Aktien Leerverkäufen entgegenwirken. Einige Investoren lehnen Leerverkäufe auch aus ethischen Gründen prinzipiell ab, weil sie eine Strategie für moralisch fragwürdig halten, die auf negative Auswirkungen auf ein Unternehmen und dessen Stakeholder setzt
Umsetzung	Ob ein Investor Leerverkäufe durchführen kann, hängt u. a. von den regulatorischen Rahmenbedingungen, den mandatsspezifischen Anlagerichtlinien und dem internen Know-how, derartige Risiken managen zu können, ab	

das Netto-Klimarisiko in seinem Portfolio partiell zu reduzieren, indem er in einem bestimmten Umfang auch Aktien eines klimaschädigenden Unternehmens leerverkauft. Sollten bestimmte klimabezogene Risiken dann virulent werden (z. B. steigende CO_2-Preise oder die Einführung einer CO_2-Steuer), kann der Asset Manager die Verluste der Long-Position mit denen der Short-Position (teilweise) kompensieren (Tab. 3).

Beispiel

Eine Leerverkaufsstrategie verwendet Robert Litterman, der Manager der Vermögenswerte des World Wildlife Fund (WWF). Er verkauft die Aktien der fossilen Energiebranche nicht, sondern nutzt sie für eine Baissespekulation. Auf diese Weise sollen sowohl das Portfoliorisiko reduziert als auch die ideellen Ziele des WWF mit finanziellen Mittel verfolgt werden.[7]

[7]https://www.corporateknights.com/channels/responsible-investing/make-killing-shorting-coal-companies-14279976/

4 Strategien, die das Portfolio synthetisch dekarbonisieren

Viele Investoren nutzen Positiv- und Negativ-Screenings, um ihr Portfolio zu dekarbonsieren. Es gibt jedoch auch Investoren, die aus regulatorischen oder anderen Gründen dazu angehalten sind, bestimmte Aktien im Portfolio zu halten. Falls diese Wertpapiere signifikanten klimabezogenen Risiken ausgesetzt sind, können Investoren ihr Portfolio auch synthetisch vor Kohlenstoffrisiken schützen.

4.1 Klimaneutralität durch Emissionsausgleich

Unternehmen emittieren ein bestimmtes Ausmaß an CO_2, beispielsweise durch ihre Produktionstätigkeiten. Vor diesem Hintergrund wird ein Investor indirekt über seinen Portfolioanteil an diesem Unternehmen mit dessen Emissionen assoziiert. Ein Emissionsausgleich („carbon offset") besteht in einer faktischen Emissionsreduktion von Treibhausgasen, die die CO_2-Emissionen, die beim investierten Unternehmen entstehen, kompensiert. Auf diese Weise ergibt sich eine kalkulatorische Klimaneutralität auf Portfolioebene. In der Praxis werden Emissionsausgleiche durch den Kauf von CO_2-Zertifikaten – die keine Wertpapier-Zertifikate im Sinn des Wertpapierhandelsgesetzes (WpHG) sind – erzielt. Diese bescheinigen Emissionsreduktionen in Bezug auf ein bestimmtes klimabezogenes Projekt, z. B. dem Bau einer zusätzlichen Biogasanlage oder die Neubepflanzung einer Waldfläche (Tab. 4).

Beispiel

Seit 2016 offeriert der schwedische Fondsmanager Öhman für seine nachhaltigen Aktienfonds die Möglichkeit eines Emissionsausgleichs, um sie klimaneutral auszugestalten. Dies war ein Novum am Markt.[8]

4.2 Klimaneutralität durch Direktbeteiligungen

Aus einer Multi-Asset-Perspektive betrachtet besteht auch die Möglichkeit, durch Investments in illiquide Asset-Klassen einen Emissionsausgleich im Gesamtportfolio zu erzielen. Diese Strategie kann mit klimafreundlichen Sachwertinvestitionen erfolgen, die die Treibhausgasemissionen des Aktienanteils kompensieren. Anstatt also CO_2-Zertifikate eines Drittanbieters zu kaufen, dessen Zertifikatsbasis z. B. ein neuer Windpark ist, investiert der Kapitalanleger direkt in die klimaschützende Beteiligung. Der Investor erzielt also die Emissionsreduktion mithilfe einer dekarbonisierenden Direktbeteiligung, die gegen die Emissionen seines liquiden Portfolioanteils gegengerechnet wird (Tab. 5).

---

[8] https://www.southpole.com/de/news/swedish-fund-manager-oehman-first-to-offer-climate-neutral-investments-with-help-of-south-pole-group-1

Tab. 4 Eigenschaften und Implikationen der Klimaneutralität durch Emissionsausgleich

Bereich	Vorteile	Nachteile
Finanzielle Perspektive	Der Ausweis der Klimaneutralität eines Portfolios durch den Kauf von CO_2-Zertifikaten kann reputative Vorteile für einen Investor mit sich bringen. Es besteht jedoch kein direkter finanzieller Vorteil im engeren Sinn	Emissionsausgleiche durch den Kauf von CO_2-Zertifikaten sind mit Kosten verbunden, ohne dass finanzielle Einnahmen dagegen stehen. Das CO_2-Zertifikat ist kein Finanzkontrakt, der mit einer Renditeerwartung verbunden werden kann
Ökologische Perspektive	Emissionsausgleiche durch den Erwerb von CO_2-Zertifikaten erlauben die Finanzierung von klimaschützenden Projekten, die ohne diese Finanzierung nicht stattgefunden hätten. Deshalb haben sie einen eindeutigen und unmittelbaren positiven Effekt auf die Umwelt	Emissionsausgleiche ersetzen nicht die Notwendigkeit einer Emissionsreduktion auf Ebene der Unternehmen oder Investoren. Der Pariser Weltklimavertrag sieht dementsprechend negative Emissionen vor, um das Zwei-Grad-Ziel bis 2070 einhalten zu können[a]
Umsetzung	CO_2-Zertifikate werden von einer Reihe von Anbietern am Markt angeboten. Darüber hinaus gibt es Zertifizierungsstandards und Institutionen, die die Qualität der CO_2-Zertifikate überprüfen und verifizieren, z. B. von Gold Standard[b]	

[a]Negative Emissionen beschreiben das Konzept, dass die bereits emittierten Treibhausgase proaktiv aus der Atmosphäre eliminiert werden
[b]https://www.goldstandard.org/

Beispiel

Die ASN Bank in den Niederlanden hat eine Multi-Asset-Methodik entwickelt, um die positive und negative Emissionswirkung ihrer Investitionen zu messen (Carbon Profit and Loss Methodology).[9] Darauf basierend investiert die Bank u. a. in erneuerbare Energien, um ihr Gesamtportfolio zu dekarbonisieren. Die ASN Bank hat zum Ziel, als Unternehmen und mit seinen Investments bis 2030 klimaneutral zu sein.

4.3 Klimaneutralität durch Emissionsberechtigungen im EU-Emissionshandel

Das Konzept des Emissionsausgleichs von Treibhausgasen durch den Kauf von CO_2-Zertifikaten oder klimaschützenden Direktbeteiligungen erfordert einen zusätzlichen Nachweis: Wäre die Emissionsreduktion aufgrund nationaler oder internationaler Klimapläne nicht ohnehin umgesetzt worden? In Europa und auch in anderen Regionen wird der Ausstoß fast jeder Tonne CO_2 durch ein Emissionshandelssystem mit

[9]https://www.ecofys.com/en/publications/asn-bank-carbon-profit-and-loss-methodology/

Tab. 5 Eigenschaften und Implikationen der Klimaneutralität durch Direktbeteiligungen

Bereich	Vorteile	Nachteile
Finanzielle Perspektive	Im Gegensatz zu CO_2-Zertifikaten, die keine Investments sind, bieten klimaschützende Direktbeteiligungen die Chance, auch finanzielle Renditen (Ausschüttungen, Verkaufserlöse etc.) zu erwirtschaften. Weiterhin fungieren solche Direktbeteiligungen auch als Risikoschutz gegen CO_2-intensive Investmentstrategien	Um einen vollständigen Emissionsausgleich im Gesamtportfolio zu erzielen, können die erforderlichen klimafreundlichen Sachwertinvestitionen sehr hoch sein, was auch zu deutlich eingeschränkter Liquidität und einem höheren Risiko führen kann
Ökologische Perspektive	Ebenso wie CO_2-Zertifikate haben klimafreundliche Direktinvestitionen einen positiven Effekt auf die Umwelt. Sie finanzieren emissionsreduzierende Anlagen (z. B. im Bereich erneuerbarer Energien) und fördern die Entwicklung, Verbreitung und Skalierung klimafreundlicher Technologien	Die Finanzierung emissionsreduzierender Projekte in Ländern, die konkrete Klimaziele verfolgen (etwa im Rahmen des Pariser Weltklimavertrags) führt nicht zwingend zu einer zusätzlichen Emissionsreduktion, da diese im Rahmen der nationalen Emissionsziele ohnehin finanziert und umgesetzt worden wäre. Weiterhin erfolgt die Emissionsreduktion nicht sofort mit der Bereitstellung des Kapitals, sondern erst nachgelagert im Lauf der Projektrealisierung
Umsetzung	Die Möglichkeit, durch Direktbeteiligungen die Klimaneutralität des (Aktien-)Portfolios sicherzustellen, steht nicht allen Investoren offen. Das spezifische Mandat, die Anlagerichtlinien oder die Regulatorik können einschränkend bis verhindernd wirken. Weiterhin ist für die Umsetzung sowohl eine ökonomische Expertise im Bereich der Direktbeteiligungen als auch eine ökologische Expertise für die Bewertung des Emissionsreduktionspotenzials erforderlich. Hierfür gibt es am Markt spezialisierte Beratungsunternehmen	

definierten Obergrenzen geregelt („cap and trade scheme"), an das ein Großteil der Unternehmen verpflichtend angebunden ist. Um das im Pariser Klimaabkommen verabschiedete Ziel einer maximalen Erwärmung von 2 °C bis 2030 zu erreichen, werden die Obergrenzen plangemäß über die Zeit reduziert. Um in der EU eine zusätzliche Emissionsreduktion erzielen zu können, müssen Emissionsberechtigungen (EU ETS Allowances), die z. B. an der Leipziger Energiebörse gehandelt werden, erworben werden. Jede einzelne Emissionsberechtigung erlaubt es dem Eigentümer, eine Tonne CO_2 irgendwo in Europa zu einem beliebigen Zeitpunkt bis 2050 zu emittieren (z. B. im Rahmen eines Produktionsprozesses). Der faktische Ausstoß von Treibhausgasen kann in der EU dann dadurch reduziert werden, dass man Emissionsberechtigungen kauft und

Tab. 6 Eigenschaften und Implikationen der Klimaneutralität mit Emissionsberechtigungen im EU-Emissionshandel (*EU ETS*)

Bereich	Vorteile	Nachteile
Finanzielle Perspektive	Emissionsberechtigungen im EU ETS werden an verschiedenen Börsenplätzen gehandelt und stellen auch eine Investmentmöglichkeit dar, die mit anderen Asset-Klassen nur gering korreliert ist	Sollen Emissionsberechtigungen im Portfolio einen klimaneutralen Effekt erzielen, müssen sie ruhen und dürfen (zunächst) nicht verkauft werden
Ökologische Perspektive	Der Erwerb von Emissionsberechtigungen im EU ETS ist ein standardisierter und gesetzlich geregelter Weg der CO_2-Reduktion in Europa. Seine Nutzung unterstützt eines der stärksten regulatorischen Instrumente der Bekämpfung des Klimawandels, das auf europäischer Ebene zur Verfügung steht: das EU ETS	Der Kauf und die längerfristige Verwahrung (ohne Verkauf) von Emissionsberechtigungen ist ökologisch effektiv, aber schwerer zu vermitteln, weil abstrakter, als der Kauf von CO_2-Zertifikaten oder von klimafreundlichen Direktbeteiligungen
Umsetzung	Emissionsberechtigungen im EU ETS können über die Börse gehandelt werden, u. a. über die Energiebörse in Leipzig	

ruhen lässt. Der spezifische Mechanismus des EU-Emissionshandelssystems (Emission Trading System, ETS) führt darüber hinaus dazu, dass ruhende Emissionsberechtigungen die Anzahl der zukünftig von der EU emittierten Berechtigungen reduziert, folglich eine Minimierung der Emissionsobergrenze erfolgt. Die Anzahl der für einen Investor zu erwerbenden Emissionsberechtigungen kann anhand des Carbon Footprint des Portfolios ermittelt werden (Tab. 6).

Beispiel

Im Juli 2016 veröffentlichte die schwedische Regierung einen Plan, die Anzahl der Emissionsberechtigungen im EU ETS zu reduzieren.[10] Die Regierung verpflichtete sich dazu, bis 2040 jährlich 300 Mio. Schwedische Kronen für den Kauf und die Löschung von Emissionsberechtigungen auszugeben. Aufgrund der Reform des EU ETS im November 2017 adaptierte sie ihren Plan. Schweden beabsichtigt nun, die entsprechende Anzahl an Emissionsberechtigungen überhaupt nicht auszugeben, statt sie erst am Markt zu platzieren, aufzukaufen und dann zu annullieren. Auf diese Weise reduziert Schweden freiwillig das nationale Emissionsbudget, das dem schwedischen Staat zur Verfügung steht.

[10] https://www.government.se/press-releases/2016/07/real-emission-reductions-and-more-pressure-on-the-eu-due-to-new-swedish-eu-ets-policy/

5 Strategien, die die Dekarbonisierung der Realwirtschaft und des Portfolios fördern

Neben den bereits beschriebenen Strategien des klimabezogenen Risikomanagements des Portfolios sowie dessen synthetischer Dekarbonisierung gibt es auch Strategien, die strukturelle Veränderungsprozesse hin zu einem kohlenstoffarmen Wirtschaftssystem unterstützen können. Dazu zählt im Hinblick auf Investoren u. a. die Inanspruchnahme von Aktionärsrechten, beispielsweise durch den aktiven Dialog mit dem Management des investierten Unternehmens (Engagement-Verfahren) oder durch die Ausübung von Stimmrechten auf der Hauptversammlung.

5.1 Engagement

Durch die Aufnahme eines regelmäßigen Dialogs mit einem Unternehmen können Investoren in ihrer Rolle als Miteigentümer einer Aktiengesellschaft zentrale klimabezogene Motive adressieren und Änderungen initiieren. Dies betrifft z. B. die Erhebung und Veröffentlichung von Emissionsdaten, die Festlegung von Emissionsreduktionszielen oder die Berechnung von klimabezogenen Risikoszenarien. Engagement kann dabei sehr unterschiedliche Formen annehmen: Einzelgespräche und persönliche Treffen mit dem Management, Briefkampagnen, Anträge auf Aktionärsbeschlüsse oder Formen konzertierten Engagements zusammen mit anderen Aktionären. Abhängig vom Einzelfall müssen Investoren ihre jeweilige Engagementstrategie auswählen, vorbereiten, überwachen und analysieren (Tab. 7).

Tab. 7 Eigenschaften und Implikationen des Engagements

Bereich	Vorteile	Nachteile
Finanzielle Perspektive	Engagement ist ein Verfahren, mithilfe dessen Investoren versuchen, ein Unternehmen wirtschaftlich nachhaltiger zu positionieren, beispielsweise indem es sich in Bezug auf seine Geschäftsmodelle und Prozesse auf eine kohlenstoffarme Wirtschaft frühzeitig vorbereitet	Engagement kann ein sehr zeit- und ressourcenintensiver Prozess sein, der darüber hinaus nicht ohne Weiteres skalierbar ist
Ökologische Perspektive	Investoren mag es gelingen, durch Engagement die DNA eines Unternehmens klimafreundlicher auszugestalten und so realwirtschaftlich zu dekarbonisieren	Es kann lange dauern, bevor Engagement positive ökologische Ergebnisse auf Unternehmensebene zeitigt; es mag auch vollständig erfolglos bleiben
Umsetzung	Am Markt gibt es Dienstleister, die sich auf Engagement-Services spezialisiert haben und in Anspruch genommen werden können	

Beispiel

Der New York State Retirement Fund hat 120 Anträge auf Beschlussfassung auf Hauptversammlungen gestellt, um von großen US-Energiekonzernen zu erfahren, wie ihr Geschäftsmodell vom Zwei-Grad-Klimaziel betroffen sein wird.[11] Diese Kampagne wurde durch Engagement-Aktivitäten ergänzt, was zu der Rücknahme einiger dieser Aktionärsanträge geführt hat. Engagement ist auch ein zentraler Bestandteil der Climate Action 100+ Initiative,[12] die Anfang 2018 ins Leben gerufen und bereits von 323 Investoren unterzeichnet wurde, die rund 32 Billionen US$ verwalten.

5.2 Stimmrechtsausübung

Die Strategie kann in zwei unterschiedlichen Ansätzen umgesetzt werden. Zum einen haben Investoren die Möglichkeit, mit einer dezidiert klimafokussierten Stimmrechtswahrnehmung z. B. gegen die Entlastung der Direktoren jener Unternehmen zu stimmen, die in ihrer Klimatransformation nicht den Erwartungen entsprechen. Solche Climate Voting Policies sind seit 2019 umsetzbar und betrachten etwa Klimatransparenz nach den TCFD-Richtlinien, derzeitige und künftige Klimaperformance sowie die Verletzung internationaler Klimanormen.

Zum anderen besteht für Investoren die Möglichkeit, immer dann ihre Stimme zu erheben, wenn das Thema Klima zur Abstimmung gelangt. Hierbei können sie auf Hauptversammlungen ihre Aktionärsstimmrechte für klimafreundliche Anträge einsetzen bzw. diese, sofern möglich, stellen. Eine proaktivere Strategie kann diejenigen Unternehmen im Portfolio identifizieren, die einem besonders hohen klimabezogenen Risiko ausgesetzt sind und darauf basierend spezifische Aktionärsanträge einbringen, beispielsweise zur Veröffentlichung von Emissionsdaten (Tab. 8).

Beispiel

In den letzten Jahren ist die Anzahl klimabezogener Aktionärsbeschlüsse auf Hauptversammlungen stark angestiegen. Im Jahr 2018 wurden per Ende April in den USA 91 klimabezogene Anträge von Aktionären gestellt, verglichen mit nur jeweils 17 Anträgen in 2012 und 2013.[13] Allein im letzten Jahr stieg die Unterstützung für klimabezogene Anträge auf 28 %. Unternehmen werden von ihren Aktionären zunehmend gefragt, Reduktionsziele für die Emission von Treibhausgasen festzulegen und ihre CO_2-Emissionen zu messen und zu veröfftlichen. Dies wird auch von der TCFD empfohlen.

---

[11] Responsible Investor, 20180409. „NY State Comptroller DiNapoli follows up climate resolution successes with more action on GHGs".

[12] http://www.climateaction100.org/

[13] ISS-Ethix Responsible Investment Insights, 21.03.2018.

Tab. 8 Eigenschaften und Implikationen der Stimmrechtsausübung

Bereich	Vorteile	Nachteile
Finanzielle Perspektive	Die Ausübung von Aktionärsstimmrechten auf Hauptversammlungen ist eine Strategie, mithilfe derer Investoren versuchen, ein Unternehmen wirtschaftlich nachhaltiger zu gestalten. Dies geschieht beispielsweise, indem sie das klimadefensive Management eines Unternehmens nicht entlasten oder dafür votieren, dass es auf die Transformation zu einer kohlenstoffarmen Wirtschaftsweise in Bezug auf seine Geschäftsmodelle und operativen Prozesse vorbereitet ist	Die klimabezogene Ausübung von Stimmrechten auf Hauptversammlungen erfordert entweder eine dezidierte Klimastimmrechtsausübungsstrategie mit den notwendigen Daten oder eine gewisse Vorbereitung und Koordination aufseiten der Aktionäre
Ökologische Perspektive	Eine klimabezogene Stimmrechtsausübungsstrategie erlaubt einen direkten Einfluss auf das Gesamtportfolio. Klimabezogene Stimmrechtsausübung signalisiert zumindest gegenüber dem Unternehmen und anderen Investoren die Bedeutung des Themas	Die Auswirkungen der klimabezogenen Stimmrechtsausübung auf Unternehmen und auf die Realwirtschaft mag nur indirekt und langfristig sein
Umsetzung	Die Ausübung von Aktionärsstimmrechten ist in einigen Jurisdiktionen, wie etwa den USA, verpflichtend; in anderen, wie in Europa und Asien, gewinnt sie zunehmend an Bedeutung. Stimmrechte können auch an Dritte übertragen werden, die als Vertreter bzw. Bevollmächtigte des Aktionärs auf der Hauptversammlung abstimmen (sog. „proxy voting"). Es gibt Anbieter am Markt, die Aktionäre bei der Entwicklung einer klimabezogenen Voting-Strategie und Ausübung ihrer Stimmrechte unterstützen	

Der Aktionärsbeschluss bei ExxonMobil weckte die besondere Aufmerksamkeit der Öffentlichkeit. Er veranlasste das Unternehmen zur Berichterstattung darüber, welche Auswirkungen der Klimawandel auf ihr Geschäftsmodell hat.[14] Es muss aber kritisch festgehalten werden, dass nur wenige Unternehmen bislang über ihre klimabezogenen Risiken berichten.

6 Fazit – Was ist zu tun?

Das UN Sustainable Development Goal (SDG) Nummer 17 bezieht sich auf die Bildung von Partnerschaften zur Erreichung der SDG-Ziele und hebt die Bedeutung der Kombination unterschiedlicher Handlungsansätze hervor. Im selben Geist können Investoren die höchste Wirkung durch die Kombination unterschiedlicher Dekarbonisierungsstrategien erzielen. Beispielsweise können frei werdende Mittel aus dem Divestment

[14] http://fortune.com/2017/12/12/exxon-mobil-climate/

klimaschädigender Unternehmen für Direktbeteiligungen in emissionsreduzierende Projekte verwendet werden; die Strategie des Positiv-Screenings kann mit der des Emissionsausgleichs durch den Kauf von CO_2-Zertifikaten kombiniert werden, um die vollständige Klimaneutralität des Portfolios zu erzielen. Darüber hinaus kann ein Proxy-Voting-Overlay mit dem Engagement-Verfahren verbunden werden.

Im ersten Schritt ist für Investoren zu klären, welches Ziel sie primär mit einer Dekarbonisierungsstrategie verfolgen wollen: Risikomanagment ihres Portfolios oder hohe ökologische Wirkung. Für beide Motive ist es notwendig, fundierte Informationen über die CO_2-Emissionen und Klimaziele der investierten Unternehmen zu erhalten. Diese klimabezogenen Informationen dienen als Entscheidungsgrundlage. Um mit der komplexen Thematik als Investor vertraut zu werden, ist es sinnvoll, zunächst mit relativ einfach umzusetzenden Dekarbonisierungsstrategien zu beginnen und später weitere klimabezogene Maßnahmen im Portfoliokontext umzusetzen.

Es ist wichtig zu betonen, dass es nicht die eine Dekarbonisierungsstrategie gibt, die für alle Investoren geeignet ist. Die acht hier diskutierten Strategien dienten dem Zweck, eine erste Übersicht aus finanzieller und ökologischer Perspektive zu liefern. Die konkrete Umsetzung hängt u. a. von den Bedürfnissen, Motiven, Ressourcen und Anlagerichtlinien des jeweiligen Investors ab.

Über ISS ESG

ISS ESG ist der Responsible-Investment-Bereich von Institutional Shareholder Services Inc., dem weltweit führenden Anbieter von Environmental-Social-Governance(ESG)-Lösungen für Investoren, Asset Manager, Hedgefonds und Anbieter von Vermögensdienstleistungen. Zu ISS ESG gehören drei verschiedene Bereiche, die über jeweils langjährige Erfahrung und umfangreiches Branchenwissen verfügen: ISS-ethix ermöglicht Investoren die Entwicklung und Integration von Responsible-Investment-Richtlinien und -Strategien sowie Responsible-Investment-Themen und Monitor-Portfolios für Unternehmen durch Screening-Lösungen; ISS-climate liefert Daten, Analysen und Beratung, um Anleger bei der Bewertung von und bei Maßnahmen gegen klimabedingte Risiken in allen Anlagekategorien zu unterstützen; ISS-oekom bietet ESG-Research und -Ratings für Unternehmen und Länder und ermöglicht seinen Kunden die Erkennung von materiellen, sozialen und ökologischen Chancen und Risiken. Die Kunden von ISS ESG vertrauen auf die Erfahrung aus allen drei Bereichen, mit denen sie die Responsible-Investment-Richtlinien und -Methoden in ihre Strategie und die Wahlentscheidungen der Aktionäre integrieren können. Weitere Informationen finden Sie unter issgovernance.com/esg.

Dr. Maximilian Horster verantwortet den Produktbereich der Klimabewertungen innerhalb von ISS ESG, dem auf nachhaltige Investmentservices ausgelegten Geschäftsbereich von Institutional Shareholder Services. Ein Team von Experten ermöglicht hier Finanzmarktteilnehmern und Regierungen, die Implikationen des Klimawandels auf Investitionen zu verstehen, zu messen und – basierend darauf – zu handeln.

Im Jahr 2010 hat Maximilian Horster mit der South Pole Group in Zürich ein Unternehmen gegründet, um die führende Methodik zum Erfassen von Klimaauswirkungen auf Investitionen zu entwickeln. Mit dem Verkauf des Unternehmens an ISS im Jahr 2017 übernahm Horster die Leitung des dort neu gegründeten Klimabereichs.

Dr. Horster leitet mehrere von der EU geförderte Projekte zum Thema Klimawandel und Investitionen, engagiert sich in Industrieorganisationen, lehrt, publiziert und berät Regierungen zu diesem Thema.

Der VÖNIX als Nachhaltigkeitsbenchmark des österreichischen Aktienmarkts

Reinhard Friesenbichler

1 Einleitung

1.1 Vorgeschichte

Als 1999/2000 der Impuls zu einem österreichischen Nachhaltigkeitsindex entstand, waren nachhaltige Investments im Allgemeinen und Nachhaltigkeitsindizes im Besonderen noch Nischenprodukte. Ideenstifter war der 1991 lancierte US-amerikanische DSI400 (Domini Social Index) als erster nationaler Aktienindex mit sozialen und ökologischen Aufnahmekriterien. Dieser aus 400 Large und Mid Caps bestehende Index verglich sich mit dem S&P500 und konnte diesen kontinuierlich outperformen (Kinder et al. 1993). Ab 2001 wurden in einem mehrstufigen Forschungsprojekt unter dem Titel „ATX easey" (steht für „ecological and social efficiency") unter der Leitung der Wirtschaftsuniversität Wien und mit Partnern aus Wissenschaft und Praxis die Grundlagen für einen österreichischen Umwelt- und Sozialindex geschaffen.

1.2 VÖNIX

Im Jahr 2005 wurde der VÖNIX als einer der weltweit ersten nationalen Nachhaltigkeitsindizes gestartet. Er ist die Nachhaltigkeitsbenchmark des heimischen Aktienmarkts und beinhaltet jene an der Wiener Börse notierten österreichischen Unternehmen, die in ökologischer und gesellschaftlicher Hinsicht führend sind. VÖNIX steht für VBV Österreichischer Nachhaltigkeitsindex und enthält damit den Namen der größten

R. Friesenbichler (✉)
Reinhard Friesenbichler Unternehmensberatung, Wien, Österreich
E-Mail: friesenbichler@rfu.at

A. Sihn-Weber und F. Fischler (Hrsg.), *CSR und Klimawandel*, Management-Reihe Corporate Social Responsibility, https://doi.org/10.1007/978-3-662-59748-4_35

Vorsorgekasse des Landes. Diese sowie die Nachhaltigkeits-Researchagentur rfu als Initiator und Verantwortlicher für die Indexzusammensetzung sind Partner des VÖNIX seit der ersten Stunde.

Motive für die Schaffung des VÖNIX waren und sind

- eine investierbare Nachhaltigkeitsbenchmark für den österreichischen Aktienmarkt bereitzustellen,
- den wirtschaftlichen Nutzen von nachhaltigem Management und Investment für Unternehmen und Investoren zu veranschaulichen,
- nachhaltige Unternehmen zu motivieren und nach außen sichtbar zu machen sowie
- dem Thema nachhaltiges Investment permanente Präsenz in der Financial Community und in der Öffentlichkeit zu geben.

Im Jahr 2007 schließlich wurde der VÖNIX in die Indexfamilie der Wiener Börse aufgenommen und von dieser kontinuierlich gerechnet und publiziert; 2015 erfolgte die nächste Erweiterung der organisatorischen Basis. Neben den bisherigen Partnern tragen nun auch die Raiffeisen Nachhaltigkeits-Initiative und die Fondsgesellschaft Security KAG zum Bestehen des VÖNIX bei (VBV-Vorsorgekasse AG 2018).

2 Kriteriologie und Methodik des VÖNIX

Nachhaltiges Investment lässt sich definieren als „Einbeziehung von ethischen, sozialen und ökologischen Kriterien in die Anlageentscheidung" (Friesenbichler 2016, S. 205). Diese weite Definition beinhaltet unterschiedliche Konzeptionen wie z. B. Ausschlusskriterien, Positivratings mit absolutem oder Best-in-Class-Anspruch, Themeninvestments, Environmental-Social-Governance(ESG)-Integration etc. (Friesenbichler 2016, S. 205 ff.). Das Nachhaltigkeitsmodell der rfu (rfu 2014), das für die ökologische und gesellschaftliche Analyse der potenziellen VÖNIX-Member angewendet wird, kombiniert die beiden erstgenannten Konzepte und umfasst zwei Filterebenen: Ausschlusskriterien und Positivkriterien.

2.1 Ausschlusskriterien

Ausschlusskriterien nachhaltiger Portfolios werden in der Kommunikation und der Wahrnehmung von außen meist überbetont. Nicht nur in einem österreichischen Basisuniversum, sondern auch international ist die Selektivitätswirkung marktüblicher Ausschlusskriterien in einer Größenordnung von nur 5–10 % angesiedelt. Dennoch ist es Usance, bestimmte besonders kritische und nicht kompensierbare Geschäftstätigkeiten, Technologien oder Geschäftspraktiken grundsätzlich aus nachhaltigen Portfolios zu eliminieren.

So auch beim VÖNIX, der ein mitteleuropäische Werthaltungen repräsentierendes Set an Ausschlusskriterien anwendet. Unternehmen, die eines oder mehrere der in Tab. 1 genannten Kriterien verletzen, können grundsätzlich nicht in den Index aufgenommen werden.

Die offene Formulierung in der Kriteriengruppe „Sonstige" ermöglicht einen Umgang mit Unvorhersehbarkeit und Dynamik praktischer Entwicklungen, wissenschaftlicher Erkenntnisse und moralischer Standpunkte. Es erfolgt eine laufende Ergänzung um neue Aspekte (z. B. war bei Start des VÖNIX 2005 die Öl- und Gasförderung via Fracking noch kein breites Thema).

Den oft komplexen Strukturen und tief gestaffelten Aktivitäten von großen Unternehmen Rechnung tragend, sind für die Ausschlusskriterien des VÖNIX jeweils Signifikanzschwellen gegeben. Diese sind über die relative und absolute Bedeutung definiert. Letztere kann abgeleitet werden aus einer Rolle als Markt- oder Technologieführer im betreffenden Bereich. Erstere wird für geschäftsfeldbezogene Kriterien meist am Umsatzbeitrag festgemacht. Das tolerierte Ausmaß hängt wiederum vom Ausmaß bzw. Beitrag

Tab. 1 Ausschlusskriterien des VÖNIX. (Quelle: Wiener Börse AG 2019, S. 27)

Ausschlusskriterium	Definition
Rüstung	• Atomare, biologische oder chemische Waffen, Waffensysteme und Kernkomponenten • Konventionelle militärische Waffen, Waffensysteme oder Kernkomponenten • Spezifisch militärisches Material oder Dienstleistungen
Nuklearenergie	• Elektrizität aus Nuklearkraftwerken • Nuklearkraftwerke und spezifische Kernkomponenten und Dienstleistungen • Nukleare Brennstoffe
Suchtmittel	• Tabak und Tabakwaren sowie spezifische Inhaltsstoffe • Spirituosen mit Alkoholgehalt über 20 Volumen-%
Gentechnologie	• Ethisch bzw. sozial problematische Human-Gentechnologie • Ethisch bzw. ökologisch problematische Gentechnologie in Land- und Viehwirtschaft
Glücksspiel	• Betrieb von Glücks- und Wettspielen • Glücks- und wettspielspezifische Anlagen, Kernkomponenten und Dienstleistungen
Sonstige	• Sonstige Aktivitäten und Praktiken mit stark negativen ethischen, sozialen oder ökologischen Effekten bzw. Risiken • Insbesondere schwere Verstöße gegen Menschenrechts- und Arbeitsstandards (z. B. ILO-Normen), Rechtsnormen (z. B. Bilanzmanipulation) und ethische Grundsätze (z. B. Korruption) • Oder schwere Schädigungen der Natur (z. B. Kohleabbau), • Oder der menschlichen Gesundheit und Würde (z. B. Kinderpornographie)

Tab. 2 Toleranzniveaus am Beispiel des Ausschlusskriteriums Rüstung. (Quelle: rfu)

Ausschlusskriterium „Rüstung“	Relative Signifikanz	Absolute Signifikanz
Atomare, biologische oder chemische Waffen, Waffensysteme und Kernkomponenten	>0 Umsatz %	Technologie- oder Marktführerschaft
Konventionelle militärische Waffen, Waffensysteme oder Kernkomponenten	>1 Umsatz %	Technologie- oder Marktführerschaft
Spezifisch militärisches Material oder Dienstleistungen	>5 Umsatz %	Technologie- oder Marktführerschaft

zum Schaden bzw. Schadensrisiko ab (s. das Beispiel für das Ausschlusskriterium Rüstung in Tab. 2).

Sind mehrere Kriterien tangiert – z. B. Lieferungen für das Militär und für die Nuklearbranche –, jedoch jeweils unterhalb der Toleranzgrenze, so werden gemäß der Kumulationsregel die Umsatzanteile aufsummiert, was insgesamt ebenfalls zum Ausschluss führen kann.

2.2 Positivkriterien

Mithilfe der sog. Stakeholder- und Produktkriterien (allgemein wird diese Filterebene oft auch als jene der Positiv- oder Qualitätskriterien bezeichnet) sollen alle relevanten Dimensionen und Aspekte der Nachhaltigkeit eines Unternehmens erfasst und beurteilt werden. Grundstruktur des Modells ist eine Matrix mit sechs Stakeholdergruppen und vier Managementebenen. Jeder Schnittpunkt der Sechs-mal-vier-Matrix bildet ein Bewertungsfeld, dem Kriterien zugeordnet sind. Insgesamt enthält das Nachhaltigkeitsmodell knapp 100 einzelne Kriterien, operationalisiert durch etwa 400 quantitative und qualitative Indikatoren (rfu 2014).

Die Managementebenen umfassen

- Grundsätze und Strategien;
- Managementsysteme und Organisation;
- Programme, Aktivitäten und Ergebnisse
- sowie die Produkte und Dienstleistungen.

Stakeholdergruppen (und zugehörige Kriterienbeispiele) sind:

- Mitarbeiter: umfasst u. a. das Management, feste, freie, und temporäre Mitarbeiter, Interessenvertretungen etc. Beispiele für konkrete Kriterien sind Gesundheit und Sicherheit, Aus- und Weiterbildung, Work-Life-Balance.

- Gesellschaft: Hierzu gehören z. B. Standortgemeinde, Anrainer, Bürgerinitiativen, Medien und die Öffentlichkeit im Allgemeinen. Nachhaltigkeitskriterien sind u. a. Corporate Citizenship, gesellschaftlicher Sinn der Produkte und Menschenrechte.
- Kunden: Neben Endverbrauchern zählen auch Weiterverarbeiter und Konsumentenschutzorganisationen zu dieser Gruppe. Kriterien sind Qualitätsmanagement, Langlebigkeit der Produkte, Serviceorientierung, Kundenzufriedenheit u. v. m.
- Marktpartner: Hierunter sind insbesondere Lieferanten, externe Dienstleister und Kooperationspartner subsummiert. Die zugeordneten Kriterien befassen sich z. B. mit den Aspekten Supply Chain Management, Partnerschaftlichkeit und soziale Auswahlkriterien für Lieferanten.
- Investoren: Hierzu zählen, neben den Aktionären, auch Fremdkapitalgeber wie Banken und Anleihebesitzer sowie sekundär auch Ratingagenturen oder Kapitalmarktaufsichtsbehörden. Kriterien sind Corporate Governance, Bonität, Aktionärsrechte etc.
- Umwelt: Unmittelbare Stakeholder dieser Gruppe sind Tiere, Pflanzen, Ökosysteme, Wasser und Böden etc. bzw. mittelbar Umwelt-Nichtregierungsorganisationen, Umweltbehörden sowie die Öffentlichkeit generell. Es werden u. a. folgende Aspekte geprüft: Umweltmanagementsystem, Produktökologie, Ressourcenverbrauch, Klimaschutz, Recycling u. v. m. (Wiener Börse AG 2019, S. 28)

Zu Illustration der Indikatorenebene dient das in Tab. 3 dargestellte Beispiel des Kriteriums „Energie und Klima", in der Matrix angesiedelt am Schnittpunkt des i) Stakeholders Umwelt und der Managementebene ii) Programme, Aktivitäten und Ergebnisse.

Tab. 3 Indikatoren am Beispiel des Positivkriteriums Energie und Klima. (Quelle: rfu)

Positivkriterium „Energie & Klima"	
Quantitative Indikatoren	• Absolute bzw. relative (d. h. bezogen auf Umsatz oder Output) Mengen je Energieträger, verbraucht durch die Aktivitäten des Unternehmens (Elektrizität, Wärme, Treibstoffe, Brennstoffe) • Menge bzw. Anteil des Energieverbrauchs, gedeckt durch erneuerbare Energieträger (z. B. Wasserkraft, Solarenergie, Windenergie, Biomasse, Geothermie, Biotreibstoffe) • Absolute bzw. relative (d. h. bezogen auf Umsatz oder Output) Emissionsmengen an klimarelevanten Gasen (insbesondere CO_2, Methan, Lachgas, FCKW) durch die Unternehmensaktivitäten • Gültigkeit und Systemgrenzen obiger Daten
Qualitative Indikatoren	• Ziele und Maßnahmen betreffend die Reduktion des Energieverbrauchs bzw. von dessen Umwelteffekten • Ziele und Maßnahmen betreffend die Reduktion von klimarelevanten Gasen bzw. deren Umwelteffekten

2.3 Gewichtung der Kriterien

Die Gewichtung der Matrixdimensionen und Bewertungsfelder und innerhalb dieser der Kriterien erfolgt nach Relevanz für das jeweilige Unternehmen. Zum Beispiel hat die Beschaffung und der damit verbundene ökologische und soziale Rucksack der Supply Chain für eine Handelsfirma eine höhere Bedeutung als für einen voll integrierten Produzenten. Folgende Faktoren bestimmen die Relevanz der einzelnen Kriterien:

- Branchenzugehörigkeit (bezogen auf die wichtigsten Geschäftsfelder gemäß rfu Sectore Structure, bestehend aus zehn Industry Groups auf höchster Ebene und 85 Primary Subsectors auf vierter Ebene)
- Mitarbeiterintensität und geografische Struktur der Standorte
- geografische Struktur der Absatzmärkte
- Position in und Tiefe der Wertschöpfungskette („upstream", „downstream" oder integriert)
- Umfang und Struktur des Beschaffungsportfolios
- Kundenstruktur („consumer" oder „commercial clients")
- unternehmensindividuelle Faktoren

Letztlich erhält dadurch jedes analysierte Unternehmen einen individuellen Gewichtungsmix (rfu 2014, S. 4 ff.).

2.4 Rating

Die nachfolgend beschriebene Skala ist in Abb. 1 dargestellt. Jedes relevante Kriterium wird im Bereich von −10 bis +10 Punkten bewertet und geht mit seiner spezifischen Gewichtung in die Bewertungen auf Ebene der Stakeholdergruppen und der

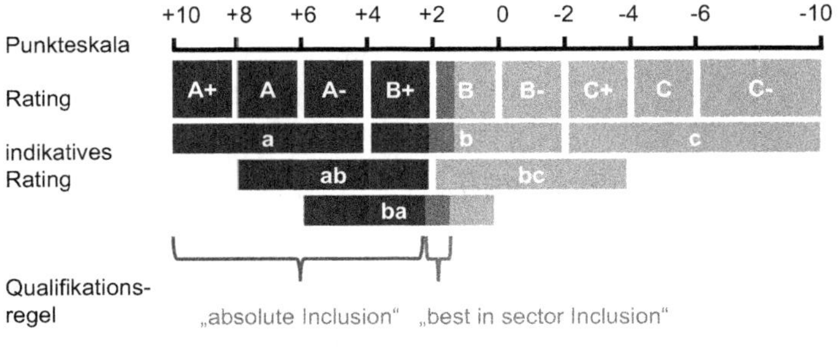

Abb. 1 Scoring- und Ratingskala sowie Qualifikationsregeln für den VÖNIX. (Quelle: rfu)

Managementebenen sowie in die Gesamtbewertung ein. Der aggregierte Punktewert (Core Score) wird in ein Rating auf einer neunstufigen Skala von A+ (innovativ) bis C− (regressiv) transformiert. Parallel zur inhaltlichen Bewertung eines Kriteriums erfolgt auch eine Beurteilung der Datenlage, auf deren Basis die Einschätzung erfolgt ist. Dadurch wird die Unschärfe der Ergebnisse sichtbar gemacht. Auf Ebene jeder Stakeholdergruppe werden die Gesamtdatenlage bzw. der verbleibende Informations-Gap errechnet. Dieser wird mit einem realistischen positive Case Score und einem realistischen negative Case Score befüllt, sodass der Schwankungsbereich des Resultats sichtbar wird. Ist dieser breiter als eine Ratingklasse, wird ein sog. indikatives Rating, dargestellt durch Kleinbuchstaben (a, ab usw.), generiert. Liegt aufgrund schlechter Gesamtdatenlage die realistische Schwankungsbreite jedoch auch außerhalb einer indikativen Ratingklasse, so führt dies zu einem „no rating“ (rfu 2014, S. 6 f.).

3 Prozess der Index Composition

Um den VÖNIX aktuell zu halten, besteht ein jährlich wiederkehrender Prozess zur Beurteilung der Nachhaltigkeit jedes für den Index grundsätzlich infrage kommenden Unternehmens. Dies führt auch in der Praxis immer wieder zu leichten Änderungen in der Indexzusammensetzung. Der Ablauf ist zeitlich mit der Reportingfrequenz der Unternehmen synchronisiert, die meist im März und April ihre Geschäfts- und Nachhaltigkeitsberichte publizieren. Abgeschlossen sind die Analysen Anfang Juni, sodass der VÖNIX jeweils ab Mitte Juni (nach dem letzten Handelstag in den ATX-Produkten) in neuer Zusammensetzung gestartet werden kann.

3.1 Basisuniversum

Ausgangspunkt des jährlichen Arbeitsprozesses ist die Definition des Basisuniversums im März und April. Das Basisuniversum beinhaltet grundsätzlich alle österreichischen Aktien, die kontinuierlich gehandelt werden bzw. dem oberen Marktsegment der Wiener Börse angehören: Dies sind insbesondere der Prime Market und der Standard Market Continuous. Darüber hinaus können auch nach Marktgängigkeit und Nachhaltigkeitspotenzial vorselektierte Titel aus den Auction Markets der Wiener Börse aufgenommen werden. Nicht einbezogen werden hingegen österreichische Gesellschaften mit einer ausschließlichen Notierung an einer ausländischen Börse sowie ausländische Unternehmen an der Wiener Börse (Wiener Börse AG 2019, S. 26). Insgesamt umfasste das Basisuniversum in den letzten Jahren jeweils rund 50 Unternehmen.

3.2 Datenerhebung

Im ersten Schritt werden jene Daten gesammelt, die die Unternehmen selbst publizieren. Die wichtigste dieser sog. öffentlichen Primärquellen ist die (integrierte oder gesonderte) Nachhaltigkeitsberichterstattung. Diese hat, nicht zuletzt durch allgemeine Standards für eine verbesserte Accountability (z. B. Global Reporting Initiative) sowie jüngst auch durch gesetzliche Vorgaben (NaDiVeG, Nachhaltigkeits- und Diversitätsverbesserungsgesetz) an Verbreitung und Qualität gewonnen, und steht mittlerweile für einen großen Teil der untersuchten Firmen zur Verfügung. Daneben enthalten auch Geschäftsberichte, Webauftritte der Unternehmen, Produktbroschüren, Strategiedokumente etc. relevante Daten. Gleichzeitig werden auch öffentlich verfügbare Sekundärinformationen erhoben, wie z. B. Medienartikel, Berichte von Nichtregierungsorganisationen, Branchenstudien, wissenschaftliche Arbeiten, Produkttests etc. Alle diese öffentlichen Daten werden in den sog. Analyseraster eingearbeitet.

Im nächsten Schritt werden die vorhandenen Informationen gesichtet und aus noch bestehenden wesentlichen Datenlücken werden Fragebögen für die Unternehmen generiert. Diese können mehrere Dutzend Fragestellungen umfassen oder, bei gutem aktivem Reporting, sich auf ganz wenige Aspekte beschränken. Die Antworten werden schriftlich oder in Interviews erhoben. Aufgrund der mit den meisten Firmen bereits langjährigen Zusammenarbeit wird, wo möglich, ein Schwerpunkt auf Aspekte mit höherer Änderungsdynamik gelegt. Auch abwechselnde thematische Schwerpunkte sind sinnvoll, um einzelne Bereiche gezielt zu vertiefen.

3.3 Analyse und Rating

Die eigentliche Nachhaltigkeitsanalyse erfolgt mithilfe eines elektronischen Tools, das das Nachhaltigkeitsmodell abbildet. Jede Unternehmensanalyse beginnt mit der Festlegung der gewichtungsrelevanten Basisparameter gemäß Abschn. 2.3 und besteht folgend aus dem eigentlichen Analyse- und Bewertungsprozess wie in Abschn. 2.4 dargestellt. In den VÖNIX aufgenommen werden letztlich alle Unternehmen, die ein Rating von A+, A, A−, B+ bzw. gleichwertige indikative Ratings erreichen („absolute inclusion“). Zusätzlich können auch Unternehmen mit einem guten B bzw. gleichwertigen indikative Ratings aufgenommen werden – dies insbesondere um noch unterrepräsentierte Sektoren besser abzudecken („best in sector inclusion“; Abb. 1).

3.4 Außerordentliche Indexanpassungen

Neben der jährlichen regulären Re-Composition des VÖNIX sind grundsätzlich auch unterjährige Änderungen der Indexzusammensetzung möglich, in der Praxis jedoch selten. Gründe hierfür können sowohl technischer Natur sein (z. B. Notierungsbeendigungen) als auch aufgrund von nachhaltigkeitsrelevanten Informationen angezeigt sein (insbesondere Auftreten bzw. Bekanntwerden von Ausschlussgründen, Börsegang von Unternehmen mit gutem Nachhaltigkeitsrating; Wiener Börse AG 2019, S. 30).

4 Technische Indexkonstruktion

Technisch betrachtet ist der VÖNIX ein Preisindex, d. h. wie auch beim ATX und beim ATX PRIME bleiben Dividendenzahlungen bei der Performanceberechnung unberücksichtigt. Ebenso analog zu den wichtigen Indexprodukten der Wiener Börse erfolgt die Gewichtung der einzelnen Constituents. Diese richtet sich nach der in Streubesitz befindlichen Marktkapitalisierung, korrigiert um den Glättungsfaktor. Dieser titelspezifische Multiplikator ist >1 für die niedrigkapitalisierten Indextitel und erhöht damit deren Gewichtung im VÖNIX. Für großkapitalisierte Unternehmen ist der Faktor <1 und senkt die Ausgangsgewichtung. Dadurch soll der Einfluss der Größe auf die Indexzusammensetzung verringert werden. Je Indexmitglied beträgt die Maximalgewichtung 15 % (Wiener Börse AG 2019, S. 25).

5 Resultate und Erfahrungen

5.1 Zusammensetzung

Im Gegensatz zu anderen Indizes wie z. B. dem ATX hat der VÖNIX keine feste Anzahl an Constituents. In der Praxis erfüllen seit 2008/2009 jährlich rund 20 Unternehmen die Anforderungen zur Indexaufnahme. In früheren Jahren lag die Zahl z. T. höher, da damals das Basisuniversum einen größeren Umfang hatte und auch im Ausland notierte heimische Unternehmen potenziell indextauglich waren. Allgemein lässt sich sagen, dass sich jeweils rund ein Drittel der Unternehmen im Basisuniversum für den VÖNIX eignen (Tab. 4).

Insgesamt waren 41 verschiedene Unternehmen zumindest einmal im VÖNIX vertreten. Neun (mit den dunkleren Balken der Tab. 4) sind von Indexstart im Juni 2005 bis ins Indexjahr 2018/2019 durchgängig qualifiziert gewesen. Seit zehn Jahren ist die Index Composition mit einer bis fünf Änderungen pro Jahr relativ stabil. Bei den Gründen für Index Exclusions halten sich Downgradings in der Nachhaltigkeitsbewertung und technische Gründe (insbesondere Delistings) in etwa die Waage.

Tab. 4 VÖNIX Member seit Indexstart. (Quelle: rfu)

INDUSTRY GROUP	COMPANY	18/19	17/18	16/17	15/16	14/15	13/14	12/13	11/12	10/11	09/10	08/09	07/08	06/07	05/06
		INDEX SEASONS (JUNE - JUNE)													
TRANSPORTATION															
	FLUGHAFEN WIEN AG												■	■	■
	OESTERREICHISCHE POST AG	■	■	■	■	■	■	■	■	■	■	■	■	■	
CONSUMER GOODS & SERVICES															
	AGRANA BETEILIGUNGS-AG	■	■	■	■	■	■	■	■	■			■		
	BENE AG					■	■	■	■	■	■	■			
FINANCIALS															
	BANK AUSTRIA CREDITANSTALT AG													■	■
	BKS BANK AG	■	■	■											
	ERSTE GROUP BANK AG	■	■	■	■	■	■	■	■	■	■	■	■	■	■
	RAIFFEISEN BANK INTERNATIONAL AG (1)	■	■	■	■	■	■	■	■	■	■	■	■	■	■
	UNIQA VERSICHERUNGEN AG							■	■	■		■	■	■	■
	VIENNA INSURANCE GROUP (2)	■	■	■	■	■	■	■	■	■	■	■	■	■	■
INDUSTRIALS															
	ANDRITZ AG												■	■	■
	CONSTANTIA PACKAGING AG										■	■	■	■	■
	MAYR-MELNHOF KARTON AG								■	■	■	■	■	■	■
	PALFINGER AG	■	■	■	■	■	■	■	■	■	■	■	■	■	■
	RHI AG			■	■	■	■								
	ROSENBAUER INTERNATIONAL AG	■	■	■	■	■	■	■	■	■	■	■	■	■	■
INDUSTRIAL & ENVIRONMENTAL SERVICES															
	BWT AG					■	■	■	■	■	■	■	■	■	■
	CHRIST WATER TECHNOLOGY AG										■	■	■	■	
	KAPSCH TRAFFICCOM AG	■	■	■	■	■	■	■	■	■	■				
	SW UMWELTTECHNIK AG						■	■	■				■	■	
BASIC MATERIALS															
	AMAG AG	■	■	■	■	■									
	BOEHLER-UDDEHOLM AG													■	■
	LENZING AG	■	■	■	■	■	■	■	■	■	■	■	■	■	■
	TEAK HOLZ INT. AG					■	■	■	■	■	■		■		
	VOESTALPINE AG									■	■	■	■	■	■
HEALTH CARE															
	VALNEVA SA (3)	■	■	■	■	■	■	■	■	■	■	■	■		
ENERGY															
	EVN AG	■	■	■	■	■	■	■	■	■	■	■	■	■	■
	OMV AG						■	■	■	■	■	■	■	■	■
	VERBUND AG	■	■	■	■	■	■	■	■	■	■	■	■	■	■
CONSTRUCTION & REAL ESTATE															
	ATHOS IMMOBILIEN AG			■											
	BUWOG AG		■	■	■	■									
	CA IMMOBILIEN ANLAGEN AG	■	■	■	■	■	■	■	■						
	CONWERT IMMOBILIEN INVEST SE												■		
	HIRSCH SERVO AG												■	■	
	WIENERBERGER AG	■	■	■	■	■	■	■	■	■	■	■	■	■	■
	ZUMTOBEL AG	■	■	■	■	■	■	■	■	■	■				
TELECOMMUNICATIONS & INFORMATION TECHNOLOGY															
	AMS AG (4) (6)												■	■	■
	AT&S AUSTRIA TECH. & SYSTEMTECH.	■	■	■	■							■	■	■	■
	SEZ AG (6)												■	■	■
	TELEKOM AUSTRIA AG	■	■	■	■	■	■		(5)	■	■	■	■	■	■
ANZAHL INDEX MEMBER		19	20	22	20	22	22	21	23	22	22	21	29	27	23

Anmerkungen: (1) vormals RAIFFEISEN INTERNATIONAL BANK-HOLDING AG
(2) vormals WIENER STÄDTISCHE VERSICHERUNG AG
(3) vormals INTERCELL AG
(4) vormals AUSTRIAMICROSYSTEMS AG
(5) unterjährige Index Exclusion
(6) bis 2008 auch ausländische Notierungen österreichischer Unternehmen im Index

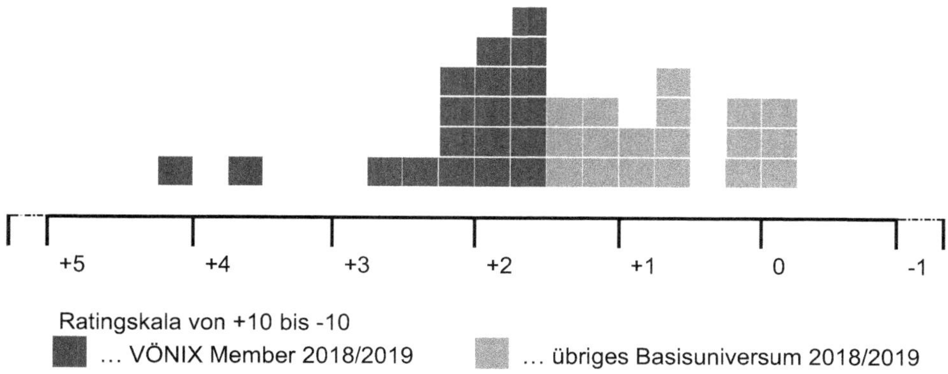

Abb. 2 Ratingverteilung 2018. (Quelle: rfu)

5.2 Nachhaltigkeitsniveau

Wie erwartbar, verdichten sich die Nachhaltigkeitsratings im leicht positiven Bereich der Skala bei +1 bis +2. Die Darstellung der Abb. 2 auf Basis der Analyse 2018 ist insofern typisch. Nur wenige Unternehmen erreichten im Lauf der Jahre höhere Bewertungen als einen Score von +4 (was einem Rating mit A- entspricht). Gleichzeitig sind stark negative Scores ebenfalls selten, sieht man von eventuellen Verletzungen von Ausschlusskriterien ab. Naturgemäß nicht in der Grafik enthalten sind Titel mit „no rating“ aufgrund von Datenmangel (fünf Unternehmen in 2018).

Betrachtet man die fünf Jahre von 2014/2015 bis 2018/2019 beträgt das (ungewichtete) durchschnittliche Nachhaltigkeitsrating eines VÖNIX Members B+ mit einem Score von +2,2. Das Basisuniversum hingegen erreicht durchschnittlich ein B mit +1,4, wobei dieser Score aufgrund der fehlenden „no ratings“ vermutlich einen leicht positiven Bias besitzt.

Vergleicht man die aktuellsten Scores aus der Analyse 2018 (+2,1 im VÖNIX, +1,5 im Basisuniversum) mit jenen aus 2010 (+2,3 im VÖNIX, +1,4 im Basisuniversum), so zeigt sich auch langfristig Konstanz. Nicht zulässig wäre hier die Interpretation als Stillstand in der Nachhaltigkeitsentwicklung. Vielmehr berücksichtigt das Analyse- und Bewertungsmodell den allgemeinen Fortschritt in Richtung Nachhaltigkeit und erhöht laufend den Anspruch. Die gemessene Konstanz ist damit eher als passende Modellkalibrierung zu interpretieren.

5.3 Performance

Der Kursverlauf des VÖNIX ist naturgemäß ähnlich jenem des gesamten österreichischen Aktienmarkts. Dieser wird repräsentiert durch den ATX PRIME, einem dem

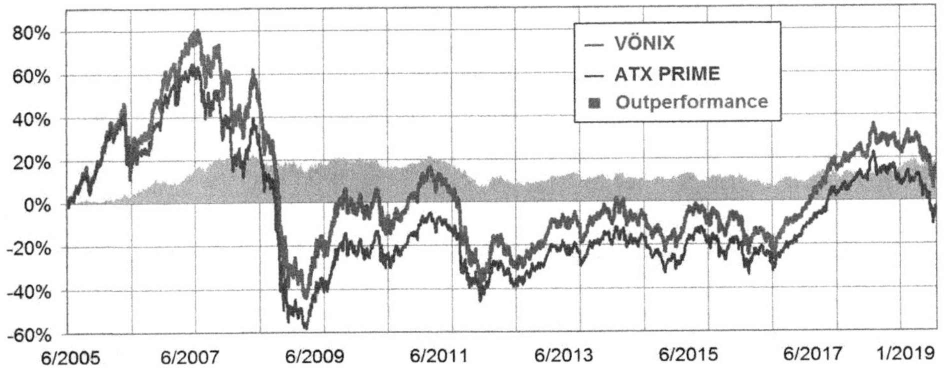

Abb. 3 VÖNIX vs ATX PRIME: Chart von Indexstart bis 17.01.2019. (Quelle: rfu)

VÖNIX methodisch ähnlich konstruierten Index (bestehend aus allen Titeln im Prime Market der Wiener Börse), jedoch ohne Nachhaltigkeitskriterien. Langfristig zeigt sich im Chart jedoch ein Performance-Gap zugunsten der nachhaltigen Strategie (Abb. 3).

Von Indexstart im Juni 2005 bis Januar 2019 performt der VÖNIX mit knapp +19 % deutlich besser als die konventionelle Benchmark ATX PRIME mit −2,71 %. Annualisiert über den Zeitraum von 13 Jahren und 7 Monaten entspricht dies +1,12 % pro Jahr für den VÖNIX und damit um jährlich 1,32 Prozentpunkte mehr als der ATX PRIME (−0,20 % pro Jahr). Dieser positive Befund hält auch einer risikoadjustierten Betrachtung Stand: Die Volatilität in Form der Standardabweichung ist im Nachhaltigkeitsindex mit 1,42 % pro Jahr leicht niedriger als im konventionellen Index (1,48 %). Als Maß für die Risikoeffizienz von Portfolios dient die Sharpe Ratio. Diese liegt mit −0,02 für den VÖNIX besser als beim ATX PRIME (−0,07).

In Übereinstimmung mit den mittlerweile zahlreichen und tendenziell positiven Performance-Studien (Friede et al. 2015) und praktischen Erfahrungen mit nachhaltigen Portfolios, kann somit auf Basis eines über 13 Jahre langen Vergleichs auch für den österreichischen Aktienmarkt folgende Erkenntnis abgeleitet werden: Die Berücksichtigung von gesellschaftlichen und ökologischen Kriterien bei der Aktienauswahl führt tendenziell zu einem Ertragsvorteil (Tab. 5).

Tab. 5 VÖNIX vs ATX PRIME: Kennzahlen von Indexstart bis 17.01.2019. (Quelle: rfu)

17.06.2005 bis 17.01.2019	ATX PRIME	VÖNIX	Differenz
Performance gesamt Performance pro Jahr	−2,71 % −0,20 %	+16,28 % +1,12 %	+18,99 % +1,32 %
Standardabweichung pro Jahr	1,4840 %	1,4234	
Sharpe Ratio	−0,07	−0,02	
Korrelation	97,6 %		

5.4 Bilanz

Hinsichtlich der 2005 definierten Zielsetzungen (s. Abschn. 1.2) kann man aus der Perspektive des Jahres 2019 folgende Bilanz ziehen:

- Benchmark bereitstellen: Der VÖNIX war einer der ersten nationalen Nachhaltigkeitsindizes. Mittlerweile sind solche Benchmarks an vielen Börsen weltweit als Teil der Indexpalette etabliert.
- Wirtschaftlichen Nutzen veranschaulichen: Eine nachhaltige Anlagestrategie mit österreichischen Aktien schlägt die konventionelle Benchmarkt ATX PRIME langfristig um mehr als einen Prozentpunkt jährlich, und das auch bei risikoadjustierter Betrachtung.
- Unternehmen motivieren und sichtbar machen: Der regelmäßige Dialog zwischen Research und Emittenten sowie die Veröffentlichung der Indexmitgliedschaft in Medien, Nachhaltigkeitsberichten und Investor-Relations-Arbeit fördern die Bemühungen nachhaltiger Unternehmen.
- Präsenz schaffen: Tägliche Kursveröffentlichung sowie laufende Nennung des VÖNIX in Medien, auf Veranstaltungen etc. bringen das Thema nachhaltiges Investment in die Financial Community sowie in den öffentlichen Diskurs ein.

Wermutstropfen bleibt der Umstand, dass es auf den VÖNIX kein Anlageprodukt – z. B. ein Zertifikat oder einen Indexfonds – gibt. Jedoch gehen die im Rahmen des VÖNIX erstellten Nachhaltigkeitsratings in zahlreiche international ausgerichtete Portfolios ein.

6 VÖNIX und Klimaschutz

6.1 Energie und Klimaschutz im Analyse- und Ratingmodell

Der VÖNIX ist ein Nachhaltigkeitsindex im Sinn einer möglichst breiten Abdeckung aller relevanten ökologischen und gesellschaftlichen Bereiche inklusive grundlegender Aspekte der ökonomischen Dimension. Zu den gegenwärtig größten Herausforderungen in Zusammenhang mit Nachhaltigkeit zählt sicherlich der vom Menschen verursachte Klimawandel. Dieses Thema ist im für den VÖNIX angewendeten Analyse- und Ratingverfahren wie folgt verankert:

- Ein explizites Kriterium ist Energie und Klima, dargestellt in Tab. 3.
- An anderen Stellen des Modells werden die Verankerung des Klimaschutzes in Strategie und Managementsystemen, die Klimafreundlichkeit der Produkte und Dienstleistungen sowie die Klimaeffekte der Supply Chain erhoben und beurteilt.

- Einige besonders klimaschädliche Produkte und Aktivitäten werden bereits auf Ebene der Ausschlusskriterien erfasst. Hierzu zählen die Förderung von thermischer Kohle ebenso wie die unkonventionelle Öl- und Gasgewinnung via Fracking bzw. aus Teersand.

6.2 Praxisbeispiele erfolgreicher Klimastrategien

Die seit 2014/2015 im VÖNIX enthaltene AMAG Austria Metall AG mit Standorten in Ranshofen, Oberösterreich, und in Quebec, Kanada, ist ein Aluminiumhersteller. Die Tätigkeit in dieser sehr energieintensiven Branche prädestiniert nicht gerade zum Umwelt- und Klimamusterknaben und die Geschichte des Unternehmens beinhaltet eine Reihe von ökologischen Kontroversen. Heute ist die Verarbeitung von Sekundärrohstoffen eine der technologischen Spezialitäten der Firma. Die Einsatzquote von Aluschrott im Werk Ranshofen liegt bei hohen 75–80 %. Das lohnt sich bei Aluminium ganz besonders, denn das Metall ist praktisch unbegrenzt rezyklierbar und der hohe Energieeinsatz für Primäraluminium kann dadurch auf einen Bruchteil von etwa 5 % gesenkt werden. In der kanadischen Elektrolyse Alouette, an der die AMAG eine Beteiligung hält, wird zwar Primäraluminium gewonnen, aber die Stromversorgung erfolgt ausschließlich durch Wasserkraft. Auf der Produktseite eignen sich die hergestellten Aluminiumwalzprodukte für hochwertige Leichtbaukomponenten u. a. in der Fahrzeugindustrie, die dort helfen, Energieverbrauch und CO_2-Emissionen zu senken. Zum Teil werden AMAG-Produkte auch unmittelbar in der Erzeugung von erneuerbarer Energie eingesetzt – z. B. in Windkraftanlagen (AMAG Austria Metall AG 2019).

Als zweites Fallbeispiel soll die CA Immobilien AG dienen, die den sehr klimarelevanten Gebäudesektor repräsentiert. Zum Beispiel werden für Deutschland 35 % des Gesamtenergieverbrauchs und ein Drittel der CO_2-Emissionen dem Immobiliensektor zugeschrieben (Handelsblatt 2018). Die CA Immobilien ist seit 2011 durchgängig im VÖNIX und hat bereits relativ früh die Nachhaltigkeitsanforderungen an eine Immobiliengesellschaft adressiert. Kerngeschäft ist Vermietung, Management und Entwicklung von Bürogebäuden. Standorte der aktuell rund 80 Objekte und Projekte sind Wien, große deutsche Städte sowie Hauptstädte in Zentral- und Osteuropa, wie z. B. Budapest, Prag und Warschau. Für das Bestandsportfolio werden Stromverbrauch, Heizenergieverbrauch und die daraus entstehenden CO_2-Emissionen ermittelt und publiziert. Diese Daten fließen in das laufende Bestandsmonitoring ein, auf dessen Grundlage Instandhaltungsmaßnahmen geplant werden. Für alle Entwicklungsprojekte werden anerkannte Nachhaltigkeitsgebäudestandards (LEED, BREEAM, DGNB, ÖGNI) berücksichtigt. Dies mündet meist auch in eine faktische Zertifizierung, zumindest aber muss Zertifizierungsfähigkeit gegeben sein. Dort wo möglich und sinnvoll werden auch Bestandsobjekte nachträglich zertifiziert. Per Ende 2017 konnten bereits 74 % des gesamten Büroportfolios eines der obigen Label erlangen. Ein weiterer Schwerpunkt liegt auf Information und Dialog mit den Gebäudenutzern, denn nur deren sachgerechter

Umgang mit dem Objekt lässt dessen Energie- und Klimapotenziale voll wirksam werden. Schon seit 2013 läuft die konzernweite Informationskampagne unter dem Motto „Think more, waste less" (CA Immobilien AG 2018).

Diese sowie viele weitere positive Beispiele von österreichischen Unternehmen dürfen aber nicht darüber hinwegtäuschen, dass der Beitrag, den der Klimaschutz von Wirtschaft und Kapitalmarkt fordert, noch bei Weitem nicht erbracht wird. Der VÖNIX wird aber auch weiterhin als ein Maßstab und Motivator für den Lösungsbeitrag heimischer Unternehmen zum Klimaschutz und den anderen großen Herausforderungen der Nachhaltigkeit dienen.

Literatur

AMAG Austria Metall AG (2019) Geschäftsbericht 2018. www.amag-al4u.com/investor-relations/finanzen-berichte.html. Zugegriffen: 14. März 2019

CA Immobilien AG (2018) Nachhaltigkeitsbericht 2018. www.caimmo.com/de/unternehmen/nachhaltigkeit-csr/. Zugegriffen: 26. März 2019

Friede G, Busch T, Bassen A (2015) ESG and financial performance: aggregated evidence from more than 2000 empirical studies. Journal of Sustainable Finance & Investment 5(4):210–233

Friesenbichler R (2016) Nachhaltigkeitsresearch: Anforderungen an CSR und Stakeholdermanagement in Unternehmen. In: Altenburger R, Mesicek RH (Hrsg) CSR und Stakeholdermanagement. Springer Gabler, Berlin, S 205–219

Handelsblatt (2018) So könnte in Deutschland das meiste CO2 eingespart werden. www.handelsblatt.com/politik/deutschland/klimaschutz-so-koennte-in-deutschland-das-meiste-co2-eingespart-werden/23192484.html?ticket=ST-978116-GMupPBKkOhqxPSdmcKOm-ap3. Zugegriffen: 27. März 2019

Kinder P, Lydenberg SD, Domini AL (1993) Investing for good: making money while being socially responsible. Harpercollins, New York

rfu (2014) Das rfu Nachhaltigkeitsmodell. www.rfu.at/de/rfu-modell/. Zugegriffen: 12. März 2019

VBV-Vorsorgekasse AG (2018) VÖNIX Österreichischer Nachhaltigkeitsindex. www.voenix.at. Zugegriffen: 9. März 2019

Wiener Börse AG (2019) Richtlinien für die Style Indizes der Wiener Börse AG. Version 2.1. www.wienerborse.at/indizes/download-area/index-regelwerke/. Zugegriffen: 15. März 2019

Mag. Reinhard Friesenbichler ist ein Spezialist für nachhaltiges Investment. Im Jahr 1997 gründete der studierte Betriebswirt die rfu, einen Anbieter von Nachhaltigkeits-Research und für die Entwicklung nachhaltiger Finanzprodukte für institutionelle Investoren wie z. B. Pensions- und Vorsorgekasse, kirchliche und soziale Organisationen, Banken und Fondsgesellschaften. Weitere Funktionen sind Auditor für das Österreichische Umweltzeichen, Vortragender an Universitäten und Fachhochschulen, Prüfer für die Vermögensberater-Gewerbeberechtigung, Mitglied in verschiedenen Beiräten sowie Autor zahlreicher Fach- und Buchbeiträge.

Die Behandlung von Klimaschutzthemen durch Führungskräfte mittlerer und großer Unternehmen

Christian Plas

1 Einleitung

Im Risikobericht des World Economic Forum (WEF) von 2018 befinden sich unter den neun Risken, die am kritischsten bewertet werden, fünf, die unmittelbar mit Fragen des Klimawandels in Verbindung stehen (grüne Rauten), und weitere drei, die mittelbar damit zusammenhängen (rote Rauten; s. Buchbeitrag von Angelika Delen von Mercer Austria).

Bereits in den Jahren 2016 und 2017 rief Larry Fink, CEO von Blackrock, in seinem jährlich erscheinenden Letter to CEOs zum aktiven Management von Klimarisken auf: „For directors of companies in sectors that are significantly exposed to climate risk, the expectation will be for the whole board to have demonstrable fluency in how climate risk affects the business and management's approach to adapting and mitigating the risk".

Dass es sich bei dieser Haltung nicht um ein Lippenbekenntnis handeln dürfte, ist naheliegend. Und es ist nicht neu: „Klimawandel ist für Kapitalmärkte keineswegs ein Zukunftsthema. Der Klimawandel hat die Aktienmärkte längst erreicht, da er bereits jetzt einzelne Sektoren und Titel stark beeinflusst." Diese Aussage stammt vom US-amerikanische Finanzunternehmen Citigroup – man höre und staune – aus dem Jahr 2007 (Der Standard, 09.03.2007).

Das Thema muss also bei Wirtschaftstreibenden eigentlich bereits angekommen sein (Abb. 1).

C. Plas (✉)
denkstatt GmbH, Wien, Österreich
E-Mail: christian.plas@denkstatt.at

A. Sihn-Weber und F. Fischler (Hrsg.), *CSR und Klimawandel,* Management-Reihe Corporate Social Responsibility, https://doi.org/10.1007/978-3-662-59748-4_36

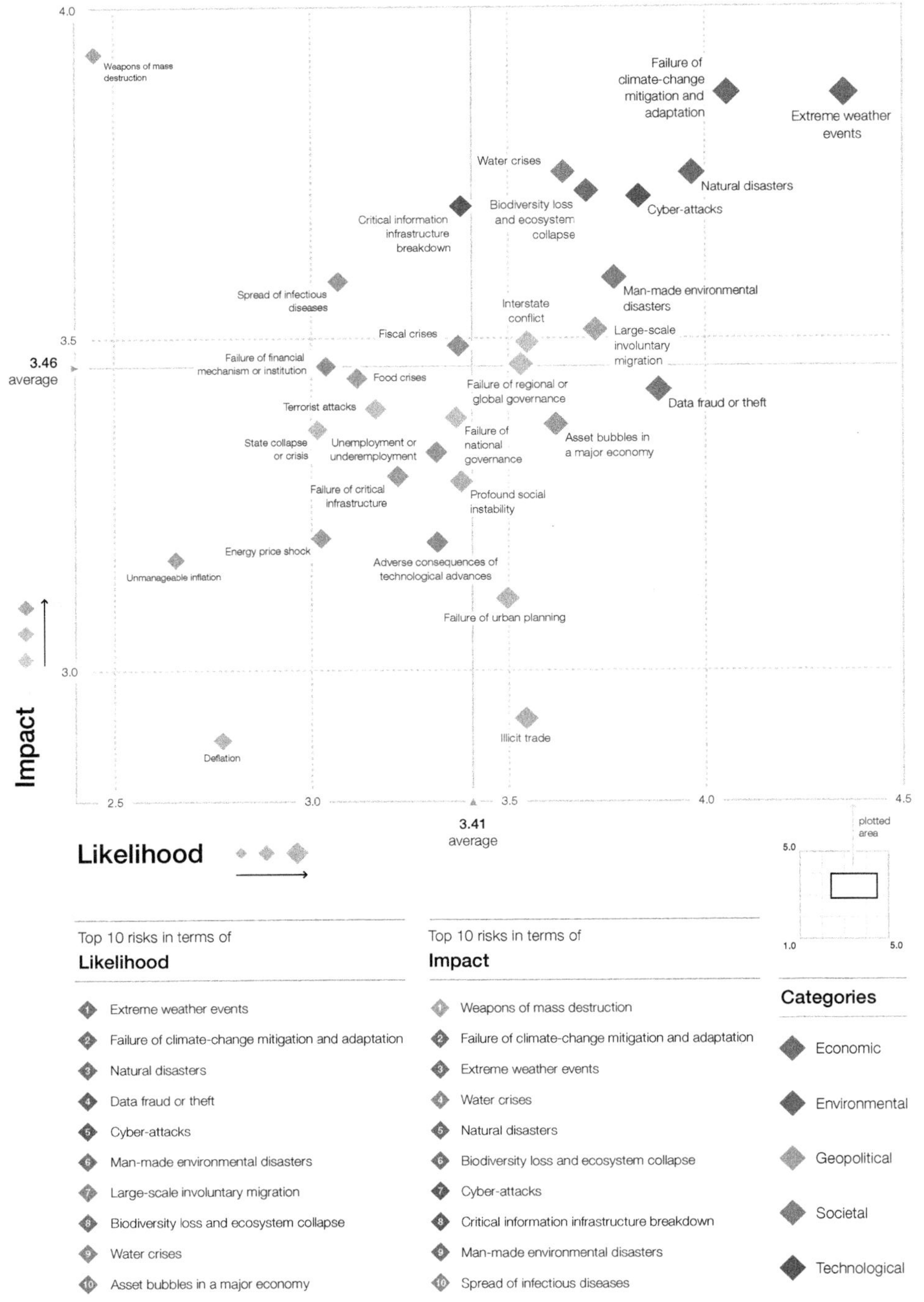

Abb. 1 The Global Risk Landscape 2018

2 Die Treiber

Unternehmen stehen unter vielfältigen Drücken und Einflüssen und deren Management muss versuchen, in sehr komplexen Informationslandschaften Entscheidungen zu treffen, die auf der mikroökonomischen Ebene funktionieren. Das ist alles andere als einfach.

Von welchen Seiten kommen die häufig auch widersprüchlichen Anforderungen, die mit Fragen der Klimakrise zusammenhängen?

2.1 Kunden

Ein mächtiger Treiber sind naturgemäß Kunden. Gegen den Kundenwunsch zu handeln, widerspricht jeder Logik in unserem Wirtschaftssystem. Und es können in den letzten Jahren starke Entwicklungen beobachtet werden, wie Lieferanten in die Pflicht genommen werden, um CO_2-Emissionen in der gesamten Lieferkette zu senken.

Zu den Sektoren, die sich dabei besonders engagieren, gehört die Automobilindustrie. Original Equipment Manufacturers (OEM) bemühen sich zusehends, einen sichtbaren Beitrag zu Emissionsreduktionen zu leisten. Sie sind gesellschaftlich und (umwelt-)politisch stark unter Druck gekommen und kämpfen mit weitgehenden Umbrüchen in ihren Fertigungen, Geschäftsmodellen und der gesamten Supply Chain. Neben allgemeinen Forderungen an Lieferanten, zertifizierte Umwelt- und Energiemanagementsysteme einzuführen, entsteht in jüngster Vergangenheit auch konkrete Nachfrage nach Möglichkeiten, den Carbon Footprint des Produkts (betrachtet über den gesamten Lebenszyklus) erstens besser zu kennen und zweitens zu reduzieren.

Der Lebensmittelhandel ist eine weitere Branche, die CO_2-relevante Fragestellungen stark in die Lieferkette hineinträgt. Im Herbst 2017 erging in einer Handelskette der Aufruf an alle Lieferanten, den Carbon Footprint der gelisteten Produkte bekanntzugeben. Mit einem Schlag wurde offenbar, dass ein großer Teil der Lebensmittelindustrie nur vage oder gar keine Informationen an den Händler liefern konnte. Allein der Effekt der Bewusstseinsbildung in der gesamten Branche, der durch diese Aktion erzielt wurde, sollte nicht unterschätzt werden.

Als drittes Beispiel kann die Finanzbranche erwähnt werden. Wenngleich die Methoden, die für die Bewertung des CO_2-Fußabdrucks von Finanzprodukten eingesetzt werden, noch mit enormen Unsicherheiten behaftet sind, ist doch das Wissen über die Klimaproblematik, die mit den Produkten verbunden ist, stark gewachsen. Es ist wohl eher eine Frage der Zeit, dass die Verfügbarkeit von belastbaren Daten wächst – vermutlich auch unter Zuhilfenahme von Artificial-Intelligence-Ansätzen.

2.2 Mitarbeiter

In vielen Unternehmen der westlichen Welt steigen die Anforderungen von Mitarbeiterinnen und Mitarbeitern an ihr Unternehmen, einen Beitrag zum Klimaschutz zu leisten.

Qualifiziertes Personal sieht das ethische Verhalten des eigenen Unternehmens kritisch und in Zeiten des Employer Branding ist das Management gefordert, wichtige Wünsche der Belegschaft zu berücksichtigen.

Gerade die Generation der Millenials stellt an die Unternehmensführung oft Ansprüche, die neu und unerwartet sind – und Führungskräfte vor ziemliche Herausforderungen stellen. Dazu gehört auch der Beitrag zur Bewältigung der großen gesellschaftlichen Probleme, von denen die Klimakrise eines ist.

2.3 Investoren

Investoren sind gerade für große Unternehmen eine mächtige Stakeholdergruppe. Weltweit angelegte Projekte wie das Carbon Disclosure Project (CDP) haben dazu geführt, dass durch Druck von Investorenseite eine Vielzahl bedeutender Unternehmen mit aktivem Carbon Management begonnen haben. Aus dieser Initiative hat sich in der Folge CDP entwickelt, ein Berichts- und Offenlegungsstandard, der mittlerweile bei großen Unternehmen zum guten Ton gehört.

Besonders die Macht institutioneller Investoren kann Unternehmen zum Ausstieg aus bestimmten Technologien oder zur Entwicklung neuer Ansätze führen. Auch wenn aktives Divestment nur selten als Strategie gewählt wird, so droht doch potenziell der Abfluss bedeutender Geldmengen.

Ein hervorragendes Beispiel stellen die österreichischen Mitarbeitervorsorgekassen dar, die binnen 15 Jahren ihr gesamtes Veranlagungsportfolio auf nachhaltige Finanzprodukte – auch unter dem Aspekt der Dekarbonisierung – umgestellt haben.

Lawrence Fink, CEO von Blackrock, dem weltgrößten Investmenthaus, hat in einigen seiner jährlich herausgegebenen Letters to CEOs mehrfach dazu aufgerufen, das Thema Klimawandel angemessen im Management zu berücksichtigen.

Das Investor Relations Management großer Unternehmen hat in den vergangenen Jahren gelernt, sich mit diesen neuen Herausforderungen auseinanderzusetzen und Fragestellungen zum Klimaschutz professionell zu behandeln.

2.4 Regulatorien

Mit der Erkenntnis der Wissenschaft, dass der menschliche Anteil am Klimawandel bedeutend ist, und dem daraus entstehenden politischen Druck wuchsen auch die politischen Initiativen, die Emissionen von Treibhausgasen einzudämmen.

Als Nachfolgevereinbarung zum Kyoto-Protokoll kam es 2015 zum Pariser Klimaabkommen (Paris Agreement), das allerdings auf die freiwillige Umsetzung von Klimaschutzmaßnahmen angewiesen ist und das Ziel verfolgt, die globale Erderwärmung im Schnitt unter 2 °C zu halten.

Die am schärfsten wirksame politische Maßnahme derzeit sind Emissionshandelssysteme, in denen Unternehmen ein gewisses Emissionsbudget zur Verfügung gestellt bekommen. In Europa ist das Emissionshandelssystem für Unternehmen seit 2005 in Kraft. Es stellt darauf ab, dass die gesamte Emissionsmenge der Industrie jährlich um etwa 2 % reduziert wird. Unternehmen können davon direkt oder indirekt betroffen sein: direkt als verpflichtete Unternehmen mit einem definierten Emissionslimit, indirekt als Teil staatlicher Maßnahmenpakete, weil auch die Mitgliedsländer Emissionsziele bekommen haben.

Betroffen von Emissionsreduktionen sind auch Hersteller von Fahrzeugen. Seit 2009 unterliegen die Flotten von PKW und leichten Nutzfahrzeugen einem stetig sinkenden Limit für CO_2-Ausstoß.

Angestoßen von amerikanischen Investoren unter der Führung von Michael Bloomberg wurde die Task Force on Climate-related Financial Disclosures (TCFD) eingerichtet. Im Jahr 2018 hat die Europäische Union mit einer Expertengruppe erste Arbeiten zur Umsetzung der TCFD in Europa durchgeführt. Dies wird in der Folge in Unternehmen zur strukturierten Behandlung von klimabezogenen Risiken in Bezug auf ihre Geschäftsmodelle führen.

2.5 Risiko- und Chancenmanagement

Einer der ersten und naheliegendsten Gedanken in Fragen des operativen CO_2-Managements trifft meist das Thema Risiken der Klimakrise. In der Wissenschaft, auch den Managementwissenschaften, ist dieses Thema bereits über Jahre behandelt und umfassend dekliniert worden. Verantwortlich agierende, oft institutionelle Investoren hinterfragen immer stärker, ob sich das Management hinreichend mit Klimarisken auseinandersetzt. Einer der Ausflüsse aus dieser Entwicklung ist die oben angesprochene TCFD.

Noch weitgehend unbeachtet findet sich hingegen das Thema Chancen des CO_2-Managements. Gerade die notwendige Erweiterung des Betrachtungs- und Handlungsraums zur Lösung unserer sehr komplexen Herausforderungen bedingt vollkommen neue Möglichkeiten für Geschäftsmodelle. Einige davon sollen etwas später noch angesprochen werden.

3 Aktionsfelder

Wenn es um das Management von Klimagasen geht, orientiert man sich üblicherweise am Greenhouse Gas protocol (GHG). Es stellt eine seit Jahrzehnten etablierte Strukturierung von Emissionsquellen dar, die sich gut dazu eignet, Emissionsbilanzen zu erstellen und Maßnahmenpläne zu entwickeln.

Alle denkbaren Emissionsquellen werden – auch über den gesamten Lebenszyklus betrachtet – in drei sogenannte Scopes unterteilt.

3.1 Scope 1

Scope 1 beinhaltet die direkten Emissionen eines Unternehmens. Darunter fallen alle Produktionsanlagen, die eigenen Energieversorgungssysteme sowie der eigene Fuhrpark. Dabei ist es unerheblich, ob die Emissionen prozess- oder energiebedingt sind. Grundsätzlich ist dabei das Eigentum oder die Verfügungsgewalt über die Anlagen ausschlaggebend.

Im Wesentlichen fallen CO_2-Reduktionsmaßnahmen aus Scope 1 in zwei Kategorien: 1) „fuel switch", also das Verändern des Energieträgers von fossil auf erneuerbar oder zumindest auf weniger emissionsintensiv (wie z. B. von Kohle zu Gas), und 2) alle Arten von Energieeffizienzmaßnahmen, die den Bedarf an Primärenergieträgern und somit die Emissionen aus eigenen Energieanlagen direkt reduzieren.

3.2 Scope 2

Jene Treibhausgasemissionen, die aus der Umwandlung zugekaufter Energie stammen, fallen unter Scope 2. Darin sind alle Energieformen inkludiert, also Strom, Dampf, Fernwärme und -kälte sofern sie nicht mit eigenen Anlagen erzeugt werden.

Auch in Scope 2 gibt es zwei wesentliche Maßnahmenbündel: 1) Energieeffizienzmaßnahmen, die die Menge zugekaufter Energie reduzieren, und 2) die Umstellung des Energieeinkaufs von fossil auf erneuerbar. Bei dieser Umstellung in der Beschaffung sollte allerdings sehr darauf geachtet werden, dass sich im zugekauften Energiemix tatsächlich der CO_2-Faktor ändert. In den allermeisten Fällen findet nämlich bloß eine Verschiebung innerhalb des Vertriebsportfolios des Energieversorgers statt: Was der eine Kunde mehr an erneuerbarer Energie erhält (weil er dafür zahlt), bekommt ein anderer Kunde weniger (weil er nicht dafür zahlt). Für das Energieversorgungsunternehmen ändert sich außer der Rechnung gar nichts – was definitiv nicht im Sinn des Erfinders ist.

3.3 Scope 3

Der komplexeste Bereich der Treibhausgasemissionen wird in Scope 3 zusammengefasst. Darunter fallen sowohl jene Treibhausgasemissionen, die aus der Vorkette stammen, als auch jene, die im Zuge der Produktnutzung oder -entsorgung entstehen.

Ebenso in Scope 3 werden Transportemissionen behandelt, sofern sie nicht mit dem eigenen Fuhrpark erzeugt werden.

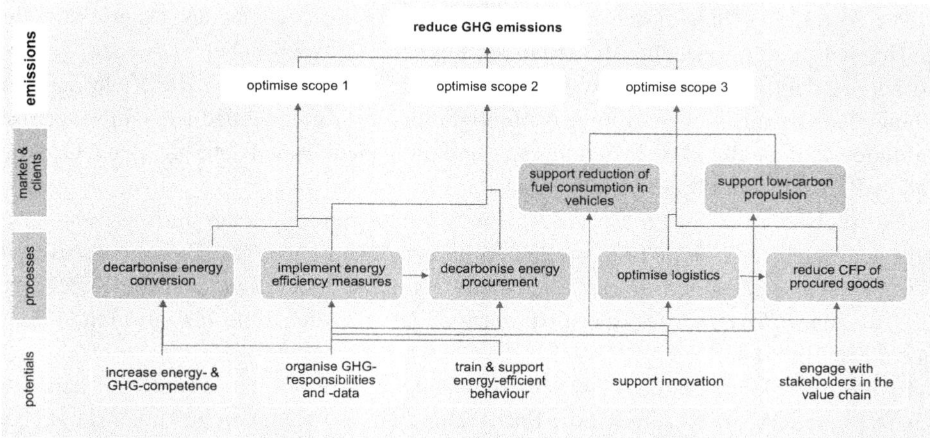

Abb. 2 Balanced Scorecard für Treibhausgasreduktion. (Eigene Darstellung)

3.4 Greenhouse Gas Balanced Scorecard

Die Summe aller Möglichkeiten, Treibhausgase zu reduzieren, kann man für ein spezifisches Unternehmen z. B. mit einer Balanced Scorecard (BSC) darstellen. In der nachfolgenden Grafik ist anhand eines Betriebs aus der Automobilindustrie ein solches Beispiel zu sehen, in dem versucht wird, die verschiedenen Handlungsmöglichkeiten und ihre Zusammenhänge und Wirkungen aufeinander als System darzustellen.

Zugleich wird sichtbar, wie vielfältig und komplex die Ansatzpunkte sein können, mit denen eine Organisation an Treibhausgasfragestellungen herangehen kann (Abb. 2).

4 Ambitionierter Ansatz

Die Vielzahl verschiedener Unternehmen und die unterschiedlichen Managementansätze machen es schwierig zu beurteilen, wer besonders ambitioniert CO_2-Fragestellungen in Unternehmensentscheidungen berücksichtigt. Deren Ernsthaftigkeit kann man allerdings wohl daran erkennen, dass klare Ziele gesetzt und diese in Maßnahmenplänen operationalisiert werden.

State-of-the-Art beim Setzen von Zielen zur CO_2-Reduktion ist derzeit das System Science-Based Targets (SBT), das auf den aktuellen wissenschaftlichen Erkenntnissen zum Klimawandel basiert und das verbleibende CO_2-Budget der Atmosphäre unter den Wirtschaftssektoren aufteilt. Dabei muss man sich einerseits mit den internen Potenzialen des Unternehmens intensiv auseinandersetzen, andererseits auch mit den Möglichkeiten der Branche und zusätzlich den Zielsetzungsprozess noch einem externen Review unterziehen.

Mit 31.03.2019 haben sich 545 Unternehmen (sieben davon aus Österreich) dieser Herausforderung gestellt, 193 (fünf aus Österreich) davon haben sich Ziele gesetzt, die bereits dem externen Review standgehalten haben. Wenngleich die Ziele der teilnehmenden Organisationen in ihrer Ambitioniertheit sehr unterschiedlich sein mögen, so verbindet sie doch die klare Programmatik und die gemeinsame Richtung, den CO_2-Ausstoß maßgeblich zu reduzieren.

Die Analyse von CO_2-Zielen aus 30 Unternehmen zeigt, dass die Verbesserungsraten zwischen einem und neun Prozent Reduktion pro Jahr liegen. Die Zielperioden liegen zwischen 6 und 22 Jahren. In der folgenden Tabelle ist ersichtlich, dass die Zugehörigkeit zu einem Wirtschaftssektor nicht maßgeblich für die Höhe der gewählten Zielsetzung ist (Tab. 1).

Es muss uns klar sein, dass 545 Unternehmen weltweit nur ein Tropfen auf dem heißen Stein sind. Aber sie zeigen eine Entwicklung an. Sie stammen aus allen möglichen Branchen und es sind viele weltweit tätige und einflussreiche Organisationen unter ihnen.

Die Diskussionen der vergangenen Monate mit Vorständen und Geschäftsführern haben sich gegenüber früher verändert. Heute ist immer öfter die Frage, wie Geschäftsmodelle sich weiterentwickeln können, um Emissionen wirksam und in wesentlichem Ausmaß zu reduzieren. Gespräche mit Vorreitern drehen sich häufig nicht mehr bloß um die Frage nach klassischen Prozessverbesserungen, sondern vielmehr um die bewusste Veränderung von Wirkungsketten im Gesamtgeschäft.

Das Herausfordernde dabei ist, dass dafür der Handlungsrahmen verändert werden muss. Und genau das geschieht häufig über die Einbeziehung von Themen aus dem Scope 3 – der ja mit dem operativen Management des Betriebs auf den ersten Blick nichts zu tun hat. Und gerade das ist das Spannende: Dort liegen Potenziale, über die erst ganz wenige nachgedacht haben.

Die intensivere Befassung mit Fragen zu Scope 3 bedingt auch eine intensivere Befassung mit den Nutzerinnen und Nutzern meiner Produkte: Kann ich ihr Verhalten so beeinflussen, dass sie einerseits dabei helfen, die Emissionen im Großen zu reduzieren und dabei andererseits gleichzeitig mein (neues!) Geschäftsmodell unterstützen?

Dematerialisierung von Produkten (… as a service), Sharing Economy und Fokussierung auf den Nutzen des Produkts wären Schlagworte, die uns den Zielen einer wesentlichen Reduktion von CO_2-Emissionen wohl einen wichtigen Schritt näher bringen könnten.

5 Nachzügler in Wirtschaft und Gesellschaft

Die große Mehrheit der Unternehmen hat bisher CO_2-Management nicht in ihre aktiven Führungsaufgaben integriert. Vonseiten der politischen Vorgaben bestehen auch kaum Verpflichtungen, die Treibhausgase zu reduzieren. Offenbar ist das Zusammenwirken der zu Beginn des Beitrags dargestellten Kräfte noch zu gering, als dass es für viele Unternehmen wesentlich wäre, sich um die Integration von CO_2-Fragen in das Business zu kümmern.

Tab. 1 Beispiele für Zielsetzungen aus Science-Based Targets. (Eigene Auswertung)

Branche	Periode (Jahre)	CO_2-Reduktion (%)	Reduktionsrate (% pro Jahr)
Cosmetics	9	100	11,1
Energy	10	90	9,0
Technology	10	80	8,0
Technology	10	75	7,5
Consulting	9	65	7,2
Consumer goods	15	100	6,7
Beverage	15	92	6,1
Retail	10	60	6,0
Furniture	14	80	5,7
Beverage	10	50	5,0
Beverage	10	50	5,0
Technology	15	60	4,0
Technology	10	40	4,0
Waste management	13	50	3,8
Retail	23	80	3,5
Beverage	15	50	3,3
Tourism	22	61	2,8
Technology	10	25	2,5
Pharmaceutics	8	20	2,5
Consumer goods	20	50	2,5
Food	15	36	2,4
Food	15	30	2,0
Food	6	12	2,0
IT consulting	15	30	2,0
Beverage	15	30	2,0
Electronic	15	30	2,0
Information technology	17	33	1,9
Energy	13	25	1,9
Cosmetics	14	25	1,8
Chemical	17	30	1,8
Photography	17	30	1,8
Forestry	13	21	1,6
Packaging	15	24	1,6
Paper	20	31	1,6

So muss abschließend bemerkt werden, dass die Zusammenhänge zwischen gesellschaftlicher Entwicklung, wirtschaftlichem Wohlergehen, Migrationsströmen, Emissionen und Klimaerwärmung in weiten Teilen der Bevölkerung noch nicht erfasst worden sind.

6 Ausblick

Wir müssen dafür sorgen, dass der Informationsstand zum Thema Klimakrise auf allen Ebenen verbessert wird. Ich bin zuversichtlich, dass es Bewegung gibt: Internationale Unternehmen und die internationale Finanzwelt haben das Thema auf der Agenda, einige Länder haben begonnen, Klimaschutzüberlegungen in ihre Politik zu integrieren und Jugendliche in vielen Teilen der Welt gehen auf die Straße. Die Veränderungen, die vor uns liegen, brauchen Zeit und haben viel mit der Veränderung von Kultur zu tun. Kohle und Erdöl haben die Entwicklung der letzten 200 Jahre ganz massiv geprägt. Das müssen wir überwinden.

Ich bin überzeugt, dass die positiven Entwicklungen zur Überwindung des fossilen Zeitalters ganz wesentlich von der Wirtschaft angeführt werden – in der es aus verständlichen Gründen auch viele beharrende Kräfte gibt. Es sind bereits unglaublich spannende und vielversprechende Ansätze in vielen Lebensbereichen zu sehen, von der Mobilität über Energielösungen bis zu neuen Formen der Dienstleistungserbringung.

Schließen möchte ich mit einem Aufruf, als Führungskraft Mut zu zeigen. Mut zu Veränderung, Mut zu Transparenz, Mut zum Diskurs mit anderen Meinungen und Mut zum Optimismus.

DI Dr. Christian Plas studierte Kulturtechnik und Wasserwirtschaft an der Universität für Bodenkultur Wien und verfasste seine Dissertation anschließend im Bereich Biotechnologie. Er gründete 1993 die denkstatt mit Standorten derzeit in Wien, Bratislava, Budapest, Sofia, Bukarest und Timisoara und ist dort geschäftsführender Gesellschafter. Sein Arbeitsschwerpunkt liegt im Bereich Corporate Sustainability und Strategie für Industrie, Finanzdienstleister und Energieversorger. Mitglied des umwelt- und energiepolitischen sowie des gesellschaftspolitischen Ausschusses der Industriellenvereinigung und mehrerer Arbeitskreise und Expertengruppen in den Bereichen nachhaltige Entwicklung, Energie und Responsible Investment. Leitung und Mitarbeit verschiedener Jurys für Nachhaltigkeitsfragen in den Bereichen Investment, Stadtentwicklung und Logistik.

Opportunitäten durch Green Finance

Angelika Delen

> *„Es ist nicht die stärkste Spezies, die überlebt, auch nicht die intelligenteste, es ist diejenige, die sich am ehesten dem Wandel anpassen kann.“*
>
> (Charles Darwin)

1 Klimarisiken als Chance für die Zukunft

1.1 Das aktuelle Umfeld

Am 15. Januar 2019 wurde der Global Risk Report beim World Economic Forum in Davos vorgestellt (World Economic Forum 2019). Klimarisiken und verwandte Risiken werden von den befragten Stakeholdern an oberster Stelle gereiht (Abb. 1).

Wenn man sich den Global Risk Report der letzten Jahre ansieht, wird schnell klar, dass es sich hierbei um keine Neuigkeit handelt (Abb. 2). Seit 2011 sind die Klimarisiken ein wesentlicher Bestandteil des Berichts. Woran liegt es, dass die Frage nach den Auswirkungen des Klimawandels auf die Erträge bzw. Performance der Unternehmen bzw. Investoren an Bedeutung gewonnen hat?

Dazu müssen wir uns die Entwicklungen in den letzten Jahren ansehen. Im Jahr 2015 entschieden sich Regierungen aus aller Welt – insgesamt 195 Regierungen – für einen nachhaltigeren Weg und ebneten den Weg für das Pariser Abkommen (UNFCCC 2015). Dieses Klimaabkommen ermöglicht es, Maßnahmen zu setzen, um dem Klimawandel entgegenzuwirken und die Erderwärmung auf weniger als 2 °C zu begrenzen.

A. Delen (✉)
Mercer Austria GmbH, Wien, Österreich
E-Mail: angelika.delen@mercer.com

A. Sihn-Weber und F. Fischler (Hrsg.), *CSR und Klimawandel,* Management-Reihe Corporate Social Responsibility, https://doi.org/10.1007/978-3-662-59748-4_37

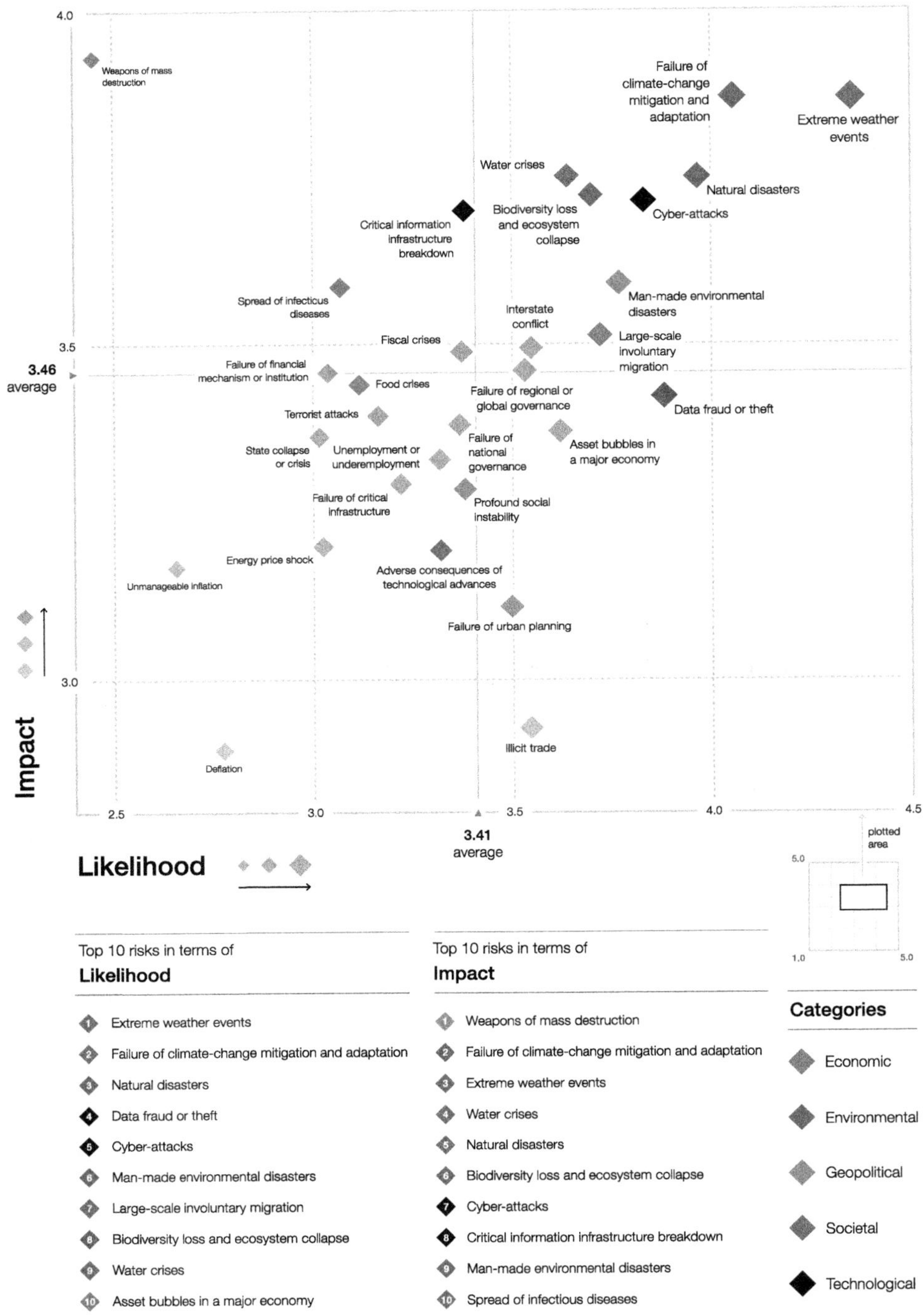

Abb. 1 Global Risk 2019. (Quelle: World Economic Forum, Global Risk Report)

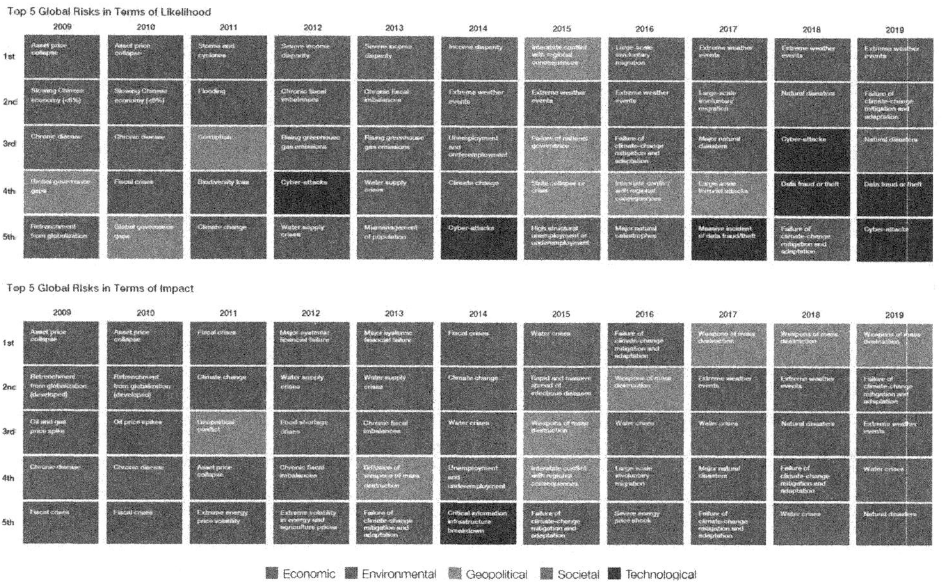

Abb. 2 Global Risk Likelihood & Impact. (Quelle: World Economic Forum 2009–2019, Global Risk Report)

Mit der UN Agenda 2030 (Sustainable Development 2015) wurden 17 nachhaltige Ziele in den Mittelpunkt gerückt und sind nun ein wesentlicher Bestandteil der Nachhaltigkeitsberichte oder Vermögensverwaltung. Mit diesen ersten Maßnahmen wurden die Unternehmen bzw. Investoren mit dem dringenden Handlungsbedarf zum Thema Klimawandel konfrontiert.

Der Aktionsplan der Europäischen Kommission (Europäische Kommission 2018) für Nachhaltigkeit im Finanzwesen zeigt weiteres Engagement für das Klima. Es ist kein Trendthema mehr, sondern vielmehr eine Zielsetzung, politische Maßnahmen an die neuen Bedingungen unseres Planeten anzupassen. Um die Treibhausgasemissionen bis 2030 senken zu können, bedarf es etwa 180 Mrd USD. zusätzlicher Investitionen. Das ist jedoch nur ein Teil der notwendigen Bemühungen, um eine erfolgreiche Umsetzung gewährleisten zu können. Klimarisiken zu verstehen und zu integrieren, ist der zweite Bestandteil. Es geht nicht nur darum, neben der finanziellen Rendite positive Auswirkungen zu erzielen. Es geht vielmehr darum, für die Zukunft gerüstet zu sein.

Ausgehend von diesen Fakten ist die Frage also nicht mehr länger: Warum? Sondern vielmehr: Wie wird man zukunftssicher? Und außerdem: Wie kann man finanzielle Rendite erzielen und den Marktanteil halten? Es müssen Rahmenbedingungen geschaffen werden, die genügend Flexibilität bieten. Diese Anreize sollten positive Auswirkungen auf Umwelt und Gesellschaft beinhalten. Unternehmen haben jetzt die Möglichkeit, neue nachhaltige Geschäftsmodelle zu identifizieren oder bestehende auszubauen, um ihren zukünftigen Marktanteil auszubauen (Abb. 1 und 2).

Um den Weg des Wandels beschreiten zu können, spielt der Kapitalmarkt bzw. das Finanzsystem eine Schlüsselrolle. Artikel 2 (1) c des Pariser Abkommens (UNFCC Paris Agreement) besagt: „Die Finanzmittelflüsse in Einklang gebracht werden mit einem Weg hin zu einer hinsichtlich der Treibhausgase emissionsarmen und gegenüber Klimaänderungen widerstandsfähigen Entwicklung" (UNFCCC 2015). Damit wurde der Startschuss für weitere Überlegungen einer Umgestaltung bzw. Umstrukturierung des Finanzwesens gegeben, denn es steht außer Frage, dass man nachhaltiges Wirtschaftswachstum sowie Entwicklung nur dann gewährleisten kann, wenn das Kapital nachhaltig umgelenkt werden kann.

Die Europäische Kommission setzt ebenfalls ihre Prioritäten in den Klima- und Energiezielen und hat aus diesem Grund Ende 2016 eine hochrangige Expertengruppe für ein nachhaltiges Finanzwesen ins Leben gerufen. Im Januar 2018 wurde der Abschlussbericht (Europa 2018) mit notwendigen Maßnahmen präsentiert. Die Kernziele lassen sich wie folgt zusammenfassen (EC Aktionsplan 2018):

1. Kapitalflüsse auf nachhaltige Investitionen ausrichten
2. Environmental, Social und Governance (ESG) in das Risikomanagement und die Entscheidungsfindung integrieren
3. Erhöhte Transparenz und langfristige Ausrichtung

Die Umsetzung bedarf einer weiteren Analyse und v. a. einer gemeinsamen Sprache bei der Einbeziehung und Integration der Nachhaltigkeit (EC Aktionsplan 2018):

- Ein gemeinsames Klassifikationsystem (oder Taxonomie)
- Schaffung eines europäischen Kennzeichens (Label), um sowohl die Vergleichbarkeit als auch die Transparenz für Investoren zu vereinfachen
- Erhöhte Transparenz für Vermögensverwalter und institutionelle Kunden (Kriterien, Investitionsabläufe)
- Nachhaltigkeit bei Banken und Versicherungen einbeziehen
- Einbeziehung der nichtfinanziellen Informationen in den Bilanzen (Empfehlungen der Task Force on Climate-related Financial Disclosures [TCFD])

Zusammenfassend kann man sagen, dass seit 2015 erhebliche Schritte gesetzt wurden, um das Pariser Abkommen zu realisieren. Die Europäische Union hat sich ein nachhaltiges Wirtschaftswachstum zum Ziel gesetzt. Dennoch müssen hier alle Beteiligten – sowohl die öffentliche Hand als auch der Privatsektor – zusammenarbeiten, um den Aktionsplan und die daraus resultierenden Maßnahmen auch umzusetzen. Darüber hinaus ist das nicht nur ein europäisches Thema, sondern ein globales. Eine internationale Zusammenarbeit ist eine absolute Notwendigkeit. Derzeit arbeiten unterschiedliche Expertengruppen auf verschiedenen Ebenen an möglichen Maßnahmen, um die Klima- und Energieziele zu erreichen. Die Integration der Klimarisiken und Opportunitäten in der Investmententscheidung scheint als unumstößlich zu sein, dennoch ist es regulatorisch oder rechtlich nicht erforderlich. Daher sollte man sich nun der Frage stellen: Warum sollte man sich damit beschäftigen oder wäre es besser noch abzuwarten?

1.2 Klimarisiken und Opportunitäten als Zukunftsmodell

Der vorherige Abschnitt befasste sich mit der aktuellen Entwicklung und dem Status quo. Auch wenn die Richtungstendenz klar zu schein sein, sollte man sich den Herausforderungen widmen. Die tatsächlichen Folgen des Klimawandels sind schwer vorhersehbar, man kann lediglich mit Modellen arbeiten. Klimarisiken zu verstehen, scheint ein guter erster Schritt zu sein, um für die Zukunft gerüstet zu sein.

Die TCFD veröffentlichte im September 2018 ihren ersten Bericht mit Empfehlungen zur Integration von Klimarisiken in der Finanzberichterstattung (TCFD 2018; Abb. 3). Hier wird eine ganzeinheitliche Integration empfohlen, um Risiken – und die dadurch möglichen finanziellen Auswirkungen – zu quantifizieren und das Geschäftsmodell dahingehend anzupassen.

Die Empfehlungen der TCFD beziehen sich auf vier Elemente – Governance, Strategie, Risikomanagement, Angabe von Maßzahlen und Zielen (Abb. 3).

Betrachtet man die jüngsten Entwicklungen und Empfehlungen, sollten sich die Unternehmen bzw. Investoren fragen, welche finanziellen Auswirkungen der Klimawandel auf ihr Portfolio oder auf Unternehmen haben wird, wie diese in ihrer Entscheidungsfindung berücksichtigt werden sollen und v. a. wie ihr Aktionsplan aussieht, um für die Zukunft gerüstet zu sein.

Um im Finanzsektor, der hier als wesentlicher Eckpfeiler betrachtet wird, zu bleiben, kann man mit unterschiedlichen Klimaszenarienmodellen die möglichen Auswirkungen

Abb. 3 Empfehlungen der Task Force on Climate-related Financial Disclosures. (Quelle: TCFD, Status Report September 2018)

auswerten. Investoren haben die Möglichkeit, sowohl auf der strategischen Asset Allokation als auch auf der taktischen Ebene Analysen durchzuführen. Der lange Zeithorizont erscheint oftmals als Hürde, denn kurzfristig (3–5 Jahre) wird man kaum Auswirkungen des Klimawandels sehen können. Allerdings ändert sich das bei mittel- bzw. langfristiger Betrachtung (z. B. 15 Jahre oder mehr). Der Klimawandel ist eine langfristige Entwicklung und die tatsächlichen Folgen wird man in den nächsten Jahrzehnten sehen. Mit Modellen kann man zumindest mögliche Szenarien analysieren (Abb. 4). Entscheidend sind jedoch nicht nur der Zeithorizont, sondern auch unterschiedliche Szenarien – vieles wird davon abhängen, welche Maßnahmen politisch und regulatorisch gesetzt werden. Die Technologie ist ein weiterer Faktor, der hier berücksichtigt werden muss. Und auch wenn wir mit der Umsetzung des Aktionsplan anfangen, werden wir die Folgen des Klimawandels zu spüren bekommen. Das wird auch Auswirkungen auf die Ressourcenverfügbarkeit haben, denn extreme Wetterbedingungen verursachen Schäden und können somit den Zugriff auf Ressourcen beschränken (Abb. 4).

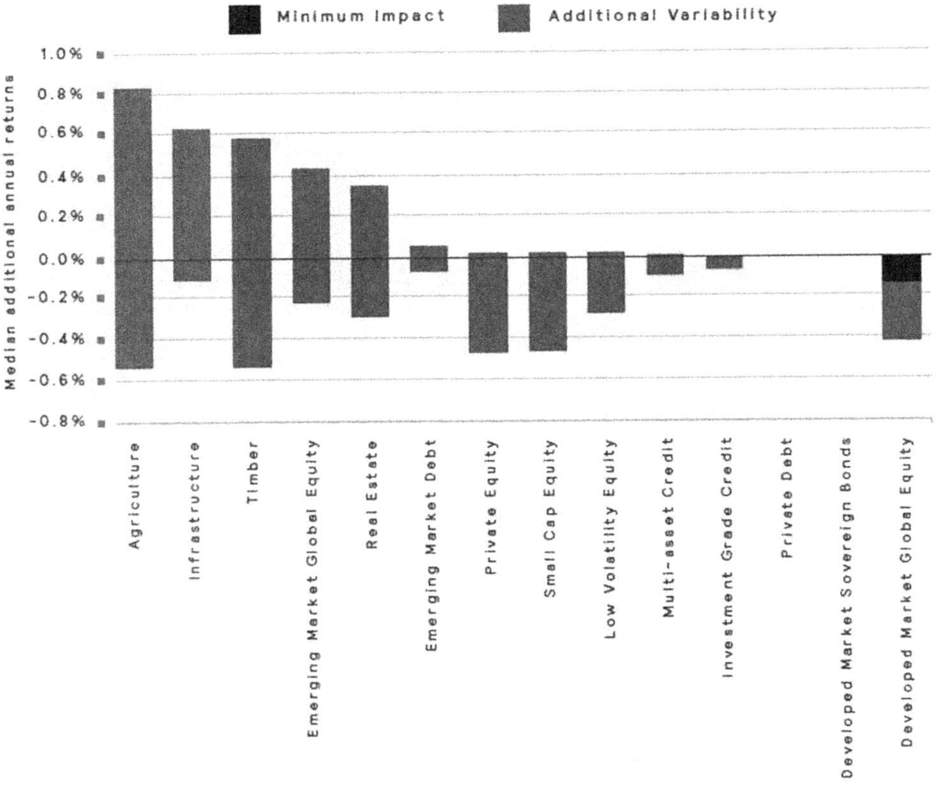

Abb. 4 Auswirkungen des Klimawandels auf die Erträge per Asset-Klasse (35 Jahre). (Quelle: Mercer, Investing in a Time of Climate Change 2015)

Von 912 Investoren in 12 Ländern berücksichtigen 40 % ESG in ihrem Investmentprozess (Mercer EAS 2018). Die Hauptmotivation der Integration liegt v. a. in der Regulation, gefolgt von finanziellen Risiken (Abb. 5). Wirft man einen Blick auf die Berücksichtigung der Klimarisiken, wird man einen Anstieg von 5 auf 17 % im Jahr 2018 feststellen (Mercer EAS 2018). In der Gesamtzahl erscheint es noch wenig Anwendung zu finden, doch der Anstieg zum Vorjahr, verdeutlicht, dass die Wahrnehmung der Relevanz der Klimarisiken an Bedeutung gewonnen hat.

Wenn man die klimarelevanten Risiken in der Entscheidungsfindung berücksichtigt, ist man nicht nur für die zukünftige Entwicklung – sei es regulatorisch, ökonomisch oder ökologisch – besser vorbereitet, man adaptiert die Strategie. Die Reduktion der CO_2-Emissionen wurde als klares, gemeinsames Ziel beim Pariser Abkommen definiert sowie die Zuführung der Kapitalflüsse in nachhaltige Investitionen. Das wird Auswirkungen auf unterschiedliche Sektoren haben (z. B. Energiesektor), aber auch auf die Produkte und Dienstleistungen. Neue Produkte, die klimarelevante Risiken berücksichtigen, werden auf den Markt gebracht oder neue Serviceleistungen können angeboten werden (Abb. 5).

Die Welt der Nachhaltigkeit ist derzeit sehr vielfältig, die Anfragen nach Beratungen werden steigen. Ein Wissenstransfer muss stattfinden und sobald die Kommunikation diesbezüglich organisiert wird und ein stetiger Austausch gefördert wird, können weitere Anpassungen vorgenommen werden – z. B. in der Produktion, Forschung und Entwicklung. Ausschlaggebend hierfür wird die Bereitstellung einer globalen Plattform sein, um diesen Erfahrungsaustausch zu fördern und zu unterstützen. Rechtliche bzw. regulatorische Maßnahmen können den Prozess durchaus unterstützen – wie wir bei der

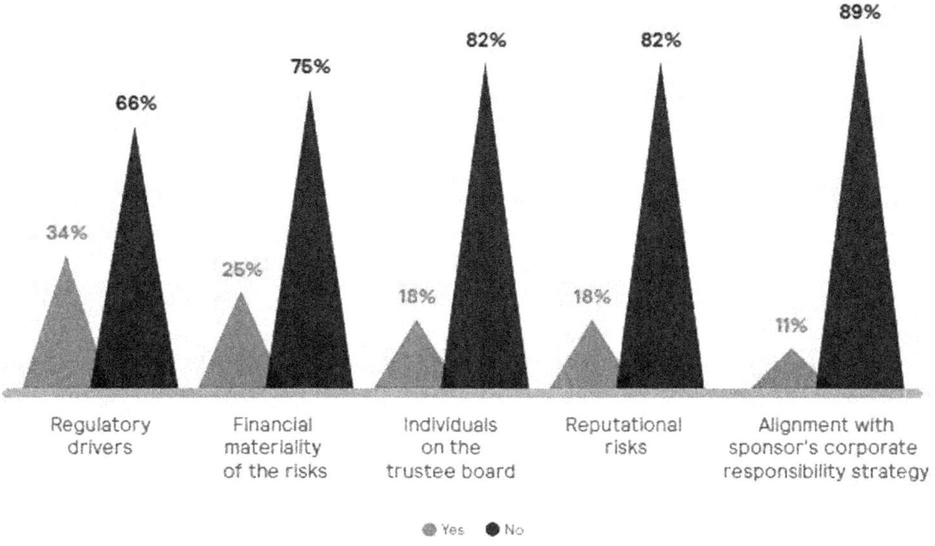

Abb. 5 Key Drivers für Environmental-Social-Governance-Integration. (Quelle: Mercer European Asset Survey 2018)

ESG-Integration gesehen haben, jedoch sollten die Unternehmen bzw. Investoren diese Opportunitäten für sich entdecken, um auf die Zukunft besser aufgestellt zu sein.

Somit geht es nicht mehr um die Frage, warum Unternehmen klimarelevante Risiken in ihrer Entscheidungsfindung bzw. in ihrem Investmentprozess berücksichtigen sollten, sondern vielmehr, wie der Aktionsplan für die Integration aussieht, um weiterhin erfolgreich wirtschaften zu können.

1.3 Zusammenfassung

Die Integration der Nachhaltigkeit in der Entscheidungsfindung, das Verständnis der Klimarisiken und Opportunitäten ist von zentraler Bedeutung, um die Klima- und Energieziele zu erreichen. Eine gemeinsame Sprache kann unterstützend auf den Prozess einwirken – Taxonomie, Benchmark usw. Jedoch sollte man den langfristigen Zeithorizont dabei nicht vergessen, genauso wenig wie den sozialen Impact. Denn aus heutiger Sicht können wir nicht sagen, welche Technologien noch entwickelt werden, welche Nachhaltigkeitsdefinition in zehn Jahren Gültigkeit haben wird. Noch weniger können wir die Auswirkungen auf den heute verfügbaren Ressourcen einschätzen.

In der Umsetzung der Klima- und Energieziele braucht es diese Arbeitsgruppen auf europäischer aber auch globaler Ebene. Es werden flexible Rahmenbedingungen benötigt, die den Weg weisen, aber genügend Freiraum lassen, um zukünftige Entwicklungen weiterhin implementieren zu können.

Die Nachfrage nach nachhaltigen Produkten wird weiterhin steigen, die regulatorischen Maßnahmen werden diesen Prozess unterstützen.

Eine entscheidende Rolle wird eine globale Plattform sein, die außerhalb der europäischen Union europäisches Wissen und Erfahrung teilt. Bei all der Diskussion sollte man nicht vergessen, dass jegliche Klimaauswirkungen auch soziale Auswirkungen nach sich ziehen.

Jedem Unternehmen bzw. Investor bleibt die Entscheidung überlassen, ob er aktiv an diesem Wandel teilnehmen möchte oder in eine abwartende Position geht bzw. die Entscheidung trifft, gar nichts zu machen. Veränderungsprozesse sind oftmals in der Implementierung ressourcen- und zeitaufwendig und selten einfach. Doch es lohnt sich, diesen Weg zu gehen, denn wir haben nur diesen einen Planeten und letztendlich sind wir es den nachkommenden Generationen schuldig.

Das Verständnis der Risiken öffnet die Türen zu Opportunitäten. Diese Chance sollte ergriffen werden, um für die Zukunft gerüstet zu sein. Der Anstoß wurde für diese Zukunft gegeben und es liegt nun in unserer Hand, daraus etwas zu machen.

Literatur

EC Aktionsplan 2018 (2018) http://europa.eu/rapid/press-release_IP-18-3729_de.htm
Europa (2018) https://ec.europa.eu/info/publications/180131-sustainable-finance-report_en
Europäische Kommission (2018) https://ec.europa.eu/info/business-economy-euro/banking-and-finance/sustainable-finance_de
Mercer (2015) Investing in a time of climate change
Mercer (2018) European asset survey
Sustainable Development Goals (2015) https://sustainabledevelopment.un.org/?menu=1300
Task Force on Climate-related Financial Disclosures (2018) https://www.fsb-tcfd.org/publications/
TCFD (2018) Recommendations of task force on climate-related financial dislosures
UNFCCC (2015) https://unfccc.int/process-and-meetings/the-paris-agreement/the-paris-agreement
UNFCCC Paris Agreement (2015) https://unfccc.int/process-and-meetings/the-paris-agreement/the-paris-agreement
World Economic Forum (2019) https://www.weforum.org/reports/the-global-risks-report-2019

Angelika Delen ist seit September 2018 bei Mercer Austria und verantwortet den Bereich Investment Consulting und Nachhaltigkeit. Sie ist studierte Betriebswirtin und verfügt über langjährige Erfahrung im Investmentbereich. Vor ihrem Einstieg bei Mercer war sie bei Amundi Austria und davor in verschiedenen Funktionen bei Volksbank Investments, Falcon Europe, AIG Investments tätig. Im Jahr 2004 hatte Angelika Delen die ersten Berührungspunkte mit der Nachhaltigkeit.

Klimawandel und Risikoberichterstattung

Peter Ertl und Katharina Schönauer

Zum einen werden die Auswirkungen und Risiken der Unternehmen auf den Klimawandel betrachtet. Dabei werden die neuen gesetzlichen Verpflichtungen der nichtfinanziellen Berichterstattung näher beleuchtet und der führende Berichterstattungsstandard Global Reporting Initiative (GRI) erläutert.

Danach erfolgt der Perspektivenwechsel – im Fokus stehen die klimabezogenen Risiken für Unternehmen und die damit einhergehende Berichterstattung. Hierfür werden die Empfehlungen der Task Force on Climate-related Financial Disclosures (TCFD) der G20-Staaten zur Berichterstattung von klimabezogenen Risiken näher betrachtet und ein Beispiel zur Berichterstattung dargelegt. Abschließend wird die Verbindung zur vorherrschenden Risikoberichterstattung im Rahmen des Lageberichts laut Unternehmensgesetzbuch (UGB) aufgezeigt (Abb. 1).

1 Auswirkungen und Risiken von Unternehmen auf den Klimawandel

Die vorherrschende nichtfinanzielle Unternehmensberichterstattung konzentriert sich vorwiegend auf die Auswirkungen und Risiken von Unternehmen. Es werden sowohl Umweltauswirkungen als auch gesellschaftliche Auswirkungen betrachtet. Dies beruht auf einer gesetzlichen Verpflichtung, als auch auf dem führenden Berichterstattungsstandard GRI. Folgendes Kapitel geht auf die Berichterstattung über die Auswirkungen

P. Ertl (✉) · K. Schönauer
KPMG Österreich, Wien, Österreich
E-Mail: pertl@kpmg.at

K. Schönauer
E-Mail: kschoenauer@kpmg.at

A. Sihn-Weber und F. Fischler (Hrsg.), *CSR und Klimawandel*, Management-Reihe Corporate Social Responsibility, https://doi.org/10.1007/978-3-662-59748-4_38

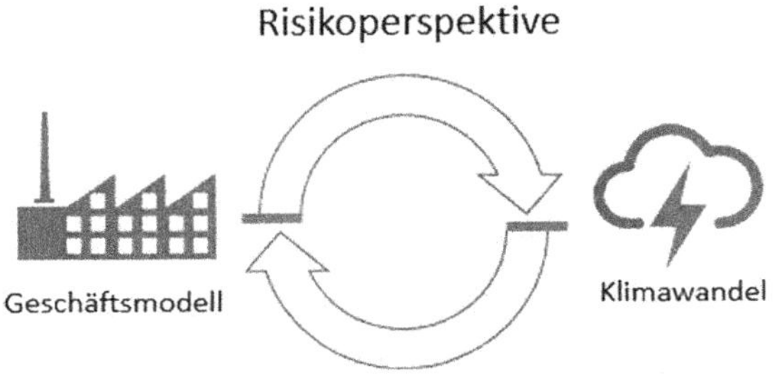

Abb. 1 Unterschiedliche Perspektiven auf die Risiken des Klimawandels (Hell und Ratay 2018, S. 59; eigene Darstellung)

und Risiken von Unternehmen auf den Klimawandel ein. Hierfür werden die neuen gesetzlichen Verpflichtungen laut UGB dargelegt und der Berichterstattungsstandard GRI im Bereich Risiken und Auswirkungen vorgestellt.

1.1 Nichtfinanzielle Berichterstattung nach Unternehmensgesetzbuch

Am 15. Dezember 2016 wurde das österreichische Bundesgesetz zur Verbesserung der Nachhaltigkeits- und Diversitätsberichterstattung (Nachhaltigkeits- und Diversitätsverbesserungsgesetz, NaDiVeG) beschlossen. Die Berichtspflichten im Bereich der nichtfinanziellen Informationen (NFI) wurden damit erweitert. Das NaDiVeG beruht auf der Umsetzung der europäischen NFI-Richtlinie (2014/95/EU). Betroffen sind große Unternehmen, die von öffentlichem Interesse sind und im Jahresdurchschnitt mehr als 500 Mitarbeiter beschäftigen. Diese müssen eine nichtfinanzielle Erklärung im Lagebericht aufnehmen oder einen gesonderten NFI-Bericht erstellen (§°243b Abs. 1 UGB). Die Berichterstattung umfasst Angaben zu Umwelt-, Sozial- und Arbeitnehmerbelangen, zur Achtung der Menschenrechte und zur Korruptionsbekämpfung. Zu den Angaben sind jeweils die verfolgten Konzepte, wesentlichen Risiken und Maßnahmen sowie die wichtigsten nichtfinanziellen Leistungsindikatoren zu beschreiben. Dabei sollen Risiken beschrieben werden, die wahrscheinlich negative Auswirkungen auf Umwelt-, Arbeits- und Sozialbelange sowie Menschenrechte und Korruption haben können (§ 243b Abs. 3 UGB).

§ 243b Unternehmensgesetzbuch

Abs. 3

Die Angaben nach Abs. 2 haben zu umfassen:

1. eine kurze Beschreibung des Geschäftsmodells der Gesellschaft;
2. eine Beschreibung der von der Gesellschaft in Bezug auf die in Abs. 2 genannten Belange verfolgten Konzepte;
3. die Ergebnisse dieser Konzepte;
4. die angewandten Due-Diligence-Prozesse;

5. die **wesentlichen Risiken, die wahrscheinlich negative Auswirkungen auf diese Belange** haben werden, und die Handhabung dieser Risiken durch die Gesellschaft, und zwar
   a) soweit sie aus der eigenen Geschäftstätigkeit der Gesellschaft entstehen und,
   b) wenn dies relevant und verhältnismäßig ist, soweit sie aus ihren Geschäftsbeziehungen, ihren Erzeugnissen oder ihren Dienstleistungen entstehen;
6. die wichtigsten nichtfinanziellen Leistungsindikatoren, die für die konkrete Geschäftstätigkeit von Bedeutung sind.

Davon eingeschlossen sind auch Risiken, die in Zusammenhang mit dem Klimawandel stehen. Diese Risiken können aus Tätigkeiten des Unternehmens oder durch seine Produkte und Dienstleistungen sowie Geschäftsbeziehungen entstehen. Davon eingeschlossen sind somit auch die Lieferkette des Unternehmens sowie Subunternehmen (AFRAC 9 2017, S. 44). Im Kontext des Klimawandels bedeutet dies, dass sich Unternehmen ihres Beitrags zur Erderwärmung und daraus resultierenden Risiken für Menschen und Umwelt bewusst werden müssen.

Für die Berichterstattung des NaDiVeG wird auf mehrere Berichterstattungsstandards als Rahmenwerk verwiesen. Im Folgenden soll der Standard der GRI im Hinblick auf die Risikoberichterstattung näher betrachtet werden.

1.2 Risikobeschreibung nach den Global Reporting Initiative Standards

Für die nichtfinanzielle Berichterstattung haben sich die GRI Standards zum meistgenutzten freiwilligen Regel- und Orientierungswerk entwickelt. Laut einer Studie von KPMG nutzten im Jahr 2017 etwa 75 % der weltweit größten 250 Unternehmen die GRI Standards für ihre Berichterstattung (KPMG International 2017, S. 28). Die aus einem Multistakeholderdialog entstandenen Vorgaben an die Nachhaltigkeitsberichterstattung geben eine Hilfestellung für eine aussagekräftige nichtfinanzielle Berichterstattung und legen Indikatoren für eine bessere Vergleichbarkeit zwischen den unternehmensspezifischen Berichten vor. Unter anderem formuliert GRI auch Anforderungen an die Berichterstattung von Auswirkungen und Risiken.

Für die Erhebung der Auswirkungen und der damit verbundenen Risiken müssen laut GRI Standards die wesentlichen Themenfelder für Unternehmen identifiziert werden. Etabliert hat sich dabei die sog. Wesentlichkeitsanalyse, die dazu dient, die ökologischen, ökonomischen und sozialen Auswirkungen eines Unternehmens und den Einfluss der Themen auf die Entscheidungen der Stakeholder zu ermitteln. Dabei sollen neben unternehmensspezifischen Faktoren auch Herausforderungen für die Branche, relevante gesetzliche Vorschriften sowie freiwillige (internationale) Vereinbarungen in die Analyse einbezogen werden. Es gibt keine vereinheitlichte Form für die Durchführung einer Wesentlichkeitsanalyse, jedoch müssen die Auswirkungen nachvollziehbar und fundiert ermittelt, Stakeholderinteressen angemessen einbezogen und der gesamte Prozess dokumentiert werden (GRI, GRI 101: Grundlagen 2016b, S. 10). In der Praxis werden häufig unternehmensinterne Workshops zur Ermittlung der Auswirkungen veranstaltet und externe sowie interne Stakeholderbefragungen für die Feststellung der Relevanz der Themen durchgeführt.

Nach GRI beschreiben Auswirkungen die direkten und indirekten Effekte, die Unternehmen durch ihre Geschäftstätigkeit auf die Wirtschaft, Umwelt und Gesellschaft haben können. Dies können sowohl positive als auch negative Folgen sein, die sich in unterschiedlichen Zeithorizonten auswirken. Auswirkungen können auch Konsequenzen für das Unternehmen selbst nach sich ziehen, durch Rückwirkungen auf das Geschäftsmodell oder die Reputation (GRI, Glossar der GRI-Standards 2016a, S. 5).

Von Unternehmen, die nach GRI berichten, wird verlangt, dass sie nicht nur über Auswirkungen berichten, die sie direkt verursachen (z. B. Emissionen durch die Produktion oder den Betrieb von Verwaltungsgebäuden). Zusätzlich sollen auch Auswirkungen, an denen eine indirekte Beteiligung besteht (z. B. durch Geschäftsbeziehungen oder Produkte bzw. Dienstleistungen) analysiert und berichtet werden. Beispielhaft sei der Emissionsausstoß durch die Nutzung von Produkten beim Endverbraucher oder die Belieferung oder Finanzierung von treibhausgasintensiven Industrien genannt (GRI, GRI 101: Grundlagen 2016b, S. 12).

Auf die Beschreibung der Auswirkungen, Risiken und Chancen für die Berichterstattung wird im Rahmen von GRI wie folgt näher eingegangen (GRI, GRI 102: Allgemeine Angaben 2016c).

Angaben über Auswirkungen, Risiken und Chancen

Unternehmen können bei der Berichterstattung nach GRI eine Beschreibung der wichtigen Auswirkungen, Risiken und Chancen offenlegen. Der Indikator beinhaltet zum einen eine Beschreibung der erheblichen ökonomischen, ökologischen und sozialen Auswirkungen sowie der damit verbundenen Herausforderungen und Chancen. Zusätzlich müssen die Auswirkungen auf Stakeholder dargelegt werden. Zum anderen sollen die Auswirkung von Nachhaltigkeitstrends, -risiken und -chancen auf die langfristigen Aussichten und die finanzielle Leistungsfähigkeit des Unternehmens dargelegt werden. Dabei soll eine Priorisierung der wichtigen ökonomischen, ökologischen und sozialen Themen als Risiken und Chancen vorgenommen werden. Außerdem wird „eine Beschreibung der vorhandenen Verfahren zur Unternehmensführung, die sich speziell auf den Umgang mit diesen Risiken und Chancen beziehen, sowie die Identifizierung sonstiger damit verbundener Risiken und Chancen" empfohlen (GRI, GRI 102: Allgemeine Angaben 2016c, S. 15).

Angaben über die Rolle des höchsten Kontrollorgans

Das Unternehmen kann freiwillig einen GRI-Indikator über die Rolle des höchsten Kontrollorgans (Aufsichtsrat, Vorstand) bei der Identifizierung und dem Umgang mit ökonomischen, ökologischen und sozialen Themen und ihren Auswirkungen, Risiken und Chancen berichten. Dabei soll offengelegt werden, welche Rolle das Kontrollorgan bei der Umsetzung der Verfahren zur Erfüllung der Sorgfaltspflicht hat. Dieser Indikator zielt darauf ab, dass Risiken rechtzeitig identifiziert und Maßnahmen gesetzt werden. Zusätzlich muss beschrieben werden, wie Stakeholder in den Prozess eingebunden werden (GRI, GRI 102: Allgemeine Angaben 2016c, S. 22).

Wie gezeigt, lassen sich im Berichterstattungsrahmenwerk nach GRI beide Risikoperspektiven ableiten. Zum einen fordert GRI die Darstellung der Auswirkungen, Herausforderungen und Chancen auf den Klimawandel, zum anderen soll auch die Unternehmensperspektive eingenommen und Chancen und Risiken für das Unternehmen selbst betrachtet werden. Letztere soll nun im folgenden Abschnitt näher betrachtet werden.

2 Klimabezogene Risiken für Unternehmen

Bei der Betrachtung von klimabezogenen Risiken auf Unternehmen muss zwischen zwei Entwicklungen unterschieden werden, die im Zusammenhang mit der globalen Klimaänderung stehen. Zum einen hängt die Exponiertheit stark von der Zunahme von auftretenden Einzelereignissen (z. B. Stürme, Überschwemmungen) ab, zum anderen von langfristigen Veränderungen (z. B. Anstieg der durchschnittlichen Temperatur, Anstieg des Meeresspiegels). Bezeichnend für die Analyse und Bewertung von klimabezogenen Risiken ist der langfristige Zeithorizont, der für die Risikobetrachtung herangezogen wird. Da die Erderwärmung sich durch eine langsame Entwicklung und langfristige Effekte auszeichnet, müssen zukünftige Folgen über Zeitreihenanalysen und langfristige Szenarien abgeschätzt werden. Die Abschätzung von (monetären) Konsequenzen kann dabei nur schwer kalkuliert werden. Zusätzlich muss auch die unterschiedliche Betroffenheit von verschiedenen Regionen und Industrien beachtet werden; dadurch muss jedes Unternehmen seine individuelle Klimawandelexposition bestimmen (Hoffmann und Busch 2008, S. 56).

2.1 Risikobetrachtung von klimabezogenen Risiken nach Task Force on Climate-related Financial Disclosures

Um den Einfluss des Klimawandels auf die Stabilität der Kapitalmärkte besser steuern zu können, haben die G20-Staaten den Finanzstabilitätsrat (Financial Stability Board, FSB) beauftragt, die Auswirkungen des Klimawandels zu untersuchen. Die Umsetzung erfolgte im Rahmen der TCFD. Als Ergebnis wurden Empfehlungen für die Finanzberichterstattung über Klimarisiken und -chancen im Juli 2017 publiziert. Die Empfehlungen sollen Unternehmen dabei unterstützen, die Auswirkungen klimabedingter Risiken besser in die strategische Planung zu integrieren und über diese Bericht zu erstatten. Im Zentrum stehen Angaben zu finanziellen Auswirkungen des Klimawandels und zur Widerstandskraft (Resilienz) von Geschäftsmodellen in unterschiedlichen Klimaszenarien. Ziel ist die Integration der klimabezogenen Auswirkungen in die Unternehmensführung (Governance), Strategie und Risikomanagement inklusive dazugehöriger Kennzahlen und Ziele (Metrics und Targets) sowie deren Offenlegung in der herkömmlichen Finanzberichterstattung (TCFD 2017, S. iii).

Eine der wichtigsten Empfehlungen der TCFD konzentriert sich auf die Darlegung der Widerstandsfähigkeit (Resilienz) der Unternehmensstrategie. Hierbei sollen verschiedene klimabezogene Szenarien berücksichtigt werden, einschließlich eines Zwei-Grad-Szenarios oder niedriger. In einem Zwei-Grad-Szenario wird der Weg für ein Energiesystem und ein Emissionspfad festgelegt, der den globalen Durchschnittstemperaturanstieg auf 2 °C über dem vorindustriellen Durchschnitt begrenzt (TCFD 2017, S. v). Die aktuellen Entwicklungen bei der letzten UN-Klimakonferenz im Dezember 2018 (COP24) und dem dort vorgestellten Bericht des Intergovernmental Panel on Climate Change (IPCC) könnten jedoch noch zu Anpassungen der TCFD-Empfehlungen führen. Der IPCC-Bericht untersucht die Auswirkungen einer globalen Erderwärmung von 1,5 °C über dem vorindustriellen Durchschnitt und deren Implikationen auf den geplanten Emissionspfad (IPCC 2019).

Jedenfalls ist die Offenlegung der möglichen Strategieanpassung von Unternehmen aufgrund von potenziellen veränderten Klimabedingungen ein wichtiger Schritt, um die potenziellen Auswirkungen des Klimawandels auf die Organisation besser zu verstehen. Die TCFD nennt dabei explizit, dass die Bewertung von Szenarien klimabezogener Probleme und ihrer potenziellen finanziellen Auswirkungen relativ neu sind und sich die Verfahren erst im Lauf der Zeit entwickeln werden. Jedoch ist die TCFD der Ansicht, dass eine solche Analyse wichtig ist, um die Qualität von entscheidungsrelevanten, klimabezogenen Finanzinformationen zu verbessern (TCFD 2017, S. v).

Klimabezogene Risiken, Chancen und finanzielle Auswirkungen

Unterschieden wird bei TCFD nach transitorischen und physikalischen Risiken, die berücksichtigt werden müssen (Tab. 1). Transitorische Risiken beziehen sich auf Änderungen, die im Zuge der Entwicklung hin zu einer kohlenstoffarmen Wirtschaft entstehen. Dies können klimawandelbedingte Änderungen in der Gesetzgebung, Politik, dem Markt oder dem Wandel von Technologien sein, die Auswirkungen auf das Unternehmen haben (TCFD 2017, S. 5). Physikalische Risiken beschreiben akute oder chronische Risiken durch Klimaveränderungen, wie Schäden durch Extremwetterereignisse oder Veränderungen in der Wasserverfügbarkeit (TCFD 2017, S. 6).

Ein Fokus wird allerdings auch auf die Beschreibung von Chancen gelegt, z. B. hinsichtlich der Erschließung von neuen Märkten und Produkten oder der Realisierung von Einsparungspotenzialen durch Änderungen in der Ressourcennutzung (TCFD 2017, S. 6 f.).

Die Auseinandersetzung mit klimabezogenen Risiken und Chancen nach TCFD kann für Unternehmen neben den Vorteilen durch eine frühe Strategie zur Anpassung des Geschäftsmodells an den Klimawandel auch einen Wettbewerbsvorteil bei die Suche nach Investoren und Finanziers bedingen. Außerdem sind Early Adopters im Fall einer zukünftig gesetzlichen verpflichtenden Klimarisikoberichterstattung besser vorbereitet (Eccles und Krzus 2018).

Tab. 1 Beispiele für klimabezogene Risiken und deren finanzielle Auswirkungen nach Task Force on Climate-related Financial Disclosures (TCFD 2017, S. 10)

Risiko	Potenzielle finanzielle Auswirkung
Transitorische Risiken	
Rechtliche Rahmenbedingungen	
Risiko: Höhere Kosten für Greenhouse-Gas(GHG)-Emissionen	• Steigende Produktionskosten
Technologie	
Risiko: Kosten für den Umstieg auf neue emissionsarme Technologien	• Verursachte Kosten durch den Technologieumstieg
Markt	
Risiko: Steigende Rohstoffkosten	• Unter anderem Rohstoffengpässe, steigende Produktionskosten, Neubewertung von Vorräten
Reputation	
Risiko: Veränderung des Konsumverhaltens der Konsumenten bzw. Verbraucher	• Sinkende Umsätze aufgrund von sinkender Nachfrage
Physikalische Risiken	
Akute Risiken	
Risiko: Schäden durch Extremwetterereignisse	• Sinkende Umsätze aufgrund von Lieferengpässen, Ausfall von Produktion, Beschädigung von Betriebsanlagen • Steigende Produktionskosten aufgrund von steigenden Rohstoffpreisen • Höhere Versicherungskosten
Chronische Risiken	
Risiko: Steigender Meeresspiegel	

2.2 Risikoberichterstattung nach Task Force on Climate-related Financial Disclosures

Für die Umsetzung der Risikoberichterstattung führt die TCFD Empfehlungen entlang der strategischen Unternehmensbereiche an: Unternehmensführung (Governance), Strategie (Strategy), Risikomanagement (Risk Management) und Kennzahlen und Ziele (Metrics und Targets). In Tab. 2 findet sich ein beispielhafter Auszug zu den Empfehlungen der Task Force betreffend der Berichterstattung von klimabezogenen Chancen und Risiken.

Wie die Umsetzung der Empfehlungen im Rahmen der Berichterstattung erfolgen könnte, soll ein beispielhafter TCFD-Index (Tab. 3) illustrieren. Anhand eines TCFD-Index kann den Stakeholdern ein besserer Überblick über die oft verstreut berichteten Klimarisiken gewährt werden.

Tab. 2 Empfehlungen der Task Force on Climate-related Financial Disclosures zur Berichterstattung (TCFD-Implementation 2017, S. 17 f.)

Unternehmensführung (Governance): Beschreibung der Unternehmensführung betreffend klimabezogener Risiken und Chancen	
Empfohlene Angaben	*Hilfestellung zur Umsetzung*
a) Beschreiben Sie die Überwachungsfunktion des Vorstands hinsichtlich klimabezogener Risiken und Chancen	• Beschreibung von Prozessen und Häufigkeit, mit der die Unternehmensführung über klimabezogene Fragen informiert wird • Beschreibung, ob die Unternehmensführung klimabezogene Fragen bei der Strategiefestlegung, der Festlegung von Leistungszielen der Organisation, große Investitionen und Akquisitionen berücksichtigt • Überwachungsfunktionen zur Zielerreichung hinsichtlich klimabezogener Themen
b) Beschreiben Sie die Rolle der Geschäftsführung in der Bewertung und dem Management von klimabezogenen Risiken und Chancen	• Beschreibung von Verantwortlichkeiten für klimabezogene Fragestellungen – Komitees oder Managementpositionen und deren Kommunikationswege • Darlegung der Organisationsstruktur bezüglich klimabezogener Risiken und Monitoring von klimabezogenen Fragestellungen

Strategie (Strategy): Tatsächliche und potenzielle Auswirkungen von klimabezogenen Risiken und Chancen auf das Unternehmen, dessen Strategie und Finanzplanung	
Empfohlene Angaben	*Hilfestellung zur Umsetzung*
a) Beschreiben Sie die klimabezogenen kurz-, mittel- und langfristigen Risiken und Chancen, die von der Organisation identifiziert wurden	• Beschreibung der relevanten Kurz-, Mittel- oder Langzeithorizonte zur Betrachtung von klimabezogenen Risiken • Beschreibung der Prozesse zur Ermittlung der finanziellen Auswirkungen von klimabezogenen Risiken und Chancen
b) Beschreiben Sie die Auswirkungen der klimabezogenen Risiken und Chancen auf die Geschäftstätigkeit, die Strategie und die Finanzplanung der Organisation	• Beschreibung der Auswirkungen im Kerngeschäft sowie in der vor- und nachgelagerten Wertschöpfungskette sowie durch Anpassungs- und Vermeidungsstrategien • Einfluss von klimabezogenen Themenstellungen auf den Finanzplanungsprozess, die genutzten Zeithorizonte und die Priorisierung von Risiken und Chancen sowie durch mögliche Interdependenzen • Nutzung von klimabezogenen Szenarien
c) Beschreiben Sie die Resilienz der Strategie, in Anbetracht verschiedener klimabezogener Szenarien, inklusive eines Zwei-Grad-Szenarios	• Beschreibung der betroffenen Strategien von klimabezogenen Risiken und Chancen • (Mögliche) Anpassungen der Strategien • Beschreibung der klimabezogenen Szenarien und betrachteten Zeithorizonte

(Fortsetzung)

Tab. 2 (Fortsetzung)

Risikomanagement (Risk Management): Der Prozess des Unternehmens, um klimabezogene Risiken zu identifizieren, zu bewerten und zu steuern	
Empfohlene Angaben	*Hilfestellung zur Umsetzung*
a) Beschreiben Sie die Prozesse der Organisation für die Identifikation und die Bewertung von klimabezogenen Risiken und Chancen	• Darlegung der Risikomanagementprozesse zur Identifikation und Bewertung • Bewertung der Signifikanz von klimabezogenen Risiken in Bezug auf andere Risiken • Berücksichtigung von bereits erfolgten oder möglichen Änderungen bei regulatorischen Anforderungen • Darlegung der Definition der Risikoterminologie
b) Beschreiben Sie die Prozesse der Organisation für das Management von klimabezogenen Risiken	• Beschreibung der Managementprozesse bezüglich Vermeidung, Akzeptanz oder Kontrolle der Risiken • Prozesse zur Priorisierung von klimarelevanten Risiken • Prozesse zur Ermittlung der Wesentlichkeit der Risiken
c) Beschreiben Sie, wie die Prozesse für die Identifikation, die Bewertung und das Management von klimabezogenen Risiken in das generelle Risikomanagement der Organisation integriert sind	• Darlegung der Integration der Prozesse zur Identifikation, Bewertung und dem Management von klimarelevanten Risiken in das Risikomanagement der Organisation

Kennzahlen und Ziele (Metrics und Targets): Beschreibung der Kennzahlen und Ziele zur Bewertung und Steuerung von klimabezogenen Risiken und Chancen	
Empfohlene Angaben	*Hilfestellung zur Umsetzung*
a) Beschreiben Sie die von der Organisation genutzten Kennzahlen für die Bewertung von klimabezogenen Risiken und Chancen, die auf die Strategie und den Risikomanagementprozess abgestimmt sind	• Beschreibung der wesentlichen Kennzahlen für die Messung und das Management von klimarelevanten Risiken und Chancen (inklusive klimarelevante Kennzahlen in Verbindung mit Wasser, Energie, Landnutzung und Abfallmanagement) • Einfluss der Kennzahlen auf die Vergütungspolitik • Bereitstellung von historischen Kennzahlen • Offenlegung von Berechnungsmethoden
b) Offenlegung von Scope-1-, Scope-2- und, wenn angemessen, Scope-3-Treibhausgasemissionen und die damit verbundenen Risiken	• Berechnung von Scope 1, Scope 2 und, wenn angemessen, Scope 3, nach dem Greenhouse Gas Protocol • Bereitstellung von historischen Kennzahlen • Offenlegung von Berechnungsmethoden
c) Beschreiben Sie die Ziele der Organisation, die für das Management von klimabezogenen Risiken und Chancen und die Performancemessung genutzt werden	• Beschreibung, ob die Ziele absolut formuliert sind oder auf Intensität basieren • Zeitrahmen der Zielsetzung • Basisjahr zur Messung des Fortschritts • Leistungsindikatoren zur Bewertung des Fortschritts • Zusammenhang der klimabezogenen Ziele mit anderen Zielen, regulatorischen Anforderungen oder Markteinschränkungen • Offenlegung von Berechnungsmethoden

Tab. 3 Index der Task Force on Climate-related Financial Disclosures (TCFD; Hell und Ratay 2018, S. 62)

TCFD-Empfehlung		Kapitel im Geschäftsbericht	Seite
Unternehmensführung			
a)	Beschreibung der Überwachung klimabezogener Risiken und Chancen durch den Aufsichtsrat	Bericht des Aufsichtsrats	XX
		Corporate Governance Bericht	XX
b)	Beschreibung der Rolle des Vorstands bei der Bewertung und Steuerung klimabezogener Risiken und Chancen	Corporate Governance Bericht	XX
		Nachhaltigkeit	XX
Strategie			
a)	Beschreibung der kurz- mittel- und langfristigen klimabezogenen Risiken und Chancen, die die Organisation identifiziert hat	Chancen- und Risikobericht	XX
b)	Beschreibung der Auswirkungen klimabezogener Risiken und Chancen auf das Geschäft, die Strategie und die Finanzplanung der Organisation	Nachhaltigkeit	XX
		Chancen und Risikobericht	XX
c)	Beschreibung der Resilienz der Unternehmensstrategie unter Berücksichtigung verschiedener Klimaszenarien, einschließlich eines Zwei-Grad-Szenarios	Prognosebericht	XX
Risikomanagement			
a)	Beschreibung der Prozesse zur Identifizierung und Bewertung von klimabezogenen Risiken	Nachhaltigkeit	XX
b)	Beschreibung der Prozesse zur Steuerung klimarelevanter Risiken	Risikomanagement und internes Kontrollsystem	XX
		Chancen und Risikobericht	XX
c)	Beschreibung, wie die Prozesse zur Identifizierung, Bewertung und Steuerung von klimabezogenen Risiken im gesamtheitlichen Risikomanagement der Organisation verankert sind	Risikomanagement und internes Kontrollsystem	XX
Kennzahlen und Ziele			
a)	Angabe der von der Organisation angewandten Kennzahlen zur Bewertung von klimabezogenen Risiken und Chancen, ausgerichtet am Strategie- und Risikomanagementprozess	Unternehmenssteuerung	XX
b)	Angabe der Treibhausgasemissionen für Scope 1, Scope 2 und, falls angemessen, Scope 3, einschließlich der zugehörigen Risiken	Klimafußabdruck	XX
c)	Beschreibung der von der Organisation genutzten Ziele, um klimabezogene Risiken und Chancen zu steuern, einschließlich der Leistung bezogen auf diese Ziele	Ziele für nachhaltiges Wachstum	XX

2.3 Risikoberichterstattung – Darstellung von Risiken im Lagebericht

Risikomanagement ist ein fest verankerter Bestandteil in der Unternehmensführung und wird zur systematischen Steuerung von Unternehmensentscheidungen herangezogen. Ein transparentes Risikomanagement führt zu einer Reduktion von Kapital- und Versicherungskosten und stärkt das Vertrauen der wesentlichen Stakeholder (Aktionäre, Gläubiger, Kunden, Mitarbeiter) in das Unternehmen (Ertl et al. 2006, S. 11).

Aus diesem Grund sind Unternehmen, die in den Anwendungsbereich des § 243 UGB (bzw. die analoge Vorschrift in § 267 UGB für Konzernlageberichte) fallen und damit einen Lagebericht aufstellen müssen, seit vielen Jahren dazu verpflichtet, in diesem über die wesentlichen Risiken und Ungewissheiten, denen das Unternehmen ausgesetzt ist, zu berichten (Risikobericht).

§ 243 Unternehmensgesetzbuch

Abs. 1
Im Lagebericht sind der Geschäftsverlauf, einschließlich des Geschäftsergebnisses, und die Lage des Unternehmens so darzustellen, dass ein möglichst getreues Bild der Vermögens-, Finanz- und Ertragslage vermittelt wird, um die **wesentlichen Risiken und Ungewissheiten, denen das Unternehmen ausgesetzt ist, zu beschreiben.**

Abs. 2
Der Lagebericht hat eine ausgewogene und umfassende, dem Umfang und der Komplexität der Geschäftstätigkeit angemessene Analyse des Geschäftsverlaufs, einschließlich des Geschäftsergebnisses, und der Lage des Unternehmens zu enthalten. Abhängig von der Größe des Unternehmens und von der Komplexität des Geschäftsbetriebs hat die Analyse auf die für die jeweilige Geschäftstätigkeit wichtigsten finanziellen Leistungsindikatoren einzugehen und sie unter Bezugnahme auf die im Jahresabschluss ausgewiesenen Beträge und Angaben zu erläutern.

Eine Definition, was unter dem Begriff Risiken bzw. Ungewissheiten zu verstehen ist, enthält das UGB allerdings nicht. Konkretisierungen zur Definition dieser Begriffe und zur Frage, wie dies konkret in der Praxis umzusetzen ist, finden sich wie folgt in der Stellungnahme 9 des Austrian Financial Reporting and Auditing Committee (AFRAC; AFRAC 9 2017, S. 21):

Gemäß AFRAC 9 sind unter Risiken und Ungewissheiten „geschäftstypische bzw. unternehmenstypische Unsicherheiten" zu verstehen. Dies bedeutet, dass allgemeine, versicherte Risiken nicht gesondert angeführt werden müssen; jedoch sind geschäftstypische bzw. unternehmenstypische Unsicherheiten z. B. Hochwasserrisiko aufgrund einer exponierten Lage von wesentlichen Produktionsstätten selbst dann anzuführen, wenn eine Versicherung abgeschlossen wurde. Zusätzlich wird die Angabe von Absicherungsstrategien für die beschriebenen Risiken empfohlen (AFRAC 9 2017, S. 21, Rz 58).

Nicht im Gesetz definiert ist außerdem, wie „wesentlich" für diese Zwecke auszulegen ist. Nach Hirschler sind als wesentlich all diejenigen Risiken anzusehen, die entweder bestandsgefährdend sind oder die einen wesentlichen Einfluss auf die Vermögens-, Finanz- und Ertragslage haben können (Hirschler 2010, S. Rz 37).

„Die Darstellungen im Lagebericht haben gemäß § 243 Abs 2 UGB in ausgewogener und umfassender Form zu erfolgen, woraus abzuleiten ist, dass sowohl Risiken als auch Chancen aufgenommen werden sollten." (AFRAC 9 2017, S. 21, Rz 59)

In der AFRAC Stellungnahme wird des Weiteren empfohlen, für die Definition der Begriffe Risiko und Chance auf internationale Vorbilder, insbesondere das Enterprise Risk Management – Integrated Framework des Committee of Sponsoring Organizations of the Treadway Commission (COSO), zurückzugreifen. Risiko und Chance werden dabei als Möglichkeiten des negativen und positiven Abweichens von einem erwarteten Ergebnis definiert (AFRAC 9 2017, S. 21, Rz 60). Für die Berücksichtigung von Umweltrisiken hat das COSO-Komitee gemeinsam mit der World Business Council of Sustainable Development (WBCSD) im Oktober 2018 eine Anleitung zur Einbindung von Environmental-Social-Governance(ESG)-Risiken herausgegeben. Dabei geht es um die Anwendung des Enterprise Risk Managements (ERM) auf ESG-bezogene Risiken. Die Guidance soll Unternehmen dabei unterstützen, das gesamte Spektrum dieser Risiken besser zu verstehen, zu verwalten und offenzulegen (COSO 2018).

Neben den gesondert darzustellenden finanziellen Risiken, kann bei den übrigen Risiken eine Kategorisierung zwischen

- Personalrisiken (betriebliche Altersvorsorge, Fluktuation, Krankheit etc.);
- operativen Risiken (Technologie, EDV, Umwelt, Management, Reputation etc.) sowie
- Geschäftsrisiken (Beschaffung, Vertrieb, Produkte, Kundenbindung etc.) unter zusätzlicher Berücksichtigung des Fortbestands

vorgenommen werden, wobei in den drei genannten Risikobereichen auch rechtliche Risiken enthalten sein können (AFRAC 9 2017, S. 22, Rz 61).

„Die Beschreibung der Risiken und Chancen hat zumindest in qualitativer Form zu erfolgen. Wenn Zahlenangaben gemacht werden, sind die zugrunde liegenden Annahmen und ihre Berechnungsweise zu erläutern." (AFRAC 9 2017, S. 22, Rz 62).

Vor diesem Hintergrund ist im Lagebericht auch (verpflichtend) über Klimarisiken zu berichten, wenn diese wesentlich und geschäftstypisch bzw. unternehmenstypisch für das Unternehmen sind.

3 Zusammenfassung und Ausblick

Je größer der Einfluss des Klimawandels auf Unternehmen wird, desto mehr Relevanz gewinnt auch die Unternehmensberichterstattung über diesen. In diesem Beitrag wurden zwei unterschiedliche Perspektiven zur Risikobetrachtung und -berichterstattung vorgestellt: zum einen die Berichterstattung der Auswirkungen von Unternehmen auf den Klimawandel und den damit verbundenen Risiken, zum anderen die Risikoperspektive nach innen, bei der klimabezogene Risiken und Auswirkungen für das Unternehmen selbst betrachtet werden. Die Empfehlungen der TCFD sollen hierbei Hilfestellung geben. Die Berichterstattung über die implementierten Prozesse zur Erkennung, Steuerung und Minimierung von Klimarisiken soll zu mehr Transparenz führen und damit zu einem stabileren Kapitalmarkt. Für beide Risikoperspektiven wurden die gesetzlichen Verpflichtungen zur Berichterstattung dargelegt. Während im Bereich der Auswirkungen von Unternehmen die Gesetzesänderung 2016 im UGB zu mehr Transparenz führen sollte, ist die Berichterstattung von Klimarisiken für Unternehmen noch nicht explizit angeregt, kann jedoch implizit aus der Risikoberichterstattung abgeleitet werden.

Aktuelle Entwicklungen im Bereich der klimabezogenen Berichterstattung zeigen die Veröffentlichung der EU-Kommission im Januar 2019 sowie die Überarbeitung der EU-Guidelines zur nichtfinanziellen Berichterstattung (Non-binding Guidelines) im Juni 2019. Im Januar 2019 wurde der „Report on Climate-related Disclosures" von der Technical Expert Group on Sustainable Finance (TEG) durch die EU-Kommission veröffentlicht (TEG 2019). Der Report der TEG orientiert sich an dem von der EU-Kommission im März 2018 veröffentlichten „Action Plan on Financing Sustainable Growth". Ausgangspunkt und Grundlage des Berichts bilden die Empfehlungen der TCFD. Die TEG wurde dazu beauftragt, die EU-Kommission bei der Erstellung aktualisierter Guidelines zur klimabezogenen Berichterstattung von Unternehmen zu unterstützen. Die sog. Non-binding Guidelines (NBG) stellen eine Orientierungshilfe für Unternehmen dar, die zur Klimaberichterstattung im Rahmen der NFI-Richtlinie gesetzlich verpflichtet sind. Die beiden Veröffentlichungen sollen die klimabezogene Berichterstattung weiter schärfen und die Transparenz erhöhen.

Literatur

AFRAC 9 (2017) AFRAC-Stellungnahme 9 Lagerberichterstattung UGB Stellungnahme „Lageberichterstattung gemäß§§ 243 bis 243b, 267 und 267a UGB". Austrian Financial Reporting and Auditing Commitee, Wien

COSO (2018) Enterprise Risk Management – Applying enterprise risk management to environmental, social and governance-related risks. coso.org: COSO

Eccles RG, Krzus MP (2018) Why companies should report financial risks from climate change. Von MIT Sloan Management Review. https://sloanreview.mit.edu/article/why-companies-should-report-financial-risks-from-climate-change/. Zugegriffen: 19. Dez. 2018

Ertl P, Eberl C, Nayer M, Obermann A, Polagnoli L, Schirmbrand M (2006) Risikomanagement und Jahresabschluss. Linde, Wien

GRI (2016a) Glossar der GRI-Standards. GRI, Amsterdam

GRI (2016b) GRI 101: Grundlagen. GRI, Amsterdam

GRI (2016c) GRI 102: Allgemeine Angaben. GRI, Amsterdam

Hell C, Ratay C (2018) Weil er niemanden kaltlässt – Finanzielle Chancen und Risiken des Klimawandels. KPMG CGO-Magazin 3:56–63

Hirschler K (2010) Bilanzrecht – Einzelabschluss. Linde, Wien

Hoffmann VH, Busch T (2008) Kohlenstoff und Klimawandel – neue Herausforderungen für das Risikomanagement von Unternehmen. uwf 16:53–58

IPCC (2019) https://www.ipcc.ch/. Von https://www.ipcc.ch/sr15/chapter/summary-for-policy-makers/. Zugegriffen: 8. Jan. 2019

KPMG International (2017) The KPMG survey of corporate responsibility reporting 2017. KPMG International

TCFD (2017) Recommendations of the Task Force on Climat-related Financial Disclosures. TCFD, Basel

TCFD-Implementation (2017) Implementing the recommendations of the Task Force on Climate-related Financial Disclosures. TCFD, Basel

TEG (2019). European Commission. https://ec.europa.eu/info/publications/170626-non-financial-reporting-guidelines_en. Zugegriffen: Jan. 2019

Mag. Peter Ertl ist seit 1993 bei KPMG Austria als Wirtschaftsprüfer und Steuerberater tätig – seit 2003 in der Funktion als Partner. Er ist für die Prüfung von Jahresabschlüssen nach Unternehmensgesetzbuch (UGB) und International Financial Reporting Standards (IFRS) großer und mittelgroßer Kapitalgesellschaften verantwortlich. Des Weiteren ist er Leiter des Bereichs Sustainability Services. Die Prüfung von nichtfinanziellen Informationen sowie die Beratung im Bereich nichtfinanzielle Berichterstattung zählen zu seinen Schwerpunkten. Er ist zudem Autor diverser Fachpublikationen zum Thema Corporate Governance und Risk Management.

Mag. Dipl.-Ing. Katharina Schönauer ist seit 2013 bei KPMG Austria im Bereich Sustainability Services als Managerin tätig. Ihre Tätigkeitsschwerpunkte liegen in der strategischen Nachhaltigkeitsberatung sowie in der Prüfung und Beratung im Bereich nichtfinanzieller Berichterstattung. Des Weiteren beschäftigt sie sich mit der Implementierung von Managementsystemen in den Gebieten Nachhaltigkeit und Compliance. Sie ist Autorin diverser Fachpublikationen zu den genannten Themen.

Wie KMUs mit dem Klimawandel umgehen

The Day After

Stephan Strzyzowski

1 Zahlen, Zahlen, Zahlen

Zunächst ein paar nüchterne Fakten vom Umweltbundesamt. Eine Institution, die mit ihren Arbeiten explizit Entscheidungsgrundlagen liefern soll, um den Herausforderungen an der Schnittstelle von Umwelt, Wirtschaft und Gesellschaft vorausschauend zu begegnen, Risiken zu erkennen und Chancen zu nutzen – abseits ideologischer Grabenkämpfe. Die Experten stellen auf ihrem Informationsportal im Netz allen alternativen Fakten zum Trotz ausdrücklich fest, dass der Klimawandel „kein Zukunftsszenario mehr ist, er findet vielmehr bereits statt.“ Und zwar nicht irgendwo, sondern auch bei uns. Der Alpenraum sei sogar besonders stark betroffen: Hier stieg die durchschnittliche Jahrestemperatur in den letzten 170 Jahren belegbar um rund 2 °C an. Eine Erhöhung, die deutlich über dem weltweit verzeichneten Temperaturanstieg von 0,85 °C liegt. Die Folgen sind laut den Experten vermehrt auftretende Hitze- und Dürreperioden, schmelzende Gletscher- und Permafrostflächen, zunehmende Starkniederschläge, Änderungen in den Vegetationsperioden und die Zuwanderung wärmeliebender Arten.

2 Wer hat die Heizung angedreht?

Nun wenden Kritiker gern ein, dass es immer wieder natürliche Schwankungen des Klimas gab. So weit korrekt. Doch die heute beobachtete globale Erwärmung hat es in der Geschichte laut Umweltbundesamt zuvor noch nie gegeben. Das Klima habe sich erst

S. Strzyzowski (✉)
Wien, Österreich
E-Mail: stephan.strzyzowski@wirtschaftsverlag.at

A. Sihn-Weber und F. Fischler (Hrsg.), *CSR und Klimawandel*, Management-Reihe Corporate Social Responsibility, https://doi.org/10.1007/978-3-662-59748-4_39

seit Beginn der Industrialisierung so stark erwärmt. Erklärbar sei dies nur durch die vom Menschen verursachten Treibhausgase in der Atmosphäre. Diese lassen kurzwellige UV-Strahlung der Sonne ungehindert durch, halten aber die langwellige Infrarotstrahlung der Erde zurück. Seit der industriellen Revolution steigt nun die Konzentration der Treibhausgase in der Atmosphäre an und verursacht eine globale Erderwärmung. So viel zur Physik.

Auf der Suche nach den Schuldigen wird man rasch fündig. Hauptverantwortlich sind Treibhausgase aus der Nutzung fossiler Energien für Verkehr, Gebäude, Landwirtschaft, Energie und Industrie. Kurz gesagt: Es ist die Art, wie wir leben. Eine Information, die nicht gerade neu ist.

Problem erkannt, Gefahr gebannt? Im Gegenteil. Die Treibhausgasemissionen in Österreich sind von 2016 auf 2017 sogar um 3,3 % gestiegen und liegen bei 82,3 Mio. t CO_2-Äquivalent, wie die Treibhausgasbilanz des Umweltbundesamts für das Jahr 2017 belegt. Die ausschlaggebenden Faktoren für diese nachteilige Entwicklung sind die Steigerung des Einsatzes fossiler Energieträger im Energie- und Industriebereich sowie die Steigerung bei der Nachfrage nach Gütertransport. Im Jahr 2017 ist es also nicht gelungen, das Wirtschaftswachstum vom Einsatz fossiler Energieträger zu entkoppeln. Doch die Hoffnung stirbt zuletzt, weswegen für die Zukunft immer wieder ambitionierte Ziele mit weniger ambitionierten Budgets und noch weniger ambitionierten Sanktionen festgelegt werden. Eines dieser Ziele lautet: Bis 2030 soll Österreich seine Emissionen um 36 % gegenüber 2005 außerhalb des Emissionshandels reduzieren. Dafür wären allerdings weitreichende Transformationsschritte zur Verminderung des Einsatzes fossiler Energie erforderlich. Ob es dazu kommt, steht noch mehr oder weniger in den Sternen. Noch brennt ja nicht der Hut. Zumindest nicht in Europa. Während die Industrieländer ungeschoren am meisten zum Klimawandel beigetragen haben, leiden Menschen in Ländern des globalen Südens bereits jetzt unter dessen Folgen. Eine neue Studie der Nichtregierungsorganisation Oxfam unterstrich dies nun mit Zahlen: So mussten in den Jahren 2008–2016 pro Jahr durchschnittlich 14 Mio. Menschen aus ärmeren Ländern ihre Wohnorte wegen Unwetterkatastrophen verlassen. Im Jahr 2018 mussten laut dem Bericht 23,5 Mio. Menschen wegen des Klimawandels flüchten. Diese Zahl könnte in Zukunft noch weit höher werden. Und das logische Ziel der Bewegung ist der Norden.

3 Ein Thema – am Rand

Angesichts dieser Fakten müsste doch eigentlich Alarmstimmung herrschen. Müsste. Doch noch läuft bei der überwiegenden Zahl der Unternehmen business as usual. Zu wenig sind die Auswirkungen im täglichen Leben und im Geschäftsalltag bei uns zu spüren. Noch. „Der Klimawandel ist aktuell tatsächlich nur ein Thema am Rande", meint der Nachhaltigkeitsexperte Prof. René Schmidpeter. Viele Betriebe befassen sich zwar bereits intensiv mit Energiefragen oder stellen den Fuhrpark um, aber die Tragweite für ihr Kerngeschäft hätten erst wenige erfasst, meint der Direktor des Center for Advanced Sustainable Management der Cologne Business School.

Auch Prof. Reinhard Altenburger befasst sich seit Jahren mit dem Themenkreis CSR und Innovation, allerdings an der IMC Fachhochschule Krems. In seinen Gesprächen mit Unternehmen beobachtet er mittlerweile eine sehr intensive Auseinandersetzung mit Klimafragen. Allerdings wüssten viele Unternehmen noch nicht, wie etwaige Konsequenzen des Klimawandels für sie aussehen könnten. Doch die Betroffenheit sei grundsätzlich hoch. Treiber sind laut Altenburger die mittelständische Werteorientierung und eine sensible Auseinandersetzung mit der eigenen Region. Wie feinfühlig Unternehmer reagieren, hängt seiner Beobachtung nach auch immer von der jeweiligen Branche ab. Landwirte hätten solche Veränderungen etwa seit jeher auf der Agenda.

4 Es rappelt im Karton

Aktuell herrscht in unseren Breiten scheinbar noch Frieden, doch die Lage ist trügerisch. Viele Geschäftsfelder und Geschäftsmodelle befinden sich nämlich bereits in einem tiefgreifenden Wandel – und zwar auf globaler Ebene. Heimische Unternehmen mischen etwa in führenden Positionen der Autoindustrie als Zulieferer mit.

Doch wie lange diese alte Industrie noch so bedeutend sein wird, sei laut Prof. Schmidpeter fraglich. Immer stärker greifen mittlerweile Digitalisierung, Innovation und Nachhaltigkeit ineinander. Gerät eine Industrie erst in den Umbruch, weil die Konsumenten sich neu orientieren oder weil der Gesetzgeber stärker eingreift, werden auch Lieferketten neu strukturiert. Eine Situation, in der Mittelständler, die von großen Playern abhängen, unter die Räder geraten könnten.

Hier müssten sich laut Prof. Altenburger heimische Unternehmer zeitgerecht Gedanken machen, wie Geschäftsmodelle der Zukunft aussehen könnten. Verschiedene Szenarien durchzuspielen, könne kein Fehler sein.

5 Kein Licht ohne Schatten

So groß die Herausforderungen, so tiefgreifend die Umbrüche auch sein mögen – zeitgleich entstehen auch neue Geschäftsfelder und Chancen. Österreich ist die Heimat vieler Technologieführer aus den unterschiedlichsten Bereichen. Und manche ihrer Spezialisierungen können in einer veränderten Umwelt enorm an Bedeutung gewinnen. Prof. Schmidpeter nennt exemplarisch Kompetenzen im Bereich der Wasseraufbereitung. Doch man muss nicht einmal an Dürren in fernen Ländern denken. Schon jetzt und v. a. auch hierzulande finden sich Geschäftschancen, die auf der Hand liegen. Laut Prof. Altenburger zeichnet sich etwa eine gesteigerte Nachfrage nach Klimaanlagen, Beschattungstechnik und Pools infolge der Hitzerekorde ab.

6 Wo die Musik spielen wird

Während es bei uns noch um Abkühlung geht, werden Umweltverschmutzung und Klimawandel in Asien schon jetzt zum echten Problem. Viele der Megacitys mit Abermillionen Einwohnern versinken im Smog. Entsprechend groß ist der Druck, Lösungen zu finden. Auch vonseiten der Politik, die immer restriktivere Vorgaben stellt. So hat China etwa ein Plastikimportverbot erlassen und das Thema der Elektromobilität genießt aufgrund der Luftverschmutzung ebenfalls einen höheren Stellenwert. Mehr als 50 Autounternehmen befassen sich allein in China mit dem Thema. Herausforderungen, bei denen europäische Firmen mit ihrem Know-how mitmischen können. Doch sie müssten auch darauf achten, nicht den Anschluss zu verlieren und dürften sich nicht nur nach Europa orientieren, meint der Experte. Klar ist: Der Wettlauf um Ressourcen und geostrategische Vormachtstellungen geht trotz aller Probleme unverdrossen weiter, wie auch die Positionierung von China in Afrika zeigt. „Und während die Chinesen und Amerika Geopolitik machen, befasst sich Europa mit dem Brexit“, kritisiert René Schmidpeter.

7 Werte als Exportschlager

Seiner Ansicht nach wäre jetzt der Moment für Europa gekommen, um richtig aufzuzeigen. „Wir sind die Erfinder der ökosozialen Marktwirtschaft“, pocht der wissenschaftliche Leiter des CSR Dialogforums auf europäisches Know-how. Dieses Wissen müsse jetzt in Geschäftsmodelle und Produkte einfließen und ein Exportmodell werden. „Jetzt könnte Europa einen wesentlichen Beitrag zu einer nachhaltigen Zukunft liefern und eine in Wirtschaftsmodelle gegossene Werthaltung exportieren. Das wäre unser Beitrag für die Welt“, gibt sich Prof. Schmidpeter visionär. „Die Asiaten wollen sich nachhaltig entwickeln. Sie wollen von uns lernen, wie eine soziale, ökologische Marktwirtschaft funktioniert.“

Ein Gedanke, der hoffen lässt. Doch schon in Österreich selbst gibt es jede Menge Hausaufgaben zu erledigen und von ökologischer Marktwirtschaft ist auch die Alpenrepublik noch weit entfernt.

8 Katastrophe oder Wachstumsfeld?

Welchen Stellenwert das Thema im Alltag heimischer Unternehmen hat und wie sie selbst Chancen und Risiken bewerten, zeigt eine Onlineumfrage des Magazins *Die Wirtschaft* bei heimischen kleinen und mittleren Unternehmen (KMU; s. Kasten unten). Die Ergebnisse sprechen eine eindeutige Sprache: Österreichs Unternehmer sind sich der Herausforderungen durchaus bewusst und sie stellen sich auf Probleme ein: 42 % erwarten, dass sich der Klimawandel mitsamt seinen Folgen in den nächsten Jahren negativ auf ihr Unternehmen auswirken wird; 46 % meinen aber auch, dass sich aus den Herausforderungen des Klimawandels neue Geschäftschancen für ihr Unternehmen ergeben könnten und beachtliche 84 % setzen aktiv Maßnahmen, um den Klimawandel einzudämmen.

9 Awareness im Praxischeck

Woran konkrete Befürchtungen, aber auch Maßnahmen geknüpft sind, erfahren wir von einem Unternehmer, dessen Geschäftsmodell von Wetterkapriolen sehr unmittelbar betroffen ist. Der burgenländische Starwinzer Leo Hillinger nimmt sich sofort Zeit, um über seinen Zugang zum Klimawandel zu sprechen. Das Thema sei ihm wirklich wichtig, meint er. Und zu leugnen gäbe es da nichts mehr. „Der Klimawandel ist da! 1997 war ein Jahrgang, der im Rotweinbereich alles umgeworfen hat", sagt Hillinger und zählt auf. „1999, 2000, 2003, 2006, 2009 und 2011 – das waren alles superheiße Jahre." Im Rotweinbereich wäre die Hitze positiv, die Trockenheit sei aber auch ein Problem, wenn man nicht bewässern will, erklärt Hillinger. Aus Sicht des Winzers sind heiße Jahre gleichzeitig Segen und Fluch. Weißwein müsse man jetzt in den Nordhang pflanzen. Trockenheit und Hitze hätten für den Weinbau allerdings auch positive Seiten: weniger Pilze. Dafür müsse man die Weinreben beschatten. Sonst gäbe es Sonnenbrand. Wirklich prekär sei die Lage dagegen bereits international, in Südafrika etwa, wo der Wassermangel immer größer wird. Auch in Südeuropa macht sich diese Entwicklung laut Hillinger bemerkbar.

Er selbst behält einen kühlen Kopf und versucht, sich optimal auf die neuen Verhältnisse einzustellen. „Ich habe meine Schäfchen im Trockenen. Bei der Auspflanzung muss ich halt intensiver überlegen, welche Sorten ich in welche Lagen setze."

10 Analysieren, adaptieren, vorausplanen

Herausforderungen, mit denen man sich auch bei der Brau Union konfrontiert sieht. Gabriela Maria Straka, Leitung Kommunikation & CSR, erwartet in den nächsten Jahren v. a. auf Rohstoffseite Auswirkungen des Klimawandels auf ihr Geschäftsmodell. Kälte, Hitze und Trockenheit beeinflussen Wachstum und Qualität der Braugerste. Nun ginge es darum, die richtigen Sorten zu verwenden. Sowohl Anbau als auch Sortenauswahl hätten sich bereits stark gewandelt. Da sei Qualitätssicherung gefordert. Gemeinsam mit Lieferanten und Partnern gilt es, Optimierungen vorzunehmen, damit heißeres Wetter die Gerste nicht benachteiligt. Vor allem, weil Getreide der wichtigste Rohstoff von Bier ist und die Brau Union davon aus Oberösterreich bezieht. Davon wolle man nicht abgehen. Regionalität und hohe Qualität aus Österreich stehen im Zentrum. „Wenn sich das Klima ändert und sich auf die Ernten auswirkt, muss man sich zeitgerecht Gedanken machen", erklärt Straka. Neben diesen Herausforderungen sieht sie auch neue Chancen. Wenn es immer öfter heiß ist, greifen die Menschen öfter zu alkoholfreien Getränken, was alkoholfreiem Bier und Radler zu ordentlichen Wachstumsraten verholfen hat. „Vor zehn Jahren war das kein Thema. An den Radler hat niemand geglaubt", erzählt Gabriela Maria Straka. Heute liegt er bei 10 %. Man müsse einfach auf die Wünsche und Vorstellung der Konsumenten reagieren.

11 Anpassungsfähigkeit gefragt

Auch Leo Hillinger reagiert und stellt sich darauf ein. Er will sich biologische und technische Maßnahmen ausdenken. In Zukunft wird er mit Beschattungsnetzen arbeiten, die auch vor Hagel schützen. Sein Ansatz lautet ebenfalls: „Auf die Veränderungen einstellen. Davonlaufen ist nicht der richtige Ansatz". Die Menschheit habe sich schließlich immer angepasst. Seine Produktion in den Norden zu verlagern, könne er sich nicht vorstellen. „Da lüge ich mich an", sagt Hillinger, „ich bin kein Deutscher". Auf Süditalien und Spanien sieht er massive Probleme zukommen. Dafür ist sich Hillinger sicher, dass es auch in Holland und Schweden Weinbau geben wird.

12 Ab in die Luft

Dreihundert Kilometer von den sonnigen Hügeln im Burgenland entfernt liegt Ried im Inkreis – der Heimatort von FACC. Das Unternehmen ist weltweit führend in Design, Entwicklung und Fertigung von Komponenten und Systemen für die Aerospace-Industrie. Wer in einem Flugzeug sitzt, hat gute Chancen, mit Produkten der Rieder Firma in Kontakt zu kommen. So erfolgreich das Hightech-Unternehmen auch ist, die gesamte Branche kann ihren Anteil am Klimawandel nicht leugnen.

Entsprechend groß ist das Engagement bei FACC, seinen Teil beizutragen. „Wir befürworten und unterstützen als Technologiepartner der globalen Aerospace-Industrie alle Aktivitäten der Flugzeug- und Triebwerkshersteller, um den Klimaschutz im Flugverkehr zu erhöhen", erklärt CEO Robert Machtlinger. Die Luftfahrtindustrie hat sich zum Ziel gesetzt, bis zum Jahr 2050 bei einer prognostizierten Verdreifachung der Passagiere den CO_2-Ausstoß zu halbieren. FACC will dazu einen Beitrag leisten und Flugzeuge umweltfreundlicher machen. Dabei steht die Treibstoffreduktion im Zentrum. Eine verbesserte Aerodynamik und geringere Fertigungstoleranzen in der Oberfläche bringen höhere Effizienz und ermöglichen geringeren Treibstoffverbrauch. Ähnliches gilt auch für das Gewicht der Komponenten. Effiziente und leichte Bauteile reduzieren nicht nur den Treibstoffverbrauch, sondern liefern auch einen wesentlichen Beitrag zur Minderung des CO_2-Ausstoßes im Flugverkehr. Eine wirtschaftliche Win-win-Situation.

Doch das Unternehmen denkt bereits weiter und arbeitet an Mobilitätstechnologien von morgen, die auch Faktoren wie Luftverschmutzung und Verkehrschaos in großen

Metropolen berücksichtigen. FACC entwickelt Lösungen für den individuellen Luftverkehr der Zukunft und erforscht neue Technologien und Konzepte für autonome Luftfahrzeuge. Grundlage sollen umweltfreundliche Elektroantriebe sein. Prognosen zufolge wird 2030 rund eine Milliarde Menschen mehr in urbanen Regionen leben als heute. Auch infolge klimatischer Veränderungen. Laut einer Studie von Roland Berger besteht in den nächsten Jahren ein Bedarf von Lufttaxis im Wert von 32 Mrd. € – so sehen Wachstumsmärkte aus.

13 Wenn Temperaturen und Steuern steigen

Nicht in den Himmel, aber dafür global wächst die Firma Palfinger als Produzent von Kransystemen. Von Salzburg aus lenkt der Vorstand des Weltmarktführers die Geschicke des Konzerns mit rund 95 % Exportquote.

Daniela Werdecker-Davies ist Head of Sustainability Management. Sie sieht verschiedene Bereiche, in denen sich der Klimawandel auf ihr Unternehmen auswirken könnte. Allen voran im Fiskalbereich. „Die zunehmende Bedeutung von Klimaschutz kann zu stärkerer Besteuerung von fossiler Energie oder von CO_2-Emissionen führen", analysiert Werdecker-Davies. In einigen Ländern der EU würden zurzeit CO_2-Steuern vorbereitet bzw. bereits umgesetzt. Darüber hinaus könnten mittelfristig auch in anderen Ländern wie Brasilien und China aber auch in einzelnen Bundestaaten der USA CO_2-Steuern oder höhere Energiesteuern vorgeschrieben werden. Ein Szenario, auf das Palfinger proaktiv reagiert: Im konzernweiten Monitoring werden die Emissionen mit einem fiktiven CO_2-Preis von 30 € pro t CO_2-Äquivalente hinterlegt. Auf diese Weise bereitet sich das Unternehmen auf eine zukünftige Besteuerung von CO_2-Emissionen vor. In einigen Ländern wechselte Palfinger auch vorsorglich seine Energielieferanten und bezieht nun Strom aus 100 % erneuerbaren Energiequellen.

Warum das Thema für den Kranhersteller so eine Brisanz hat, liegt auf der Hand. Stahl und Aluminium sind wesentliche Materialien der Produkte. Und da diese eine hohe Energieintensität aufweisen, würden CO_2-Steuern sowie höhere Treibstoff- und Energiesteuern zu steigenden Beschaffungskosten führen. „Bereits 2018 zeigte sich in der EU die Tendenz, Emissionszertifikate zu verknappen, wodurch die Kosten für Verschmutzungsrechte in der Stahl- und Aluminiumbranche mittelfristig steigen werden", erklärt Daniela Werdecker-Davies. Verschnittoptimierung im Produktionsprozess sowie Bestrebungen in Richtung Gewichtsoptimierung und alternativer Materialien bei Produkten sollen diesem Risiko bei Palfinger entgegenwirken.

Der Klimawandel könnte den Salzburger Konzern auch in Form strikterer Regulierungen im städtischen Verkehrsbereich treffen. Entsprechende Weichenstellungen würden sich auf die Trägerfahrzeuge der Kransysteme und damit auf den Produkteinsatz auswirken. „Zudem werden Kunden bei höheren Kosten für fossile Treibstoffe zunehmend für jene Kosten sensibilisiert, die beim Einsatz der Palfinger-Produkte entstehen", sagt die CSR-Managerin. Diesem Risiko will ihr Unternehmen mit innovativen

Produktlösungen zur expliziten Verringerung von Treibstoffverbräuchen und einer entsprechenden Kommunikation der Kosten- und Klimavorteile im Produktlebenszyklus begegnen.

14 Wenn der Kunde Öko fordert

In Niederösterreich, nur einen Steinwurf vom Stift Melk entfernt, befindet sich die Firma Gugler. Ernst Gugler ist ein echter Nachhaltigkeitspionier und auch ein ökologischer Vordenker. Für den Gründer der Druckerei, die zum Kommunikationshaus mutiert ist, steht fest: „Der Klimawandel wird sich mit Sicherheit auf unser Unternehmen auswirken." Schlicht weil er für die Konsumenten schmerzhaft spürbar und damit endlich sichtbar werden wird. Das wiederum werde zu einem rapiden Bewusstseinswandel führen, hofft Gugler. Konsumenten werden vermehrt nachhaltig, klimafreundlich und fair produzierte Produkte nachfragen und genau hinsehen, inwiefern die Unternehmen dahinter auch wirklich nachhaltig handeln. Das werde natürlich auch seine Kunden betreffen, meint der Unternehmer. Wer sich auf diese Nachfrageverschiebung frühzeitig vorbereite, habe gute Überlebenschancen am Zukunftsmarkt Nachhaltigkeit. Vor allem, wenn Glaubwürdigkeit und Ernsthaftigkeit der Absichten gegeben sind. Indizien für diesen Wandel sieht der Niederösterreicher etwa im Schritt der Verlagsgruppe Random House, die vor Kurzem bekanntgegeben hat, die ökologische Wende einzuleiten. Im Jahr 2018 hat sie das erste Cradle-to-Cradle-produzierte Buch herausgegeben. Printed by gugler, wie der Unternehmer stolz berichtet. Nun sollen weitere Titel in cradle-to-cradle produziert werden. Cradle-to-Cradle-produzierte Druckprodukte sind für den biologischen Kreislauf optimiert und damit unschädlich für Mensch und Natur.

15 Ökologie muss sich lohnen

„Derzeit ist Umweltschutz, wie wir ihn seit nunmehr 30 Jahren betreiben, leider nur eine freiwillige unternehmerische Leistung", kritisiert Gugler. Weder das Steuersystem noch der Markt würden ökologisches Handeln von Unternehmen belohnen. „Mit einer CO_2-Steuer würde sich das Spiel jedoch schnell ändern. Dann würde eine Partnerschaft mit einem klimapositiven Betrieb nicht nur Umwelt-, Image- und Glaubhaftigkeitsvorteile mit sich bringen, sondern auch monetären Benefit, weil unsere positive CO_2-Bilanz automatisch die Scope-3-Bilanz aller gugler-Kunden verbessert", erklärt der Niederösterreicher. Doch noch dominiere „billiger, billiger" das Einkaufsverhalten. Aber das steigende Bewusstsein der Konsumenten werde den Nachfragedruck auf Business-to-Consumer-Unternehmen empfindlich erhöhen und diese werden den ökologischen Druck wiederum an ihre Business-to-Business-Zulieferer weitergeben. Eine Aufwärtsspirale, die sich bereits zu drehen beginnt – wenn auch recht langsam. Was die Beispiele der Betriebe zeigen: Selbst, wenn die Herausforderung global erdrückend zu sein scheint, finden heimische Unternehmer konstruktive Ansätze, sie leisten ihren Beitrag und passen sich an. Eine Fähigkeit, die in Zukunft wohl immer öfter gefragt sein könnte.

Übersicht Klimarisiken – Katastrophe oder Chance?

Das KMU-Magazin *Die Wirtschaft* hat gemeinsam mit Marketagent.com bei Österreichs KMU nachgefragt:

Erwarten Sie, dass sich der Klimawandel mitsamt seinen Folgen (Temperaturanstieg, Hitze- bzw. Kältewellen, Stürme, Epidemien, Migration usw.) in den nächsten Jahren negativ auf Ihr Unternehmen auswirken wird?

Ja: 42 %

Nein: 58 %

Setzt Ihr Unternehmen gezielt konkrete Maßnahmen, um Ursachen des Klimawandels (CO_2-Emissionen, Energieverbrauch usw.) zu reduzieren?

Ja: 84 %

Nein: 16 %

Könnten sich aus den Herausforderungen des Klimawandels neue Geschäftschancen für Ihr Unternehmen ergeben?

Ja: 46 %

Nein: 54 %

(An der Online-Umfrage haben 50 Unternehmer teilgenommen)

Weiterführende Literatur

Oxfam. https://www.oxfam.de/system/files/oxfam_migration_und-flucht-durch-klimawandel.pdf

Umweltbundesamt. https://www.umweltbundesamt.de/daten/klima/treibhausgas-emissionen-in-der-europaeischen-union#textpart-1

Mag. Stephan Strzyzowski ist seit 2012 Chefredakteur des Magazins *Die Wirtschaft*. Die Publikation wendet sich an mittelständische Unternehmen und legt einen speziellen Fokus auf die Berichterstattung über nachhaltiges Unternehmertum. Mit einer jährlich erscheinenden Sonderausgabe zum Themenkreis CSR, die mehr als 100.000 Unternehmerinnen und Unternehmer erreicht, möchte der Publizist wirtschaftliche Erfolgsbeispiele aufzeigen und die Lücke zwischen Wissenschaft und Wirtschaft schließen. Stephan Strzyzowski hat an der Universität Wien Publizistik und Kommunikationswissenschaften sowie Germanistik, Theater-, Film- und Medienwissenschaften studiert.

MAPLAN – die grüne Fabrik

Wolfgang Meyer und Oswald Steinbauer

1 Effizienz und Nachhaltigkeit

„Perfektion ist nicht dann erreicht, wenn es nichts mehr hinzuzufügen gibt, sondern wenn man nichts mehr weglassen kann" – dieses Zitat von Antoine de Saint-Exupéry beschreibt sehr gut, was uns bei MAPLAN wichtig ist: die Reduktion auf das Wesentliche. Doch das war nicht immer so – auch bei MAPLAN gab es eine Zeit, in der an den Arbeitsplätzen Dosen und Schrauben herumlagen. Es war Chaos: Teile, die niemand braucht, über die sich aber gut stolpern lässt und die den Blick auf die notwendigen Geräte und Handgriffe verstellen. Das wollten wir ändern. Um Klarheit zu schaffen, haben wir auf ein Minimum reduziert. In unserer Werkshalle liegt nur mehr herum, was wirklich gebraucht wird. Mittlerweile wird dieses Prinzip der Effizienz bei MAPLAN von allen gelebt: kein Weg zu viel, kein unnötiger Handgriff (Abb. 1).

MAPLAN stellt Spritzgießmaschinen und Pressen für Elastomere her, die weltweit in über 60 Länder verkauft werden. Elastomere sind formfeste Kunststoffe, die sich bei Druck- oder Zugbelastung elastisch verformen können und danach wieder ihre ursprüngliche Form annehmen. Sie werden beispielsweise als Material für Reifen, Gummibänder und Dichtungsringe verwendet. Unsere Maschinen sind stabil und langlebig. Es ist nur naheliegend, dass nicht nur das Ergebnis, sondern auch die Produktion nachhaltig ist.

Nachhaltigkeit zieht sich ebenso wie Effizienz wie ein roter Faden durch das gesamte Unternehmen: von den Büros über Produktionsstätte und Lager bis zum Fuhrpark. Damit die Maßnahmen sitzen, haben wir die Kennzahl SOSE definiert. SOSE steht für

W. Meyer (✉) · O. Steinbauer
MAPLAN GmH, Kottingbrunn, Österreich
E-Mail: wolfgang.meyer@maplan.at

O. Steinbauer
E-Mail: oswald.steinbauer@maplan.at

A. Sihn-Weber und F. Fischler (Hrsg.), *CSR und Klimawandel,* Management-Reihe Corporate Social Responsibility, https://doi.org/10.1007/978-3-662-59748-4_40

Abb. 1 Die Werkshalle von MAPLAN im Hauptquartier in Kottingbrunn

Sicherheit, Ordnung, Sauberkeit und Energie. Damit bewerten wir jede Woche jeden einzelnen Quadratmeter: Niemand soll an seinem Arbeitsplatz Teile suchen müssen, nirgendwo soll unnötig eine Maschine laufen.

Wir sind davon überzeugt, dass es nicht ausreicht, Nachhaltigkeit nur in punktuellen Maßnahmen zu zeigen. Ein Bekenntnis zur Nachhaltigkeit muss im gesamten operativen Geschehen langfristig sichtbar sein. Gerade mit Blick auf die Umwelt ist verantwortliches unternehmerisches Handeln heute vielleicht wichtiger denn je. Denn der Klimawandel ist Realität, und wir sehen es als unsere Pflicht, einen Beitrag zur Nachhaltigkeit, zur Energieeffizienz und zum Klimaschutz zu leisten, der über gesetzliche Forderungen hinausgeht.

Unser Bekenntnis zum Energiesparen war wohl ausschlaggebend dafür, dass MAPLAN vergangenen November beim Unternehmenswettbewerb „Fabrik – Die beste Produktion Österreichs“ mit dem Titel „Green Factory 2018“ ausgezeichnet wurde. Diesen Wettbewerb veranstaltet die Fraunhofer Austria Research GmbH, eine selbstständige Auslandsgesellschaft der größten Organisation für angewandte Forschung Europas, einmal im Jahr zusammen mit der österreichischen Fachzeitschrift *Industriemagazin*. Ein Expertenteam von Fraunhofer Austria führte im Rahmen des Wettbewerbs eine Evaluierung in unserem Hauptquartier in Kottingbrunn in Niederösterreich durch.

Die Ergebnisse dieser Evaluierung führten nicht nur zur Auszeichnung als „Green Factory“ – sie waren für uns auch eine Bestätigung, dass wir uns auf dem richtigen Weg befinden. Ein wichtiger Teil unserer unternehmerischen Verantwortung ist allerdings auch, dass sich die über 200 Mitarbeiterinnen und Mitarbeiter von MAPLAN an ihrem Arbeitsplatz wohlfühlen – und dies lässt sich wunderbar mit ökologischen Maßnahmen verbinden.

2 Das grüne Konzept von MAPLAN

Mit dem Umzug nach Kottingbrunn haben wir 2016 nicht nur unsere Produktionskapazitäten verdoppelt – wir nutzten die Gelegenheit auch, um ein nachhaltiges Energiekonzept umzusetzen, das sich wie ein roter Faden durch den gesamten Standort zieht. Auf einem Areal von 42.000 m^2 haben wir ein Produktionswerk samt Bürogebäude errichtet, mit dem wir unseren hohen architektonischen, technologischen und ökologischen Anspruch in die Realität umsetzen konnten.

Ein großer Teil des Firmengeländes von MAPLAN ist begrünt, auf dem Parkplatz spenden Bäume Schatten und rund um den vorgeschriebenen Löschteich wurde Schilf gepflanzt. Die Fotovoltaikanlage auf dem Dach deckt mit ihren 200 kVA drei Viertel des Strombedarfs des gesamten Standorts ab. Der Boden der Produktionsstätte ist mit einer Fußbodenheizung ausgestattet, die durch eine Grundwasserwärmepumpe geheizt oder gekühlt wird. Die Fußbodenheizung ist nicht nur aus ökologischer Sicht sinnvoll. Sie hat auch einen echten Mehrwert für unsere Mitarbeiterinnen und Mitarbeiter, denen nicht – wie in anderen Werkshallen – eine Heizung auf den Kopf scheint, während sie auf kaltem Boden stehen.

Den Stromverbrauch halten wir nicht zuletzt durch moderne LED-Technologie gering. Die Beleuchtung sorgt durch Helligkeitsregulierung außerdem auch abends für optimale Lichtverhältnisse. Zusätzliche Energieeffizienz wird durch Thermoverglasung und außenliegende Beschattung der Fenster durch Außenrollos sichergestellt. Am neuen Standort in Kottingbrunn wurden zudem vier Brunnen gegraben: drei Saug- und Schluckbrunnen mit Grundwasser und eine Wasserwärmepumpe, die die Werkshalle und das Bürogebäude im Winter beheizt und im Sommer kühlt. Auch die Fußbodenheizung in der Werkshalle funktioniert mit der Wasserwärmepumpe.

Für Transportwege stehen acht Elektroautos bereit. Vier davon können unsere Mitarbeiterinnen und Mitarbeiter auch nutzen, um in Fahrgemeinschaften kostenlos zur Arbeit zu kommen. Und auch auf Managementebene tauschen wir nach und nach die bisherigen Firmenautos gegen Elektroautos ein (Abb. 2).

Bei der Produktion unserer Maschinen setzen wir ebenfalls auf Effizienz und Nachhaltigkeit. Mit dem Umzug an unseren neuen Standort haben wir als erstes Maschinenbauunternehmen in der Elastomerbranche die Produktion von Einzel- auf Taktfertigung umgestellt. Aus heutiger Sicht kann man sagen, dass wir im Bereich der Fertigung vor einigen Jahren noch in der Steinzeit waren. Mittlerweile werden bei MAPLAN über 80 % der Maschinen taktgefertigt. Die Spritzgießmaschinen, die wir in Kottingbrunn herstellen, werden beispielsweise dafür eingesetzt, Gummimetallteile zur Schwingungsdämpfung in der Autoindustrie oder Sicherheitselemente für Bohrlochabdichtungen in der Ölindustrie zu produzieren. Bereits ein Jahr nach der Eröffnung des neuen Werks hatten wir die beste Auftragslage unserer Geschichte. Das liegt nicht zuletzt daran, dass die Produktion so umgestellt wurde, dass wir durch kurze, optimierte Wege und integrierte Prozesse Maschinen in Topqualität bauen können.

Abb. 2 Der Elektrofuhrpark von MAPLAN

Und auch dies führt wiederum zu mehr Energieeffizienz: Durch die Optimierung der Logistikwege wurden die Staplerfahrten reduziert. Alles greift also ineinander – Energieeffizienz und Nachhaltigkeit setzen sich bei MAPLAN wie ein Puzzle aus vielen kleinen und großen Einzelteilen zusammen. Und alle diese Maßnahmen gebündelt zeigen Wirkung: Zwischen 2015 und 2018 konnten wir den Stromverbrauch halbieren und den Gasverbrauch sogar um zwei Drittel reduzieren – und das, obwohl wir im selben Zeitraum um 40 % mehr produziert haben (Abb. 3 und 4).

Weil wir davon überzeugt sind, dass Nachhaltigkeit nicht nur notwendig, sondern auch sinnvoll ist, versuchen wir unsere Begeisterung dafür weiterzugeben. So sensibilisieren wir etwa unsere Mitarbeiterinnen und Mitarbeiter für Klimaschutz, indem wir z. B. Informationsveranstaltungen für einen Umstieg auf Ökostrom organisieren. Diese Veranstaltungen finden direkt nach der Kernarbeitszeit in unserem Hauptquartier statt. Und wir sind gerade dabei, einen eigenen Bienenstock anzusiedeln. In Zukunft können unsere Mitarbeiterinnen und Mitarbeiter unter der Anleitung von Philippe Soulier, dem Eigentümer der MAPLAN GmbH, ihren eigenen Honig herstellen und mit nach Hause nehmen. Teil unseres grünen Außenkonzepts, das auf dem Firmengelände umgesetzt wurde, ist auch der Anbau von Wiesenkräutern – womit sich der Kreis zu den Bienen schließt.

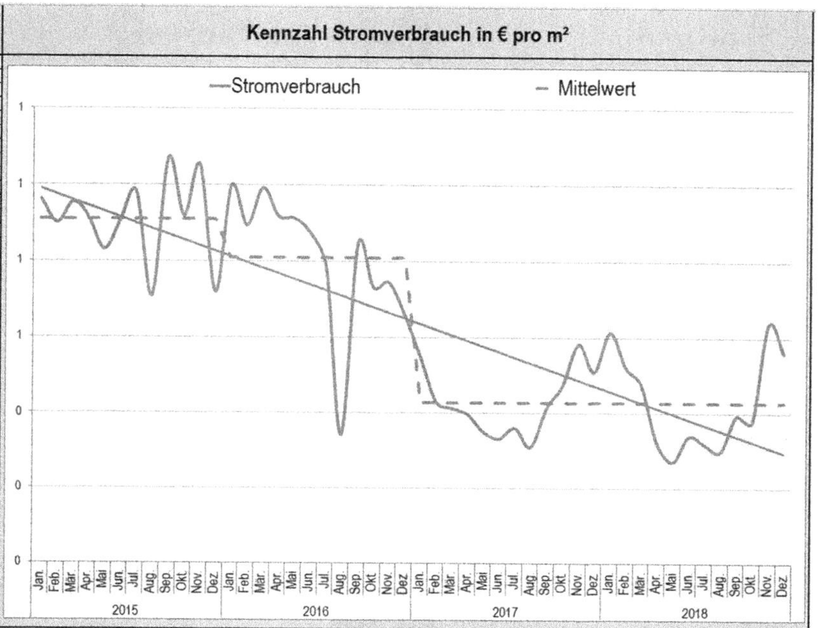

Jahr	Monat	Kosten
2015	Jan.	€ 0.96
	Feb.	€ 0.90
	Mär.	€ 0.96
	Apr.	€ 0.91
	Mai	€ 0.83
	Jun.	€ 0.91
	Jul.	€ 0.98
	Aug.	€ 0.71
	Sep.	€ 1.07
	Okt.	€ 0.92
	Nov.	€ 1.05
	Dez.	€ 0.72
2016	Jan.	€ 1.00
	Feb.	€ 0.89
	Mär.	€ 0.99
	Apr.	€ 0.92
	Mai	€ 0.91
	Jun.	€ 0.88
	Jul.	€ 0.79
	Aug.	€ 0.34
	Sep.	€ 0.85
	Okt.	€ 0.73
	Nov.	€ 0.74
	Dez.	€ 0.66
2017	Jan.	€ 0.55
	Feb.	€ 0.43
	Mär.	€ 0.41
	Apr.	€ 0.40
	Mai	€ 0.35
	Jun.	€ 0.33
	Jul.	€ 0.36
	Aug.	€ 0.31
	Sep.	€ 0.41
	Okt.	€ 0.47
	Nov.	€ 0.58
	Dez.	€ 0.51
2018	Jan.	€ 0.61
	Feb.	€ 0.52
	Mär.	€ 0.47
	Apr.	€ 0.32
	Mai	€ 0.27
	Jun.	€ 0.34
	Jul.	€ 0.32
	Aug.	€ 0.30
	Sep.	€ 0.39
	Okt.	€ 0.38
	Nov.	€ 0.64
	Dez.	€ 0.56

	2015	2016	2017	2018
Durchschnitt Jahr pro Monat	€ 0.91	€ 0.81	€ 0.43	€ 0.43
Durchschnitt 1. Quartal pro Monat	€ 0.94	€ 0.96	€ 0.46	€ 0.54
Durchschnitt 2. Quartal pro Monat	€ 0.88	€ 0.90	€ 0.36	€ 0.31
Durchschnitt 3. Quartal pro Monat	€ 0.92	€ 0.66	€ 0.36	€ 0.34
Durchschnitt 4. Quartal pro Monat	€ 0.90	€ 0.71	€ 0.52	€ 0.52

Abb. 3 Reduktion des Stromverbrauchs von 2015 bis 2018

3 Fazit und Ausblick

Bei MAPLAN sind wir fest davon überzeugt, dass Unternehmen gesellschaftliche Verantwortung haben. Und eines der drängendsten Themen ist heute der Klimaschutz. Österreich hat sich dazu verpflichtet, den Treibhausgasausstoß bis 2020 im Vergleich zu 2005 um 16 % und bis 2030 um 36 % zu reduzieren. Zahlen des Umweltbundesamts zeigen allerdings, dass 2017 der Treibhausgasausstoß des Landes schon das dritte Jahr in Folge wieder anstieg[1]. Laut Umweltbundesamt kann das Erreichen des Klimaziels für 2020 nicht als gesichert angenommen werden. Beim Klimaschutzindex, der die Klimaschutzleistungen jener 56 Staaten und der EU bewertet, die zusammen für mehr als 90 % der weltweiten Treibhausgasemissionen verantwortlich sind, ist Österreich zuletzt auf

[1]http://www.umweltbundesamt.at/aktuell/presse/lastnews/news2019/news_190129

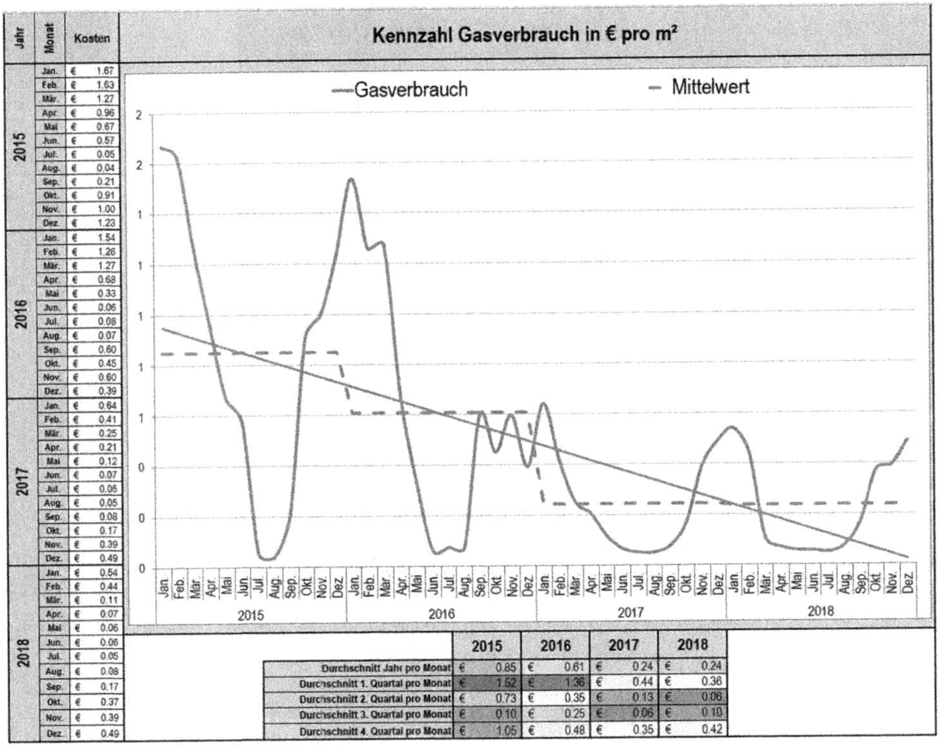

Abb. 4 Reduktion des Gasverbrauchs von 2015 bis 2018

Platz 36 abgerutscht[2]. Es gibt also genug zu tun, und es ist nicht zuletzt Aufgabe der Wirtschaft, durch strategische und umfassende Maßnahmen dazu beizutragen, dass die Erde auch für uns nachfolgende Generationen lebenswert bleibt (Abb. 5).

Die Energie- und Ressourceneffizienz bei MAPLAN bezeichneten die Experten von Fraunhofer Research Austria in ihrer Evaluierung als „Leitmotiv der Konzernleitung mit Energieeinsparungsprojekten im GWh-Bereich". Als Highlights wurden zudem die Fotovoltaikanlage, die Brunnen mit der Wasserwärmepumpe, die intelligenten Beleuchtungskonzepte und der Mitarbeiterfokus von MAPLAN hervorgehoben.

Die Fotovoltaikanlage auf dem Dach des MAPLAN-Hauptquartiers ist nicht nur ein Beitrag zum Klimaschutz, sie ist auch ein gutes Beispiel für die Prinzipien, die wir bei MAPLAN leben: Denn kostenmäßig wird sich die Anlage erst in zehn Jahren rechnen, aber sie ist nachhaltig – und das gibt uns ein gutes Gefühl. Bei MAPLAN denken, planen und handeln wir langfristig. Das unterscheidet uns von vielen großen Unternehmen,

[2] https://www.germanwatch.org/de/ksi

Abb. 5 Die Fotovoltaikanlage

in denen oft nur umgesetzt wird, was sich innerhalb kurzer Zeit rentiert. Als eigentümergeführtes Familienunternehmen fokussieren wir nicht ausschließlich auf Rendite. Das bringt den Vorteil, mit einer gewissen Gelassenheit agieren und sich auf langfristige Erfolge konzentrieren zu können. Denn diese sind unser Antrieb. Im Bereich Energieeffizienz und Nachhaltigkeit konnten wir für ein Unternehmen unserer Größe bereits sehr viele umsetzen – und wir bleiben weiter dran.

DI Wolfgang Meyer studierte Maschinenbau an der Technischen Universität Wien und leitete anschließend die Bereiche Marketing und internationaler Vertrieb für die Firma Starlinger Maschinenbau. Der weitere Karriereweg führte Wolfgang Meyer als Vertriebsleiter für vierzehn Jahre zur Firma Semperit Technische Produkte GmbH. Als Bereichsleiter baute Meyer die Marktführung der Firma Semperit in den Kernmärkten aus und übernahm als Geschäftsführer ein Werk in Sopron. Seit 2013 ist Meyer als Geschäftsführer bei der Firma MAPLAN und setzt dort auf eine Internationalisierungsstrategie mit neuen Werken in China und der Slowakei sowie weltweiten Serviceniederlassungen. Die Standplatzfertigung wurde auf eine neue Taktfertigung umgestellt. Dadurch wurden die Kapazitäten verdoppelt und die Durchlaufzeiten in der Produktion um 40 % reduziert. MAPLAN holte beim renommierten Produktionswettbewerb „Fabrik des Jahres" von Fraunhofer Austria und Industriemagazin den zweiten Platz und gewann in der Kategorie „Green Factory 2018".

Oswald Steinbauer, Msc studierte an der Fachhochschule Wiener Neustadt Wirtschaftsingenieurwesen und begann seine Karriere als Techniker im Auftragszentrum der Firma MAPLAN. Nach zwei Jahren übernahm Steinbauer die Leitung des Auftragszentrums der Firma MAPLAN und kurze Zeit später zudem die Einkaufsleitung. Als Bereichsleiter der MAPLAN-Logistik betreute Steinbauer den Aufbau der neuen Betriebsstätte in Kottingbrunn. MAPLAN investierte in das Hightech-Areal 12 Mio. € und setzte am neuen Standort neben einer Produktionssteigerung auch auf das Thema Nachhaltigkeit. Eine Fotovoltaikanlage sorgt für ein nachhaltiges Energiekonzept. Der Boden der Produktionsstätte ist mit einer Fußbodenheizung ausgestattet, die wiederum mithilfe von Grundwasserwärmepumpe ökologisch geheizt oder gekühlt wird. Steinbauer ist seit 2017 Werksleiter.

Green Meetings im Congress Centrum Alpbach

Grundlagen und Erfahrungsbericht zur Entwicklung von Alpbach als nachhaltige Tagungsdestination

Georg Hechenblaikner

1 Alpbach: kleines Tiroler Bergdorf mit großem Namen

Alpbach ist ein kleines Tiroler Bergdorf in den Kitzbüheler Alpen mit 2600 Einwohnern und in etwa gleich vielen Gästebetten. Der Ort lebt gut vom Tourismus, durch den auch der Handel und zahlreiche Handwerksbetriebe in der Region befruchtet werden. Die Hotellerie, Gastronomie und auch die touristische Infrastruktur haben sich in Alpbach auf ein qualitativ sehr ansprechendes Niveau entwickelt. Das Angebot für den Sommertourismus umfasst eine breite Palette an alpinen Freizeitmöglichkeiten sowie speziell für Familien konzipierte Urlaubsprogramme. Im Winter verbindet eine Seilbahn die benachbarte Wildschönau mit dem Alpbachtal zu einem gemeinsamen Skigebiet (Ski Juwel Alpbachtal Wildschönau), das 109 km Pisten umfasst. Ein einheitlicher Baustil und der prächtige Blumenschmuck im Sommer prägen das weit über die Landesgrenzen hinaus bekannte Ortsbild von Alpbach, das dem Dorf Auszeichnungen wie „Schönstes Blumendorf Europas" oder „Schönstes Dorf Österreichs" eingebracht hat. Seit den 1950er-Jahren wird in Alpbach konsequent an einer eigenen örtlichen Bauordnung festgehalten, mit der für die meisten der Bauwerke im Dorf die Ausrichtung am sog. Alpbacher Baustil verbindlich vorgeschrieben wird. In der örtlichen Bauordnung wird z. B. festgehalten, dass alle Häuser ab dem ersten Stock mit einer Holzverschalung ausgestattet werden müssen. Auch die Neigung der Dächer, die Farbe der Dachziegel, die Form der Fenster und ähnliche Details werden darin, der langjährigen Tradition des Alpbacher Baustils folgend, einheitlich geregelt. International bekannt wurde Alpbach durch das Europäische Forum Alpbach, das jährlich im Tiroler Bergdorf stattfindet. Das Congress Centrum Alpbach gilt als architektonisches Meisterwerk, das als Green Building

G. Hechenblaikner (✉)
Congress Centrum Alpbach, Alpbach Tourismus GmbH, Alpbach, Österreich
E-Mail: georg.hechenblaikner@alpbach.at

A. Sihn-Weber und F. Fischler (Hrsg.), *CSR und Klimawandel,* Management-Reihe Corporate Social Responsibility, https://doi.org/10.1007/978-3-662-59748-4_41

Abb. 1 Gründach Congress Centrum Alpbach

die Einzigartigkeit von Alpbach bewahrt und zugleich mit Bestwerten bei der Energieeffizienz punktet. Die Abb. 1 zeigt das Gründach des Congress Centrum Alpbach mit Blick auf das Bergdorf.

2 Kongress- und Tagungstourismus in Alpbach

Der Kongress- und Tagungstourismus wird von den Alpbacher Beherbergungs- und Gastronomiebetrieben gern als dritte Saison für den Ort bezeichnet (Abb. 2). Dies auch deshalb, weil ein Großteil der Veranstaltungen in der touristischen Nebensaison stattfindet und damit für eine attraktive Auslastung der Unternehmen sorgt. Die Historie als Kongressdestination hängt unmittelbar mit dem Europäischen Forum Alpbach zusammen, das erstmals im August 1945 unter der Bezeichnung Internationale Hochschulwochen des Österreichischen College im Tiroler Bergdorf Alpbach ausgerichtet wurde. Seither treffen sich jedes Jahr ab der zweiten Augusthälfte Teilnehmerinnen und Teilnehmer aus aller Welt zum interdisziplinären Gedankenaustausch von Wissenschaft, Politik, Wirtschaft und Kultur. Dem Wunsch nach einem eigenen Alpbacher Kongresshaus wurde bereits 1952 mit dem Baubeginn des Paula-von-Preradović-Haus entsprochen. Am selben Ort wurde 1999 der Neubau des Congress Centrum Alpbach eröffnet. Mit diesem Gebäude wurde ein für Alpbach bislang einzigartiger

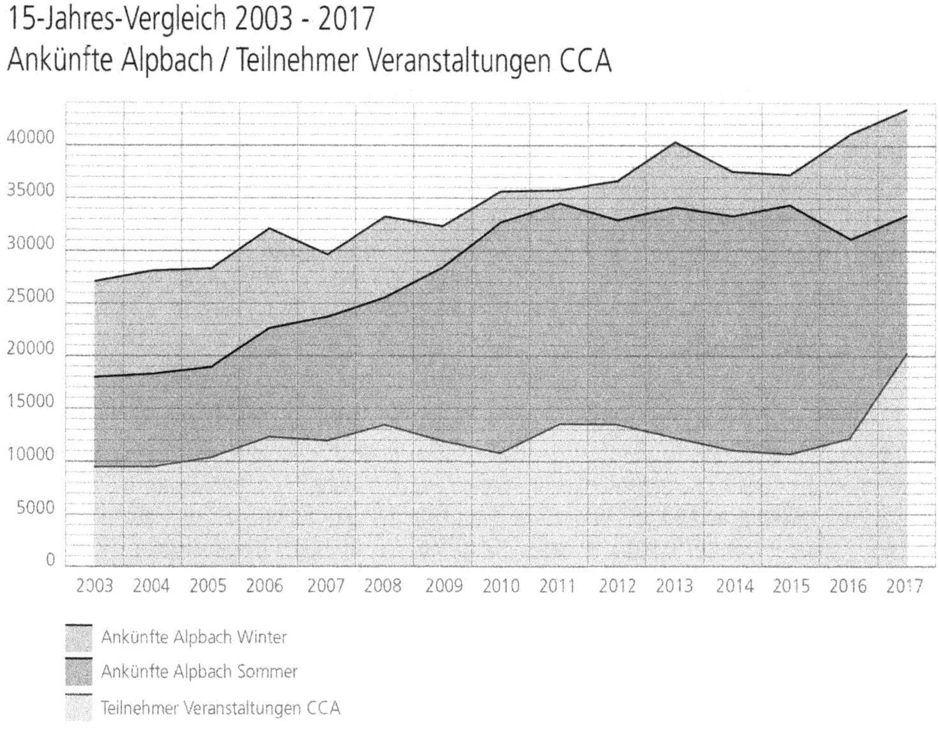

Abb. 2 15-Jahres-Vergleich Ankünfte Alpbach nach Saisonen/Teilnehmer Veranstaltungen Congress Centrum Alpbach (CCA)

architektonischer Weg beschritten, mit dem es gelang, das moderne Kongresszentrum mit dem traditionellen Dorfkern in besonders harmonischer Weise zu verbinden. Entsprechend der Idee eines jungen Innsbrucker Architektenteams wurde das Congress Centrum Alpbach komplett in einen Berghang eingebettet und auf der Dachfläche begrünt. Im Gebäude sorgt ein spiralförmig angeordneter Lichtkegel für viel Tageslicht. Neben dem besonderen Reiz, der von dieser einzigartigen Architektur ausgestrahlt wird, brachte diese Bauweise auch sehr positive Auswirkungen für den Energiehaushalt des Gebäudes mit sich. Das war wiederum eine optimale Voraussetzung für die spätere Positionierung von Alpbach als Green Meeting Destination. Aufgrund der guten Entwicklung des Kongresstourismus in Alpbach und steigender Teilnehmerzahlen beim Europäischen Forum Alpbach wurde das Congress Centrum Alpbach in den Jahren 2015–2016 großzügig erweitert. Mit der Erweiterung wurden wesentliche Maßnahmen umgesetzt, die zu einer Optimierung des Energieverbrauchs führten. Das Congress Centrum Alpbach wird seit dem Jahr 2010 ausschließlich mit erneuerbarer Energie betrieben.

3 Green Meetings und Green Event Management

Green Meetings und Green Event Management sind Fachbegriffe für Nachhaltigkeitsstrategien und daraus abgeleitete Maßnahmen im Veranstaltungswesen. Die Kongress-, Tagungs-, Seminar- und Veranstaltungsbranche hat vielfach erst zu Beginn des 21. Jahrhundert begonnen, konkrete Schritte zu setzen, die in Richtung Nachhaltigkeit, ökologische Verträglichkeit von Veranstaltungen sowie Gestaltung von neuen Produkten unter Einbeziehung ökologischer, sozialer und kultureller Aspekte gehen.

3.1 Green Meetings

Im Kongress- und Tagungsbereich hat sich der Begriff Green Meetings international verbreitet, weshalb dieser auch im deutschsprachigen Raum zur Anwendung kommt. Gemeint sind damit Kongresse und Tagungen, die als Green Meetings ausgerichtet werden bzw. Kongresszentren, Hotels, Veranstalter und andere Anbieter, die sich der Einhaltung von sog. Green-Meeting-Standards bzw. -Kriterien verpflichten. Konkret geht es dabei um Strategien und Maßnahmen, die der Wahrung der ökologischen Verträglichkeit sowie der Nachhaltigkeit von Veranstaltungen dienen und die immer öfter auch soziale bzw. kulturelle Aspekte umfassen.

3.2 Green Event Management

Green Event Management berücksichtigt einen Umwelt- und Nachhaltigkeitsansatz während des gesamten Organisationsablaufs von Veranstaltungen. Angestrebt wird eine Verringerung der Umweltbelastungen durch Veranstaltungen und die Stärkung von regionalen Wirtschaftskreisläufen. Kurze Lieferwege, fairer Handel, saisonal verfügbare Produkte, Mehrweggeschirr, regionale Partnerschaften, Müllvermeidung, öffentliche Anreise der Teilnehmerinnen und Teilnehmer etc. sind nur einige Maßnahmen, denen im Zuge eines Green Event Management besondere Aufmerksamkeit zugute kommt. Green Event Management hat direkte Auswirkungen auf die Veranstaltung selbst und deren Image, da die umgesetzten Maßnahmen von Teilnehmerinnen und Teilnehmern sowie von Medien, Partnern und Sponsoren wahrgenommen werden. Eine ehrliche und gut umgesetzte Nachhaltigkeitsstrategie bei Veranstaltungen wird heutzutage von allen Beteiligten generell sehr positiv gesehen. Den Ausführungen von Holzbaur folgend, können im Zusammenhang mit Events direkte und indirekte Effekte auf die Nachhaltigkeit abgeleitet werden. Zu den direkten Effekten gehören der Ressourcen- und Energieverbrauch, die Wertschöpfung sowie die Partizipation bzw. Inklusion. Indirekte Effekte beziehen sich v. a. auf die Liefer- und Kommunikationsketten (Holzbaur 2015).

4 Entwicklung von Alpbach als Green Meeting Destination

4.1 Krise als Chance

Die Anfänge der Entwicklung von Alpbach als Green Meeting Destination gehen, aufbauend auf die Einführung des Alpbacher Baustils und den Neubau des Congress Centrum Alpbach, auf das Jahr 2008 zurück. Von internen Entscheidungsträgern und externen Partnern wurde damals gemeinsam erkannt, dass Alpbach über ideale Grundvoraussetzungen verfügt, um sich als Vorzeige-Destination im Kontext von Green Meetings zu positionieren. Die strategischen und organisatorischen Weichen wurden jedoch erst gestellt, als die komplette Branche ab Januar 2009 von den Auswirkungen der Wirtschafts- und Finanzkrise erfasst und besonders stark in Mitleidenschaft gezogen wurde. Obwohl sich aufgrund dieser schwierigen Rahmenbedingungen auch die Betriebsgesellschaft des Congress Centrum Alpbach in einem Krisenmodus befand, ergaben sich gerade zu diesem Zeitpunkt die dringend benötigten Chancen, die in der Folge zu einer Neuausrichtung des Unternehmens sowie zu vertieften Partnerschaften mit den wichtigsten Leistungsträgern und Kunden geführt haben.

4.2 Verankerung des Green-Meeting-Ansatzes im Leitbild des Congress Centrum Alpbach

Die Green-Meeting-Positionierung des Congress Centrum Alpbach musste vom Projektstart an strategisch fest verankert werden. Seither heißt es im Leitbild des Congress Centrum Alpbach:

> Das Tiroler Bergdorf Alpbach etabliert sich als nachhaltige Tagungsdestination und wird zum Vorzeigeort für die Durchführung von Green Meetings in den Alpen. „Nachhaltig Tagen im Bergdorf Alpbach" stellt einen deutlich erkennbaren und erstrebenswerten Zusatznutzen für nationale und internationale Veranstalter bei der Suche nach einer geeigneten Location dar.
>
> Die kontinuierliche angebotsspezifische Weiterentwicklung der Green Meeting Destination Alpbach erfolgt in enger Kooperation zwischen dem Team des Congress Centrums Alpbach, den wichtigsten Leistungsträgern in der Region, dem Europäischen Forum Alpbach und mittelfristig zahlreichen weiteren Kunden des Ortes. Alpbach differenziert sich durch ein ehrliches und glaubwürdiges Engagement als nachhaltige Tagungsdestination […]. (Hechenblaikner 2010)

4.3 Strategische Denkansätze für die Entwicklung von Alpbach als Green Meeting Destination

Die Entwicklung von Alpbach als Green Meeting Destination wurde auf Basis der folgenden strategischen Denkansätze in die Wege geleitet:

1. Alpbach könnte sich mit einem unverwechselbaren Nutzenangebot (USP) als nachhaltige Tagungsdestination (Green Meeting Destination) etablieren und von seinen Konkurrenten deutlich abheben.
2. Die Weiterentwicklung des Angebots würde einen Qualitätsschub auslösen, der eine unangefochtene Preispolitik ermöglicht. Die Grundkonzeption beruhte auf der Annahme, dass Wirtschaftlichkeit und Umweltschutz keine Gegensätze sein müssen, sondern in einer symbiotischen Beziehung sogar voneinander profitieren können.
3. Alpbach könnte seinen Bestandskunden als Green Meeting Destination einen wertvollen Zusatznutzen anbieten und damit einen Beitrag zur Kundenbindung leisten.
4. Mit dem Green-Meeting-Angebot könnten neue Kunden angesprochen werden, die bei der Durchführung von Veranstaltungen auf ökologische Gesichtspunkte Rücksicht nehmen.
5. Das Congress Centrum Alpbach würde mit geringeren Verbrauchswerten sowie dem Einsatz von erneuerbaren Energieträgern zur Ressourcenschonung und damit zum Umwelt- und Klimaschutz beitragen. Durch die zahlreichen Teilnehmerinnen und Teilnehmer, die bei Veranstaltungen in Alpbach zu Gast sind, könnte eine positive Multiplikatoren- und Vorbildwirkung entstehen.

5 Österreichisches Umweltzeichen für Green Meetings & Green Events sowie Green-Globe-Zertifizierung

5.1 Österreichisches Umweltzeichen für Green Meetings & Green Events

Im Frühjahr 2010 wurde vom damaligen Bundesministerium für Land- und Forstwirtschaft, Umwelt und Wasserwirtschaft in Kooperation mit dem Verein für Konsumenteninformation eine Richtlinie für das noch im selben Jahr eingeführte Österreichische Umweltzeichen für Green Meetings & Green Events erlassen. Den Entscheidungsträgern in Alpbach war von Beginn an klar, dass eine Green-Meeting-Strategie für Alpbach nur dann erfolgreich sein konnte, wenn die einzelnen Maßnahmen auch per Zertifizierung extern überprüft werden. Darüber hinaus war es von enormer Bedeutung, dass das Europäische Forum Alpbach, der größte und wichtigste Kunde des Congress Centrum Alpbach und international strahlendes Aushängeschild der Kongress-Destination, die Entwicklung ebenfalls von Beginn an mitträgt. Ab dem Projektstart wurde daher intensiv an einer Lizenzierung des Congress Centrum Alpbach und parallel an einer

Zertifizierung des Europäischen Forums Alpbach mit dem Österreichischen Umweltzeichen für Green Meetings gearbeitet. Dieser wichtige Meilenstein für das Projekt wurde im August 2010, dank einer breiten Unterstützung durch den Veranstalter, durch das Ministerium und den Verein für Konsumenteninformation sowie weiterer wichtiger Projektpartner erreicht. Das Europäische Forum Alpbach war 2010 der erste Kongress überhaupt, der mit dem Österreichischen Umweltzeichen für Green Meetings zertifiziert wurde. Die Dimension des Österreichischen Umweltzeichens wird eindrücklich verdeutlicht, wenn man sich die Zahlen anschaut: Innerhalb von zehn Jahren wurden insgesamt schon mehr als 1100 Green Meetings und mehr als 300 Green Events mit dem Umweltzeichen zertifiziert. Darüber hinaus gibt es neben dem Congress Centrum Alpbach bereits 78 Lizenznehmer, die Veranstaltungen zertifizieren dürfen (Österreichisches Umweltzeichen für Green Meeting & Green Events).

5.2 Initiativen des Austrian Convention Bureau und des Europäischen Verbands der Veranstaltungs-Centren e. V.

Auch das Austrian Convention Bureau (ACB) engagierte sich mit großem Einsatz, ebenso wie das German Convention Bureau und der Europäische Verband der Veranstaltungs-Centren e. V. (EVVC), um branchenspezifische Grundlagen für Green Meetings zu erarbeiten und um Partnerorganisationen zu finden, die als Pioniere bereit waren, ihr Angebot in Richtung eines Green Event Management zu optimieren. So entstand auf Ebene des EVVC eine Kooperation mit Green Globe, die zu einer Zertifizierungsmöglichkeit von Locations nach dem internationalen Green Globe Certification Standard führte. Das Congress Centrum Alpbach wurde bereits 2010 zum ersten und damals auch einzigen Anbieter in Österreich, der sowohl eine Green-Globe-Zertifizierung als auch eine Lizenzpartnerschaft für die Zertifizierung nach dem Österreichischen Umweltzeichen für Green Meetings & Green Events vorweisen konnte. Diese Zertifizierungen waren v. a. für die Kunden des Congress Centrum Alpbach von besonderer Bedeutung, da mit der unabhängigen und externen Überprüfung der Leistungen sichergestellt wurde, dass kein Greenwashing betrieben wurde.

6 Green Globe Certification Standard

Der Bewertungsrahmen des Green Globe Certification Standard basiert auf den drei Säulen Umweltfreundlichkeit, soziale Verantwortung und wirtschaftliche Rentabilität, wobei 70 % der Kriterien den Umweltbereich und 30 % der Kriterien soziokulturelle Aspekte behandeln. Ein akkreditierter, unabhängiger Auditor prüft und analysiert dabei direkt vor Ort in der Location den jeweiligen Leistungsstand, u. a. hinsichtlich Energie, Abfall und Wasser sowie die Interaktion bzw. Kommunikation mit dem sozialen und gesellschaftlichen Umfeld. Dabei bilden 41 obligatorische Zertifizierungskriterien den Rahmen für eine Auswahl von über 300 anzuwendenden Einhaltungsindikatoren. Je nach Kategorie der Zertifizierung, geografischem Gebiet und regionalen Faktoren werden auch spezifische Indikatoren eingesetzt. Zur Zertifizierung muss ein Unternehmen jedes Kriterium erfüllen und zusammen mit den jeweils zugeordneten Indikatoren mindestens 51 % erreichen. Um die Zertifizierung in der Folge aufrechtzuerhalten, muss darüber hinaus noch jährlich eine Leistungsverbesserung nachgewiesen werden können (Majewski 2019).

7 Handlungsfelder des Alpbacher Green-Meeting-Angebots

7.1 Mobilität

Aufgrund der kurzen Gehwege zwischen dem Congress Centrum Alpbach und zahlreichen Beherbergungsbetrieben vor Ort werden von den Teilnehmerinnen und Teilnehmern an Kongressen in Alpbach keine individuellen Fahrzeuge benötigt. Bei manchen Veranstaltungen, wie z. B. dem Europäischen Forum Alpbach, werden eigene Bus-Shuttles sowie leihweise vor Ort auch E-Mountainbikes angeboten. Alle Personen, die außerhalb des Ortszentrums von Alpbach nächtigen, können mit der Alpbachtal Seenland Card sämtliche öffentlichen Busverbindungen in der Region kostenlos nutzen. Für Gruppen organisiert das Team des Congress Centrum Alpbach in Kooperation mit den Veranstaltern Shuttle-Services. Transfers werden zumeist ab den Flughäfen München und Innsbruck sowie ab den Bahnhöfen Wörgl, Jenbach oder Brixlegg angeboten. Die Anreise mit der Bahn wird vom Congress Centrum Alpbach gegenüber den Veranstaltern sowie den Teilnehmerinnen und Teilnehmern besonders stark forciert. Die Fahrzeit ab Wien Hauptbahnhof zum Bahnhof Wörgl beträgt mit dem ÖBB Railjet nur rund 3 h 45 min. Bei Anreisen aus Deutschland kann für die gesamte Fahrstrecke innerhalb von Deutschland ein kostengünstiges Eventticket beantragt werden.

7.2 Energieeffizienz

Für die Energieversorgung des Congress Centrum Alpbach kommen ausschließlich erneuerbare Energieträger zum Einsatz. Durch seine besondere Bauweise bringt das Haus optimale Voraussetzungen für einen geringen Energieverbrauch mit sich. Die Dämmung mit Erdreich auf der gesamten Dachfläche, die Wärmeisolierung der Außenwände und die Verwendung von modernsten Gläsern für die Fassade ermöglichen einen besonders geringeren Bedarf an Heiz- und Kühlenergie. Für die Heizung und Kühlung des Gebäudes wurde unterhalb der Tiefgarage eine hocheffiziente Geothermie-Wärmepumpe verbaut, die neben der Erzeugung von Heizwärme in einem Free-Cooling-Betrieb auch für die passive Kühlung des Congress Centrum Alpbach sorgt. Für die Abdeckung von Spitzenlasten bei der Beheizung wird eine Pelletheizung eingesetzt. Mit einer in

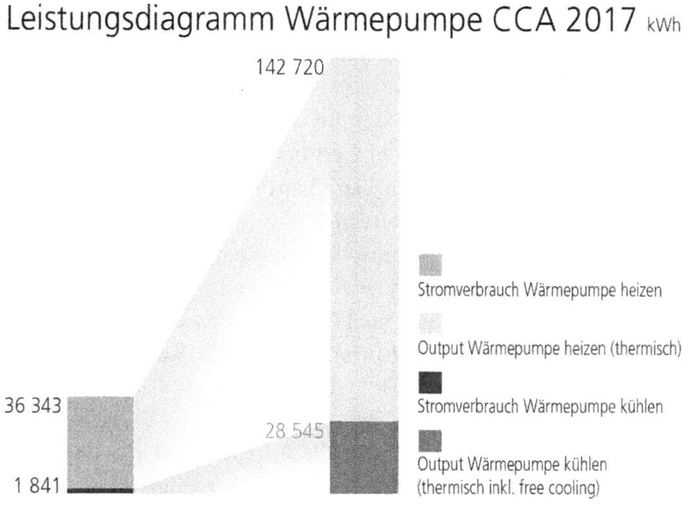

Abb. 3 Leistungsdiagramm Wärmepumpe Congress Centrum Alpbach (CCA) 2017

der Fassade integrierten Fotovoltaikanlage wird vom Congress Centrum Alpbach eigener Strom produziert. Der erzeugte Strom reicht jedoch gerade aus, um die Grundlasten des Hauses zu bedienen. Dennoch wird der gesamte Strombedarf des Congress Centrum Alpbach mit 100 % Ökostrom abgedeckt, der entsprechend den Produktvorgaben des Lieferanten von Tiroler Kleinwasserkraftwerken erzeugt wird. Die Abb. 3 zeigt den Stromverbrauch des Congress Centrum Alpbach im Jahr 2017 mit den anteiligen Werten für die Beheizung und Kühlung des Gebäudes mithilfe der Wärmepumpe. Das Congress Centrum Alpbach wurde ausschließlich mit LED-Leuchtmitteln oder Energiesparlampen ausgestattet. Mitentscheidend für den geringen Energieverbrauch des Congress Centrum Alpbach ist ein modernes Monitoringsystem, das neben dem Wasserverbrauch auch sämtliche Verbrauchswerte für Kühlung, Heizung, Lüftung, Beleuchtung, Audio- und Videoanlagen und die Cateringküche überwacht. Diese Daten stellen einen wesentlichen Baustein für die laufende Optimierung der Verbrauchswerte dar. Bei der Neuanschaffung von Geräten wird darüber hinaus auf deren Stromverbrauch und die Standby-Verbrauchsdaten geachtet.

7.3 Beschaffung und Entsorgung

Der Catering-Partner des Congress Centrum Alpbach wurde selbst mit dem Österreichischen Umweltzeichen für Gastronomiebetriebe zertifiziert. Er verwendet überwiegend saisonale und regional produzierte Lebensmittel bzw. fair gehandelte Produkte. Die hohe Produktqualität dieser Speisen wird von Tagungskunden besonders geschätzt.

Von Bedeutung sind dabei auch die Beschilderung der Buffets und die Beschreibung der Produkte in den Speisekarten mit den jeweiligen Herkunftsbezeichnungen. Die Lieferwege für Fleisch, Milchprodukte, Gemüse und Salate sollen dabei so kurz wie möglich gehalten werden. Auch bei den Getränken werden bevorzugt regionale Partner eingesetzt. Bei nicht regional verfügbaren Getränken wie Kaffee und Organgensaft wird auf fairen Handel geachtet. Convenience-Gerichte und Einweggebinde sind im Congress Centrum Alpbach seit Einführung des Green-Meeting-Projekts generell nicht mehr vorgesehen. Bei der Beschaffung von technischen Geräten im Congress Centrum Alpbach wird auf geringe Energie- und Standby-Verbrauchswerte geachtet, Druckaufträge werden ausschließlich an Umweltzeichen-Druckereien vergeben, im gesamten Unternehmen kommt nur noch Recyclingpapier zum Einsatz. Aufbauend auf das Kontinuierlicher-Verbesserungsprozess(KVP)-Projekt „Spirit" des Congress Centrum Alpbach werden laufend Optimierungs-, Ressourceneinsparungs- sowie Verschwendungspotenziale aufgezeigt und in der Umsetzung nach Möglichkeit auch gleich unmittelbar realisiert. Das Congress Centrum Alpbach verfügt über ein Abfallmanagementsystem. Die Vermeidung von Abfall ist jedoch ein bedeutend wichtigeres und daher auch übergeordnetes Ziel. Dies gilt sowohl für die eigenen Mitarbeiterinnen und Mitarbeiter als auch für die Kunden des Hauses mit ihren Teilnehmerinnen und Teilnehmern. Im Zuge der Green-Event-Management-Maßnahmen werden die Maßnahmen zur Müllvermeidung direkt im Vorfeld der Veranstaltung mit den Kunden besprochen.

7.4 Green Event Management

Die umfassenden Kriterien der Nachhaltigkeitszertifizierungen des Congress Centrum Alpbach bedingen in der Umsetzung von Kongressen und Tagungen auch ein fachlich versiertes Personal im Veranstaltungsmanagement, das mit den Details der Green-Meeting-Positionierung von Alpbach bestens betraut ist. Neben internen Schulungen für die Projektleiterinnen und Projektleiter, für das Technikteam und für die Reinigungskräfte werden laufend auch Fortbildungsmöglichkeiten für die wichtigsten Leistungsträger (z. B. Beherbergungs- und Gastronomiebetriebe) angeboten. Ein zentraler Punkt des Green Event Management ist die Begleitung und Unterstützung der Kunden des Congress Centrum Alpbach bei der Umsetzung eines ressourcenschonenden Veranstaltungsmanagements. Ziel dieses Engagements ist, dass die Kunden selbst den Nutzen von nachhaltigen Veranstaltungen für ihr eigenes Projekt und für die Teilnehmerinnen und Teilnehmer erkennen und daher bewusst Maßnahmen ergreifen, die das Alpbacher Green-Meeting-Konzept unterstützen. Der Kreis zu einem ganzheitlichen Green Meeting in Alpbach schließt sich immer dann, wenn auch die Kunden des Congress Centrum Alpbach die von ihnen in Anspruch genommenen Leistungen anhand von Nachhaltigkeitsparametern beauftragen. Wesentliche Entscheidungen, die auf Kundenseite getroffen werden, sind die Bestellung von Gastronomieleistungen, die Wahl der Anreiseform (öffentlich oder mit Transfers ab Flughafen bzw. Bahnhof), die bewusste Reduktion von Abfall (z. B. Verzicht auf Infotaschen für Teilnehmerinnen und Teilnehmer), die Beachtung von Nachhaltigkeitskriterien beim Kauf von Give Aways oder der gänzliche Verzicht auf Give Aways, die Einbeziehung des Nachhaltigkeitsgedankens bei der Planung der Rahmenprogramme etc. Das Team des Congress Centrum Alpbach ist darüber hinaus stets bestrebt, die Kunden des Unternehmens von den Vorzügen und Chancen einer Zertifizierung ihrer Veranstaltung nach den Kriterien des Österreichischen Umweltzeichens für Green Meetings zu überzeugen. Durch die externe Überprüfung der gesetzten Maßnahmen und die besondere Strahlkraft des Zertifikats wird der Nutzen für alle beteiligten Partner dadurch nochmals größer.

8 Alpbach als Best-Practice-Beispiel

Trotz des durchschlagenden Erfolgs der gesetzten Maßnahmen – sowohl wirtschaftlich als auch inhaltlich – gilt es dennoch, zu betonen, dass Alpbach die oben genannten Maßnahmen nicht als erste Destination entwickelt hat und auch nicht über das erste bzw. einzige Kongresszentrum verfügt, das sich einer umfassenden Nachhaltigkeitsstrategie verschrieben hat. Das Alpbacher Green-Meeting-Angebot hat jedoch durch die enge Verknüpfung mit den Partnerbetrieben vor Ort, von denen mittlerweile ebenfalls bereits zehn Betriebe eine Zertifizierung mit dem Österreichischen Umweltzeichen aufweisen können, durch die Einzigartigkeit der Destination und der Architektur des Congress Centrum Alpbach, durch die enge Partnerschaft mit dem Europäischen Forum Alpbach sowie weiteren Kunden des Hauses und durch die konsequente Weiterentwicklung der Nachhaltigkeitsstandards dazu geführt, dass der Ort und sein Kongresszentrum nunmehr zu den Best-Practice-Beispielen für nachhaltiges Veranstaltungsmanagement im deutschsprachigen Raum gehören.

9 CO_2-Bilanzierung mit atmosfair-Veranstaltungsrechner

Das Alpbacher Green-Meeting-Projekt zielt nicht vorrangig auf die Reduktion von CO_2-Emissionen der Veranstaltungen im Congress Centrum Alpbach ab, es wird damit vielmehr das Ziel verfolgt, durch einen schonenden Umgang mit den zur Verfügung stehenden Ressourcen einen konkreten Beitrag zum Umwelt- und Klimaschutz zu leisten. Die gesetzten Maßnahmen haben dennoch deutliche Auswirkungen auf den CO_2-Footprint der Teilnehmerinnen und Teilnehmer, die sich bei Veranstaltungen im Congress Centrum Alpbach befinden. Aufgrund von einer Partnerschaft mit dem Leistungsträger atmosfair ist es den Kunden des Congress Centrum Alpbach bereits vor dem Start der Veranstaltung möglich, die eigenen CO_2-Emissionen zu berechnen, die direkt mit der Veranstaltung in Alpbach in Zusammenhang stehen. Ein online verfügbarer Veranstaltungsrechner von atmosfair bilanziert die CO_2-Emissionen einer Veranstaltung auf Grundlage des Standards des Verband Deutsches Reisemanagement e. V. (VDR).

Dadurch wird es möglich, die CO_2-Emissionen von Geschäftsreiseaktivitäten (Flug, Mietwagen bzw. Auto, Bahn, Hotel, Veranstaltungen) einheitlich und qualitativ hochwertig zu analysieren und zu bilanzieren. Im Zuge von Veranstaltungen werden dabei die folgenden Einflussfaktoren berücksichtigt: Veranstaltungsort (Energie- und Wasserverbrauch, Energiemix, CO_2-Intensität, Abfall- und Abwasserentsorgung, Catering), An- und Abreise (Flug, Bahnfahrt, Mietwagen, öffentlicher Personennahverkehr, Taxifahrten, Transferleistungen), Unterkunft und Hotelübernachtungen sowie Warentransport. Alle Kunden des Congress Centrum Alpbach, die über den atmosfair-Veranstaltungsrechner ihre CO_2-Emissionen berechnen lassen, erhalten eine kostenlose CO_2-Bilanz zu ihrer Veranstaltung und können auf Wunsch im Nachhinein einen freiwilligen Klimaschutzbeitrag an atmosfair leisten. Mit dem Beitrag können die CO_2-Emissionen der Veranstaltung anhand der UN-zertifizierten Klimaschutzprojekte von atmosfair wieder ausgeglichen werden. Konkret geht es dabei um Projekte, die in den Bereichen erneuerbare Energien und Energieeffizienzsteigerung in Entwicklungsländern (z. B. Wasserkraft, Biomasse oder effiziente Brennholzkocher) wirken. Mit diesen Projekten werden nicht nur nachweislich CO_2-Emissionen eingespart, sie verbessern auch die lokalen Umwelt- und Lebensbedingungen der Menschen in den Projektregionen (Green Meetings & Events).

10 Konkrete Ergebnisse und Nutzen des Alpbacher Green-Meeting-Projekts

10.1 Deutliche Reduktion bei Müll und Wasserverbrauch

Laut aktuellen Daten, die im Zusammenhang mit dem Österreichischen Umweltzeichen erhoben wurden, verursacht ein durchschnittlicher Kongressgast pro Tag 3,5 kg Restmüll, 5,5 kg Papiermüll und löst einen Wasserverbrauch von 151 l aus. Bei einer Reisedistanz von 1000 km mit dem Flugzeug werden bei der An- und Abreise 204 kg an CO_2 ausgestoßen. Bei einem Kongress, der mit dem Österreichischen Umweltzeichen als Green Meeting zertifiziert ist, werden von den Teilnehmerinnen und Teilnehmern im Schnitt 30 % des Restmülls und 55 % des Papiermülls eingespart (Business Art 2019).

10.2 38.000 Teilnehmerinnen und Teilnehmer in zertifizierten Veranstaltungen und Multiplikatorenwirkung bei 140.000 Personen

Seit der erstmaligen Zertifizierung des Europäischen Forums Alpbach mit dem Österreichischen Umweltzeichen für Green Meetings im August 2010 wurden im Congress Centrum Alpbach bis Ende 2018 insgesamt 44 Veranstaltungen zertifiziert. Allein diese zertifizierten Veranstaltungen brachten in Summe etwa 38.000 Teilnehmerinnen und

Teilnehmer aus aller Welt nach Alpbach. Darüber hinaus wirkt das umfassende Nachhaltigkeitsmanagementsystem des Congress Centrum Alpbach für jeden einzelnen Teilnehmer an Veranstaltungen, unabhängig davon, ob die Veranstaltung zertifiziert wurde oder nicht. Es gibt nämlich keinen Plan B oder kein Angebot des Congress Centrum Alpbach bzw. von dessen Partnern, das nicht auch Bestandteil des Alpbacher Green-Meeting-Projekts ist. Falls sich ein Veranstalter entschließen sollte, für seine Tagung bzw. für seinen Kongress keine Zertifizierung vornehmen zu lassen, werden allein schon durch die Tatsache, dass das Projekt im Congress Centrum Alpbach stattfindet, mehr als 70 % aller Green-Meeting-Kriterien des Österreichischen Umweltzeichens erfüllt. Die Vorzüge des Alpbacher Green-Meeting-Angebots und die damit in Zusammenhang stehenden Leistungen für den Umwelt- und Klimaschutz haben im Congress Centrum Alpbach bereits mehr als 140.000 Menschen persönlich kennengelernt. Viele davon sind selbst wertvolle Multiplikatoren in ihrem eigenen Umfeld.

10.3 Geringer Energieverbrauch und niedrige Energiekosten im Congress Centrum Alpbach im Vergleich mit anderen Häusern

Durch die besondere Architektur des Congress Centrum Alpbach und durch das hocheffiziente Wärmepumpensystem für die Beheizung und Kühlung des Hauses mussten von der Betriebsgesellschaft zuletzt pro Jahr nur rund 5600,00 € an Energiekosten für Heizung und Kühlung ausgegeben werden. Dies für immerhin 4000 m^2 Nutzfläche und einer Lage auf 1000 m Seehöhe. In der Abb. 4 wird der eingesetzten Energiemenge für die Wärmepumpe der thermische Output für Kühlung und Beheizung gegenübergestellt. Die gesamten Stromkosten beliefen sich in den Jahren 2017 und 2018 bei bis zu 200 Veranstaltungstagen auf jeweils etwa 35.000,00 €. Ein von der Größe her vergleichbares Haus im deutschsprachigen Raum, das vor wenigen Jahren komplett neu errichtet wurde, weist demgegenüber jährliche Energie- und Heizkosten in Höhe von mehr als 230.000,00 € auf, was in etwa 6,5-mal den Energiekosten des Congress Centrum Alpbach entspricht. Bei einem vom International Association of Convention Centres (AIPC) initiierten internationalen Benchmarking-Vergleich aus dem Jahr 2017 schnitt das Congress Centrum Alpbach mit 116,1 kWh an Stromverbrauch pro m^2 und Jahr ebenfalls deutlich besser ab, als dies bei international vergleichbaren Kongresszentren der Fall war. Die Abb. 4 zeigt die wichtigsten Energieverbrauchsdaten des Congress Centrum Alpbach während eines Jahres.

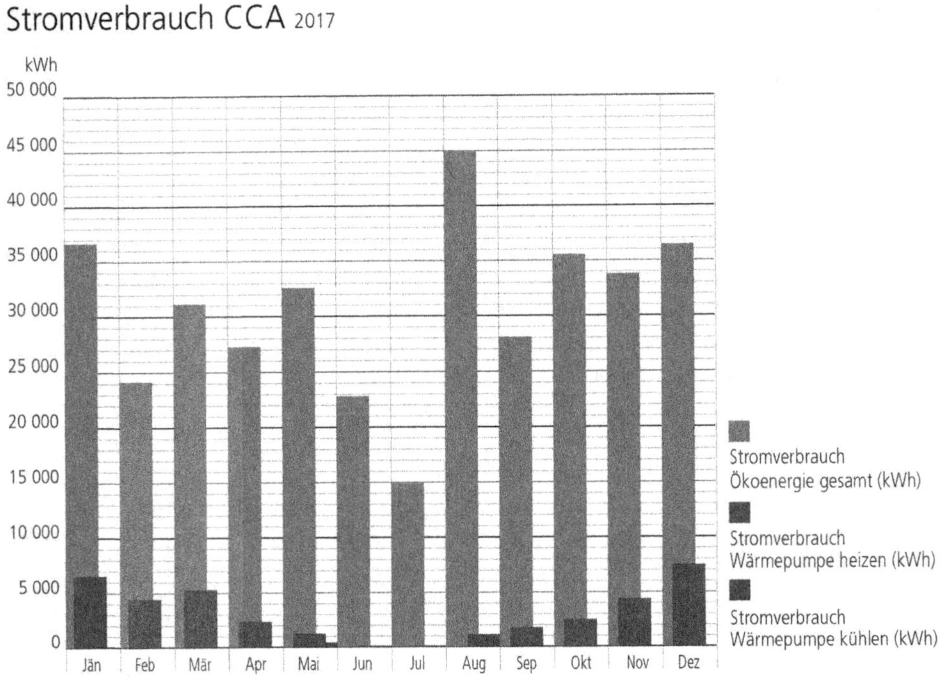

Abb. 4 Stromverbrauch Congress Centrum Alpbach (CCA) 2017

10.4 Zusatznutzen für die Tourismusregion, für die eigene Positionierung und für die Kunden des Congress Centrum Alpbach

Der Nutzen des Alpbach Green-Meeting-Projekts geht weit über das Congress Centrum Alpbach hinaus, da sich vor Ort nunmehr zahlreiche Beherbergungs- und Gastronomiebetriebe selbst darüber Gedanken machen, wie die eigenen Energiekosten, Verbrauchszahlen und die Auswirkungen des Betriebs auf die Umwelt reduziert bzw. optimiert werden können. Das Congress Centrum Alpbach ist ein Leitbetrieb für die gesamte Tourismusregion Alpbachtal & Seenland, wenn es um eine nachhaltige Unternehmensausrichtung geht, die sich zudem noch wirtschaftlich als überaus erfolgreich erweist. Die Positionierung als Green-Meeting-Anbieter hilft dem Congress Centrum Alpbach in einem überaus kompetitiven Marktumfeld gefunden zu werden und für Kunden aus aller Welt interessant zu sein. Die Kombination der Buchung eines Bergdorfs als Kongressort mit einer nachhaltigen Veranstaltungsausrichtung ist für viele Firmenkunden und auch für wissenschaftliche Kongressveranstalter ein Zusatznutzen, der darüber hinaus auch noch einen besonders hohen ideellen Stellenwert genießt.

11 Green Meeting Alpbach: Quo Vadis?

Mittelfristiges Ziel des Congress Centrum Alpbach ist es, die Zahl der mit dem Österreichischen Umweltzeichen zertifizierten Partnerbetriebe in der Region nochmals deutlich zu steigern. Um dies zu ermöglichen, werden vom Congress Centrum Alpbach Workshops für interessierte Unternehmen organisiert, die dabei helfen sollen, dass der Einstieg als Umweltzeichen Betrieb möglichst rasch und mit einem überschaubaren operativen Aufwand gelingen kann. Auch die Information der Teilnehmerinnen und Teilnehmer an Veranstaltungen wird optimiert, damit diese besser über einzelne Maßnahmen und Abläufe innerhalb des Congress Centrum Bescheid wissen und in ihrem eigenen Umfeld als positive Meinungsbildner fungieren können. Da allein die Zertifizierung nach dem Green Globe Certification Standard jährlich nachweisbare Verbesserungen in einzelnen Bereichen vorschreibt, ist ein Ausruhen auf den bisher erreichten Leistungen keine mögliche Option. Das Congress Centrum Alpbach kann seinem Ruf als Green-Meeting-Vorzeigebetrieb nur dann gerecht werden, wenn die gesetzten Maßnahmen auch künftig konsequent umgesetzt und weiterentwickelt werden. Damit kann Alpbach auch seinem Ruf als „Dorf der Denker" gerecht werden. Dieser Name wurde dem Ort im Kontext des Europäischen Forum Alpbach verliehen, da sich im Lauf der überaus spannenden Geschichte dieser hochkarätigen Veranstaltung zahlreiche Wissenschaftler, Vordenker und internationale Führungspersönlichkeiten im Tiroler Bergdorf Alpbach eingefunden haben. Das Alpbacher Green-Meeting-Projekt wurde erstmalig im Rahmen des Europäischen Forum Alpbach einer breiten Öffentlichkeit präsentiert. Es wird daher seitens des Congress Centrum Alpbach angestrebt, auch die zukünftige Entwicklung des Projekts in enger Zusammenarbeit mit dem Europäischen Forum Alpbach voranzutreiben, da die Strahlkraft der Veranstaltung für das Unternehmen sowie für das Dorf weit über die Landesgrenzen hinaus wirkt.

Literatur

Business Art (2019) Das Österreichische Umweltzeichen setzt Qualitätsstandards. Wien

Green Meetings & Events. https://www.atmosfair.de/de/fuer_unternehmen/green_meetings_und_events/. Zugegriffen: 28. März 2019

Hechenblaikner G (2010) Leitbild des Congress Centrums Alpbach. Alpbach Tourismus GmbH, Alpbach

Holzbaur U (2015) Events nachhaltig gestalten. Grundlagen und Leitfaden für die Konzeption und Umsetzung von Nachhaltigen Events. Springer Fachmedien, Wiesbaden

Majewski S (2019) Nachhaltigkeitsbericht Congress Centrum Alpbach. Alpbach Tourismus GmbH, Alpbach

Österreichisches Umweltzeichen für Green Meeting & Green Events. https://meetings.umweltzeichen.at/index.php. Zugegriffen: 11. Apr. 2019

Georg Hechenblaikner ist seit 2004 Geschäftsführer des Congress Centrum Alpbach. Von Dezember 2003 bis Ende 2004 war er zeitgleich auch als Geschäftsführer des Tourismusverbands Alpbach tätig. Zuvor arbeitete Georg Hechenblaikner ab 1990 für die Tirol Werbung und verantwortete dabei als Teamleiter der Area 2 und Area 3 das internationale Marketing. Georg Hechenblaikner ist Absolvent einer Höheren Lehranstalt für Tourismusberufe und eines Universitätslehrgangs für Tourismus. Im Jahr 2009 schloss er in Wien ein Executive MBA Studium ab. In den Jahren 2017–2019 studierte er berufsbegleitend im Studiengang Management und Organisation MSc an der Donau-Universität Krems. Das von ihm initiierte Green-Meeting-Projekt wurde mit einer TRIGOS Nominierung, dem I.M. Austria Award und dem Tirol Touristica Award ausgezeichnet. Georg Hechenblaikner wurde 2016 vom Magazin *Businessart* als „Nachhaltiger Gestalter 2016“ ausgezeichnet. Im Juni 2017 wurde ihm der Austrian Congress Award des Austrian Convention Bureau verliehen.

Die lange Tradition des nachhaltigen Managements bei Ordenseinrichtungen

Ein (Zwischen-)Bericht aus dem Krankenhaus St. Josef in Braunau der Franziskanerinnen von Vöcklabruck auf dem Weg zur bilanziellen Energieautonomie bis zum Jahr 2020

Josef Brandauer

1 Die Franziskanerinnen von Vöcklabruck

Der im Jahr 1850 gegründeten Frauenorden der Franziskanerinnen von Vöcklabruck ist eine in pädagogischen, sozialen, gesundheitlichen und pastoralen Bereichen tätige Ordensgemeinschaft. Sie ist eine franziskanische Gemeinschaft; Grundlage ihres Lebens und Wirkens sind das Evangelium und die Regel des Regulierten Dritten Ordens des Hl. Franziskus von Assisi.

Die etwa 145 Ordensschwestern leben und arbeiten mit ihren insgesamt fast 3000 Mitarbeiterinnen und Mitarbeitern in Österreich, Deutschland, USA und Kasachstan im Bereich Jugend (Krabbelstuben, Kindergärten, Horte, Schulen), alten und kranken Menschen (Pflegeeinrichtungen und Spitäler) und in der Pastoral- und Sozialarbeit nach dem Leitspruch des Ordens: „Mit Christus an der Seite der Menschen".

Die Provinz Österreich ist ist wie in Abb. 1 und 2 strukturiert.

Wie in allen Ordenseinrichtungen in Europa gehen auch bei den Franziskanerinnen von Vöcklabruck die Zahl der Berufungen und Neueintritte junger Frauen stark zurück und das Durchschnittsalter steigt kontinuierlich. Trotzdem ist es noch möglich, dass in den meisten Einrichtung Schwestern aktiv mithelfen und mitarbeiten bzw. sogar in einem Schwesternkonvent vor Ort leben. Die operative Geschäftsführung der oben im Organigramm angeführten Betriebsgesellschaften liegt bereits seit einigen Jahren neben den Schwestern auch in den Händen von Laien und Nichtordensmitgliedern.

J. Brandauer (✉)
Franziskanerinnen von Vöcklabruck, Vöcklabruck, Österreich
E-Mail: j.brandauer@franziskanerinnen.at

A. Sihn-Weber und F. Fischler (Hrsg.), *CSR und Klimawandel,* Management-Reihe Corporate Social Responsibility, https://doi.org/10.1007/978-3-662-59748-4_42

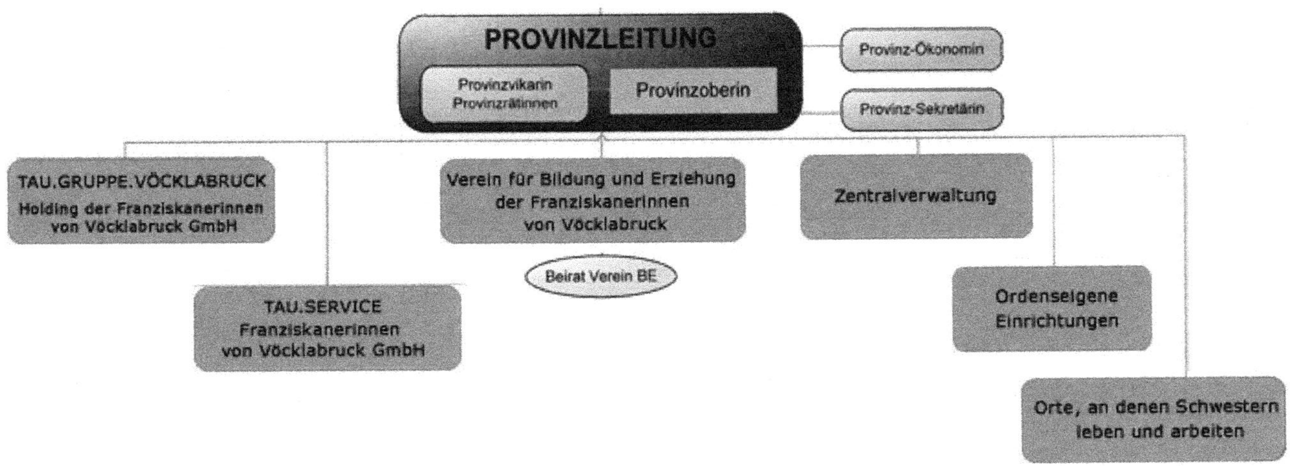

Abb. 1 Organigramm der österreichischen Provinz. (Quelle: Homepage der Franziskanerinnen von Vöcklabruck)

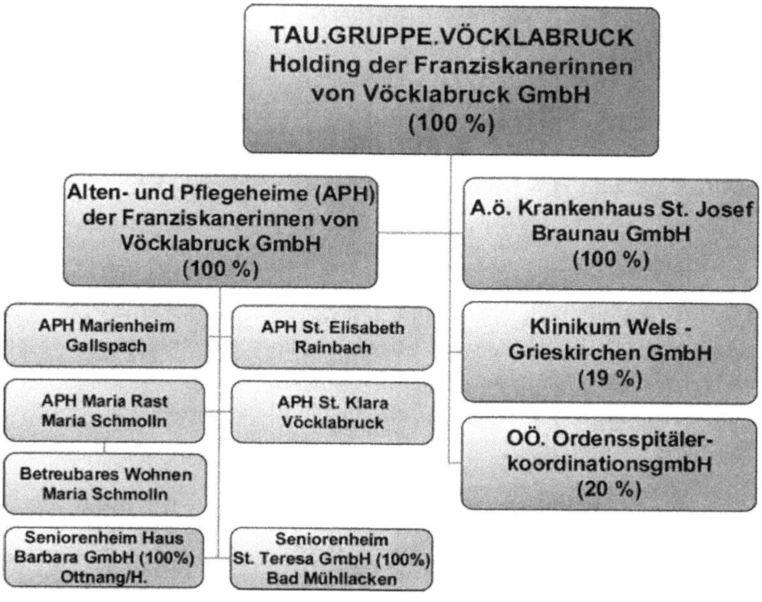

Abb. 2 Organigramm der TAU.Gruppe.Vöcklabruck. (Quelle: Homepage der Franziskanerinnen von Vöcklabruck)

2 Das Krankenhaus St. Josef

2.1 Vorstellung

Seit 1935 betreiben die Franziskanerinnen von Vöcklabruck ein Ordensspital in Braunau mit aktuell etwa 400 Betten und fast 1400 Mitarbeitern. Auf etwa 55.000 m^2 werden 27.000 stationäre und 50.000 ambulante Patientinnen und Patienten pro Jahr versorgt. Allein die Zahl von mehr als 1000 Geburten im Jahr 2018 zeigt die regionale Bedeutung des Hauses.

2.2 Energie- und Umweltschutz

Die Leitung des Krankenhauses ist sich seiner regionalen Bedeutung weit über den Gesundheitsbereich hinaus sehr bewusst. Vor allem auch im Energie- und Umweltbereich hat man schon früh eine aktive Vorreiterrolle übernommen. Bereits 1990 wurde ein Energie-Monitoring implementiert, das Abfallentsorgungskonzept aus dem Jahr 1994 war wegweisend und wurde mit einem Umweltschutzpreis ausgezeichnet.

Im Jahr 2011 ist das Krankenhaus St. Josef auch Klimabündnispartner geworden, da sich dessen Ziele mit dem Selbstverständnis des Ordens deckt:

„Unsere Vision ist eine Welt, in der Klimaschutz selbstverständlich ist, die Ressourcen gerecht verteilt sind und alle Menschen sozial, ökologisch und ökonomisch verantwortungsvoll leben.

Wir setzen uns aktiv für Klimaschutz, Klimagerechtigkeit und einen nachhaltigen Lebensstil ein.

Unser Beitrag ist der Aufbau und die Entwicklung eines globalen Netzwerks von engagierten Städten und Gemeinden sowie lokalen Akteurinnen und Akteuren.

Wir verstehen uns als Wegbegleiterinnen und -begleiter: Gemeinsam schärfen wir Bewusstsein, erarbeiten Angebote zum Mitwirken und unterstützen in der praktischen Umsetzung. Durch unser Handeln möchten wir Vorbild sein."

(Vision und Mission des Klimabündnisses, Quelle: Homepage)

2.3 Energiepolitisches Leitbild des Krankenhaus St. Josef Braunau

Im Jahr 2016 wurde das Unternehmensleitbild überarbeitet und auf die aktuellen Herausforderungen angepasst. Ein selbstständiger Teilbereich davon war ein energiepolitisches Leitbild, das am 12.10.2016 von allen Verantwortungsträgern unterfertigt und seitdem aktiv mitgetragen wurde.

Großes Ziel ist es, eine bilanzielle Energieautonomie bis 2020 zu erreichen.

„Als persönliches Ordensspital wollen wir im Sinne von Franz von Assisi verstärkt einen verantwortungsvollen Umgang mit der Schöpfung fördern. Entsprechend diesem Auftrag sollen die Ziele und Maßnahmen in diesem Leitbild festgelegt werden.

Wir, die Kollegiale Führung der Krankenhaus St. Josef Braunau GmbH, verpflichten uns hiermit, mit einer optimierten leitbildkonformen Energiepolitik

- den Energieverbrauch langfristig zu reduzieren,
- Energie vermehrt aus erneuerbaren Energiequellen zu gewinnen,
- Energieeffizienz durch einen ständigen Verbesserungsprozess zu steigern,
- die Mobilität umweltgerecht zu fördern,
- die Ökologisierung der Beschaffung weiter auszubauen.

Wir wollen dieses Vorgehen, wo immer es kosteneffizient und wirtschaftlich vertretbar ist, anwenden.

Um bis zum Jahr 2020 zu einer nachhaltigen regenerativen Energiepolitik und einer bilanziellen Energieautonomie zu gelangen, setzen wir uns folgende Ziele:

- Einsatz von erneuerbaren Energieträgern (Ökostrom, Solar, Geothermie, Pellets usw.)
- Erneuerung der Heizzentrale

- Reduktion des jährlichen Energieverbrauchs (Heizen, Prozesswärme, Kühlung, Strom)
- Reduktion des jährlichen Treibhausgasausstoßes
- Reduktion von Luftschadstoffen
- Reduktion des jährlichen Wasserverbrauchs
- Neubau- und Sanierungsmaßahmen nach nachhaltigen Gesichtspunkten verwirklichen
- Ersatzbeschaffungen nach nachhaltigen Gesichtspunkten unterstützen
- Breite Unterstützung durch die Belegschaft mit hoher Akzeptanz erreichen.

Bei der Verwirklichung dieser Ziele stützen wir uns auf Gesetze, Regulierungen und energierechtliche Vorschriften sowie Vereinbarungen mit dem Energieteam. Dafür stellen wir personelle, technische und finanzielle Ressourcen im Rahmen des Möglichen zur Verfügung.

Die Umsetzung erfolgt durch

- Bewusstseinsbildung der Mitarbeiterinnen und Mitarbeiter (Nutzerinnen- und Nutzerverhalten),
- Planung und Implementierung von laufenden Energiesparmaßnahmen,
- fixe, zeitgerechte Verankerung von Klimaschutzvorgaben bei relevanten Abläufen (z. B. Planung, Bau, Beschaffung etc.),
- systematische, regelmäßige Evaluierung der Ergebnisse und Vergleich mit der Zielsetzung (Energie-Monitoring und Energiemanagement),
- langfristiges Erhalten der umgesetzten Verbesserungen durch permanente Überprüfungen."

Unterfertigt von Sandra Kaufmann, MSc (Pflegedirektorin),

Sr. Gisela Wiesinger (Hausoberin),

Prim. Dr. Hans Schöppl (Ärztlicher Leiter).

Erwin Windischbauer, MAS (Geschäftsführung).

Die aktive Einbindung der Mitarbeiter in Braunau bringt im laufenden Bestandsbetrieb zahlreiche Ideen, die teilweise schon in Umsetzung sind, hier aber nicht im Detail behandelt werden können:

- Neue Lüftungsanlage mit Kreislaufverbundsystem
- Die Abwärme des Brüdendampfs vom Reindampfentgaser nutzen, sodass kein enthärtetes Trinkwasser zur Kühlung verbraucht werden muss
- Umbauen der Warmwasserbereitungsanlage auf Frischwasserbereitung
- Vorwärmung der Kaltwassereinspeisung mit dem Heizungsrücklauf (niedrigere Rücklauftemperaturen)
- Umstellung auf Elektrodampferzeuger für Reindampf (Einsparpotenzial etwa 465.000 kWh)

- Bedarfsgerechter Betrieb von Klimaanlagen in den Operationssälen mit Startsignal über Bewegungsmelder
- Umrüstung der Beleuchtung auf LED.

3 Der Neubau der Heizzentrale 2018

Die bestehende Heizzentrale im Erdgeschoß des Bauteils 14 war nach 40 Jahren am Ende ihrer Lebensdauer angelangt und musste erneuert werden.

Durch eine ausgeklügelte Umbaustrategie war es möglich, die bestehende Heizanlage abzubauen, die Betonsäulen für den in den Folgejahren geplanten Neubau B10 auch gleich in der Heizzentrale zu errichten, die neue Heizzentrale mit neuer Abgasanlage zu errichten und die bestehende Geothermie wieder an die neue Heizungsanlage anzubinden, ohne dass eine zusätzliche Heizquelle von außen benötigt wurde.

Das Krankenhaus musste während des Umbaus weiter mit Heizwärme versorgt werden, damit der Betrieb aufrechterhalten werden konnte.

3.1 Der Plan

- Verbindung der Versorgungsleitungen „sanierter Bereich“ mit „nicht sanierter Bereich“ im Bau. So konnte die Versorgung in beide Richtungen erfolgen
- Provisorische Anbindung der Geothermie direkt an das Heizungssystem (Versorgung durch Erdgas) – im April 2018
- Versorgung des Krankenhauses durch Geothermie und Abbau der bestehenden Verrohrung, der bestehenden Regelungstechnik und der Öl- und Gaskessel
- Aufbau des Pufferspeichers und der neuen hydraulischen Anbindung an das bestehende Heizungssystem
- Aufstellung der neuen Brennwertkessel, hydraulische Anbindung und installieren der neuen Regelungstechnik für die Gaskessel
- Inbetriebnahme der neuen Gasbrennwertkessel (Oktober 2018)
- Abschalten der Geothermie, komplette Demontage der alten Regelungstechnik (Versorgung über Erdgas)
- Anbindung der Geothermie an die neue Heizungszentrale und an die neue Regelungstechnik
- Inbetriebnahme der Geothermie (Versorgung über Geothermie und Erdgas)
- Aufstellung des Pelletkessels, hydraulische Anbindung, Einbindung in die neue Regelungstechnik und Inbetriebnahme (Dezember 2018)

3.2 Die Energie- und Umweltbilanz 2017

Der Wasserverbrauch ist um 3,0 % gesunken und war somit der niedrigste Wasserverbrauch seit dem Beginn der Aufzeichnungen im Jahr 1994.

Der CO_2-Ausstoß ist um 10,2 t (minus 0,4 %) auf 2645 t gesunken.

Dem Trend im Gesundheitsbereich zu Einwegprodukten und damit steigendem Restmüllanteil konnte 2017 entgegengewirkt und die Müllmenge sogar um 4,2 % gesenkt werden.

Der Gesamtenergieverbrauch ist im Jahr 2017 um 227 MWh auf 17.109 MWh gestiegen. Heizenergie und Prozesswärmeverbrauch in Form von Gas, Geothermie und Öl/Diesel sind um 0,8 % gestiegen. Der Stromverbrauch hat sich gegenüber dem Vorjahr um 2,5 % erhöht, weil die Heizgradtage um 0,4 % und die Kühlgradtage um 28,6 % gestiegen sind. Auch ein Wasserschaden verursachte zusätzlichen Energieverbrauch.

3.3 Das Bauprojekt „Heizzentrale neu"

3.3.1 Ausgangssituation

Trotz intensiver Bemühungen konnte mit der bestehenden Technik zwischen 2015–2017 keine weitere Verbesserung der Energiebilanz mehr erzielt werden. Im Jahr 2018 wurden durch diverse Maßnahmen nochmals 7,8 % eingespart (Abb. 3 und 4).

Folgende Anlagen waren vorhanden:

• 1 x Gaskessel (Sommerkessel)	ca. 0,45 MW
• 1 x Gaskessel	ca. 1,40 MW
• 1 x Gaskessel	ca. 2,20 MW
• 2 x Ölkessel (Heizöl leicht)	ca. 1,80 MW
• Geothermie GBS	ca. 1,00 MW (ca. 0,50 MW im Winter)
	ca. 6,85 MW (ca. 6,35 MW im Winter)

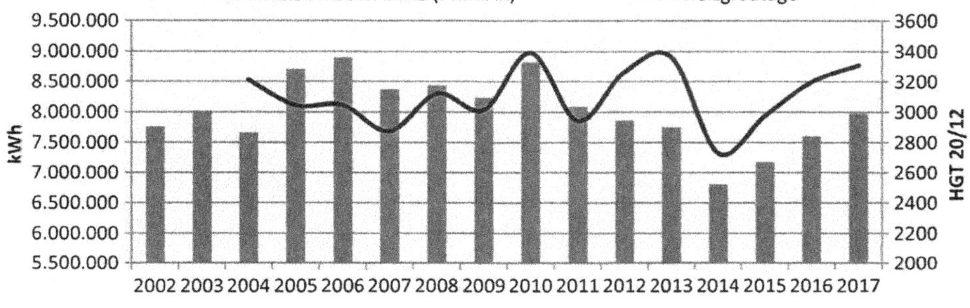

Abb. 3 Jahresenergieproduktion zu Heizgradtagen. (Quelle: Management&Service GmbH)

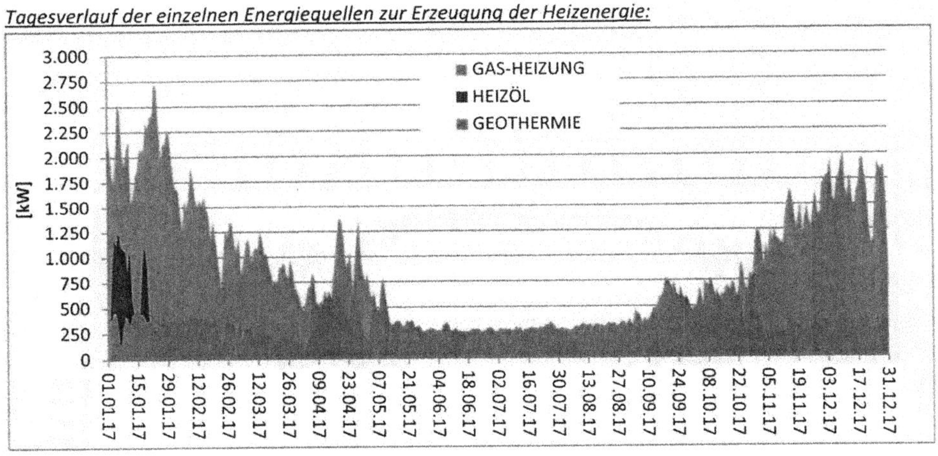

Abb. 4 Tagesverlauf der einzelnen Energiequellen zur Erzeugung der Heizenergie 2017. (Quelle: Management&Service GmbH)

CO_2-Ausstoß (Quelle: Umweltbundesamt):

• Erdgas	0,2400 kg CO2/kWh
• ÖL (Heizöl leicht Schwechat 2000)	0,3200 kg CO2/kWh
• Biomasse	0,0035 kg CO2/kWh

Vorgabe an die Techniker war,

- die Sicherheit der Versorgung jederzeit (auch während der Bauphase) zu sichern,
- eine für den Klimaschutz bestmögliche Lösung zu suchen (Minimierung des CO_2-Ausstoßes) und
- ein vom Land Oberösterreich vorgegebener Kostenrahmen von 1,5 Mio €.

3.3.2 Das Projekt (Daten und Fakten aus der Haustechnikbeschreibung von Wagner & Partner Ziviltechniker Ges.m.b.H.)

Projektteam: Jastrinsky (Projektleitung) Architekt Zopf, Wagner&Partner (Haustechnikplaner), Management&Service GmbH (Betriebsführung Technik).

Die neue Heizzentrale wird aus Sicherheitsgründen wieder von drei Quellen gespeist:

• Geothermie (Bestand)	ca. 0,50 MW (im Sommer und Winter)
• Gasbrennwertkessel 1 (Einzelkessel)	ca. 1,00 MW
• Gasbrennwertkessel 2 (Doppelkessel)	ca. 2,00 MW
• Biomassekessel (Pellet)	ca. 0,95 MW
	ca. 4,45 MW

Das sollte bei einem prognostizierten Bedarf von maximal 3,5 MW auch genügend Reserven aufweisen. Zusätzlich wurde ein Reserveanschluss für eine allenfalls notwendige zusätzliche Energieeinspeisung, z. B. aus einem Dampfsystem, von etwa 0,3 MW vorgesehen.

3.3.2.1 Geothermie

Die Geothermiewärmeversorgung wird wie bisher vom Fernwärmenetzbetreiber (Geothermie Braunau-Simbach) zur Verfügung gestellt. Im Winter wird die Geothermiewärmeleistung auch durch fossile Energieträger erzeugt. Durch ein neu eingebautes Online-Regelsignal wird es ermöglicht, bei kalten Temperaturen die fossile Heizenergie kostengünstiger selbst zu erzeugen. Bei wärmeren Temperaturen wird die ökologisch sinnvollere Geothermieleistung in vollem Umfang genutzt.

Ursprünglich wurde die Geothermie im Winter für die Rücklauftemperaturanhebung der alten Gaskesselanlage genutzt. Bei den neuen Gaskesseln kann die Anlage aufgrund der Brennwerttechnologie direkt als Wärmequelle für die Hauptwärmeversorgung verwendet werden.

3.3.2.2 Gasbrennwertkesselanlage

Bei den Brennwertkesseln wird die Kondensationswärme (latente Wärme) des Wasserdampfs im Abgas zur Wärmebereitstellung genutzt und erhöht damit den feuerungstechnischen Wirkungsgrad. Bei der Verbrennung von Erdgas liegt der Wasserdampftaupunkt im Rauchgas bei etwa 59 °C. Dieser Prozess reduziert dabei den Brennstoffverbrauch und somit auch den Ausstoß von CO_2 und säurebildenden Gasen.

Die beiden Gaskesselanlagen stellen mit einer Gesamtleistung von 3,0 MW eine 100 %ige Redundanz im Tagesmittelwert gegenüber den anderen Heizungsanlagen dar und können somit den gesamten Leistungsbereich abdecken.

Die Gasversorgung bleibt aus dem Bestand erhalten.

3.3.2.3 Pelletkesselanlage

Biomasseheizanlagen gelten im Vergleich zu Heizanlagen für fossile Brennstoffe als umweltverträglich. Die Menge an CO_2, die bei der Verbrennung von Pellets freigesetzt wird, entspricht genau der Menge CO_2, die beim Wachstum der Hölzer in diese eingebunden wurde. Auch die Einberechnung der CO_2-Freisetzugn durch Waldbewirtschaftung, Transporte, Aufbereitung, Stromverbrauch der Heizung usw. erzeugen Pellets bei nachhaltiger Waldbewirtschaftung deutlich weniger klimarelevante Emissionen als fossile Energieträger.

Durch den Einsatz des biogenen Energieträgers Pellets wird die Abhängigkeit von fossilen Energieträgern reduziert. Zudem kann im Unterschied zu fossilen Brennstoffen bei der Nutzung von Pellets auf regional erzeugte Brennstoffe zurückgegriffen werden. Die Ausgaben für den Brennstoff bleiben dann weitgehend in der eigenen Region und erhöhen dort die Wertschöpfung.

Für die Biomasseheizanlage wurde ein Pelletkessel mit einer Leistung von 950 kW aufgestellt. Da eine weitestgehend vollständige Verbrennung der Pellets nur im Regelbetrieb stattfindet und während der Aufwärm- und Ausbrandphase bei Kessel mit Stahlbrennkammer größere Verluste und höhere Emissionen entstehen, wird das erwärmte Wasser in einen Wärmespeicher/Pufferspeicher geleitet und anschließend je nach Bedarf in den Heizungsverbund eingespeist.

Als Pelletlagerraum mit 70 Schüttraummetern wurde der Raum neben der bestehenden Dampfkesselanlage im 1. OG, direkt über der Heizzentrale, verwendet. Mithilfe von Förderschnecken werden die Pellets nach unten in die Heizzentrale zur Einschubschnecke am Kessel geführt.

3.3.3 Abgas/Emissionen

Im Zuge der Sanierung der Heizzentrale wurde auch die Kaminanlage erneuert bzw. saniert.

Das anfallende Kondensat aus den Abgasen der Gasbrennwertkesseln (35 mg/kWh) wird über eine Neutralisationsanlage geführt und mithilfe der Kleinhebeanlage in das bestehende Abwassernetz abgeführt.

3.3.4 Steuerung – Sicherheit

Um den Energieverbrauch (Abb. 5) sowohl im Jahres- als auch Tagesverlauf und den optimalen ökologischen Wirkungsgrad der Anlage zu gewährleisten wurde die in Abb. 6 gezeigte Reihung der möglichen Ressourcen festgelegt.

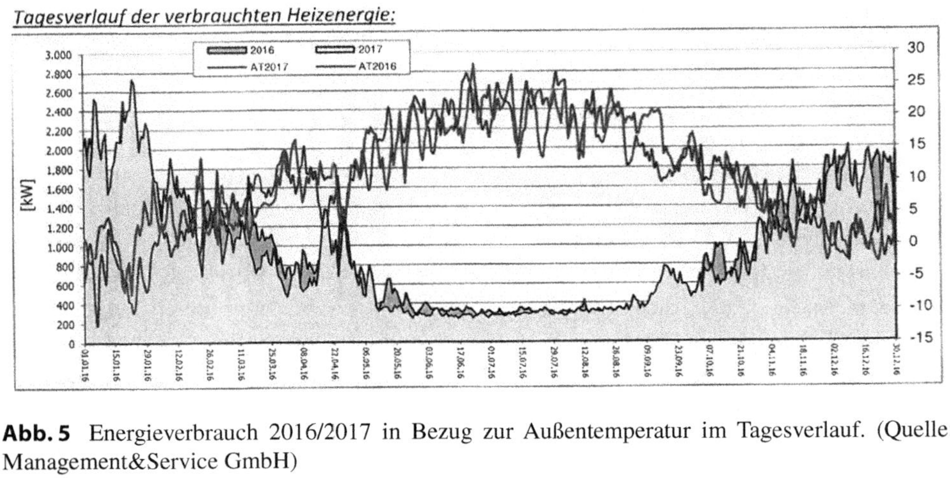

Abb. 5 Energieverbrauch 2016/2017 in Bezug zur Außentemperatur im Tagesverlauf. (Quelle: Management&Service GmbH)

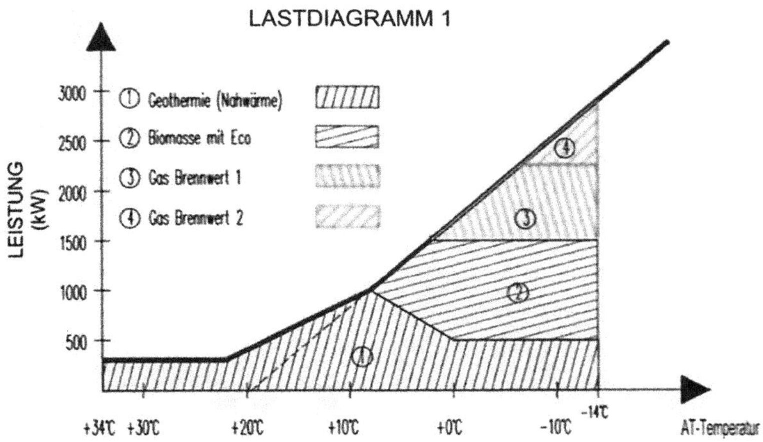

Abb. 6 Lastdiagramm – Reihenfolge der Nutzung der Ressourcen. (Quelle: Vamed)

a) Die Grundlast im Sommer bis zu einer Außentemperatur von etwa +10 °C und maximal 1000 kW wird durch die Geothermie gedeckt.
b) Im Winter wird die Geothermiewärmeleistung auch durch fossile Energieträger erzeugt. Durch ein Regelsignal, das uns über den jeweiligen Anteil fossiler Energie informiert, können wir sowohl bei kalten Temperaturen die fossile Heizenergie kostengünstiger selbst erzeugen, als auch bei wärmeren Temperaturen die ökologisch sinnvollere Geothermieleistung in vollem Umfang nutzen.
c) Den Leistungsbereich von 500 bis 1450 kW und einer Temperatur von etwa -14 °C deckt die Biomasseheizung mit einer Leistung von etwa 950 kW ab.
d) Der Leistungsbereich von 1450 bis 2200 kW wird durch den Brennwertgaskessel 1 gedeckt
e) Der Spitzenleistungsbereich von 2200 bis 2950 kW wird durch den Brennwertgaskessel 2 gedeckt.

4 Fazit

Die Heizanlage ist seit Dezember 2018 in Betrieb. Der Umbau hat dank der hervorragenden Zusammenarbeit aller Beteiligten perfekt funktioniert, der laufende Betrieb konnte permanent aufrechterhalten werden. Durch eine laufende Optimierung der Regelungen durch die Management&Service GmbH konnte das maximale Einsparungspotenzial gehoben werden.

Sämtliche Projektziele wurden erreicht:

- Sicherheit der Versorgung während der Bauphase und jetzt im Regelbetrieb sowie im Fall von Ausfällen
- Reduktion der CO_2-Emissionen in Höhe von voraussichtlich 50 %
- Einhaltung des Kostenrahmens von etwa 1,5 Mio. €

Aber es liegt in der Natur der Sache, dass bereits weitere Maßnahmen auf der Agenda stehen.

Der nächste große Umbau in einer Größenordnung von etwa 60 Mio. € Errichtungskosten steht bereits 2019–2023 an. Als wichtiger Schritt für den Klimaschutz wird der dringend sanierungsbedürftige bestehende Bauteil 10 im laufenden Betrieb abgerissen und neu errichtet – derzeit sind alle Berechnungen positiv für das anvisierte GreenBuilding, dem EU-Programm zur Verbesserung der Energieeffizienz und zur Integration erneuerbarer Energieträger in Gebäuden.

Das Krankenhaus St. Josef in Braunau der Franziskanerinnen von Vöcklabruck mit seinem Leitungsteam Sandra Kaufmann, MSc (Pflegedirektorin), Sr. Gisela Wiesinger (Hausoberin), Prim. Dr. Hans Schöppl (Ärztlicher Leiter) sowie Erwin Windischbauer, MAS (Geschäftsführung) ist ein Paradebeispiel, wie mit Engagement, Umweltbewusstsein und Einbindung sämtlicher Mitarbeiter und aktiver Unterstützung durch die Eigentümer der laufende Betrieb kosteneffizient und ressourcenschonend geführt werden kann.

Mag. Josef Brandauer ist seit 2017 Wirtschaftsleiter der Franziskanerinnen von Vöcklabruck, einem katholischen Frauenorden. Vorher war er 20 Jahre Leiter der Abteilung Kirche und Institutionen in der Raiffeisen Landesbank Tirol AG und seit 2010 Geschäftsführer der Ebbisas GmbH, einem Beratungsunternehmen mit Schwerpunkt Kirche und Soziales im deutschsprachigen Raum. Bereits seit 2002 (Initiierung des Raiffeisen Ethik-Aktienfonds, des ersten Nachhaltigkeit-Aktienfonds in Österreich) beschäftigte er sich mit dem Thema CSR und Nachhaltigkeit, ist Mitglied des Ethik-Beirats der Raiffeisen-Organisation und referierte bei zahlreichen Fachtagungen, Vorträgen und Schulungen. Sein Schwerpunkt ist nachhaltige Geldanlage und Vermögensmanagement sowie Ausarbeitung und Umsetzung von Anlagerichtlinien.

MIX
Papier aus verantwortungsvollen Quellen
Paper from responsible sources
FSC® C105338

Printed by Books on Demand, Germany